2018
全国安全文化优秀论文集（下）

应急管理部宣传教育中心
《企业管理》杂志社　编

企业管理出版社
EMPH　ENTERPRISE MANAGEMENT PUBLISHING HOUSE

图书在版编目（CIP）数据

2018 全国安全文化优秀论文集：上、下册/应急管理部宣传教育中心，《企业管理》杂志社编. —北京：企业管理出版社，2019.11

ISBN 978-7-5164-2019-5

Ⅰ.①2… Ⅱ.①应… ②企… Ⅲ.①安全文化－文集 Ⅳ.①X9-53

中国版本图书馆 CIP 数据核字（2019）第 193833 号

书　　名：2018 全国安全文化优秀论文集（下）

作　　者：应急管理部宣传教育中心　《企业管理》杂志社

责任编辑：郑　亮　黄　爽

书　　号：ISBN 978-7-5164-2019-5

出版发行：企业管理出版社

地　　址：北京市海淀区紫竹院南路 17 号　　邮编：100048

网　　址：http://www.emph.cn

电　　话：编辑部（010）68701638　发行部（010）68701816

电子邮箱：qyglcbs@emph.cn

印　　刷：天津午阳印刷股份有限公司

经　　销：新华书店

规　　格：210 毫米×285 毫米　　16 开本　　24 印张　　707 千字

版　　次：2019 年 11 月第 1 版　　2019 年 11 月第 1 次印刷

定　　价：380.00 元（上、下册）

编审委员会

前　言

党的十八大以来，以习近平同志为核心的党中央高度重视安全生产工作，把安全生产纳入全面建成小康社会和全面深化改革的总体布局，提出了一系列重大战略思想和重要决策部署。《安全生产法》《关于推进安全生产领域改革发展的意见》的颁布实施，"发展决不能以牺牲人的生命为代价"红线意识的提出，安全文化体系、安全生产责任体系、风险防控体系和监管保障体系的倡导建立，无一不体现了党和国家对安全生产的重视，也充分说明了安全生产事关人民群众生命财产安全，事关改革发展稳定大局，事关党和政府的形象声誉，安全生产责任重于泰山，不能有丝毫放松。

安全文化建设是安全生产工作的根与魂，是做好新时期安全生产工作的思想文化保障，是国家实施安全发展战略的重要举措，是红线意识和以人为本、生命至上理念的重要体现。为深入宣传贯彻习近平新时代中国特色社会主义思想和党中央关于加强安全生产工作的决策部署，大力弘扬"生命至上、安全发展"的思想，总结、交流全国安全文化建设的理论成果和实践经验，鼓励安全文化建设和安全生产管理人员开展理论研究和经验总结，进一步提高全国安全文化建设和安全管理水平，推动全社会更加安全、健康、和谐，应急管理部宣传教育中心联合《企业管理》杂志社于 2018 年开展了首届安全文化优秀论文征集和评选活动。编辑出版《2018 全国安全文化优秀论文集》是这次活动的重要成果之一。

首届全国安全文化优秀论文征集和评选活动历时 10 个月，共收到 25 个行业 820 家企业提交的论文 1700 多篇，通过初审、复审、专家评审等流程，最终评选出 262 篇具有代表性的安全文化建设获奖论文，汇编成《2018 全国安全文化优秀论文集》并出版，作为 2018 年首届全国安全文化优秀论文征集活动的重要成果推荐给各行各业的企业，供大家参考借鉴，以推动我国企业安全文化建设，为培育中国安全文化品牌提供强大文化引领。

《2018 全国安全文化优秀论文集》内容涉及面广、专业性强，反映了当前安全文化建设和安全管理最新进展和成果。论文涉及煤矿、石油、化工、核电、交通、水泥、建筑等行业，包括煤矿开采、建筑施工、电网运行等诸多业务门类，内容主要涵盖安全文化体系建设、安全文化管理、安全文化落地、安全文化影响、安全文化与安全管理融合发展等方面。入选论文密切关注现阶段我国企业安全文化建设重点、难点问题和解决之道，重点总结和提炼企业安全文化体系建立健全、实施落地和提升创新的宝贵经验教训，具有一定的代表性和参考价值，可以被不同行业、地区的企业所借鉴。

综观全书，我们可以窥探到企业安全文化建设的基本内涵、外在体系与建设路径。安全文化是一个体系，有其内在理念，也有其外在表现形式，其最终的表现形式就是安全文化和安全管理有效融合，既要用先进的安全文化去指导、促进安全工作的开展，也要在具体的安全工作中积极体现安全文化的内在价值，推动安全文化的落地。入选论文集中体现了企业在具体的建设方案、制度规范、体系标准、管理措施中所呈现的安全文化内在理念价值，同时也将安全文化与职业健康、标准化建设、双重预防体系、本质安全建设等充分融合，为全社会企业安全文化建设提供智力支持。

论文征集、评选得到了应急管理部宣传教育中心和《企业管理》杂志社的高度重视，论文集将作为2018—2019年安全生产领域的重要研究成果进行推广和宣传。为确保论文集质量，评审工作邀请安全领域专家何国家、支同祥、王振拴、董成文、孙庆生等领导同志成立专业的评审委员会对论文进行甄别和评审，同时成立编委会，为论文集的编辑出版进行方向保证。论文集的征集工作也得到了各行各业的大力支持，如中国石油天然气集团有限公司、陕西煤业化工集团有限责任公司、神华神东煤炭集团有限责任公司、国电河南电力有限公司等积极组织提交高质量的论文来参加此次征集活动。同时各相关单位积极配合，对入选论文反复核实、修订，为论文集编辑出版提供大力支持。论文集在出版付梓之际，得到了企业管理出版社的众多编辑同志和有关领导的大力支持，他们对论文集的出版做了大量工作。在此，向所有为本书付出心血和努力的同志们表示感谢！

安全文化建设是安全生产的重要课题。通过此次论文征集活动，我们发现了一批关于安全文化建设与实践应用的好论文、好经验、好办法。在此希望广大读者，特别是致力于安全文化建设和研究的企业和工作人员可以把本书作为安全生产月的重要素材，从中借鉴先进的理论成果和实践经验，学习优秀企业的安全文化理念转化和落地实施的有效方法和路径，推动全国安全生产形势进一步好转。

我们在征集论文、编辑此书的过程中，不时听到社会上各类安全事故的发生，这很令人痛心。痛定思痛，我们只有认真编撰，完善书稿，把安全文化真正的价值传播出去，为全社会的安全发展贡献绵薄之力。限于编者水平，匆忙之中，难免疏忽，有不足之处，恳请读者朋友们谅解并予以指正。

2019年是中华人民共和国成立70周年，也是全面建成小康社会的关键之年，我们一定要坚持以习近平新时代中国特色社会主义思想为指导，践行以人民为中心的发展思想，加强安全文化建设，提升全民应急能力，全力防范公共安全事故，创造安全、和谐、稳定的环境。

编者

2019.4.23

目 录

三等奖

三 等 奖

"1235" 安全文化工作法在保德煤矿的实践与应用

保德煤矿　孙巍

摘　要：本文从保德煤矿 "1235" 安全文化工作法建设的视角，从矿井安全文化建设的具体做法入手，深入分析了 "1235" 安全文化工作法在保德煤矿的实践应用，深入研究和阐述了此工作法在保德煤矿安全生产管理过程中的重要作用和实施成效。

关键词："1235" 安全文化工作法；安全生产责任制；双重预控；五大灾害

近年来，煤矿企业的发展与生产安全面临考验，国有煤矿重特大事故多发，究其原因是对 "煤与瓦斯突出防治" 等煤矿安全客观规律的科学认识还有待进一步研究和揭示，但根本原因还是人的因素。因此重视人本管理，切实加强煤炭企业安全文化建设研究，从以人的安全文化意识培养、人的健康文化以及人的活动有机调整等为内容的现代安全管理文化角度有效地防范和减少安全事故的发生，成为摆在煤炭企业面前的一项重要课题。

一、"1235" 安全文化工作法

保德煤矿是中国神华能源股份有限公司在山西省投资建设的唯一大型石炭二叠纪配煤基地，坐落在美丽的黄河河畔保德县。长期以来，在山西省地方政府和监管部门的关怀和支持下，保德煤矿深入贯彻落实上级安全生产决策部署，各项工作稳步提升。截至 2018 年 6 月 17 日，实现了矿井连续安全生产 4283 天的生产业绩。

在基层实践中，保德煤矿坚持不懈探索，强化工作执行，形成了符合自身实际的 "1235" 安全文化工作法，即抓好一条主线，完善两大机制，推进三大建设，聚焦五大灾害。

——抓好一条主线：依法治企，坚决抓好安全生产责任制的落实。

——完善两大机制：风险分级管控、隐患排查治理。

——推进三大建设：安全基础、安全培训、安全文化。

——聚焦五大灾害：水、火、瓦斯、煤尘、顶板。

二、"1235" 安全文化工作法具体做法

（一）依法治企，坚决抓好安全生产责任制的落实

习近平总书记在党的十九大报告中强调，要树立安全发展理念，弘扬生命至上、安全第一的思想，完善安全生产责任制，坚决遏制重特大安全事故。为健全安全生产责任落实激励约束机制，不断激发全员参与安全生产工作的积极性和主动性，保德煤矿建立健全了从矿长到各岗位员工的 217 项安全生产责任制，并将安全风险预控和职业健康管理职责融入其中，明确了全矿 "分级管理、层层负责、人人有责、各负其责" 的安全生产职责；矿井与区队、区队与班组、班组与个人逐级签订安全生产责任状，形成了矿长负总责，业务分管领导和部门监管，区队、班组和个人具体负责的安全生产责任制管理体系。

在完善安全生产责任制的基础上，矿里还制定下发了《安全生产责任制全员考核管理办法》，成立了考核领导小组，明确了考核范围、方式、扣分标准、周期、要求和奖罚标准，制定了各单位、各岗位安全生产责任制考核细则，每季度对矿领导、业务科室、基层区队、班组、全体岗位员工进行逐级考核。并将全员安全生产责任制纳入矿安全生产年度培训计划，每年年初开展全员安全生产责任制宣贯学习，并随时抽查员工岗位安全生产职责掌握情况，使每位员工熟知本岗位的安全生产责任制要求。

（二）完善风险分级管控和隐患排查治理双重预控机制

风险分级管控和隐患排查治理是防范煤矿生产安全事故的两道防火墙。安全风险分级管控和隐患排查

治理是相辅相成、相互促进的关系。企业要通过完善双重预控机制，实现风险预控、关口前移，提升安全生产整体预控能力，夯实遏制重特大事故的坚实基础。

在工作实践中，矿里建立了以矿长为第一责任人的风险分级管控工作体系，明确矿领导、业务科室、区队和岗位在危险源辨识、隐患整治、不安全行为管理等方面的职责，引导员工牢固树立"一切事故皆可预防"的风险预控理念。根据矿实际情况，建立了"2413"风险辨识评估模式，规范了自下而上的"岗位—区队—业务部门—矿"链条式辨识评估流程，对矿井生产系统、作业活动及设备故障的危害因素进行全面辨识和评价，分析其产生的根源以及造成的后果，制定严格的管理标准和有效的管控措施，按照风险等级采取分级管控机制。强化员工自主风险管理，在组织任何作业时，均明确工作任务，制定作业任务清单，逐一厘清每道工序可能存在的风险，在作业前进行风险问询观察，确定作业是否有合适工具、是否具有专业技能、是否落实管控措施等内容，真正做到了"没有风险分析、不落实管控措施决不进行作业"的风险管控要求。此外，矿里还对风险预控管理进行阶段性分析审查，坚持组织月度分析、半年度内审和年度管理评审，对安全目标指标、安全管理方针、安全管理制度、考核指标和运行效果等进行审查，对风险管控措施不符合安全生产实际的内容及时修订完善，用安全风险预控管理标准评价现场安全管理，实现了安全风险预控管理的持续改进。为促进安全风险预控信息化管理，建立了安全管理信息系统，对安全风险和事故隐患进行跟踪、统计、分析、评价，为矿风险预控管理提供了强有力的信息化支撑平台。截至目前，保德煤矿累计辨识出危险源 2765 项，制定管控措施 8863 条，组织管控培训 5022 人次，持续对风险分级管控方针、指标、制度和效果等进行评估，促进了风险分级管控的高效运行，真正做到了安全风险的自辨自控、监测监控、预警预控。

在构建隐患排查治理长效机制上，保德煤矿建立了矿、业务部门、区队、班组、岗位五级隐患排查治理和分级管控体系，通过动态检查、定期检查（旬、月）、专项检查、安全承包区步行检查等方式，重点从作业行为、工艺设备、作业环境和措施落实等方面，对井上下各大系统进行全方位排查，坚持做到"全覆盖、零容忍、严监管、重实效"。每次检查后，及时召开检查问题分析会，对排查出的隐患，逐条分析研究，逐项制定措施，严抓问题整改、跟踪督办和效果评估，做到了落实到位、监管到位、整改到位。

（三）多措并举、夯实基础，稳步推进安全文化建设

"基础不牢，地动山摇"。煤矿企业必须紧紧围绕生产作业过程的每一个环节、每一个细节、每一个作业场所和每一名作业人员，突出抓好规章制度和规程措施的落实，突出抓好系统设施完善和关键环节管控，突出抓好现场标准化作业和规范执行，突出抓好应急演练和灾变处置，切实提高对现场安全的控制力，筑起安全生产的基础屏障。

近年来，保德煤矿在全矿先后开展了"一册、两书、三活动"，即一本《标准化图册》规范了井下现场标准化管理，既有助于培养员工良好的作业习惯，规范员工日常作业行为，也有助于规范现场安全管理秩序和强化过程管控，为员工上标准岗、干标准活指明了方向，提高了工作效率，提升了矿井安全生产标准化建设水平，为实现动态达标奠定了坚实的基础；《岗位标准作业流程》和《未遂事件案例汇编》规范了员工操作行为，提升了标准作业管理水平，实现了从"要我安全"到"我要安全"的行为意识质的蜕变；"安全之星"评选、"说班组、话区队"和事故应急演练活动的持续开展激发了全体员工"人人管安全、人人要安全、人人能安全"的潜力，强化了矿井安全基础，确保了安全管理提档升级。

"安全文化是矿井风险最小、收益最大的战略性投资"。近年来，矿井从狠抓安全培训入手，已逐步建立起包括职工培训管理系统、职工考试管理系统、现代化多媒体电教室、矿山安全实验室和职工实操工作室的信息化安全生产培训教育平台，开通运行了保矿安全微通社、保矿安全管理交流群、安全知识公众号等新媒体安全教育阵地，多次组织拍摄职工喜闻乐见的安全微电影、安全小视频和安全 MTV 新歌曲；坚持开展"七个一""随身学"和安全主题宣讲等形式多样的安全培训教育活动，实现了矿井安全培训工作的信息化、规范化，提高了全员安全意识和综合素质，夯实了矿井安全管理基础。

在矿井近 20 年的发展历程中，保德煤矿全矿上下

在安全方面共同坚守一种理念，即"生命至上、安全为天、无人则安、零事故生产"。这一理念的灵魂是以人为本，矿井在生产发展中就是要把安全作为最大的福利惠及员工。本着"安全保矿、幸福矿工"的愿景，坚持"只有不到位的管理，没有抓不好的安全"理念，保德煤矿将安全文化建设与矿井安全生产、班组建设开展、职工素质提升、汇聚职工力量和建设和谐矿井相融合，充分发挥了安全文化的导向作用、约束作用、凝聚作用、激励作用和融合作用，用行动和实践不断培育和丰富了矿井安全文化的独特魅力和丰富内涵，力争实现矿井期盼更长周期的安全生产。

（四）结合矿井实际，聚焦水、火、瓦斯、煤尘、顶板五大灾害治理

水害治理方面，矿井形成了以"勘察研究、预测预报、超前防探、培训演练"为一体的综合防治水管理体系，成立了专业机构和队伍，建立了自动水文观测系统和水质化验室，编制了《矿井中长期防治水规划》，严格落实"三专两探一撤"规定；按照"物探先行、钻探验证、化探跟进"原则，做到了"先探后掘、采，先治后掘、采"。掘进前综合运用物探（至少2种）+钻探+化探进行探测，如遇构造带或煤层变化段，采用瑞利波探测作为补充；回采前围绕采面进行物探+钻探+化探进行探测，并聘请专业资质机构出具报告。此外，矿井地面在雨季期间严格执行"双值守三汇报（场区、井口24小时值守，雨前、雨中、雨后汇报）、双调度三监控（生产调度、安全调度，视频监控、现场监控、水文观测监控）、双值班双待命（井下重点区域、井上关键场所均设值班人员，机电管理人员和水文地质主管24小时待命）"规定，实时监测，一旦发现险情，及时启动应急预案。

在防灭火管理方面，针对矿井煤层特性，通过认真总结和综合分析，尽量简化巷道布置系统，力避工作面切眼联络巷的布置，巷道设计凡是进回风巷道，工作面回风联巷和集中回风巷之间，必须留出足够的通风设施位置和安全运行空间。主要采取以下措施：一是通过加快采煤工作面的推进速度，尽可能地做到快推快闭；二是建立了以注浆、注氮为主的井下综合防灭火系统和束管火灾监测系统；三是实施全方位的自然隐患防控，按照井上下区域划分，试行日覆盖检查和周覆盖检查定期巡查制度，对重点区域、重要环

节进行气体采样，与系统进行对照分析；四是定期对地表进行巡查，防治漏风；五是建立采空区及密闭管理台账；六是开展技术创新，不断探索防灭火工作新途径，保德煤矿根据矿井自身特点，特别是煤层开拓开采实际情况，创造新低提出了许多防灭火新方法、新措施。建矿以来，矿井从未发生煤层自燃发火迹象。

在瓦斯治理方面，矿设立了专业瓦斯防治机构，建立了瓦斯实验室，配置了千米钻机等设备；联合相关科研机构，编制了矿井瓦斯治理综合方案，实行了采掘瓦斯预抽和采空区抽放，对瓦斯进行了综合治理；创新了瓦斯抽采工艺和技术，首创煤矿井下采用普通地质钻机施工联巷间Φ600～800mm 大孔径水平钻孔替代抽采联巷；研发了千米钻机气、煤、水分离器等，杜绝了钻孔施工过程中瓦斯喷孔的现象。在瓦斯防治过程中，做到了"六到位"：一是重视到位。树立"瓦斯超限就是事故"的理念。二是投入到位。每年投入必要的专项资金专门治理瓦斯。三是培训到位。坚持举办"人人都是通风员"活动，让瓦斯防治理念入脑入心。四是工程到位。建立了瓦斯实验室，地面高、低负压瓦斯抽放泵站和瓦斯发电站。五是技术到位。首创大孔径钻孔替代抽采联巷，自制了气、煤、水分离器，完善了超高压水力割缝钻孔技术等，使瓦斯抽放效果显助提升。六是管理到位。建立了瓦斯防治"六道"防线，在掘进、回采前对瓦斯抽放参数进行达标评定。目前矿井瓦斯抽采率超过47%，工作面瓦斯抽采率超过80%，利用率超过85%。

防尘管理方面，一是完善"四项制度"，即完善了矿井综合防尘管理职责，完善了综合防尘管理网络，完善了监督检查流程，完善了考核奖罚机制；二是重点抓好三个源头，即抓好入井风流净化源头、抓好采煤生产源头、抓好掘进生产源头；三是加大"三新投入"，即新技术、新装备、新工艺的投入，积极推广应用行之有效的综合防尘技术和高压喷雾除尘技术，重点对雾化效果好、安装方便、维护简单的风水联动喷雾、组合喷雾进行广泛使用，大力提高综合防尘机械化、自动化、智能化水平。在防尘管理过程中，保德煤矿坚持"一孔多用"，综采工作面利用瓦斯预抽钻孔进行煤层注水，从源头上降低煤尘；井下巷道除定期清洗、利用喷雾和捕尘网降尘外，矿自主设计和推广应用了皮带运输巷道全断面喷雾、转载点全封闭

和推拉式全封闭捕尘网等创新成果，有效降低了粉尘浓度；此外，针对矿井井下煤尘较大、巷道管线污损、标准化水平较低、人员登高清理工效低下和存在登高作业隐患的状况，2018 年 4 月，矿里积极组织人员成功研发了"国内首台井下巷道管线清洗车"，并在井下试运行成功。

顶板管理方面，针对矿井顶板特性以地质力学条件分析与评估为前提，以"躲能让压+加固拱+悬吊组合加强"为顶板支护的主要理论依据，对巷道帮顶的"锚杆+锚索+网片+钢带"复杂的联合支护工艺，实现了针对不同地质条件、使用条件、矿压影响条件巷道，以及支护设备的不同，采取不同的支护。制定了"地质力学评估、初始支护设计、井下施工与监测、信息反馈与修改设计、日常监测监管"五大管控措施，并结合实际，多次进行修订完善，目前已形成了规范、标准的矿井支护模式和支护图册（已升级为第八版）。

三、"1235"安全文化工作法在保德煤矿的应用成效

自保德煤矿实施"1235"安全文化工作法以来，煤矿安全文化建设工作稳步推进，对矿井生产安全事故预防、提高安全生产管理水平起到了极大的推动作用，进一步提升了矿井安全生产整体预控能力，有效遏制了矿井重特大事故的发生。

（一）树立了安全理念，提高了安全意识

近年来，全矿上下努力践行，在广大员工心目中树立了"安全为天、生命无价""隐患就是小事故""瓦斯超限就是事故"的安全理念，职工综合素质得到明显的提升，广大职工的自保互保意识进一步得以增强。目前，职工在开展各项作业前自觉主动开展危险源辨识已成为广大员工的自觉行为，"不安全不生产"已成为广大员工的自觉行动准则。

（二）强化了隐患治理，降低了安全风险

通过开展系统分项安全文化提升活动和聘请行业专家对"1235"工作法进行会诊，实现了文化建设和基层生产业务深度融合，无形之中提高了员工的安全意识，降低了井下现场的安全风险。

（三）夯实了安全基础，提升了管理水平

通过实施安全文化"1235"工作法中的风险分级管控，使全矿职工树立起制度约束、文化引领、预控管理的现代安全管理理念，矿级领导的管理决策水平和区队自主安全管理意识得到全面提升。

（四）矿井安全生产得到切实保障

自安全文化建设在我矿实施以来，矿井"三违"发生次数同比下降了 67%，"三违"人数同比下降了 53%；隐患查处率达到 96.1%，隐患整改率达到 100%，实现了"三违"发生次数和人数的双下降，实现了隐患查处率、整改率的双提升，杜绝了重伤及以上人身事故，矿井安全管理工作取得了显著成效。截至 2018 年 8 月 8 日，矿井实现了连续安全生产 4332 天的生产业绩。

四、结语

近年来，保德煤矿通过着力构建"1235"安全文化工作新模式，广大干部员工的安全意识、责任意识、大局意识明显增强，安全发展的活力、安全保障的能力、作风转变的动力有效提升，少人增安、无人则安的科技兴安兴矿战略全面起步，党政工团齐抓共管的机制日趋成熟，安全管理水平不断攀升。安全文化已显现出旺盛的生命力、凝聚力和战斗力，并向着更高的目标稳步迈进。

"安全管理向内画圆"理念的形成与实践

中国石油化工股份有限公司胜利油田分公司注汽技术服务中心　赵学展　李刚　屈龙涛　逄显辉

摘　要：安全生产是每个企业追求的目标，安全管理是每个企业重要的工作内容。传统的安全管理思维模式多数都是通过管理措施、技术措施来控制人的不安全行为、物的不安全状态，是"防护性"安全管理，管理范围越来越大，人力物力投入越来越多。本质安全的提出受到多数企业关注，胜利油田分公司在追求生产活动本质安全的过程中，逐步形成了"安全管理向内画圆"的理念，在油田活动热采注汽生产实践中进行了实践和探索，并取得了可喜的成效。本文将从理念形成的背景、实践、效果等几方面展开介绍，为相关企业提供管理理念创新的参考。

关键词：本质安全；安全管理；理念创新；向内画圆；推广实践

胜利油田分公司是中石化集团下属的国有特大型企业。公司历来重视安全生产工作，安全管理上始终没有放松，牢固树立抓安全保生产，以安全促效益的思想观念，已连续 17 年被中国石油天然气总公司和中国石化集团公司评为"安全生产先进企业"。深入推进本质安全建设是保障企业安全发展的一项重要举措。胜利油田分公司在本质安全建设中，及时调整工作思路，创新管理理念，把"安全第一、预防为主"的方针贯彻落实到企业管理的各个环节，通过"安全管理向内画圆"理念有效提高了企业安全管理水平。本文将详细探讨该理念的形成与实践。

一、"安全管理向内画圆"理念的形成背景

（一）生产概况

中国石油化工股份有限公司胜利油田分公司注汽技术服务中心孤岛注汽大队（以下简称孤岛注汽大队），是 2015 年整合的孤岛油区唯一一支专业化活动稠油热采队伍。主要负责胜利油田分公司孤岛采油厂偏远、零散稠油井的注汽、注氮工作。孤岛注汽大队管理着活动注汽站 11 座，活动注氮站 5 座。年平均注汽 220 余井次，注氮 90 余井次。

活动注汽属流动作业，受这种流动的工作性质和工作条件的影响，每次搬迁转场就意味着许多安全工作要从"零"开始。由于注汽行业"高温高压""易燃易爆"等特点，要求我们在安全管理上必须做到细致认真、规范严谨，但是实际生产当中要做到这一点还非常困难，存在许多制约因素。

（二）存在的制约因素

1. 设备设施繁杂，重复性拆装频繁

每座活动注汽站设备设施主要由高压注汽锅炉和水处理装置，以及 6 个野营房、5 个油水罐、2 个工艺池组成，另外还有配电、油水汽流程、各类安全附件若干。由于施工井多为吞吐井，设备转场极为频繁，平均转场时间 10～15 天，每次搬迁所有设备设施之间的工艺流程需重复性拆装。以 2016 年为例，年整体拆、装高达到 350 余次，严重制约着注汽生产的安全高效运行。

2. 施工节点密集，劳动强度大

活动注汽管线、供水管线、设备搬迁转运、流程安装等节点施工均属重体力劳动，且施工节点密集，多数情况下施工时间不超过 2 天。其中，注汽管线安装单井平均长度 300 米以上，水管线安装平均长度 700 米以上，设备转场搬迁平均 1.5 井次一次。加上注汽作业 24 小时连续施工，运行保障操作多，工作量大，难以开展精细安全管理。

3. 直接作业环节多，风险管控难

活动注汽生产涉及高温高压、大型设备搬迁、起重作业、高空作业、易燃易爆等多种风险与危害，点多面广，是油田生产重点要害单位之一。以 2016 年为例，累计完成大型设备运输 200 余次，吊装 4000 台次，风险管控难度大。

4. 环境依赖强，条件艰苦

活动注汽野外施工，注汽过程受气候、自然环境、

场地道路条件影响大，施工条件艰苦。

如何才能克服这些制约因素，实现突破发展，保障安全运行，我们进行了深入探索，提出了"安全管理向内画圆"的理念。在活动注汽生产的过程中得到了较好的实践验证。

二、"安全管理向内画圆"理念的诠释

（一）理念阐述

结合生产实际，面对总公司和油田安全管理的新要求，活动注汽单位如果不进行创新，继续采取传统的"防护性"安全管理模式，将无法适应新形势，只会事倍功半，管理范围越来越大，人力物力投入越来越多。如同水波涟漪一般，管理外圆越画越大，离安全管理核心也越来越远。

例如，每次搬迁前后，因为风向标在高处，就要登高拆装，为了登高安全就必须系好安全带，还要检查安全带的性能、质量，既要正确使用，还要有监护人，超过一定高度还要办理作业许可证，进行视频监控等，需要控制的因素越来越多。

因此，在安全管理上，我们变被动"防守"为主动"进攻"，本着"安全点能减少的要减少，不能减少的要减小，不能减小的要无人化操作"的原则，进行了安全管理向内画圆。逐步实现管理范围越来越小，人力物力投入越来越少，距离安全核心越来越近的管理目标（见图1）。

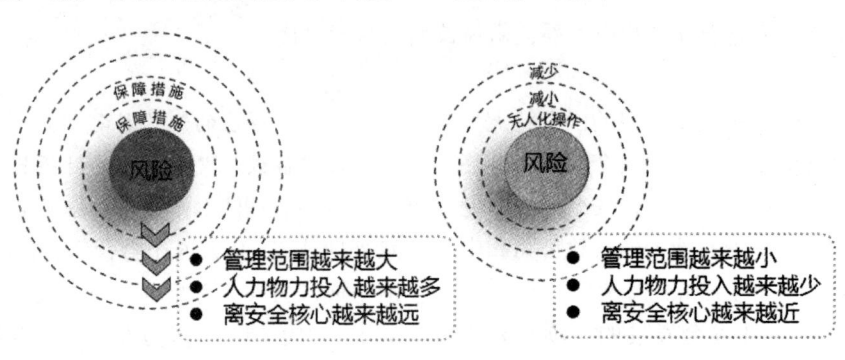

图 1 安全管理向内画圆示意图

（二）意义阐述

还是前面讲的风向标的例子，我们将其改成可以升降的风向标，搬迁前降下来，不影响搬迁，搬迁后，升上去发挥正常作用。只需要一步操作，减少了为保证一项作业安全采取的一系列保障措施，同时也就是减少了采取一系列保障措施时任何一项失误带来的风险。

再以设备用电为例：一个工作单元为了实现其功能，使用了两根电缆，那么该工作单元在供电方面就存在2个风险区。如果通过调整工作单元内部布局、结构等方式，在其功能不变的前提下，只使用一根电缆，那么该工作单元在供电方面的风险区就减少为1个。

两个功能关联的独立工作单元之间需要100米电缆连接，这个风险区域就是100米长。如果通过工艺改造，电缆缩短为50米，那么风险区域就减小了一半。

如果由于功能要求和工艺技术限制，电缆既不能减少，也不能缩短，也就是说风险区域无法减少和减小。如果通过技术革新实现自动操作、无人操作，那么该风险区域对人员的伤害将减少甚至消除。

三、"安全管理向内画圆"理念的推广实践

活动注汽站设备设施繁杂，就像一座移动的小型工厂。按其功能可划分为电力供给、仪用空气、燃料供给、水源供给和加药五大系统，五大系统既要相互联系、缺一不可，又要相对独立、方便转场。为此，对活动注汽站设备、设施进行精简和改造时必须保证其功能不受影响。

（一）设备设施精简优化

1.加药系统精简优化实例

（1）对加药系统重新设计，摒弃原有计量泵供给式加药方式，利用真空除氧器的负压环境，研制"自吸式加药装置"，通过透明塑料管、玻璃转子流量计完成加药控制，消减计量药泵2台。

（2）利用加药系统加水过程的动能，通过制作加水导流装置，调整加水出口角度，使水流在水箱内形成搅动，实现药物自动搅拌，消减搅拌泵2台。

（3）效果对比。真空环境吸药较计量泵加药更连续，药量控制更准确；加药系统管线为负压透明管，巡检更直观，观察运行更清晰；水力搅拌药物更彻底。

减少 4 台机泵维护工作量,该系统用电风险降为 0。

2.配电系统精简优化实例

为了完成配电系统的精简优化,我们分以下三步完成。

(1)用电设备降功率。优化系统配置、消减无效负荷,在保障机泵节点效能的前提下,通过机泵重新选型实现经济运行,利用 3 年左右的时间,借维修更新的时机,分别对柱塞泵电机、鼓风机电机、供油泵、供水泵等 6 类机泵进行了降功率替换,注汽站用电负荷大幅度下降。

(2)供电线路减数量。机泵降功率后,电缆负荷降低,我们在此基础上,对活动注汽站大型动力电缆实施降级,电缆规格由 7 种降为 3 种,电缆数量大幅减少。

(3)配电装置缩空间。机泵降功率和线路减数量完成后,活动注汽站用电负荷大幅下降,控制柜的安装组件体积减小、数量减少,布置和组件安装选择方式更多,我们充分利用这一条件,对配电室实施了"降高减组",使其具备上移水处理操作间的条件,从而消减了单独配电室。

效果对比。依托设备、设施进行电缆固化,由过去电缆只能单点、单向安装,变为多点双向安装,减少设备摆放位置对电缆安装的影响,减少电缆拆装 600 米;电缆安装由过去的十几个人配合,耗时 60 分钟,缩减为目前的不足 2 人,耗时 10 分钟;减少配电柜 1 组。用电设施维护和操作风险点减少,用电安全提升。

(二)操作模式数字化

水罐液位实时观察数字化调节实例。充分依托自身具有的自动化优势,自行攻关将过去系安全带登罐观察液位、2 人配合手动调整阀门、反复校正完成的控制转输水罐液位的操作,改进为 1 人在值班室通过视频显示随时观察供水流量、液位变化,通过鼠标选择、键盘输入自动完成流量、液位的数字化精准操作,同时降低了操作风险。

(三)设备运行自动化

1.运行操作一键式

依托自身具有的自动化优势,自行攻关,将过去多人配合,需手动完成的运行操作,设计改进为"一键式"自动操作。

软水器再生进盐实例。原进盐操作需以下现场操作步骤:检查盐泵、打开盐泵入口阀门、关闭盐循环出阀、打开盐泵出口阀门、启动盐泵、查看进盐压力、停运盐泵、关闭盐泵入口阀门、关闭盐泵出口阀门。整个过程需 2 个人配合 9 步操作。改进后将操作步骤编入程序,操作人员通过控制柜上的"进盐"按钮实现"一键式"操作。阀门适时自动打开、自动关闭。

2.运行远程操控

依托信息化,对锅炉启运、水处理运行、各种保障操作实行了远程操控,目前 90% 的操作已达到值班室内完成。

3.数据自动采集

对锅炉运行情况已实现主要数据自动采集、报表自动生成、语音报警等功能,经济运行和应急处理能力得到增强。

4.设备实时监控

对锅炉重点设备、设施、井口等实现了视频全覆盖,值班人员可以通过视频画面实时监控设备、设施运行情况,实时观察注汽井口及管线状态。巡检频次和巡检质量提高,同时降低了高温高压和噪声带来的职业伤害。

四、实施效果

通过设备精简优化、操作模式数字化、设备运行自动化减少用电伤害、机械伤害、蒸汽烫伤、火灾爆炸等风险点 20 处,避免人身伤害风险 23 处。减少或减小了设备、设施的固有风险,消除了人员伤害。

五、推广应用

2015 年单井注汽管线安装长度由过去的平均 350 米以上降到 230 米。2016 年单井注汽管线安装长度平均 170 米。2017 年单井注汽管线安装长度平均 79 米,安装工作量同比降低 54%。

六、结束语

"安全管理向内画圆"是中石化安全理念的具体应用,推动了活动注汽站向"机动便捷、科学经济、安全高效"目标的迈进。但是,活动注汽生产"高温高压""易燃易爆""频繁搬迁"的客观因素依然存在,安全管理细致严谨的作风不能变。今后,我们还需要进一步完善安全管理规范,将"安全管理向内画圆"的理念推广到大队各项工作环节,促进"安全源于设计、安全源于管理、安全源于责任"的理念落地生根,为油田安全发展、可持续发展提供坚强保障。

石油企业安全文化建设实践与探索

中国石油川庆钻探长庆固井公司　杨锋　郭旭亮

摘　要： 安全是保障企业质量效益发展的永恒主题。安全文化作为企业文化的重要组成部分，不仅是一种全员安全价值观和行为准则的具体体现，也是构建安全生产长效机制的必然要求。近年来，在石油工程技术服务企业，随着 HSE 管理体系的持续深入推进，安全管控水平不断提高，全员安全素养显著增强，安全文化氛围日益浓厚。安全文化作为一种全员安全价值观和行为准则的具体体现，通过创造良好的安全人文氛围，对员工的理念、意识、态度和行为等形成了从无形到有形的影响，从而有效控制员工的不安全行为。因此，培育和建设安全文化是实现企业长治久安的根本之策，也是推动企业又好又快发展的客观要求。

关键词： 石油企业；安全文化；建设实践

石油企业安全文化是指石油企业在从事油气勘探开发的生产实践活动中，为保证生产正常运行，保护员工免受意外伤害，经过长期的沉积，不断总结所形成的管理思想和理论。它是石油企业全体员工对安全工作所认同的本企业的安全价值观和行为准则，其内涵十分深刻，外延也十分广泛。石油安全文化既是安全观念、行为和物质的总和，也是石油企业领导者素质、管理者素质和员工素质的综合体现。它包括安全理念文化、安全行为文化、安全制度文化和安全物态文化。

一、长庆固井公司安全文化现状分析

长庆固井公司主要承担着长庆油气田油气井固井施工任务，施工区域横跨陕、甘、宁、内蒙古等省区。安全管理主要覆盖交通安全、施工安全、作业场点安全。近年来，长庆固井公司不断开拓市场，随着长庆油气田 5000 万吨油气当量的稳产，施工任务相对繁重。加之，施工区域道路条件恶劣，自然环境多变，井下情况复杂以及设备价值昂贵，安全风险和安全责任极其重大。长庆固井公司从 2008 年独立运行以来，通过扎实推进 HSE 管理体系，安全管理有了长足的发展，但还存在着诸多不相适应的地方。

（一）个别员工安全意识淡薄

长庆固井公司近年来安全生产持续好转，但是总结分析 2008 年以来的安全生产事故事件，绝大部分是由于员工安全意识淡薄、思想麻痹、存在侥幸心理造成的。个别员工安全意识差，缺乏必需的安全技能和应对措施。

（二）HSE 体系执行不力

从 2008 年起，长庆固井公司体系建设起步晚、标准较低，可行性不强，部分体系推进要求不符合工作实际，目前，正逐步向正规化、标准化迈进，但部分员工从个体角度及实际出发，存在敷衍和应付心理，给体系推进造成被动。

（三）安全生产和市场、效益形成强烈矛盾

部分基层单位为了占领市场，完成产值，在生产经营中存在"重生产甚于安全，重效益甚于安全"的现象，"三违"现象与生产经营任务呈正比曲线增长，作业过程存在安全隐患。

（四）车辆运行环境复杂

长庆固井公司作业区域横跨陕、甘、宁、内蒙古四省区，作业区域沟壑纵横、道路狭窄、坡陡弯急，自行车、农机、机动车辆和行人共同使用的混合型道路覆盖油田全部施工区域，给交通安全带来很大风险。

（五）传统的安全管理模式需要创新

回顾石油行业的安全文化发展过程，从油田建立初期凭革命热情、靠精神鼓励和冒险精神，到开始重视科学管理、注重效率、减少政治色彩，直至目前形成"关注安全，关爱生命"的共识，是一个不断创新与发展的过程。但我们也要清楚地看到，追求产值、安全投入"欠帐"等问题，迫使安全管理亟待创新发展。

二、长庆固井公司安全文化建设实践

近年来，长庆固井公司按照川庆公司《安全文化

建设指导意见》提出的工作目标和工作要求，认真学习并严格执行集团公司、川庆公司安全理念，强化全员安全意识，加大安全教育培训，严格执行安全规章制度，注重安全文化宣传，推动和促进了公司安全发展、清洁发展、和谐发展。

（一）加强安全理念文化建设，学习领会集团公司、川庆公司安全理念，提高员工安全意识

1.开展大庆精神、铁人精神再学习、再教育活动

在广大干部员工中持续进行大庆精神、铁人精神及石油工业优良传统的学习教育，开展企业文化教育，引导广大员工发扬"为国争光""为民族争气""三老四严""四个一样"等优良传统和作风，践行"奉献能源、创造和谐"的企业宗旨，把大庆精神、铁人精神融入安全生产，切实增强员工的安全责任意识，规范员工的职业行为和道德操守。

2.扎实贯彻执行集团公司和川庆公司安全理念

教育全员认真贯彻执行集团公司"环保优先、安全第一、质量至上、以人为本"的理念，在具体工作实践中严格遵守反违章"六条禁令"和HSE管理"九项原则"，做到安全生产有令必遵、令行禁止，在生产过程中坚决贯彻执行好各项安全规章制度，进一步提升员工的安全执行力。学习领会川庆公司企业理念精神，教育干部员工本着"生命和健康高于一切"的理念，正确处理安全、速度和效益之间的关系，在生产经营过程中坚持做到以人为本、安全第一，坚持带血的速度一秒不抢，带血的效益一分不挣。

（二）加强安全行为文化建设，重视员工安全教育培训，提高员工安全素质

1.制订HSE培训计划

每年依据生产实际、岗位风险和要求，分层次编制岗位HSE培训需求，制订年度培训计划，逐步落实HSE培训。通过培训师竞赛、日常培训等，建立公司安全培训师队伍公司、项目部、中队三级HSE培训网络。

2.分层开展HSE培训

根据岗位安全需求，推行有针对性且符合生产实际要求的培训项目，在各级领导干部中开展以国家政策、法律法规和HSE管理知识为主要内容的培训。在管理人员中开展以系统性、专业性知识为主要内容的培训。在岗位操作员工中开展以HSE知识、危害识别、风险控制、应急处置等为主要内容的培训。按照"三

在岗"的要求，利用晨会、班前班后会、生产间隙等有利时机，以师带徒、传帮带等短小精悍的培训形式，开展岗位应知应会、岗位风险识别、岗位操作等内容的培训，推行标准化、规范化操作，提高员工的安全操作技能，形成了"比技能、比安全"的安全文化氛围。

3.加强特种作业人员的取证、复证培训

根据工作需要和员工岗位需求，按时组织员工参加特种作业人员取证、复证培训，确保特种作业人员持证上岗。目前，长庆固井公司特种作业人员持证率达到了100%。

4.开展HSE观摩学习培训

建立基层站观摩学习机制，取长补短，相互取经，定期组织各基层到安全管理先进单位、基层建设示范点观摩学习，以观摩学习促经验交流，以观摩学习促安全。

（三）加强安全制度文化建设，建立安全生产长效机制，推动安全管理上水平

1.建立奖励创新机制

坚持每年组织HSE论文评选、发布和HSE管理典型经验总结。公司安全监管人员每年至少撰写一篇HSE论文，评选、编印优秀论文和HSE管理典型经验，下发各单位学习和参考，并推荐参加上级评选。大力开展群众性安全创新活动，发动员工结合岗位工作，就现场管理、实践操作等方面进行创新，引导全员积极参与安全管理。设置创新成果奖励，将HSE技术成果纳入创新成果管理范畴，按程序立项、实施和评定，对优秀单位和人员进行奖励。

2.建立人人参与机制

各级领导带头践行"有感领导"，落实"七个带头"，自觉履行HSE职责，按照要求对直线下级"有感领导"要求落实情况进行考核。鼓励员工争做安全模范员工，努力提高员工自觉参与安全活动的积极性，自觉执行HSE规范。分级开展"安全观察与沟通"活动，制定了奖励制度，领导层和管理层在进入安全环保联系点活动时，带头开展安全观察与沟通，分级组织评选奖励，激发全员参与安全管理的积极性。制定《领导干部HSE审核管理办法》，开展对标找问题、对比找差距，落实进点审核制度，帮促基层查找隐患，治理违章，提升安全管理水平。落实会前"安全经验

分享"活动和周安全讲课活动，坚持在各种会议、培训班上开展"安全经验分享"，每周进行安全讲课。

3. 建立评先选优机制

坚持每年开展年度安全先进推荐评选工作，分级、分层选树安全先进人物、安全车组，号召全员学习安全生产先进事迹和优秀业绩，形成尊重先进、赶超先进的良好氛围。把 HSE 绩效纳入综合业绩考核，与年度 HSE 责任书考核和各类先进评选相结合，实行各类先进评选安全一票否决制，激发基层单位争创一流安全业绩。结合安全生产月、安康杯竞赛等活动，将 HSE 绩效作为评先选优的必要条件，对 HSE 绩效突出的单位和个人进行表彰。及时报道 HSE 先进单位和个人的先进事迹，营造争优创先的氛围。

4. 建立相互监督机制

建立完善的安全监督体系，不断改进监督方式方法，鼓励监督人员多发现问题，对发现有违章和隐患的被监督单位和人员，提倡"不批评、轻处罚、重改正"的做法，形成监督乐意查问题、被监督人员乐意接受并积极整改的安全文化氛围。每年分级召开监管例会，共同分析监管工作中存在的问题，共同研讨对策，共同制定防范措施，做到监管分工不分家，责任明确，目标一致。在程序文件和 HSE 规章制度中，按照业务管理范围，明确界定 HSE 分委会和各职能部门、各级领导在 HSE 管理中的直线责任，各负其责，齐抓共管。积极推行属地管理，明确现场作业人员的属地管理责任，通过人人参与，人人负责，进一步加大现场 HSE 管理力度。对非常规作业、特殊危险作业、重大施工作业，严格实施作业许可制度，实行旁站监督，把握关键环节，削减作业风险。对常规作业，坚持落实工作安全分析，控制作业风险。推行安全帮促机制。每年组织机关职能部门深入基层开展安全帮促，现场查纠治理安全隐患，进行安全培训，促进基层安全管理水平提升。

5. 建立常砺常新机制

增强员工自学、自省、自砺意识，砺炼自身技能，更新知识体系，提升自我素质。每年组织安全管理人员集中培训。结合生产实际及业务进行学习或讲课，鼓励员工制订自学计划，认真学习相关文件精神及业务知识，提高业务能力和操作技能。结合 HSE 体系建设推进工作，全面推行工作安全分析，进一步细化和

落实风险管理措施。全面收集 HSE 管理改进的意见和建议，按照制度标准评审和修订周期，定期组织制度标准的评审和修订工作。定期开展 HSE 审核和管理评审，持续改进 HSE 管理体系。

（四）全面推进 HSE 体系建设，融合学习先进安全理念，促进安全文化建设纵深推进

1. 全面推行 HSE 体系建设

建立切合公司实际的 HSE 管理体系，发布 HSE 管理手册，定期组织开展 HSE 体系内部审核。结合公司体系推进计划，全面推进 HSE 体系建设，运行各种风险控制工具。

2. 积极培育有感领导

督促各级领导干部在具体工作中落实"七个带头"。即带头宣贯安全理念，带头学习和遵守安全规章制度，带头制订实施个人安全行动计划，带头开展行为安全审核，带头讲授安全课，带头开展安全风险识别，带头开展安全经验分享活动。

3. 全面推行"直线管理"

进一步理顺各职能部门的 HSE 职责和管理流程，做到"谁管工作、谁管安全"，把 HSE 管理融入生产经营管理之中。

4. 全面推行"属地管理"

在落实车辆属地管理的基础上，推行施工作业属地管理。落实好每一次固井施工的属地主管职责，全员、全过程、全方位实施安全管理。

5. 深化 HSE 风险管理

建立动态的危害因素识别与风险评估机制，开展全员、全过程风险识别，切实加强对工艺、技术、设备、人员、环境变更时的风险管理。根据风险识别结果，制定并落实 HSE 风险削减措施，所有风险都要做到有识别、有分析、有措施、有检查，全过程受控。

6. 推行目视化管理

办公区域标识、生产区域标识、设备标识、路线标识、危险标识、安全警示、禁止性标志、指令性标识等要逐步健全完善，使旋转部位、危险部位都有警示标志；限制区域及禁止区域上锁挂签；危险物品使用状态标识，储存规范，为员工生产、生活创造良好环境。

7. 推行安全"亲情文化"管理

在各生产基地、各固井中队悬挂安全温馨提示牌，

利用手机终端和微信平台，发送安全提示短信，每年组织不同形式的"送清凉、送文化、保安全"活动，增加安全管理的人文内涵，营造温馨和谐的工作氛围。

三、结论

企业安全文化建设是一项长期、复杂的系统工程，不能孤立地、片面地开展企业安全文化建设，而应是与企业的总体发展目标相结合，与企业精神文化相结合，在潜移默化中形成特有的风格，营造浓厚的安全文化氛围，提高企业整体的安全生产管控水平，实现企业安全、持续、稳定发展。

落实安全生产主体责任，提升安全管理

大冶有色金属有限责任公司　陈海洋

摘　要： 企业安全管理作为实现企业经营目标和提高企业经济效益的重要手段，具有十分重要的意义。企业安全管理体系的良好运行也是对企业安全运营理念的最好实践和最好保障。现阶段，部分企业因为对基本安全管理概念上的认识模糊，安全文化建设不完善，本可避免的安全隐患并没有适时排除。为了提高安全管理水平，加强安全生产全员、全过程、全方位管理，强化安全生产基层和基础管理，构建安全生产长效机制，实行全面落实安全生产主体责任。基于此，本章结合实际工作从落实企业安全生产主体责任角度对安全管理进行了解析，以期对企业安全生产起到促进作用。

关键词： 安全生产主体责任；安全管理；落实措施

在安全管理工作中，有相当多的企业安全管理人员对安全管理存在理解误区，许多企业在安全管理上存在很大的管理漏洞，主要表现在企业领导对安全管理意识不足，认为安全主要是安全评价机构等中介机构和政府监管机构的责任，但是事实上企业才是安全责任的主体。据统计，85%的安全生产事故都是由于企业安全内部管理的不到位或者缺失造成的。在国内大经济的背景下，往往有很多生产企业，面对效益的驱使，很多时候还是要拿安全作代价，这就暴露了企业内部安全管理的不健全。安全工作企业是第一责任，或者说是主体责任。企业应该化被动为主动把安全放在首位。这样才能提高安全管理水平，从根本上控制生产事故的发生。

一、企业安全管理现状

就目前企业的安全管理现状来看，可归纳为三句话：成绩很大、问题不少、效果不好。所谓成绩很大是指企业在抓安全管理方面，通过多年的不懈努力和实践，已积累起一套科学的管理经验；所谓问题不少是指目前安全管理工作跟不上企业发展的需要，仍存在职工安全意识不强，"三违"现象多，隐患得不到有效整改等问题；至于效果不好，事故的频繁发生已给我们敲响了警钟，安全问题已经危及了企业的正常生产，这就要求我们在安全管理上，务必尽快采取有效措施，加大投入，杜绝各类事故发生，实现安全生产。

①高危行业需设置安全管理机构或配备专职安全管理人员；②企业主要负责人、安全管理人员应取得安全资格证书；③安全生产责任制和安全生产责任书；④安全生产规章制度和安全技术操作规程；⑤事故应急救援预案。以上五点构建成一个企业最基本的安全管理框架，但是很多企业在认识上都存在着偏差。

企业要实行有效的安全生产，必须把行政措施、科学技术和现代安全管理方法三者有机地结合起来，全面落实安全生产主体责任制。

二、落实安全生产主体责任，提升安全管理的措施

（一）提高领导对安全管理的重视度

真正把安全生产责任制落到实处，首先是各级领导必须十分重视安全。安全生产责任制是指企业各级领导、各职能部门和各个岗位职工，在各自生产工作范围内，必须承担相应安全责任的制度。安全生产责任制是各项安全规章制度得以实施的基本保证，是进行安全教育的重要内容，是进行安全工作实际考核的具体依据，各级领导必须带头执行，并层层抓好落实。就目前企业而言，虽然自上而下都制定了各级安全生产责任制，但是，由于没有很好地付诸实施，往往流于一纸空文。虽说党政工团齐抓共管，横向到边，纵向到底，但说起来容易，做起来难，其核心也就是责任不落实的问题。为此，各级领导、各部门都应该围绕安全生产责任制开展工作，把"管生产必须管安全、管行业必须管安全"的原则以制度形式固定下来，形成"安全生产、人人有责"的安全管理新格局。通过

完善、落实、监督机制来强化安全管理工作。

（二）建立合理的、具有活力的现代企业安全管理新机制

所谓安全管理，就是企业为实现安全生产目标而进行的组织、计划与控制活动。从目前的管理体制看，部分企业仍停留于传统的管理模式及直观的、事故后"亡羊补牢"的经验型做法上，所采取的各种步骤与方法，如组织措施、技术措施、规章制度、监督检查、宣传教育等，仅局限于防止事故的再发生。尽管传统安全管理对预防事故也起了很大作用，但始终未能摆脱被动的局面。在很多方面远不适应当前企业发展形势需要。随着科学技术的进步，工业现代化进程的迅猛发展，我国已逐步建立了一门新的安全管理科学，即"现代安全管理学"。它在很大程度上综合了系统工程、人机工程、心理学等学科的原理和方法，从系统观点出发，研究构成各部门之间存在的相互联系，发现和评价可能产生事故的危险性，寻找事故可能发生的途径。通过重新设计或变更操作来改善或消除危险性，把发生事故的可能性降低到最小限度，预防事故的发生，从而使安全管理工作逐步走上企业自主负责、自我发展、自我约束的整体运作机制。这样，安全管理就能从根本上克服原始、被动、松散、无序的经验性管理模式，并尽快向严密、有序、高效的科学化管理转变。

（三）建立完整的安全监督检查制度

建立和健全安全监督检查制度，是贯彻执行国家劳动保护法令、法规，保护劳动者安全健康的重要手段，它对于推动企业积极改善劳动条件，消除事故隐患，促进安全生产有着十分重要的作用，也是企业安全管理的一项重要内容和基本制度。如何将安全检查制度始终不渝地坚持下去，这是摆在每个企业面前的一个突出问题。

就目前企业的安全检查实施情况而言，①企业领导对安全检查要认真组织，事先定好检查日期和检查项目，不能使安全检查过程流于形式。②检查人员必须具备专业知识，对生产工艺、设备和设施熟悉，易于发现和识别隐患。③基层安全自查要按规定进行。比如，车间的安全周检，应由车间主任带队，组织有关人员参加，不能由安全员代劳。④制定科学检查方法，便于发挥安全检查的推动作用，按规定每次检查

必须查领导、查管理、查现场、查纪律等方面的内容。⑤对于检查中发现的各类隐患和问题，要进行及时有效的整改。

监督检查是确保安全生产工作的必要手段，通过监督检查以达到消除隐患，达到安全生产之目的。因此，对于监督检查出来的问题，必须有计划，积极地加以解决；对监督检查出来的各类隐患，应按照安全生产责任制分工进行整改，本着"三定四不推"的原则，分级负责，真正把事故消灭在萌芽状态，有效地发挥安全检查为企业生产保驾护航的目的。

（四）建立完善的安全教育体制

安全教育说到底是人的意识教育，是企业强化安全管理的一项十分重要的手段和具体内容。安全教育投入多少，效果好坏直接关系到企业正常的安全生产秩序，其作用不可低估。目前，随着企业规模的进一步扩大和经营机制的转变，安全教育越发明显滞后，远不适应形势的需要。从近年来的工伤事故来看，绝大部分事故的发生均与职工的安全意识不强、违章操作和违规违纪有密切关系，细细分析都属于人为因素所致。所以，加强安全教育迫在眉睫，时不可待。

首先，加强职工安全意识教育，提高员工的安全认知水平，让员工从思想上做到由"要我安全"到"我要安全、我会安全"的转变。其次，通过安全教育，提高员工的作业技术水平和综合素质，减少由于人的不安全行为导致隐患的发生。三是改善劳动条件，积极采取安全技术和工业卫生技术措施，不断采用新技术、新设备、新工艺，逐步实现生产过程的机械化、自动化、电子化和与之相配套的环保设施，消除生产中的不安全、不卫生因素，保证安全生产。

（五）建立职业安全卫生管理体系

建立职业安全卫生管理体系，必须联系实际。这就需要引进安全机制，把安全管理进行层层分解，落实到每一项具体工作中，成为一个动态的有机体。安全管理体系的框架提供了这种机制。领导的承诺决定了公司总体工作目标，而机关科室、生产基层单位根据其基本工作内容划分应承担的安全责任。管理层有确定安全目标、落实计划经费、组织制定作业程序、选择合格物资、选择承包单位、培训、审查等相应安全责任和权利；生产一线危险性最大，应该掌握与应用自身作业过程中的相应程序，明确作业各阶段的安

全要求，做好应急防范，及时发现和报告隐患等。职业安全卫生管理体系将各种制度和规定落实到具体的作业程序和工作内容之中，不但使安全制度更加严密，而且使原来一些比较笼统的安全责任和制度更加具体化、细微化，使安全工作有章可循，更具可操作性。从而使安全工作变被动为主动，全体职工逐步实现从"要我安全"到"我要安全"，最后达到"我会安全"的转变。职业安全卫生管理体系的执行，使每个职工对国家的各项安全法规、作业标准能够自觉遵守和实施，人人都为实现安全管理目标尽职尽力，这对做好安全工作将是极大的促进。

（六）加强安全科技的应用

提高企业安全管理水平，安全科技的作用不容忽视。一要鼓励企业对安全科技研究和开发的投入，确定安全科技研究与开发投资的优先领域，将投资集中在具有社会效益和经济效益、增进广大人民安全健康的项目上。二要充分发挥现有安全科技人才的作用，激励知识创新，鼓励中外安全科技的合作和交流，大幅度地提高科技工作者的创新能力和开拓市场的能力。安全科技人员不仅应掌握安全科学理论体系和系统安全分析方法，而且要能够进行安全审查、事故预测、安全措施制定与效益分析、安全监察与检测以及对事故的处理等。三要努力促进安全科技成果转化为现实生产力，要把安全科技成果转化为可操作的、具有市场竞争力的产品。四要努力发展劳动保护、安全产业，为保护劳动者的安全健康提供更多的优质产品和技术手段。

综上所述，企业必须下大力气，加大人、财、物的投入，尽快适应市场经济条件下安全管理的需要，探索出一条安全管理新模式、新经验，并结合企业的实际，努力提高各级管理人员的安全管理素质，狠抓安全生产责任制的落实，实行严格的目标管理，抓好安全教育和安全检查，不断改造落后的设备和生产工艺，使安全管理工作尽快步入良性循环的轨道，确保企业在激烈的市场竞争大潮中永远立于不败之地。

三、结论

安全管理是企业管理的重要内容是现代企业科学管理的组成部分。安全管理是针对劳动安全进行的组织、指挥、控制、协调工作，即运用安全的组织、制度、方法手段对劳动安全进行一系列管理。安全管理涉及企业全局的工作，渗透到企业管理的各方面，需要实行全员、全过程的管理，需要企业各级领导和职工以及各部门、各方面分工负责去做。只有全面落实企业安全生产主体责任，每个企业把自身的安全管理做扎实了，整个社会的安全水平才能提升到一个新的高度。

安全波动理论研究与思考

中铝矿业有限公司热电厂　韦坡

摘　要：作者通过将近 8 年对安全生产的观察、研究和管理实践，发现了安全生产事故的共同原因——安全生产波动性。以波动性为基础的安全管理理论，作者把它命名为波动理论。以波动理论为基础对安全生产进行管理指导，取得了很好的效果。

关键词：波动理论；安全边界；安全管理；能量意外释放

现在所知的安全生产管理理论，都是对相当多的事故分析总结归类而产生的，对事故产生的原因、事故过程的认识建立在前人的事故分析上。作者在实践中发现，单独使用这些安全管理理论，可操作性不强，并不能实现可控制的安全生产，多个组合使用，还是会有事故发生。随着安全管理技术的进步，原来的事故分析结论可能变得不太科学，得出的结论对安全生产管理的指导不太好把握，对于动态的生产中的安全可操作性不强。

作者通过将近 8 年对安全生产的观察、研究和管理实践，发现了安全生产事故的共同原因——安全生产波动性。以波动性为基础的安全管理理论，作者把它命名为波动理论。以波动理论为基础对安全生产进行管理指导，取得了很好的效果，实现了所在单位连续 3 年零轻伤及以上人身伤害事故。

一、波动理论

波动性的原型如下。

由于所有安全管理理论都认为，人是有缺点的。缺点可能表现在很多方面，比如认识的缺点：从事某项工作，却对某项工作所蕴含的理论知识、原理等一直认识不清；或者对某项操作一直不能正确掌握，长期处在遵章操作和违章操作的边界处操作；或者个人能力的缺点，在需要对信号灯、声音等较快反应的工作场合总是反应略慢一些，对一些较复杂程序的操作经常在操作中出现颠倒程序或缺少一步程序的现象；或者由于人的鲁莽、过激、神经质、轻率等性格上的先天缺点等造成人员产生不安全行为。但并不是所有的不安全行为都会发生事故。管理不到位、危险能量的意外释放也会产生波动性，对人的安全造成影响。

只有在多种条件的共同作用下波动超出了安全范围才会发生事故。

图 1 中所表现的是从新员工到熟练员工一般情况下不安全行为波动性变化的大致趋势。从图中可以看出，新员工波动性大，发生事故的概率较大。熟练员工波动性小，发生事故的概率较小。

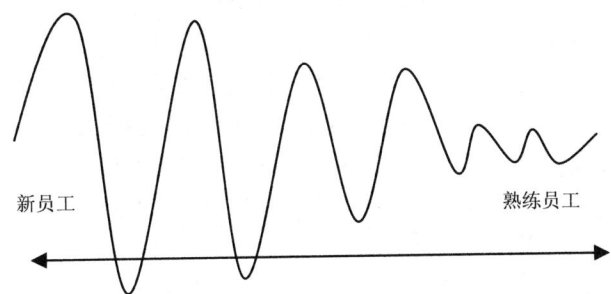

图 1　从新员工到熟练员工不安全行为的波动性

图 2 中所表现的是一个组织（班组、队、车间等）的员工不安全行为的波动性：用三条曲线画出了三种人的不安全行为的波动性。波动只有进入事故区域才会形成安全生产事故。员工越多图线越多，但都与这三种曲线的任意一种相似或相同。

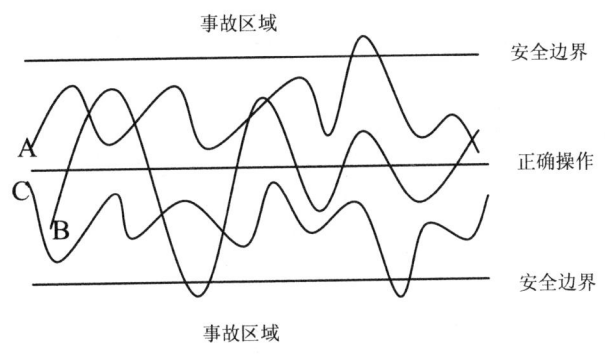

图 2　组织员工不安全行为的波动性

B 曲线代表新员工（大多数员工安全生产波动控制的走势）通过刚开始时的一些险肇事故的教训，开始变得能合理控制波动，变得基本安全了；A、C 曲线代表激进的员工（两种有些极端的性格趋势）在较长的时段内还会发生事故的可能性或已发生统计数据上的事故在图表上的反映。

长期的安全管理不到位也会因波动性造成安全问题，与人的不安全行为共同波动（或者叫共振）造成管理隐患的波动性。波动只有进入事故区域才会形成安全生产事故。安全管理的因波动性造成的伤害可能是多个人在不同时间的伤害。

危险能量的意外释放也会因波动性造成安全问题，与长期的安全管理不到位、人的不安全行为共同波动造成隐患。

二、举例

下面举两个例子来更详细地说明一下。

某机械师企图用手把皮带挂到正在旋转的皮带轮上，因未使用拨皮带的杆，且站在摇晃的梯板上，又穿了一件宽大的长袖工作服，结果被皮带轮绞入，导致身亡。事故调查结果表明，他使用这种上皮带的方法已有数年之久，手下工人均佩服他的手段高明。查阅前 4 年的病志资料，发现他有 33 次手臂擦伤后治疗处理记录。这一事例说明，事故的后果虽有偶然性，但是不安全因素或动作在事故发生之前已暴露过许多次，如果在事故发生之前，抓住时机，及时消除不安全因素，许多重大伤亡的事故是完全可以避免的。

关于该机械师长期违规操作的不安全行为用波动性图可以表现得更明白些：图 3 中左侧部分表示他在最后导致死亡前的长期的操作中的波动性，有一些波动过大的操作导致手臂擦伤，最右边表示的远远超出安全边界的波动导致死亡。许多员工死亡案例的波动性与此图是一样的。

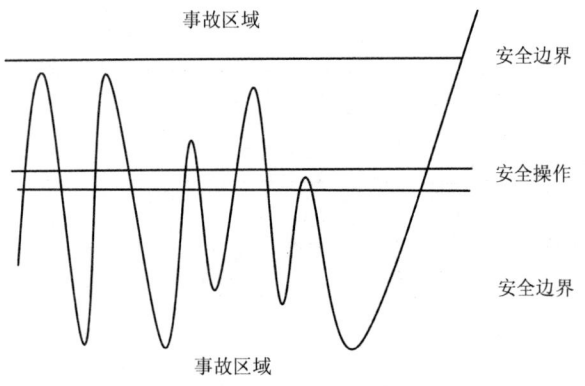

图 3　某机械师长期违规操作的不安全行为波动性

该起事故的原因在于企业安全管理的缺失（如操作规程不完善，或虽完善但长期未得到执行、管理者未进行制止和纠正）、个人的不安全行为、能量的意外释放、当时的偶然因素（如该机械师没休息好、急躁等因素）共同波动而产生的。

预防该事故的发生需要多方面的控制措施：如制定完善的安全规章制度、操作规程、动作标准、安全防范措施、个人能力的安全确认等，并确认这些措施得到正确实施，消除幅度较大的波动性，这个死亡事故完全可以避免，甚至可以减少乃至消除该机械师的擦伤事故。

再举一个作者所在企业 20 年前发生的一起事故案例。

一位电工在未停电的情况下更换电压为 380 伏的三项接触器的触头中的一个，在更换触头的过程中钳子因为摆动接触了旁边的带电的触头，产生电弧烧伤手部、胸部、脸部部分皮肤。在那个配电柜中，三项接触器的触头间距离很近，伸下钳子，距离紧挨着的触头只有 5 毫米，钳子在夹住旧触头并卸下退出，夹住新触头并进入安装过程中不能有超出 5 毫米的摆动，否则就会造成事故。该电工这样操作已经有 10 年了。

关于该电工长期违规操作的不安全行为用波动性图可以表现得更明白些：图 4 中左侧部分表示他在最后导致触电前的长期的操作中的波动性，最右边表示超出安全边界的操作波动导致了触电事故。许多员工的伤害案例的波动性与此图是一样的，具有普遍性。

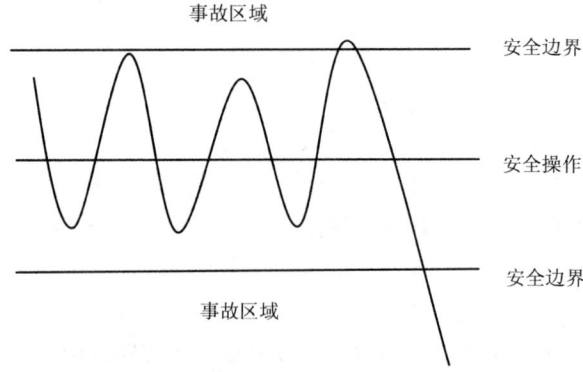

图 4　某电工长期违规操作的不安全行为波动性

该起事故的原因在于企业安全管理的缺失（如操作规程完善但长期未得到执行，管理者未进行制止和纠正）、个人的不安全行为、能量的意外释放、当时的偶然因素（如该电工年龄较大、肌肉控制力变得不稳定、急躁等因素）共同波动而产生的。

预防该事故的发生需要多方面的控制措施：如制定完善的安全规章制度、操作规程、动作标准、安全防范措施（停电后更换等）、个人能力的安全确认等，并确认得到正确实施，消除幅度较大的波动性，这个触电事故完全可以避免。

从前面的描述及举例中可以说明，减小和消除安全生产中的波动性是实现生产中零伤亡的可操作途径，这个目标是可以实现的。

三、安全生产波动性产生的原因

安全生产的波动性是怎样产生的呢？

第一是管理上不安全的波动性产生的原因。管理上的不安全的波动性产生的原因主要是安全管理规章制度不完善。还有其他的原因：如领导对安全不重视，只重视产量、质量、利润等；企业安全管理者对安全管理技术不熟练；直线管理部门对安全管理不重视；生产及安全的目标，职员的配备，资料的利用，责任及职权范围的划分，职工的选择、训练、安排、指导及监督，信息传递，设备器材及装置的采购、维修及设计，正常及异常时的操作规程，设备及安全设施的维修保养等存在问题。

第二是员工不安全行为的波动性产生的原因。遗传因素可能造成的鲁莽、固执等不良性格；鲁莽、固执、过激、神经质、轻率等性格上的先天缺点，以及安全生产知识和技术掌握不到位等后天的缺点；曾经引起过事故、可能再次引起事故的人的行为；对周围物的不安全因素辨识力差；年龄的变化、情绪的变化、健康的变化等。

第三是能量意外释放的波动性产生的原因。失去控制或意外释放的机械能、电能、热能、化学能，从小量到大量、从缓慢到急促、从隐蔽到突出产生多种、多重的波动性。

四、减小和消除安全生产的波动性的方法

如何减小和消除安全生产的波动性呢？

第一，减小和消除管理上不安全的波动性产生的方法。在全面安全风险辨识的基础上，依据安全法律法规、相关标准规范等制定完善的安全管理规章制度、操作规程，领导对安全要足够重视，采取措施使相关人员和员工遵守安全管理规章制度、操作规程，并经常检查确认；企业安全管理者熟练掌握安全管理技术，合理使用管理工具；生产及安全的目标合理安排，职员的配备，资料的利用，责任及职权范围的划分，员工的选择、训练、安排、指导及监督，信息传递，设备器材及装置的采购、维修及设计，正常及异常时的操作规程，设备及安全设施的维修保养等符合相关要求。

第二，减小和消除员工不安全行为的波动性产生的方法。员工应掌握安全管理制度、安全操作规程；掌握应知应会安全知识，不断提高对周围物的不安全因素辨识能力，认真进行安全确认，避免物的伤害；正确执行工作信息联系程序，对安全指令、命令进行安全确认，有权拒绝违章指挥；加强社会科学知识的学习，合理解决相关问题，减少因社会因素和家庭因素带来的情绪上的波动；搞好身体保健，有病及时就医，合理治疗，防止因身体健康原因产生的能力波动等。

第三，减小和消除能量意外释放的波动性。用安全的能源代替不安全的能源；限制能量的大小和速度，规定安全极限量；防止能量蓄积；控制能量释放；延缓能量释放；开辟释放能量的通道；设置屏蔽设施；在人、物与能源之间设置屏障，在时间或空间上把能量与人隔离；提高防护标准；改变工艺流程；治疗、矫正以减轻伤害程度或恢复原有功能，搞好紧急救护，进行自救教育，限制灾害范围，防止事故扩大等。

五、结论

实践证明，通过采取以上减小乃至消除安全生产波动性的措施，将企业中安全生产的波动性控制在安全范围是可以实现的。中铝矿业有限公司热电厂将按照党的十九大提出的树立安全发展理念，弘扬生命至上、安全第一的思想，健全公共安全体系，完善安全生产责任制，实现一切风险可以控制，一切事故可以预防，安全发展，科学发展。

浅谈东曲煤矿"四位一体"管理机制，助推安全文化建设

山西焦煤集团有限责任公司东曲煤矿　张光文

摘　要： 安全标准化是企业安全管理的核心内容，为企业安全生产提供标准模式，使企业安全管理趋于规范，人的行为和物的状态得以量化，助推安全文化建设有效落地。所有员工的安全态度、安全技术知识掌握程度以及安全意识的综合体现决定了标准化的每个小点和要素的执行情况。在整个标准化工作中体现了企业安全文化的导向功能，好的企业安全文化是企业安全标准化建设的强大助推器。东曲煤矿通过对多年的安全生产标准化管理经验进行总结，形成了一套行之有效的安全标准化管理体系和方法，本文从四个方面详细介绍了我矿搞好安全生产标准化的一些重要举措，突出体现了安全生产"三基"工作的重要地位，体现了全员、全过程、全方位安全管理和以人为本、科学发展的核心理念，为企业安全文化建设落地提供助力支撑。

关键词： 安全文化建设；安全生产；标准化；管理；创新

安全生产标准化是加强煤矿安全基层基础管理工作的有效措施。近年来，我们按照贯彻落实科学发展观的要求，进行安全文化建设，以创建本质安全型企业为目标，积极推进安全管理创新，充实安全生产标准化验收考核内容，建立起安全生产标准化与安全文化建设、规范操作、改善环境相结合的"四位一体"管理机制，提升了安全生产标准化总体水平。以下是"四位一体"管理机制的主要内容。

一、提高员工素质的四项工作

提高人的安全意识和操作技能，规范人的行为，是实现不断提高安全生产标准化的重要基础。我们实施"培育安全文化，塑造本质型安全人"工程，重点围绕提高职工素质，开展了以下四个方面的工作。

（一）实施素质提升培训工程

通过采取系统培训、模拟演练、现场纠偏、心理调适等一系列手段和方法，对新工人、一般从业人员、特种作业人员、班组长等不同群体，开展理念灌输、习惯养成训练、系统追问、危险预知、危害辨识、操作技能等培训教育，培育职工树立良好的行为习惯和职业素养。培训结束后，逐个考核过关；不能过关者，不得上岗并重新进行培训教育，职工队伍综合素质得到了明显提高。

（二）加强班组长队伍建设

实施班组长持证上岗制度，制定专门培训大纲和培训教材，集中对在岗的班组长开展安全教育培训，培训不过关的撤职换岗。建立后备班组长选拔培训机制，从各班组选拔部分骨干，参加班组长培训。对班组长进行定期考核讲评，实行末位淘汰，空出的职位，从培训合格的骨干中选拔任用。

（三）推行准军事化职业行为训练

为进一步规范员工安全操作行为，提高安全生产标准化工作的执行力，全面开展了准军事化职业行为训练，对职工进行准军事化班前会、队列行走、现场交接班、职业技能训练等多项训练，以严明纪律培养职工的自觉管控能力，使职工自我管理意识得到了显著提升，对落实安全生产标准化管理制度以及规范化作业标准，起到了一定的保障作用。

（四）推行岗位安全确认，手指口述

围绕提高人的安全质量意识和危害辨识控制能力，推行了全员、全方位、全过程、工序化的"三全一化"岗位安全确认。并以"安全预想、危险预知"为主要内容，全面推行了"手指口述"安全确认法，进一步强化了现场安全管理，促进了规范操作的落实。

二、安全管理创新的四项举措

（一）超前管理法

按照集团公司的统一部署，结合东曲煤矿自身工作实际，在安全生产标准化建设过程中，紧紧抓住"四个关键环节"，做到"八个超前"。为突出超前管理文化理念的培育、超前管理制度的建立健全、设备设施的超前投入、重点工作的超前完成，做到超前预测、超前预防、超前预备、超前预计、超前预算、超前准备、超前执行、超前完成。

（二）以点带面法

通过局部达标带动整体安全生产标准化水平上台阶。每月选定一个工作面、一条巷道、一个机电硐室，月初制定目标，落实责任，月底验收，考核评级。持之以恒地抓下去，促使矿井安全生产标准化稳步提高。

（三）典型引路法

通过及时发现和推广在安全生产标准化建设中涌现出的好经验、好做法，推动整体水平上台阶。每月选定一个安全生产标准化业绩突出的队组，组织有关人员召开安全生产标准化现场会，鼓励先进，鞭策后进，提高全体员工对安全生产标准化工作的认识。

（四）激励创新法

鼓励各单位要在安全生产标准化创新上下功夫，大力推广创新项目，完成自主创新，积极引进推广应用新技术、新工艺、新设备、新材料，大力推广先进经验，解决现场难题。对各单位的创新项目，由矿安全生产标准化管理办公室组织有关专业人员进行评审。验收后，给予实施创新项目单位、个人一定奖励；获得集团公司推广项目的，给予重奖。

三、加强环境建设，营造安全文化氛围

加强安全环境建设，提高安全生产标准化水平。坚持以人为本，加强地面和井下安全环境建设，创造良好的环境，为职工安全与健康提供有力保障，提高了安全生产标准化水平。

（一）强力导入安全视觉识别系统

在井下所有采掘工作面、巷道、机电硐室设置禁止、警告、指令、提示等安全标志5000余块，设置各种管理牌板600块，设置报警装置26套，设置安全标语580多条。在地面变电所、坑木场、乘人车场等场所，不但设置了各种安全标志、安全生产管理牌板，还制作了大量的安全宣传标语。在各生产单位的办公室、会议室，均设置有安全标语、黑板报、个人业绩栏、安全工作理念、安全誓词、全家福等牌板。我们还专门为井下施工生产及管理人员更换了新式安全帽，为了便于识别，管理人员佩戴黄色安全帽，安监人员及瓦斯检查人员佩戴黄色安全帽，生产及辅助生产人员佩戴红色安全帽。在安全走廊设置了大屏幕，各队组班前会议室配备了多媒体电化教学设施。安全视觉系统的导入，及时传播了企业安全理念和安全信息。

（二）强化安全环境硬件设施建设

本着高标准、高层次、高水平的原则，深入推进安全生产标准化建设，全面实施井上井下"亮化、净化、美化、规范化"环境改造工程。从井口到井底车场，从运输大巷到采区石门，从工作面上下两巷到采煤工作面，分阶段逐步实现全部照明。实践证明，职工在宽敞明亮的环境中工作，无论心态、注意力还是操作的准确度都有较大改善。

（三）营造安全健康文化

从努力改善职工工作生活环境入手，着力营造安全健康文化。全矿上下建立了职工安全健康保障体系，定期开展职工健康检查，建立了职工安全健康管理档案，在地面和井下分别建立了急救站，为每个生产班组配发了现场急救箱。对职工食堂、宿舍、更衣室全面实施人性化改造，逐步实现服务人性化、就餐住宿宾馆化、更衣洗浴舒适化、井下服务地面化，以减轻职工作业后的疲劳，进一步增强职工凝聚力。

（四）着力打造本质安全型矿井装备系统

①生产装备机械化。采煤、掘进机械化程度达到100%，矿井单产、单进水平大幅度提升。②生产系统科学化。先后进行了通风系统、瓦斯监测与抽放系统、防灭火、矿井排水、矿井运输信集闭等系统的改造，既增强了矿井抗灾防灾能力，又提高了安全生产标准化的科学管理水平。

四、完善四个考核机制

在坚持安全生产标准化"旬检月验"制度的基础上，不断完善安全生产标准化的考核运作机制，将安全生产标准化工作逐步纳入规范化、制度化、科学化轨道，保证安全生产标准化工作的规范运行。

（一）改革薪酬分配机制

发挥政策导向作用，引导职工牢固树立"安全就

是效益"的观念，推行安全质量结构工资制。各单位安全生产标准化在工资分配中的比重全部达到30%以上。改变传统的"以量计资、超产超尺累加计奖"的考核方式，试行"订单化生产、市场化运作"的管理模式，促进了基层单位由生产管理型向安全质量管理型的转变。

（二）严格月、季考核机制

为了保证质量标准化水平的平稳提高，安全生产标准化办公室严格执行旬检月验制度，每月依据各专业打分情况、安监处督察小分队活动情况及班评估情况进行排名排队，奖先罚后，月度所有奖罚均纳入企管办综合绩效考核。季度考核以集团公司安全生产标准化检查考核结果为依据，达到规划目标得奖，否则不得奖。

（三）实施专项奖励机制

认真组织开展安全生产标准化示范区（科）队、安全文明班组竞赛活动，不定期组织召开安全生产标准化现场推进会议，及时推广先进经验。同时采用正激励手段，对在安全生产标准化工作中取得突出成绩的先进单位和规范操作的职工给予专项奖励，有效促进职工由"要我安全"向"我要安全"转变。

（四）建立管理人员安全业绩考核管理机制

制定实施了管理和技术人员井下带班盯岗和走动管理制度，对安全生产标准化工作出现的问题，全面实施责任分析、系统问责机制。

五、结论

近年来，东曲煤矿通过加强矿井安全生产标准化建设，形成了一套行之有效的安全管理体系和方法，井上下生产作业环境显著改善，职工队伍整体素质明显提高，突出体现了安全生产"三基"工作的重要地位，体现了全员、全过程、全方位安全管理和以人为本、科学发展的核心理念，助推安全文化建设有效落地，安全生产可控程度进一步增强，为矿井安全生产状况的持续稳定奠定了坚实基础。

"五强五固"安全管理模式，助推班组安全文化建设

华能澜沧江水电股份有限公司小湾水电厂　曾阳麟　乔进国　王远洪

摘　要：班组安全文化建设始终是企业安全文化建设最重要、最基础的组成部分。加强班组安全管理标准化建设是实现班组安全文化有效落地的手段之一，也是提高安全管理水平的重要途径。本文以小湾水电厂推行班组安全管理标准化建设，各个班组逐步建立起以制度化、规范化、专业化及标准化为一体的安全管理长效机制为背景，将小湾电厂运维四班班组作为试点，在5831模型的基础上成功摸索出"五强五固"型班组安全管理建设模式，为班组建设提供经验借鉴。

关键词：班组安全文化建设；5831模型；"五强五固"模式；安全管理标准化

一、引言

小湾水电厂于2011年启动安全生产管理体系标准化建设，按照"管理先进，指标领先，运营卓越，本质安全"的建设理念和思路，坚持以"写你所做的、做你所写的、记录你所做的、检查你所记录的、纠正不合格"为原则，建立了一套涵盖安全管理、目标管理、现场作业、生产经营、检查与整改管理和考核与总结6个模块,共计88个文件组成的安全生产管理体系。

班组是企业最基层的劳动和管理组织，推进基层班组安全管理规范化、标准化建设，是班组推动安全文化建设，增强员工安全素质，提高班组安全能力，夯实安全生产基础的需要；是班组作业程序标准化，减少和杜绝"三违"现象，提升风险防控能力，筑牢安全管理支柱的需要；是班组日常安全管理工作标准化，保障员工身体健康，防范各类生产事故，强化安全管理支撑的需要。小湾水电厂运维四班班组以5831模型的安全生产标准化管理体系建设为基础，将员工行为与制度、现场与记录紧紧联系在一起，有力推进了"人、机、环、管"本质安全型班组建设进程，并成功摸索出"五强五固"型班组安全管理标准化建设模式。

二、"五强五固"型班组安全管理模式的主要内容

在基于5831模型的安全管理标准化示范班组创建活动中，运维四班班组紧紧围绕"个人无差错、班组无违章、系统无缺陷、管理无漏洞、设备无障碍、生产零事故，'人、机、环、管'本质安全型班组"的创建目标，以"一流的企业管理能力、一流的设备性能、一流的技术创新能力、一流的经营业绩、一流的人才队伍、一流的品牌形象"为发力点，着力突出班组安全生产主体作用，成功摸索出"五强五固"型班组安全管理模式。

（一）强化标准化体系，牢固安全管理基础

标准化体系是班组科学管理、长治久安的基础保障。运维四班按照"写你所做的、做你所写的"原则，健全了以23项班组标准、落实88项厂级标准为基础的管理体系；以《岗位工作标准》《全员安全生产责任制》为基础的责任体系，以《运行规程》等104项技术标准为基础的作业体系；以33项现场处置方案、44项应急处置卡为主的应急处置体系。组织编撰了《水轮机机械检修可视化作业指导书》等检修可视化作业指导书65项、定期维护可视化作业卡63项、巡视可视化作业卡139项，包含文字82万余字，图片3900余张。作业标准化体系的可视化，最大限度地避免了理解和执行偏差，降低技术门槛，成为员工开展工作的重要依据和工具。

（二）强化制度落地，稳固主体责任制落实

制度落地，责任落实，才能抓住安全生产的"牛鼻子"。运维四班主导开发的《班组标准化平台》，

利用指纹识别、信息聚合等技术，实现班组管理"凡事有人负责、凡事有章可循、凡事有人监督、凡事有据可查"的信息化闭环，促进了制度落地。执行《员工安全工作信用评价细则》，以一套安全指标体系标示员工在生产活动中的信用记录，营造人人讲安全、重信用，知责、履责、尽责的良好氛围，稳固安全生产的责任防线。开展星级班组建设，通过班组看板管理、员工提案奖励、精益 7S 管理、员工安全信用评价、危险预知训练五项提升机制，以文化引领、制度保障、科技创新、榜样示范四力驱动，建立、完善星级班组建设与管理的长效机制，打造安全、质量、技能、服务、效益均达到优秀的五星员工和五星班组。织密"人防、物防、技防"全方位、立体化安全防护网络。以人防为中心，筑牢违章就是事故的理念，坚持"三铁反三违"，构建不敢违章、不愿违章高压态势，强化红线意识，规范员工行为，促进了"要我安全"到"我要安全"的思想转变。

（三）强化员工安全教育培训，巩固综合素质人才

小湾水电厂具有水头高、转速高、装机大、库水位变幅大等技术难点。其中，机组额定转速 150 转/分，是单机容量 700 兆瓦及以上水轮发电机组中的最高转速；多年设计多年平均发电量 190 亿千瓦时，约占云南统调水电发电量的 10%。对此，运维四班始终把员工教育培训作为提升全员素质、强化安全管理的重要途径。通过岗前培训、应急培训、危险源辨识、员工讲学、导师带徒、技能竞赛、五小攻关、大师讲学和 OPL 点滴教育等方式，促进了"专一会二懂三"的复合型人才快速成长，打造了一支敢为、能为、善为的高素养本质安全型员工队伍。开展体验式安全培训，模拟高空坠落、触电等 34 项体验内容，提高了员工的安全技能和安全意识。小班组育出大工匠，班组先后涌现出云南省劳动模范辉金荣，云南省"云岭技能大师"张会军、"云岭技能工匠"郑智燊等先进典型。

（四）强化文化引领作用，凝固全员向心力

小湾水电厂地处偏远山区，环境艰苦，民族多样，思想多元，职工一个月回一次家，全年和家人团聚的平均时间少于 90 天。运维四班长期扎根深山工作，发扬舍小家顾大家的奉献精神，坚持用文化引领价值、凝聚队伍、凝固人心。以安全、精益、绿色、和谐、文明、激情"六个小湾"企业文化为引领，铸就"特别能吃苦、特别能战斗、特别能奉献"的家国情怀。以"三厚九重"安全文化体系为载体，倡导"员工生命安全和健康高于一切"的安全价值观，树立了"一切事故皆可预防，一切事故皆可避免"的安全志向，追求"把每一件小事做好"的安全愿景，贯彻"零违章、零伤害、零事故"安全目标的班组子文化。开展联谊互助，营造了"有声有色工作，有滋有味生活，有情有义相处"的良好氛围，实现了汉、白、藏、回、彝、苗等多民族班组的大融合、大团结。

（五）强化科技创新，加固建设成果

运维四班围绕科技兴安，成立了创新工作室，不断强化科技创新驱动安全生产，加固安全管理标准化班组建设成果。联合开发小湾安全手机 APP，实现了违章隐患随手拍。开展无人值班技术条件改造，完成防水淹厂房保护、原动力失效保护等 34 项技术改造，降低事故风险和概率，提高电厂本质安全水平。联合开发智能运维云系统，实现报表自动生成、设备运行趋势预警、智能诊断专家库等功能。优化机组技术供水变频器输出频率，至今已节约厂用电 570 万千瓦时，创造经济效益 140 万元。《用于孤岛模式下水电机组调速系统的控制方法》获国家发明专利，填补了国内水轮发电机组调速系统孤岛控制策略的空白。目前已获发明专利 2 项、实用新型专利 11 项、软件著作权 3 项，省部级科学进步一等奖 1 项，国家级管理创新成果一等奖 1 项。

三、"五强五固"型班组安全管理模式建设成效

（一）运维合一生产模式引领水电班组发展方向

为了提升安全能力，运维四班采用"运维合一"生产模式，国内领先。"运维合一"生产模式按照"一岗多责、一专多能"的原则，将传统生产运行多个部门的职能合并，改变员工岗位细分专业传统，组建运维班组，起到了优化资源配置、精简管理环节、提升安全能力、减人增效的效果。"运维合一"是现代水电企业又快又好发展的趋势，"一专多能"复合型人才提高了远程集控对电厂的控制、指挥及事故处置能力，为电网和电厂安全、可靠及经济运行提供有力保障。

（二）三防立体网络夯实本质安全班组建设基础

运维四班坚持问题导向，着力夯实"人防、物防、技防"班组安全基石。以人防为中心，树立违章就是事故理念，坚持"三铁反三违"，构建不敢违章、不愿违章高压态势，强化红线意识，规范员工行为，促进了"要我安全"到"我要安全"的思想转变。以物防为基础，突出设备全寿命周期管理，制定《水轮机技术监督标准》等10项技术监督管理标准，建立了设备从规划设计直至退役、报废的科学管理流程，提升设备本质安全水平。以技防为保障，完成防水淹厂房保护、原动力失效保护等34项技术改造，降低了事故风险和概率，为实现无人值班奠定了技术基础。建设视频监护平台，使用移动视频终端和无线传输技术，实现作业全程实时监控，提升了作业规范性和应急指挥能力。

（三）可视化作业筑牢安全标准化班组建设支柱

运维四班组织编撰了《水轮机机械检修可视化作业指导书》等检修可视化作业指导书65项、定期维护可视化作业卡63项、巡视可视化作业卡139项，包含文字82余万，图片3900余张。作业标准化体系的可视化，最大限度地避免了理解和执行偏差，降低技术门槛，成为员工开展工作的重要依据和工具，进一步筑牢安全标准化班组建设支柱。

（四）五星级班组巩固安全标准化班组建设支撑

为加强班组建设，突出班组安全生产主体作用，运维四班按照小湾《星级班组建设评价管理办法》大力开展星级班组建设，通过班组看板管理、员工提案奖励、精益7S管理、员工安全信用评价、危险预知训练五项提升机制，以文化引领、制度保障、科技创新、榜样示范四力驱动，用过程保结果，建立、完善星级班组建设与管理的长效机制，实现了安全、质量、技能、服务、效益五个方面均达到优秀的五星班组建设目标。

（五）经济效益社会效益并重引领班组建设方向

运维四班主动思索社会责任与岗位业务的结合点，坚持用安全提升效益、竞争力和社会形象。从投产至今，连续安全生产3183天，累计发电1445亿千瓦时、贡献税收90.82亿元。小湾电站的建成使我国坝工技术、高水头发电机组及闸门制造安装走到了世界前沿，有效推动了产业升级，对区域经济发展贡献巨大。运维四班全体员工积极投身精准扶贫、企地和谐建设，开展青年志愿者服务走村串寨，开展校外课程辅导54余次，结对帮扶中小学生120余名，资助大学生10余名。利用多种渠道电厂解决当地就业80500人次，打造了国家级管理创新成果一等奖的"企地和谐小湾品牌"，多家主流媒体进行了报道，提升了企业形象。

四、结论

运维四班在基于5831模型的安全管理标准化示范班组创建过程中，以制度建设为基础，以责任落实为保障，以人才培养为关键，以文化建设为引领，以科技创新为驱动，创新探索了"五强五固"型班组安全管理模式，塑造了想安全、会安全、能安全的本质安全型员工，打造了"人、机、环、管"本质安全型班组，实现了零伤害、零事故、零职业病的安全目标。

浅谈"平安西烟"安全发展的品牌模式

四川中烟工业有限责任公司西昌卷烟厂　刘勇　赵平

摘　要： 为大力弘扬"生命至上、安全发展"的思想，西昌卷烟厂在其近年来的发展历程中，始终将安全文化作为企业文化建设中的重要组成部分，并支持和鼓励安全管理人员开展安全方面的理论或应用研究，发挥科技在安全管理中的作用，成功探索出一套适应自身安全发展的"平安西烟"品牌模式。为进一步提高安全文化建设和安全管理水平，推动全社会生产和生活领域更加安全、健康、和谐，分享其品牌培育成果之经验。

关键词： 文化；科技；品牌；经验

西昌卷烟厂建立于 1985 年，是一家国有中型卷烟生产企业，具备年产 30 万箱以上卷烟生产能力。在 30 多年的发展历程中，工厂通过经验积累、创新精进，逐步探索出一套适应自身安全发展的"平安西烟"品牌模式。

一、持之以恒抓文化塑培，打牢安全意识根基

工厂始终秉持"一个企业没有责任成不了、没有科技强不了、没有文化长不了"的经营管理理念，着力构建安全文化，将其作为工厂整体文化建设中的重要组成部分，持之以恒地抓深抓落地。通过不断积累、取舍、提炼、创新、完善，通过了州级、省级、国家级安全文化建设示范企业创建，逐步形成了工厂的安全生产依靠安全文化、安全标准化、EHS 管理体系的三柱支撑。工厂安全文化建设遵循文化建设的基本规律和特点，从物质、精神、制度、行为四个维度，将其融会贯通、形成整体"四位一体"的安全管控和安全文化建设架构。先后发布 31 个管理标准、78 个工作标准，构建起了系统、全面、管用、适用的安全制度、标准体系，覆盖了工厂安全生产的各部门、各工序、各环节、各部位。从制度层面健全了各层级的自我约束机制和监督检查机制。

二、持之以恒抓责任落实，压紧压实履责担当

任何工作，离开了责任分解落实、监督考评、激励约束，责任就会虚化。对于责任人来讲，重要的也就不再重要，做与不做也就趋同，做深做浅也就随意了。为解决责任虚化问题，工厂着力构建"以决策和资源保障为主的领导责任体系、谁主管谁负责的业务部门主体责任体系和安全管理部门的监督责任体系"。解决好"知责"问题，通过会议宣讲、岗位达标、安委会述职、安全承诺等形式，不断强化安全责任意识。解决好"担责"和"追责"问题，在责任书的拟定上，突出了部门和岗位的针对性，确保责任界定清晰、具体明确、可量化考核，防止责任分解千篇一律、照搬照套，甚至张冠李戴。

三、持之以恒抓标准规范，夯实安全行为保障

标准制度的生命力和价值，关键在于实际的运用和执行。为使工厂制定发布的各类安全标准制度有效落地，提高标准制度的执行力和有效性，真正起到规范和约束各种不安全行为的作用，而不是印在纸上、挂在墙上，落实不到行动和考核上的摆设，工厂着力标准制度整合。把安全标准制度化繁为简，进行"瘦身"，使其真正能落实到部门、作业现场和岗位。把安全标准与车间设备标准化操作、标准化维修有机结合；把安全标准化与班组标准化建设有机结合，持之以恒推行安全标准化岗位达标。

四、持之以恒抓隐患治理，系统管控事故风险

人们常说，一粒砂中看世界，一滴水中见人生。从普通的维修工到聘任为工厂安全工程师的赵平，积极推动工厂安全生产标准化建设工作落地生根，完成了工厂"安全生产五级风险管控"精益项目的研究与实施，凭借专业技术知识，充分运用国家、行业法规和技术标准，助推工厂设备、设施不断迈向本质化安全水平。在防范生产安全事故方面，工厂始终把安全隐患的排查治理作为事故风险防控的重中之重，每半年组织一次全厂性的危险源集中辨识、评价。注重隐患排查治理的系统性思维，建立起以"五级"安全检查为核心的日常安全检查工作机制，强化重点领域、重点部位、重点环节管控实效。按照隐患排查治理"四分析、四不推、三定、五到位"原则，切实整改关闭各类安全隐患，建立并有效运行安全生产预测预警信息系统，形成隐患排查治理常态化的长效机制。

五、持之以恒抓科技创新，打破安全生产瓶颈

长期以来，工厂高度重视科技创新对安全工作的促进和驱动作用，积极支持和鼓励安全管理人员通过科技项目、管理项目、QC 项目等，开展安全方面的理论或应用研究，发挥科技在解决安全管理难点、提升安全管理队伍素质与能力、激发创新中的作用。工厂先后申报并实施了《安全监控人机工程应用探索》《安全标准可视化》《安全精益管理》《抑制 ZB45 包装机工业噪声叠加的创新与实践》等科技项目。安全管理人员先后在《管理学家》《四川职业安全》、中国烟草在线等行业、国家级刊物、网站上发表安全方面论文 12 篇。其中，《建设项目安全监管中应用 PDCA 循环的探索》还受邀参加"第二十届海峡两岸及香港、澳门地区职业安全健康学术研讨暨中国职业安全健康协会 2012 年学术年会交流"，被评为四川省职业安全健康协会 2012 年学术年会优秀论文；《三柱支撑四位一体打造本质型安全生产企业》入选《中国企业安全文化建设典型案例（2015）》和《全国安全生产信息化建设案例汇编（2016）》；《基于安全生产预测预警信息平台确保隐患排查治理主体责任落实》入选《全国安全生产信息化建设案例汇编（2016）》；实施的电瓶巡逻车尾部加装消防应急器材箱，获国家知识产权局外观设计专利；用于抑制噪声叠加和有效衰减噪声的装置，获国家知识产权局实用新型设计专利。

六、持之以恒抓应急体系建设，提高应急响应救援能力

应急救援是企业风险失控后的最后一道防线。工厂制定了完备的事故应急预案，包括综合应急预案和火灾、洪涝、中毒、地震等单项应急预案，以及各类现场应急处置方案，并对应急救援按四个响应层级进行分级管理；每年年初都制订年度应急预案演练计划，并根据计划扎实开展各类应急预案演练，在贴近实战上下足功夫，把应急救援、现场急救知识和技能培训纳入三级安全教育培训内容，提升全员应急救援知识和技能；健全和完善与政府应急处置机构、辖区公安消防单位联动的应急救援联动机制，平战结合地搞好预案报备、情况沟通、联演联动，提高应急快反处突能力的同时，健全和完善应急物资储备，做到科学配置、定期检查、适时更换，健全和完善应急处置救援队伍（抽调车间、设备、维修等专业人员组成一支 22 人的专业应急队伍），配置必要的装备，定期开展培训和演练。

七、结语

"平安西烟"品牌模式的成功培育，让工厂安全生产管理绩效得到持续提升，连续多年被地方政府和相关部门表彰为各类安全先进集体；被上级公司评为"安全生产先进工厂"；先后被评为省消防工作先进单位、全国安全文化建设示范企业、国家安全标准化一级达标企业；连续五年荣获全国"安康杯"竞赛先进集体；动力车间锅炉班荣获全国"安全管理标准化示范班组"称号。

玉门炼化安全文化建设实践

玉门油田分公司炼油化工总厂　　来进和　段天平　王建平　王小龙

　　摘　要： 安全文化建设是安全系统工程和现代安全管理的一种新思路、新策略，也是事故预防的重要基础工程。玉门油田分公司炼油化工总厂（以下简称玉门炼化）在企业安全文化建设实践过程中，注重对环境、行为、制度、精神等各层次的推进，最终形成了"七位一体"安全系统工程。本文主要介绍了玉门炼化安全文化的建设路径以及实践效果，促进企业安全稳健发展。

　　关键词： 安全文化；玉门炼化；建设；实践

　　玉门炼化作为中国第一个天然石油加工基地，受建成时间长、老旧装置多，自控水平低、原油重质劣质化等影响，安全风险大、隐患多，安全管理工作尤为困难。面对安全管理工作中存在的特点和难点，"十二五"以来，玉门炼化以安全文化为引领，通过大力实施企业安全文化建设工作，员工自主管理能力逐步增强，企业本质安全水平不断提升，安全生产形势持续稳定，近 7 年来杜绝了一般 C 级以上事故发生。

一、玉门炼化安全文化建设背景

　　玉门油田开发于 1939 年，是中国第一个天然石油基地。1939—1949 年，累计生产原油 52 万吨，占当时全国原油产量的 95%，在"一滴油一滴血"的战争年代，油田生产的油品有力支援了抗日战争。中华人民共和国成立后，油田被列为"一五"期间全国 156 个重点建设项目之一，1957 年建成我国第一个现代石油工业基地，1959 年生产原油 140 万吨，为油田历史最高，占当年全国原油产量的 51%，撑起了中华人民共和国成立石油工业的半壁江山，被誉为"中国石油工业的摇篮"。

　　作为油田的一个下属企业，玉门炼化在发展的历程中，时时处处体现着"三老四严""四个一样"等企业文化理念，但受发展环境和历史渊源的影响，企业没有形成自己的安全文化，安全管理仍然处于被动的严格监管阶段，与日益严峻的安全生产形势形成差距，如何构建企业安全文化，进行有效的"人因工程"开发，从根本上解决人的安全认知和安全技能问题，提高企业整体安全水平，已成为摆在玉门炼化面前的一道难题。

二、玉门炼化安全文化建设路径

　　新时代，党中央、国务院针对日益严峻的安全生产形势，提出要坚持以习近平新时代中国特色社会主义思想为指导，牢固树立发展绝不能以牺牲人的生命为代价的红线意识，坚持标本兼治、综合治理、系统建设，切实把安全作为发展的前提、基础和保障。中国石油天然气集团有限公司也设立了关键风险领域"四条红线"，确保重点领域、敏感时段风险受控。要实现新形势下安全管理的创新发展，必须着眼于人的安全理念的塑造，着眼于安全责任的落实，着眼于提高安全管理制度的执行力，把以人为本、超前预防的原则落到实处。安全文化建设已成为企业贯彻落实习近平总书记关于安全生产重要思想的具体体现，持续稳定健康发展的内在要求和安全管理创新的重要举措。玉门炼化在安全文化建设方面开展的主要工作如下。

（一）引导员工树立正确的安全理念

　　玉门炼化作为危险化学品生产企业，行业的高风险属性始终没有改变，安全管理处于严格监管初期阶段的现实始终没有改变，任何管理上的漏洞、操作上的失误、监管上的松懈、现场留存的隐患，都有可能带来难以预料的巨大损失和产生颠覆性的影响。通过对厂内历年来事故事件的总结分析，研判安全生产形势和要求，总结凝练出了"四个一切"的安全理念，即一切服从安全；一切事故皆可避免；一切作业皆可引发事故；一切事故、事件、苗头均要调查分析，吸取教训。将"安全第一""预防为先"等理念通过员工易于接受的形式进行传播，引导员工树立正确的安全理念。

（二）推进真心依靠员工的安全情感文化

坚持"真情关爱员工，真心依靠员工"的理念和要求，及时帮助员工解疑释惑、化解矛盾、理顺情绪，形成为民服务机制，温暖了人心、凝聚了力量、鼓舞了斗志，使企业的凝聚力、战斗力、约束力、导向力大大增强。建设文化广场、健身广场、文体中心、候车厅，设计制作劳动模范、操作服务明星等展板，用身边的先进典型激励员工；组织开展青春有约、足球赛、排球赛、羽毛球赛、安全小品大赛、微电影大赛等文化活动，丰富了员工业余文化生活；严抓食品安全管理，不断改善员工生活质量，激发员工用心工作、快乐生活的热情，挖掘员工珍爱生命、重视自我价值的自爱观。

（三）建设标准规范的作业现场文化

以标准化、目视化建设和 6S 管理为手段，持续改善作业现场的安全环境。在厂门、绿化带、装置楼道走廊，以展示牌为载体制作企业安全文化墙、安全文化长廊；制作"亲情园地"展示员工家庭生活照，并附有家人的亲情寄语；根据风险评估情况，在重点部位设置警示标识，告知岗位员工区域设备存在的风险，提示注意事项；在管线显著位置标识介质、流向等信息，确保员工能迅速准确地找到具体控制部位，防止误操作；对工器具进行定置化管理，用文字和不同的图标来标明工器具的摆放区域，提示员工规范使用、存放；对人员实行"6+5"的立体交叉巡检标准化要求，将巡检内容以图片的形式放置在员工出发巡检的起始点，提示员工进行标准化巡检。生产现场面貌持续大幅改善，厂区内外干干净净、整整齐齐、井井有条，厂容厂貌持续发生深刻变化，为员工的安全行为养成创造条件。

"6+5"立体交叉巡检的"6+5"是指巡检中必备的六种安全装备——安全帽、对讲机、打点器、防爆手电、气防设施、手套和五种巡检方法——走到、看到、摸到、闻到、听到。"立体"是指巡检要对天上、地面、地下立体全覆盖无遗漏巡回检查；"交叉"是指机关部门、检维护单位和属地单位及属地单位内部的管理干部、技术干部、运行班组员工，严格按照规定的时间、路线、内容进行交叉巡检，加密巡检频次，确保现场动态和异常第一时间得到发现、报告和处置，

实现现场严密受控管理。

（四）建设良好习惯养成的安全行为文化

构筑"自觉坚持七个必须，努力养成七种习惯"的安全行为文化建设。七个必须是指管理必须严格、纪律必须严明、奖惩必须分明、领导必须带头、作风必须过硬、责任必须落实、执行必须到位。七种习惯是指养成尽职守规、高严细实的习惯，养成干净整洁、规范完好的习惯，养成健康安全、环保节能的习惯，养成学习思考、总结提升的习惯，养成真诚守信、团结互助的习惯，养成乐观阳光、积极向上的习惯，养成风清气正、清廉奉献的习惯。

（五）健全合规可执行的安全制度规范

坚持"管生产必须管安全"的原则，以现场生产岗位为核心，建立健全安全标准、操作规范、规章制度和防范措施，颁布玉门炼化《规章制度汇编》共六个分册，包括规章制度 351 项、工作标准 20 项、工作流程 168 项、工作模板 435 项，强力推行标准化的操作；严格制度执行考核，不断强化"有岗必有责，有责必担当，失责必追究"的安全生产责任制落实原则；加强安全监督机构建设，强化安全监督检查，及时制止违章指挥、违章作业等不安全行为，及时发现安全制度规范在实施过程中存在的漏洞和管理中的薄弱环节，从而促进安全制度和安全规范的正确有效实施。

（六）建立抓小抓早的主动出击意识

建立安全生产的主动出击意识。在思想层面，重视老问题（隐患）和小问题（隐患），出现小问题，要推动大反思，吸取大教训，及时纠偏、举一反三；在行动层面，以风险分级管控和隐患排查治理为抓手，定期组织排查，对发现的问题积极筹措资金，从设施、防护、管理等入手，严格按照"五到位"的要求进行整改，积极推广应用安全联锁、安全预警技术，完善工艺流程和生产设备的安全防护设施，按标准配备个人劳动防护用品，确保现场本质安全水平；在激励层面，出台《发现隐患避免事故事件奖励管理办法》，对发现隐患的员工按照"六个不一样"的原则进行奖励，根据避免事故事件的程度，最高可达 5000 元，发动员工主动出击，积极排查现场存在的隐患。

"六个不一样"原则：在岗和不在岗发现不一样，夜班和白班发现不一样，高处和低处发现不一样，非巡检点和巡检点发现不一样，危害程度高低不一样，

恶劣天气与正常天气发现不一样。

（七）强化能力提升的安全保障文化

把员工能力的提升作为保障安全发展的重要措施，坚持依法培训与常规培训相结合，定期培训与日常教育相结合，意识培养、知识培训与技能训练相结合，不断提升员工安全素质。主要方式有：学习——建立学习型企业，自觉学习，把自己武装成行家里手；培训——建立培训需求矩阵，缺什么补什么；案例教育——从自己的案例、同行的案例中，吸取教训、采取措施；安全经验分享——吸取教训，积累经验，养成良好习惯；履职能力评估——建立能岗匹配的员工队伍，考核合格方可上岗。

三、玉门炼化安全文化建设的实践效果

通过安全文化建设，玉门炼化最终形成"七位一体"的安全系统工程，一是坚持安全文化是引领，坚持"四个一切"理念和要求（一切服从安全；一切事故皆可避免；一切作业皆可引发事故；一切事故、事件、苗头均要调查分析，吸取教训），大力推进"自觉坚持七个必须，努力养成七种习惯"；二是坚持落实责任是关键，强调领导干部在安全生产中的决定作用，强调"有岗必有责，有责必担当，失责必追究"，以问责倒逼安全责任落实；三是坚持提升能力是重点，强调通过学习、培训、履职能力评估，培养"我想安全、我会安全、我能安全"的本质安全型员工；四是坚持本质安全是基础，"今天的隐患就是明天的事故，不断提升本质安全水平"；五是坚持控制风险是根本，"安全工作的实质就是控制风险，就是把绝对的不安全转化为相对的安全"；六是坚持安全监督是要害，强调通过安全监督，督促各级管理人员、操作人员落实安全责任，控制现场风险；七是坚持凝聚力量是保障，强调"安全是团队上下齐心协力的结果"，通过激发员工用心工作、同心协力，共保安全。

四、结论

玉门炼化通过安全文化建设，在企业内部形成了自主管理、自我控制的长效机制，进一步夯实现场安全管理基础，保障了设备设施的本质安全，同时员工操作行为更加规范，安全意识和安全认知普遍提高。安全文化建设在促进企业安全稳健发展的同时，也为企业树立了良好的社会形象。

关于优化船舶企业安全文化管理的思考

武船集团南通顺融重工有限公司　李凯　张莉君

摘　要： 船舶制造企业是一个技术密集、资金密集、劳动力密集的产业，造船生产现场工种多、工艺复杂、呈现着多方位的立体交叉工作状态，是一个庞大的系统工程。随着生产力的发展，船舶制造过程中的安全管理工作至关重要，同时也面临着更多的挑战和更大的压力。安全文化建设是安全管理价值观逐步具体化的传播过程，是提高安全管理水平的重要手段。因此只有加大船舶企业文化建设的力度，才能把企业的价值观体系和管理理念更好地贯彻落实到基层，适应企业管理将管理标准上移、预控关口前移、管理重心下移的需要，提升企业的综合竞争力，赢得企业发展先机。本文以武船集团南通顺融重工有限公司（以下简称武船集团）为例，就如何通过优化安全文化建设加强企业安全工作，进行粗浅的探讨。

关键词： 安全文化建设；安全管理；安全生产现状；危险性分析

船舶工业是一个技术密集、资金密集、劳动力密集的产业，造船生产又是一个庞大的系统工程：生产周期长、生产工艺要求高、工序复杂、工种繁多、作业流动性大、机械化程度高、作业环境艰苦、劳动强度强等，因而造船厂是被国防科工委认定的从事危险作业的企业之一。随着生产力的发展，武船集团安全文化建设和安全管理工作也将承受更多的挑战和更大的压力。近些年来，通过从上到下的共同努力，武船集团的安全管理水平已有了很大提高，但生产安全事故仍时有发生，因此，加强企业安全文化建设，以安全文化推进安全生产，将安全文化融入企业安全管理的各个环节，将安全意识融入员工的日常生活和工作、生产中，使"安全第一"成为员工的第一需要，从而确保安全生产。

一、船舶生产制造的危险性分析

生产过程中人员伤亡的发生，往往是处于一系列因果连锁反应末端的事故结果，而事故常常起因于人的不安全行为或机械、物质的不安全状态，它们是事故的两个基本要素。

船舶建造过程中涉及的危险作业类型众多，极为复杂，主要包括焊接作业、气割作业、立体交叉作业、密闭舱室作业、有限空间作业、装配作业、运输作业、起重作业、涂装作业、放射检验作业、设备调试作业，以及船舶下水作业和水上航行作业等。按照作业进行过程中的空间位置关系又可以将它们分为高空作业、临边作业、密闭舱作业，以及陆上和水上交通作业等。在上述作业行为中，人的不安全行为，以及物的不安全状态大量存在，危险因数随处可见。

控制人的不安全行为和物的不安全状态最好的切入点就是进行安全文化建设，用正确的价值观、思想理念和行为方式去引导员工的安全意识和安全行为，营造员工心里认同和具有凝聚力的良好的安全生产环境和秩序，将安全文化注入每一个员工心里，最终实现本质安全。

二、加强船舶企业安全工作的有效措施

安全生产管理，就是针对人们生产过程中的安全问题，运用有效的资源，发挥人们的智慧，通过人们的努力，进行有关决策、计划、组织和控制等活动，实现生产过程中人与机械设备、物料、环境的和谐，达到安全生产的目标。如何优化安全文化建设来加强企业安全管理工作，具体可从以下几个方面入手。

（一）提高员工的安全意识和综合素质

生产现场是企业人员最集中的场所，是人们思想活跃的空间。在这个环节中出现问题就会波及整个企业，影响企业整体效益，企业的总目标就难以实现，这一环节的问题往往表现在安全生产、产品质量、物质消耗及设备运行状态上，而原因主要是出在"人"的因素上。因此现场管理的核心是人，人与人、人与物的组合是现场生产要素最基本的组合。从启东中远船务提出的"人人安全"这一安全管理理念实践中可

知，企业的一切生产活动管理都是由人来掌控、操作和完成的。优化现场管理仅靠少数专业管理人员是不够的。必须依靠现场所有员工的积极性和创造性，增强员工的安全意识，发动广大员工参与管理。生产员工在作业过程中，按照统一标准和要求实行自我管理、自我控制，以及实行岗位上人与人之间的相互监督。要做到员工自主管理，培养员工良好的安全操作习惯和参与安全管理的能力，不断提高员工的素质，只有现场生产员工的素质和安全意识提高了，才能增强他们的责任感，才能提高工作主动性，也才能够实现从"要我安全"到"我要安全""我会安全"的转化。

（二）建立健全各项安全生产规章制度

国家的安全生产法律法规、标准等是企业加强安全管理，规范安全生产行为的重要准则，也是规范生产作业行为的主要依据。而企业制定的规章制度就是"企业内部法治"，如各类作业指导书与作业规范制度、教育培训制度、绩效考核制度、安全检查制度等，都对规范管理过程、规范活动行为有十分重要的作用。因此企业必须遵循法治思想，绝不能以人治代替真正意义上的法治，力求避免"人而治之，法而松之"的现象发生。不断创新安全生产管理的发展，这才是船舶建造企业安全生产关键之所在。

（三）主体责任的落实

安全生产责任制是企业岗位责任制的一个重要组成部分，是企业最基本的一项制度，是所有安全规章制度的核心。抓好安全管理必须从建立健全和落实安全生产责任制开始，它是加强安全生产工作的关键保证。

安全生产责任制是根据"管生产必须管安全"和"谁监管谁负责"的原则，以制度的形式，明确企业法人是本单位安全生产第一责任人，同时也规定了各级领导、职能部门、有关工程技术人员及生产员工，切实把主体责任落实到每一个班组、每一个岗位、每一个员工，甚至每一个环节，让每位员工在各自的工作范围内对安全生产负责任，真正使安全上做到纵向到底（即各级人员的安全生产责任制），横向到边（即各职能部门的安全生产责任制）。

（四）完善安全生产教育和培训

从法律层面来看，根据《中华人民共和国安全生产法》第二十三条生产经营单位的特种作业人员必须按照国家有关规定经有关单位的安全作业培训，取得特种作业操作资格证书，方可上岗作业；第五十条从业人员应当接受安全生产教育和培训，掌握本职工作所需的安全生产知识，提高安全生产技能，增强事故预防和应急处理能力等法律法规，都对教育培训做出了相应要求。

从实际需求来看，船舶建造员工众多、劳动强度大，安全风险高。要做好船舶建造企业的安全生产工作，降低事故率，首先应该让员工对自己从事的行业和工作做一个全面的分析，对工作中可能出现的危险点，相应的规避措施等做全面了解，从而保证从业人员具备必要的安全生产知识，熟悉有关的安全生产规章制度和安全操作规程，掌握本岗位的安全操作技能，让每一个员工从接触作业开始，就树立起"安全第一，预防为主、综合治理"思想。

然而，教育培训就是最好的途径。培训过程要遵循"全员、全面、全方位、全过程"安全生产管理法则，即教育对象广泛、教育内容丰富、关注生产过程中各个环节的安全教育、安全生产意识贯彻到整个生产过程四个方面。教育培训是一项十分重要的基础工作，更是一项事半功倍的工作，船舶企业应该将其作为安全生产管理的一项常抓不懈的重点来抓。

（五）构建高标准的安全管理体系

就船舶企业来说，要认真分析生产过程中的每一个环节和关键点，将安全管理分解到每一个细节，才能实现安全工作的高标准、常态化。

首先，安全生产应急措施要到位。船舶建造企业生产现场作业员工的特点主要是在高空、露天等不同的环境中工作，在作业活动中存在着某些可能会对人身和财产安全造成损害的危险因素。根据这些年安全生产管理工作的实践总结，在日常安全生产中，必须建立安全生产管理应急预案、应急救援队伍、各类安全生产管理责任人网络等制度。

其次，安全生产的投入要保障。安全生产的投入是保障安全生产的重要基础，只有保障人力投入，才能建立健全安全生产管理机构，才能建设强有力的监管队伍；只有保障物力投入，才能整改设备存在的隐患，才能配置生产需要的安全设施。正是因为有了安全作保障，才能使生产劳动行为顺利达到目的，并最终创造企业的经济效益。因此，安全投入不仅是成本，更是效益，必须实施到位。

再次，构建双重预控体系。双重预防体系强调了推动安全生产关口前移，特别强调了对风险的分析管控，在实质上高度贴合本质安全的核心思想，以风险管理为抓手，通过进行风险的分析与评价，找出人的不安全行为、设备的不安全状态、环境的不安全范围、管理的漏洞与缺陷，制定相应的管控措施并明确管控层级与管控职责，确保对各类风险进行科学、有效的控制，消灭隐患产生的源头；以隐患排查治理为手段，确保风险管控措施的落实，同时发现新的风险点、危险源及制定更好的管控措施，切实提高企业安全管理水平。

最后，推进安全生产标准化。对于船舶建造企业来说，在相关的规范与标准中都对其安全生产标准化进行了明确的规定，其中也包括安全生产标准化开展的途径与方法，这不仅能够规范企业自身的生产活动，更是明确了整个船舶建造行业的生产经营活动的安全生产标准，也为生产技术的改进与创新提供了必要的支撑和保证。船舶建造企业加强安全生产标准化建设，也是强化其安全监督、保证行业安全生产的重要举措，安全生产标准化体系的建设，是船舶建造企业安全生产的标杆，也是未来船舶建造业安全工作的重中之重。

三、结论

船舶工业要保持高速度发展势头必须要有安全稳定的局面作保证。要牢固树立"安全生产工作要始终坚持从零开始"的理念。只有加强生产中的安全管理，才可以达到高标准的安全生产发展目标。总之，船舶工业安全生产管理是随着船舶生产的发展而发展的，随着时代的变迁而进步的。在当前的新形势下，我们必须牢固树立"一切为安全工作让路，一切为安全工作服务"的观念，坚持安全压倒一切，安全为天、安全至上，把"安全第一"的方针落到实处，为武船集团事业的明天保驾护航。

基于无事故管理的 1000 安全文化体系的构建

中国宝武集团上海梅山钢铁股份有限公司　刘青　冷玉泉

摘　要：安全文化建设提高企业安全管理的需要，也是国家实施安全发展战略的重要举措。中国宝武集团上海梅山钢铁股份有限公司（以下简称梅山）作为宝钢股份四大制造基地之一，大力推进安全文化建设，坚持以员工为中心开展安全工作，以员工的安全行为、物的安全状态为主线，按照"一切事故疏于管理、一切事故皆可预防"的安全理念，努力推进"安全第一、岗位隐患为零、员工违章为零、管理缺陷为零"的 1000 安全文化体系的构建，持续全面推进无事故安全管理模式，提升了大型国有钢铁企业的安全管控水平。本文主要阐述了 1000 安全文化体系的内涵、实施措施和效果评价，以期为钢铁企业提供借鉴。

关键词：1000 安全文化；无事故管理；体系构建；效果评价

梅山是宝钢股份四大制造基地之一，集冷轧、热轧、炼钢、炼铁、烧结、炼焦、选矿、采矿及钢铁生产服务为一体的现代化钢铁联合企业。2008 年以来，公司为了探索和实践无事故管理，安全工作从"岗位有隐患、员工有违章、管理有缺陷"向"岗位无隐患、员工无违章、管理无缺陷"推进。梅山按照宝钢股份"123"安全管理模式要求，坚持以员工为中心开展安全工作，强化以员工的安全行为、物的安全状态为主线，以有效提升各级管理者、一线员工、协力安全体系的安全能力为着力点，以"一切事故疏于管理、一切事故皆可预防"为安全理念，逐步建立起"安全第一、岗位隐患为零、员工违章为零、管理缺陷为零"的 1000 安全文化体系，持续全面推进无事故管理模式。

1000 安全文化体系以"一切事故疏于管理、一切事故皆可预防"为安全管理理念，从"岗位有隐患、员工有违章、管理有缺陷"到"岗位无隐患、员工无违章、管理无缺陷"持续进行改进，以坚持安全是第一管理，努力做到现场隐患为零、员工违章为零、管理缺陷为零为目标，进行安全无事故管理，最终实现长周期安全无事故（模型如图 1 所示）。

安全无事故管理，就是以员工为中心，树立安全发展理念，全面落实安全生产责任制，坚定"一切事故疏于管理、一切事故皆可预防"，按照严格苛求、永不停顿找差的要求，努力做到"岗位无隐患、员工无违章、管理无缺陷"，构建缜密高效的系统管理、本质安全的岗位环境、标准作业的操作行为，持续改进，最终实现安全零事故。

一、1000 安全文化体系的基本概念

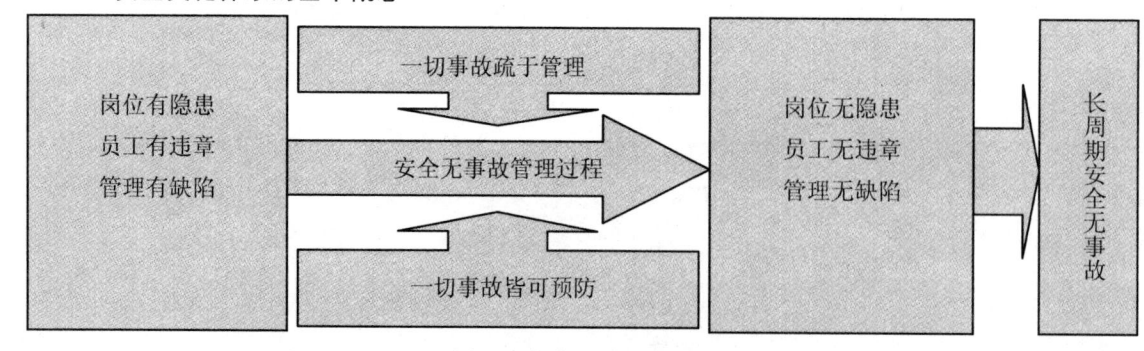

图 1　安全无事故模型

二、1000 安全文化体系的实践路径

从 2008 年起，梅山在探索、实践、深化无事故管理、构建 1000 安全文化工作中，十年来，创造、运用、总结了数十项安全管理的方法和举措，持续消除岗位

隐患、员工违章、管理缺陷，不断丰富和完善 1000安全文化体系。

（一）岗位无隐患的实践路径

强势推行项目"三同时"和标准化建设。凡是新建、改建、扩建的建设项目，从可行性研究至竣工验收、投入生产和使用前，都必须严格按照建设项目安全生产设施与主体工程同时设计、同时施工、同时投入生产和使用的要求进行建设与管理，安全设施投资应当纳入建设项目概算，并经过严格的验收方可投入试用和生产。

建设、技改工程工地和重要的设备检修现场，必须做到安全管理规范，工地安全体系健全，制度完善，责任到人，教育常抓，检查认真，预防得力，安全防护符合施工（检修）规范标准，确保做到无因工死亡、重伤和重大机械设备事故，无火灾事故，无环境污染事件。

全员参与岗位风险辨识（描述）与应对。组织全员对岗位安全风险的辨识（描述）与分析，找出岗前、岗中、岗后存在的安全风险，讨论研究并掌握应对措施。从而使每一位员工把安全风险辨识与应对转化为每时每刻的安全行为习惯，实现安全自我管理，保障安全生产稳定顺行。

隐患整改"三定四不推"和"五落实"。所有员工和组织有责任和义务，要先于上一级发现整改现场的隐患，隐患整改必须定人、定时间、定措施；明确要求，对于发现的隐患，个人不推给班组，班组不推给作业区，作业区不推给厂部，厂部不推给公司。

各级安全生产大检查时，对排查出的事故隐患和安全生产问题，都层层建立台账，做到隐患整改责任、措施、资金、时限、预案的"五落实"。"五落实"即落实整改目标、落实整改措施、落实整改时限、落实整改责任、落实整改资金。

创建尘毒治理示范。把"以人为本，保护劳动者健康权益；预防为主，促进企业可持续发展"的思想贯穿于职业卫生管理的每一个环节，以省级尘毒示范企业创建的标准，加大岗位尘毒治理，消除岗位尘毒隐患，建立职业病危害防治的长效机制，使员工享有较高水平的职业健康工作环境。

（二）员工无违章的实践路径

班前会作为班组安全管控的重要环节，主持会议者必须落实安全三讲：讲流程——全班员工明确当班作业内容及配合步骤，讲风险——每个员工明白作业过程可能遇到的安全风险，讲管控——每一作业者都明白并掌握每项风险的针对性的管控措施。

所有的设备设施检修，必须按照"安全第一、质量第二、进度第三"的要求，确保项目检修过程人身安全，要求做到无检修委托不作业、无安全技术交底不作业、未检修挂牌确认不作业和动火作业措施落实不到位不作业。

在生产过程中出现故障时，必须按照五个步骤进行处理：停机挂牌、明确安全监护人和安全措施、现场安全确认、按照方案处理、工完料尽场地清后摘牌恢复生产。

在同一个作业的集体内，每个员工都有义务和责任对即将作业过程中将会出现的违章行为给予提醒，对已经发生的违章行为立即指正，不让违章行为继续发生下去。对作业集体内发生违章，其他员工没有指正，将视同违章实行连带考核；对指正中止违章的员工在一定范围内给予表扬和奖励。

根据违反安全禁令就是事故的理念，把违章当作未遂事故进行管理。当违章行为被查出时，要召集同一班组或相同工序的作业者召开分析会，由违章者自述违章经过和违章动机（心理），与会者一起分析违章原因和可能产生的事故后果，讨论预防违章的措施，统一思想后，共同承诺不再发生同一类型的违章，如若再发生同一性质的违章行为，愿意接受加倍处罚。从而做遵守安全规章制度、标准化作业的模范。

将所有的违章现象，根据可能造成事故后果的严重程度，明确不同的分数，对违章行为记分。在一个周期内，根据累计记分的多少，分别给予经济考核、诫勉谈话、下岗培训和解除岗位聘用等处理，强化员工正确履行岗位职责、自觉执行规章制度和作业标准。

凡是在有限空间作业，必须申请并得到批准、必须进行安全隔离、必须进行置换和通风、必须按时间要求进行安全分析、必须佩戴规定的防护用具、必须在器外有人监护、必须有抢救后备措施、监护人必须坚守岗位。

（三）管理无缺陷的实践路径

以"管事首先谋安全、做事第一做安全"的原则，立足各自专业条线，对照《安全生产责任制度》和管理者安全履职清单，在策划、布置、检查、总结、评比专业工作时，同时策划、布置、检查、总结、评比安全工作。并对基层专业条线安全责任落实实施指导、检查和评价，开展推进情况分析，明确改进措施。

各分厂（车间）及以上管理者，须按公司的要求，定期到作业现场开展行为安全观察与沟通活动，每次观察不少于 15 分钟，并填写《行为安全观察与沟通卡》。活动由四个步骤组成，即计划、观察、沟通、反馈（沟通五要素即表扬、交流、讨论、启发、感谢）。观察记录有七项内容：人员反应、个体防护装备、人员位置、工具与设备、程序与标准、人体工效学、现场环境与秩序。

各级组织和管理者须把外协队伍和外协员工当作自己的一个下级组织和员工一样来加强对外协的安全管控，外协安全管理要把好"三关"，即入口关、过程关、评价结算关，做到"四同"，即同策划、同布置、同检查、同考核。为切实落实协力安全"四同"管理，在公司退出现职的中层管理者中，选择懂安全会管理的人员，派驻到外协队伍任安全经理，把公司的安全管理理念、方法和举措，灌输到外协队伍，同时培育外协队伍安全自主能力，提升其安全体系能力。协力安全经理要发挥"传达员、信息员、监督员"作用。

员工的安全意识和技能必须通过教育培训才能提高。各级管理者既是指挥员更是传教员。每个管理者需对自己管辖区域内的成员进行不定期安全授课，授课课件需经分管系统的厂级领导审定。授课者须不断学习安全法律、安全管理、安全技术知识，及时提升自身的安全意识和安全技能。

三、推进 1000 安全文化体系的工作机制

（一）区域安全负责制

区域安全负责制，就是将本单位所有管理空间和作业场所细分为若干个区域，每个区域明确安全负责人和区域安全责任。区域安全负责人按照所制定的责任标准，主动查找本区域内物的不安全状态，发现、提醒（指正）和制止人的不安全行为，以及对不主动查处隐患和违章的人员给予责任追究，形成"处处有人管理、事事有标准、人人有责任、件件有落实"的安全自主管理机制，实现"全员、全方位、全过程"安全管理。

（二）安全督查督办机制

对公司的安全规章制度和布置的工作内容、国家和政府的法令法规和上级各项要求的落实情况，开展专项督查和日常检查。对日常过程中暴露的重大隐患、严重违章和管理缺陷进行督办或挂牌督办。督查督办的目的是识别存在及潜在的危险，确定危害的根本原因，消除或对危害源实施监控并采取纠正措施，确保法律法规、规章制度和公司的日常安全工作落实到位。

（三）逐级评价机制

根据安全管理评价标准，定期组织公司对二级单位、二级单位对分厂（车间、作业区）、分厂对作业区（班组），进行面对面沟通和现场检查验证，量化打分并形成书面评价报告。评价结果与集体和领导人的奖罚挂钩。逐级评价的有效方法是隔级诊断，即公司对分厂（车间）、二级单位对作业区（班组）进行安全验证，验证的主要内容是布置、安排的工作内容，是否隔一级得到落实。隔级诊断的结果要及时公布，被诊断者要按闭环管理的要求及时落实整改，并把整改情况经上一级验证认可后上报诊断者备案。

（四）责任追究机制

按照"党政同责、一岗双责、齐抓共管、失职追责"要求，对所有的生产安全事故，都要根据公司的《生产安全事故问责管理标准》进行责任追究。事故责任追究做到"四不放过"：事故原因分析不清不放过，事故责任者和广大员工没有受到教育不放过，没有采取切实可行的防范措施不放过，事故责任者没有受到严肃处理不放过。

（五）安全生产奖励机制

由逐级一把手与下级管理团队签订安全绩效目标责任书，根据风险大小和绩效优劣进行奖罚兑现；公司和各单位每季度评选安全最佳实践者和最佳实践者团队，进行大力宣传和奖励；公司和各单位根据员工先于上一级查处隐患情况，自下而上开展评选，在公司门面网上公开，并进行分档奖励。

（六）教育培训机制

提高员工素质是抓实安全工作的根本，安全无事故管理，需要通过提高员工的安全素质和安全技能来实现。员工的安全素质不是与生俱来的，必须通过教育培训才能够提高。公司每年有全方位的全员安全教育培训计划，员工的安全教育培训内容主要体现在两

方面：一是安全的态度与意识，二是岗位的安全技能，这是员工岗位晋级的必要前提。

四、效果评价

梅山安全无事故管理模式的十年实践，树立了"一切事故疏于管理、一切事故皆可预防"的安全管理理念，进一步完善了 1000 安全文化体系。

（一）生产安全事故得到基本控制

1998 年 11 月 17 日，宝钢、上钢、梅山大联合，公司安全管理全面与宝钢安全管理接轨，事故得到有效控制。2008 年推进无事故管理以来，公司员工的伤害事故得到明显控制，见表 1。

表 1　2008 年以来安全生产事故统计表

年度	死亡	重伤	轻伤
2009		1	7
2010			5
2011	1		2
2012			2
2013			4
2014		1	2
2015			1
2016		1	5
2017			1
2018.1—7			1
合计	1	3	30

（二）安全管理体系日臻有效

2007 年，公司通过 BSI 的 OHSMS18001 体系认证后，为了推进"体系"的健康运行，提高体系的有效性、针对性和运行质量，对部分程序文件进行了修订完善。每年在接受 BSI 公司的年度审核之前，公司均组织内审员对综合体系进行了内部评审。同时，对各单位的体系运行状况定期或不定期开展检查、评估、指导，针对内审、外审过程中存在的不足之处，采取了有针对性的整改措施，确保持续改进。

（三）安全生产标准化建设达到一级标准

2011 年，公司对钢铁主业各单元组织开展安全生产标准化的达标创建工作，并于当年年底炼铁、烧结、炼焦、煤气、炼钢、热轧、冷轧七个专业单元全部顺利通过了验收评审，成为冶金行业内较早取得一级达标证书的企业，2017 年通过国家复审。同时，多元产业的地下矿山、尾矿库及选矿也分别取得了一级证书。

（四）建成首家尘毒危害治理示范企业

2017 年，根据《南京市职业卫生（尘毒危害治理）示范企业创建标准》十大类四十六条标准要求，公司通过了南京市的验收检查，取得了南京市冶金、工贸企业首家创建示范企业称号。

五、结论

梅山从建厂以来，安全文化建设经历了三个阶段：自发本能（建厂初期到与宝钢联合前的 28 年）、监督管理（1998—2007 年的 10 年）、体系综合管理（2008—今的 10 年），今后将从体系综合管理向员工自主管理过渡，最终达到团队自主管理。这需要我们坚持生命至上、科学发展的理念，以深化无事故管理为抓手，全面建设 1000 安全文化体系，持续实现长周期安全零事故。

基于安全文化建设落实安全管理措施

费县中粮油脂工业有限公司　王庆亮

摘　要： 企业安全文化是提升企业安全管理的需要，只有以企业安全文化为引领的安全管理体系才能够确保对安全"红线"的习惯性遵守，也只有以安全文化为支撑，广大员工才能够自觉自愿地按照本质安全的倡导去积极投入到安全生产中去。安全第一，预防为主，我们必须要防范在先、警惕在前，必须要警于思、合于规、慎于行。坚持以人为本，树立全面、协调、可持续的发展观，实现安全工作要由"要我安全"向"我要安全、我懂安全、我会安全"转变。本文基于安全文化建设的角度，主要阐述了企业落实安全管理的具体措施，提高企业安全生产水平，杜绝事故发生，实现安全与效益双赢。

关键词： 安全文化建设；安全管理；具体措施；效益

企业安全文化是企业安全管理的重要思想和理念基础。企业安全管理是企业以国家的法律、规范、条例和安全标准为依据，对企业的安全状况实施有效措施的一种管理实践活动。企业安全管理最终的执行者是人。由于每个人不同的教育背景、工作经历等诸多因素使人们具有不同的思想、不同的追求、不同的价值取向，造成在相同的制度、流程、机制体制下，不同的人会产生不同的理解、不同的决策、不同的行为选择，从而影响安全管理体系的执行效果。企业安全文化恰恰是塑造人们的安全价值观和安全行为的强有力的武器。

目前，一些企业仍会出现因为人的不安全行为和物的不安全状态，如从业人员因思想、心理、行为上的偏差而引发的伤亡事件，暴露出了当前从业人员在思想上、心理上和行为上具有的安全隐患，凸显了安全管理的不完善。安全生产最根本的目的是保护人的生命和健康。坚持以人为本，树立全面、协调、可持续的发展观，是对公司安全生产的最根本要求。安全生产管理也是公司管理的重要组成部分。管理缺陷是所有事故的普遍原因，管理失误往往是多重失误造成的。因此，安全管理应全方位、全天候、全过程、全员管理，即横向到边，纵向到底。公司经营者务必实施安全管理，这是法律职责赋予的要求；公司员工务必理解安全管理，这是每一个员工自身利益的需要；管理人员务必模范执行安全管理，这是素质的表现。这就要求我们认真学习安全法律法规、安全专业知识，

以达到客观地、科学地分析各方面存在的不安全因素，从源头上消除事故隐患，达到长治久安的目的。以下是针对安全管理的具体措施。

一、严格落实安全生产责任制

在安全生产各项管理工作中，安全生产责任制的落实是核心环节，只有落实每个人在安全生产工作中的主体责任，才能真正做好安全生产各项工作，减少各类事故的发生，实现安全生产，文明生产。认真落实安全生产责任制，重点是安全第一职责人制。安全生产职责制落实得好，安全状况就好，反之安全状况就差。

落实企业安全生产责任，必须把制度体系建设放在首位。《安全生产法》等相关法律、法规对企业的安全生产主体责任进行了明确规定，但各企业作为具体的落实者必须结合本企业实际情况制订出台相关的配套规章制度。不然，落实安全生产主体责任永远都是一句空话。为了能够落实好安全生产职责制，首先务必对各部门、各岗位在安全生产工作中的责、权、利进行明确界定，责、权、利不清，职责制很难落实。透过层层落实签订《安全生产责任书》的形式，逐级落实安全生产职责，并按职责要求追究事故责任。

安全生产的灵魂是安全文化，而安全文化的核心是人的安全素养。人的安全素养的提高是一个长期培养、逐渐形成的过程。企业要更好地落实安全生产主体责任必须提高员工的安全素养，增强职工的主人翁意识，让员工明白企业的安全生产到底是为了谁，才

能使员工达到安全生产、提高效率的目的。

二、加强安全教育和培训，提高人员综合素质

要重点把握好培训对象、资料、形式、效果4个环节，切实做到培训资料的针对性、培训对象的层次性和培训形式的多样性，把员工安全知识、安全技术水平、业务潜力与员工个人业绩考核相结合，并与激励机制相结合，使公司管理者及员工达到较高的业务水平、较强的分析决定和紧急状况处理潜力，使广大员工把安全作为工作、生活中的"第一需要"，实现安全工作由"要我安全"向"我要安全、我懂安全、我会安全"转变。

加强宣传教育，及时督查各单位安全学习情况，重点检查基层车间的安全管理记录，督导基层做好安全生产教育，进行每周一案，每日一题活动。加大安全检查力度，要常抓不懈。开展安全教育日活动，邀请相关安全专家进行授课，增强员工的安全意识和安全认知，解决员工对安全一知半解的问题。

推荐增开广播时段，播放有关安全生产方面的知识，每个星期播放一到两个资料，安全管理部整理各单位历年安全事故案例，分析原因制成光盘，以作为培训员工安全教育的生动资料。

三、推行人性化管理，营造安全氛围

关心员工生活，推行人性化管理是安全管理极其重要的工作。要充分发挥每个人的主观能动性，教育公司员工树立"我的安全我负责，他人的安全我有责"的思想，构成团结友爱，互帮互助的良好风尚，在营造良好的工作氛围的过程中树立企业的安全文化，为实现长期安全生产奠定坚定的基础。

安全生产中实施"人性化管理"，主要是在安全生产过程中发挥员工的作用，通过对人力资源合理的开发利用，充分调动员工的主动性和责任感，让员工理解安全生产管理行为的本质是通过制度去爱护一线班队，去服务一线员工，从而让员工在思想认识上由"被管理者"转变为"管理者"，同时，创建有利于开发员工潜能、调动员工积极性、有利于安全生产的

制度、机制，为员工营造安全、身心健康的工作环境。

四、构建双重预防机制，实现本质安全

双重预防体系强调了推动安全生产关口前移，特别强调了对风险的分析管控，在实质上高度贴合本质安全的核心思想，以风险管理为抓手，通过进行风险的分析与评价，找出人的不安全行为、设备的不安全状态、环境的不安全范围、管理的漏洞与缺陷，制定相应的管控措施并明确管控层级与管控职责，确保对各类风险进行科学、有效的控制，消灭隐患产生的源头；以隐患排查治理为手段，确保风险管控措施的落实，同时发现新的风险点、危险源及制订更好的管控措施，推进双重预防机制体系的优化完善。在事故前建立起风险分级管控体系和隐患排查治理体系两道坚定的防火墙，切实提高企业安全管理水平。

全面排查治理事故隐患和薄弱环节，监控重大危险源，认真解决突出问题，建立重大危险源监控和重大隐患排查机制及分级管理制度，构建各级重大危险源、重大隐患管理信息系统，有效防范和遏制安全事故的发生，真正把安全生产法规和各项制度措施落到实处，确保员工的生命财产安全和公司的和谐稳定。

五、结论

企业安全文化建设体系里的安全使命和安全愿景为企业安全发展战略提供了基本定位和基本方向，使企业安全发展具有清晰的目标；安全价值观（安全核心理念）为企业安全管理的选择提供了价值标准，同时企业安全管理模式的确定进一步巩固和强化安全价值观在企业中的践行。

通过企业安全文化和企业安全管理体系的良好互动，一方面从思想理念上为企业安全发展提供了行为指引，另一方面从管理机制上为企业安全发展提供了行为约束，其相辅相成，共同作用于企业安全行为和员工安全行为，从而使企业和员工时刻保持警醒、时刻注重安全行为，最终实现打造本质安全型企业的目标。

浅析中国航油 S 公司企业安全文化建设

中国航空油料有限责任公司福建分公司　郭兴　陈建平　余振财　肖明沅

摘　要：安全文化是企业全体员工对安全工作的价值观、理想、信念、行为准则等形成的一种共识。对企业来说，安全文化是推动企业安全、健康发展的精神支柱和核心竞争力。本文深入介绍了中国航油 S 公司（以下简称 S 公司）在安全文化体系建设方面的做法和经验。

关键词：安全文化；安全文化建设；安全管理体系；检查监督

随着我国对生产水平、管理技术的不断改善，安全生产水平得到了不断提升，但企业安全事故后时有发生，相关行业还存在"有令不行，有禁不止"的现象[1]。《全国安全生产监管监察系统先进集体和先进工作者表彰大会》强调，树立发展决不能以牺牲安全为代价的红线意识。近年来，在科学发展观的指导下，许多企业将"以人为本"的安全管理理念贯穿于生产和运行过程中，投入了大量的时间和精力进行安全文化建设，希望进一步降低人的不安全因素和物的不安全状态，对安全事故进行预防，本文希望能够通过实际案例的分析和介绍，为相关企业提供有益参考。

一、中国航油 S 公司的情况介绍

S 公司是一家成立于 1991 年的国有企业，集航空煤油的储存、加注于一体，属于福建省二级重大危险源企业。公司自成立至今已实现连续 27 年安全生产，安全管理体系建设经历了"三标一体"安全生产管理体系、SMS 安全管理体系到危险化学品企业标准化达标管理体系的过程，获得全国民航技术能手、全国民航五一劳动奖章获得者等个人荣誉，企业先后获得"全国安康杯竞赛优胜企业""全国安全文化建设示范企业""全国青年安全生产示范岗"等荣誉称号。

二、中国航油 S 公司的安全文化建设具体做法

（一）完善安全管理体系，培育安全文化氛围

S 公司于 2003 年通过了 ISO9001 质量管理体系、ISO14001 环境管理体系、GB/T 28001 职业健康安全管理体系的三标一体认证，2006 年通过了行业认证，2008 年建立了企业 SMS 安全管理体系，2012 首次通过安全生产标准化二级评审。企业认真制订了安全文化建设计划，坚持以人为本、安全发展、安全第一、

预防为主、综合治理的方针，以"竭诚服务全球民航客户，保障国家航油供应安全"作为企业的安全愿景，制定了"科学、精细、严格、高效"的企业管理理念及"敬业、积极、尊重、善学、守纪"的员工行为准则，并将标准化的要求作为企业文化建设的重要指导依据，进一步完善了企业的安全文化体系，通过有效的宣传贯彻，从而提升员工的主动安全意识与责任意识，为员工安全行为起到正确的引导和约束作用。

为培育良好的安全文化氛围，在生产设备方面，开展了消防系统进行自动化升级改造、高压变配电系统升级改造、低压变配电系统升级改造等，确保生产设备运行可靠；根据国家和企业的标准要求配备充分的安全作业个人防护用品和安全生产应急物资。在工作环境建设方面，对生产值班用房进行翻修，加强生产区域绿化，通过打造美丽和谐企业，增强员工爱企敬业的归属感，为安全文化体系建设奠定扎实基础。

（二）重视安全检查监督，严格落实安全职责

S 公司建立了完善的安全生产管理制度，明确了各级管理者和员工的安全责任，每年年初管理层、班组和岗位员工都逐级签订安全承诺责任书，并设立明确的安全绩效考核指标，安全工作与员工绩效紧密挂钩。每年公司对各个岗位员工的上岗资质进行复查，确保岗位操作人员的资质符合要求。每个月公司召开安全工作会议，及时了解和公布企业的安全生产状况，采集员工对安全工作的意见与建议，反馈安全工作存在的不足及改进情况。每年企业根据 SMS 安全管理体系、适航管理体系、安全生产标准化的要求进行安全工作内部审核，梳理安全工作、法规制度的执行运转情况，及时发现并改进管理体系的问题，不断提升企

业的安全管理水平。

S 公司建立了安全监督检查制度，并通过定期检查和不定期抽查确保安全管理体系处于良好的状态。油库、航空加油站等生产单位以日常检查、班组周检查、月检查为方式，以设备设施完好、规范作业记录、作业现场管理为重点；公司以组织月安全检查、不定时抽查、专题检查为方法，突出重要设备、强化反"三违"，形成公司全员参与、全过程监督、全方位管理的持续排查隐患工作态势。虚心接受行业监管局、航空公司、地方安全监督管理部门、消防、环保等部门，以及上级公司等单位对公司开展的各项安全检查，认真对待各单位提出的问题，以"零容忍"对待"三违"，完善公司隐患排查治理制度，制订并落实整改计划，确保安全管理有序、设备设施完好，促进安全监督检查行动取得实效。

（三）强化安全培训学习，持续提升安全素质

在 S 公司的油库等基层单位，都开辟了专门的安全宣传园地，通过展板、橱窗、动态视频、学习手册等方式对员工进行有效的安全宣传教育；车间墙壁、上班通道、班组活动场所等设置醒目的安全警示、温情提示。其中，既有最新的安全法规制度宣贯、朗朗上口的安全警语，又有触目惊心的安全事故案例、安全法规的深入解读等。由于油库等区域属于火灾和爆炸危险场所，当外来人员进入这些场所时，都需要接受"入库安全教育"，明确防火、防爆、防中毒及应急逃生等注意事项，增强对外来人员、检修施工等过程中的安全风险管控，避免发生人身伤害和财产损失。公司订阅了多种安全知识刊物，不断提升企业的安全管理水平，更新和传播安全知识与技能。

无论是新员工的岗前培训，还是老员工的持续教育，S 公司都制定了有针对性的培训教育制度，并通过"飞机加油六步工作法""企业内训师""优师带徒""每周一练"等创新方式，不断提升安全教育培训的效果。每位入职的员工，都必须接受"公司、库站、班组"的三级培训，通过国家部门组织的理论和实操考核合格后，方可独立上岗。

"飞机加油六步工作法"是 S 公司根据上级要求和工作实践而大力推行的一项安全操作，通过强化培训"绕车检查三到四确认"等飞机加油工作规程，有效避免了加油过程中的事故、不安全事件的发生。

"企业内训师"制度是 S 公司员工培训的一项特色制度，通过聘任公司各个岗位上的岗位能手，为公司的其他员工进行培训，由于内训师们十分熟悉公司的生产工作，培训起来更有针对性、更具实效。S 公司还每年都邀请外部专家来给员工培训，通过这些不断强化的安全培训教育，员工们的安全观念已从"要我安全"转变为"我要安全"，在工作中能够主动的按章操作、严反三违，并注意个人安全防护，为 S 公司的安全生产的平稳推进发挥了积极作用。

（四）搭建安全活动平台，丰富安全文化内容

S 公司每年定期组织形式丰富的安全竞赛、岗位练兵与技术比武，充分结合趣味性和实战性，以达到更好的锻炼员工的效果。积极开展"安康杯"竞赛活动，获得了全国"安康杯竞赛优胜单位"的荣誉；组织员工积极参与监管局部门组织的安全文化竞赛活动，以及"安全文化小故事"征集等活动；在安全生产月期间举行"安全生产知识竞赛"；S 公司根据每年上级组织的技能等级考试、技术比武等活动，组织员工进行专项练兵，选派员工参与各项技术竞赛，多次在集团级和全国级竞赛中取得名次，1 名员工获得"全国技术能手"的荣誉称号。这些活动使员工更加注重对安全知识的学习与理解，为 S 公司的安全宣传工作增添了亮点，活跃了企业的安全文化气氛。

S 公司还积极开展质量管理（QC）活动，组织员工攻关安全生产难题，在油料储运、油品质量管控、飞机加油设备改进等方面开展技术课题研究，先后获得全国总工会、福建省总工会授予的全国级、省级"优秀质量管理小组"奖项，一方面提升了企业的安全管理水平，另一方面也提升了员工的思考、实践能力。

三、结束语

企业安全文化建设重在实践，严格执行规章制度，有效地发挥安全生产等要素的积极作用，进而管控好各种危害危险因素，达到防患于未然。S 公司经过系统的安全文化建设，以"依法管理、规范管理、精细管理、问题管理"理念为指导，坚持精细化安全生产，坚持以人为本，深入开展企业安全文化创建工作，取得了良好的效果，促进了公司安全发展和可持续发展。

"以人为本" 思想在双柳武船安全管理工作的应用

武汉双柳武船重工有限责任公司　李振

摘　要：根据现代安全生产管理原理和原则，人们习惯从系统原理、人本原理、预防原理、强制原理四个方面来分析讨论安全管理工作。但无论哪家哪派，都不能离开"以人为本，关爱生命"的人类社会发展的大趋势。"以人为本，关爱生命"理念，是安全管理的出发点和立足点，是安全管理的根本所在。本文重点阐述如何将"以人为本"思想运用在武汉双柳武船重工有限责任公司（以下简称双柳武船）安全管理工作中。

关键词：安全生产管理；以人为本

一、"以人为本"思想的内涵

科学发展观的第一要义是发展，核心是"以人为本"。在安全生产管理过程中，"以人为本"首先要以人的生命为本，就是人的生命第一，也就是"安全第一"。"以人为本"包含两层内涵：其一是一切工作是为人的根本利益，当人身安全与经济利益或其他的安全发展冲突时要无条件地把人的生命放在第一位；其二是一切工作是靠人去完成的，要充分调动安全生产管理中全体员工的积极性、主动性。"以人文本"既是贯彻党的"安全第一、预防为主、综合治理"生产方针的具体体现，也是贯彻落实科学发展观的主要内容之一。

二、"以人为本"思想在双柳武船安全管理工作应用的前提

双柳武船于 2011 年 11 月 25 日正式注册成立，拥有员工总数 1007 人（截至 2018 年 8 月初，含正式工及代理员工），其中 90 后 424 人、80 后 423 人、70 后 113 人、60 后及以上员工 47 人。

公司 80 后、90 后员工占比达到 84.1%，是一支非常年轻，富有朝气活力的队伍。青年员工工作不怕苦、学习能力强、有冲劲，但随之带来的是工作经验欠缺、专业知识技能缺乏、对作业危险源辨识不足、对公司安全文化理念认知不够等缺点，苦口婆心式、填鸭式的安全教育方法并未取得良好的效果。与此同时，造船行业具有机械化程度低、手工劳动多、立体交叉作业多、狭小密闭舱室作业多，安全管理难度大的特点。如何让这些青年员工快速认同公司安全文化，掌握工作必需的专业技能知识及应急技能，针对每一项工作能迅速辨识危险源并采取必要的防护措施是目前急需解决的问题。

三、"以人为本"思想在双柳武船安全管理工作应用

针对上述安全管理工作暴露出来的问题，公司尝试将"以人为本"的思想糅合到日常安全管理工作中去，经试运行后取得了一定的效果。

运行"以人为本"原理进行安全管理工作需遵循四个原则，即重视人的需要、激励员工、培养员工、组织设计以人为中心。

（一）重视人的需要

绝大部分的事故，发生原因都是人为原因，但是必须坚信每个员工都有安全的本能，事故绝对不是员工的主观意愿。任何员工在进行作业时，都渴望有好的设备、好的工具、质量过关的劳保用品及完善的施工方案，这是一名员工对安全生产工作的需要，也是《安全生产法》第三章从业人员安全生产权利义务的重要体现。

公司现有设备总计 2393 台，其中生产类设备 1490 台，主要生产设备 1053 台，工装设施 1186 个。根据2018 年年初制订的设备维修保养计划，定期对设备进行一级、二级保养，并对车间日常设备点检记录进行检查，确保设备处于良好运行状态。截至目前，公司实际设备完好率为 98.4%，大于计划设备完好率 95%的标准，为员工安全生产提供了有力保障。

公司 2018 年安措费 479.5 万元、劳保费 102 万元，远高于国家关于安全生产费用的提取标准。公司通过招标、三家比价的基本原则，寻求有资质、有实力的

厂家合作，为作业员工提供质量合格、数量足够的安全帽、防护口罩、防噪声耳塞、劳保鞋、防护手套、工作服、安全带等劳保用品，在生产现场提供通风机、电风扇、安全宽敞的高处作业平台、良好的照明等条件，确保员工良好的作业环境，最大限度的减小因外部因素造成的事故隐患。

公司现编制有完善合规的作业管理规定，设备、岗位操作规程，对每一项作业、每一个岗位、每一个工种都明确了安全操作步骤及应急处置方案，作业人员只需按规程施工、按制度办事，即可保证自身安全、免受伤害。遇到复杂、重大施工作业时，相关部门出具专项施工方案，经各类人员审批确认后，在专业安全管理人员的监督下方可施工，确保本质安全。

除此之外，公司党支部、工会等组织定期召开职工代表大会、安全生产意见征集等活动，倾听员工安全生产的心声，积极协调解决员工提出关于安全生产方面存在的问题，保障员工所需所求能及时得到整改回复，增强员工对公司安全文化的认同感，形成"人人要安全"的管理氛围，逐步提高公司安全管理水平。

（二）激励员工

安全管理中的激励原则，就是以科学的手段，激发人的内在潜力，使其充分发挥积极性、主动性和创造性，为自己和他人提供安全的作业环境及条件。美国哈佛大学的威廉·詹姆斯（W.James）教授在对员工激励的研究中发现，正常作业的模式仅能让员工发挥 20%~30%的能力，如果受到充分激励的话，员工的能力可以发挥出 80%~90%，两种情况之间 60%的差距就是有效激励的结果。如果把激励制度对员工创造性、革新精神和主动提高自身素质的意愿的影响考虑进去的话，激励对工作绩效的影响就更大了。

公司为表彰对安全管理工作做出积极贡献的单位及个人，定期给予表彰，惩差奖优。公司利用 5 月份安全生产专会的契机，对在 3 月份集团公司安全生产月中积极参加各类安全活动、作业行为安全规范的 5 个单位、5 个班组、1 个项目组、15 名优秀个人、3 个承包商予以了表彰，给予了一定的奖励，鼓励他们对公司安全管理工作做出的突出贡献，并希望在以后的工作中再接再厉，共同保障公司安全发展。在后续对上述人员的观察中发现，以上人员不仅以身作则，遵守公司各项安全管理规章制度，更能对周围人员做

出积极影响，纠正他人违章行为，使以他们为中心，辐射周围发出安全管理的闪光点。

同时，公司定期组织开展全员隐患辨识、安全意见征集等活动，对意见予以采纳的单位及个人，予以一定的物质奖励。每年年底，公司评选安全生产先进个人、安全卫士，安全示范车间、安全示范班组，发挥榜样作用，推动安全管理工作的发展。

（三）培养员工

员工是安全生产的主体，主体地位决定了员工是安全生产最主要的因素。形成"我要安全、我能安全"的理想状态。公司始终把提高员工的认识，强化员工的意识，培训员工的知识，作为安全生产管理的首要环节。

员工的思想问题，包括安全认识、安全意识和安全知识 3 个方面。安全认识，决定了员工对待安全的态度，发挥员工的主观能动性，在实际工作中起着重要作用，只有认识到不足，才会产生改进的动机。如果满足于已有的成果，不仅不会产生积极进取的心态，还会逐渐自满自得，致使管理滑坡。安全意识，决定了员工对待具体事件的警觉性、警惕性。只有时时处处保持较高的警惕性，而不是麻痹大意，才是防止事故发生的最直接的保障。安全知识，决定了员工辨识危险、防范危险的能力，在生产过程中，具有辨别危险和隐患知识的员工，才有远离和防范危险伤及自身的保护意识，才有谨慎操作、不发生人为失误的防范意识。建立认识、意识和知识三者共同构成的思想防线，员工就由原来的被动管理转变为主动参与管理，公司安全生产就能形成合力。

为提高公司各级各类人员对安全生产的认识、意识、知识，公司严格按照 2018 年年初制订的安全生产培训计划，定期组织开展安全培训、安全宣讲、安全告知等活动，利用培训教室授课、现场宣讲、临时性告知、微信平台安全知识发布等多种途径和手段，对公司正式工、承包商、服务商、船东船检、外来参观人员、临时货车司机等各类人员开展形式多样的安全培训。2018 年，对公司各单位主要负责人、安全生产管理人员、班组长、承包商安全员等重点岗位人员，以及对电焊工、装配工、电工、行车工、起重工、叉车司机、防锈涂装工等特殊工种开展了职业卫生、应急救援培、消防、职业健康安全管理体系、"6S"目

视管理、事故案例、防燃爆、防高坠、防中暑、防触电等专题培训。同时，利用 3 月份集团公司安全生产月、6 月份全国安全生产月等契机，对全体人员进行安全培训再上岗活动，增强全体员工安全意识，实现"创本质安全型企业、做本质安全型员工"的终极目标。2018 年截至目前，共计培训人次 3453 人次，有效提高各类人员安全意识，减小隐患发生频次，避免安全事故。

（四）组织设计以人为中心

为员工提供有安全感的作业环境（含内部环境和外部环境），是公司安全管理的重要责任，也是《安全生产法》第二章生产经营单位安全生产保障的重要体现。作业环境的安全与否，不是员工的认识和行为所能决定的，而是通过组织设计，消除管理、制度上的缺陷及物的不安全状态，保证作业环境的本质安全来实现的。在危险源和员工之间建立起一道防线，保护员工不受环境伤害，是企业以人为本抓安全管理的重要体现。

公司从 2014 年年初开始，经过体系策划、初始评审、文件编写、体系文件发布、体系试运行、体系内审、管理评审、ABS 认证机构外审、不符合项关闭等阶段，于 2015 年 6 月 29 日取得了 ABS 认证中心颁发的职业健康安全管理体系证书。整套体系文件分为管理手册、31 篇程序文件和 65 篇作业文件。在体系文件中，公司把员工的安全、健康放在了显著的位置。通过全公司自下而上的风险辨识，确定了包含密闭舱室作业、涂装作业、起重运输作业等 13 项不可接受风险，制订了相应的控制程序和管理方案，并完善了相关的规章制度、作业指导书。补充了保障员工健康的管理制度，如《女员工劳动保护管理程序》《劳动合同安全监督管理规定》《保健津贴发放管理规定》《职业健康监护管理规定》《劳动防护用品穿戴管理规定》等文件，极大地保障了员工的权益，使员工真正感到公司的关怀和温暖。

公司一直坚持各单位负责人为本单位安全管理第一责任人的理念，按照以人为本安全生产管理的要求，强化组织保证体系，制定了强化组织体系的一系列制度，重点强化各级领导者、安全管理人员、现场作业人员的责任。建立健全各级各类人员的安全生产责任制。职业健康安全委员会是安全管理的最高权力机构，每年同各单位负责人签订安全生产责任状，明确安全目标、安全责任及考核方式。各单位也以同样的方式，与单位副职、班组长、班组成员签订安全生产责任状，层层分解安全生产目标，形成"人人都要安全生产、人人都对安全负责"的责任体系。

公司严格执行"三同时"要求。在厂房设计可行性研究阶段，编制建设项目可行性研究报告，进行安全论证，将安全设施所需投资纳入投资计划；进行建设项目安全、职业卫生预评价，在建设项目初步设计会审完成前完成并通过湖北省安全生产监督管理局的审查和备案。在初步设计阶段，严格遵守国家有关法律法规的要求，编制"安全专篇"。在施工图设计阶段，严格遵守职业健康安全方面的法规和技术标准，充分考虑安全与预防职业危害的要求，落实在设计会审中提出的有关职业健康安全方面的意见。在施工、试生产阶段，委托具有相关资质的机构进行劳动条件检测、危害程度分级和有关设备的安全检验。在竣工验收阶段，公司各相关部门根据建设单位报送的试生产中的安全专题报告和设计审批表中的内容，严格审查建设项目的安全设施、消防设施。在竣工验收审批手续经有关省、市政府职能部门批准竣工验收后，建设项目才能投入使用。

通过上述方法，有效保证了作业环境和生产设备的本质安全性，加强对员工安全及职业卫生的保护，体现公司"关爱生命、以人为本"的理念。

四、结论

本文从 4 个方面即重视人的需要、激励员工、培养员工、组织设计以人为中心来阐述如何以"以人为本"为中心进行安全管理工作，分析了具体的步骤措施，保证了作业环境和生产设备的安全性，形成"人人要安全"的管理氛围，体现了公司"关爱生命、以人为本"的理念，逐步提高公司安全管理水平。

多媒体安全培训技术在神华国华九江电厂的应用

神华国华九江发电有限责任公司　付秋枫　崔怀明　赵斌

摘　要：企业安全文化建设是提升安全管理水平的重要途径，在安全文化建设过程中，要统一安全认知，必须要加强对企业安全文化的培训教育，才能培育浓厚的安全氛围，使安全文化融入员工的日常行为之中，最终转化为员工的自觉行为。本文针对电力企业外来承包商作业人员安全素质、安全意识不足的现状，为提升安全培训效果，神华国华九江发电有限责任公司（以下简称国华九江电厂）提出了安全培训信息化、标准化的管理设想，引进了多媒体安全培训技术。通过较长一段时间的应用实践，达到了预期的目标。

关键词：电力企业；多媒体；安全培训；应用

近年以来，随着电力系统自动化程度的提高和减员增效的需要，电力建设企业与发电企业一般不再配置专门的施工或检修队伍，只留少数骨干人员进行管理，电厂的基建、大修、小修和一些辅助工作基本上都采用分包或外委的方式。各承包商普遍采取临时用工形式，大量的工人未经过系统性安全培训便涌入工程建设中。由于施工现场交叉作业多，涉及高处坠落、高空落物、触电、火灾、机械伤害等危险因素，管理难度大，容易发生安全事故。

加强电力外来承包商作业人员的安全技术教育、培训工作，提高外来员工的安全素质，这不仅仅是企业安全生产管理的首要任务和要求，也是企业安全生产的技术保障机制，是企业整体发展的需要。

一、传统安全培训存在的弊端

传统入场安全培训难以抓住外来人员学习兴趣，针对性不强，容易流于形式，主要存在以下弊端。

（1）从业人员缺少长期、系统的安全培训。员工的安全素质是在长期培训、系统学习的过程中稳步提升的，不可能经过一两次集中培训就能有大的改善和提高，也不符合企业安全生产及发展需求。

（2）传统安全培训课程体系不完整，针对性差。安全培训的核心在课程，建立完整的培训课程体系，制作精良、新颖、有针对性的培训课程是做好安全培训工作的前提和基础。

（3）培训形式单一，效果不佳。传统安全培训一般采用照本宣科的培训模式或固定的 PPT 课件，难以激起员工的学习兴趣，培训效果很难达到预期效果，培训质量难以保证，且费时费力。

（4）档案管理不规范，查询困难。线下安全培训档案无法保证数据实时更新，同时保存烦琐易丢失，需通过信息化手段规范安全培训档案，做到层级有效监管。

（5）考题千篇一律，判卷工作烦琐。当大量人员进行考试时，人工出卷考题往往同一版本，成百上千的考卷判卷工作量也占用了安全管理人员大量的时间和精力，案头工作过多导致难以腾出时间深入现场开展安全检查。

（6）作为安全教育展览，以往只是把收集到的安全文字资料、图片等张贴展出，供人们参观，耗时费工，效果不佳。

为了解决安全教育中存在的问题，该厂各级安全管理人员共同分析和总结，力求解决传统安全培训工作的弊端。该厂开始寻找一条不仅具备安全教育广泛性和趣味性，而且容易被人们接受和喜爱的安全教育培训高速公路。经过安健环管理体系人员共同寻求解决办法，提出了运用多媒体安全培训的手段，并经过与博晟公司共同研发，采用安全教育的新技术，研发出了适合火力发电厂基建及生产的安全培训信息化软件。

二、多媒体安全培训软件的应用

国华九江电厂根据工程实际情况，按照易于管理、便于理解和接受、资源合理利用的原则，部署方式为：配置一个多媒体安全培训工具箱，其培训档案信息可以同步到云培训平台系统进行整体的管理。图 1 是多媒体安全培训软件的具体内容。

图1　平台应用整体构架设想

1. 前期系统部署

首先搭建安全生产云培训平台，完成初始化工作。

2. 多媒体安全课程表现形式

安全培训课程以多媒体为主，包含 PPT、2D 动画、3D 动画、现场实拍等，表现方式多样，寓教于乐，充分提升安全培训效果。课件题库一体化，课件对应一套题库，保证员工在学习过程中实现学什么、就练什么、考什么。

3. 专用课程开发步骤

根据国华九江电厂业务范围，开发适用的专用安全培训课程。

（1）课程大纲。

根据国华九江电厂实际需求，双方指定负责人，对需要开发的安全培训课程进行整理、审查，最终确定课程开发大纲。

（2）现场调研。

专业团队深入到国华九江电厂项目现场，与现场各方人员进行沟通，采集知识点内容所涉及、需使用到的现场照片和视频素材，为安全培训课程的开发提供支持，使培训动画的内容更有针对性、更符合生产实际，内容的表达方式、方法更容易为外来施工人员所理解和掌握，表达重点更突出。

（3）脚本编写。

根据所选取的内容由专业的安全队伍对内容进行剖析、思索、画面塑造、场景设计。

（4）动画制作。

动画美工根据脚本进行动画绘制，将现实场景以动画的形式逼真还原，再配以适当人物动作和文字说明，完美的展现所要表达的安全知识。

（5）课程审查。

博晟公司制作完课程后，国华九江电厂管理人员对相关课程进行审查，博晟公司根据要求，修改课程。

（6）课程上线。

按照课程开发大纲要求，双方审查通过的专用培训课程，博晟公司部署至安全生产云培训平台和工具箱。

4.多媒体安全培训工具箱应用

（1）为国华九江电厂定制多媒体安全培训工具箱。

（2）博晟公司派遣实施工程师对使用人员进行操作培训。

（3）培训使用、跟踪、引导、协助各项目部组织安全培训工作，解决在使用中存在问题。

5.本项目实现的主要功能如下

（1）自动建档。

员工刷身份证，或录指纹数据，工具箱为人员自动建立培训档案，档案数据可同步到安全生产云培训平台中。

（2）集中考勤。

培训时人员用身份证在识别仪上刷卡登记，或录指纹、刷员工卡，工具箱自动记录考勤。

（3）集中培训。

管理员根据不同的工种或不同的培训需求，在培训课程库中选择好安排的培训内容，放映多媒体培训课件，人员通过观看外接的投影屏幕完成培训。

（4）集中考试。

参加考试人员手持无线答题器，通过看屏幕试题进行答题。考试成绩80分合格，不合格的自动重新生成考题进行补考。合格的考试结果通过联网打印机打印出纸质版，由本人签字确认试卷为本人作答。

（5）上传记录。

培训结束后，工具箱在联网的情况下，集中将培训记录同步到安全培训管理平台。

（6）二维码信息查询。

工具箱会为每个参与培训的人员生成一个独属二维码，扫码即可查询人员培训等信息。

三、多媒体安全培训软件的实际应用效果和建议

（一）多媒体安全培训软件的实际应用效果

1.提升培训过程的规范性

多媒体技术是通信技术、声像技术和计算机技术等多种现代化技术的综合。多媒体技术下，员工的培训课件的分配与管理是统一实施信息资源的有效共享，培训课件一经设定，同一工种人员所接收的培训时长、培训内容、培训声像都可保证同等的教育程度，确保培训过程的规范性。

2.促进师生之间的互动

员工的培训工作和学生的教育具有同样的性质，都是在教与学的过程中实现着教育的目的，是学习者和教师进行心理沟通和信息交流的一个过程。多媒体技术下，火电厂安全教育中所有的定律、教育模具等都能通过图片和影像表现出来，并将教育的内容以更加直观、生动和易于理解的形式表现出来，有利于学习者对教育内容认识的加深。而在这个过程中，学习者和机器之间的良性交互在某种程度中促进了学习者和学习者，学习者和教师之间的双向互动。在学习者通过直观的多媒体教育来理解安全知识的过程中，根据自己的理解可以向教师进行信息的反馈，以此促进教师对培训内容、速度、方法的调整与改进，让学习者更好理解和掌握要培训的内容，促进安全培训效果的提升。

3.实现安全素质的培养

多媒体软件是通过计算机将单维信息处理为人们能够切身感受到的，以多种形式表现出来的多维化的信息空间。在这个信息空间中，其创造了一个感性和理性认识相结合的综合环境，通过多媒体软件，实现了人与机器之间的相互交流与学习，让学习者在一个虚拟的情景中感受着安全的现场。在多媒体软件中的虚拟情景中，员工可以进行上机操作，感受火电厂施工阶段中不同的工作内容，体会着实际工作中不便于观察的事物，有助于提高员工安全培训的兴趣和创造力，以及对员工安全意识的培养有着积极的作用。例如，安全培训教育中，在新电力工人及施工人员培训结束后，在他们还没有进入到实际的工作场地中，通过多媒体软件的虚拟现实技术，将火电厂施工阶段的内容以声音、视频、图像、动画等方式展现给新员工，并要求学习者对虚拟情景中所体现出来的安全知识充分理解，运用键盘在虚拟环境中规划安全工作，尤其是模拟违章带来的事故动画场面，对学习者有深刻的触动。同时，总结火电厂施工阶段中比较容易遇到的问题，找出合理的解决方案。基于此，在这些虚拟的培训环境中，学习者将逐渐掌握相应的安全知识。

4.实现了培训教育中知识呈现和板书时间的缩短

电力工人及施工人员的安全培训中，其所涉及的内容非常多，单从法律层面分析就包括了《中华人民共和国安全生产法》《中华人民共和国消防法》《中华人民共和国职业病防治法》《电力建设安全工作规程》《电业安全工作规程》《二十五项反措》等，而

在具体的安全工作中更是有着广泛的涉及。因此，安全培训教育中，如果采取传统的教学模式，不仅要花费大量的时间进行板书设计，还使整个安全培训的教育过程非常的乏味。但是，在多媒体技术下，通过对其 PPT、Word 文档和投影技术的应用，安全培训工作前就可以将教学内容设计好，并在培训中瞬间展示到学习者面前，进而多出很多时间让学习者进行提问和讨论，促进员工对知识的掌握速度。例如，高处作业中安全带的正确钩挂位置，如果仅仅从字面上进行解释是非常抽象的，不利于理解，但是通过动画片，不仅可以让学习者看到具体的正确钩挂位置，还能了解正确钩挂的重要性，以此提高其安全意识。

（二）下一步应用建议

（1）为防止设备信息丢失，计划上传云平台的同时，配备备用数据库硬盘。

（2）结合火电厂建设进度，将安全培训试卷进行完善。

（3）进一步优化答题系统中答题器功能。

（4）优化系统试题库，提高自动判卷的准确度。

四、结论

综上所述，火力发电厂安全培训教育工作中，多媒体安全培训系统的应用，不仅为基建或生产人员的安全教育提供了一个全新的教学手段，还提供了其他培训设施所无法替代的考评系统，将传统教育方法和多媒体教学方法进行了有机结合，增强了电厂人员安全培训教育效果，提高了电厂人员的安全素质和安全认知，促进企业安全生产。在信息技术的不断发展中，随着认识的不断加深和信息技术的不断发展，多媒体化、专业化的这一形式必将增加优秀员工的储备，促进我国电力企业的发展。同时在设备应用后，应对该系统的运行状态进行分析对比，从中发现课件存在的问题，及时做出各种调整，并逐步对该系统做出改造完善，提升设备的可靠性。

外资项目安全文化与管理实践

中国海诚工程科技股份有限公司　李红新

摘　要：环境健康安全是企业可持续发展的基础。本文主要介绍了中国海诚工程科技股份有限公司（以下简称海诚工程）在施工现场管理中运用 EHS & S（环境、健康、安全和可持续发展）管理体系进行具体实施的过程。本文从提高工人安全意识、强化施工现场动态监管、完善施工现场制度、加强高风险的安全识别分析等方面进行展开阐述，确保项目安全管理一直把"安全第一"放在首位，安全管理落实到现场的每一个环节，有效避免施工现场安全事故的发生。

关键词：施工现场管理；安全管理；安全意识；监督管理；风险识别

不断改进 EHS & S（环境、健康、安全和可持续发展）方面的表现是保证企业和谐稳定发展的基石。为此，企业要树立安全发展、可持续发展理念，建立和运用 EHS&S 管理体系，加强对施工现场的管理，做好环境建设，改善劳动条件，确保工作场所的健康性和安全性。同时，还要增强员工的安全意识和行为控制，健全安全监督检查机制，从而真正实现企业的安全可持续发展。

施工项目安全管理也是一个系统工程，要把安全管理工作落实到在建项目的每一个细节中，层层落实安全生产责任制，有效避免安全事故的发生，产生良好的安全管理经济效益。海诚工程作为中标某外资项目的管理公司，对该项目实施安全管理，本项目直到竣工未发生一起可记录事件，安全无事故工时达到150 万工时，获得了外资方的认可和好评。这里，将对施工现场安全管理体系展开介绍。

一、提高工人的安全意识

施工现场的作业全部由一线工人来完成，提高工人的安全意识，杜绝人的不安全因素十分重要，必须加强工人安全意识教育，实现多层次多形式的安全培训教育。

1.工人的三级安全教育

工人入场后，施工总承包项目实施三级安全教育，建立安全卡，上报到管理公司。管理公司对其进行安全知识考核，考核合格后，发放带有电脑芯片的入场胸卡，方便工人的教育培训和进出场的考勤管理。

2.事件案例的培训教育

管理公司一直重视施工现场的全体人员的安全教育，会积极收集一些安全事故案例对全体工人进行真实事故案例视频教育、现场事故图片宣传教育、现场工人参与施工现场事故热点安全话题讨论等，通过真实的案例来学习事故经验教训，举一反三，让一线工人换位思考，从而使工人自觉遵守现场的安全规章制度，确保自己的人身安全和他人的安全。同时，把安全管理的内容编制成安全教育手册，手册以图片为主，内容通俗易懂，在工人进场时发放，人手一本。

3.安全话题的专门安全教育

安全话题主要依据现场工程进度涉及到的重点岗位、危险性较大的工程分部分项、跨越季节的安全管理要点，及时通过召开工人全体大会的形式传达给工人，让工人知晓自己所处环境的主要危险源及安全防范措施。

4.工具箱会议的上岗前安全教育

工人在早中晚上下岗之前，每个班组必须花 5～15 分钟召开工具箱会议，重点强调本工种的操作规程、工作环境存在的风险和安全防范措施，每个班组长要有工具箱会议记录和图片记录，要真正把安全工作落到实处，安全讲话要有针对性，每天管理公司巡视考核，杜绝形式主义。

5.访客的安全培训教育

对于来往现场的参观者、设备供应商等相关人员一律参加不少于 10 分钟的访客培训，进入现场必须参加安全培训，杜绝外来人员的安全隐患。

二、强化现场安全的动态监督管理

安全管理是一个动态管理的过程，每天建筑物的高度和工作部位环境不断变化，每天安全监控的重点也在变化，因此现场每天发现的安全隐患的处理和快速沟通机制一定要畅通，才能及时消除安全隐患，降低安全风险，杜绝安全事故的发生。主要从以下几方面进行监督管理。

1.现场的专项例会制度

从项目开工时管理公司的 Kick-off Meeting（开工会）开始，召开业主方、施工方、监理方的开工会，在本次会议上把各自的现场管理团队、本项目的管理程序、安全奖罚制度、安全通知文件的传达流程、安全培训流程等进行讲解、阐述、澄清，同时成立本项目的安全生产管理委员会，实施对项目整体的安全管理。各施工参与方一经确认，在现场开工后按照对应执行，做到执行落地，安全管理不留死角。

2.月度安全绩效考核

由项目管理公司方牵头组织，在每个月的月末，业主方、施工方、监理方、专业分包方的项目经理、施工员、技术员、安全员、班组长、监理总监、安全经理等相关人员进行现场的安全检查，根据安全考核表格打分，评选出优秀、合格、不合格。优秀者给予物质奖励，激励大家奋勇争先，使安全管理驶入一个新的轨道。

3.定期检查验收贴标签

由管理公司方对现场所有使用的大中小型机械、脚手架、临时用电、安全防护设施等每月进行一次验收，验收合格后贴标签，不合格的不准使用或者退出场地外。每月的标签颜色不同，便于识别，从而确保了所使用的机具性能有效，杜绝了"带病作业"。

4.张挂安全警示标牌

在现场的出入口、临边洞口、吊装区域、防火区域、焊接区域等重点部位、显眼部位张挂安全警示标牌，对现场的工人起到警示、提示作用，有效避免了工人的高处坠落或机械伤害等事件。

现场文明施工管理。现场的材料堆放要严格按照现场施工平面图设置的指定区域进行堆放，堆放高度不准超过 1.5m，并且要设置安全警示材料围栏隔开。同时，监督施工作业方要做好"落手清"工作，每天收工后，现场保持清洁。除此之外，现场专门组成保洁队伍，每天对现场的楼层进行清扫，确保现场的清洁。

现场消防器材的配备。施工现场的木方堆放点、木工房、机械加工区、现场的焊接作业区域等都是重点的防火区域，按照施工现场消防规范要求配备消防器材。特别是焊接动火作业区域，除了配备灭火器外，还配备专职的监护人，确保动火作业的安全，避免作业后的焊渣引起火灾。

5.现场环境污染的管理

现场严格控制施工过程中对环境的扬尘、噪声、光、水的污染。施工过程中产生的裸土进行草皮种植或者黑网覆盖，有效的控制好扬尘工作；材料的装卸采用缓震措施，减少噪声的产生；现场的照明采用 LED 光灯照明，避免正对居民区，减少光污染；现场的混凝土养护水，进行三级沉淀池收集处理，并进行检测，确保排放达标。

6.现场劳动防护用品的管理

外资项目劳动防护用品的基本配备是安全鞋、反光背心、安全帽、安全眼镜等。对于特殊工种如焊工要配备防护面罩，焊工防护服、焊工鞋等，切割和打磨工也要配备防护面罩，确保作业过程中，防止碎杂物飞出，造成人员面部和眼睛的伤害。

7.执行"Stop"（停止）程序

在施工现场巡查过程中，一旦发现工人存在严重违章的行为，立即无条件执行"Stop"（停止）程序，作业工人立即停止手中的工作，并且接受本工程的安全再教育，然后再次进行安全考试，考试合格后方可上岗作业，否则不准再上岗作业。

8.安全管理人员的业务能力考核

施工方的专职安全管理人员、各专业分包方的专职安全管理人员、班组的专（兼）职安全管理人员除具备安全考核证书外，管理公司还要对其进行安全业务知识的面试和能力的考核，考核合格后才能上岗，否则只能调换合格的安全管理人员。从而做好项目管理公司的安全理念和安全程序持续高效的执行。

9.安全管理的采取"零容忍"原则

管理公司方在巡查过程中发现严重违反操作规程的人员或者发生未遂事件的人员一律给予逐出工地或开除处理，确保安全管理过程中的权威性和严肃性。

三、完善现场安全管理的制度和奖励机制

现场的安全管理要有针对性的对安全对操作程序

和制度进行管理,特别是高风险的安全管理要实行"许可证"制度。同时,还可以设立奖励机制来激励工人遵守安全规章制度。

1.高风险作业的许可证(作业票)制度和审批制度

管理公司方对于高风险的土方开挖作业、高处登高作业、动火作业、脚手架搭拆作业、吊装作业、夜间加班作业、受限空间作业、无损探伤作业、单独作业等实行专项方案审批和作业许可证审批制度。在高风险作业前,除了专项的安全操作程序交底外,管理公司安全经理根据许可证表格中的每一项条款进行一一对照,只有施工现场的作业环境符合表格的每项条款后,安全经理才能审批并签发许可证,作业班组才能开始实施作业,否则不准施工。并且在施工区域显眼位置放置审批许可证,便于巡查过程中的抽查,确保高风险作业的安全预防措施落实到位。其中,对受限空间的作业更加严格,在受限空间作业前,要对工人进行安全技术交底,让工人清楚受限空间的安全风险和安全操作要点;在进入受限空间作业前,要提前进行气体检测合格,通风设备、通信设备、监护人、工人的上下爬梯、救护装置等准备齐全后,才能实施受限空间作业,确保万无一失。

2.特殊工种人员的上岗持证管理

特殊工种人员必须持有国家政府部门颁发的特殊人员操作证才能上岗,并且做到人证统一,杜绝无证上岗。特殊人员在进入现场前,由管理公司统一建立人员档案,同时安全经理对其进行专项的特殊工种安全培训,必须通过管理公司的特殊工种应知应会的考试后,才能进行现场施工。管理公司根据在建项目不同阶段的风险,定期给特殊工种人员进行专项培训,确保特殊工种人员熟悉本工种的操作规程和工作区域的环境。特殊工种人员需严格执行动火作业许可证制度,在未取得动火作业许可证之前,严禁实施作业。

3.执行安全奖励制度

为了鼓励工人认真遵守施工现场的安全管理规章制度,制定了《施工现场安全工时奖励办法》,本办法规定当在建项目的安全工时达到50万工时、100万工时、150万工时的时候举行安全工时庆典活动,同时要评选出"安全之星""安全管理班组""安全管理团队"等,并对获奖的个人和团队进行物质奖励和精神奖励。从而形成人人遵守安全规章制度,从"要我安全"到"我要安全"的转变,进而有效的减少了人的不安全因素,降低安全管理风险。

四、加强高风险的安全识别分析

在高风险施工的前两周,由管理公司牵头执行安全工作风险分析会议,参会人员有业主方、施工方、监理方的项目经理、施工经理、安全经理、各专业工程师及各工种的班组长。高风险的安全识别范围覆盖塔吊装拆、深基坑、高大模板高处作业、脚手架、临时用电、动火作业、开挖作业、吊装作业、钢结构安装、机电安装等。分析出安全风险,拟采取的安全防范措施一一列出,在分析的过程中做到人员的积极参与,在后续工作中监督安全措施的落实。高风险的安全分析会根据现场的进度每月更新一次,从而做到安全风险的提前预防。

五、结束语

安全是企业发展的重中之重。外资项目安全管理一直把"安全第一"的管理理念落实到在建项目的行动中,从业主方的项目经理、安全经理、各专业工程师,层层传递到一线的作业工人,而不是停留在口号上。同时,也传达了安全管理不仅仅是安全员一个人的事,而是项目现场每一个从业人员应尽的安全责任和义务,从而达到确保进入施工现场的每一个人都是安全的目的。

浅谈江华海螺安全文化建设

江华海螺水泥有限责任公司　鲁良山

摘　要： 江华海螺水泥有限责任公司（以下简称江华海螺）始终秉承"以人为本，生命至上"的安全发展理念，全面落实企业安全生产主体责任，开展形式多样的安全文化活动，持续推进安全文化建设。

关键词： 文化引领；安全对标；安全素养；安全管控

江华海螺坐落在生态文化之都的湖南省永州市江华瑶族自治县，公司自2012年建设，投产以来，在国家、省、市、县各级安监部门的指导帮助下，在海螺集团、海螺水泥股份公司和湖南区域的统筹领导下，企业针对自身安全文化发展要求，借鉴兄弟公司安全管理经验，结合地域瑶族文化和海螺文化特点，秉承"以人为本，生命至上"的安全发展理念，对照国家安全文化示范企业创建标准和国务院安委办"十三五"安全发展规划，全面落实企业安全生产主体责任，坚守红线底线思维，建立安全管理体系，织密安全管理网络，健全安全规章制度，保障安全费用投入，明晰岗位安全职责，开展形式多样的安全培训，推行四级隐患排查治理体系，实施安全应急演练，施行预警预控体系，进一步推动智能化、机械化升级，将安全发展的理念贯穿工作各环节、全过程。

通过管理创新、技术创新，相继通过"水土保持""清洁化生产""能源审计""行业准入""职业健康""环境管理体系"认证。先后荣获"海螺集团安全示范企业""江华县安全先进单位""永州市安全先进单位""湖南省安全青年文明岗""湖南省企业文化建设示范单位""冶金工贸企业安全生产标准化一级企业""国家安全文化示范企业"等荣誉称号。截至目前，公司已实现自投产以来安全生产零事故2141天。江华海螺水泥有限责任公司之所以取得如此良好的成绩，与公司的安全文化建设是分不开的，笔者将就此展开介绍公司的相关经验。

一、安全文化引领，筑牢安全大堤

江华海螺全面推行理念文化建设。公司结合水泥企业工艺线长、点多、面广的安全管理特点，在全公司推行安全文化创建活动，公司结合创建标准并根据地域瑶族人文习性和生产安全与职业健康管理要求，编制安全文化创建方案，成立以公司主要负责人和分管领导为正副组长，各二级部门主要负责人为成员的创建领导组，制定江华海螺安全文化管理制度，实行分层安全承诺，以安全理念，统领全员工作。

制度从管理机构及职责、承诺、审核评估、推进与保障等方面进行明晰和要求，修订完善《员工安全行为规范手册》《重点人群、重点时段、重点作业场所安全管理规定》等100余项制度，分层签订"安全生产职业健康目标管理"责任书，制定《年度安全教育培训计划》和《新工安全培训计划》《应急演练和训练计划》，分层开展中层、维修人员、全员安全培训考试，通过针对性的培训、考试、补考、再考试，对考试、补考不合格人员纳入公司重点人群管理，以培训提高全员意识和安全技能，以制度文化引领全员安全行为，提高全员安全素养。2017年，公司主要负责人和安全管理人员共3人参加并通过注册安全工程师考试；2018年，公司也有8名人员报名参加注册安全工程师考试。

二、借鉴先进经验、对标示范管理

公司以安全文化示范创建为契机，对照创建考评内容，成立"基础管组""工艺设备组""电气组"三个安全文化创建专业组，组长分别由公司主要负责人和公司分管领导担任，下辖4个创建工作组，由各专业、各部门人员组成，公司有组织、有计划的分批次安排创建小组人员到同行礼泉海螺、枞阳海螺、华润、华新标杆示范水泥企业进行实地对标学习，邀请专家莅临公司进行传道、授业、答疑解惑。公司主要负责人、分管领导、各专业牵头人上讲台，开展每人一课培训，为员工解读释义法律、法规、条例。通过走出去，请进来，内部消化转化学习成果，目前，在公司内已基本形成人人抓安全，时时讲安全，处处能安全的文化氛围。

三、隐患不过夜，险肇当事故

公司在规范日常走动式安全检查，检修安全督查，月度综合检查，节假日、季节性安全专项检查，干部24小时值班检查、公司班子"四不两直"检查的同时，公司相继推行隐患"随手曝"举报奖励和隐患治理"黄牌"督战约束机制，对举报的各类隐患按所辖责任区域，由公司安全环保处下达隐患治理"黄牌"整改令，督促责任单位限期整改，确保隐患整改率100%。

在约束性安全管理的同时，公司相继开展了全员安全、职业健康合理化建议征集活动，让员工不拘泥本岗，可跨岗位、跨专业、跨部门、跨公司提出安全、职业健康管理的好建议、好举措、好办法，通过与检查、整改、考核和合理化建议征集奖励相结合，使员工在隐患的排查辨识中提高安全意识，在隐患的治理过程中提高安全技能，在合理化建议的征集过程中提高安全管理水平。公司隐患排查治理体系始终保持国家总局A级企业。

四、创新安全管理，降控风险

为降低员工劳动强度和安全用工风险，公司以机械化降低用工风险，以智能化提高安全管控能力。先后对窑尾结皮清理、熟料库底、物流转运站等高偏远、高风险作业点使用视频监控，在主要区域、道路、设备实行电子感应仪表、设备巡检物联网、信息化等技术，在高温、高压、易漏料处安装电子测温、测压仪表、堵料开关，在门岗、生活区、厂区大门、道路安装蓝牙门禁，在水源泵等远距离岗位实现远程监控，对水泥包装栈台增装袋收尘器，在公司主交通干道布设自动喷水管网和雾炮机，推行设备二维码巡检，启用安全预警预控自动化管理系统，实施全员班前安全宣誓，推行车辆测速仪、车辆驾驶员测酒仪督查，形式多样的安全管理，使公司安全文化氛围得到进一步提高。

五、一岗双责，党政同责

公司结合党建和生产经营实际，推行主要负责人、安全管理人员履行安全生产管理"五个一"活动（每月组织一次"四不两直"安全检查，每月组织参加一次基层安全会，每月上台授讲一次安全知识培训课，每月参加一次安全培训，每月参加一次安全考试），党员、管理人员"每周40+8"义务劳动制度，公司党办每周组织公司党员、管理人员对生产、生活区现场积料、草坪杂草、白色垃圾等环境进行持续清理，道路划线8000米，路牙修缮刷漆12000米；公司每月还组织对各工段班组进行技能型、效益型、管理型、创新性、和谐型"五型班组"的检查评比和安全评比，在公司内形成安全为天，比学赶帮超氛围。

相关方管理是公司安全文化创建的难点，公司班子针对供应商、承包商人员安全意识相对淡薄，工作性质弹性大等特性，定期召集相关方负责人进行沟通，剖析涉及相关方的事故案例，统一思想，为相关方配备安全帽、安全带、安全绳，发放安全告知书和致相关方一封信，定期组织相关方人员进行职业卫生、消防、交通、安全操作专项培训，并将相关方等同本部门职工管理，为规避安全风险，公司强制性要求相关方必须为相关方人员参加工伤和意外保险，实行相关方管理保险准入制。

六、打造"两湖、五园、九林"和"绿色矿山"

公司在生产区、生活区各创建儿童娱乐场和2个人工湖，湖心建设假山、养心亭、小木桥、储水坝、景观灯，灯柱上悬挂安全宣传牌，供职工休闲漫步、健身共享安全文化氛围。开辟杨梅园、葡萄园、桃园、菜园、石榴园，桉树林、竹林、银杏林、樱树林、桂树林、樟树林、芙蓉林、橘子林、枇杷林，在矿山作业平台种植桉树林、竹林，在运矿道路、破碎机龙口和发运广场增装安全文化墙，沿线布置5000米自动喷水管网和多台雾炮机。

七、机制创新、提升安全管控能力

公司每年开展安全合理化建议征集活动，自2016年以来，公司已征集安全合理化建议1700余条，组织1360余人观看事故警示教育片，建设培训应急活动室，在生产、生活区域为职工订制安全、环境报刊和宣传展板，在考勤机前和班组值班室设置职工全家福安全温馨墙。在职工食堂，滚动式播放安全宣传影视片。

公司成功举办了江华县安全月活动暨安全咨询日动员会，公司主要负责人公开承诺"全面落实企业主体责任"的具体措施。咨询日期间，公司发放1000余份安全文化手册。供应处、销售处、安环处针对供应、承运商、劳务人员在公司工作的范围和内容，分别与他们剖析存在的用工安全风险，应履行的安全责任和义务。公司还推行对职工家人安全告知、安全承诺宣誓、签名、谈心、悬挂全家福照片、安全温馨提示等文化活动，强化员工主人翁意识，增强企业凝聚力，引导员工和相关方从"要我安全"到"我要安全，我会安全"，最终向我能安全、互助式安全转变。

八、规范安全行为，确保作业安全

公司始终将员工的安全行为放在安全工作的首位，公司针对水泥生产安全管理特点，制订了《检维修安全管理规程》《危险作业分级审批及监护管理办法》，要求各单位，对有限空间作业、高空作业、高温作业、危险区域动火作业及清堵作业等必须规范办理危险作业申请，进行作业前风险辨识，对危险、危害因素做好防范措施。实行现场三级监控。停送电作业必须执行能量锁定。

编发了《员工安全手册》《重点人群、重点作业场所、重要时段安全管理规定》，将皮带机检维修作业危险等级提升为 II 级，将皮带机清堵作业危险等级提升为 III 级，让员工会记、会背、会用，推行员工行为观察和抽查提问制度，实施了车辆测速仪、酒精检测仪，在职工中推行安全"双想制"（作业前预想危险、危害因素，设想造成的后果），通过强制性措施和引导式教育，员工安全意识和风险辨控能力得到进一步提高，在公司内，已基本形成行为符合标准，标准成为职业习惯的良好氛围。

为确保安全文化创建进度、质量，公司提取安全专项资金，相继投入安全文化专项资金 300 余万元。其中，整改防护栏 5000 多米，安装踢脚板 11000 多米，制作钢梯、检维修平台 800 平方米，改进现场照明照度值及防爆灯具 1005 余盏，新增拉绳开关 10000 余米，急停按钮 792 个，现场制作悬挂职业健康、消防、交通等各类安全警示标识 20000 余块，新增消防沙池 57 处，总降、电力室、氨水罐、电缆沟、油库、纸袋库等重点危险部位增装监控和烟感报警系统，组织新工、"三项人员"、从业人员各项培训考试达 1800 人次。

九、结束语

不忘初心，牢记使命。江华海螺在创建安全文化示范企业的进程中虽然取得一些经验，但清醒地认识到安全管理永远在路上，安全管理的艰巨性、顽固性和复杂性不容有丝毫懈怠，各级管理者和全体员工都要正视安全管理严峻性，时时警醒公司全员，在任何时候，任何场所都要绷紧安全弦，规范安全行为，任何作业项目都不能有丝毫麻痹和松懈。如何驾驭和管控人和物的行为、状态，是江华海螺目前安全管理重点工作之一，我们将继续做好安全生产工作，加强安全文化建设，不断推动企业安全稳定发展。

浅谈煤矿企业如何做好
"三基"工作建设本安矿井

山西西山煤电股份有限公司镇城底矿　曹洪斌

摘　要：山西西山煤电股份有限公司镇城底矿（以下简称西山煤电集团公司）将安全"三基"建设工作（即基层建设、基础建设、基本功建设）作为安全文化管理的重要抓手和方法，以基层队组、班组建设为核心，夯实基层根基，激发基层活力；以岗位责任制和标准化建设为重点，加强基础管理，严格现场过程监管；以加强员工教育培训和人才队伍建设为主要内容，提升员工基本素质，强实安全保障，取得了一定成效。

关键词：煤矿；安全管理；三基建设

在新时期、新形势下，煤矿安全生产工作面临新的挑战、新的要求。国务院下发了《中共中央 国务院关于推进安全生产领域改革发展的意见》等纲领性文件，《中华人民共和国安全生产法》《煤矿安全生产标准化基本要求及评分方法（试行）》等法律法规、制度标准也进行了修订。在这样的背景下，安全文化建设工作的开展就显得尤为重要。

基层、基础、基本功就是安全的本，扎实开展好"三基"建设是安全生产的治本之策，是大势所趋，势在必行。西山煤电集团公司将2018年确定为"'三基'建设巩固提升年"，要求各煤矿狠抓落实，抓出实效。镇城底矿全体干部职工也围绕安全事故"零"目标，狠抓落实安全文化建设，不断改进安全管理工作方法，细化安全监管措施，抓好"三基"建设，打牢安全基础，促进本质安全型矿井建设再上新台阶。

一、抓好"三基"建设是做好安全文化管理的有效途径

（一）煤矿安全文化管理面临的问题

从行业角度出发，结合镇城底矿实际，不难发现，煤矿企业普遍存在三个方面的弱项：一是地理位置偏远，信息相对闭塞，安全理念、管理理念、工作理念等相对落后，不能及时提升认识高度，提高安全工作思想水平，基层组织的学习力较弱；二是井下作业工作环境艰苦，职工劳动强度很大，管理方法较为落后，基层工作的管理力较弱；三是作为一线主力军的矿工队伍，普遍文化素质较低，干工作靠经验主义，安全

素质差，基本素质的提升力较弱。

这些短板不解决，就很难解决安全发展的问题。煤矿安全生产的真正主体是基层一线，基层一线的管理扎实不扎实，一线队伍的基本素质好不好，往往是决定安全工作水平的关键。离开了基层一线的自主管理和每个职工的自我保护，其他工作也就失去了基础。因此，推进"三基"工作，提升各单位、各队组安全生产能力，是确保实现安全目标的根本途径。

（二）"三基"建设的内容

"三基"建设简单来说就是指"抓基层、打基础、苦练基本功"。

基层就是区队、班组；抓基层，要以一线、现场为重点，建设"六型"班组，从政策、制度、机制、待遇、经费、装备等方面，切实向基层一线倾斜，实现安全工作重心下移、保障下倾，进一步增强基层实力，激发基层活力，提高基层战斗力。

基础就是安全责任体系、机构建设、设施设备、规章立制、监督管理、安全投入、教育培训、应急救援等基本要素。打基础，要紧紧抓住安全质量标准化、动态达标、隐患排查治理等关键环节、重点工作，全面带动各项安全管理基础工作，切实做到全面立标对标、量化检查标准、规范作业程序，排除现场隐患，实现对重大隐患、各类事故的有效防范和坚决杜绝。

基本功就是干部上讲台、培训到现场；就是岗位技能大比武、大练兵，让职工把简单有效的操作练到极致；就是干部要苦练分析判断、科学管理、组织安

排、沟通协调的基本功。苦练基本功，要使管理干部、技术人员、操作工人都能够熟练掌握应知应会的基本知识，进一步提升各自岗位业务技能。

（三）"三基"建设的重要意义

目前，安全生产形势依然严峻。2018 年以来，镇城底矿保持了安全生产，杜绝了各类重大事故，消灭了重伤以上人身事故和二级以上非伤亡事故。但没有事故不代表安全工作万无一失，反而人员更容易出现松懈和麻痹思想，进而对安全工作及职工安全行为规范要求有所放松。这就使得我们在减少碰手碰脚零星事故方面，还存在防范措施不到位，责任落实不到位，实效提升不明显等问题。

目前，对企业而言，安全就是最大的经济效益。企业在发展壮大的同时，要实现安全生产奋斗目标，安全基础就必须更加固若金汤，"三基"建设工作比以往任何时候都更加重要。因此，镇城底矿党政端正态度，高度重视，加大了对干部职工的培训教育力度，加强了人员安全理念培植，使大家充分认识到了"三基"建设工作的重大意义。坚持一点一滴、脚踏实地地从抓"三基"建设工作入手，力争做到基层管理精细化、标准化，基础管理规范化、程序化，基本功提升常规化，促进煤矿整体安全管理水平不断提高，确保安全形势持续稳定。

二、抓好"三基"建设要细化工作内容和方法

（一）抓实基层

坚持"抓基层"是提升安全工作的关键。

1. 从最基本的班组入手，强化"六型班组"建设，严格班组长准入，严格"三员两长"管理考核

严格按照责任体系、问责机制对基层队组进行考核奖惩，各种奖罚制度落实到个人。必须充分发挥区队、班组的主观能动性，不能只顾着完成生产任务，还需要努力让一线的队组、班组真正强大起来，真正能够具有负起责任的能力，提升基层的现场管理水平。

2. 加强基层责任体系建设

严格下井带班考核制度、严格安全绩效考核制度。工作有检查，有考核，真抓实干，持之以恒；建立健全完善的班组制度，班前班后对重点岗位上的职工，有针对性地开展安全排查，针对安全薄弱环节，提建议，补措施，抓整改，提高班组安全意识；对违章违纪的职工严格兑现奖惩；严格队长、班长任职资格制

度；加强培训，确保持证上岗；培养一批优秀的班组长，激发广大职工的巨大创造力，最大限度地挖掘企业所蕴藏的潜能，切实加强现场管理，保证生产安全。

（二）打牢基础

以安全生产标准化建设为主线，强化体系建设，把"打基础"作为提升安全工作的重点。建立系统的、细化的责任体系。明确基层的工作内容和要求，明确检查考核的标准，具体到操作规程、各类措施、现场管理等。切实做到隐患零容忍，问题全整改，结果严考核。形成一层对一层负责、层层责任明确，把责任细分落实到基层一线，各司其职、各负其责，才能确保责任到人，管理到位。

1. 强化安全管理制度体系建设

各科室、队组定期排查安全短板，认真总结安全管理工作中行之有效的办法，进一步整理完善，形成制度，长期坚持。严格贯彻落实安全生产钢规铁纪，严格考核，充分运用绩效工资、安全抵押、安全考核的激励政策，加大正激励考核，严格过程管控，量化考核，进一步提高干部职工抓安全的积极性。

2. 强化安全生产标准化过程控制

大家都在学标准，用标准，管理干部更要熟标准，严考核，以日常动态达标为手段，强化工序质量。坚持定期自检验收考核，坚持动态监管工作质量、工程质量和文明施工质量。坚持做好长短期的安全生产标准化达标规划，做到隐患排查全面覆盖，按时"三定"，及时整改，不留死角。对照作业现场环境、职工操作行为、作业规程措施、图纸资料，依据治理情况，对排查出的隐患集中进行会诊、评估、整改、完善，逐一梳理，利用专题安全会议、隐患排查会、安全例会等时间在全矿进行学习剖析，避免类似问题的再次出现。不定期召开现场推进会，写参会总结，落后队组作检查。

3. 强化隐患排查治理

坚持"隐患就是事故"，进一步加大力度，提前防范事故。坚持全员参与、分级管理、逐级监督落实的要求，严格落实隐患排查、筛选、治理、复查全过程闭合管理，做到隐患排查有标准，隐患治理有保障，隐患消除有记录。对各类安全检查中发现的隐患和问题，进行限期全面彻底整治，坚决杜绝重复隐患、搁置隐患、隐瞒隐患的情况出现。对于重大安全隐患，

逐条制订防范措施和预案。进一步健全完善安全预警机制和事故应急救援体系，积极进行班组应急避险和避灾线路的演练。同时，针对雨季汛期、六月安全生产月、百日安全生产等活动进行分阶段、分专业集中整治。

4.强化地面安全

严格落实走动式管理，重点防范要害场所、关键设备，消除高温高压、易燃易爆、有毒有害场所的重大危险源，强化日常监测，管好用好设备，确保系统设施安全可靠。高度关注雨季三防、节假日、高温、严寒等特殊时期的安全管理。

（三）练好基本功

"苦练基本功"是提升安全工作的支撑。安全工作"以人为本"，也必须从人员基本素质抓起。不论管理人员、技术人员、操作人员都必须提升自身业务素质，打造本质安全人，才能建成本质安全煤矿。

1.加大安全培训教育力度

加强职工技能培训与业务知识学习、事故案例教育，强化各工种岗位安全基本知识、安全操作技能、现场处理问题及应急应变能力培训。切实提高职工安全意识和安全素质，有效提升干部安全管理水平与业务素质。突出班组在安全培训工作中的阵地作用，加强职工班前会教育，强化班组长队组素质提升。坚持"每日一题""每周一课""每月一考"基础性制度。严格按照"先培训、后上岗；先培训、后就业"的原则进行安全培训，认真执行"培训学习达不到要求不准上岗"的规定，坚持高标准，把培训工作做细、做实、做严，全面规范职工的安全行为，使其"上标准岗、干标准活"。

2.深化准军事化安全管理和"手指口述"安全确认

加大入井、升井环节监督管理力度，加强单岗作业及零散工种人员"手指口述"安全确认法执行考核，加大反习惯性三违力度，进一步规范和消除习惯性违章行为。坚决查处职工违章作业、胡干蛮干行为，加大违章处罚力度，严重的给予干部免职或撤职处分，职工留矿察看或解除劳动合同。通过铁的管理，使职工明白违章的成本和后果，进一步规范职工行为，促进降低零星事故，消除安全隐患。

三、抓好"三基"建设必须抓好安全责任落实

（一）加强领导，落实安全责任

坚持把"三基"建设作为"一把手工程"来抓。不论干部层级、井下地面、行政还是书记，都必须要有高度的责任感、使命感，必须抓住重点区域、重点部位、重点环节主动开展工作，不断改进工作作风，牢牢把握安全工作的主动权。坚持深化"党政同责，一岗双责，齐抓共管"的安全生产责任体系建设，全面落实"管行业必须管安全，管业务必须管安全，管生产经营必须管安全"的要求，严格落实安全生产责任制，明确岗位责任制，严格干部安全考核，实行"安全"一票否决制，努力做到基层一线管得严，作业现场管得住，确保安全责任实打实地落实到底。

（二）联系实际，丰富管理手段

坚持目标引领，加强倒逼管理；厘清思路，用最有效、最实际的办法，解决存在的实际问题。结合各区队、班组实际情况，抓住工作的重点环节，进一步规范基础管理工作内容，进一步提高基础管理工作落实执行效果。

坚持严格管理、规范管理的要求，积极探索、应用科学的管理方法和手段。强化安全考核，明确责任主体，实行层级管理，狠抓作风转变，把握好岗、责、权、利、能、绩六方面关系。结合各专业实际，认真查找、总结从管理到现场落实各个环节中存在的问题，强化各专业"三基"建设的具体措施。强化工作督导，用好调度会议、系统会诊、绩效评价、通报批评等督导检查制度。

（三）着眼长远，构建长效机制

坚持长期抓、抓长期的思想，建立完善长效机制，保障基层、基础、基本功建设持续健康发展。充分发挥党政工团协同作用，扎实做好安全宣传教育、安全文化建设等工作。建立规范运行管控机制，目标任务、现场管理、监督考核一体化推进，一级管一级，层层抓落实。建立激励机制，制定考核细则，把"三基"建设融入区队工作目标管理中，列出项目，与单位绩效挂钩，严格考核奖惩，最终影响并改变干部职工的安全意识与安全行为，使干部职工人人理解"三基"建设、践行"三基"建设，变"要我安全"为"我要安全、我会安全"，最终实现安全生产。

四、结束语

"三基"建设是有效增强煤矿企业安全管理工作实效的机制方法，符合煤矿加强内部管理、实现安全生产、降本增效、保持队伍稳定、人员素质提升的内在需要，利于煤矿应对挑战，提升核心竞争力，促进可持续发展。全面推进"三基"建设，奠定了煤矿安全发展基石，有助于煤矿企业落实安全文化建设，建设本质安全型矿井。

关于青年员工在安全文化建设中的作用研究

——基于中国航空制造技术研究院的实践探索与启示

中国航空制造技术研究院　于嘉　王猛　崔升　郎宝山

摘　要: 青年员工在科研院所的安全管理中发挥着重要作用,但同时由于安全文化意识和技能相对薄弱,成为安全生产事故易发人群。针对这一情况,中国航空制造技术研究院(以下简称制造院)以青年员工在安全文化建设中的作用为题目,结合青年员工群体特征,组织策划了以青年员工为主体的安全文化活动模式——"安全生产 青年争先"安全文化主题实践活动。本着"关爱青年,服务青年"的安全文化宗旨,挖掘和和发现一批青年安全生产先进典型,营造安全生产氛围,切实提升青年员工岗位安全意识防护技能,建立一种青年员工参与安全工作的长效机制,发挥文化典型示范的带头作用,形成以青年员工带动全员的安全文化。

关键词: 安全;青年;文化

中国航空制造技术研究院,自 2016 年 8 月由中国航空工业集团以北京航空制造工程研究所为基础组建,并负责管理北京航空精密机械研究所、济南特种结构研究所、中航高科技股份有限公司 3 家成员单位。制造院现有职工 1900 余人,其中,工程院院士 1 人、研究员 70 余人、高级工程师 450 余人、技术工人 450 余人(高级技师 30 人、技师 90 余人)。制造院以"引领航空制造技术,支撑武器装备发展,促进科技成果转化,提升价值创造能力"为使命,拥有国际一流的航空材料、制造技术、专用装备的自主创新能力。

由于涉及有害因素多,特种设备多,操作工序复杂,制造院长期高度重视安全文化建设和安全生产工作。特别是近年来,针对青年员工数量多但安全意识较为淡薄、安全技能较为薄弱等情况,开展了一系列以青年员工为主体的安全文化主题实践活动,并逐步形成了发挥青年员工安全文化建设作用的长效机制,取得了良好的效果,不仅取得职业健康安全管理体系认证证书,而且成为军工系统安全生产标准化一级单位。

一、青年员工在安全文化建设中的作用与责任

制造院近几年通过激发青年员工驱动企业安全文化建设和安全生产工作,不断认识到,青年群体既是当前安全管理的重点群体之一,也是安全文化建设和企业安全发展未来所系。

第一,提升青年员工安全素质是补足企业安全短板的紧迫需要。近几年来青年员工大量入职企业,尤其是基层单位数量更多,由于他们工作经验不足,对安全生产的认识程度不深,对行为规范、风险隐患可能引发的事故后果认识不足,因此工作当中容易出现麻痹大意、侥幸过关等思想和为省事不按标准规范作业等行为,加大了基层一线安全风险隐患,而这正是企业安全生产事故的导火索。要从根本上扭转全国安全生产形势,提升企业安全管理水平,必然要求大力增强青年员工安全意识,培育青年员工的安全技能,抓紧补足基层一线安全生产管理短板。

第二,履行青年一代安全责任是锻造企业人才队伍的必经途径。安全管理能力是企业的核心竞争力,安全意识和素质是企业管理人才、科研人才和技能人才的核心能力。青年一代承担起在安全生产中的使命责任,主动学习安全管理经验和知识,自觉传播安全文化,深入践行安全理念,建构安全文化管理能力,是企业青年人才成长的必经之路。唯有如此,他们才能在未来企业干部新老交替的过程中肩负起企业的安全责任,并以安全为基石,承担起推动企业持续健康发展的历史使命。

二、激发青年员工安全文化建设热情能力的思路

(一)关爱青年员工,增强其对企业的归属感是打开青年员工心灵的钥匙

新时代的青年员工在受到关注和关爱的环境中长

大，因而对人性化管理的预期更高，对团队归属感、企业归属感的渴望更强烈。员工能否建立对工作的正确认知和热忱，直接关系到他们对安全生产工作的看法和行动力。要让青年员工积极主动地参与安全文化建设，必须从关爱青年员工入手，关心他们的工作生活和成长需要，使之在潜移默化中融入团队。

（二）服务青年员工，增强其对工作的价值认同是激励青年员工成长的关键

尽管新时代员工有着很多个性化特色，但也同样拥有对工作价值感、成就感的追求。要激励青年员工的成长，就必须坚持服务青年员工，为其搭建优质的学习成长平台，建立公开透明的晋升和干部任用机制，引导其沿着职业生涯规划方向努力进取。

（三）吸引青年员工，增强安全文化建设的影响力和参与感

有了前两点的支撑，青年员工就更加热爱本职工作，为青年员工发挥安全文化建设实践主力军作用奠定了坚实基础。必须改变过去安全文化建设当中照本宣科宣贯、原文转发文件等僵硬的宣传与管理方式，开创青年员工喜闻乐见的、有利于青年员工活力绽放的新形式新玩法，让青年员工愿意尝试，在尝试中认知提升，并最终喜欢上传播优秀安全文化理念、培育安全行为习惯的活动。

（四）成就青年员工，增强青年员工典型的榜样带动作用

激励理论指出，员工完成一个工作任务后应得到有效的激励，才能强化他的努力行为。新时代青年接受的教育更系统更优质，对安全发展和企业文明进步有着更强烈的追求。要充分开发青年员工在安全文化建设和安全生产中的创新潜力，鼓励他们参与安全文化管理，信任并采用他们的创新建议。要积极挖掘青年员工典型，寻找青年安全生产标兵、模范，为青年人树立可亲可学的榜样。

三、"安全生产 青年争先"主题实践活动

基于上述思考，制造院于2017年6月（全国第16个"安全生产月"），以安全生产月"全面落实企业安全生产主体责任"主题，开展了"安全生产 青年争先"主题实践系列活动。本着"关爱青年、服务青年"的宗旨，针对青年群体开展安全生产活动，旨在提升青年员工安全生产技能，增强自我保护能力，熟

悉伤害发生机理，避免生产安全事故的发生。通过丰富有趣的实践活动，使青年在"玩"的过程中对安全理念、安全意识和安全方法入脑入心，是践行制造院以青年为主体开展安全文化建设的一次有效尝试。

（一）隐患排查闯关活动

在基层单位开展以隐患排查闯关的活动形式，依次进行了识图查隐患、安全知识竞赛、劳动防护用品穿戴、现场KYT演练（危险预知演练）、应急演练5个环节，以寓教于乐的形式使青年员工在参与过程中有效掌握并提升安全理论知识、隐患排查识别能力、劳动防护用品佩戴使用方法等。活动编制了《安全闯关参赛手册》用于活动指导，5个环节形成连贯闯关模式，全部完成后进行总分评比。

第一关为识图查隐患，采用12个贴有隐患图片和无隐患混淆图片的纸板分组进行隐患辨识，找出题板上贴的隐患图片或无隐患图片，以各组查找出隐患条数进行评分，借此提高青年员工在日常工作中辨识危险和排查隐患的能力。第二关为安全知识竞赛，以日常工作中常见的安全知识编制安全知识题库，按照题库范围，各队在两分钟之内，根据大屏幕滚动播放的安全问题进行作答比赛。第三关为劳动防护用品穿戴游戏，每队选出一人作为"被穿戴人"，其余队员从起点出发到答题处回答问题，回答正确1道题后，可以选择一种防护用具，运送至被穿戴人处，由被穿戴人自行穿戴。答不出问题可放弃换另一人重新答题。每人最多只有一次答题运送防护用品的机会。各队应在7分钟之内，完成规定的活动并穿戴防护用具，以正确、有效穿戴为标准，通过比赛时间、穿戴正确性对各队进行评分。第四关为现场KYT演练，针对作业特点和生产全过程，以危险因素为对象，以作业班组为团队开展的一项安全教育和训练活动，目的是控制作业过程中的危险，预测和预防可能出现的事故。各队前往两个模拟场景，在30分钟内，完成风险预知的演练。在各选定现场进行班组作业KYT模拟，以现场发现问题数量、防护措施有效性条目进行排名。第五关为应急演练，训练青年员工在突发情况下的快反能力。

（二）"应急救援演示"活动

旨在提高青年员工对本单位、本岗位可能发生危险的正确处置能力。组织全院青年员工开展以"当危

险来临时我该怎么办"为主题的应急救援演示活动,针对岗位已发生或易发生的危险,开展有效的应急救援演练,演练的主题主要包括触电伤害、机械伤害、危化品管理、辐射安全、强激光照射、吊装作业、高处作业、危废泄露、有限空间作业等 10 大类 17 种安全问题,选题涵盖了各单位、各岗位的典型危险作业部位,以及各单位、各岗位近年来已发生或未遂事件的应急处置方案,具有很强的针对性,也具有很好的教育警示作用。特邀安全生产专家对演练的 17 个应急项目进行逐一点评,分别指出应急救援演练活动中的优点和不足,对应急救援的正确实施及更好的发挥实效具有很好的指导作用。

（三）安全标语征集活动

旨在加深青年员工的安全意识,形成有效的安全文化传播渠道。开展以围绕"生命至上、安全发展"活动主题,用一句话（30 字以内）讲安全,共计征集 9 个单位 102 条安全警示标语,后续对征集到的标语进行评定,并在各单位科研生产现场悬挂展示。

四、活动效应与启示

"安全生产 青年争先"主题实践活动组织筹划到位,创意新颖,得到了各基层单位的大力支持和青年员工的积极参与。通过喜闻乐见的主题实践活动形式,引导青年员工立足岗位职责,把安全知识内化为安全生产意识、外化为安全生产行为,防范事故发生。通过主题系列活动,挖掘并发现了一批青年安全生产先进典型,持续为青年员工的发展搭好平台,促进广大青年员工的交流学习,加深青年员工的安全意识,切实提升青年员工岗位安全意识和防护技能,营造了以青年员工带动全员的安全生产氛围,形成了有效的安全文化传播渠道,逐步建立起青年员工安全工作的长效机制。

安全文化在安全生产"五要素（安全文化、安全法制、安全责任、安全技术、安全投入）"中是灵魂和统帅,是安全生产工作的精神指向。同时,安全文化是全员文化,青年员工是基层单位主力军,加强青年员工在安全文化建设中的作用能够为基层安全文化的践行注入强大生命活力。安全文化从员工中来到员工中去,通过组织以青年员工为主体的安全文化主题实践活动,员工逐步实现了由服从管理的"要我安全"到自主管理的"我要安全"的转变,潜移默化地接受企业安全价值观,使安全文化逐步由认知到认同、由认同到成为自觉的行为。

落实"预防为主"方针，建设双重预防机制
——"一厂三站"双重预防机制构建设想

华能澜沧江水电股份有限公司乌弄龙·里底水电厂　　鲁赛棋

摘　要： "安全第一、预防为主、综合治理"是我国安全生产法确定的安全生产方针。随着我国企业安全生产管理的进步，安全生产工作重心日益转移到事前控制，把安全风险化解在风险暴露之前。近年来，华能澜沧江水电股份有限公司乌弄龙·里底水电厂（以下简称电厂）认真贯彻安全生产方针，按照国务院安委会文件要求，着力构建"一厂三站"风险分级管控和隐患排查治理双重预防机制，有力提升了安全管理水平。本文旨在分享构建双重预防机制的思路与方法。

关键词： 一厂三站；双重预防机制；分级管控体系；四明确一落实

一、"一厂三站"双重预防机制构建必要性

电厂承担着乌弄龙水电站、里底水电站、500kV托巴开关站的生产经营管理工作，生产管理营地距乌弄龙水电站约 12 千米、里底水电站约 7 千米、托巴开关站约 100 千米。目前电厂设一个安全与环境监察部，负责"一厂三站"的安全管理工作。在安全管理方面，面临人少事多、人员安全技能参差不齐、作业环境多变、现场监管难度大等困难。如何贯彻安全生产方针，切实把安全管理工作前置，有效防控风险，是电厂安全生产工作长期面临的重大问题。

经过反复研讨，我们认为，必须充分认识到安全管理"预防为主"方针的重要性、紧迫性，只有把安全风险消除在安全事件和事故发生之前，只有把企业安全风险全面扫描、加以有效管控，才能真正做到预防为主，才能真正提升安全管理水平。为此经认真研究国务院安委会办公室制定印发的《标本兼治遏制重特大事故工作指南》《关于实施遏制重特大事故工作指南构建双重预防机制的意见》等文件，提出建设"一厂三站"风险分级管控和隐患排查治理双重预防机制。

要建设有效的安全风险防控和隐患排查治理双重机制建设，必须以"全面覆盖、全程覆盖"的严谨精神全面识别安全风险，必须以"量化管理、准确排序"思维对安全风险进行分级，必须以"安全生产人人有责"的责任观推动隐患排查，必须以"面对隐患不存侥幸，面对风险必有措施"的管控思想抓牢机制落地。

二、"一厂三站"双重预防机制构建设想

（一）双重预防机制构建原则及目标

坚持源头治理、关口前移和标本兼治，把安全风险管控放在隐患前面，把隐患排查治理放在事故前面，按照"风险优先、全员参与、持续改进"的原则，强化对"安全风险分级管控是隐患排查治理的前提和基础，隐患排查治理是安全风险分级管控的强化与深入"的认识，强化组织，从人、物、环、管四个方面和风险管控和隐患治理两道防线，切实建立起有效的"一厂三站"风险分级管控和隐患排查治理双重预防机制，促使电厂形成"风险自辨自控、隐患自查自治"的常态化运行工作机制，切实解决"想不到、管不到"问题，全面提升电厂安全风险防控能力和本质安全水平。

（二）安全风险分级管控体系构建流程和内容

1. 全面开展风险评估

结合电厂、两电站和开关站的实际情况，围绕厂址、建（构）筑物、生产工艺流程、生产设备设施、材料工器具、作业环境、作业过程、安全生产管理体系等内容，利用工作危害分析法、安全检查表分析法、预先危险性分析法等风险辨识方法，每年组织各部门、各专业、各岗位从人、物、环、管等方面着手，综合考虑正常、异常和紧急三种状态，对责任范围内的全部风险点进行基准风险评估，确定风险点，按照设备设施类风险和作业活动类风险进行分类，制定包括风险点名称、风险点类别、风险点详细位置、可能导致

事故类型、管控责任部门及责任人等信息在内的基准风险点清单并每年更新。当遇有工艺变更、新改扩项目、设备更新改造、新发布或变更的法律法规或上级要求、发生事故或事件等情况，应及时进行风险评估，并更新完善基准风险点清单。同时，委托第三方风险评估机构对电厂安全风险进行定期评估，不断更新、补充完善电厂基准风险点清单。

2. 全面开展风险评价

根据风险评估结果，利用作业条件危险性分析法（LEC）对所有风险点进行定性评价，确定重大风险点、较大风险点、一般风险点、低风险点，分别用红、橙、黄、蓝四种颜色标示。并组织相关专业人员，从

工程技术、管理措施、教育培训措施、个体防护措施、应急处置措施等方面，制定风险分类分级管控措施（主要包括消除、预防、减弱、隔离、连锁、警告等预控措施），分别形成设备设施风险分级管控计划表（见表1）和作业活动风险分级管控计划表（见表2），经审核批准后下发执行。其中对于一般风险、低风险由管控责任部门组织制定管控措施，对于较大风险由电厂安全与环境监察部组织制定管控措施，对于确定为重大风险的，需由电厂组织相关专家进行基于问题的风险评估，通过深入详细评估后，最终确定相应风险管控措施。

表1　设备设施风险分级管控计划表

风险点		评估项目		评估标准	风险级别	不符合标准情况及后果	管控措施					管控层级	责任部门	责任人	备注
编号	名称	序号	名称				技术措施	管理措施	教育培训措施	个体防护措施	应急处置措施				
1		1													
		2													
		…													
批准：					审核：							填报：			

表2　作业活动风险分级管控计划表

风险点		作业步骤		危险源或潜在事件	风险级别	可能发生的事故类型及后果	管控措施					管控层级	责任部门	责任人	备注
编号	名称	序号	名称				技术措施	管理措施	教育培训措施	个体防护措施	应急处置措施				
1		1													
		2													
		…													
批准：					审核：							填报：			

3. 全面实施分级管控

根据每年制订下发的风险分级管控计划表，各责任部门、责任人严格执行相应管控措施，并强化管控措施执行情况的监督检查与考核，确保管控措施执行

到位，确保安全风险可控在控。其中，对于评价为较大风险和重大风险的风险点，如重大操作、设备检修作业、设备改造工程、危险区域动火、受限空间作业等作业难度大、技术含量高、风险高、可能导致严重

后果的风险点，应制定对应风险管控卡，在适当位置进行公告警示，明示风险点危险源及防范措施，并实行岗位安全风险确认和安全作业"明白卡"制度，督促相关作业人员严格执行相应管控措施。

4. 全面总结，不断提升

在每次开展基准风险评估工作时，要对上轮的风险分级管控工作进行全面总结，确保风险点原有管控措施得到改进，或者通过增加新的管控措施提高安全可靠性，促使安全风险分解管控工作持续改进，全面提升各级人员对岗位风险点的认识及安全技能和应急处置能力，确保所有安全风险可控在控。

（三）隐患排查治理体系构建流程和内容

1. 制订隐患排查清单及计划

每年应依据有关安全生产法律法规、设计规范、技术标准、反事故措施、事故案例、安全生产目标等，以风险分级管控计划和安全管理基础要求为重点，结合生产实际，按照厂级每月查、部门级每周查、班组级每日查的检查频次，综合考虑风险特性及危险源级别，制订包括排查范围、排查标准、排查方法、排查周期、组织级别、责任部门、责任人等信息的隐患排查清单及计划表，经审核审批后下发执行。

2. 深入开展隐患排查

各责任部门、责任人根据电厂隐患排查清单及计划表，按照排查周期要求定期组织开展各类隐患排查工作。其中，综合隐患排查、专业性隐患排查、季节性隐患排查、重大活动及节假日隐患排查在排查前需制订详细排查方案，确定排查范围、排查目的、参加人员、排查内容、排查时间、排查记录要求等内容并严格执行。所有隐患排查均应做好隐患排查过程记录，对照检查项目逐条填写检查情况、检查时间和检查人，检查人员应手写签名，做到"谁检查、谁负责"和"谁签字、谁负责"。部门级和班组级隐患排查责任部门需每月将排查记录报电厂安全与环境监察部。

3. 深入开展隐患治理

根据每月各类各级隐患排查情况，能立即整改的由排查责任部门组织整改，不能立即整改的隐患，电厂安全与环境监察部负责对隐患排查情况进行汇总，在每月的三级安全网例会上进行评估、评价和定级，制订整改措施计划，明确整改措施、整改时限、责任部门、责任人等要求，形成电厂隐患排查治理台账，

经审核审批后下发执行，做到责任、措施、资金、期限和应急预案"五落实"。

对于确定为重大隐患的，由电厂及时组织相关专家进行专项评估，并编制事故隐患评估报告书，确定隐患类别等级及对事故隐患的监控措施、治理方式、治理期限的建议等内容，并根据评估报告书制订包括治理的目标和任务、采取的方法和措施、经费和物资的落实、负责治理的机构和人员、治理的时限和要求、安全措施和应急预案等内容的重大事故隐患治理方案，并严格按计划组织实施。同时，认真履行重大事故隐患即时报告制度。

隐患治理完成后，应根据隐患级别组织相关人员对治理情况进行验收并出具验收意见，实现闭环管理。重大隐患治理工作结束后，电厂应组织对治理情况进行复查评估，并建立隐患排查治理台账，并向监管部门报告。

4. 全面总结，不断提升

每月三级安全网例会上，由安全与环境监察部对上月隐患排查治理情况进行总结通报，每年制订隐患排查清单及计划前，需对上一年度隐患排查治理情况进行全面总结，分析存在问题，提出改进措施，促使隐患排查治理工作得到持续提升，全面提升电厂本质安全水平。

（四）深入开展班组安全管理"四明确一落实"活动

结合各班组实际，深入组织开展班组安全管理"四明确一落实"活动（明确工作任务，明确工作人员，明确安全风险，明确预控措施，落实预控措施），确保每一项工作开工前均进行风险辨识和隐患排查，并制订相应预控措施；确保工作班成员均熟悉掌握工作风险、隐患及预控措施；确保工作过程中严格落实预控措施。工作结束后对本项工作的风险辨识和隐患排查情况及预控措施落实情况进行全面总结，形成此项工作的风险点数据库，通过厂级审核后录入电厂风险点清单，从而持续更新完善电厂风险数据库。促使全员参与电厂双重预防机制构建工作。

（五）强化智能化、信息化技术应用

充分利用微信公众号、APP、电厂生产管理信息系统和生产管理小助手安全管理模块等信息化技术，将所有排查出的风险和隐患全部录入相关系统平台，

自动对风险和隐患进行统计分析，实现隐患评估、报告、监控、治理、销账的全过程智能化管理，实现安全风险分级管控和隐患排查治理的有机融合，真正实现安全风险分级管控为隐患排查治理提供基础，隐患排查治理对安全风险分级管控进行强化与深入，提高风险分级管控和隐患排查治理的针对性和指导性，确保风险分级管控和隐患排查治理双重预防机制取得实效。

三、结束语

"生命至上、安全第一"，做好安全管理工作是维护电厂及各级人员根本利益的基本任务。必须认真贯彻落实国家相关安全生产法律法规，特别是关于构建安全风险分级管控和隐患排查治理双重预防机制的工作部署，牢牢把握"安全第一，预防为主，综合治理"的安全生产工作方针，持续构建完善电厂有效的安全风险分级管控和隐患排查治理双重预防机制，并确保取得实效，全面提升电厂安全风险防控能力和本质安全水平。

浅谈上药第一生化安全文化建设

上海上药第一生化药业有限公司　陈思奇　蔡唯卿　王文达　马震

摘　要： 本文从企业如何开展安全物质文化建设、制度文化建设、精神文化建设等方面介绍了上海上药第一生化药业有限公司（以下简称上药第一生化）的安全文化建设工作，并选取落实主体责任、宣传培训、第一演练、第一安全日、EHS 信息化等多维度详细阐述了公司的安全精神文化建设。通过多年的实践，上海上药第一生化药业有限公司探索、创建出一套富有公司特色的安全文化建设模式。

关键词： 安全物质文化建设；安全制度文化建设；安全精神文化建设

上海上药第一生化药业有限公司历史悠久，由上海生物制药厂和上海第一制药厂联合组建成立，坐落于上海市闵行区剑川路 1317 号，占地面积 59608 平方米，总建筑面积 35935 平方米，是上海医药集团股份有限公司的全资子公司。上药第一生化产品资源丰富，涵盖生化原料、化学原料、中药提取物及无菌水针、粉针制剂，拥有丹参酮 IIA 磺酸钠注射液、注射用二丁酰环磷腺苷钙、注射用糜蛋白酶、瓜蒌皮注射液等多个重点产品。公司全面推行精益化、信息化，致力于打造成为"中国生物生化药品精品制造基地"。公司连续多年获得"上海市高新技术企业""上海市文明单位"等荣誉称号；拥有"沪药""生物""诺新康""力素"等上海名牌及著名商标。

文化管理是企业管理的灵魂，"为员工安全保驾，为安全生产护航"，这是上药第一生化常年来在安全文化建设上的宗旨。长期以来，公司秉承"针针献深情、一生可信赖"的企业精神，始终坚持"四好文化"建设，"企业对员工好、员工对产品好、产品对客户好，客户对企业好"。而安全文化则是"企业对员工好"中不可或缺的一部分。公司管理层深刻认识到，只有做好安全文化建设，公司的安全生产工作才能更上一层楼，实现公司的持续稳定发展。为此，公司专门设立了安全文化建设领导小组，推进安全文化建设。公司的安全文化建设工作主要包括安全物质文化建设、安全制度文化建设和安全精神文化建设三大方面。

一、开展公司安全物质文化建设

公司安全物质文化是指整个生产经营活动中所使用的保护员工身心安全与健康的工具、原料、设施、工艺、仪器仪表、护品护具等安全器物。安全物质文化是安全文化的载体，安全物质文化建设是文化建设的基础，所以建设好安全物质文化是开展安全文化建设首要解决的问题。

近年来，公司持续进行技术革新、设备升级，不断提升自动化水平。一是通过引进大量的现代化设施设备，来消除重体力劳动岗位，减少现场操作人员，大大降低了事故发生概率。二是结合精益生产，对现场进行"6S"定置管理。强化现场物资、工器具的"定品、定量、定位"，以及设备环境的"清扫、清洁"，不断提升员工的安全素养。此外，信息化平台的搭建为安全物质文化建设锦上添花，借助公司的 Scada 系统，对生产现场的环境参数、工艺参数、能源参数及公用设施参数等，进行实时监控管理。保障生产现场受控，为员工营造良好的安全作业环境。

二、开展公司安全制度文化建设

安全制度文化建设是公司安全生产的运作保障机制重要组成部分，是公司安全文化的物化体现。它是企业为了保障安全生产，需要长期执行的较为完善的保障公司人和物安全而形成的各种安全规章制度、操作规程、防范措施、安全教育培训制度、安全管理责任制，也包括安全生产法律、法规、条例及有关的安全卫生技术标准等。

基于此，公司不断建立健全安全生产责任制度，明确各级管理者及员工的安全职责。完善安全责任签约和承诺签约。安全管理是一项系统工程，公司重视安全管理的系统性建设，导入"ISO14001 环境管理体系"和"安全生产标准化管理体系"，结合实际情况，形成了较为完善的 EHS 管理体系。不断更新辨识各项法律法规，编制完备的管理规程和岗位操作规程，覆盖到生产经营的每一个环节、每个员工、每个岗位、每个场所、每个作业，并通过风险分级管控，对重点区域重点管理。

三、开展公司安全精神文化建设

安全精神文化是安全文化各层次形成和发展的内在动力，是公司安全文化建设的核心，同样也是公司安全文化建设的重中之重。

上海上药第一生化药业有限公司从开展公司安全文化建设之始，就将安全精神文化建设放在整个文化建设的核心位置。通过深入贯彻"安全第一、预防为主、综合治理、你重视、我参与、安全生产靠大家"的公司安全方针，及宣传、培训、演练和特色安全活动的春风化雨，使全体员工形成安全价值的共识和安全目标的认同；通过不断提高安全素质修养，实现自我行为的有效控制，从不得不服从管理制度的被动执行，转变成主动自觉地遵章守规，使安全理念内化于心、外化于行，从而实现人人都成为想安全、会安全、能安全的本质型安全人。

（一）落实主体责任

上海上药第一生化药业有限公司董事长陈彬华，总经理、党组负责人孙忠达作为企业安全生产责任人亲自挂帅，指导相关职能部门充分利用公司的各种宣传载体大力宣贯安全文化理念，并亲自参与每一次安全生产会议，带队深入生产现场参与安全检查，真正做到了隐患排查不留死角。用实际行动来告知员工"安全第一、预防为主、综合治理、你重视、我参与、安全生产靠大家"的安全生产方针；给企业安全文化落地起到了表率作用。同时，始终致力于为员工提供舒适、安全、健康的工作环境，倡导通过自动化、信息化建设及精益生产来加强安全基础保障能力，减少岗位安全和职业病风险，提升员工对企业的敬业度和满意度，让每一名员工真正以主人翁的态度承担起各自岗位的安全责任。

（二）强化宣传培训

从新员工入厂开始，结合 HR 的"第一起跑线"，进行安全三级教育。通过理论结合实际案例，使其认识到安全的重要性；日常安全培训会根据文化、技术程度分班次、分层次、分工种、分级别有的放矢进行

开展，确保培训的针对性、实效性。以全国"安全生产月""安全生产万里行""安康杯""青安岗"、安全知识竞赛、应急预案演练等重大安全活动广泛开展全员安全意识培训，在员工中形成大安全观，让安全在每一名员工心目中都根深蒂固。公司的"DE 学堂"培训平台使员工能在休息之余，利用碎片时间，进行学习进修。不仅能阅读文章和幻灯片，还可以观看安全小视频，并进行安全知识考试。

此外，公司注重安全宣传，在公司的主干道上设立了安全生产长廊。将第一手讯息资源，张贴于此。通过"第一频道"、文化墙、广告牌、图书馆等平台，大力宣传安全文化。还将安全生产、环保、反习惯性违章案例印刷成册，下发给每位员工。

（三）组织第一演练

除了各个部门自发开展的应急预案演练和专项演练外，EHS 科每年定期组织开展综合演练。挑选不同的场景、车间进行模拟各类突发情况，组织新员工、安全员、义务消防员、基础员工等参与其中，使大家学会处置各类紧急事件，学会使用各类灭火、应急、逃生器材。提升安全素质，以备不时之需。

（四）开展第一安全日

在每年 6 月份，耗时一天，EHS 科组织开展"第一安全日"的品牌活动。策划安排丰富多彩的活动，让广大员工参与其中，寓教于乐。活动内容包括知识类、体验类、动手类等。例如，身临其境的 VR 坠落体验、触电体验，使员工真切地意识到安全第一。此外，还有很多有趣的安全知识，如 AED 急救，通过与假人的互动，让看似枯燥的安全知识变得生动有趣。

（五）加强 EHS 信息化建设

借助信息化的工具，使看似死板的安全工作变得更加便捷和亲民。一是通过智慧消防的平台，将日常的消防点检工作，通过手机扫码上传的形式进行监督管理。无纸化的巡检模式，以及贴近现代生活的操作方式，使消防巡检工作，做得更具实效性。二是通过 EHS 的 APP，员工可以将身边所发现的安全隐患上传，从而真正做到安全生产靠大家。员工也可以从执行者的角度转换为监督者，对公司安全生产进行监督检查。从人性化的角度考虑，还特意开通了匿名建议的功能，征集员工意见，消除员工对于 EHS 管理的距离感，让员工感受到 EHS 就在身边。

通过多年的安全文化建设，公司已形成了浓厚的安全生产氛围，在每个人的心中牢固树立了"安全第一""安全生产靠大家"的思想，安全是所有工作中需要优先考虑的方面，员工能自觉地遵守各项安全生产规程、抵制违章及冒险作业行为。

四、结束语

"君子安而不忘危，存而不忘亡，治而不忘乱"。企业安全文化建设作为一项系统工程，它不是一朝一夕就可以成就的，"没有最好，只有更好"，它需要不断的充实及完善。虽然安全文化创建工作取得了点滴成效，但路漫漫其修远兮。在今后的工作中，将一如既往，始终坚持与时俱进，不断创新、丰富文化载体和强有效的运行保障机制，着力探索、创建出一套富有上海上药第一生化药业有限公司特色的安全文化建设模式。以文化促管理、以管理促安全、以安全促发展，为全力打造本质安全型企业，为企业的"做大、做强、做好优胜企业"保驾护航。

基于 DCS 质量防线的核安全文化建设与实践

北京广利核系统工程有限公司　冀建伟　齐敏　吕秀红　王国敬

摘　要： 随着核电行业的蓬勃发展，核安全文化越来越凸显其重要性，核安全文化的建设已经成为核电事业发展的基础工作。作为核电仪控系统供应商，北京广利核系统工程有限公司（以下简称广利核）质量控制过程中也越来越重视核安全文化建设的重要性。面对如何践行核安全文化，筑牢核电站数字化仪控系统（DCS）防线，在质量控制过程中对核安全文化建设进行了深入探索，并进行了多种形式的实践。通过核安全文化的实践，在工作中取得了一定的成果，筑牢了 DCS 质量防线。

关键词： 核安全文化；核电仪控系统；质量控制

北京广利核系统工程有限公司是一家专业从事核电站数字化仪控系统（DCS）研发、设计、制造和工程服务的高新技术企业。作为专业的核电站数字化仪控系统供应商，广利核可提供多种堆型的核电站端对端的、全生命周期的 DCS 解决方案和服务。核安全是核能和核技术利用事业发展的基础、前提和生命线，对于致力于成为最佳核电仪控系统供应商的广利核来讲更是首要目标。公司始终贯彻核电安全方针，通过核安全文化的建设，实践核安全。对于公司主业 DCS，质量是其安全高效稳定运行的基石，公司质量控制部在 DCS 全生命周期内展开了一系列的质量控制活动，包括产品研发、生产制造、工程应用、运维服务的质量控制，积极探索核安全文化并应用到工作中，取得了良好的效果。

一、部门/项目级核安全文化教育落实到责任人

积极响应核安全局关于进一步加强和落实核安全文化建设的倡议，使弘扬核安全文化形成机制化、常态化。部门和项目不定期举行核安全文化宣贯，介绍国际先进的核安全文化建设的理念，使核安全文化深入员工内心，识别并落实核安全文化职责。

二、全员参与，组织程序文件自查自纠

质量控制过程中发现的"小"缺陷，如果不及时有效的处理可能就是以后核电运行上的"大"问题。核安全需要全员高标准的全员参与，只有全体人员共同秉承核安全文化，不放过任何缺陷，才能消除隐患的盲点。态度决定一切，思想决定行动。质量是人做出来的，取决于人的质量观念和态度，如果发生偏差，

品质体系再完善、品质控制方法再先进也没用。员工的一言一行均要恪守核安全，没有人是旁观者，不指望别人那道屏障，自己就是最后一道屏障。

在质量控制过程中，组织大纲程序类文件自查自纠。健全工作规范和操作规程，通过自查活动，检查各项部门内核安全活动是否建立了文件化的工作规范和操作规程，补充缺失的作业规范，做好作业层面的岗位培训，做到"凡事有章可循""凡事有人负责"。

监管方（NRO）在年内综合性检查及专项例行检查中，对质量控制专业提出的问题数，由 2016 年的 8 个下降到 2017 年的 3 个，降低 62%，2018 年截至目前为 1 个。内外部质保监察中，对质量控制专业提出的问题数，由 2016 年的 10 个下降到 2017 年的 8 个，降低 20%，2018 年截至目前为 4 个。质量控制过程被提出的问题数显著减少。

三、培育学习型组织，多管齐下提升质量控制水平

强化核安全文化价值观，创建学习型组织机制。在部门营造学习核安全法律法规的氛围，做到学法、知法、守法和用法，强化员工理解和掌握核安全设备法律法规、方针政策和监管要求，将理论成果固化于心，促进法律法规在实际工作中的应用。

（一）核安全文化和核安全法规的培训活动

使全体涉核人员理解核安全文化，掌握核安全法律法规、方针政策和监管要求，增强执行法规的自觉性，提高核文化素养，以考促学，如管理干部每周一题，涉核人员每月一考。

公布核安全文化和核安全法规考试成绩，对于易错题，由安全质保专家进行讲解培训。充分发挥个人的屏障作用，保障公司自主核电仪控产品的安全性和可靠性。

（二）参加外部专家来公司开展的核安全法规培训

参加《中华人民共和国核安全法》（以下简称《核安全法》）培训，学习核安全文化的八个主要特征，听取"违规"的鲜活事例，使员工切实感受到守法是工作中的基本责任，隐瞒虚报、违规操作等与《核安全法》背道而驰的错误做法必须在具体工作中坚决予以摒弃。同时，使各级员工认识到《核安全法》落实及核安全文化建设对核电企业的重要性，明确了建立法律意识、遵守法律法规是核电的生命线，是企业发展的根本。

（三）培养质量控制中的测试专家

制订质量控制"测试专家成长计划"，明确培养目标、培养策略、培养及考核方式，2018 年练好核电工艺基本功，2019 年夯实测试方法论，通过"学、辨、用"三个阶段的培养，并结合工艺系统进行分析，反向查找目前质量控制中测试设计方面的短板，最终达到改进测试设计方法的目的。在该计划的培养策略中，还设计了多元化的考核及应用方式，以充分调动学员的积极性。

（四）组织青年员工质量控制知识和技能竞赛等活动

以往竞赛局限于考试形式，较为单调，质量控制团队集思广益，转为使用多元化的形式开展竞赛。以视频的形式将质控部员工出现过的多项违规操作点融合到工作场景中，全员洞察播放内容中的错误及不合规项，并进行抢答，进行可视化宣传教育，提升全员核安全文化意识。通过竞赛，提高员工学习核电仪控系统质量控制相关知识和技能的热情，增强质量控制团队的建设。

四、营造适宜的工作环境

提供便利的工作条件和安全措施，建立公开公正的激励制度，对有科研或工程贡献的进行奖金激励。营造相互尊重、高度信任、团结协作的工作氛围。

质量控制部组织了工作区域评估，明确测试区域，消除安全隐患。组织团队建设，真人 CS、湍急漂流，增强质控团队凝聚力。

通过技术手段，持续提高质量控制工作的自动化水平，研制和应用自动化测试装置，减少人因失误，提高员工工作效率并降低工作压力。比如，质量控制中自动化测试装置使用前需要多人协同工作，人工汇总测试结果。改进后，人员仅需选取用例，点击启动就可自动实现 DCS 功能测试并输出测试记录。经监管机构、核电行业、计量行业专家及业主进行"专家评审"，一致认为自主研制的自动测试装置已达到国际先进水平。

五、建立对安全问题的质疑、报告和经验反馈机制

开展经验反馈和良好实践的收集、整理，组织宣贯活动，促进共同提升核安全意识，消除错误重发。开展事故案例分析，增强自查互查，质量控制注重经验反馈机制，遇到疑问要及时提出，所有确认的问题均要分析直接原因、根本原因并找出解决措施和制定切实有效的行动项，保证每个问题均被有效的处理和关闭，并对全员进行反馈，确保全体人员知晓问题所在和如何避免或消除，坚决遏制问题的再次发生。不定期开展事故案例分析，将安全事故复发率降到最低。

组织"质量控制部·核安全文化建设·回头看和仔细查专项行动"，汇总工作中的典型案例 40 余种，并发布相关材料手册，详细介绍了工作出现过的错误和正确做法，剖析典型违规事件根本原因，通报处罚结果，深化警示教育。

建立错漏侧分析流程，针对每个项目开展错漏测分析及经验反馈。

建立仪控系统缺陷年度分析趋势，针对共性问题，为下一年改进打下基础，将共性问题纳入年度绩效考核指标中。

六、总结

核安全文化的建设是保障安全生产的有效途径。"安全第一、质量第一"，对于广利核来讲，"安全"始终是"安身之基，立命之本"。没有安全就没有一切，而质量控制是核电建设的根本，没有质量，就不可能有核安全。在质量控制过程中，学习核安全文化，将以"严之又严、慎之又慎、细之又细、实之又实"的态度，把核安全严格执行理念贯彻到底。

核安全文化在工作中分了以下三个层次。

（1）表面层次安全文化：是指可见之于形、闻之于声的文化现象，如文明生产、环境秩序等。

（2）中间层次安全文化：是指企业的安全管理体制，如组织机构、部门职责、制度建设等。

（3）深层次安全文化：是指企业及其员工心灵中的安全意识形态，如思维方式、行为准则、价值观等。

从"要我安全"到"我要安全"再到"完善安全"，在质量控制过程中将核安全文化建设沿着第三层次的道路往前发展。通过领导层的管理实践，树立了核安全文化建设的导向；通过员工的个人实践，提高了核安全文化建设的强度和效果。

践行核安全文化，提升质量控制水平，在广利核严格完善的质量控制下，其具有自主知识产权的核电仪控系统已成功应用并商运。作为核电仪控系统质量控制相关人员，时刻贯彻纵深防御理念，坚持高标准、严要求，不隐瞒缺陷，对质量问题及时发现，准确定性并及时反馈，坚持在质量问题上决不让步，对隐瞒质量问题的行为坚持零容忍不动摇。广利核在质量控制过程中将进一步总结核安全文化建设的良好实践，持续秉承"安全第一、质量第一、追求卓越"的原则，不断提升全生命周期的质量控制水平，筑牢核级 DCS 质量防线，为核电安全运行保驾护航。

立足"八实"原则打造本质安全培训体系

中国石化集团北京燕山石油化工有限公司教育培训中心　陈凤棉　谢景山

摘　要：本文以石油化工企业员工安全技能培养为例，坚持以"八实"为原则，打造本质安全培训体系，实现了安全培训理念、培训内容、培训手段、培训硬件、培训软件、培训考核、培训目标、培训"产品"等八个方面全过程由"虚"向"实"的转变。实践证实，重在"实"训的本质安全培训是快速提高员工安全技能的捷径。"实"训目标明确，训练项目内容和场景设置贴近生产实际，易于激发学员学习兴趣，培训效果显著，取得较好的经济效益和社会效益，对推动高危行业安全生产人才培养具有十分重要的意义。

关键词：石油化工企业；高危行业；安全培训；实训；本质安全

随着"生命至上，安全第一"安全理念不断深入人心，企业安全文化建设也显得越发重要。尤其像石油化工这些高危行业，迫切需要通过培训使员工的安全操作规程和操作要领快速达到能说、会干，心手合一的水平，即获得最直接、最有效的操作和管理技能，确保在工作中不出事，或少出事，有效落实安全文化建设。

石油化工企业要培养这些能力通常有两条捷径，一是带学员到生产现场开展实际操作，一边工作，一边摸索，在处理一次次的偶发事故或紧急状态时逐渐积累知识和提升技能；二是借助现代化的科技手段，在培训基地模拟出所需能力的锻炼环境，并通过项目训练，达到快速提升能力的要求。显然，前者不仅周期长，而且无规律地锻炼，积累和提升的安全操作技能和应急处理能力既不系统，也不全面，缺乏科学性。而后者则在安全实训室，以实训作为平台，通过变"虚"为"实"，化繁为简，实用性强，紧密贴近生产实际的综合性训练项目来实现，即依托安全实训基地，围绕实际操作训练作"足"文章，形成独具特色的本质安全培训体系，让学员动起来，在规范操作行为的同时培养本质安全员工。

一、实训的"八实"原则

培训是系统工程，高效的培训离不开培训理念确定、培训目标策划、培训内容设置、培训手段选择、培训硬件配置、培训软件开发、培训考核设计、培训"产品"输出等过程，为取得快速高效培养石油化工企业本质安全人的目标，确定了以下八项原则。

（一）确定的培训理念要体现"实时"

培训理念不仅与企业的安全理念、新的安全管理环境和操作要求变化而及时更新，还必须与国家安全生产政策、法规、规范、标准和企业制度的变化保持同步。例如，部分抢险人员由于抢险和救人心切，在应急救援过程中佩戴的正压式空气呼吸器供气阀没有激活就跑进了缺氧或毒性物质浓度极高的危险环境中，结果佩戴者无法获得所需要的空气而导致生命垂危。为了实时改进，公司对涉硫化氢作业人员的《安全能力要求方案》进行了及时补充和完善，并增加了"供气阀激活"项目练习等。

（二）策划的培训目标要坚持"可实现"

以"实"训为基础的本质安全培训体系实施基础是根据培训需求制订符合"SMART 原则"的培训目标，培训效果要通过学员操作情况来判断，达到"包教包会"的要求。例如，针对硫化氢监护员设计的便携式检测仪表的使用训练项目培训目标，是要求学员达到会操作，会通过检测数据发现硫化氢浓度的变化，会判断其危险程度，会发现仪表存在的问题，并知道如何处理等。

（三）设置的培训内容要注重"实际"

以"实"训为基础的本质安全培训体系强调培训内容要围绕生产现场的需要策划。按照培训对象的岗位、角色、工作类型等，如硫化氢作业中的作业者、监护者、作业审批者、施工负责人等，可能会出现的不安全行为、物的不安全状态、环境的不安全因素、管理上存在的缺陷等分析，确定实物动手操作或仿真场景的实训项目和培训内容。例如，对作业监护人，设计的内容包括危害辨识方法、作业前安全措施核查、与作业人的安全告知和沟通等，紧紧围绕现场实际，设定训练内容，大大增加培训的针对性和实效性。

（四）选择的培训手段要立足"实战"

企业安全培训对象是企业员工，因此所选择的手段必须符合成人学习特点。"实"训为基础的本质安全培训体系本着"重实效"原则，广泛采用案例教学、场景教学、实物动手等方法，如培养硫化氢作业监护员便携式仪表的操作，就必须使用与现场相同的仪表实物，按照先单项，后综合；先简单，后复杂；先基础，后提升的要求，手把手的教会他们正确的操作方法，使学员练会，就能到现场直接操作。

（五）配置的培训硬件要营造"实景"

以"实"训为基础的本质安全培训体系配置的实训硬件，如硫化氢监护人员能力培养所需的便携式仪表、灭火器、急救器材、呼吸防护器材、安全带、防爆照明、报警设施等多是与生产现场完全一样的硬件设备和设施；或是与受训单位工作环境完全一致的模拟场景，如易产生或存有硫化氢的受限空间、高含硫化氢的管道与设备泄漏等训练装置或仿真职业场景，以生产、技术、管理、服务一线的要求为准绳，进行合理的软硬件组合，形成内容各异，以生产"实景"为依托的安全训练项目。

（六）开发的培训软件要强化"实感"

以"实"训为基础的本质安全培训体系部分功能要通过软件运行实现，因此软件开发要以典型的生产装置为背景，如石油化工生产装置，危险化学品储存装卸作业区域，建筑施工中的作业现场等，运用 3D 仿真技术实现模拟平台系统，支持平台运行的软件所涉及的尺寸、位置、周围环境与生产现场完全相同。学员可以实施装置开停车、异常现象处置、事故状态下的应急、施工作业方案审查、作业程序编写、操作方法验证等与装置生产要求高度一致的操作训练。

（七）设计的培训考核要重视"实效"

以"实"训为基础的本质安全培训体系是理论与实际操作培训方式的有机结合，因此所选择的考核方法必须要立足实训项目的目标要求、实训内容、操作方法及培训对象等的差异性，坚持"注重实效、以考促培、科学规范、实用简便"原则。例如，硫化氢监护员的便携式检测仪表的使用训练项目，结合所制订的培训目标，在培训效果考核时，就可设定以下五个环节。一是从不同的仪表中选择正确的仪表，并对实施使用前的外观、有效期等进行检查；二是按照给定的条件进行开机、电量检查和调零检测操作；三是给定不同的硫化氢浓度，判断危险程度；四是根据危险程度，核实安全措施；五是给定存在问题的仪表，检查并指明异常现象，并说出处置对策等。

（八）输出的培训"产品"要突出"实用"

以"实"训为基础的本质安全培训体系所使用的场景、运用的设备设施、培训项目涉及的内容和过程安排、培训方式和考核模式的选取、培训师资的配备等无一不是围绕最贴近生产现场实际的理念而设计，目的是使培训成果与生产实际运用效果实现无缝对接，培训中所训练的如灭火器的操作、检测仪表选用、个体防护用品的佩戴、现场急救方法等单项操作技能，以及综合能力技能，拿回去就能用，能直接解决生产中存在的问题，培养出的学员有真本事，让企业感觉到有用、好用。

二、构建安全培训体系

以"实"训为基础的安全培训体系包括确立适应时代要求的培训理念、制订可实施的培训目标、选择实践性强的培训内容、采用以实战为主的培训手段、配置能够营造真实生产环境的硬件设施、设计与生产实际贴合度高的软件场景、运用特色且高效的培训考评手段、把好实用型人才培养的输出关。关键是，具备 以"实"训为基础的安全培训体系所需要的人、财、物、环境等条件。其具体步骤如下：

（一）成立课题研究组，分工合作，分步实施

石油化工企业岗位与作业的复杂性、危险性、所需能力的差异性等都决定了构建一个完善的以"实"训为基础的安全培训体系不是一、两个人就能完成的，必须借助外力，即组建安全培训体系研究小组。小组成员应当既要有长期从事安全培训教育经验的教师，又要有企业的安全专家，共同参与课题的研究工作。按照石油化工企业的岗位构成，结合岗位职责和具体工作内容，对各岗位可能会涉及到的高风险作业类型，完成作业必备的安全操作技能进行分解，并建立以岗位和高风险作业为维度的"安全能力矩阵"，以此为基础分工合作，构建培训体系。

（二）按照培养"本质安全人"的需要建设安全实训基地

为培养时刻"想安全、会安全、能安全"的本质安全人，课题组必须结合受训人员的工作范围和可能遇到的危险特点、危害因素等，本着实用、实效、先进、科学等原则，设计和建设能够提供所需"实"训功能的实训基地，以满足单项或综合安全技能培养的需要。例如，以石油化工企业为背景建设的安全实训基地，包括石油化工工艺流程模型区、安全展室和不安全因素辨识区、单项安全技能实训区、综合能力训练区、安全仿真实训区五个区，它们分别配置与生产现场完全相同，而且品种、型号等更加齐全的设备设施。

围绕人的不安全行为、物的不安全状态、环境存在的不安全因素、管理上的缺陷等典型问题，设定实训项目和培训内容，建设培训基地，"想企业所想，做企业所需"，使培训基地的针对性和实效性更强。

（三）以岗位实战为目标，重点开发综合运用能力的实训项目

结合高危行业的特点，以"实"训为基础的本质安全培训体系强调从业人员必须具备较强的应急处置和团队协作能力。例如，石油化工企业人员必须具备应对危险化学品泄漏的综合应急处置能力。为此，将应对泄漏所需的综合能力进行分解，筛选出必须具备的单项能力项，建应急泄漏处置基地，配相应的实训设施，让学员真刀真枪地的由简单到复杂，由单项到多项，由分散到综合技能培养，使学员操作准确度和熟练度达到现场处置所要求的标准，均能独立、准确完成各单项操作，提升应对突发事件的能力。

（四）充分发挥计算机软件平台的优势，与实物训练形成互补

大量的实践证实，通过实物和计算机模拟的环境进行石油化工企业学员安全实际操作能力培养同样重要。尤其是在 3D 仿真技术模拟的装置操作平台上，由于模拟出的装置尺寸、位置及周围环境都可以与生产现场完全相同，学员有身临其境的感觉，通过预设故障、火灾、人员伤害等情景，使以往工作中感觉枯燥乏味的应急预案演练实现动态化，还可以进行工艺流程、设备知识、安全检查、工艺巡检等工作过程学习和操作，也能开展危险辨识、风险分析等训练，大大地提高学员应对突发事件的能力。

（五）重视实训师资培养，为有效开展实训提供人才保障

面对人命关天的安全实训操作，作为培训师资不能有半点马虎。为此，在师资培养方面的主要做法有以下四点。一是，要求指导教师学习与安全实训项目相关的标准、规范与制度；二是，派教师到生产现场调研和锻炼，深入研究岗位、高风险作业、安全操作能力的关系，以及现场存在的问题及事故防范对策等与所对应实训项目之间的差距；三是，选派教师参加单项或综合能力培养用设备设施操作的培训班或专业讲座学习，达到指导能力要求，以便担任相应实训项目的指导师；四是，以制度的形式，要求指导师资每半年对所负责的项目编写至少一篇总结报告或论文，总结和提炼出最佳操作要求和程序，并不断完善，确保培训操作更加规范和科学的同时，提升指导师的归纳总结与指导能力。

三、结论

总之，围绕"八实"原则打造出的本质安全培训体系能够有效落实安全文化建设工作，较好地满足石油化工等高危行业安全生产，减少事故发生、提升本质安全培训效果的需要，使企业的安全培训能力更强，覆盖面更宽，规模更大，手段更丰富，形式更新颖，效果更明显，培养的"产品"更实用。

基层队站"三标一规范"安全文化建设研究

中国石油川庆钻探工程有限公司质量安全环保处　田衍亮

摘　要：基层队站是安全生产的源头和重点，推进基层队站的安全文化建设，提高基层员工的安全意识，是抓好安全工作的出发点和落脚点。本文介绍了川庆钻探工程有限公司（以下简称公司）以"标准化现场、标准化操作、标准化管理、规范化控制"为着力点的基层安全文化建设模式，阐述了基层队站"三标一规范"建设的内涵和目的意义，分享了建设中系统策划、宣贯培训、观摩交流等特色做法和取得的成效。

关键词：基层队站；安全文化建设；HSE；标准化建设

公司基层队站呈现出专业种类多、基层队伍基数大、分布地域广、技术特点各异、作业风险高、安全管理难度大等特点。面对这些特点和难点，公司在巩固 HSE 管理体系推进成果的基础上，结合国家安全生产标准化的安排部署，引入体系管理和风险管理的理念。2013 年，提出以"标准化现场、标准化操作、标准化管理、规范化控制"为着力点的安全文化建设模式，"三标一规范"是公司推进基层队站 HSE 标准化建设的重要抓手，也是安全文化在基层队站落地生根的有效载体。

近年来，公司不断丰富"三标一规范"建设内涵，持之以恒推进基层队站"三标一规范"建设，公司安全业绩稳步好转，截至 2017 年年底，公司基层队站"三标一规范"建设达标率达 67%。

一、"三标一规范"建设内涵和目的意义

（一）"三标一规范"内涵

"三标一规范"是指标准化现场、标准化操作、标准化管理、规范化控制。标准化现场突出"一图一单"，一图是指现场提示图，在基层队站设立现场布置、风险源分布、应急设施分布等图示；一单是指现场管理清单，建立基层队站生产设备设施清单、应急物资器材清单和风险管控清单。标准化操作着力于"两书一表"是指推行 HSE 作业指导书、项目 HSE 作业计划书和 HSE 现场检查表。标准化管理优化为"三三一册"，第一个"三"是指夯实基层队站制度、培训、绩效三种管理；第二个"三"是指实施基层队站 HSE 管理"日、周、月"三个流程；一册是指推行《行为安全规范手册》。一规范是运行以"二七"风险控制

为核心的规范化风险管理，"二"是指规范基层队站违章和隐患两种管理；"七"是指在基层队站推行作业前安全会、工作安全分析、安全经验分享、安全观察沟通、作业许可、上锁挂签、变更管理 7 种风险控制工具在现场的应用。

（二）"三标一规范"建设目的意义

推进基层队站"三标一规范"建设过程本质是培育安全文化的过程，是以提高基层队站风险管控能力为出发点，建立基层队站安全管理长效机制的有效途径，是对"三标"建设、"五型班组"建设、安全生产标准化专业达标和岗位达标要求的有效融合，也是对现有基层 HSE 工作的再总结、再完善、再提升。

"三标一规范"相互之间也是相辅相成，辩证统一的关系。其建设要点的设置既继承了以前的安全文化建设成果，又引入了目前普遍认可的体系管理和风险管理的理念方法，覆盖了基层队站风险防控的关键环节。同时，也是为了消除基层安全工作与日常生产作业活动相脱节现象，根治现场"低老坏"问题和习惯性违章，解决基层队站负担重、资料多等问题。

其中，标准化现场的"一图一单"是基础，承载着安全目视化管理的要求，就是采用各种安全标志、标签、标牌，推行区域、设备、材料、工具定置管理，解决基层现场布置不规范、生产设备设施、健康安全环保设施和物资器材安装配置不完整、风险告知不合理等问题，目的是创造安全的工作环境、提示作业危险和方便现场操作及管理。

标准化操作的"两书一表"是关键，通过整合 HSE 作业指导书，简化项目 HSE 作业计划书，细化检查表，

建立基层队站"干什么""怎么干"的标准规程，强化员工上标准岗、干标准活的工作意识，解决现场操作标准规程不完整，可操作性不强和检查标准不一致，"两书一表"运用走形式、岗位巡检走过场等操作方面的问题，实现基层队站作业有指导、项目有计划、检查有标准。

标准化管理的"三三一册"是重点，就是夯实基层队站制度、培训、绩效三种管理，建立"日、周、月"HSE 管理闭环流程，搭建基层队站 HSE 管理的 PDCA 持续改进管理平台，优化简化基层队站 HSE 管理，减轻基层负担，解决基层队站安全管理"如何管、如何改进提升"等头绪不清的问题；推行《行为安全规范手册》，促进员工更规范、更安全、更有效地执行作业规程，达到削减作业风险、做到安全生产和养成安全工作习惯的目的。

"一规范"的"二七"风险控制是核心，规范基层队站违章和隐患的管理，推行 7 种风险控制工具，有效辨识风险和防控风险，规范违章和隐患管理，建立违章和隐患辨识管控长效机制。解决基层队站风险防控理念落后、风险控制工具运用走形式和 HSE 管理"管哪些、怎么管"不清楚等问题。

二、"三标一规范"建设特色做法

公司连续 5 年将"三标一规范"建设作为重点工作，每年制订建设实施方案，按照钻井、井下、油气开发等 6 类单位分别明确建设目标，并纳入各单位 HSE 责任书考核。通过"培训、帮促、观摩、验收、奖励"五步流程，将安全文化示范队创建、HSE 标准化达标队、公司级优秀示范队奖励与 HSE 劳动竞赛相结合，党政工团齐抓共管，确保达标目标的实现。

（一）系统策划，突出专业风险防控

每年根据单位风险类别和专业特点，确定各单位的年度基层队站"三标一规范"建设达标指标，并将指标纳入各单位 HSE 绩效；依据上级部门年度重点工作和公司年度 HSE 工作安排，不断丰富建设内涵。目前，以中国石油集团公司《基层站队 HSE 标准化建设通用规范》为基础，分专业建立《基层队站"三标一规范"建设验收细则》《二级单位"三标一规范"建设工作验收标准》，编印《石油工程现场工作安全分析应用汇编》《员工行为规范手册》等指导手册。基层队站依据标准完善现场提示图，每月从人员、设备、

工艺、环境、管理 5 个方面评估生产风险，建立风险管理清单，按照职责分工将每个风险管控责任明确到具体岗位，逐一落实管控措施，保证重点风险和动态风险得到及时管控。

（二）宣贯培训，提升全员意识素养

公司制订每年"三标一规范"建设方案，强调"三标一规范"建设和基层管理标准化的融合，开发隐患违章教育培训系列视频片和风险控制工具培训视频教学片，强化员工对"三标一规范"的定义、内涵、建设要求和建设意义的理解认识，规范风险控制工具应用。分专业开发 HSE"三标一规范"培训课件，组织安全总监、安全科长、基层队站长等岗位人员开展"三标一规范"专题培训。各二级单位结合本专业特点进一步细化"三标一规范"建设内容，编制各类培训课件、教材，组织各类培训、辅导活动。实施建设定期帮辅、联系队站制度，两级机关和项目部管理人员深入基层，借助审核、检查到基层宣讲"三标一规范"实施要求，帮促、指导示范队的建设。

（三）观摩交流，以点带面整体推进

公司分专业、分区域打造"三标一规范"建设示范队站，组织公司级钻井现场、井下、工程建设、固定场所"三标一规范"观摩交流，召开现场观摩讨论会，不断总结固化推广典型做法。各专业开展形式多样的观摩、创建、督导工作，各单位安全总监、安全环保等部门负责人分片区蹲点帮促规范现场布置，规范岗位操作和管理行为，指导风险控制工具的应用和 HSE"两书一表"的有效运行，督导作业前及作业过程风险控制，要求各基层队按日、周、月 HSE 管理流程开展检查、召开会议，监督落实 HSE 管理规定和措施，建立健全文件和记录资料，组织专题知识竞赛强化理解，并在现场召开专题座谈会。

（四）分级验收，正面激励实现达标

强化正向激励和示范引领，营造浓厚氛围，推动基层对标建设，鼓励员工积极参与，持续改进提升。在明确各单位"三标一规范"建设目标和考核指标的基础上，依据基层队站"三标一规范"建设验收细则，每年组织公司级和二级单位两级量化打分验收，先由所属二级单位对标验收，对评分 80 分以上队伍提出申报，公司经过初步审查后组织抽查验收，评出优秀示范队站。对完成达标任务的单位，对照 HSE 责任书指标和建设考核

办法，评选出"三标一规范"建设先进单位。

三、取得效果

通过基层HSE"三标一规范"标准化建设，公司同专业现场设备设施配备摆放、风险告知、作业程序进一步统一，制度标准、规程的可操作性进一步提升，做到了项目有计划、操作有规程、检查有表格、培训有矩阵、应急有措施。员工参与隐患排查、违章纠正的意识得到提升，基层"日、周、月"管理流程更加清晰，风险控制工具和管理方法有效融入基层队站管理流程，基层干部和岗位员工风险控制工具的应用更加熟练。

（一）基层现场管理进一步规范

在同专业的基层队建立了统一的现场设备设施配备摆放标准、工艺流程操作程序、具体可量化的检查标准；基层站队按标准配备齐全各类健康安全环保设施和生产作业设备，装置和设备投用前严格检查确认其安全，检查标准完善、检查程序明确、检查合格方可投用；井控装备、特种设备和安全防护等设施管理得到加强，现场设备设施完好整洁、工艺流程清晰、区域责任明确、现场操作规范、管理合规。达标基层队站"一岗双责"得到有效落实，目标责任分解到岗位，员工积极参与HSE活动；班组安全活动及时开展，培训矩阵、能力评估和岗位培训得到实施应用。公司多家子单位取得国家安全生产标准化二级资质，HSE业绩持续提升。

（二）风险控制工具得到广泛应用

基层队运用安全检查表、工作安全分析、安全经验分享等方法，工作安全分析、作业许可和作业前安全会已成为基层现场管控临时作业风险的重要工具和施工作业前的固定程序，达标基层队对现场高危作业、非常规作业、工艺变更、设备变更等情况，都按"分解步骤、辨识危害、制订措施、责任到人"4个步骤，制定风险防控措施，作业前组织召开工作前安全会，分配落实危害控制措施到岗位和具体操作人员；非常规作业许可认可严格执行，作业票证规范办理，能量隔离措施完善，开工、停工等操作变动及其他工艺技术变更履行审批程序，变更风险受控，基层队站风险防控能力得到提升。

（三）HSE管理与生产经营进一步融合

基层队站HSE"三标一规范"建设与工艺、设备、企管、工会、培训、安全等部门齐抓共管，创建时将各类管理资料和记录进行整合、融合，归为5类10项，减少了1/3的资料，减轻基层负担，得到基层员工认可和接受，员工参与积极性增强。基层队站完善常规作业操作规程，强化操作技能培训，严格操作检查考核，做到操作规范无误、运行平稳受控、记录准确完整。

（四）安全目视化管理方法得到普及

达标基层队站生产作业场地和区域布局合理，办公操作区域、生产作业区域、生活后勤区域布局、安全间距符合标准要求；装置和场地内设备设施、工艺管线和作业区域的目视化标识齐全醒目；现场人员劳保着装规范，内外部人员佩戴区别标识；现场风险警示告知，作业场地通风、照明满足要求；固体废弃物分类存放，标识清晰；作业场地环境整洁卫生，各类工器具和物品定置定位，分类存放，标识清晰。

（五）员工自主安全管理意识进一步增强

员工主动参与风险识别，岗位交接班制得到落实，岗位巡检、日检、周检、月检有效实施，及时发现整改隐患，纠正违章行为，自主排查隐患数量明显增加、事件上报分享，并制定防范措施；各类工艺技术资料齐全完整，突发事件应急预案和处置程序完善，应急物资完备可靠，定期培训演练应急预案，员工熟练使用应急设施，熟知应急程序。达标基层队站现场违章明显减少、事故事件发生率降低、未发生一般C级及以上生产安全事故，安全生产经营业绩均好于普通基层队。

四、结论

基层队站"三标一规范"建设是公司结合当时基层队站实际情况，探索建立基层队站安全环保管理长效机制的有效途径和必然选择，推进基层队站"三标一规范"建设的过程本质是培育安全文化的过程，经实践检验切实可行、行之有效、值得推广。公司将继续深化基层队站"三标一规范"建设，细化建设要点及完善建设标准，加强建设内涵的培训和典型做法的推广，强化达标验收及达标队站管理，全员参与，齐心协力，坚定不移的持续推进建设，提高公司基层队站的风险管控能力，实现安全管理从"要我安全"到"我要安全、我们会安全"的转变。

增强风险意识，推进风险分级管控

——非煤矿山安全风险管控实践与思考

内蒙古包钢钢联股份有限公司巴润矿业分公司　刘占全　徐晓东　赵新宇　富永卿

摘　要：风险文化是企业安全文化的重要组成部分，是保障企业持续安全健康发展的基础，风险分级管控是风险文化落地的有效载体和预防安全生产事故发生的前置机制。内蒙古包钢钢联股份有限公司巴润矿业分公司（以下简称巴润矿业分公司）开展了全面排查公司范围内存在的风险，科学合理评定安全风险等级，构建了四位一体安全风险管控模式，实现了"全员、全过程、全方位"安全风险管控。本文从风险管控体系的建立、风险评价、措施制定和落地等几个方面进行了阐述，为非煤露天矿山在风险分级管控治理方面提供了相关经验。

关键词：非煤矿山；风险管控体系；安全风险分级；网格化安全管理

加强风险意识，实施安全风险分级管控是当前非煤矿山企业安全文化建设和安全管理中面临的重大课题之一。增强风险意识是有效实施安全风险分级管控的前提，而推进风险分级管控又是安全文化落地的重要载体。近年来，巴润矿业分公司是内蒙古自治区内国家首批非煤矿山双重预防机制体系建设试点企业，大力开展安全文化建设，重点增强安全风险意识，并与推进安全风险分级管控有机结合，大力提升了企业安全风险防范能力。

一、做好顶层设计，建立分级管控体系

1.成立组织机构

组织机构由经理、党委书记挂帅，副经理、党委副书记、总工程师、高级技术主管督导，各部门部长具体负责的管理层级。机构中明确了各级管理人员的职责。

2.编制实施方案（构建体系文件）

安全风险管控体系文件由四部分组成：安全生产方针、管理手册（管理工作标准）、作业指导书、各类安全检查表。

3.编制安全风险管理手册

手册概述了安全风险管控体系的基本框架、范围和要求，描述了安全风险各要素和管控过程中各要素的相互联系和相互作用。

4.绘制安全风险分级管控流程

流程图覆盖了从危险源辨识开始到安全风险管控措施是否有效的全过程。该过程分为7个步骤，又称为"七步法"。流程中核心要素为危险源辨识、风险评价和管控措施的制定。同时，公司修订完善了33个管理流程和119个安全管理制度，并汇编成册，为开展双重预防机制工作提供了依据、规范和标准。

二、坚持科学管理，加强危险源辨识

在识别危险源时，从4个方面考虑：人的因素、物的因素、环境的因素、管理的因素。在这4种因素里面，人的因素是"核心"，所以在进行危险源辨识时，首先要分析人的因素（人的不安全行为主要是违章操作、违章指挥、不遵守有关规定等）；其次是物的因素（设备、安全联锁、安全防护设施、涉及安全的工艺、技术参数等），再次分析环境因素（主要是指粉尘、噪声、高温、毒物、定置定位等），最后分析管理因素。

（一）确定危险源识别范围

按照作业活动、工艺流程、辅助设施、环境及工作场所5个方面进行划分，每个部分又可分为若干个风险点，每个风险点可按车间、班组、岗位所管辖的区域，以区域内活动、过程及所包含的设施设备为内容对识别单元再进行细分，形成相对独立的"模块"单元，也就是网格，公司全面实施网格化安全管理。公司层面划分为五级网格，部室也划分为五级网格，制定每个网格内的安全生产责任，制定每层网格内的安全检查表，严格落实每个层级每个人的安全生产职责。按照生产工艺流程及确定的危险源识别范围将整个生产系统依次划分成主单元、分单元。主单元是结合公司生产工艺流程，按照生产系统划分。分单元是按照作业流程划分。公司共划分为 102 个主单元，1952个分单元。

（二）选择危险源辨识的方法

危险源辨识方法较多，有工作危害分析、安全检查表、危险与可操作性分析、事故树分析等。考虑到执行过程中简单易行，优先选择"工作危害分析法"等适合的辨识方法，此类方法可以对工作场所和作业活动全面覆盖，识别出生产作业活动中所有可能的风险，并针对可能风险采取相应的控制措施。

（三）明确工作危害分析法实施步骤

分为选定作业活动、将作业活动分解为若干个相连的工作步骤、对每个工作步骤识别危害因素、分析主要危害后果、识别现有安全控制措施、评估危害因素的风险度、对高风险的危害因素采取控制措施 7 个步骤。

三、强化量化管理，确定安全评价方法

常用的安全评价方法有危险指数法、危险性预先分析方法、故障类型与影响分析法、危险和可操作性研究、作业条件危险性评价法等。作业条件危险性评价法和故障类型与影响分析法相对比较简单、直观，一线职工容易掌握。

作业条件危险性分析法（D=LEC 法）用于对环境风险进行风险评价。作业条件危险性分析法将风险划分为 5 个等级，风险值小于 20 的危险源为安全，风险值高于 20 的危险源为危险。其中，D 代表危险等级；V级最高，为极度风险；I级最低，为轻度风险；5个等级安全风险分别采用红、橙、黄、蓝、绿 5 个颜色进行标注；L 代表发生事故的可能性，E 代表暴露于危险环境的频繁程度；C 代表发生事故产生的后果。

故障类型与影响分析法（FMEA）是分析系统各组成部分、元件的重要方法。该方法分析系统的各个组成部分的故障和故障类型，并分析故障对系统安全性的影响及应采取的防止或消除事故的对策。

四、坚持重在管控，制订有效风控措施

1.确定安全风险类别及数量

经过安全风险评估，对存在的高度风险、中度风险、低度风险、轻度风、可承受风险进行区分管控。可承受风险、轻度风险由班组进行控制，低度、中度风险由部门进行控制；高度由公司进行控制。

2.编制安全风险评价表

对主单元、分单元从作业活动、危险因素、可能导致的事故、风险评估、防范措施 5 个方面编制安全风险评价表，并且汇编成册，下发指导安全生产工作。

3.绘制安全风险电子分布图

根据安全风险评估结果，对主单元，分单元中度以上安全风险用红、橙、黄、蓝、绿 5 种不同颜色绘制了安全风险空间分布图。安全风险分布图放在本区域明显的位置，让所有相关人员明晰该区域存在哪些危险有害因素，可能造成什么伤害，应如何进行预防，切实实现预防为主。

4.制定安全风险管控措施

安全风险管控措施的制定从工程控制、管理控制、个体防护、应急控制四方面进行。根据安全风险管控措施原则及安全风险评估结果，对中度以上安全风险从技术、应急等方面进行了重点管控，通过采用隔离危险源、采取技术手段、设置监控措施，达到了回避、降低和监测风险的目的，确保了安全风险始终处于受控范围内。

五、增强风险责任意识，使风险分级管控措施落到实处

要避免因风险转变为隐患从而导致的事故发生，关键在于做好落实工作，这样才能全面有效地解决工作中主要存在的问题。首先，要全面落实企业安全生产主体责任，明确安全生产工作职责，强化、细化安全管理，有效控制危险有害因素，按照属地管理和分级管理相结合、以属地管理为主的原则，建立安全生产网格。公司共划分了 391 个网格，制定了 223 类检查表，依据网格明确了各层级风险分级管控与隐患排查治理安全管理责任，明确了每个网格内的安全管理职责。其次，在进行安全管理网格划分时，紧紧结合双重预防机制在主、分单元开展网格内的危险有害因素辨识工作，将双重预防机制中安全风险管控工作直接引入安全网格化管理中。结合安全风险管控确定的安全风险等级，制订每个网格相对应的应急预案和应急处置卡。再次，结合双重预防机制中隐患排查治理方法，开展网格内每个层级的隐患排查治理工作。按照谁的地盘谁负责，做到无盲点、无交叉、可追溯的

原则，将网格从车间一直划到班组、岗位员工，尽量将网格划分到最小单位。最后，明晰各层级安全管理责任，推进安全网格化管理，实现安全管理全覆盖、规范化、日常化。

六、非煤矿山安全风险管控措施应用实例

（一）安全风险管控措施在边坡安全管理上的应用

边坡安全管理工作是非煤露天矿山安全管理的重点及难点，作为公司高度风险之一，在边坡安全管理上采取了以下措施：一是成立边坡专项安全检查组织机构，公司每季度定期开展边坡专项安全检查，责任部门每月开展专项检查，专业技术人员每天巡回检查边坡状况。二是在工作台阶临近最终边坡时，针对不同岩性，从组织、设计、施工严格按要求采用控制爆破技术，形成最终边坡时采用预裂爆破技术，以防止爆破震动对边坡的影响。三是利用爆破振动仪监测爆破振动，并对数据进行统计分析，实时监控爆破对边坡的影响。四是每月利用 GPS 等对边坡固定监测点进行人工监测比对，观察边坡变化情况。五是临近边坡爆破作业时控制每区爆破规模，严格控制炸药量，以防止爆破震动对边坡的影响。六是与中国安全生产科学研究院就边坡在线监测系统进行技术合作，编制了《巴润分公司露天采场边坡安全监测系统可行性研究报告》和《采场边坡安全监测系统初步设计》，同时利用在线监测系统实时边坡在线监测工作。

（二）安全风险管控措施在爆破安全管理上的应用

爆破作业存在高度安全风险，采场爆破应采用炸药混装车现场装药，起爆方式通过非电导爆管系统，利用远程起爆器进行多排孔微差远程起爆，有效改善爆破效果，大大降低了爆破安全风险。充分利用第三方服务机构职能，开展各类安全评价工作。针对排土场爆破高度安全风险，公司邀请评价机构开展了专项安全评价，经过专家评审，排土场爆破符合安全生产的要求。

（三）安全风险管控措施在应急管理上的应用

根据安全风险评价结果，编写了 1 个综合预案、6 个专项应急预案、28 个现场处置方案，并在安监局评审备案。定期开展应急演练工作，储备必要的应急物资。

七、结束语

安全风险分级管控的实施能够有效地推动企业安全管理体系建设。巴润矿业分公司自双重预防机制建设以来，公司安全管理更加流畅，现场作业更加规范，经过规章制度、规程的梳理，提升了全员安全意识、安全技能和自我防护能力。巴润矿业分公司将风险分级管控和隐患排查体系有机结合，以网格化管理为手段落实责任制，有效的防范了各类事故的发生，提高了企业安全生产管理水平，促进了企业安全生产。

参考文献

[1] 刘中军.浅谈煤矿安全生产管理[J].中国科技纵横，2012，（16）.

[2] 殷福龙.煤矿生产安全事故隐患排查治理方法[J].技术与市场，2016，23（6）：334.

[3] 孙德强.安全风险分级管控体系在煤矿安全管理中的应用[J].工程技术（全文版），2017，（3）：106-107.

[4] 曾永胜，陈勇亮.非煤矿山安全生产事故隐患排查治理机制长效运行的研究[J].现代矿业，2014，（9）：1-4.

浅谈安阳化工"一周一案例"安全培训

安阳化学工业集团有限责任公司　康钰涛

摘　要： 安全培训是安全生产管理工作中一项十分重要的内容，它是提高全体劳动者安全生产素质的一项重要手段。企业内部通过开展"一周一案例"安全培训，以员工身边发生的真实案例为教材，利用公司各级周例会，每周定期对公司各级人员进行安全教育培训，将安全教育培训工作常态化，切实提高企业各级员工安全意识。

关键词： 安全培训；一周一案例；安全意识

通过对企业发生的各类安全事故进行总结分析，发生安全事故的主要因素是"人、物、环境"三大因素，物和环境是人为可控因素，可以通过更新检修设备和创造良好的作业环境，降低事故的发生率。而"人"的因素，只有通过加强安全培训，提高员工安全意识，才能有效避免事故发生。公司结合企业各级人员工作性质及生产特点，对公司各级人员开展"一周一案例"安全培训，将安全教育培训工作日常化、常态化、长期化，切实提高企业各级员工安全意识。

一、企业安全培训现状

总结安阳化学工业集团有限责任公司（以下简称安阳化工）多年的安全培训实践，目前企业安全培训工作中，主要还存在以下4个问题。

（1）培训工作没有做到日常化。公司原有安全培训虽然有培训计划，但是在具体执行落实中，还存在随意性，近期安全工作抓得紧，相应的安全培训工作也随之增多，安全培训工作虽然做到了长期化，但还没有完全形成日常化和常态化。

（2）培训内容单一、针对性差。安全培训内容缺乏针对性，课程设置层次性不强，企业内部从上到下培训内容和方式基本一致，公司各级人员和各专业人员都采用统一培训模式。培训内容主要是传达上级安全生产指示文件精神或者安全法律法规，员工学习积极性不高。

（3）各级培训重培训任务不重培训结果。目前企业内部的培训工作中还存在应付上级检查、只注重完成培训任务等现象，缺乏对后期的培训效果的检验。不能够通过安全培训，真正提高员工技术水平和安全意识，培训效果不明显。

（4）培训覆盖面不足。在公司以往的安全培训工作中，主要是对一线生产和检修人员进行安全教育培训，而公司管理人员参加的安全培训相对较少。在安全环保形势日益严峻的今天，公司各级人员都需要通过安全培训，增强安全意识，确保企业安全生产运行。

二、"一周一案例"培训优势特点

通过对企业目前安全培训存在的主要问题进行分析，公司决定开展"一周一案例"培训活动。该培训活动是一种创新的培训方式，分别对培训时间和培训内容都有详细要求，和传统安全培训活动相比，具有以下优势。

（一）培训工作日常化、常态化、长期化

安全是一种意识，要让员工的安全意识成为一种习惯。培养员工的安全意识习惯，并不是一朝一夕所能形成的，而是需要创造良好的工作环境和员工反复的学习和实践形成的，所以安全培训工作必须做到日常化、常态化和长期化，让员工每时每刻都能绷紧安全这根弦。

"一周一案例"安全培训活动，将培训工作做到日常化、常态化、长期化。"一周一案例"安全培训工作，利用每周例会时间进行安全培训，公司级领导利用每周安全生产调度例会进行学习，各级分公司级管理人员利用周生产检修例会进行学习，各车间班组可根据现场生产情况利用每周其中一次班前会进行培训学习，公司各级人员每周定期开展安全培训，实现安全培训日常化、常态化、长期化。"一周一案例"培训活动只有活动开始时间，没有活动结束时间，将

此项安全培训教育活动长期做下去，实现安全培训长期化。

（二）培训内容重点明确

"一周一案例"培训活动根据企业需求、学员需要和特点优化培训方案，培训内容重点突出、有较强的针对性。

1. 根据公司各级人员工作性质选择培训内容

安阳化工是一家以煤化工为主的大型企业，公司整体安全培训以煤化工安全事故案例、煤化工安全管理条例等为主要培训内容开展安全培训工作。公司内部各分公司也根据各分公司工作性质开展培训，分公司级安全培训主要按电气、仪表、化工、焊工、钳工、质检等专业选定学习案例进行培训学习。车间、班组级在选定培训案例内容时，应根据车间班组从事专业进行选定，同时要重点突出以现场生产实际事故案例为重点选定内容。

2. 根据公司各级人员工作职责选择培训内容

公司管理人员在选定课题时应注重学习国家相关安全法律法规，使管理层能够及时掌握国家产业政策和支持重点，能够对企业发展做出正确决策。技术生产人员选定课题时应注重选择生产技术和真实案例，提高技术生产人员的技术水平和安全意识。

3. 根据近期工作重点选择培训内容

企业重点工作可以从以下几方面进行考虑：①生产系统检修及后期系统开车；②夏季高温安全生产及人员防高温；③冬季四防和设备防腐保温；④新入职员工安全三级教育；⑤新建项目开车试运行，比如在生产系统停车大修前期，重点对工作票证、安全检修、安全临时用电等方面进行安全教育和培训；夏季工作期间，重点做好雨季三防、设备防高温、人员防中暑等安全教育和培训。

（三）重视后期培训效果

为确保培训效果，各级人员在进行培训时，都制定了详细的培训台账，对培训时间、地点、内容进行了详细的记录。在培训开始时，制作培训学习签到表，要求培训人员进行签名，便于对培训人员进行统计。对统计出未参加培训的人员，利用其他时间组织进行培训，真正做到安全培训全覆盖。

"一周一案例"培训活动选定的学习案例重点是员工身边真实发生的案例，或者是近期同行业发生的案例，这些案例都是与自己所从事工作相同或者是非常相似，能将案例与自己的日常工作紧密联系到一起，易于被各级员工所接受。这些案例都是员工用鲜血留下的惨痛教训，对企业、个人和家庭都带来了极大的损失，这些真实的案例对员工的说服力比较强。

为使培训效果得到进一步加深，培训活动结束后，员工对培训学习写出总结，在对学习进行总结的过程中，将本周学习的事故案例和自己的工作进行结合，对照事故发生原因，发现自己工作中存在的不足之处，并结合事故防范措施，对自己工作中的不足之处进行改正。

三、"一周一案例"培训措施要求

为使"一周一案例"培训活动起到应有的效果，还需做好以下几项工作。

（一）领导重视活动的开展

企业各级领导要从思想上高度重视安全培训工作的开展，制定详细周密的安全培训制度和安全培训计划，要从人、财、物等方面对安全培训活动进行大力支持，加强与各级安全管理培训人员沟通，及时了解并解决活动开展过程中遇到的各类问题，确保安全培训活动顺利开展。

（二）制订详细的培训计划

培训计划的制订，要根据"一周一案例"培训活动课题选定原则制定。教育培训计划重点要突出，有明确的针对性，并随企业安全生产重点工作适时修改计划，以满足企业安全生产需要。

（三）加强培训师资队伍建设

定期组织企业安全管理人员参与培训工作，能够让安全管理员及时了解掌握先进的安全培训知识和理念，安全管理人员能够将先进的安全管理知识及时传授给每名员工。同时，还需定期组织安全管理人员到同行中的先进管理企业进行参观交流，及时学习同行的先进管理经验。

（四）建立相应奖惩机制

对培训活动中表现突出的单位和个人进行奖励，提高员工参加培训的积极性，对未按要求开展活动的单位和个人进行处罚。企业各级安全培训都要进行相应的考核管理，提高各级单位和个人对安全培训工作的重视。

四、结束语

企业要做好安全生产，首要的任务就是要切实加强对企业各级员工的安全生产教育和培训。企业安全教育培训是安全管理的一项重要工作，是做好企业安全管理的有效途径。"一周一案例"培训活动是安全培训工作中的一次创新，在今后的安全培训工作中，还需要不断对工作进行总结和创新，利用先进灵活的培训理念和手段，将安全培训的有关内容，贯彻到全体从业人员心中，真正实现企业员工"要我安全→我要安全→我懂安全→我会安全"的转变，为打造"本质安全型"企业奠定坚实基础。

参考文献

[1] 马小明，田震，甄亮.企业安全管理[M].北京：国防工业出版社，2007：52-86.

[2] 刘宛康.安全河南创建理论与实践[C].长春:吉林人民出版社，2015：118-310.

[3] 曲福年，崔政斌.化工（危险化学品）企业主要负责人和安全生产管理人员培训教程[M]. 北京：化学工业出版社，2017：112-118.

煤矿培训管理模式和培训方法的创新与应用

安阳永安贺驼煤矿有限公司　李静静

摘　要： 煤矿安全教育培训是安全管理的重要组成部分，安全培训的质量直接影响到煤矿安全生产形势，针对煤矿安全培训的重要性和紧迫性，提出创新培训管理模式和培训方法来提高煤矿安全培训质量，为煤矿安全管理提供最大保障，实现煤矿安全生产。

关键字： 创新；安全教育；管理模式；培训方法

煤矿安全生产有硬件与软件之分，安全生产的硬件就是装备，软件就是管理与培训。随着煤矿生产实践的发展，煤矿企业已开始走向机械化、科技化、集约化。开采技术在更新换代，管理理念在转变。在抓好硬件的同时，煤炭企业也要注重狠抓软件建设，在大量投入现代化采煤装备、设施的同时，培训工作越来越突显出其重要性和紧迫性。加强培训管理力度和创新职工培训方法，提高安全培训效果，提升员工综合素质已成为煤矿企业的一大战略方针。可是目前很多煤矿企业在职工培训方面存在着诸多问题，尤其是培训管理模式和培训方法的选择与实施方面急需改进和提高。为此，安阳永安贺驼煤矿有限公司（以下简称贺驼煤矿）针对培训管理模式和培训方法进行创新，走出了一条适合贺驼煤矿特点的培训管理模式和培训方法。

一、培训管理模式的创新

为实现煤矿企业培训工作的高效管理，采取建设培训工作标准化管理体系、专兼职教师互补提高教学水平、建立安全培训效果巩固奖惩机制，改善了培训工作的管理模式。

（一）建设"培训工作标准化管理体系"，统一培训制度和标准

"培训工作标准化管理体系"就是通过对各项培训工作进行认真梳理，列出工作"菜单"，按照业务分工，要求培训中心个人根据自身分管工作，结合国家法律法规和上级部门规章制度要求，对每一项培训工作制定详细的工作标准和相应考核办法，经共同审核、讨论确定后，严格执行。并按照时间节点，每月对相关工作完成情况进行内部考核，未按标准完成的，

按相关制度进行处罚，从而提高了培训工作的精细化水平，确保各项培训工作扎实有效、高标准开展，大大减少了工作中的失误，提升了培训工作效果。

通过开展"培训工作标准化管理体系"建设，共制定培训工作标准11大项，详细标准136条，进一步明确了培训工作项目、工作标准、考核办法，为培训工作扎实有效、高标准精细化开展奠定了基础，实践中通过严格执行相关标准，并通过考核确保各项工作高标准、精细化切实开展，提升了工作效率，减少了工作中的失误，为矿井安全高效发展提供了支持。

（二）建设"专兼职教师师资队伍"，互补提高教学水平能力

煤矿专职教师授课技巧丰富，授课形式多样，但是井下工作现场经验少，对安全生产理论知识掌握不足，而兼职授课教师主要由基层管理人员组成，生产经验丰富，具备一定的理论知识水平，但是缺少专门的授课技巧方面的培训，贺驼煤矿汲取不足，采取教师业务素质"双向"包保机制、"五个一"教师素质提升法、"无生模拟展示课"教学活动互补提高专兼职教师教学水平。

1. 开展教师业务素质"双向提升"包保机制

利用煤矿专兼职教师在理论知识及井下现场的优缺点，开展教师业务素质"双向提升"包保机制，即培训中心3名专职教师根据专业分工与11名兼职教师建立包保联系，由培训中心专职教师向兼职教师传授教案、课件制作、授课技巧等业务技能，由各基层单位兼职教师向培训中心专职教师教授现场专业知识，最终达到取长补短共同提升的目的。由专兼职教师分别制订包保计划及目标，明确包保工作内容及重点，

确保达到包保标准。

通过实施教师业务素质"双向提升"包保机制，促进矿井专兼职教师在教案、课件制作、井下现场知识、课堂气氛把握，教师学员之间的互相交流学习，实现了教师之间的取长补短、优势互补，促进了授课教师综合业务水平的共同提升，为强化培训效果、促进职工业务素质不断提升奠定了基础。

2. 开展"五个一"教师素质提升法

"五个一"教师素质提升法即通过每月组织一次下基层、走岗位教材调研演练活动，确保教材紧密切合矿井生产实际；每月组织一次教学技巧取长补短评比活动，由专职教师传授授课技巧、授课形式的方法，由兼职教师讲授安全生产理论知识内容，通过互评互学，促进专兼职教师授课技巧、理论知识的共同提升；每月组织一次师生换位思考教学教研活动，让教师通过换位思考，确保培训方式、方法贴近职工需求、便于职工接受；每位教师根据生产实际每季度开发一个新课件，确保教学工作开展紧跟生产需要；每季度组织一次授课大赛，进行总结评比，选树典型，正向激励，营造良好氛围。

通过实施五个"一"教师素质提升法，提升了教师的授课水平和业务素质，促进了教师之间的交流学习，取长补短，进一步提升了授课教师的综合业务素质，为进一步提升培训效果打下了坚实基础。

3. 开展"无生模拟展示课"教学活动

"无生模拟展示课"是指教师在课前准备时，把课堂教学中的过程在没有学员的情况下用自己的语言把它描述出来。它是一种将个人备课、教学研究与上课实践有机结合在一起的教学活动。使教学研究的对象从客观实体中直接分离出来，它选取说课中的教学流程这一部分把它具体化，把"教学内容、教学目标、重难点等"通过模拟讲课表现出来，做到此处无"生"胜有"生"它更侧重于实践性，许多问题要自问自答，重难点的揭示穿插在课堂中，难度大于有生教学，主要是培养和提升授课者的教育、教学功底，具有省时高效的特点。

教师对教学计划的内容进行模拟上课，以熟练教学过程，检验自己对课堂预设与生成的效果，从中及时发现设计缺陷并修改完善，提升了专兼职教师的教学水平和课堂控场能力及调动学习氛围的技巧，明确

了教师的培训针对性，在全矿形成了良好的教学风气，提高了培训质量与效果。

（三）建立"安全培训效果巩固"奖惩机制，确保培训效果

所谓"安全培训效果巩固"的奖罚制度，就是组织职工在各类培训结束后结成安全培训效果巩固"帮学对子"，让职工在日常工作中，互相监督，互相促进，不断巩固培训效果，每月对"帮学对子"进行考核，经考核，职工业务知识和业务技能在原有培训基础上得到进一步提升，且无"三违"行为发生的，每季度对"帮学对子"进行奖励一次，促进职工之间的自主学习和互帮互学，巩固培训效果。

通过建立"安全培训效果巩固"激励机制，贺驼煤矿每年2—6月在变电所、主通风机房、绞车房等关键岗位共签订"帮学对子"46对，通过考核，考核成绩平均提升12.4%，并对其中21对进行了表彰奖励，共发放奖金8400元，日常工作中的因不规范操作导致的"三违"行为大大降低，杜绝了事故发生。

二、职工培训方法的创新

培训方法的选择在很大程度上决定了煤矿企业职工培训的效果，不同的培训方法适合不同的情况，贺驼煤矿结合矿井实际，创新实践了以下几种培训方法。

（一）渗透式技能培训验收模式提升员工操作技能

"渗透式技能培训"验收模式的开展，是为进一步加快对技术工人及岗位能手的培养步伐，特制定的岗位工种实习师徒合同。要求今后特种作业及一般工种人员在培训结束取证后签订为期两个月的岗位工种实习师徒合同，师傅要在生产工作中给予徒弟操作技能指导，确保规范操作，在工作之余依托实操基地加强对徒弟的操作技能、技巧给予指导、帮扶；徒弟要服从师傅帮教，听从分配，在师傅的帮助指导下苦练基本功和本工种的操作技能。在合同期间，徒弟每发生一起"三违"或轻伤事故，取消全部奖励并根据责任大小对师傅进行责任追究。经过两个月的实操练习结束后，培训中心联合相关部室及区队按照"4321"实操考核标准，对徒弟操作技能进行验收，验收合格，达到单独上岗条件后进行独立操作，给予师傅和徒弟同等奖励400元，确保矿井健康稳定发展。

通过开展"渗透式技能培训"验收模式，加快了

对技术工人及岗位能手的培养，使徒弟能熟练掌握岗位等技能标准及理论知识，师傅、徒弟经过"比、赶、超"的学习，师傅的技能同时得到提升，师徒加强了现场的相互监督管理，"三违"有效得到制止，提升工作效率，减少操作中的失误。

（二）"两述一确认"安全确认法激活安全管理潜能

"两述一确认"安全确认法是针对煤矿高危及操作环节复杂等特点，创新的一种通过"岗位描述、手指口述、安全确认"的指向性集中联动而达到强制注意的科学规范的操作方法。贺驼煤矿在"两述一确认"安全确认工作法实施过程中，注重发挥各专业部室的监督考核作用，各专业部室加强对现场跟班区队长、班组长加大管理力度，把"两述一确认"安全确认法纳入跟班区队长、班组长的管理内容，跟班区队长、班组长在职工上岗前提醒职工必须按照"两述一确认"安全确认法进行操作，发现职工在现场不按要求进行操作或操作不熟练的，记录具体考核情况，每月将考核情况进行公示，并通过对其进行帮教，带动"两述一确认"安全确认法规范操作。

"两述一确认"安全确认法的推行，变企业管理为职工自律，激活安全基础管理的每一个细胞，激发了煤矿安全管理的潜在能量。可以说，有多少职工执行"手指口述"就有多少个现场安全管理者，职工每执行一次"手指口述"，都是一次安全隐患排查，充分实现了企业对所有作业现场每一时、每一处、每一人、每一事、每一物的安全有效管理。

（三）"332"登高工程提升全员业务素质

"332"全员素质提升"登高工程"培训模式即针对"三类人员"开展"三种培训形式"实施"两项机制"。

（1）"三类人员"：组织安全管理人员、特种作业、一般从业人员进行培训。

（2）"三种培训形式"：制订计划，对"三类人员"进行理论知识考试、导师带徒、技能竞赛三种培训形式的学习，切实提高管理人员、特种作业、一般从业人员的理论知识和岗位操作技能。

（3）"两项机制"：考核机制、奖惩机制。培训结束后，组织"三类人员"进行理论考试及实操验收，对学习效果进行检验，进行兑现奖罚。

通过开展"332"全员素质提升"登高工程"培训模式以来，对管理人员、特种作业、一般从业人员进行了针对性培训，一是2018年以来，我矿管理人员、一般从业人员考试合格率达到了100%，优秀率达到了92.6%，特种作业考试合格率提高了5.3%。在二季度组织的十项特种作业、管理人员、一般从业人员抽考工作中，平均成绩达到了96.9分。二是通过开展"导师带徒"和"技能竞赛"，各类操作人员能熟练掌握岗位操作标准、"手指口述"安全确认、安全注意事项、岗位危险源辨识、岗位应知应会、设施的故障排除等技能标准及理论知识。三是通过技能竞赛，经过"比、赶、超"的学习，操作人员的技能得到提升。四是在操作过程中，师徒加强了现场的相互监督管理，"三违"有效得到制止。五是提升了工作效率，减少了操作中的失误，为矿井安全高效发展提供了支持。

（四）"三位一体"实操培训法提高培训针对性

"三位一体"实操培训管理法，一是培训前强化培训需求调查，发放调查问卷，准确掌握职工在技能水平及规范操作方面存在的不足，培训过程中明确方向，有针对性的开展培训；二是培训过程中将实践操作与"手指口述"安全确认相结合，让职工不但会操作，同时养成良好的操作习惯；三是培训结束后加强对学员培训效果的跟踪，并要求所在区队建立副队长与学员之间的培训效果跟踪考核机制，确保效果的持续性。

通过实施"三位一体"实操培训管理法，使得贺驼煤矿实操培训工作开展更加系统全面，构建了贺驼煤矿实操培训工作高效开展的长效机制，进一步提升了实操培训的针对性，强化了职工规范操作意识和良好操作习惯的培养，规范操作意识，提升了职工的综合业务素质，在日常工作中，杜绝了因操作不当导致的安全事故发生，为矿井安全生产提供了有力支持。

（五）"3+1"培训管理法促培训效果持续提升

为确保职工安全知识水平的不断提升，从丰富培训形式和强化培训考核入手，实施了"3+1"培训管理法，开展3种培训形式，落实1项考核。

一是"角色互换"式破陈规。为使个别老职工快速转变思想，适应当前形势，一改以往师徒教学模式，针对青年职工吸收能力强的特点，充分利用班前会、安全例会等平台，让青年职工广开言路、分享心得，并结合岗位一对一帮教、青年小组流动帮教等活动，扩展学习渠道，进一步提升思想认识。

二是"菜谱"式出实效。培训中心出"菜谱"，开展职工"点餐"，满足个性口味需求。由区队根据需要，编制学习内容，实现了自行选择培训内容、灵活掌握培训重点的目的；统一"派餐"、保证营养全面均衡。每月向职工发送培训试题，按照工种、岗位给职工派送不同的培训知识"套餐"，及时调整矿区培训计划，使得培训内容紧密结合实际；开设"自助餐"的教学模式，提供不同花样教学服务。巧建培训资源库，从网上下载视频教材资料、编写有针对性的专业资料，同时，要求专业技术骨干、技术大拿等人员走上"讲台"，使职工在现场接受培训。

三是"配餐"式激活力。在技术培训上，为职工配好"特色餐"，对专业技能培训开"小灶"，有针对性开设机械设备维修、电气设备维修、安全生产等专项培训科目，配套中长期培训计划，以岗定学，学以致用，人人吸收"特色营养"；配出"有机餐"，为提高职工安全生产标准化水平，贺驼煤矿要求技术员结合现场工作实际，每周确定一个主题，先对职工进行授课，然后再让职工提前备课，轮流上台讲解，提高"营养指数"；配出"保健餐"：为不断巩固员工的技术知识，通过闭卷考试、抽查提问、职工座谈等方式，改进提高，并积极开展"一日一题"活动、副井口有奖问答、安全宣讲等活动，使职工安全意识和业务水平得到巩固和提高。

一项考核落实。培训中心通过每月组织对安全管理人员、特种作业人员和一般作业人员进行抽考，考试不合格的必须参加补考，并对考核成绩优秀的进行奖励，进一步巩固强化学习效果。

通过实施"3+1"培训管理法，丰富了培训形式，由"老师讲什么，我就听什么"的被动接纳，进阶改为"我缺什么，老师就教什么"的主动出击，有效的激发了职工的学习积极性；同时，"互动式""点餐式"培训针对职工提出的要求，进行"照单做菜"，大大提高了培训的针对性，及时弥补了职工在知识和技能上的不足，收到了良好的培训效果。事实上，从"互动式""点餐式"培训中获益的不仅仅是职工，也使授课教师更加了解职工真正需要什么，在制订教案和课件时更加有针对性，真正实现了"教学相长"，

达到了教师和学员共同提高的良好局面，为打造本质安全型职工和矿井安全发展奠定了基础。

（六）"把脉问诊"安全学习法把握安全主弦律

"把脉问诊"安全学习法就是利用"每天一道题、每天一提问、每天一奖励、每月一考核、每月一交流、每月一表彰"形式，不断更新从业人员岗位技能知识。

贺驼煤矿职工培训中心每月月底将下月学习资料及时发放到各区队，各区队就学习培训的内容和方式进行了详细安排，并利用班前会、周一的学习时间组织职工集中学习。在职工下井前对职工进行"把脉问诊"安全学习法提问。同时，制定"把脉问诊"安全学习法的操作程序。首先，每天由培训中心工作人员抽时间在井口、工作现场、课堂上就本月学习内容对职工进行提问，根据职工回答问题对回答的正确性做出评价，对回答不正确或不准确的职工，进行现场培训并记录。培训内容要填写在写实本上，职工利用业余时间学会后主动到培训中心办公室回答不会的问题。其次，对于回答正确、流利人员进行现场物质奖励，鼓励了职工学习知识的积极性，职工由"要我学习"变为"我要学习"。最后，认真记录提问台账，内容包括时间、地点、提问内容、回答人员姓名、是否回答正确等内容，纳入月度培训考核，每月考核兑现奖罚。

"把脉问诊"安全学习法一经开展，就受到了职工的青睐，消除了职工对课堂理论知识学习的抵触心理，让职工由"要我学习"变为"我要学习"，提高了职工对业务知识的掌握，激发职工安全行为的积极性和主动性。

（七）"微视频"警示教育培养员工安全意识

结合成人马虎、侥幸、自以为是、拿习惯当标准等不良心理特点，贺驼煤矿在开展日常安全培训教育的同时，开发建设使用了"微视频"心理教育课堂，通过培养安全心理教育师，抓好安全意识培养。针对一些特殊案例、职工的不当行为等微视频，及时开展亲情教育、思想教育、宣传教育、警示教育等心理教学法，给予职工心理疏导和矫正，从心理上引导职工对质量标准化建设认同和理解，在工作中时刻以用心做事，追求卓越的理念去实践质量标准化建设，由"潜"到"显"的改变职工的心理意识，避免工作中不良行为或"三违"行为的发生，从根本上杜绝人为事故的

产生。

（八）"问题导向型"精准培训补齐安全培训短板

"问题导向型"精准培训是通过将日常上级检查中存在的问题，由各专业部室负责进行筛选，筛选出井下现场存在的典型问题，制定整改标准，分析出现问题的原因，再由区队针对相关问题及整改标准进行针对性学习，针对问题的出现原因在区队内部进行分析讨论，提高区队培训学习针对性，确保职工所学贴近生产实际，促进现场安全管理水平提升。

三、结束语

煤矿职工的安全教育培训工作，是一个及其烦琐复杂的系统工程，使每名职工都成为一个本质安全人，不是一朝一夕所能达到，这就要求煤矿企业及培训中心不断探索、不断创新、大胆尝试、勇于实践，创新培训管理模式和职工培训方法，努力构建职工安全培训的长效机制，切实提高安全培训质量，才能保证煤矿企业安全"零"目标的持续实现。

参考文献

[1] 李琼.关于新形势下职工教育培训的创新及管理研究[J].中国职工教育，2016，（5）：64-65.

[2] 李艳霞.煤矿职工培训工作现状的调查与对策研究[J].中国职工教育，2013（16）：62+74.

浅谈互保安全文化的形成及延伸

华电宁夏灵武发电有限公司　马义渊

摘　要：安全文化是一种先进的安全管理方法。华电宁夏灵武发电有限公司（以下简称灵武公司）坚持"生命至上，安全发展"思想，开拓思维求创新，通过完善规章制度，开展安全教育培训，应用人盯人互保机制，规范职业健康管理等，以隐患排查及风险分级管控双重预防机制为抓手，逐渐总结提炼出具有公司特色的互保安全文化理念，并在生产经营中不断实践完善。

关键词：安全文化；新思想；教育培训；风险分级；互保

安全生产事关人民群众生命财产安全，事关社会经济发展稳定。牢记发展决不能以牺牲人的生命为代价，这必须作为一条不可逾越的红线。作为企业，必须做到安全生产。管理不到位、安全技能及意识薄弱是造成事故的主要原因，要降低事故发生概率，必须落实各级人员安全生产责任制，强化作业人员安全教育培训，构建企业自身安全文化。互保安全文化，作为灵武公司的安全文化理念，逐渐融入进公司生产活动的各项工作中。

一、互保安全文化理念体系

（一）安全目标：本质安全，长治久安

灵武公司努力建设本质安全型企业，促进全员安全文明素质全面提升，安全生产保障能力显著增强。力争达到"人员无违章、设备无缺陷、管理无漏洞、环境无隐患"的"人机环管"和谐统一的本质安全状态。努力实现人员安全意识强，安全生产始终处于"可控、在控"的本质安全状态，保障企业的安全生产及长治久安。

（二）安全理念：防微杜渐，有效预控

任何风险都是可以控制的，任何违章都是可以预防的，任何事故都是可以避免的。对生命和健康的无谓毁坏，是一种道义上的罪恶；对可预防的事故，不采取必要的预防措施，有负道义上的责任。以人为本、科学管理，采用先进技术手段，有效地预防和减少事故是我们义不容辞的责任。人盯人互保安全及风险分级制度的有效落实就是让所有工作人员在生产现场，做到互相提醒、互相监督、互相帮助，确保在作业过程中的人身安全，始终将"保人身安全"放在首位，

实现自控互控加他控、劳动安全不失控。

（三）安全方针：安全第一，预防为主，综合治理

坚持"安全第一，预防为主，综合治理"，开展隐患排查及风险分级管控双重预防管理机制，实现员工"无违章、无意外、无伤害"、设备"无缺陷、无异常、无事故"，确保生产安全可靠，达到人、机、环、管的和谐发展。

（四）安全准则

（1）严格遵守国家法律、法规及行业标准，对公司的安全生产、职业健康承担相应法律责任。

（2）以加强管理为基础、完善技术措施为手段、有效的标准制度和安全保障、安全监督两大体系为保障，建立安全生产的长效机制。

（3）树立以人为本、尊重员工、关爱员工、珍惜生命，为员工提供安全作业环境和健康保障，人人对自己负责、对同伴负责、对家庭负责、对上级负责、对企业负责、对社会负责的安全道德观念。

（4）坚持教育与培训相结合，提高员工素质，倡导从"要我安全到我要安全"的观念转变，形成"我要安全、我会安全、我能安全"的安全文化氛围。

（5）倡导科学安全决策、高效安全经营、创新安全管理、规范安全作业，以"高、严、细、实"的安全工作标准，做好检查预防、措施落实、整改闭环，强化过程细节管控，做到凡事有章可循，凡事有人负责，凡事有人监督，凡事有据可查。

（6）推崇"安全是第一效益、安全是最大效益""工作再忙不能淡化安全、效益再大不能替代安全"

的安全价值观，以安全管理水平的提高，促进公司潜在价值的提升，为公司获取更大的经济效益。

二、互保安全文化主要做法

（一）提炼充实安全文化理念体系，营造安全文化氛围

安全文化建设是借文化之力促进安全生产，树立以人为本的经营管理理念。公司在原有的安全管理基础上，进一步提炼充实人盯人互保安全文化理念，在日常工作中，将互保安全文化理念融入每一项工作中，通过每一项工作的分派、班组互保签约平台的签约，工作过程中的互相帮助、互相提醒、互相监督，班前班后会的总结交流。充分的将保护人身安全的意识根植于员工的日常工作的思想当中，达到外化于行、内化于心的目的，以日常工作的实际行为营造浓厚安全文化氛围，形成全体员工普遍认可和共同遵循的安全文化理念体系。

（二）建立健全行为规范与程序

以"防微杜渐，有效预控"安全理念为指引，在落实人员岗位责任制上，公司狠抓制度建设，修订完善有关安全生产规章制度，强化制度执行刚性，严格有关安全生产管理程序，建立有效的行为规范与程序，指导督促公司各岗位人员熟悉本岗位安全职责，履行本岗位安全义务，实现有岗位就有安全职责的全员覆盖，努力做到用制度管人、管事。

（三）全面落实各级人员安全生产责任制

安全生产责任制的有效落实是企业安全发展的基础，直接影响企业的安全生产经营活动，且必须从领导到一般员工，自上而下，落实到位。灵武公司以安全风险分级管控制度为主要抓手，在生产经营过程中，实现管业务必须管安全，谁主管谁负责，谁签字谁负责的目的，将安全责任制网格化到岗到人。

风险分级管控制度是将作业中存在的安全风险根据国家标准要求，采用简单易操作的"作业条件危险性评价法（$D=L×E×C$）"的方法，将现场作业安全风险从高到低划分为"重大风险、较大风险、一般风险和低风险"四个等级，并制定风险分级数据库，不断补充完善。针对安全风险，通过辨识，确定风险级别，制定相应防范措施并严格落实执行。根据风险级别，逐级进行作业许可单许可，直至最高级别（总经理）。风险作业许可单是开工前最后的许可手续，低

风险作业由责任部门负责人许可，一般风险作业由副总工程师许可，较大风险作业由副总经理或总工程师许可，重大风险作业由总经理或党委书记许可。当许可人因特殊原因不在现场时，应委托其他人员（原则上是同级人员）或由上级人员代理许可工作。在作业过程中，不定期的要到作业现场进行检查监督，保证风险作业过程的安全。通过这样的手段，确保各级人员安全管理、监督到位。有效落实各级岗位人员安全生产责任制，规范各级人员行为规范与程序。

（四）创新应用人盯人互保机制

现场作业的最小单元是独立个人，而人盯人互保是独立个人之外的最小单元，人盯人互保的目的是让作业人员在一起互相提醒、互相监督、互相帮助，将道义上的帮助演变成一个行为规范，一种作业秩序。

确保人身安全，始终将"保人身安全"放在首位，坚持"不安全、不工作"理念，公司各班组设置互保签约台，每项工作开工前，对作业的危险点进行分析并制定对应的预控措施，作业人员熟悉并掌握，明确互保人职责，同时进行互保签约，确定互保对象。人盯人互保机制的提出应用，也是公司互保安全文化中的核心，起到引领作用，目的是作为生产活动中除独立个人之外的最小的单元，达到人与人之间一种合约，互相监督提醒保护的约定，在公司范围内执行过程中具有责任性、强制性的特点。

（五）打造优秀安全环境

公司致力于打造绿色环保节能型企业，坚持绿色经营理念，一期空冷燃煤机组同步建设烟气脱硫装置，实现了与主机的环保"三同时"；二期工程除具有节水环保、高效节能等特点，还同步建设脱硫和脱硝装置，预计每年减少向大气排放二氧化硫 6.3 万吨。在设备健康及文明生产治理上同样不遗余力，消除"跑、冒、滴、漏"现象，按照《火力发电企业生产安全设施配置标准》对缺失、损坏的生产安全设施标示进行补充更换，在人盯人互保安全中增加"现场环境风险评估"，对作业现场的环境风险因素进行辨识，并制定有效的预控措施，保证作业过程中环境对安全的影响，并努力改善劳动作业环境。公司持续开展 7S 改进工作，将生产现场文明卫生、标识标志、装置性违章等全部纳入 7S 管理，不断的检查整改改进，创造一个优美的安全环境。

（六）加强全员教育培训，全面提升员工安全意识

在安全管理的"人机环管"的四要素中，最重要的要素就是人员要素的问题，根据海因里希因果联锁理论，人的不安全行为与物的不安全状态是导致事故的主要原因，且是在生产行为过程中能够利用手段进行控制。人的不安全行为主要通过安全教育培训进行控制，不断培训，全面提升员工的安全意识，提高安全技能。

健全教育培训制度和程序，加强员工培训，切实发挥"以考促培""以比促培"等常规培训实效，同时开展"送教上门"活动，激发职工学习热情。严格特种作业人员管理，加强特种作业人员安全培训。深入开展安全技能培训认证，采取全员培训、季度抽考的形式，严格奖惩，全面提升员工安全意识和安全生产技能。大力开展安全生产月活动，组织开展广大员工喜闻乐见的安全活动，促进安全教育培训扎实开展。

（七）完善激励约束机制

在制度建设方面，有倾向性的制订激励约束的机制方法，公司制定了《安全生产工作奖惩管理标准》《四项责任制实施办法》等有关安全生产奖惩制度，建立完善的安全绩效评估系统，强调全员的全局观念、长远观念和集体观念，激励员工形成统一的行为主导价值观。

（八）规范职业健康管理

职业健康管理的目的是预防和保护劳动者免受职业性有害因素所致的健康影响和危险，使工作适应劳动者，促进和保障劳动者在职业活动中的身心健康和社会福利。灵武公司从保护员工身体健康入手，将职业健康管理作为安全文化的一部分，潜移默化的让员工通过感受公司的关怀到认可公司的文化，再到能守护宣扬公司的文化。公司深入学习贯彻《中华人民共和国职业病防治法》《作业场所职业健康监督管理暂行规定》等有关职业健康管理法律法规和上级有关规定，深入开展粉尘与高毒物品危害治理专项行动，建立健全职业健康安全管理标准、制度，加大职业危害防护设备设施维护，加强职业危害防控，强化职业健康培训，每年组织职业健康检查，健全完善职业健康监护档案，提高职业健康监督管理水平。强化有毒有害环境作业管理，加强劳动防护，保护职工健康。

（九）注重持续改进，形成安全文化建设长效机制

按照公司安全文化建设工作的各项举措，注重持续改进，目的是要对互保文化的不断修正，不断的充实，不断的潜移默化植入公司生产经营活动当中。结合职业健康安全管理体系评审、安全性评价、本质安全型企业检查等工作，定期组织对安全文化建设情况进行全面审核与评估，对照《安全文化建设示范企业评价标准（试行）》《企业安全文化建设导则》（AQ/T9004-2008）评审安全文化建设过程的有效性和安全绩效结果，针对存在的不符合项、安全缺陷，采取纠正措施或预防措施，实现安全文化建设的持续改进，奠定公司"大安全"基础。

三、结束语

互保安全文化的建设，形成了具有公司特色的安全理念与行为准则，员工形成一种共同价值观，对安全生产认识更加深刻，不仅保障日常安全生产，同时增强员工凝聚力，使企业在激烈的市场竞争中实现可持续发展，创造新时代优秀企业。

浅析铁路行业机务专业的安全文化建设

神华包神铁路集团有限责任公司机务分公司　吴家磊　王磊

摘　要：铁路是国民经济大动脉、关键基础设施和重大民生工程，是综合交通运输体系的骨干和主要交通方式之一，在我国经济社会发展中的地位和作用至关重要。机务专业作为铁路行业的"火车头"专业，承担着铁路运输安全第一线的艰巨任务。本文详细介绍了铁路行业机务专业安全文化的概念和建设措施。

关键字：机务专业；安全文化；建设措施

企业的安全文化是企业文化的重要组成部分，铁路行业的安全文化是指铁路企业用以指导开展安全生产活动的各种群体意识和价值观念，在铁路行业机务专业中安全文化作为规章制度、法律法规等强制性安全措施的有力补充，以它潜移默化，润物无声的方式为运输安全不断保驾护航。

一、铁路行业机务专业安全文化概念

1991 年出版的国际核安全咨询组（INSAG）报告即《安全文化》给出了安全文化的定义："安全文化是单位和个人具有的有关安全素质和态度的总和，它是一种超出一切之上的观念"。铁路行业安全文化是铁路企业管理文化建设的重要子系统。铁路行业安全文化，是铁路企业在安全运输生产实践中，经过长期积淀，不断总结、提炼形成的为铁路行业全体员工所认同的安全价值观和行为准则。同时，它也是铁路行业安全活动创造的安全生产及劳动保护的观念、行为、环境、物态条件的总和。其实质是铁路行业的安全价值观、安全理念、安全行为准则、安全意识形态的理性概括。

机务专业主要负责机车的运用、整备、检修等工作，其安全文化理念主要是通过机务专业特有的安全管理模式与所属企业的企业文化相结合而产生的。其中，安全理念通常表现为"安全第一、预防为主、综合治理""安全生产大如天""干标准活、上标准岗""一次做对、安全正点""做精细人，干精致活，修精品车""违章就是事故""安全行车千万里，重在把握每一米"等；而企业文化是企业在生产经营实践中逐步形成的，为全体员工所认同并遵守的，带有本企业特点的使命、愿景、价值观、企业精神等理念，

以及员工行为方式和企业形象的总和，因各单位的实际情况不同，呈现出"百花齐放"的局面，如总公司以"奋进"作为企业文化，强调"一路同行，一路奋进"的人文关怀，落实到公司则以"家文化"作为安全文化的核心内容。

简而言之，如果把机务安全看作铁路企业发展的生命线，那么安全文化就是生命线中给养的血液，是实现铁路运输安全的灵魂。它具有强大的引领作用、凝聚作用和激励作用，它带给员工的身份认同和理念认同，将让员工看到企业的责任，感受到自我的价值，体会到工作的意义。

二、安全文化建设的主要途径

安全文化的范畴包括软件文化、硬件文化和人机结合面三个部分，具体来说有安全观念文化、安全行为文化、安全管理文化和安全物态文化。其中，安全观念文化和安全行为文化是安全文化的软件方面，安全物态文化是安全文化的硬件方面，安全管理文化属于软硬件文化的人机结合面。

机务专业的安全文化不同于一般的社会大众文化，是在长期的运输安全生产实践中逐步形成或培育塑造的，具有鲜明机务专业特色的，为广大干部员工普遍认同、遵循和接受的，以安全价值观为核心的安全思想意识、道德规范、管理理念等因素的总和。与传统安全文化的三个方面相比，铁路机务安全文化建设主要表现为三层。第一层主要是指机车清洁文化、机车设备环境、员工出勤场所、员工休息场所等员工看得见的文化环境的建设；第二层主要是指安全制度文化的建设；第三层主要是指员工在安全生产活动中表现出的行为活动文化，它是铁路企业安全制度文化、

安全理念文化在铁路员工生产活动中的折射，三个层次是有机统一、互相交织、不可分割的整体。因此，铁路机务专业安全文化建设的主要途径有以下四个。

（一）明确责权，修订制度，夯实安全文化建设基础

人的行为的养成，一靠教育，二靠约束。约束就必须有标准，有制度，建立健全一整套安全文化管理制度和安全文化管理机制，是做好企业安全生产的有效途径。一是完善安全生产责任体系。按照"党政同责、一岗双责""管业务必须管安全，管生产、管经营、管技术必须管安全"的原则，层层分解安全文化建设责任，明确段、中心、班组三级安全文化管理责任体系，形成责、权、管相统一的安全文化管理体系，消除了安全文化建设无责任人、作业区交叉结合部无管理人的管理盲区。二是健全各岗位安全文化建设责任。按照《中华人民共和国安全生产法》的要求，根据不同岗位工作标准、不同岗位业务管理范围，从管理层到员工，建立健全各岗位安全文化建设责任，明确责任范围和考核标准。并建立监督检查考评机制，保证各岗位认真落实安全文化责任，解决安全文化建设覆盖岗位不全、内容笼统模糊、责权界定不清等问题。三是修订安全奖惩制度，一个组织的安全文化的重要组成部分，是其内部所建立的一种行为准则，在这个准则之下，安全和不安全行为均被评价，并且按照评价结果给予公平一致的奖励或惩罚。与时俱进的修订《安全生产奖惩办法》《员工不安全行为处罚标准》等制度，让员工明白什么是对的，什么是错的，应该做什么，不应该做什么，违反规定应该受到什么样的惩罚，使安全管理有法可依，有据可查。对管理人员、操作人员，特别是关键岗位、特殊工种人员，要进行强制性的安全意识教育和安全技能培训，使员工真正懂得违章的危害及严重的后果。

（二）学标对标，突出重点，强化现场管理力度

一个企业是否安全，首先表现在生产现场，现场管理是安全管理的出发点和落脚点。因此，必须加强现场管理，检查员工在作业过程中是否严格执行标准化作业、机车检修是否严格执行"四按三化记名修"制度。具体表现为三点，一是大力推进标准化作业，增强员工尊重规章、按标作业意识。狠抓规章制度与作业程序、标准的落实，编写运用、检修等主要岗位

作业标准，在员工中开展标准化作业法和作业口诀征集提炼活动，利用 QQ 群、热线电话、咨询台等手段开展技术指导。深入推进"遵章守纪、按标作业"主题竞赛活动，组织开展员工职业技能大赛。二是强化现场过程控制。针对关键危险源、关键作业环节，采取"零点行动"、跟班写实、添乘指导、包保检查等方式，实现全方位的现场检查监督。充分利用 LKJ、视频、录音、TDCS 等先进设备，分析还原现场作业情况，有效控制各类不安全行为。同时，结合季节性、阶段性工作重点，适时开展安全专项整治活动，及时消除现场作业中的各类隐患问题。三是狠抓关键作业环节。将人身安全管控、危险作业许可管理、调车作业安全卡控、施工行车安全管理、路外安全管理、机车运用安全管理、联运单位安全监管、机车质量管控等工作作为现场工作的重点，切实为安全文化建设营造良好的外部环境。

（三）加强教育，做好引领，提高员工整体素质

提高员工安全文化素质的最根本途径就是根据机务专业的特点，进行安全知识和技能教育、安全文化教育，以创造和建立保护员工身心安全的安全文化氛围为首要条件，要坚持以安全宣传教育为先，引导员工牢固树立安全生产的"红线"意识和"底线"思维，努力培育领导干部、管理干部、基层员工共建、共享、共赢的铁路安全观念。首先，加强铁路安全法制宣传，强化安全法治意识。坚持开展《中华人民共和国安全生产法》《中华人民共和国劳动合同法》的宣传，以及《中共中央国务院关于推进安全生产领域改革发展的意见》的学习教育活动，广泛普及机务专业安全生产的相关法律法规知识，强化干部职工法制观念，依法规范安全生产行为。其次，大力开展事故案例警示教育。督促员工进一步树立正确的安全生产观念，吸取各类事故的惨痛教训，举一反三，强化"红线"意识，通过张贴宣传横幅，制作下发《事故警示教育宣传手册》等方式，让每一名员工深刻吸取事故教训。同时，要注重剖析正、反两个方面的典型案例，通过以案说法，用正面典型的先进事迹和反面事故教训推动工作，强化铁路安全生产警示教育，进一步筑牢安全生产的思想防线。最后，广泛开展安全文化引领活动。通过利用教育、宣传、奖惩、创建群体氛围等手段，不断提高员工的安全素质，改进其安全意识和行

为，从而使员工由被动地服从安全管理制度，转变成自觉主动地按安全要求采取行动，即从"要我安全"转变成"我要安全"，明确"安全责任重于泰山""安全不是为了别人，而是为了你自己"等安全观，增强员工的安全意识，形成人人重视安全，人人为安全尽责的良好氛围。

（四）加强宣传，勇于创新，开展丰富多彩的安全文化活动

良好的安全生产环境能够起到熏陶、凝聚和感召的作用，潜移默化地渗透到员工的脑海中，形成强大的内驱力。开展丰富多彩的安全文化活动，是增强员工凝聚力，培养安全意识的一种好形式。因此，广泛发动，全员参与，积极开展安全主题文化活动；提炼包括安全理念、安全承诺、安全使命和安全目标等在内的，具有机务特色、全员认同的安全文化主流价值观；创建安全生产示范区，充分发挥党员、团员的先进性，依托典型，模范引领，全面推进安全文化体系建设工程。同时，要把安全文化活动的宣传工作做得轰轰烈烈，要因地制宜培育作业现场文化、车间文化、班组文化，通过在段、车间、八组设置安全文化宣传栏，利用手机微博、微信群、QQ 群等宣传手段，及时、准确的对上级有关精神、各类文化活动和各类先进典型开展宣传教育，传播安全文化，确保安全文化宣传工作不漏一岗一人。同时，结合机务流动分散的工作特点，特别是机车乘务员常年在外跑车，顾不上家，也照顾不了家中的老人和小孩的现状，及时开展亲情文化活动，通过评选优秀家属协管员、最美家庭等活动，切实让机务员工的家属了解、认同其的工作，将"家文化"贯穿到机务安全文化始终。

三、机务专业安全文化建设的措施

第一，提升安全文化管理者水平。"火车跑得快，全靠车头带"，在安全文化工作建设中领导者好比种子，通过他们把安全价值观言传身教播种到每一名员工的心里。领导者亲自积极参与组织内部的关键性安全活动，这表明自身对安全重视的态度，将会在很大程度上促使员工自觉遵守安全操作规程。

第二，紧贴机务专业开展安全文化建设。在安全文化推进过程中，要严格按照机务专业实际，贴近机车运用、机车检修工作，尤其要考虑乘务员休假难、回家难等问题，制订符合机务工作实际的安全文化建设方案。

第三，要坚持与时俱进理念。各类安全文化建设工作一定要紧贴党中央、国务院、铁路行业的时代变化，充分利用先进的传媒手段、机械设备，运用新理念，扎实开展安全文化建设工作。

第四，不断加大投入，发挥硬件的保证作用。铁路安全物质文化是铁路安全文化以物质为载体的外部表现形式。铁路企业要预防事故，除了抓好安全文化建设外，还需要不断加大硬件的投入，确保安全设施、设备运行可靠。

四、结束语

安全文化建设作为安全生产管理的重要组成部分，在铁路机务专业中具有举足轻重的地位。本文只是依据现场工作实际，从组织、宣传、活动开展等方面进行了阐述，从人的因素、物的因素、环境的因素、管理的因素对安全文化建设提出了建议，希望机务安全文化工作能够在今后铁路运输工作中做出更多的贡献。

浅析企业安全文化建设基本要素的落实措施

神东煤炭集团公司安全监察局　　鲍绥斌

摘　要： 企业安全文化建设是提高安全管理水平的重要手段，也是企业安全发展的需要。企业安全文化建设的基本要素是企业安全文化建设的主要内容和结构支撑。企业安全文化建设的基本要素包括安全承诺、行为规范与程序、安全行为激励、安全信息传播与沟通、自主学习与改进、安全事务参与、审核与评估。本文从企业安全管理的角度出发，逐项分析企业安全文化建设基本要素的落实措施，并举例说明，为企业安全文化建设工作提供学习和借鉴。

关键词： 企业安全文化；基本要素；对策措施

企业文化是企业的灵魂，而企业安全文化则是企业的根基。国家安全生产监督管理总局于 2008 年 11 月发布了《企业安全文化建设导则》（AQ/T 9004—2008），企业如何全面落实《企业安全文化建设导则》提出的安全文化建设基本要素是成败的关键。

企业安全文化涉及的领域体系分为企业外部社会领域的安全文化，如家庭、社区、生活娱乐场所等领域的安全文化；企业内部社会领域的安全文化，如公司、厂矿、车间区队、班组和岗位等领域的安全文化。本文只分析企业内部社会领域的安全文化建设基本要素的落实措施。

一、企业安全文化建设的现状和问题

（1）企业缺乏安全文化建设管理人才，没有专人研究安全文化建设工作。多数人不清楚安全文化的内涵和重要性，仅仅以为安全文化就是安全宣传。

（2）管理机构不健全，投入不足，创新动力弱小，不能推动安全文化建设工作向前发展。多数企业照搬别人的安全文化，不切实本企业的特点与实际情况，员工不认可、不接受，参与的人员较少。

（3）企业管理人员缺乏沟通意识和沟通技能，沟通渠道不顺畅，宣传、培训不到位，尤其缺乏自下而上的沟通。有的企业要求员工死记硬背安全文化理念条款，成了一线员工的负担，打击了员工的参与积极性。

（4）安全文化建设没有形成系统，安全文化建设管理责任不落实，多数人不知道如何落实，激励手段单一，员工不愿参与。

由此可见，安全文化建设是一项系统工程，它包括的内容多，涉及企业多个部门和单位，要构建安全文化网络体系，动员各方面的力量，形成齐抓共管的格局。加强领导，形成合力，是安全文化建设的前提条件；以人为本，提高素质，是安全文化建设的关键环节；优化环境，浓厚氛围，是安全文化建设的重要载体；加强制度建设，构建长效机制，是安全文化建设的必要保证。

二、安全文化建设基本要素落实措施

企业安全文化建设的基本要素是企业安全文化建设的主要内容和结构支撑。企业安全文化建设的基本要素包括安全承诺、行为规范与程序、安全行为激励、安全信息传播与沟通、自主学习与改进、安全事务参与、审核与评估。

（一）安全承诺

（1）企业领导要提炼出企业的安全理念和安全核心要素。如河南煤业化工集团建成 10 个安全文化体系，并且分解细化到各专业、各系统，形成 30 个的子文化体系，实行"矿井自主、系统自控、区队自治、班组自理、员工自律"为主要内容的"五自"管理，提高了安全执行力，安全管理全面、全方位、全系统，值得学习借鉴。

（2）企业领导要对安全承诺做出有形的表率，让各级管理者和员工切身感受到领导对安全承诺的践行。领导在工作中坚持"安全第一，生产第二"，投入资源和时间，持续抓安全生产，真正落实企业主要负责人的责任。

（3）企业要健全岗位安全文化责任体系，做到责任到位。企业要明确所有层级、各类岗位从业人员的安全生产责任，通过加强教育培训、强化管理考核和严格奖惩等方式，建立起安全生产工作"层层负责、人人有责、各负其责"的工作体系。建成"党委管党、行政管长、工会管网、团委管岗、技术管防、家属管帮"的安全协管体系，创新机制、丰富载体，构筑安全生产多道防线，形成党、政、工、团齐抓共管的格局。

企业（含承包商）要制定职能部门、区队（车间）、班组及各岗位安全文化责任制，并将职业安全健康管理体系要素融入安全文化责任制中。企业内部签订安全责任状，企业与相关方签订安全管理协议书等，厘清安全管理责任，做到责任横向到边，纵向到底，管理无盲区、无死角。

（4）安全制度文化是安全承诺的全面体现。企业领导要组织制定切合实际的各项安全管理制度，要为员工解读制度，通过角色互换、现场情景模拟来解释为何这样做，否则有何后果，以激发员工执行制度的热情，达到依法治企。

（5）安全物质文化是安全承诺在生产现场的体现，如设备的运动部件设置防护罩，以免误入；电气设备实现联锁防止误操作等安全保护措施；煤矿井下辅助运输巷安装红绿信号灯等，就是安全物质文化的范畴。企业要落实生产现场的物质和工作环境的安全措施。

（6）创建特色安全文化。企业要结合自己的实际，创建公司、单位、科队车间、班组安全文化。不照搬其他企业的安全文化。

（二）行为规范与程序

企业组织的行为规范是组织安全承诺的具体体现和安全文化建设的基础要求。它包括企业所有人员的行为规范。员工的不安全行为管理、员工岗位标准化作业流程管理、设备操作规程、某项作业的安全作业规程和各个行业的安全规程等，这些都是为了规范企业的安全行为。

（1）行为准则是对员工行为的规范，如水在不同的容器中呈现不同的形状，规则就是容器，通过对员工行为的约束、规范和指导，促进员工安全行为的养成，做到"上标准岗，干标准活"。

（2）企业要教育员工具有安全风险预防意识，做到"四不伤害"，即不伤害自己、不伤害他人、不被别人伤害、保护别人不受伤害。员工作业前要"五思而后行"，即问自己做此项工作有哪些风险？不知道不去做；问自己是否具备做此项工作的技能？不具备不去做；问自己做此项工作所处的环境是否安全？不安全不去做；问自己做此项工作是否有适当的工具？不恰当不去做；问自己做此项工作是否佩戴了合适的个人防护用品？不合适不去做。在五项都符合的情况下，员工才能开始作业。

（3）开展岗位标准化作业流程管理，如公司全面开展员工岗位标准化作业流程的编制、视频拍摄与培训，规范员工的作业行为。

手指口述法应用，如山东枣矿集团实行手指口述法检查确认设备的安全状况，宁煤集团梅花井煤矿车辆检查采取手指口述法。

（4）创新员工不安全行为管理方法，如补连塔煤矿对发生不安全行为人员，按一般、中等、重大、特别重大不安全行为四个类别，实行分类管理；开展不安全行为案例征集活动，收集具有真实性、代表性、针对性和参考学习性的不安全行为案例，辨识新的岗位危险源、深刻领悟不安全行为的启示，分享管理经验、避免因不安全行为导致事故。企业对提供不安全行为案例者进行奖励。组织员工行为观测，及时纠正不安全行为。

（三）安全行为激励

激励的作用是巨大的。激励分为目标激励、行为激励、竞赛激励等，激励要投入资金，要分层次进行。

美国心理学家亚伯拉罕·马斯洛于1943年在《人类激励理论》中提出需求层次理论，把人的需要从低到高归纳为生理需求、安全需求、社交需求、尊重需求和自我实现需求。管理应经常性地调研，弄清员工需要什么，然后有针对性地进行激励。

（1）企业要建立将安全绩效与工作业绩相结合的奖励制度。奖励员工在安全生产中的发明创造、小改小革和安全管理经验，评选季度安全之星、安监之星、明星班组、金牌班长等。例如，宁煤集团给优秀班组长奖励一辆小轿车，有30多人获奖，补连塔煤矿为落实带班队长现场管控责任，提升带班安全管理绩效，对年度带班180次以上、所带班组全年未发生不安全行为的带班队长给予万元奖励。

（2）推广白国周六三班组安全管理法。中平能化集团七星公司开拓四队的班长白国周，工作22年没有发生过任何事故，他当班组长21年培育出13个班组长没有发生过安全事故，他带出的230多个工友都没有发生过安全事故。"六三工作法"是煤矿班组安全文化建设的一个完整的管理体系。

（四）安全信息传播与沟通

（1）企业充分发挥报刊、电视台、信息网、微信平台、广播、展览室、宣传图板等媒体的宣传导向功能，广泛宣传企业安全文化、安全管理经验、安全工作亮点和安全生产改革成果。树立安全管理典型、创新典型、学习典型等，广泛宣传典型。

（2）企业组织安全管理与技术研讨会、论坛、主题征文、演讲会、现场会、漫画等安全文化活动，开展企业内部的有效沟通与交流，如神东煤炭公司开通董事长信箱、矿长信箱，畅通沟通渠道。

（3）企业还要与政府监管机构和相关方建立良好的沟通。及时传达贯彻国家和地方政府的法律法规及会议精神，使企业合法、有序发展。听取相关方的意见和建议，改进安全文化建设工作。

（五）自主学习与改进

企业要营造良好的学习氛围、创造优越的学习条件、提供丰富的学习机会，提升员工学习能力，培养学习型员工、学习型科队、学习型单位，激发员工学习的主动性和积极性；员工本着"不主动学习就是放弃自己"的理念，坚持不懈地学习，主动共享知识和经验，共同成就自己和企业的未来。

（1）企业要在管理者和普通员工中选拔、培养一批推动安全文化发展的指导老师，潜心研究，建设完善的安全文化培训体系，编写相关的安全文化培训教材，形成安全文化建设的课程体系和师资队伍。每年评选优秀安全文化管理师和辅导员，表彰安全文化建设的先进集体和个人。

（2）企业要组织开展单位级、科队级、班组级安全文化教育培训，科队、班组要组织开展员工实践操作培训、师带徒现场培训。开展新工艺、新技术、新装备和新材料的专题安全培训，如河南煤业化工集团建成11个安全培训机构、60多个安全实操培训基地，开发16个员工在线安全培训考试系统。

（3）常态化开展事故案例警示教育，编制事故案例警示教材，开展事故案例不定期宣讲活动。开展设备消漏补缺案例征集，主要围绕机电设备设计制造缺陷、安全防护设施和安装、搬运、回撤、检修维护等方面存在的安全隐患进行研究，立足现有设备设计缺陷和人员误操作提出针对性防范措施，对人员误操作和设备设计缺陷进行及时发现、及时预防，实现"即使误操作，后果也在可控范围之内"。

（六）安全事务参与

（1）企业要满足员工的社交需求，鼓励员工积极参与安全改进和安全管理工作，实现自身价值。组织员工开展岗位风险预见性分析和不安全行为或不安全状态的自查自评活动，员工开诚布公的沟通在企业中蔚然成风。要对主动发现安全问题和隐患的员工给予奖励。

（2）企业要建立承包商参与安全改进的机制，加强与承包商的沟通和交流，要给予培训，使承包商清楚安全生产要求和标准；让承包商参与安全风险分析和经验反馈等活动；倾听承包商安全改进的意见。例如，国家能源集团承包商管理实行"五个关口，五个统一"管理法：对承包商严把"准入关、责任关、稳定关、监督关、验收关"（5个关口），并在承包商中"统一推行安全生产管理体系、统一推行安全生产标准化建设、统一推行区队班组建设、统一进行安全教育培训、统一监管考核"（5个统一）。

（七）审核与评估

企业每年开展安全文化建设审核。可外请安全文化建设专家与企业内部安全文化指导老师共同分层次进行审核与评估，采用有效的安全文化评估方法，关注安全绩效下滑的前兆，给予及时的控制和改进。

组织开展安全文化检查与考核评价。安全检查的内容包括查思想、查领导、查现场、查隐患、查制度、查管理。委托中介安全文化评价机构，对企业进行全面、全方位评价，整改管理缺陷。

三、结论

企业安全文化的内容极为丰富，企业安全文化与安全管理有内在的联系，但安全文化不是纯粹的安全管理，二者互相不可取代。安全文化建设是一个长期的过程，是一个系统工程，不可急于求成，企业要在创新中求发展，在发展中求规范，在规范中求深化，在深化中求实效。企业安全文化建设要以广大员工、长远建设、融入建设、综合建设和个性建设为着力点，参考《企业安全文化建设导则》，全面细化落实安全文化建设基本要素，从企业实际出发，多方面、多渠道地探索建设安全文化的途径，发挥安全文化的激励功能、约束功能、凝聚功能、示范功能、育人功能、导向功能和塑形功能，为企业安全健康发展而奋斗。

以 KYT 活动促进安全文化融入管理

国电大渡河检修安装有限公司　王红星　耿瑞爽

摘　要：安全文化如何有机融入管理是当前企业安全生产领域的一项重大课题。本文介绍了一种大型水电检修企业将安全文化导入生产管理的新工具——伤害预知预警活动（以下简称 KYT 活动），并通过国电大渡河检修安装有限公司的实践，分析了伤害预知预警活动的实施思路与办法、成效与改进提升方向，为全国企业提供借鉴，以期达到降低安全风险，提升安全水平，实现大型水轮发电机组平安检修的目的。

关键词：安全文化建设；安全教育；伤害预知预警；水电站检修

安全教育和训练活动是企业安全文化建设的重要内容，也是提高作业人员安全意识和安全认知的手段之一。鉴于水电检修企业背景和安全要求，公司结合当前的安全文化建设，吸收先进的安全教育手段，开展了伤害预知预警活动。

一、KYT 活动的原理

KYT 活动是日本工业安全与健康协会（JISHA）于 1973 年创立的"零事故整体参与战役"的管理方法。KYT 的含义是："K"是指日文的罗马字母 Kiken，代表危险；"Y"是指日文的罗马字母 Yochi，代表预知；"T"是指英文 Training，代表训练，连起来即是"危险预知训练"活动。

KYT 活动的基本含义是通过培训职工提高预知危险的能力，及时发现、了解和消除潜伏在工作现场和工作中的危险，确保职工的安全与健康。KYT 活动能够增强一个人对危险因素的认识、控制，从而创造一个安全的工作环境。作业小组作为 KYT 活动的载体，从实施效果来看切实提高了每位职工对危险的警觉性，提高职工自我防范意识和自我保护能力，降低安全风险，很大程度上降低了安全事故的发生率。KYT 活动是精益生产方式中，能够有效防范安全事故，规避安全风险，促进生产作业安全，提高员工自我防范意识和自我保护能力的方法手段。随着精益安全理念的深入宣贯，KYT 已经被越来越多的大型水电生产、检修企业所运用，成为保障员工作业安全的有力武器。

二、KYT 活动与安全文化的关系

KYT 活动是一种基于实战训练的安全文化培训模式，也是将安全文化彻底融入生产管理、提升安全管理水平的有效工具。KYT 活动目的在于加强班组安全管理，将安全工作重心下移到作业小组或岗位，通过职工在作业前对现场危险因素进行查找、确认、采取并落实安全防范措施，实现安全生产。

（1）提高作业人员的安全感觉。通过 KYT 活动提高每个成员对危险的感受性及对安全的关心程度，提升个人主观安全意识，不断培育个人对安全隐患自行研讨与自主解决能力。

（2）提高全员的危险预知能力。通过 KYT 活动使每个成员不断具备危险预知和制订对策的能力，排除现场中存在的受害因素和疾病因素，既能树立安全意识，又能增长安全知识，丰富安全经验。

（3）由于执行的是全组人员一起制订的事项，因此，也可以强化工作岗位的连带感，进而促使个人养成短时 KYT 的习惯。

总之，KYT 活动突出了以人为本的管理思想，把"不安全不生产，隐患未排除不生产，防范措施未落实不生产"的规定落实到具体岗位，起到了"我会安全"的作用。危险预知预警的方法它来自职工、受益于员工，具有最广泛的职工基础，能将作业人员身边的隐患尽最大可能地消除，它将以前由"他人管安全"的被动状态转化为"我要安全，我会安全"主动的自我保护态势，从根本上防止了由于主观意识麻痹或忽视安全隐患而造成伤害事故。

三、KYT 活动实施步骤

KYT 活动以作业小组为单位，每个职工在作业前认真分析作业中存在的安全风险，通过 KYT 小组活动，发挥作业小组每个成员的才智一起分析，并想办法解决，具体来讲，有以下几个步骤。

（1）当作业小组到达作业点之后，先由作业小组长对小组成员工作任务进行分工。

（2）针对当前工作任务，作业小组成员根据 13 种伤害类型（起重伤害、高处坠落、触电、机械伤害、物体打击火灾、灼烫、爆炸、中毒、窒息、粉尘、噪声、淹溺）共同查找危险源，大家相互补充，既要分析作业面涉及的基本伤害类别，又要结合项目实际情况，补充完善特有的危险类别，提出针对性的防护措施，确保作业施工人身安全，且防范措施必须是具有可操作性的行为或规定。

（3）作业小组长收集整理讨论信息，书面记录在 KYT 活动卡片上。

（4）作业小组长对所有作业小组参与人员按照"手指口述"的方式进行复述，在对应的危险因素前画"○"确认，并将防范措施的执行工作落实到人。相关责任人在卡片"措施落实责任人姓名"栏内签字确认，最后所有小组成员在"工作小组成员"栏内签字确认已知悉作业中存在的危险因素和相应的防范措施。

各责任人对作业过程中各项危险因素所采取的防范措施执行情况进行监护和检查，确保措施始终落实到位。

（5）活动完毕后，小组长将 KYT 活动卡存放在作业现场 KYT 活动展板上，班长对其活动开展的真实性进行监督检查，管理人员对活动进行抽查，对其因素分析的正确性及措施执行的有效性进行复查，并提出指导性意见。

（6）当日作业完成后，作业小组长将 KYT 活动卡收回并交班组存档，在下周安全会上，班长组织对每张 KYT 卡进行交流、讨论、修改，目的在于找出不足与差距，提出改进措施，提高 KYT 卡的时效性。

总之，KYT 活动是班组成员在每项作业前共同对作业过程中可能出现的危险点逐一寻找并指出，确定其中重点危险源，进行深入分析并研讨对策，通过责任到人保证防范措施落实到位的一种先进安全管理方法。

四、检修公司开展 KYT 活动常见问题

检修公司主要负责大渡河流域所有水电站水轮发电机组机械设备、电气一次设备、大坝机电设备检修，此类设备具有特大型、特重型、高空型、高自动化等特点。检修行业虽未被国家列入"高危行业"管理，但在设备检修中稍有不慎，极易发生各类不安全事故。自检修公司 2007 年引进伤害预知预警活动以来，收到了良好的效果，在很大程度上遏制了安全事故的发生，特别是习惯性违章行为大大减少，职工自我保护意识明显加强。

然而 KTY 活动需要与人的安全意识相互促进和提升，如果不能形成良性互动，往往会出现一些制约其效果的问题，包括不能全员分析，部分职工只是听从作业组长分析潜在的危险因素，自己没有动脑分析，就匆忙在 KYT 卡片上签字，失去了 KYT 作为一种团队安全活动的意义；部分作业小组对检修现场危险因素分析不全面，可能只分析了自己的作业项目，却没有分析到对自己有影响的其他作业项目；部分作业小组没有完全对 KYT 活动提出的危险源及时采取相应措施；个别职工参与意识不强，对 KYT 活动认识不够深刻，对常规及小型项目，认为比较简单就对 KYT 活动不重视。

例如，在某次更换母联开关作业过程中（高空作业），作业人员虽然拴好了安全带，将个人的工具用白布拴起来，防止工器具落下伤人伤设备，但是在拆除地刀静触头时候，无法取下静触片，只有改用一字改刀和扳手撬，撬落静触片后没有抓住，掉落在基础底面上，反弹在新更换的 B 相开关消弧室上，损坏消弧室瓷瓶一个伞裙，经确认，需返厂修复，费用上万元。

五、大型水电站检修中推进"KYT"活动的四个抓手

要深入开展 KYT 活动，防范其执行中可能存在的问题，切实发挥其效果，必须以安全文化为引领，牢牢把握四个抓手。

1. 抓思想认识

通过结合事故案例深入地教育，使每位职工清楚地认识到做好安全工作是为自己而不是为别人，同时也要让管理者明白，班组是安全生产的核心，要真正发挥班组的安全作用，让每个职工自己动起来，实现零伤害。班组要充分利用班前班后会和安全日活动加强对职工 KYT 宣讲教育，使大家掌握相关的知识并在工作中反复实践，提高每位职工对 KYT 的认识和熟练度。对那种认为小型作业没有必要开展 KYT 活动的人，要用典型事故案例进行引导教育，从思想的根源上进行剖析，纠正这种错误的观点，让大家时时刻刻都绷紧安全生产如履薄冰这根"弦"，养成凡有作业必须进行危险因素分析的习惯，以期达到增强人的敏感性和注意力，激发职工实现我要安全，我会安全的目的，创造一种安全的工作现场氛围。

2. 抓责任落实

各小组成员通过在 KYT 卡片上签字确认，将安全生产责任量化到个人，从而在工作中大家相互提醒，相互监督，形成一种互保氛围，杜绝检修现场习惯性违章及不安全事件发生。同时，为确保每位职工都能按照查找的问题去认真消除并做好措施，不违章作业，还应进一步加强对 KYT 小组责任人的检查及考核，通过不断强化制度的约束力来加大对 KYT 工作的保障力度，杜绝各种 KYT 活动中弄虚作假的现象。

3. 抓安全防范措施落实

各 KYT 小组负责人都必须把安全工作摆到首位，不应认为此活动是多此一举，应正确处理好生产与安全，抢修与安全，进度与安全的关系，不能为了生产、抢修、进度而忽视了对安全措施的落实。要始终把危险因素和安全防范措施紧紧地联系在一起，使安全防范措施的布置和落实有针对性。

4. 抓 KTY 活动评审

各班组在活动开展中均存在大大小小的问题，应根据实际情况制订适合本班组的方法及策略，不断解决班组安全管理工作中存在的问题，才能防止 KYT 活动中各种弊端的蔓延。检修公司现每月专人负责 KYT 活动卡片的收集、统计归类与分析工作，及时对活动开展过程中的问题进行跟踪与指导，如此上下联动，有序推动了活动的开展。

六、结语

针对大型水电检修企业安全风险大的特点，KYT 活动无疑是一剂推动安全文化落地提升安全管理水平的良药。它增强作业人员对事故的敏感性、识别能力和预知能力，提高作业人员的独立思考能力，激发小组成员对检修作业现场不良状况的改革欲望和提出合理化建议的积极性，在事故发生之前控制人和物的不安全情况，能最大限度地使风险可控，有效减少事故的发生。检修公司成功应用"KYT"活动的经验可以在同类大型水电检修、火电检修、化工冶炼企业中加以推广，可为类似企业提供有益借鉴。

参考文献

高勇.从 KYT 活动谈安全管理[J].企业改革与管理，2014,（20）：33-34.

强化基层安全意识，提升班组安全管理

中粮可口可乐辽宁（南）饮料有限公司　徐洪涛　李晓斌　王波　刘洋

摘　要： "三基"工作是稳定企业安全生产的核心，抓好基层建设，提高班组安全管理是企业安全管理的重要内容。企业生产班组是企业安全生产的最前沿，抓好班组安全管理就要体现企业安全生产理念，突出"预防为主、防治结合、综合治理"的安全方针，将企业的安全文化、安全理念融入每个人内心，规范从业人员行为，提升员工安全操作技能，消除事故隐患的发生，确保企业安全生产。本文详细介绍了企业的一些具体做法，以供探讨。

关键词： 安全意识；风险识别；安全管理；安全生产承诺

党的十九大以来，全国安全生产形势持续好转，但重特大事故仍有发生。这些重特大事故的发生暴露出在安全生产方面存在风险辨识不清、管控不当，隐患排查不细致不全面、治理不及时不彻底等问题。尤其基层责任不实、基础能力不强、基本素质偏低已成为影响和制约当前安全生产形势根本好转的突出问题。企业要充分认识到严格落实基层班组安全管理的重要性和必要性，切实把加强基层班组安全管理工作作为促进企业安全生产的重要手段，立足当前、着眼长远，确保企业安全生产形势持续稳定好转。

近年来，中粮可口可乐辽宁（南）饮料有限公司积极贯彻执行国家各项安全生产法律法规，按照相关指示精神，对基层安全生产工作进行全面部署，抓好抓实班组安全管理，促进企业安全稳定发展。

一、提高企业生产班组长的安全意识

班组是企业生产的最小单位，班组长作为班组的带头人，班组长的安全意识会直接影响到整个班组成员的安全意识。作为班组安全的第一责任人，班组长在组织好班组安全生产的同时，还要做好传帮带工作，通过加强班组成员的各项安全生产规章制度的学习，努力提升班组人员安全意识，牢固树立"预防为主、防治结合、综合治理"的思想。"泾溪石险人兢慎，终岁不闻倾覆人。却是平流无石处，时时闻说有沉沦。"越是认为安全的时候，越是认为不会出事故的时候，越不能麻痹大意。班组长要带领班组遵守企业安全生产管理制度，在平时严格按照"双重预防控制体系"的要求进行风险管控和隐患治理，杜绝事故的发生。

班组长必须提高自身安全意识和安全素养，"防患于未然"，带领班组成员对属地风险控制措施进行每日评估，及时治理隐患，实现管好自己，管好成员，管好班组。

二、全员参与风险识别，建立班组风险管控台账

班组成员必须全员参与安全风险识别，并对识别出来的风险建立风险清单，明确哪些属于班组管理的风险，哪些属于上级主管部门管理的风险。通过班组全员参与安全风险辨识，既解决了班组安全管理"想不到、管不到"和"查什么、怎么查"的问题，又是一个很好的全员安全培训过程。通过对识别出来的风险进行分级，明确各级管理职责，建立风险清单。对于班组管理的风险要单独建立安全风险台账，明确风险管控措施和检查方法、检查频率，定期对安全风险控制措施进行评估，如果发现风险控制措施发生偏离，即为安全隐患，需要立即进行治理。班组不能治理的，需要立即上报给上级部门，由上级部门负责治理。班组必须对属于班组管理的安全风险肩负起管理职责，不得有遗漏，安全风险控制措施清单与安全隐患排查清单应一一对应，同样需要建立安全隐患治理台账，安全隐患必须实现闭环管理。班组的安全风险清单和隐患治理台账最好放在班组的工作现场，可以方便班组成员随时查阅，也便于班组交接班进行安全交底。

三、建立安全风险可靠性报告单制度，定期报告安全风险控制状态

班组管理的风险虽然是低风险，但上级部门不可以因为风险低就放弃监管，完全由班组负责。对于高

风险、一般风险，公司级、部门级管理部门需要定期进行安全风险控制措施评估和隐患排查，而对于班组级管理的低风险，公司、部门级可以将检查的频率适当的延长，但仍需要班组长定期将班组负责管理的风险控制措施的评估结果，以"安全风险可靠性报告单"的形式报告给上级部门。"安全风险可靠性报告单"要清楚的说明本班组所负责的安全风险区域、安全风险级别、安全风险种类和数量、安全风险控制措施评估结果等信息。这样，上级部门可以通过"安全风险可靠性报告单"来掌握班组管理的安全风险情况，及时发现安全隐患，指导班组对低风险的管理，掌握企业整体安全风险状态和隐患治理情况。

四、组织好班前会，做好班前安全提示

安全事故发生的原因包括人的不安全行为、物的不安全状态、管理上的缺失及工作环境问题等，而人的不安全行为往往是事故发生的主要原因。班前会是班组长根据当天的工作任务，结合本班组的人员状况、物力状况和现场条件、工作环境等，在工作前召开的班组会。为了组织好班前会，班组长每天要提前到岗，查看一下上个班的工作记录，听取上一班有无异常和缺陷存在，是否进行过检修等，然后进行现场巡回检查。班组长要对当天的生产任务、相应的安全措施、需要使用的安全器具等心中有数，对承担工作任务的本组成员的技术能力、责任心要有足够的了解。在班前会上要突出"三交"（即交任务、交安全、交措施）和"三查"（即查工作着装、查精神状态、查个人安全用具），并根据当天的生产任务特点、设备运行状况、作业环境、近期发生的事故案例等，有针对性地

提出安全注意事项，并与班组成员达成共识。班前会要求班组成员应全员参加，不清楚工作任务、不清楚岗位风险和控制措施、没有按要求佩戴个人防护用品、特种作业人员无证的，均不得上岗作业。

五、建立安全生产承诺制度，做到安全隐患不排除、不承诺不生产

"祸患常积于忽微"，事故的发生往往是忽视了一些细微的环节，堆积的时间长了，造成了大的隐患。班组成员在每日生产前应该按照安全生产管理制度的要求对所负责的设备、区域的安全风险进行细致的隐患排查。隐患排查包括正常生产活动和非正常的生产活动，如设备检修、外来施工等活动，都要进行安全风险辨识，只有在所有风险经过安全研判，确认安全风险可控、无安全隐患的前提下，班组长才能够向上级部门做出安全承诺。安全承诺的内容可以是"今天我所负责的区域安全设施正常，人员状态良好，个人防护用品佩戴齐全，消防设施完好，无安全隐患。"安全承诺是以班组长个人名义向上级部门主管做出的承诺，所以班组长要对承诺的结果负责。

六、结束语

海恩法则强调："再好的技术，再完美的规章，在实际操作层面，也无法取代人自身的素质和责任心。"企业要健康发展就需要重视一线班组的工作，通过完善安全管理机制，将重心下移、关口前移，在现场、班组不断强化安全生产管理，规范员工行为，提升员工安全意识，最终实现"要我安全"到"我要安全""我能安全"的转变。

浅谈企业安全文化建设的途径与方法

云南新蓝景化学工业有限公司　李顺荣

摘　要： 企业安全文化是企业安全生产的灵魂。企业通过安全文化建设可以不断提高人的安全素质，改变其安全意识和行为，从而使人们从被动地服从安全管理，转变成自觉主动地按安全要求采取行动，即从"要我安全"转变成"我要安全"。本文详细阐述了企业安全文化建设的必要性和在实践中的建设途径与方法，可为相关企业提供安全文化建设经验。

关键词： 安全文化；安全文化建设；安全制度；应急管理

安全文化就是安全理念、安全意识及在其指导下的各项行为的总称，主要包括安全观念、行为安全、系统安全、工艺安全等。安全文化主要适用于高技术含量、高风险操作型企业，在能源、电力、化工等行业内的重要性尤为突出。所有的事故都是可以防止的，所有安全操作隐患是可以控制的。安全文化的核心是以人为本，这就需要将安全责任落实到企业全员的具体工作中，通过培育员工共同认可的安全价值观和安全行为规范，在企业内部营造自我约束、自主管理和团队管理的安全文化氛围，最终实现持续改善安全业绩、建立安全生产长效机制的目标。

一、企业安全文化建设的必要性

20 世纪初期，随着工业革命的兴起，工业机械开始大规模的推广、应用，早期的机械在设计中并不考虑操作的安全问题，所以伴随而来的是更多的工业安全事故。其后，安全工程师海因里希（W.H.Heinrich）调查了大量的工业事故，统计得出，工业事故发生的直接原因 98%可以归纳为人的不安全行为（88%）和物的不安全状态（10%）。之后，更加复杂的设备、工艺和产品的诞生，在研制、使用和维护这些复杂系统的过程中，萌发了系统安全的基本思想；同一时期，本质安全的理念出现在工业安全领域。无论是系统安全还是本质安全，都提出了一个共同的观点，就是预防事故的主要责任在于产品的设计者，而非操作者或设备本身。随后，管理失误论开始兴起，无论是博德（F.Bird）、亚当斯（Edward Adams）还是伍兹（Woods），其理论的一个共同点在于：预防工业事故的主要责任在于管理层。此时，国际核安全小组（NASG）提出

了以安全文化为基础的安全管理原则，随后安全文化理念的发展开始应用各个工业安全领域。由此可见，在企业发展建设过程中，要预防安全生产事故的发生就必须要加强企业的安全文化建设。

二、企业安全文化建设普遍存在的问题

安全文化是企业安全生产的灵魂，安全文化建设必须要以"生命至上、安全发展"为宗旨来入手管理安全，从基础工作抓起，将安全文化融入企业建设发展的总体战略之中，整体推进。但是企业在安全文化建设中普遍存在有以下问题。

（一）安全意识不强

受区域经济发展水平和企业规模、经济效益、管理水平等因素影响，一些地方和企业对安全文化建设的重要意义和作用认识不到位，没有提升到贯彻落实"以人为本、安全发展"要求的高度来认真对待，在组织企业安全文化建设中缺乏积极性和主动性，不同程度存在"上面热下面冷"的现象，致使企业安全文化建设滞后。

（二）安全基础薄弱

良好的安全基础是企业安全文化建设的重要前提和有效保障。但部分企业创建基础比较薄弱，除受发展规模、经营理念等方面影响，存在对企业安全文化建设不了解、不认同的思想因素外，企业安全生产主体责任落实不到位，安全管理机构和规章制度、操作规程不健全等问题尤为明显，安全管理水平低下，缺乏安全文化建设应具有的良好基础和环境氛围。

（三）长期建设缺乏

企业安全文化建设是一项持久工程，需要循序渐

进、常抓不懈。而在基层实践中，一些企业没有将其作为一项长期性工作来对待，导致企业安全文化建设流于形式，没有恒久活力。有的企业以"攻关""过关"心理对待创建工作，为创建而创建，对安全文化建设内容、目标、要求、标准及环节把握不全面，理解不深刻，执行不到位，安全文化缺乏思想内涵，感召力和渗透力不强，职工认同、接受安全价值观的程度较低，没有真正做到固化于制、内化于心、外化于行，没有充分发挥其在企业安全生产工作中应有的作用。

（四）热衷表面工作

主要体现在有的企业在安全文化建设过程中走捷径，定制度、贴标语、挂刊板等表面文章做得多，理念培养、行为规范、条件改善等实际行动做得少，安全文化没有真正融入到企业安全生产的全过程，在企业内部没有形成完善的安全文化体系，对企业生产与发展也没有起到有效促进作用。企业开展安全文化建设时，不是从加强内部安全管理、保护职工安全权益的需要出发，而是从提升企业对外形象和影响力的角度出发，将安全文化建设视为"面子工程"，致使企业安全文化建设脱离了安全管理实践。

（五）建设动力不足

近年来，为引导企业积极参与安全文化建设示范企业创建，推动企业安全文化建设广泛深入开展，国家制定出台了一系列相关鼓励、激励政策，并在《国务院关于坚持科学发展安全发展促进安全生产形势持续稳定好转的意见》（国发〔2011〕40号）、《国务院安委会办公室关于大力推进安全生产文化建设的指导意见》（安委办〔2012〕34号）等文件中提出了明确要求，但一些地方贯彻落实不够有力。企业在安全文化建设的同时，没有把安全文化应用到实际的生产管理中，没有相应的激励机制，没有相应的安全资金，对在生产、经营中做出贡献的人员没有相应的激励。同时，有些企业在对待生产、经营中出现的事故、隐患没有经过认真、详细的了解、调查，就凭个人的喜怒一概而论，奖罚不分明，容易导致职工反感、消极的情绪。

三、企业安全文化建设的途径和方法

（一）强化安全教育宣传

（1）技能学习培训。安全知识和操作技能是安全生产工作的硬件因素，也是实现安全生产必备的条件。是否掌握过硬的安全知识和操作技能，关系生命、关系健康、关系家庭幸福。那么，如何提高职工的安全知识和操作技能呢？一是要按照相关法律法规规定，对各类相关人员开展培训教育，并经考核合格、取证后任职、上岗。二是在企业内部开展职工安全教育，并经安全考核合格后上岗操作，坚决杜绝"四新"人员未经培训、考核未合格就单独上岗操作。三是通过职工自学、师傅带领等方式学习、提高知识技能。通过扎实有效、持续不断的安全教育培训和职工自学，提高他们的安全知识、操作技能和安全管理能力，实现由"要我安全"到"我要安全、我会安全"的转变，从根本上消除"三违"现象，进而提高企业的本质安全水平。

（2）安全宣传警示。设置各类安全画报、安全标志和标语，在作业场所周围通过设列安全专栏和宣传栏，张贴安全画报，设计安全刊物和安全宣传板报，建立图文并茂的安全文化长廊，根据生产的物质特性，制作各类警示标示，通过视觉影响员工的安全意识和行为。悬挂安全标语、安全警示牌引起人员工对不安全状态的注意，提高警觉，形成公司长久的安全文化。

（二）培养安全行为习惯

安全事故的发生不是因人的不安全行为引起就是因物的不安全状态引起，吸取事故经验教训，人的不安全行为是安全生产最大的隐患之一，所以行为习惯非常重要。违章操作是一种高频率发生的不良行为，是在长期的习惯中养成的一种人为失误，在各行各业安全生产工作中屡见不鲜，违章者往往粗心大意、心不在焉；或者是为了"图省事"，为了所谓的"走捷径"，认为以前工作中别人也是这样做的，但都没有出事，"我"这样干肯定也不会有事，他们这样的侥幸心理，无事只是暂时的，或者平时就不学习，缺乏基本的安全知识和技术水平，一旦遇到紧急情况或单独工作就容易违章操作，以致酿成事故悲剧。这些足以引起我们思想、行动上的重视，必须引以为戒，坚决纠正各种不安全行为，严格按章操作，遵守制度，在日常工作中不断培养我们安全的、良好的行为习惯，使安全行为习惯成为日常习惯。每个月组织员工沟通交流，了解员工的心理想法，掌握员工的日常生活习惯，杜绝带情绪上岗，预防各项侥幸心理带来的安全

事故。

（三）完善安全制度文化

安全制度文化包括建立安全组织机构、开展安全评价、落实国家颁布的安全法律法规、条例，以及为了安全生产而形成的安全奖惩、安全培训等各种规章制度、岗位操作规程、防范措施等。针对实际情况，按照国家法律、法规安全生产，如严格遵守《中华人民共和国安全生产法》《危险化学品安全管理条例》（国务院令第 344 号），将各项规章制度落到实处。危险化学品由于生产复杂性，在复杂的生产过程，厂区内部管线的纵横交错，在制定安全操作规程时，应把安全放在第一位，同时又要兼顾到生产的经济性、方便性、可行性，做到科学合理的规划。所以要坚持不懈地贯彻执行，坚守岗位职责，坚持做到管理到位，促使工作经常化、制度化、规范化。

（四）建设安全设施环境

（1）安全环境。安全生产是一个全方位、全方面复杂的持续不断的动态过程，即涉及到生产过程中的物、设备、卫生等各类作业环境，无论哪一方面出现漏洞都会产生事故隐患，甚至酿成生产安全事故。安全生产工作必须眼观六路，耳听八方，全方位跟踪，警钟长鸣，才能确保各系统的安全。我们要走可持续发展的路子，不断改进工艺条件和作业环境，加强对多变环境中不安全因素的风险识别和预测，提高防范风险、防范事故的能力，消除事故隐患，实现各因素间的最佳匹配，给职工提供一个舒适、安全的作业环境，实现本质安全，促进安全生产。

（2）安全装置。超限自动保护装置的应用是为了防止密闭容器压力突然升高、温度过高或者其他方式的过载，引起系统不能正常运行，导致设备破坏，甚至伤害事故的发生，主要用于反应釜、储罐、锅炉、物料输送管道等。企业要确保各类超限自动保护、压力表、安全阀、呼吸阀等安全设备装置正常有效。

（3）防护用品。劳动保护用品的管理和使用要到位，比如安全帽、防毒器具、防静电服、防高温等劳动防护用品。劳动防护用品，是指由生产经营单位为从业人员配备的，使其在劳动过程中免遭或者减轻事故伤害及职业危害的个人防护装备，从某种意义上讲，它是保障劳动者安全和健康的最后一道防线，在化工

企业生产过程中，为了防止中毒、灼烫、碰撞、坠落等事故的发生对人体造成的伤害，职工必须佩带劳动防护用品。

（4）安全投入。安全投入到位，比如设置安装有害气体报警仪、可燃气体检测器等各种预警预报装置。易发生泄漏的车间、库房、设备的隐蔽角落，为了实现在线监测，有害气体报警仪、可燃气体检测器等各种预警预报装置实时监控系统是必不可少的。同时，也要加大巡查力度，保证消防安全设施管理到位。大多数化工企业由于生产物料特性，其高风险，比较重视消防、安全设施的投入，基本建立了消防安全网络，但消防设施还存在不同程度的问题，一是管理不到位，二是维护保养工作没有做足。所以安全设施设备的维护保养和管理一定要到位，确保完好有效。

（五）做好危险源管理和应急管理

（1）危险源管理。对重大危险源进行分级管控。生产中的原料、中间产品、副产品、最终产品，以及事故反应产品在不同的状态下分别具有相对应的物理、化学性质及危险危害特性。根据《危险货物分类和品名编号》，危险物质分析时要考虑是否剧毒物质，是否易燃物质，是否不稳定或自燃性物质，是否监控物质，以及要考虑危险物料可能导致的危险性，如急性中毒、火灾、爆炸、化学性灼伤及腐蚀等。根据重大危险源管理规定，确定分级，实行专人管理，针对重大危险源制作安全告示，升级管理。

（2）应急管理。建立应急管理体系，对可能出现的火灾、爆炸、危险化学品泄漏进行有效的车间岗位应急处置、个人救生等应急技能训练。要经常通过现场模拟方式，提高现场处置的应变能力，做到对初期火灾及时扑灭，达到对可能发生的险情做到正确的判断、处置、求生的目的。

四、结束语

只有企业员工生命财产安全得到保障，企业才能健康有序发展，社会才能稳定和谐。人的生命是最宝贵的，"关爱生命、安全发展"，构建美好企业，共建和谐社会，拥有美好的明天。企业在实际生产过程中，还要持续推进企业安全文化建设落地，不断加强安全生产知识培训，增强员工安全意识，提高操作技能，实现企业的安全稳定发展。

金字塔安全文化体系的探索与实践

河北兴泰发电有限责任公司　何卫东　徐彦超

摘　要：安全生产是企业最大的经济效益，安全文化建设是企业安全生产的行为指引和制度保障。河北兴泰发电有限责任公司（以下简称兴泰公司）全面贯彻"安全第一、预防为主，综合治理"方针，突出公司"安全为天、幸福相伴"的安全观，以"理念为目标、教育为主线、科技为支撑、环境为保障、管理为基础"的互相作用、协调融合、共同发展，构筑金字塔安全文化体系，体现"人人重视安全、事事落实安全、处处遵守安全"，提高全体员工的安全意识和安全文化素质，锻造安全文化"金字塔"的每一块"基石"。本文主要阐述金字塔安全文化体系的实践与探索。

关键字：金字塔安全文化体系；基本途径；效果评价

按照金刚石的原子结构理念和"以安全促发展"战略思想，在充分总结 40 余年电力生产安全管理经验的基础上，公司于 2004 年启动企业文化建设，并努力打造金字塔安全文化体系，在理念铸造、行为规范、制度梳理、环境治理等方面开展了大量工作。2005 年，公司质量、环境、职业健康安全"三标一体化"认证工作顺利完成，突显了安全文化建设的先进性、系统性和有效性，形成安全文化建设"可实施、可控制、可检测、可提升"的 PDCA 循环模式，推进了企业安全文化建设进程，从单纯强调生产安全向职业健康、风险控制本质性安全迈出了重要一步。

一、金字塔安全文化体系内涵与框架

金字塔安全文化在总结、探讨电厂企业安全生产运行规律，从企业文化建设角度切入和整合安全管理资源的基础上，全面贯彻"安全第一、预防为主，综合治理"的安全生产方针，突出"安全为天、幸福相伴"的安全观，以"理念为目标、教育为主线、科技为支撑、环境为保障、管理为基础"为要素的互相作用、协调统一、共同发展的金字塔模型为管理框架，形成一套"制度化建设——规范化管理——精良化团队——优质化管理"具有人文性、立体性、闭环性、系统性的安全文化体系。

金字塔安全文化理论把电力生产要素整合成五大要素，并以金字塔模型的形式给予展现，形象直观地诠释五大要素的逻辑关系（见图 1）。

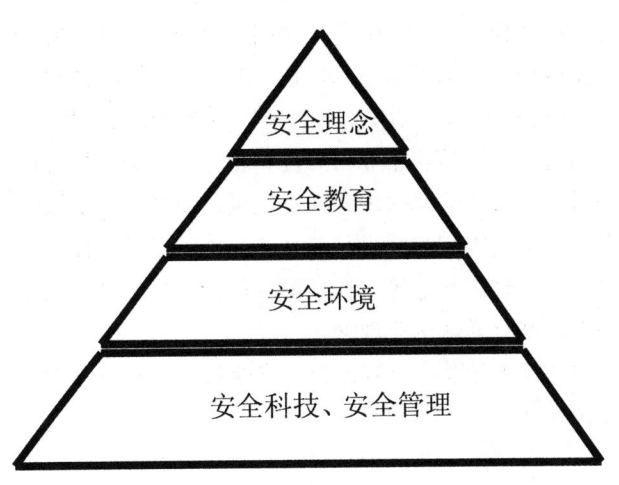

图 1　安全文化基本架构

金字塔安全文化，居于最高层的是安全理念。倡导并实践"安全为天、幸福相伴"的安全观。金字塔安全文化，再往下一层是安全教育。安全教育由三部分组成：安全思想教育、安全知识教育、安全技能教育，目的是提高员工安全意识和安全操作技能，增强员工"自保、互保"意识，做到"三不伤害"（不伤害自己、不伤害他人、不被他人伤害），杜绝违章指挥、违章操作行为。中间一层是安全环境。一个安全的工作环境不但能够给人以安全感，保持心情舒畅，还能约束和规范人的作业行为，甚至减少事故的发生。基于这一认识，公司致力于打造"人机互补、互相制约"的安全环境系统。居于塔底的是安全科技和安全管理。倡导并实践"科技兴安"和"管理兴安"。所谓"科技兴安"，一是科学治理事故隐患，发现事故隐患，不但要根治，还要查明其存在原因；二是大力提倡并鼓励科技兴安成果转化为生产力。所谓"管理兴安"，一是牢固树立"事故可以预防"的理念；二是以落实公司各级、各部门安全生产责任为核心，不断完善安全生产管理体系，消除管理上的漏洞；三是坚持以人为本，开发和应用人力资源并重，大力培养和优先使用高素质的安全生产管理人员。

二、金字塔安全文化的基本途径和主要做法

（一）强化理念提炼与宣贯，树立正确的安全观

公司成立了文化理念提炼专门组织，通过征求员工自身感受、调查问卷、邀请退休干部、员工座谈、广大干部员工推荐等方式，提炼出适合兴泰公司实际的企业理念，明确了企业愿景、企业使命、企业作风、企业承诺等企业理念。

在理念宣贯过程中，一是编制了《企业文化手册》，并发放至公司每个部门、班组、员工；二是通过网络、报、台、电子屏、制作宣传牌等，实现"理念上墙"，并利用办公用品和企业相关资料相继推行企业视觉识别系统，形成浓厚的理念宣贯氛围，使公司员工接受企业理念的熏陶和感染；三是通过落实宣贯责任、理念考试、理念督导等形式，形成理念宣贯的"高压态势"，强行灌输企业理念。

（二）培养安全观念强、安全技术过硬的高素质员工队伍

近几年来，兴泰公司通过广泛开展形式多样的安全教育与培训活动，在不断提升员工安全技术水平的同时，还使广大员工深刻认识到：安全一刻都不能放松；自己安全就是企业安全；安全是最大效益，安全就是幸福。

1.开展形式多样的安全教育，提高员工安全意识

新员工三级安全教育作为入厂"门槛"，实行一人一档，详细记录公司、部门、班组的三级安全教育情况，新员工只有经过三级安全教育且考试合格后，才能上岗。

充分发挥安全生产信息资源优势，警示与教育员工遵章守制。公司每月举办一期《安全简报》并公布于局域网，对当月安全状况进行点评，对安全生产异常事件进行分析，对安全生产先进事迹进行宣扬，对下月安全工作重点进行安排；针对不安全事件，及时分析原因，制订防范措施，形成《安全通报》并公布

于全体员工。

以安全主题活动为载体，大力营造安全教育氛围。不仅每周一班组组织安全活动，并开展"班组安全日活动方案征集评选"活动，规范生产一线班组安全活动要求的同时，提高了班组员工参与活动的积极性。还通过网络、报、台举办图片展览、放映安全警示教育片、安全知识竞赛等活动；组织和开展"阅读一本安全书籍""青年安全监督示范岗""劳动竞赛""党员身边无隐患"等活动，起到了潜移默化的教育作用，形成了良好的安全教育氛围，在提高员工安全意识的同时，使杜绝违章、排查隐患成为员工自觉行为。

2.大力开发与应用安全培训资源，提高员工安全技能

2012年，公司组建了具备职业培训资质的仿真培训中心，培养了安全技术素质过硬的员工队伍。2015年，公司与专业培训机构合作，开设了网络大讲堂，有力促进了安全生产管理人员综合素质的提升。2013年，公司取得了河北省安全生产培训四级培训资质，为公司特种作业工种的教育与培训，提供了有力保障。安全培训资源应用，为培养高素质的员工队伍发挥了积极作用。安全生产管理人员不但人人具备了法律规定的安全管理资格，其安全管理水平得到了大幅提升，在安全生产管理中，发挥了巨大作用。

（三）建设本质安全型生产环境

1.大力开展生产设施改造和设备更新

在制氢站生产现场配备了 PLC 控制系统和氢气泄漏超标自动报警仪，实现了氢气生产自动化控制和氢气泄漏自动报警与处理。在生产现场配置了安全型检修电源箱，杜绝了临时用电"私拉乱接"现象。实施了送风机技术改造，使送风机噪声等级降至合格范围。在 6 个储煤场设置了抑尘墙，在输煤系统安装了高效除尘器，有效地改善了生产环境。

2.持续开展生产现场综合治理

定期开展危险化学品生产与使用现状评价，确保了危险化学品的生产与使用安全。针对六期生产现场作业环境安全警示标识不规范问题进行了治理，推进了生产现场标准化建设。生产现场环境得到质的升华，通过专业公司对生产现场可视化效果设计，建立起了以安全理念、安全生产相关标准与常识、员工职业健康、安全作业规范为主要内容，以宣传标语、海报或

图贴、LED显示牌等为主要表现形式的安全生产视觉识别系统，在规范作业行为、传播安全理念、展示企业安全形象、普及安全知识、美化工作环境等方面给员工以崭新的视觉感受和心理感受，生产现场"行为规范指引、安全知识传播、安全形象展示、环境美化"等五大主要功能初步显现。

3.着眼长效，规范管理，落实责任，广泛开展安全隐患排查治理活动

一是规范隐患排查治理，编制了《安全生产隐患排查与治理指导手册》，强化对隐患排查治理工作指导，提高员工识别隐患的能力，规范隐患排查治理内容、程序与活动；二是落实隐患排查治理责任，明确了公司主要负责人至班组岗位人员的各级责任和各部门责任。通过广泛开展隐患排查治理活动，生产现场装置性违章和人员习惯性违章行为明显减少，发电设备安全运行可靠性明显提高，生产环境本质化安全水平得到有效提升。

（四）完善安全生产管理体系，加强安全监管

1.加强安全生产管理制度建设

安全保证与安全监督体系在安全生产管理中起着至关重要的作用。为有效控制运行、检修的安全风险，规范员工生产作业行为，保证人身安全和设备安全，公司每年对安全生产管理标准进行修订或完善。

2004年8月，公司开展了职业健康安全管理体系贯标工作，编制了一系列相关安全控制标准，同时对原有的安全管理制度进行了修订。

为了进一步规范对安全事件的界定，根据《电力生产事故调查暂行规定》，编写了公司《二类障碍标准》《异常标准》。

根据标准化管理要求，对安全管理方面的各项规章制度进行了梳理与汇总，形成了对各级人员安全责任制、安全教育与培训、安全活动、安全分析会、安全信息、"三票管理"、作业现场安全管理、脚手架管理、临时电源管理、安全工器具管理、"双措"及发包工程管理进行了规范，对二类障碍、异常、严重违章、装置性违章进行了重新界定，并对各类安全事件制订了奖惩标准。

2.强化安全生产组织与指挥

一是建立了安全生产组织机构，公司成立了安全生产委员会，组建了安全环保部，建立了公司、车间、班组三级安全网，配备了专职安全管理人员35名。

二是定期召开安全生产会议，每季度召开安委会，研究和解决安全生产重大事项；每月召开公司安全网会议和安全分析会，研究和解决专项安全生产工作；每周一、三、五召开安全生产管理人员参加的生产调度会，分析、总结、通报近两天的安全生产状况，协调、解决、安排近期安全生产事项。

（五）依靠科技攻关，破解安全生产难题

公司注重科技攻关和新技术在安全生产中的应用。近年来，通过技术攻关和应用新技术，相继解决了电气变频设备设计不合理易掉闸、两台300WM机组给水泵润滑油压保护参数设置有误、电气DPU误发信号、热工直流电源设计不合理、锅炉输灰不畅和冬季输灰困难、锅炉过热器设计不合理易磨损爆管、锅炉炉膛正负压保护定值设置不合理等一大批困扰机组安全运行的难题。

三、金字塔安全文化的实施效果和影响

（一）树立了先进的安全管理理念

兴泰公司安全文化建设以"人本""发展"审视安全管理，从优化管理思想入手，提出要树立科学发展观，建设以人为本的安全文化，建设与时俱进的安全文化。以此为指导，兴泰公司的安全管理理念发生了根本性的转变：将"安全"与"幸福"联系起来，强调了员工个人幸福与安全的密切关系，突显员工是安全管理的主体，而公司充当的则是安全管理的引导者，而不再是命令者。这一管理思想的变化，体现了兴泰公司学习实践科学发展观的成果。

（二）实现了全过程的安全管理

兴泰公司在安全文化建设过程中，要求部门、员工树立大安全观，做到"三群""四全""五负责"。所谓"三群"，就是群策、群力、群管；所谓"四全"，就是全员、全面、全过程、全天候，就是人人、处处、事事、时时讲安全；所谓"五负责"就是以对自己负责、对家人负责、对他人负责、对工作负责、对发展负责的态度对待安全，确保安全。

（三）促进了安全生产管理长效机制的建立

公司推行安全文化建设，坚持"制度约束、流程管事、文化兴企"的管理思路。通过全体员工的共同努力，安全文化建设步入渐进发展的轨道。公司在提升员工安全素质、落实安全责任、完善安全管理制度、

养成安全行为、强化现场安全监督等方面开展了卓有成效的工作并收到了良好效果。

（四）提升了公司整体形象

随着公司精神和安全理念深入人心，员工的行为在逐渐主动转化为安全行为。无论是在公司内部发电设备检修，还是外出承揽工程项目，均能够安全、优质、正点完成检修任务，多次得到甲方的褒奖。兴泰公司的安全文化建设形成了"制度化建设——规范化管理——精良化团队——优质化服务"的良性循环，树立了兴泰公司形象，提升了兴泰公司品牌。

四、结论

兴泰公司金字塔安全文化体系有效推动和促进了安全生产管理模式从粗放管理到精细化管理，由强制性安全管理到自觉性安全管理的转变，安全生产实现了质的转变，实现了安全生产6550天的历史纪录，发电量突破2500亿千瓦时。由此可见，从思想上重视安全生产，将安全意识融化在思想中，落实在行动上，安全管理水平才能全面提升，员工才能真正幸福，企业才能永续发展。

浅谈铜陵海螺安全文化之"安全领导力"建设

安徽铜陵海螺水泥有限公司　刘庆新

摘　要： 安全文化的建设是现代企业安全生产管理不可或缺的部分，也是企业安全生产管理理念和目标、愿景与意识、各级人员安全思想的集中体现。建立良好的安全文化体系，有助于企业内部更好的开展安全管理工作，有助于各级人员树立正确的安全价值观，达到增强企业落实安全生产主体责任实际能力的目的。安徽铜陵海螺水泥有限公司（以下简称铜陵海螺）在安全文化建设过程中，着力构建以"安全领导力"为核心的安全文化体系，以固化各级管理人员安全生产思想，提高各级管理人员安全意识和履职能力为抓手，充分发挥领导干部模范带头作用，有效促进了企业内部安全管理工作的推进和不断加强。

关键词： 铜陵海螺；安全文化；安全领导力

铜陵海螺位于安徽省铜陵市南郊，是由海螺集团控股，目前世界上单厂规模最大的水泥熟料生产基地之一。在职员工 1600 余人，年产熟料 1450 万吨、水泥 700 万吨，是国家工贸行业安全生产标准化一级达标企业，也是安徽省安全文化建设示范单位。

多年来，公司坚持"安全第一、预防为主、综合治理"的安全生产方针，坚持以推进"岗位达标、专业达标"为核心的企业安全生产标准化体系运行为引领和主要抓手，持续改进并不断强化内部安全生产管理工作。公司确立了"以人为本、安全发展；不断强化、杜绝伤害"的安全生产管理理念，坚持始终将安全生产理念融入企业内部各项生产经营活动及管理过程中。公司积极推动安全文化体系的建设，逐步形成了以"精神文化、制度文化、物质文化、行为文化"为基础的安全文化体系。公司在安全文化的建设中，更着力强调和突出"安全领导力"的培养和建设，通过增强各级管理层人员安全责任意识和管理履职能力，以领导干部模范带头作用、示范作用为切入点，促进安全生产管控能力、员工安全思想和意识、行为规范的不断提高。在安全文化建设的有力支撑下，也使得公司内部安全管理不断增强。

一、以"安全领导力"为核心的铜陵海螺安全文化

安全领导力是指在管辖的专业及区域范围内，充分利用现有人力、财力和物力资源及客观条件，带领整个组织或团队，以最合理的安全成本实现最佳的安全效益的能力。管理者的安全管理意识和管理能力是安全领导力的核心，也决定着企业的安全管理水准。安全领导力的建设也是企业安全管理工作的核心。

安全领导力的培养，需要制度约束也需要思想引导与培养。铜陵海螺在安全文化体系的建设中，坚持将"安全领导力"的建设和培养作为安全文化建设的重中之重。就是要通过在安全文化建设中不断提升各级管理人员的安全思想意识、安全管理能力水平，提高安全执行力，正确引领、带动和管理员工牢固树立"安全第一"的思想、规范安全作业行为，避免和杜绝安全事故。让员工学习掌握的安全知识，管理人员必须先学习掌握；让员工做到的行为规范，管理人员必须先做到。

二、强化"安全领导力"建设的具体实践

铜陵海螺在践行安全文化体系构建工作过程中，重视并着力于各级管理人员"安全领导力"的培养和训练。主要在以下几个方面进行了有益的尝试和实践。

（一）注重管理人员安全知识学习培训

安全管理能力是安全领导力的前提。提高管理干部安全领导力首先要做的是提高管理人员安全知识水平和能力，提高管理人员对安全生产工作重要性的认知。管理干部的安全培训在公司内部已形成惯例。每月公司安全例会一项重要的主题就是由专职安全管理部门组织开展面向中高层领导的安全专项培训。培训计划涵盖安全生产法律法规与标准规范、与生产设备和过程相关的安全生产技术、国内外先进的安全管理

理念与方式方法等。由公司领导带头、公司定期组织管理干部"上讲台讲安全"活动。要求并鼓励中高层管理干部主动自学安全知识，并走向讲台为基层干部员工讲述安全技术和管理知识、讲述安全管理心得。参加培训的基层干部和员工会为每一名讲课者打分，得分排序也激励着授课者必须认真提前学会弄懂、提前准备充分。

在公司内部，面向管理层的"岗位达标"安全知识考试也是每季度都必须要开展的一项专项活动。由公司经理部进行监考，每季度组织对中层和基层管理干部进行安全管理"岗位达标"测试，结合阶段性安全生产重点和季节特点等，对管理干部应当掌握的基本安全管理知识实际掌握情况进行测试验证，测试成绩纳入个人月度工资绩效考核。对安全管理知识掌握较好的管理人员进行正向奖励，对学习不认真和掌握较差的管理人员进行适当考核，以正负激励为手段，促进管理干部安全知识学习的自觉性和主动性。公司也采用"走出去"和"请进来"的方式，一方面定期组织管理干部去安全管理较好的企业参观学习，另一方面也经常邀请专家来厂开展专业安全培训等。通过各种培训交流活动的开展，确实有效提升了管理层安全管理的能力和意识水平。

（二）建立"安全管理能力与绩效"为第一要素的干部任免晋升管理机制

一直以来铜陵海螺坚持认为，安全管理能力和水平是综合管理基本素质的体现，也是工作责任心的体现。在厂内，管业务必须管安全、管专业必须管安全，不能成为一句空话，必须要落实。安全管不好的干部，即使技术能力再强也不能任用。公司坚持将安全管理绩效和能力的考核作为干部考核和任免晋升考核中的第一要素。公司层面面向中层干部、二级部门面向基层干部每季度进行安全履职考评。考评以"区域和专业安全管理绩效、安全管理知识掌握、安全基础管理工作质量"等为核心。每次考评结果与管理干部收入挂扣，进行排序公示。连续考评结果靠后的同时考评未达基本合格要求的干部酌情予以降免职。考评成绩也将作为评优评先、职务晋升的主要考虑因素。

公司制定了严格的《生产安全事故责任追究制度》。管理履职不到位导致出现事故的管理干部，予以免职及在规定年限内不得提拔的处理。严格的事故责任追究机制、安全管理能力与绩效定期考评机制是干部任免晋升的一条红线，也是底线。这条红线激励和鞭策着公司上下各级管理干部务必牢固树立"必须管安全、必须管好安全"的管理意识。

（三）培养管理人员安全第一的工作意识

"重生产、轻安全"是生产高对抗下容易出现的问题。抢生产、超负荷运行、冒险蛮干是安全生产的大敌。在生产经营管理过程中，公司始终坚持宣贯并引导各级管理人员"务必把安全放在第一位"的工作理念。生产组织节奏可以放缓，但安全绝不能忽视和让步。

一方面，注重培养各级管理人员形成"急事缓三分"的意识。越是遇上故障抢修等较紧急的事件，越不能急躁。管理干部一定要先思考"怎样保障作业安全"。不具备安全作业条件的，设备可以停、生产可以停，安全防范措施必须先落实，绝不允许冒险蛮干的现象，坚决杜绝"抢"的现象。

另一方面，要求并组织各级管理人员在各类会议上必须宣讲和提醒安全工作，自己布置的安全工作必须自己验证落实。管理人员要做到"安全不离口"以及"说到做到"。部门主要领导和专业领导要结合工作实际必须强调和布置安全工作，布置的工作自己要跟踪验证抓闭环。各类会议强调安全一是扩大了安全宣传的平台，为时刻提醒注重安全和有针对性的做好各类工作安全防范创造了条件。二是有效的督促和促进管理干部必须首先思考安全问题，也时刻提醒自己安全是工作的第一要务。坚持讲安全，会有力促进管理干部形成"安全第一"的意识和"生命高于一切"的道德价值观。让"安全为先、安全第一"成为一种管理习惯和一种自觉行动。让越是职位高的干部，越是有更强的安全意识。

（四）强化管理人员现场安全管理履职和行为观察工作开展的督促

安全生产管理的重点在现场、在基层、在岗位。公司坚持要求和督促各级管理人员深入现场不断发现和解决生产现场与基层班组的安全管理问题。班组的安全会必须有管理人员参加、突发故障处理必须有部门领导现场落实安全防范措施、危险作业必须有管理人员现场监护等要求，在公司内部已形成完备的制度。就是要督促各级管理人员要贴近现场管安全，了解现场安全工作的真实情况，安全工作不能只停留在口头和会议上。

公司建立了管理人员行为观察管理制度，根据管理层级不同，规定各层级管理人员深入现场对一线员工进行作业安全行为观察与纠正的次数和频次。安全行为观察是各级管理人员履行安全检查、教育引导职责的重要的载体，是安全管理中一种主动辨识并消除不安全行为，预防事故的工作方法。安全行为观察过程中，可通过领导层亲自参与，展现领导承诺，以及更加关注安全工作。行为观察的目的是加强违章违纪和不安全行为查处与纠正，加强安全行为规范的检查约束，加强规范作业的指导，通过杜绝和减少违章作业，去遏制事故的发生。同时，安全行为观察为管理者和被管理者提供沟通平台，双向平等探讨，有助于营造安全文化氛围。通过领导干部重视安全工作的亲身实践与示范，也能够激励员工增强意识与规范行为，以及自发自愿参与到安全管理实践中。

（五）引导管理人员丰富和优化安全管理方式方法

以前，安全管理方式呆板简单、奖少罚多、管理粗暴，甚至以考核代替管理、员工多有抵触是常见的通病，也导致安全管理工作很难获得广泛的认同及事半功倍的效果。公司鼓励和发动广大管理人员集思广益、学习借鉴好的管理方法去提升安全管理质量和效果。公司要求并引导各级管理人员，在安全管理方面要讲原则更要讲方法。对待员工，不能只采用考核和处罚的手段，要注重思想教育和意识引导。有违章考核，必须要进行面对面的沟通交流，坚决杜绝一考了之。从总经理开始，在安全行为方面要做员工的表率。要求员工做到的，管理人员必须先做到，起到良好的模范带头作用。针对员工反映经常休息时间来厂安全培训和考试的问题，公司组织公关研发了"网络安全培训考试平台"，员工休息时间可以利用电脑或手机终端在家就可以进行安全学习和考试，员工参与安全学习的热情和自觉性都有所提高。

公司制定了"班前精神状态检查"工作制度，班前召开安全会的同时，参会的管理人员和班组长必须对班组成员岗前精神状态进行检查确认。通过对"有无酒后上班情况、身体及思想状态是否良好、当班工作内容及安全注意事项是否已清楚并掌握"等进行检查确认，把好上岗前安全关。公司组织开展"隐患随手曝"及"自查申报不安全行为"，以正向激励的手段，鼓励各级员工发现和汇报身边隐患与不安全行为，鼓励员工参与安全管理。公司定期邀请员工家属来厂参观和交流，讲清安全形势、管理目的和意义，鼓励员工家属参与到员工的安全意识与行为的培养和监督，用亲情筑牢安全防线。通过管理方式方法的不断改善，员工抵触安全管理减少了，主动暴露和解决安全问题的现象增多了，积极参与安全管理的意识增强了。良好的管理氛围也促进了安全文化的积淀，促进了安全管理工作的推进。

有一支安全管理意识强、安全管理能力强的干部队伍，是企业安全管理的真正基础，是企业安全生产的重要保障。公司通过长期以来着力强化以"安全领导力"为核心的安全文化建设，公司管理队伍安全意识和能力得到了强化，也实实在在的有效促进了安全管理水平与绩效的提高。

三、结论

经过多年努力，铜陵海螺目前已基本形成有自己特色的安全文化，即以"以人为本、安全发展；不断强化、杜绝伤害"的安全管理理念为指引，"把安全工作摆在各项工作首位"为基本原则，以强调"安全领导力和执行力"为核心的安全文化体系。在安全文化的促进和助力下，确实提高了企业内部安全生产管控水平，企业安全管理绩效也有显著改善。

安全生产是企业的责任，是企业发展中永恒的主题。铜陵海螺将一如既往的保持对安全生产管理的充分投入和重视，持续改进和强化内部安全生产管理措施、强化安全文化体系建设，切实夯实安全生产基础，不断提高安全生产管理水平，保障安全生产形势持续稳定，保障广大员工的安全和健康、促进企业安全和谐与可持续发展。

用"一题两问三落实"提升安全文化管理

安阳鑫龙煤业龙山煤矿　边伟东　葛彦正

摘　要：安全文化建设是煤炭安全生产的重要组成部分，它所包含安全理念、安全技能、安全行为、安全评价、安全考核等内容，具有凝聚、规范、辐射等功能，对企业安全生产将起到推动作用。安全文化建设必须通过各种培训方式和途径增强安全宣传教育效果，不仅让安全文化进岗位、进班组，还要进社区、进家庭，不断丰富安全宣传教育载体，扩大教育覆盖面，多种渠道，层层渗透，提高员工的安全意识和安全行为。（以下简称龙山煤矿）各级管理人员及职工素质参差不齐，安全管理薄弱，安全管理难度较大，现场标准化水平低，为了提高职工业务素质，对从业人员培训学习开展"每日一题、开展两提问、再从三个方面进行落实学习"，从个人到集体全面提高各级人员的业务能力和管理水平，本文就"一题两问三落实"，在龙山煤矿的推广与应用进行探讨。

关键词：煤矿；安全；培训；应用；效果

一、开展"一题两问三落实"培训学习考核管理的实施背景

安阳鑫龙煤业（集团）龙山煤业有限责任公司于2006年7月改制而成，位于河南省安阳县水冶镇南约6km处，东距安阳市27km，南距鹤壁市35km。井田东起 F165 断层，西至 F304 断层。南以煤层露头和老窑开采为界，北部以 F303 断层为界。井田走向长3.68km，倾斜宽2.65km，面积5.1388km²。矿井始建于1969年，1978年简易投产，设计生产能力50万吨/年，核定生产能力45万吨/年，为煤与瓦斯突出矿井。

龙山煤矿属于中小型煤矿，共有职工1200多人，其中基层职工共有800多人，大专以上学历有40多人，高中以上学历有300多人，多数人员为初中文化，并且年领偏大。矿井职工文化程度和业务素质普遍偏低，职工掌握安全生产标准化知识难度较多，造成各类标准和规定掌握不到位，导致现场安全生产标准化水平得不到有效提升。从而导致罚款项目较多，安全管理工作难度较大。为了提升各级人员业务素质能力和管理水平，营造安全文化氛围，龙山煤矿实施"一题两问三落实"培训学习考核管理，来提升职工队伍业务素质，促进矿井安全生产。

二、开展"一题两问三落实"培训学习考核管理的内涵和主要做法

安全培训工作是煤矿企业安全文化建设落地的主要手段，是煤矿安全生产的基础。职工队伍安全素质、安全意识的高低，直接影响矿井安全生产效果，有效的开展安全培训学习，能够增强职工的安全意识水平，有效提高职工安全业务素质，提升矿井安全管理水平。开展实施"一题两问三落实"培训学习考核管理，能够有效提升职工队伍安全素质和意识，重要的是把职工的思想观念从"要我安全"转变为"我要安全"，要使"我要安全"的意识转化为"我要安全"的实际行动，在企业中形成"人人想安全、事事保安全、处处有安全"和"关爱生命，安全发展"的良好氛围，全面有效的促进矿井安全生产工作。以下是"一题两问三落实"培训学习考核管理的主要做法。

（一）明确学习提问范围

为了全面提升广大职工安全业务素质水平，学习提问范围从基层员工到中层以上管理人员，从而确保学习的全面性、系统性、科学性，从基层到管理全面进行学习。

（二）建立和搭建学习平台

矿井充分利用现代化手段，利用智能手机、微信，建立矿井安全管理人员安全信息微信平台。考虑到个别人员文化素质低的因素，再利用企业内部办公 OA 网发布的形式，确保人人能够学习到安全培训知识。

（三）学习提问流程

1."一题"发布

每天由安全监察部指定专人负责，在安全信息微信平台和办公OA网发布一条安全知识或各类安全标准，安全知识主要从《煤矿安全规程》《煤矿安全生产标准化考核标准》以及各类AQ标准中进行精心挑选，确保安全学习知识能够贴近矿井目前实际情况，能够让各级人员真正运用到实际工作中。

2.学习规定

（1）管理人员。

将各级管理人员创建到安全信息平台，各级管理人员每天对发布的安全知识，进行自行学习，并每天做好学习记录，掌握安全知识，确保学习效果。

（2）一般职工。

各区队每天将微信信息平台和办公网中发布的安全知识，安排专人抄写到区队队部会议室公示栏中，并在班前会上进行传达学习，在班前会记录上做好日常学习记录，同时让职工进行抄写、记录，确保学习效果。

3."两问"提问

（1）由公司值班领导每天在矿井早调度例会上，对前一天发布的安全知识内容进行提问，并且提问不少于2人，提问情况由安全监察部记录在案，月底纳入个人安全"双基"奖励考核中。

（2）由工会和培训中心负责每周选出3个区队，在选出的3个区队班前会上各提问3～4名职工，对职工回答正确的现场发放礼品或者兑奖票，鼓励职工主动学习的积极性。

4.学习"三落实"

（1）落实管理人员学习情况。由公司纪委负责落实管理人员学习情况，不定期抽查参加早调度会人员会议记录本，查看有无学习记录，确保学习效果。

（2）落实区队学习情况。由培训中心负责抽查各区队班前会记录本，查看各区队是否在三班班前会上学习，对抽查情况纳入培训学习考核，确保学习效果。

（3）落实现场运用情况。由安全监察部安排安全检查员对照学习标准，对井下现场施工情况进行检查落实，确保现场按照标准进行施工，提高现场安全生产标准化水平。

（四）提问奖罚规定

（1）凡是在早调度会议上提问不会的，对责任人罚款50元/次，回答不熟练、不全面的，对责任人罚款30元/次，同时纳入个人安全"双基"考核中。

（2）凡是纪委和培训中心下区队提问职工不会的，对责任人罚款20元/次，回答不熟练、不全面的，对责任人罚款10元/次。提问回答正确的，现场给职工发放一份纪念品或者兑奖票。

（3）凡是对照标准发现现场不按标准施工的，按照龙山煤矿安全生产处罚细则，对相关责任人进行责任追究。

（五）辅助措施及要求

（1）安全监察部必须坚持每天在微信信息平台和办公网上发布安全知识，确保每天不间断学习，如有特殊情况，要进行通知，做到信息畅通。

（2）各级管理人员要切实提高责任心，认真学习安全知识，不能出现假学习、假记录现场，切实提高自身业务素质。

（3）各区队要扎实开展班前会学习工作，采取各类奖罚措施和相应的管理措施，让职工切实提高学习安全知识的积极性，给职工创造良好的学习环境。

（4）公司纪委、培训中心要按照规定开展提问工作，对提问职工不会的，由培训中心负责罚款，管理人员罚款由安全监察部负责开据，确保培训奖罚落到实处，促进培训学习效果。

（5）党政综合部负责提供纪念品和兑奖票，确保礼品发放到位。

（6）安全监察部将不定期对管理人员及职工学习记录进行检查，根据检查情况，对单位领导及责任人进行责任追究。

三、开展"一题两问三落实"培训学习考核管理在龙山煤矿取得的效果

通过开展"一题两问三落实"培训学习考核管理，龙山煤矿在接受上级检查时隐患条数明显下降，由原来一个月检查500多条问题，下降到100多条。职工不安全行为、违章操作行为及不按照标准施工现象明显减少，现场安全生产标准化达到了有效保持。职工安全业务素质得到有效提高，现场都能够上标准岗、干标准活、创亮点工程，自觉养成良好的工作习惯，矿井安全生产标准化水平得到有效提高，促进矿井安

全文化建设的有效落地，为矿井安全管理打下坚实的基础。

参考文献

[1] 王世英.培训革命[M].北京：机械工业出版社，2008.

[2] 管志杰.企业员工培训现状与改进[J].现代企业教育，2005,（5）：23-24.

[3] 劳冬冬，冯达丽，彭桂明.浅谈企业员工培训与开发的方案设计[J].现代企业文化，2010,（24）：107-108.

[4] 贺红喜.如何提高企业培训的有效性[J].中国培训，2010,（8）：57.

车集选煤厂创新安全管理模式的探索与实践

永城煤电控股集团有限公司车集选煤厂　张华义

摘　要： 2017年，车集选煤厂在连续多年实现安全生产的基础上，始终坚持以人为本，认真贯彻执行"从零开始，向零奋斗"的安全理念，创新安全管理模式，大力推进企业安全文化建设，狠抓安全生产标准化和安全"双基"建设等基础管理工作，全面推行安全工作精细化管理，进一步完善了安全管理体系，建立了安全长效机制，实现了安全发展，和谐发展。

关键词： 安全管理；安全文化；安全主体责任；考核激励；隐患排查

一、概述

车集选煤厂隶属于河南能源化工集团永煤公司，为矿井型动力煤选煤厂，设计年处理能力为180万吨，采用块煤跳汰工艺。2006年进行了二期扩建改造，实现了双系统跳汰洗煤。2008年又增加了浮选系统，形成跳汰+浮选联合洗选工艺。产品主要为特低硫、特低磷、低灰、低砷、高发热量的环保型优质无烟煤。

2017年，车集选煤厂以创建本质安全型企业为目标，以开展"企业安全生产主体责任落实年"活动为载体，以安全生产标准化和安全"双基"建设为总抓手，秉承以人为本，安全发展，"从零开始，向零奋斗"的安全理念，进一步理顺"大安全"管理格局，积极探索和创新安全管理模式，建设安全文化，实施精细化管理；完善安全管理体系，建立安全长效机制，取得显著成效。该厂扎实做好安全工作，实现了安全零轻伤，杜绝了三级及以上非伤亡事故。

二、主要措施和做法

（一）落实安全主体责任，确保制度措施执行到位

1. 落实安全生产责任制，强化责任追究

安全系于责任，责任重于泰山。许多安全事故的发生，并不在于制度的缺失，而在于责任意识的淡薄。车集选煤厂通过加强安全生产责任制的落实，将安全责任落实到人，传递到岗。每件事、每项业务、每台设备、每间房屋都有明确的责任人，每个责任人都履行好、担当起自己的安全责任。通过"责任锁定""责任细化""责任强化""责任监督"，不断强化干部职工的担当意识和责任意识，强调各级干部职工"守

土有责、守岗有责"的理念，坚持"管业务必须管安全"的原则不动摇。强化安全责任追究，对于不想得罪人、不敢得罪人、怕得罪人、睁只眼闭只眼的懒政怠政管理行为进行严厉打击；对于违章作业、违反劳动纪律、有令不行、有禁不止、安全工作任务不落实、制度措施不执行的不安全行为进行细致排查，严肃处理。

2. 加强业务职能部门安全监控责任的落实力度

按照"工作要主动、沟通要紧密、检查要深入、奖惩要严格"的原则，加大制度的执行力度和工作推进力度。制度不落实等于一纸空文，缺乏监督的制度执行会有漏洞。业务职能科室在安全管理中有举足轻重的作用，制度的制定、检查、监督、考核、指导都需要业务职能科室牵头。该厂从制度落实和制度监督两个环节发力，哪个职能部门出台的制度和文件，哪个职能部门负责监督落实；政工、安检、调度多部门联动，对制度的执行落实情况周总结，月通报，促进制度落实到位。

把"勤、严、细、实"的安全工作要求体现在安全监管工作中，关口前移，重心下移，深入现场，深入一线，实行"管理人员下现场""零点巡岗""盲时盲区管理"等举措，加强对职工安全的监管和保护，拉近干群关系，以作风转变促安全责任落实；加大对重点单位、区域、环节的监督检查，对查出的问题盯住不放，直到彻底处理。树立"工作不落实就是失职，作风不扎实就是渎职"的思想，严格、细致、务实地开展监督检查工作，不走形式，不走过场，以扎实的工作作风和到位的责任监控，保证安全生产。

重视安全细节管理，促进责任落实到位。隐患源于细节，事故出自大意。在贯彻落实和开展安全工作时，抓好细节，杜绝匆匆忙忙定制度、走马观花做检查、违背原则提要求、粗枝大叶做安排、大而化小闯过关。

制定制度深思熟虑，查资料，看图纸，考虑尽可能周详，设计尽可能完善，流程尽可能细致，便于操作和执行；细化安全检查内容，创新安全检查方式，采取高质量的综合性安全大检查与高频次的安全专项检查相结合的方式，细致排查现场安全隐患，举一反三进行整改，堵塞安全管理漏洞；实施"会议响应"机制，对于上级安排的工作，下级要结合实际安全情况前瞻性地开展工作，每一项工作细化分解，责任到人；职能科室安排工作要明确，指导服务要到位，对布置的安全事项，要跟踪检查，确保落到实处；对于基层单位提出的问题，相关职能科室和责任人要及时响应，积极回应；安全管理上，只有"是与非""能与不能"，没有含糊不清、推诿扯皮，该责任追究的一定要责任追究，不能大而化小，蒙混过关。

（二）夯实安全管理基础，完善安全管理体系

1. 完善安全管理理念体系

坚守"安全是企业的最高信仰，安全是企业最大的政治"这两条原则和底线不动摇，不允许任何人破坏安全底线原则。坚持"从零开始、向零奋斗"的安全理念，把职工的生命安全永远放在第一位，在此基础上，进一步拓展、延伸，树立"设备状态零缺陷、生产组织零违章、系统运行零隐患、操作过程零失误、安全工作零起点、执行制度零距离、安全生产零事故、发生事故零效益"的理念，完善具有车集选煤厂特色的安全理念体系。

2. 完善安全生产责任制体系

根据管理模式和职能定位，严格按照"管人、管事、管业务必须同时管安全"的原则，建立并严格落实各部门、各岗位的安全责任制。建立各级管理人员、工程技术人员的安全生产责任制，各级职能部门的业务保安责任制和各工种岗位的安全责任制，明确企业各级管理人员和各部门、各岗位的职工在安全生产中应负的职责，分级管理，层层落实。

3. 完善安全管理制度体系

依照安全法律、法规，完善以安全生产责任制为中心的安全管理制度。制度内容结合各单位实际，突出针对性、有效性和可操作性，形成自我制约、自我控制、自我管理、自我监督的安全管理制度体系，不断提高安全管理制度化水平。

（三）创新安全"双基"建设，完善安全考核激励体系

安全"双基"建设是车集选煤厂安全管理的成功经验。在总结提高的基础上，重点突出安全管理创新，完善"双基"考核内容，提升考核标准，修订出台了新的"双基"考核办法，并认真组织实施。安全考核奖励主要以"双基"为基本考核内容，按照集团公司安全文件精神，厂安全结构工资提取比例由原来工资总额20%提高到30%，逐月考核，严格考核，奖罚兑现。同时，对管理人员实行"安全风险抵押"制度，对其他职工实行"安全专项奖励"制度，将安全奖励兑现与安全行为、参加安全大检查和安全办公会情况、安全管理效果等安全管理内容挂钩，对考核项目进行分解，提高考核标准，加大考核力度，季度考核，年度兑现，充分发挥经济杠杆在安全管理中的激励导向作用。

（四）创新员工安全培训，提高员工安全素质

创新员工安全培训模式，推行"全能型"员工培训。在培训内容上，立足实际，注重实用，突出实效，按照"干什么学什么、缺什么补什么"的原则，科学安排；在培训方式上，采取课堂互动，现场操作、典型案例教育等多种方式；在教师选聘上，充分发挥专业技术骨干的作用，评聘厂领导、中层管理人员、技术人员等20余人为培训讲师；建立安全培训效果评价制度，对安全培训效果进行严格考核与评价，不符合要求者，坚决不准上岗，并追溯有关部门和人员的责任，确保培训质量。在内部，建立安全管理经验交流制度，同时采取走出去、请进来的方法，学习外部的安全管理先进经验，千方百计提高管理人员素质；加强对职工的安全思想教育，牢固树立"培训不到位是最大的隐患"这一理念。

（五）加强隐患排查治理，堵塞安全管理漏洞

安全隐患排查治理是防患于未然，消除安全隐患和杜绝安全事故要始终贯穿安全生产工作的主线。车集选煤厂通过一系列举措，狠抓隐患排查治理，严格安全责任追究。一是加强对各级领导履行安全职责情

况的监督检查，每月不定期开展履职履责、干部作风、管理人员下现场等督查，并进行考核通报。二是健全安全隐患排查制度，完善厂、车间、班组三级隐患排查体系。按照"谁主管，谁负责"的原则，由分管厂领导负责，每旬至少对分管专业的系统安全、技术措施、现场管理和员工培训等进行一次全面隐患排查。对查出的隐患，均按照"五定"原则在第一时间进行整改，实行流程"闭环"管理，并分级建立隐患排查治理档案。三是加强对重点区域、重点部位、重点环节、重点时段的监督检查，并在全厂范围内实行"三重一大"安全管理模式，重点设备重点维护、重点人员重点关照、重点岗位重点检查、大工程实行专盯。四是开展"安全生产月""雨季三防""决战第四季度"等阶段性安全活动，以阶段性成果确保全年安全目标的实现。五是进一步强化停送电制度的管理。严格规范停送电程序，并严格使用停送电制度检查卡，保证检修或其他作业都能按程序停送电，杜绝由此而导致的安全隐患。六是抓好重点工种（机电工等）、重点设备（胶带机及刮板机等运输设备、特种设备、电气设备等）、重点区域管理（吊装孔、油库等），在最容易出事故的领域和环节周密部署，集中力量，深入分析根源，并形成可追溯制度。

（六）突出班组建设，把安全工作的重心下移

安全管理的重点在现场，工作的重心在基层。班组建设是关系到公司及选煤厂安全生产管理各项方针、政策是否能落到实处的关键一环，安全生产工作必须从大处着眼、从小处着手，即着眼于公司安全生产政策的精神实质和基本要求，制订出切实可行的措施。车集选煤厂对厂领导参加班前会、值班人员参加班前会、车间管理人员参加班前会的次数、质量进行规范，并严格考核；对班组长任用实行"选聘制"，提高班组长入职门槛；每月开展班组长专项培训，提高班长的安全意识和综合素质，使该厂每一位班长都明白自身的职责所在，即班组长的第一要务是抓安全，其次才是抓生产，明确班组长的职责是在保证班组安全状况下开展生产，使班组由"生产型"向"安全型"转变，努力打造本质安全型企业。

（七）打造特色党建，助力安全生产

车集选煤厂紧紧围绕"党政同责，一岗双责"要求，大力加强基层党组织建设，努力提高党员素质，并充分发挥党员在安全生产中的先进性，通过开展"党员下现场""党员查隐患""党员亮身份""党员义务劳动"等多种多样的特色党建活动，不断提升基层党组织的向心力、凝聚力和带动力，从而为安全生产提供强有力的组织保证和思想支撑，筑牢了安全管理基础，促进了安全管理。

（八）加强安全文化建设，打造本质安全选煤厂

坚持"以人为本"的安全生产观、科学发展观，提出了具有车集选煤厂特色的安全文化和安全理念。加强安全环境和安全氛围建设，充分发挥安全环境潜移默化的作用，积极开展安全文艺演出、安全征文、演讲，用喜闻乐见的形式、丰富多彩的内容激发职工参与安全文化建设的积极性，提高职工参与度，使安全文化建设充分体现"以人为本"的理念，充分发挥文化的导向性和凝聚力，用文化熏陶职工的安全观念，用观念改变职工的安全习惯，用好的安全习惯来确保全厂的安全生产，让安全文化成为安全工作不断进步的强大推进器。

三、结语

做好安全管理工作，任务艰巨，意义重大。车集选煤厂通过积极探索，不断创新安全管理模式，进一步提高了各级人员的安全素质和安全意识，有效杜绝了各类安全事故的发生，建立了自我约束、持续改进的安全生产长效机制，营造了安全、稳定、和谐的工作环境。

今后，车集选煤厂仍将不断解放思想，更新观念，高度重视并开创性地做好安全管理工作，提高全员安全素质，努力推动企业安全生产主体责任落实，为集团公司二次创业做出更大的贡献。

多元治理视域下煤矿安全生产监管体制建构研究

河南能源化工集团 永城职业学院 马红雷 朱艳青

摘　要：本文分析了我国煤矿安全生产的监管现状及其存在的主要问题，在借鉴美国、德国、日本、澳大利亚、南非等国家煤矿安全监管模式先进经验的基础上，有针对性地提出了我国煤矿安全监管机制的构建策略。

关键词：煤矿安全；安全治理；安全监管体制；煤矿安全监管模式

我国是煤炭生产与消耗大国，煤炭行业是我国的支柱产业之一，但同时煤炭行业属于高危行业，是我国安全事故的高发区，煤炭工业在给我们带来巨大经济利益的同时也给我们带来了灾难。

当前，虽然我国煤矿安全生产形势总体稳定，但事故总量仍然过大，重特大事故仍时有发生，煤矿安全形势依然十分严峻。矿难就像悬挂在人们头顶上的达摩克利斯之剑，随时威胁着矿工的生命安全，威胁着社会的和谐稳定。所以，改善我国煤矿行业安全生产现状势在必行，改善我国煤矿安全生产监管质量已经成为相关部门亟待解决的问题。

本文分析了我国煤矿安全生产监管现状存在的主要问题，提出完善我国煤矿安全监管机制的相应措施，以供相关的管理者和决策者参考。

一、我国煤矿安全生产监管现状存在的主要问题

根据实地调研，目前我国煤矿安全生产监管现状存在以下主要问题。

（一）缺乏完善的煤矿安全监督机制

首先，从当前的煤矿监督管理办法可知，煤矿安全监察员只受到其相应的煤矿企业制约，即"自己监督自己"，缺乏广大群众和舆论媒体的监督，安全监管队伍力量薄弱，影响监督质量。有监督人员发现煤矿安全问题后不立即采取实质性的惩罚措施，甚至对煤矿安全检查数据造假，使煤矿安全监督工作不彻底。

其次，当前煤矿安全监督管理执法部门较多，主体职责划分不明确，一旦出现多部门联合执法时，煤矿安全事故的认定将会产生分歧，影响煤矿安全生产监察执法效果。

最后，煤矿安全监察执法人员和煤矿安全监察机构之间的权利责任不对等，一旦发生煤矿安全事故，安全监察执法人员很难被追究责任，影响煤矿企业可持续发展。

（二）煤矿企业安全管理不彻底

在煤矿事故中，有99%都属于责任事故。煤矿企业安全管理不严格，煤矿安全管理制度不健全，责任主体不明确，隐患排查不到位，"三违"现象屡禁不止，埋下安全事故隐患。

（三）自然条件恶劣，严重威胁煤矿安全生产

我国采煤层地质条件复杂，矿井下自然条件恶劣，使得煤炭开采难度很大。据统计，煤层容易自燃的煤矿约占我国总煤矿的50%，高瓦斯突出煤矿约占我国总煤矿的45%，露天矿仅占4%，其余全部为井工矿，这就要求采煤技术要高，在煤矿开采中稍有疏忽，就可能引起重大煤矿事故。

（四）处罚力度较低

当前，虽然我国对煤矿企业的违法行为有相应的罚款金额规定，但其处罚力度与煤矿所获取的巨额利润相比，实在是太低，威慑力远远不够，起不到威慑的效果。

（五）煤矿从业人员素质偏低，专业技术人才匮乏

当前，农民工是煤矿生产一线的主力军，约占煤矿职工队伍总数的68%，小型煤矿约98%为农民工。农民工本身是弱势群体，受教育程度低，自我保护意识薄弱，没有经过技能培训和安全培训就上岗工作，对煤矿规章制度不理解，很容易发生违章作业等不安全行为，导致矿难的产生。可悲的是，农民工既是事故的肇事者，更是事故的受害者。

当前，我国煤矿专业技术人才严重匮乏。在煤炭行业，真正科班出身的煤矿院校毕业生到煤炭行业就业的不到 10%，技术投入不足。

（六）煤矿安全基础比较薄弱，安全保障能力不足

据国家煤矿安全监察局公布的调研数据可知，当前国有高瓦斯煤矿中，无瓦斯抽放系统的约占 40%，通风系统不健全的约占 90%，抗事故灾害能力不强。另外，国有重点煤矿中约有 35% 的设备超期服役，老化严重，需要更换，埋下了安全事故隐患。

二、多元治理视域下我国煤矿安全生产监管体制建构途径

（一）加快推进安全生产法律法规的修订

为了降低我国煤矿事故的伤亡率，应完善我国煤矿相关的法律法规及配套的安全规程、实施细则。

首先，政府应加强立法调研，对现有的法律法规进行梳理，增加条款的灵活性和可操作性，增强国家之间的合作与交流，做到与国际条约与国际惯例接轨。

其次，我国政府可以把煤矿设备标准和煤矿技术标准纳入到法律层面，以规范煤矿企业设备质量，确保煤矿生产的制度化、规范化、科学化。

（二）健全煤矿安全监察制度

煤矿企业属于高危险性行业，一套既体现市场经济机制又包含法律精神的煤矿安全监察制度是煤炭行业的重中之重。

当前的煤矿安全监管机制还需完善，应厘清相关机构的各自职责范围，发挥其真正的监督作用，明确划分监管主体的责任，合理分配各自的权利和责任，各级相关机构之间才能有效结合，共同监督。

另外，除了进行煤矿突袭式安全检查外，在经常性的煤矿安全监察制度中还应该明确监察程序、监督内容、经常性安全监察的次数，并将经常性监察的结果进行统计，上报至上级单位，方便相关单位进行监管。

同时，对于检查出的煤矿安全生产违法行为，要加大处罚力度，并明确每类事故对应的罚款额度，加大行政处罚威慑力。

（三）建立煤矿安全行政问责制度

地方政府了解本地区的特点，为了实现对本地区煤炭行业的针对性管理，可以制定本地区煤矿安全生产管理办法，积极参与到煤矿安全生产监管工作中，提高其监督管理的整体水平，为煤炭行业的安全生产

增加一份保障。

另外，执行行政问责可以让政府彻底担负起监督使命，切实保障煤矿开采人员的人身和财产安全。

（四）优化煤矿企业安全生产过程中的管理措施

要从根本上降低安全事件的发生概率，只能依赖煤矿企业自觉做好相应的安全管理工作，外界监督只能是"治标不治本"。

首先，煤矿企业应该重视先进科技的使用，增加资金投入，建立瓦斯实时监控系统，实时掌握井下不同地点的瓦斯浓度，避免出现瓦斯事故。

其次，煤矿企业应该加强对通风系统的管理，购买大功率通风机安装在各个开采面，以降低瓦斯浓度；另外，对于瓦斯浓度高的开采面，要合理抽取瓦斯，做到防患于未然。

再次，在煤矿生产过程中，要严禁明火，井下要加强对矿灯、供电装置等带有火源隐患的设备管理，以降低安全事故发生的概率。

最后，企业要重视煤矿企业专业人才的自救培训，定期开展煤矿安全工作会议，开展煤矿安全开采的宣传事项，促使煤矿从业人员思想的转变，树立维护自身安全意识。

（五）彻底落实煤矿企业的第一主体责任

当前，煤矿行业落实企业的第一主体责任，可从以下两个方面着手。

首先，煤矿企业内部要建立明确的安全生产责任体系，明确各部门的职责，互不干涉，让煤矿专业技术人员享有高度的自主决策权利，没有具体负责人同意，上级管理人员不得随意改动下级人员的决策。

其次，煤矿企业要从思想上提高安全保障意识，通过对煤矿管理者进行定期教育，普及、深化、提高领导干部的思想认识，杜绝企业以追求利润为目标，并将安全意识传递给煤矿开采人员，上行下效，真正落实煤矿开采人员的人身安全问题。

（六）发挥煤矿工会作用，构建独立的第三方监督

矿工在煤矿安全综合治理中居于基础地位，可以创造条件让矿工参与煤矿安全监督。

我国要高度重视工会的建设工作，政府可以通过法律制度赋予工会应有权利和保证工会的权利实施，为矿工争取话语权，赋予矿工一定的权利。

工会组织是一种企业内生的安全生产力量，其首要职责是维护员工安全与健康，替广大员工说话办事；其次是参与监督安全工作。工会组织这个独立的第三方监督平台，是连接政府和社会的桥梁，它可以使矿工们通过合法、合理途径向政府表达意愿。另外，工会组织可以和新闻媒体结合起来，借助新闻媒体接受民众的监督。

（七）增强煤炭行业协会的安全管理职能

目前的煤炭行业协会主要负责维护煤炭企业的合法权益、提高企业管理水平和安全生产技术水平等，可以逐渐增强煤炭行业协会的安全管理职能，比如可以将煤炭行业特种作业人员考核发证、建设项目"三同时"审查、矿长安全资格培训等权利下放给煤炭行业协会；把现有国家监察和地方监管力量逐步融合，增强监察人员力量。

三、结语

现阶段，我们要充分认识煤矿安全监管工作的重要性，若要保障煤矿开采人员的人身安全问题，降低事故发生的概率，就要完善煤矿安全生产监管机制，严格监察执法，政府、企业、矿工、第三监督方共四大主体既要独立担负起自己的职责，又要密切配合，保持信息畅通，才能确保我国煤炭行业稳定发展，实现社会和谐的总目标。

参考文献

[1] 左水泉.建筑施工安全管理的问题探讨[J].中国高新技术企业，2016,（6）：170-172.

[2] 方玉俊.辽宁省煤矿安全政府监管问题研究[D].沈阳：沈阳师范大学，2016.

[3] 曹宇翔.山西省政府煤矿安全监督管理研究[D].太原：山西大学，2015.

[4] 王亚阳.煤矿矿区应急救援站选址多目标决策方法设计及应用[D].太原：太原理工大学，2015.

[5] 邹明.我国煤炭企业安全生产政府监管研究[D].大连：大连海事大学，2014.

[6] 吕然.我国煤矿安全监察体制存在的问题及对策探析[D].长春：东北师范大学，2010.

[7] GUO Gang.Discussion on scientific improvement of working mechanism and management system of coal mine safety supervision organization[J]. China Coal，2012,（7）：105-108.

[8] REN Naijun.Analysis of coal mining safety management system in Australia［J］.China Coal，2011,（11）：111-113.

[9] 王世雄.基于物联网的建筑施工安全管理体系构建及评价[D].重庆：重庆科技学院，2017.

[10]王刚.我国煤矿安全生产监督管理现状及对策[J].山东工业技术，2016,（2）：68-69.

"双语课堂"安全培训新模式

河南能源新疆公司·伊犁永宁煤业化工有限公司　王永帅

摘　要：安全培训是企业安全文化建设的必备武器和实现手段。企业采取的安全培训模式的正确与否对提高企业员工的安全意识和职业技能有直接的影响，如果效果不好，会对企业的安全生产造成不良的后果。为进一步完善安全培训教考工作，切实提高少数民族职工安全知识和沟通能力，杜绝因培训效果不佳和沟通不到位而产生安全隐患，甚至造成事故的发生，制定开设"双语课堂"培训教学新模式。本文主要阐述在特殊地理环境当中的特殊培训教学模式"双语课堂"的重要性、实施方法和推广效果，以期对煤矿安全生产管理提供助力支持。

关键词：双语课堂；安全培训教育；安全管理；应用效果

随着西部大开发，西部资源开始大范围的开发利用，由于特殊的地理环境，内地人员到偏远地区进行采掘活动的人员较少，技术职工也存在很大的缺口，这就出现了随着矿井建设的发展，少数民族职工越来越多，大多少数民族职工对汉语难以理解，对安全生产的培训内容不是很理解，培训效果不显著。但是决定企业安全生产的安全文化建设和安全管理所涉及理念建立、态度引领、行为管理、环境营造、宣传教育等各个过程，都需要通过培训来推进。理念的宣贯需要培训才能深入人心，正确工作态度需要培训才能有效的引领，良好的行为模式需要培训，软硬环境的营造需要培训才能统一规范，安全知识和技能需要培训才能被掌握。总而言之，培训贯彻了企业安全管理的各个过程，不可或缺。

矿井为培养少数民族职工，提高他们的安全意识、工作技能和安全知识，让他们知道怎么做是安全的，怎么做才不会危害企业的安全生产，通过探索适应少数民族职工特点的新的教考模式，全面提高教学效果，提出了开设"双语课堂"培训模式。

一、西部偏远地区矿井职工现状

煤矿安全生产坚持"管理、装备、培训"三并重原则。培训是提高职工安全意识和操作技能的重要手段。随着越来越多的少数民族职工加入企业职工队伍，传统的单一汉语教学已不能满足新形势下的教考需要，主要有以下几点问题。

（1）少数民族职工能讲汉语，但他们汉语理解能力较差，汉语教学效果不佳。

（2）不会书写汉字，不能参加笔试考试，无法进行考评。

（3）因语言障碍，少数民族职工学习积极性不高。

（4）沟通交流不便，工作中易产生误会，影响安全生产。

二、开设"双语课堂"培训模式的目的

开设"双语课堂"培训，一是如何利用"双语"互动，让少数民族职工提高汉语知识和沟通能力；二是如何通过少数民族语言讲授，提高教学的针对性和趣味性，让少数民族职工更清楚地掌握安全生产知识及岗位职责；三是如何利用安全知识双语手册强化少数民族职工的日常学习；四是通过利用双语试卷考试，克服以往少数民族职工只能口头问答，不能笔试的弊端，真实地检验对少数民族职工的培训效果，确保考试合格持证上岗。

（一）开设"双语课堂"培训模式的可行性

在公司职工队伍中，聘用少数民族教师授课、辅导、解释，方便沟通交流，并把岗位职责、手指口述、煤矿常用术语编印成双语手册，便于少数民族职工日常学习，同时采用双语试卷考试，真实反映职工知识接受程度，针对培训工作存在的不足，及时进行改进，增强培训效果。而少数民族教师带领少数民族职工有针对性地参观实物模型、实操基地，趣味性培训提高少数民族职工学习的积极性，矿领导教学观摩、职工评议，对少数民族教师的教学效果进行考评，也有助

于少数民族职工教师自己水平的提高。

（二）开设"双语课堂"培训模式的必要性

少数民族职工对汉语的理解可能存在一知半解，若通过少数民族教师授课、辅导解释，少数民族职工会更清楚地理解、掌握安全知识。少数民族教师进行双语教学，向少数民族职工传授汉语知识，不断提高少数民族职工的汉语理解能力，提高与汉族职工的沟通交流能力，减少工作中的误会，确保安全生产。

把岗位职责、手指口述、煤矿常用术语编印成双语手册，便于少数民族职工日常学习，更加熟练地掌握安全知识，同时采用双语试卷考试，真实反映职工的安全知识接受程度，针对培训工作存在的不足，及时进行改进，增强培训效果，与此同时"双语课堂"培训更具有针对性、趣味性，提高了少数民族职工培训学习的积极性，同时也丰富了他们的汉语知识，开创了培训教学的新模式。

（三）开设"双语课堂"培训模式的优越性

开设"双语课堂"培训，一是提高了少数民族职工汉语理解和沟通能力，减少了工作中的误会，确保了安全生产；二是教学的针对性和趣味性，让少数民族职工更清楚地掌握了安全生产知识及岗位职责；三是通过双语试卷考试，克服以往口头问答，不能笔试的弊端，真实地检验了培训效果，确保考试合格持证上岗。2018 年以来，培训合格，持证上岗的少数民族职工有 65 人，既及时补充了一线职工，又没有违章现象，确保了矿井的安全生产。"双语课堂"的优越性可以很好的体现出来。

三、"双语课堂"的培训内容

（1）聘请少数民族职工担任内部培训师，并对少数民族内部培训师的业务能力和专业知识进行考评。副总师巴吐尔多年从事煤矿工作，业务知识、安全意识很强，汉语表达准确，并经过安全资格培训。担任内部培训师以来，兢兢业业，很好的完成了培训任务，也受到培训职工的好评。

（2）采用案例教学、演示、参观、现场教学、多媒体等多种教学方式和方法，充分利用模型、实物等教具，教师在教学中，循序渐进，善于启发引导，充分调动学员学习的积极性。观看安全警示教育片 15 次，实操训练 18 次，观看实物、模型数次，直观的教学大大提高了职工的认知、理解能力，方便了安全培训。

（3）有安全副矿长对双语试卷的出题质量严格把关，充分利用好考试环节，把好少数民族职工的入职关。专业术语不用汉语表达，又不会书写汉字的问题，试卷中尽可能不出。

（4）组织矿领导进行教学观摩，对授课教师的授课情况进行指导。矿主要领导董事长、书记、矿长均参与了观摩，并从授课艺术，重点知识把握，学员交流互动等方面提出合理化建议。

（5）每期培训结束后，开展少数民族职工座谈会，对授课教师进行评议，咨询培训效果，对培训中的不合适的做法及时反馈，及时整改。

（6）充分发挥职工的优势，组织汉语表达好的少数民族职工多交流，帮助提高汉语表达能力，学习安全知识。

四、"双语课堂"培训模式的运用效果

公司通过开设"双语课堂"培训，共计培训少数民族职工 65 人，培训合格的少数民族职工达到岗位应知应会的水平，具有较强的安全意识和操作技能。从开始"双语课堂"培训工作进入正常后，入职的少数民族职工没有违规违纪现象发生，保证了矿井的安全生产，也解决了矿井招收汉族职工困难，又不敢大量使用少数民族职工的问题，探索出了培训教学的新模式。

五、总结

"双语课堂"培训教学新模式通过对少数民族职工进行安全培训，培训合格的少数民族职工具有较强的安全意识和操作技能，达到岗前培训的效果，入职的少数民族职工没有违规现象发生，保证了矿井的安全生产，同时解决了招工困难的问题，可以通过培训及时补充了一线职工，保证了矿井的正常生产组织，也为矿井竣工验收提供了坚实的人员保障，经济效益无法估量。"双语课堂"培训模式的应用取得很好的效果，得到公司的好评，将在培训考核作为一个亮点在公司推广应用。

浅谈企业安全文化建设的探索与实践

天津港太平洋国际集装箱码头有限公司　于国宏

摘　要： 影响思想最有效的途径就是要依靠文化的渗透。在安全文化建设的过程中，文化的渗透性会以不同方式表现出来，成为凝聚员工的中间要素，直接或间接地引导员工把安全形象、安全目标、安全效益同员工的个人前途、家庭利益紧密地结合起来，使之对安全的理解、追求和把握上同要达到的最终目标尽可能地趋向一致。本文介绍了企业通过安全文化建设的实践，用安全文化助力安全管理，实现了企业安全稳定的发展。

关键词： 安全文化；安全管理；安全制度体系

安全文化是人类生存和社会生产过程中的客观存在，伴随人类的产生而产生，伴随人类社会的进步而发展。我国从 2010 年开始，国家安全生产监督管理总局在全国生产经营单位开展"安全文化建设示范企业创建活动"，每年 6 月份之前，每个省、自治区和直辖市推荐 3～5 家企业到国家安全生产监管总局进行评审，通过评审的企业，国家安全生产监管总局将授予"安全文化建设示范企业"称号。同时，随着此项工作的稳步推进，省市级、区县级"安全文化建设示范企业"也应运而生。

集团公司在日常安全管理中投入大量人力、物力，开展安全评价、安全认证、隐患排查、风险管控、本质安全管理体系等，虽然取得了一定的效果，但安全事故仍有发生，安全责任落实中仍存在"上热、中温、下凉"现象。如何破解这一难题？公司结合相关法律规范，深入开展了安全文化建设工作。

一、集团公司安全文化建设现状

集团公司安全文化建设目前处于"百花齐放""百家争鸣"的状态，各单位纷纷开展了安全文化建设，已有 4 家单位取得"国家级安全文化建设示范企业"的称号，分别是太平洋国际公司、焦碳码头公司、劳务发展公司和神华码头公司；3 家单位取得"市级安全文化建设示范企业"的称号，分别是五洲国际公司、石化码头公司和轮驳公司。但在部分企业中也还存在一些问题，如安全文化理念不统一，安全文化建设的进度参差不齐，安全文化建设实施的效果差异性较大等。这些都需要集团公司在今后的安全文化建设工作中进一步深化和改善，让安全文化在企业生根发芽。

二、集团公司安全文化建设实践

（一）梳理现状、总体规划、分板块实施

安全文化建设是一个系统工程，需要全体员工共同参与，这就需要企业的决策层、管理层和操作层全面理解和把握企业安全文化建设的意义、内容、要求、目的和方法，只有统一全体员工的思想，安全文化才能真正地培育和构建起来。因此，要围绕安全文化建设的 6 个要素（安全理念、安全知识、安全态度、安全技能、行为习惯、环境氛围），从集团公司全局出发开展 4 个层次（安全理念文化、安全行为文化、安全制度文化、安全物质文化）、三大体系（员工塑培体系、信息传播体系、测量评估体系）的安全文化架构设计。

安全文化建设是要通过安全理念的宣贯、特色活动的开展，使员工个体对安全的认知、需求及自身的工作行为和安全目标达到相互渗透、和谐统一，以达到从根本上改进安全生产状况的目的。它的基本任务有以下几点。

（1）培育安全理念。通过对安全文化建设现状的梳理、分析，挖掘、提炼出具有特色的安全文化理念，并通过广泛的宣传、培训，使每一名员工和相关方人员认同、接受安全理念，遵从安全行为准则，使安全生产成为员工的自觉行为，形成"安全生产、人人有责"的工作格局。

（2）规范员工行为。良好的安全文化氛围是宣传和贯彻安全生产规章制度的肥田沃土，通过制度的落实到位，有效约束员工的操作行为，形成规范化、标准化管理，实现安全生产可控、在控。

（3）提高安全素质。提高每名员工的安全操作技能和自我保护能力，是控制事故发生最有效的途径。通过安全文化建设，引导员工不断学习安全理论知识，提升岗位安全操作技能，让每一名员工都能将自己的需求、家庭的幸福与安全生产紧密结合起来，实现由"要我安全"向"我要安全、我懂安全、我会安全"的转变，以达到用素质保证安全、向素质要安全的目的。

（4）营造安全氛围。营造安全氛围有利于员工养成自觉遵章守纪的良好习惯。因此，在安全文化的建设过程中，要以灵活多样的宣传形式和丰富多彩的文化环境来增加教育效果，引导员工由被动教育转为自我教育。同时，在生产作业现场设置醒目的警示标识、安全警句等，以此警示员工珍惜安全、遵章操作。

（二）构建安全文化理念体系

安全文化理念是关于企业安全及安全管理的思想、认识、观念、意识，是企业安全文化的核心和灵魂。一是结合行业特点及企业实际，提炼出富有特色、内涵为员工所认同的安全文化理念，如太平洋国际公司提出的"知行合一、安全增效"核心理念，"三统一（安全行为理念）、四促进（安全管理理念）、五满足（安全服务理念）"的执行理念。"三统一"即思行统一、文行统一、言行统一，"四促进"即以安全促服务、以服务促效益、以效益促和谐、以和谐促发展，"五满足"即满足员工需求、满足货主需求、满足船东需求、满足股东需求、满足社会需求。围绕安全文化核心理念，集团公司提出了安全愿景、安全使命及安全目标，即安全愿景为安全求本质、企业创和谐；安全使命为生产无隐患、全员保平安；安全目标为建立科学安全管理模式，建设特色安全文化体系，降低职业健康风险，满足相关方需求。二是通过形式多样的媒体，做好安全文化理念的宣贯，将安全文化理念根植于员工中。三是固化安全文化理念，让员工处处可见、时时提醒、事事贯彻，进而成为员工的自觉行为。

（三）强化安全制度体系建设

安全文化不只是观念文化还是行为文化；对应到企业管理活动中，安全理念体系也不能只停留在理念表述阶段，成为口号和标语挂在墙上、喊在嘴上。要安全文化在企业中真正起到作用，需要将安全理念内化于心、外化于行、固化于制。由此企业管理的制度

层必须与安全理念相结合，将安全理念的指导思想、目标和行为要求用制度的形式进行规定和固化，以便于将安全理念贯彻于生产经营的全过程，彰显其核心作用。安全管理制度是将安全文化从观念文化向行为文化转化的保障。安全管理制度定义了在安全理念的要求下需要遵守的一系列办事规程和行动准则。

安全管理制度以安全责任制为中心，并以精细的管理，生产技术更新，安全监察和安全绩效考核的方式，来促进安全责任制度的落实。安全管理制度体系的实施和运行是为了实现安全工作的总体目标。依照企业总体工作目标，根据管理体系和工作特点的不同，将安全工作纳入整个企业管理体系中，将各自岗位的安全工作融入整个管理体系的流程和步骤中，相互关联，相互制约，有效运行。为形成制度体系，完善安全管理制度，一是要建立精细管理控制制度；二是要严格安全技术管理制度，三是建立安全监察制度，四是要建立安全绩效考核制度。

（四）建立健全安全管理长效机制

科学、合理、有效的安全管理模式是现代企业安全生产的根本保证。集团公司目前正在开展安全生产风险预控管理体系和本质化安全管理体系建设，这些都是安全管理长效机制的重要组成部分。

风险预控管理是安全生产长效机制的根本。集团公司安全生产风险预控管理体系建设，基于集团公司综合管理体系建设的总体规划，是集团公司综合管理体系改革在安全生产领域进行的"先行先试"。安全生产风险预控管理体系企业标准的发布，旨在指导集团所属企业和单位，完善已有的安全生产标准化和职业健康安全管理体系建设成果，进一步规范自身的安全生产管理工作。安全生产风险预控管理体系标准的编制，遵循 GB/T 1.1—2009《标准化工作导则》的规则，在 GB/T 33000—2016《企业安全生产标准化基本规范》和 GB/T 28001—2011《职业健康安全管理体系要求》的基础上，参照国际标准化组织最新版 ISO 45001《职业健康安全管理体系要求及使用指南》，结合国家和地方行业管理要求，针对集团公司自身特点及期望达到的"本质化安全"的管理目标，形成了独具特色的企业标准。

科技强安是落实安全生产长效机制的重要支撑。安全科技是实现安全生产的重要手段，"科技强安"是

实现安全生产的最基本出路,要保障生产过程的安全,创建和实现本质安全型企业,就要围绕本质安全的核心,对机械设备、生产系统、环境条件等基层基础进行改善改进,多采用一些智能化、便捷化、人性化的新设备、新工艺和新技术,不断降低操作人员的劳动强度,优化作业环境,提高安全系数,消除危险有害因素,使生产设备或生产系统本身具有安全性,即使在误操作或发生故障的情况下也不会造成事故的功能。只有真正把安全技术当作提升安全生产管理水平的助推器,企业的安全生产长效机制才能不断完善,不断提高,不断进步。

（五）建立完善安全奖惩机制

建立和完善安全奖惩机制,是推动企业安全文化建设的重要手段。一是要经常组织安全知识竞赛、安全技能练兵,对优秀者实行重奖;二是对违反操作规程、不按规定程序办事的人按照奖惩标准进行处罚。当然,建立安全文化,重不在罚,鼓励为主,促进行为自觉安全化,才是有效防止事故发生的根本。构建现代企业安全文化,要教育、培训员工接受并认同一系列的安全规章制度,达到认识、意志、语言和行动上的统一,并据此养成习惯。使广大员工理解安全生产是生产力,树立它不但能够间接创造效益,而且也能够直接创造效益的理念。

（六）建立教育培训机制

建立教育培训机制,是推进安全文化建设的根本。企业安全文化建设是一个长期的过程,要使安全文化融入每一个员工的意识中,并成为自觉行为,必须通过系统的培训学习。目前,普遍加强了员工的安全教育培训力度,要求人员必须持证上岗,落实从业人员先培训后上岗制度。要想真正建立和落实安全生产长效机制,还需要建立经常性、长期性的教育培训机制。例如,采用了新工艺、新技术、新材料和新设备,国家颁布了新的安全法律法规或者人员调整工作岗位、离岗一年重新上岗等,都要及时进行安全教育培训和考核,培训不合格者坚决不得上岗作业,对新工人还要注意落实好师傅带徒弟制度,现场实操、学以致用,理论与实践相结合非常重要。这不仅是安全生产的需要,而且是落实"以人为本"治国理念的需要。

因此,要通过教育培训,让员工从"要我安全"到"我要安全",进而"我会安全",最终实现"我能安全",从而改变员工旧的思想理念,不断创新管理模式,适应新形势下安全管理的严要求、高标准。

三、结束语

新形势下,安全工作正进入一个新境界,更加突出管理的本质规律和员工的行为改善。集团公司将从严从实,将安全文化渗透到安全管理的所有空间,引领广大干部员工争做遵守法规、担当责任、预防风险的实践者、示范者和创新者,确保安全生产工作取得新成效,努力为实现"国际一流"保驾护航!

浅谈本质安全文化管理的探索与实践

中国船舶重工集团公司第七二六研究所　刘建南

摘　要：本质安全是企业安全生产追求的最高境界，是船舶设备单位安全生产的持续努力方向，是贯彻落实安全生产新政策，扎实做好新时代安全生产工作"发展决不能以牺牲人的生命为代价"这条红线的最好诠释。本质安全是指用科学的态度对待安全，用科学的管理指导安全，用科学手段强化安全，完善安全管理的长效机制，使各种危害因素始终处于受控制状态，为实现企业安全管理"零缺陷"，达到"零事故"，进而逐步趋近本质型安全目标，奠定坚实的理论基础。本文主要就本质安全文化管理进行了探索和实践，以期为企业安全生产提供理论基础。

关键词：本质安全；安全文化；安全管理；实践

本质安全一词的提出源于 20 世纪 50 年代世界宇航技术的发展，这一概念的广泛接受是和人类科学技术的进步及对安全文化的认识密切相连的，是人类在生产、生活实践的发展过程中，以风险预控管理为核心，以控制人的不安全行为为重点，以切断事故发生的因果链为手段，对事故由被动接受到积极事先预防，以实现从源头杜绝事故和人类自身安全保护需要，在安全认识上取得的一大进步。

一、事故致因理论分析

在冰山理论中要想制止冰山浮出水面，最有效的办法是消除水下部分，即消除未遂和不安全行为。

有专家通过研究证明，严重意外的发生，遵循"冰山理论"，每发生一起严重意外或严重受伤事故，就对应有 1000 次不安全行为，因此，严格安全行为的管理，是保证避免意外发生的基础。假如通过严格的行为管理，使不安全行为降为了 30 次，严重意外或重伤和轻伤就会变为零，由此可以看出，安全管理应首先重视安全行为的管理，控制未遂及险情，缩小意外三角，从而降低意外发生的概率。因此，要通过建立安全文化，利用培训、教育、宣传、沟通等手段，使每一位员工从内心深处理解安全行为对自己、他人和企业的重要意义，从而达到自觉的遏制自己和他人的不安全行为。

事故致因理论表明，只有建立科学的、系统的、主动的、超前的、全面的事故预防体系，确保人、设备、制度、环境质量才是实现安全本质化的关键。

二、本质安全四要素内在联系

本质安全是"安全第一、预防为主、综合治理"的根本体现，本质安全的 4 个要素存在着辩证统一的关系，也是实现本质安全的关键点。

（一）人是实现企业本质安全的关键

把以人为本落实到安全管理上，首先是要尊重人的生命和健康。作为实践的主体，人是安全生产效益的创造者，是操作设备的劳动者，是制度的执行者。

由于人行为的不确定性，可以说人是生产工作中最不安全的因素，因此要保证企业安全生产首先要使从事生产工作的一线员工具备"我要安全"的思想，促使员工实现从"要我安全"到"我要安全"的思想转变，在平时工作中养成"安全"的习惯，同时也要提高员工的安全技能。因此安全生产必须以先进的安全理念为指导，以强烈的安全意识作保证，以严格的制度和规程为约束，保证人的行为正确、规范、安全，从根本上掌握防范安全事故的主动权。

（二）设备是实现企业本质安全的保障

本质安全最初的定义是指通过设计等手段使生产设备或生产系统本身具有安全性，即使在误操作或设备发生故障的情况下也不会造成事故。设备是否具有在人员发生误操作的情形下通过自身的闭锁保护装置中断误操作，或将误操作造成的后果降至最低，这是企业能否实现本质安全的一个重要保障。设备的闭锁保护就像是保证企业本质安全的一道坚实屏障。要充分发挥人的主观能动性，通过实施状态检修和日常的精心维护，通过对制度、预案的充分执行和完善，确保设备要素的可控在控，实现本质安全。

（三）制度是实现企业本质安全的基础

制度是长期实践经验和教训的总结，也是管理理念的载体。制度和标准对员工的各项工作起着指导和规范作用，员工的安全习惯必须通过制度来规范才能逐步养成，制度重在执行。目前我所的各项安全管理制度虽然比较完善，但是执行效果却差强人意，因此保证制度的有效执行显得尤为重要。保证制度的有效执行可以从以下几方面入手：第一，制度要有可操作性。在制定制度时，要认真进行论证，征集各方面意见，保证制度的严谨性和可执行性。第二，制度要明确责任，抓好落实，要确定各项制度的直接责任人，将各项制度的执行落实到人。第三，制度要有考核，各项制度都要制订相应的考核奖励办法，对照制度奖罚分明，才能充分保证制度的执行。

（四）环境是实现企业本质安全的推手

环境包括"硬环境"和"软环境"。所谓"硬环境"是指员工生产工作所处的场所，"硬环境"对安全的影响主要包括生产现场的温度、湿度、粉尘、噪声、有毒气体浓度等是否超标，工作环境的照明、安全标识等是否齐全等内容。工作环境保持安全、整洁，会使员工在工作时精力集中，降低发生误操作的可能，避免由外界因素造成的安全事故。"软环境"是指通过强化安全理念灌输，营造浓厚的安全环境氛围，从而增强员工的安全意识，提高企业的安全管理水平。通过安全环境建设，既为员工打造了一个安全整洁的工作环境，同时也为员工营造了一种浓厚的安全氛围，从而推动企业实现本质安全的目标。

安全生产的4个要素处于一个相互联系和运动的系统之中，人的安全离不开设备依托、制度保障和人性化的工作环境，设备状态离不开人的规范操作和及时调整，制度约束需要先进的理念指导和科学执行。只有实现人、设备、环境、制度的紧密联系与互动，才能实现创建本质安全型企业的目标。

三、本质安全实践的关键路径

（一）加强安全教育和培训，不断提高人员安全意识和安全技能

安全生产的实践主体是人，人的安全意识将会直接影响着安全生产，由于员工受教育程度、工作岗位、工作环境等不相同，员工安全意识和安全技能也不相同。为了使员工牢固树立安全生产观念和安全意识，采用多种多样的宣传形式，对员工开展安全生产教育培训。用氛围感染的形式，让良好的作业环境，醒目的安全警示标志，严格的规章制度共同形成一种安全向上的企业文化和一种安全责任感，使员工受到良好环境和氛围的感染，自觉与周围环境保持一致，自觉按安全操作规程约束个人的行为；同时，发挥支部、工会、共青团组织作用，以安全专题活动、劳动竞赛等形式，寓教育于活动之中，渗透、熏陶、塑造员工，使员工在潜移默化中不断提高安全意识，养成安全习惯，形成安全行为；采用引导激励的形式，把员工思想统一到"安全就是效益"这个目标上来，激发员工的安全生产的积极性，进而达到行动上与思想上的同步，使员工的安全生产思想和行为得到巩固，安全意识得到提升，实现"要我安全—我要安全—我会安全"的转变。

（二）从设计开始抓本质安全

抓本质安全首先要从设计开始，即使是某一个单件设备，设计的好坏，对安装和使用也是至关重要的，如吊装较大的设备容器，由于其设计时未考虑安装，容器上无吊装环，起重捆绑时一时无法找准重心，吊装中钢丝绳稍微发生位移、抖动，大吊车也为之大幅摆动，有造成翻车的危险。但是要真正做到设计100%的本质安全并不是件容易的事。本质安全是一个过程，由于认识客观世界的水平是在不断地发展和提高，加上国家对安全生产的要求也随着科学技术的进步在不断地提高，因此本质安全问题要从设计时得到实现也是可能的。所以在生产装置、设备设施投用后，还有一个不断完善改进的过程，使之尽快达到本质安全的要求。

（三）加强技术保障和设备维护，打造本质安全设备

设备从选用到运行、操作、维护、大修、小修的全过程，都要全面采取措施，全面提高设备和设施的安全性能。在方案论证、设计或施工阶段，对设备可能出现的各种危险源进行识别、评价和分析，提出事故预防对策。在设备选型时，要充分考虑安全作业的需要；要强化设备安装、运行、维护中的安全管理，坚持开展设备安全性分析、系统性检查，坚持定期精

心维护和检修，及时消除设备隐患，通过对制度、预案的充分执行和完善，确保设备的可控、在控。同时，要依靠科技进步，加大先进安全技术的推广应用力度，及时淘汰落后技术装备，对设备缺陷进行科学的维修和维护，使系统无缺陷、设备无障碍，确保设备安全稳定运行。

（四）加强安全制度的落实，提高安全管理和保障能力

制度是提升执行力、规范安全管理行为的保障，员工的安全习惯必须通过制度来规范才能逐步养成。本质安全管理体系应遵循"管理制度化、制度标准化、标准流程化、流程轨道化、信息实时化"的原则。打造本质安全部门，首先要健全完善各项安全管理规章制度，严格落实领导分工负责制、部门管理安全责任制和岗位安全责任制，各项制度要有可操作性，制度责任明确、奖罚分明，建立落实、执行责任制机制，让各项安全规章制度、操作规程从墙上走下来，从书本里走出来，真正变成员工的实际行动和生产运行管理规则，让遵章守纪成为每位员工的行为习惯，保证制度的有效执行，使安全管理工作做到有章可循、有章必循、违章必纠，实现管理无漏洞。

（五）加强基础建设和技术创新，创造本质安全环境

首先要通过改善作业场所和作业程序，保证企业的生产布局和各种安全卫生设施都符合国家有关法规和标准，补充完善生产现场安全设施标准化和目视化管理系统，尽可能优化劳动环境、改善劳动条件。对于时间、空间、气候变化，要及时关注人、设备、制度等要素的适应性，采取针对措施，合理组织安排工作，充分防范外部环境变化而带来的安全风险。另外，还要充分关注社会舆论、工作压力、员工家庭氛围、生活环境等其他方面对安全生产的影响；工作任务繁重、群体从众心理和逆反心理、家庭关系出现矛盾等情况，会在很大程度上影响员工的工作情绪，成为安全事故的诱因。面对突发的自然灾害，要快速反应，组织落实好相应的应急预案，要努力消除环境中的不安全因素，实现风险可控制。

四、结论

本质安全管理体系建设对安全生产具有重要的现实意义和历史意义。本质安全化的程度是企业基础工作的综合反映，是船舶设备单位生产过程中诸多要素的最佳集合。本质安全型企业建设关键是要与企业的实际相结合，在理念、技术、管理上开拓创新；同时立足于企业安全管理状况，强化安全意识，以"零容忍"的态度补齐安全生产短板，从源头上把控安全生产。对于船舶设备单位来说，创建本质安全是长期的战略任务，只要充分认识安全生产的客观规律，真正做到"本质安全植于心、设备安全践于行"，就能实现本质安全型企业。

糯扎渡水电厂企业安全文化建设探讨

华能澜沧江水电股份有限公司糯扎渡水电厂　安可君

摘　要：企业安全文化是企业安全工作的灵魂，也是企业文化的一部分。近年来，随着我国水电行业生产事故的不断发生及国家对水电企业安全生产责任制落实提出的严格要求，越来越多的水电企业开始注重安全文化建设，以提高企业员工安全生产意识，保证水电企业安全责任落实到位，确保零事故状态下安全生产。优秀的企业安全文化，已经成为企业安全管理的客观要求，也是企业为了谋求可持续发展所必须要做出的选择。本文立足于企业安全文化建设的内涵，分析了我国水电企业安全文化建设中存在的问题，以华能澜沧江水电股份有限公司糯扎渡水电厂（以下简称糯扎渡水电厂）为例，对新形势下如何加强安全文化建设进行了全面的探讨。

关键词：糯扎渡水电厂；企业安全文化；探讨

近年来，随着水电安全事故的不断发生，不仅给企业带来了非常大的财产损失，同时还造成了巨大的社会影响，甚至给水电工作者的生命造成了一定的伤害。分析近年来事故高发的原因，虽然存在经济发展周期等因素，但主要还是因为人的不安全行为、物的不安全状态及管理上存在的问题造成的。自2008年官方公布有关企业安全文化建设的评价标准以来，越来越多的企业开始注重安全文化建设与安全管理体系的运营问题，很多企业已经通过长期的努力，不断提高自身安全文化的水平，持续改进安全相关指标的绩效，形成了务实有效、独具特色的安全文化氛围，切实为安全生产保驾护航，为企业内增凝聚力、外增影响力，提升了竞争力，实现企业安全发展和可持续发展。在信息化、智能化、现代化高速发展的今天，水电企业加强安全文化建设和创新具有重要的理论意义和现实意义。

一、企业安全文化的内涵和意义

（一）企业安全文化内涵

企业安全文化绝对不能等同于企业安全理论，企业安全文化是公司文化的一部分，是一种在企业内部约定俗成的内容，是由企业内部的安全价值观、安全态度、安全道德及安全行为规范等内容组成的。所以企业安全文化更加偏重于从员工意识形态的角度来强调安全的重要性，希望能够真正培养公司人员的安全意识，以帮助企业安全管理体系正常运行，收到良好的管理效果。

企业安全文化是社会文化与安全生产长期结合形成的一种特有的文化产物，是以全体水电员工为对象，采取理念渗透、环境塑造等手段，对员工的思想和行为加以影响和规范，最大限度地提高员工安全素质，确保安全生产。

（二）企业安全文化的特点

企业安全文化与企业文化的目标是一致的，而且丰富了企业文化的内涵。水电行业的特殊性，决定了水电安全文化建设是企业文化建设的重中之重。因此，要正确处理好安全与生产、安全与效益的关系。具体到安全文化建设上，要求处理好领导倡导与群众参与的关系，形成从上到下、从下至上、干群共建的良好局面。使企业安全管理以"事"和"物"为中心转移到以"人"为中心，突出"人的行为"在安全管理中的地位和作用，真正树立起"人是安全的动力，人是安全的主体，人是安全的目的"的基本理念，进而塑造安全人，最终实现安全型企业。

（三）企业文化能够对管理起到指引作用

在传统的企业管理的过程中，较多的采用奖罚制度，企业的管理层会制定一些硬性的制度约束员工的工作流程，在工作中出现问题的时候，管理者会运用自身的经验进行评定，从而严重的忽视了事情发生的本质原因，这种管理制度使得管理者往往处于比较被动的状态。而加强企业文化建设是从企业经营管理的角度进行综合考虑而得出的一种具有创新性的企业管理模式，它主要通过管理层采用多种奖罚制度、灵活的管理手段等为员工营造良好的工作环境为目的，对于企业的整个经营与管理提供更好的决策。

二、目前我国水电企业安全文化建设中存在的问题

随着国民经济的高速发展和社会对水电企业的重视，我国的水电企业无论是在制度方面还是在物质方面都取得了可喜的成绩，但是由于企业安全生产文化建设推行的时间较短，还有许多的企业对于员工的思想政治方面的培训力度不够，因此就产生了一些问题。

（一）职权责任不明晰

在某些水电企业，管理层为了获得更大的经济利益，片面的追求产量，员工的安全不够重视，同时在生产的过程中有意识的放任违规的现象，而且在预防上也比较忽视，缺少自觉性，甚至在有些地方将水电事故当成常态化的事情进行处理，在事故发生之后的一段时间会加大安全管理，但是事故处理平稳之后，还是一如既往地只将工作的重点放在一线生产上，而且还会将用于安全预防的一部分经费支出放在生产环节上。

（二）基础操作人员的素质亟待提高

水电行业的工作大多属于劳动密集型，大多是相对简单的重复性劳动，因此员工普遍存在技术单一、创新性不高，因此往往只是被动的接受管理层安排的工作，而且还会受到各种规章制度的限制，就会使得员工缺乏主人翁精神，当出现操作事故的时候互相推脱责任，而且也不从中吸取教训，致使接下来的工作还会出现类似的现象。

（三）企业管理方式落后

某些水电企业在管理上还是采用较为粗放的形式，而且也不重视安全方面的管理，在管理的手段上还是以传统的模式为主，缺乏创新性和技术先进性。近几年，虽然有些水电企业在生产的设备和技术上有了很大的提升，但是依然存在许多安全隐患，同时管理层在员工安全培训方面也比较忽视。在安全生产月展开的安全活动及出现的安全标语、标识、征文等为企业打造了浓厚的企业安全氛围，但是这种形式的宣传活动并不会持续时间太长，因此达到的效果非常的微弱，并没有使得员工从思想上对安全重视起来，致使治标不治本。

（四）管理体制不完善

在现有的《水电安全监督条例》中，对于许多操作上的问题探讨不明确，还有对于事故负责人及如何处理方面都有编写上的漏洞，当出现一些重大的水电事故时，在事故调查中的管理主体没有体现出来。在员工奖罚制度管理方面，过多的强调一线工作者的责任，而对于管理层的责任基本未涉及。在事故的处理方式方面，会受到管理者个人处理方式的影响，而且后期的评判标准也不唯一。

三、糯扎渡水电厂企业安全文化建设探讨

企业安全文化是一种涉及到员工精神层面的文化，能够规范员工行为，提高员工的群体意识。在推进企业安全文化建设这一变革过程中最重要的是必须使领导和管理层具备"动态组织执行力和领导力"。在传统的、静态的企业环境中，最可靠的是经验；而现在的企业环境更多的是动态，没有现成的经验可以复制，所以企业领导人和管理者必须具有非凡的勇气和魄力，做到决策有据、机制健全、执行公信有力，管理者全力组织实施。否则，企业安全文化建设就会半途而废或无法达到预期收效。能否顺利推进企业安全文化建设，关键在于领导者的承诺、执行者的责任和实践者的能力，这里以糯扎渡水电厂为例介绍6个有效建设企业安全文化的途径和方法。

（一）确定企业安全文化及安全管理理念

作为一家以水电为主的发电企业，生产管理场所大多远离都市、远离家庭和亲人。公司建立完备的安全文化体系和安全管理目标，建设以"安全第一、预防为主、综合治理"为安全生产方针、以"安全才能回家"为安全管理主题思想的安全文化，开展各类主题鲜明的安全文化活动，做到把安全制度落实在执行上，把安全文化融入到宣传教育和生活中，把安全知识提高在培训上，把安全意识体现在员工的行为上，增强员工的凝聚力，共同推进安全生产。

（二）完善各项安全管理制度，建立考核机制

安全管理制度化是建设安全文化的基础。要把安全管理落到实处，一是要完善各项安全管理制度；二是制订下发创建安全文化建设示范企业实施方案，成立安全文化建设领导小组，健全完善"党政负责人共同领导、党政工团齐抓共管、职能部门各负其责、广大员工积极参与"的工作机制，切实加强对安全文化建设的组织领导；三是以完善安全生产管理制度为抓手，重新梳理修订了多项安全生产管理制度，建立各个专业的安全生产责任制，形成了横到边、纵到底、全覆盖、无缝隙的安全管理体系；四是要建立严格的考核机制，使各项管理工作有章可循，有据可依，职责明确。只有这样，才能使制度得以落实，施工安全才能有保障。

糯扎渡水电厂长久以来坚决落实"一岗双责"制度，即管生产必须管安全，管业务必须管安全，建立一套安全考核机制。对各级管理人员划分责任区域，建立责任目标，将绩效考核分成生产绩效和安全绩效两部分进行，考核结果与福利待遇挂钩，提高对安全的重视，实现"一岗双责"的安全责任体系。一是电厂组织一线生产员工对《中华人民共和国安全生产法》、集团公司《电力安全工作规程》等相关法律、法规、制度进行学习，并采用集体讨论或考试的手段促使企业员工能够将安全生产相关法律、制度融入一线生产中。二是电厂建立员工安全生产目标考核奖励机制，年初为每个车间、班组签订生产事故责任状，并由车间将安全生产目标分解至每一个一线员工，年底电厂可通过对达到安全生产目标的车间、班组及员工进行物质、精神奖励，鼓励电厂员工能够主动学习相关知识，不断提升安全生产技能，使企业内部形成良好的安全生产环境。三是建立安全生产漏洞举报制度。通过建立厂长信箱等渠道的方式，鼓励电厂员工对企业生产中存在的安全隐患及管理漏洞向管理层进行反映，促使电厂及时发现安全生产隐患，不断提高安全生产水平，树立电厂员工主人翁意识，积极为电厂生产经营出谋划策。

（三）创新教育方式，营造安全文化建设氛围

建立良好的企业安全文化是一个长期的过程，它不是一朝一夕就能够形成的，要持之以恒才能见成效。接受教育是职工安全文化观念形成的最主要的途径，是提高职工的安全文化素质最深刻最根本的方法。糯扎渡水电厂通过开展安全生产竞答、评比等一系列主题活动，在丰富企业员工业余生活的同时，树立员工安全生产意识。在日常安全管理中，利用多种手段向员工进行安全宣传和教育，积极营造安全氛围，增强员工的安全意识。

目前，电厂采用的安全文化建设方式主要有：一是除员工入场三级安全教育培训外，根据施工风险、个人防护用品使用、安全操作规程、现场急救知识等方面内容制作成安全手册，进行发放。二是同时利用安全主题活动、"安全生产月""安全生产周"、安全宣传栏、展板、告示牌等手段，采用一些警示案例、图片等进行宣传，在生产车间、班组等一线生产场地醒目位置张贴安全生产标语，时刻警示企业员工要牢固树立安全生产意识，开设了"警钟长鸣""情系安全""基层动态""建言献策"等安全宣传教育专题栏目，充分挖掘生产一线员工安全工作中的亮点，以及对安全工作的建议和评论，增强宣传教育的感染力和时效性，使员工能深刻地体会到"重视安全，珍惜生命"的重要，营造浓厚的安全生产氛围。三是精心设计安装了一系列以安全文化理念、水电安全规程、亲情寄语为主要内容的安全文化牌板，使员工潜移默化的接受熏陶和教育，确保规范上岗。四是强化案例警示教育。结合现场安全管理重点，以组织剖析典型事故案例为抓手，有计划、有步骤、分批次的选取典型事故进行剖析，并制作成生动形象令人深思的影片组织员工观看。五是通过开展安全生产知识竞赛等方式使企业员工主动学习安全生产相关制度，促使企业内部形成学习安全生产知识良好氛围。六是电厂工会时刻关注一线员工思想变化，通过定期与员工进行谈心、走访，梳理企业员工在生产、生活中存在的典型心理问题，及时将员工反映的困难向管理层进行反映，解决员工后顾之忧，保证企业员工全身心投入生产工作中，降低因心理压力导致安全生产事故发生的概率。七是企业应保证全体员工形成良好的安全生产观念，通过安全文化建设等一系列方法，不断取得广大员工对安全生产的认同。同时，也将公司的安全文化理念、方针和目标向广大员工进行宣传，做到耳熟能详、牢记于心，将安全管理理念渗透到自己工作的每个细节，人人养成安全习惯，形成安全行为。

（四）提高企业员工生产专业技能，鼓励员工为安全生产献计献策

制定科学、有效的安全生产制度需要全体员工积极遵照执行并具有相关专业技术才能。因此，糯扎渡水电厂从提高员工生产技术及注重员工树立安全生产意识入手，保证员工能够按照生产制度流程进行生产，并主动为提高生产效率、降低企业成本出谋划策，使糯扎渡水电厂逐步实现经营战略目标，提高市场竞争力。

一是定期聘请安监管理部门及大学教授为员工进行安全生产操作培训，提高企业员工专业技术及安全生产技能。二是收集全国各地生产事故事件素材，并通过对安全事故原因进行分析，向员工进行安全生产警示教育，以实例向员工宣传安全生产在工作中的重要性，提高企业员工安全生产意识，使员工能够主动学习安全生产制度，并在实际工作中始终保持警惕思想，降低企业生产事故发生的概率。三是企业管理层应鼓励员工对生产、管理中存在的漏洞及改进生产工艺方法提出合理化建议，管理层在对建议进行汇总、分析的基础上，及时向员工进行反馈，并督促相关部门及时修改管理制度，保证员工合理化建议转化为生产力。四是以预防人的不安全行为为目的，从安全文化的角度要求人们建立安全新观念，利用一切宣传媒介和手段，有效地传播、教育和影响公众，建立大安全观念，通过宣传教育途径，使人人都具有科学的安全观、职业伦理道德、安全行为规范，掌握自救、互救应急的防护技术。

（五）打造和谐安全文化，促进全员参与

在进行糯扎渡水电厂安全文化建设时，改变过去"以罚代管"的传统做法，避免员工产生抵触和反感情绪，采取一些激励措施，动员全体员工积极参与。安全管理工作要贴近员工的生活，认真对待和解决员工的合理诉求，面对面、心对心地进行交流，让员工感觉到整个公司是一个和谐的大家庭，体会到温暖与关爱，让其安心工作、放心工作、安全工作。在进行安全文化建设方面要下真功夫，积极探索和创新安全管理的途径，提高员工参与的积极性。

（六）发挥三个作用，实现载体联用，引导和激励安全行为

一是发挥班组建设基础作用。坚持加强班组建设，推行精细化管理。以安全管理人人有责为方针，以员工安全信用评价为手段，以安全隐患排查、反违章治理为主线，充分做到安全学习有记录、安全管理有痕迹、安全隐患有闭环，全员绩效考核互动连接，融合补充，在班组落地推展，形成"管控到位、收放有度、闭合运行"的管理模式，推进精细化管理在班组落地，提升班组建设整体水平。

二是发挥党员干部示范作用。大力开展"党员干部安全责任区""党员安全示范岗"等活动，选树一批安全记录长期良好、安全责任履行到位的岗位标兵，让员工学习有榜样，赶超有目标。重点推进实施"党员干部责任区制度"，每个责任区指定一名党员干部负责，将"安全教育、工作责任、法规教育、思想教育和文明创建"五项责任分解落实到每个党员干部，做到人人有压力、事事有人抓。同时，加强考核评比，实行"三违"（事故）一票否决制、综合评分排队制、末位淘汰制，并将考核结果与工资奖金、评先推优直接挂钩，按月、季度进行奖惩，年终进行综合考评。

三是发挥群众组织监督管理作用。注重发挥工会的参与、教育和维权等职能。发挥共青团组织联系、团结、引导青年的纽带作用。通过开展"青工安全示范岗""青年安全生产突击队"等争创活动，带动青年员工在安全文化建设中奋勇争先、各显其能，营造浓厚的安全文化氛围。

四、结语

企业的安全文化建设和安全文化管理体系在企业内部的管理中处于十分重要的地位，是企业生存的根本保障，同时也是企业在激烈的竞争市场中占据核心地位的动力，并且需要经历时间的积淀才能形成适合于各自企业的安全文化环境与氛围。就企业安全文化建设来看，企业需要主动进行安全承诺，规范企业内部的相关行为，引导及激励员工进行安全操作，鼓励员工参与到企业的安全事务之中。同时，企业还需要进行公平公正性建设，设立一些反馈机制，来帮助企业的安全文化管理体系持续性地运转，提高员工的安全文化能力，最终建立成熟的安全文化。水电企业作为我国工业生产中的重要组成部分，就应该更加修炼好"内功"，以安全为前提，以生产为核心，以管理为辅助，从而全方位的提升企业的文化形象，最重要的是能够促进我国水电行业的持久发展。

参考文献

[1] 罗云.安全文化的起源、发展及概念[J].建筑安全，2002，（9）：26-27.

[2] 宋晓燕.企业安全文化评价指标体系研究[D].北京：首都经济贸易大学，2005.

[3] 毛海峰，郭晓宏.企业安全文化建设体系及其多维结构研究[J].中国安全科学学报，2013，（12）：3-8.

浅谈危险源辨识、评价与控制
对提升核电站安全文化的意义

辽宁红沿河核电有限公司　易菲

摘　要： 核电站的安全文化是企业文化的核心。危险源辨识、评价与控制贯穿于核电站建造、日常生产的各个工作过程，其控制有效性直接影响电力生产企业运营绩效，反映电力生产企业日常生产的组织能力和安全文化水平。本文结合危险源的概念，辨识、评价与控制方法的介绍，分析了危险源辨识、评价与控制工作与核电站安全文化水平的关系，给出了如何结合危险源辨识、评价与控制工作提升核电站安全文化水平的建议。

关键词： 危险源；安全文化；辨识；评价；控制

危险源的辨识、评价和控制对安全生产的意义重大。安全管理的核心是风险管理，而风险管理的主要内容是危险源的识别与控制。为了控制风险，首先要对企业在工作活动中存在的危险源加以识别，然后评价每种危险源的危害程度，依据法律、法规要求和企业职业健康安全方针确定不可接受的风险，而后针对不可接受的风险予以控制。

核电站的安全文化是企业文化的核心。危险源辨识、评价与控制贯穿于核电站建造、日常生产的各个工作过程，其控制有效性直接影响电力生产企业运营绩效，反映出电力生产企业日常生产的组织能力和安全文化水平。以此为安全文化建设的着力点，查找、评价和控制工作当中危险源将有效防范核电站日常生产过程中存在的潜在风险，保证核安全，同时，这一过程将有助于了解员工的文化理念，促进核电站文化的整合和理念的统一，有助于促进核电站安全文化水平获得提升。

一、核电站的危险源辨识、评价与控制的主要内容

危险源是可能导致人身伤害或健康损害的根源、状态或行为，或其组合。

危险源辨识是识别危险源的存在并确定其特性的过程。危险源辨识作为公司各业务领域危险源评价、控制的基础性工作，首先结合公司生产经营活动特点进行分类，然后按照责任划分落实，各相关部门依据危险源辨识的方法和步骤对各自所辖区存在的危险源进行系统辨识。

基于公司现状，将危险源辨识分为工程建设项目、移交接产和生产区域三类。辨识范围包括所有作业正常和非正常的活动及潜在的紧急情况，如日常运行、大修、事故等；所有进入工作场所的人员的活动；工作场所内的基础设施、设备和材料（无论组织自有的或外部提供的）；其他与职业健康安全有关的活动。

辨识可采用询问与交流、现场观察、查阅记录、获取外部信息、工作任务分析等方法。这些方法各有其特点，在辨识危险源的过程中可取其一，也可结合使用。

危险源评价是对辨识出的危险源的严重程度进行风险评价，评价风险的可容许性，确定风险等级，进而采取相应的控制措施。公司常用的评价方法有专家评定法、半定量 LEC 法和风险评价矩阵法，或三种方法结合。

（1）专家评价法：由具有危险源识别和风险评价能力的有关专家对危险源和风险进行识别和评价，确定其中的高风险项目。

（2）半定量 LEC 法：是一种半定量的风险评价方法，它用与系统风险有关的三种因素指标值的乘积来评价操作人员伤亡风险大小。三种因素分别为 L（事故发生的可能性）、E（人员暴露于危险环境中的频繁程度）和 C（一旦发生事故可能造成的后果）。给三种因素的不同等级分别确定不同的分值，再以三个分值的乘积 D（危险性）来评价作业条件危险性的大小，即 D=L×E×C。D 值越大，说明该系统危险性越大。总分在 20 分以下的被认为是低危险；总分在 20～70 分的被认为一般危险，需加强关注；总分在 70～160 分的被认为是显著危险，需要整改；总分在 160～320 分的被认为高度危险，需要立即整改；总分在 320 分以上的被认为及其危险，不可以继续作业。

（3）风险评价矩阵法： 风险矩阵分析法是一种半定量的风险评价方法，它在进行风险评价时，将风险事件的后果严重程度相对的定性分为若干级，将风险事件发生的可能性和相对定性分为若干级，然后以严重性为表列，以可能性为表行，制成表，在行列的交点上给出定性的加权指数。所有的加权指数构成一个矩阵，而每一个指数代表了一个风险等级。最后风险级别分为 A（高）、B（较高）、C（中）、D（低）。

危险源是根据危险源辨识和评价的结果，确定控制措施进行风险控制，将风险降低到可接受的程度。

根据危险源辨识和评价的结果，公司把危险源分为一般危险源和重大危险源。公司将具备下列条件之一的均确定为重要危险源：不符合法律法规和其他要求的；相关方有合理抱怨和要求的；曾发生过事故，并未采取有效防范控制措施的；直接观察到可能导致危险的错误，且无适当控制措施的；通过半定量 LEC 法，总分大于 70 分；通过风险评价矩阵法，风险级别为 A（高）。

相关危险源控制措施如下：一般危险源，由各责任部门制定措施进行控制，监督职能部门负责监督控制措施的实施。重大危险源由责任单位制订专门的管理方案或控制程序实施控制，安全监管部门负责审查，在作业过程中实施监督。

二、危险源辨识、评价与控制工作对提升核电站安全文化建设的作用

（一）核电站安全文化建设的现状

面对人员经验不足，文化需要整合的现状，如何快速提高新建核电站安全文化水平，保障核电站的安全性，严格控制机组的运行风险，保持核电站安全、稳定运行，避免发生国际核事件分级（INES）一级及一级以上的运行事件，不发生较大及以上安全生产事件、环境事件、辐射污染事件，以及火灾爆炸事故和职业病危害事故，是摆在核电运营者面前的当务之急。

虽然核电站一直强调安全文化的重要性，强调借

鉴参考电站的成熟经验，在管理体系和技术方面移植参考电站，并为之开展了大量的培训工作及安全文化建设工作，但由于各电站组织结构差异导致的新建核电站在文件移植和体系建设上存在差异。另外，由于不同背景工作人员的加入带来理念和意识的不同及有经验人员的稀释，新建核电站安全水平和运营绩效不同程度受"组织和体系运作绩效""工作人员经验""工作质量"不足等方面因素的挑战，而这些也影响着"危险源辨识、评价与控制"工作的效率和质量。

（二）加强危险源辨识、评价与控制工作将有效提升核电站安全文化建设

危险源辨识、评价与控制工作贯穿于工程建设和生产运营整个过程，其质量直接影响核电站可用率和安全水平。一个完善且控制有效的"危险源辨识、评价与控制"工作体系能够有效消除设备的不稳定状态和人的不安全行为，有助于消除潜在的隐患和风险，提升核电站的安全水平。

定期开展危险源辨识、评价与控制工作体现了运营单位对核电站安全生产科学管理的使命感和责任感；以严格执行危险源辨识、评价与控制为核心开展工作，通过对所有活动危险源的辨识评价，有助于提高预防能力，杜绝人因事件，同时制定切实有效的控制措施将有助于保证生产安全，全员参与有助于快速提升工作人员的文化意识并对其行为进行规范，有助于核电站安全文化水平的快速提升。

三、结合危险源辨识、评价与控制工作提升安全文化建设的措施

（一）全员参与，提高危险源辨识、评价与控制工作质量

第一，管理层应充分认识到危险源辨识、评价与控制工作与电站经营绩效和安全文化建设之间的重要关系，在工作方面提出明确的要求，并使之贯彻到基层处室、班组的每一名工作人员，在危险源辨识、评价与控制工作上全员思想统一，达成共识。

第二，在技术管理方面，执行层要与参考电站切实对标，参考电站经过几十年的运营实践，在危险源辨识、评价与控制工作方面，积累了丰富的经验，应充分借鉴其经验，在技术方面不能出现低于参考电站质量管理水平。同时，与参考电站在技术管理方面对标的同时，要强调质疑的工作态度和相互交流的工作

习惯，遇到问题应及时沟通协调解决，避免在对标过程中走入完全拿来主义的误区，针对具体的准则或要求进行核对，确保满足核电站设计等上游文件的要求。

第三，监督线与执行线形成合力，通过危险源辨识、评价与控制工作共同推进核电站安全文化水平提高。核电站执行线要建立机制，对危险源辨识、评价与控制的工作进行不断地在线检查，发现存在的偏差，找到原因，制定措施进行有针对性的彻底改进。监督线要定期的对执行线的工作情况进行检查、评估，在体系层面和文化层面发现存在的不足，要求执行线进行改进、完善，同时，对执行线的整改过程要加强把关和要求，决不允许达不到要求而将问题带病关闭。最终，执行线和监督线通过 PDCA 的过程和不断循环，快速提升核电站的安全文化水平。

（二）加强工作质量评估，持续改进，提升安全文化水平

通过内外部审核对危险源辨识、评价与控制工作效率和质量的评估来诊断整个生产管理体系存在的不足及工作人员理念上的差距，经过系统的梳理和检查，存在的主要问题为部分责任单位人员对本领域危险源认识不足，不清楚或不完全了解本单位危险源及对应的控制措施。问题背后涉及到安全文化建设存在不足方面的因素主要有：安全文化意识存在不足，在一些问题的处理上，只顾及自己职责范围内的业务工作，没完全考虑安全风险；"质疑的工作态度"和"严谨的工作作风"及"相互交流的工作习惯"欠缺；没有建立相应约束考核机制。

针对评估发现问题，应制定纠正措施并予以实施，加大监督考核力度，做好工作的前端控制。同时，应加强透明、开放质量文化的要求和引导，将"质疑的

工作态度、严谨的工作作风、相互交流的工作习惯"和"四个凡事"（凡事有章可循、凡事有据可查、凡事有人监督、凡事有人负责）的行为准则落实在每一位工作人员每一项工作的每一天，所有工作人员应清楚掌握到工作范围内的危险源及应对措施。

在这个过程中要通过思想和意识的碰撞实现举一反三，对典型问题要予以重视并应进行重点剖析，通过具体案例的分析和反馈，统一行为规范和语言并将其固化形成核电站统一的安全文化理念内容。同时，应注意到，安全文化水平的提高不可能通过一次检查达到期望的目标，要重视整改过程的把关和要求，通过持续关注，不断循环完善，在制度日益完善的同时，安全文化水平必将不断实现提升。

四、结论

通过危险源的识别、评价与控制能够有效增强全体员工自我保护能力和安全意识，提高安全管理人员现场监控安全的针对性，进一步预防事故的发生。本文结合危险源的识别、评价与控制工作，研究企业如何提升安全文化建设水平。危险源的识别、评价与控制工作主要杜绝的是人因失误，也是提高全员安全意识的有效手段。企业只有保证每个危险源控制到位，就能够进一步提升安全管理和安全文化水平，为企业经营的持续安全提供有力保障。

参考文献

[1] 曾宪安.发电厂电气设备安全运行的管理和维护[J].通讯世界，2016，（14）：143-144.

[2] 姚小刚.建筑生产系统危险性分析、评价与安全管理的研究[D].上海：同济大学，2001.

浅谈促进安全文化建设落地的关键因素

中国航空油料有限责任公司华北公司　王盛利　刘骁

摘　要： 安全文化是指人类安全生产与生存活动所创造的安全理念、态度、价值观等精神层面，以及安全行为方式、习惯和安全物态的综合。面对社会经济蓬勃发展，生产规模不断扩大，"生命至上、安全第一"的思想深入人心，企业无论安全文化还是管理手段都要求更加全面、更加系统、更加专业，各种具有企业特色的安全理念、安全文化更是大量涌现、各有侧重。本文从另一视角阐述通过"全员性"安全管理促进安全文化建设落地，进一步提高安全管理的效果和质量，确保实现企业安全可持续发展目标的重要性和必要性。

关键词： 安全文化；全员性；安全管理理念；建设落地

目前大部分企业和行业都建立了诸如 HSE 管理体系、安全标准化管理、民航安全绩效管理、SMS 安全管理体系等科学系统的安全流程，并能够保持较为优秀的安全记录，但是对于进一步提高安全绩效水平来说却是难上加难。根据 2000 年的数据统计，高水平安全绩效的企业平均每 20 万工时中发生工作伤害事故约 3 起，而这种高水平的安全绩效，也常导致企业员工在心理因素、社会因素、环境因素等影响下不能 100% 的按章操作。中国民航利用安全大整顿、安全大检查、紧急安全会议等种种有效举措，自 2010 年 8 月 24 日至 2018 年 8 月 16 日，实现了共计 2914 天的中国民航史上最长安全飞行周期，但仍无法有效减少不安全事件。海因里希法则指出，死亡（重伤）、轻伤和无伤害事故的比例为 1∶29∶300。飞行安全事故三角形法则同样指出，每一起严重事故的背后，必然有 29 起轻微事故和 300 起未遂险兆事件及 1000 起事故隐患。而杜邦等多家公司研究发现，企业 80%～90% 的事故是由人的不安全行为导致的。那么，通过有效杜绝人的不安全行为，破坏事故的链条连接点来阻止事故发生。笔者认为，将上到企业管理层、下到普通员工的"全员性"安全管理摆在安全文化建设的首位，培育高效能的组织团队，横向激发人的内在动力、外部压力和工作吸引力，倡导和实施人人参与、主动管理、全员把安全视为个人成就，促使全员从"要我安全"变成"我要安全"进而发展为"我能安全"，进一步提高安全管理的质量和效果，方可全面建设本质安全型企业。以下是促进安全文化落地的关键点。

一、落实全员安全生产责任制是企业安全文化建设落地的基础

党的十九大报告中强调：树立安全发展理念，弘扬生命至上、安全第一的思想，健全公共安全体系，完善安全生产责任制，坚决遏制重特大安全事故，提升防灾减灾救灾能力。2017 年 10 月 10 日，国务院安委会办公室下发了《关于全面加强企业全员安全生产责任制工作的通知》（安委办〔2017〕29 号），提出全面加强企业全员安全生产责任制工作，是推动企业落实安全生产主体责任的重要抓手，有利于减少企业三违现象的发生，有利于降低因人的不安全行为造成的生产安全事故，对解决企业安全生产责任传导不力问题，维护广大从业人员的生命安全和职业健康具有重要意义。"无规矩不成方圆"，企业健全并严格执行"层层负责、人人有责、各负其责"的安全生产责任体系，量化完善激励约束和监督机制，坚持"谁主管、谁负责"的责任追究，方可使全体员工持续高水平的遵章守纪。

二、树立全员参与的安全价值观是企业安全文化建设落地的前提

企业首先通过把安全生产工作提高到安全文化的高度来认识，坚持树立"以人为本"抓安全的原则，把安全生产上升为全体员工的"一种约束、一种责任、一种理念"，不断提高企业员工的安全意识和防范能力等综合素质，最终确保实现安全可持续发展。20 世纪 90 年代初，杜邦公司损失工作日事件发生率 2.4%，在 1989 年没有死亡事件，曾被评为最安全的美国公司

之一。这些都与杜邦从高级至生产主管的各级管理层表现出无处不在的有感领导，以及全体员工树立起正确的安全态度和行为密不可分。该公司针对自身的安全理念和要求，制订了明确的安全目标，提倡互相监督、自我管理的同时，确保杜邦的任何人都必须坚持安全规范、遵守安全制度这一基本条件，为追求卓越的安全绩效贡献自己的力量。中国航空油料有限责任公司华北公司作为荣获首届"中国企业安全文化建设示范单位"称号的17家示范企业之一，始终以企业文化纲要、企业安全理念为指导，以安全文化作为可持续发展的力量源泉，不断向"我能安全"摸索前行，为实现企业安全可持续发展的目标而不懈努力。同时，该公司以"独具慧眼 隐患发现"活动作为安全生产工作主线，坚持对安全隐患"零容忍"，推行风险分级管控和隐患排查治理双重预防机制，通过物质动力、精神动力和信息动力的三重刺激，鼓励干部员工主动发现问题。2017年，该公司员工充分发挥主观能动性、主动排查、整改隐患问题1231项，全年未发生安全生产事故和责任不安全事件，安全管理取得了卓越成效。

三、牢固树立全员性安全管理理念是安全文化建设落地的必经之路

牢固树立全员性安全管理理念，以针对性、有效性、创新性的现代安全管理方法保证安全发展是企业安全文化建设落地的必经之路。

安全管理不是安全主管部门的事，企业管理层同时兼具统筹决策和"有感领导"率先垂范的作用；各部门间应牢固树立"一盘棋"思想，加强协调配合、各负其责，工会、共青团等也积极参与监督，形成合力；班组是企业最小行政单元，更要切实通过"三基"建设，增强学习能力、创新能力、实践能力，实现员工与企业的和谐发展、共同进步，为提高企业核心竞争力打牢坚实的基础。目前，处于行业安全绩效领先水平的企业都是以规范化、流程化、科学化的管理措施为手段，通过抓实安全管理的"全员性"来实现安全目标。主动借力政府监管部门等外部检查指导，结合内部安全检查和突击检查，将所发现的问题进行科学分类、分析，并通过完善个人行为档案、大数据分析及安全评估等手段客观评价安全管理工作效果，针对性抓住管理漏洞，找准问题根源。同时，采取有效措施抓严、抓实、抓细、抓真，确保体系制度落地、风险隐患有效管控、人员行为得以规范。

四、科学技术创新是安全文化落地的先进手段

发展是第一要务、人才是第一资源、创新是第一动力。我国各企业认真贯彻党的十九大精神和创新发展理念，紧跟时代步伐，为大力推动科技发展进步创新创造出众多积极贡献并取得丰硕成果。科技部、国资委在《关于进一步推进中央企业创新发展的意见》及民航科教创新高端对话会都要求，中央企业作为国民经济发展的重要支柱，是践行创新发展新理念、实施国家重大科技创新部署的骨干力量和国家队。中华人民共和国应急管理部（以下简称应急管理部）发布实施了安全科技发展规划，安全科技86186工程（8个重大基础研究方向，60个国家攻关计划项目，100项重点推广技术，8项示范工程，6个安全科技平台）正在有序推进。应急管理部规划科技司在《关于实施"科技兴安"战略的思考》中提出安全科技发展的基本思路是以企业为主体、市场机制为基础、技术标准为纽带，政府引导推动、研发基地和专家队引领创新、中介机构服务，最终形成国家、地方和企业三级安全科技网络支撑体系。新时代、新征程，企业立足安全管理新起点，"八仙过海，各显其能"，以实现持续安全的目标为导向，不断组织全员推广和应用先进安全技术和成果，完善管理手段、改善生产条件，进一步提高了生产技术和安全技术的水平。

五、实现"本质安全"是安全文化落地的最终目标

美国某石化企业对作业系统存在的危险性进行定性和定量分析，推测危险性的概率和程度，利用"故障树"分析法，对设计、施工、设备、工艺等全流程进行可靠性分析，组织全员严格执行全新业务流程，实现了"本质安全企业"。强化"眼睛里面不容沙子"的理念，针对性开展安全隐患治理行动，组织开展行业安全大检查，严肃查处各类违规违章行为。截至2017年年底，安全隐患整改率达到93%。通过强有力的隐患整治行动，确保了安全风险整体可控，行业发展长治久安。木桶理论认为，要想增加木桶的容量，应该设法增加最低木板的高度，那么针对性增加最低木板的高度就是最有效也是最直接的途径。1994年美国政治学家威尔森（James Q.Wilson）和预防犯罪学家凯林（George L.Kelling）在《大西洋月刊》中提到的

破窗理论认为，如果有人打破了建筑物的一扇窗户而没有遭受惩罚，这扇"破窗"又未得到及时修复，那么，其他人就可能收到一种暗示性的信号——纵容，长此以往，各种违反秩序的行为乃至违法犯罪行为就会在"容忍"与麻木不仁的环境中滋长。无论木桶理论还是破窗理论，也是从另一个角度诠释针对性、有效性安全管理的重要意义。笔者认为，只有真正把"安全隐患零容忍"具体化，以问题为导向补齐短板，层层压实安全责任，层层建立整改清单，通过强化过程管理、现场管理等针对性措施，注重安全管理的有效性，全员做到对风险隐患、薄弱环节的闭环管理，安全生产的"水"才能越来越多。

六、结论

安全文化需要长期的积累和沉淀，只有形成人人要安全、人人保安全的良好氛围，以全员性安全管理为依托，通过落实安全生产责任制，发动全员参与，依靠先进的科技手段，巩固、维护企业安全发展的良好态势，才能使安全文化"内化于心、外化于物、固化于制、强化于行"真正入脑入心，全面实现企业安全可持续发展。

"怕、学、服、想、用"安全文化理念在危化品企业安全管理中的应用实践

中石化齐鲁分公司烯烃厂安全环保科　丁俊永

摘　要： 2011 年，中石化齐鲁分公司烯烃厂时提出"怕、学、服、想、用"安全文化理念，从 2011 年至今，烯烃厂干部职工用心体会，将"怕、学、服、想、用"安全文化理念应用于安全管理的全过程，紧抓安全生产的各个关键环节，努力实践，连续七年实现了安全生产无事故，用良好的安全业绩保证了各项指标的稳步提升。本文对"怕、学、服、想、用"安全文化理念在烯烃厂的实践应用情况进行总结，力求对其他危化品生产企业抓好安全文化管理工作提供有益借鉴。

关键词： 危化品企业；安全管理；"怕、学、服、想、用" 安全文化理念

危化品企业往往涉及易燃、易爆、有毒、腐蚀、液化气体等多种类别危化品的生产、储存、使用等一个或多个环节，工艺过程复杂，多存在易燃、易爆、中毒、高温、高压等危险性因素，生产操作中稍有不慎，就可能造成火灾爆炸、设备损坏及人员中毒、伤亡事故。因此，如何加强企业安全管理就成为重中之重，而安全文化建设工作的开展对于加强企业安全管理至关重要，只有在企业中切实有效落实安全文化建设，才能有效地提高企业干部职工的责任心、安全意识、安全素质及业务技能，进而确保装置安全平稳运行。本文对"怕、学、服、想、用"五字法的安全文化理念在我厂的实践应用情况进行总结，以期对其他危化品企业提供有益借鉴。

一、"怕、学、服、想、用"五字安全文化理念应用实践

（一）"怕"字当头，规范行为

抓住"怕"的心理，提升员工和承包商安全意识。"怕"，就是通过警示教育，让人明确不守安全，就可能会被事故所伤害，可能给别人造成伤害。危化品企业往往伴随易燃、易爆、有毒、腐蚀、高温、高压等多种危险性，在危化品企业工作首先要"怕"字当头，怕事故、怕处罚，有了"怕"的意识，才能时刻紧绷安全弦，不断提升安全意识，产生规范日常行为的自觉性。

1.警钟长鸣，提高职工及承包商员工安全意识

烯烃厂将事故案例学习作为班组安全学习的重要内容，事故案例培训、身边事故共享等安全警示教育已成为日常安全管理常态，同时我厂将安全警示教育延伸到入厂承包商员工，利用月度 HSSE 例会机会，带领全体参会承包商集中学习典型事故案例，要求承包商班组安全活动学制度、学事故。通过警示教育，使员工、承包商员工心存敬畏，"怕"被事故所伤害，"怕"给别人造成伤害，"怕"受到责任追究，使员工认识到行为不规范，就可能会被事故所伤害或给别人造成伤害，有效提升了全体员工的安全责任意识和自我保护意识。

2.坚持每日安全督查、员工代表每月安全督查及月度综合岗检制度严管重罚，让规范作业成为自觉

烯烃厂坚持每日安全督查，编发督查通报，实施"日检查，周讲评，月考核"制度，对查出的问题进行考核；厂党群工作科联合安全环保科针对不同季节、特殊管理要求，组织员工代表进行每月专项督查；烯烃厂将每月最后一周的周三作为月度综合岗检日，各专业部门分专业对各单位三基工作开展情况、现场作业情况、设备本质安全情况等方面开展全面检查，检查情况按照专业考核制度，一律严格考核，始终保持安全监管的高压态势，通过严格监管和考核，使作业员工时刻心存敬畏，"怕"受到处分和处罚，牢固树立"谁违章，谁先受害"的安全理念，从而让规范作

业成为自觉。

（二）"学"字在先，提升素质

强化"学"的过程，增强安全技能。"学"，就是通过理论学习、业务知识学习，取人之长、补己之短，不断增强安全技能。要有意识的去学规范，学规章，学制度，学事故案例、吸取事故教训，通过规范学习，不断增长业务知识，提高安全意识和操作技能。

1.强化技能培训和自主学习

烯烃厂高度重视企业及承包商员工的教育培训，树立"上岗必须接受安全培训，培训不合格不上岗"的安全理念，无论是对企业员工还是承包商员工一律严格实行入厂三级安全教育，将班组安全活动作为日常安全教育的重要阵地，利用班组安全活动学规章、学事故案例，学上级会议精神，最新管理要求，企业员工每年2次技术考试，安全内容是其中一项重要考核内容。

编制《烯烃厂承包商手册》，以图文结合的方式，向承包商作业人员直观展示有关劳保着装、生产禁令等基本安全规定，用火、临时用电、高处作业、吊装作业等安全措施及提示，现场违章图片、规范做法和承包商管理的最新要求等，要求承包商对照手册主动学习，提升承包商安全意识和安全技能。

2.编制烯烃厂HSE督查手册，提高安全督查水平

2017年烯烃厂参照公司安全督查手册，编制印制烯烃厂HSE督查手册，将手册印刷成口袋书，参与现场督查人员人手一册，并将手册发放给各承包商负责人。督查发现问题指出违反制度规定条款，对问题承包商进行教育式督查，进一步提高员工及承包商员工安全意识和技能。

3.强化事故应急演练，增强事故应急能力

每次应急演练前，针对演练情景，反复研讨制订应急演练方案，实施演练的车间组织每个班组在认真学习演练方案后，再对演练方案进行桌面推演，最后随机选取一个班组进行实战演练，提高全员事故应急处置能力。

（三）"服"字在心，遵章守纪

丰富"服"的方式，改进工作作风。"服"，就是在严格管理的前提下，增强服从意识，提高服务能力，提升服侍水平；根据自身实际，提高安全标准，提升工作效率，不断改进工作作风。作为危化品企业的员工要有服务意识、服从意识，要服从管理，服侍装置。服从意识即服从法律法规、服从标准程序、服从时间进程。服务意识即在保证自身安全的前提下，为他人安全做好服务。服侍意识即精心巡检查隐患，提前预判降风险，紧急处置避事故。树立服务、服从、服侍的"服"字安全意识十分重要，作业监护、日常巡检、友善提醒、杜绝"三违"及违章及时制止等都是"服"字在心的体现，也是企业员工遵章守纪的前提。

1.直接作业环节双监护

在烯烃厂大到国家规定的八大高风险特殊作业，小到绿化保洁、设备维修等的一般作业，一律实施承包商及企业各派一名员工的"双人监护"，监护人都要经过安全培训考试，取证上岗，监护人的一项重要职责就是提醒作业员工不要受到伤害，这就是服务意识在直接作业环节的具体体现。

2.召开承包商和基层单位恳谈会，改进安全服务

烯烃厂每年组织入厂承包商召开专题恳谈会，听取承包商的意见和建议，了解承包商需求，及时处理甲乙双方存在的误解或分歧，并就承包商自主管理及现场安全管理好做法进行分享；召开基层车间安全管理座谈会，就一年来的安全管理情况进行交流，研讨下一步安全管理工作，对厂科室的服务要求，通过车间、承包商两个层面的座谈交流，进一步改进安全服务。

3.积极开展双重预防体系建设，扎实做好风险管控和隐患排查整治工作

烯烃厂以开展全员安全诊断为中心，以双重预防建设为主线，以强化风险辨识管控和隐患排查整治为着力点，积极辨识管控作业风险，查找消除装置隐患，确保生产安全。针对夏季特点，7月份我厂组织各专业科室及各基层车间针对夏季特殊情况尤其是雷雨、高温等极端天气进行十大风险再识别，并制定采取相应措施，严格控制风险。

4.开展"低头捡黄金"活动，提高员工查改隐患积极性

烯烃厂每月对各车间上个月发现处置的隐患进行评比，对有效消除了装置、设备等安全隐患的员工视隐患重要程度进行300元或500元不等的奖励，较大隐患由厂安委会评定进行专项大额奖励，激发了员工

主动发现隐患、避免事故的积极性。

（四）"想"字入脑，辨识风险

规范"想"的方法，辨识安全风险。"想"，就是无论做任何事情，都要提前认真思考，把安全放在第一位，持续辨识安全风险。在危化品企业的日常工作中，要时刻想安全禁令、安全风险、安全措施、安全环境、安全技能、安全用品、安全确认，持续辨识安全风险，纠正不安全行为，消除不安全状态和管理缺陷。

1. 大力推广 HAZOP 分析

从 2015 年开始，烯烃厂组织工艺、设备、安全、仪表、电气专家对全厂各装置、储运设施进行全面 HAZOP 分析，并对分析报告提出的安全建议，想方设法进行整改封闭。烯烃厂十分注重 HAZOP 分析在变更中的应用，在 2015 年裂解车间 DC-402 反应器扩容改造和芳烃装置歧异尾气改造中组织车间实施了变更风险 HAZOP 分析，厂领导要求烯烃厂所辖区域工艺、设备等实施较大变更前，必须由变更主导单位组织 HAZOP 分析，运用 HAZOP 技术进行风险辨识，从而避免因变更而出现新风险、新隐患。

2. 以全员"安全诊断"为抓手，推进全员安全风险辨识

烯烃厂推行全员安全诊断活动，督促员工全员查找安全隐患，并及时录入中石化安全信息管理系统，通过开展全员安全诊断，积极辨识日常作业风险，纠正不安全行为，鼓励安全行为。

（五）"用"字在手，落实职责

创新"用"的手段，提高工作执行力。"用"，就是通过不断思考、创新工作方法，完善、固化好的经验做法，不断增强安全执行力。"怕、学、服、想"做到位了，就要运用到实际工作中，应用到安全管理工作中，去实践验证，通过不断思考、努力实践，不断增强企业员工安全责任心，不断提高员工安全素质和技能，不断提升企业安全管理水平。

1. 强三基、严管理，落实全员安全责任

烯烃厂为进一步抓好岗位责任制落实，在组织修订安全生产责任制后，进行全员培训考试，使干部员工牢记安全责任，切实履职尽责；年初全员安全承诺，层层签订安全目标责任书，加强领导安全引领，严格落实安全主体责任。

2. 全面实施作业活动"安全网格化"管理

烯烃厂认真总结固化 2017 年大检修期间实行的检修项目"安全网格化"管理做法，现场所有施工作业一律实施"安全网格化"管理，在作业现场设立安全管理看板，落实安全主体责任和安全监管责任。

3. 制定现场作业安全检查（监护）表，强化作业过程安全控制

烯烃厂为实现对每次作业活动关键环节的安全控制，研讨开发现场作业安全检查（监护）表，要求在作业前、作业过程、作业后对照检查内容认真检查，规范填写，车间安全检查人员对每处施工作业点的监护表填写情况检查签字，提高监护质量，确保作业过程安全受控。

4. 大力开展直接作业环节"信得过"活动

烯烃厂从 2018 年 5 月开始，制订直接作业环节"信得过"活动方案及实施细则，在全厂范围内开展直接作业环节"信得过"活动。同年 6 月中旬，在芳烃车间组织直接作业活动"信得过"活动现场推进会，交流各单位活动开展情况，分享承包商及各单位好做法，持续推进直接作业 "信得过"活动深入开展。并对承包商、各施工作业点"信得过"情况进行了阶段性评比，并在厂月度安全例会进行讲评，通过"信得过"活动的开展，进一步提高承包商自主管理水平，确保直接作业安全无事故。

二、结语

烯烃厂通过大力践行 "怕、学、服、想、用"安全文化理念，在安全管理中做到"怕"字当头、"学"字在先、"服"字在心、"想"字入脑、"用"字在手，不断营造安全第一的安全文化氛围，使烯烃厂的安全业绩不断得以提升，杜绝了安全事故，确保生产安全稳定。安全文化建设是一项长期的、细致的、讲究科学方法的工作，需要企业领导高度重视，做好表率引领，员工全员参与，积极践行，才能使安全文化理念内化于心，外用于安全工作的各个方面，才能上下齐努力，责任共落实，才能在企业内形成良好的安全文化氛围，促进企业的长足发展和安全管理业绩的不断提升。

浅谈饮料企业如何构建安全生产双重预防机制

中粮可口可乐辽宁（中）饮料有限公司　　刘伦志

摘　要：为贯彻落实国家构建安全生产风险分级管控及隐患排查治理部署，坚持标本兼治、综合治理，坚持关口前移，超前辨识预判岗位、企业、区域安全风险，通过实施制度、技术、工程、管理等措施，有效防控各类安全风险；加强过程管控，通过构建隐患排查治理体系和闭环管理制度，强化监管执法及时发现和消除各类事故隐患，防患于未然。

关键词：饮料企业；危险源；双重预防机制

自 2015 年国家安全生产监督管理总局颁布的《食品生产企业安全生产监督管理暂行规定》以来，饮料企业严格按照新规章的有关规定推动执行企业内部安全管理，不断促进新技术、新材料、新工艺、新设备的产生。同时，据中国产业信息网发布的《2014—2019 年中国饮料及冷饮服务行业市场分析及发展策略研究报告》显示：2001—2010 年，我国饮料行业的产量快速增长，年均复合增长率达到 21.82%，至 2010 年已经达到 9800 万吨。根据中国饮料工业协会《饮料行业"十二五"发展规划建议》，保守估计，未来几年，中国饮料总产量将保持 12%—15% 的年均增长率。

然而，随着饮料企业逐渐的发展扩大，安全事故仍时有发生，造成人员伤亡和财产损失。安全文化建设是企业安全工作的灵魂。实施安全文化建设对于企业减少人员伤亡和财产损失，实现健康、可持续的发展至关重要，必须坚持"以安全塑文化、用文化保安全"的原则，突出加强观念文化、行为文化、制度文化和物态文化建设，真正用文化铸造起安全盾牌。而完善安全生产责任制，坚决遏制重特大事故频发势头是新时代中国特色社会主义树立的安全发展理念要求。基于此，构建饮料企业安全风险分级管控及隐患排查治理双重预防机制（以下简称双重预防机制），在全企业形成有效管控风险、排查治理隐患、防范和遏制重特大事故的思想意识；推动建立饮料企业安全风险辨识、隐患自查自治的常态化运行的工作机制；切实提升安全生产整体预控能力，夯实遏制各类生产安全事故的坚实基础，是降低饮料企业安全事故发生的重要手段。这也是将安全文化建设落实到具体的安全生产管理中的有效途径。饮料企业结合自身产业结构特点通过以下几个方面，有效构建安全生产双重预防机制，保障员工生命财产安全。

一、安全风险分级管控

开展风险分级管控是双重预防机制的第一步，饮料企业由于加工工艺、自动化程度、原材料、人员知识水平、所在区域、管理方式的不同，即使是生产同一类型的产品其危险源也不尽相同，同样，所进行的风险分级、管控分级也会各不相同，做实安全风险分级管控，一般而言从风险识别、风险分析、风险评价、风险控制 4 个方面实行制度化定型、标准化操作。

（一）风险识别

采用系统安全分析法根据危险源的类别和性质进行识别，将危险有害因素分为危险物质、设备安全、设施安全、作业环境、交通安全、危险作业、作业人员、安全管理、其他 9 个大类，风险识别过程中应按照上述分类和优先顺序进行，避免识别重复。同时，针对上述每一个分类可依据《生产过程危险和有害因素分类与代码》（GB/T13861—2009）进行再度细化。例如，上述分类中的作业人员可根据《生产过程危险和有害因素分类与代码》中人的因素，再度细化为心理生理性危险有害因素、行为性危险有害因素两个中类及负荷超限、健康状况异常、从事禁忌作业、心理异常等 8 个小类。

另外，针对风险识别，最直接地采取"拿来主义"即将饮料企业历次的内部审核、外部审核、第三方审核等发现项直接转化为其企业内部的风险识别，最具有针对性和有效性。

（二）风险分析

风险分析是采用系统安全分析的原理和方法，分析风险转化为事故的可能性和严重程度，充分发挥专业技术人才的作用定性、定量地描述风险，通过与评价标准相比较，得出系统危险程度。

针对饮料企业的特点，推荐的风险分级方法包括风险矩阵法、作业条件危险评价法（LEC）等，各饮料企业可根据工厂实际特点选择合适的分析方法，下面以风险矩阵法为例简要说明其具体做法。风险矩阵法主要包含风险的可能性、风险的严重程度两个变量，分别表示风险发生的可能性（L）和严重性（S）。判定危害的可能产生的后果及产生这种后果的可能性，二者相乘，得出其风险值及风险等级。根据风险分析识别出的风险发生的可能性和严重程度，饮料企业可结合其本身生产结构特性，确定其赋值参考标准，可参考如下。

（1）风险可能性（L）：根据饮料企业发生事故的可能性来估计危险的概率，可能性等级如表1所示。

表1　风险可能性等级

可能性等级	取值	说明
A	5	很可能
B	4	可能，但不经常
C	3	可能性小，完全意外
D	2	很不可能，可以设想
E	1	极不可能

（2）风险严重性（S）：确定工人是否暴露（或可能暴露）在某危害之下，如果是，有多大危害和害处（是否可导致伤害、疾病甚至死亡），其严重等级如表2所示。

表2　风险严重性等级

严重度等级	取值	说明
I	4	灾难，可能发生重特大事故
II	3	严重，可能发生一般事故
III	2	轻度，可能发生人员轻伤事故
IV	1	轻微，可能造成损失

（三）风险评价

风险评价的主要输出，即根据风险可行性（L）、

风险严重性（S）的分级，可以是3×3、4×4或5×5矩阵，但安全风险等级的结果建议从高到低依次划分为重大风险（I级）、较大风险（II级）、一般风险（III级）、低风险（IV级）四级（如表3所示）。

表3　风险评价矩阵

可能性	严重程度			
	I（灾难）	II（严重）	III（轻度）	IV（轻微）
A	重大风险	重大风险	较大风险	一般风险
B	重大风险	重大风险	较大风险	一般风险
C	重大风险	较大风险	一般风险	低风险
D	较大风险	一般风险	一般风险	低风险
E	一般风险	一般风险	一般风险	低风险

对于辨识出的饮料企业安全风险等级，企业应进行归类梳理建立隐患排查清单，并定期或当设备、工艺、方法发生变化时及时进行更新、完善。饮料企业应根据厂区实际的平面布置图，在建立隐患排查清单的同时，绘制完成企业安全风险空间分布图，即形象的显示企业哪些区域为重大风险区，哪些为低风险区，除原材料库、成品库、办公室、配电室、检验区外，对于多层框架厂房结构的饮料企业或区域还应分层绘制。

（四）风险控制

对饮料企业进行安全风险分级管控，是实现风险控制在隐患发生前的重要举措。饮料企业应该经过风险分级及准确评估后，根据评估结果明确安全风险管控层级，可按岗位、部门、公司、专业化平台层层安排，不得遗漏。确保每一个风险都要有管控措施，可通过制作岗位风险告知卡进一步明确岗位安全职责，通过分类、分级、分层、分专业落实管控主体和责任，实现重大风险重点管控，努力将风险控制在可接受范围。

二、安全隐患排查治理

饮料企业应根据自身行业性质特点，建立完善的隐患排查制度，以确保前期识别出的风险能够被有效控制，具体做法建议如下。

（一）制定隐患排查清单

饮料企业应组织根据识别出的危险源清单制定本岗位、部门、公司层面的隐患排查清单，内容应包含

检查范围、检查内容、检查频率、时限等相关要求，推动全员参与自主排查隐患，尤其是要强化对识别出的高风险的场所、环节、部位的隐患排查。同时，需要注意的是，企业也可以将历次接受过相关审核发现的问题项列入隐患排查清单中以确保发现问题的有效落实，同时更加具有灵活性及针对性。

（二）定期组织隐患排查

饮料企业根据法律法规、方针政策、季节变化、生产实际情况等有关内容要求，于每年年初制定《公司年度安全隐患排查工作方案》，确定排查目的、排查的区域或作业范围、排查方法和组织方式、排查时间、资源配置及排查过程中的具体要求等，进行全面或专项隐患排查工作。

隐患排查要包括所有人员（包括各种外部人员）、所有活动（常规和非常规的）、所有场所（企业内部场所及外部租赁场所等）、所有设施（建筑物、设备及工器具等），同时还要考虑三种时态（过去、现在和将来）和三种状态（正常、异常和紧急）；专项或专业检查可以针对特定的对象，但要对特定对象界定范围所涉及到的所有场所、环境、人员、设备设施和所有作业及管理活动等全面排查；一年内组织的各种检查必须要覆盖所有场所、环境、人员、设备设施和所有作业及管理活动等，同时无论哪种检查都应当做好详细的工作记录。

（三）隐患治理

饮料企业应根据隐患排查结果及时进行整改。对于一般事故隐患，应当由属地责任部门制订隐患治理方案立即进行整改，治理方案应明确治理目标、治理方法、治理时限、责任人员等内容。对于重大安全隐患，饮料企业应启动专项治理行动计划的报批程序，提交整改计划至文档审批流程经企业管理层立项。由公司分管安全领导组建专项治理工作小组，研讨并制订纠正行动计划，并在改善结束后分管安全领导审核确认后方可关闭。

重要或重大隐患治理方案中应包括以下内容：治理的目标、采取的方法和措施、经费和物资的落实、负责治理的部门和人员、治理的时限和要求、安全措施和应急预案。在重要或重大事故隐患治理过程中，应当采取相应的安全防范措施，防止事故发生。事故隐患排除前或者排除过程中无法保证安全的，应当从危险区域内撤出作业人员，并疏散可能危及的其他人员，设置警戒标志，暂时停产停业或者停止使用。对暂时难以停产或者停止使用的相关生产储存装置、设施、设备，应当加强维护和保养，防止事故发生。

三、结语

危险源是事故发生的内因，隐患的产生是事故发生的外因，双重预防机制从事故演变规律中抓住了防范事故的关键环节，风险辨识是基础、风险分级是难点、风险管控是重点、隐患排查是关键。饮料企业应全面构建安全生产双重预防机制，有效落实安全文化建设，实现把安全风险管控做在隐患前面，把隐患排查治理做在事故前面，增加饮料企业安全防范治理能力，提升安全生产整体水平，有效防范和遏制重特大事故，促进饮料企业持续健康安全发展。

"强化源头管控、提升本质安全"安全理念的实施

中国生物技术股份有限公司　王红昌

摘　要：近年来，我国安全生产形势总体持续向好，但重特大事故仍时有发生，究其原因，固然应从安全管理的全过程进行分析，但源头管控不力、本质安全建设水平不高是很重要的事故诱因。本文结合我国目前的安全生产总体形势，分析讨论了企业在安全生产管理中"强化源头管控、提升本质安全"安全理念的重要意义，并重点从五方面提出了针对性的实施建议。

关键词：源头管控；本质安全；实施建议

一、"强化源头管控、提升本质安全"安全理念的重要意义

众所周知，当前我国安全生产方针是"安全第一，预防为主，综合治理"。"安全第一"，首先强调安全的重要性。它是处理安全工作与其他工作关系的重要原则和总要求。"预防为主"是指安全工作应当放在生产经营建设活动开始之前，并贯彻始终。安全工作的重点应放在预防事故的发生，采取各项源头管控措施，尽量减少事故的发生和事故造成的损失，最终实现本质安全的目标。因此，"预防为主，源头管控"是保证生产经营活动符合安全生产的要求，"强化源头管控、提升本质安全"安全理念的形成是提升安全管理的重要途径，对企业实现本质安全具有推进作用。

二、"强化源头管控、提升本质安全"的五项实施建议

鉴于"预防为主，源头管控"在安全管理中的极端重要性，下面着重从5个方面提出"强化源头管控，提高本质安全"实施建议。

（一）做好建设项目设计、施工、竣工验收的源头管控

做好建设项目设计、施工、竣工验收的源头管控，即贯彻落实"三同时"管理要求。安全源于设计，重在源头管控。这种理念从一个企业的新建之时就应认真贯彻，即企业在建设项目的设计、施工和验收过程中要严格贯彻安全设施、职业卫生"三同时"管理要求。具体而言，在一个企业新建项目可行性研究阶段要由安全专职管理人员牵头组织实施安全职业卫生预评价工作，形成安全预评价报告、职业卫生预评价报告，然后由有资质的设计单位以安全职业卫生预评价报告为重要依据，积极采用先进成熟的安全技术开展安全设施、职业卫生设施的设计工作。设计过程中企业应组织安全技术管理人员或委托第三方技术机构参与对安全设施、职业卫生设施初步设计方案的审核，对不相符之处提出修改意见和改进建议，努力提高本质安全设计水平。对其中存在的严重设计缺陷的要督促设计单位进行改进和完善，最终经地方安监部门和卫生主管部门进行设计审核，确保在设计阶段不留下重大安全隐患（尤其是高危企业）。

在项目施工阶段，企业安全专职管理人员应协同监理单位监督施工单位严格按照审查批准的安全、职业卫生设施设计方案施工，施工作业要按计划有序进行、尽量避免交叉作业，在保证项目施工现场安全的前提下，确保重要部位施工与设计方案相符，不产生重大施工偏差导致的重大安全隐患使企业后续难以有效整改。可能产生职业病危害的建设项目在建设项目完工后、竣工验收前，由企业委托第三方评价机构根据有关安全生产、职业病防治的法律法规、标准、防护设施设计方案及建设项目试运行阶段的安全生产、职业卫生实际状况，开展安全评价和职业病危害控制效果评价，取得评价报告，然后向安监部门和卫生主管部门申请验收，取得专项验收批复文件；在竣工验收前，企业还应向公安消防机构提出工程竣工消防验收申请，经验收合格后才能组织竣工验收。在竣工验收阶段，企业要组织安全技术管理人员认真参与由设计单位、施工单位、监理单位和建设单位联合完成的四方验收，对项目涉及的安全设施（包括消防设施）、

职业卫生设施的施工质量和安装情况是否符合有关法律法规、标准、技术规范及规划设计要求进行全面检验，对严重不符的提出限期整改，确保安全卫生设施满足项目投产（用）后安全生产运营的目的。

（二）做好人员安全管理的源头管控

做好人员安全管理的源头管控，即贯彻落实企业安全教育、学习培训、责任落实管理制度。在构成安全事故的要素中，人是最主要的要素。按照墨菲定律，如果客观上存在着发生某种事故的可能性，不管发生的可能性有多小，当重复去做这件事时，事故总会在某一时刻发生。人的错误操作或违章操作是人机系统中的一种非正常状态，如果这种非正常状态经常存在迟早会引发事故。因此加强对人的管理是安全管理的重中之重。如何加强对人的管理，安全教育、学习培训和责任落实是对人进行安全管理的先行措施。

在安全教育培训方面，要做好不同层面人员的安全教育和学习培训，对管理人员要加强安全生产法律法规、事故致因理论、现代安全管理理念和方法的教育培训，使安全管理人员熟悉自己的法定职责、树立"党政同责、一岗双责"的责任意识，掌握目标管理、系统管理、风险管理、绩效管理等方法，认识企业安全文化建设的重要性；对新员工要做好入厂三级安全教育，从政策法规、规章制度、操作规程、劳动保护、生产工艺、岗位技能、应急处置等方面开展教育，从总体认识到具体工作岗位的细节，让员工一入厂就体会到公司对安全生产的重视，在上岗之前就已经明确自己的安全职责，掌握基本的岗位安全知识，树立良好的安全生产意识，具备必要的应急处置能力，主动进行安全作业；对有一定工作经验的老员工，可结合事故案例对其进行克服麻痹侥幸心理和习惯性违章方面的教育和培训等。在培训方法上除常规的开会、办班外，也可通过研讨会、知识竞赛、现身说法、亲情互动等多种形式，做到因人施教，因材施教，引起他们的共鸣，不断提高教育培训的吸引力和培训效果。

在此基础上，企业要建立从上至下，覆盖各管理层和岗位员工的责任制，层层签订安全责任书，明确各级管理人员和基层员工的工作目标和安全职责（过程管理要求），并对其安全绩效完成情况定期开展考核评价和奖惩兑现，形成有目标、有管理、有监督、有考核的良性循环工作机制。做好了上述人员安全教育、学习培训、责任落实，就是做好了对安全事故防控中"人"的因素的源头管控。安全管理工作才行之有据、行之有效、行之有恒。

（三）做好现场安全管理的源头管控

做好现场安全管理的源头管控，贯彻落实安全风险评估和现场作业安全操作规程的管理要求。现场安全管理就是对各种作业现场的安全风险和安全作业过程进行有效管控，防止各类安全事故的发生。无论何种作业，只要理论上存在发生安全事故的可能性，就要进行管理干预，即在事前对各类作业现场进行安全风险分析，通过全面识别生产、施工、检维修过程中存在的安全风险，运用成熟有效的安全技术和措施来控制风险，并据此制定组织措施、技术措施和管理措施。

企业根据不同作业的风险高低和风险特点，制定相应的现场作业 SOP，规定现场作业条件，在作业现场设置必要的安全警示标识，配备相应的检测监测设备、安全防护设备、劳动防护用品和应急救援设施，必要时进行作业监护。在开始作业前，先由工作负责人（现场安全员）检查作业现场是否满足安全作业条件，作业人员是否熟练掌握安全操作技能，人员自我防护是否到位，作业工具和设备是否正常运转，安全技术交底是否全面充分、监护人员和应急救援设施是否到位。满足现场作业 SOP 规定的各个安全要素后方可开始作业。

对于常见的八大危险作业，作业前应实施工作票和作业审批制度，工作负责人在作业前向主管部门提出作业申请，经相关负责人对现场作业条件、人员防护、作业设施和安全措施进行审核并审批后，凭工作票开始作业，并在作业中严格落实安全技术交底和 SOP 规定，做好全过程安全防护和监护工作。

另外，危险作业中属于特种作业的，特种作业人员必须接受与本工种相适应的、专门的安全技术培训、经安全技术理论考核和实际操作技能考核合格，取得特种作业操作证后，方可上岗作业；未经培训，或培训考核不合格者，不得上岗作业。

（四）做好外包安全管理的源头管控

外包安全管理的源头管控即贯彻落实"第三方"安全管理要求。近年来部分企业为解决内部工程技术人员和设备运维人员不足的问题对重要部位的日常运维进行了外包。虽然很大程度上解决了企业人员不足的困难，但随之也带来了较大的安全管理风险，主要表现在：外包运维人员流动性较大、部分人员技术素质不高、责任性不强，对异常工况应对能力不力，隐患排查和整改不及时，甚至存在无证上岗、代班代岗的现象。做好外包安全管理的源头管控，强化外包资格准入管理，严格外包符合合同或安全协议，在重要岗位设置内部技术和管理人员，加强日常监管，确保外包运维不出现管理真空和漏洞。

外包单位在进入企业前，企业主管部门在签订有关外包项目服务合同时，必须对其安全生产资质进行审查，审查内容包括：相应等级的资质证书、营业执照、税务登记证、法人代表和项目经理安全知识与管理能力考核合格证、特种作业人员操作证等证书。此外，还应审查法人资格及承担法律责任的能力，如无承担法律责任的能力，则不得与其签订任何形式的外包服务合同。不得将生产经营项目、场所、设备发包或者出租给不具备安全生产条件或者相应资质的单位或者个人。应在外包服务合同的基础上签订外包服务安全协议，安全协议应明确双方安全职责、安全管理的方式方法、安全管理人员的衔接、安全教育和培训的定期开展、职业病危害因素的定期检测和健康监护、安全检查的执行及违约责任等。外包服务单位应有相应的项目负责人和安全负责人，并建立了各级安全生产责任制和安全管理制度。

企业安全管理部门日常应对其安全责任落实和安全管理制度执行情况进行定期和不定期的监督检查（必要时在外包运维现场设置内部技术和安全监督员，强化现场作业的安全管理），每年进行安全管理绩效的考核评价。对外包运维单位的引入和续期，应根据其在上一合同期（或上一年）内安全管理绩效实行动态管理，对安全管理绩效优秀的外包单位优于予以引入或续期，对安全管理绩效较差或不合格的外包单位坚决予以否决和淘汰。

（五）做好事故应急处置的源头管控

从理论上讲，只要做好了日常隐患的排查治理，将各种安全隐患、未遂事故和轻微事故控制在最低限度内，就可以防止重伤和死亡事故的发生。但同时高危行业（如化工、建筑、危化品储存等）领域重特大事故仍时有发生警示我们，我国在实现本质安全的进程中仍处在一个量变到质变的过程。

在实现本质化安全之前，企业在做好安全设施"三同时"、做好人机物法环的安全管理外，还应建立具有科学性、真实性、针对性和实用性的事故应急预案，这是对事故应急处置的源头管控。

根据新修订的《生产安全事故应急预案管理办法》，编制应急预案前，编制单位应急性事故风险评估和应急资源调查；在此基础上完成应急预案编制后，应组织有关专家进行评审和论证，确保应急预案药物的完整性、组织体系的合理性、应急处置程序和措施的针对性、应急保障措施的可行性、应急预案的衔接性；应急预案经评审和论证后由企业负责人签署发布实施，同时报地方安监部门和有关部门备案；在应急预案实施过程中要组织对员工进行预案的宣传教育和培训，定期组织预案的实战演练和效果评估，并根据相关要素的变化适时进行预案的修订。这些管理要求突出了对事故管理的预防导向及事前准备和动态管理要求，是对事故应急处置的针对性和实用性进行的源头管控。企业只有扎扎实实地贯彻好这些要求，事故应急预案才能真正的发挥其应急功能，最大程度地减少企业人员伤亡和财产损失。

三、结论

纵观国内外，无论是杜邦公司、BP 公司，还是中海油公司、神华集团等，之所以能长期保持良好的安全绩效，很大程度上是其持之以恒地追求"强化源头管控、打造本质安全"的安全管理理念的结果。相信随着我国安全生产法治环境的日趋完善，企业守法执法意识的不断提高、安全生产技术装备的改造升级、安全生产专业人才队伍的发展壮大、安全文化建设的持续推进，我国的安全生产工作即将迈上一个新台阶，全面实现安全生产"十三五规划"目标，使安全生产总体水平与全面建成小康社会目标相适应。

矿山企业安全文化建设与管理实践探索

大冶有色金属公司铜绿山矿　　左献云　郭庆光

摘　要：本文主要介绍了我矿近些年在适应安全管理新常态下，转变观念，加强企业安全文化建设，创新安全管理模式，统筹规划，增强安全工作的主动性和预见性，做到未雨绸缪，同时就如何综合解决安全生产问题提出了自己的看法和建议。

关键词：安全管理；实践；发展

我矿紧紧围绕企业安全生产主体责任落实这条主线，以建立健全安全生产责任体系为抓手，以创新安全管理为举措，以科学防范安全风险为落脚点，扎实抓好抓牢安全工作，逐渐理顺了"安全与生产、安全与效益、安全与发展"的关系，矿山安全生产工作逐步走向制度化、规范化、标准化。

一、创新举措，构建安全文化示范型矿山

（一）完善制度，落实安全文化建设根本保障

我矿把制度建设作为安全文化建设的重要保障，制订了完备的安全生产管理制度体系，并且每年根据实际情况进行了更新和完善。逐步建立完善了安全生产责任制管理、安全生产教育培训管理、设备设施管理、安全生产投入管理、职业卫生管理、应急管理、安全检查管理、事故隐患排查治理管理、尾矿库管理等 82 个管理制度的《制度汇编》。针对非煤矿山生产工艺的复杂性，设备的多样性制定了 113 个工种的《岗位安全操作规程》及《岗位作业指导书》，全面梳理作业现场的习惯性违章违制行为，梳理识别违章违制行为 15 类 363 项，编印《违章违制行为分级清单》成册。

（二）突出实效，落实各层级安全培训

为提高员工的安全意识、安全技能、防护技能，我矿投入大量的人力精力，落实安全培训工作。一是加强安全教育培训学校标准化建设工作，成立学校管理机构，聘请安全管理人员和技术骨干为师资力量等。二是加强矿长、安全管理人员、特种作业人员"三项"人员培训，取得相应资格证书。三是做好新入职员工进行矿级、车间级、班组级"三级"安全教育培训及转复岗人员培训。四是强化全员安全教育培训，每年都组织一次全员安全教育培训，推动各二级单位按照年初安全教育培训计划负责组织人员、教案、授课、考试及阅卷工作。五是加强班组安全日、"四新"、外来参观人员等其他教育培训。

（三）创新方式，开展形式多样宣贯活动

一是在人员流动量大的固定地点或班组建设园地设置文化长廊、安全曝光台。二是在每年的安全生产月、百日安全无事故活动中，组织安全知识竞赛、观看安全警示教育片，开展安全文艺汇演、安全警示教育展板巡回展出、事故案例分析讨论、"现身说法"安全教育宣讲活动。三是常态化的开展危险有害因素分析、操作规程"人人过关"等活动，强化班组日常安全教育，提高员工安全素质。四是编印双月刊《安全简讯》，编印反思我矿事故案例的《警钟长鸣》。五是在厂区各个显要位置设置了《安全生产助力平台》，有奖激励员工上报安全合理化建议、提报隐患、举报违章等安全信息。六是各级党团组织、工会也充分发挥党群部门联动管理优势，以组织开展"三创一保"、创建"五型"班组竞赛活动为载体，共同促进基层安全管理责任的落实。

二、依法依规，创建规范标准型矿山

（一）完善安全管理机构

近几年，我矿依据新的《安全生产法》和《湖北省企业安全生产主体责任规定》，建立健全了安全管理网络。成立了矿主要负责人为安委会主任的安全生产委员会，定期组织研究安全生产重大问题。尝试把外包工程单位及员工代表纳入安委会，参与矿山安全管理的决策。各单位相应成立了主要负责人为组长的安全生产领导小组，负责本单位安全生产工作的开展。

（二）建设安全管理队伍

我矿进一步规范了安全生产管理机构设置及专职安全生产管理人员配备标准，设立了安全科。下设有安全管理组、井下现场安全督察队、应急救援队。各车间、工段、班组相应设有专（兼）职安全员。建立注册安全工程师津贴和考核制度，鼓励安全管理人员学习报考。成立井下现场安全督察队，每天24小时三班倒深入地面、井下各作业区域查隐患、纠违章，对危险采场、关键区域进行重点盯防。

（三）推进安全管理体系建设

一是于2011年初次启动安全标准化企业创建工作，通过开展标准化宣贯培训、法律法规识别、危险危害因素辨识与风险评估工作，对全矿93个作业活动辨识出4851条危险危害因素，促使员工杜绝"无知者无畏"，做到"知危险、懂防范、保安全"。2017年地下矿山系统、选矿厂系统取得"安全标准化二级企业"称号。二是开展职业健康安全管理体系建设，尝试将职业健康安全管理体系、质量管理体系、环境管理体系有机整合，开展"三标一体"创建工作。三是扎实推进班组安全标准化建设，根据中色集团和有色公司《班组安全标准化创建方案》积极开展创建工作，对达标创建的目标、要求、工作方法、评分细则等内容进行详细讲解。为保证标准化创建质量，在公司验收标准中提炼了13个安全管理的核心要求、12个员工安全必知项作为达标验收的前置条件。全矿68个班组全部被公司验收命名，达标率100%，推荐11个班组为中色建安全标准化示范班组。

（四）落实全员安全生产责任制

一是在签订《安全生产目标承包责任书》的基础上，编制《年度安全工作任务清单》及93个岗位的《安全责任清单》。二是提出"人人都是安全员"的理念，推出《现场安全管理处置单》制度，要求管理人员深入现场查隐患、纠违章，将履行责任具体化，督促岗位人员、查基层管理人员个人的安全责任落实。三是按照"分片管理、分级考核、分线负责"的原则推行安全管理分片包保，建立健全了自上而下、覆盖全员、全区域的安全责任落实体系。四是成立14个专业安全管理领导小组，按照责任清单履行专业线安全责任，督促矿班子成员、中层管理人员的安全责任落实。五是把考核作为落实安全责任的主要抓手，过程考核与结果考核并重，建立《安全生产奖考核办法》，设立一年300多万元的安全奖励，鼓励员工当"安全之星"、班组争创常态化"安全标准化班组"、管理层争拿"过程管控奖"、单位争创"零事故单位"。六是推行"安全约谈"制度，针对在安全管理工作中严重失职、违规的事故单位负责人，进行处罚、曝光与诫勉谈话，提出警示和告诫。

三、未雨绸缪，构建和谐稳定型矿山

（一）完善预案

严格按照《生产安全事故应急预案管理办法》要求，结合我矿安全风险特点，制定和完善了生产安全应急预案、8个专项应急预案、现场应急处置方案9个，44个高风险作业岗位制订了应急处置措施。对重点要害岗位，编制简明、实用、有效的应急处置卡。同时，按照要求实行了网上报备，在相关部门进行备案。

（二）开展应急培训及演练

有计划地开展全员应急培训，加强一线从业人员自救互救、避险逃生技能培训。尤其是组织关键岗位人员、防汛责任人对现场处置方案的专题学习，做到各级人员熟知危险、应对正确，提升预警预防和应急处置能力。重点采用实操演练等方式加强现场处置方案演练，做到岗位、人员、过程全覆盖，使演练贴近实际、实战。

（三）落实物资储备

我矿从安措费中划出一块防汛专项资金，专门用于防汛设备设施、物资的准备，保证需要。各二级单位按照防汛工作要求，及时报送物资采购计划。矿组织采购到位，做好了足额储备。各二级单位明确防汛物资的库存地点、运输保障、保管责任人及联系方式。防汛物资未经防汛指挥部许可，严禁挪作他用，否则按照A类违章予以处罚。

（四）强化值班值守

严格执行24小时值班制度、领导带（值）班下井制度，加强值班值守和信息报送。加强元旦、春节及特殊时期值班值守工作。要求党员干部坚守岗位，靠前指挥，一旦发生雨雪冰冻灾害或突发事件，立即启动应急预案，第一时间组织抢险救援，防范次生事故，全力保持生产经营的平稳有序。

（五）推进应急救援队伍建设

全面启动应急救援队伍建设工作，建立了服务辐射鄂东南地区的矿山救援队。前期，争取到国家 5338 万元的专项资金，配备救援车辆 10 台、救援装备 76 台套。2017 年大冶有色矿山救援队被授予"湖北省安全生产应急救援示范队伍（基地）"称号。

四、强化管控，打造平安发展型矿山

（一）强化外包队伍管理

针对井下采矿外包业务量较大，外包队伍人员较多，人员素质参差不齐、流动性大的实际情况，坚持"一审查、把四关、三同时"。"一审查"就是严格查审外包队伍的安全资质；"把四关"就是严把外包人员的身份核实、身体素质、年龄限制和安全教育"四关"；"三同时"就是把外包队伍纳入矿下属单位管理序列，做到外包队伍与矿下属单位的安全管理"同时部署、同时检查、同时考核"，切实落实外包队伍安全管理主体责任。

（二）强化作业现场过程监管

一是进一步落实安全确认制，我矿实施了井下采场作业填票制度，要求工段长、工程队队长按照《采场安全确认执行标准》对井下作业采场每班作业前进行安全确认、严格把关，符合安全作业条件才能开具确认票，实行先开票后作业，不开票，不作业，否则视为违章。二是开展安全生产标准化采场创建活动，以规范采场布置、保安矿柱、斗井、格筛、通风、照明、安全出口为内容制定标准，实施创建工作。三是规范危险作业管理，梳理识别了《危险作业项目清单》，完善《危险作业施工方案》，督促各责任单位严格按照危险作业审批制度，对凡不进行审批、未落实安全防范措施的现场一律停止作业。四是强化顶板分级管理，井下所有采场进行分级管控，采取定期分级鉴定、重点管控、督促落实整改、复查验收、地音监测、控制采幅采高及支护等措施。五是强化井下通风管理，加强井下通风构筑物的日常检查维护与管控，对通风设施（风门、局扇等）状况及时检查整改。六是实施"十项禁令""保命条款"。针对井下极易导致工亡事故发生的突出问题、危险行为，出台了"十项禁令"和"保命条款"，要求每一名管理人员必须熟知其内容，每一名井下员工严格遵守禁令条款。

（三）落实风险分级管控及隐患排查治理工作

一是开展风险辨识、风险评价、制定风险控制措施工作，制订矿级《风险管控表》，悬挂红黄橙蓝四色安全风险空间分布图。二是设置公告栏及告知卡，提取较大以上风险制作《区域风险告知栏》在井口、尾矿库等醒目位置和重点区域张贴，制作全矿 55 个岗位的《岗位安全风险告知卡》明确各岗位主要安全风险、可能引发的事故类别、管控措施及应急措施、报告电话等内容。三是汇编安全检查手册，各专业线科室、单位编制各职能科室专项安全检查表、二级单位安全检查表汇编《安全检查手册》，班组编制《岗位安全确认清单》，明确作业岗位、作业活动及安全确认内容。四是进行隐患排查治理。按手册要求对风险管控措施落实情况进行排查，做到"全员、全过程、全方位、全天候"的隐患排查管控模式，对排查出的事故隐患逐一制订整改措施并落实整改。

五、科技兴安，建设本质安全型矿山

（一）落实安全生产投入

我矿对安全生产费用的使用管理不挪用、不含糊，专门制定《安全生产投入管理办法》，规范了安全投入的项目范围、申报核定、计划实施、开工竣工、验收结算等程序，确保专款专用。2017 年至今，已累计提取使用安全生产费 2043 万元，实施井下排水系统改造、安全支护等安全整改项目 132 个，进一步改善了现场安全生产作业条件。

（二）大力推进科技兴安

这几年，我矿逐渐淘汰国家明令禁止的落后设备和工艺，完成井下 12000 余米非阻燃电缆更换工作；推广使用中深空爆破采矿工艺代替较为危险的上向空场充填采矿法；推广使用一次性爆破天井成井工艺代替危险性较大的普通法掘进天井；推广实施帷幕注浆工艺做好防治水工作；在提升系统使用钢丝绳在线监测、防坠井装置等。

（三）推进"六大系统"建设

2013 年，按照国家相关要求和规范标准，我矿投入 500 多万元在所有生产中段全面完成了"六大系统"、尾矿库在线监测系统建设。井下通信联络、人员定位、监测监控、压风自救、供水施救、紧急避险"六大系统"和尾矿库在线监测系统的建设，目前已全部投入运行。实现了井下作业人员实时定位和井下通风的实时监测监控，对尾矿库的安全运行状况进行远程实时监测，极大的提升了我矿的应急保障能力。

六、结论

我矿近些年在安全管理中的一些探索和实践中取得了一些成效。成立现场安全督察队、安全标准化班组的创建和运行，以及风险分级管控和隐患排查治理双重预防机制创建工作等一些成功的做法相继在大冶有色公司全面推广。但提升员工安全意识、杜绝违章仍将是一项长期性、艰苦性的工作，需要矢志不渝地培育安全文化，提升安全管理，促进矿山长治久安。

浅谈企业领导在安全文化建设中的作用

西南铝业（集团）有限责任公司　尹雪春

摘　要： 安全文化建设对增强企业安全理念，提高安全防范意识，做好企业安全基础建设十分重要。企业的领导在安全文化建设中地位关键、作用特殊、责任重大。本文对领导在企业安全文化建设中的作用做了相应阐述，可以给相关企业提供借鉴。

关键词： 安全管理；安全文化；领导；安全能力

安全文化是企业文化的一部分，是现代化安全管理的主要特征之一。它是企业在安全生产过程中形成的物质产品和精神产品的总和，对于企业的安全生产和发展起着决定性的主导作用，安全文化建设以提高劳动者安全素质为主要任务，具有保障安全的重要意义。企业是安全生产的责任主体，企业的主要领导对本企业的安全生产工作全面负责，是本企业安全生产第一责任人。在企业安全生产建设中，企业领导要以安全文化建设为载体，加强安全生产监管，不断提高职工的安全意识和安全技能，积极营造"人人讲安全、处处保安全"的良好氛围，充分发挥企业领导在安全文化建设中不可代替的作用。

一、领导是关键的少数

领导力专家约翰·科特总结企业家领导力对企业的重要性时指出："取得成功的方法是，75%～80%靠领导，20%～30%靠管理。"企业领导作为安全生产责任人，在安全文化建设中更是如此。在中铝集团安全管理变革之年，公司对标先进，实现卓越安全管理。

（一）领导掌握的资源最多

公司生产经营活动涉及人、财、物、供、产、销等各种资源，公司要实现安全生产，离不开人、财、物、供、产、销各个环节和各个岗位，离不开公司所有员工的参与。公司员工参与度、执行力等安全行为，决定着公司的安全绩效。而公司高层领导的安全行为，如人事安排是否首先看其安全能力、安全投入是否及时有效、安全队伍建设是否强力、安全追责是否严格等，又直接影响其他员工的安全行为。

公司领导掌握的资源最多，其安全执行力在于决策与资源保障。安全是一种有很好回报的投资，公司

应建立一种机制，将有潜力的优秀管理人员和专业技术人员交替派入安全部门工作，作为日后出任其他重要职位要求之一。通过他们在安全部门工作经验和获得的知识，培养他们自身的安全意识、安全文化和领导本质安全型企业的能力，这是一种有利于公司实现安全发展的战略性投资。

在公司安全管理持续改进过程中，公司安全部门应成为各业务部门在安全管理方面的资源。要站在公司发展的高度，强化公司安全部门的自身建设，培养一支业务能力很强的专业安全队伍和具备更多专家型的专业安全人员，为公司生产经营中的安全问题提供解决方案，为公司业务的发展提供安全保障。

（二）领导的安全能力最关键

安全管理的核心是人，人的意识、态度、技能决定了企业的安全状态。安全领导力是指企业各级领导和管理者在其职权管辖范围内，充分利用现有组织资源，包括人力、财力和物力资源及客观条件，激励和引导员工，按公司设定的安全目标、标准和方法，带领整个组织或团队，以最合理的安全成本实现风险管控、事故预防，达到最佳安全效益的能力（安全能力）。安全能力包括安全承诺、安全理念与价值观、安全行为与知识、安全技能（方法经验）等。

提升全员，尤其是各级领导的安全能力是公司实现卓越安全管理的基础。公司领导的安全能力越强，相应地安全领导力亦越强。显然，公司高层领导，尤其是领导的安全能力，将影响、决定公司每一个人的安全意识、态度、技能。

（三）领导的表率作用最大

提升安全领导力和执行力是实现卓越安全管理的

关键途径。企业的安全领导力和安全执行力受企业领导和管理者对安全的重视程度、自身的安全行为、安全管理标准制定、采用的管理方法的有效性、安全管理的专业化技能、作业现场和工艺设备的安全管理风险管控能力、工作环境健康水平和企业对安全的投入等因素的影响。

任何正确的决策、宏伟的蓝图、严谨的计划都需要依靠执行力来实现。执行力决定企业的成败，任何企业的成功必然都是执行的成功，安全管理也一样。公司年初已制订了周详的安全目标、计划和措施，需要公司全体干部员工逐一抓好落实。作为公司领导，带头行动，从规范穿戴劳保用品、认真履行安全一岗双责责任清单做起，为身边人、为基层员工树立榜样，带头执行安全要求、参与安全活动，把公司安全计划转变成行动，定能推动公司全年安全目标任务的实现。

二、领导的任务在于"领"和"导"

领导的内涵，所谓"领"，即带领，就是要率先垂范，以身作则，充分发挥领导的模范和带头作用。所谓"导"，即引导，就是要在"领"的基础上，把握方向和大局，及时解决遇到的各种矛盾和问题，纠正出现的偏差和错误，积极引导企业员工朝着正确的方向前进。

（一）以上率下，先干一步

领导仅支持是干不好安全工作！以上率下，率先垂范，"率"才是关键！作为公司领导，要发挥安全表率作用。首先，明确安全行动标准。建立清晰的安全期望，熟知安全知识，建立安全标准并持续提升，对出现的不安全状况及时做出更正行动，定期开展现场安全审核，通过以身作则，展示自身良好安全行为。其次，进行有效沟通。要熟知你的员工，了解他们关注的问题，表彰良好安全表现，及时反馈员工建设性建议，对"挑刺的员工"做出适当反映。通过沟通，展示自身安全激情和承诺。作为公司领导，应带头创造一个不安全行为被及时更正，良好安全行为获得及时激励，没有伤害的工作场所。

（二）把握方向和大局

公司不同层次人员的安全技能和工作重心是有差异的。公司决策层领导应重在强调战略性、体现方向性，确立安全理念和安全管理机制，要通过设定需要完成的任务和目标，激励他人在工作中始终按照公司

的愿景、规划和价值观做出决定并行动，以领导员工达到设定的目标。

公司高层领导要善于宏观决策，首先，树立公司中长期安全管理愿景，实现卓越安全管理的顶层设计。其次，坚定公司安全信念，坚持"一切风险皆可控制、一切事故皆可预防"的安全理念。最后，培养懂安全的管理人员和技术人员，人才比战略更重要。公司实现卓越安全管理的目标一经确定，方向一旦明确，公司高层领导坚定信心，积极引导公司员工朝着正确的方向前进，目标就一定会实现！

（三）可见有感，使人愿意追随

中铝集团"3132"安全管理思路提出，要做可见有感的领导。所谓可见有感的领导，即要既闻其声，又见其人；清晰的传递其安全信念；给员工展示积极的安全态度；以身作则，安全榜样；渗透到整个组织；影响所有员工；让所有员工参与安全管理。

领导的安全领导力就是使他人自愿追随，完成组织目标的能力。进入21世纪，领导力是一种有关前瞻与规划、沟通与协调、真诚与均衡的艺术。其中，真诚与均衡的艺术，取决于领导的个人品质。首先，领导必须亲身参与，引领实现卓越安全业绩，均衡比魄力更重要；其次，面对安全问题，理智冷静分析原因，做到自省、自控和自律，理智比激情更重要；最后，面对事故，先从分析自身原因开始，真诚比体面更重要。

三、领导应着力推动安全文化建设

（一）确立安全核心价值观

当今，世界一流企业都把职业健康、安全、环保作为其核心价值观。公司领导要以职业健康、安全、环保为核心价值观，树立职业健康、安全、环保在公司中的核心价值地位，体现公司对员工生命、健康、安全和个人发展的关注，体现公司保护环境和关爱社会大众的社会责任。同时，这也是公司贯彻落实党中央、国务院"创新、协调、绿色、开放、共享"五大发展理念，实现"安全发展"和"中国梦"的必然要求和自觉。公司将始终追求安全生产"零事故、零伤害、零污染"。

（二）庄严承诺，认真践诺

安全承诺是履行自身岗位安全职责的基本保证，一经承诺，必须认真践诺。公司安全"一岗双责"责

任清单中规定，每年进行一次公开的安全承诺。领导的安全承诺，包括最高管理者在内的各级领导和管理者对安全的重视和承诺是公司全面履行安全主体责任、创建本质安全型企业、实现一流安全业绩的必要条件。

作为公司党政领导，对公司的安全生产工作负全面责任，要保证认真贯彻执行国家、地方、公司关于安全生产的法律、法规、政策和工作要求，积极落实安全生产主体责任，加强基础建设，提升公司安全生产本质水平，努力做好公司的安全生产工作，减少和杜绝安全生产事故，创造良好的安全环境。要郑重承诺依法建立健全安全管理机构和配备安全管理人员，建立健全安全生产责任制度、管理制度和操作规程，确保安全生产投入，依法进行安全生产教育和安全知识培训，加强对重要危险源监控，制订事故应急救援预案并定期组织演练，依法参加工伤社会保险，按要求上报生产安全事故，做好事故抢险救援，为员工创造安全的工作环境和文化氛围。

（三）培育切合实际、与时俱进的安全文化

企业安全文化是企业组织内全体管理者和员工在对待员工和公众安全方面所坚持的信念和价值观的共同体现，具体表现为企业的组织和个人在践行安全承诺，履行安全职责，沟通、改善安全问题，吸取经验教训等方面表现出的组织和个人行为特征。企业安全文化的建立，取决于企业所秉持的安全信念、价值观，采用的安全管理方式和全体员工的行为表现特征。

安全文化建设已经历了自然本能、严格监督、自主管理和团队管理4个阶段。目前，公司主要处于严格监督阶段，个别单位尚未完全走出自然本能阶段。公司建立本质安全型企业的目标就是要将公司的安全文化带入自主管理和团队管理的阶段。在此过程中，需要企业领导积极推动建立和完善企业安全文化体系。

首先，用1~2年时间建立基础，强化各级人员安全理念、意识、知识和技能的培训，各级人员对安全职责的承诺与履行。其次，用3~4年时间细化落实，引入安全管理和风险控制的有效方法和手段，实施工艺设备和作业现场风险控制、员工行为安全审核。建立系统化安全管理标准和执行机制，完善安全管理体系、实施工程项目和承包商安全管理。最后，持续改进，形成持续提升公司安全能力的条件和机制，建立安全能力培训系统、安全专业队伍建设、提升领导力执行力。

四、结束语

越是任务艰巨、复杂，越要靠"关键少数"发挥关键作用。企业领导要在安全文化建设和安全管理过程中把好方向，把控局面，做好协调，当好表率，以安全文化为引导，以风险控制为手段，通过实现管理、人员、环境和工艺设备本质安全化提升安全能力，创建本质安全型企业，进而实现"零事故、零伤害、零污染"目标。

安全教育培训创新研究

华电国际宁夏新能源发电有限公司　许新华

概　要： 安全教育培训是安全生产的基本要求，是安全文化培育的基本途径，是贯彻"安全第一、预防为主、综合治理"方针的具体举措。针对风电企业传统安全培训存在的问题，公司创新研究了一种新型多媒体安全培训体系，有效提高了培训的质量，激发了员工的参与感，增强了培训效果。本文旨在分享创新安全教育培训的创新思路与做法。

关键词： 新能源；多媒体；安全教培体系；培训合格率

安全文化建设是安全生产工作的基础和灵魂，是企业真正实现从"要我安全"到"我要安全"转变的关键和最有效措施。安全文化建设的关键就是要通过多种方式让企业的安全理念，安全价值观等落地生根，营造出浓厚的安全文化氛围，传播企业安全发展理念，构筑安全管理长效机制。安全文化的落地始于安全教育与培训，在安全文化建设落地过程中，企业要不断创新安全教育培训的手段和方式，强化员工安全意识，提高安全生产技能，为企业安全稳定发展提供保障。

公司在安全文化建设方面不断探索，针对传统安全教育培训中形式呆板单一，缺乏灵活性和生动性，培训形式仍局限于课堂理论教学，安全培训专业师资力量薄弱等问题，创新研究了一种新型多媒体安全培训体系。

一、创新安全教培体系的背景

新能源企业各发电厂布局分散、点多面广，采用传统培训方式存在时间、空间限制；针对性不强；档案、记录不全；流于形式，效果不佳；教、学、考结合性差等问题。在具体实践中，多数新能源企业安全培训还存在教材及考试题库不全面、不科学，师资力量缺乏，无法实时掌握各场站安全培训情况等。

某新能源企业高度重视安全培训模式的探索工作，经多方面、多层面调研，通过思维导图诊断出安全培训存在的问题，如图1所示。

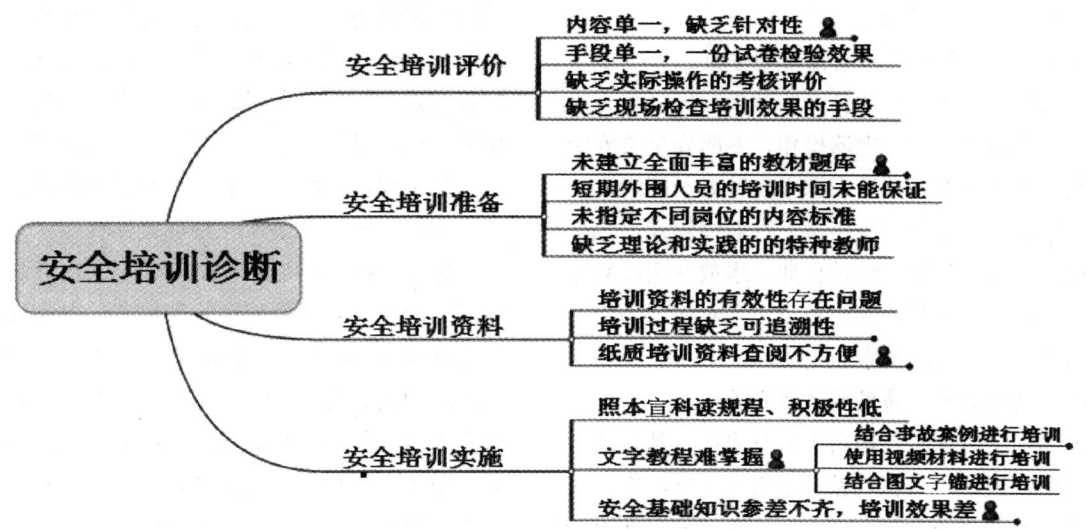

图1　安全培训存在的问题

通过不断摸索实践，公司研究了一种新型多媒体安全教培体系，可以有效增强培训效果，提升员工安全素质。

二、互联网+多媒体安全教培体系的形成过程

（一）收集、开发多媒体安全培训课件及题库

收集完善安全培训教材。结合企业安全生产理念，安全文化体系建设等，制作相关培训内容，提升安全培训效果。通过电力行业反事故措施、新能源企业发生的安全生产典型事故案例暴露问题及防范措施、电力安全工作规程、电力设备典型消防规程、安全生产法等相关内容，按照专业类别编制安全培训教材及试题库。员工亲身体验并参与拍摄制作倒闸操作、检修作业等微电影 58 集，通用安全知识 110 集，考试题库15000 题，多媒体课件总时长 21000 分钟，涵盖电气、机械、高空、吊装、安规、反措、交通、十条禁令等十大专业内容。

（二）开发多媒体安全培训系统

自主研发安全多媒体培训教练机，教练机携带方便，相对于固定培训场所更灵活，具有随时、随地性，可在无网情况下直接培训。该教练机有 5 个系统：进入培训、专题考试、培训记录、培训方案、人员管理。通过刷身份证、录指纹采集学员信息，进行考勤。使用无线答题器考试，自动生成成绩，记录备案。完成了"自动化考勤建档→集中培训→无纸化考试→形成培训档案"的培训流程，实现了信息化管理；课程采用文字、图片、声音、动画、视频等多媒体表现形式，比传统枯燥的填鸭型、理论型教学，更直观、立体、动态，使安全培训事半功倍。

（三）创建多种针对性安全培训方案

根据入场新员工、作业员、安全员、班组长、外委队伍、风机检修维护、电器操作、专职安全员安全管理等制定了八大类专项培训课程，针对不同岗位，可开展专题培训，培训内容丰富、针对性较强。包括法律法规、管理、技能、特种作业、事故案例等知识体系，企业可根据岗位特性，对员工"对症下药"，全面提高员工安全技能和素质。

（四）创新简单、易用的考试方式

多媒体安全培训工具箱用于所有生产、基建及外委人员安全培训，工具箱以触屏主机为主体，内置多媒体培训、考试系统及相应的安全培训课程，并附带身份识别、无线答题器等工具，可根据需求随时随地进行培训。

培训时管理员选择相应的培训方案，学员通过身份证、员工卡或指纹在工具箱上上传身份信息，工具箱会自动为其建立培训档案并生成二维码，信息上传成功后系统将放映多媒体培训课件。

培训完毕后，学员通过无线答题器在屏幕上进行考试，然后系统将自动判分并在投影屏幕上显示，培训档案随即更新，并同步到云平台实现共享。

（五）强化安全培训档案管理

建立安全培训的大数据，实现一人一档，让安全培训数据一体化，并利用互联网+多媒体安全培训模式解决安全培训不规范等问题，满足企业安全培训要求。

（六）手机 APP 移动学习

该系统利用人们"机"不离身的特点，将培训功能植入手机，实现"掌上"学习、练习，随时查看员工培训情况，作为多媒体安全培训平台的补充学习方式，手机 APP 目前有两个应用。

（1）安规随身练：员工通过答题和错题重做来进行安规学习，每月系统自动对答题量、正确率进行统计排名。

（2）隐患随手拍：通过手机拍摄现场隐患，上传至云平台，相关人员认领整改，隐患图片经过筛选形成培训课件。

三、互联网+多媒体安全教培体系实施效果

互联网+多媒体安全教培体系设计及在新能源企业的应用表明：标准化、海量化的培训内容，直观、生动、持续、循环化的培训模式，信息化、自动化的监管方式，确保了在不影响正常生产的情况下，实现100%全员培训，通过理论学习与实操培训的结合，提高了员工安全技能，实现了企业信息化、统一化监管。

（一）一次性培训合格率大幅提高

采用互联网+风电场多媒体安全培训教练机，形成了一套行之有效的安全培训模式。某公司应用以来统计证明，一次性培训合格率平均值高达 94.93%，比传统培训模式提高 13 个百分点。趣味化的学习形式，激发了员工的学习兴趣，大大提高了员工整体安全素质，员工行为规范得到提升，现场违章行为次数明显降低，保证员工自身安全的同时，促进了公司生产安全的正常进行。

（二）多样化的教学，提高安全培训实效性

采用多媒体安全培训教练机、移动客户端构成移

动式多媒体培训系统，解决了时间与空间局限性，实现安全培训的自动播放与循环使用，减少了人力、物力投入。该系统本着技术上革新，内容上更新，手段上创新的"三新"设计理念进行系统设计，提高安全培训实效性。

（三）采用多媒体教学，调动员工学习积极性

多媒体的教学采用了文字、图形、图像、动画、视频、音频一体化界面加大了员工的感官刺激，使教学变得形象化、立体化和生动化，从而提高了员工的学习兴趣。通过优秀的课件教学，把枯燥的安全培训内容与多媒体培训平台有机结合，有利于员工对所学知识的理解和接受，切实调动了员工学习的积极性，灵活发挥其学习潜能，强化培训效果。

（四）培训内容丰富、针对性更强

该培训系统包括法律法规、安全文化、管理理念、安全技能、特种作业、事故案例等知识体系，涵盖电气、机械、高空、吊装、安规、反措、交通、十条禁令等十大专业内容。企业可根据岗位特性，实现对员工安全培训需求"对症下药"，有效提升员工安全技能和素质。

（五）采用电子信息自动采集，培训档案更加规范

通过刷身份证、录指纹、电子签名采集学员信息，进行考勤，自动生成标准化档案，可长期、大量存储，快速查询。使用无线答题器考试，自动生成成绩，记录备案。完成了"自动化考勤建档→集中培训→无纸化考试→形成培训档案"的培训流程，实现了信息化管理。

四、结束语

互联网+多媒体安全教培体系的设计及应用解决了新能源企业传统培训存在的诸多问题，下一步企业还将建立实践操作培训基地，配置安全帽、安全带、简易脚手架、一般电气设备等，供员工进行实际操作练习。通过理论培训和实践操作技能培训，大大提升了安全培训效果，提高了员工安全意识，增强了员工安全自觉性，为员工安全提供了保障。

参考文献

欧阳学金. 关于水电工程建设农民工安全培训问题的探讨[J]. 建筑安全，2014，（12）：18-20.

基于贝叶斯网络
——LOPA 方法的企业本质安全分析

武汉船用电力推进装置研究所　章志超　王志宁

摘　要：科研生产过程中，受人的不安全行为、物的不安全状态、作业工序、环境不良等多种因素影响，生产安全事故时有发生，不仅给企业带来重大的人员伤亡和经济损失，同时也带来恶劣的社会影响。本文引入贝叶斯网络评估模型，通过贝叶斯网络对科研生产过程中的本质安全进行分析，得出本质安全的出现概率及各评估指标相对本质安全指标的敏感度大小；再结合 LOPA（保护层分析方法），采取重点预防和控制措施，有效降低事故发生的概率，体现了安全文化管理工作重点突出，预防为主的原则，为企业本质安全生产提供指导。

关键词：本质安全；贝叶斯网络；保护层分析

安全是企业生产建设中的永恒主题。在当前科学发展、和谐发展的时代背景下，深入推进企业安全文化建设，不仅是确保企业安全生产的现实需要，更是促进和实现企业大发展、大繁荣的必然选择。

在科研生产过程中，作业风险大小受多种危险有害因素影响，在失控状态下很容易发展成事故，因此，需提高生产作业过程中风险控制和决策能力，降低事故发生的概率与造成的损失。目前，应用较为广泛的风险评估方法有作业条件危险性分析法（LEC）、风险矩阵法（Risk Matrix）、故障树（Fault Tree Analysis，FTA）法等[1]。这类方法通常情况下都是一个定性的分析，缺乏定量的研究。

由于事故本身属于偶然事件，企业也缺失基础数据，计算发生概率时，使用经典的统计概率计算会因数据样本过少而使结果不准确；且一般的计算方法并不能反映各因素对风险发生的相互关系。为规避这种现象，采用贝叶斯概率这一非经典的概率（主观概率），定量分析危险有害因素及风险大小，结合保护层分析方法，提出预防和控制措施。将贝叶斯网络与保护层分析法相结合，不但可以对事故的预防、控制、发生、后果及发生的原因等事故发生全过程进行分析，而且评估过程具有可视化的特点，便于在企业的科研生产过程中推广，提升企业和人员的本质安全水平，有效落实安全文化建设。

一、贝叶斯网络—LOPA 方法

（一）贝叶斯理论

贝叶斯理论[2]的奠基人是英国数学家汤姆斯·贝叶斯。贝叶斯算法能够在一个灰色系统中，对某未知状态的事件运用主观概率进行估算，并且可以利用贝叶斯条件概率修正该事件的发生概率。其基本表达式如下：

$$P(H_i|A) = \frac{P(H_i)P(A|H_i)}{\sum P(H_i)P(A|H_i)} \quad (1)$$

贝叶斯网络是依据贝叶斯理论而发展起来的一种与图形理论相结合的概率网络。由多个代表不同变量的节点和连接这些节点的有向边构成有向无环图（Directed Acyclic Graph，简称 DAG）。

图 1 是一个简单的贝叶斯网络，图中 H1—H2、H1—H3 表明两变量直接关联，H1 称为 H2、H3 的父节点，即 H2、H3 为 H1 的子节点。根据独立性假设和 D-分割定理，图 1 所示的贝叶斯网络的联合概率分布函数为：

$$P(H1,H2,H3)=P(H1)\,P(H2|H1)\,P(H3|H1) \quad (2)$$

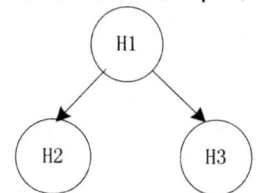

图 1　简单的贝叶斯网络

贝叶斯网络的推理实质是进行概率计算，在确定一个贝叶斯网络模型的情况下，根据已知条件，利用贝叶斯概率中条件概率的计算方法，计算出所需要的节点发生的概率，贝叶斯网络的特点在于根据已知结果，通过网络推断出其他变量的概率分布。例如，观测到 H2 的一个结果是 A，通过网络进行传播从而更新先验的概率，H1 和 H3 后验的概率为

$$P(H1，H3|A)=\frac{P(H1)P(A|H1)P(H3|H1)}{\sum P(H1)P(A|H1)} \quad (3)$$

（二）贝叶斯网络的建立

贝叶斯条件概率公式是贝叶斯整套理论的基础，条件独立、D-分割是贝叶斯图论的基础，贝叶斯网络结构是贝叶斯层次结构模型的建立原则。贝叶斯网络的建立过程一般分为以下几个步骤[3]。

确定域变量。针对具体的分析领域，选择合适的变量来描述选定系统的各个部位，并确定其含义。

建立贝斯网络结构。通过分析各个变量间的相互关系，确定系统的网络结构。

条件概率分布的确定。分析历史数据或者对专业人员的主观经验来确定节点的条件概率。

（三）贝叶斯网络的推理分析

顶事件概率分析根据设定情况，由多个子节点引起父节点事件发生的概率。

节点敏感度分析可以确定引起父节点事故的最主要因素，从而采取相应的措施来减小失事概率。

（四）贝叶斯网络—LOPA 方法简介

贝叶斯网络—LOPA 方法结合了贝叶斯网络与保护层分析法的优点，其基本图形如图 2 所示，能够及时分析和描述风险发生的全过程，同时提出合理的预防及控制措施。贝叶斯网络—LOPA 模型将分析目标放在顶端，与影响目标的相关因素相连接。允许在图上标出为了预防下一节点发生所采取的预防措施及节点事件发生后为减小损失所能采取的控制措施。

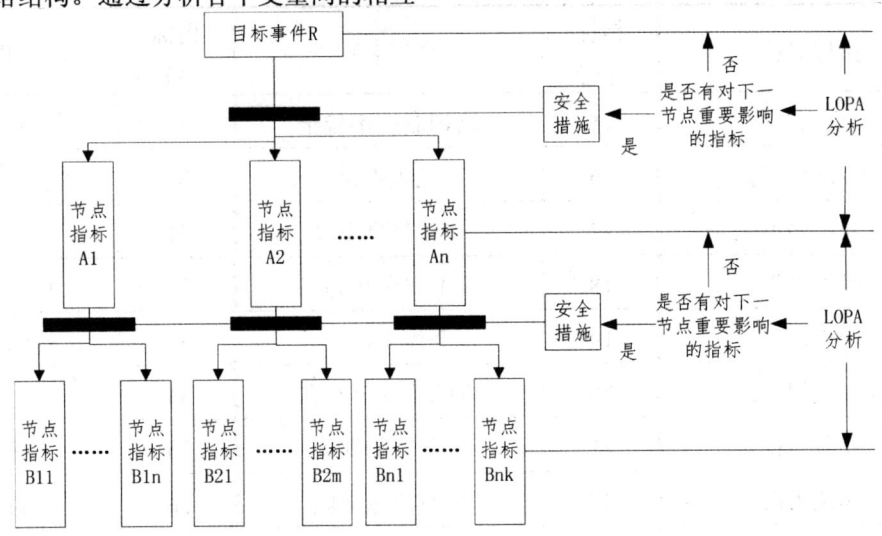

图 2　贝叶斯网络—LOPA 方法原理图

二、贝叶斯网络—LOPA 方法模型构建

企业本质安全的贝叶斯网络—LOPA 方法评估模型以建立贝叶斯网络结构为基础，一般分为以下几个阶段：风险指标的选取；建立贝叶斯网络；贝叶斯网络参数的确定；推理分析；根据推理分析结果，运用 LOPA 增加安全屏障；安全屏障状态下进行风险分析（具体构建过程如图 3 所示）。

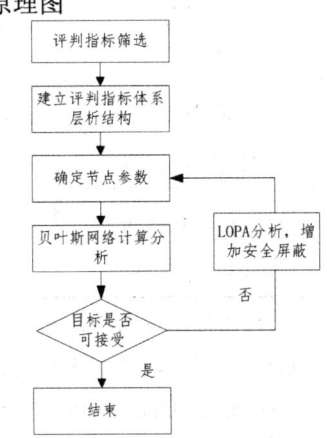

图 3　贝叶斯网络—LOPA 方法模型构建过程

（一）评判指标筛选

参考《企业职工伤亡事故分类标准》（GB 6441—86）与《生产过程危险和有害因素分类与代码》（GB 13861—2009），结合企业安全生产实际，将整个指标体系按照不安全行为、不安全状态及作业工序设计三个方面[4]，按层次分析法构建层次结构图。

1. 不安全行为

事故的发生主要因素是人的不安全行为。控制人的不安全行为可以降低事故的发生概率，人的不安全行为的因素可分为违章操作和操作失误。

2. 不安全状态

不安全状态指在作业过程中，各类事物、环境或人所处的，容易引发事故或对事故严重程度产生影响的一种状态，包括人的不安全状态、物的不安全状态及环境条件不良三类。对科研生产现场归纳总结：人的不安全状态主要指作业人员未按照规定佩戴相应的劳动防护用品，或者佩戴的劳动保护用品质量不合格，无法达到防护目的；引起物的不安全状态的因素可分为防护缺陷和设备质量缺陷；由于科研生产单位只涉及到少量的外场试验，气候条件影响相对较小，故环境因素只考虑作业环境不良。

3. 作业工序影响

作业工序对事故发生的影响不能忽视。当作业工序设计或安全技术操作规程编制不合理、岗位人员不合理操作时，就很容易产生"三违"行为。

本文挑选科研生产现场本质安全涉及的评估指标共计 3 个主要指标，41 个分级指标，如表 1 所示。评估指标具有通用性，对于特定的作业过程或者工艺，还可以划分其他对应的各级指标。

表 1　各级指标符号及意义

指标序号	指标名称	指标序号	指标名称	指标序号	指标名称
1	本质安全性	15	培训制度不健全	29	超负荷作业
2	不安全行为	16	经验不足	30	未及时检修
3	作业工序不佳	17	文化程度不高	31	调整不良
4	操作失误	18	不安全状态	32	检修制度不健全
5	操作违章	19	个体无防护	33	检修制度未落实
6	操作规程不熟	20	物的不安全状态	34	作业环境不良
7	业务不精	21	设备防护缺陷	35	微环境差
8	偶然失误	22	自身质量缺陷	36	布局不合理
9	安全意识差	23	无防护设计	37	通风不良
10	身体不适	24	质量不合格	38	噪声过大
11	培训不足	25	无安全标志	39	温度不适宜
12	技能不够	26	防护不当	40	材料工具乱放
13	培训制度未落实	27	非正常状态	41	作业空间不足
14	素质能力不高	28	带病作业		

（二）建立评判指标体系层次结构模型

按照学者 Pearl 的观点，以原因在前，结果在后的逻辑关系决定各指标之间的结构顺序，以该方式建立的贝叶斯网络结构简单、各节点逻辑关系明了。按照科研生产安全管理实际，确定了对应贝叶斯网络的本质安全评估指标体系层次结构图，如图 4 所示。

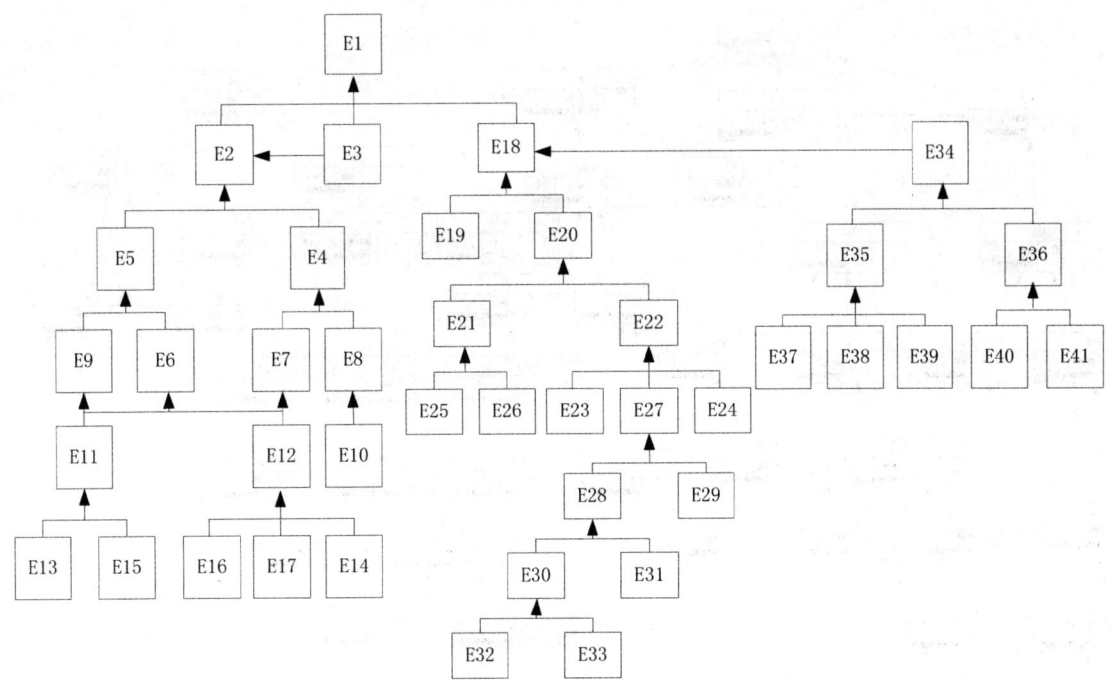

图4　本质安全评估指标体系层次结构图

（三）确定贝叶斯网络参数

为了能够计算本质安全性 E1 发生概率值，首先调查贝叶斯网络上的各个节点的条件概率和各基本事件的先验概率。因此向企业相关安全管理人员、技术人员和安全相关领域的专家发放问卷调查表，如表2、表3所示（以 E11、E13、E15 节点为例）。

表2　先验概率表

节点	状态（Y 或 N）	发生概率（0-1）
E13	Y(事件发生)	1
	N（事件不发生）	0
E15	Y	1
	N	0

表3　条件概率表

事件发生组合		事件 E11 发生概率	
E13	E15	发生	不发生
Y	Y	0.86	0.14
Y	N	0.56	0.44
N	Y	0.62	0.38
N	N	0.10	0.90

由于被调查对象主观因素不同，为消除误差，对调查得出的数据均值化处理，然后将各指标的概率对应输入到贝叶斯网络节点中。仅列出底层指标的先验概率为例，如表4所示。

表4　各底层指标先验概率（Y）

底层节点	先验概率	底层节点	先验概率	底层节点	先验概率	底层节点	先验概率	底层节点	先验概率
E13	0.12	E14	0.38	E26	0.14	E31	0.27	E38	0.39
E15	0.05	E10	0.15	E23	0.08	E32	0.06	E39	0.14
E16	0.23	E19	0.33	E24	0.16	E33	0.22	E40	0.24
E17	0.32	E25	0.21	E29	0.24	E37	0.14	E41	0.22
E3	0.15								

（四）建立贝叶斯网络及相关计算

1.本质安全概率计算

采用 Netica[5]软件，对照本质安全评估指标体系层次结构图构建贝叶斯网络。将底层事件和各节点事件的条件概率输入到贝叶斯网络中，计算得到各节点概率，结果如图5所示。

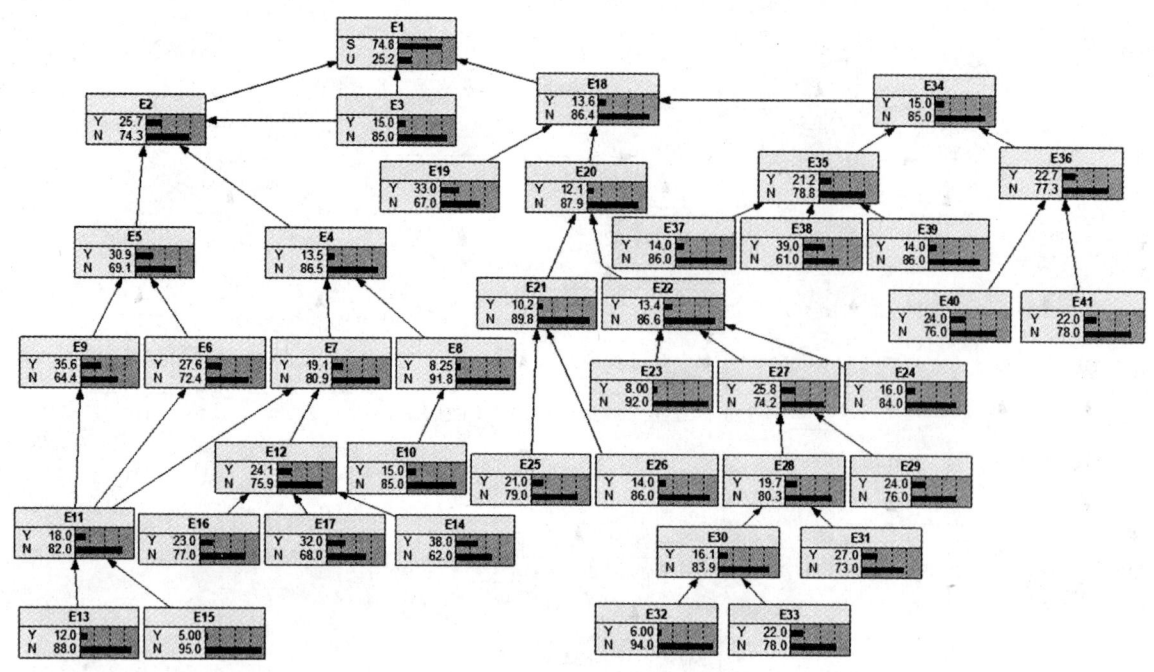

图 5 贝叶斯网络模型及计算结果

2. 后验概率计算

Netica 可以计算出当某一事件发生时，引起该事件发生的某一因素的概率[5]。以企业本质安全完全破坏为例，即企业本质安全概率设置为 P（E1=S）=0，可得到各节点条件概率，如图 6 所示。

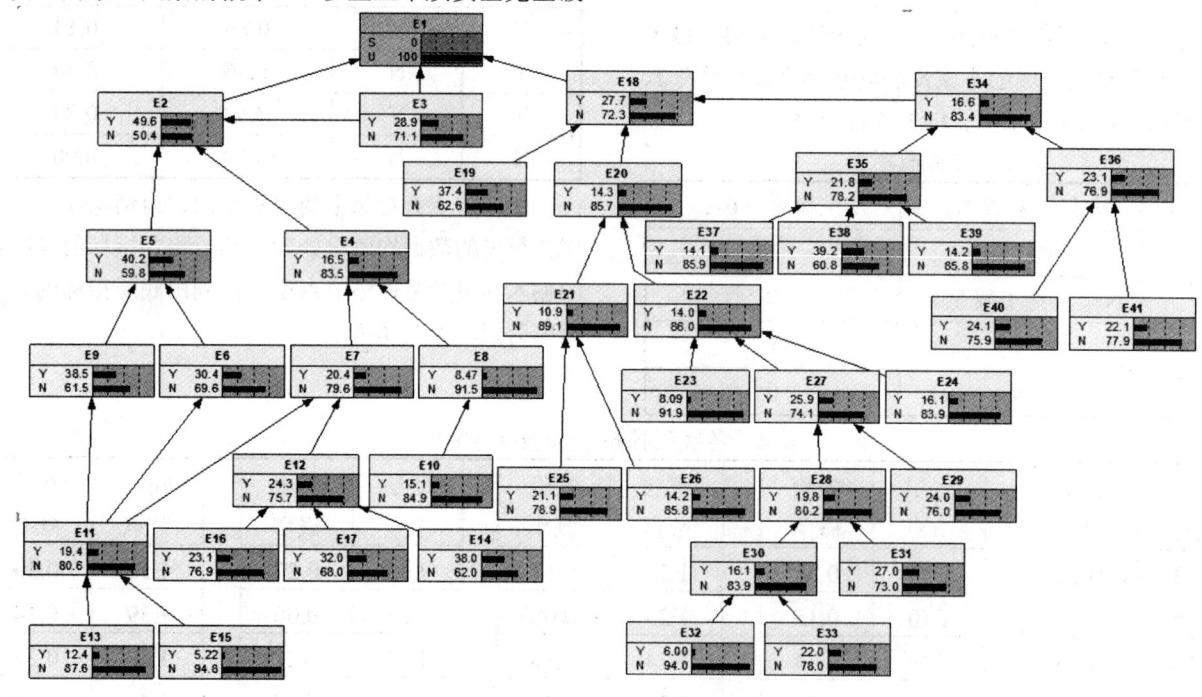

图 6 贝叶斯网络各节点后验概率计算结果

3. 敏感度分析

敏感度分析是指在不考虑底事件发生概率，基于贝叶斯网络内在的条件概率得到对顶事件的发生具有很大影响的事件，若该事件若发生，顶事件发生的概率在数量级上会发生跳跃。利用 Netica 计算各节点对本质安全（E1）概率的敏感度，结果如图 7 所示。

```
Sensitivity of 'E1' to a finding at another node:

Node                Mutual      Percent    Variance of
-----               Info                   Beliefs
E1                  0.81420     100        0.1884213
E2                  0.06755     8.3        0.0190635
E18                 0.03596     4.42       0.0105997
E3                  0.03314     4.07       0.0096697
E5                  0.00944     1.16       0.0025384
E19                 0.00209     0.257      0.0005543
E4                  0.00177     0.217      0.0004792
E20                 0.00104     0.127      0.0002795
E6                  0.00098     0.12       0.0002583
E9                  0.00088     0.108      0.0002308
E34                 0.00053     0.0655     0.0001421
E11                 0.00031     0.0387     0.0000833
E7                  0.00028     0.0343     0.0000738
E21                 0.00012     0.0151     0.0000325
E22                 0.00007     0.00875    0.0000188
E35                 0.00005     0.0067     0.0000143
E13                 0.00005     0.00561    0.0000120
```

图 7　贝叶斯网络模型各节点敏感度计算结果

三、结果分析

（一）本质安全评估等级划分

为了准确评估企业本质安全，根据专家打分结果及历史数据等各方资料汇总，建立一个与发生概率相对应的本质安全等级表，如表 5 所示。

表 5　企业本质安全等级表

等级	发生概率	安全程度	接受程度	安全措施
I	≥0.8	优良	可忽略	必要时对重要指标节点采取一定的监控措施
II	0.70~0.80	良好	可接受	需注意，根据自身情况对重点指标节点采取整改措施
III	0.60~0.70	合格	不愿接受	需整改，并制订安全措施方案，逐步完成整改
IV	0.3~0.6	差	不可接受	应立即整改，对所有重点指标进行整改
V	≤0.3	极差	不可接受	立刻停止作业，对所有指标节点清查，采取控制措施

（二）本质安全评估结果

（1）对现阶段企业的本质安全进行评估，从本质安全评估结果来看，P（E1）=0.748，本质安全等级为 II 级，达到了较高水平。

（2）计算各节点后验概率时，当设置 P（E1=S）=0 时，即本质安全完全破坏时，计算各底层指标的发生概率，即可反向推断出造成企业本质安全破坏的某一节点（指标）概率。以 E13（培训制度未落实）为例，P（E13=Y）=0.128，说明本质安全破坏时，培训制度未落实的概率为 0.128。后验概率可以应用在事故调查分析时，找出最可能发生的底事件。

（3）根据敏感度分析结果，对一级评估指标敏感度大小进行排序 E2（0.06755）＞E18（0.03596）＞E（0.03314），可知人的不安全行为对企业本质安全评估影响显著。对底层评估指标敏感度进行分析，可知 E13（培训制度未落实）、E15（培训制度不健全）、E3（作业工序不佳）、E19（个体无防护）、E26（设备防护不当）数值较大，即对企业本质安全影响较大，应作为企业本质安全重点管控指标。

（三）LOPA 方法制订对策和措施

根据 LOPA 分析方法，对照贝叶斯网络计算结果与敏感度分析结果，按照企业本质安全等级表安全措施制定原则，企业本质安全等级为 II 级，达到了较高水平，需注意，并且根据自身情况对重点指标节点采取整改措施，因此需落实上述 5 个重点管控指标的安全管理要求。

1. 安全培训

（1）制定完善的安全生产教育培训制度，根据法律法规要求与实际需要制订合理的安全生产教育培训计划，并坚决按照计划落实。

（2）作业人员要接受岗前安全培训，对特种作业，要持相关上岗证才能上岗。

2. 作业工序

（1）编制合理的安全操作规程，在考虑工艺需求的同时也考虑安全环保的要求。

（2）引入"四新"时，要开展合理的安全技术审查，确保安全操作规程科学合理，"四新"风险可控。

3. 安全防护

（1）加强作业人员对现场安全防护措施和消防设备设施使用知识的安全培训。

（2）作业现场要有足够的安全防护措施和消防设施，机械设备的安全防护措施要完备；作业人员进入车间要佩戴安全帽、穿合格的工作服；高处作业要佩戴安全带，带电作业时要配备绝缘鞋、绝缘服、绝缘手套等。

（3）定期检查作业人员的劳保用品配备及使用，

检查机械设备的安全防护装置保证其完好无损。

在受企业资金或其他条件限制时，根据各指标敏感度大小，在企业安全管理过程中应着重优先关注并落实重点工作，做到重点突出，预防为主，使安全技术措施、资金、人员配置科学准确，逐步达到本质安全。

四、结论

本文通过建立企业本质安全分析的贝叶斯网络—LOPA 方法评估模型，将 LOPA 方法与贝叶斯网络优势相结合，为企业本质安全分析提供了新的思路。利用贝叶斯网络构建企业本质安全结构模型，进行后验概率运算，在缺乏事故状况信息量时，可以快速估计事故发生的最可能因素；结合 LOPA 分析方法对相邻指标层及整体目标层的概率进行计算，得出每一节点的后验概率及对上一节点的敏感度，确定影响本质安全性的重点管控指标，为落实风险控制重点项目及科学配置安全生产资源提供依据，从而保证安全措施精准到位，利于企业本质安全建设。

参考文献

[1] 李婷婷，赵姚峰.基于 FTA、ETA、Bow-tie 三种评价方法的结合及其应用研究[J]. Value Engineering，2013.

[2] 胡笑旋. 贝叶斯网建模技术及其在决策中的应用[D]. 合肥：合肥工业大学，2006.

[3] 吴苏江. HSE 风险管理理论与实践[M]. 北京：石油工业出版社，2009.

[4] Norsys and Netica are trademarks of Norsys Software Corp. Netica™ Application[EB/OL]. 2014-03-15.

浅析黔北水电厂"家"安全文化

贵州金元黔北水力发电总厂　彭军

摘　要： 水电厂是提供社会发展动力的基础产业，也是水电厂员工赖以生存的家园。为确保水电厂安全稳定运行，保障一线员工的安全与健康，贵州金元黔北水力发电总厂（以下简称黔北水电厂）通过"家"安全文化建设，不断完善安全管理体系，推动了企业安全和谐发展。本文介绍了"家"安全文化建设的必要性、相关措施及取得的成绩。

关键词： "家"安全文化；推动；安全发展；科技创新

安全生产就是在生产过程中不发生工伤事故、设备或财产损失的状况，即人不受伤害，物不受损失，保证生产建设活动得以顺利进行。一直强调安全，安全事故却时有发生，归结事故的直接原因，跟安全生产意识不强、违规进行生产操作及缺乏有效的安全监管有关，而更深层次的原因在于忽视了安全文化建设的作用。

坚持以人为本方针，紧紧围绕企业做优做强、实现又好又快发展的战略目标，黔北水电厂用"家"文化建设深入推进安全文化建设落地，通过"内强素质，外树形象"，努力把黔北水电建设成为管理一流、和谐奋进、健康发展的中小水电企业。

一、"家"安全文化建设的必要性

黔北水电厂所辖电站均为中小型水电站，地处偏远，点多分散，单站人员少，管理战线长，电站办公和生活设施不健全，在这种相对"松散"、单调、艰苦的工作和生活环境下，电站员工容易产生倦怠情绪，逐步丧失工作热情和学习动力。在这种特殊的工作性质和工作心情下，如何更加积极地调动员工积极性和创造性，如何更好地为电站员工提供安全、舒畅的工作和生活环境，电站"家"安全文化建设应运而生，肩负使命。它就是要通过建设家园环境、培养家园意识，增强员工的归属感、荣誉感和责任感，将"爱家"的意识转化为"建家"的热情，用"家"的温暖推动安全文化建设，为黔北水电厂争创效益，实现企业健康发展，和谐发展奠定坚实基础。

电站"家"安全文化建设是一种价值体现，它强调员工在企业中的主体地位，带领全体员工遵守共同的管理标准，培养共同的行为规范，树立共同的价值追求，实现共同的愿景目标，凝聚起人人当家作主的工作热情和责任感，是实现黔北水电"人和效优、安全发展"使命的具体诠释。

二、树"家"风，筑牢安全防线

由于中小水电特殊的生产特点，黔北水电厂在创业十年历程中逐步形成了独特的"家风"：安全生产、坚守奉献、埋头苦干、勤俭节约、包容互助。"家风"是企业每一位员工的行为准则和心灵归宿，通过塑造黔北水电的"魂"，增强员工"我爱我家"的自豪感。总厂各级领导干部率先垂范、讲党性、重表率，为民、务实、清廉，以强化执行力建设来推动作风转变，黔北水电厂用制度、标准强化员工遵章守纪的意识，规范"家庭成员"的行为，增强员工"依规办事""依法治家"的使命感。

从总厂和电站两条线入手，双向互动立规矩、定制度，通过周例会、月度安全生产例会，加强督查督办，强化厂务、站务公开和民主管理，资源共享，相互监督，产生压力，激发动力。修编各部门、电站及各岗位工作标准，岗位安全风险手册，厘清工作界面及交叉协作工作范围，明确工作职责，落实岗位责任制。建立并不断完善向一线倾斜、以岗位价值为导向的薪酬体系，实行目标量化绩效考核和岗位双选聘用制度，对各级岗位人员实行动态约束，落实责权利，奖优罚劣，激发活力，形成"人人头上有责任，件件工作有落实"的良好氛围。

作为国家电投集团公司质量管理体系建设和标准化建设的试点单位，黔北水电厂借此机会，树"家"

风，立"家"规，成立了黔北水电厂标准化推动工作组织机构，标准化办公室邀请咨询公司，将黔北水电厂规章制度、规程规范进行分类管理，最终黔北水电厂执行的标准共有 376 项，其中基础标准 13 项（含质量管理手册），技术标准 72 项，工作标准 83 项，管理标准 221 个（含基础标准），全面执行标准化管理。以安健环体系、水电站班组标准化建设为抓手，巩固运营诊断、安评、安标和历次安全大检查成果，并规范电站运行日志、班前班后会、班组安全活动、技术问答等共计 9 个日常记录台账，狠抓岗位责任制，建立设备责任牌，落实定置管理，推动安全文明生产检查与考核内部互动，强化员工安全意识，规范员工行为，培养员工按制度办事、按流程作业的习惯，强化员工遵章守纪的意识和精细化管理理念，提高工作质量和效率。

三、兴"家"业构建安全防御体系

积极开展科技创新，用科技发展推动"家"安全文化建设，构筑安全防御体系，黔北水电厂通过科技创新，开展机电设备技术改造大换血，使机电设备提高安全稳定性。余庆方竹水电站位于乌江右岸一级支流余庆河中下游，为余庆河的第二个梯级电站，1994 年 12 月首台机组发电，2014 年针对方竹电站已有流道尺寸和水轮机基本参数，在已有基础转轮的基础上通过应用现代分析计算软件，对基础转轮进行优化设计，使转轮的能量特性、空化特性、稳定性能合理匹配，"量体裁衣"地开发了一个适合于方竹水电站的新转轮，实现增容的目标，并获得中央补助资金 1365 万元。2016 年黔北水电厂方竹水电站圆满完成对方竹水电站技改项目的验收工作，增容技改取得成功。通过创新技术改造，一是完成了现场环境的整治，二是通过技改完成了机电设备的更换，确保了机组运行安全的可靠性，使生产现场安全管理及环境得到质的提高，2018 年方竹水电站申报贵州省绿色小水电成功。

漾头水电站位于铜仁市碧江区漾头镇，湖南沅江一级支流辰水的上游段——锦江河，距铜仁市区 28km，装机容量为 2×8MW。1986 年 9 月动工，1991 年 10 月两台机组投产，2005 年贵州中水能源股份有限公司铜仁分公司以 8000 万元全资收购。漾头水电站多年平均利用小时数为 4831，多年平均发电量 7730 万千瓦时。增效扩容后装机容量由原来 16MW（2×

8MW）增加为 20MW（2×10MW），扩容增幅为 25%。漾头水电站增效扩容改造项目从申报到立项 1 个多月时间，时间紧，任务重，在申报、招标及合同支付等阶段，获得大力支持，确保了项目顺利立项。2016 年、2017 年及 2018 年共获中央财政奖励资金 2600 万元，1、2 号机组于 2018 年年初全部投产发电。通过技术研究创新不断提高水电站机电设备的稳定性和安全可靠性，使黔北水电厂安全防御体系更加的坚固。

四、打造示范性电站是安全发展的主要落脚点

黔北水电厂创业十年，所辖各中小水电站相继建成投产，探索并实现管理规范、效率优良、竞争力强、健康发展目标关系着黔北水电的生存大计。通过全面建设"家"安全文化，持续建设完善安全生产标准化建设、安健环体系建设、水电站班组标准化建设、党（团）支部标准化建设等一系列工作，逐步由制度管理向文化管理迈进，企业在关注电站安全和效益的同时更加关注员工的需求和发展，将以人为本、尊重个体发展作为带好队伍的关键，打造真正意义上的示范性电站，实现企业安全生产长期稳定和持续发展。

只有电站建好了，公司发展了，身在其中的每一位"家庭成员"才能过得舒心，自觉地把"建家兴家"作为共同的愿景目标，主动"议家情、知家底、管家事、重安全"，努力控亏减亏，主动创新创效，增强员工"我安"家和万事兴的责任感。以"师带徒""以修代培""小指标竞赛""技能竞赛"四种练兵法，强化"学习型"队伍建设，提升企业的核心竞争力。以"探索自主检修""月度经济活动分析暨预算管理""合理化建议""全成本分析""安全知识竞赛""安全教育培训"等多种手段，强化员工有我才有"家"意识，发扬勤俭持家的优良作风。近年，面对极端气候和严酷的市场环境，黔北水电厂进一步增强经营意识、市场意识和危机意识，挖潜争效求突破。

五、"家"安全文化建设成果

经过全体员工共同努力，黔北水电厂连续三年被国家电投集团公司授予"安全先进集体"荣誉；通过"家"安全文化建设，积极鼓励员工创新创造，2017 年黔北水电厂创新技术研究，方竹水电站增效扩容项目荣获国家电投集团公司科技创新"三等奖"。

通过电站"家"安全文化的建设，黔北水电厂调动全员参与和创新，带领广大员工在"建家居""树

家风""守家规""兴家业"的过程中，付出劳动、汗水和感情，同时汲取安全生产经验，不断探索成长，以实际行动践行集团"人和效优"核心价值观，全面树立"安全第一、预防为主、综合治理"安全生产方针，突出反映责任、安全、团结、奉献、感恩、和谐的精神内涵，提炼、重塑黔北水电特色文化，努力实现员工、企业安全和谐。

浅谈建筑施工现场安全现状及对策

中国十五冶金建设集团有限公司非洲建筑贸易有限公司　　张友权

摘　要： 随着社会的不断进步和经济的迅猛发展，国家"一带一路"等重点项目的提出，建筑工程项目越来越多，施工队伍也在不断壮大，但伴随而来的建筑伤亡事故仍时有发生。施工现场一般性的安全问题普遍存在，较大的安全隐患也能时常发现。本文主要介绍了建筑施工现场的安全现状和对应的措施，只有做好安全生产工作，保障建筑工人的生命安全和项目财产安全，最大限度地减少安全事故，才能实现以人为本的可持续发展，才能促进社会的稳定和谐。

关键词： 安全管理；施工现场；现状；对策

随着社会的发展，建筑工程项目越来越多，施工队伍也在不断壮大，同时建筑施工现场伤亡事故仍时有发生。施工现场的安全问题普遍存在，如安全生产投入不足，安全防护措施不到位，缺乏有效的施工组织，施工现场管理混乱，施工作业人员整体素质有待提高、安全意识淡薄、自我防护能力较差、安全知识欠缺等。

正是在这样的形势下，安全文化建设工作的开展才显得愈发重要。良好的安全文化不仅会使单位的安全环境长期处于相对稳定状态，更重要的是经过安全文化的建立，能使职工思想素质、敬业精神、专业技能等方面得到不同程度地提高，同时也会带动与安全管理相适应的经营管理、科技创新等中心工作的平衡发展，这对树立增强单位的凝聚力和开展各项工作都将大有裨益。

一、建筑施工现场安全现状

结合笔者的施工管理经验和对建筑施工安全的分析，施工现场安全现状大致如下。

（一）建筑施工人员安全意识薄弱

（1）目前国家城镇化建设进程加快，农村大量剩余劳动力向城市转移，不少农民工未经培训教育就上岗作业，有些虽进行了培训，但培训流于形式，难以满足真正施工安全的需要。

（2）建筑施工人员因平时高强度工作，疲劳作业，在人员流动性大，安全生产条件差，对施工过程中的安全隐患没有足够了解，防护设施不到位的情况下发生事故。

（3）自身的安全知识储备较低，自我防护意识较差，一时无法看出安全方面存在的问题；施工人员对建筑方面的知识了解不多，导致其做出的施工行为可能引发安全事故，如施工现场的接电搭线问题。

（二）监理企业履职不到位

（1）未能真正落实《建设工程安全生产管理条例》规定的安全生产监理责任，对施工企业的施工方案、安全技术措施、没有进行认真进行审批，没有进行现场环境验证而盲目许可施工队伍施工作业。

（2）安全监理人员配备不足，或者安全监理人员的安全专业知识不达标，对安全生产法律法规、技术规范等不清楚、不熟悉，在现场不能发现问题或者发现问题不知如何整改，从而导致事故的扩大化。同时，部分监理人员自身缺乏责任感和使命感，工作得过且过，敷衍塞责，即使发现了安全隐患也不责令整改。

（3）对于发现施工企业存在问题，不及时向建设单位和安全主管部门报告，不按期要求组织整改或整改不力的情况，致使施工现场安全问题不能及时解决，导致事故频发。

（4）对存在重大安全隐患和发生事故企业及责任人的调查与责任追究不力，致使因不正确履行安全生产管理责任而发生事故的责任人心存侥幸，认为违章指挥、违章作业和监管不力不会受到责任追究，不会得到严肃处理，致使企业及责任人未能认真吸取教训，从而导致同类安全生产事故再次发生。

（三）施工企业现场安全管理混乱

（1）建筑市场行为目前还不规范，沟通和协调出现问题，出现问题反馈之后处理不及时。

（2）不配备具有专业知识的专职安全员，施工安全员的施工安全知识和业务素质较差，即使配备了也是身兼多职，没有时间和精力进行现场监督巡查，导致检查不全面。

（3）部分企业领导、项目经理忙于日常事务，只重视生产进度和经济效益，对安全生产法律法规、安全生产文件贯彻落实不到位，对现场安全文明施工管理不落实，只在口头上讲安全。

（4）施工现场管理混乱，安全措施经费、安全设施和安全防护不到位，有的项目虽采取了防护，但不符合规范标准要求，不能起到应有的防护作用。

（5）项目施工安全生产体系形同虚设，安全生产机构名存实亡。建筑施工安全生产责任制未能认真落实和对各自的职责负责。

二、建筑施工现场安全管理的基本对策

如何改进建筑工程安全管理现状，努力提高安全生产监督管理水平，不断促进建筑行业健康稳步的发展，须从以下几方面着手。

（一）开展安全知识培训，提高建筑施工人员安全知识

（1）加强教育培训，提高安全素质。采取早班培训和不定期开展安全小会的方式，对相关作业人员进行了较为系统的培训，使他们对安全理念、管理方式、工作思路、工作重点都有了较清楚的理解。

（2）采取办宣传板报、违章曝光专栏、知识竞赛等方式加强安全舆论宣传，营造安全文明施工氛围，达到增强安全意识和提高安全素质的作用。依照劳动保护法，对工人及时发放有效的安全防护用品并教会其使用。

（3）严格落实特殊工种持证上岗制度，未经培训取证人员不得上岗作业；切实开展安全技术交底和安全培训教育等活动，提高农民工队伍素质，规范其操作行为。切实做好安全隐患整改治理工作，避免安全事故发生。

（二）相关主管部门抓好工程前期控制，加大安全监管力度

（1）建筑行业主管部门应认真贯彻执行《中华人民共和国建筑法》《中华人民共和国安全生产法》和《建设工程安全生产条例》等法律、法规，对无建筑

安全生产许可证、无相应施工资质、无施工安全措施的"三无"企业，坚决不予分包，切实把好施工企业安全准入的关口。

（2）狠抓开工前资料审查、标准化现场和安全生产费用的落实，安全保证组织体系的建立，施工现场阶段性安全防护设施。

（3）认真履行安全监督职责，有针对性地制订安全监督方案，对易发生重大安全事故的工程实施专项检查，确保安全监督工作到位。

（三）对施工参建各方的行为进行监督，确保安全职责履行到位

（1）监督建设单位：不得将工程发包给不具备相应资质的施工队伍，以避免因施工承包总资质不足、能力欠缺而造成安全事故；依法按时、足额支付施工企业安全措施费用，确保标准化施工现场的建设到位；不让企业购买、租赁、使用不符合安全施工要求的防护品、机械设备，以保证施工的本质安全；按照定编要求设立安全生产管理机构，配备相应安全管理人员，监督、管理施工现场作业和防护情况；不能一味追求工期让工人疲劳作业造成安全事故。

（2）监督监理单位：按规定审查施工组织设计中的安全措施、专项施工方案情况，对工程进行整体及部分的安全控制；在作业环境不明、安全措施不到位、防护措施不落实的作业项目严禁开工，防止因不明白风险、不规范操作造成的安全事故；监理过程中发现事故隐患，应及时下达整改通知、停工令，并落实整改结果，施工单位拒不整改或整改不力，监理单位应及时向有关主管部门报告情况；强化专兼职安全监理人员配置，以预防和应对实际工作中偶然或必然事件发生所造成的风险。

（3）监督施工单位：保证工程项目安全保证体系建立、责任制的建立及考核、项目安全管理人员的到位；根据工程特点制定可行的安全技术措施，报监理及建设单位审批；制订安全生产应急预案并定期组织演练，以应对应急突发事件；依法落实安全技术措施费用，建设标准化的施工现场，改善安全生产条件。

（四）加大典型问题、隐患和事故的查处力度

监督机构应严格查处各类典型问题、隐患，对无视生产工人安全、管理混乱、责任制不落实、现场存在严重隐患的企业，与经济挂钩，依法进行行政处罚，

对"屡教不改"的，加大处罚力度。对发生安全事故的责任单位和责任人，查实事故原因，找出深层次的问题，提出针对性的整改措施，严肃追究事故责任人责任，做到有法必依，执法必严，违法必究。从根本上消除事故隐患和遏制安全事故的发生。

三、结论

综上所述，当前建筑施工安全生产管理基础还不牢固：部分施工企业安全生产投入不足，安全防护措施不到位，缺乏有效的施工组织，施工现场管理混乱，施工作业人员整体素质有待提高、安全意识淡薄、自我防护能力较差、安全知识欠缺，造成施工现场违章作业和冒险蛮干现象还时有发生；部分监理单位不能熟练掌握安全生产法律法规和规范标准，对安全监理责任履职不到位，没有认真了解、掌握工程项目施工过程中突出问题和薄弱环节，致使施工现场的安全隐患没有得到及时有效处理。

建筑工程安全形势依然严峻，安全工作任重而道远，必须通过建立健全各项制度，让参建各方、各级、各部门人员明确自己的职责，关注安全、重视安全，居安思危，时刻牢记自己所负的使命，实实在在地把建筑安全工作做好，扎扎实实地解决安全生产工作上存在的突出问题，始终坚定"可防"的信心，从强化安全意识、提升安全技能抓起，在强化措施落实上下功夫，不断提升安全管理水平，落实安全文化建设，积极营造安全、健康、文明和谐的发展环境。

参考文献

[1] 王泉根.建筑施工安全生产现状分析和对策[J].现代管理科学，2005，（5）.

[2] 李钰.建筑施工安全[M].北京：中国建筑工业出版社，2009.

"律安"安全文化品牌建设与实践

山东默锐科技有限公司　郝清峰

摘　要： "律安"是山东默锐科技有限公司旗下安全文化体系的字号。安全文化体系建设的使命，在于服务社会安全，服务生产安全，造福社会，造福众生，其根本手段是预防预案和改善习惯。无论预防预案也好，改善习惯也好，都离不开政策的支持、制度的保障、手段的支撑。政策、制度、手段即是"律"，实现的目的既是"安"，故取名为"律安"。

关键词： 律安；安全文化品牌；建设；实践

党的十八大以来，安全生产已经进入了崭新的时代，改革创新的成果扎实推进，安全发展的脚步稳健前行，安全工作在不断改革创新中负重奋进，安全发展的新理念、新思路、新举措相继推出，面对只有起点没有终点的安全生产事业，要实现安全生产形势的根本好转，必须要乘势、借力，在关键环节、重点工作上再突破、再鼓劲、再努力。

20多年前，山东默锐科技有限公司开始了艰辛的创业之路。这次创业一开始只有启动资金30万元，另加一个闲置车间，这就是山东默锐科技有限公司的前身。山东默锐科技有限公司创业20多年来，从一个废旧的小车间到今天占据特种化学品行业优势地位，从最初的16位元老携手创业到今天1600多名员工，公司始终重视安全文化体系建设工作，逐步探索出了一条安全文化实践之路。

一、安全文化管理的探索

安全生产是底线、红线、高压线，也是企业的生命线。然而，粗放的管理方式，也伴随着巨大的风险和挑战，公司意识到安全管理必须要以"壮士断腕的决心"从根本上彻底解决。经多方考察，引入了杜邦安全文化管理体系，从提升安全领导力、转变员工的安全行为、优化工艺设备管理、安全文化打造和改善作业环境等方面入手，全面提高企业本质安全化管理水平。

深入学习和了解杜邦安全文化管理模式，杜邦安全文化体系的形成经历了自然本能反应、严格的监督、自主管理、团队互助管理4个发展阶段。而公司正处于由第二阶段向第三阶段的转折阶段，借鉴杜邦公司的安全管理经验，学习典型案例，提升安全管理水平及员工的安全意识，提出了"律安"安全文化建设品牌，实现安全发展。

二、安全文化管理的实践

山东默锐科技有限公司是全国安全文化标杆企业、全国企业文化示范单位、安全标准化二级企业，企业在安全管理过程中十分重视文化在安全生产中的力量，通过多年的实践，总结提炼了公司的安全使命、愿景和价值观，探索出了"九大律安道"和"十条安全红线"这些都是公司安全管理纲领和宝典。

在平时的工作中，公司紧紧围绕"本质安健环是通过我的行为对人生命的尊重"这一核心理念，遵循安全生产客观规律，实施以人为本、科学发展、安全发展、绿色发展的战略，不断完善风险分级管控和隐患排查治理双重预防机制，有效控制事故风险。以下是对安全文化核心理念的具体实践。

（一）针对安全教育的"三五七"工程

面对当前形势下安全教育乏力、员工素质不高等难题，深入剖析并结合自身实际，探索安全教育模式，将时下流行的"微电影"融入安全教育，创新了安全"微电影"这种安全教育新载体。投资300多万元组织开发了"三五七"工程，即三分钟微预案、五分钟微技能、七分钟微电影。已完成员工自编、自导、自演的安全生产微电影30余部，其中《飞来的横祸》《叉车飞人》《救援大冒险》等微电影，讲述了身边的案例引导员工正确操作，真实再现了运行人员日常工作中可能会疏忽的安全规范，让员工在潜移默化中受到熏陶和感染。

"三五七"工程的开发，充分满足了当前形势下的安全教育需求，提升了员工安全意识，规范了员工安全行为，有力推进了企业安全生产。

（二）针对新员工培训的雏鹰训练营

这个训练营是注重新员工安全教育的道场，公司坚持了 10 多年的时间，高层领导亲自授课，并参与整个课程模块的设计与研发，特别是新员工"3+3+3"培训模式中显得更具特色、更有创意，在"雏鹰训练营"组织的新员工培训中要求新入职的员工都要经过 21 天的军事化训练，在完成规定的安全课程及学时外，还要通过 3 周的军事化训练，3 个月的一线师带徒搭档，3 年的技能成长，呵护每一位员工安全健康上岗。

（三）针对班组安全文化建设的根魂沙龙

班组是企业的根基，也是固基强企之根本，公司所有班组都打造了具有自身特色的根魂体系，依托根魂沙龙平台，围绕"传承、律安、改善"三条主线，高起点培养一批卓越班组长，以此来实现"零事故、零污染、零伤害"的目标。

（四）针对全员参与的点线面体律安道

在这个活动中，公司设立百万安全管理基金，用于特色标准的开发与建设，鼓励全体员工参与到安全管理中去。以 QHESE 流程控制点为横坐标，以红黄橙蓝四级为纵坐标，聚焦特色标准的开发，逐步形成纵向到底、横向到边的网格化管理格局，为争创国家一级安全标准化打下基础。

"点"，是以全员开发特色安全标准为方向，形成可操作、可落地的具体方法或标准，全员创新安全管理思路，开发与本岗位相关的方法或标准。

"线"，是围绕安全生产风险分级管控体系和隐患排查治理体系组织开展，依据专人专管的原则，将辨识的风险点或隐患落实到人，使得每条"事故预防管控线"都有一个明确的管理责任人，也就是包"线"责任人，对这条"线"上存在的隐患和发生的事故负责。

"面"，是聚焦根魂和律安体系，做强、做大班组咨询品牌，夯实安全管理根基。

"体"，是按照一级安全标准化实施细则要求，打造完善的 HSE 管理体系，全员参与、持续改善、落地有效，形成独具特色的国家级安全文化示范企业。

三、建设问题产业化之路，创新"律安"安全文化品牌

"律己情怀，安环未来"。这 8 个字，勾勒出公司安全发展的核心价值观，也是对"律安"二字的一个独到见解，只有每个人管好了自己，也就能管好安全和环保工作。

2015 年 8 月 12 日，经过反复讨论和研究，梳理并总结出了对当前应急救援体系的感悟："应急救援是拼技术而不是拼勇敢、应急预案从追求高大上到落实低细微、应急处置既要依赖消防官兵更要打造职业员工"，随即按照新加坡"6+1"模式，对企业开展"一对一"应急救援服务，并成立律安应急救助中心，建设了律安应急科普体验馆和易制毒化学品科普基地，配备了应急救援车辆和人员，这也是公司坚定不移做好"问题产业化"的初衷。

不忘初心，砥砺前行。为了走好"问题产业化之路"，公司始终坚持以问题为导向，组织中高层到访日本、美国、德国、新加坡等地，考察消防救援装备、调研职业教育培训、了解应急产业规划等。这些看似微不足道的小事，能够看到公司对"问题产业化"的坚定信念和奋斗情怀。

在 2015 年 8 月，公司成立了山东律安注册安全工程师事务所股份有限公司，由安全管理逐步向外部企业输出专业服务，来反哺自己的短板。同年，又成立了富有特色的三元制职业教育，即山东警安职业中等专业学校，发挥山东默锐科技有限公司的企业技术优势，依据化工类行业企业对专业技术技能人才的需求标准，采取"行业顶端学科专业带头人+行业龙头企业+专业"的模式，实行产教研融合互动、校企一体化育人，来培养职业化蓝领工人，打造专业安全产业孵化器。

通过安全平台的搭建提升安全感指数，对内，让员工感到在这个企业工作是值得骄傲的，有激情、有凝聚力、有战斗力。对外，让社会、让公众、让利益相关方受益，从而提高竞争力。

四、结论

我们要坚守信念，不忘初心，在安全发展改革创新的道路上加速前进，继续秉承"本质安健环是通过我的行为对人生命的尊重"的核心理念，继续进行"律安"安全文化品牌建设，将公司的安全管理思路和文化理念深深扎根于全体员工的心中；公司将用"引领卤源功能性方案集成革命"这一伟大使命继续点燃全体同仁的澎湃激情，为公司早日实现"成为卤源功能性方案受人尊重的世界级领先企业"的愿景而倾尽全力。

浅论洗选中心安全文化建设的重要性

神东煤炭集团 洗选中心　付强

摘　要： 安全是煤矿企业发展的重要基石，安全管理是企业将"基石"进行巩固的过程，而安全文化则可将安全与管理进行有机"催化"，形成牢固的"安全理念"扎根于员工内心。安全文化是安全管理的灵魂。如何将安全文化根植于安全管理之中，让员工自觉遵守各项规章制度，提高员工安全文化素养，成为企业安全管理的重点与难点。洗选中心通过强化安全文化建设，在提高员工自主保安的基础上，加强员工从"要我安全"向"我要安全"的思想转变，从而进一步夯实"以人为本"的安全理念，提升洗选中心安全管理水平。

关键词： 安全文化；安全管理；安全生产

安全文化是企业文化的重要组成部分，也是安全管理过程中必不可少的元素之一。员工对安全文化的理解与应用会作用于安全管理的各个环节；安全管理会反映出企业的安全系数，而员工的安全意识、安全技能及幸福指数会直接影响安全管理的应用效果，体现出安全文化的重要性，巩固企业的竞争力。安全文化与安全管理两者互补，互相促进。

洗选中心通过构建易于员工理解、体现洗选中心特色的安全文化，向员工诠释安全管理的重要意义，通过丰富多彩的安全文化实践活动，能较好的引导、督促员工自觉安全行为意识。安全文化与安全管理有机结合，致使员工能自觉主动地按规工作，真正实现安全管理，自主保安的目的。

一、安全文化

安全文化是生命体自身存在的自觉，以及由这种自觉的支配所创造的肯定自身的全部事物。也是在较长时期内的安全管理工作中逐渐形成并为全体员工普遍接受和遵从的以安全价值观为根本的安全理念、安全意识及相关道德标准、制度体系等多种要素的总和。安全文化的建立是一个"实践、认识、再实践、再认识"的过程，是"在传承中发展，在实践中提升"的过程。它是由安全价值、安全态度、安全道德和安全行为规范统一"内化"而"外显"的结果。一个企业好的安全文化可以与员工产生共鸣，使员工无条件接受这样的文化，并自觉遵守予以保持，达到强有力的安全管控的效果。

二、洗选中心安全文化

洗选中心安全文化的沉淀源于中心与员工的契合，在基于集团公司企业文化、安全文化的创新引领的基础上，通过创领文化的建立，结合自身实际将安全文化与安全管理的特点密切关联，形成独特的洗选中心文化"气候"，并通过以安全文化活动为载体，安全风险预控为媒介，在安全管控过程中加快安全文化的传播，并使员工快速融入这样的文化氛围，且予以接受、保持，促进洗选中心安全管理进一步提升。

三、安全文化在洗选中心的作用

（一）安全文化对洗选中心的指向引导作用

安全事故经常会在身边发生，但导致事故发生的根源大多数不外乎是违章操作、违章指挥、违反劳动纪律这三类。在分析原因时，这几类却离不开人的安全意识，归根结底是由于人的安全意识淡薄，存有侥幸心理是产生安全事故的导火索，而这些导火索的主要"填充物"，也就是支配这种行为能力的形式，却是人员的文化素养所造成的。由于人员的认识不同，导致最终结果也大相径庭。洗选中心安全生产的重大决策完全是在安全文化大体观的引导下和文化气氛的活跃下进行的，正是有了这样的文化素养，才会形成洗选特色管理层的观念和作风，有了这样的精神面貌和文化氛围，才会以安全文化理念引导各基层单位安全管理工作有序开展，安全文化的指向引导作用显得尤为重要。

（二）安全文化对洗选中心的凝聚向心作用

要想安全文化有效落地，需要有员工的大力支持和积极参与。员工思想各异，但在安全管理理念中必须要得到充分的统一，集体的力量与智慧需发挥到最大。集体的力量远大于个体，而集体力量大小又取决于个体的力量，也就是说，员工的团结能力是整个集体得到效果的关键。为此，洗选中心会根据安全生产实际，定期举行各类有益于员工安全生产及协调合作的专项提升竞赛活动，让员工踊跃参与其中，通过活动实践来增强员工的凝聚力和向心力，体会安全文化的魅力，加深对安全文化的理解。例如，安全生产月活动、安全环保日活动、各类安全整治活动、我身边的榜样演讲比赛活动、安全环保知识竞赛活动、我身边的不安全行为演讲比赛、职业健康知识擂台赛活动，以及徒步践行活动等。目的很简单，一是需要以活动为契机，增强员工安全意识文化的提升。二是员工在参与各类安全活动的基础上，进一步强化员工对安全文化的理解与应用。活动只是一种形式，正是通过这样的形式，才会使员工有了集体的价值观、大局观及团队信念，经过每个员工不同安全意识的有效"碰撞"，最终达成共识，获得比赛胜利。营造出良好的安全文化氛围，抓实员工对安全文化的应用。

（三）安全文化对洗选中心的正向激励作用

良好的安全文化可以使员工有积极向上的工作心态和标准的行为准则，可以使其有强烈使命感和持久的驱动力。洗选中心安全风险预控管理体系核心基础——"冰山理论"会指导作用于安全文化之中。通过学习身边大量轻微伤害事故和未遂事件的典型案例，使每一名员工对身边的安全问题引起高度重视，产生安全意识警觉。员工越能认识不安全行为的意义，就越能产生规范作业行为的推动力。安全文化建设正是要站立在这样优良安全文化视角之上，才能尽力建立符合人性特点的全员主动参与式或鼓励式的管理机制，员工经过自己对照行为，找出差距，通过充分关注和激励安全行为、杜绝不安全的思想转换，可以产生改进工作的驱动力，创造出与中心相吻合的安全价值观和安全理念，形成一种强大的精神力量，控制和消除事故可见的"冰山体"，从而真正防治严重人身伤害事故的发生。员工的认同感、归属感、安全感得到了进一步升华。

四、安全文化与安全管理和安全技术三者之间的联系

洗选中心的安全文化、安全管理及安全技术虽然处于不同的管理层面，看似无关的三种不同的管理方式，但彼此相互促进，相互关联，发挥着重要作用，它们有着预防事故发生、避免事故损失及人员伤害的共同目标。

安全文化是企业和员工安全理念、安全意识、安全行为等的总和。安全技术是预防事故的基础，处于企业最优先的位置。安全管理主要依赖于国家法律、法规及规章制度进行生产管理，主要强调过程管控是否到位，最后的结果是否符合标准要求。有什么样的安全文化就会造就什么样的安全氛围，自然决定了安全管理的定位；有了安全管理的定位就会产生相应的安全技术水平，最终呈现出安全管理的效果。安全文化对安全管理和安全技术的作用，如图1所示。

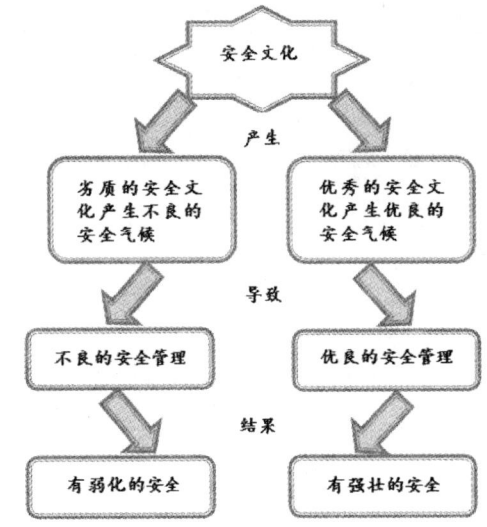

图1 安全文化对安全管理和安全技术的作用

五、结束语

通过安全文化的建立与实施，促进了洗选中心在安全管理中的安全意识到位、安全措施到位、安全责任落实到位、安全保障到位、安全教育培训到位、安全监督到位、党建组织到位。安全技术的不断改进及各项安全管理制度的不断完善，虽然在近期可以看到一定的效果，但人员的意识、人员的技能、人员的素养等并没有从根本上发生质的飞跃，不能形成长期有效机制。只有通过积极的安全文化建设才能使员工从"要我遵章""要我注意""要我参与"转变到"我要遵章""我要注意""我要参与"，最终达到"要我安全"到"我要安全"的根本性变化，实现安全管理的各项工作在安全文化的引领下有序开展。

参考文献

[1] 邱成.安全文化学手稿[M].成都：西南交通大学出版社，2017.

[2] 刘诗飞，岳佳淦，蒋苏毓，武潭，董书衡.企业安全管控与安全文化建设探析[J].管理观察，2016，（18）：37-39.

[3] 郝贵.煤矿安全风险预控管理体系[M].北京：煤炭工业出版社，2012.

[4] 毛海峰，王珺.企业安全文化：理论与体系化建设[M].北京：首都经济贸易大学出版社，2013.

浅谈开发生产类游戏在煤矿安全生产中的意义

神华乌海能源有限责任公司　张帅

摘　要：随着时代的进步，安全文化建设的重要性日益突显，而开发生产方面的游戏在煤矿安全生产的作用意义非凡。如果能够在煤矿安全培训教学中和日常闲暇中融入生产类游戏的话，能够有效激发工人的学习兴趣和培养工人的安全意识，还能够使不易理解的复杂知识、复杂现象简单化。

关键词：生产类游戏；煤矿安全生产；意义

近年来，我国煤矿安全事故频发，动辄造成矿工人员伤亡，对矿工家庭造成极大的伤害和损失，对企业而言也不利于其长远可持续发展。在这种形势下，开展安全文化建设的重要性日益突显。然而，煤矿开采方面的知识是比较抽象的，工人和刚毕业的大学生在接触煤矿安全生产前，对抽象的矿井安全知识难以吸收，有所困惑。如果仅仅是将安全文化建设的内容照本宣科式地传达给他们，而没有具体的现象描述，工人的培训和学习就会非常枯燥，且吸收的效果也较差。如果在教育培训和日常的考试中加入煤矿生产类的游戏，寓教于乐，工人就能够通过一种轻松有趣的方式掌握相应的安全生产知识，而且容易建立自我防范的安全意识，并学以致用，从而使煤矿的百万吨死亡率得以降低，矿井得以呈现良性发展。希望通过开发生产方面的游戏将煤矿安全生产有效的结合起来，让工人在愉悦中增强安全风险意识，从而使安全文化建设工作切切实实落到实处。

一、开发生产类游戏的意义

煤矿行业是一个非常艰苦的行业，矿工们除了日常完成煤炭开采、辅助煤矿安全生产外，如果各矿没有聘请专业的培训老师，很少有时间进行业务学习，因此安全问题成为制约矿井生产的重要因素。而通过开发煤矿生产类的游戏将煤矿安全生产中存在的危险源辨识、标准作业岗位流程及处理日常隐患的内容通过模拟矿区的形式进行体现，可以促使员工在娱乐中提高自身对于安全培训、危险源辨识等方面的学习兴趣。

知之者不如好之者，好之者不如乐之者，这充分说明把游戏融入到日常的安全培训中，在很大程度上能够激发员工对于煤矿安全管理和操作的好奇心、求知欲，提高员工学习的积极性。通过制造一个轻松愉快的学习环境能够帮助刚刚进入煤矿工作的员工缩短过渡期，尽早进入角色，为矿区的安全生产及落实安全文化建设做出更多贡献。

煤矿生产在中国已经有近百年的历史，煤矿工人是煤矿生产中的主体人员。要让他们拥有一个轻松愉快的学习和考试环境，真正地感受到自己是学习的主人，他们才会从心里对学习和培训产生浓厚兴趣，并主动学习知识，掌握技能，从而做到在煤矿生产中杜绝违规作业。因此，此类游戏的开发是非常重要的环节。

煤矿的井下环境复杂多变，因此生产类游戏的开发也应当定期进行系统更新，结合国家新出台的《煤矿安全规程》和国家相关部门出台的一系列规章制度及企业内部的管理模式进行游戏内容的增减，同时应当制作5~6个模块即低瓦斯矿井、高瓦斯矿井、突出矿井及水文地质条件简单、复杂、极其复杂型矿井，存在冲击地压矿井，以及这几类灾害相互结合的矿井。这些矿井的日常安全生产不同，所采取的技术措施也不同，所以游戏内的操作过程和环节也应当注意，随着游戏的开发进程，考虑适当加入领导管理板块，应对不同的矿区条件，制定不同的决策，在游戏中体现。笔者认为游戏虚拟化的事故是可以发生的，这样能够避免真正事故的发生，也是为日常的管理敲响警钟。

二、生产类游戏的实施

随着时代不断发展，煤矿企业应该与游戏设计者企业合作，针对煤矿生产类的游戏设计进行探索。游戏设计不仅要做到技能性很强，还可以增强矿工的操作和判断隐患的记忆性和实操性，争取发展成一款情景性超强的多功能生产类游戏。

在培训和日常考试中融入游戏的好处大致有以下两点：①在日常的煤矿安全培训学习中，生产类游戏的开发可以形成一个轻松愉快的学习环境。②煤矿领导和工人之间可以就游戏操作中存在的问题进行探讨、交流，最终将安全知识应用到生产实践中。

利用国内外出现的典型煤矿事故，进行动态模拟，并能够找出其中的直接原因和间接原因，事故发生前的预防性措施应该在游戏中有所体现；出现矿难后，应该加入启动应急预案和灾害预防处理计划的内容。按照 AQ 标准，进行设置。完成相关工作后，系统应进行评判。

在实际的安全培训过程中，煤矿企业的培训机构可以让矿工投入到生产类游戏的操作过程（最好具有3D 效果）中，实现电脑和手机都可以进行实体操作，达到现场的高度还原，并可适当提高游戏的操作深度，来激发他们的学习潜力。例如，在游戏内设置出现险情、矿难的环节，该如何排除危险，现场的危险源辨识，岗位作业人员的流程性操作，都是促进矿工提高学习意识的有效方法。因此将煤矿生产过程作为一个完整的系统，从人、机、环、管等方面着手，将 3D 仿真游戏应用于情景模拟培训，把从业人员操作和日常学习分为情景式、互动式、视频式和事故案例学习。提出人、机、环境系统协调的煤矿现代安全生产培训管理系统，可以有效提升员工素质，从而很好地落实安全文化建设，实现煤矿安全生产。

三、生产类游戏开展的策略建议

（一）注重多工种融合

生产类游戏对矿工的培训起着很重要的作用，而且煤矿工作比较复杂，从事的工作比较多，因此在进行生产类游戏开发时要注重游戏的质量与作用。实现多工种的融合，这样大家在干好本职工作的同时，也可以通过游戏了解其他工种的岗位流程，为应对工作

中存在的问题，奠定了一定的基础。今后游戏应当实现多人，多工种进入一个情景中进行实景操作，服务器后台可以根据工人们实际的操作水平，判断出该工人是否适合在该岗位进行作业，从而提出了一定的理论依据，最后领导可以根据工人的操作水平表现对其进行表扬或者教导其该如何正确做出相关反映，这样不仅培养了工人的自主思考能力和安全意识，也可以让游戏和安全生产更好地融合。

（二）管理人员适当参与

管理人员在煤矿安全管理中的地位是显而易见的，他们不仅能够很好地保证规章制度、安全措施落实到各个工作岗位，同时管理人员扮演着比工人更重要的角色，因此管理人员也应当参与到生产类游戏中。设置相关角色，让管理人员参与游戏，通过参与可以发现平常管理的漏洞，修正此前的管理方法。管理人员的提拔和任用也可以通过游戏后台去查看该工作人员日常操作的技能水平，这也是纳入日常考核的一个标准，有一定的借鉴意义。

（三）通过娱乐形式实现安全管控

本款游戏的开发，并非为了娱乐，而是让煤矿工人在日常的学习和考试中，尽量避免乏味的死记硬背，在娱乐中学会岗位技能、危险源辨识、标准作业流程、班组管理及风险预控的方式方法，最终通过娱乐强化安全意识，从而能够达到落实安全文化建设、实现煤矿安全生产的目的。

通过娱乐的安全管控有利于提高企业队伍的整体凝聚力。目前由于社会就业渠道的广泛，职工的思想活跃，煤炭企业特别是中小型煤炭企业自身自然条件等多重原因的影响，使得员工队伍的整体稳定性较差。因此开发这款游戏很有必要，通过操作生产类游戏在娱乐中全面强化员工的安全意识，提升企业的管理水平，提醒煤矿工人重视安全生产，促使广大员工将安全文化理念内化于心，外化于行，最终形成"我要安全"的良好认知。

四、结束语

当今的煤矿生产已经步入大数据时代，人们的思维方式在转变，对于人才的需求也发生了变化。因此，需要培养出适应时代发展的创新人才和优秀员工。相

应地，煤矿的安全培训教育也应该进行改革。煤矿从业人员的安全素质与意识是决定煤矿安全生产的重要因素，教育和培训是提高煤矿从业人员素质与意识的有效手段，对煤矿安全生产具有非常重要的意义。因此，开发煤矿安全生产方面的游戏对于煤矿工人乃至领导有着非常重要的作用。在日常的培训和学习中做到让员工主动参与，通过轻松愉快的学习环境让他们有兴趣地学习煤矿安全知识，将安全文化建设切实落地。

但是，也要看到，我国生产类游戏的开发还处于基础阶段，很多方面还不完善，这需要在今后的实践中继续创新，增加游戏的有效性和趣味性，这对今后煤矿工人的安全生产培训、安全文化建设工作的落地都大有裨益。

基于安全文化的铁路营业线施工安全管理研究

神华包神铁路有限责任公司　薛鑫　赵伟

摘　要：铁路企业安全文化建设是安全运输工作的根本所在。当前在铁路运营过程中存在着多种制约安全的因素。本文基于神华包神铁路有限责任公司（以下简称包神铁路）重载和高密度行车的特点，结合当前企业实际情况，从多个方面对营业线施工安全存在的问题进行分析，提出以安全文化为引领加强施工安全卡控对策，加强营业线铁路的施工安全管理，保证施工作业和人身安全，确保施工和行车两不误。

关键词：安全文化建设；铁路营业线；施工安全；问题；对策

一、营业线施工安全存在的问题分析

包神铁路（正线全长 270 千米）承担着神华神东矿区煤炭和其他企业煤炭的外运任务，也是神朔铁路、朔黄铁路西煤东运主要运输通道的重要集装线。基于包神铁路重载和高密度行车的特点，为了保障铁路运输安全，营业线施工必然增加。营业线施工维修项目多、作业内容复杂、涉及配合单位多、组织困难，与运行列车交叉干扰多，安全风险隐患大。通过分析，营业线施工安全存在问题主要有以下几个方面。

1. 施工安全管理不严谨

一是在施工过程中由于安全意识不强，制定的规章制度不能落到实处，对安全教育培训重视不够，导致习惯性违章频发，造成施工安全管理全过程不严谨。二是施工计划编制、审核把关不严，施工项目主办单位对施工项目进度掌握不好，导致施工计划提报不准确、计划编制质量不高。此外，施工单位、站区（车间）存在未按规定时间提报施工计划的问题，影响施工计划的审批和运行揭示、调度命令的下达。三是施工单位现场指挥、组织不力，个别施工单位施工能力不足，导致施工计划不能兑现实施。施工质量把关不严，现场检查发现施工质量不达标、重新返工的情况，不仅严重影响施工进度，更增加施工安全风险。四是部分施工维修项目因人员、设备、材料不到位及施工工序衔接组织安排不周密、不顺畅，批准的施工项目计划无法安排兑现实施，导致施工进度缓慢。例如，2018 年 4 月份多次出现轨枕厂装枕、卸枕跟不上施工进度，中断施工安排；6 月份长轨车未能按计划时间排入管内卸车，导致换轨项目推迟至 7 月份进行。

2. 施工现场安全监管不严

施工单位现场管理人员（施工负责人、安全员、技术员等）、监理单位监理员缺失或监管不到位，导致施工现场存在较多安全隐患，集中表现在安全卡控措施落实不到位，如"双改单"作业时防护、隔离不到位；作业人员个体劳动保护不到位；施工现场临时用电不规范，私搭乱接，无配电箱、漏电保护器等；原材料、工器具、废旧料等随意堆放，现场安全文明施工较差。

3. 施工安全隐患问题整改不及时

施工单位对站区（车间）在施工总结会、预备会上提出的具体施工安全隐患问题及要求，未严格按照标准落实整改措施，或未逐一解决。此外，施工项目监管单位也存在对安全隐患问题整改不力的现象，2018 年上半年包神铁路安全质量部下发 7 期安全检查通报，共计 314 条安全隐患问题；东胜安全监察中心下发 5 期共计 120 条安全隐患问题，各子分公司、各单位存在不同程度的整改不及时、不彻底现象。

4. 应急处置方案不完善

施工应急预案、应急措施不完善，应急救援设备准备不充分，出现突发情况应急处置不当容易造成施工延点、砸点现象的发生。如果错失最佳应急救援时机，就可能扩大影响范围，打乱相关施工区间或车站的列车运行秩序，重者甚至会导致次生事故的发生，打乱全线运输生产组织，影响运输安全。

二、以安全文化为引领加强营业线施工安全的卡控对策

针对上述问题，首先是要加强安全文化建设，以

坚实的安全文化为基石,建立从被动安全到主动安全、从自上而下到上下同欲、从事后处置到风险管理的安全文化,全面提升业主承包商等各方、涵盖各级干部员工的安全意识、红线意识、合规意识,并以此为引领,加强营业线施工安全的卡控政策。

1. 加强施工方案审批管理

各施工相关部门、单位严把施工单位"准入关"。涉及施工方案审批负有管理职能的部门和单位,应对施工方案严格按照制度办法和流程进行细致认真的审核把关,对施工组织不完善、方案内容有缺项、安全措施不具体、引用数据不准确、防护组织不健全、无专项施工方案、无安全培训等要坚决否定,将施工安全隐患从源头上得到有效控制。施工单位入场作业前,涉及施工现场监管和配合的部门、单位,做好施工单位资质审查、方案审定和安全培训等工作。

2. 提高施工计划提报质量

目前,施工计划的提报与审批均执行"分级管理,逐级审批"制度,由设备管理单位和行车组织部门进行层层把关,统一安排施工计划给点施工,并明确是否涉及修改 LKJ 基础数据,严禁计划外施工作业。营业线大型施工项目(如线岔及桥梁人工清筛、线路换枕施工、顶涵施工等)对行车有一定影响,调度指挥中心应加强与车站联系,根据天窗安排和重点施工项目,合理调整管内车流计划,减少施工对运输组织的影响,确保施工顺利实施。

3. 加强调度命令下达及施工作业登销记管理

建立和完善施工调度命令发布与监控检查制度,规范施工调度命令内容,发布的施工命令必须内容正确,受令处所齐全,发布时机恰当,安排的区段作业车无交叉作业。对检查中发现的调度命令相关安全问题加大分析考核力度,确保调度命令的严肃性和完整性。在施工期间,列车调度员必须动态掌握施工维修进度。确认施工完毕、施工人员机具已撤至安全地带之后,方可开通区间放行列车,杜绝不具备条件、限速不明的情况下盲目开通区间放行列车。严格执行施工作业登、销记管理制度,做到营业线施工一点一令,因此施工作业登记也应是一点一登记。

4. 加强施工现场的安全信息传递和检查

认真执行室内外防护联系制度,施工作业现场需要通过施工现场负责人、安全防护员、驻站联络员和车站值班员彼此间有序的传递信息,应重点强调安全防护员的重要性,加强来车预、确报等施工现场的安全防护,以确保施工作业和行车安全。严格按照安全规定设置警示标志,如双改单作业时确认施工作业供电配合情况,保证与接触网的安全距离,两线间设置安全隔离警戒线,任何机械器具和作业人员不得跨过安全隔离警戒线,做好现场管控,确保作业和人身安全。调度中心计划调度员、列车调度员、机车调度员等各工种应加强联系,及时通报信息。同时,在接车不畅、运行秩序差的情况下,列车调度员密切与相邻调度台联系,加强信息交换。

5. 强化施工现场组织管理和安全监督检查

一是施工单位必须加强工序间衔接顺序的协调,尽早确定劳动力和技术人员的配置,对施工路材、路料和施工机具的供给等均需要进行合理安排(在提报施工计划前安排,并在施工预备会上明确)。二是施工中应统一指挥,严格执行技术标准、作业规程、工艺流程和卡控措施。对于超出计划范围作业、违章作业、安全防护不到位、影响铁路沿线设备、危及行车安全的施工作业,安全监督人员应立即停止施工,待各项安全条件满足后方可继续施工。三是施工管理监督部门应做好对现场施工单位人员、资质、安全培训和现场安全卡控措施落实等情况的检查,严格按照施工现场安全检查管理(特别是对施工现场负责人、防护员、驻站联络员的安全监督检查)等制度办法,认真履行岗位安全生产责任,并划分安全责任区域,避免小型施工项目漏检。同时,按施工等级安排相应管理人员做好现场监管,盯控施工关键环节,确保施工作业安全和质量。四是加强施工现场人身安全管理,严格落实各项安全卡控措施,完善个体安全防护,尤其要加强特岗作业人员和许可作业项目的人身安全管理工作。五是加强施工作业许可管理,开展作业许可专项检查活动,重点对作业许可流程和安全措施执行情况进行监督检查,对动土作业、动火作业、高处作业、吊装作业、受限空间作业、临时用电和危险品装卸搬运等高危作业指派专人现场盯控,确保安全措施落实到位。六是施工结束前对施工作业可能影响的铁路行车线路和设备状态必须进行复核检查,监理单位和设备管理单位要严格把关,不能只是"眼看"、没有"动手",要按规定对施工质量进行抽查,发现问题及时处理，并对相关责任单位及责任人进行处罚。七是在施工现场检查发现安全隐患问题，加强原因分析和责任倒追，强化施工安全和工程质量监督。

6.强化施工安全管理制度落实和考核追责

一要完善施工安全管控制度办法，严格落实营业线施工安全管理、承包商安全管理等办法，做好施工安全管理关键环节、关键人员、关键时段、关键区域的安全卡控和检查工作，进一步提高施工相关各单位和部门的安全生产责任意识。二要认真执行施工预备会和总结会制度，布置施工作业卡控重点，强调安全注意事项，明确现场责任分工，做好施工准备工作，对会议相关事项安排专人督促落实。三要检查发现施工中存在的不安全因素和隐患问题，按照五定原则，应在施工预备会上强调整改要求和整改时限，并安排专人督促落实，未解决或落实不到位的严禁施工。四要对因施工造成行车设备故障和事故，按照"四不放过"的原则，组织召开安全专题分析会，进行严肃认真的分析处理，制定预防和改进措施，严格考核、追责。

7.加强施工现场应急处置能力

应完善施工应急预案，制定结合部安全卡控措施及突发情况应急处理措施，认真总结日常非正常接发车、设备故障处理过程中的经验，各工区、班组结合工作实际和季节性特点，定期对常见故障进行桌上推演、现场演练，验证应急预案和现场处置方案的适用性和有效性。组织施工相关单位、人员加强学习施工应急预案及施工配合方案，积极开展应急演练，提升

故障处置能力，保证出现紧急情况后能够安全有序地组织施工应急工作。营业线施工高峰期一般与夏季汛期重叠，各设备管理单位和施工单位要严格落实防洪责任制，制订应急预案，加强对施工作业人员防洪培训，排查施工地段防洪重点，施工临时用电采取防雨措施，随时关注天气变化，准备好救援工具，加强雨前、雨中和雨后的巡检，确保施工现场正常运转。

三、结论

在铁路营业线施工作业过程中，由于风险的客观性、普遍性和不确定性等特点，安全风险是无处不在，只能通过各种安全技术手段和管理方法等来消除。研究铁路营业线施工安全是铁路企业安全文化建设的重点，也是安全生产的基础。本文以包神铁路营业线施工为对象，通过分析营业线施工安全存在的问题，针对施工过程的管理重点，总结了加强施工过程安全管理的对策，杜绝"以包代管"，有效地提高施工安全管理水平，确保按时完成施工任务。

参考文献

[1] 朱钰.铁路施工安全存在的问题及对策分析[J].城市建设理论研究（电子版），2013，（32）.

[2] 崔朝晖.大秦铁路运输风险卡控对策的探讨[J].铁道货运，2016，（11）：42-45.

[3] 张青春.沪杭高速铁路上跨既有沪昆铁路施工安全技术研究[J].铁道标准设计，2011，（6）：114-117.

[4] 周广生.加强安全风险管理确保铁路施工安全[J].理论学习与探索，2014，（5）：55-56.

浅析北京安全文化论坛发展现状及趋势

北京市安全生产宣传教育中心　　郑羽莎

摘　要： 安全文化建设是提升企业安全管理水平的需要，是安全生产的重要保障。安全文化论坛是北京市创新安全生产月活动的重要举措，也是各行企业安全文化建设和安全生产领域的交流平台。安全文化论坛已连续举办十一届，邀请世界各地专家学者齐聚一堂，加强了北京市安全文化理论的交流沟通，营造了良好的安全文化氛围。本文旨在分析北京安全文化论坛的发展历程、举办效果和存在的问题，并提出下一步创新措施，试图为北京市及全国政府部门深化安全文化建设方式和加强安全生产交流提供借鉴。

关键词： 北京；安全文化论坛；发展现状；发展趋势

一、北京安全文化论坛举办背景

安全文化建设是企业重要的社会责任，也是国家实施安全发展战略的重要举措。加强安全文化建设，提高全民安全意识和安全素质，是遏制伤亡事故高发，促进安全文明生产的有效途径，也是构建本质安全型社会的必由之路。近年来，党和政府采取一系列活动来推动安全文化建设，提高全民安全意识，其中北京安全文化论坛就是提升首都安全文化建设水平的重要载体。

2006年，北京市"安全生产月"活动组委会进一步创新"安全生产月"活动形式，提升首都安全文化建设水平，为实现"新北京、新奥运"的战略构想，营造良好的安全文化环境，在北京安全生产教育培训基地举办了以"唱响安全发展，构建首都和谐"为主题的首届"北京安全文化论坛"，从此拉开了北京安全文化论坛的序幕。

二、历届论坛举办特点

自2006年起，北京安全文化论坛已成功举办十一届。每一届论坛，主办方都紧密结合当年的安全生产核心工作，设置主题、议题，邀请专家学者和社会各界人士，努力从细节入手，让论坛办出"闪光点"，增强专业性和指导性。

（一）主题突出，紧密结合时代特征

北京安全文化论坛始终秉承紧贴时代发展、探讨前沿问题的原则，坚持问题导向，紧密结合新时代、新形势、新需求。比如第八届论坛以"坚守安全红线保障城市安全"为主题，从维护人民群众生命安全的高度，强化安全生产红线意识，探索和解决安全生产出现的新情况、新问题，分行业、分领域集中研讨安全生产工作，具有重要的现实意义。

（二）内容丰富，业界专家共享前沿成果

十年间，来自世界各地的高等学校、科研院所、国际组织、著名企业的学者和专家，依托安全文化论坛，就安全生产前沿问题、安全文化建设、安全监管工作创新、生产安全事故救援、风险管理实践等方面内容，进行多视角的观点交锋，多维的分享安全管理心得，使安全理论来自于实践的积累，又应用于指导实践。

（三）形式多变，接地气并突出实效

北京安全文化论坛坚持以"开幕式+主论坛+高层研讨会或分论坛"的模式开展，近两年更是增加了安全文化主题展览，集视听觉于一体，展现北京市安全生产工作的丰硕成果。主论坛多以嘉宾主题演讲为主，解析宏观形势，各分论坛大都聚焦某一专业领域开展主题研讨，设置专家答疑、有奖竞答、VR 体验、圆桌讨论、微信问答等互动环节，突出实效应用、双向交流，更接地气。

（四）参与者多元，鼓励群众自发参与

北京安全文化论坛先后迎来了100余位演讲嘉宾和数万名听众，多来自不同省市甚至不同国家，研究和实践的领域也涵盖安全生产的方方面面。近两年，论坛嘉宾、观众更接地气，更多来自企业基层的安全管理人员、一线职工走进论坛现场，或分享实践经验，或参与研究讨论。

（五）勤俭节约，最大限度保障论坛质量

北京安全文化论坛主办方始终坚持勤俭节约、实用至上的原则，不铺张浪费，不做虚无形式，将经费用在该用之处。

三、论坛举办效果

经过多年的打磨积累，北京安全文化论坛已成为北京市安全文化建设的品牌活动与重要名片，成为国内安全生产领域颇具影响力的研讨平台，得到了相关部门的重视，也得到了关心、关注安全生产工作的各界人士的认可，论坛成果不只在台上，它的作用已经辐射到全市安全生产综合监管各个领域，作用于安全生产工作的产、学、研环节。

（一）有效提升首都安全文化水平

北京作为全国政治中心、文化中心、国际交往中心与科技创新中心，是拥有 2000 多万人口的特大型城市，面临着无处不在、无时不在的风险。在这种形势下，安全监管工作已经不能单纯依靠人为监督、制度约束与技术控制来降低事故发生率，安全文化才是真正实现本质安全的决定性力量。北京安全文化论坛经过十一年的积累，在推动首都安全文化涵养，推进企业主体责任和政府监管责任落实中发挥着不可小视的作用，不仅为安全文化建设提供了丰厚的理论价值，更是推进了全市安全文化建设实践工作的经验交流与共享，更多优秀的经验做法在论坛上被听到、被传播、被广泛运用。

（二）有效推动解决安全生产工作难题

北京安全文化论坛在展示北京市政府、企事业单位安全文化建设成果和安全创新理念的同时，聚焦安全生产热点、难点工作，深入探讨安全政策法规、安全生产体制机制改革、安全生产科技创新、隐患排查治理、应急管理、城市安全管理等实践问题，为首都安全生产工作献计献策。自 2008 年起至 2015 年，北京安全文化论坛连续七年编撰《北京安全文化论坛论文集》，面向社会征集了 300 余篇安全生产领域先进研究成果，加上论坛演讲嘉宾发言材料等，编辑成册，并出版发行，为安全生产工作提供了丰富的理论和实践价值。

（三）有效推动全社会关注生产安全

北京安全文化论坛主办方不仅注重论坛现场的效果，更注重利用媒体平台将论坛影响辐射到更多人。

每年多家传统媒体齐聚现场进行采访，或编发新闻稿，或刊登长篇专题报道，或进行全程图文直播。新媒体平台兴起之后，更是加强前期、中期、后期的全面立体宣传。2017 年，多家媒体报道了现场，多家网络媒体第一时间发布了论坛的盛况，还以视频直播或图文直播的方式进行了报道，直播阅读量远超 25 万人次。北京市安全监管局官方微信公众号全程跟进报道，深入宣传论坛成果。

四、论坛的创新措施

我国正进入一个全新的时代，安全文化建设方式面临创新与变革，传统活动需要赋予全新的活力与朝气。北京安全文化论坛作为一个交流安全文化理论及实践经验的平台，应进一步以问题为导向，提高论坛质量，以"内容为主+形式加分+宣传助力"为主线，持续强化安全文化论坛的品牌影响力，才能巩固在安全生产专业领域的品牌地位，推动安全文化发展迈上新台阶。

（一）以内容为王，持续增强"含金量"

论坛的研讨内容是整个论坛的精华所在，是论坛的核心竞争力，也是论坛能否永久开展的生命力所在。当今社会，公众获取信息的渠道越来越多，获取的信息量也越来越多，如何优化论坛研讨内容，使公众真正有所收获是需要研究的课题。从现状来看，深入的、系统的、引人深思的研究成果与面对面的经验分享、交流探讨，仍是论坛持续开展的源动力和不可替代的优势，因此要进一步发挥优势，整合资源，拓展内容，依托科研院校，集结某一类有共同经历的人群，有针对性地围绕安全生产领域的某一薄弱环节、某一棘手问题开展长期的、深入的课题研究，集思广益，使论坛既成为课题研究的探讨平台，又是课题成果的发布平台，真正做到有论有谈、双向交流。

（二）以形式为翼，持续增强"软实力"

一个好的产品、品牌、名片，在依靠优质内容的同时，也得辅以丰富的外在形式作为加分项，论坛也不例外。单纯的论与谈，理论性强，缺乏生动性、活跃性，容易枯燥乏味，需要辅以多种形式，丰富论坛内容。近年来，北京安全文化论坛以主题演讲、研讨为主，辅以展览展示、体验教育、视频宣传、有奖互动等，调动了观众参与的积极性，还需进一步拓展思路，创新形式，加强策划，使安全文化论坛成为安全文化周边产品的"集散地",成为安全产业的"助推器",成为首都一年一度的安全文化盛宴。比如借助文化论坛平台,组织安全产品交流会、展销会、洽谈会,大力推广安全文化、应急救援、防灾减灾产品,促进产业交流,推动安全产业的向前发展。

(三)以宣传为拳,持续增强"传播力"

融媒体时代来临,在做好论坛组织的同时,还要"讲好论坛故事",扩大论坛宣传。近年来,北京安全文化论坛乘着新媒体时代的东风,借助网上直播将千人论坛的影响力扩展到了 20 余万人。因此,打好全媒体组合拳,对于深化论坛影响力来说至关重要。一方面,要聚焦论坛内容、深化效果传播,在专题报道、深度报道、精准解读上下功夫,广泛传播论坛研讨成果,让研讨成果、实践经验惠及更多人。另一方面,要挖掘论坛新闻点,大力宣传论坛中的人和事,提高论坛品牌的知晓度、知名度与美誉度,从而使更多人知晓论坛,愿意参与论坛的组织与讨论,为首都安全文化出一份力。

五、结论

本文详细阐述了北京安全文化论坛的发展背景、在安全文化行业存在的影响力及本身存在的问题和发展趋势,表明北京安全文化论坛作为一个交流安全文化理论及实践经验的平台,应进一步以问题为导向,提高论坛质量,以"内容为主+形式加分+宣传助力"为主线,持续强化安全文化论坛的品牌影响力,才能巩固在安全生产专业领域的品牌地位,推动全国安全文化发展迈上新台阶。

加强检修现场安全管理，提升安全环境建设

国电大渡河检修安装有限公司　王恩重　吴梁继　冉垠康　李东

摘　要： 随着科学技术的不断发展，大型水电站已经成为了我国水力发电的主要力量，同时其水轮发电机组的复杂化也加大了现场检修管理工作的难度。为了进一步贯彻"安全第一、预防为主"的安全生产方针，使检修工作规范化、标准化，建立良好的安全作业环境，保障检修工作中人身及设备的安全，防止事故发生，加强检修现场安全管理迫在眉睫。本文将对大型水电站水轮发电机组检修现场安全管理的现状进行分析，结合实际提出加强现场管理的措施，借此可以提高现场安全管理的水平与效率，从而保证水轮发电机组可以正常运行。

关键词： 大型水电站；水轮发电机组；检修现场；安全管理；安全环境建设

进入新时代后，随着新能源的出现与使用，我国加大了对水力资源的利用。随着水电站规模的不断扩大，加强对水轮发电机组的检修工作成为了目前一项重要内容。因此，必须加强对大型水电站水轮发电机组检修现场的安全管理，提高作业人员的安全意识，建立良好的安全作业环境，保障检修工作中人身及设备的安全，提高安全管理的水平，防止事故发生，从而促进水轮发电机组更好地发挥其重要作用。以下是加强检修现场安全管理的几个措施。

一、加强机组部件定置管理

（一）现场定置管理的设计

检修现场的定置管理内容主要有三方面，即机组部件的定位、定置图的设计及信息媒介物的设计[1]。首先，在对机组部件进行定位之前，工作人员需要充分考虑以下问题：一是考虑机组部件的面积，看其是否存在差异；二是考虑检修区域的面积，看其是否明确；三是考虑机组部件的摆放方式，看其是自由方向摆放，还是垂直或水平方向摆放；四是考虑机组部件摆放之间的连续性，看其是否出现重叠的问题；五是考虑机组在部分阶段的布局，看其是否最大化利用面积。其次，在对定置图进行设计的时候，相关设计人员要做好两方面的工作。一方面，其要明确标出绘制的标准，如定置图的大小、机组部件放置区域、线形画法及废料回收的区域等。另一方面，设计人员要对定置区域进行明确划分，如上机架检修区、转子检修区及下机架检修区等，并定置好图绘的实例。最后，要做好信息媒介物的设计工作。大型水电站维修现场管理经常用到的信息媒介物主要有宣传语标识物、场所标识物及施工标识物等，这些媒介不仅可以准确反映标识对象的相关特征与属性，还可以对上级的信息进行及时地传递，实现目视管理的目的，从而有效提高水轮发电机组检修现场管理的质量与效率。

（二）现场定置管理的实施阶段

定置管理的具体实施阶段有三个，首先是实施前的准备阶段。在这一阶段，必须建立起相关的定置管理小组，并做好检修现场的预处理工作，如打扫现场、扩大检修范围、清除垃圾和无关物品及提高对检修区域的利用效率等。检修现场的扩大可以使工作人员更好地开展检修工作。其次是试实施阶段。在这一阶段，工作面的确定是重点内容。在确定好检修工作面之后，将其作为实验区域来进行定置管理，需要注意的是在管理的过程中要严格遵照相关的原则，之后再对实施的效果进行评价，及时改善不足之处，并通过总结为以后的工作提供经验依据。最后是全面实施阶段。这一阶段就是充分利用上一阶段的经验，对整个检修现场进行定置管理。在具体的实施过程中，还要严格按照相关标准对实施的效果进行评价。同时，还要建立起效果反馈机制，这样工作人员就能及时发现管理过程中出现的问题，并及时改正，从而有效加强对检修现场的管理。

二、加强对检修环境的管理

（一）检修环境 6S 管理的内容

整顿、整理、清洁、清扫及素养是传统的 5S 管理方式的内容，通过这五方面的内容可以促进良好检

修环境的形成，从而让工作人员在这样的环境中更好地工作，提高检修的效率。而为了加强对大型水电站水轮发电机组检修的现场管理，应该在 5S 的基础上再加入安全这一方面的内容，实现 6S 的环境管理。安全是指通过一定的制度与措施，排除安全隐患，减少安全事故的发生，从而有效保障现场的安全。安全管理的目的就是加强工作人员的安全观念，提高其安全工作意识，从而更加重视对现场细节方面的安全管理。6S 管理的实施可以有效管理检修现场，提高工作人员的安全意识，从而达到提高管理质量与管理效率的目的[2]。

（二）检修环境 6S 管理的实施阶段

1.策划阶段

策划阶段是最基础的阶段，对后续工作有着非常重要的影响。在这一阶段，工作人员要做好现场环境评估、管理目标明确及人员确定等工作。在对现场环境进行评估时，可以从作业环境和安全问题两方面进行。作业环境的问题主要有三个：第一个就是现场的卫生环境比较差，存在很多死角。因此，在检查的过程中，工作人员应该及时清理这些死角的无用杂物。第二个就是现场的工器具摆放的十分混乱。无序的摆放使得检修人员无法及时找到需要的工器具，因此，必须按照种类与数量对工器具进行合理摆放。第三个是消耗性物品的摆放问题。通常情况下，现场的消耗物品是随意摆放的，这就使得已报废的材料和未报废的混合在一起，从而造成了资源的严重浪费。因此，工作人员应该加强对其的管理，合理安排其放置的区域，从而有效提高资源的利用效率。检修现场的安全问题是现场管理工作的重要内容，必须加强对其的重视并通过有效方法进行解决。因此，一方面，要对工作人员进行安全培训，提高其安全意识，规范其操作行为，并且通过安全事故的实例展示，让检修人员了解到安全的重要性，并在实际的工作中主动佩戴好安全防具。另一方面，必须建立起相关的安全管理制度与考核制度，让工作人员严格按照相关要求对现场进行管理，及时发现存在的安全问题并解决，并通过对其的考核，改正其工作态度，提高安全管理的质量，从而有效保障现场的安全。另外，还要对安全通道进行合理设计与管理，这样一旦发生安全事故，工作人员可以迅速撤离，从而将事故影响降到最低。检修现

场的管理目标应该根据实际的情况与要求来定制，通常情况下，可以将目标定为保持现场整洁、消除安全隐患、建立管理制度及提高检修效率与质量等。同时，还要合理设置相关的项目经理、策划人员及实施人员，从而有效利用人力资源。

2.运行阶段

在这一阶段，一方面，要对工作人员进行培训。要根据岗位的不同对全体员工进行针对性的培训，如对于策划人员，就要对其进行管理知识、标准等专业内容的培训，让其通过培训提高自己的决策与评价能力，从而做出正确的管理决策；而对于实施人员，要对其进行具体的实施内容培训，提高其实施的能力，从而保证现场管理的有效性。另一方面，要对程序文件与活动文件进行有效控制，并通过对管理标准、检查表及验收单等文件的管理，提高现场管理的质量。

3.管理评价阶段

这一阶段的方式主要有两个，即监视测量与数据分析。监视测量指的就是通过管理文件来对检修的过程，以及管理体系进行相关工作。监视测量的内容可以分为外部与内部，外部工作主要就是调查用户的满意度，而内部工作就是对现场的环境、工艺、质量与过程等进行监视测量。数据分析指的就是通过分析检修过程中的数据，来对现场管理体系进行验证，并及时对其进行完善，从而有效促进现场管理水平的提高。

三、加强对检修工作人员的管理

（一）加强检修工作面的连接

要想对检修人员进行有效管理，就必须做好工作面的连接工作。应该明确每一个工作人员的工作内容与应承担的责任，并通过相关管理制度的建立，让维修人员对自己的工作更加上心。同时，还要加强分工与责任之间的联系，培养工作人员的合作精神。可以把检修人员分组，让其成为彼此的"用户"，并满足"用户"的需求，从而加强工作面的连接。

（二）合理分配检修工作

为了有效提高对检修人员管理的效率，首先，要把当天的检修工作和工作时间以表单的方式呈现出来，让检修人员可以及时了解工作任务；其次，要制订相关的工作计划，具体安排工作内容、工作地点、工作时间及工作人员等；最后，要对检修工作进行合理分配，在具体的检修之前，要对工作量进行了解，

并通过增减人员或者是重新分配的方式，及时调整工作量，使其保持平衡，从而促进检修现场管理质量与效率的提升[3]。

四、结论

随着时代的进步，加强大型水电站水轮发电机组检修的现场管理已经成为了非常重要的一项工作。本文通过对机组部件定置、检修环境及检修工作人员等方面进行有效管理，并通过合理设计定置管理、实施检修环境 6S 管理、提高检修人员综合素质及合理分配工作等方式，提高现场管理的质量与效率，从而为水轮发电机组的安全、平稳运行提供有力保障。

参考文献

[1] 郭杰华.加强大型水电站水轮发电机组检修现场管理研究[J].中国高新技术企业,2016,(23)：176-178.

[2] 侯家全，苏国军.水电站检修管理模式的探索与实践[J].四川水力发电,2013,（6）：128-132.

[3] 韩波，卢进玉，肖燕凤，等.水电站检修维护管理现状及趋势[J].水电自动化与大坝监测,2014,(1)：31-34.

大坝安全监测作业风险分析及管控措施

库坝管理中心　张永刚　黄会宝　刘聪

摘　要：安全文化建设对库坝管理中心而言至关重要，作业风险的安全监测是大坝安全文化建设的重点内容。本文对库坝管理中心大坝安全监测作业风险进行了分析，针对风险从制度、管理、培训和技术方面加以管控，有效保障了生产安全，并提出了提升大坝安全监测作业风险管控能力的几点建议。

关键词：安全；风险；措施

一、背景

随着社会发展和进步，人们对安全的关注越来越强烈，安全文化的内涵也越来越丰富。安全文化指为了安全生产所创造的文化，是安全价值观和安全行为准则的总和，是保护职工身心健康、尊重职工生命、实现职工价值的文化，是得到每个单位、职工自觉接受、认同并自觉遵守的共同安全价值观。安全文化建设必须坚持以人为本，努力把"安全第一"的思想真正贯穿于生产生活全过程。

作为大渡河流域电站大坝安全监测和监控的专业化管理单位，库坝管理中心肩负着大渡河流域水库大坝安全管理重任，主要负责大渡河干流已投产电站的大坝安全监测、库区水文监测、大坝信息化建设和管理。大渡河流域水电站既有建于20世纪60年代的老电站，也有区域综合水利枢纽、上游龙头枢纽，坝型多、区域广、数量大、情况杂。截至目前库坝管理中心管理范围已经辐射整个大渡河全流域，随着进入新电站生产准备，工作战线拉长，对仅有68名职工的库坝管理中心来说，要把安全文化建设真正落地，首先要解决安全监测作业风险日益加剧的问题。

二、安全风险因素分析

（一）作业点多面广、环境复杂

随着大岗山、枕头坝新投运电站库坝安全监测管理工作的接管和猴子岩、沙坪电站生产的深度介入，跨区域作业的特点日益明显，作业点多面广。同时，流域性质的作业工作现状加之监测作业点分散，导致作业人员分散，给安全管理带来了巨大的挑战。

并且，随着监测业务的扩大，监测作业环境差异大，既涉及野外、边坡作业，又有临空、水上作业等，由此带来了包括物体打击、车辆伤害、淹溺、高处坠落、坍塌等一系列不确定的安全风险因素。

（二）交通风险加剧、大坝情况复杂

多数水电站地理位置处于高山、峡谷中，道路环境复杂，加之人工监测作业任务频繁，出车任务随之增多，随着跨区域作业的需要，跨区域出车的趋势也日益明显，由此给交通安全带来了更多的不确定因素。

库坝管理中心所接管的水电站既有建于20世纪60年代的老电站，也有新建的区域综合性水利枢纽。老电站由于时代赋予的特殊性，受限于当时的经济条件、技术水平和施工工艺，各项标准低，缺乏安全管理措施，加之水库运行时间比较长，大坝存在老化情况，潜在隐患较多。新电站涵盖的区域宽广，加之新型监测设备的投产、新技术应用，带来的未知危险因素复杂多样，迫切需要加强技术安全管理。

三、安全管控措施

（一）落实安全制度

（1）宣贯落实《中共中央国务院关于推进安全生产领域改革发展的意见》，编制了库坝管理中心所属61个岗位量化的《安全生产责任清单》，强化各级人员的安全生产主体责任意识，切实落实"尽职照单免责，失职照单追责"。

（2）严格落实安全风险分级管控。细化危险源的辨识评估，明确安全生产监督体系负责排查隐患并明确其管控的具体责任人，安全生产保证体系负责管控和消除隐患两个体系的职责，落实全员参与危险源辨识工作。

（3）严格执行交通安全法律法规、集团公司《交通安全十条规定》和库坝管理中心《交通安全管理办

法》，认真执行带车安全督导员制度及出车前、行车中、收车后"三检"制度。

（4）建立健全大坝安全管理制度。

①按照大坝安全管理标准化体系规划要求，组织完成各电力生产单位《大坝安全岗位责任制》编审，统一模板和要求，规范各单位大坝安全岗位责任标准体系；组织编写《国电大渡河公司水工（监测）缺陷管理标准》，从公司层面规范流域各站水工缺陷管理标准，实现流域各站水工缺陷的规范化、标准化管理，并适时组织印发。

②及时组织新投运电站的发电公司建立完善《水库大坝安全巡视检查制度》《水工作业安全规程》及水工建筑物精益作业指导，规范大坝安全日常管理工作。

（二）规范安全管理

（1）建立健全三级安全监督网，切实履行安全监督职责，坚持"安全第一，预防为主，综合治理"的方针，认真监督各项安全规章制度的贯彻执行情况，监督各级人员安全责任制的落实情况，做好安全生产监督工作，切实保障生产过程中的人身、设备（设施）的安全。

（2）建立健全以中心"主任"为主体的安全生产责任体系，层层签订安全生产工作目标责任书，强化安全生产工作目标考核。

（3）每季召开安委会，总结安全工作，分析指出本季度存在的问题，部署下季度安全重点工作和目标。每月综合会、处室职工大会、班组会上，在总结生产工作和制订目标计划的同时，总结安全管理、制订安全目标。

（4）严格落实安全生产隐患排查治理制度各项要求，按照"分级排查，分级管理，分级负责"的原则，建立完善安全生产隐患排查治理长效机制，及时消除安全隐患，预防各类事故发生。

（5）提高安全风险预控管理。

①实行危险源（点）分级管理。成立危险源（点）辨识与评估工作领导小组，全体职工参与危险源（点）辨识工作，采用科学、系统的方法对辨识的危险源（点）进行风险评估，根据风险评估结果，划分危险源（点）级别，明确其责任人，逐项制定预防与控制措施。

②加大现场安全风险管控。坚持推行"伤害预知预警活动"（以下简称 KYT 活动），严格落实没有风险分析不进入现场，没有风险分析不开展作业的规定。作业前，规范 KYT 活动的开展，切实提高职工预知危险的能力，及时发现、了解和消除潜在的危险，通过不定期抽查、微信工作群抽查、"手指口述""船岸互保"、边坡作业设"专人瞭望"等措施，有效防范各类不安全事件发生。

（6）深入开展安全生产专项检查。根据上级要求和库坝管理中心部署，结合具体情况，开展安全生产大检查活动、春季安全检查、安全月活动、秋季安全检查等专项安全检查活动。通过专项检查活动，强化安全生产责任意识，及时发现和消除各类安全隐患，有效杜绝各类安全生产事故发生。

（7）认真开展现场安全文明生产标准化建设。依据现场安全文明生产标准化规范及评定标准，从组织管理与机制、现场安全标准化及设施配置、现场卫生及作业环境、设备治理及无渗漏 4 个方面，提升现场安全生产管理水平。目前，库坝管理中心协助所接管的龚嘴、铜街子、瀑布沟、深溪沟、枕头坝、大岗山六站通过集团公司标准化验评，有效提升了生产现场的本质安全。

（8）强化片区交通安全主体责任，将驾驶员管理纳入片区日常管理。每月对车辆进行安全检查、维护，及时发现和消除故障、隐患，保持车辆技术状况良好，并配备有效的安全装置和设备，如灭火器、防滑链等。出车前，对车辆的安全性能进行全方位的检查，发现问题及时排除，严禁车辆带病上路。执行好带车人意见登记记录，通过微信群等载体，每日做好收车后台账记录检查。不定期开展与驾驶员的谈心交流活动，密切关注驾驶员出车前的精神状态，避免行车路途中出现开"赌气车""英雄车"的现象。

（三）重视安全教育培训

（1）将安全教育培训纳入年度培训计划。

每年年初制订年度培训工作计划时，将安全教育培训纳入培训工作计划，同时完善培训机制、搭建培训平台、创新培训手段，强化安全教育培训工作。

（2）全面落实安全教育培训。

①充分利用安委会、每月综合会、处室职工大会、班组会等会议，并积极运用微信、QQ 等新媒体发送安全相关的信息，开展安全教育培训，坚持全员安全

教育，定期组织安全学习，开展安全活动，提升职工的安全意识、安全知识、安全技术水平。

②现场教育培训以突出岗位操作、安全防范、隐患辨识、遇险处置等培训内容，因人、因地、因时、因事、因岗施教，将专业理论知识与实际操作、应急救援有机结合，规范操作行为，普及安全生产知识，达到全体职工自觉遵章守纪的良好效果。

③开展"安全生产劳动竞赛""安全生产月"等活动，通过征文、安全主题宣讲、安全知识竞赛等途径营造良好的安全文化氛围，大力弘扬安全文化，积极引导职工实现"要我安全"到"我要安全""我会安全"的转变。

④开展"事故警示教育"活动，将发生的具有典型教育意义的生产事故或不安全事件发生日定为警示日，每年深入开展"4·20""12·27"等安全警示教育，汲取事故教训，并举一反三，深刻剖析日常工作中存在的安全问题，提高参培人员的安全技能，强化安全素养，达到职工依从标准做事的良好习惯和意识。

⑤定期组织驾驶员开展以交通安全法规、应急处置、流域道路交通风险及防范措施等为主要内容的安全教育培训，开展《山区道路的驾驶操作要领》等专题学习讨论，提高驾驶员安全驾驶意识和驾驶技能。

⑥深入开展大坝安全教育培训，强化技术培训和交流，宣讲集团公司、公司新建大坝安全管理制度，开展具有流域推广应用价值的专题技术成果交流，有效指导各电站大坝安全管理工作。强化行业技术交流，积极参与行业重要学术和新技术交流会议，调研学习行业前沿新技术、新材料、新工艺。通过专业技术培训和把专家请回来的方式，提供学习的平台，促进职工队伍素质提升。

（四）开展安全技术攻关

（1）大力推进外部变形自动化改造，借鉴瀑布沟外部变形自动化监测成功经验，将其推广应用于库坝管理中心所接管电站外部变形监测中，提高自动化监测覆盖率，减少人员危险区域作业的风险，提升特殊工况下大坝安全风险管控能力。

（2）基于工程安全管控的重要性，结合信息化、智能化和物联网等信息技术，创新技术手段，研究并推广应用大视场角及多类型高精度测量仪器集成控制的工程变形监测一体化智能监测站，取代人工监测，提高工程变形监测的测量精度，加快信息反馈的及时性，降低资源投入和作业人员野外安全风险。

（3）引进先进的多波束、机器人、三维激光扫描、无人机巡检等技术，代替人工监测，在降低人工测量、潜水检测、高边坡巡检等带来安全风险的同时，实现了水下、高危边坡等重点部位安全状态可控在控。

（4）推进风险在线监控系统建设，做好系统集成。以铜街子为试点的大渡河流域安全风险在线监控与预警管理系统，功能模块开发已基本完成，实现了铜街子电站稳定、变形、渗流分析的实时监控，下一步把风险在线监控系统在流域各水电站加以推广应用，使风险管理工作更加具体，为提高风险管控能力提供抓手。

四、结语及建议

面对严峻的安全形势，库坝管理中心从制度、管理、培训、技术等方面来强化安全管控，有效提升了大坝安全监测作业风险的管控能力，自成立至今保持安全零事故，肩负起了大渡河流域水库大坝安全管理的重任。

为了更好地落实安全文化建设，做好库坝管理中心的安全监测作业风险工作，笔者提出以下几个建议：

（1）健全安全风险分级管控体系，实现"全员、全过程、全方位、全天候"的风险管控模式，逐步推进安产风险分级管控与隐患排查治理双体系建设，提升安全生产整体预控能力，有效遏制生产事故发生。

（2）完善应急管理机制，健全应急组织机构，完善应急预案体系，强化应急预案演练，提升应急处置能力。

（3）完善安全生产奖惩机制，施行奖惩并举，促进安全工作规范化，激发干部、职工积极作为保安全。

（4）完善安全投入保障制度，加大安全投入力度，改善安全生产条件，进一步提高安全保障水平。

（5）加大科学技术投入力度，研究运用实用技术，实现科技兴安、科技强安、科技保安。

火电厂违章行为辨析及反违章管理的应用探索

国电荥阳煤电一体化有限公司　刘玉海　高彬彬　聂超宏　王清宇

摘　要：违章行为是事故产生的源泉，本文通过对违章行为进行辨析，发现火电现场装置性违章占比较高，在所有违章行为中占比将近一半，平均 84%的违章是由外委员工造成的。技术水平不达标，安全意识淡薄，作业过程难以全面管控是违章产生的主要原因。而通过创新教育培训方法，构建过程可控的两票管理机制，实施人身安全风险分析制度，使违章行为下降了 31%。

关键词：火电厂；违章辨析；反违章；探索

安全生产是企业日常工作中最重要的一环，由此，安全文化建设的重要性不言而喻。安全文化有多种表现形式，如安全文明生产环境与秩序，健全的安全管理体制及安全生产规章与制度的建设，沉淀于每个个体心灵中的安全意识形态、安全思维方式、安全行为准则、安全道德观、安全价值观等。归根结底，安全文化的内涵可以浓缩成两点：一是创造安全的工作环境；二是培养职工做出正确的安全决定的能力。

一、发电企业违章行为简介

对于火力发电企业而言，其生产过程是一项复杂的系统工程，生产现场有诸多影响安全的因素，在生产活动中存在着较大的风险性，因此安全生产更是各项工作的重中之重。影响安全生产的主要原因包括人员、设备和环境。根据事故致因理论，在所有的安全事故中，除了自然灾害造成的事故，其他事故都可归结为人的原因造成的[1]。其中，人员的违章行为是事故产生的主要原因，据统计，90%以上事故是由于人员的违章造成的[2]。因此，加强对反违章的管理，不断提升员工做出正确的安全决定的能力，对于企业的安全生产具有重要的提升意义，而这也是安全文化建设的重要内涵。威廉姆斯的研究表明，技术因素、教育因素、健康心理、管理水平是造成违章发生的主要原因[3]。Wagenaar 的研究表明员工的违章行为并非是偶然发生的，而是由于管理组织上的缺失导致的[4]。彭希平的研究也显示人的失误、心理原因，以及规章制度的缺失是违章行为发生的主要原因[5]。本文通过研究国电荥阳煤电一体化有限公司员工的违章行为，分析各种违章发生的原因，并制定相应的措施，完善反违章管理制度，提升了企业的安全生产水平。

二、违章行为辨析

违章行为是指员工在生产过程中，违反国家有关安全生产的法律、法规、条例及单位下发的有关安全生产的规章制度等的不安全行为[6]。违章行为按性质可以分为装置性违章、作业性违章、管理性违章和指挥性违章。本文选取我厂 2017 年各种违章行为，统计分析了前三种违章行为的占比，以及各种常见的违章行为。违章占比的计算方法为：

$$\eta_i = \frac{V_i}{\sum_{i=1}^{3}} \times 100\%$$

其中，η_i 表示某种违章行为的占比，V_i 表示某种违章行为发生的次数，1、2、3 分别表示管理性违章、作业性违章及装置性违章。

（一）装置性违章

装置性违章是指工作现场的环境、设备、设施及工器具不符合国家、行业、公司有关规定及反事故措施和保证人身安全的各项规定及技术措施的要求，不能保证人身和设备安全的一切不安全状态[7]。图 1 所示为我厂在 2017 年发生的装置性违章所占的比例，可以看出装置性违章所占的比例较大，最高可达到 63%，平均占比为 47%，接近一半的违章行为都是装置性违章。

（二）作业性违章

作业性违章是指在电力工程设计、施工、生产过程中，不遵守国家、行业及集团公司所制定的各项规定、制度和反事故措施，违反保证安全的各项规定、制度及措施的一切不安全行为[7]。图2是我厂2017年所发生的作业性违章所占的比例，作业性违章最高占比为50%，平均占比为35%。

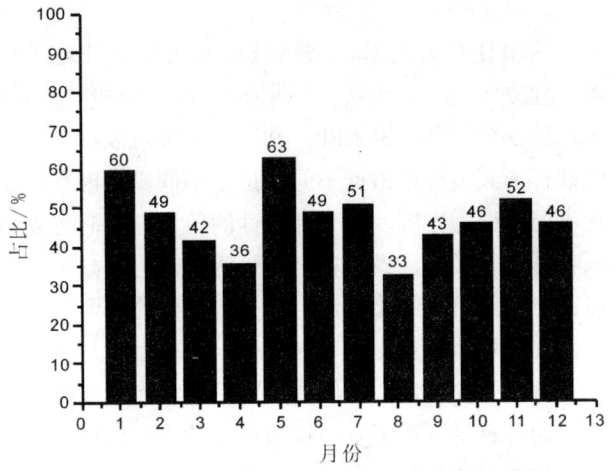

图1 装置性违章所占比例

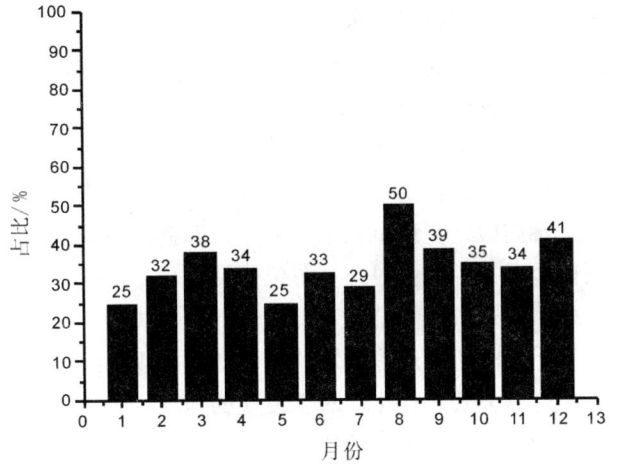

图2 作业性违章所占比例

（三）管理性违章

管理性违章是指从事电力设计、施工、物资、生产工作的各级行政、技术管理人员，不按国家、行业、集团公司有关规定和反事故措施，以及本单位、本部门实际制定的有关规程、制度和措施并组织实施的行为[7]。图3所示为管理性违章所占比例，可以看出管理性违章占比较小，4月份发生的管理性违章较多，占比30%，2017年全年管理性违章占比平均为18%。

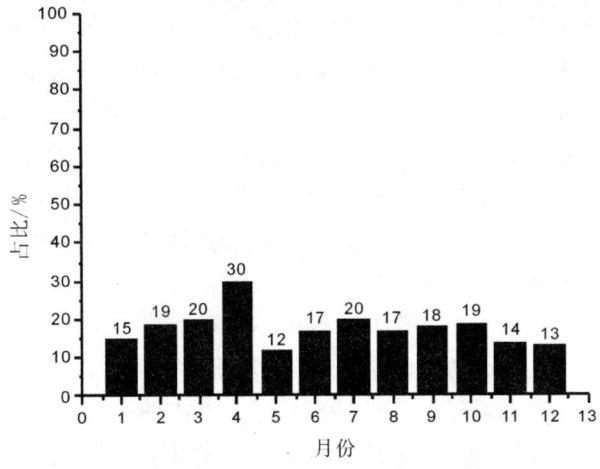

图3 管理性违章所占比例

（四）违章行为表现

表1是2017年全年常见的违章行为，统计显示，装置性违章中，关于脚手架、工器具及临时电源的违章行为发生次数最多，其中脚手架违章占全年违章总次数的7.6%，工器具违章占全年违章总次数的6.7%，临时电源违章占全年违章总次数的3.3%。作业性违章中，不正确使用防护用品发生次数最多，包括着装不规范、不戴安全帽、高处作业安全带使用不规范等，占全年违章总次数的11.8%，然后是工作票不规范，包括无票作业、签字不规范、工作班成员不对照等，占全年违章总次数的5.3%。管理性违章发现次数较少，主要是未按期对工器具进行检验；对作业人员资质审查不严等及其他规章制度制定方面存在的问题。

表1 常见违章行为表现

违章行为	违章表现
装置性违章	脚手架搭设不合格，不审批，不验收，不每日检查；使用未检验或检验过期的工器具；临时电源使用不规范；吊装作业安全隔离不严；气瓶使用不规范；高处作业安全防护措施不全
作业性违章	不正确使用安全防护用品，工作票不规范，有限空间进出登记不认真，未进行三级教育培训进入现场作业，作业现场监护不到位，作业人员无证作业，安全措施执行不到位
管理性违章	未按期对工器具进行检验，作业人员资质审查不严，对违章行为不制止

三、违章原因分析

（一）技术水平不达标，安全意识淡薄

违章又可分为有意违章和无意违章，无意违章是作业者不知道自己的行为是违章的，主要是由于作业人员对于标准和流程不清楚，对于新制度、新规程及新的技术标准的学习不足，是由于培训的不到位，或者未培训合格就上岗造成的。有意违章则是由于作业者安全意识淡薄，存在偷懒、侥幸的心理，认为违章也不一定被发现或出事故。同时，安监人员难以对现场的所有操作和作业过程做到全面的监督，为违章发生提供了条件。因此需通过安全和技能培训，强化全员的安全意识，促使员工主动学习新标准、新制度，严格按规定进行作业。

（二）外委员工违章率较高

当前火力发电企业的检修和维护工作大多是由外委单位来进行的，图4所示为我厂2017年外委单位员工违章率统计，其中外委员工的违章率均在70%以上，最高可达98%，平均约为84%。原因主要是：一是外委员工基数大，所从事的工作违章概率大；二是外委员工的人员素质水平、专业技术水平参差不齐，相对而言，从业人员的文化水平整体偏低，安全技能培训的接受能力较低，且存在年龄结构老龄化的趋势；三是外委单位员工流动性较强，长期存在大量新员工，造成员工整体的技术水平和安全知识相对薄弱；四是外委单位对安全的重视程度不够，他们大多低价中标，更重视经济效益，对于安全培训管理的投入较少，无法使外委员工接受到健全完整的安全和技能培训。

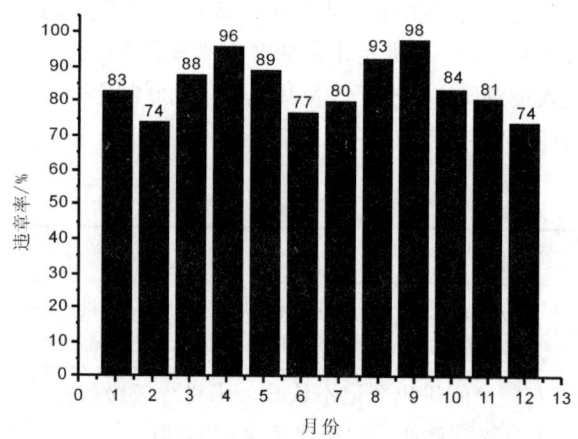

图4　2017年外委单位违章率统计

四、提升员工做出正确安全决定能力的发力点

（一）构建"互联网+"培训新模式，强化员工安全意识

1.搭建安全培训云平台

利用计算机技术、网络技术及大数据处理等技术，建立"互联网+"安全培训云平台，同时开发功能多样的安全培训手机APP，利用云平台可以构建丰富的课程形式，可以根据不同岗位、不同操作内容，设置不同的课程内容，进行针对性的培训，同时可以引入各种动画视频，设置安全题库等，既可以减轻安全培训工作人员的工作量，也可达到良好的培训效果。

2.搭建体验式安全培训平台

体验式安全培训可以使员工在真实情景或模拟情景中切身感受各种不安全行为造成的不良后果，相较于以往的图片和视频具有更强的震慑作用，使得接受培训者主动落实各项防护措施，极大的增强了被培训者的主动意识。结合火电厂作业现场，可以搭建安全帽冲击体验、安全带使用体验、操作平台倾倒体验、高处坠落体验等培训平台。

（二）加大对违章行为的管理考核力度

要建立覆盖全年的反违章管理制度，召集公司各生产部门成立反违章纠察队，充分发挥公司安全监督网的作用；并加强对外委单位的资质审查，对于发生过较大安全事故的单位直接淘汰；严格执行三级安全教育，保障所有进入现场的人员切实接受三级安全教育；考核方式多样化，对于发现的违章行为，发现一起严惩一起，对于严重违章者直接取消其相应资格，刺激作业人员不违章；建立黑名单制度，通过违章积分档案，对于达到一定积分的单位和个人，一律不再续用。

（三）构建过程可控的两票管理机制

1.构建图像化的"操作票"管理机制。

对于现场操作，通过引入执法仪，构建图像化的"操作票"管理机制，通过图片、视频等形式使整个执行过程可视化，实现真正全面约束员工行为，确保不发生违章行为。一般性的操作如一些安全风险较小的操作，可以通过拍图片的形式来反馈其操作过程，对于安全风险较大的操作（如6kv停送电），采取执法仪全程录制视频的方式，确保员工在操作过程中不敢违章。

2.实施检修作业安全管控的"工作票"管理制度。

传统"工作票"管理模式中，有许可和终结，管住了两头，但对于作业过程却无法实现全面的管控，导致作业现场装置性违章率和作业性违章率较高，为解决这一问题，公司结合装置性违章和作业性违章常见的违章表现，建立检修作业安全管控制度，表2所示即为我厂实施的检修作业安全管控表内容，检修安全管控要求在每次间断作业后，开工之前都要对表中内容进行检查并签字，做到事先预防违章的发生。

表2　检修作业安全管控表

工作内容：		工作票编号：				工作负责人：		
工作班成员：		检查事项：				检查时间：		
安全措施	工作票所列安全措施已正确执行							
	有限空间作业已落实通风、检测合格、监护、登记、应急装备到位等措施							
	动火作业监护到场、安全措施执行到位							
工作班成员	人员与工作票登记一致							
	人员经过三级安全教育，成绩合格							
	特种作业人员证书合格，随身携带							
	人员工作服穿戴合格、统一、胸牌齐全							
常用防护用品	安全帽 □　检验合格的安全带 □　手套 □　　防尘口罩 □							
	耳塞 □　防护眼镜 □　绝缘防护鞋 □							
工器具	检验合格证、准用证合格							
安全技术交底	技术交底完成，工作班成员工作任务已明确							
	安全交底完成，作业安全风险、防范措施已告知							
	工作班全员人身风险分析预控工作已落实							
作业区域	作业区域完成隔离							
	检修管理看板齐全							
	作业现场"三无三齐三不落地"执行到位							
	作业现场照明充足，电压等级符合要求							
作业辅助设施	临时电源线布置做到横平竖直，高度符合安规，绝缘可靠							
	脚手架验收合格、日检查合格							
	电焊机检验合格、接地可靠							
	火焊用气瓶固定牢靠、距离合格、防震圈、回火阀齐全、软管合格							
	起重检验证书合格，操作、指挥人员、司索人员到位，佩戴标准标识							
检查确认	工作负责人：							
	管理人员：							

（四）建立覆盖全员的人身安全风险分析预控制度

主要内容包括：一是明确作业性质和类型，如运行操作、检修作业、电气作业、动火作业等；二是评估个人能力和状态，对自己的精神状态、作业资格、业务能力等进行评估；三是检查个人安全防护用品及使用，根据作业选择适当的个人安全防护用品，并检查是否正确合格、无破损，并确认自己能够正确佩戴；四是分析工器具风险因素，确认工器具是否缺陷残损、功能失效、未检验合格或选用不当；五是分析设备设施风险因素，若设备是否高温高压、转动、接地不良、隔离不全等；六是分析作业现场风险因素，是否存在噪声、粉尘、路面湿滑等不利因素，及早预防；七是确认作业过程风险，确认是否存在触电、坍塌、高处坠落、机械伤害等风险。通过这些，作业人员可以掌握现场的风险情况，采取相关预控措施。

五、结语

违章行为为安全生产埋下了事故隐患，反违章管理是消除事故隐患，预防事故发生的有效方法。对我厂的违章行为分析发现，装置性违章和作业性违章所占的比重较大，总占比达82%，其中，外委员工的违章行为占所有违章行为的84%。安全意识淡薄仍然是违章发生的根本性原因，管理考核制度方面的缺失为违章行为的发生提供了条件。通过加强教育培训力度，创新教育培训方法，实施人身安全风险分析制度，提升了员工做出正确的安全决定的能力，通过加大考核力度，构建过程可控的两票管理机制，弥补了反违章管理上的缺失。统计显示，通过实施以上措施，2018年上半年我厂的违章行为较2017年上半年下降了31%。

参考文献

[1] Dillon BS.Human Reliability Bibliography Microelectronic and Reliability[J]. Reliability，2008，6（9）：371-373.

[2] 王阳，罗云，裴晶晶，霍凌宇. 电力企业违章行为的风险管控模式研究[J]. 中国安全生产科学技术，2018，14（4）：173-180.

[3] Bansal Pratima，Bogner William C，Decidingon. Economics， Instiuttions and Context[J]. Long Range Planning，2008，3（3）：269-290.

[4] FEYER A M，WILLIAMSON A.Occupational injury：risk，prevention and intervention[J].Taylor &Francis，1998：121-128.

[5] 彭希平，蔡大成.人的不安全行为难以控制的原因及对策[J].电力安全技术，2007，（4）：34-35.

[6] 刘俊松. 违章行为原因剖析及控制违章措施探讨[J].电力安全技术，2008，10（10）：24-27.

[7] 黄献华. 浅析反违章在电力安全生产管理中的应用[J]. 中国电力教育，2009，133：219-220.

树立安全生产理念，强化企业安全管理

中粮油脂（钦州）有限公司　黄彪

摘　要：安全工作是一项长期的、艰巨的和经常性的工作。企业要树立安全生产理念、落实安全生产主体责任、推进安全管理创新与实践，坚决防范和遏制重特大事故的发生，为企业发展营造良好的安全生产环境。本文简要介绍了中粮油脂（钦州）有限公司在树立安全理念，做好安全生产管理方面的探索实践。

关键词：安全生产；安全管理；现场管理；班组安全管理

安全大如天，责任重如山。安全生产必须警钟长鸣、常抓不懈，丝毫放松不得。一直以来，中粮油脂（钦州）有限公司牢固树立安全生产理念，严格落实安全生产责任制，不断强化安全生产源头治理，持续探索安全文化建设，完善企业安全生产管理体系，企业安全发展长效机制已初步建立。

一、强化现场安全管理

现场安全管理是企业安全生产工作的关键环节，是企业改善安全生产状况的重要措施。为进一步深化安全管理，提升企业安全生产绩效，强化现场安全管理就显得尤为重要。为此，公司将安全管理的重点转向了企业的安全生产基础和基层管理上来，在现场安全管理中，公司对以下 10 个方面采取了严格措施。

①人员资质管理。作业人员必须经过安全生产培训并考核合格，方可上岗作业；特种作业人员必须取得相应资格；作业前必须进行安全技术交底，培训和交底必须留有完整记录。②危险作业审批。危险作业必须进行审批，作业前必须进行作业安全分析，现场确认安全措施；作业期间必须动态监管，并安排专人全过程监护。③多人作业管理。在同一个独立单元作业，同时作业人数 3 人及以上的，必须指定 1 人负责现场安全；同时作业人数 7 人及以上的，必须安排专人现场监管或采取监控措施。④超限作业管控。依法依规严格管控超能力、超强度、超定员生产和厂内车辆超载、超限、超负荷运行等行为。⑤相关方作业管理。承包商作业（房屋建筑施工除外）必须等同于企业自身作业管理；劳务派遣人员、劳务外包人员必须等同于企业自身人员管理；租赁自管工厂、仓库必须等同于自有工厂、仓库管理。⑥设备设施完整性。设

备设施安全条件符合出厂设计要求并保持完好，相关技术资料齐全完整；要按期进行设备检维修和保养，确保设备设施本质安全且始终处于满足生产安全条件下的正常使用状态。⑦应急管理和个体防护。应急物资装备和个体防护装备原则上应在现场配备，由使用部门保管、维护，确保状态良好、方便取用；应急疏散通道和安全出口必须始终保持通畅。⑧领导带班和安全检查。基层企业带班领导必须每日召开例会，研究分析当日突出安全风险，落实安全措施；领导带班巡查和安全部门检查要有针对性。⑨隐患管理。对排查发现的事故隐患必须及时整改，做到"五落实"；必须建立奖惩制度，鼓励员工举报隐患和抵制"三违"行为。⑩变更管理。人员、管理、工艺、技术、设施等变更必须纳入管理，变更前必须对变更过程及变更后可能产生的安全风险进行分析，制定控制措施，履行审批及验收程序，并告知和培训相关从业人员

二、强化班组安全管理

在一个企业中，如果把企业比成一个大家族的话，那么班组就是家族中的小家庭。为管理好一个大家庭可以把安全分解为管理一个个小家庭，一个个小班组。基于这个理念，公司开展了卓有成效的班组建设。

1. 开好班前会

其主要内容包括以下四方面：上班人员健康和心理状况的确认；进行劳保用品穿戴情况的检查；作业指示和危险的分析预测；分配任务，做好共同作业中的配合与联系的安排，保证集体作业中的安全。

2. 建立班组成员互保制

互保制主要是为了促使班组成员相互帮助、互相监督、互相提醒，及时消除控制各类危险因素，防止

伤害事故的发生。例如，通过互相检查设备工具和安全装置是否符合安全要求，互相督促实行标准化作业，能够促使班组成员共同遵守安全生产规章制度，进而实现安全生产目标。

3.开展危险预知活动

以各岗位生产特点和工艺过程及其危险源为对象，通过班组人员自己的调查分析研究出来预防事故发生的对策措施，进而唤起全体班组成员对安全的重视，增强对危险的敏感性、识别能力和预知能力。

4.开展班组学习活动

每月初班组长下达安全学习计划，负责组织开展活动，部门领导参加所属班组的活动并进行现场指导，对活动的开展进行检查监督并提出改进意见。通过这种常态化、高频度的持续开展，将安全意识的培育、安全技能的提高落实到每一位基层员工。

5.制订班组管理目标

公司每年制订经营目标，明确工作重点。班组在公司制订的方向框架内自行制订班组管理目标、落地措施和计划、管理预算等。班组宣传费用由班组每年做预算，根据班组管理需要自行联系广告公司设计、制作宣传海报、看板、标识等。相比由 5S 管理员集中统一制作，这样能更及时、高效，而且更为个性化，彰显班组特性。而海报、看板还可以把党建、人才培养的知识都融入到班组管理当中，反映在看板上，通过可视化的管理方式，一目了然。

6.加强班组安全评比

在公司内形成"比、学、赶、超、帮"的氛围。为了让自己的班组在公司内部评比中胜出，大家都努力贡献自己的智慧，去改善、去创新。有的班组，为了提高设备管理效率，班组成员自主学习了二维码制作方法。通过每台设备上扫描的二维码，就能看到设备的相关资料，包括性能、操作方法、注意事项、维护保养台账等。

三、结束语

安全无小事，对待安全工作需要的是毫不犹豫的执行力。正是实行各种安全管理制度，使安全工作深入人心，不管是企业员工还是外来作业人员都很好地遵守了公司安全安全管理制度。企业连续多年未发生重大安全事故，多次被评为安全示范企业。

以安全合规理念推动安全生产标准化

中粮可口可乐饮料（天津）有限公司　韩永强

摘　要：安全生产标准化建设是安全文化落地的有效手段之一，是企业安全生产管理的重要方面。然而建设安全生产标准化，必须建立与之相适应的安全合规理念。本文通过分析企业安全生产标准化建设中存在的共性问题和发展现状，分析了如何将安全合规理念融入安全生产标准化建设中，以有效减少不必要的重复性工作，提高企业安全生产管理工作效率，保障企业持续保持安全生产标准化建设成果。

关键词：安全生产标准化；安全合规理念；管理模式

安全生产管理的成败直接关系到企业的生存与发展，通过加强安全文化建设，促进安全生产管理的有效开展，具有十分重要的现实意义。加强安全文化建设，有利于树立正确的安全生产观，有利于增强安全防范意识，有利于建立安全生产管理长效机制，可见安全文化建设是企业安全生产的重要保障。安全文化建设不是纸上谈兵，需要进行有效落地，才能发挥效果，安全生产标准化建设与安全文化建设目标一致，是安全文化建设的落地手段之一。

同时，企业安全生产标准化建设又须臾不能离开安全文化特别是安全合规理念的支撑。以合规理念为引领，科学导入标准，有效培训标准，严格遵循标准，势必成为安全生产标准化建设的重要议题。

一、安全生产标准化发展现状

安全生产标准化是指通过建立安全生产责任制，制定安全管理制度和操作规程，排查治理生产隐患和监控重大危险源，建立预防机制，规范生产行为，使各生产环节符合有关安全生产法律法规和标准规范的要求，使人、机、物、环处于良好的生产状态，并持续改进、不断加强企业安全生产规范化建设。安全生产标准化是一种经过多年发展逐步形成并完善的现代安全生产管理方法，内容涵盖了安全生产的过程管理、对象管理和关键点管理，是目前我国进一步规范企业安全生产行为，改善安全生产条件，强化安全基础管理，有效防范和坚决遏制重特大事故发生的重要举措。

（一）企业安全生产标准化与安全管理模式不统一

各行业企业在长期的安全管理中，结合现代安全管理理论和方法，根据相关标准和要求，大多已经形成了一套自己的管理模式，但目前相关的法律法规标准仍在不断完善和更新，原有的管理模式不能完全与安全生产标准化建设与管理的要求契合，需要不断充实管理要求、改进管理过程、完善文档和记录，改进和提升企业现有的安全生产管理模式；在此基础上，通过统一管理要求、明确工作流程，逐步形成各行业／领域、不同规模企业的可复制的安全生产标准化管理模式。

（二）安全生产标准化标准体系不完善

目前已经出台了统一的企业安全生产标准化基本规范（AQ/T 9006—2010），在危险化学品、矿山、石油、烟草、家具、造船、机械制造、电子信息等行业和领域形成了一批相关的行业标准，同时在危险化学品、冶金、氧化铝、电解铝、水泥、纺织、造纸、食品安全、平板玻璃、建筑卫生陶瓷、白酒、啤酒、乳制品、商场、仓储物流、石膏板、饮料、调味品、酒类（葡萄酒、露酒）、服装生产、酒店业等行业和领域也出台了相关的评定标准。一方面，很多行业的评定标准以部门文件方式下发，需要进一步完善形成行业或国家标准；另一方面，现有标准中主要是针对企业安全生产标准化工作的效果和总体要求，对企业安全生产标准化工作本身的管理要求还有待细化，针对实施安全生产标准化管理的具体流程、相关岗位安全职责和安全工作要求等方面的内容，还需要进一步建立统一的标准。

（三）安全生产标准化建设信息化工具的缺失

安全生产标准化管理涉及企业的人员、设备、物料、环境及生产管理等各项内容，除了安全生产管理部门外需要企业多个部门和全体从业人员共同参与配合，涉及企业内大量的数据信息。目前，我国一些大中型企业的安全生产管理，主要依托于企业的综合办公自动化系统或生产管理系统，安全生产标准化建设所需的各类资料档案分散于系统各处，并不能直接提供标准化建设所需要的综合技术支持；而一些中小企业的安全生产管理仍使用人工的手段，没有实现管理信息化。没有有效的信息化工具，导致很多企业在安全生产标准化建设过程中耗费大量人力，增加了很多不必要的重复性工作。

二、企业安全生产标准化管理模式研究

安全生产标准化管理模式是以安全生产过程管理方法和安全生产对象管理为基础，通过整合完善，对企业安全生产管理工作中的每个对象的每个管理阶段做出统一和具体的要求，实现企业安全生产管理的过程和对象的立体全覆盖

（一）建立 PDCA 动态循环的管理过程

依照 PDCA 循环法，安全生产管理以一个年度为一个工作周期，在每个周期内都可以划分为"计划、实施、总结"三个阶段的管理过程，新一个周期实现对旧周期的改进，每个周期的具有不同的工作侧重点。

（1）计划阶段：按照相关法律法规标准文件的要求，针对管理对象，分别制订工作计划，包括周期内的计划（如周、月、季度、年度计划等）和跨周期计划（如设备定期检验、应急预案修订计划等），其中跨周期计划还应参考上一周期的相关信息。计划的制订应包括对象、计划内容、要求、预期完成时间或关键时间、责任部门、责任人、监督部门等内容。

（2）实施阶段：包括计划的落实和落实情况的检查。计划的落实应详细记录落实情况、完成人、完成时间等内容。落实情况的检查应除记录检查情况、检查人、检查时间等信息外，还应对未完全落实的内容提出建议整改并督促落实。

（3）总结阶段：对照计划阶段制定的计划，按照实施阶段的落实和检查结果，定期总结安全管理工作，包括分对象的总结和全面总结。

（二）管理对象的分类

管理对象的分类既要保证覆盖企业安全生产管理的所有内容，又要避免不同对象之间涉及内容的重叠导致工作的重复。安全生产标准化从安全生产目标、组织机构和职责、安全投入、法律法规和安全管理制度、隐患排查和治理、培训教育、生产设备设施、作业安全、职业健康、应急救援、事故报告调查和处理、绩效评估和持续改进等要素比较全面地覆盖了企业安全生产管理对象及其要求。但是在实际工作中，有些对象的管理工作有重叠和交叉的内容，为了便于日常管理、减少重复工作，按照安全生产管理的基本要素"人、机、物、环、法"，将安全生产标准化要素进一步分组，包括人员、设备设施、物料、环境、管理五类，明确每类对象管理的重点内容。

（三）完善安全生产管理基础信息库，采用信息化管理工具

企业开展安全生产管理工作需要对安全管理对象（企业生产中的人员、设备、物料、环境等方面）进行信息统计，形成企业的安全生产基础信息库，作为日常管理的信息来源和基础，同时对应各项法律法规标准生成管理要求。包括人员信息库、设备设施信息库、物料信息库、环境信息库等。在完善企业生产管理的基础信息库的基础上采用信息化管理工具，是管理模式具体实施所采取的手段，可以加强企业安全生产标准化管理效果。企业应充分依托于综合办公自动化系统、自动化生产管理系统等信息化管理工具和手段，简化企业安全生产管理工作，提高企业安全生产规范管理的质量和效率。

（四）完善标准化管理保障体系

要从标准要求出发，针对企业生产中出现的风险隐患，进行合理评估，同时根据修改计划及时修改。加强档案管理，做好企业重大危险源的登记，要定期检测特殊设备，进行科学评估检测，并制订相应的事故应急预案，培养更多专业的人员。要落实《安全生产法》中的标准化管理规定，保证企业安全行为符合国家相关法律规范。与安全评价结合起来，将评价工作做到位，让标准化工作的进行有良好的基础，广泛开展安全生产标准化工作。

三、安全生产标准化建设所依赖的文化支撑

安全生产标准化管理的执行主体是人，必须建立与之相适应的文化支撑，特别是要树立安全合规思维，才能真正把安全生产标准落实到实践中去。

一是要以安全合规思维提升对安全标准化的认

知。在技术设备日益发达的生产系统内，实施安全标准化既是对安全生产科学规律的遵循，对设备系统本质安全的领悟，也是对人的极大尊重。要加强合规思维，充分领略安全标准化管理的魅力，引导全员把安全标准视为生产作业中必须遵循不可违逆的技术法则。

二是要以安全合规思维引领安全标准的导入，处理好规范化与特色化的关系。当前许多企业安全标准无法落地的重要原因之一是，安全标准在导入时没有充分考虑本企业基层的实际环境，盲目地照搬照抄安全标准，其中一些条规短时间内根本不具备执行条件就发布到基层。因此，安全标准发布前要换位思考，模拟基层情景充分论证标准的适用性和可行性，确保安全标准可实施。

三是要以安全合规思维引领基层管理者在作业指挥和管理实践中严格执行标准。安全标准的权威性有赖于基层管理人员发挥带头作用、宣导作用，而其行为就是最佳的示范模式。

四是要以安全合规思维规范基层作业严格遵从安全标准，通过教育、管理、考核等各种方式强化基层人员行为与安全标准的严格对标。

四、结论

本文以安全文化有效落地为背景，通过分析目前企业开展安全生产标准化建设和管理工作中存在的普遍问题，提出了基于安全生产标准化的企业安全生产管理模式及其所依赖的安全合规思维。该模式可以与企业原有安全生产管理模式相融合，适合开展安全生产管理工作，有利于安全文化的落地实施和安全管理的有效进行。

增强安全意识，做好安全生产工作

中粮新沙粮油工业（东莞）有限公司　闫亚男

摘　要： 安全生产是企业生存和发展的根基。企业要效益求发展，就要切实认识到安全生产的重大意义，深耕安全文化建设，提升安全管理水平，促进安全生产工作全面提高，实现企业安全高效发展。文章介绍了新沙粮油这方面的经验，从安全意识、行为，安全检查、治理，操作方式方法，责任落实等方面阐述了企业安全生产工作。

关键词： 安全生产；安全意识；隐患；演练；标准化作业；责任

党的十九大报告中明确要求："树立安全发展理念，弘扬生命至上、安全第一的思想，健全公共安全体系，完善安全生产责任制，坚决遏制重特大安全事故""使人民安全感更加充实"。当前中国特色社会主义已经进入新时期，对这一阶段的安全生产工作，我们要以更严的标准、更高的要求、更实的举措，不断查缺补漏、补齐短板，切实推动安全生产健康发展，做到安全工作人人有责，安全行动全民参与。

安全生产是发展与成长的基石，任何一家企业的发展都离不开安全。如何做好安全生产，促进安全发展，中粮新沙粮油工业（东莞）有限公司在这方面做了不少有益尝试。

一、提高安全意识

加强安全宣传教育，不断强调"安全与我息息相关"，让员工在内心深处认可、认同，为提高安全意识打下基础。安全教育要全覆盖、多角度，像春风化雨一样，持续发力，不断提高全员安全意识，才能防微杜渐、防患于未然。学习事故案例，查找事故发生的特点与规律，分析找出事故发生的直接原因和客观原因，并吸取教训，举一反三。通过不断学习、反思、行动掌握安全知识，识别事故风险，不做无畏的无知者，不抱有蛮干侥幸心理。懂得安全制度规程和规范，增强潜在的安全事故防范意识，自觉远离或整改隐患，做到"明标准、懂规范、知敬畏"。安全宣传形式应多种多样，不应只是简单的喊口号、印资料，还要加入音频、视频、游戏、节目、竞赛等。安全知识围绕在每个人的周围，有意无意间就将知识印入脑海。如每次去麻涌嘉荣超市，都会听到广播播放火灾消防的

"四懂""四会"，即懂得火灾危险性，懂得预防火灾的措施，懂得火灾扑救的方法，懂得火场逃生的办法；会报火警，会使用灭火器材，会扑救初期火灾，会组织人员疏散。不需要刻意去记去背，听多了自然就记住了。本文认为这样记住"四懂""四会"还远远不够，如果能够将每一条要懂的内容进行详细讲解，每一个要会的知识进行细化，经常组织一些相关活动，那么将更利于提高人们应对火灾的能力。

二、树立安全榜样

榜样的力量是无穷的，通过可学、可鉴的榜样发展出更多的榜样。安全工作同样需要榜样，榜样的言行就是行动版的准则，大家看得懂、学得会。通过榜样的言传身教，带动更多的人身体力行保安全。通过树立安全榜样，号召全体员工学习榜样，牢固树立安全发展理念，坚守安全生产红线，严格落实安全生产责任，为企业发展提供安全保障。

三、应急演练少演多练

组织应急演练往往都是事先准备、提前通知，很多人就跟着大部队一起走走过场，最后演练"完美结束"。参与演练的人"悠闲自在""有条不紊"，更像是在演戏。要让员工学习应急演练的知识内容，不在演练前进行过多的讲解、提醒，树立员工以练为战的思想，提高应对危险、化解危险的心理素质、科学常识和逃生能力，防止在遇到突发事件、紧急情况时惊慌失措、贻误时机、受到伤害。灾害无常，环境变化。演练不应一成不变，要经常性对应急预案进行升级，以适应安全生产的需要，为安全生产保驾护航。

四、加强风险管理、隐患排查

强化事故风险管理、隐患排查,不断提高全员安全意识。风险管理是针对当下各种设施、操作等进行分析,控制作业场所和生产过程中物和环境发生的潜在危险因素。隐患排查是检验当下各种设施、操作等所处状态,防范安全事故的发生,夯实安全生产监管工作的基础。通过风险管理,可以丰富隐患排查的内容。通过隐患排查又能检验出风险管理措施的落实效果。

五、细化安全检查

安全检查就是一柄出鞘的利剑,除垢祛病,铲除若隐若现的事故苗头,把安全隐患消灭在萌芽状态;安全检查也是一块坚实的盾牌,亡羊补牢,弥补管理制度中的漏洞和短板,更好的护佑安全生产行稳致远。安全检查不能流于形式,不能只是走个过场,检查要细、要实,检查前要有方案、有步骤,不能有怕麻烦、当"老好人"的思想;检查中要实事求是、深入问题,不能停留于皮毛,要深入探究,才能"治标治本""查必有效"。安全检查要与日常扎实细致的安全生产监管工作紧密结合,克服走马观花、层层衰减、各行其是、重查轻罚、以查代管、一查了之等不足和弊端。在检查中要追本溯源查找隐患。安全检查发现的问题点要事事有落实、件件有回音、处处有整改,并且能见微知著、触类旁通,通过一个问题点检视相近的情况,杜绝类似问题点再次出现。整改意见要结合实际。

六、推行标准化作业

标准化作业就是将现行作业方法的每一操作程序和每一动作进行分解,以科学技术、规章制度和实践经验为依据,形成一种优化的作业程序,达到安全、高效、省力的目的。

企业的生产活动,大都是通过人操作机器设备把原材料升级成产品。在生产的诸多要素当中,人是首要的,是灵活机动的要素。由于操作者之间存在个体差别以及人的作业参数在不同时间会发生变化,同样的操作过程未必会产生同样的结果,如同样的加工工艺,不同的作业班次,甲乙两班生产的产品在性能上可能差别很大,也就是常说的"性能波动大"。倘若对作业程序、作业方法等必须规范的内容制定成标准,无论什么人、什么班次操作都按标准要求,采用同样的产品成分设计、同样的操作程序,那么产品的性能和质量应在标准可控的范围之内处于一种稳定状态。标准化作业最大限度地减少了人为因素,使劳动过程与结果规范、统一,使产品"重复"同样的特性、达到稳定的质量状态。准确的流程和程序,精确的动作与工艺,不仅保障产品质量,也规避了多余动作和行为带来的安全隐患。这里的同样的工艺、设计、操作程序和准确的流程等就是标准化作业。

七、依法依规落实责任

安全检查不是常态,但却要把安全检查的精髓常态化。即调整思路,明白安全检查作为手段,落实主体安全责任是目的。检查中碰到问题不能绕着走,必须依法依规严格执法,严格处罚。采取执法式检查,杜绝只检查不执法、检查多执法少和处罚失之于宽、失之于软的问题。责任到人,责任到岗,人人有责,人人负责。要让全体员工明白,安全不是某个人或是某群人的事,而是"我们自己的事"。同时要让主体责任单位明白:安全是皮,效益是毛,隐患是癣,癣多皮病毛不存,去癣受益的是自己。不断推动对主体责任的履行,增强依法依规生产经营的自觉性、主动性,规规矩矩照章办事,老老实实安全生产,增强承担安全生产主体责任的使命感。

八、结束语

企业要牢固树立红线意识,发展是硬道理,安全生产也是硬道理。中粮新沙粮油工业(东莞)有限公司始终把安全生产作为企业的头等大事来抓,多措并举,树立安全发展理念,弘扬企业安全文化,强化责任意识担当意识,全面提升企业员工安全素质,建立健全安全管理机制,坚决遏制重特大事故发生。未来还将进一步完善企业安全文化体系建设,提升安全生产工作水平。

构建安全文化提升安全管理

中粮可口可乐辽宁（北）饮料有限公司　陈士亮

摘　要：企业安全文化是企业文化的重要组成部分，也是企业安全管理的重要思想和理念基础。企业安全文化中的安全核心理念为企业安全管理模式的选择提供了价值标准，同时也为企业安全发展提供行为指引。随着新时代对安全发展的要求和部署，我国的生产现状也发生了相应的优化与调整，不仅对企业安全文化建设赋予了新的内涵，也对企业安全管理有了新的要求。为了保障企业安全发展，要处理好企业安全文化和企业安全管理之间的关系，不仅构建安全文化加强企业安全管理，创新管理模式，还要利用企业安全管理促进企业安全文化建设发展，为企业营造良好的安全文化氛围。文章主要对企业安全管理与安全文化建设的相互促进作用进行具体的分析和阐述，以期对企业安全发展起到促进作用。

关键词：安全文化建设；企业安全管理；促进作用

企业安全文化是企业安全管理的重要思想和理念基础。企业安全管理的执行者是人。由于每个人不同的教育背景、工作经历等诸多因素而形成的人们具有不同的思想、不同的追求、不同的价值取向，从而就会造成在相同的制度、流程、机制体制下，不同的人会产生不同的理解、不同的决策、不同的行为选择，从而影响安全管理体系的执行效果。企业安全文化恰恰是塑造人们的安全价值观和安全行为的强有力的武器。企业安全管理体系的良好运行也是对安全文化的最好实践和最好保障。

一、安全文化建设的重要作用

（一）安全文化建设能够促进企业文化建设

经过多年来的管理实践我们不难看出，安全问题虽大多出现于日常的生产过程中，但问题产生的根源却归咎于职工的日常生活中。因此，为了确保企业文化建设工作有序开展，则需积极营造以人为本的管理氛围，通过培育员工的企业精神，以便将企业文化建设积极渗透到企业经营管理、职业生产、生活的各环节中，从而激发员工遵章守纪的自主追求精神，更好的弥补制度管理中的缺陷与不足。由于安全文化是企业文化的核心组成部分，所以现代企业在文化建设的过程中应时刻遵循安全理念，才能够最大限度地调动起职工的内在精神动力，真正实现"要我安全"向"我要安全"转变。

（二）加强安全文化建设是企业发展的现实需要

由于部分属地部门存在人员小、管辖范围大的情况，加之职工队伍思想大多较为活跃，所以相应的增多了许多不稳定因素。因此，为确保属地部门安全工作的有序开展，便需要坚持以人为本的管理原则，如此才能充分体现企业在安全管理方面的主观能动性，从根本上解决属地部门的安全问题。此外，为进一步确保生产过程的安全，企业还应该在各属地部门内部营造浓厚的文化氛围，从心理层面对职工加以引导，规范员工的行为，有效提升企业个人的安全意识与安全素质，进而增强安全生产的自觉性，从根源上为属地部门生产管理提供安全方面的保障。

（三）安全文化建设是思想政治工作"融入"安全管理的有效途径

将思想政治工作融入安全文化建设工作中，两者均要坚持以人为本的管理原则，简言之，即在坚持引导人、鼓舞人的同时亦要做到对人的充分尊重与理解。当然，在安全文化氛围的营造以及安全理念的渗透方面，企业还可切实发挥舆论引导的作用，促使安全文化深入人心，从而为企业的安全生产提供思想方面的支持，最终推动企业安全文化建设与思想政治工作的共同发展。

二、企业管理对企业文化建设促进意义

（一）提升企业员工的安全意识

安全管理中安全意识是管理的内因，同时也是直

接影响安全管理作用的主要因素，更是企业安全文化建设的一部分，所以在企业的安全管理中必须要注重对企业员工安全管理意识的树立。通过对以往发生的安全问题分析可知，大多数安全事故的发生都与员工和管理人员的安全意识不足有关，所以必须要加强对员工安全意识的培养，而在安全意识培养中最有效的手段还是对管理制度的建设和落实。通过建立安全管理制度以及组织员工学习和加大实施安全制度落实奖惩制度，使员工将安全意识逐渐内化为自身思想意识的一部分，为企业安全文化的建设提供推动作用。

（二）培养员工的安全习惯

企业安全管理中，主要规范的是员工的安全行为，而行为与习惯具有直接的关系，同时思维习惯及行为习惯等也是企业安全文化的重要组成部分。而通过企业安全管理可以对员工的行为习惯进行规范，比如在检维修的过程中，一直强调LOTO程序，但是这种强调很多人只是挂在嘴上，听在耳朵里，在实际的工作中却没有规范的执行，进而造成极大的安全隐患。所以针对这个问题还需要通过安全管理的手段，首先可以通过刚性管理的强制化方式，要求所有人员必须按标准执行 LOTO 程序，一经发现没有按标准执行 LOTO 程序的人员给予一定的教育和培训。其次运用柔性的管理方式，加强安全宣传，可以通过典型案例方式，使员工认识到不按标准执行 LOTO 程序的严重后果，进而在安全管理工作中营造良好的工作氛围，使员工们养成安全管理习惯。

（三）加强安全规章制度的执行

企业安全规章制度的落实直接影响着企业安全管理的效果，因此在企业安全管理中需要将企业的管理制度和文化进行有效的融合，利用规章制度使人们认识和遵守安全管理，同时利用安全文化加深员工对安全管理的认识。企业管理能够实现对员工思想和行为的规范，进而为安全文化的渗透奠定基础，同时有利于安全管理制度的执行。所以在企业的安全管理中还需要烙上文化的烙印，比如可以编制安全管理手册，使员工能够随时翻阅，加深安全管理意识，或者通过安全知识竞赛的组织等，提升员工加入安全文化建设的积极性，进而更好的发挥安全文化的作用。

三、基于安全文化建设的安全管理措施

（一）加强企业领导对安全文化建设的重视

企业安全管理中，企业领导是第一责任人和主要的监管人员，所以加强企业安全文化的建设还需要从领导的重视入手。企业领导需要深入到施工现场对其中存在的安全管理内容进行深入的了解，并以身作则。同时各层级领导还需要严格遵守安全规定，履行安全职责，为员工做好带头作用。也使员工认识到企业安全管理的重要性，并能够加强对企业安全管理相关制度的遵守，为企业营造良好的企业文化氛围。

（二）树立以人为本、可持续发展的安全文化理念

企业员工是企业文化建设的主体，不仅是企业安全事故预防的安全卫士，同时可能成为企业安全事故发生的肇事者，因此企业必须要在安全文化的建设中坚持以人为本，使所有的员工都积极地参与到企业文化建设中，发挥主体作用。同时企业的安全施工管理制度的制定和实施中同样需要员工们的配合和支持，发挥员工的主观能动性。

企业的安全管理中，一直存在难落实的情况，管理效果难以有效的发挥，同时也使得企业的员工无法认同。企业安全文化可以对员工个体的行为进行规范，同时也能够保证安全管理工作的健康、可持续发展，进而使企业管理工作能够持续的注入能量。企业安全可持续发展理念的建设，需要提升员工的安全意识和安全思维，进而使员工能够达成思想上的一致，同时转化为员工日常的自觉性。比如在企业的安全活动中，不能只是通过简单的奖惩方式进行表彰和处罚，还需要通过树立模范及安全典型的方式，使员工了解哪些安全行为是提倡的，哪些行为是不可行的，从而通过对比实现对企业安全文化的强化，培养员工良好的安全意识和习惯。

（三）创新安全管理向无形管理模式拓展

安全管理不只是在制度、技术及方法等有形内容上的管理，同时还包括人际管理、安全文化及价值观念等无形内容上的管理。在生产维修过程中出现违规操作和违反安全管理制度的行为时，不仅要能够从有形的制度上查找原因，同时还需要通过无形管理的方式探寻问题的本质。如果在企业安全管理中忽视了这些无形管理因素，将会导致有形管理的效果也难以达

成，建筑安全文化的建设则是对无形管理内容的优化和完善及对有形管理内容中存在不足的补充，为有形管理提供一定的依据。安全文化的建设中需要加强对员工思想意识的提升，帮助员工树立安全就是效益的价值观念，关爱生命，注意安全的情感观，严抓安全的意识，进而有效的预防安全事故的发生。

（四）加强柔性监管力度

在企业管理中，刚性管理指的是以企业的规章制度为核心的监管方式，通过监管制度对企业的员工进行制约和管理。而柔性管理模式中则坚持以人为本，将人作为管理的核心内容，通过企业文化的建设及良好精神氛围的营造等，实施人性化管理。在建筑企业的监管中，通过对这两种方式的对比可以发现，柔性管理的作用更深刻，更强大，能够激发员工内在的工作斗志，挖掘员工的潜力。此外通过柔性管理方式还有利于对员工情感、观念及道德等深层次上的人文意识的强化，进而将安全意识逐渐内化成员工个人的内在思维。一线工人的工作繁重而且重复性工作比较多，对企业安全管理是一种严峻的考验，所以企业监管中还需要做到刚柔并济，在加强安全管理制度建设的过程中，提升员工的安全意识，促进企业安全管理的长效发展。

（五）完善精细化管理理念

生产安全监管中还需要注意监管的精细化，严抓企业管理制度，同时注重对细节的强调。但是企业中大部分都采用粗放式的管理方式，在管理中管理理念和方式都是以经验为主，缺乏科学的管理机制，影响安全管理的水平提升。同时，安全管理还需要向制度化和科学化方向发展，使企业安全管理实现精细化。从生产企业安全事故的诱因来看，大部分都是由于细节上的疏忽及管理上的粗放性而导致的，所以在安全管理的过程中还需要严抓细节，比如加强对安全管理内容的细化，将安全管理渗透到企业管理中的各个细节和各个员工的思想中，防止在企业安全管理中出现盲点。此外，还需要对员工的职责进行精细化管理，将责任落实到员工个人，防止在安全事故发生后出现互相推诿的现象。最后，对安全隐患问题设置时限，并进行量化，从而使安全管理进程可以得到更好的推进。

四、结束语

综上所述，安全文化建设是一个漫长的过程，企业想通过短期的管理和培训是无法实现的。安全文化对企业的发展具有非常重要的作用，企业要认识到安全管理对企业文化的重要作用，通过不断地完善和加强安全管理模式、安全管理制度建设，进而对安全文化建设进行实践，促进企业安全发展。同时企业要想切实将安全生产管理工作落到实处，还需依靠安全文化，通过安全文化不仅将安全生产与思想政治工作有效结合起来，还要积极开展安全活动，将安全生产理念渗透至员工工作与生活中的各个角落，有效提升每一位职工的安全生产意识，激发员工遵章守纪的自主追求精神，最终从根源上为工作开展提供安全方面的保障。

树立安全生产理念，推进施工项目安全管理

中铁四局集团钢结构建筑有限公司　苏鑫

摘　要：项目安全管理工作在具体施工过程中至关重要，发挥着无可取代的作用，是项目施工质量及作业人员生命与财产安全的重要保证。企业必须要高度重视施工项目的安全管理，牢固树立"安全第一，不安全不生产"的理念。本文从几个方面对项目施工过程中的安全管理工作做了相关介绍。

关键字：工程项目；安全理念；安全管理；监督考核

安全管理是项目施工工作中的第一要点，是一切管理工作的基础。施工项目安全生产工作任务艰巨、责任重大，安全管理贯穿整个项目管理，项目施工过程中要树立以人为本的安全生产理念，筑牢安全生产防线，不断提高项目管理人员安全意识和职责，坚持安全文明施工，杜绝施工现场事故发生，保质保量完成施工项目。但在实际施工生产中一些企业还存在着对项目施工安全生产工作不够重视，从业人员素质不高意识不强，安全生产管理责任机制不健全等问题，这需要引起企业重视，进一步加强施工安全管理。

近些年来，钢结构公司在铁路货场建设领域得到不断的发展与进步，取得了非常丰硕的经营成果。在实际的施工过程当中，公司项目管理水平得到了很大提升，在货场施工的安全管理方面，采用了传统的基础制度建设、安全教育、周（月）检查、群安员、青安岗、班组长责任制、隐患排查系统、月度安全例会、整改通知、罚款等安全管理方法，解决了由于施工区域大、涉及专业交叉多、参与班组多等带来的安全管理问题。在此笔者简单介绍一下我们在施工项目安全管理中的采取的措施。

一、树立安全理念

（一）提升作业人员安全意识

一个公司，无论多么强大，实力多么雄厚，最重要的发展基础还是一线员工，保证员工的安全是我们义不容辞的责任。为提高员工的安全意识，项目部驻地在建设规划初期，就设置了洞口坠落、触电、物体打击和安全带体验等设施。驻地建设完成后，只要有新工人进场，项目安质部都会带领新工人进行安全体验，让他们懂得如何避免安全问题的出现，以及当安

全问题发生时，如何来保障自己的安全及公司利益的安全。通过对施工现场易发事故的安全体验，提升相关工作人员的安全意识，同时这也在很大幅度上减少了施工现场"三违"现象的发生。

（二）强化安全文化的宣传力度

项目部在施工现场所有可能发生危险的场所及道路两侧都设置了各种各样的安全警示和宣传标语。此外，项目部还通过在全公司范围内发放安全画册和设置安全漫画等方式，来提醒作业人员一定要注意安全。近几年中，我公司的安全文化的宣传力度有了显著提高，施工现场及全公司范围内的安全文化氛围变得异常浓厚。

（三）通过微信群、QQ群加强信息传递

项目部创建了微信群、QQ群等平台，把施工现场真实发生的一些违章违规问题在这些平台上进行及时有效地发布，希望通过举一反三的形式来引起作业人员的注意，杜绝在其他作业队伍中再次发生类似的问题。除此之外，项目部、安质部也会定期在微信群、QQ群发布一些施工安全的基础知识，通过施工安全知识的普及来提高工人的安全意识。

二、强化安全管理

（一）超前考虑、标准策划

在以前的安全管理工作当中，虽然我们也在正式开工之前制订各项准备措施，但是这些措施在实际的施工过程中可行性是非常低的，致使我们的安全管理工作呈现出的总体感觉就是"兵来将挡、水来土掩"的模式，准备工作就好似空中楼阁一般，空有华美的外表，却没有产生实效。要想提高安全管理工作的水平，就必须要将各项准备工作落到实处。公司项目部

在开工之前，要组织工程部、安质部、物机部等生产一线部门，联合编制《项目部标准化策划方案》，并组织领导班子及部门负责人评审，将完善后的《项目部标准化策划方案》发放给劳务队伍，并进行会议交底。要求各劳务队伍严格按照《项目部标准化策划方案》的部署，设置临时设施、材料堆放、配电箱布置、现场道路设置、卫生间、茶水亭等，规范场容场貌。

（二）规范队伍进场流程，确保教育全覆盖

项目建设前期，对劳务队伍进场管理方面比较粗放。来人就干活，边干活边教育，给施工现场的安全管理带来严重的被动局面。为了扭转这种局面，公司制定了劳务队伍进场流程，先到工经部门备案，符合具备条件以后，到安质部进行进场安全教育，未经过安全教育的作业人员物机部不予发放安全帽。从而杜绝了未教育即进场干活的现象。

（三）优化方案，完善安全措施

综观长春货场的现状，长春货场所经营和涉及的项目以及专业是各种各样的。因此，必须要集中和优化所有的可利用资源，竭尽全力为作业人员提供一个安全稳定的作业环境。项目部必须要提前对各个专项方案进行了编制和评审。从技术、管理等专业角度来进行分析，利用人机料法环的因素分解法，找到影响各个专业施工安全的关键问题，针对这些主要问题，制订出切实可行的安全措施。通过杜绝、隔离、警示、降低风险的方法，确保作业现场环境处于安全可控的状态。

三、加强监督考核

（一）全方位监控，不留死角

现阶段，项目部设置了 5 处摄像镜头，保证能够实现对施工区域的全面覆盖，同时还利用监控手段来对施工现场进行实时的掌握，一些摄像镜头难以覆盖的地方，会选用航拍手段来精心查找出施工现场可能存在的安全隐患问题，做到每个区域不留死角，全面监控。

（二）强化考核，每月评比

公司针对施工现场安全文明施工，特意制订了《劳务队伍安全文明施工考核办法》，每月对劳务队伍进行考核评比，得分在 90 分以上的给予奖励，得分低于 70 分的给予处罚。通过考核机制，激发出各个劳务队伍的竞争意识，在竞争过程中，各个劳务队伍可以综合分析自身与其他劳务队的分数差距，找出自身出现问题根源，从而制定出有针对性的提分策略，同时也能够明确意识到自己与其他劳务队伍的差距，从而达到激励先进劳务队伍、鞭策落后劳务队伍的目的，全面提升项目部的安全文明施工管理水平。

四、实施效果

通过以上各项管理措施的执行，项目安全工作有序可控。该项目被成功评为股份公司安标工地，并且正在创建国家 AAA 级标准化工地。同时，项目还得到了甲方单位的一致好评，取得了良好的社会效益和经济效益。

五、结束语

安全是一切的基础，安全管理工作没有最好只有更好，没有重点只有起点。"树立安全发展理念，弘扬生命至上、安全第一的思想"是新时代的必然要求。钢结构公司长春货场项目经理部在多年的工作实践当中不断进取，获得了一些宝贵经验，推进了公司安全事业持续健康发展。

浅谈安全文化建设在铺架施工单位的实践

中铁十五局集团路桥建设有限公司宁启铺架项目部　樊思齐

摘　要：近年来，我国建筑行业发展迅速，但建筑施工企业安全事故频发，安全管理效果不佳，加强安全管理思想和安全文化建设势在必行。作为建筑施工企业中的铺架施工单位具有高危行业的特殊性，在铺架施工单位践行安全文化就显得更为重要。本文通过分析目前企业安全文化存在的问题，并提出了安全文化建设的方法，为确保安全文化在铺架施工单位中发挥最大作用做出了积极探索。

关键词：建筑施工企业；铺架施工；安全文化；安全管理；安全生产

安全文化是企业文化的重要组成部分，加强安全文化建设，营造安全文化氛围，强化人的安全观念，可以达到预防、避免、控制和消除意外事故的目的。目前，建筑施工企业尤其是铺架施工单位的生产过程复杂，作业条件恶劣且劳动难度和强度都比较大，事故的发生率比较高。因此，加强铺架施工单位的安全文化建设意义十分重大。

宁启铺架项目部结合本单位当前 T 梁架设、营业线施工的实际情况，以强化施工人员安全意识、提高施工人员安全技能为着眼点，进一步完善安全生产长效保障机制，加强隐患排查、治理等预防工作，切实落实各级管理人员安全职责，将安全文化融入安全生产中，确保了施工企业的长治久安。

一、企业安全文化建设的背景

近年来，中铁十五局集团有限公司路桥建设有限公司在安全文化建设过程中，坚持以人为本，努力把"安全第一、预防为主、综合治理"的方针贯穿于安全生产的全过程，着力构建"精神文化、制度文化、行为文化、环境文化"四维安全文化建设体系，促进了企业的健康协调发展。在党和政府的高度重视及各级单位的贯彻落实下，铺架施工单位的安全概念得到强化，安全投入也普遍有所增加，铺架施工单位在产值大幅增长的情况下，安全生产状况总体趋于平稳。但是，随着我国经济建设快速发展对施工需求的持续旺盛，各类铺架施工单位为加快工期而忽视安全生产，甚至超设备运行能力盲目施工，导致事故隐患越积越多，重特大事故发生相对增多。

安全文化要紧跟施工行业发展形势，有针对性的与形势任务教育活动相结合，主要是抓源头，要重视塑造干部队伍形象，施工企业要始终坚持开展创建学习型企业、打造学习型领导班子活动，完善干部队伍知识更新计划，加大对干部的日常考核和民主考评力度，按照求真务实要求，努力转变干部队伍的思想作风、工作作风和学风，增强各级干部的危机感、责任感和使命感。开展各类技术比武、劳动竞赛、争当文明职工等活动，大力表彰工作中的积极分子、优秀班组长、青年技术能手和先进模范职工，对取得突出成绩的各类人才，给予肯定和重奖。

二、企业安全文化建设的方法

（一）建立正确的安全价值观

内化"生命至上、安全发展"的精神文化。多年来，施工企业花了很大精力抓安全，但安全生产形势依然严峻。分析各类事故的发生原因，其根本还在于"生命至上、安全发展"的思想理念没有深入人心，遵章守纪没有成为群体的自觉行为。要改变这种状况，就必须要用文化的力量去解决，通过安全理念的内化来实现，使"关注安全、关爱生命"成为职工的内在需求，成为职工家庭幸福的源动力。施工安全生产的本质就是使人的生命和健康不受威胁，因此，要牢固树立"生命至上"的思想不动摇，把职工群众的利益作为安全工作的根本出发点和落脚点，时刻把"人命关天"的事放在心上，把人的生命摆在高于一切的位置。安全生产搞不好，职工的安全就没有保障，人民群众的根本利益就难以得到体现，施工企业跨越式发展就会失去前提条件和基础。这就要求我们各级干部必须带着感情抓安全，带着责任抓安全，正确处理好安全与效益、安全与任务、安全与家庭、安全与法律的关系，使广大职工在思想深处牢固树立"违章就是违法，违章就是犯罪"的观念，从而把"人的生命高于一切"的安全价值观根植到心灵深处。

（二）推进安全制度的形成

固化"人人为安全负责"的制度文化。企业是船，理念是帆。要想让安全理念成为安全生产之帆，必须以行之有效的制度将其固定下来，贯穿到安全生产全过程，变成持之有据的长效机制。一是要牢固树立"安全人人有责"的思想，坚持"逐级负责、分工负责、系统负责、岗位负责"的原则，制定实施安全生产责任制，明确各级干部、各个部门、各个岗位在安全管理中的责任，形成责权分明、运作有序、互相支持、互相保证的安全责任体系，从而把安全责任落实到每一个岗位和环节。二是要强化问责意识，突出"结合部"，盯住问题，超前抓安全，强化"发现不了问题可怕，解决不了问题可悲，不去解决问题可耻"的问责意识，做到关键作业有联防、关键岗位有监控、关键时间有人盯、关键地点有防范，把各类问题消灭在萌芽状态。三是坚持情理相融，强化考核定责。一方面要对预防事故发生的有功人员及时给予表彰奖励；另一方面要严格事故定责考核，坚持按逐级负责和"三不放过"原则进行分析，使职工自觉地承担起安全责任，实现由"要我安全"到"我要安全"的转变，推进安全制度文化的形成。

（三）养成良好的安全行为

外化"人人保安全"的行为文化。良好群体安全行为的形成，离不开良好的工作、生活、学习和人际环境，更离不开职工个人行为规范的养成。只有把企业的安全理念同职工个人的行为联系起来，才能唤起职工"人人保安全"的工作热情。从深层次看，安全更是一种道德行为的体现，这就要求我们必须深入开展职业道德、职业纪律教育，通过提高安全道德意识，使职工立足岗位、遵章守纪、确保安全的意识成为一种自觉行动。当务之急，一要工作重心下移，强化岗位自控、班组自控和现场作业联控，使每个职工都成为安全生产的有心人，最大限度地消除安全隐患；二要培养职工精心维护设备的责任和习惯，使设备保持良好状态，有效发挥作用；三要强化职工岗位技术业务培训，提高职工的应变能力和解决实际问题的水平，

使之从"体力型""技术型"转变为"知识型""创造型"。

（四）营造和谐的安全环境

强化"安全靠大家"的环境文化。营造安全氛围，必须突出人格化，点滴渗透，才能形成强势。一是要加强安全目标的宣传，要注意把企业安全目标与职工个人利益结合起来，使职工明白，只有实现了安全目标，企业才能有发展，自己才能得实惠，家庭才能有安宁。二是要加强正面典型的宣传，使广大职工学有榜样、赶有目标。三是要利用多种形式强化反面案例教育，及时通报违章违纪行为，反映生产中存在的隐患，报道各种倾向性问题，使事故案例成为安全宣传教育的活教材。同时，要充分调动广大职工群众参与安全管理的积极性，通过多种形式，共同唱响"安全靠大家"的主旋律，营造和谐共进的安全环境。

（五）创好安全人文氛围

强化安全教育培训。施工企业应始终遵循日常性教育与经常性教育结合的原则，继续加强新《安全生产法》和《安全警示教育案例》的学习，把安全价值观植入到员工及家属的心中。同时企业应突破原有的思维定式，不断创新安全教育载体。通过发放安全生产知识方面的宣传材料，利用各类宣传场所张贴安全知识的宣传标语、安全宣传画、悬挂安全横幅，利用微信、QQ 平台等形式向一线职工和劳务人员宣传安全生产方针政策、安全生产法律法规、施工现场安全常识、应急救援等知识，提高全员的安全生产意识。

开展安全宣誓活动。通过宣誓："我是一名中铁十五局员工，我工作的安全和质量，关系到企业的发展和荣誉！我郑重承诺，忠诚企业、恪尽职守、珍爱生命、铸造精品！我坚决做到，遵守规章制度、遵守规范规程、遵守劳动纪律，不出事故、不出次品、不留隐患！我将以实际行动，确保企业生产安全、产品优质。"培养职工的"主人翁意识"，造就一支训练有素的员工队伍，使员工的敬业奉献精神、职业道德观念、自我安全意识和拼搏创新意识不断得到提高。

三、结束语

企业安全文化要想落地、生根、开花、结果，靠的就是科学的安全管理和循序渐进的实践，立足落实安全责任，强化安全红线意识和安全发展理念，促进依法治安，使安全生产红线意识和法治观念深深植根

于企业广大员工心中。企业要找准企业文化的重心和着力点，充分发挥企业安全文化功能，只有这样，才能使安全文化成为全体员工共同的价值观念和行为规范，才能为铺架施工安全生产提供保障。通过安全文化建设在铁路铺架工程施工中的运用，以标准化管理实现配合施工的规范化、程序化和科学化，宁启铺架项目部提高了施工中安全管理水平，高标准、高质量、高效率地完成了铺架任务。

加强安全文化建设，增强顶板风险管控

上海梅山冶金发展有限公司矿业分公司　王文锋　程海军　李水生

摘　要：顶板管控是地下矿山安全管理工作的重心，是安全风险管控的重点。随着开采水平下探延伸，新的隐患和危险源产生的风险都在增加，顶板方面潜在的隐患和风险尤为突出。如何有效控制和解决顶板危险，如何发动全员从源头管控顶板，需要认真思考和应对。本文对梅山铁矿在顶板风险管控预防方面的相关做法及措施做了简单介绍，为相关矿山企业在顶板风险控制方面提供参考。

关键词：顶板风险；安全文化；顶板伤害；八字要求；三级把关一旁站

梅山铁矿 1961 年 12 月开工建设，历经三个阶段，即"一期工程建设、一期延伸工程建设""二期工程建设，二期延伸工程建设"和"深耕稳定经营、谋划转型发展"三个阶段。从 1962 年的年产 35 万吨原矿到二期年产 400 多万吨原矿，生产效率大大提高。顶板管控的体系建设和管理控制方法、措施、装备也随着产量的攀升，更加严格、规范。顶板管控的理念，控制技术也随着时代和生产技术、生产装备的变化，日趋成熟。

一、梅山铁矿顶板风险现状

随着梅山铁矿开采水平的下移，地质条件发生很大变化，矿山的顶板管控难度持续增加。目前采准工序主要在 -366m 水平掘进，回采工序主要在 -318m、-330m、-348m（二期延伸工程在 -330m～-420m 中段）组织原矿生产。-318m 水平矿体向东北部的倾斜较突出，顶板的稳定性呈现复杂多变性，部分区域呈现不确定性，对整个采矿生产安全、经济运行、有序开采带来了很大的影响，特别是对采矿生产中的掘进工序、凿岩工序、回采工序影响极大。

采准、凿岩、回采、运输、提升、支护、通风、检修、供电、排水、通信等，都需要面对采区顶板控制。采准掘进掌子面在爆破之后，巷道围岩结构发生重大变化，应力释放，顶板出现片层开裂、冒落，帮墙出现垮塌、开裂、松动等现象。回采大炮爆破之后，紧贴采空区的巷道迎头顶板出现大面积垮冒的现象还是比较常见。该区域顶板出现的开裂、冒落、松动的范围更广，直接面对采空区危险性就更大。

梅山矿历史上累计发生 134 起伤害事故，其中就有近 20 起冒顶片帮的浮石伤害事故，占比 14.9%，比例相当高，而且顶板造成的伤害比较严重。面对地质条件变化，如何实现产能和效率提升，在顶板危险区域安全生产，还有很长的路要走。

二、原因分析

（1）矿体的赋存条件发生很大的变化，北部矿体节理较为发育，爆轰波激起的冲击应力波和保障产生气体产物以同心球状在周围介质中传播，引起顶板破坏与变形。矿山从一期年产 35 万吨到二期年产的 400 多万吨，产能的稳步快速提升，顶板管控范围扩大，多水平控制难度加大。

（2）大型的裂隙破碎带在爆破之后形成更大的冒落区和不稳定区域，给其他各个工序带来了极大的困难。季节性变化明显，顶板的潮湿和干燥直接影响其稳定性，部分地段受地质条件的影响，围岩遇水膨胀，巷道会出现垮塌冒落的现象，危险区域更甚。顶板受地压影响大，梅山铁矿无底柱分段崩落法开采，如何实现上下危险区域过渡的安全生产是难点。

（3）松石作业长期由人力付出，一代一代的松石工不断总结经验，充分发扬老一代矿工的精神，把撬毛的技能演绎到了出神入化的地步，但是，随着产能提升，地质条件的变化，人员结构和时代的变迁，人力撬毛显然跟不上现代化企业发展的需求。受环境和条件的局限，人员的行为控制和情绪控制是个难点。

三、顶板管控中的安全文化建设与管理

（一）强化安全文化教育

安全理念是加强顶班管控的思想基石。我们牢固树立"一切事故疏于管理，一切事故皆可预防"的"无

事故管理"理念，推动顶板管理理念由"人定胜天"到"有的放矢"，从"冒险"到"控险"的转变。着力发挥安全教育的作用，通过培训、学习、竞赛，把顶板的安全学习、培训、考试、演练、风险辨识、顶板隐患排查等工作落实到班组层面，从而形成浓郁的班组安全学习教育氛围。大力加强载体阵地建设，通过安全标语、安全橱窗、报刊、书籍、影音资料和安全月活动，安全知识竞赛、演讲比赛等形式多样的活动，加强顶板管控宣传教育。

（二）落实安全生产责任制

一是把"一岗双责"数字化，标准化。实行安全生产责任追究制就是要各级按照"一岗双责"和"管业务必须管安全"的要求，发挥专业（条线）管理作用，开展安全检查，落实整改，督促指导本系统专业管理工作。检查发现涉及安全的问题及时登录至"梅钢安全管理信息系统"，必须执行闭环管理要求。让管理人员具备相应的顶板安全管控意识、知识和能力，让有经验的人和有专业知识的人相互补位，共同把关。严格落实安全问题管理，实行安全生产责任追究制的情况下，安全文化的氛围日趋浓厚，安全知识的储备、丰富和提高广为传播，顶板管理的要求、标准和规范化控制措施深入人心。

二是把"三级把关一旁站"制度化。即领导带班下井，分厂、作业区跟班把关，安环旁站式监管。矿山井下顶板管理，落实每一个层级的管理职责，管理要求，形成管理制度。矿业企业领导下井带班为第一级，厂部和作业区单元为第二级（可以根据管理部门的职能划分调整管理层级），班组为第三级，外协监管为"旁站式"管理，并把旁站式管理的经验和做法推广到主体生产单元，目前所有松石作业全部实现"旁站式"安全监管。

（三）推动安全管控创新

为了把好顶板管控的源头，做好隐患排查治理工作，转变思想观念，改变作业方式，构建管控体系，持续创新是根本的源动力。例如方法革新方面，我们着力推动设备作业代替人工作业，由人工撬查向机器撬查，有效控制了顶板危险点，大大降低了浮石对人伤害的可能性，在进一步研究远程遥控设备撬查顶板技术，提升劳动者职业健康方面又是一大进步。再如制度革新方面，我们力求把管理目标量化。如浮石考核标准的量化，浮石三维≥10cm，撬查时间≤5分钟。管理体系的科学化、标准化、自动化在一定程度上减少了管理损耗，能把有效的精力精准地投放到源头管理。

四、顶板风险管控措施

顶板管理是全体员工的责任。要着力管控体系的转变，把最初的个体防控体系不断提升到联保互保的多重防控体系上来，把片面的、区域性的管理模式向前推移，构建综合安全管控体系。

（一）顶板分级管控

梅山铁矿井下顶板管控工作有一条主线，贯穿整个矿山井下安全生产，目前的管理层级分为矿、部门、分厂、作业区、班组、岗位。管控范围主要有两方面，一是采准、回采、外协爆破迎头和巷道成巷顶板的查撬；二是其他责任区域顶板的日常巡查。

依据矿区工程地质和水文地质特征、开采工艺技术设计、矿井和巷道服务年限等条件，按照人员、设备通行的频率，对井下巷道顶板分一、二、三级进行管理。其中，一级顶板主要是井下-330m水平和-420m水平上、下盘主通道；井下各水平人行通道、联络道；井下各水平斜坡道、硐室；井下作业区域内有裂隙、破碎带、岩脉暴露的顶板。二级顶板是井下作业区域内各作业巷道、停机点、物资摆放点。三级顶板是井下备用（已掘）巷道、通风巷及一、二级顶板以外区域。并形成《顶板分级管理制度》，明确各职能部门、施工单位、分厂、作业区、班组、岗位员工的职责和顶板管控要求。同时，我们以现场问题问责，督促问题闭环管理。

（二）重要时段管控

一是中班顶板、松石作业管控。值班人员、安全管理人员重点监督，并对当天所有的作业迎头及列入周管控的重点区域的顶板撬查、人员作业行为进行检查。分厂值班人员必须对所有规定"收底"迎头验查确认后方可离开。严禁分厂值班人员在人工松石作业未结束前从事其他事项（特殊情况除外）。每天中班专人对采准、回采松石作业过程监督，实施旁站监管，并对其他区域顶板实施巡查。

二是夜班控制。每周至少有2次（其中双休日必须有1次）分厂领导或作业长对分厂夜班作业现场顶板管控情况、人员作业行为进行巡视、把关。每周至少 3 次对采区夜班顶板管控情况、人员作业行为进行检查、把关。

三是爆破作业时段控制。值班员和员工同步撬查确认作业地点。制订当日爆破计划任务时，需结合打眼人员交班、值班交班记录等情况，对各爆破迎头顶板现状作详细说明。对地质条件复杂，顶板不稳定区域，爆破前采用台车撬除、爆破处理、支护等手段，预先消除作业现场顶板安全隐患。对具备条件的区域，必须安排装药台车作业。确保每天每个爆破小组都有分厂或作业区管理人员全过程把关，对爆破工顶板撬查环节重点全程把关。

四是定期（含各类节假日）必须安排人员对各作业工序顶板管控情况进行检查、把关。重点时段对顶板的专项控制有效地解决了危险区域安全生产的顶板管控，也推进了全体员工对把关时段和把关过程，把关质量的新认识，有了新担当。

（三）行为与标准化管控

我们提出"站位、退路、监护、问顶"八字管控要求。撬查作业人员要选好站位，一方面防止站位不当摔倒，另一方面顶板或者巷道状况不明，当浮石下落时，导致人员因站位不当造成浮石伤害。退路的选择很关键，攀爬炮堆要选择安全、顺畅、有效的撤离路线，在浮石下落时，人员有足够的反应时间，有最便利，最安全的撤退路线。监护涉及双人或者多人之间的配合问题，松石作业必须双人以上组合，严禁单人作业。问顶工作，不论是原始的围岩结构，还是喷浆巷道，都必须在前期开展问顶工作，从问顶的过程中观察巷道变化，仔细听顶板在撬查时的声音，判断顶板是实体或空体，可有效撬查。若发现顶板撬查时声音发闷或者较大范围的空响，要仔细问顶，必要时人员撤离，采取控制措施，严禁冒险作业。

（四）加强班组安全文化建设和情绪管理

安全活动是一种集中的学习活动形式。一定要结合工作特点，选择活动方式。组织规章制度解读、案例剖析、互动研讨等，是进行专项安全教育的有效载体。

情绪管理是一种人性化的管控方法，与严格管理并不矛盾。按照"谁查处，谁分析、谁教育、谁处罚"的原则，必须召开"违章分析会"，对违章者及相关团队（班组）人员组织进行安全教育，教育内容包括对违章后果危险性的分析（历史事故教训），违章心理分析，同班人员联保、互保提醒和指正的分析，日常管理者对违章管理的分析等。把情绪引导，情绪关怀和情绪管控结合起来，从情感上引导，从情绪上疏导，正式谈话要有记录。

五、结语

顶板管理是非煤地下矿山安全管理的关键内容之一。我们通过加强安全文化建设，增强全员安全意识，提高安全素质技能，着重增强顶板管控能力，提高了安全管理水平。加强安全文化教育，促进班组安全文化提升等措施，对于企业在关键领域安全管控具有较强的普适性。

强化安全文化理念，推进安全风险管理

宝武集团广东韶关钢铁有限公司　黄文献　郑继平

摘　要：现代安全生产管理理论认为企业安全生产管理是风险管理，企业需要增强安全风险管理意识、加强安全风险研判和安全风险控制，推动安全管理工作科学化、规范化、制度化。本文结合企业改革前的安全管理现状介绍了安全风险管理的主要做法及所取得的实践效果，通过管理实践形成适合自身的系统化安全风险管理模式——1F2P3G4T5E。

关键词：冶金企业；安全管理；风险管理；实践

安全风险管理是指通过对风险的识别和研判，采取有力措施来监控、规避、转移风险，最终达到防范和消除风险的目的。实施风险管理，需要企业坚持以人为本，以企业安全文化理念为基，从根本上提升企业安全管理水平，促进企业本质安全建设，为企业生产发展长治久安提供保障。全面推行企业安全风险管理，是韶关钢铁深入推进企业安全生产管理建设、创新安全文化体系建设的重要举措。近年来，韶关钢铁通过深入探索安全风险管理模式，创新安全文化建设，积极组织了各类主题竞赛活动，发布了《做实员工岗位安全风险描述，助力企业安全文化建设》等管理实践案例。1—6月，全公司岗位安全风险描述活动员工参与率100%，描述岗位安全风险47990条，已完成整改45897条，堵住了安全风险漏洞，把安全事故消灭在萌芽状态，企业持续稳定发展有了保障。

一、概述

（一）企业概况

韶关钢铁始建于1966年8月22日，是广东省重要的钢铁生产基地。2012年4月18日股权划转挂牌成立宝钢集团广东韶关钢铁公司（简称：韶钢），宝钢集团正式接管韶钢，企业隶属关系由原来的省属国有企业转变为央企的下属子公司。炼钢厂是韶关钢铁公司炼钢单元，由一炼钢工序和二炼钢工序两个生产工序组成。炼钢厂一炼钢工序于2003年6月28日全面竣工投产，总建筑面积约17.8万平方米。主体生产设备有：120吨顶底复吹转炉3座，120吨LF精炼炉3座，RH真空精炼炉1座，900吨混铁炉2座（2017年拆除），2套铁水预处理装置，单机单流板坯连铸

机1台，5机5流小方坯连铸机1台，6机6流小方坯连铸机2台。装备先进，自动化程度高，目前能够批量生产200多个品种牌号的钢材产品，具有年生产350万吨钢的能力。

（二）安全风险管理概述

现代安全生产管理理论认为，企业安全生产管理是风险管理，管理的内容包括危险源辨识、风险评价、危险源预警与监测管理、事故预防与风险控制管理及应急管理等。安全风险管理就是指通过识别生产经营活动中存在的危险、有害因素，并运用定性或定量的统计分析方法确定其风险严重程度，进而确定风险控制的优先顺序和风险控制措施，以达到改善安全生产环境、减少和杜绝安全生产事故的目标而采取的措施和规定。

二、安全管理现状与引入安全风险管理的背景

（一）安全管理现状

炼钢厂作为韶关钢铁公司主体生产单位，延续着国有冶金老企业的管理模式，实行"工段制"管理模式。"工段制"管辖区域大、人数多，依靠自上而下的行政指挥和干预及以安全管理人员为主体的安全管理模式。2013年炼钢厂共发生工伤事故10起（其中工亡事故2起、重伤事故1起、轻伤事故7起）；在炼钢一分厂属地范围内有重伤事故1起、轻伤事故1起。频繁地发生工伤事故严重影响正常的生产秩序，炼钢厂已经无法适应宝钢现代化管理要求，也不能适应新形势下安全生产的实际需要。

（二）引入安全风险管理的背景

2013年宝钢集团开始对韶钢进行改革，2013年6

月组织韶钢中高层管理人员学习宝钢基层管理制度，在韶钢推行宝钢的"五制配套"管理模式，2013 年 11 月，参照宝钢模式对炼钢厂进行机构优化，在二级厂设置分厂机构，推行以作业长制为中心的基层管理模式。同时，宝钢还积极倡导"员工的生命、健康比利润更重要；安全风险可防可控、事故可以避免；全员参与、各尽其责、全过程安全管理精细化"的安全管理理念，弘扬"严格苛求的精神是安全文化的第一要素"的安全文化，推行"1F2P3B4T5C"的基层安全管理模式（1F2P3B4T5C 具体表述为 1F 一流目标；2P 二根支柱；3B 三个基础；4T 四全管理；5C 五项对策）。

三、安全风险管理的主要做法

（一）完善分厂安全生产责任体系，建立安全管控"菜单"

完善分厂安全生产责任体系。分厂成立伊始，秉承"生产经营延伸到哪里，责任体系就覆盖到那里"的管理理念，根据"一岗双责、党政同责"、分层管理和属地管理（区域负责）的原则，制定分厂安全生产责任制安全管理文件，构建起分厂安全管理网络体系，体系包含横向和纵向两个维度分三级管理：分厂级为Ⅰ级，横向按区域分区域级（Ⅱ级）、岗位单元级（Ⅲ级）；纵向分作业区级（Ⅱ级）、班组级（Ⅲ级），形成"横向到边、纵向到底"区域全覆盖的三级安全管理体系。分厂细化了各级管理人员的区域安全管理责任和员工岗位责任，各区域、各岗位单元的白班现场高操、主操人员是属地的安全管理责任人，负责横向的日常安全管理工作，各作业区作业长和各班组长是所属作业区、班组的安全第一责任人，负责纵向的安全管理工作。

建立安全管控"菜单"，落实全员安全管理责任。宝钢对作业长的角色定位为生产第一线的指挥者、管理者、经营者。为使管理者（作业长）更好承担起管理责任，2014 年年初，炼钢一分厂建立分厂作业长安全管控"菜单"，厘清每日、每周、每月、每年必须做的工作内容，使作业长和区域管理在日常工作过程中有章可循。分厂各级管理人员和岗位员工按照"做事做安全、管事管安全"的原则，按照"PDCA+认真"的要求，投入必要的时间和精力，发现、研究、解决安全管理方面的问题。通过"三长"（分厂厂长、作业长、班组长）履职评价和"三零目标"（安全事故

为零、违章为零、管理零缺陷）管理绩效评价，使"四全"（全员参与、全面安全管理、全过程跟踪、全方位事故预防）管理得到有效实施，形成全员参与、齐抓共管的安全管理局面，扎实有效推进分厂"区域自治、员工自主"安全管理工作，全员安全管理责任得到扎实有效落实。

（二）全员参与危险源辨识与风险评价

从安全生产角度解释，危险源是指可能造成人员伤害和疾病、财产损失、作业环境破坏或其他损失的根源或状态。危险源的风险在于控制能量和危险物质异常释放的措施失效。因此，危险源及其风险控制是现场安全管控的核心。2014 年韶钢在炼钢一分厂转炉炼钢岗位推进危险源辨识与评价试点工作，随后全面铺开建立以岗位为单元、作业区为中心、作业长负主责、分厂长负总责的岗位危险源辨识、风险预控管理体系。

（1）危险源辨识的原则：作业区是危险源辨识工作的责任主体，负责对岗位的危险源进行辨识、风险评价和风险控制。执行由作业长负责组织相关生产工艺技术、管理和操作人员建立危险源辨识工作小组进行辨识的原则；辨识小组成员涵盖岗位所有员工，做到全员参与，自下而上逐级审定。

（2）危险源辨识知识培训：根据分层管理原则和作业长的安全专业技术水平，分厂对责任主体责任人即作业长和班组长进行专题危险源辨识知识的培训，作业长负责组织对区域人员进行危险源认知的培训，让受训人员熟知两类危险源的概念，了解和掌握危险源辨识、风险评价的方法，能制定相应的控制措施。

（3）危险源辨识实施程序：编制作业区平面图→生产工艺流程→划分作业活动→分解作业步骤→班组长指导员工查找作业活动危险源→班组汇总岗位危险源上报作业区→辨识及风险评价小组审核完善→初步判定并形成危险源辨识风险评价控制表→形成岗位危险源清单。

（4）岗位危险源的辨识：班组长组织岗位员工按企业管理文件《危险源辨识风险评价风险控制管理办法》的要求，以岗位为单元，采用作业活动（场所）分析法，从能量/能量载体、有害物质、危险化学品、环境方面来辨识第一类危险源，紧紧围绕第一类危险源的控制措施，抓住"人、物、环、管"等核心要素，

从人的不安全行为、物的不安全状态、环境不良、管理缺陷等方面着手，对本区域的所有人、所有设备、所有生产场所等进行辨识，排查可能导致能量或危险物质约束或限制措施破坏或失效的事故隐患（即第二类危险源），形成岗位危险源。经危险源辨识及风险评价小组审核、补充、完善后，形成危险源辨识风险评价控制表。

（三）强化风险预控管理，落实隐患排查治理

强化危险源管控。根据公司危险源辨识、风险评价、风险控制管理文件的要求，结合实际工作，采用作业条件危险性评价法（又称 LEC 格雷厄姆法）对危险源的风险进行评价，确定危险源风险等级，制定控制措施，将危险源及控制措施纳入岗位规程，形成标准，并按分级管理的原则，明确各级管理者监管职责、监管内容，将具体控制措施落实到相应岗位员工。为实现危险源管理信息各部门信息共享和业务协同，提高危险源管理工作效率，韶钢公司建立了危险源信息管理系统，实行标准、统一的信息管理模式，重点对一二级危险源进行管控，系统包含危险源二维码信息库、危险源履职信息库，岗位现场设置危险源二维码，扫码即可跟踪危险源的实时情况，实现危险源风险管控管理信息的可追溯性和最新动态信息，提升危险源现场基础管理能力和信息化管理水平。

完善三级隐患排查治理体系，全面排查治理事故隐患。分厂通过完善隐患排查治理制度构建班组、作业区和分厂级的三级隐患排查机制，对隐患排查治理的检查频率、整改的主体及原则进行了明确，分厂以定期的综合性安全检查和日常安全巡查为主，作业区和班组以岗位的日常安全检查为主。隐患排查治理工作按照"PDCA+认真"的要求，做到整改前后有照片作为管理痕迹，对隐患（问题）整改情况进行跟踪复查或督促检查，并对隐患进行统计、分析，实现安全隐患的闭环管理。分厂设立安全"三零目标"（安全事故为零、违章为零、管理零缺陷）专项奖励，极大地提高了员工参与隐患排查治理的积极性，实现全员、全面、全过程安全隐患排查治理；对重大事故隐患，及时向厂部汇报，由厂部按照整改措施、责任、资金、时限和预案进行"五落实"。

（四）强化班组安全培训管理，扎实开展班组安全学习

培训教育不到位是安全隐患，为确保安全学习"时间、人员、内容"三落实，保证学习培训效果，分厂通过完善班组培训教育管理制度，对班组、作业区、分厂安全教育流程进行规范，建立"以岗位单元为单位"开展班组安全活动日学习模式，对安全学习活动的质和量进行控制，实行精细化管理。

安全学习活动"时间"落实。班组安全学习活动日每月进行两次，每两轮班必须进行 1 次安全日活动，要求逢白班进行时间不得少于 1 小时。作业区安全工作活动（安全例会）每周开展一次，逢白班进行。分厂安全工作活动（安全例会）每月开展一次，逢上旬进行。

安全学习活动"人员"落实。班组安全学习的对象为全体人员，班组长是班组的第一责任人，负责班组安全学习活动日的组织实施，作业长参与指导；作业区安全工作活动（安全例会）由作业长负责组织实施，人员由所属作业区的班组长和作业长组成；分厂安全工作活动（安全例会）由分厂领导负责组织实施，人员由分厂领导、分厂专职安全人员、作业长、各区域的现场管理组成。

安全学习活动"内容"落实。为保证安全学习效果，实施备课机制预设安全教育内容，提升班组安全活动的针对性、有效性。班组长、作业长作为班组、作业区的安全第一责任人，负责班组、作业区日常安全学习活动的备课工作。为丰富学习内容，分厂建立了《安全收文学习记录表》，及时收录安全方面的管理文件，确保安全管理文件实时、全面动态管理，并将内容共享；同时从岗位操作规程、危险预控、事故防范、应急处置、安全禁令和事故通报等方面着手，将危险源控制措施、岗位规程、事故案例、应急预案等作为班组安全活动学习的重点，学习与岗位实际情况相关的安全内容，力求知行合一，增强员工安全意识，提高员工防范事故能力。

建立安全学习监督机制。为确保安全学习"时间、人员、内容"三落实，分厂建立安全学习监督机制。会前作业长应对班组安全学习的备课情况进行监督、指导，岗位现场管理、作业长参加所属岗位单元的班组安全学习会议并监督执行；作业区的安全周例会由所属片区的现场管理参加旁听并进行监督，分厂专职安全管理人员不定期参与班组和作业区的安全学习例会，对安全学习情况进行监督。

（五）强化应急管理

针对分厂成立后应急救援不健全的现状，为细化岗位应急管理，确保应急处置及时、准确、有效，炼钢一分厂全面梳理和完善各岗位现场处置方案，分厂共建立了 9 大类的现场处置方案并结合岗位的实际情况编入岗位规程，及时制订分厂预案管理文件，对预案编制、预案评审、预案培训、预案演练、演练评估、预案修订等方面都作出了详细的要求。作业区是岗位现场处置方案实施的主体，从预案的培训、演练、评估等过程组织员工参与，按计划进行演练，做好演练记录、评估及制定改进措施。岗位单元协力外包的，由所属岗位现场操作（高操、主操）负责对相关协力方开展三级预案培训、演练，并完成评估。

四、安全风险管理的应用效果

（一）安全风险管理实施效果

实施安全风险管理以来，实现了如下四个方面的转变。

第一，实现安全管理理念转变。通过实施安全风险管理，发挥了宝钢安全管理理念的引领作用，克服了"重生产轻安全"思想痼疾，用"员工的生命、健康比利润更重要；安全风险可防可控、事故可以避免；全员参与、各尽其责、全过程安全管理精细化"理念引领分厂的安全生产工作，实现安全管理理念转变。

第二，实现安全管理模式转变。机构改革前，传统安全管理模式是"自上而下、安全员管理"的少数人管理。实施安全风险管理，强化了以生产线为主体的群众性自主安全管理活动，作业人员参与安全管理，主动性强，积极性高，变成全员管理，安全管理模式由少数人管理向全员管理转变。

第三，实现安全工作态度转变。机构改革前，传统安全管理模式是被动式管理。实施安全系统化管理，作业长、班组长根据现场的实际情况进行主动和动态安全管理，发现和解决问题及时、正确，时效性高。安全工作态度由被动式管理向主动式管理转变。

第四，实现安全管理方法转变。传统安全管理模式采用"自上而下、安全员管理"的纵向管理方法。机构改革后，根据"一岗双责"、分层管理和属地管理（区域负责）的原则，通过构建"横向到边、纵向到底"区域全覆盖的三级管理的炼钢一分厂安全管理网络体系，形成了以"1F2P3G4T5E"为主要内容的安全系统化风险管理模式，实施"全员、全面、全过程精细化管理"。

（二）安全系统化管理效益

从 2014 年初推行安全风险管理以来，炼钢一分厂安全管理体系平稳、有效运行，未发生重伤以上事故，对比 2013 年，事故数量逐年降低，至 2017 年全年无工伤事故发生，管理效果明显。人们常说"生命无价"，安全管理产生的效益无法用经济效益来衡量。通过推行安全风险管理，坚守住"发展决不能以牺牲人的生命为代价"这一"红线"，实现了"以人为本、安全发展"，用实际行动阐释"员工的生命、健康比利润更重要；安全风险可防可控、事故可以避免；全员参与、各尽其责、全过程安全管理精细化"的宝钢安全管理理念，创造了良好的社会效益。

钢铁冶金企业安全行为观察管理工具的应用

宝钢股份钢管事业部　李四清　缪建波

摘　要：企业安全文化是企业安全管理的重要思想和理念基础。安全管理是指采取各种手段和工具，对企业的安全状况实施有效制约的一种管理实践活动。"安全行为观察"是企业安全管理重要工具，主要是针对不安全行为进行现场观察、分析，通过观察、表扬、讨论、沟通、启发、感谢等激励方法，与员工平等的交流讨论安全和不安全行为，促使员工认识不安全行为的危害，自愿接受安全的做法，提高员工的安全意识和技能，阻止不安全行为的发生。本文主要探索安全行为观察管理工具在钢铁冶金企业的应用，通过应用成果的评价提出改进措施，提高企业安全管理水平。

关键词：安全行为观察；安全管理工具；成果评价；改进措施

"安全行为观察"作为安全管理的一部分，已逐渐融入企业的日常管理中，提高了职工的自主保安意识和联防保安意识，规范了职工的操作行为，很大程度的杜绝了"三违"，减少了职工的习惯性违章。国内石化行业最先引进欧美企业行为安全管理方法，如中海油"五想五不干"行为安全观察系统、中石油《行为安全观察与沟通管理规范》等。宝钢钢管事业部作为宝钢股份电炉冶炼、钢管轧制生产单元，进行了全流程安全行为观察实践。

一、安全行为观察概述

（一）安全行为观察概念

安全行为观察是基于行为安全管理的管理工具，通过在现场观察作业人员的作业行为，并与被观察者进行交流，发现、纠正不安全的作业行为，完善相应的规程、标准，强化好的作业行为，促进标准化作业。安全行为观察针对岗位（工序）作业活动情况，从"人、机、料、法、环"多维度进行观察，分析每个作业步骤的安全风险，并与现有危险源、岗位规程进行对照，发现"人的不安全行为、设备设施的不安全状态、管理要求的不足和疏漏、环境的不良影响"等，进而制定并实施改进措施，杜绝违章，消除隐患。

（二）安全行为观察与传统安全管理工具的区别

安全检查、隐患排查、违章记分、体系审核是通行的传统安全管理方式、方法，旨在查找、纠正员工违章行为、现场安全隐患（物的不安全状态及不良环境因素）、管理缺失、体系缺陷等问题，检查、审核人员对照检查表、审核要素或仅凭经验对固定区域、线路内的人员作业活动、设备及工艺安全状态、区域安全环境等情况进行巡查。通常情况下，检查、审核人员处于动态、游走的状态，所观察、发现到的人员行为、现场环境、设备及工艺状态及现场管理现状相对只是某个时间点的静态状态，检查、审核人员无法观察、发现生产工艺动态情况及作业活动全过程情况，对导致员工违章行为的原因及造成现场物的不安全状态的因素不清楚，难以发现一些潜在的安全隐患，同时对员工正确的安全行为及现场良好的安全状态不关注，检查过程中与员工沟通、交流较少，检查后提出的纠正预防措施也可能不充分或有失偏颇。安全行为观察活动中，观察人员选择一个固定的作业活动作为观察对象，分解作业活动流程，观察全流程中"人""机""料""法""环"安全状态，观察人员定点、静态观察，现场作业活动处于动态状态，员工也处于主动状态，不容易隐藏问题并产生逆反心理，安全行为观察能够系统发现现场问题，全面分析问题原因，与员工充分沟通、交流，有效杜绝员工不安全行为，彻底消除现场安全隐患。

二、安全行为观察管理工具在生产全流程的运用

基于全流程、全覆盖的原则，结合生产、工艺特点及安全风险情况，对电炉冶炼、连铸、初轧、线材轧制、轧管、精整、管加工、加热炉作业、行车作业、检修作业等相关岗位进行全流程安全行为观察。

（一）电炉冶炼、连铸相关岗位及作业安全行为观察

根据电炉冶炼生产、工艺特点及安全风险情况，

对高风险作业活动分别开展安全行为观察。观察者根据实际场景选择电炉主控制室、炉前平台、受铁操作室、出钢平台、炉后填砂平台、精炼平台、钢包砌包位、钢包装包位等观察位置，关注可能导致电炉响爆、临边高处坠落、钢液飞溅灼烫伤人、起重伤害、粉尘及高温职业健康、火灾等方面隐患和风险的人、机、料、法、环状况，同时对作业过程中人员站位、安保联锁装置状态、安全防护设施投用、个人劳防用品穿戴等情况进行确认。

根据连铸生产、工艺特点及安全风险情况，对主要及高风险作业活动分别开展安全行为观察。观察者根据实际场景选择连铸中控室、打包接包位、打包浇钢平台及浇钢操作室、中间包浇钢平台、出坯场地等观察位置，关注可能导致漏钢、临边高处坠落、钢液飞溅灼烫伤人、操作大包长水口机械臂及中间包滑板液压缸机械伤害、粉尘及高温职业健康、火灾等方面隐患和风险的人、机、料、法、环状况，同时对作业过程中浇钢人员站位、大包回装台安保联锁装置状态、起重安全、车辆安全、个人劳防用品穿戴等情况进行确认。

（二）初轧、线材相关岗位及作业安全行为观察

根据初轧生产、工艺特点及安全风险情况，选择钢锭均热、钳吊、初轧、热火焰清理、剪切、连轧、飞剪（热锯）、冷床冷却、板坯精整、方坯精整、圆坯精整、生产准备等主要及高风险作业活动分别开展安全行为观察。观察者关注可能导致灼烫、机械伤害、物体打击、起重伤害、火灾、煤气中毒等方面隐患和风险的人、机、料、法、环状况。根据线材生产、工艺特点及安全风险情况，选择生产准备、加热炉、粗轧、中轧、预精轧、精轧、减定径、吐丝机、冷却线、集卷等主要及高风险作业活动分别开展安全行为观察。观察者关注可能导致灼烫、机械伤害、物体打击、起重伤害、煤气中毒等方面隐患和风险的人、机、料、法、环状况，并将堆钢处理、断辊处理、换规格等作业活动纳入行为观察。

（三）无缝钢管轧制、精整、管加工相关岗位及作业安全行为观察

根据无缝钢管轧制生产、工艺特点及安全风险情况，对主要及高风险作业活动分别开展安全行为观察，要将锯片更换、光亮炉热处理、07区加厚、08区热处理、矫直辊更换、矫直机测量调整、台架上管料异常处理等作业和工序纳入行为观察。根据管加工生产、工艺特点及安全风险情况，按照不同产线，选择上料、车丝、管拧、通径、喷标、涂层、打包等主要及高风险作业活动分别开展安全行为观察，同时要对水压机作业、各类数控机床操作（车丝机、切管机）、螺纹检验、磷化、IPSEN炉、自动打包、配件接箍机器人及喷漆线、钻杆线摩擦焊及焊缝热处理等作业及工序开展行为观察。

（四）其他岗位及作业安全行为观察

冶金企业涉及加热炉的工序繁多，不安全因素较多，容易引起中毒、火灾、爆炸、灼烫、触电等事故。根据加热炉工序生产、工艺特点及安全风险情况，选择烘炉、点炉、停（关）炉分别开展安全行为观察，同时将煤气低压处理、炉压控制、风机操作、回火、凝管、熄火等异常作业或高风险作业纳入安全行为观察，做好工艺及设备本质化安全观察和确认。

冶金企业起重机械分布广泛，要根据各区域起重作业特点及风险，参照生产作业安全行为观察方式，开展行车作业安全行为观察活动，确保起重作业安全。大型工器具吊运、组合抬吊、长时间悬吊配合检修作业、无缝冷床弯管吊运等，作业风险较高，可单独开展安全行为观察。常规行车作业，可以某一部行车或某一区域作为安全行为观察主体，将行车吊运路线、行车安全装置点检、行车驾驶员操作、地面挂吊人员站位、钢丝绳挂摘等作业内容作为关键控制要素进行观察。

检修作业存在起重伤害、物体打击、机械伤害、高处坠落、触电、滑跌等风险，通过安全行为观察可充分辨识检修作业危险源，完善安全交底，监督作业人员落实各项安全防护措施，确保检修作业安全。

三、安全行为观察成果应用与拓展

事业部安全行为观察工作从工作宣贯、部分试点、全面推行到长效推进历时4年，现已形成系统的安全行为观察活动实施方案，各区域实结合实际制定了安全行为观察活动计划，并按照计划开展安全行为观察活动，各单位厂部领导、基层管理者均参与了安全行为观察，事业部各主要岗位、作业均已开展过安全行为观察，安全行为观察活动已覆盖事业部所有产线和区域。事业部将安全行为观察活动固化为基础管理项

目，形成长效推进机制，并将行为观察活动作为一项重要模块纳入各部门安全月度绩效评价体系，形成了年度计划、月度实施、成果评价的闭环流程。

（一）系统分析及深层次整改

在一定时期内，要对同一岗位（作业）针对不同的班次、不同的作业人员周期性地重复开展安全行为观察。对存在问题的主要作业内容（步骤）的不安全因素进行统计，计算"人""机""料""法""环"所站不安全因素的比例，分析导致不安全因素的主要原因，进而制定整改措施。同时对于频繁出现的某一种不安全因素，若仅当某一人或某一班次观察时发现，说明导致不安全因素的原因是因为人员个体的差异，可针对性地强化对该名员工或该班次的安全教育、培训；若不同人或不同班次均发现该不安全因素，说明不安全因素的导致与人员个体差异无关，则需要从岗位规程、工艺、作业方式、设备安全本质化、管理改善等方面分析原因，制定整改措施。

（二）安全作业标准化

对经过总结、分析及深层次隐患整改的安全行为观察作业项目的作业步骤、风险要素、观察关注点、作业（场景）照片等内容进行固化，并结合安全工器具使用、劳防用品穿戴、安全联锁装置确认、安全防护设施确认、特种作业持证、应急处置等内容，编制某一岗位（作业）的《安全标准化作业卡》，最终转化形成安全行为观察输出成果，实现现场安全作业标准化。

（三）安全行为观察活动深化与拓展

安全行为观察是安全管理的有效方法和实用工具，安全行为观察与各类安全管理业务密切关联，要将安全行为观察与一线员工岗位安全培训、管理者安全履职、危险源辨识、"指唱确认"、岗位规程完善、标准化作业检查、安全站位"十不站"、设备本质安全隐患排查、事故举一反三、危险预知等相结合，促进日常安全工作开展，并以此拓展安全行为观察活动。

四、安全行为观察管理工具的改进措施

（一）系统策划，统筹安排，规范开展安全行为观察活动

安全行为观察活动要确保被观察岗位的覆盖面，即区域内主要岗位及高风险作业岗位均要开展行为观察，同时，要确保某一岗位在不同班次、不同人员作业情况下多次开展行为观察，观察项目、观察人员、活动时间等事项需要系统策划、详细安排。要对现有安全行为观察项目进行汇总、统计，固化已完善、成熟的安全行为观察项目，改进步骤分解不合理、观察漏项、质量不高的安全行为观察项目，要确保管理者、安全技术人员、工艺技术人员、设备技术人员、生产操作人员等各类人员参与度，做到观察小组成员配备合理、到位，活动过程高效，活动记录有效。

（二）有效借助行为观察摄像系统开展安全行为观察活动

事业部行为观察摄像系统已实现主要产线及区域全覆盖，除日常行为观察摄像安全监控外，事业部开展行为观察摄像系统值班监控工作，即工作日夜班值班监控和周末、节假日白天值班监控，行为观察摄像系统安全监控、检查已基本全区域、全时段覆盖。行为观察摄像系统发现的岗位作业隐患及员工不安全行为较真实、客观，可将行为观察摄像系统发现问题备注记录入《安全行为观察现场记录表》，并作为重要内容纳入安全行为观察发现统计、分析，丰富安全行为观察活动形式，提高安全行为观察活动实效。

（三）做好安全行为观察大数据分析及成果应用

有效保存各次安全行为观察活动记录，从产线、区域、隐患类别、隐患数量班次、人员等不同纬度进行统计、分析，建立安全行为观察大数据，督促各岗位持续改进安全行为绩效，指导现场深层次隐患分析及整改工作。同时，固化安全行为观察成果，形成岗位《安全标准化作业卡》，开展高风险作业及岗位安全作业标准化工作。

（四）建立安全行为观察表扬、激励机制

安全行为观察活动是一个长效及常态化的工作，领导及管理者参与并牵头开展安全行为观察活动是推进安全行为观察工作的初级阶段，安全行为观察项目完善、固化及成果转化是安全行为观察工作的主要过程，最终实现安全标准化作业指导、安全行为观察培训等方式的安全行为观察活动全员参与。安全行为观察活动一方面要强制性开展，对安全行为观察活动发现的人员违章要进行批评、教育；另一方面要建立安全行为观察表扬、激励机制，对安全行为观察活动发现的员工良好的行为要进行表扬、推广，对有效开展安全行为观察工作的组织和人员要进行激励，营造安

全正向改善氛围，促进安全行为观察长效开展。

五、结论

宝钢钢管事业部通过探索安全行为观察管理工具在钢铁冶金企业的应用，进行了安全行为观察管理工具应用成果的评价，并提出改进措施，提高了企业安全管理水平，具有一定的推广价值。安全行为观察活动是一个长效及常态化的工作，区域内主要岗位及高风险作业岗位均要开展行为观察，且全员都要参与，同时安全行为观察项目完善、固化及成果转化是安全行为观察工作的主要过程，要建立安全行为观察表扬、激励机制，营造安全正向改善氛围，促进安全行为观察长效开展。

浅谈如何推进宝武集团转底炉公司安全文化建设

湛江宝发赛迪转底炉技术有限公司 向安木 梁前裕

摘 要：安全文化在安全管理上起着重要作用，本文围绕构建人、机、环境的和谐统一，简单介绍湛江宝发赛迪转底炉技术有限公司（转底炉公司）安全文化建设的推进方法，通过提炼安全理念，强化安全规章制度培训，组织开展危险源辨识和隐患排查治理活动等，有效实现了转底炉公司安全生产水平的大幅度提升，实现安全生产"零"事故的年度目标。

关键词：安全文化建设；安全规章制度；安全标志

众所周知，冶金生产过程中会产生大量有利用价值的含铁尘泥，它们主要是高炉煤气净化回收过程中的高炉二次灰，烧结过程中除尘回收的烧结除尘灰，以及转炉煤气净化回收过程的 OG 泥等。这些泥尘直接通过返烧结，会不断加大的锌、铅、钾、钠等有害元素在高炉冶炼工艺上的富集，影响设备使用寿命、工艺生产顺行。为实现宝武集团（湛江基地）自身生产过程产生的粉尘、污泥的零排放、再利用，转底炉工艺应运而生。

转底炉公司隶属宝武集团环境资源科技有限公司，于 2015 年投产，目前拥有四条生产线，分别是均质化生产线、冷压块生产线、氧化铁皮生产线及（一号）转底炉生产线，一期处理量共计 108 万吨/年，一线员工不到 100 人，他们大部分未曾接触过大型工贸企业，对金属冶炼的各类危险源及企业安全文化都知之甚少，面对这四新（新工艺、新设备、新员工、新环境）开展安全管理具有很大的挑战性，而对其进行企业安全文化建设推进就更是要有方法、有策略、有毅力了。对此，下面从构建人、机、环境的和谐统一的角度，浅谈一下如何推进转底炉公司安全文化建设，实现安全生产水平的大幅度提升，最终实现安全生产"零"事故的目标。

一、安全文化是什么

安全文化的一般定义是指组织（企业）和组织中所有人对安全的认知、所持态度、行为方式等种种属性的总和。安全理念是一种精神理念，主要是指积淀于企业及职工心灵中的安全意识形态，包括企业在长期安全生产中逐步形成的、为全体职工所接受遵循的、

具有自身特色的安全思想意识、安全思维方式、安全道德观、安全价值观等。

转底炉公司充分认识到安全文化建设的意义及其在安全管理领域内的重要性，在投产后立即组织编制《湛江转底炉公司企业安全文化建设方案》，并按方案步骤收集、提炼了转底炉公司的安全理念：安全愿景——营造安全、健康工作环境；安全目标——安全第一、隐患为零、违章为零、事故为零；安全价值观——生命至上、严格履职、精益管理、说到做到。

二、如何推进企业安全文化建设

（一）推进安全文化建设必须坚持以人为本，通过安全管理制度建设来提升操作层的安全文化及安全技能

冶金企业发生的各类事故 95%以上都是违章操作、违章指挥和违反劳动纪律造成的，人们在分析违章的原因时，常常会发现人的安全知识、安全意识、安全习惯是主要的影响因素。优秀的安全文化能够改善组织安全状况，提高个人的安全知识、安全意识、安全习惯，进而有利于实现个人的安全行为，在事故预防中具有不可替代的重要作用。

转底炉公司结合自身实际情况，一是组织开展三标一体认证，进一步完善企业安全管理规章制度，有效推动公司各项安全管理规章制度的贯彻执行，并形成自我监督、自我发现和自我完善的管理机制；二是在"安全生产月"活动期间组织开展安全管理规章制度知识大比拼竞赛活动。竞赛活动前，组织作业长、班组长及安全管理骨干成员开展为期一周的安全管理规章制度宣贯培训，培训内容包括从安全生产责任制

到煤气安全管理制度等 32 项安全管理规章制度管理文件，使这些精英骨干成员充分认识到自身背负的安全生产职责及在组织生产作业过程的标准、流程，从而强化了各管理层级之间的纵向交流，各班组之间的横向沟通，有效提升作业区的自主管理及安全生产执行力。

（二）强化设备日常管理，学习安全操作规程，提升标准化作业水平

在做好企业安全生产工作及推进企业安全文化建设中，有一项相当重要的内容，那就是班组或作业区要严格做到生产设备安全操作，生产组织实行标准化作业。生产设备安全操作，就是要强化设备的日常管理，要严格每日点检定期维护保养，确保生产设备安全装置、安全联锁装置等运行有效，保证设备操作安全、可靠。生产组织实行标准化作业，就是要严格按照作业指导书或者安全作业规程等进行作业，就是对在作业系统调查分析的基础上，将现行作业方法的每一操作程序和每一动作进行分解，以科学技术、规章制度和实践经验为依据，以安全、质量效益为目标，对作业过程进行改善，从而形成一种优化作业程序，逐步达到安全、准确、高效、省力的作业效果。

转底炉公司隶属宝武集团，在安全生产管理上严格执行宝武的"五制配套"（以作业长制为中心，以计划值管理为目标，以自主管理为基础，以点检定修制为重点，以标准化作业为准绳），在生产组织过程中，按岗位规程进行作业，并在生产作业过程中不断进行完善。

（三）做好现场安全检查，改善安全作业环境

现场作业环境是动态变化的，要不是气候变化引起作业环境的恶劣，要不就是人为因素破坏了作业环境的安全性（如检修孔洞未及时盖上等）。组织生产作业的作业环境从来没有一成不变的，因此要各级责任者、安全管理人员深入作业现场，开展作业环境安全检查工作，及时发现并消除各类事故隐患。在安全作业环境中，最有一项往往容易疏忽的，那就是安全警示标志的齐全性。在安全文化建设推进过程中，这些安全标志又是极其重要的一项，安全标志就是由安全色（安全色是用以表达禁止、警告、指令、指示等安全信息含义的颜色，具体规定为红、蓝、黄、绿四种颜色。其对比色是黑白两种颜色）、几何图形和图形符号所构成，用以表达特定的安全信息。安全标志是向工作人员警示工作场所或周围环境的危险状况，指导人们采取合理行为标志的。安全标志能够提醒工作人员预防危险，从而避免事故发生；当危险发生时，能够指示人们尽快逃离，或者指示人们采取正确、有效、得力的措施，对危害加以遏制。安全标志不仅类型要与所警示的内容相吻合，而且设置位置要正确合理，否则就难以真正充分发挥其警示作用。

因此，转底炉公司在安全文化建设方面，通过组织开展六大高危（煤气中毒、易燃易爆、高温高压、有限空间、旋转设备、岗位粉尘）辨识与整改活动，深入现场组织安全检查，对以上危险有害因素开展现场摸底，在未能有效做到作业现场环境安全本质化的地方，都张贴安全标志进行安全警示，能够有效提醒现场作业人员有可能发生的危害，以及如何有效预防、避免事故的发生。

三、结束语

总之，安全文化建设对企业的安全管理起着重要作用，企业应广泛动员起职工干部坚持"安全第一、预防为主、综合治理"的安全生产方针，坚持"以人为本""安全发展"的发展理念，有效提高员工安全管理规章制度的知晓率与执行力，切实加强安全生产作业标准化建设，快速提升员工的危险预知及安全技能，落实做好设备日常管理，监督作业现场环境的动态变化，构建人、机、环境的和谐统一，从而推进企业安全文化建设，实现安全生产水平根本性改进，从而有效实现安全生产"零"事故的目标。

行为分析在协力安全管理中的应用

宝山钢铁股份有限公司冷轧厂　刘玉章　陈云鹏　高宏　汤文杰

摘　要： 本文以钢铁企业管理幅度不断变大和协力人员流动大、安全违章高发为背景，针对协力安全管理难度和复杂性越来越高，围绕协力供应商各级区域管理者这一关键环节，通过对协力供应商的安全管理能力、区域管理者安全管理关注度和力度的量化分析，紧紧抓住协力安全管理中协力供应商各级区域管理者的管理和履职能力，进行协力队伍安全管理的实践。实践表明，协力队伍的安全管理，必须着力于协力供应商各级区域管理者的管理行为，督促协力供应商一把手把"安全第一"落实到日常中心工作中，通过培育协力供应商安全体系能力，实现协力安全的自我管理和持续提高。

关键词： 协力管理；安全；数据；行为分析

冷轧生产各工序中，有从事各类生产辅助的作业人员，协力作业队伍已经是冷轧生产流程中不可或缺的重要力量。协力服务供应商（以下称乙方）的各级管理和一线员工，成为钢铁企业（以下称甲方）员工队伍多元化的重要组成部分，在安全生产中扮演着越来越重要的角色。对钢铁企业而言，安全始终位于各项工作的首位，协力安全必须置于同等重要的地位。作为协力服务需求者，如何高效地将安全管理要求快速贯彻到区域内从事辅助作业人员的日常行动中，始终是一个紧迫而关键的问题；如何有效实现协力单位安全的自我管理，是保障安全生产的重中之重。近年来，协力管理面临甲方区域管理者管理幅度越来越大和协力人员流动大、安全违章高发等复杂情况。协力供应商的各级管理人员是协力安全管理的直接执行者和参与者，因此，他们的管理执行能力就显得尤为关键。本文是结合协力供应商及各级管理者、员工队伍特点，通过对协力供应商区域各级管理者的管理关注度和管理力度的量化分析，利用协力安全管理的过程和结果数据，进行协力队伍数据化安全管理的实践和探索。

一、协力安全管理情况

（一）协力队伍基本情况

冷轧协力队伍具有专业种类多、作业内容复杂、劳动强度高、工作环境复杂及危险程度高等特点。协力队伍一线作业人员多为外来人员，普遍文化水平不高、人员流动较大、安全意识淡薄、安全技能相对也比较低，成为冷轧安全生产各环节中安全管理相对薄弱的重点群体。

（二）协力安全管理基本情况

协力的安全管理由作业所在区域的甲方负责，乙方各级区域管理者执行，生产过程中，安全管理专业人员通过日常作业的安全规范性督导，来保障甲方的安全管理要求在协力作业人员中的执行效果，通过不断的纠偏持续强化协力人员的标准化作业。近年来，随着劳动效率的进一步提升，甲方管理人员的管理幅度越来越大，区域内协力安全管理需要乙方各级管理者高效、高质量执行，因此，乙方区域管理者的安全管理行为就成为实现协力安全管理的重中之重。

生产过程中，协力人员长官意识较强，违反安全作业标准化的严重行为时有发生，给在高空、密闭空间、煤气等高危作业场所或环境中埋下了重大安全隐患。

公司以及冷轧区域安全管理专业部门将现场各类问题根据专业分成20多个类型，根据不同类型的问题可能导致的后果严重程度大小，分成了禁令、I、II、III四类；安全专业管理人员对检查发现的问题，同时进行问题类型和严重程度的分类，日常检查累积的大量数据，为分析协力供应商各级管理者的安全管理行为打下了基础。

二、协力安全管理分析

在协力安全管理过程中，甲方的安全管理要求需要有效落实到一线协力作业人员的具体行动中才能实现。实践中，协力各级管理者的安全管理行为可通过乙方各级管理者的管理关注度和力度来反映。管理关注度通过对比分析甲方专业安全管理人员和乙方各级区域管理者检查的前两位问题的类型并经过一定的数学处理来进行，管理力度通过对比甲乙双方检查较严重问题的比例构成来量化分析，并强制排序。

（一）协力安全管理过程分析

甲方作为区域安全管理责任方，确保协力单位有效落实安全管理要求是做好安全管理的前提。执行过程中，为了确保甲方各项要求能有效落地，乙方各级管理者也须对甲方要求执行情况开展检查。因此，通过比较双方检查问题的具体结果来透视乙方各级管理者的安全管理行为，从而揭示安全管理要求有效的传递路径和协力单位安全管理过程中存在的短板。

（二）协力安全管理流程分析

协力单位一线人员的作业行为接受甲乙两方的双重管理，甲方将安全生产要求或指令直接下达至乙方区域内各级管理者，并对一线协力人员的执行情况进行督导，乙方该区域作业的各级管理者履行直接安全管理职责。乙方一线作业人员接受安全指令的信息流程如图1所示。

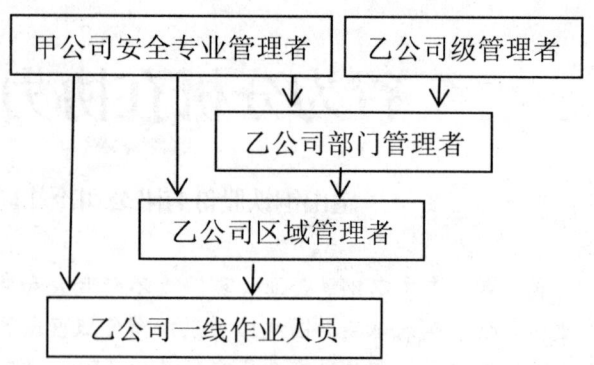

图 1　协力安全管理流程

三、协力安全管理实践措施

（一）开展协力供应商安全管理体系能力评价

建立包括工作计划、工作推进、现场验证和结果评价在内的4个模块10项具体指标的协力供应商安全管理体系能力评价制度，结合区域内该协力供应商存在的主要问题，从计划内容、推进一直到安全综合绩效完成情况，针对性地进行体系能力诊断和评价，列出具体的问题，提出改进建议，推动协力供应商体系能力提升。协力供应商安全管理体系能力评价表如表1所示。

表 1　协力供应商安全管理体系能力评价表（*表示保密项）

部门：						时间：		
序号	评价项目	分值	评分标准	评分细则	验证材料	分值	得分	验证结果
1			召开*会	推进*5 分*	材料清单	*		
2	工作*	*	形成了*	有*得 5 分*	材料清单	*		
3			形成了*	任务*10 分*	材料清单	*		
4			*要求	有*得 5 分	要求*	*		
5	工作*	*	*评价	任务*得 10 分	*	*		
6			*输出	形成了*得 2 分	*	*		
7			管理*	*项 2 分	*	*		
8	现场*	*	执行*	*扣 2 分	*	*		
9			响应*	*1 项*1 分	*	*		
10	*评价	*	*和*违章率*	1）指标 1 2）指标 2	*	*		
合计	4 个模块		10 条具体内容			100	0	

（二）开展协力供应商安全管理过程能力评价

从协力安全管理流程分析可知，协力供应商在冷轧区域的各级管理者是贯彻甲方安全管理要求的关键环节，通过甲方安全专业管理者检查发现的问题和乙方自查发现的问题类型、II 级及以上较严重问题构成分析，展示乙方各级区域管理者对甲方安全管理要求的管理关注度和力度，及时揭示乙方各级区域管理者的安全过程管控能力及存在的不足。

1. 乙方安全管理关注度分析

根据协力安全管理流程分析，通过对比分析甲方安全专业管理者和乙方公司各级管理者检查发现前两位问题类型的比较分析，可以识别出乙方协力各级区域管理者在执行甲方安全管理要求上的管理行为偏差。

图 2 中，甲表示甲方安全专业管理者，A1、B1 表示乙方 A、B 协力供应商车间级安全管理者，A2、B2 表示乙方 A、B 协力供应商作业区级管理者。图 2 展示了甲方检查发现的主要问题与乙方 A、B 两家协力供应商冷轧区域各级管理者检查发现的主要问题符合率，趋势图反映了乙方各级管理者对甲方检查发现问题及时响应并采取措施的关注程度。（a）图显示协力供应商 A 公司冷轧区域车间和作业区两级管理者的符合率明显高于与甲方安全管理者的符合率，反映了 A 公司安全管理执行路径是甲方安全专业管理者—乙方车间级管理者—乙方作业区级管理者，其中的关键环节是车间层管理者。（b）图显示 B 公司车间和作业区两级管理者对 A 公司检查发现的问题呈现互补性，B 公司作业区级管理者受车间层管理者与甲方安全专业管理者的双重影响，同时，趋势图也揭示了作业区级管理者近期的管理关注度与车间级管理者、甲方管理要求发生了偏离。

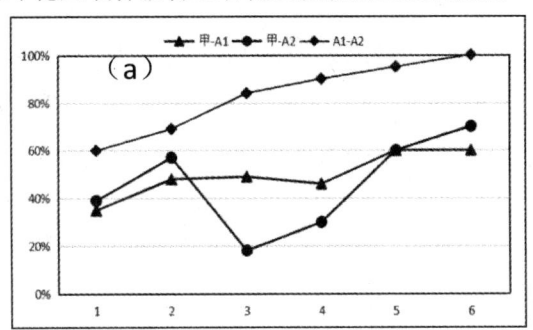 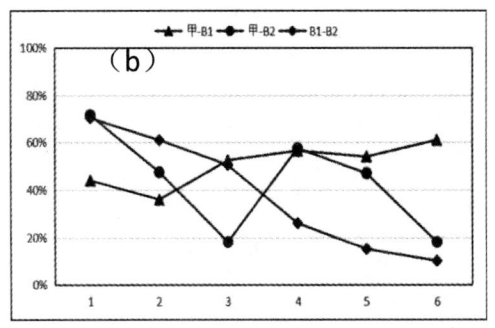

图 2　甲和 A（图 a）、B（图 b）公司不同层级管理者检查问题符合率

2. 乙方安全管理力度分析

根据协力安全管理流程分析，通过对比分析甲方安全专业管理者和乙方公司各级管理者检查发现较严重问题的比例并强制排序，识别出乙方协力各级区域管理者在执行甲方安全管理要求上的管理力度强弱。比例值越大，说明该区域内的严重程度较高的问题被甲方检查发现概率越多，反过来也说明乙方自查发现较严重问题的数量偏少，反映了乙方各级管理者在落实安全管理行动中的管理力度较弱。

图 3 对比分析了两家协力供应商业务范围内甲方检查 II 类及以上问题占该协力供应商区域内所有 II 类及以上问题百分比例，其中，A 公司为 18.1%，B 公司仅为 4.8%，A 公司是 B 公司的 3.75 倍，说明 A 公司严重等级较高的隐患是依靠甲方检查发现的，相比较而言，B 公司严重等级较高的隐患 95% 以上是依靠自己检查发现的，数据对比，反映了 A 公司在落实甲方安全管理要求的管理力度较弱。

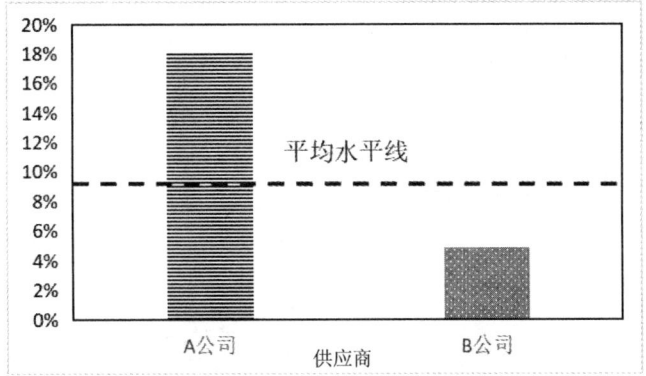

图 3　甲方检查 II 类及以上问题占协力供应商 II 类及以上问题百分比

（三）建立协力供应商"一把手"对话制度

通过协力安全管理体系能力以及区域内各级管理者安全履职能力过程评价结果，根据协力安全管控要求，建立对话制度，及时约谈协力供应商"一把手"等主要领导，明确存在的问题，给出改进按建议，共同打造协力安全管理"一把手"工程，在协力供应商中营造"安全第一"的文化氛围。

四、结论

落实好协力队伍的安全管理，必须重点抓住协力供应商区域各级管理者的管理执行力，督促协力供应商一把手把"安全第一"真正落到行动中，培育协力供应商安全体系能力建设，通过安全体系能力评估、整改、验证及再整改，提升协力安全自我管理能力，

通过安全检查自查发现问题的关注度和力度分析，引导协力队伍管理者主动发现问题，及时抓住安全管理重点、难点和突出问题。通过协力供应商的管理行为分析实践得出以下结论。

乙方各级区域管理者对甲方安全管理要求的关注度和力度，可以较好地反映乙方各级区域管理者的管理行为，通过过程分析，可以动态揭示协力区域各级管理者安全履职能力。

通过协力供应商体系能力综合评估，建立协力供应商"一把手"对话制度，在区域协力供应商内部营造上下统一的"安全第一"工作氛围，通过提高协力供应商安全自我管理能力是实现协力安全同等重要的关键手段。

推进岗位风险辨识，促进员工安全自主管理

宝钢特钢钢管厂　陈涛

摘　要：安全生产是不可逾越的红线。宝钢特钢钢管厂通过推进全员岗位安全风险辨识活动，有效保障了企业安全生产，企业员工由"要我安全"向"我要安全"转变，基层安全自主管理逐步形成，企业安全文化建设进一步完善。本立从岗位安全风险辨识活动的背景，安全风险辨识与安全自主管理的特点，活动的应用与实践，活动体会几个方面展开介绍，可为行业安全发展提供借鉴。

关键词：岗位安全风险辨识；安全自主管理；企业安全文化；安全岗位创新

中国宝武钢铁集团宝钢特钢有限公司钢管厂是中国第一支航空不锈钢无缝管的诞生地，国内同行业中的知名企业，产品广泛应用于核电、航空、航天、航海等国防军工领域。近年来，宝钢特钢钢管厂根据宝武集团和特钢公司的部署，以设备安全运行保障岗位为试点，以设备管理室点检作业一区为载体，大力开展岗位安全风险辨识活动，全面推进企业基层安全自主管理建设，为公司安全文化建设构建起一支有力抓手，有效推动了企业安全生产水平提升。

一、岗位安全辨识与安全自主管理建设的实质

（一）岗位安全风险辨识活动的特点

岗位安全辨识与安全自主管理建设是企业安全文化建设的核心内容之一，也是安全生产标准化的基础工作之一。做好生产安全管理工作既要有正确安全理念，又要有成熟的安全规章制度和管理方法，还要提高生产安全风险隐患的辨识与整治能力，能在最短的时间内，在没有形成生产安全事故之前，能够快速及时将生产安全风险隐患予以排除，这就是企业推进岗位安全风险辨识活动的目标。

宝钢特钢钢管厂作为生产经营单位，要做好岗位安全风险辨识活动，就必须熟悉了解岗位的安全风险隐患特征。通常岗位安全风险隐患具有四大特征，即可塑性、可变性、不确定性、渐变性。其中，"可塑性"是指安全风险隐患是在一定环境、一定条件、一定作用条件下形成的。"可变性"是指安全风险隐患在生产现场可以相互转化相互作用相互变化，尤其是新材料、新工艺、新设备的使用更会带来诸多的变化因素。"不确定性"是指安全风险隐患始终存在于作业现场的每个岗位、每个角落，会不定时出现，并且随着现场工况的变化充满变数。"渐变性"是指安全风险隐患中绝大多数问题是在各种因素作用下渐进形成的。岗位安全风险隐患的"四大特征"，也是安全隐患屡查屡有、屡禁不止，生产安全风险无处不在的根本原因。

（二）安全自主管理建设的特点

对生产经营单位而言，安全自主管理建设的内涵就是以落实岗位安全责任制为核心，以零安全事故为目标，以安全绩效管理为手段，以岗位安全风险辨识为载体，以现场安全隐患排查与整治为平台，以安全改善项目与设备安全设施持续改进为抓手，牢记红线意识，践行"生命至上、安全发展"的理念，全面推进企业安全文化建设。生产经营单位，包括企业、构成企业的各生产单元、职能机构和每一位员工，都应主动地承担安全法律法规所赋予的安全生产责任，切实履行安全生产义务，做到自我管理、自我控制、自我监督、自我约束，确保自身安全，还要对责任区域内的各项安全工作负责，恪守"四不伤害"原则，从而保证企业安全生产总体目标的实现。

宝钢特钢钢管厂作为冶金生产企业，要实现安全自主管理的目标，就需要全系统、全过程、全天候、全员性的安全管理。在时间上没有终点，空间上没有界限，横向层面是企业各个部门一起关注与参与，纵向层面从企业最高负责人到每个基层员工都关注与参与。基层员工直接面对安全风险场所与生产经营活动，因此，提升基层员工的安全自主管理建设，是实现全员安全自主管理，促进企业安全文化建设的重中之重，

也是落实岗位安全风险辨识的基础所在。

二、岗位安全风险辨识活动实践做法

岗位安全风险辨识就是对自身工作岗位上可能涉及的不安全因素，通过 PDCA 方法进行排查、辨识、整治，形成闭环。在宝钢特钢钢管厂区域内，对基层员工而言，由于年龄、学历、工作经验、阅历等不同，安全意识与防范技能、安全风险辨识的理念与方法、素养等方面存在参差不齐现象。同时，生产操作、设备检修维护、工艺装备技术管理等岗位员工的工作属性内容各不相同，因此，在企业基层现场推进岗位安全风险辨识活动中，要根据受众的不同，一岗一策，一人一策，一机一策，重点突出针对性、有效性、可操作性。主要方法包括以下几点。

第一，树立"我的生命我珍惜、我的安全我管理、我的风险我辨识、我的设备我负责"的安全观，牢记安全红线意识，明确岗位风险辨识是为了自己的人身安全，摒弃"事不关己高高挂起、等靠要"的错误观念，积极主动的融入此项工作，从"要我安全"，向"我要安全"转变。

第二，以隐患排查为载体，针对"人的不安全行为、物的不安全状态、管理与环境方面的缺陷"，充分运用"人机料法环、上下前后侧"10 个要素，进行全员岗位安全风险辨识，安全预知辨识，岗位风险预控，"讲风险、讲流程、讲管控"，不走过场、不流于形式、不留死角、不留盲区。

第三，以"四不伤害"为目标，发挥基层员工熟悉现场，了解生产设备的优势，结合"智慧制造"，适时的开展岗位安全创新与设备持续改善工作，着重分析安全受控点、习惯性违章易发部位、安全隐患整治重复性部位的实际情况，借鉴成熟的生产安全技术，加以改进移植应用，提升设备本质安全与作业安全。

第四，强化安全主题教育与培训工作，对岗位风险辨识的方法以案例为载体宣贯。充分发挥基层班会的作用，各级安全管理者定期参加基层班会，倾听并反馈基层员工的建议。积极运用安全文化建设中的导向功能、凝聚功能、激励功能、辐射和同化功能，以点带面全覆盖，全面提升岗位风险辨识活动的有效性。

三、推进岗位安全风险辨识活动的体会

宝钢特钢钢管厂通过全面推进全员"岗位安全风险辨识"活动夯实安全生产基础，在消除企业生产现场与设备运行中的安全隐患，提升员工安全意识与素养，促进企业安全自主管理建设，营造企业安全文化等方面，均取得了积极的成效。总结经验，应着力把握以下几点。

第一，基础工作要扎实。安全是企业生产经营活动的基础，岗位安全风险辨识是企业安全文化建设的基础。对于岗位安全风险辨识工作优劣考量，就是考核基础工作的执行力，基础工作越扎实，风险隐患排查的更彻底，隐患整治也越有效。因此必须按照"五定"原则，定安全目标、定管控措施、定责任人、定时间节点、定考核标准，分级管理，落实到人。

第二，就是现场管控至关重要。不能将岗位安全风险辨识及其整治措施仅仅停留在纸面上、挂在墙上、停在嘴上、留在电脑上，必须落实到行动上，各级安全管理者，必须要有担当和责任心，牢记"安全第一、预防为主、综合治理"的原则，从"以人为本、珍惜生命"出发，切实履行安全职责，并且要做到安全意识到位、安全履职到位、安全责任到位。

第三，基层安全自主管理是践行岗位安全风险辨识的最佳载体。企业践行安全自主管理的根本目的就是促进企业文化建设与员工能力建设，其实质就是"安全环境、安全行为、安全绩效"。充分挖掘、发挥基层一线员工的聪明才智和主观能动性，引导员工积极投入以岗位安全风险辨识为核心的基层安全自主管理建设，对于岗位安全风险辨识的成效事关重要。先行先试、以点带面，树立榜样、激励引导，以身边的鲜活的案例，指导基层员工践行岗位安全风险辨识。

第四，要重视基层班会的作用，强化过程管理。在班前会"提一提"，结合当日作业项目的特点，有针对性地进行危险预知和要点宣贯。班后会"评一评"，针对当日作业现场涉及安全的问题点进行剖析点评，对亮点予以肯定并推广，发现不足之处及时纠正。作业现场"管一管"，尽心尽职，恪守底线，会管、善管、敢管，积累经验与技能。重点节点"看一看"，耳听为虚、眼见为实，安全防范措施到位，才能胸有成竹。案例分析"做一做"，结合作业中涉及安全的典型问题，以案例形式剖析，解读，举一反三提升岗位安全风险辨识与整治能力。

第五，全员岗位安全风险辨识的重点在于基层员工的参与度与执行力，更需要企业的顶层设计与过程

管控。工艺流程完善、操作方法优化、设备设施改进、信息交流畅通、管理措施与作业环境改善项目都是岗位安全风险辨识的重要载体。作为基层一线员工，必须立足本职岗位，勤发现、勤动手、勤改善、勤固化、勤提炼，杜绝"习以为常、见怪不怪、熟视无睹"的陋习，将现场岗位安全风险辨识活动中的问题点，作为隐患排查与危险有害因素整治的资源点，必要时对于安全隐患采取适度的"小题大做"。既消除了现场的岗位安全风险，又提升个人岗位安全意识与综合能力，实现双赢，最终提炼形成知识产权成果，更是现场岗位安全风险辨识成果的升华和团队、个人综合能力的体现。

培育安全文化，创建本质安全型矿井

郑州磴槽企业集团金岭煤业有限公司　吴海年　王玲珊　郑新太　王庆林

摘　要： 本质安全是煤矿安全管理的崭新理念，是煤矿企业安全文化建设和安全管理的最终目标。金岭煤矿在积极探索平本质型矿井的过程中，以安全文化建设为突破口，倡导"安全第一、预防为主"的安全理念，不断夯实安全管理基础，着力落实安全生产责任制、创新安全管理模式、提高员工素质、创造安全环境等措施，并以此作为安全管理指导思想，达到了"蚁群效应"，提高了工作效率；减少了违章行为和违章事故的发生，积极构建安全生产长效的新机制，最终实现本质安全。

关键词： 煤矿企业；安全文化建设；本质安全；安全环境；安全培训

创建本质型安全矿井是党和政府的重大决策和部署，也是造福矿工、造福社会的惠民工程，是实现煤矿安全生产状况彻底好转的重要手段。本质安全把安全的这条红线贯穿于安全生产的全过程，把安全责任落实到工作的每一项任务、每一个环节、每一道工序，形成横到边、纵到底、全覆盖、全过程的动态管理模式。金岭煤矿通过加强安全文化建设全面落实安全生产责任制，以程序化管理为重点建设系统顺、设施牢、运行稳、管理精的现代化矿井，以安全培训为手段建设一支安全型、知识型、创新型职工队伍，以安全环境建设为主线加强制度建设，努力创建本质安全型矿井。

一、明确岗位职责，落实安全生产责任制

落实安全生产责任制是保证安全生产的基础。安全就是生命，安全就是幸福，抓安全，保平安，要有强烈的责任心。责任制就是以责任保安全，心中想着安全，胸中装着安全，手上抓着安全，肩上扛着安全。安全责任可分为领导责任、管理责任、执行责任、监督责任、岗位责任。

领导责任是负责企业发展方向和实现企业战略性目标，其任务就是科学决策，统筹安排，精心部署，督促落实。如果出现领导决策失误或出现方向性错误而给企业造成重大损失，应该追究主要领导责任和班子成员责任。并给予警告、记过、免职等处分，取消福利奖金、政治荣誉及其他方面工作待遇。

管理责任主要负责各项工作的督促落实，总的目标是整体工作创先进，单项工作争第一，一是抓工作质量；二是抓工作进度；三是抓工作效能；四是抓工作亮点；五是抓工作总结。工作中如果出现失职渎职、推诿扯皮现象，按照相关规定，严厉处罚相关责任人，坚决杜绝有令不行、有禁不止现象，坚决杜绝上有政策、下有对策的现象，坚决杜绝吃拿卡要、弄虚作假的现象。

执行责任，执行就是落实任务，执行就是以雷厉风行的工作作风，保质保量、圆满出色地完成各项工作任务。执行任务要发扬钉子精神，要有坚定的信念和坚定的意志，要有蚂蚁啃骨头的精神，坚韧执着，不达目的誓不罢休，执行任务坚决做到四个精准，即精准施策，精准定位，精准突破，精准拓展。执行任务要做到严实精细，严是一种态度也是一种标准，只有严起来，纪律才能得到遵守，只有严起来团队才会有战斗力，只有严起来职工内心才会敬畏安全，敬畏生命，自觉遵守规章制度，抵制违章，实现安全生产。执行任务要做到严细实，落实任务要做到稳准快，严格要求严细检查，严密防范，是对干部职工管理水平的基本要求，也是实现安全生产的基本条件。

监督责任要求领导干部及安监人员以高度的责任心发现安全隐患，制止违章，协调各方，解决问题，把安全隐患消灭在萌芽状态。一是以矿领导牵头，组织各部门抽调相关人员，组成安全检查小组，对全矿生产生活区域，进行全面细致的安全检查；二是以安全科牵头，组织安检人员和技术人员对矿井进行专项督查，对查出的问题，落实责任，督促落实；三是对急难险重的工作任务和疑难问题，组织技术人员进行会诊，并提出解决方案，逐项逐条解决，确保安全生产万无一失；四是对机械设备的完好率、仪表仪器的精准度、职工操作设备的熟练度进行检查、评估；五是组织安全小分队对隐蔽性极强的安全隐患精细查找，对习惯性违章坚决制止纠正，对职工思想进行动态管理，量化细化工作流程，以程序化管理保证安全生产。

岗位责任是实现安全生产的基础性工程，基础不牢，地动山摇，基层工人的责任心、安全意识、劳动技能是实现安全生产的重要保证，在安全管理过程中，主要抓好"七观"：一是程序观。深化准军事化训练成果，推行模式化。程序化管理，安全操作一环扣一环，一步不能少，一部不能错位，通过各工种、各岗位，严格的操作程序限制，培养职工正规操作的良好习惯。二是敌情观。把水火、瓦斯、煤尘、顶板等当敌人，做到行动快、纪律严、手段硬，彻底消除轻敌思想。三是培训观。树立素质在培养，技能在训练示范、调教在日常的思想，强化培训力度，不断丰富培训形式。四是亲情观。管理人员既要把职工当亲人，带着亲情抓"三违"，怀着爱心管安全，注重人文关怀和警示教育，又要严格奖惩，确保安全制度一以贯之的执行落实到位。五是责任观。做到责任管理四明确，即肩负责任明确，职责范围明确，责任后果明确，责任联挂明确，形成自身责任体系，严格按照四不放过原则，做到分析，教育处理三同步，安全责任对上一级联挂，形成责任联挂"联结网"。六是执行观。实现开工安全确认和收工验收确认制度，不经安全确认的头面不准开工，不经确认的设备不准运转，不经确认的人员不准上岗，考核结果与工资奖金挂钩，形成质量有标准，操作有程序，执行有监督，考核有依据，奖惩有兑现，兑现有监督的执行机制。七是激励观。建立安全互保网，实现责任连带，实行安全连带，实行安全奖励，每月由矿长对无轻伤无事故的单位，发放奖金，评选星级员工，让职工奔有方向，学有目标。

二、程序化安全管理是安全生产的关键

为了把责任落实到位，隐患排查到位，实施"653"工程序化管理，"653"是围绕强化班前、班中、班后管理，管理步骤为"班前六仪""班中五步""班后三保"，使流程化管理成为推进班组建设的有效路径。

第一，推行班前"六仪"。

认真开好班前会，严格按照以下六项程序开展班前礼仪。"一点名"就是班前礼仪开始前，由值班人按照当班花名册逐一点名考勤。"二讲评"就是值班人员在班前必须讲清楚生产现场的安全状况，特别是现场存在的安全隐患和危险源必须向职工交代清楚，必须讲清楚安全防范处理措施，落实隐患整改责任人必须讲清楚当班生产任务，安排部署人员分工。"三提问"就是班前提问。主持人结合"每日一题"学习活动，对"手指口述"和已学过的安全知识进行提问。"四排查"就是排查隐患人，班组长、值班人员在班前必须仔细排查职工的思想状况和精神状态，对于思想上存在矛盾、情绪不稳定或者精神萎靡的职工，认真疏导，做好思想教育工作，并制止职工带病入井。"五分工"就是由班队长根据当班职工的业务技能合理分工。"六宣誓"就是在每个人都明确了当班安全生产任务的前提下，全班人员开始集体宣誓。

第二，严格班中"五步"。即严格执行集体入井、现场安全确认、班中安全巡查、收工安全总结及集体升井汇报制度。一步是职工集体入井。点名后，由当班班组长（或跟班区干）带领全班人员集体入井。二步是现场安全确认。跟班干部、班组长、兼职安监员、安全员严格执行交接班相关规定，在开工前集中对现场进行安全排查，并把所排查出的隐患填写在牌板（或登记簿）上，然后进行隐患整改，确认安全后方可施工；当班收工前，上述人员须再次排查隐患，将隐患明确地填写在牌板上，以便下一个班及时处理。职工开工前必须按规定对设备状况和工作环境进行"手指口述"安全确认，工作中要对关键工序、环节进行"手指口述"安全确认。三步是班中安全巡查。当隐患处理完毕后，全班职工，便可开工作业。开工后，兼职安监员或安全员在施工现场流动巡查，排查隐患和预防班组职工违章作业，发现问题及时处理。四步是收工安全评估。当班工作任务完成以后，在升井前，组织当班班组长、兼职安监员、安全员、验收员等开一个"收工安全评价会"，对照安全生产标准化管理的要求，分析当班安全生产任务完成情况，指出当班施工过程中出现的问题和不足，提出自己解决问题的意见和建议，深入开展批评与自我批评，认真总结经验教训，为做好第二天的工作积累经验。五步是集体升

井汇报。上井后，由当班班组长或跟班区干到科（区）值班室简要汇报当班情况，并向下一班提出需要注意的问题。

第三，坚持班后"三保"。坚持落实好班后安全保障措施是抓好班组安全管理的重要一环。一是工作总结保障。即由跟班干部、班队长分别对上一班工作情况简要总结，把存在的主要问题和成绩进行说明，并研究制订整改措施。二是技能培训保障。根据职工素质状况，制订培训计划，落实培训内容，有针对性地进行理论和现场培训，进一步提高职工综合素质。三是安全帮教保障。科（区）干部、班队长对违规违纪人员进行耐心教育，帮助分析违章原因，查找问题症结，讲清利害关系，指明正确方向，努力使其改正错误，做到安全生产。

三、加强员工教育培训，提高员工综合素质

加强责任意识，充分把班组成员之间的责、权、利有机结合起来，调动方方面面积极性，形成抓安全的强大合力。开展了"比学习、强素质、提技能"活动，充分发挥传、帮、带的作用，针对员工文化水平偏低、新工人应知应会掌握不全面、不牢固、作业现场操作不规范等问题，采取每周周五集中培训和业余学习相结合的办法，利用每日一题、班前会一问、每月一考等形式，分层次、分工种、有计划、有目的地加强员工安全操作规程和岗位责任制的培训，让职工真正掌握和熟悉本岗位安全操作知识，提高危险源辨识能力和安全操作技能。

同时，安排各类先进职工讲述自己的成长经历，并与一些技术素质低的员工结对子，不断提升全员操作素质。在区队职工中开展应知应会知识考试，将个人考核与绩效岗位工资相挂钩，进一步激发了职工学知识、强技能、保安全的巨大热情。班组必须实行安全互保制度，互保对象要明确，两人及以上人员配合作业，形成的安全相互保障责任共同体。工作前，班组长应根据出勤情况和人员变动情况，明确当天的互保对象，不得遗漏。在每一项工作中，工作人员形成事实上的互保，并履行互保责任。作业中，互保双方

要对对方人员的安全健康负责，做到四个相互：一是相互提醒，发现对方有不安全行为与不安全因素，可能发生意外时，要及时提醒纠正，工作中要互相应答。二是相互照顾，工作中要根据工作任务、操作对象，合理分工，互相关心，互相爱护。三是相互监督，工作中要相互监督，严格执行劳动防护用品穿戴标准，严格执行安全规程和有关制度。四是相互保证，保证对方安全生产作业，不发生事故。

四、加强制度建设，优化安全环境

工程质量直接关系到安全生产，要严格管理，严细措施，夯实安全生产基础，推动矿井安全生产标准化建设健康发展，按照"所有工作量必须经过验收把关"及"谁检查，谁签字，谁负责"的原则，对工程质量进行验收。具体来说，一是要建设打造"高、宽、平、直、净、严、立、正、紧、齐"的巷道掘进系统。二是要建设"风量足、煤尘小、全覆盖、回风快"的通风系统。三是要建设"设施牢、信号准、运行稳、防护强"的运输提升系统。四是要建设"水量充足、水雾喷洒、空气湿润、场地干净"的降尘系统。五是要建设"实时监测、图像清晰、数据准确、传输通畅"的监测监控通信系统。

全矿通过制度建设，矿井的防灾、抗灾能力显著增强，职工素质显著提高，合作氛围更加浓厚，锤炼了一支安全型、知识型、创新型职工队伍，实现了由被动管理向主动管理转变，由静态管理向动态管理转变，由粗放型向精细型管理转变，为全面建设本质安全型矿井打下了坚实的基础。

五、结论

打造本质安全型矿井是实现煤矿企业安全生产的必然选择，是企业经济效益得以保证的基础，是社会稳定的前提。金岭煤矿在积极探索平本质型矿井的过程中，倡导"安全第一、预防为主"的安全理念，以安全文化建设为抓手，落实安全责任制、对班组实行程序化管理、注重员工综合素质的培养、改善安全环境状况，为打造"本质安全型"矿井奠定了坚实基础，打造本质安全势在必行。

营造安全文化氛围，促进安全管理落地

郑州市磴槽集团有限公司　郭朝军　袁宏伟

摘　要：安全生产事关企业稳定发展和职工人身安全、职业健康。本文从安全教育、责任落实、质量标准化管理和科技强安等几方面介绍了磴槽集团近些年在安全管理工作上的实践经验。

关键词：安全管理；安全培训；安全责任制；科技保安

众所周知，煤炭是工业发展的基础，也是我国工业化进程中不可缺少的重要因素，长期以来一直影响经济社会的发展。而与之紧密相连的安全生产又是煤炭、资源工业中薄弱的环节，严重制约着企业发展的良性循环，它所具有毁灭性和不可逆转性，往往造成群死群伤和经济损失无法挽回，导致企业瘫痪，短时间很难恢复生产。

"安全是企业最大的效益，安全是职工的最高福利"在磴槽集团已经成为企业和员工普遍达成的共识。怎样搞好安全，使企业健康持续运行，磴槽集团通过一套成熟的管理方法，使企业在"安全"上得到了好处，成为全国民营企业的"标杆"。

一、加强安全教育　提高职工素质

煤炭生产是一种特殊行业，从平地到井下，从机械设备到工人的自身素质，一旦出现了不安全因素，都将会导致事故的发生。在一定程度上，与职工不懂安全有很大关系。为此，磴槽集团努力提高职工素质，针对职工大多来自农村、文化水平较低的现状，在职工中坚持举办培训班，提出全年 300 天有培训，培训合格后方可上岗，考核成绩与工资挂钩等一系列措施；对特殊工种实行持证上岗制度，岗位考核不合格坚决不予上岗；对职工平时也加强了安全知识培训，提高职工队伍的自保素质，严格执行"安全第一"的方针，这些系统化的举措，极大地提高了全员素质，很大程度上减少了人为事故，从而真正保障了安全生产。

在安全教育方面，磴槽集团同样舍得投资。结合安全生产的形势，编印了《井下职工安全手册》，从领导到职工人手一本。书中重点介绍了"入井须知""井下五大自然灾害的预防及应急处理办法""自救器的使用办法"等内容，把建矿以来大小事故教训总结为 94 条违章，让职工牢记。册子虽小，但赋予了职工的权利和义务。不按手册办事的就是违章，违章就要过"五关"——一要带上违章标志牌照相；二要"进驻"矿安全科闭门思过、学习、考试；三要下井义务抓违章，查事故隐患；四要到伤残家属中走访，听事故受害者现身说法；五要在大会上检查，接受经济处罚。这些做法，都取得了明显的效果。

为提高职工安全意识，磴槽集团注重营造安全氛围，把安全的警钟敲得格外响，不论是井下大巷，或者是地面生活区、生产车间，还是会议室、入井口都设有警示性的标语。如"警钟常在耳边响，全面编织安全网""防事故如防敌人""事故如弹簧，你弱它就强"等。以"安康杯"活动和"安全月"活动为主线，经常举办"安全在我心中"为主题的文艺晚会和"安全生产知识大奖赛"，提醒广大职工天天安全，月月安全，年年安全。

二、关心基层员工，稳固安全基础

一个企业能不能安全生产，人员稳定是基础，因为任何人对不熟悉的生产环境，不了解的工艺流程，不熟练的操作办法很难管好、用好。所以企业关键生产岗位人员经常变换，不断流动就是最大的事故隐患。磴槽集团能够 45 年持续发展，40 年保持全省全国煤炭系统安全安全生产先进单位，关键就是人员稳定。磴槽集团 45 年的发展历史，只有两任一把手。第一任是 1973 年建矿时的党委书记兼矿长郑六明，他于 1990 年退休。袁占国从 1990 年接任矿长，1996 年成立集团公司任董事长至今，磴槽集团不仅一把手稳定，班子成员、中层干部、广大职工大部分也都是终生员工，从青年干到退休。那么磴槽集团是如何做到人员稳定的呢？虽然因素是多方面的，但最重要的是以下四个方面。

一是快乐工作。通过人尽其才、公平公正、思想疏导等工作，使每一个人都感到工作的快乐。二是快乐生活。吃饭实现餐馆化、住宿实现旅馆化、交通实现班车接送，有图书室、阅览室、文化宫等娱乐场所，有卫生所，医疗基本免费，大病住院报销70%～80%，家庭出现天灾人祸，企业有慰问安抚。从而使职工始终感到幸福快乐。三是快乐成长。企业在发展，人员在更替，很多重要岗位需要大量人才，企业公平公正、通过考核、考查，选拔优秀人才进入新的岗位，使年轻职工有盼头，中年职工有想头，大家越干越有劲。四是共同富裕。企业的工资、福利、奖金高于当地同行业水平，且职工的工资福利随企业效益的增加而增加。特别是要解决工人的后顾之忧，磴槽集团2004年企业改制，由乡镇企业改制为民营股份制企业，集团利用企业改制后的大好形势为职工办了三件事：首先是为全体职工办理了养老保险，而且按照实际工龄，向前补交20年的养老金，使所有职工一夜之间由农民成了"正式职工"。其次是按照工龄长短、干龄多少配发股权，人人都成为股东，每年都能得到分红。最后是在县城建了两个职工住宅区，为20年以上工龄的职工发放购房补贴，让其每人得到一套房子，解决职工在县城养老及其子女在县城上学的后顾之忧。这三项措施，使职工不再想跳槽的事情。

三、加大检查力度，狠抓责任落实

企业的发展壮大，离不开健全的安全生产责任制，不管是矿长、井长，还是科长、队长，都明确各自的职责权限，实行安全承包军令状，使安全管理一环紧扣一环，有布置、有检查、有处理；实施"矿长抓科长、科长抓井长、井长抓班长、班长抓工人"的新举措，建立"前趴后蹬，牵线连片"的安全联保制度。

为了防止矿井作业的违章违纪现象，磴槽集团加大了监督检查力度，专门设立技术员、安全员，随时随地对工程质量和违章违纪行为进行查处。始终从严坚持实施井上井下干部查班制，并把矿长、科长、井长、队长等有关管理人员分成平地、井下两大组，每组又分成七个小组，每周轮流一次，每天至少有一组不定时下井查班，重点查基层干部的"三违"行为。平地也要分组对各岗位一天至少查班一次，使井上井下工作人员始终处于高度安全警惕状态。每季度集团

组织一次大规模的安全大检查，把查处的安全隐患以简报的形式公开通报，限期整改。

建立日安全生产调度例会制度，规定早上八点，下午四点，召开矿级、各科各井及有关单位负责人调度制度例会，汇报当天所发生的问题及隐患整改情况，从而提高了办事效率，促进了安全。

严密的检查措施必须严厉的处罚措施。制度规定，如果出了一起轻伤事故，取消事故所在的整个采队的季度安全奖和年终安全奖；如果出了一起重伤事故，整个矿所有人的安全奖就要被取消。由于干部职工的各项工资、福利、津贴等多项利益与安全挂钩，安全工作关系到每一个人的切身利益，这样一来，使大家都有了责在感，群防群治保安全，"三违"行为得到了有效遏制。

鉴于煤矿安全95%以上都是"三违"所致，所以集团公司各煤矿都把反"三违"作为搞好安全的一个基本点。金岭煤矿加大抓"三违"力度，规定区队干部每月抓违章次数，其中2004年全年共抓"三违"2100多起，停班19人次，照违章相11人次，撤职安全员3人。

四、抓质量标准化管理，实现安全动态达标

安全生产的同时，质量也是一个企业生存的根本。磴槽煤矿是煤炭主管部门连续表彰十多年的"安全生产先进单位"和"质量标准化矿井"。为了维护这来之不易的荣誉，磴槽集团把开展质量标准化矿井评比看作促进煤炭安全生产的一个好办法。如果一个矿井真正到了质量标准化矿井所要求达到的质量标准，真正按规章制度办事，事故是可以避免的。

磴槽集团围绕标准化建立健全了各岗位责任制，扎扎实实地开展了质量化管理工作，要求每个矿井必须设两个井长，一个抓生产，一个抓安全。严把工程质量关，各井井长每天下井都要按照标准，对当天的工程上尺子，上线验收，始终坚持进一米达标一米，架一棚达标一棚，设备安装一台达标一台的"动态达标"，不合格的工程该罚款的罚款，该返工的返工，并严格执行班班检、天天查、月月评制度，从而保证了工程质量，减少了事故发生。

多年的实践证明，煤矿的质量标准化是安全生产的重要保证。磴槽集团曾组织各矿管理干部、技术骨干到全国煤炭质量标准化搞得最好的铁法矿务局、七

台河矿务局参观学习，提出了"学习七台河，再搞标准化"的口号。再搞标准化就是在原来标准化的基础上，再以高水平、高标准、高质量的要求，严格规范和实施。类似的情况还有许多。值得一提的是，磴槽集团在对企业的标准化验收中，明确指出，标准化验收不可以名次论高低，而是要把存在的问题真正找出来，达到找出问题，最终解决问题的目的。

五、强化科技保安力量，促进企业安全生产

在煤炭行业，对煤的科学而又最大限度地合理开采，是对大自然和国家资源一种负责任的方式和态度。磴槽集团随着企业规模的扩大，矿井的延伸，一系列安全难题摆在大家面前，矿井开采深度已进入高瓦斯区域，随时都有可能发生瓦斯突出的危险，给一线职工的生命安全造成隐性威胁。磴槽集团把技术创新列入重要议事日程，组织技术骨干人员、中层干部到全国各地先进煤矿学习，先后到平顶山煤矿、永城矿务局、安徽新集煤矿、邢台矿务局、兖州矿务局等学习经验，大胆提出"只要国有大矿有的先进技术、设备，只要适合磴槽集团，就要千方百计地引进使用。"在这种思想指导下，磴槽煤矿于1995年，率先在全国乡镇煤矿第一家安装使用了微机监测模拟调度系统，用高科技时刻盯着瓦斯参数，一旦超限，立即报警，并且各个矿长都能在办公室通过电脑观察到瓦斯变化，把瓦斯事故的可能性降到了最低点；在全省乡镇煤矿率先用上了隅角瓦斯抽出式风机，同样有效地控制了瓦斯事故的发生。

为了安全工作更加扎实有效，磴槽集团聘请了享受国务院津贴的省高级瓦斯防突专家成恒棠、机电专家常平安等工程师作顾问，亲临现场指导工作，对工人进行周期性培训，摆脱了井深瓦斯大、成本高，难管理的困境，从而保证了正常的安全生产。

有了专家顾问作后盾后，磴槽集团又成立了"磴槽集团科研所"，注重与科研院所、大专院校联姻，进行瓦斯防治研究，取得了丰硕的成果。其中《三软不稳定煤层瓦斯突出敏感指标的研究与应用》获省科技成果奖，同时被郑州市科委评为二等奖。2003年，磴槽煤矿与中国矿业大学合作，全面实施了"二1煤"解放层开采新技术，薄煤层防柱式开采改为长壁式开采并获成功，瓦斯突出参数研究与应用也圆满完成，保证了安全，促进了生产，提高了效益。

在以安全为第一要务的前提下，早在2004年，磴槽集团各个煤矿不惜一切代价，重金投入，增加了大量的设备设施，确保安全。磴槽煤矿投入250万元新购8台各类风机，真正意义上实现了各井双风机同型号，一备一用；投资200万元新建了三井变电所，新购安装了1250米井下高压电缆、4台变压器、13台高压防爆开关，使井上井下基本实现了双回路供电；双风机自动倒台，三专两闭锁；金岭煤矿2004年3月投资450万元建成了瓦斯抽放系统，当年打抽放钻孔9966米，安装瓦斯管路3900米，抽出瓦斯207万立方，使金岭煤矿的采掘工作面瓦斯大幅下降，基本有效地控制了瓦斯这个煤矿的天敌。

六、结束语

磴槽集团由于在安全管理方面做出了突出成绩，连续多年受到表彰，也连续多年被国家有关部门评为"部特级质量标准化矿井"。由于安全工作做得好，磴槽集团的发展如滚雪球般逐渐扩张，目前有11个下属子公司，产业涉及煤炭、水泥、房地产、物资贸易、文化教育、生态农业和金融等诸多领域。连续多年都是中国煤炭企业100强、国家绿色矿山企业、河南省优秀民营企业、河南省优秀非公有制企业等。

树立"科技兴安"思维，强化安全预警系统
——以集成电路企业为例

中芯国际集成电路制造（北京）有限公司　魏清月　王海峰　李晔　邹东涛　薛培贞

摘　要： 以坚实的安全文化保障企业安全生产是制造业稳健发展的前提，集成电路制造企业作为近年来制造业中迅速发展起来的细分行业更加注重安全生产。本文针对集成电路制造企业，从构建本质安全的角度出发，提出一种减少企业安全事故发生的集成电路制造生产过程安全预警系统（SEWS），通过人体机能监测、设备参数监测及生产环境监测三大功能模块来减少企业安全事故的发生，同时可以提高应急决策的反应速度，减少安全事故造成的人身伤害。

关键词： 安全生产；集成电路制造；预警系统

安全生产是企业发展的根基，是保障企业经济效益的前提。今天，我们生活在一个互通互联的开放的全球化社会之下，每个企业的安全生产运行都在全世界的媒体和自媒体的多重视角监督之下。移动互联网的出现，可以使涉身企业的任何人都可以成为观察者和新闻播报者，而微博、微信等社交应用的广泛使用，使任何安全生产事故都逃不过大众的眼睛。与此同时，随着现代企业生产工人的自我意识的提高，企业员工对工作环境的改善，对生产的安全性都有了更高的要求。由此，安全的生产与工作环境不仅可以保障员工生命安全，也可以提高员工工作积极性，提高工作效率。集成电路制造企业作为当前蓬勃发展的朝阳企业，为了保证企业稳步前进，首先应做好企业安全生产的基础工作，任何时候都不能以牺牲生命为代价去单纯地追求经济效益。

目前大多数企业对待安全生产大都是采用预防宣导、安全事故发生应急处理的方案，对科技兴安特别是运用现代信息技术知之甚少。事实上，技术进步可以大量减少人在安全管控中的工作量。作为一家先进制造企业，我们拥有的技术优势更强，同时技术人员拥有更强的科技意识，因此必须充分发挥"科技兴安"的优势，结合当前的信息技术、网络技术以及地理信息技术提出一种减少企业安全事故发生的集成电路制造生产过程安全预警系统（Safety Early Warning System，SEWS）。通过对设备、环境及人体等相关安全信息参数的收集，在系统端分析当前分析对象的危险系数，从而对出现异常的对象及时发出预警，通知到相关管理部门及时处理，避免事故的出现。

一、集成电路企业安全生产管理不足之处

（一）安全信息分析能力不足

作为中流砥柱的制造业，集成电路企业在最初建厂均会全方位考虑生产安全，在生产区域内安装各种传感器来检测环境异常，如火警侦测器、气体侦测器、烟感报警器等。但是大多数企业目前对传感器数据的收集分析较少，仅能在事故发生时得到相应侦测器的报警，但是时间上是滞后的，有可能会造成无可挽回的损失。同时在集成电路制造业，大多数企业把重点集中在生产设备及生产环境的监测上，而对生产员工的关注度不够。实际上，在生产岗位上坚持8小时不间断生产工作，一线员工很容易发生身体指数异常，导致身体不适的事件发生。在自动化程度较高的生产区域，由于员工密度较低，一旦有员工发生异常，很难及时被他人发现，及时送去就医。

（二）安全应急决策响应时间难以缩短

当紧急安全事故发生时，由于导致安全事故发生的因素多样性，以及监测人员信息获取的多方面性，很难在短时间内做出正确的应急决策。同时，由于时间紧迫，难以快速对以往相似安全事故查询。因此随着事故应急救援响应时间的增加，进而可能会增加事故的发生率，导致更加严重的事故结果。

（三）宣导过多导致员工麻木

安全生产离不开管理部门的宣导工作。较频繁的宣导容易造成员工的听觉疲劳，即使极力地宣导也未必能引起员工的重视，通过提高一线员工警惕程度来避免、预防安全事故的发生更是难上加难。因此建立一套完善的安全预警系统势在必行。

二、集成电路制造生产过程安全预警系统的设计与构建

（一）SEWS 功能设计

SEWS 通过实时采集生产过程中的重要参数，建立数学模型，分析各参数正常取值范围，当出现异常参数时及时预警同时将异常状况以邮件的方式发送给相应预警处理部门，通知相关人员及时排查，避免安全事故的发生。针对安全预警方面的功能主要分为三个模块：人体机能监测模块、设备参数监测模块及生产环境监测模块。SEWS 功能结构及通信架构如图 1 和图 2 所示。

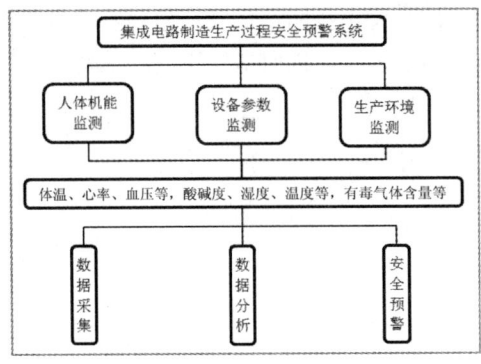

图 1　SEWS 功能结构

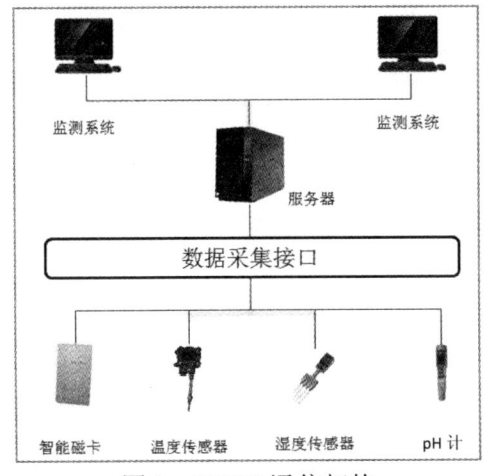

图 2　SEWS 通信架构

1. 人体机能监测

员工安全须时刻放到第一位。工作过程中员工出现身体不适的情况时有发生，严重者需立刻送医院救治。第一时间发现并进行救治，甚至在病情严重之前发现病患并及时采取治疗措施则可以极大减少工伤事件的发生。人体机能监测功能则可以实现以上需求。

一线员工通过佩戴智能磁卡，可每间隔 5 秒钟采集一次人体基础指标数据，包括体温、血压、心率等，同时采集员工当前的坐标。由于每个人的身体机能不同，在数据采集最初阶段需通过员工正常身体状况下大量采集各指标数据。1 个月后，通过数据分析得出每一位员工的正常身体指标范围。当采集到的数据持续一分钟超出正常指标范围时，则立刻发出预警，同时将预警及员工当前坐标以邮件的方式发送给员工所在组成员及员工上级领导，通知其立刻锁定员工所在位置，然后根据员工当前状况采取措施。智能磁卡上还设有紧急报警按钮，当员工自身感到不适时，可以通过按压紧急报警按钮进行报警，此时报警信息会第一时间传送到系统端，同时锁定员工位置，及时对员工采取救援措施。

2. 设备参数监测

对于集成电路制造企业，生产区域内随处可见大型生产设备，设备故障同样可能导致安全事故的发生。例如设备内化学物品的泄漏、设备因老化引起的火灾等，均有危害人身安全的隐患。设备参数监测模块通过对生产设备进行生产数据（温度、酸碱度、湿度等）的采集，建立数学模型，分析当前设备的运行状况。当出现数据变化较大，超出正常范围时，系统发生预警，同时以邮件的形式通知到相关工程人员立即去生产现场排查隐患，从而避免安全事故的发生。

3. 生产环境监测

集成电路制造生产过程会涉及多种化学品，在其含量超标时会严重影响员工的生命安全。生产环境监测模块通过采集环境中各种有毒气体以及化学品的含量，实时反馈到系统端，系统通过对采集到的数据进行分析，判断其是否符合正常范围，当出现异常时及时预警，以邮件的形式通知到相关安全部门，并对异常情况做出快速判断，判定是否进行人员疏散，从而减少员工人身伤害。

（二）SEWS 功能分析

1. 系统对潜在危险性事故分析

SEWS 在采集到的大数据基础上对系统各模块进行危险性分析，主要应用在设备参数检测及生产环境检测两大功能模块。在采集到的各模块基础信息的基础上，对影响因素和表征结果进行关联关系分析与挖掘，然后通过智能求解算法建立预测模型，从而预测事故的发生。

2. 系统预防与改善

通过实时分析，找出当时安全事故潜在发生率最高的地点，以 LED 显示屏的方式在 Fab 内突出显示，同时将导致该地点成为安全事故潜在发生率最高地点的生产参数突出显示。

定期组织一线员工进行安全宣导，同时分析过去发生的安全事故。通过数据加经验分析归类总结安全事故发生的根本原因，同时做出预防措施及应急预案，最大程度避免安全事故的发生与减轻事故的影响。

三、总结

本文从集成电路制造企业的安全生产出发，提出了一种减少企业安全事故发生的集成电路制造生产过程安全预警系统（SEWS）。从人体机能监测、设备参数监测及生产环境监测三大功能模块出发，通过对设备、环境及人体等相关安全信息参数的收集，在系统端通过数学建模分析当前的生产状况，同时建立预测模型预测安全事故发生率较高的区域，对出现异常状况的区域及时发出预警，通知相关管理部门及时处理，避免事故的发生。该系统的成功应用可以解决目前制造业安全生产过程中存在的几大难题。

第一，应急决策反应不及时，导致安全事故频发。SEWS 可以在事故发生前做预警，通知相应部门及时采取措施，避免产生不可挽回的影响。

第二，对一线员工无法做到实时关注。SEWS 对一线员工可以实时定位，在监测到员工身体指标异常时可以立刻定位到其当前位置，从而及时做出反馈。

第三，对过往发生的安全事故案例分析不足。SEWS 可以通过记录发生过的安全事故进行数据分析，通过数据加经验分析归类总结安全事故发生的根本原因，同时做出预防措施及应急预案，最大限度避免安全事故的发生，同时减轻事故的影响。

浅谈企业如何提升安全文化管理水平

陕西北元化工集团股份有限公司　赵建荣　李周清　马润霞

摘　要： 企业要保持生产稳定，工作任务顺利完成，必须加强安全管理，深化安全文化落地，夯实各级人安全职责，明确安全管控重点和具体措施，提高安全生产水平，形成安全生产管控的长效机制，保障企业安全生产。企业安全文化的核心理念为企业安全管理的选择提供了价值标准，同时安全管理的良好运行也是对安全文化建设最好的落地和实践。本文在安全文化的引导下，结合实际，提出了提升安全管理的重点工作和保障措施，实现企业安全生产。

关键词： 安全文化；双预防机制；应急管理；危险性作业；重大危险源

随着改革开放和经济的高速发展，安全生产工作越来越受到重视，企业安全目标的实现、安全责任的落实都跟安全管理工作息息相关，提升安全管理水平，建立健全自我约束、自主管理、自我监督、持续改进的安全生产长效机制成为企业重点工作之一。以下是结合公司实际，浅谈企业如何提高安全管理水平，做到安全生产。

一、全力构建安全"三位一体"体系

牢固树立"发展决不能以牺牲人的安全为代价"安全红线，以安全文化建设为引领，以安全生产标准化为主线，以过程安全管理为重点，全力构建具有自己特色的"三位一体"安全管控体系目标。企业通过建立安全文化常态化运行机制，从管理层开始，每月制定安全文化建设专项任务，提升安全文化管理工作。

以"零伤害2.0"为依据，加强员工安全行为检查力度。根据《安全生产标准化自评管理办法》，深入开展安全生产标准化完善工作，以动态达标为重点，建设安全生产标准化，对于自评存在的问题，由专人负责进行整改，确保安全标准化一级达标。全面开展过程安全管理，根据具体实际情况，将党建体系、行政体系及技术体系与日常工作进行有机结合，既有分工又有融合，提升工作效率，并积极探讨提升公司安全管理新方法、新举措。

企业以过程安全管理为抓手，创新安全管理，开展特色安全活动，比如进行安全文化宣讲提升人员安全素养，提炼保命、零伤害条款作为红线管控，总结安全管控法促进班组自主管理，开展亲情助安活动营

造浓厚的安全氛围，另外进行安全小故事、说唱、案例再现、喊麦等形式的视频拍摄，有效激发员工参与安全管理的积极性，现场齐抓共管的良好的安全管控环境。

二、持续开展双重预防机制建设

企业以"过程安全"为依托，从"人、机、环"等方面消除人的不安全行为、物的不安全状态及管理的缺陷，进一步降低和控制安全风险，从根源上消除事故隐患，全面加强风险管理工作。通过强化安全风险管理知识的学习，重点掌握风险应知应会内容，不定期对人员学习情况进行抽考。全面树立"管安全就是要管风险，管风险靠技术"的管理理念，保证企业员工能熟练运用JHA、SCL及HAZOP等各种风险评价方法，全面辨识生产系统存在的各种风险，坚持将风险挺在隐患前、将隐患消灭在事故前进而建立起风险管控长效机制；针对现场危险性作业，组织开展各类风险辨识活动，企业要求按规定、按步骤准确辨识出潜在存在的风险，落实防范措施，提高全员风险辨识的能力；利用QQ、微信等媒介建立隐患辨识、风险辨识平台发布隐患图片，由员工进行辨识，采用激励的方式，进一步提升员工风险辨识能力，强化自我保护能力，做到"四不伤害"。

开展专业、系统的风险评估，将风险按照层级管控要求融入隐患排查治理，制定隐患排查治理手册，建立数据库。企业统一标准，在内部推行隐患积分制和隐患评审，按照一定比例进行隐患奖励资金分配，每月通报奖励和监督检查，继续推行隐患主题月治理、

隐患能手评选，应用隐患信息平台全过程记录隐患排查治理情况并不断完善。

三、加强现场危险性作业管控力度

企业通过加强作业风险管理，促使"作业+风险"模式有效运作，提高风险预防能力，强化各类危险性作业管控力度。制定并下发了《关于开展一般危险作业风险预控的通知》《关于进一步明确公司需开展风险评价作业项目清单的通知》等制度，根据要求对各类危险性作业运用 JHA 风险分析法进行工作危害分析，由作业负责人组织对负责作业项目进行风险辨识，并制定和落实防范措施。每日对生产现场危险性作业进行检查，加强人员"三违"现象、"零伤害及保命条款"查处力度，对于查处存在的各类问题，以通报形式下发整改措施、整改期限，落实责任人和整改期限。积极进行安全观察与沟通，针对不同等级作业项目，由不同层级人员进行，如 A 级检修作业项目，由企业厂长或工程师对照安全观察与沟通记录卡中各项内容进行详细检查，与作业人员、监护人员共同落实好作业防范措施；B 级检修作业项目则由技术员进行观察与沟通，必须做好"三盯一带"工作，相关责任人到现场对作业项目进行详细检查，落实措施。

四、建立应急联动机制，提升安全应急管理水平

企业构建"统一指挥、反应迅速、协调有序、运转高效"的应急管理机制，下发《关于公司应急救援指挥小组和应急救援专业队成员信息变更的通知》，建立和完善应急管理机构及救援小组成员信息，根据相关法律法规及标准，对各类应急预案进行符合性检查，对不符合的内容进行修订和完善，确保事故状态下，各层级人员能按照既定预案及时做出响应，降低事故损失。

企业建立应急联动机制，推行"一键呼叫"快速反应功能，整合应急资源，实现岗位对接、人员对接、操作对接、预案对接，在异常情况下，非岗位人员能够快速准确找准关键操作，实现初期应急处置，确保将事故控制在初始状态。同时各科厂应以专业与区域相结合的思路，实现区域不同工段之间的联动应急，坚持救援以"事发工段为主，其他工段为辅"的原则，在发生事故后，能够第一时间快速集合救援力量自主进行应急处置。

企业要求各层级人员落实安全主体责任，坚持"党政同责、一岗双责""管业务必须管安全和谁主管谁负责"的原则，严格按照公司应急管理办法落实主体责任，提升应急管理。通过创新性的实施应急救援物资标准化管理，对各类应急物资进行储备完善、建立应急物资清单并实施"5S"定置摆放，由专人负责管理，确保应急物资处于备战状态。细化完善应急处置卡，针对工作场所的特点，有效结合岗位风险，组织相关人员对岗位应急处置方案进行细化，制作应急处置清单，形成应急处置卡。

企业就应急管理制订专项培训计划，定期组织各类应急演练，并且演练要突出实战性，充分发挥"师带徒"作用，由师傅传授徒弟各类防护用具、消防设施器材的使用方法及维护，确保徒弟对各类防护用具、消防设施器材做到"四懂三会"。创新应急演练模式，提出"六无"式应急演练新概念，推行桌面、仿真、实训、盲演（时间、地点、内容事先不通知，采取"突然袭击"的演练方式）、联动演练方式，结合岗位关键性操作，组织区域联动应急演练或班组内部岗位之间应急演练，锻炼岗位应急人员和相邻工段人员应急处置和实际操作技能，进一步提高应急响应人员的业务素质和能力。

五、强化重大危险源专业化监督管理，落实安全层级主体责任

企业结合安全标准化及过程安全管控要求，多方位强化重大危险源管控力度，要求安全管理人员持续深入重大危险源区域进行深入检查，每周至少检查一次，并对检查出的问题写在值班记录上，督促跟踪整改完成。生产岗位管理人员严格执行重大危险源区域危险性作业管理规定，各级人员要认真落实"三盯一带"管理要求；严格执行重大危险源"红黄区"管控要求，加强重大危险源工艺指标管理，牢固树立"指标超标就是事故"的理念，同时加强重大危险源人员出入管理，对非本岗位人员进出重大危险源实施登记制度，并进行必要的安全教育，确保安全。

监督重大危险源管理办法和操作规程执行情况，按照计划开展演练，建立有效的应急救援联络保障机制，及时通告重大危险源可能发生事故时的危害后果和需采取的应急措施，采用（JHA）对重大危险源装置作业活动进行风险辨识分析，完成重大危险源的评估，完善危险化学品档案、信息和化学品相容性矩阵

图，做到"一个装置一份清单一张矩阵图"，配合开展危险化学品实物展示，强化分级检查和存储、运输环节管理，保证合法合规，确保运输安全。

六、强化安全信息化建设

强化安全信息化建设。以 MES 系统建设为契机，研究应用基于电子地图的人员定位、视频联动、智能巡检等先进的信息化系统，提高安全管理效率。结合过程安全管理工作，引入隐患排查治理、风险管理、机械完整性、变更管理等信息化安全管理平台。大力推进科技强安工作，以技术支撑安全，加大自动化升级改造，建立安全仪表功能管理体系，对危险性高、操作单一、频率较高的逐步实现"机械化换人，自动化减人"，提高科技强安能力。

七、强化安全责任制监督考核和安监队伍建设

企业根据岗位编制，进一步修订完善安全生产责任制，重点强化管理人员安全生产责任制考核，充分发挥管理人员的安全领导力。把安全管理的每一项要求融入业务管理中，扎实落实"管业务必须管安全"的主体责任，结合各级人员安全责任清单及个人安全行动计划，大力开展行为安全观察与沟通，有效控制人员的不安全行为和作业过程风险。进一步充实安监队伍力量，督促各级安全生产管理人员学规范、懂标准，不断提高分析问题、解决问题的能力，从专业的角度讲安全，管安全，指导安全，充分发挥安全管理人员指导、监督、协调、参谋职能。同时，鼓励全员积极参加注册安全、环保、消防等专业技术资格考试取证，加强与先进企业的对标、交流和沟通，提高专业安全管理能力。规范专职安全生产管理人员的调整和调动程序，因工作需要在调整和调动前，必须提前告知安全监管部门，并及时备案登记。

八、结论

只有以企业安全文化为引领的安全管理体系才能够确保对安全"红线"的习惯性遵守，也只有以企业安全文化为支撑，广大员工才能够自觉自愿地按照本质安全的倡导去积极投入到安全生产中去，从"要我安全"向"我要安全、我能安全"转变，使安全行为成为员工的自觉行为。只有提升企业安全管理水平，才能实现安全与效益的双赢，保障企业安全发展。

浅谈煤矿企业安全文化管理存在的问题与对策

山西汾西矿业集团南关煤业有限责任公司　孙留平

摘　要：安全文化管理是如今煤矿企业管理改革的必由之路，是提高企业文化的必经首选，加强安全文化管理可以有效提高煤矿企业安全生产管理水平，达到高产、优质和安全的效果，促使企业文化再上新台阶、再出新业绩。

关键词：煤矿安全；管理；企业文化；高产；业绩

如今，煤矿企业的安全问题越来越受到广大群众的关注和重视。在煤矿企业，安全事故的出现不仅会导致人员的伤亡，同时也会对企业的经济效益带来一定损失，给企业带来负面影响，因此，煤矿企业必须对目前的安全文化管理状态和管理模式采取必要措施，保证煤矿生产更加安全。

一、目前煤矿安全文化管理现状

我国 95% 的煤矿是地下作业，煤层赋存条件复杂多变，瓦斯煤尘爆炸、煤与瓦斯突出、冲击地压和顶板灾害事故时有发生。特别是近十多年来，开采深度和强度的加大导致开采条件更趋复杂，重大动力灾害呈现日益加剧的趋势。造成我国煤矿安全状况差的原因，除我国煤矿地质条件复杂、自然灾害严重、装备不良、科技水平低等因素外，在煤矿安全管理方面存在以下几个方面的原因。

（一）现行煤矿安全监察体系不健全

我国煤炭工业安全监管的基本机构是国家煤矿安全监察局及其下属的各省（自治区、直辖市）的煤矿安全监察局，各级监察局的人员编制属中央垂直管理。煤矿安全监管实行国家煤矿安全监察局与所在省（自治区、直辖市）政府双重领导、以国家煤矿安全监察局为主的管理体制，强化了代表国家的自上而下的煤矿安全监察体系。这种体系构架与发达国家成熟的煤矿安全监察体系基本相似，也为煤矿安全监察工作走上法制化、规范化、专业化轨道奠定了体制保障。在这一体系下，我国煤矿安全生产状况也出现了很大改观。但目前我国煤矿安全事故仍然不断出现，而且呈现乡镇煤矿最高，国有地方煤矿次之，国有重点煤矿最低的特点，煤矿安全生产形势依然严峻。

（二）煤矿开采生产技术、安全管理技术落后

在煤炭开采技术方面，虽然国有重点煤矿与世界煤炭开采技术差距不是很大，甚至一些技术走在世界前列，但是我们的综合技术与先进技术尚有差距。尤其重要的是，在我国数量庞大的乡镇煤矿中，有 1/3 甚至更多的煤炭是依靠落后工艺方式生产出来的。这不仅造成资源严重浪费，而且加大从业人员劳动强度，造成更多的安全隐患。

二、煤矿安全文化管理工作存在的问题

（一）缺乏足够的安全文化管理意识

安全管理工作的开展，需要有足够的安全管理意识作为保障。在煤炭企业生产的过程中，煤炭需求量随着我国经济发展而不断增加，煤炭市场愈发繁荣。在巨大的利润驱使下，煤炭企业的生产开采力度不断增加，产量更是节节攀升。在煤炭企业生产量不断提升的今天，很多煤炭生产企业缺乏足够的安全管理意识，没有认识到安全管理工作的重要性，安全常识不足。很多企业仅仅将安全管理作为一个口号来执行，相关安全管理责任制度没有得到明确的落实，安全管理措施没有得到有效的执行。特别是小型煤矿企业在生产过程中，缺乏足够的审批手续，安全防护措施不到位，生产环境更是缺乏有效的安全保证，对煤炭安全生产造成了重大的负面影响。

（二）管理体制不够完善

现阶段，我国煤炭企业安全文化管理工作开展的过程中，缺乏完善的管理体制作为保证，很多安全管理制度没有起到应有的作用。在实际生产的过程中，煤炭行业自身管理体制不够完善，管理执行力差。尽管现有管理制度中，对安全管理工作已经有着相对明

确的规定，但是实际管理工作中相关管理规范没有得到有效的执行与遵守，安全管理流程执行不力。与此同时，部分煤炭企业内部管理组织机构设计不够科学，存在着交叉与重复的现象，出现安全问题时，责任难以明确追溯，难以发挥安全管理工作应有的作用。

（三）管理者责任意识缺乏

在发生安全事故之后，企业管理者由于缺乏足够的责任意识，对事故的处理态度不够认真。煤炭生产过程中的安全生产事故一般来说都影响巨大，并且需要企业管理者进行认真的反思。但是，一部分企业在出现生产事故之后，并没有做足够的调查，并且没有对于现有安全隐患进行排查。很多企业都选择大事化小，在事故处理中存在很多违规行为，为后续生产工作带来了一系列后遗症。

（四）安全管理投入不足

煤炭生产的过程中，安全文化管理工作需要以足够的投入为基础，而煤炭生产安全投入不足，相关设施落后已经成为制约我国煤炭企业安全生产管理工作进步的一大阻碍。安全文化管理工作的开展需要有完善的设备以及设施作为保障，如果相关投入不足，就会造成一系列的安全隐患不能得到很好的解决。很多小型煤矿在生产的过程中，相关设备较为落后，安全生产条件不足。其经营者在追逐经济利益的同时，忽视了长远发展，对于煤炭生产的有关设备检修与更新投入不足，设备严重老化，安全风险较大。

三、加强安全文化管理的措施

（一）提高安全管理，助推企业文化

1. 加强安全教育

安全教育工作的开展，可以有效地培养企业生产人员与管理人员的安全意识，为后续安全管理工作的开展营造良好的氛围。企业职工是企业生产的主体，其安全生产能力与意识水平，决定了企业的生产水平。在日常安全教育工作开展过程中，要培养良好的专职专岗人才，保证在岗人员具有足够的安全生产能力，并且从思想层面上，具有良好的安全生产意识。安全教育工作的开展过程中，要通过不同的手段，对于员工的安全意识进行引导与启发，让员工自主的遵守安全管理制度。

2. 提高安全预防水平

在开展安全管理工作中，做好有效的预防工作，

是消除安全隐患，提高后续生产安全性的重要保证。在生产过程中，如果忽视安全隐患，就会导致安全事故发生概率大大增加，最终发生重大的安全事故。安全生产管理工作中，对安全隐患的排查与解除是提高安全管理水平的重要前提。管理者要对于一线生产员工进行深入的安全培训工作，将作业中的作业标准、设备操作说明、现场不安全因素等各方面进行深入的宣传，并且大力开展安全管理制度学习活动，有效地将安全管理制度与劳动纪律进行落实。针对安全隐患要根据责任进行落实，并且快速进行整改。与此同时，企业管理者还要加强安全生产技术的学习与使用，保证生产技术、设备及工艺的及时更新，提高生产过程的可靠性。

3. 强化责任意识

在安全管理工作中，相关生产人员与管理人员必须要强化自身责任意识，以高度的责任心来开展安全管理工作。相关管理人员要重视安全管理工作，在发生安全事故预警时，要第一时间进行深入查看，避免对职工的生命安全造成影响。在特殊情况下，要果断停止生产，保护职工的生命安全。与此同时，还要施行有效的安全管理责任制度与激励考核制度，对于安全生产工作中具有突出贡献的人员进行嘉奖，有效强化责任意识，加强安全文化管理工作落实。

4. 加强安全生产投入

在对生产过程进行安全管理控制的过程中，要保证安全管理工作的资金投入。煤炭企业管理者在生产过程中，要加大相关生产设备与安防设备投资力度，并且完善相关设备的检修措施，制定有效的质量管理标准，保证相关设备处于良好的运行状态。在生产环境的改善上，要严格根据国家相关安全标准，保证作业环境的安全性。合理的安全生产投入，是保证煤炭企业生产过程高效、稳定进行的关键，也是确保整体生产过程质量达标，充分利用相关资源的重要前提。煤炭企业管理者要真正认识到安全管理工作投入的意义，重视安全文化管理工作，以安全生产为企业发展的指导思想。

（二）精细化管理助推企业文化不断完善

精细化管理是一个不断深化、不断推进的过程，在这个过程中，职工会逐渐形成一种良好的习惯，一种良好的风貌。举例来说，精细化管理要求对文件盒

进行编号，并进行归类摆放，这虽然只是一个微小的细节长期坚持自然会在职工中形成一种良好的整理习惯，资料自然就不会乱堆乱放。如果人人都能养成这种习惯的话，矿区将会是井然有序的状态，也会形成一种良好的安全文化氛围。

在这里"用心去做"很重要，若只空喊口号，精细化管理便成了"华丽的外衣"。精细化管理讲求的是"细"，"细"虽小，但往往"细节决定成败"，不可大意。企业文化与安全精细化管理是一种相辅相成、相得益彰的关系。一方面企业文化可以引领精细化管理不断深入；另一方面，精细化管理又可以助推企业文化不断完善。只有将企业文化建设与安全管理进行有效融合，才能最终实现安全管理和企业文化建设相互促进、共同发展，企业才能进入发展的快车道。

安全管理工作，始终在路上"跑"，只有做好安全管理工作，企业才可以长治久安，企业文化才可以彰显成效。

提高新员工安全意识与技能水平的探索与实践

贵州北源电力股份有限公司绥阳县清溪水电站　王艳　向龙海

摘　要： 新员工是公司人才队伍建设的基石，提高水电站新员工安全意识与技能水平是公司发展的动力源泉，新员工的职业生涯能否开好头，不仅影响自身的未来发展，也关系到水电站的安全生产。本文结合近年清溪水电站新员工实际工作情况，分析如何提高水电站新员工安全意识和技能水平，结合重差异性，重点性的原则，从培训管理、培训组织结构、培训效果评估和培训反馈等方面关心新进员工的工作和生活状态，促进员工的认同感和归属感，保持愉悦的工作心态，尽快融入新的工作环境，并逐步探索出适应水电站的新员工创新培训模式，加速新员工提高业务水平，保障水电站技能人才需求。

关键词： 水电站；新员工；安全意识；业务技能；培训模式

作为规范性地处偏远的水电站，如何引导新员工尽快适应角色的转变，将人力资源转化为水电站安全生产的动力，与公司人才需求同步发展，业务技能培训无疑是值得我们重视的问题。新员工技能培训效果如何直接关系他们的安全和公司的发展，新员工往往存在自我意识强烈、艰苦奋斗意识薄弱、动手实践能力差的特点，他们需要经历从认知、接受到逐步融入的过程。如何使新员工尽快适应水电站环境，实现从学生到员工的转变，提高安全思想认识和业务技能水平是新员工面临的重要问题。

一、水电企业新员工培训现状

水电企业由于环境偏僻、条件艰苦的行业特点，扎实做好新员工技术培训和正确引导，充分挖掘和激发其积性、主动性，培养他们对工作的责任感，增强他们对公司的归属感是当前面临的重要问题。每个公司都非常重视新员工的培养，甚至花费很大的资源在新员工的培养上，提供丰富的学习资源，配备优质的师资，期待在培训后实现蜕变。然而培训效果不尽如人意，很多的培训课程以知识灌输为主，新员工在短时间内难以接受和消化，学习的理论知识与实际工作存在脱节。这些问题出现的重要原因之一是在于培养模式过于重视知识灌输，忽略了与工作环境、专业、思想转变的影响。所以新员工培养需要从岗位实际需求出发，这样通过培训后才能尽快满足岗位的胜任能力需求。清溪水电站对新员工的培训结合公司入职培训并举，在实践中逐步探索一套适合水电站新员工的

新型的技术培训模式，在新员工培训工作中取得良好的效果。

二、新员工新型技术培训模式的主要内容

（一）结合公司入职培训并举，引导新员工逐步融入企业文化

企业文化是企业的灵魂，是推动企业发展的不竭动力，对新员工形成适应企业发展需要的世界观和价值观具有重要作用，清溪电站对每年的新员工都会进行入职座谈会上，结合公司企业文化、发展趋势进行介绍，根据公司团结、勤奋、实效、自律的团队理念，阐述公司标识所蕴含的含义。结合公司对新员工入职培训和开展各项文体活动，加强公司文化的宣传和教育，引导合新员工逐步认知、认同并最终融入企业文化，形成在思想上和行动上与企业文化保持一致价值取向，在日常工作中大力弘扬企业精神，努力践行企业的核心价值观。

（二）加强水电站新员工思想教育和引导

新员工的思想教育是入职培训的重要课程，关注其心理需求和思想动态，面对陌生的环境和陌生团体产生的困惑，按照理解、宽容、引导的方法，通过座谈会、专题培训、文体活动等多种形式开展思想交流，引导其养成积极向上的健康工作心态、培养艰苦奋斗的工作精神，尽快适应这种偏远山区的工作环境，顺利完成角色转变。新员工参加脱产军训，培养他们良好的纪律观念，树立团队精神和荣誉感，养成吃苦耐劳、艰苦奋斗、团结协作的优良作风，搭建公司员工

交流平台。到电站后对新员工的"三级"安全教育工作一直紧抓不懈，加强安全教育，培养良好的安全意识和精湛的安全技能是培训中的重点，让其熟悉电站的安全管理制度，规范和安全文化，明确安全生产的重要意义，并经考试合格后方可进入班组工作，使安全理念深入人心。

（三）建立培训体系，拓展技能

清溪水电站在非常设机构里有新员工培训机构、职责明确，规范电站新员工岗前培训管理工作。制定和规范一系列管理规章制度，使新员工的培训管理过程中做到有章可循、有据可查，保持培训工作处于规范化、合理化。建立新员工"四个阶段"台阶式岗位培训模式，培训由"三级安全教育、入职基础学习、岗前强化实践、一年考核上岗"四个阶段组成，实行理论培训和实践操作双节点考核，有效促进了生产岗位的青年员工立足岗位成才、明晰职业发展方向，全面培育"工匠精神"。

生产技能培养是确保水电站可靠运行的基础，清溪水电站从 2009 年投产发电基本每年都有新员工的加入，面对青年员工多、人员新的特点。电站生产管理人员将技能培训贯穿于员工培训工作的始终。根据新员工毕业专业不同，制订不同的培训内容计划，使培训更具有针对性和实用性。

强化落实，有效打造电站培训运转模式。电站设有安生部、综合部、运维部按照"统一规划、归口管理、分级负责、分类实施、全员覆盖"的管理方式开展工作，形成了长效的沟通、反馈、监督机制。以岗位实际工作任务作为学习内容，将新员工的年度培训计划细化分解为月度培训计划，紧抓教育培训、现场实践等关键环节，通过集中授课、现场设备操作培训、提问讲解等形式实施培训。建立新员工培训档案，签订师徒协议，通过培训月报、台账抽查、专项汇报等形式监督培训执行情况，并将培训执行、检查情况纳入绩效考核，有力促进了培训计划的高效落实。帮助新员工快速掌握岗位所需的技能，提升培训的效果，保障新员工培养后能适应岗位和胜任工作岗位。鼓励老带新，实现员工与企业共同成长，增强新员工对企业的忠诚度，促使新员工尽快向青年技术骨干转变。

清溪电站近 6 年结缘师徒合同 40 对，老员工"传、帮、带"新员工的一项重要传统，通过"师带徒"活动开展，认真履行师待协议，其中有 10 对被评选为公司"优秀师徒"。在"工匠时代"愈发深入人心之际，培养水电技能，输送适用人才，在电站新员工培养队伍建设和储备技术人才中，在集团系统单位培养专业技能人员 10 余人，向同行业输送专业技能人员 3 人，促进水电站安全可持续的发展。

（四）以考促学，施加激励驱动

为了提升培训效果，施加激励驱动，让员工带着任务、带着一种探求和精神去自主学习，是将所学知识有效地运用于实践的最好办法。这样在工作中遇到问题的时候就会自然自主去寻找答案，逐渐形成一种主动培训，自主提高知识和能力的方式。电站定期对培训内容进行小结考试，考试成绩优秀的给予通报表扬，通过"以考促学"鼓励新员工的加强学习，一方面增强了员工学习的目的性，另一方面也增强了紧迫感。电站非常机构中设置兼职培训小组，统一负责电站员工的培训工作。每一轮的新员工培训都选派专业技术突出、表达能力较强、有一定经验的人员参与员工的培训，为新员工业务技术的提高取得了较好的效果。通过优化新员工培训管理，建立注重实绩、梯次推进的考评体系，坚持"以人为本"的管理理念，探索有效的激励方式，新员工对每次培训内容进行评价，要求提出培训的收获和建议。对培训师傅按照课时和培训质量进行一定的补贴，建立培训的评价台账，并有针对性地进行改正，提高培训师傅的积极性。

三、新型培训模式的效果评价

通过电站资源的合理调配，新员工的培训工作也逐步走入正轨，得到了持续的发展，新员工很快融入电站这个大家庭，业务水平也得到很快的提高，培训工作取得了良好的效果。

清溪电站对 2016 年、2017 年工作的新员工进行交谈和问卷调查，从新员工培训效果、工作态度、积极性、责任心、工作能力、岗位知识应用、岗位技能应用情况等角度客观评价。一是总体评价都是优。2016 年生产管理人员对新员工的总体评价满意度达 93%，2017 年总体评价满意为 96%，培训所学内容对实际工作的运用、对工作方法、对职业素养的帮助都很大。2016 年新员工对培训后的整体满意度为 95%，2017 年整体满意度为 98%，总体满意度为优。

二是新员工到班组工作后整体的工作态度、积极性、责任心、工作能力等方面表现很好，通过对新员工、班组长、部门主任等调查，整体评价90%都很好，其中，2017年对新员工工作态度的整评价满意度最高（96%）。

四、结论

清溪电站对新员工培训模式的探索举措使电站员工之间建立起了一种亲善友好、和谐融洽的关系，不仅让新进员工更有幸福感、归属感，而且促进电站安全稳定运营。以后，清溪电站要在新员工培训方面不断探索和实践，逐步形成了一套适应水电站发展需求的新员工培训模式，为电站培养新的技术骨干，也为公司的持续稳定发展、安全生产提供了强大的人才保障。

参考文献

[1] 吴名瞳. 电力企业入职员工岗前培训初探[J]. 中外企业家，2010（2）：38—39.

[2] 陆建宏.80 后员工激励管理探究[J]. 中国管理信息化，2011，14（18）：98.

[3] 张小丽. 基层发电企业青工培训工作探索 [J]. 中国电力教育：下，2012（24）：20—21.

浅谈新能源行业油品实验室安全文化建设

中国华电集团有限公司甘肃公司检修维护中心　杨艳霞

摘　要： 在油品实验室的日常工作中，存在着各种各样的危险点，安全风险隐患极大。自成立以来，油品实验室就通过牢固树立"以人为本、全员尽责、防治并举"的安全理念，在不断地实践过程中，形成学、查、防、控、教、改的安全预防机制，至今未发生一起设备和人员安全事故。本文详细介绍了新能源行业油品实验室的安全文化建设经验，以供同业参考。

关键词： 油品检测；安全文化建设；设备安全监督

随着能源与环境矛盾的日益突出，可再生能源越来越受到重视。与世界新能源产业发展同步，中国的新能源产业突飞猛进，风力发电装机量于 2010 年超过美国，至今一直位于世界第一。光伏发电装机量自 2011 年也一直位于世界第一。每年的新增装机量逐渐变缓，从对量的追求转到对质的追求。

油品实验室负责华电集团甘肃公司所辖风、光电场充油设备的安全预防性实验，通过加强安全文化建设，强化安全生产意识，着重对绝缘油、润滑油、液压油、冷却液及润滑脂的监督检测，为现场提供安全可靠准确的数据及分析建议，提高了企业对充油设备的安全管理水平，增强了设备运行安全可靠性。

一、油品实验室安全文化建设的背景

甘肃公司所辖风、光电场一般地处戈壁荒滩、干旱、高寒地区，齿轮箱等风电机组的大型部件现场不便进行拆卸维修，要求风电机组具有长周期运转和极高的可靠性，风电机组的维护保养问题日益突出，后期维护费用已占到风电场运营成本的主要部分。随着发电机组设备的投运，运行时间的增长，越来越多的新能源企业都面临一个现实问题，那就是如何在降低成本的同时高效运行现有机组。新能源企业的一种必然选择是采取措施降低设备的故障率，提高设备的可靠性，使设备安全可靠高效的运行。

安全是电力生产正常经营的基础和前提。油品的安全性能和用油设备的安全运行是保证电力传输和转化的必要条件。在光、热、空气、水分、电场、磁场等的作用下，油质的劣化是不可避免的，也是不可逆的。油质在劣化过程中，理化性能和电气性能也逐渐

降低，对用油设备的保护能力也在逐渐下降，给设备的安全运行造成威胁。通过油品监测，可有效地掌握油质老化程度，采取相应措施延长油品使用寿命，在造成设备危害之前对油品进行更换。新能源发电分布范围广，用油设备诸如油浸式变压器和齿轮箱等数量更多，油品检测技术能够更好地保证油品自身的安全特性，延长用油设备的寿命。

实验室检测用药品试剂，现场使用的绝缘油、润滑油、润滑脂和液压油，均为易燃易爆物质，同时也含有对人体有害的气体。油品实验室通过抓好岗位培训，让实验人员掌握作业标准、操作技能、设备故障处理技能、消防知识和规章制度，提高实验室人员的安全防护意识，做到"四不伤害"，并逐步形成学、查、防、控、教、改的安全长效预防机制，确保实验室有序开展工作，有效预防了安全事故的发生。

二、油品实验室安全文化建设

油品实验室 2012 年年初开始筹建，2013 年年初正式投入运行，并与甘肃特检院签订合作项目，筹建国家风电设备质量监督检验中心油品检测室。2014 年 12 月接受中国合格评定国家认可委员会（CNAS）检测，于 2015 年 5 月取得 CNAS 认证证书，2015 年 10 月接受原国家质检总局检测并于 2015 年 12 月取得证书，2016 年荣获华电新能源公司先进集体，2017 年获得第三届中国设备管理创新成果二等奖，2018 年获"2018 年电力行业标杆化验室"称号。

油品实验室目前由 6 个实验室组成，分别是综合实验室（1）、综合实验室（2）、化学药品室、洁净室、溶液配制室和色谱分析室。油品实验室主要检测

的有变压器油、润滑油、液压油、冷却液及润滑脂。主要检测项目包括微量水分、油中气含量、水溶性酸、闭口闪点、酸值、界面张力、凝点、运动黏度、泡沫特性、倾点、颗粒度、开口闪点、PQ 和铁谱分析。实验室现有人员 6 名，1 名管理人员，5 名实验人员，均持证上岗。实验室至今共检测 1 万多份油样，实验室从成立起，未发生一起设备和人员安全事故。

（一）设立实验室"五大员"，加强安全理论学习

油品实验室五大员包括宣传员、安全员、技术培训员、考勤员、物资管理员，各成员尽职尽责各司其职。做好油品实验室基础工作，实验室所有人员学习五大员职责，特别是加强安全员职责学习，学习实验室制度汇编、操作规程、作业指导书、危险点和防控措施，提高实验室人员安全意识和操作技能。利用"爱上安全"手机 APP，丰富安全学习文化，在实验室营造人人讲安全、处处讲安全、试试讲安全的良好氛围，增强安全学习实效。有针对性地开展全方位、多角度、立体化的安全理论学习，立足落实安全员安全生产责任制，普及安全知识，提高安全素质。持续巩固"以人为本、全员尽责、防治并举"的安全理念，不断加深对"我的安全我负责、企业安全我们负责"的认识，加强人员安全防范意识，夯实安全预防基础。

（二）严格执行巡视检查制度

建立油品实验室巡查人员表，油品实验室人员每天上下班前按照油品实验室安全巡查记录表对实验室进行巡视检查并对实验室进行卫生清洁打扫，检测项目有：实验室安全管理规定及制度执行情况、环境卫生、消防设施、防盗设施、实验室电器状况、漏水、实验室用气情况、危险品存储情况、操作规程执行情况等。如果遇到不符合制度的情况，值班人员记录安全问题，需要情况说明的进行备注，并及时汇报上级领导，积极进行检查整改处理。加强日常安全巡视检查，狠抓安全工作细节，防微杜渐，确保实验室安全运行。

（三）建立良好的安全工作预防环境

油品实验室设立嘉峪关华电办公大楼一楼东侧，占地面积 200 多平方米，共有 6 个实验室，分别是综合实验室（1）、综合实验室（2）、化学药品室、洁净室、溶液配制室和色谱分析室。实验室设安全主要

责任人，实验室严禁烟火，严禁明火，未经允许禁止入内。实验室均设有灭火器材（每月定期对灭火器进行检查），设立安全通道，张贴安全逃生路线图，防止实验室因易燃易爆物质发生火灾。实验室拥有良好的通风设施，每个实验室拥都装设通风橱、通风设备及换气扇，保证实验室人员不吸入有毒有害气体，防止人员中毒事故发生。日常工作中，实验室人员均穿白大褂，佩戴防护眼镜、口罩和一次性医用手套，穿劳保鞋，洗玻璃器皿是佩戴橡胶手套。建立良好的安全工作预防环境，提升安全消防水平，增强人身保护意识，切实提高安全预防基础建设。

（四）严控危险化学品每一环节

严格把控危险化学品的出入库、运输及装卸，危险化学品的使用，危险化学品领用安全，气瓶安全，危险化学品的废弃处理，危险物品的使用记录，严格遵守《危险化学品安全管理制度》及公司其他安全相关规定。剧毒化学品要单独储存，双人保管，做到"五双"。对于废弃的有机溶剂，要确保标签完整，统一集中收集，联系危险化学品回收公司处理。危险物品的储存、消耗和废弃数量，记录在危险化学品领用及管理台账上，放射性物质和剧毒品等有特殊要求的危险品报备公司安全部门。

（五）管控危险点，制定防范控制措施

掌握实验室作业活动范围，管控相应危险点和危险源及可能的危害结果，制定防范控制措施，坚持实验室所有作业现场均按照"人、机、环、管"四要素进行危险点分析，强化预控措施有效落实。实验室每日生产晨会对当天重点工作进行危险点辨识，学习防范控制措施，落实预控措施到位。养成良好工作习惯，开展理论和实操相结合的学习氛围，提高实验人员安全意识。开展技术问答、技术岗位能手训练，提高安全操作技能。严肃实验室安全纪律，严格实验室标准，遵守实验室规章制度，规范实验人员操作行为。落实岗位安全责任，有效管控各类风险，及时消除安全隐患，解决安全生产工作中的突出问题。居安思危，防患于未然，落实防范控制措施，确保人身和设备安全，建立安全长效预防机制。

（六）一岗双责，落实安全主体责任制，加强安全教育和培训

进一步强化政治意识、大局意识、核心意识和看

齐意识，把深入宣传阐释习近平新时代中国特色社会主义思想、党的十九大对应急管理和安全生产工作的部署要求作为一项首要政治任务和头等大事贯穿到生产全过程和各环节。管生产必须管安全，谁主管谁负责，落实一岗双责，落实安全主体责任制。加强安全学习和培训，加强应急知识宣传培训，规范应急预案和工作流程，有针对性地开展应急演练活动，促进防灾减灾救灾、应急处置和避险逃生能力提升。普及安全应急、消防和交通等基本安全技能知识，切实提升实验人员实操技能和安全防范意识。采取多种形式的安全教育，如思想政治、形势任务、法律法规、组织纪律、安全知识、操作流程，推动企业安全责任、管理、投入、培训和应急救援"五到位"，不断提升事故预防能力。控制作业流程、安全生产条件、安全管理等方面，加强监督管理，避免事故的发生。

（七）完善实验室规章制度，做到"四不放过"

编写油品实验室制度，完善实验室各项规章制度，形成油品实验室制度汇编。油品实验室现有制度有：实验室仪器、仪表管理制度，实验室药品试剂管理制度，洁净室制度，溶液配制室制度，气相色谱室制度，实验室安全守则，岗位安全规程，实验室电气设备安全使用规程，放射源安全管理制度，危险化学品安全管理制度，危险化学品库房精益化管理制度，巡视检查制度，油品检测流程图说明，危险化学品库房保管员职责，化学事故急救处理。明晰各级人员岗位职责和工作范围，严格规章制度执行，切实落实技术规程、标准和措施，确保安全规程、技术标准、作业环境本质安全管理，严格执行防范人身事故重点措施。

完善实验室制度的同时，也要加强事故整改措施。管控危险点、遵守防控措施、预防安全事故发生，对于任何安全事件，都要按照"四不放过"原则，认真分析，积极整改，严肃处理。管理人员和实验人员各司其职，相互配合、齐抓共管，形成全员参与的长期工作。

建立健全安全预防机制，形成学、查、防、控、教、改的安全长效预防机制，有效的预防安全事故的发生。

（八）实现 IT 管理，监督设备安全运行

油品实验室自主设计，自主研发编程，自主运行维护油品化验数据管理系统，通过油液监测结合在线振动监测、电气设备预防性实验的结果，提前判断设备可能的故障，从设备故障维修转变到预防性主动维护和预测维修。通过计算机建立设备的油液检测电子档案，结合同期的在线振动检测和电气设备预防性实验数据，去除一些离散的不合理实验数据，通过计算机软件和少量人工针对突出异常数据分析，将可能的潜在故障点反馈给风电、光伏等电厂，风电、光伏等电厂依据检测结果检查设备，发现设备潜在故障及时处理，然后将处理结果反馈给油品监测，油品检测根据风光电场的反馈修正计算机数据来优化故障分析，提高准确率。这样不断循环，形成针对多个风光电场设备一对一的数据分析，为实现预防性主动维护和预测维修提供更准确的数据支持，加强现场对充油设备的安全可靠运行管理水平，提高设备的可靠率。

三、结束语

新能源作为国家扶持的朝阳产业正在快速发展，企业要充分认识到安全文化在减少安全隐患和预防事故发生方面的不可替代的作用，全面加强安全文化建设，着力提升安全管理水平，夯实企业安全发展基础。油品实验室通过不断地实践探索，逐步形成了完整成熟的安全文化，在确保现场充油设备的安全稳定运行的同时，也保证了实验室自身的日常工作安全，为企业的持续稳定发展做出了贡献。

强化安全风险意识，构建双重预防机制

陕西华电榆横煤电有限责任公司　简二红　柳双雄

摘　要：杜邦安全理念指出，一切事故都是可以预防的。小纪汗煤矿地理环境特殊，安全生产形势严峻，安全管理压力大，为了杜绝煤矿事故及减少事故造成的人员伤亡和财产损失，煤矿急需改变目前被动的、老旧经验式的安全管理模式，实行主动的、风险提前警示的安全管理模式解决煤矿伤亡事故频发的现状。本文分享了煤矿通过构建双重预防机制落实安全预防理念的思路与实践。

关键字：风险意识；风险管控；隐患排查；治理

构建双重预防机制就是针对生产安全领域"认不清、想不到"的突出问题，强调关口前移，从隐患治理前移到安全风险管控，分析事故发生的全链条，抓住关键环节采取预防措施。这就要求企业必须坚持"安全第一，预防为主，综合治理"的方针，牢固树立安全风险意识，健全完善安全生产责任体系和安全监管机制，全面科学辨识管控各类风险，精准排查治理事故隐患，构筑起双重安全防线，有效防范各类生产安全事故。

近年来，全国煤矿安全生产形势严峻，安全生产工作受到社会各界的广泛关注。中华人民共和国应急管理部高度重视安全生产管理工作，为了确保安全管理关口前移，防范生产安全事故，要求各煤炭企业建设"双重预防"机制，实现风险有效管控，确保安全生产。

一、双重预防机制

"双重预防"机制是指安全风险分级管控和事故隐患排查治理。安全风险是某一危险情况发生的可能性及后果的组合，安全风险管控不到位，就会导致事故隐患出现。因此，风险在隐患之前，风险管控措施失效会形成隐患。反之，加强对安全风险的管控，则能够减少隐患的产生。

"双重预防"机制是构筑防范生产安全事故的两道防火墙。第一道是管风险，以安全风险辨识和管控为基础，从源头上系统辨识风险、分级管控风险，努力把各类风险控制在可接受范围内，杜绝和减少事故隐患；第二道是治隐患，以隐患排查和治理为手段，认真排查风险管控过程中出现的缺失、漏洞和风险控制失效环节，坚决把隐患消灭在事故发生之前。隐患一经发现及时治理就不可能酿成事故，要通过"双重预防"的工作机制，切实把每一类风险都控制在可接受范围内，把每一个隐患都治理在形成之初，把每一起事故都消灭在萌芽状态。

构建"双重预防"机制需要把握四个原则。一要坚持风险优先原则。以风险管控为主线，把全面辨识评估风险和严格管控风险作为安全生产的第一道防线，切实解决"认不清、想不到"的突出问题。二要坚持系统性原则。从人、机、环、管四个方面，从风险管控和隐患治理两道防线，从企业生产经营全流程、生命周期全过程开展工作，努力把风险管控挺在隐患之前、把隐患排查治理挺在事故之前。三要坚持全员参与原则。将"双重预防"机制建设各项工作责任分解落实到企业的各层级领导、各业务部门和每个具体工作岗位，确保责任明确。四是要坚持持续改进原则。持续进行风险分级管控与更新完善，持续开展隐患排查治理，实现"双重预防"机制不断深入、深化，促使机制建设水平不断提升。

二、安全风险分级管控

（一）成立组织机构

要做好安全风险分级管控工作首先应该建立组织机构，明确主管部门，将安全风险管理责任分解落实。小纪汗煤矿成立了以煤矿矿长为组长的安全风险分级管控领导小组，各副矿长、党委副书记、总工程师为副组长，各副总工程师、部门主任、区队队长等为成员。明确由矿长负责组织相关人员及部门进行安全风险年度辨识工作；分管副矿长负责组织相关人员及部门进行安全风险专项辨识，根据专业及分工细化并分解任务，明确了各级管理人员及相关部门职责。

（二）管理制度建设

俗话说"无规矩不成方圆"，安全风险分级管控的体系和制度建设至关重要。煤矿安全风险分级管控以安全风险辨识为基础，以风险预先控制为核心，通过科学制定各大系统、各类施工设施、生产材料的安全规范，健全完善管理制度，明确安全风险管理控制的过程，使关键设备和现场安全风险实现超前辨别和预先控制，实现"人、机、环、管"的最佳匹配。煤矿制定了《陕西华电榆横煤电有限责任公司安全风险分级管控管理办法》，制度通过对安全风险分级管控的组织与职责、工作流程、安全风险辨识评估、安全风险分级管控、监督管理、安全风险公告、培训及相关考核七个方面进行要求，对安全风险从发现到管控，再到监督、公示进行全程管理，实现安全风险的有效管控。

（三）安全风险辨识及分级管控

"安全风险分级管控"的核心工作是开展"1+4"辨识评估，即1次年度辨识和4种类型的专项辨识。每年年底要求开展一次全面的风险辨识和评估，辨识煤矿潜在的重大风险的种类和形式，以便指导煤矿下一年安全生产工作。对采区采面设计前，系统、工艺、主要设备、重大灾害因素发生重大变化前，高危作业前，以及发生死亡事故、出现重大隐患后，要开展专项辨识评估。

小纪汗煤矿每年年底由矿长组织各副矿长、总工程师、副总工程师、职能部门及相关区队负责人进行下一年度安全风险辨识，对容易造成群死群伤的重大安全风险进行辨识，并利用LEC法对安全风险值进行评估，制订安全风险管控措施，形成重大安全风险清单，并编制年度安全风险辨识评估报告。将重大安全风险点、风险类型、风险管控措施、管控责任人及管控现状在井口电子屏幕进行循环滚动播放，每月对安全风险管控情况进行分析，并安排下月安全风险管控重点。

小纪汗煤矿总工程师牵头组织相关业务部门对新采区、新工作面设计前开展专项辨识，重点辨识地质条件和重大灾害因素等方面存在的安全风险及排放瓦斯作业前，新技术、新材料试验或推广应用前开展一次专项辨识，重点辨识作业环境、工程技术、设备设施、现场操作等方面存在的安全风险，分管副矿长对分管范围内的设备设施、生产接续、停产停工、灾害变化等开展专项辨识，同样利用LEC法进行安全风险评估，制订安全风险管控措施，形成专项辨识风险清单，每旬进行安全风险分析，并形成风险辨识会议纪要。

煤矿安全风险辨识工作主要是由矿长、副矿长、总工程师亲自牵头组织并实施，通过一层一层分级管控，上级管控的风险下级必须管控，预防风险发展成为隐患而引发事故，从而实现了安全管理关口前移，保障煤矿安全生产。

（四）安全风险辨识成果应用

安全风险管控的目的是为了实现安全管理关口前移，防止事故发生。安全风险辨识成果的应用是最重要的环节。小纪汗煤矿制定的风险管控措施充分应用到日常安全生产工作中，如年度辨识评估结果要用于确定年度安全生产工作重点，并指导和完善下年度生产计划、灾害预防和处理计划、应急救援预案；专项辨识评估结果用于指导完善设计方案、作业规程、操作规程、安全技术措施的编制。目前安全技术措施中均增加了安全风险辨识模块，作业规程、实施方案中对安全风险进行了充分考虑，并不断完善管控措施。生产计划、灾防计划都对安全风险辨识成果进行了借鉴和应用，防患于未然。

（五）强化措施落实

管控措施的执行和落实至关重要。矿长和分管副矿长定期检查管控措施落实情况，跟班矿领导每班跟踪重大安全风险管控措施的现场管控情况，对管控失效的安全风险管控措施进一步进行完善，保证安全风险管控到位，预防安全风险管控失效形成隐患而引发煤矿生产安全事故。

三、事故隐患排查治理

（一）成立组织机构

和安全风险管控类似，事故隐患排查治理工作也需要成立专门的组织机构，明确主管部门，落实事故隐患排查治理责任。小纪汗煤矿成立了以矿长为主要负责人的事故隐患排查治理体系，矿长负责组织各专业分管副矿长、职能部门进行全矿性的事故隐患月排查工作，各分管副矿长组织各相关专业进行事故隐患旬排查工作，各副矿长负责分管专业的事故隐患旬排查相关工作，明确了各级管理人员及职能部门的职责，将事故隐患排查工作落实到各专业、各部门、各区队、各岗位。各区队、部门每天安排管理、技术人员自我组织事故隐患排查，各岗位工种工作中随时排查事故隐患。

（二）管理制度的建设

制度是人的行为规范，能够指导和约束安全生产。小纪汗煤矿制订了事故隐患排查治理管理办法，从组织与职责、事故隐患的分级与分类、事故隐患的排查、事故隐患的治理、事故隐患的验收与评估、事故隐患的监控与监督、保障措施、日常检查、资料管理九个方面进行规定，明确事故隐患排查治理的职责和责任，按照"双重预防"机制建设要求，全面落实事故隐患排查治理的责任，做到层层负责，层层落实。

（三）开展事故隐患排查和治理

开展事故隐患排查治理工作的前提就是工作流程的制定。小纪汗煤矿管理人员深入研究"煤安监行管5号"文件，捋顺了事故隐患排查治理流程，组织开展事故隐患排查，要求矿长每月组织进行事故隐患月度排查，召开事故隐患排查治理分析会议，每月向从业人员通报事故隐患排查和治理情况，各专业分管副矿长每旬组织进行事故隐患的旬排查，并进行闭合管理，各部门、区队每天进行事故隐患排查，强化自我管理，跟班队长、副队长、技术人员现场进行事故隐患的排查和治理，各岗位工种作业前进行事故隐患排查并治理，坚持做好作业前的事故隐患排查和安全确认工作。

（四）事故隐患治理的闭环管理

事故隐患治理的工作最重要的就是要做到"五落实"和闭环管理。小纪汗煤矿根据事故隐患的分类，将事故隐患分为重大事故隐患和一般事故隐患。要求重大事故隐患要有具体的治理方案和专项应急预案，并向上级公司和地方政府进行备案。所有事故隐患的治理必须有安全技术措施，做到责任、措施、期限、资金、预案"五落实"，只有"五落实"到位，才能保证事故隐患的治理成效，防止事故发生。事故隐患治理的复查验收和销号等闭环管理环节非常重要，事故隐患只有闭环管理才能杜绝事故。同时事故隐患排查治理要做好统计和分析工作，便于持续改进。

四、结束语

"双重预防"机制着眼于安全风险的有效管控，紧盯事故隐患的排查治理，是一个常态化运行的安全生产管理系统，可以有效提升安全生产整体预控能力，夯实遏制重特大事故工作的基础，有针对性地防范遏制重特大事故发生。企业要清醒认识到"双重预防机制"建设的重要意义，牢固树立安全风险意识，建立全员参与、全过程控制的安全管控体系，管住关键环节，层层压实责任。同时将"双重预防"体系建设与企业安全文化建设有机结合起来，推动安全文化传播落地，促进企业持续健康稳定发展。

强化安全意识，推进安全管理工作

芜湖海螺水泥有限公司　汪哲伍

摘　要：安全生产在企业的发展过程中有着举足轻重的作用。芜湖海螺水泥有限公司通过不断跟进和强化全员安全知识培训，提高安全意识和防护技能；建立稳定的生产秩序，强化现场设备、环境、安全风险管控，降低不可控因素的危害等措施培育和发展良好的安全管理新举措，预防和减少了各类安全事故的发生。

关键词：安全生产意识；生产秩序；安全隐患；安全管控

芜湖海螺水泥有限公司是海螺集团为积极响应水泥产业结构调整政策、加速企业发展而做出的重大战略布局，是集团规划建设的沿长江黄金水道四大千万吨级水泥熟料基地之一，也是安徽省"861"重点项目。从 2017 年下半年以来，芜湖海螺水泥有限公司通过建立稳定的生产秩序，强化计划检修的兑现率，减少生产线突发性、临时性检修。

芜湖海螺水泥有限公司高度重视安全管理工作，通过全面加强安全文化建设，将安全生产意识融入具体管理工作中去，提出了"稳定生产秩序推进安全管理"的创新课题，利用新理念、新思维、新举措，减少或避免企业生产中的各类安全事故，具有较强的现实意义和总结推广价值。

一、"稳定生产秩序推进安全管理"的具体措施

"建立稳定的生产秩序"具体是指通过理顺企业安全生产各种关系，建立完善的安全生产保证体系，改善程序失效、组织与管理的薄弱环节，强化生产线计划检修的兑现率和完成率，减少生产线各类故障的发生，减少因突发事件、临停检修造成的人员伤害。

（一）强化全员安全培训，提升员工整体素质

芜湖海螺水泥有限公司成立时间较短，新进学员多，新进员工多，进公司之前基本上没有工作经验，安全生产意识淡薄，认真开展各类安全培训非常迫切。

一是根据安全生产的需要，编制好岗前培训计划，实施针对性的培训，如三级安全教育、岗位安全操作规程学习培训等，使受训人员在培训中增加安全知识，不断丰富自己的安全知识层面。

二是培养"安全为了生产、生产必须安全"的职业习惯。安全和生产是密不可分的，只有安全管理到位，才能更好地生产。安全重在管理，重在现场，重在提高全员的安全意识。员工安全素质的高低，与企业的管理者、管理方法有直接的联系。通过公司、分厂、工段班组三级的安全检查，一方面，纠正员工的不安全行为，消除不安全状态；另一方面，通过高压态势的管理，促使员工树立正确的安全意识，在工作中不断提高安全防护技能，牢固树立安全为了生产、生产必须安全的安全理念。

三是扩大培训层面，各工段、班组根据实际情况开展多形式的知识培训。结合公司每月的培训工作，分厂、分工段利用讲座、幻灯片、现场讲解的形式，每周开展安全知识培训和讲座，如学习集团汇编的《深挖事故镜子、点亮安全明灯》安全专辑、深入学习岗位安全操作规程、"四不伤害"防护卡等，每月开展安全知识考试，人人参加，考试合格后方能上岗。截至目前，员工安全考试合格率达到100%。

四是开展各类应急预案演练，提升员工应对突发事件的处置能力。一年来，芜湖海螺水泥有限公司积极筹划，组织员工进行了恶劣天气失电应急预案演练、触电事故专项应急救援处置、高温生产组织预案演练、高温季节中暑预案演练、冬季防寒防冻预案演练、火灾救援等多项应急预案演练，参加演练达到 1120 人次，完善了公司、分厂以及工段统一指挥、分工负责、快速有效的组织机制，增强了员工正确处置突发事件的能力，预防和减少各类突发性事故的发生。

（二）建立稳定的生产秩序，减少各类事故的发生

安全生产是一项极其复杂且广泛的工作。人的安全意识不高、违章现象时有发生、安全隐患得不到消除等这些安全问题得不到有效解决，可能导致安全事故易发多发的高危态势仍将在一定时间内长期存在。从各类安全事故分析研究中我们可以得出这样的结论，很多的安全事故都是在突发性、临时性的抢修过程中发生的。因此，建立稳定的生产秩序，提高计划检修的兑现率、完成率，势必降低生产线设备的故障率，减少突发性、临时性停机的次数，从而降低了诱发安全事故的可能性。

1. 做好生产线计划检修高质量的兑现率、完成率

芜湖海螺水泥有限公司目前有 6 条生产线、4 台水泥磨、3 套余热发电机组。生产线按照每年一条生产线计划检修一次来计算，每年会有 6 次的检修，平均每两个月一次。高频次的计划检修不仅仅是检验领导的决策、参检的员工队伍，更是检验检修的质量、检修的兑现率是否按质按量完成。每次检修涉及机电、工艺、发电等几百个项目，交叉作业、有限空间作业、登高作业、特种作业等危险作业众多，是安全管理全方位的考验。如果计划检修不彻底，没有把好检修质量关，势必造成返工、临停抢修，不仅影响生产线的稳定运行，还增加了维修人员的工作强度，在抢修的同时，造成安全系数的降低，极易发生安全事故。尤其是回转窑、原料磨、水泥磨、煤磨等大型设备的检修，有密闭空间狭小空间作业、登高作业，为了抢时间、赶进度，很容易忽视安全监护，诱发安全事故。

2018 年上半年，芜湖海螺水泥有限公司共进行计划检修 5 次，计划完成率 100%，未发生一起检修返工事件，6 条生产线临停检修同比减少 3 次。

2. 做好计划检修期间的安全检查与安全监护

芜湖海螺水泥有限公司生产线从矿山、制造到码头，涉及机电、工艺、发电等专业几百个检修子项。各参检小组是检修的基本单位，每一个检修小组的安全检修状况，关系到整条生产线的安全检修。抓好参检小组的安全管理，是抓好安全管理的源头。

高度重视，排除隐患。每次计划检修前，公司、分厂、工段都会召开检修动员会，介绍和分析检修过程中的安全注意事项，重温典型性安全事故案例，布置安全管理、现场监护的具体要求和内容，责任到人。同时对检修项目逐一细化，分解到参检小组，安排好后勤服务，现场设立"检修服务点"，足量供应茶水、夏季冷饮、西瓜、糕点、医药品等，化解部分员工畏难的情绪，排除思想障碍，广大员工心往一处想，拧成一股绳。

严格检查，形成常态。计划检修人员众多、点多面广，每次检修期间，公司成立现场督察组，分片进行检查。分厂也成立安全检查小组，分区域进行检查。如检查班前安全会召开情况、停送电办理情况、特种作业证办理情况、危险预知预警办理情况、员工现场作业是否规范、工器具摆放是否规范、交叉作业是否有防范措施、是否有专人指挥跟踪、危险作业作业是否有人监护、密闭空间有害气体是否进行检测等，在每天的检修晚会上进行通报，违章者将受到严肃处罚。

（三）加大日常违章检查力度，及时消除各类安全隐患

根据行为心理学的观点，人的行为模式可表示为 S—O—R（刺激—机体—反应）。在生理、心理方面，主要有以下特征：轻视心理、侥幸心理、省能心理、逆反心理、从众心理；时间压力大、过度疲劳、注意力不集中等。因此，加强日常违章检查力度，是警戒员工、提示员工最好的方法和途径。

1. 查习惯性违章，对症下药

安全检查是一项长期性的工作，安全检查抓得不严、抓得不紧，就会出现松弛的现象，对基层班组、员工来说，查得紧时就抓好安全生产，查得松时也就无所谓，进而增加了事故发生的风险。习惯性违章具有顽固性、潜在性、传染性和排他性，是员工在工作中不知不觉养成的坏习惯。通过检查员工习惯性违章，首先要提高员工的思想认识，进行超前预防，防微杜渐。其次是善于抓苗头、抓典型，把习惯性违章消灭在萌芽状态。最后是举一反三，抓好督促整改，防止类似的违章重复出现。全面抓好检查、整改、再检查的闭环工作，把检查和预防工作做到每一位员工身上、每一道作业环节上，贯穿于企业安全生产的全过程。

2. 查现场安全隐患、降低事故伤害因素

事故形成的原因，一方面是人的不安全行为造成的，另一方面是物的不安全状态引发的。芜湖海螺按照"三级"检查的要求，每周开展公司、分厂、工段三级现场安全检查，检查现场的安全隐患，每次检查有通报，确定相关单位限期内整改，在下次检查中进行验证，形成闭环管理。首先是矿山爆破、炸药库、仓库、油库、电力室、码头等重点部位，其次是皮带机、拉链机、原料磨、水泥磨、装船机等容易发生伤

害事故的部位，严格检查，仔细检查，不怕暴露问题，就怕遗留问题。从 2017 年 7 月到 2018 年 6 月，芜湖海螺公司共开展现场专项检查 122 次，整改 1674 项安全隐患，有效治理了现场的不安全状态，因现场不安全状态而造成的轻伤事故，同比下降了 6 次。

3.创新安全管理模式

集团公司相关部室开发出"现场隐患报告、现场违章查处、现场作业信息、检查维护故障处理"四大功能的手机版 APP 安全生产预测预警系统，在部分公司率先使用后在全集团推广。该系统鼓励全员开展现场安全排查，及时整改，不能整改的上传系统跟踪，形成闭环管理。此外，公司内部生产单位使用在线安全答题系统，员工可通过手机扫描进入系统进行安全答题，并具有答错解释的功能。

4.加强公司内相关方安全管理

从 2005 年芜湖海螺公司创建至今，6 条生产线相继建成投产后零星工程建设不断，加强相关方安全管理也是整体安全工作的一部分。一是制定加强相关方安全管理的制度，明确相关方安全管理责任，遵守公司内部安全管理规定。二是加强现场违章作业检查，由对口管理单位纳入日常的安全管理，使得相关方融入公司的整体管理，减少各类事故的发生。

二、"稳定生产秩序推进安全管理"的保障机制

（一）纳入公司安全生产责任制考核范围

芜湖海螺水泥有限公司将安全生产责任制层层分解，从公司、二级部门、工段、班组到个人签订安全生产责任书，同时将生产线运转率、检修完成率、单机设备周期性运转率等纳入单位和个人的考核指标，建立奖惩制度，与工资收入挂钩，以此促进管理目标的实现。每阶段对建立稳定的生产秩序管理进行专业评估，找出管理漏洞，分析原因，制订改进措施，持续跟进和完善。

（二）多渠道大力推广应用

以生产技术处作为管理组织机构，组织讨论并修订应用方案，落实整改与提高。安全环保处作为安全主管部门，通过培训、检查，让全员熟知岗位安全操作规程和自我防护技能，增强员工安全文化素养。充分利用周例会、检修动员会、安全例会、班前会等平台，进行安全生产组织、计划检修布置、安全知识等方面的学习，从根本上树立"生产必须安全、安全为了生产"的观念，规范全员的安全生产行为。

三、结束语

一年来，芜湖海螺水泥有限公司以建立稳定的安全生产秩序推进公司安全管理，通过加大现场安全隐患的检查和治理，积极开展员工安全培训、应急预案演练等，将安全文化理念扎根于广大员工的脑海中，各类安全事故数量呈显著下降趋势，公司安全管理水平得到了提升，为芜湖海螺水泥有限公司筑起一道坚固安全的堡垒，实现了公司的可持续健康发展。

基于安全文化视角的化工企业生产装置检修研究

义马煤业综能新能源有限责任公司　王雷

摘　要： 本文对化工企业这一高危行业的检维修作业的安全文化管理措施进行了浅析，主要对检修前的"一评三案"编制和检修过程中的特种作业安全管控两方面内容进行了简要论述。

关键词： 一评三案；监护人；特种作业；安全管控

一、用安全文化来引领安全管理

化工企业与其他制造业的显著区别在于其生产作业的连续性，由此就造成生产装置的区部损耗性磨损，那么周期性的大修工作就是不可避免的，而化工企业发生的安全事故，相当大一部分是发生在检修过程中的，这就对化工企业的检修过程中的安全文化管理提出了很高要求。

在化工生产装置检修过程中，由于各种原因，如果作业人员没有能够充分地进行风险识别和安全评价，防范措施不到位，很可能导致在工作中产生某种失误，造成事故的发生。有关数据表明，在化工企业生产、检修过程中发生的事故中，由于作业人员的不安全行为造成的事故约占事故总数的 88%，由于工作中的不安全条件造成的事故约占事故总数的 10%，其余 2%是综合因素造成的。可以看出，在相同的工作条件下，作业人员的不安全行为和检修作业的不安全因素是造成事故的主要原因。

化工生产装置检修的安全管理既关系到检修作业的安全，也影响检修后设备状态能否实现本质安全。这就要求在检修过程中以安全文化为引领，对人的不安全行为、物的不安全状态、环境的不安全条件、管理的缺陷四方面进行整体把控。

二、用"一切事故皆可预防"的理念指导检修前准备工作

理念是行动的先导，而检修前准备工作的理念决定着检修中安全管理的能力。杜邦公司十大安全理念提出，一切事故皆可预防。雪佛龙公司提出，要做就安全地做好，否则就不要做；永远有时间把事情做正确。基于对安全理念的理解，我们提出安全是衡量检修工作成效的首要标准，要以"精准"为要求做好检

修准备。其中最核心的是：针对"高难险"检修项目，规范编制"一评三案"，即"风险评估，工艺处置方案，安全方案，应急方案"。

风险评估包含风险辨识、风险分析、风险评价三个环节。风险辨识指的是在检修作业中各个环节哪些存在风险，存在什么样的风险；风险分析指的是对辨识出的风险进一步进行明确描述，分析和描述风险发生的可能性和严重程度；风险评价指的是评估风险对安全检修的影响程度，风险的价值。风险评估主要检修前工艺处置过程，如系统泄压，从高压到低压；是否对生产管道内的气、液和固体物料排放干净；管线内的有毒、有害气体是否经过氮气置换合格等；是否按照顺序抽取、抽取并进行挂牌；是否切断所有需检修设备的水、电、气等。

工艺处置及检维修由检修主体单位进行编制，主要内容如系统停车步骤，盲板加装位置，有毒有害气体分析频次等。

安全方案主要由检修主体单位编制，主要是检修前、检修中、检修后的安全控制内容。主要包括项目负责人、项目安全负责人、安全措施、办理的相关票证、安全器材配备、补充安全措施等。安全措施中应包括检修前现场的环境的确定，如警戒区域的设立，坑、井入口的覆盖是否到位，危险区域的警示标注设置等。检修过程中安全作业的规定，如特种作业管理安全管理，做好现场作业的安全管控，杜绝"三违"情况，对违章作业的处罚等。

应急方案主要包含内容作业区域可能发生的一些突发情况，如工艺泄漏、现场火灾、人员中毒、设备损毁等，具体要求参照企业内部的"应急方案"管理规定，包含事故风险分析、职责分工、应急处置、善

后处理四大内容。

事故风险分析——检修过程可能存应急情况；技术、设备和系统会导致的应急情况；人员失误导致的应急情况。职责分工——明确各部门的职业分工，做到周密严谨、无遗漏。应急处置——如何避免事故进一步扩大，如何紧急救援等。善后处理——就是如何将事故的影响消除到最小。

三、用"安全第一"的责任观推动检修中安全责任落实

人因是安全生产事故的主要因素，而人因中管理者责任尤为重要。在检修执行过程中，除了强调企业各级领导者要坚持把安全生产放在首要地位，在工期、质量、资源配置、关注重点上确保检修工作的各项安全要求，还要在现场重点强调突出监护人的作用。

明确作业监护人的主要职责是确认现场作业环境的安全情况，告知作业人在作业中存在的安全风险，监控作业人的不安全作业行为，对突发情况提供初步的救援支持。在作业前要对作业监护人进行重点培训，对其监护的作业要充分的了解，要熟知作业的安全方案，检修设备中存在的危险介质等。

同时，要用"安全第一"理念统领所有参与检修员工的思想，增强全员安全意识，通过安全生产责任制将安全责任逐层传递落地，通过在日常工作中反复宣导安全价值观和方法论将安全责任付诸实践，通过安全情感、氛围培育构建强大安全文化场，引导广大员工主动安全、共建安全。

四、以"卓越安全"理念引领安全管理标准严格执行

在检修过程中要以追求卓越、精益求精的精神，严格遵循安全管理准则，严格安全作业标准。

例如，动火作业，应办理《动火安全作业证》，要有专人监火，动火作业前应清除动火现场及周围的易燃物品，或采取其他有效的安全防火措施，配备消防器材，满足作业现场应急需求。动火作业前，应检查电焊、气焊、手持电动工具等动火工器具本质安全程度，保证安全可靠。动火期间距动火点 30 m 内不得排放各类可燃气体；距动火点 15 m 内不得排放各类可燃液体；不得在动火点 10 m 范围内及用火点下方同时进行可燃溶剂清洗或喷漆等作业。使用气焊、气割动火作业时，乙炔瓶应直立放置；氧气瓶与乙炔气瓶间距不应小于 5m，二者与动火作业地点不应小于 10m，并应设置防晒设施。

再如受限空间作业，应办理《受限空间安全作业证》。受限空间作业前，应根据受限空间盛装（过）的物料的特性，对受限空间进行清洗或置换，并达到下列要求：氧含量一般为 18%～21%，在富氧环境下不得大于 23.5%；有毒气体（物质）浓度应符合 GBZ 2 的规定；可燃气体浓度：当被测气体或蒸气的爆炸下限大于或等于 4%时，其被测浓度不大于 0.5%（体积百分数）；当被测气体或蒸气的爆炸下限小于 4%时，其被测浓度不大于 0.2%（体积百分数）。

五、以"红线意识"严格确保员工安全防护到位

化工企业生产装置检修是危险性极高的工作，作业人员的安全防护就是落实红线意识的点点滴滴，就是对员工生命和健康的高度负责。

比如空间作业。在缺氧（指氧气含量小于 19.5%）或有毒的受限空间作业时，必须严格要求员工佩戴隔离式防护面具，必要时作业人员应拴带救生绳。在易燃易爆的受限空间作业时，应穿防静电工作服、工作鞋，使用防爆型低压灯具及防爆工具。在有酸碱等腐蚀性介质的受限空间作业时，应穿戴好防酸碱工作服、工作鞋、手套等护品。在产生噪声或粉尘的受限空间作业时，应戴耳塞或耳罩、口罩、眼罩等防噪声、防尘护具。

再如高处作业。高处作业人员及搭设高处作业安全设施的人员，应经过专业技术培训及专业考试合格，持证上岗，并应定期进行体格检查。对患有职业禁忌证（如高血压、心脏病、贫血病、癫痫病、精神疾病等）、年老体弱、疲劳过度、视力不佳及其他不适于高处作业的人员，不得进行高处作业。应根据实际要求配备符合安全要求的吊笼、梯子、防护围栏、挡脚板等。跳板应符合安全要求，两端应捆绑牢固。作业前，应检查所用的安全设施是否坚固、牢靠。夜间高处作业应有充足的照明。供高处作业人员上下用的梯道、电梯、吊笼等要符合有关标准要求；作业人员上下时要有可靠的安全措施。固定式钢直梯和钢斜梯应符合 GB 4053.1—2009 和 GB 4053.2—2009 的要求，便携式木梯和便携式金属梯，应符合 GB 7059-2007 和 GB 12142—2007 的要求。

六、以"人机和谐"理念指导大型设备操作安全

化工企业生产装置检修中往往要使用大型设备，而设备与人都需要安全，无论伤人还是设备受损，都会引发安全生产事件或事故。而且，在大型机械设备与人的接触中，人的身体显得尤为脆弱。因此，理解"人机和谐"的理念，准确把握机械设备性能、操作要领、易发风险，在大型设备操作中实现人与机器的协调十分重要。

比如，在吊装作业中存在高空坠落，工程车辆倾覆，人员机械伤害等风险。要求二级以上或者体型较大的吊装作业必须编制吊装施工方案，并经过属地单位工程技术人员审核通过，操作人员必须持有相应等级的职业证书和操作经验。吊装作业前，应预先在吊装现场设置安全警戒标志并设专人监护，非作业人员禁止人内，安全警戒标识符合 GB2894 规定。应对起重吊装设备、钢丝绳、揽风绳、链条、吊钩等各种机具进行检查，确保安全可靠，严禁带病使用。必须试吊，试吊前必须对各种起重吊装机械的运行部位、安全装置及吊具、索具、地锚受力情况等进行详细的安全检查，确保吊装设备的安全装置应灵敏可靠。发现问题应将吊物放回地面，排除故障后重新试吊，确认无误方可作业。

七、结束语

在化工企业，生产装置检维修工作是极具危险性的工作，必须先进的安全文化理念来引领，强化各级管理者和作业人员的认知水平，以高标准的安全要求来做好方案制定、作业合规、防护保障等安全管理各方面工作，切实降低风险隐患，提升检修现场安全水平。

浅谈新能源电力企业安全文化管理

华电河南新能源发电有限公司　邓韬　陈可露

摘　要： 新能源是电力行业蓬勃发展的新事物，电力企业大力发展新能源已是适时所需、刻不容缓，面对争抢"630"和"1230"等响亮口号的诞生，新能源背后潜藏的安全风险也愈发突显，各种电力事故频发，如何有效把控新能源电力企业的各项安全管理环节，强化安全文化管理，守住红线，值得深思。

关键词： 新能源；电力企业；安全生产

电力行业是国民经济的先行基础产业，是推动国民经济发展的稳定基石。电力使用的广泛性和不可或缺性，赋予了电力行业的社会公用事业属性，随着国民经济的迅速发展、社会的不断进步和人民生活水平日益提高，电力安全生产标准愈加规范严苛。电力企业安全事故一般都是重大事故，事故造成人员伤亡，设备损坏，大面积停电等现象，影响波及范围较大。特别是新能源电力的消纳，在电网电力输送中的占比越来越大，由于新能源发电的特殊性，电网调峰维持消纳平衡压力突显。作为新能源发电企业，消除自身安全隐患、提升并网电能质量、维持电网安全稳定运行是我们的重要社会责任和义务担当。如何有效落实"安全第一、预防为主、综合治理"的安全方针，全面提升安全管理实效性，确保企业安全生产可控、在控，这是每个新能源企业的长久课题。

一、新能源电力企业安全管理现状

随着我国安全生产工作力度的不断加强，新能源企业对安全生产工作的重视程度不断提高，安全文化建设和安全管理基础越来越好，因而整体安全能力也日益增强。然而，与新时代打造优秀新能源企业特别是培育国际一流新能源企业的要求相比，安全管理仍然存在较大差距，文化不强、基础不牢、状态不稳的情况还比较突出。

一是安全责任落实不到位。随着行业的发展和人员素质的提升，新能源企业逐渐建立完善了安全生产责任制及安全制度体系，但是部分企业安全生产责任的落实流于形式，未真正贯彻实施，考核奖惩力度轻微。比如以罚代管，未有效分析安全实际现状，刨根问底，追溯问题源头本质。同时，导致基层人员负有

情绪工作，整体工作积极性消极，存在严重安全隐患风险。一些企业负责人深入基层、现场较少，无法准确地掌握安全生产的一手信息，抓安全生产无的放矢、措施软弱无力，难以做出行之有效的正确决策。

二是专职安全管理人员不足甚至空缺。新能源补贴到位较慢，上网电价逐渐下调，种种因素导致企业生存压力较大，部分企业为降低运营成本，未配备专职安全管理人员，一人多职，但兼职安全员只能兼职，很难兼责。兼职人员的安全业务技能水平较低，持证上岗不到位，三级安全教育培训、考试存在走过场、走形式的现象非常严重，基层作业人员安全素质提升更是无从谈起，无法切实有效组织开展相关安全活动和落实保障措施，严重制约了企业的健康安全有序发展。

三是安全基础设施配备不全。部分企业生产现场的管理较为粗放，备品备件、消耗材料未分类定置管理，台账管理混乱，乱堆乱放存在安全隐患。为节约经费，现场作业人员安全防护用品配备不齐全，或未进行定期检查，安全基础设施未按标准配备，企业本质安全严重缺项。

四是安全应急管理有待加强。企业对应急管理工作的认识不够，将电力应急管理的重点偏移到电力安全事故发生后的应急救援上，将反事故措施当作应急预案，而忽略了事故预警、预防性检查、危险源管理和监控以及善后处置、评估改进等环节的工作。企业的应急预案覆盖面不全，预案缺乏的针对性、实战性和可操作性，难以做到"实战"演练。未能达到检验预案、锻炼队伍、教育公众、提高能力、完善预案的目的。

新能源电力企业安全管理薄弱问题只是表象，根子上是安全文化建设的缺失。首先是价值导向缺乏，没有清晰的管用的安全价值观和方法论，干部员工在工作中没有标准来权衡安全的重要性。其次是领导层安全文化自觉性不高，在经营管理中对安全关注度不够，在资源配置中对安全的投入不足，在激励约束上存在着安全价值导向不清、赏罚力度不足，对干部的安全能力和业绩要求不高。再次是各级管理者尚未成为安全理念的传导者，尚未在本单位本部门建立起强有力的安全责任体系和安全考核机制，营造起浓厚的安全氛围。最后是员工层面安全意识不强，在日常工作中对安全规章制度和安全标准不能严格遵行，侥幸心理、麻痹思想较多地存在。

二、新能源电力企业安全文化建设和安全管理重点

（一）高度重视安全文化建设

安全文化是安全管理工作的灵魂，必须先要塑魂。一是应调研诊断企业安全生产工作及相关各方面存在的矛盾问题，提出具有针对性的安全价值观和方法论，明确回答我们如何看待安全、如何做好安全生产工作的大问题。二是要加强安全制度机制建设，把安全理念融入干部考核、选拔任用、激励分配等各项制度机制当中。三是要加强宣贯，领导者和各级管理人员要带头长期持续地宣导安全理念和安全思维，使之融入日常管理，还应加强安全文化的培训与传播，树立安全标兵、典型。四是要抓好安全目视化，让安全文化可感可知，通过环境的改变促进人们安全行为改变。五是加强安全行为日常管理，促进人员行为安全合规。

（二）大力推动安全责任落实

企业的主要负责人作为本企业安全生产的第一责任人，应发挥安全文化主导作用，建立企业安全文化领导体制。通过层层签订安全生产责任书，制定各类管理人员安全生产责任制和责任追究制，真正做到一级抓一级，一级对一级负责，把安全生产责任逐级分解延伸落实，覆盖到每个环节、每个岗位、每位人员。切实合理制定考核机制，将上至企业负责人，下至普通职工的安全工作纳入考核机制，保持有效可行的惩罚力度，扼杀隐患风险。

（三）着力强化安全监管

配备专职安全管理人员，有效督促开展安全监管，完善本质安全体系，定期开展多层次的员工职业道德培训、职业技能培训和管理知识培训，不断提高员工的整体素质，将安全生产理念植入人心。

（四）加大安全资金投入

资金投入保障是安全生产的重要保证。安全需要投入，安全需要成本，企业生产基础设施配备不足，是事故发生的重大隐患之一。保证安全是要投入的，如果必要的投入舍不得支付，一旦出事只会得到更为惨重的代价。俗话说"兵马未动粮草先行"，保证安全规划资金投入，完善基础设施配备，才能推动安全体系健康发展，才能将事故隐患消灭在萌芽状态，这是最经济、最可行的生产建设之路。

（五）完善安全应急管理

完善应急预案体系，加强预案的动态管理，将预案的修订完善和演练工作制度化，同时，结合实际开展各项专项应急演练，积极协调地方政府和消防指挥部，强化事故突发应急处理效率。做好应急宣传教育和警示培训，提高基层单位和人员的应急能力和水平，规范电力应急程序和要求，明确各有关部门的应急职责分工。加强应急资金投入，充分发挥应急专家体系的技术支撑作用，定期对电力行业的应急能力开展评估分析。企业应定期请专家对员工进行急救和小事故扑救培训，组织员工开展各种反事故演练，并且做好相应记录，从而进一步提高企业自身的安全应急能力。

煤矿应急管理思维培育与应急体系构建

西山煤电集团公司安全监察局　张志强

摘　要： 应急救援的管理是煤矿企业自身发展的内在要求和必须履行的社会责任，虽然目前应急救援管理工作仍存在诸多薄弱环节。作者根据应急管理的实践经验，从应急管理思维、应急体系的建立、重大危险源的管理、应急预案的编制、应急准备等方面对应急救援管理工作开展论述，为煤矿应急工作管理人员提供了可行的建议。

关键词： 应急管理；应急体系；重大危险源管理；应急预案；应急准备

在我国经济高速增长的今天，发展任务繁重，造成安全生产的不稳定因素增多，势必给安全生产带来严峻挑战，特别是在煤矿安全生产方面，重特大事故尚未得到有效遏制，我们应增强紧迫感、危机感，以习近平新时代中国特色社会主义思想为指导，加强煤矿应急救援体系的建设，严格落实煤矿应急救援管理工作，有效应对各种突发事件事故。

如何做好煤矿应急救援管理工作是目前摆在煤矿安全管理人员面前的一道难题，主要应从如下几方面加以推动。

一、坚持文化引领，树立应急管理思维

建立应急管理体系首先应弄清楚什么是应急管理、如何做好应急管理，培育与之相适应的思维方式。煤矿应急管理是指煤矿企业在突发事件的事前预防、事发应对、事中处置和善后恢复过程中，通过建立必要的应对机制，采取一系列必要措施，应用科学、技术、规划与管理等手段，保障公众生命、健康和财产安全；促进企业和谐健康发展的有关活动。包括预防、准备、响应和恢复四个阶段。

《国家安全生产事故灾难应急预案》中明确提出了对煤矿或者其他系列工业生产安全事故的应急管理，其所属的办公室应该作为实际操作、管理过程中的指挥机构。煤矿应急管理体系应该以《国家安全生产事故灾难应急预案》为运行和管理的依据。实践中煤矿应急管理应当遵循"居安思危，预防为主"的应急管理指导方针；"以人为本，减少危害；居安思危，预防为主；统一领导，分级负责；依法规范，加强管理；快速反应，协同应对；依靠科技，提高素质"的

工作原则；积极落实应急管理工作的"一案三制"，提高煤矿应急管理效率。

简言之，应急管理的思维就是四个转变——由过去散乱的监管转变为以预防为主贯穿事前事中事后的全流程管理，由过去离散的管理转变为识别管控风险为主的全面风险管理，由过去形式化的应急演练转变为常态化的突发事故应急响应管理体系，由过去分割的管理转变为企业内部协同、内外多方有机衔接的应急处置机制。也就是说，我们的思维要转换为全面识别风险、全面整合资源、科学预防事故、有序处理事故的模式。

二、坚持统一指挥，建立健全应急组织体系

加强应急救援指挥机构建设，建立健全"统一指挥，反应灵敏，协调有序，运转高效"的应急救援工作机制，必须建立完善的应急组织体系，做好日常的应急救援管理工作，明确各级各部门人员在应急救援工作中承担的任务和相应的职责，保证应急工作的落实和救援行动中的分工，避免因行动混乱而造成不必要的损失。

煤矿一般以矿井为单位，建立应急救援指挥体系，明确指挥部、指挥部办公室，总指挥、副总指挥和成员，确定各级人员在应急管理工作中的职责和应急抢险过程的分工；成立应急行动小组（也即应急保障小组），明确各小组负责人和成员，确定各小组日常职责和应急行动中的任务，保证在应急救援行动中按照分工开展工作。应急行动小组包括救援队伍（内部和外部救援队伍）、通信小组、医疗小组、交通指挥小组、后勤服务小组、物资供应小组、资金保障小组、

技术支持小组、治安保障小组、善后处置小组等。

三、坚持尊重科学，有效管控重大危险源

做好应急管理的第一步是要尊重科学，全面辨识安全风险。重大危险源的管理是建立应急体系和编制应急预案必需的基础信息，也是决定所建立的应急预案是否适应重大事故应急救援要求的关键信息。

（一）重大危险源的辨识

分析生产过程中生产工艺、生产场所及其环境，确定重大危险源的辨识对象的性质、位置和特点，划分单元，计算危险物品的数量或危险场所的能量，如果达到重大危险源辨识指标即可确定为重大危险源。对于井工矿井来说，有下列条件之一的煤矿就为重大危险源：高瓦斯矿井、煤与瓦斯突出矿井、有煤尘爆炸危险的矿井、水文地质条件复杂的矿井、煤层自然发火期小于等于6个月的矿井、煤层冲击倾向为中等及以上的矿井；或者说对于可预见的自然灾害、特定的事故也可视为重大危险源，如洪涝灾害、公共卫生事件、社会突发事件等，也可列入重大危险源行列进行管理。

（二）重大危险源风险评价

确定重大危险源后，需要选择相应的风险评价方法进行风险评价，给出重大危险源失控后可能造成的伤害区域、影响范围、可能造成的人员伤亡数或经济损失等。重大危险源风险评价的方法有多种，一般常用的有风险矩阵法、风险分析评价法，以风险分析法举例说明。

风险分析方法——LEC评价法。

$$D = LEC$$

L为发生事故的可能性大小；E为人体暴露在这种危险环境中的频繁程度；C为一旦发生事故会造成的损失后果。

LEC评价结果为风险等级D，D值越大，说明该系统危险性大，需要增加安全措施，或改变发生事故的可能性，或减少人体暴露于危险环境中的频繁程度，或减轻事故损失，直至调整到允许范围内。

（三）重大危险源的日常管理

制订控制风险计划，各项危险源经过风险评价后，必须明确直接管理部门和负责人，并针对各项重大危险源可能发生的事故制定防范措施，严格按规程措施要求落实，做好危险源的控制管理工作，确保设备设施的正常运行或保持正常状态，安设危险标志牌或警示牌，设置隔离栅栏。建立可靠的动态监控系统，对危险源进行不间断的监控，随时掌握危险源的变化情况，对危险源的危险物质当量必须控制在预警临界量内；建立健全检查制度，进行定期或不定期的巡查，发现隐患问题立即处理，杜绝重大事故的发生。

四、坚持重在预防，精准编制应急预案

（一）成立预案编制小组

应由涉及重大危险源的各个管理部门技术人员组成，这些人员应有一定的专业知识，熟悉所管理的重大危险源事故的防范和处理，具有安全管理的丰富经验。应急预案编制是一个复杂的工程，如果没有足够的时间和经费保证，难以保证预案的编制质量。对参与人员进行培训，熟知预案的构成内容和要求，明确各自的任务，分工编写，并在过程中及时进行交流、探讨，力求达到各项内容完整、可行。

（二）重大危险源的辨识和风险评价

参照本文重大危险源辨识与风险评价确定本单位存在的重大危险源，针对风险等级在四级以上的重大危险源制定相应的预案，实施管理。

（三）预案的编制

原国家安全生产监督管理总局令第88号《生产安全事故应急预案管理办法》于2016年7月1日起施行。《生产经营单位生产安全事故应急预案编制导则》（GB/T 29639—2013）于2013年7月19日发布，是生产经营单位编制生产安全事故应急预案的标准。标准规定了生产经营单位编制生产安全事故应急预案的编制程序、体系构成及综合应急预案、专项应急预案、现场处置方案和附件的主要内容。包括9项基本要素：总则、生产经营单位的事故风险描述、应急组织机构及职责、预防及信息报告、应急响应、信息发布、后期处置、保障措施、应急预案管理。按照以上内容对照《导则》逐一明确，对应急机构的职责、人员、技术、装备、设施、物资、救援行动及其指挥与协调等方面预先做出具体的安排。简单说就是要明确在突发事故发生之前、发生过程中及发生后，该做哪些工作，谁来做、怎么做，保证迅速、有序、有效开展应急与救援行动。每个矿井经确认有多少项重大危险源，须有多少项专项预案，根据每个重大危险源可能发生的事故编制专项的处置程序；对同类事故的不同情况，

应分别编制不同场所、装置或者设施的现场处置方案，形成一个综合预案—多个专项预案—N 个现场处置方案的应急预案体系。

（四）应急预案的评审备案

应急预案应经内部评审和外部评审，根据矿井实际情况结合《导则》要求，对预案提出合理的建议和意见，并进一步修改，评审应形成会议纪要，参加应急预案评审的人员应当包括有关安全生产及应急管理方面的专家，外部评审人员与所评审应急预案的生产经营单位有利害关系的，应当回避。应急预案的评审应当注重重大危险源是否符合本矿实际情况，基本要素是否完整、组织体系是否合理、应急处置程序是否可操作和措施是否具体有针对性、应急保障措施是否完整，应急预案的衔接是否明确等内容。应急预案经评审修订后，由本单位主要负责人签署公布，并及时发放到本单位有关部门、岗位和相关应急救援队伍。应急预案实施后，须报送上级管理单位和所在市、县级地方人民政府安全生产监督管理部门和所在地的煤矿安全监察机构备案。

五、坚持未雨绸缪，做好应急准备

一是应急队伍的准备。包括内部与外部应急队伍，内部应急队伍要明确各小组组长，队员名单及每个人的联系电话，并且要明确各小组的职责和在应急行动中的任务，日常开展体能训练、技术比武、紧急集合等训练，保证每名队员能够熟悉各类事故应急处置程序，适应各种艰苦作业环境，做到招之即来，来之能战。外部应急队伍一般为本公司或附近驻地的专业矿山救护队伍和消防队伍及医院救护队伍，煤矿应与这些队伍签订救护协议，日常情况按照救护协议为矿上服务，在紧急状态下作为专业队伍进行救援。

二是应急物资的准备。储备应对各类灾害事故的应急救援物资和设备设施，专库专人管理，账目清楚，做好各类物资的维护保养、检修工作，对过期或报废的物资设施，要及时进行补充更新，确保完好有效。

三是应急资金的准备。矿井应急救援办公室应就应急物资的更新、维护、补充，应急演练的安排，应急培训的开展等要求，做好当年的应急资金计划，报矿井计划部门或财务部门安排，并预留一部分资金以备急用，做好应急资金的准备工作。

六、坚持持之以恒，常态化开展应急演练

应急演练是指所有应急组织机构的人员或员工针对假想事故，在处理事故过程中落实各自职责和任务的排练活动。目的就是要通过开展应急演练，查找预案中存在的不足，进而完善预案，进一步提高预案的实用性和可操作性。一般应急演习由应急救援办公室组织，策划演习内容，演习情景，制定演习方案，组织实施，编写演习评价报告。各类事故的演练方案应依各类专项预案程序为准则，按照程序进行演练，方案中须明确演练的评估人员，从侧面对演练过程、程序、人员进行记录，从中发现程序的不足项或不符合实际的情况及人员操作不当项，最后形成演练评价报告，对预案内容提出应修订项目，进一步修订预案。

七、结束语

煤矿企业应急体系的管理是企业安全生产的一项重要内容，关系到煤矿的安危，各级煤炭企业要建立符合本企业特点的应急救援体系，重点是要建立一个指挥有序、协调统一的指挥中心，准备充足的应急物资和装备，培养好精明强干的抢险队伍，健全完善的应急工作机制，防范事故于未然，抢救事故于有序，最大限度减少人员的伤亡和财产的损失，促进煤炭企业的健康稳步发展。

浅谈华能东方电厂安全生产管理与安全文化建设

华能海南发电股份有限公司东方电厂　项强

摘　要： 安全生产管理作为现代企业文明生产的重要标志之一，在企业管理中的地位与作用日趋重要，从一定意义上说，安全生产管理的成败直接关系到企业的生存与发展。我们应该在思想上跟上时代发展的要求，要不断转变安全生产观念，开拓创新，统筹规划，增强对安全生产工作的主动性和预见性，做到未雨绸缪，综合解决安全生产问题。华能东方电厂一直秉持"生命至上，安全发展"的理念，不断强化安全生产管理工作，以视频为载体，不断深入推进管理信息化，用多变的形式与丰富的内容开展安全培训，积极推动安全管理创新，包括安全宣传教育、安全生产活动、安全技能培训、安全生产检查等，同时加强企业安全文化建设，促进企业安全生产管理的有效开展，为企业的持久安全生产保驾护航。

关键词： 安全生产管理；安全文化建设；宣传教育；管理信息化

安全生产就是在保障人的生命和健康的前提下进行的生产过程。安全生产管理的对象是影响安全生产的三个因素：人、物和环境。监督管理的范围是全员、全方位、全过程，尽管企业、单位的性质不同，生产经营的情况不同，但影响安全生产的因素都是相同的。

安全生产管理是管理者对安全生产进行的计划、组织、指挥、协调和控制的一系列活动，以保护劳动者和设备在生产过程中的安全，保护生产系统的良性运行，促进企业改善管理、提高效益，保障生产的顺利开展。因此，安全生产管理不仅仅是专职管理人员的工作，而是全员、全方位、全过程的严密监管，只有全面正确地理解了安全生产管理的对象和范围，才能找准安全生产管理的着力点。

一、完善安全生产制度建设，推进安全科学化管理

安全重在管理，管理重在现场，现场重在落实。生产活动是一个变化的动态过程，作为生产活动主体的各类人员，由于受各类环境因素和自身条件的影响，在这个过程中，经常会有各类不安全行为的发生。华能东方电厂要求各级生产管理人员要经常深入现场检查工作，发现问题、提出问题、解决问题，而不是在办公室听汇报、讲管理。同时，完善各项安全管理制度，加大对各级生产管理人员的考核力度，强化各生产部门的主体责任，一级管一级，下级对上级负责，层层落实好岗位职责，明确各岗位的安全责任制，使生产现场控制在有序、平稳的状态中。

（一）发挥好宣传教育作用

安全管理的落脚点在班组，防范事故工作的终端是每一位员工，目的就是要努力保证他们的人身安全。因此，如何提高每一位员工的安全意识，树立正确的安全理念，使之实现"要我安全"到"我要安全"的根本性转变，是企业安全文化建设的中心任务。华能东方电厂始终坚持"以人为本"的安全生产方针，全力营造"人人关注安全"的良好氛围，通过不断拓宽宣传教育形式，包括警示标语、警示教育展板、安全教育手册、亲人安全寄语、现场会、图片展、电视、报刊、读本等媒体宣传手段，还有通过有奖知识问答、安全知识竞赛、演讲比赛、歌咏文艺演出等形式多样的活动，加强安全生产宣传攻势，做到寓教于乐，使安全生产意识深入人心，安全知识广为传播，潜移默化地规范人的安全行为，培养人的安全心态，树立正确的安全理念，已建立起整体性的、全方位、全过程、全员的安全环境。

安全生产的宣传教育适应了职工群众对安全生产的内在需求，从主观上讲职工是愿意接受的。要解决安全入心入脑的问题，还应注重情感投入，华能东方电厂特别重视发挥亲情感染作用，采用亲情教育法，时时提醒职工牢记亲人的嘱托，包括为职工过生日、送警句，兄弟交心等方法，不失时机、潜移默化地向职工宣传安全思想。再就是开展职工家属共保安全活

动，定期向职工家属发出安全承诺书，号召家属发挥好安全第二道防线作用，真诚邀请家属参加到共保安全活动中来。

（二）发挥好安全教育培训作用

安全教育培训，是企业安全管理工作的重要内容，也是确保企业安全生产的重要举措，更是培育安全生产文化之路。安全事故的发生，除了员工安全意识淡薄是其根源外，还有一个重要的原因是员工的自觉安全行为规范缺失、自我防范能力不强。华能东方电厂坚持重安全意识、重安全规程、重安全行为规范、重细节养成的培训理念，用多变的形式与丰富的内容开展安全教育培训，努力克服一成不变的照本宣科、我讲你听、坐而论道的呆板单一形式，力求内容和形式的鲜活性，激发职工主动参与的热情，活跃教育培训气氛，增强教育培训的实际效果。培训形式包括有采用座谈讨论的互动式培训、采用员工轮流讲课的换位式培训、观看安全教育视频的直观活动式培训、采用听专家等讲课的讲授式培训、通过网络视频教学的网络式培训、通过提交学习体会的考查式培训等。培训内容既有理论教育，也有实用技能训练。我们会根据不同的培训对象，结合培训对象的实际情况，制定针对性的培训内容和采取适合的培训形式，努力达到更好的培训效果，真正实现以安全意识教育为先，以提高安全技能为重，以养成安全生产行为规范为目的，培养员工的安全行为规范，全面提升安全防范技能，确保安全生产。

（三）发挥好管理规范作用

职工安全素质的高低与安全管理者的方法是有直接联系的。过去，管理者抓"三违"更多依赖的是批评教育和经济处罚。不可否认，批评和处罚能使违章职工的思想受到触动，但仅仅通过经济手段控制"三违"现象是不现实的。尤其是个别管理人员在执行制度过程中方法简单粗暴，很容易使职工感情上受到伤害，进而对安全管理人员产生抵触情绪和逆反心理，使经济处罚的有效作用大打折扣。华能东方电厂为了增强管理效果，要求安全管理人员在严格执行刚性制度的同时，注重柔性管理方法的使用。同时为了实施规范的现场管理，要求安全管理人员在现场进行工作时佩戴检查记录仪，规范安全管理行为。检查记录仪是一种具有同步录音录像功能的便携式检查设备，可以记录安全检查现场处置情况，对生产作业人员有一定的警示作用，让其自觉遵守安全管理规定。同时在单位会议室设置"不规范行为警示台"，让违章指挥和违章操作者站到台上，将违章经过及危害说清楚，促使其自我反思，自觉遵守规章制度。

（四）落实制度"严"字当头

落实安全生产规章制度，规范人的行为对搞好安全生产工作极其重要。华能东方电厂根据实际情况和需要建立起一系列的规章制度，并在实践中不断总结和完善。在落实制度的过程中，要求各级管理人员要严肃认真，不能讲人情、讲关系，同时做好教育和引导，使广大员工懂得安全生产管理规章制度是用多少人的鲜血和生命及沉痛教训写成的，按规章制度和操作规程运作就是珍惜生命、珍惜父母的养育之恩，珍惜家人和儿女的情感。教育员工自觉用规章制度规范自己的行为，把自觉执行规章制度变成大家的自觉行为。

（五）落实安全生产规章制度，还要着眼于一个"全"字

华能东方电厂建立健全组织机构，构建监管网络，成立厂长总负责，相关厂部领导参加的安全生产领导小组，负责领导部署企业的安全生产工作，并建立从厂长到副厂长、副厂长到中层管理人员、中层管理人员到班组，一级抓一级，一级对一级负责，层层抓落实，覆盖全面的监管网络，同时要求各级管理人员都要从大局出发，牢固树立安全生产"一盘棋"的思想。

二、加强企业安全文化建设，塑造企业安全文化理念

安全文化是企业安全工作的灵魂，是企业全体员工对安全工作集体形成的一种共识，是实现安全长治久安的强有力支撑。华能东方电厂长期坚持企业的安全文化建设，将其纳入企业文化建设的总体规划中，使安全文化与企业文化相融共生，协调发展，整体推进，将安全思想、安全哲学融入企业的生产经营理念、形象识别、工作规划、岗位职责、生产过程控制及监督反馈等各个层面。

（一）强化安全教育和培训

通过安全教育和培训，促使员工的安全文化素质不断提高、安全风气不断优化、安全精神需求不断发展。通过安全教育，能够让员工形成正确的安全认识

观念，改变员工对安全生产活动的态度，使员工的行为更加符合企业生产过程中的安全规范和要求。安全教育和培训，是安全文化发展的动力，对管理人员、操作人员，特别是关键岗位、特殊工种人员，要进行强制性的安全意识教育和安全技能培训，使员工真正懂得违章的危害及严重的后果，提高员工的安全意识和技术素质，只有让员工把那些约束行为的制度变成了自己的行动指南，从思想上接受企业倡导的安全价值理念，企业安全文化才有恒久的活力。

（二）引导员工树立正确的安全价值观

安全文化的核心是"以人为本"，实现人的安全价值。任何企业在生产、经营、发展过程中，人都起着主导的决定作用，员工思想观念、道德准则、文化素质、生活信念等都会影响自己的工作态度、行为、习惯、责任。

（三）加强物质安全文化建设，首先提高机器设备本质化安全程度

生产设备的本质安全是企业安全文化在物质方面的重要体现。本质安全是指生产作业过程及作业环境的安全不是靠外部采取附加的安全装置和设施，而是靠自身的安全设计进行本质方面的改善，即使在产生故障或误操作的情况下，设备和系统仍能保证安全。尤其是那些特别危险的岗位和人的能力难以适应和控制的场所。因此，提高本质安全是保证安全的根本途径。

（四）加强安全制度文化建设

安全制度建设和企业安全文化建设可以说是相辅相成，相互作用的。建立科学、系统、适合本企业的安全管理规章制度，规范企业安全文化。加强安全文化建设不能单纯停留在口号和表面上，不能说我建立了安全文化，员工的安全素质就提高了，要巩固无形的企业安全价值观，必须寓无形于有形之中，把它渗透到企业的每一项规章制度、政策及工作规范、标准和要求当中，进行强势推动，使员工从事每一项活动，都能够感受到企业安全文化在其中的引导和控制作用。健全的安全制度可以促使安全文化的形成和提升，同样，安全文化又促使安全制度得到更好的维护和落实。

（五）营造安全文化氛围

约束人性弱点，用文化约束人性的弱点，培养职工形成"让安全成为习惯，让习惯更安全"的理念。安全文化在人们生产活动中的重要体现是安全行为文化，而安全制度和安全规范是人们的行为准则。企业有了健全、完善、合理的安全制度和安全规范，员工生产行为就有了安全的活动范围，只要未超出这个安全范围，员工的生命和健康以及生产设备就是安全的。

三、结束语

华能东方电厂在企业安全文化建设的基础上开展实施预防型安全生产管理，在安全生产中实施安全文化工程，始终坚持"以安全塑文化、用文化保安全"的原则，突出加强观念文化、行为文化、制度文化和物态文化建设，真正用文化铸造起安全盾牌，从而保证和推动企业安全生产稳定发展。

海外水电项目安全生产管理探索与实践

桑河二级水电有限公司　杨建设　穆万鹏

摘　要：随着国家"一带一路"倡议的实施，海外水电项目规模日益扩大，特别是在东南亚"一带一路"重要途经地区投资水电开发、运营项目占比较大，而柬埔寨王国桑河二级水电站正是其中一个重点项目。由于柬埔寨王国的电力企业安全生产管理水平与国内管理水平存在一定差距，安全生产监管主要依靠上级单位，没有形成一个系统的安全生产管理体系。本文就以柬埔寨王国桑河二级水电站为案例，对制订符合企业自身要求和当地实际的管理体系的安全生产管理进行了探索与实践研究。

关键词：电力企业；安全生产管理；安全生产责任制；安全生产标准化；安全文化

中国电力企业在几十年的快速发展和实践过程中，已经形成了一个系统的安全生产标准、制度和管理办法，保证了安全生产的基本需要。而在柬埔寨王国的电力工程大部分还是依靠其他国家从技术上、管理上提供支持，尚未形成一个系统的安全生产标准、制度和管理办法，需要投资者或管理者在安全生产管理上参照国际或国内标准，结合当地实际推进管理创新，探索一个符合企业自身要求和当地实际的管理体系，保证安全生产。

一、工程概况

桑河二级水电站位于柬埔寨王国东北部上丁省西山区境内的桑河干流上，工程开发任务以发电为主，总装机容量40万千瓦，多年平均发电量19.7亿千瓦时。电站枢纽布置采用主河床左侧布置发电厂房、主河床右侧布置溢流坝、两侧土坝连接的枢纽总体布置格局。电站主体工程于2014年1月开工，2015年1月主河床截流，2017年1月三期截流，首台机组于2017年12月9日投产发电。

二、桑河二级水电站安全生产管理探索与实践

桑河二级水电站实行"建管合一"的管理模式，从基建到生产运营始终坚持"安全第一，预防为主，综合治理"的安全方针和"安全就是信誉，安全就是效益，安全就是竞争力"的安全理念，构建安全生产保证体系和监督体系协调配合的有机整体，强化全员安全生产责任制落实，建立健全安全生产管理体系，推进安全生产标准化建设，狠抓应急能力建设、防洪度汛和安全文化建设等一系列安全生产管理措施的落实保证了桑河二级水电站基建、生产安全。

（一）构建安全生产保证体系和监督体系协调配合的有机整体

电力企业安全生产保证体系包括人员、设备和管理三个要素。人员素质的高低是安全生产的决定性因素，健康的设备和设施是安全生产的物质基础和保证，科学的管理则是安全生产的重要措施和手段。桑河二级水电有限公司（以下简称"桑河水电公司"）注重人员安全意识和安全技能培训，不断提高人员素质把控安全生产决定性因素；设备从安装调试、验收、运行各个环节把控，保证设备的健康水平；公司建立覆盖安全生产全过程的华能电厂安全生产管理体系和基建管理制度，将安全生产管理制度化、标准化、职责化。

电力企业安全生产监督体系由安全监督部门、职能部门和班组三级安全员组成。其主要功能是安全监督和安全管理。即运用行政上赋予的职权，对电力生产和建设全过程的人身和设备安全进行监督，并具有一定的权威性、公正性和强制性。桑河二级水电站机组投产前期就成立了安全监督部门、职能部门和班组三级安全员组成的三级网络安全生产监督机构，明确各级职责。

实现安全生产保证体系和监督体系有机结合，一是要认清安全生产监督体系和保证体系是一种制约与被制约的关系，安全生产监督体系是制约者，安全生产保证体系是被制约对象；二是安全生产保证体系要保证桑河二级水电站在完成基建、生产任务的过程中

实现安全、可靠、全方位、全过程的闭环管理，落实好安全生产保证措施；三是安全生产监督体系直接对总经理和分管安全副总经理负责，监督、检查安全生产保证体系在完成基建、生产任务的全过程中，是否严格遵守各种规章制度的规定，是否落实了安全技术措施和反事故技术措施，是否保证了基建、生产的安全可靠。

（二）强化落实全员安全生产责任制

落实全员安全生产责任制是电力企业管理制度的要求，是电力企业安全生产效益最大化的有效保障，是实现零事故安全生产目标的重要手段。作为境外电力企业，桑河水电公司更加注重全员安全生产责任的落实，一是按照安全生产"党政同责、一岗双责"的要求，制订了从总经理到一线从业人员所有岗位（含劳务派遣人员、柬籍员工等）的安全生产责任制管理标准，做到全员明责知责，各负其责；二是与各部门、班组、个人签订安全目标责任书，层层压实安全职责，结合年度安全绩效目标考核对相关部门进行奖惩，做到履职尽责，失职严责；三是对照华能集团《安全生产责任制落实评估标准》开展自查自评，逐条对应检查安全生产责任制落实情况，接受上级单位抽查、巡查，及时发现问题并督促整改，做到立责于心，履责于行。完善的"层层负责、人人有责、各负其责"的全员安全生产责任体系，加上自我约束、持续改进的动态管控机制，保证了桑河水电公司全员安全生产责任任制的有效落实，促进了桑河水电公司安全生产管理水平不断提高。

（三）建立健全安全生产管理体系

中国华能集团在 30 年发展进程中，为了不断规范基层电厂安全生产管理，总结出一套的完整的华能电厂安全生产管理体系，全面指导基层电厂的安全生产管理工作。桑河水电公司则结合境外电力企业安全生产实际，根据《华能电厂安全生产管理体系要求》和编制导则编制印发了 82 个安全生产管理体系文件，体系内容以安全健康、环境保护和生产运营为主体。安全生产管理体系的建立，进一步细化、巩固了桑河水电公司各级组织、人员职责，明确了安全生产工作流程，保证了安全生产工作有章可循。

（四）推进安全生产标准化建设

安全生产标准化建设是用科学的方法和手段，提高人的安全意识，创造人的安全环境，规范人的安全行为，使人—机—环境达到最佳统一，从而实现最大限度地防止和减少伤亡事故的目的，是促进电力企业在人员、设备和管理三方面得到全面提升的重要举措，同时也是桑河水电公司提升本质安全水平的重要举措。桑河二级水电站自建设以来，一是始终以月度、季度考评为手段，以"边查边改，限期整改达标"为原则，对照安全生产标准化评级标准中的要素自查整改，并以季度综合考评的结果作为安全措施费支付的依据，进一步强化安全生产标准化的落实；二是克服柬埔寨王国工程建设部分材料较为稀缺、工艺落后的困难，加大安全投入在国内采购符合标准化要求的安全设施、设备，参照华能澜沧江水电股份有限公司《安全设施标准化手册（试行）》的要求，采用国内较先进工艺制作安装中柬文安全标志牌和中英文设备标示牌，扎实推进现场安全设施标准化实施工作；三是根据境外电力企业实际，对照达标评级标准进行桑河水电公司内部自评和上级单位评审定级，发挥企业主体责任和上级监督责任，不断提高桑河水电公司安全生产标准化水平。

（五）加强应急能力建设

近年来，中国国内电力企业应急能力和管理水平都在不断提升，国家也越来越重视应急能力建设，并在国务院机构改革中成立应急管理部，推动形成统一指挥、专常兼备、反应灵敏、上下联动、平战结合的中国特色应急管理体制，而桑河水电公司是地处柬埔寨王国的境外企业，突发事件应急处置条件相对较差，应急反应时间更长，如何发挥自身作用防止和减少突发事件的发生，畅通应急处置通道就显得尤为重要。一是在电站建设和运行初期分别对当前形势下存在的突发事件风险进行了评估，并对照评估结果编制印发了综合应急预案、专项应急预案 11 个、现场处置方案 13 个，及时宣贯学习；二是与各参建单位签订应急救援协议，组建兼职应急救援队伍，畅通大使馆、上级单位应急响应通道，形成横向、上下应急响应、处置联动机制；三是突出重点，每年组织开展消防、防洪度汛、现场处置方案应急演练活动，提高企业应急处置能力和个人应急技能水平，持续检验应急预案的可操作性和可行性，并进行滚动修编；四是开展应急能力建设评估工作，及时发现问题并加以整改。

（六）严格落实防洪度汛措施

柬埔寨王国属热带季风气候，分为旱季和雨季，雨季暴雨频繁，降雨量大，而桑河二级水电站水库为日调节库容，防洪度汛压力大，因此桑河水电公司将防洪度汛列为每年安全管理重点项目，严格执行"防早汛、防大汛、抗大洪、抢大险"的原则，按照"早布置、早检查、早准备、早落实"的要求落实防洪度汛各项措施。一是深刻认识防洪度汛工作的极端重要性，统一思想、高度重视，明确责任，编制年度防洪度汛实施方案和应急预案，定期开展汛前、汛中和汛末防洪度汛专项检查；二是加强水工建筑物安全监测，发现异常数及时进行专业分析，查明原因并重点关注；三是汛中严格执行 24 小时值班制度、库区巡视检查制度，做好水情、雨情、自然灾害预报防控；四是加强与地方政府沟通和水库调度，规范泄洪闸门操作流程，保证下游居民生活安全。

（七）加强安全文化建设

安全文化作为电力企业文化的重要组成部分和核心内容，具有向导、凝聚、激励和同化功能，为电力安全生产提供强大的精神动力和智力支持。柬埔寨王国工业技术落后，对安全生产的重视程度不够，安全文化认知度也很低，随着引进外资进入电力行业的同时，也在不断提高当地工业技术水平、对安全生产的重视和安全文化的认知。桑河水电公司通过推行基建施工、运行维护属地化管理促进具有柬埔寨特色的企业安全文化建设。

一是安全观念文化建设。针对中方员工开展包括出境外事及厂级、部门级、班组级的四级安全教育培训，针对柬籍员工开展柬语三级安全教育培训；通过三级安全网络例会、部门和班组安全学习活动学习安全生产相关法律法规、文件及事故案例，不断提高员工对安全工作极端重要性的认识；以"安全生产月"活动为契机，组织开展安全征文、安全生产警示教育、安全生产知识网络竞赛、咨询日现场有奖竞答、安全技能竞赛等活动，帮助柬籍员工提高安全意识和安全技能，实现中方员工从"要我安全"到"我要安全"的转变，把"安全第一"的安全理念深深埋在每位员工的心底。

二是安全制度文化建设。按标准化要求编制安全生产相关管理制度、工作流程图、应急预案、运行规程和检修规程等，做到"凡事有章可循、凡事有人负责"；针对中国和柬埔寨王国语言不同，将柬埔寨电网调度规程翻译成中文，将华能集团《电力安全工作规程》翻译成英文并选择适合柬籍员工的内容翻译成柬文，制作中、柬、英文的外来人员安全告知卡和告知书，制作安装中柬文的安全标志牌和中英文的设备标示牌，以满足安全生产需要。

三是安全行为文化建设。把危险点分析与工作票结合到一起，在办理工作票过程中进行现场施工危险点分析和注意事项告知，并做好预控措施；重拳出击整治违章，严格按照发现、处罚、曝光、整改的要求严格处理，不断促进员工养成按章办事的习惯；通过奖励的方式鼓励员工发现消除安全隐患和缺陷。

三、总结

柬埔寨王国桑河二级水电站安全生产管理是在国内现有的安全生产法律体制框架内，依托国内及上级管理单位成熟的安全生产管理经验，结合境外电力企业面临的形势、重点和难点问题，突出管理创新，构建了一个符合企业自身要求和当地实际的安全生产管理体系，保证了安全生产，树立了桑河水电公司良好的国际形象。

强化安全生产责任意识，做好外包项目安全监管

四川华能康定水电有限责任公司　刘庆中

摘　要： 电力工程外包项目是生产安全事故的高发领域，事故往往造成人身伤亡和经济损失，后果严重、影响恶劣。如何做好外包项目的安全监管，是必须高度重视和妥善解决的关键问题，也是安全监察人员日常工作的重要内容。本文重点从安全生产主体责任落实不到位、安全管理和生产人员安全意识欠缺、安全监管缺乏行之有效的手段和措施等方面对外包项目的安全现状进行了分析，结合工作实践提出了具有针对性、操作性的电力工程外包项目安全监管措施，希望能够为相关企业开展外包项目安全监管工作提供一定的参考。

关键词： 电力工程；外包项目；安全现状；应对措施

近年来，随着电力生产技术的不断发展、专业工种的逐步细分和企业经营管理模式的优化调整，电力生产企业对不同资质、不同专业的用工需求呈现多样化、差异化，越来越多的外包施工单位和外包作业人员进入电力生产企业承揽电站建设、运行维护、机组检修、技术改造、设备调试等专业工程项目。电力工程项目外包市场的蓬勃发展，切实改善了电力生产企业专业检修力量不足、个别技术工种欠缺、施工机械和专业工器具短缺等现状，有效提升了工程项目的施工水平和工程质量。但是，由于外包施工单位和外包作业人员普遍存在安全素质不高、技术水平参差不齐、队伍管理松散等情况，导致电力生产企业外包工程项目在施工过程中，人身伤亡、设备损坏、建筑坍塌、火灾爆炸、环境污染等生产安全事故多有发生，甚至偶发群死群伤事件，给国家、企业、家庭和个人造成了不可挽回的损失和影响。

客观来说，电力工程外包项目安全形势不容乐观，如何抓好外包项目的安全监管，有效规避安全风险，切实遏制安全事故发生，是我们必须高度重视并妥善应对的紧迫问题，也是电力生产企业安全监管工作的当务之急。

一、电力工程外包项目生产安全事故情况

近年来，电力系统外包工程项目安全事故频发。据某电厂相关资料统计，在 2015 年至 2017 年的 3 年间，共发生电力生产安全事故 6 起，其中，由于外包施工单位或外包作业人员直接责任造成的安全事故 4 起，占比高达 66.7%。随着电力生产企业对工程外包

的需求量不断增大，电力工程项目外包市场进一步放开，外包工程领域生产安全事故的发生数量有增无减，呈逐步上升趋势。

二、电力工程外包项目安全现状分析

外包工程项目生产安全事故中暴露出来的问题，是人员、制度、环境、管理等各方面因素共同影响、相互作用的必然结果。究其原因，主要包括以下几个方面。

（一）企业安全生产主体责任落实不到位

无论是外包工程项目的发包单位或者承包单位，对安全生产的重要性和发生事故的严重性都缺乏清醒的认识，敢碰红线、敢踩底线。安全生产规章制度形同虚设，安全生产管理责任出现真空，安全生产管理机构和专职人员有名无实，企业安全生产投入可有可无，安全教育培训摆样子、走过场，安全检查应付了事，安全整改措施只做表面文章，安全生产考核执行不严。企业管理人员片面强调生产发展和经营绩效，往往忽视了安全才是企业能够健康、稳定、和谐、长远发展的基本前提。企业安全生产主体责任的严重缺位，是导致外包工程项目生产安全事故频发的首要原因。

（二）安全管理和生产人员安全意识欠缺

各级管理和从业人员安全观念淡薄，思想麻痹大意。在履职过程中往往存在侥幸心理，总是片面地认为自己是行家能手，安全事故都是别人的事情，安全规程都是写给别人看的。头脑中固化形成惯性思维，习惯凭自己的经验和方法做事，对规程规范中的明文

规定熟视无睹、置若罔闻。对安全生产法律法规不学习、不了解、不掌握、不遵守，对安全生产事故案例不分析、不领会、不总结、不吸取，心中不知敬畏，工作中我行我素。事不关己、高高挂起，对身边存在的安全隐患或者违章行为置之不理，既不积极整改，也不及时制止，最终害人害己。安全意识的淡薄，是引发生产安全事故的又一诱因。

（三）外包工程项目安全监管缺乏行之有效的手段和措施

各级安全管理人员对本单位外包工程项目的安全风险和事故隐患没有进行全面、客观的分析和辨识，找不准问题的症结所在，拿不出可行的方法和措施。对外包施工单位和作业人员不进行严格的资质审查，进场前的安全教育培训和安全技术交底内容空洞、泛泛而谈，与作业现场的实际情况结合不紧密，针对性不强。工作许可程序履行不规范，对外包作业人员进出施工现场疏于监管。施工过程中的安全检查和现场监督没有具体的检查内容和参照标准，现场检查未能及时发现存在的安全风险和事故隐患，只是应付了事、走马观花。施工现场安全整改措施执行不严、跟踪不力，未形成检查整改闭环管理机制。外包工程项目相关方未能有效履行各自的安全监管责任，生产安全事故的发生终将无法避免。

三、电力工程外包项目安全监管应对措施

通过对外包工程项目安全问题的系统梳理和原因分析，为制定有针对性、操作性和可行性的安全监管措施提供了基础参考。结合某电力生产企业（以下简称"公司"）近年来外包工程项目安全监管的实践和经验，我们摸索总结出以下应对措施。

（一）外包工程项目施工单位和作业人员资格审查

导致外包工程项目生产安全事故的原因很多，但是在事故调查中，经常会发现外包施工单位和作业人员的资质、资格不符合工程项目的相关要求，是事故发生的重要原因。常见的电力工程项目，无论是检修技改项目（如机组检修、起重机械检修、设备更新改造等），还是生产维护项目（如电站运行维护、空压机组维护、送出线路维护、消防系统维护、设备防腐维护、建筑零星维护等），或者是试验检测项目（如电气设备预试等），都要求外包施工单位和作业人员

具备较高的专业水平和技术能力。如果外包施工单位和作业人员的资质、资格达不到工程项目的有关要求，那么就为生产安全事故的发生埋下了安全隐患。所以，在外包工程项目招投标时对投标单位进行资格预审，以及在外包施工单位和作业人员进场前进行严格的资质、资格审查，就是一项可行的、有针对性的安全监管措施，也是事前预防的有效方式。

（二）外包工程项目施工单位和作业人员安全教育培训

外包工程项目具有专业性强、用工形式多样化、作业人员流动性大、作业人员安全意识较差、施工现场点多面广、时间紧任务重、交叉作业频繁、作业现场存在危险有害因素、安全管理难度大等突出特点。从多起外包工程项目生产安全事故的经验教训中，我们可以看到，安全教育培训不到位、培训针对性不强、有培训无考核、培训流于形式等情况，往往是造成生产安全事故的主要间接原因。所以，针对施工单位和作业人员开展进场前的安全教育培训及考试，是外包工程项目安全监管的重要工作之一。

为进一步规范公司外包工程项目安全监管工作，按照集团公司《电力企业生产发承包工程安全管理办法》、上级公司《外包工程安全管理标准（试行）》和公司《外包项目承包单位及人员资格审查实施细则》等规章制度，结合公司外包工程项目安全管理实际情况，公司安全监察部门按照以下程序和要求开展了外包工程项目施工单位和作业人员的安全教育培训及考试工作。

（三）外包工程项目施工现场安全监察

人员、设备、环境、管理是安全生产的重要组成因素。这些要素是不断变化的，相互影响的，如果某个要素发生了从量变到质变的变化，之前的安全平衡状态将会被打破，故障或者事故便会随之而来。为了保持相对平衡的安全状态，为了将事故隐患消除在萌芽状态，对外包工程项目开展安全监察就更为必要和重要。安全监察的实施范围，主要包括公司已投入运行电站的设备、设施检修、技改、土建维护等外包工程项目。施工现场安全监察包括实施安全监督、发现问题或隐患、跟踪核实整改完成情况等相关工作。公司外包工程项目管理部门、外包施工单位项目作业人员及相关方，都要接受由公司安全监察部门组织开展

的施工现场安全监督。

四、结束语

电力工程外包项目安全监管，是公司安全监察领域的一项专业性、长期性的系统工程，它涉及人员、设备、环境、制度、管理、合同等外包工程项目安全生产的各个环节，要做好这项工作，既需要丰富的安全监管技术知识，也需要科学合理的管理方法和手段。本文论述的内容，主要是从外包工程项目的资质资格审查、安全教育培训、现场安全监察等方面，结合公司的实际情况，对抓好电力工程外包项目安全监管工作、防范生产安全事故发生作了一些探讨和总结。在工作实践中，还有很多环节和工作需要进一步强化和完善。公司将秉持"安全第一、预防为主、综合治理"的安全生产工作方针，坚决贯彻执行安全生产法律法规和规程规范，为全面推进外包工程项目安全监管规范化、标准化、流程化建设做出更多努力。

光伏发电企业安全生产管理体系建设探析

华能金昌光伏发电有限公司　孙永光

摘　要： 近年来，我国的光伏产业面临前所未有的发展机遇，取得了全面进步。众多光伏发电企业的安全生产不仅关系电网系统的正常运行，还关系到工作人员的生命财产安全，所以光伏发电企业必须不断强化自身的安全生产管理。本文结合华能金昌光伏发电有限公司的企业安全生产管理实际，对光伏发电企业开展安全生产管理体系建设工作进行全面分析，对存在的问题与对策措施深入探讨，促进我国光伏发电企业安全生产管理工作向着又好又快的方向稳步前进。

关键词： 光伏发电；安全生产；体系建设；分析探讨

进入 21 世纪后，我国光伏产业步入高速发展时期，确保安全生产成为光伏发电企业的关键任务。安全生产管理工作是企业安全文化建设的重要内容，是企业生产经营活动的重要组成部分，是一项综合性的系统工程。如何更好、更优质、更高效地构建安全生产管理体系、形成有效的安全生产长效机制、保持安全稳定的生产局面是企业必须着力解决的问题。本文以所在企业华能金昌光伏发电有限公司开展安全生产管理体系建设工作为基础，深入分析探讨光伏发电企业安全生产管理现状、存在的问题、工作措施及经验总结，推动企业建立安全生产风险分析和预控机制，规范企业的生产经营行为，使企业的生产管理流程和工作环节符合国家相关安全生产法律法规、国家标准、行业规范的要求，达到安全生产管理规范化、科学化、标准化工作目标，切实开展好安全文化建设工作。

一、企业安全生产管理现状

华能金昌光伏发电有限公司负责管理在甘肃金昌地区的四个光伏发电项目的前期开发、工程建设、安全生产和经营管理工作，每个项目 50 MW，总装机容量 200MW。

企业贯彻落实"以人为本、安全第一、预防为主、综合治理"的安全生产方针，遵循国家安全生产法律法规、国家标准、行业标准和上级公司安全生产管理制度，坚持华能"安全是第一工作、安全是第一责任、安全是第一效益、安全责任重于泰山"的安全理念，高度重视员工的人身安全和职业健康。建立健全安全生产管理体系和制度体系，形成公司-职能部门-生产班组三个层次的安全生产管理体系。积极开展全员安全教育培训，加大隐患排查和反违章整治力度，深入开展"六打六治"打非治违专项行动、安全生产标准化达标等专项活动，未发生生产安全事故，实现了长周期连续安全生产，取得了良好安全绩效。

二、企业安全生产管理中存在的问题

（一）企业安全文化建设滞后

安全文化建设力度不够，安全管理理念相对落后，安全氛围不够浓厚，没有提炼形成有号召力的安全文化理念，对员工的安全意识培养未发挥有效促进作用，未形成自觉执行安全规章制度的企业安全文化。

（二）安全生产责任制落实不到位

企业机构设置少、人员编制少、生产员工配置少，落实安全防范措施存在缺失和不足，安全生产管理长效机制不成熟，严抓严管缺乏持续性，不能进行有效的监督检查，没有发挥指导与监督作用。

（三）安全生产管理长效机制不健全

企业虽然制订了安全生产管理制度体系，但部分工作要求和管理标准并没有真正落实到位，不能严格执行，虚于完成安全生产管理的表面工作，应付上级检查，导致安全生产基础管理未能筑牢。

（四）安全生产教育培训不扎实

管理人员大都来自火电企业，生产员工一部分为新上岗本专院校毕业生，一部分为劳务派遣员工，安全技能知识相对欠缺，安全教育形式单一，培训效果不佳，人员习惯性违章屡有发生。

（五）光伏发电设备问题突出

光伏电站基建施工周期短，不可避免地遗留设备缺陷和安装隐患，电站运行过程中逐渐显现。日常维护不到位，未对通信控制系统、光功率预测及五防监控设备、系统等进行及时升级改造。

三、企业开展安全生产管理体系建设的主要措施

作为新兴建立并发展的光伏发电企业，华能金昌光伏发电有限公司自成立之时起，结合光伏发电企业的安全生产管理实际和特点，按照高标准、高水平、高质量的工作原则，着手建立符合光伏发电企业特点的统一、科学、规范的安全生产管理标准，组织开展安全生产管理体系建设工作，主要采取了以下措施。

（一）加大对安全生产的重视程度

企业坚持以人为本、科学发展、安全发展，坚守发展决不能以牺牲安全为代价这条不可逾越的红线，始终把人的生命安全放在首位，切实增强对安全生产工作极端重要性的认识，坚持华能"安全是第一工作、安全是第一责任、安全是第一效益、安全责任重于泰山"的安全理念，严格落实企业安全主体责任"五落实五到位"，强化安全生产责任制监督落实，强化安全管理制度执行落实，强化各级人员的安全生产意识，提高企业安全生产管理的综合水平。

（二）着力构建安全生产管理体系

2014年起，公司按照《企业安全生产标准化基本规范》（AQ/T 9006—2010）、《光伏发电企业安全生产标准化创建规范》《华能电厂安全生产管理体系评价办法》等国家、行业标准和华能集团公司管理制度，结合实际，组织开展安全生产管理体系建设，制定了涵盖安全生产、职业健康和环境保护等方面的58项安全生产管理标准，编制实施《光伏电站运行规程》等7项技术标准。

经过近三年的运行应用，已逐渐健全与完善，形成规范化、科学化与标准化的安全生产管理体系，体现了光伏发电企业机构精简、人员精干、流程简化的管理特色，建立起完整的管理系统，完善的管理标准，成熟的管理经验，使职工安全意识和操作技能得到较大提高，"三违"现象得到有效控制，企业的安全生产管理绩效明显提高，事故防范能力明显加强。

（三）切实履行安全生产主体责任

企业严格履行《安全生产法》等法律法规规定的企业安全生产主体责任，运用企业组织机构配置和员工岗位设置、人力资源、安全技术、生产管理及企业安全文化等手段和方法，培育良好的企业安全文化，规范企业的生产经营行为，形成人人讲安全、人人懂安全、人人要安全的良好安全氛围，进一步完善和落实安全生产责任制，执行安全生产管理体系管理标准，建立安全生产风险分析和预控机制，建立了规范完善的安全生产管理工作记录和管理档案，改善了生产现场安全文明生产面貌，及时排查治理隐患和监控重大危险源，保证了人、设备、环境、管理处于良好状态。使企业的生产管理流程和工作环节符合国家相关安全生产法律法规、国家标准、行业规范的要求，达到安全生产管理规范化、科学化、标准化工作目标。

（四）强化全员安全教育培训工作

每年制订全员安全教育培训计划，立足于生产管理实际和工作岗位，定期对员工开展安全培训，围绕《安全生产法》等法律法规、《电力作业安全规程》等国家、行业标准和公司安全生产管理制度等开展重点培训学习，生产人员全部实现持证上岗。规范员工的安全生产操作，规范人员的安全行为，使员工在工作中始终保持认真、细致、严谨的工作态度，防止工作人员在工作过程中发生习惯性违章等行为。同时，先后多次组织参加系统内外的操作技能比赛、安全知识竞赛，通过学习交流提高员工的综合素质。

（五）加强企业的安全管理和监管力度

善于学习借鉴国内外先进的安全生产管理理念，勇于在传统安全生产管理方法上实施创新，注重安全风险预防和控制，实行安全生产标准化管理，要求所有员工必须严格执行安全企业安全管理制度。定期进行安全生产检查，进行全方位、多层次的隐患排查工作，消除隐患苗头。加大安全投入，配备齐全安全保障设施和安全事故应急设备。同时，强化企业安全生产管理监督考核机制，建立相应安全生产奖惩制度，对安全生产工作进行定期检查和监督，奖优罚劣，以提高工作人员的生产积极性，保障安全生产制度能够得到有效落实。

（六）加强发电设备运维管理

公司认真落实《防止电力生产事故的二十五项重点要求》，对发电设备进行定时定期的检查和维护，不断提高设备的管理水平，及时发现发电设备运行过程中存在的不安全因素并整改。公司及时引进先进的电力设备和技术，不断改进生产技术和工艺方法，共实施 AGC/AVC 控制系统、有功智能控制装置设备改造等安全生产技术改造项目 20 余项，落实资金 500 多万元，对在日常运行中影响发电和安全生产的电力设备及时升级改造和更换，防止发生设备故障。设备巡检与维护工作制定标准化作业清单，工作票、操作票实施执行标准票操作，确保工作过程的安全可靠性，以降低发生重大设备损坏事故的风险。

（七）强化安全生产应急管理工作

公司遵循预防为主、常备不懈的方针，制定完善应急管理制度，建立了应急管理组织机构，成立应急专业救援队伍，设立处理突发事件（事故）总值班室，实行 24 小时不间断值班，遇有紧急情况随时发现、随时报告、随时处理。公司编制应急预案体系，内容涵盖了生产经营活动中对预防人身、设备、火灾、自然灾害、公共卫生事故等各类突发事件的全面、有效预防措施。企业应急预案经过组织评审并向地方安监部门和行业主管部门进行了备案。强化日常应急演练工作，定期组织开展应急演练活动，规范应急管理预防、预警、应急响应、应急保障、信息发布等各项工作，增强应急预案的科学性、针对性，有效预防和减少突发事件及其造成的损害，提高公司处置突发事件的保障能力。

四、经验总结

第一，华能金昌光伏发电有限公司以习近平新时代中国特色社会主义思想为行动指南，全面落实《中共中央、国务院关于推进安全生产领域改革发展的意见》《安全生产法》《职业病防治法》等有关法律法规，切实履行企业的安全生产主体责任，持续完善安全生产管理机制，提升安全生产管理水平，堵塞安全生产管理漏洞，深入推进安全生产管理体系建设，是企业全面落实创新发展理念，保障企业安全生产稳定的根本保证。

第二，企业牢固树立新发展理念，坚持以人为本、科学发展、安全发展，坚守发展决不能以牺牲安全为代价这条不可逾越的红线，始终把人的生命安全放在首位，切实增强对安全生产工作极端重要性的认识，

是夯实企业安全生产管理的工作基础。公司切实将安全工作作为企业的第一责任、第一工作、第一效益，从讲政治、讲大局、讲安全发展的高度重视安全工作，深刻认识安全生产管理中存在的问题，按照"三个必须""四个强化"的安全生产管理要求，持续抓好安全生产责任制的落实，深化全员安全生产责任制，全面建设严密的安全生产责任体系、制度体系、保障体系和防控体系，推进安全生产活动深入开展，确保了企业生产经营活动正常有序开展，杜绝了生产安全事故的发生。

第三，公司于 2014 年组织开展安全生产管理体系建设工作之时，国家、行业及华能集团公司系统内有关光伏发电企业安全生产管理规范、评估标准等管理要求尚不完善，部分管理标准还未建立。经过三年多的运行应用，形成成熟、完善、健全的安全生产管理标准，填补了行业和系统内光伏发电企业的空白。以实现零事故的安全绩效目标作为实现管理提升工作的突破口，形成规范化、科学化与标准化的安全生产管理体系，使职工安全意识和操作技能得到较大提高，"三违"现象得到有效控制，企业的安全生产管理绩效明显提高，事故防范能力明显加强，形成良好的安全氛围，进一步培育优秀的企业安全文化，以树立华能集团公司系统乃至光伏发电行业安全生产管理标杆企业。

五、结束语

安全生产是企业管理的重点，是企业发展的根本保证。光伏发电企业要实现"科学发展、安全发展"，安全问题是日常生产过程中不可忽视的重要问题。面对光伏发电企业在安全生产管理中存在的问题，企业应着眼于在安全生产组织中实现安全管理、员工行为、工艺设备和作业环境安全可靠的和谐统一，着眼于健全完善安全生产责任体系、安全生产制度体系、安全保障体系、安全风险防控体系，进一步加大对安全生产管理的重视程度，提升安全生产管理标准化水平，全面开展安全生产管理体系建设，转变员工的安全行为，控制工艺设备风险，改善作业环境，更好地落实企业安全文化建设，促进企业的科学、安全发展。

浅析人本文化下的发电厂流动人员职业健康管理

华能陕西秦岭发电有限公司　刘文青

摘　要：进入 21 世纪以来，我国经济建设飞速发展并已取得了较为显著的成果，其中发电厂作为经济发展的动力，对实现我国经济腾飞具有重要意义。随着发电厂数量的增多，发电厂流动人员职业健康问题有所凸显。本文从安全人本文化的角度就发电厂流动人员的职业健康管理工作进行了研究，首先对发电厂职业病危害因素进行了分析，其次探讨了发电厂流动人员职业健康管理工作中存在的主要问题，最后针对上述问题从"以人为本"的理念角度提出了相应的对策与建议，以期对发电厂流动人员的职业健康管理工作的更快更好发展提供帮助。

关键词：发电厂；流动人员；人本文化；职业健康管理

近年来，我国经济建设的飞速发展也带动了电力行业的长足发展，发电厂数量日益增多。发电厂建设的快速发展使得对流动人员的需求不断提升，由于发电厂工作环境恶劣及目前缺乏完善的流动人员职业健康管理机制，发电厂流动人员职业健康病发率较高，这样便严重威胁了流动人员的人身安全及发电厂的正常运行。因此，本文研讨如何加强"以人为本"的管理理念，把流动人员的健康和安全作为企业管理的重要任务，探索职业病危害因素，研究分析成因与预防思路，并最终提出建议方案。

一、发电厂职业病危害因素及来源

（一）动力系统

目前，我国发电厂仍以火力发电为主，火电厂在进行生产作业时主要是通过锅炉燃烧煤来产生蒸汽从而推动发电机工作。在燃料系统中，燃烧煤需要经过输送、破碎等环节才能被锅炉所用。在这些环节中，将会产生大量的煤尘、噪声及油渍污染，从而对工作人员的人身健康产生影响。在锅炉系统中，锅炉在运行中将会产生噪声、高温及一氧化碳、二氧化硫等化学物质，也会对工作人员的人身健康产生影响。

（二）电气系统

工作人员在发电厂中工作时，需要一定的人员对发电机、配电柜，以及变压器等带电设备进行定期检查。在与这些带电设备接触时将在所难免受到设备的工频电场以及工作噪声的影响。并且在对 GIS 六氟化硫开关进行检查时还将受到六氟化硫的影响，在对蓄电池进行检查时有可能受到硫酸的影响。工作人员在进行带电作业时，还应该时刻注意操作安全，以防触电事故的产生。

（三）脱硫和化学系统

工作人员在发电厂脱硫系统中进行操作时将与石灰石给料机、球磨机、加药转置、吸收塔等设备接触，在接触过程中将受到石灰石粉尘、盐酸、氢氧化钠、矽尘、一氧化碳、二氧化硫及噪声的威胁。在发电厂化学系统中，工作人员与碱罐、聚合铝加药泵、氨加药间、磷酸盐计量箱接触时，其人身健康还将受到聚合氯化铝、氨、肼及磷酸三钠等威胁。

二、问题分析与解决思路

（一）流动人员特点

流动人员指的是远离常住户籍所在地，在某一地区滞留一段时间以谋生为目的而从事各类活动的人员。发电厂中的流动人员主要是发电厂为了完成发电作业而招聘的常驻外协队伍人员或者临时外包人员。由于流动人员主要以农民工或者青壮年为主，其文化程度相对较低，因此发电厂流动人员主要承担的是一些简单并且技术含量较低的工作，这些工作往往属于有毒有害的高危职业。在发电厂中，相比单位正规编制工作人员，流动人员更易受到职业病的侵害，并且其职业健康管理工作存在的问题更多。

（二）发电厂流动人员职业健康管理问题

第一，企业没有完全承担起对厂内流动人员的职业健康监管责任。为了减低企业用人成本，一些发电厂在招聘体检环节，采用一般的体检代替职业健康体检，甚至忽略必需的上岗前体检或者离岗体检，这样便对发电厂流动人员从事高危工作带来了潜在威胁。有的发电厂还存在基层职业卫生服务机构人员不足和设备落后等现象，这样便无法保证发电厂流动人员的职业健康得到及时监护。第二，企业对流动人员的防护用品配备率低并且个人防护不到位。据有关调查显示，很多发电厂没有发放流动人员有效防护用品，导致流动人员直接暴露在电厂高危职业侵害因素之下。有些电厂虽然发放了防护用品，但仅仅包括手套、口罩及眼罩等，对企业一些化学和物理危害因素不能有效抵御。第三，部分企业职业卫生管理制度不完善。根据深入调查显示，一些发电厂的职业卫生知识培训仅仅为形式而已。并且大部分流动人员缺乏基本的职业病防护知识，企业没有为流动人员建立职业健康监护档案。总之，处于企业安全文化体系未能涵盖的部分，这部分游离于企业安全文化体系之外的群体对企业安全文化的建设、完善及效能的发挥产生了消极作用，进而会侵蚀已有的安全文化体系，对已有的安全文化有一定的破坏作用。

（三）流动人员职业健康问题解决思路

要解决流动人员职业健康问题，根本上是要转变思想观念。要坚决反对一切歧视流动人员群体的错误思维，决不允许由于流动人员从事工作技术含量较低就把他们当作廉价劳动力看待，必须坚持"以人为本"的思想，从企业根本理念层次上要尊重流动人员的合法权益、保障其安全权益，为他们的工作提供必需的安全条件。要把流动人员当作企业的合作伙伴、帮助对象，向其传播安全理念，培育其安全行为习惯。

三、对策与建议

为了更加有效地推动发电厂流动人员职业健康管理工作的顺利开展，政府部门、发电企业及电厂流动人员应该积极配合，互相监督，共同努力，建立安全文化，特别是安全人本文化全覆盖体系。

政府应该加强对流动人员职业卫生监督机构的财政支持并且建立长效机制，建设全社会安全文化顶层设计；各个监督部门应该加强对企业卫生监督管理工作的执法力度，夯实社会安全文化制度运行基础。对工作环境恶劣、有毒有害物质排放超标的电厂进行严惩，以确保电厂工作人员的人身安全。政府应该将职业卫生工作作为考核各级责任单位的指标并且据此实施奖惩措施。

发电企业作为安全文化实施的主体，承担着对流动人员职业健康管理工作的领导角色，因此应该建立安全文化体系全覆盖制度，切实担负起必须承担的责任。企业应该完善对流动人员的职业健康监护机制，建立每个厂内流动人员的职业健康监护档案，并且按照规定对流动人员进行严格的上岗前职业体检和下岗体检。发电企业应该加强安全文化理念的宣贯培训，重视对流动人员的职业健康知识培训，提高流动人员的安全人本理念意识和职业健康病防护意识。此外，企业必须为流动人员提供必备的个人防护用品，保证流动人员的工作环境安全。

发电厂内流动人员应该牢记企业的安全文化理念，认真学习企业进行的职业健康培训知识，切实提高自身职业健康防护意识。在进行日常工作时，流动人员也应该按照企业文化制度文化的要求，严格按照厂内安全操作规定进行操作。在出现威胁自身安全的情况时，应该及时做出有效的防护措施并且向有关部门反映。

四、结语

随着我国电厂建设工作的不断发展，发电厂流动人员的职业健康管理工作得到了高度重视。目前，我国电厂流动人员的职业健康管理工作还存在一定的不足之处，仍然需要对其进行进一步的完善和提升。因此，树立科学的安全文化理念，建立科学的安全文化体系，实施安全人本文化全覆盖是一个迫切的任务。政府部门、发电企业以及电厂流动人员应该相互配合，共同努力，以便使发电厂流动人员职业健康管理工作迈向新的台阶，为我国电力行业的更快更好发展做出贡献。

参考文献

[1] 李晓岚. 拟建火力发电厂的职业病危害因素识别要点探讨[J]. 职业卫生与病伤，2006，21（2）：92-93.

[2] 马良庆，程广超，余善法. 燃煤火力发电厂职业病危害因素的识别[J]. 环境与职业医学，2005，22（6）：562-563.

[3] 李家松. 职业健康监护工作中存在的问题与探讨[J]. 职业与健康，2010，26（4）：463-464.

[4] 马良庆，程广超. 燃煤火力发电厂的职业危害特点及防治对策[J]. 职业与健康，2006，22（24）：2173-2175.

智能变电站二次系统的集约化安全管控策略

国网安徽省电力有限公司检修分公司　郭振宇　罗长　李劲　杨宇

摘　要：随着智能变电站的大规模推广应用，其三层两网架构、SCD 文件、软压板及虚回路"看不见、摸不着"的技术特性也给二次系统现场安全管控带来困扰，以致近年电力系统中出现多起智能变电站二次回路的安全管控不到位而引发事故的案例。为了实现二次系统安全管控的智能化、可视化，从而更加便捷、清晰、高效的开展智能变电站二次系统安全管控，通过技术手段对 500kV 峨溪变故障信息子站、网络报文分析系统的数据进行采集、提炼、融合，在充分结合现场工作实际的基础上，提出智能变电站二次系统的集约化管控策略，以期提升智能变电站二次系统安全管控水平。

关键词：智能变电站；二次系统；安全管控；可视化；智能化

目前，以全站信息数字化、通信平台网络化、信息共享标准化为基本要求智能变电站在全国范围内推广应用，在给基础运维工作带来便利的同时，并没有很好地将回路有关的网采、直采链路联系进行明确的区分，特别是在 SCD 文件中隐藏的通讯装置以及虚拟逻辑连接难以进行可视化，运维人员难以高效的厘清繁杂文本中的二次回路。因其三层两网架构、SCD 文件、软压板及虚回路"看不见、摸不着"的技术特性，客观上导致误投退软压板、误整定定值、保护状态不一致闭锁等异常出现后不易被发现的问题，给二次工作安全管控带来一定程度的困扰。

本文对智能站二次工作安全管控难度大、异常情况隐蔽性强等现场实际困难进行分析，试图通过技术手段实现二次系统的全景可视化、异常诊断智能化、保护校核一键化，进而实现二次系统现场安全管控的集约化，从而进一步提升二次作业现场的安全管控水平。下面我们以 500kV 峨溪变为背景，阐述智能变电站二次系统集约化安全管控策略。

一、智能变电站二次工作安全管控存在的困难

常规变电站中，二次回路有具体的端子和端子排，继电保护装置的采样、开入、开出、出口等回路通过具体的电缆硬接线实现从端子到端子的连接，保护装置到一次设备有具体的一对一硬接线的连接，回路清晰可见。而智能变电站的数据采用网络传输，将常规站的模拟信号、电缆连接转变为数字信号、光线连接，信息的交互方式也由硬接线变更为交换机和网线。相

较于常规站的二次回路，智能站的二次回路缺乏直观性，给智能变电站的运维、检修工作带来很多困难。

第一，硬接线回路不复存在，导致传统基于设备和回路的一系列设计、施工、运行、检修等方面的做法和经验都不再适用，虚端子回路隐藏于过程层交换机中，运维人员无法通过万用表和螺丝刀进行检测和诊断。

第二，GOOSE 网络在很大程度上相当于常规变电站中保护测控装置的跳、合闸回路，高度依赖于网络，一旦出现问题同时网络又出现故障，就有可能出现保护动作而相关故障跳闸报文无法传输，进而导致断路器无法及时动作跳闸切除故障点的情况出现。

第三，SV 采样值相当于常规变电站的电压、电流二次回路，一旦网络出现问题，可能保护装置不能够得到正确的电流、电压采用值，从而发生装置误动。

二、二次系统集约化安全管控策略实现的基础

相较于传统的变电站，智能变电站基于 IEC61850 通信规约，利用 SV/GOOSE 数据流及 SCD 配置描述文件对于数据模型进行多路信息的复用操作，光缆连接取代了电缆对接方式。继电保护信息子站、网络报文分析装置中采集的大量信息，是实现二次系统集约化管理策略的物质基础，将这些信息进行删选、提炼，再结合现场个性化工作的实际需要，融汇二次运检工作现场经验，则形成该策略的基本架构。下面我们以 500kV 峨溪变为背景，阐述二次系统集约化安全管控策略。

为了在不影响运行设备的前提下获取可用的基础数据和信息，技术人员在500kV峨溪变过程层、间隔层、站控层分别配置了独立的基础信息采集单元、信息综合处理单元、实时监控管理单元，用于采集GOOSE报文、SV报文、故障录波、GPS对时、软压板状态、运行定值、动作报告信息等，并以此为基础，经过以期实现二次设备全景信息可视化、光纤链路故障自动诊断、软压板在线自动校核、二次安措自动生成与在线校验等功能，如图1所示。

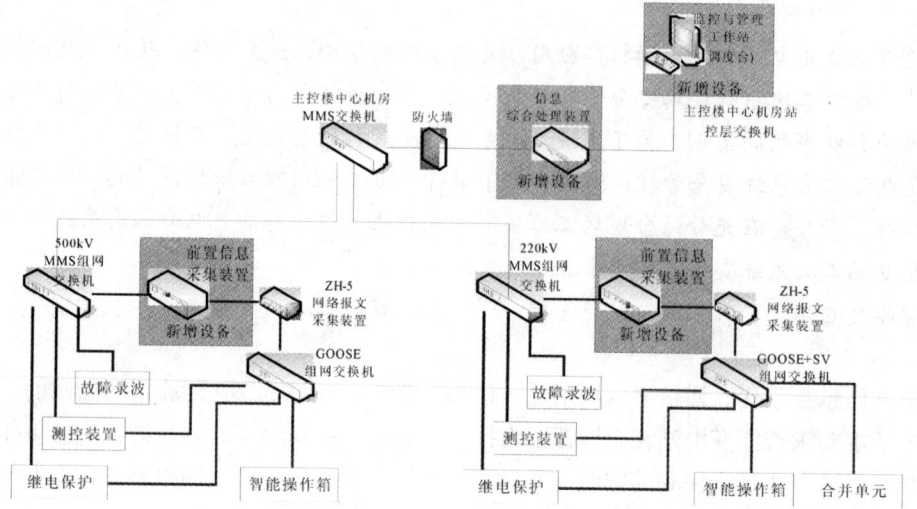

图1　500kV峨溪变二次基础信息获取原理图

三、二次系统集约化安全管控策略的展现形式

（一）二次设备全景信息可视化

以基础信息采集单元获取到的二次保护信息为基础，构建继电保护全景主接线图，在线实时监测过程层SV、GOOSE虚回路的状态、压板状态、保护版本、识别码、运行定值、监测时钟、电压、光强、温度、湿度、交流采样输出、自检告警事件、状态变位、压板变位、动作事件、录波文件等，构建智能站信息流，解析装置之间的回路和配置描述，图形化展现存在关联的装置之间订阅的GOOSE/SV信号传输，并且提取变电站配置描述文件中的二次回路信息，实现由文本模式转化为图形模式，同时可以将二次回路进行可视化比照电气主接线图，绘制全景化展示二次设备通信状态的二次系统全景图，实时监控二次设备的通信状态，发现通信异常积及时发出告警，为运维检修人员提供直观的虚回路状态变化及信号状态，将"看不见、摸不着"的二次系统进行全景可视化展示。

（二）光纤链路故障自动诊断

由于智能变电站大量采用数字信号通信，大量使用光线替代电缆，因此光线链路故障是智能变电最为常见的故障类型。此类故障影响范围光、排查难度大、故障定位耗时长。为了实时监测光线链路的运行工况，技术人员根据光线链路的实际走向，绘制光线链路图，用不同的颜色区分光线链路的通断，将不可见的光线链路进行可视化在线监测。同时依据实时监控单元对光纤链路的监控数据，对二次信息采取虚实合一的展示，将光纤虚回路与光纤物理链路相结合，依据故障诊断决策系统专家知识库，对输出信息数据进行过滤、对比，实现装置、信号异常的智能诊断与决策，定位故障点，在光纤虚回路链路上的方框进行标记，对应现场相应光纤的位置，从而实现对光纤链路故障的自动诊断，如图2所示。

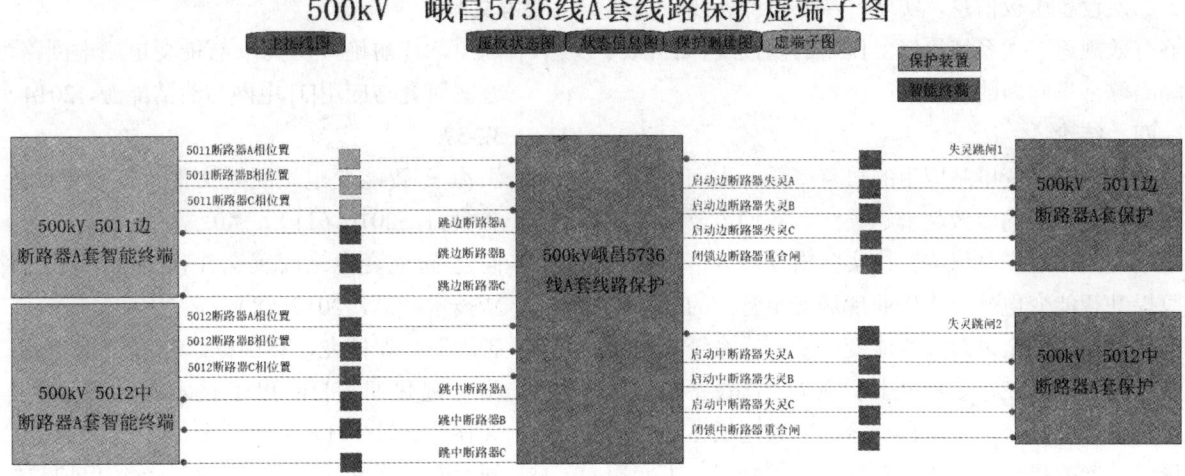

图2　500kV 峨昌5736 线路保护虚端子图

（三）软压板在线自动校核

依据采集到的全站软压板状态，为每套保护装置绘制软压板可视化管理界面，如图3所示，将保护装置之间的联络情况进行可视化展示。按照保护装置停复役操作规则，定义保护装置软压板跳闸、信号、停用状态规则库，通过不同监测策略实现触发式和周期式的压板状态自动巡检，并对二次压板状态进行智能判断，当监测到压板状态异常时自动推送告警，解决运维人员漏投、误投软压板问题。当出现保护装置、合并单元、智能终端三者检修状态不一致时，自动向后台发送报警信息，提醒运维人员及时检查处理。

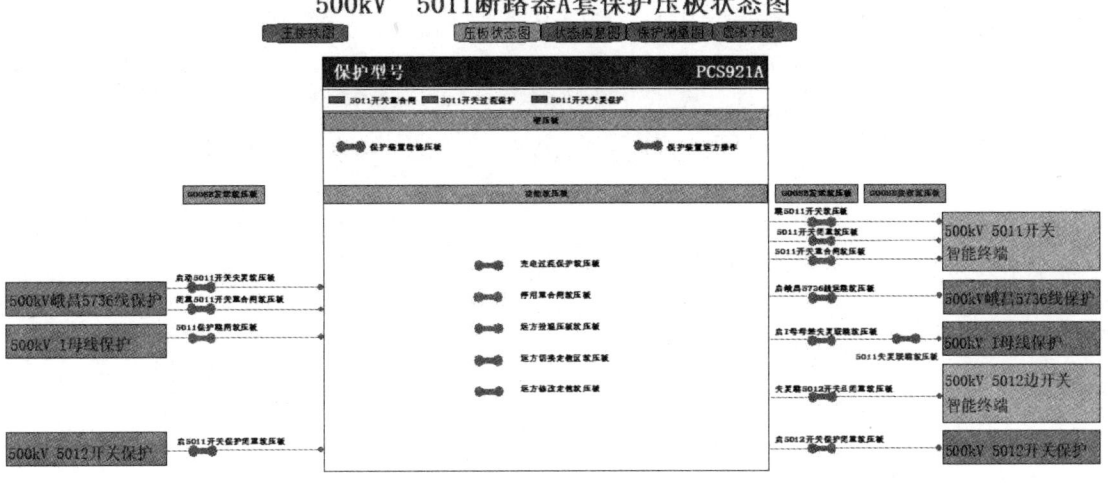

图3　500kV5011 开关保护软压板状态图

（四）二次安措票自动生成与在线校验

在二次回路上的工作需要执行二次工作安全措施将关联运行设备隔离，二次检修安全措施的主要方式有：投退过程层链路软压板、投入装置检修硬压板、投退装置出口压板和拔光纤断开物理回路等，检修二次安全措施票的开具主要还是由运维检修人员手动填写去完成，容易缺项漏项，效率不高，并且开具二次安全措施票的准确性也会受相关人员水平限制，不利于电网的安全运行。通过分析 SCD 文件获取以检修设备为视角的逻辑关系图，逐个分析运行设备与检修设备之间的隔离点，自动生成二次安措策略。结合整理系统内二次工作多年积累的经验，参照二次安全措施票相关典票、规程、规范，建立二次设备安措专家信息库，对安措执行进行全过程安全监督。系统通过对检修压板、保护软压板、光纤通断、开关分合等进行模拟预演生成安措票，执行完毕后读取一次设备运行状态、二次设备压板信息，实现二次安措的在线校核，能够有效规避二次系统检修工作中的误接线、无拆线、漏隔离等常见问题的发生。

四、结论

随着智能化变电站应用的日益广泛，人们对于二次作业安全管控的成效越来越关注。我们需要从智能变电站二次作业安全风险管控实际出发，以信息技术手段提升智能变电站二次作业现场安全管控的效率，降低现场作业安全风险。智能变电站二次系统集约化安全管控策略，在一定程度上实现了二次设备全景信息可视化、光纤链路故障自动诊断、软压板在线自动校核、二次安措自动生成与在线校验等功能，为二次设备检修工作的安全管控提供了一个优质、高效的工作思路，有利于提升了现场安全管控的效率，并推动了二次检修工作安全管控向智能化、专业化发展。

参考文献

[1] 刘蔚，杜丽艳，杨庆伟.智能变电站虚回路可视化方案研究与应用[J].电网与清洁能源，2014（10）：32-37.

[2] 洪梅子.智能变电站配置文件管控技术研究[J].湖北电力，2016（11）：40.

[3] 向艺.智能变电站配置文件管控技术研究[J].中国新技术产品，2015（8）.

[4] 唐志军，翟博龙，林国栋，等.智能变电站二次回路可视化研究[J].电子技术与软件工程，2016（18）：116-117.

[5] 刘孝刚，施琳，张帆，等.电力系统保护与控制[J].电力系统保护与控制，2017（12）：45-23.

[6] 孙茂春，张继忠.智能变电站继电保护检修作业安全风险管控策略[J].电力科技，2015（12）：168-169.

关于电力企业安全生产管理改进的探索

国网安徽省电力有限公司太湖县供电公司　周楠　吴莉娜　韦斌　陈焰

摘　要： 随着经济发展，各行各业对电力的需求越来越多，电力产业已经成为我国经济发展的重要支柱型产业。电力企业在发展过程中，由于安全生产管理具有复杂性、系统性，每个管理层次之间紧密连接，相互间的影响范围十分广泛，一旦其中任何一个环节发生了问题都会导致重大安全事故的发生，造成无法估量且不可挽回的损失。本文分析了电力企业安全生产管理的现状，并在此基础上探讨了电力企业安全生产管理的改进策略，以期为广大电力企业的安全生产管理提供参考。

关键词： 电力企业；安全生产管理；改进

电力行业是国家经济发展的大命脉，电力行业的安全生产关乎国家安全、社会稳定、群众生活的各个方面。尤其是现阶段我国经济发展、群众生产对电力需求的要求越来越高。一旦发生事故，可能会导致大范围的停电，致使各行各业的日常生产受到影响，如生产停滞、系统瘫痪，不仅产生经济损失，甚至还可能出现人员伤亡等情况，损失无法估量。同时也会给人们的生活秩序造成影响。由此可见，电力企业的安全生产管理显得至关重要，保障电力企业的安全生产责任重大。

面对当前电力行业安全生产形势，太湖供电公司一直坚持"安全第一、预防为主、综合治理"的方针，始终围绕电力企业安全生产管理进行有力探索。本文将就电力企业安全生产管理相关改进问题展开论述。

一、电力企业安全生产管理内容

电力行业本身就具有特殊性，做好电力企业的安全生产管理意义重大。目前电力企业安全生产管理主要是保障电网安全、设备安全和人身安全等。首先，电网安全是电力企业安全生产管理的重要对象，电力企业主要负责电力供应，给群众带来用电资源，保障其公用性，就要保障电网安全稳定运行。其次是设备安全。由于电力设备的价格昂贵，一旦受到损坏，不仅设备会发生故障，还有可能导致电网事故、人身安全事故等，给电力企业造成巨大的财产损失。最后是人身安全。人身安全包括人的生命、健康等，保护好企业职工和相关人员的生命安全和健康是电力企业安全管理工作的出发点和落脚点。电力企业应当加强和

改进安全生产管理工作，在这三方面做出成绩，确保电网安全稳定运行和人身安全，杜绝各类事故的发生。

二、当前电力企业安全生产管理需要改进的地方

（一）安全职责需要进一步落实到位

当前，虽然在电力企业之中已经形成了一系列的安全生产管理制度，内部的岗位职责也比较明确，然而当出现电力事故之后，因为个人原因却往往使安全职责难以有效落实到位。正是因为这种流于形式的安全生产管理工作导致二次事故发生率的增加，难以从根本上有效解决问题。还有的则是对于不严重的事故通报不重视，相关的工作人员在进行核查时工作不到位。对电力企业来讲，如果在安全生产管理环节出现了问题，甚至是与规章制度不相符合，那么就难以有效地发挥出规章制度的指导作用，继而基层班组的工作出现滞后。

（二）安全生产管理意识还需要进一步提高

近年来，电力行业发展非常迅速，生产技术也在不断地更新。同时，智能电网的建设也在快速推进，电力生产实现了质的飞跃。在这种情况下，传统的安全生产管理模式已经难以满足当前电力生产的需求，也很难有效保障电力生产的安全。但是，仍然有部分员工没充分认识到电力安全生产管理的重要性，还有的领导则是只注重发展，而对安全管理的重视程度还不高，安全生产管理意识落后。电力生产所涉及的范围非常广，在地理位置、交叉作业等外部环境的影响之下，电力安全生产对生产人员素质的要求更高。因此需要生产人员拥有良好的安全意识，同时还要拥有

扎实的技术能力，只有这样才能减少或者是避免安全生产事故的发生。

（三）安全生产监督水平需要进一步加强

电力系统生产所具有的复杂性和特殊性，导致电力企业安全生产监督工作的形势异常严峻。作为电力安全生产监督最前沿、最直接的保证体系人员，无法发挥切实的作用，主要是因为现有保证体系人员现场稽查素质参差不齐，特别是在县级供电企业中尤为突出。现场监督人员能力有限、安全责任意识缺乏、专业知识掌握不足，对于安全隐患及违章行为的发现与处理缺乏行之有效的解决办法，无法对一线员工安全生产提供指导。作为电力企业安全生产监督另一个体系的"监督体系"，稽查手段仍然以抽查、例行检查为主，缺乏对生产工作实际的把控，安全生产监督效率低。各单位间的稽查真实数据未做到全部互通，对于先进经验的推广存在不足。电力企业重点领域、关键环节的稽查力度存在不足，未能充分发挥出企业的安全生产监督责任。此外，由于各企业的避短心理，对于安全生产监督过程中获得的数据缺乏全面性，无法全面掌握企业各个环节的安全生产的薄弱环节。

（四）管理人员水平需要进一步提升

电力企业的安全生产管理人员多为老员工，而这些老资历的员工在开展工作中往往凭借多年的经验行事，大部分只是对电力安全生产的专业管理知识有一定的了解。此外，电力生产需求随着社会现代化进程的加快不断变化，电力企业纷纷引入了高科技设备，但是由于老员工无法熟练使用这些高科技设备，从而对电力企业安全生产管理水平的提升造成了阻碍，甚至为电力企业的生产埋下了安全隐患。

三、电力企业安全生产管理的改进策略

（一）健全安全管理制度、完善体系建设

电力企业在安全生产管理方面应加大安全管理制度、体系建设的重视，以事前防范的制度管理作为安全生产管理的重中之重，并采取一系列切实有效的措施，踏踏实实做出符合自身企业特色的安全基础管理工作道路。

电力企业做好安全生产管理事前防范工作的前提就是安全生产相关制度及各项奖惩考核办法的修订与完善，如果缺乏执行，即便在完善的标准、制度与摆设并无二致。对此，电力企业要做好安全生产管理必

须强化规章制度的执行，加强对规章制度执行情况的考核。同时增强对员工的两约束、三服从，也就是员工应约束自己的行为不违章、约束自己的思想不开小差，坚决服从公司的规章制度、服从公司安全管理的有关规定、服从公司安全监察人员的监督与管理，坚决以严格的制度、严肃的考核来切实促进安全执行力的建设，就一切安全生产工作预习细化、量化，将安全监察部门的日常检查、专项检查、公司综合检查等结果根据其性质纳入员工的相关考核之中。

（二）塑造电力企业的安全文化理念

电力企业要塑造自身的安全文化理念，将安全文化理念深入员工心中，应加大对以下三个方面的重视。第一，树立起以人为本的观念。坚持以人为本，塑造安全文化是"安全第一，预防为主"方针全面贯彻落实的新举措，是企业保障员工人身安全、健康的新探索。以人为本的安全生产管理，是指电力企业将员工生命放在生产作业的第一位，贯彻以人为本、珍惜生命、保护环境的理念，做到真正维护员工的利益，以员工意愿、员工得利、员工安康和稳定作为标准，形成个人权益、企业利益、社会效益三方面共赢，保障企业的可持续发展。第二，树立起生产安全是电力企业最大效益的观念。电力企业只有保障安全生产，才能确保企业生产秩序的稳定，如果生产没有安全做保障，那企业的生产经营、改革发展皆无法正常进行。安全是电力企业生产的前提，而一旦发生安全事故所带来的损失则是无法估量的，对此电力企业应深刻认识到安全生产是企业最大效益。第三，形成安全生产工作人人有责的观念。就安全而言，不单单只是企业的工作，还是电力企业每个员工的工作。企业在重视安全生产、关注员工生命安全的同时，不应仅仅只是强调生命的可贵，同时还应关爱、关注员工，不仅要保障员工的生命安全，还应加大对员工情感、精神层次的关怀，确保员工得到精神层面的满足，同时为员工提供一个本质安全的环境，确保企业充分体现人本、人权、人心、人情的核心思想。此外，员工应正确认识安全为天、生命至上的重要意义，切实提升自身的安全生产意识，以严格的自我管理保障自身及他人的安全，实现员工家庭与企业的共同发展。

（三）强化安全监察，提升安全生产水平

随着电网系统的愈渐复杂，电力企业的安全生产

检查工作形势越来越紧张，同时也对安全生产监督人员的工作提出了更高的要求。电力企业应积极强化安全监察，提升企业生产效率和安全生产水平。

第一，电力企业的安全检查人员不仅要积极开展日常专业化培训工作，还应不断提升自己的安全责任意识，强化自身的心理、思想素质，不断提升自身专业知识的掌握能力，确保发现和处理现场安全风险游刃有余。同时还要善于进行总结归纳，强化自身安全评估、技术改造的能力，并参照企业的发展情况打造出符合企业实际的安全生产监管工作模式。

第二，电力企业安全监察手段应不断进行创新，积极借助计算机信息技术、互联网平台、手机等建立起电力安全生产作业现场视频监控系统。借助互联网来对电力生产、维护、管理的全过程进行监控，监察人员只需要通过计算机、手机就能够实现对工作的远程监控与指挥，不仅有效提升了监察的人力与财力，还大大提升了电力企业生产安全的监察效率。通过对远程视频监控系统的数据进行汇总形成电力设备的监察数据库，此外电力生产作业现场的联网，实现了数据的共享，大大提升了作业现场风险辨识能力。

第三，电力企业安全监察的工作重点应放在生产现场的安全管理上，着重排查重点区域。理顺电力生产流程，通过排查电力生产各环节的重点区域查出隐患，进而保障电网系统的有效运行。充分发挥监督体系主体的责任，定期对基层单位安全管理工作的开展情况进行检查，开展春秋季安全大检查，制定检查工作方案和执行标准，及时发现和消除安全隐患，实时记录检查结果。在检查过程中参照使用记录仪，保存相关视频资料，确保全面掌握企业各基层单位安全生产情况。

（四）强化人才管理和安全评估，规避风险保障生产

针对安全生产管理现状，企业应积极完善制度，定期组织开展安全知识教育讲座、安全培训，帮助员工巩固安全生产技能。做好人才资源进行合理配置，确保各部门分工合作。同时，还应积极引进相关的技术管理人才，确保企业安全生产管理效率的提升。在选拔管理技术人才时，应确保其具有先进的安全生产管理知识、过硬的专业技术，确保在制度的引导下推动电力企业向更好的方向发展。此外，电力企业安全生产管理工作的落实，光靠嘴皮子功夫、少数人的积极性是明显不足的，应将安全生产理念沉到基层，从基层抓、从基础抓，定期评估企业员工的工作情况、学习情况，及时发现存在的不安全因素，及时处理问题。同时成立评估小组，定期进行开考核，明确责任，只有这样才能规避安全生产过程中存在的问题、风险，减少安全事故的发生率，保障电力企业的正常生产。

四、结语

近年来，随着我国经济社会发展，电力行业纷纷进行改革。电力企业积极引入了先进的生产管理理念和设备等，再加上国家大力扶持能源产业，大大促进了电力行业的发展。针对这种情况，电力企业应当顺应形势发展，坚决从实际出发，从思想上改变，以坚定的信念、严谨的态度，不断就企业安全生产管理进行改进完善，确保电力企业安全生产管理水平得到真正提升。

参考文献

[1] 颜芸芸.安全生产标准化与安全生产风险管理体系融合研究[J].通讯世界，2017（22）：244-245.

[2] 曹钟.新形势下电网运行维护技术的安全生产[J].电子测试，2017（20）：114-115.

[3] 范大鹏.农电安全生产的薄弱环节及改进策略[J].黑龙江科学，2017，8（17）：50-51.

[4] 王冬. 地市级电网调度安全生产风险管理研究[D].北京：华北电力大学，2017.

[5] 姜伟.安全运行在电力安全生产管理和电网中的应用[J].工程技术研究，2016（8）：170-171.

[6] 吴进喜. 电网建设安全管理的研究[D].广州：广东工业大学，2016.

[7] 陈瑜.浅议电网企业安全生产成本与经济效益[J].经济研究导刊，2016（25）：77-78.

关于班组安全管理的实践与探讨

宿州供电公司调控中心　柯明宇　马静　林兴华　武静

摘　要：当前电网运行管理安全压力显著增加，安全风险较为突出。随着调控一体化业务的拓展和远方遥控操作的深化，调度监控运行业务涉及的安全生产链条增长、界面增多，监控运行的风险加大，漏监和误操作的风险加大，尤其在春秋季基建检修高峰期，无效的干扰监控信息依然多发，造成监控信息漏监风险、应急处置失位风险依然存在。针对这种情况，宿州供电公司调控中心加强了基层班组安全管理，本文从班组安全管理的必要性，绩效考核与班级培训的具体做法展开了讨论。

关键词：安全管理；以分计酬；绩效；培训；角色反演；精细监控；

宿州供电公司调控中心是公司的职能管理部门之一，现有职工 42 人。下辖地区调度班、地区监控班、配网调控班、配网抢修指挥班、自动化运维班 5 个运行班组。担负宿州市所辖四县一区 12 座 220kV 变电站、34 座 110 kV 变电站、1 座 35kV 变电站共 47 座变电站及所属配电网的运行监控、异常和事故处理，负责继电保护和自动化两个专业的二次专业管理。地区监控班是公司 2012 年 7 月按照国网公司三集五大体系建设要求成立的，将由原变电工区 4 个集控站负责的电网监控业务整合，统一合并至调控中心。地区监控班现有 13 名员工，负责 47 个变电站的监控、远方操作、异常和事故处理。

当前，电网规模不断扩大，防止电网大面积停电的压力越来越大，电网安全精细化监控的要求也越来越高。但由于监控系统离散式的信息处理，人员工作强度较大，一些安全隐患始终存在。特别是因岗位差距的存在，不能有效激发所有人员的工作积极性，使得班组的人力资源得不到有效发挥，安全短板一直存在。如何从管理的角度破解班组管理的安全隐患？宿州供电公司调控中心从培训管理、绩效管理、团队建设等多维度进行班组安全管控，以创新培训为突破口，以绩效为抓手，以和谐、创新、进取的优秀团队为目标，狠抓班组安全基础，激发现有人力资源潜力，打造电网监控的放心班组。本文将对公司的具体做法和探索进行介绍，希望通过系统的总结梳理不断提升班组安全管理方面的成绩。

一、班组安全管理的必要性

安全管理是班组管理的一个重要环节，通过对照工作目标和绩效标准，采用科学的考核方式，评定员工的工作完成情况，工作职责的履行程度和员工的发展情况，从而夯实班组安全生产基础，确保电网的安全运行。

（一）立足安全，实现电网可靠供电的需要

监控班的中心工作是电网的运行监视与控制，在电网异常和事故时，在调度的统一指挥下进行紧急事故隔离；每日工作就是对着电脑进行监视和控制，其工作形式较为单一。监控班当时的人员配备是按四值考虑，每值配备三个人。三人岗位配置依次为值长、正值、副值；人数不算少，但恰恰是这个岗位差给后面的班组绩效管理和评价带来困难。每值配备三人，配置岗位不同、业务水平也参差不齐。与其他传统班组一样，多年来由于各种各样的原因，员工的薪酬水平存在着同一岗位"干与不干都一样""干多干少没有差距""干好干坏不受影响"的问题，再加上绩效制度不清晰，原有绩效模式不易操作，每个人的工作不易量化等这些问题非常容易导致员工工作积极性消退，工作效率降低，安全运行难以保障。

（二）顺应管理，实现电网的精细化监控的需要

传统的电网监控，信息来了，若是异常信息通知现场、汇报调度；事故信息通知汇报调度进行事故处理。虽然《安徽电网市级供电公司调度监控运行管理规定》有明确要求，但在实际监控工作中，监控员对信息的分析和判断还不够、还不深。其实缺陷从发生、

发展到扩大，其过程往往会发出一些稍稍变化的运行信息，如很多告知信息隐含着设备隐患，很多异常信息隐含着设备隐患的发展程度，只要我们能认真分析，掌握其规律和特征，就可以提前分析出设备隐患，将隐患消灭在萌芽状态。因此，在实际工作中，电压合格率能否保持百分之百，新站投运冲击送电信号能否核对无一差错，能否按照规范正确处理小电流系统接地智能选线，能否参与班组管理完成相关任务等这些工作，都要求基层班组能够做到精细化监控，持续提高班组安全管理水平。

（三）激发活力，打造"电网监控放心班组"的团队建设需要

以往的班组管理中，绩效考核很难反映出干得多少、好坏差别，以至于在安排工作时，各有各的理由，甚至有的人会相互攀比，看谁干的少了，占了便宜等。一方面由于监控系统的不完善，人均工作强度较大；另一方面由于岗位差距，不能有效激发所有人员的工作积极性，员工的工作压力差异较大。近年来还要陆续面临人员退休等会使矛盾进一步升级，原本工作热

情较高的人员将会承受更大的工作压力，然而却因无法得到相应的报酬体现，导致个人积极性受挫而影响班组工作正常开展。比如现在值长带班，每班都有值长。只要有值长，其他两人工作就放心。而如果值长公休疗养等原因请假，这个值就无法运转，班组基本的正常运转就会受到影响。如何打造电网监控放心班组，破解班组员工的工作积极性不受困扰，调动员工的积极性，是一项急待急待解决的问题。

二、班组安全管理的相关做法

宿州供电公司调控中心监控班依据公司下达的一系列"工作积分制"绩效考核文件及《宿州供电公司绩效考评办法》，制订了《监控班月度绩效考核实施方案》，如图1所示。并创新理念、完善方法，完成实施了"角色反演夯基础，评价积分激活力"的以分计酬班组管理办法，针对实施中的矛盾困难，坚持问题导向，以优秀团队建设为目标，以"角色反演，以分计酬"为管理基本抓手，逐步细化管理细则，破解实施中的难题，全面提升地区电网监控的质量和效率。

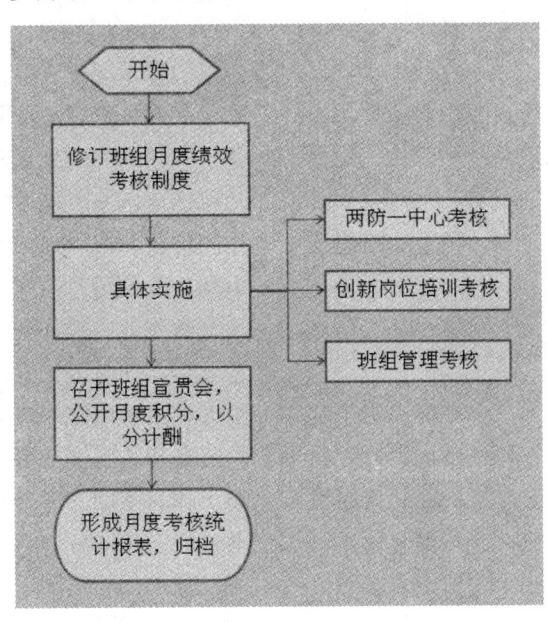

图1 监控班月度绩效考核流程

（一）民主集中制，完善班组绩效考核细则的修订机制

为调动员工的积极性，班组积极改进绩效模式，增加民主测评环节。在班组安全分析会上，班长将班组积分量化考核实施细则的制定背景和具体计划向大家详细阐述，听取员工个人的想法和建议，争取大家

对班组绩效考核细则修订达成共识。在细则初步修改制定完成后，班组召开宣贯会，班组长积极与班组员工沟通，听取大家的改进意见，改变原有的"平均主义""大锅饭"思想作风。

绩效积分考核的目的就是要把员工工作的好坏通过指标量化客观直观地表现出来，并根据员工贡献的

大小给予事先约定的激励，让"干与不干不一样""干多干少不一样""干好干坏不一样"的思想深入人心，为更好地实施积分量化绩效管理打下了良好的基础。

（二）加强安全管控，突出监控"两防一中心"的绩效管理

监控班的工作重心就是"两防一中心"，即防止信息漏监视，防止开关误遥控，以电压控制为中心。这个要求不能有丝毫降低，一旦出事，将会给电网带来严重危害。轻则影响广大用电客户的用电质量，重则危及电网的安全稳定运行，可以说是安全责任重大。

第一，防止开关误遥控方面。我们要求遥控操作，必须履行双机双控、唱票复诵原则。一经发现不规范遥控操作，月度考核扣罚 2 分，造成严重后果的年底绩效直接归 C。

第二，防止漏信息方面。一经发现不规范遥控操作，月度考核扣罚 2 分；遗漏信息导致严重后果的年底绩效直接归 C。

此外，我们设立万条信息监控无差错考核，以激励大家的工作热情。对于同一值值班人员，每万条监控信息无遗漏，加 0.5 分，月监控 5 万条以上无差错双倍加分。

第三，电压的控制和监视工作。我们对省公司指标电压和无功合格率的考核，采取减分的形式，如电压监测采样点和无功检测采样点，有一项不合格扣 0.1 分，超过考核点 10 个及以上扣 1.0 分；两个班次连续出现不合格，当月绩效直接归 C。

（三）创新人才培养，实施角色反演、月度考试等培训新模式

监控班目前设置有四个值长，三个正值，四个副值，以及一个实习岗。在管理存在一些困境，一方面岗位差距，加上安全压力、指标压力等，正/副值对值长的依赖性较强。每值必须有值长，一旦没有值长，正/副值工作没有底气。另一方面由于工作中大家对值长的工作较为认可，班组的年度绩效 A 都被值长打去了，久而久之就伤了正/副值的工作热情，学习热情。甚至在班组内逐渐形成"相互攀比，看谁干的少了，占了便宜"等，以至于在安排工作时，各有各的理由。针对这样的困境，就需要进行管理创新，破解班组低岗位员工工作积极性不高的难题，2018 年调控中心监控班在公司人资部的支持下，以"以分计酬"为抓手，

积极进行了有益的探索。

1.探索角色反演，评价积分方式，激活职工工作和学习热情

以往岗位晋升，都是岗位空缺出来后，所部对符合条件的人员进行考试选拔，择优录取。但是突击考试有点片面性，并不能准确评判一个人平时的工作态度、工作能力，加之可能出现的"人情关"等使这种方式选拔人才并不科学。甚至有的人平时不努力工作和学习，只想坐等提岗，提岗机会来了就通过走后门、托关系来争机会。为此，针对大家关心的岗位晋升，监控班采取设门槛、比贡献的积分评价方式，凡申请岗位晋升的员工，必须在实践工作中以晋升岗位身份带班 10 个班，并且实现当班期间电网安全生产，电压指标合格；每安全优质带一个班计 10 分，积够 100 分算提岗门槛，调控中心下文认可申请者的岗位晋升资格，在岗位空闲出来后，调控中心给予优先安排。如有多人具备资格，则按照月度评价积分的排序择优推荐。

2.加强月度培训考核，提高大家的工作成就感

做到不漏信息，不误遥控，调整好电压，是监控员工的基本要求。监控的工作不仅仅要完成这些基本的安全目标，更要能善于从厂站发出的海量信息中，凭借丰富的专业知识和现场经验，准确判断设备故障，甚至提前判断可能发生的隐患，让职工感受到自身工作的价值和成就感，从而不断的自我充电、加强学习。为此，我们每月组织监控员业务考试，当场公布成绩和绩效积分；每周结合班组安全会进行异常和事故信息分析，同时鼓励大家主动把自己的经验、绝招分享给大家；对能够积极总结工作中的典型案例和典型经验，并和大家交流分享工作经验或者自愿讲课，对大家工作有帮助的人员给予相应加分，在班组月度技能考试或在工区各项考试取得优异成绩的给予相应加分等。通过创新培训手段在班组内部营造"比学赶超"的工作、学习氛围。对于在工作技术上勇于创新，并能取得实效的人员给予相应加分，以此鼓励人员技术创新。

三、实施效果

在全面实施工作积分考核制后，班组全员无一例外执行同一套评分标准，做到了"规则面前、人人平等，统一标准、公平对待"，杜绝了过去绩效得分因

人而异，因主观思想打分的现象，使班组出现了一些崭新的变化。

（一）班组的团队意识增强，班组的安全文化氛围好

安全文化氛围好，首先是思想上的变化，改变了"大锅饭""平均主义"的传统观念，人人都想往好的方面发展。其次是工作积极性的变化，以往临时加班任务安排不下去的情况没有了，人手短缺时主动请缨的人多了，每项工作都很积极地去做，都在努力争取自己积分，实现了从"推着干"到"主动干"的转变。

（二）学习氛围好，班组的安全文化逐渐落地生根，个人业务素质明显提升

通过班组培训创新、绩效管控、团队建设等多维度管理，在班组内部营造出良好的学习氛围，每个人都可以把自己擅长的业务知识、特长等通过班组技术讲课给全班人员分享。比如在每周五的班组安全分析会上，不定期的安排技能讲课等培训，由于班组学习氛围的转变，大家积极报名进行技能及典型案例分析讲课，通过轮流讲课，每个员工对高低压保险熔断、电流断线、系统接地等故障现象熟记于心，并能根据现象不同，采取相对应的策略进行判断。个人业务素质得到明显提升，监控指标也明显得到提升，大大夯实电网的安全运行基础。

（三）创新成果不断涌现

第一，小电流系统接地实现"智能"查线。监控班认真开展部署实施宿州电网小电流系统接地分析和研究，从市、县公司历史接地选取 100 个接地案例，进行接地前后电流、有功、无功变化分析，最后总结梳理出一套"基于静态遥测数据变化"分析判断策略。通过对近期电网接地实际运行检验，准确率达到 90% 以上，效果很好；全面实施将大大降低宿州电网的拉路次数，同时进一步提升宿州电网供电的可靠性和省公司考核指标，实现宿州电网小电流接地线路"听得见，看得清，算得准"。

第二，小电流系统线路断线故障，实现智能查找。

第三，小电流系统 PT 保险熔断，实现提前判断。

第四，非计划停电指标得到显著提升。实施前，在 2017 年全省排名第 12 位，实施后，2018 年全省排名已上升到第 8 位。

此外，平时工作干得多的、干得好的员工，在考核绩效中得到了体现；平时干得少的，稍有落后的员工也会在此找到差距后，不断地提升工作积极性；而且这是大家平时工作积累的结果，大家都明明白白，心服口服，因此在评先评优以及年度绩效考核时也有了根本依据。

四、结束语

随着电网规模的不断扩大，电网运行方式的不断变化，班组人员也不断新老接替，这些都会影响电网的安全生产。由此，电网安全生产对监控员的要求也会越来越高。只有打造一套好的班组安全管理方法，逐渐在班组形成特色的班组安全管理文化，才能在不断变化的生产环境中，持续保持安全生产形势稳定。

提升现场隐患排查治理工作水平的管理措施

中核辽宁核电有限公司　秦玉玲

摘　要：为进一步提升现场安全隐患排查治理工作水平，本研究对某公司安全隐患管理工作现状进行分析，找到安全隐患排查治理工作中存在的主要问题，运用数据统计和因果图分析的方法对发现的安全隐患进行分类分析，采用全员参与的风险过程分析，技术措施、人的行为控制措施、管理措施的综合运用，强化整改措施的培训和落实；在工程现场实施安全生产标准化建设和 5S 管理，规范作业，进一步落实主体责任；运用多层次的隐患分析方法和有效的管控措施，提升了工程现场隐患排查工作水平。本研究成果有助于提升工程现场安全隐患排查治理水平，预防安全隐患的重复发生，并且对其他单位在建设过程中的安全隐患排查治理工作具有一定的借鉴作用。

关键字：隐患排查；现场治理；管理措施

国家高度重视安全生产工作，陆续出台了多部涉及安全生产的法律法规，各行业协会、企业也出台了很多安全生产规章制度、操作规程，形成了涵盖法律、技术技能、行政管理的安全生产管理体系，在很大程度上体现出了对企业安全文化建设工作的重视。

然而近年来国家重大安全事故仍然时有发生，安全生产责任事故屡禁不止。究其原因主要是对一般安全隐患不重视，没有从管理层面、技术层面有效分析，找出隐患的内在原因，解决深层次的意识问题、技术问题和管理问题，"头疼医头，脚疼医脚"现象普遍存在。无数案例证明，绝大多数生产安全事故是人为原因导致的，且事故发生前都有安全隐患，所以，消除事故隐患，是生产经营单位预防事故发生重中之重的工作，也是落实安全文化建设工作的重要举措。

本文从某公司一般安全隐患排查治理工作的开展情况入手，分析其发生的主要原因，提出针对性的解决措施，提升本质安全管理水平，从而防止和减少安全生产事故的发生，有效落实安全文化建设。

一、现场安全隐患排查治理工作现状调查及原因分析

（一）风险分析不全面导致风险管控防范不足

某公司施工单位在进行下季度施工作业项目风险分析时，按照《企业职工伤亡事故分类标准》（GB 6441—1986），对施工作业活动进行危险源辨识，找出可能存在的危险源，在事故隐患及风险分析中仅给出了在施工作业过程中可能发生的高处坠落、物体打击、机械伤害、触电等伤害事故，采取的预防措施仅给出了管理措施，如严格执行规章制度、培训教育、开展专项检查和高风险作业旁站等。

在风险过程管理中存在以下问题：没有对危险产生的部位和可能的诱因做出具体的分析；给出的整改措施未针对具体的作业部位，没有运用技术控制措施和行为控制措施；未实施风险管控措施的培训。从人和风险分析方法的角度入手，找到原因，如图 1 所示。

（二）作业行为不规范导致隐患频繁发生

安全隐患来自工程现场，通过某公司施工单位2017 年发现的安全隐患按照人的不安全行为、物的不安全状态、文明施工、环境因素和管理缺陷等五方面进行分类统计，计算各类隐患占总隐患的百分比，如表 1 所示。

通过统计表，绘制出安全隐患分类排列图，如图 2 所示，施工现场安全隐患中 "物的不安全状态" 及 "文明施工" 占隐患总数的 89.5%。

而其中物的不安全状态隐患主要是未按标准操作造成的，包括部分设备未定期检修、防护栏设置不当、安全带磨损继续使用等，主要原因是施工现场没有建立健全施工应遵循的标准规范和要求，相关标准和要求未实施培训和技术交底，责任人未按标准要求开展工作等。而占比 25.08% 的"不文明施工"类隐患则主要由于作业人员安全意识薄弱，习惯性违章操作。

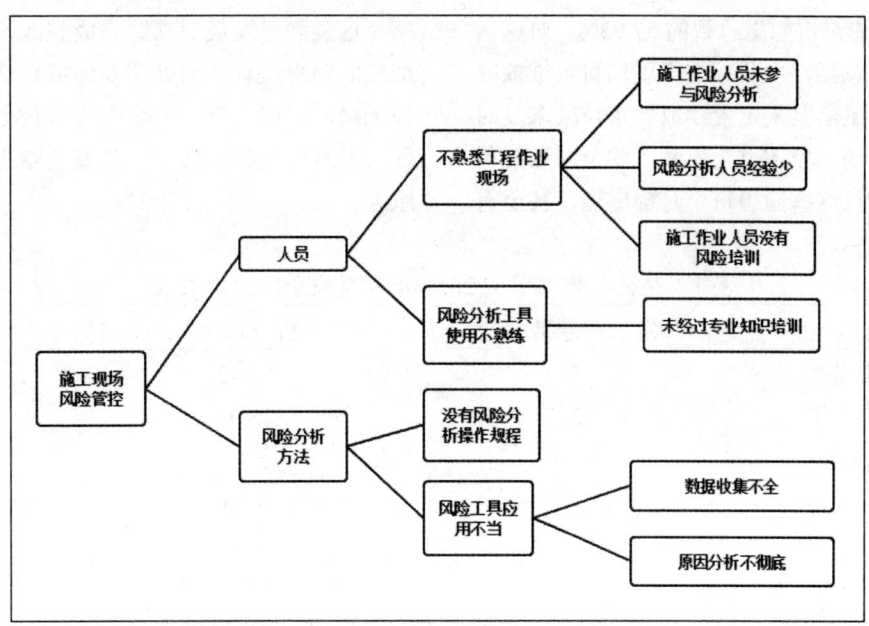

图 1 风险管控原因分析树状图

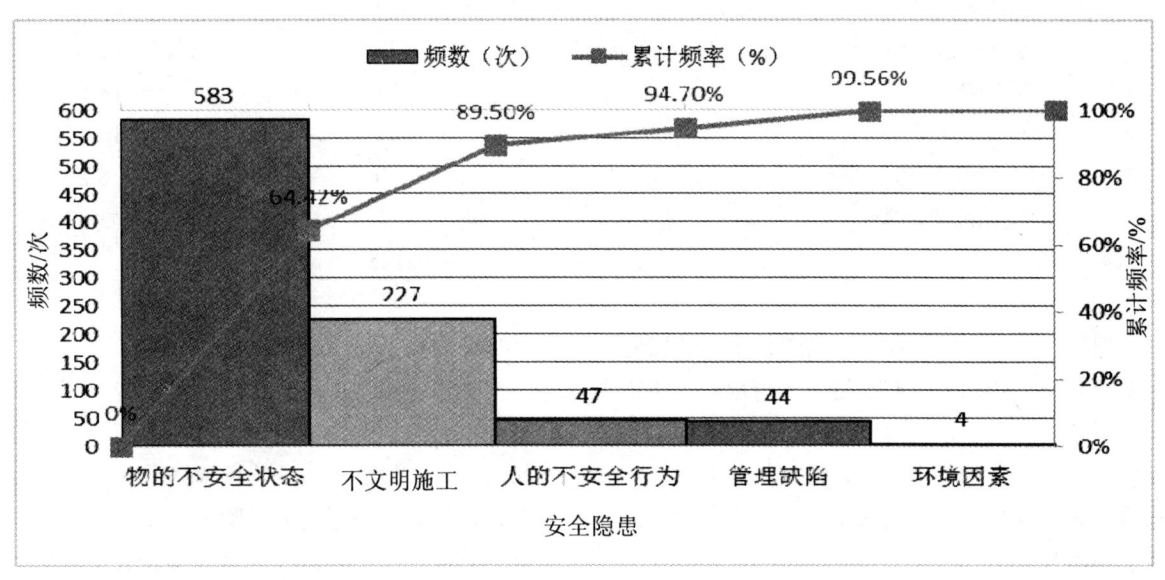

图 2 某公司施工单位 2017 年发现安全隐患排列图

（三）忽视对问题形成过程的分析导致纠正措施制定不全面

一般安全隐患危害性小、整改难度小，多是符合性检查。检查人员对现场作业人员的行为、环境条件、设备设施等进行检查，与标准规范和管理制度对比，对不符合标准规范要求，能够立即整改的，要求责任单位立即整改，如不能立即整改，给出整改措施建议，限期整改。符合性检查的重点在于是否符合标准要求，

没有对安全隐患形成的过程进行分析和研究，问题停留在表面，制定的纠正措施不全，未能彻底解决隐患。

（四）管控措施不足致使安全隐患重复发生

在现场安全隐患排查治理过程中，一般由安全监督检查人员进行现场安全监督检查，然后由现场负责人督促施工作业人员落实整改。通过对该公司某施工区域 2017 年 6—9 月发现的 145 项隐患进行分类分析如表 2 所示，其中有 52 项"文明施工类"隐患，32

项"脚手架类"隐患，占隐患总数的57.93%。对这两类隐患进行了归纳总结，主要存在"现场材料堆放凌乱未及时恢复""工器具未定置摆放""垃圾未及时清理""脚手板松动、空隙过大"和"安全网设置不规范"等问题，而且这些隐患每个月都出现，甚至有的一个月内出现5～6次。

这类隐患发现后立即完成整改，对施工作业人员造成的隐患没有任何处罚和惩戒，造成了作业人员熟视无睹，习以为常，安全隐患管控力度不足，隐患责任人没有受到惩罚和教育是安全隐患重复发生的主要原因。

表1 某公司施工单位2017年发现安全隐患调查表

安全隐患类型	发现问题数量/项	百分比/%	累计百分比/%
物的不安全状态	583	64.42	64.42
不文明施工	227	25.08	89.50
人的不安全行为	47	5.19	94.70
管理缺陷	44	4.86	99.56
环境因素	4	0.44	100.00

表2 某公司施工区域2017年6—9月隐患数据统计表

序号	隐患分类	发现隐患数/项	占隐患总数比/%
1	文明施工类	52	35.86
2	脚手架类	32	22.07
3	防护类	27	18.62
4	施工用电类	22	15.17
5	消防管理类	9	6.21
6	危化品管理类	3	2.07
7	合计	145	

二、提升现场安全隐患排查治理工作水平的措施

在安全隐患排查治理过程中运用事前预防、事中控制、事后分析的方法，实现安全隐患从源头控制管理，过程中采用有效的管理措施，经过统计分析总结持续改进，确保现场安全隐患排查治理工作水平得到提升，实现本质安全。

（一）结合经验反馈做好风险分析，开展工前培训风险受控管理

由于风险评估对人员的要求比较高，风险评估人员要有丰富的现场工作经验，能熟练正确运用数据统计分析工具和风险评价工具。在制定风险控制措施的时候，要收集相关法律法规和其他企业事故事件相关信息开展好经验反馈工作。必要时，寻求专家帮助，与现场作业人员共同运用头脑风暴的方法找到更有效的措施和方法，充分调动作业人员的责任心，过程参与，提升安全意识。

在工作中成立了风险评估小组，应用危险和有害因素分析的方法对该公司施工过程中每个施工阶段开展风险分析，最后形成危险源风险分析表和控制措施实施表，如表3所示，对风险整改措施的执行情况进行跟踪管控。在危险源控制措施实施表中明确了责任单位和责任人，确保各相关部门的参与和支持，能够及时得到信息反馈，并根据反馈的信息进一步完善控制措施，控制措施是动态管理的过程。在开工前和施工作业过程中，每天的班前会进行安全技术交底，把施工作业过程中存在的危险部位、危害后果和人的行为控制措施进行培训教育，让作业人员提前了解和采取措施避免危险的发生。班后会进行总结，确保风险受控管理。

表3 危险源风险分析和控制措施实施表

评估人				评估时间			
作业名称				作业地点			
序号	危险类型	可能产生原因	危害后果	发生的可能性	风险值	风险等级	改进措施和预防方案	区域负责人
序号	危险存在的部位		整改措施	责任单位		责任人	培训教育情况

（二）实施标准化，推行 5S 管理，做好安全隐患过程管控

项目建设单位应以现行国家/行业标准与企业标准相结合，明确安全管理目标，建立健全安全管理标准化体系。以合同管理、制度管理为抓手，明确相关方责任、义务，建立并不断完善现场项目安全管理奖励机制、实施安全生产责任考核及问责机制。以安全生产标准化建设为抓手，持续推进现场安全管理科学化水平和能力建设。

2017 年为了加强对该公司现场的标准化建设，针对现场各施工单位在安全管理上的做法不一致、不规范的情况进行统一规划和管理，编制了《某项目安全文明施工标准化图册》。图册对安全防护、标识标牌、劳动防护、物品存放等安全文明施工标准进行了统一要求。"5S 管理"就是在施工作业现场持续开展整理、整顿、清扫、清洁、素养等五项活动。"5S 管理"活动推行的步骤是标准化、制度化和习惯化。通过制订计划、试点、检查、总结，摸索出适合的方法，形成标准程序制度加以实施，在实施过程中持续改进形成更适合的程序制度，通过不断的培训教育、监督检查，使得每一个人必须严格执行。其实施目的就是让所有进入到施工现场的作业人员养成良好的安全作业习惯，并且能够带动新员工，对新员工起到潜移默化的作用，摒弃不良习惯，使安全生产标准化得到真正的推广和执行。

通过"5S 管理"后，"文明施工类"安全隐患发生了变化，如表4所示，施工作业人员养成了良好的工作习惯，对库房划分定置区域、材料定置摆放，做到工完场清，检查工器具没有遗留再撤场等。

表4 某公司"5S 管理"安全隐患前后变化情况

序号	文明施工类安全隐患	"5S 管理"之后
1	材料堆放凌乱	对材料进行分类，在物料堆场划分定置区域，按类别设置物料状态牌
2	三级配电箱拆除后未及时回收	制定配电箱使用和拆除等管理规定，明确配电箱的责任人，对拆除后配电箱设置存放区域
3	操作平台上遗留工器具	对专业工器具制定操作规程，并在工器具上粘贴责任人信息牌，在现场区域设置工器具专用箱，划分定置区域。要求工作结束后对工器具箱进行检查，且与台账核实无误
4	库房内的物料没有分类，随意摆放	制定库房管理制度，实施定置管理，画出定置线，分类、分区、标识管理

（三）开展根本原因分析，制定纠正措施

要建立安全隐患排查治理管理制度，在开展符合性整改的基础上，对重复性发生的安全隐患进行数据统计，运用因果分析工具（如鱼刺图、树状图或关联图）查找隐患发生的根本原因，从根源上解决问题，制定纠正措施并确保实施，防止同类安全隐患的重复性发生。

如对 2017 年度关于某施工区域内"临边洞口未采取临边防护"安全隐患进行了数据统计分析，共计排查出 20 余项临边防护问题，运用因果分析树状图的方法从人、方法及物料等因素进行了原因分析，找到产生"临边洞口未采取防护措施"现象的主要原因（见图 3）主要有四方面，采取整改措施有：开展作业人员防护知识培训，开展防护栏杆搭设知识竞赛活动，

提高作业人员技能；加强对施工方案的审查，增加对临边防护的要求；对临边防护标识进行专项治理，增

加标识；加强材料管理，使用合格的临边防护材料。

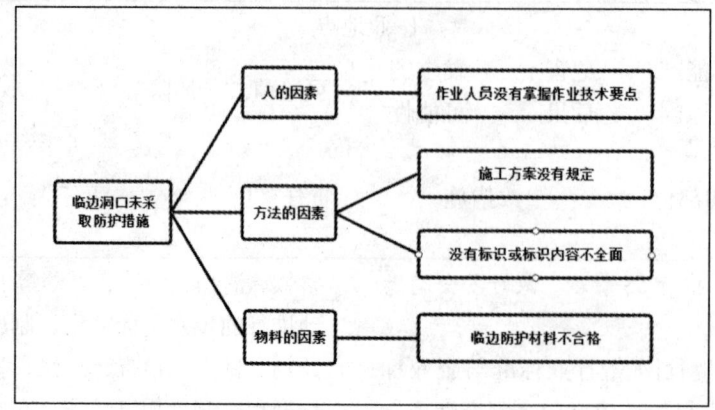

图3　临边洞口未采取防护措施的原因分析

（四）开展专项治理活动，全面落实安全考核，加大隐患整改力度

结合外部事故事件经验反馈和工程现场近期安全隐患数据统计分析情况，开展专项治理活动。识别安全隐患，评估风险，制定和落实技术改进措施，提升现场各类危险源的本质安全水平。如公司在 2018 年 1 月份开展了"某施工区域脚手架专项安全检查工作"共计检查出安全隐患 8 项，对发现的隐患进行了分类分析，如图 4 所示，提出技术改进方案的 1 项，对脚手架防护栏杆、安全网和脚手架连接件，提出相关的整改措施，从技术方案角度提高脚手架的本质化安全水平。

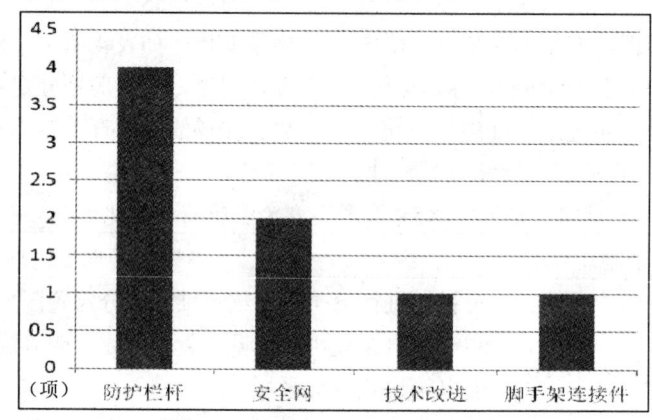

图4　脚手架专项检查统计

另外，某公司在安全隐患排查治理工作中引入了安全隐患反差率和安全隐患重复发生率考核指标，极大地促进了项目承包单位查找解决安全隐患的积极性和主动性，并强化了各项管理制度的执行力。

安全隐患反差率指标体系主要采用了结果导向的管理方法来实现对现场安全隐患排查工作的管理和控制。增强施工单位安全隐患自查力度，真正从"要我安全"到"我要安全"的转变，通过近期安全隐患排查反差率的统计可以看到施工单位、总承包单位都加大了安全隐患排查和整改力度，施工现场的安全隐患数目较考核前增加了近 50%，瞒报、漏报现象明显减少。

三、结论

建立安全生产隐患排查治理信息系统，形成安全隐患动态分析系统和监督管理平台，通过大数据分析，找到不同阶段的隐患排查治理工作重点，通过风险管控，现场标准化建设和"5S 管理"，增加专业化的、标准化的队伍建设，运用根本原因分析和考核指标管理提升现场安全隐患排查治理工作水平，最终实现降低现场安全隐患重复发生，切实有效地将安全文化建设落到实处。

强化安全生产意识，抓好实验室安全管理

中国航空油料有限责任公司北京分公司计量检定中心　高建波　荣友战　杨杰　袁志民

摘　要： 安全管理是航空企业管理工作的重中之重。作者所在单位为国资委下属航空油料企业的检定实验室，共有流量、容量等 6 个项目，承担着各基层单位多种特种设备仪器仪表、计量器具的检定任务及公司下属各计量统计室的监督监管工作。实验室设备多样，工艺流程复杂，安全管理难度大。本文结合单位生产实际，从人员思想教育、资质技能培训、中心制度、管理体系建设、设备设施完善、作业现场管理等方面探讨研究基层安全管理经验。着重谈论中心在设备设施改进创新、新技术引进乃至科技研发促进安全生产等方面进行的大胆尝试及所取得的效果；兼谈结合体系文件的优化，在作业现场管理上取得了一些经验与成果。

关键词： 基层单位；计量检定；体系管理；现场管理；科技创新

基层单位的安全生产的管理，是企业管理工作的重点，同时也是管理难点。一般来说，基层单位在承载着实际生产任务的同时，还承担着人员管理、制度管理、体系管理等多种管理职能，而最终任务是保质保量保安全地完成上级单位布置的生产任务。人力资源不足，员工综合素质不高、业务能力差距大等问题广泛存在于各基层生产单位。计量检定中心（以下简称中心）作为一个基层实验室，同样面临此类问题。中心在长期生产过程中，尤其党的十九大以来，立足本单位实际，大力提高干部职工政治觉悟水平、提升业务能力及综合素质；消除检定设备安全隐患；研发科技项目并申请专利，以科技促安全，现场管理与体系管理相结合，在安全管理方面解决了一些历史遗留问题并积累了一定经验。

一、抓住时代契机，提升全员思想政治觉悟

中心坚持以习近平新时代中国特色社会主义思想为指导，深入宣传贯彻党的十九大精神、习近平总书记关于安全生产工作的重要论述，稳步提升干部员工的政治觉悟，使员工思想水平与党中央保持高度一致；认真学习党中央、国务院关于安全生产工作的决策部署，强化安全生产意识。在上级的统一部署下，长期坚持以"安全第一、预防为主、综合治理、持续改进"为主题，以增强应急意识、提升安全素质、遏制重特大安全事故为目标，以强化安全红线意识、落实安全责任、推进依法治理、深化专项整治、深化改革创新等为重点内容，开展富有实效的宣传教育活动，并做

到展板、宣讲、讨论相结合，切实有效地提升员工政治水平与安全意识。

二、提升员工风险认知能力与安全行为能力

企业的具体生产任务由基层生产人员执行，而建设优秀的企业安全文化应该培养企业员工优良的风险认知能力，即培养员工在工作中时刻考虑到安全的问题、能够主动自觉进行日常的安全检查、具有进行工作安全分析的能力。风险认知能力因人而异，不同的教育背景，个人工作经验差异等都会造成员工较大的认知能力差异。我们需要通过严格资质认证、技能等级鉴定、专项培训等手段提升全员该项能力。同时，企业员工具有优良的安全行为能力也是企业安全文化建设的重要内容。安全行为能力包括安全操作能力、操作规范程度、应急能力等内容。同样，提升员工安全行为能力需要专业、系统的培训、考核。中心通过上岗考核、职业技能鉴定、专项安全培训等一系列工作，提升员工风险认知能力与安全行为能力，确保一线检定人员能及时发现风险、预知安全生产隐患，并能够采取正确的操作消除隐患、排除风险，确保生产的安全进行。

（一）严格员工准入制度与资质管理

中心所开展的计量检定项目中，授权项目（包括国家授权与北京市授权）受质量技术监督部门的严格监管。为确保所开具检定证书的合法有效性，中心从员工入职起严格把关，确保每名检定人员学历、资质符合国家计量检定工作的相关要求。最新政策规定，

国家颁发的检定员证即将由注册计量师替代，而报考注册计量师有学历及专业要求。与此变化相适应，中心要求新进员工必须满足报考条件及具有取得资质能力。同时，对在职员工进行企业内部考核，取得计量员上岗证书。在此基础上，按照国家职业技能鉴定要求，符合条件的员工参加计量员国家职业技能鉴定考试，进一步提升员工综合业务水平，为提升员工风险认知能力与安全行为能力奠定坚实基础。

（二）通过培训提升员工风险认知能力

利用每日班前会、每周生产例会、月会及安全生产专项培训等提升员工风险认知能力。实践证明，坚持长期培训，才能使安全意识深入员工内心，并逐步形成一种安全习惯，才能够做到在生产中时刻观察设备运行情况、周边人员动态，对安全生产起到极大促进作用。同时，员工在日常生活中的安全意识，包括交通安全意识、防火防灾、防盗防诈骗意识也得到大幅度提升。

（三）通过应急演练提高员工安全行为能力

员工安全行为能力的养成非一日之功。跟大多数企业类似，中心日常生产多是重复性操作，对于熟练员工来说看似简单，实则对操作者的责任心要求很高，一旦误操作轻则影响检定精度，重则出现安全生产事故。如果把这些重复性行为变成良好的工作（或作业）习惯，则会大大减少人的不安全行为，从而降低生产过程中的作业风险。

中心根据上级职能部门下发的年度应急演练计划，结合生产任务制订中心每月应急演练计划并组织实施。安排50%以上次数的实战演练并确保参加人数与演练质量与效果。涉及生产作业的实战演练的设备操作部分严格执行该项目作业指导书，确保演练的真实有效性，最大限度地提升员工应急反应能力与实战能力。

三、完善管理体系建设和制度建设

企业的安全管理工作一般都采用安全管理体系的形式实现。作为拥有国家授权项目的计量检定基层实验室，中心有完整的实验室质量管理体系；作为航油企业的基层单位，同时运行 SMS 体系。在实践中，逐步形成了以体系文件为依据，以制度执行为保障的安全管理体系。

（一）实验室质量管理体系

中心的流量检定项目作为全国民用航空企业的最高标准，按照 JJF1069—2016《法定计量检定机构考核规范》要求接受国家质量检验检疫总局的考核与监管；在定期的授权审核过程中，专家组都会针对运行中出现的问题提出改进措施，对中心的安全管理有着极大的监督与促进作用。

（二）SMS 安全管理体系

上级职能部门定期对体系运行情况进行检查，中心组织专人结合生产实际进行文件的定期更新。重点更新各实验室作业指导书、应急预案。在内部审核与外部审核的共同作用下，最大限度地保障生产安全进行。在 SMS 体系文件中，重点更新（每年）各实验室作业指导书。作为检定人员实施实验室操作的指导文件，该文件从计划、任务、各种准备（包括资料、现场准备等）到实施检定任务的每一步、每一个细节，直至检定任务结束后的记录收尾各种都有详尽的规定。在每年度的更新周期之间，如员工发现有问题或改进建议，随时提出，由专家组讨论后改版，通过后实施。及时消除隐患，最大限度地确保生产安全。

（三）完善各项管理制度

以上级部门颁布的制度为依据，制定中心自己的安全管理、安全检查监管制度，做到有制度，有实施细则，可操作，确保实用性。为确保本中心计量检定工作及中心所监管各计量室的计量统计工作的安全、高效展开，根据国家相关法律法规及上级公司相关制度，重点完善更新《中国航空油料有限责任公司北京分公司计量管理制度》。

四、消除设备设施隐患提升硬件促安全

有了思想基础与制度保障，生产的安全高效进行还需要先进、安全的设备来保障。中心近几年在设备改造方面做了大量低投入高产出的尝试并取得了很好的实际效果。

（一）成型检定及配套设备的改进引进

中心流量检定室的核心设备，双向标准体积管是10年前国内民营企业自主设计生产替代进口的产品，也是目前国内先进的设备之一。但该设备属国内首创，存在一些需完善的地方，且近年来中心业务增多，检定任务加重，设备运行中逐渐出现一些前所未有的问题。针对这些问题，中心技术力量协同厂家做了大量改进工作。其中，在大修理中，对重要机件，四通阀的材料进行了更换，将铸铁换成了不锈钢，减少了磨损，提高了检定精度，延长了使用寿命。增加了多处放气阀门和自动回位阀门，确保检定精度的同时杜绝跑冒油风险；同时，为了适应通用航空市场的迅猛发展，增加检定精度，扩大检定范围，中心会同厂家共同设计一台小型体积管，专门解决小流速检定不稳定等问题。该体积管用于公称通径小，流量低的设备检定，经改进试用，效果良好。

为了规范实验室环境，中心在检定车间外单独设立待检、已检设备存放区。中心引进了电动叉车替代原有手动叉车，提高搬运效率的同时降低了劳动强度，同时降低了人员因工受伤的可能性。

（二）自主研发检定配套设备

流量设备检定中需要拆装，吊装，倒油，铅封等一系列工作。其中的倒油工作是必不可少的。因检定介质为航空燃料，检定结束后设备腔体内部残存部分燃料，会对运输造成影响。按照传统延续的办法，需要员工两人以上将设备多次翻转，逐次将残余油料倒出，耗时耗体力还存在较大的员工扭伤拉伤风险、设备摔伤破损风险（流量计内部为石墨刮板，在遇强外力或强烈震动时可能破损，导致设备精度降低甚至无法使用）。2017年，中心领导牵头设计制造出一台专用倒油设备，并经多次改进后投入使用。设备为一带转动机构的平台，操作时用天车吊装流量计至转动机构，用螺杆固定，利用摇柄转动固定好的设备，一个人就能完成倒油操作，省力省时安全。该设备获得了上级公司颁发的年度总经理奖励基金，并已申报国家实用新型专利。

五、科技创新促安全

科技创新是公司近年来倡导的重要工作之一，中心在生产实践中做了多项实质性工作，部分项目取得了国家专利。

（一）软件开发及安全生产教学视频制作

现场是生产作业的场所，能提供大量的生产和管理信息，能及时反映出员工的思想动态，也是产生安全生产问题的关键场所。对于部分作业场所，中心陆续开发了一些软件减少人员手工操作，降低差错的同时大大提高了操作的安全性。

1. 密度修正及产品验证软件的开发

密度测量是公司重要的现场作业项目之一，密度测量结果作为贸易结算的依据，数据的准确性，对经济利益和公司声誉的影响至关重要。传统作业中，计量人员手工测量油品密度，并用专用计算器换算成标准密度录入系统作为结算依据。实际操作中，计算烦琐易出错，且查询的国标表格不能完全满足要求，需要更为烦琐的手工作业。

针对上述情况，中心于2011年11月主持开发了密度修正与换算软件。使用该软件，系统自动根据使用的密度计、温度计检定修正值，对视温度、视密度进行修正，计算出实际温度、实际密度，同时可自动换算为20℃和15℃标准密度。计量员不再需要手工查表计算，大大降低了由于计算误差导致的损失和工作量。2017年，针对GB/T 1885—1998《石油计量表》，所提供原油、产品、润滑油的20℃标准密度表和体积修正系数表中存在的最低温度只能到-18℃的问题，中心联手相关企业，将换算范围扩大到-50℃到150℃，减少人员重复操作，减轻了一线员工操作强度的同时极大降低安全生产事故概率。

2. 安全生产教学视频的制作

2017年，中心技术人员与某技术开发公司合作，共同拍摄了安全生产教学视频以及部分动画教学视频。针对安全培训中大量多次拆卸设备成本过高且不现实的问题，采取实际操作视频教学及动画演示的方式对新老员工进行培训，取得了预期效果。

（二）研发专利设备替代人工测量

为减少人工操作，降低人员操作的不确定性风险，降低员工劳动强度，中心结合生产实际进行了数个项目的科技项目研发。

1.《新型储罐在线自动计量系统》

如前文所述，密度测量十分重要，除去贸易结算，在油库储存中同样需要密度测量，用以监控储量变化、损耗情况等。此外，还需要测量温度、油高等数据。传统作业方式是计量人员携带计量器具爬上十几米高的油罐，从计量孔取样测量，劳动强度大，危险系数高。尤其恶劣天气，旋梯湿滑，存在员工滑倒、高空坠落的风险。取得数据后还要使用专用计算器进行手工计算，烦琐复杂。

为解决上述问题，中心在上级公司大力支持下，携手青岛澳邦量器有限责任公司共同研发了《新型储罐在线自动计量系统》。从 2015 年立项直至 2017 年通过验收评审，历经两年多的时间。该系统不仅能代替人工爬罐测量进行油罐取样、测温和密度检测，还能自动传输给 ERP 自动发油系统，完成油库中的每日油罐计量、盘存计量，并自动生成报表。同时该系统具有油罐高低液位报警、油罐渗漏报警、油罐间成品油串油、油罐非常规（进油过程中）出油报警等多种报警功能，极大提高了储存安全、收发油安全。该项目已于 2018 年获得国家专利。

2. 其他项目

此外，中心还进行了流量实验室特种流量检定车设计改装（适应长途野外作业，满足内蒙古地区检定需求）、流量实验室工艺流程改造、压力检定室设备更新改造、重庆耐德国产流量计产品定型实验等工作。项目完成后，无一例外地为中心安全生产提供了有力的保障。

六、结语

综上所述，中心作为一个航空油料企业的基层单位，在上级公司的正确领导与职能部门的大力支持下，从多方面入手，在人员、制度、设备、科技等方面做了各种尝试与努力，在安全管理方面取得了显著的效果。部分经验在行业内推广，部分科技项目取得了国家专利。但是，安全管理工作错综复杂，安全生产至关重要，中心现有经验对于同行业其他单位，尤其其他行业相关单位而言还存在很大局限性。我中心将会在现有经验基础上，多做尝试，不断满足生产安全需求，也希望能对相关实验室有所帮助。

浅谈如何创建新型安全管理示范区

中国石化股份有限公司胜利油田分公司河口采油厂　　梁爽　杨艳波　马涛　要晓慧

摘　要： 采油管理三区是中国石化股份有限公司胜利油田分公司河口采油厂下属的三级单位，主要负责油气生产工作，包括油井、水井、注水站等设备设施的日常管理、油藏动态、工况、注水效果的分析与方案制订、油水井及班站的标准化建设等。自 2015 年以来，采油管理三区制定创建安全管理示范区的方案与目标，经过全区 386 名干部职工努力，取得了一定成绩，管理区安全管理工作步入正轨。自 2017 年以来，中石化胜利油田分公司积极改革，新型管理区建设步伐不断加快，管理模式不断更新，在油公司模式改革运行发展的关键阶段，传统的安全管理模式已经适应不了新形势下企业发展的需要，如何创建新型的安全管理示范区已经成为管理区安全工作者亟待解决的重要问题。本文就如何创建新型的安全管理示范区进行了具体的阐述，以期为其他石油公司提供参考。

关键词： 安全管理；示范区；安全主体责任；绩效考核

随着油公司模式改革的持续推进，管理区运行已经步入正轨，管理区模式的运行已经从适应到发展阶段过渡，安全是企业发展的前提，是一条不可逾越的红线，所以创建新型安全管理示范区是企业发展的首要目标，在油田传统模式运行的数十年来，积累了许多历史遗留的诟病，管理区的安全管理工作也遇到许多的阻碍、也存在许多的漏洞和不足，传统的管理模式已经难以适应新形势下的企业发展要求，所以如何创建新型安全管理示范区、创新安全管理模式是当前形势下需要安全管理人员首要考虑的问题。

一、传统安全管理模式存在的问题

（一）干部职工安全能力不够的问题

目前石油公司制度和体制的全面改革快速进行，但是管理区广大干部职工的安全意识和安全能力提升速度很慢，跟不上新形式的需要，安全知识的欠缺、安全意识的落后、安全思想的保守、安全技能的滞后、安全制度的保守、安全措施的缺失等都是亟待解决的重要问题。

（二）专项组职能弱化的问题

管理三区 HSE 委员会下设五个专项组，但是专项组的职能并没有发挥出来，大体有几个原因。一是采油厂分专业委员会对管理区专项组进行的行业安全领导要求没有得到落实。二是管理区对安全的管理更偏重于专业安全人员实施的管理，而没有真正将专业安全和行业安全进行系统全面的统筹安排。三是专项组本身对行业安全的认识不够，专业能力不等于行业安全素质，执行力不够。自 2016 年至今，按照集团公司《安全管理手册》要求，全面分解专业职能部门和各单位的安全管理主体责任，成立了相应 HSE 专项组后也强化了安全主体责任的落实，但管理区的组织机构、人员分工、责任分解，以及对应各分专业委员会及管理区各专项组的行业安全管理人员都没有较好的落实主体责任。在直接作业环节、承包商管理等关键环节，乃至现场设备管理、用电网络、日常施工等工作流程都需完善，仍然会出现习惯性违章操作、安全监管不到位等现象。

（三）考核模式陈旧的问题

以往的安全管理及安全监督考核主要是以罚为主，用处罚来强制运行，从目前油公司模式改革的大形势下来看，处罚已经不能从根本上解决问题，而且与一切以效益为中心的改革方向相矛盾，广大职工的重视程度呈下降趋势。

（四）现场"三标"管理不严、不细、不实

重点有三项。一是严重违章问题未得到根除。二是现场管理标准不高，"低老坏"等现象仍大量存在，不能"举一反三"系统性解决存在问题。三是注采站的安全管理考核部分大多是流于形式，或者考核较轻，不痛不痒，解决不了根本性问题。

（五）各类隐患风险较多，需加大治理力度

目前管理区大多隐患风险可以自己消缺，但仍有部分风险和隐患需要上级单位协调解决，往往治理速度较慢，过程过长，加大的风险系数。

二、创建新型安全管理示范区的目标

在目前的形势下，创建新型安全管理示范区必须完成"两个提升"和"一个完善"。

（一）广大干部职工安全能力的提升

安全能力包含安全思想的转变；安全意识的提高；安全知识的丰富；安全行为的规范等，这些都是一名职工安全能力的必修课。

（二）油水井现场安全管理水平的提升

包含油水井"三标"管理；现场机械设备和电力设施的隐患清除；电网、路网、管网的风险消缺；承包商施工的现场监护；直接作业环节的规范运行等，这些都是油水井现场管理的重点，也是创建新型安全管理示范区必须要解决的重要内容。

（三）完善安全管理考核机制

主要是要打破传统，迎合油公司模式改革和新型采油厂建设，以油藏经营为重点，以效益为中心，实施 HSE 业绩激励考核办法，变被动为主动，由带动职工保安全到职工主动想安全，也就是实现要我安全到我要安全的提升。

三、创建新型安全管理示范区具体措施

（一）实施"三个推进"，全面落实管理区干部职工的安全主体责任

1.强力推进"有感领导"

有感领导就是各级领导通过以身作则的良好个人安全行为，使岗位员工真正感知到安全生产的重要性、感受到领导做好安全的示范性，感悟到自身做好安全的必要性。

管理三区每名领导干部要深刻领会有感领导本质内涵，自觉学习掌握管理技能，提高践行有感领导的能力。管理区领导在工作中主动做到"八个亲自"：亲自制订个人安全行动计划，认真落实和实施；亲自主持召开分管行业的安全工作会议，研究解决生产中存在的重大安全问题；亲自组织开展行业安全检查，及时发现并改进安全管理薄弱环节；亲自组织开展中风险辨识、风险评价与控制工作，推动全员辨识、分级管理、系统评价、监督实施；亲自宣贯安全理念，讲授法律法规安全相关知识；亲自到现场开展安全检查活动，解决基层班组在管理活动中存在的问题；亲自进行安全经验分享活动，推动活动广泛开展；亲自检查考核基层班站安全履行情况，督促下级落实安全责任。管理区将领导干部落实"八个亲自"要求纳入 HSE 体系审核和领导干部安全环保述职中，推动领导干部深入践行有感领导。

2.强力推进"直线责任"

直线责任就是落实管理区各级领导干部对安全环保全面负责，一级对一级，层层抓落实；管理区修订各级领导干部的职责，明确业务和领域范围内的安全环保工作及承担的安全环保责任，落实各项工作的负责人对各自承担工作的安全环保负责，做到谁工作谁负责、谁管理谁负责、谁组织谁负责。管理区领导与机关职能部门，机关各职能部门与注采站，注采站与班组层层签订《安全环保责任书》，明确安全环保目标，严格安全环保业绩考核。

3.强力推进"属地管理"

属地管理就是要落实每一位领导对分管领域、业务、系统的安全环保负责，落实每一名员工对自己工作岗位区域内的安全环保负责，包括对区域内设备、作业活动及承包商的安全环保负责，做到谁的领域谁负责、谁的业务谁负责、谁的属地谁负责。

实行属地管理区域负责制。以生产岗位为基点，以生产现场和施工现场为单元，结合《采油管理三区单井承包管理制度》和《采油管理三区员工价值积分管理手册》对基层岗位员工的属地进行详细的划分，标出每块区域、每台设备和每条工艺的安全环保负责人，赋予属地主管清晰、明确的安全环保职责，将属地安全环保责任落实到岗位和员工。同时加大属地内的业绩考核，促进属地安全职责的有效落实。强化属地管理责任意识，落实属地职责，承担属地责任。从点入手，以点带面，聚点成面，使管理区每名领导、干部、职工都能落实自身的安全主体责任。

（二）实施"三个加强"，全面提升管理区职工的安全意识

1.加强领导重视是不断提高职工安全意识的前提条件

管理区不断完善安全生产管理组织。完善的安全生产管理组织体系是安全生产工作有序开展的基础。

通过这个组织抓好安全生产管理，健全并贯彻执行安全管理制度，有序地组织职工开展安全生产活动，在活动中不断提高职工的安全意识。

管理区确保安全生产方面财力的有效投入。财力的投入能保障安全生产设施不断完善，安全生产活动正常开展。这是看得见摸得着的，直接给职工留下了领导是否重视的印象，有效投入财力对职工思想意识的刺激是正面的，反之是负面的。

管理区领导直接参与重大生产活动的协调指挥。领导在直接参与生产活动中，能与职工直接交换意见，进行现场安全说教，组织实地安全检查，定时听取测组安全汇报，随时掌握现场安全生产动态，及时解决发现的安全隐患和问题。这个过程是实实在在的安全教育形式，能较好地增强职工对安全生产的感性认识和理性认识。

2. 加强宣传培训是提高职工安全意识的重要方式

通过各种有效手段向职工灌输安全生产知识，提高职工对安全生产重要性的认识，在思想上提高警惕性，形成时时处处注意安全的自觉意识。

抓好日常宣传教育。根据行业特点，运用专栏、网络、讲座、知识竞赛等方式开展安全生产基本知识的学习，进行安全生产典型事例剖析，运用身边的人、身边发生的事开展安全教育，潜移默化地增强职工的安全意识。2017年以来，管理三区先后四次组织干部职工观看《生死之间》《不可逾越的红线》等安全警示片；在管理三区 HSE 微信平台发布安全知识专题62篇；由安全主管师授课的安全知识讲解10次。

抓好安全生产技能的培训。形式单一的培训和说教是被动的，关键是个人要有一种渴望学习、渴求知识的欲望，变被动培训为主动学习和参与，才有利于职工安全意识的树立。本年度，管理三区开展了"职工素质提升大讲堂"活动，由分管领导、主管师、专项组人员每周一次对全区的干部职工进行专业安全和行业安全的知识进行讲解，不断丰富广大干部职工的安全知识，同时在本年度，管理区共组织进行井控演练、火灾演练等应急演练6次，在实际的演练中提升职工的安全操作技能。

3. 加强制度建设是提高职工安全意识的重要手段

安全生产制度在安全生产工作中起着引导、规范各种生产工作行为、操作规程的作用，是根据安全生产法律法规结合单位工作实际制订的，将安全生产制度融入职工的思想意识，变为职工的安全意识，对保障生产过程安全作用巨大。2017年，管理三区先后实施了《采油管理三区安全考核管理规定（修订版）》《采油管理三区直接作业环节管理规定》《采油管理三区承包商管理 HSE 内部责任书》。这些制度和管理规定的实施都在不断提高职工的安全意识。

（三）实施"五个到位"全面提升管理区现场安全管理水平

1. 现场管理想到位

以"我要安全"为主题，心中想着安全。结合生产特点，细化"我要安全"工作内容，提出了向施工设计要安全，方案提醒到位；向设备管理要安全，杜绝带病工作；向技术练兵要安全，做到出手过硬；向执行标准要安全，达到规范操作；向思想工作要安全，克服情绪上班。以安全事件为镜子，心中想着改进。对照油田和厂里安全部门 HSE 检查中查出的问题，举一反三，认真总结经验教训，找差距、明措施、抓落实，把干部职工现场管理的思想认识统一到"不转变观念就转岗，不换思想就换人"上来，形成"安全是天，质量是本，现场是脸"的管理理念。

2. 现场管理讲到位

开展"规范现场"推进活动，讲工作标准。针对个别职工现场管理认识不到位，危害因素识别不清，安全防范意识差，干活时图方便，安全措施不实等问题，管理区领导采取工作重心下移，靠前指挥，与职工同吃、同住、同劳动，发动职工对照标准，查找身边习惯性违章。

3. 现场管理做到位

首先要增强员工精细操作责任，细化现场管理责任的落实，层层互保联动。管理区与各注采站签订了《采油管理三区现场管理责任书》，提高各注采站抓好现场安全管理的责任心。注采站与班组结合生产特点签订《班组现场管理责任书》，保证注采站现场管理达标。班组与个人签订《安全承诺书》。同时做好标杆井站的选树工作，2017年以来，采油管理三区先后打造了 85#、87#、88#三座计量间为管理区标杆计量间，并运行了"三标"检查管理制度，争取每个月打造一个标杆计量间，每座计量间打造一口标杆井，并以此为基础，横向到边、纵向到底，实现管理区水井现场管理水平的全面提升。

4. 现场问题查到位

油水井生产现场的检查要以专项检查和日常督查为主，管理三区 HSE 委员会各专项组每天都深入生产现场，对现场施工进行行业安全监督，对发现的问题通过微信平台进行通报，同时坚持每天督查一个井组的要求，对基层班站的现场安全管理进行督查，针对发现问题要求班站进行限期整改，上交整改反馈单和整改后照片，实现闭环管理。

5. 现场施工监督到位

重点是加强对外来承包商的安全施工监督和本单位的直接作业环节的监管，一是规范直接作业环节许可证的审批办理程序和承包商开工验收程序。二是管理三区三区内外部施工管理细则及考核规定，以施工现场为切入点，做实监管措施，明确监管内容、监管责任，重点抓好 JSA 安全分析、施工表单等风险消减措施。

（四）实施《HSE 业绩激励考核办法》全面健全安全管理考核机制

前期多年的安全监督管理已经使我们的安全三基处于一个稳定的状态，油水井现场、油水站、施工现场以及广大干部职工的安全意识、管理能力等都达到了一定的水平，现在最需要的是在此基础上进行深度提升，也就是全员安全形态的形成。

HSE 业绩激励考核内容分为监督检查、全员安全诊断、HSE 工作开展情况三方面。结合新型采油厂、新型管理区建设，从效益入手，挣安全奖金，由以罚为主的考核模式改变为以业绩激励为主的奖励模式，每月从管理区效益工资里拿出 5%～10 % 作为 HSE 业绩激励奖金，让职工自己挣，由带动职工保安全变成职工主动想安全，也就是由"要我安全"到"我要安全"的转变。

HSE 业绩激励考核办法主要立足于注采班站自查自改、自我管理、自营消缺，然后管理区采取验收和抽查的方式进行评估，从标准化计量间、标准化油水井、标准化施工现场（用火、动土等）、标准化承包商管理等几个方面，提前制定运行计划，定期验收，验收合格按照考核办法给予奖励，标准化施工现场和标准化承包商管理采取抽查的方式，现场无明显问题视为合格，给予奖励。注采班站安全三标运行计划采取轮转方式，一个季度为一个轮回，这样既能保持前期打造的成果，又能及时发现新的问题。直接作业环节相关问题和四分销项典型问题不在范围之内，管理区监督检查中发现这两类问题仍然以扣罚为主，其一是因为四分销项的成绩要大力保持，其二是直接作业环节管理还存在短板，激励效果不明显，目前还处在强制运行的关键阶段。

四、结论

自 2017 年以来，通过落实创建新型安全管理示范区的各种具体措施，修复了传统模式下安全管理的漏洞、落实了安全生产的主体责任、完善了安全管理制度、健全了安全管理考核机制、提升了职工的安全能力、消除了现场安全管理的风险隐患、实现了安全生产的"三无"目标。

高危作业监管体系建设的实践与探索

中国石油川庆钻探工程有限公司蜀渝公司　谢桃

摘　要：高危作业是企业安全管理的重点内容，同时高危作业的风险防控和安全监管是安全管理的薄弱环节，需要建立完善的风险监控模式和监管体系来预防事故的发生。本文通过对某公司涉及高危作业的业务范围现状进行总结分析，阐明开展高危作业监管体系建设工作的必要性，并重点介绍了该公司在监管体系建设工作上的实践和探索，为企业有效防控安全风险、强化现场安全监管提供了参考。

关键词：高危作业；监管体系建设；实践

某公司拥有建筑工程、公路工程、石油化工工程、市政公用工程、装修装饰工程、环境污染防治工程等13项资质，业务范围较广、专业类别众多，近年该公司向多元化发展大力推进，直管项目、外区域项目逐渐增多，高危作业日趋频繁。

该公司在高危作业上已采取管控措施，但是目前高危作业安全风险管控大多依靠项目经理部，高危作业安全监管职责基本落在项目经理部的层面，项目安全管理的水平取决于项目经理的个人能力，这就导致项目管理团队素质参差不齐，2012年发生因作业通道临时边坡坍塌引起的装载机倾覆事故，同年，发生了移动脚手架倾覆事故等，这些事故事件都发生在动土、脚手架、临时用电等高危作业。这些事故事件表明该公司高危作业的风险防控和安全监管是安全管理的薄弱环节。为此，该公司在实践中创新了"9331"风险管控模式和"335"高危作业监管模式。

一、高危作业安全风险表现

高危作业安全风险显著表现为：动土作业时基坑开挖过程中在支护结构上放置、悬挂重物，机械土石方作业未设置监护人，大型设备作业碰撞坑壁，载重汽车卸料后在车厢还未落下复位的情况下行驶等；高处作业时跳板、铺设钢格板等物件未固定，高处作业往下扔工具，将安全带系挂在吊篮上，不系安全带等；脚手架作业时没有捆系安全带造成人员坠落，没有佩戴安全帽坠物伤人，脚手架没有按照设计规范搭设、脚手架超载或堆码不当造成架体垮塌等；临时用电作业时未按规定进行能量隔离、上锁挂签，架空线缠绕在脚手架或其他构建物上，保险丝与电线、用电设施负荷不符，或用铜丝、铝丝、铁丝等导线代替保险丝，不符合三级配电二级漏电保护等；吊装作业时人员从吊物下经过，起吊作业过程中重物悬挂在空中、操作人员离开控制室，未收吊车千斤、拔杆就移车，跨越高压线路吊装作业无防护措施，违反起重作业"十不吊"等。概括起来，该公司高危作业普遍，安全风险集中，安全监管亟待强化。

二、高危作业"9331"风险管控模式

该公司经过周密策划，查阅大量的参考资料，将理论与生产实践进行深度融合，发了《危险作业分级防控管理办法》，提出了高危作业"9331"风险管控模式：突出九类作业、强化三个层级、开展三项工作、实现一项管理。

（一）突出九类作业

结合建筑行业特点和公司生产实际，完整归纳出该公司建筑施工活动重点涉及的九大类高危作业，明确了企业安全生产风险防控的管理对象。同时，依据国家标准、行业规范、行政规章和上位制度，根据危险作业的特性、规模以及产生后果的严重程度，将九大类高危作业分别划分为不同的等级。以高处作业为例，按照《高处作业分级》（GB 3608－2008），高处作业划分为特级、三级、二级、一级共四个等级。

（二）强化三个层级

遵循"统一管理、分级防控，直线责任、属地管理"的原则，结合该公司总分公司管理模式，将危险作业管控职责明确到公司、分公司和项目经理部三个层级。通过明确各层级危险作业的管理权限，让项目经理部在高危作业面前不再"势单力孤"、不再"单

打独斗"，而转化成了上至分公司、公司多个层级的"群体作战"，即最低等级危险作业的风险管控工作由项目经理部来承担，而高一级、更高一级的危险作业则分别由分公司、公司来直接主导管控。以高处作业为例，特级高处作业由公司层级直接管控、分公司和项目经理部配合，三级、二级高处作业由分公司层级直接管控、项目经理部配合，一级高处作业由项目经理部层级管控。

（三）开展三项工作

就是针对不同等级的危险作业，由不同的管理层级重点开展专项方案管理、作业许可办理和危险作业现场监管等三项工作。专项方案的管理是指按照国家住房和城乡建设部要求，对高危作业实行专项方案管理，即施工单位在编制施工组织设计的基础上，单独编制高危作业的安全技术措施文件并组织实施。作业许可的办理是指对于不同等级的危险作业，明确作业许可在不同管理层级的办理流程以及申请、批准、核查、认可、监护等各个环节的责任岗位。危险作业的现场监管是指由不同层级的专业技术人员对相应等级的危险作业履行安全技术交底、班前会、安全教育培训、安全措施及应急保障措施的落实、现场巡查等管理职责。

（四）实现一项管理

在遇到节假日或国家重大活动时，对于不同等级的危险作业，按照《危险作业分级与防控管理层级对应关系表》，进行升级管理，让"升级管理"不再"空口无凭"，做到了"有据可依"，困扰该公司多年的"升级管理"工作终于落到了实处。

三、高危作业"335"监管模式

"335"监管模式：把控三个环节、落实三项措施、做到五性到位。

把控三个环节：把控好事前、事中、事后三个环节，并结合风险管理重在预防的核心理念，突出抓住事前控制这个"牛鼻子"，实现高危作业监管到位。事前控制即抓好专项方案和作业许可的管理，并通过作业许可的办理重点抓好应急预案的编制审批、高危作业前的现场核查等；事中控制即通过现场监管确保

高危作业按标准规范、技术规程等进行标准化操作；事后控制即按照预案要求第一时间做好应急处置工作，确保响应到位、处置到位，尽量减少事故危害。

落实三项措施：落实好组织、管理、技术三个方面的风险管控措施，保障高危作业顺利实施。组织措施主要是指明确高危作业的组织管理机构。管理措施包括安全教育培训、安全技术交底、作业前安全会、施工作业方案审批、作业许可管理、变更管理、登记或备案、派驻人员现场把关、实施远程监控等。技术措施包括操作规程、标准规范、工艺设计、施工作业方案、应急预案、上锁挂牌、安全目视化等。以高处作业为例，特级高处作业明确了公司、分公司和项目经理部三个层级的管控措施，三级、二级高处作业建立了分公司和项目经理部两个层级的管控措施，一级高处作业则列举了项目经理部层级的管控措施。

做到五性到位：通过"三个环节"的把控和"三项措施"的落实，做到员工能岗匹配性、设备设施完整性、作业环境规范性、管控措施有效性、应急防范前瞻性等"五性"到位，从而为高危作业安全管理目标的实现奠定坚实基础。

四、结论

"9331"风险分级管控模式和"335"高危作业安全监管模式，凝聚了该公司广大干部员工的无穷智慧。"9331"风险分级管控模式的建立，对于构建安全风险分级管控和隐患排查治理双重预防性工作机制，是有力的支撑，能够切实起到强化安全环保对项目实施服务保障功能的作用。"335"高危作业安全监管模式，推动相关责任主体对直线责任的履职，是安全监管并行机制内涵的一个有机组成。上述两者，是高危作业监管体系建设工作的重要实践，是对建筑行业安全管理的有益探索，对提升企业安全环保风险管控能力不无裨益。

目前，该公司正在大力推行"9331"风险分级管控模式和"335"高危作业安全监管模式，该公司高危作业的重大风险得到了有效监控，施工现场违章行为高发的态势得到了有效遏制，2015年、2016年、2017年全年未发生一起一般 C 类及以上生产安全事故。

石油企业安全监督文化建设实践与探索

川庆长庆监督公司　张宏江　王鹏　赵玉

摘　要： 监督作为在安全工作的重要组成部分，承担了极其重要的职责，也发挥着极其重要的作用。但由于监督工作性质的独特性和监督人员综合素养的差异性，培育符合新时代安全发展需要的监督安全文化具有较强的长期性和实用性。中石油川庆长庆监督公司多年来结合实际情况安全文化建设实践和探索中逐步形成了适合本区域安全发展的安全监督文化体系，促进监督工作高效完成。

关键词： 石油企业；监督队伍；安全文化；实践

一、石油企业安全监督现状

由于执行异体监督运行模式，管理和监督因隶属同一系统不同单位，在工作思路、关注重点、工作要求等方面各不相同，形成既有统一又有独立、既有合作又有对立的合作方式，树立安全发展新理念，实现合作共赢是安全文化建设的基础。

管理不能代替监督，监督不能代替管理，尽管双方的工作目标是高度一致，在部分工作中还有重叠，却具有不可替代性和互补性，特别是监督工作树立"服务意识"并为之而探索，所提供的综合服务一定会得到管理方的认可和欢迎。

石油企业的安全监督大都执行一名监督人员派驻施工队伍的驻队监督形式。独自工作的监督人员在作用发挥上容易受到工作环境、个人能力等诸多因素的影响。因此，培育监督人员"权威、刚正、负责"的行为规范是安全监督文化建设的核心。

二、安全监督文化体系的实践路径

安全管理是一门系统科学，必须要将"创新、协调、绿色、开放、共享"的理念全面贯彻落实，必须进行理论与实践的探索，形成符合新时代发展的安全管理体系和企业文化才能把安全工作做得更好，才能满足人们对美好生活的需要。中石油川庆长庆监督公司从制度建设、行为规范、习惯养成等方面进行了大量的探索，逐步培育了形成了以"权威、刚正、负责"为核心的安全文化。

（一）建立监管联合工作机制，形成监管合力

1.建立沟通机制

监管双方联合行文，搭建起双方工作交流平台。明确建立主要领导监管联席会、分管领导监管联席会和项目部与监督站监管联席会三级监管联席会议，确保各个层级形成定期常态化的联系沟通机制，实现资源共享，形成共识，同向发力，实现"1+1＞2"的监管目的。特别是在解决重大问题，控制重大风险等方面作用发挥的尤为突出。

2.建立工作信息通报制度

除每天进行工作信息共享交流外，监管双方还在多个层面形成信息通报的惯例。一是会议通报。监督公司分层次参加施工单位的生产例会、月度工作会和年度总结会并在不同的会议上向管理单位提供监督工作评价报告、提出监督工作建议，为管理方强化工作提供最客观公正的依据。二是要事通报。长期重要的主要工作以及存在的共性问题，监督公司通过以工作函的形式进行明确和告知，必要时监督系统开展专项排查并及时向管理单位提供排查报告和信息，督促管理单位的管理措施能在现场得到有效落实。三是工作质量回访。双方定期开展不同层面的工作质量回访，主动征求意见，相互改进，共同提高。

3.建立联手治理工作机制

针对安全工作的重复性和治理的工作的复杂性，监督公司按照"取之于民、用之于民"的原则，经请示上级同意，将安全扣款全部用于施工队伍的安全管理上。联合施工单位开展"平安属地"创建、重复性隐患与违章治理、"安全观察与沟通"等风险工具推广等重点工作联合治理工作，并对表现突出的单位和个人用安全罚款进行奖励。改变以前监督工作只罚不奖的管理模式。

4.推行驻井监督员派驻钻井队年承包制

进将施工队伍的安全业绩和监督人员的个人收入进行必要联系的工作尝试尝试，做到监管业绩的有效结合。监督公司在制度中规定：按照施工队伍发生事件事故级别和数量作为基层员工年度兑现奖的依据，发生监督有责一般 A 级事故，承包监督人员零兑现；发生监督有责一起一般 B 级事故，承包监督人员按50%兑现；发生监督有责一起一般 C 级事故，承包监督人员按70%兑现；全年未发生事故的，承包监督人员按 100%兑现。承包制度的执行解决了以前监督人员只注重眼前利益的弊端，在双方工作配合中能对安全工作的基础性、长期性工作给予关注，有利于基础工作的加强。

（二）制订监督工作标准和行为规范，加强执行力建设

监督人员作为安全管理的主要力量，发挥着"最后一道防线"的作用。而监督人员派驻在生产一线即属于"单兵作战"又具有的一定的工作权限，在工作履职中容易受到责任心、利益交换等非工作能力以外因素的影响，树立正确的监督职业操守、培育监督人员令行禁止的执行力建设和敢抓善管的工作作风则是企业安全文化的关键所在，才能让广大监督人员在工作中坚持原则、坚守责任，形成较为鲜明的监督"秉性"。

1.推行《监督项目计划书》

分钻井、井下作业、录井、测井等四个专业分别编制《项目 HSE 监督计划书》，通过细化检查项目、检查内容，相关标准、检查要点等内容，形成监督人员工作的"指导书"，为监督人员现场切实履行好"巡查监督、旁站监督、许可确认、承包商评价、专项排查"等五种形态的监督提供规范和标准。

2.推行持表对标检查制度

监督公司各级管理人员及现场监督人员在现场工作期间都要落实"持表对标检查"，即应手持《巡回检查表》按照固定的巡回检查路线，逐项逐点地按照"检查表"进行。持表检查不仅要做到检查有标准、巡检有路线，而且也逐步养成监督人员全覆盖巡查的工作习惯，消除因人员工作能力和责任心的差异而带来工作巡检的盲点和漏点出现。

3.制订查患纠违的工作流程

监督人员的主要工作就是查隐患和纠正违章，为了形成监督效果的最优化，长庆监督公司按照"查处一起隐患、纠正一次违章、开展一次培训"的思路，对监督人员的查究隐患和处理违章的行为进行规范，并逐渐在安全监督中形成了查患纠违二八流程，在石油工程监督工作中形成监督履职"五步七法"等具有行业特色的工作标准。安全监督查患纠违二八流程。即：查纠隐患八步流程为，检查—取证—对标—下单—督促—验证—分析—反馈；查纠违章八步流程为，观察—取证—叫停—沟通—教育—纠正—通报—处罚。石油工程监督履职"五步七法"。即：查资料—查现场—对标准—沟通交流—培训辅导；带册—持表—对标—沟通—写实—填表—下单。主要工作的标准化、规范化运行不仅能消除监督人员粗暴监督，而且还尽可能地和管理单位能在思想认识上达成一致，有利于问题整改和缓解监管矛盾。

4.发挥好绩效考核的指挥棒作用

作为以人力资本为核心的监督公司，让每一名员工在每一个现场能都履职尽责，是培养安全文化的出发点和落脚点。长庆监督公司从组建开始就将监督人员绩效考核作为主要抓手做到年年修订完善，最终形成员工认可、简洁可行的考核细则，在队伍管理和培育企业文化中发挥了突出的作用。员工绩效考核细则由公司机关直接牵头负责，每年由机关、监督站（部）、职工代表组成修订小组并经职代会审议后印发执行。监督人员绩效考核办法按照"点面结合、量化考核，风险管控，正面激励"的原则，绩效考核坚持"现场考核、公开公示"阳光运行，以出勤、查患纠违、叫停、培训等诸多要素参与考核，以"加分项减去扣分项"简洁计算，每一名员工都能清晰的计算出本人的工作积分，真正做到简捷有效可量化。同时，切实做好绩效考核工作，每月监督站（部）考核小组都要深入到每一个现场和每一名监督人员面对面进行考核，并将考核分值直接和绩效工资和评先选优结合起来，尽管监督人员的收入差距较大，但因为公开透明，队伍中少了相互猜忌和抱怨，比学赶帮的正气成为队伍的主流。

5.设置起工作和履职底线

一名监督人员的失职或者一个关键环节的疏忽都

会给监督公司和被监督单位造成较大的损失和影响。树立起底线思维，管控好关键关节是监督公司培养监督职业操守的切入点。长庆监督公司经职代会审议，制定《监督履职五条禁令》发布廉洁从业五条承诺，为监督人员划出"不越雷池一步"的底线。监督履职五条禁令（严禁基层单位主要负责人不按规定参与事故、事件调查；严禁安排无有效证件和未经岗位能力评价合格的人员独立顶岗；严禁私自离开工作岗位和派驻单位；严禁不按规定落实旁站监督和巡回监督检查；严禁将监督履职记录仪交由施工单位员工代替采集监督履职信息）。违反禁令，监督人员将要面临按照企业管理规定升级处理的追责，情节严重者将有面临解除劳动合同的处理。严厉的责任追究以及每年不少于两次的监督履职专项治理，让广大监督人员心存敬畏，恪守职责，自觉树立好自己的思想防线。

（三）潜移默化，培养安全监督文化习惯

把每一名从业者逐步培养成为具有"行业特征"的"企业人"是企业文化建设的最终目的。只有首先将企业逐步打造成一个"大熔炉"才能使更多的员工认可、接受并按照公司设置的要求而不断地改变和锻造自我，才能让"权威、刚正、负责"的监督行为规范融入每一名监督人员的灵魂深处，表现在工作生活的方方面面。

1.引导吸取，培育监督特色文化。

一是坚持以人民为中心的发展思路。公司领导班子成员每年都必须参加基层的年度总结会，和每一名员工面对面谈心交流、征求意见，并以管理诊断系统、金点子征集等各种形式多渠道征集员工意见，作为制度修订的主要依据，真正做到依靠群众办企业。二是加强引导，利用各种形式始终坚持进行大庆精神、石油精神的理念宣贯，让职工逐步认可"监督工作是以挽救人生命和健康为责任担当的职业"自豪感。平时通过晨会领读履职禁令、传唱《监督之歌》等氛围，营造出浓郁的氛围，传递正能量。三是实践推广。每年对各基层单位的工作亮点进行梳理、评估和吸收，对于具有推广价值的，或纳入制度修订中或在一定范围和时间段进行推广，切实发挥出了员工的首创精神和基层的实践作用，形成公司"接地气"的管理措施，容易在执行中得到广泛认可和有效执行。

2.知行合一，推进安全文化的践行。

一是以上率下。长庆监督公司领导班子多年来坚持"向我看齐"公开承诺制。要求员工做到的，领导班子必须首先做到；要求员工不做的，领导班子必须首先不做。这种以上率下的形式为不仅为员工做出表率，而且也在潜移默化中积极实践公司所倡导的令行禁止的执行文化，培育监督人员坚持原则和遵章守纪的自觉性。二是主动接受监督。在每一个施工现场都要张贴监督履职和廉洁从业告知书，悬挂举报箱，公开举报渠道，主动接受施工队伍的监督。逐步形成监督人员新到一个工作环境首先要进行监督履职和廉洁从业承诺告知的工作习惯。三是融入日常。通过坚持监督公司多年来形成的工作经验和惯例，逐步让员工通过公司搭建的各种平台在具体工作中传承石油精神，培养"监督秉性"。每一名员工在日常工作中，从参加晨会、确定日计划、巡检、旁站、查患纠违、安全经验分享、集中培训、参加班前班后会、填写监督日志、撰写监督评价报告等日常行为，在按照公司的"规定动作"的日复一日的坚守中也逐步养成了监督文化，成长为一名权威、刚正、负责的长庆监督人。

三、结论

监督工作是安全工作的重要组成部分，也是促进企业安全生产的一大助力。由于监督工作性质的独特性和监督人员综合素养的差异性，监督公司的安全文化建设需要更高的要求和目标。中石油川庆长庆监督公司从制度建设、行为规范、习惯养成等方面进行了大量的探索，逐步培育了形成了以"权威、刚正、负责"为核心的安全文化体系，培养了一批权威、刚正、负责的长庆监督人员，为石油企业安全生产提供保障。

农村"煤改气"工程中的风险识别与安全管控

左权燃气有限公司　董十棉

摘　要： "煤改气"工程是提高农村供热安全环保水平的重要方式。然而，由于燃气的特殊危险性，成功实施"煤改气"工程，不仅需要工程施工过程的安全、工程质量的可靠，也同样需要以此为源头，推动用户和基层管理者提升对燃气危险性和安全管理的认知。本文从政府决策部署、施工组织、安全管理对策和实践、实际运行、效果分析，全方位介绍了山西省 X 市 Y 县在 2017 年实施的农村"煤改气"工程，提出了进一步改善提升农村"煤改气"工程安全管理的思路与实践方法。

关键词： 农村；煤改气；安全管理；对策；实践

燃煤是造成大气污染的重要成因之一。目前，我国散烧煤量依然很大，每年约为 7.5 亿吨，其中北方地区取暖散烧煤占 1/3，约 2.5 亿吨。据 2015 年统计，国内散煤取暖面积约占总取暖面积的 83%，散煤比例每下降 1.0 %，将减少大气污染排放 1.5 %，散煤取暖现状亟待改变。清洁取暖是改善大气环境的重要举措，加快推进清洁取暖意义重大。国家非常重视大气环境的防治并出台了一系列《大气污染防治行动计划》，2017 年 4 月提出《京津冀周边"2+26"城市环保行动方案》，在重点示范带动的基础上整体推进北方地区清洁取暖工作。山西省有"4"个城市属"2+26"城市之列，还增加了"2"个城市（临汾、晋中）形成"4+2"城市作为试点推进本省 2017 年冬季清洁采暖。

一、"煤改气"工作的简要介绍

Y 县隶属"+2"城市之一，人口为 16.5 万人，蕴藏丰富的煤炭资源，该县在大力开发利用煤炭资源的同时非常重视生态环境保护和大气治理。2000 年起，利用电厂余热实施了县城规划区内集中供热工程，累计拆除燃煤锅炉 102 台 258 蒸吨。2014—2016 年，利用过境的太原—长治的天然气管道，对县城规划区内的 9 台 8.5 蒸吨燃煤锅炉实施了"以气代煤"改造，截至 2016 年年底，累计实现清洁采暖 280 万平方米，每年可替代燃烧散煤 16.8 万吨，减少固废排放 4.2 万吨，减少烟尘排放 2520 吨，减少二氧化硫排放 1848 吨，减少氮氧化物排放 1610 吨。2017 年，Y 县依托 X 市大气防治政策在城郊实施了农村"煤改气"工程，累计铺设中压管网 22 千米，气化 19 个村 3636 户，改

造燃煤锅炉 12 台 34 蒸吨，每年可替代燃煤 13.5 万吨，减少固废排放 2.7 万吨，减少烟尘排放 2025 吨，减少二氧化硫排放 1485 吨，减少氮氧化物排放 1294 吨。经过一系列卓有成效的散煤治理，2018 年一季度，衡量大气污染六项指标：可吸入颗粒物（PM10）、细颗粒物（PM2.5）、二氧化硫（SO_2）、二氧化氮（NO_2）、一氧化碳（CO）、臭氧（O_3）均向优质转变，环境空气质量综合指数为 5.68，优良天数比例达 61.3%，在 X 市排名第一。本文主要针对 Y 县 2017 年"煤改气"实施过程中政策应用、工艺及安全管理方案、运行效果、优化建议等方面做总结分析，以期"煤改气"工作得到进一步的完善和提升。

二、"煤改气"工程的风险

（一）施工安全风险

由于燃气行业属于高危行业，要实现安全生产，必须从本质安全入手，在施工——这一初始阶段就要识别和管控风险。农村地区地域广，管线分布长，埋管地形地貌多变，为施工安全管理提出了更高要求。

（二）运行安全风险

据 Y 县燃气公司调度室故障受理台账，截至 2018 年 8 月 15 日累计受理农村 "煤改气"用户来电 448 次，其中灶具故障 189 次，占 42.2%，主要是用户不熟悉灶具使用功能，造成使用损坏，容易引发燃爆隐患。

（三）人因安全风险

尽管农村已经较为广泛地使用液化气取代燃煤做饭。然而，由于对燃气的特性不了解，对风险处置方

式不掌握，农村用户要么过度担心燃气的危险性，要么忽视燃气的安全性。特别是，农村在建筑施工过程中，有的时候因不了解燃气管线分布情况，容易错挖造成燃气泄漏。

宜，采取不同的手段，从人的不安全行为、物的不安全状态、管理上的缺陷入手，在设计、施工、使用、售后服务等环节采取相适应的技术组织管理措施进行安全管控，严防事故发生安全事故具体要点如表 1 所示。

三、管理对策

农村有着不同于城镇的特点，工程建设应因地制

表 1 Y 县 2017 年"煤改气"工程安全管控要点

项目	采取措施	技术特点	优点
（一） 压力选择	两级供气	中压入村：$1.0kg/cm^2$ 低压入村入户：2500Pa	有效提高管道运行效率 提高管网运行安全性
（二） 管道材质	地埋管	PE 管道	耐腐蚀、施工进度快
	引入管	无缝钢管	焊口检测，抗沉降、抗拉伸
	外爬管	无缝钢管	焊口检测，抗沉降、抗拉伸
（三） 燃气表	代码表	预付费减少费用催缴之劳	可实现 E 支付功能方便远距离用户购气
	室内内置	降低表外置的安全风险	解决温差衰减皮膜表的使用寿命
（四） 壁挂炉	金属波纹软管连接	安装便捷	有效预防平房鼠咬风险
	限高标识	尽量减少管道横穿通道	预防碰撞提高安全性
（五） 安全设施	管线标识	便于巡查	提高安全性
	引入管标识	便于管理和用户认知	提高安全性
	防撞栏	加强安全防护	提高安全性
	宣传手册	每户一册	普及燃气安全知识
（六） 安全宣传	燃气设施标识	燃气表标识	告知 24 小时维修电话
		壁挂炉标识	告知 24 小时维修电话
	集中宣传	广播宣传	因地制宜采取农村喜闻乐见的形式
		送气前集中培训	进一步提高农民对燃气安全知识的认知度
	开展应急演练	群众参与实景演练	普及安全知识，提高应急能力
（七） 送气	不采暖不送气	严格送气流程	有效防止二火源产生
	不复压不送气	严格送气流程	确保使用用户的安全性能
	不封堵不送气	严格送气流程	保障未使用户的安全性能
	春耕时节	结合农民劳动规律跟踪服务	有效防止地埋管、立管遭到破坏
	秋收时节	结合农民劳动规律跟踪服务	有效防止地埋管、立管遭到破坏
	夏季时节	外爬管压力变化	夏冬两季应根据气温及时调整调压柜出口压力，入户压力平稳
（八） 重点时段 检查	冬季时节	入户检查	防止散煤复燃，形成二火源
	春节、元宵节	监护燃放烟花爆竹、垒旺火、架空管拴绳挂物	防止燃气设施遭到破坏造成事故
	婚丧嫁娶	监护燃放烟花爆竹、垒旺火、架空管拴绳挂物、燃气不当使用	防止燃气设施遭到破坏和不当使用燃气造成事故
	房屋翻修	及时提供拆改迁服务	防止发生私改乱接、燃气设施第三方破坏
（九） 农村协管员		呼吁政府压实监管责任杜绝管理盲区	实现群防群治、提高宣传监管应急多重效率

四、事故分析

据 Y 县燃气公司调度室接警台账（见表 2），农村"煤改气"用户累计接警 8 起，其中，第三方施工破坏管道 1 起，暴露出施工和巡查问题，需引起对施工管理和日常巡查的高度重视；外爬管损坏 4 起，因危旧房屋坍塌所致，需严把确户技术要求关，不能搞燃煤清零一刀切；壁挂炉着火 1 起，因壁挂炉电器着火所致，需重视燃气设施质量、售后服务管控；用户住宅着火 2 起，均为非燃气事故，还需通过持续安全宣传教育提高用户的安全意识。

表 2　Y 县 2017 年"煤改气"用户调度事故台账统计

序号	事故种类	次数	原因分析
1	地埋管道泄漏	1	第三方施工破坏
2	房屋着火	1	家用电器着火引起
3	庭院着火	1	居民燃柴引发
4	外爬管损坏	4	危旧房屋坍塌引起
5	壁挂炉着火	1	壁挂炉电器部件引发

说明：2017 年 11 月 15 日—2018 年 8 月 15 日统计数据

五、结论

通过 Y 县 2017 年农村"煤改气"工程的建设运营管理实践，纵观各环节整个过程，该项目安全管控有效、环保效果明显、组织尚需优化。

第一，"煤改气"是风险隐患易发的特殊工程，应高度重视施工安全、运维安全和防范人因事故。

第二，"煤改气"工程中的安全管理是一项复杂的工程，需要施工方、当地基层组织、设备供应商和供气方共同协作。

第三，"煤改气"的最终用户是客户，群众的安全至关重要，要加强群众对燃气安全知识普及宣传，引导群众正确看待燃气的特殊风险和控制措施，使其转变为理性的燃气消费者。

论安全文化管理日常化对企业发展的重要作用

中粮可口可乐饮料（吉林）有限公司　娄建国　海洋　史维红　赵小莹

摘　要：现阶段，坚持总体国家安全观，是习近平新时代中国特色社会主义思想的重要内容。党的十九大报告提出，统筹发展和安全，增强忧患意识，做到居安思危，是我们党治国理政的一个重大原则。以安全发展理念引领安全生产，是提高保障和改善民生水平、加强和创新社会治理必须坚持的一个重要理念。企业作为国家的重要组成部分，贯彻落实国家"安全第一，预防为主，综合治理"的方针，严格执行日常化管理、标准化操作的制度，有助于企业更长远和长久的良好发展。本文针对安全管理存在的普遍问题，提出了安全文化管理日常化的管理模式，并阐述了安全管理日常化的具体内容，以期为企业安全发展提供支撑作用。

关键词：安全文化；日常化管理；安全发展

在企业的实际经营过程中，很多企业管理者对安全生产没有足够的认识和重视，只片面地追求经济效益，认为安全管理可有可无，没有将安全放到企业发展的重中之重。

一、当前企业安全管理存在的普遍问题

（一）企业管理者的安全生产意识较低，尚未建立起安全管理的经营理念

一些企业为了降低成本缩短工期，不顾及经营的安全性，造成人员伤害，遭受到了重大损失。而有一些企业虽然逐渐开始重视安全管理，但是认识仍然比较局限，安全管理人员缺乏正确的管理理念，只有在出现事故时才实施相关的管理手段，并没有将事故扼杀在摇篮之中，不能真正发挥安全管理的实际意义，使安全管理工作成为空谈，缺乏真正有效的内容。

（二）企业员工整体素质有待提高，安全问题没有得到足够重视

安全管理过程离不开企业员工的参与，但部分人员自身知识文化水平较低，安全意识较差，安全知识和安全技能匮乏，自我防护能力不足。而企业在招聘这些员工之后又不重视安全管理培训，使得员工不能够全面了解在实际生产过程中所面对的安全隐患，常常出现违规操作，造成严重的安全事故。这也是造成企业经营安全问题的重要影响因素，员工安全意识的缺失和素质低能够导致各种安全事故，使企业和员工自身都受到极大创伤。

安全管理工作的好坏在很大程度上取决于安全管理人员素质的高低，同时还取决于安全管理部门的职能发挥。安全管理需要有较高理论知识，又要有丰富的实践经验，还必须有具备较强责任心和敬业精神的安全管理人员，而现在部分企业还不具备这样一支安全管理的队伍。

（三）企业安全基础工作不扎实、组织机构和安全管理制度不健全

企业安全基础工作不扎实、组织机构和安全管理制度不健全，一些企业的安全基础台账只是为了应付上级部门的检查而建立，车间级安全基础台账存在弄虚作假的现象，还有些班组的安全基础工作薄弱，布置安全措施缺乏针对性，工作中更是缺乏检查和落实。

随着我国市场经济体制的不断完善，在市场经济体制下企业在经营过程中必须要重视企业经济效益，不断提高企业竞争能力，所以企业在经营过程中会投入大量人力物力用于降低企业生产成本、提高企业经济效益，但是对于安全管理问题却没有给予足够的重视，也没有针对这一问题构建完善的体制，使得企业安全管理工作得不到制度保障，不能有效实施。

（四）企业安全没有形成日常化管理，安全隐患随处可见

当前很多企业的安全管理流于形式，缺少实干，有些是资金措施不到位，有些是人员制度不到位，导致生产现场安全管理混乱，无法建立日常化的管理。有的企业只有当上级部门检查时才开始抓安全，管安全，可是检查一过，一切又是按照老样子执行，视隐

患于无物。有的企业在安全生产方面刚刚取得一些成绩，就开始由高度警惕到慢慢放松和忽视，导致在大意中栽了跟头，造成经济效益和生命财产的双重损失。

二、安全文化管理日常化的具体措施

针对安全管理存在的普遍问题，提出了安全文化管理日常化模式，用安全文化引导安全管理，提高员工安全意识和安全认知，加强风险预控和隐患排查力度，保证企业安全生产。

（一）坚持安全文化管理日常化，建立健全安全管理规章制度

规章制度是一种约束力很强的规定，是保证安全生产的一项有力措施。众所周知，安全与生产活动密不可分。只要存在生产活动，就存在安全风险和安全隐患，主要包括人的不安全行为、物的不安全状态和管理上的缺陷。而人作为生产活动的主体，对生产活动过程起着关键的主导作用。因此，对生产活动过程中人的作业行为进行细致的规范和管理，是一项最为有效的措施，这就需要建立一套完整的规章制度。

中粮可口可乐建立了一整套关于安全管理完备的激励制度、日常巡检制度、监督制度，颁布了《质量安全管理红线》和《现场安全管理 10 项基本措施》，制订了外包方安全管理协议等，都是为了更好地进行安全管理避免违规操作而设定的规章制度。正所谓没有规矩不成方圆，在生产中让制度规范现场的实际作业行为，是做好安全工作的首要前提。因此坚持安全管理日常化的首要前提条件就是要建立健全企业的安全管理规章制度。

（二）坚持安全文化管理日常化，加强风险分级管控和隐患排查治理

风险分级管控与隐患排查治理双体系建设是企业安全生产主体责任，是企业主要负责人的重要职责之一，是企业安全管理的重要内容，是企业自我约束、自我纠正、自我提高的预防事故发生的根本途径。风险分级管控和隐患排查治理双体系作为安全系统管理的两个核心环节，在职业健康安全管理体系、安全生产标准化建设中有明确要求，并作为基础关键环节存在。

开展双重预防机制建设工作意义重大，能解决安全管理中三个主要问题：一是通过开展风险点的识别指明了安全管理的细节，解决了"想不到"的问题；

二是通过对风险点管控的责任划分，解决了"管不到"的问题；三是通过以风险点为核心进行隐患分级排查，分级治理，解决了"治不到"的问题。

2018 年为"落实质量安全主体责任年"，中可集团将贯彻落实党的十九大精神，坚持生命至上、安全第一的理念，按照集团党组的要求与部署，全面对质量安全风险进行分类分级，进一步深化重大隐患排查治理，明确质量安全责任，夯实管理基础，严防群死群伤和较大质量安全事故发生，确保质量安全形势总体保持稳定。主要工作包括落实区域安全管理责任制；按照《中粮集团产业链质量安全风险辨识、评价和控制策划实施指南》辨识危险源及评估清单；按照《饮料产业链安全生产风险控制大纲》自查的问题更正行动计划；建立《饮料产业链重大隐患管理台账》；组织开展消防、危化品、受限空间、登高作业、电气安全、机械防护六大专项排查治理等。同时中可集团建立工厂保温材料台账，将喷板等易燃材料全部更换为不燃及难燃材料；组织各厂进行机械防护和能源锁控类改造，增加安全防护装置，大力投入安全硬件设施。

（三）坚持安全文化管理日常化，加强人员培训和教育

企业安全管理作为企业管理的重要内容之一，是企业上层建筑与职业宏观战略的重要组成部分。企业的安全理念、安全文化对企业的安全生产起着先导性的重要作用。因此，企业必须加强安全生产教育、培训，不断提高全员安全意识。

首先，企业的管理者与领导层首先要解放思想，与时俱进，思想决定了行动的方向与效果，学习现代化管理理念与模式，坚持以人为本的思想，将企业安全管理作为企业发展的首要工作，积极调动企业上下开展安全生产活动，加大安全生产宣传力度，切实提高工作人员安全生产意识，使其在生产过程中自觉按照标准操作。

其次，加强企业员工安全管理培训。企业要建立健全安全培训机制，聘请专业人士对生产中常见的安全事故、安全管理措施、生产技术等进行详细的讲解，提高工作人员的理论知识。培训教育的内容要全面，对主要的安全生产法规、重点的安全管理制度、规程应全覆盖，不遗漏；宣传教育的形式要多样化和人性化，让员工乐于接受、便于接受；教育培训的对象应

多层次、全员化，并确保特殊岗位的员工接受特殊作业安全培训。

最后，实行人性化的激励制度和举办安全文化活动。在企业内实行公平、公正的奖励机制，并可以充分利用现代化的多媒体技术如企业网站、微信公众号、企业 QQ 群、宣传海报等开展安全活动，比如可以通过举办企业安全知识竞赛、抽奖活动的方式，宣传有关企业安全生产的法律法规，组织"安全生产月活动"，将安全责任重于泰山的思想与意识深入到企业每位员工的日常行为与工作中。这样不仅丰富了企业员工的文化生活，同时还促使员工认识到企业安全工作的重要性，提升安全生产的意识。

中粮可口可乐在人员培训教育方面对照《关于进一步加强质量安全机构和队伍建设的若干意见》（中粮党组字〔2016〕53 号）要求确保各厂人员配置到位；组织安全人员专业指数评估；根据国家和中粮集团安全生产月主题制定、开展安全生产月活动；将中可三级培训框架体系与中粮集团的体系对接；组织工厂人员参加中粮集团培训；开展注册安全工程师、交通安全全员培训；组织开展《两轮车防御性驾驶》和《四轮车防御性驾驶》全员学习等。

（四）坚持安全文化管理日常化，制定事故预案加强应急演练

应急预案有助于识别风险隐患、了解突发事件的发生机理、明确应急救援的范围和体系，使突发事件应对处置的各个环节有章可循。制订完善应急预案并在日常加强实地应急演练能够使企业在面对突发事件及时做出响应和处置，避免突发事件扩大或升级，最大限度地减少突发事件造成的损失，并有利于提高企业人员的居安思危、积极防范各类风险的意识。

首先应建立健全企业的应急管理体制机制，建立应急管理组织机构，确保在紧急事故发生时能够及时有效地开展救援。其次应定期对从业人员进行安全知识的教育与培训、岗位安全操作规程的培训、事故处理方法的培训等，制订和完善相应的事故应急处理预案，并组织从业人员定期进行演练，以便不断提高从业人员的业务素质与操作技能，提高其在事故中的应变能力。最后应加强公共安全基础设施建设，例如建立安全宣导室、制作应急疏散标识牌、开发应急避险网络图、建立应急物资储备库、建设应急避难场所等。

中粮可口可乐全面制订事故应急预案和现场处置方案，并且组织员工定期开展应急演练，包括消防应急预案及演习、触电应急预案及演习、液氮储罐泄漏及爆炸应急预案及演习、化学品泄漏应急预案及演习、柴油泄漏应急预案及演习、臭氧泄漏处理应急预案及演习、X 射线应急预案及演习、二氧化碳储罐泄漏及爆炸应急预案及演习、氨泄漏应急预案及演习、锅炉爆炸应急预案及演习、机械伤害事故专项应急预案及演习、进入受限空间作业现场处置方案及演习、车辆伤害现场处置方案及演习等，通过现场实地演习的方式真正使人员得到训练，提高安全防范意识，在面对事故时及时做出正确反应，保障安全。

三、结论

安全文化管理是企业生产管理的重要组成部分，安全文化管理就是管理者对安全生产工作进行的计划、组织、指挥、协调和控制的一系列活动，目的是保证在生产、经营活动中的人身安全与健康，以及财产安全，促进企业的发展，保持社会的和谐稳定。中粮可口可乐坚持安全文化管理日常化，坚持新时代总体国家安全观，坚定不移走中国特色国家安全道路，完善中可的安全体制机制，加强安全文化建设，有效维护企业安全。

强化安全生产理念，践行安全节能发展

中国国电宝鸡第二发电有限责任公司　张宏博

摘　要： 安全发展、节能发展是新时期发展理念的基本要求，是企业可持续发展的基石。中国国电宝鸡第二发电有限责任公司（以下简称宝二公司）在践行国电集团"一五五"战略思想，建设国电家园文化中，从树立新发展理念、提高全员安全意识、节能意识入手，按照"节能降耗、提质增效"的创建总体思路，充分发挥职工聪明才智，突出安全生产、节能管理，深化节能减排，促进企业提质增效，在安全文化实践和节能经验积累中探索出了一条行之有效的发展途径。

关键词： 安全生产；节能发展；安全文化；节能文化

安全发展是企业的头等大事，节能工作是发展的重要基础。电力行业是国家基础产业，事关国家安全、社会稳定和人民生活，特别是这几年，对电力企业安全提出了更高的要求。面临发展新挑战，电力企业要更加重视安全和节能工作，树立安全生产理念，在做好安全生产的同时，推进节能工作发展。用安全管理的经验来推动节能工作，用节能工作的成果促进安全生产水平，使安全文化和节能文化融合发展。

在电力企业，安全生产和节能工作对发电机组使用寿命和经济影响深远，是企业实现可持续发展的基本保障。宝二公司一直非常重视，按照国有企业文化建设的要求，以国电集团先进管理理念为核心，眼睛向内，挖掘潜能，以安全运行、节能改造、和成本管理为突破口，努力创建适合本企业的安全节能文化，坚持以文化人、以文育人、文化兴企，增强发展软实力，促进扭亏增盈、提质增效，着力提高核心竞争力，2013—2017 年企业连续盈利，实现健康可持续发展。

一、安全节能体系创建

2008 年，宝二公司二期两台 660MW 超临界燃煤发电机组开工建设，面对公司面临的六台机组、两种不同型号机组的复杂安全生产形势，公司未雨绸缪，积极吸纳国内外先进企业管理经验，在公司安全文化体系的基础上开始了企业节能文化体系建设的深入探索实践。

（一）创新安全节能文化理念体系

宝二公司从提高全员节能意识入手，充分发挥广大职工的聪明才智，凝练出具有特色的企业安全节能文化理念。通过向内挖掘潜力、降低生产经营成本，树立起"岗位靠竞争、分配靠效益、收入靠贡献"的节能价值理念；通过推进生产由安全型向安全经济型转化，树立起"点点滴滴降成本，分分秒秒增效益"的节能工作理念；通过生产经济指标量化考核机制，树立起"向操作要效益，度电必争，千瓦不让，克煤必省"的节能操控理念；在公司经营的方方面面倡导"省钱就是赚钱"的节约经营理念，努力打造一流队伍，实现一流管理，创造一流业绩，树立一流形象，形成了"安全定成败、效益论英雄"具有企业特色的节能价值观。

（二）构建强有力的组织体系

建立完善了公司三级节能网，明确公司、二级部门、班组的节能工作负责人和责任人，落实各级节能责任；完善节能标准化管理体系。修订了节能管理标准、油务管理标准、经济运行管理标准等内控制度，制定了倡导节约、强制节约规定，强化管理基础；建立节能管理的常态管理机制。把"电量平衡、水量平衡、热能平衡"作为重点，将各专项平衡试验及其统计、分析、整改工作落实到日常工作，形成节能管理的常态机制；健全节能工作的考核机制。将节能降耗指标层层分解，把节能与经济效益挂钩，通过运行值际竞赛和小指标竞赛，提高职工的主观能动性和工作积极性。健全节能降耗管理的监督评价体系。成立由生产技术部直管的试验中心，从体制上加强对各相关指标的监测和考核，重点抓花钱少、技术可靠、应用成熟、效能较高的节能技改项目；形成工程项目节能优化机制。致力打造"精"品项目，按照"节约成本、技术可靠、应用成熟、效能提高"的原则，确保每一分钱都花在刀刃上。二期工程建设中，宝二公司邀请专家结合项目实地情况对原设计进行充分论证，提出科学合理的优化方案，既保证了工程质量，又降低了建设成本，二期660MW超临界燃煤发电机组"三塔合一"技术荣获国电集团科技进步一等奖，电力系统科技进步一等奖。

（三）搭建安全节能文化宣贯体系

为节能明星"树碑立传"，"我要节能"深入人心。宝二公司在节能工作开展中通过强化对标管理，不断丰富载体，营造良好的氛围，激发员工的积极性和创造性，不断提升员工素质及技能水平。

以对标管理为抓手，确保节能工作落实。设立节能专项奖，以指标竞赛活动为载体，明确竞赛指标，合理分配指标权重，充分发挥竞赛活动对节能降耗的引导作用；将节能安全效果与职工收入分配挂钩，突出贡献，全方位调动职工节能积极性，变"要我节能"为"我要节能"。

丰富载体，全面推广，强化培育。创新安全节能文化建设开展方式，不断丰富和优化载体，以专业组活动、QC活动和合理化建议为基础，开展仿真机技能大赛、节能文化主题演讲比赛等活动，提高全员节能意识。完善职工培训园地、建立节能安全标杆宣传栏、橱窗、展板等文化设施，扩大安全节能文化建设的有效覆盖面。

树立标杆，为突出贡献者"树碑立传"。为激励技术创新，公司规定：凡在节能降耗或技术改造中提出创新方案及合理化建议，经采纳实施达到预期效果的，除通报嘉奖外，还在生产现场树立"荣誉牌"记载成果，增强了职工节能降耗的荣誉感。先后已有60多人次被载入"荣誉牌"。

选树"明星"，营造氛围，积极传播。制作悬挂节能降耗宣传展板，对员工时刻起到警示作用。通过设立"节能明星榜"和大机组劳动竞赛评比公示牌，起到表彰先进、鞭策后进作用；通过对节能理念和先进经验进行公开交流，营造良好的安全节能文化氛围。

二、安全节能具体实践

宝二公司在安全节能文化创建中，通过设备技术改造、运行方式优化、加强对标管理和经营管理等各方面工作，确保创建工作行之有效，同时也助推了企业本质化安全建设，使安全生产水平进一步提高。

（一）优化机组运行方式的"5553"节能秘诀

如果说节能技术改造是提升"硬件"，那么提高安全经济运行水平就是升级"软件"。宝二公司充分发挥运行人员的主观能动性，在运行调控上坚持做好"五控制、五优化、五减少，三比较"。

运行参数五控制。控制蒸汽温度、压力，力争参数压红线运行，降低节流损失，提高了负荷响应能力，使主汽温度和再热蒸汽温度同比提高了1.46℃；控制一次风压保持低限运行，有效降低了飞灰可燃物和风机电耗；控制排烟温度，调整燃烧方式，改变火焰中心位置，降低了锅炉排烟温度；控制氧量在3%～5%，减少其过大或者过小对燃烧的影响；控制减温水量，减少换热损失，合理分配各受热面吸热量，减温水由70～80t/h降到10～20t/h。

辅助系统五优化。优化制粉系统运行方式，控制风量和煤粉细度使飞灰可燃物平均降低了0.36%，减少了磨煤机运行台数；优化风机运行方式，低负荷实行一次风机和吸风机单侧运行，降低了厂用，节电近半；优化循环泵运行方式，低负荷实行单台循环泵运行，控制电耗，循环泵电耗同比下降0.35个百分点；优化真空泵运行方式。采用单台循环泵、二台真空泵的运行方式，"以小搏大"，节电提效，使真空提高约0.5～0.7kPa；优化锅炉排污运行方式，以减少热量损失，提高锅炉效率。

机组启动五减少。锅炉上水，以小功率凝输泵或前置泵替代大功率的电泵运行，节约了上水电耗；启动前进行锅炉低温换水冲洗，减少带负荷后的排污时间，减小热量损失；启动中控制风机、磨煤机、循环泵、凝结泵等高能耗设备投运节点，减少电耗；适时投入汽缸加热预暖，均衡提高汽轮机缸体温度，减少暖机时间；注重启动前的消缺工作，力争实现机组零缺陷启动，缩短启动时间。

经济指标三比较。与集团对标管理中先进机组的指标比较，查找与先进机组间的差距；机组纵向比较，分析月度、年度经济指标和各主要系统的能耗变化情况，确定机组最经济的运行方式；机组之间横向比较，找出差异，及时调整，确保大方式经济运行。

（二）技改"金点子"落地生根，煤耗下降，效益攀升

发挥广大职工的主观能动性，不断征集节能技术改造"金点子"，充分论证并积极开展设备治理，改造或淘汰落后的生产设备或工艺，对硬件设施大刀阔斧地实施能效提升。

抓住重点，集思广益，精确技改。#1—4 机组投运以来，机组热耗值偏高、空预器系统漏风大和一次风机冗余负荷大效能低一直制约着机组效能的提高。宝二公司集思广益，找准症结，充分论证，实施改造，大大提高了机组经济性。通过对原热力系统疏水点设计过多重新测算和改造，既降低了系统维护成本，还使#1—4 机组供电煤耗分别下降 8.56g/kW·h、3.78g/kW·h、3.2g/kW·h、3.56g/kW·h，大大提高了机组热效率；2006—2009 年公司对空预器实施了密封改造及风烟系统消漏改造，使漏风率由 20%全部降至 7%以下，风烟系统严密性显著提高，厂用电率下降 0.72 个百分点，供电煤耗平均下降 2.38g/kW·h，锅炉热效率提高显著；通过降低一次风机节流损失，结合对运行风压分段控制、分时段单侧风机等方式调整，使厂用电率下降 0.2 个百分点，供电煤耗下降 0.7g/kW·h。

因地制宜，勇于革新，合理技改。#1—4 机组真空泵设计冷却水夏季由于温度高，造成出力低机组真空差。后经充分论证，仅给冷却水增加一路工业水源，就大大提高了真空泵工作效率，使机组真空升高 0.4kPa，供电煤耗下降 1.28g/kW·h；利用水源地至生产区 40 米的高程差供给工业冷却水，不但大大提高运行可靠性，还停运了两台原设工业水泵，使厂用电率下降 0.03 个百分点，供电煤耗下降 0.11g/kW·h；通过对#1—4 机凝结泵变频改造，使厂用电率下降 0.17 个百分点，供电煤耗下降 0.56g/kW·h。

产研结合，大胆研新，走在前沿。宝二公司与华北电力大学、西安交通大学、西安热工院等科研院所建立了长期的技术合作关系，经常邀请教授、专家进行节能讲座和培训，了解许多节能前沿信息和技术，开阔视野。2009 年实施的炉膛温度场测量系统、一次风机高效改造和热力系统优化改造，就是在产学研结合方面取得的成效。与西安交通大学合作，成功进行了的秸秆掺烧工业试验并推广，降低燃料费用，不断将节能工作引向纵深。

（三）强化经营管控，提升管理，提升效益

宝二公司在搞好生产节能管控的基础上，还注重抓好企业经营管控，确保安全节能文化创建工作的全覆盖。

强化设备维护，夯实安全基础。机组设备安全是实现节能降耗的前提，强化设备日常维护，可以有效地降低机组、设备故障造成的非计划停运，减少机组启停的耗油和电量损失。通过加强设备缺陷管理，在日常工作和检修工作中扎实推进设备渗漏治理和阀门内漏治理，彻底消除渗漏点，杜绝工质损失和降低了能耗；通过完善技术监督三级组织体系和十二大标准体系加强技术监督，强化定期工作管理，做好机组日常运行状态分析、经济性分析、安全性分析和可靠性分析，制定检修策略，确保机组长周期的运行。

强化燃料管理，抓住节能"源头"。燃料管理从体制上实行将燃料采购与燃料运行相、将燃料采制样与燃料化验相、将燃料化验与化验监督相"三个分离"，严把燃料的采购、化验和监督关口，形成相互协作、相互监督的体制，通过调整燃煤运输方式，同比节约运输费用 613 万元，提高的入厂煤热值节约燃料费用 624 万元；通过优化煤源结构，节约燃料费用 538 万元；通过配煤掺烧，降低存储损失，使入场入炉煤热值差同比降低 0.31 兆焦/千克，节约燃料费用 691 万元。

拓宽电量市场，促进节能降耗。提高机组负荷率，既能增加效益，又节能降耗。推动全员营销，争取每一度电量计划、"抢"发每一度电。在陕西省大用户直接交易中，公司员工积极响应，多渠道联系洽谈，已累计为公司售电 65000 万 kW·h；同时协调争取电量、设备检修和抢发电量的关系，争取多发超发，压红线运行。努力推进机组热电联产、超低排放，既增加基数电量，又降低供电煤耗。

（四）坚持节能安全导向，引领品牌创建

在安全节能文化创建中，发挥基层党支部的战斗堡垒作用和共产党员的先锋模范作用，结合各党支部的工作实际，灵活创建载体，促进职工安全节能意识的养成和安全节能文化在基层落地。机械检修党支部通过"党员红旗设备"特色品牌支部创建，以提高设备管理水平为目标，狠抓文明生产、锅炉及制粉设备隐患治理，提高运行设备质量管理水平，保证了设备

运行可靠性；发电部党支部通过"做节能明星、创金牌机组"特色品牌支部创建，紧紧围绕节能降耗，严格对标管理，不断优化运行方式，努力提高节能工作的"软实力"；电控部党支部通过"节能技术创效"特色品牌支部建设，加大设备系统的技术改造力度，不断改善节能工作开展的"硬条件"。

三、安全节能实践成果

宝二公司在安全节能文化创建中，注重节能降耗工作推进的持续性和安全节能文化的传承，坚持以安全节能文化引领企业发展，不断促进企业生产经营提质增效，给企业带来了良好的社会效益和显著的经济效益，逐步形成有特色的安全节能文化理念。

（一）良好的社会效益

宝二公司着眼国资委关于企业文化建设的要求，着眼集团公司建设一流综合性电力集团的要求，提升了企业文化建设整体水平，先后获得"中国企业文化建设先进单位""中国能效之星四星级企业""全国环境保护百佳企业""陕西省"十一五"节能减排突出贡献企业""国电集团四星级企业""国电集团2015年度先进单位""宝鸡市污染防治及减排先进单位"，"宝鸡市企业文化建设先进集体""宝鸡市工业突破发展奖"等荣誉。300MW 机组经济技术指标一直在全国名列前茅，供电煤耗连年保持在全国同类机组领先水平。其中#3、#4 机组获得全国发电设备可靠性金牌机组；660MW 超临界燃煤发电机组"三塔合一"技术荣获电力企业科技进步一等奖，扩大了企业的行业影响力和社会美誉度。

（二）显著的经济效益

宝二公司以节能改造、经济运行和经营成本管理为突破口，加强企业节能文化建设，增强企业发展的软实力，努力降低成本，促进企业扭亏增盈，提高了企业核心竞争力。企业节能文化战略实施十几年来，为企业带来了显著的经济效益。机组主要经济指标大幅提高。节能文化创建工作开展以来，宝二公司先后立项完成技术改造项目 13 个，其中一期 300MW 机组供电煤耗从创建前的 338g/kW·h 降至 317.1g/kW·h，累计下降 20.9 克/千瓦时；二期 660MW 机组供电煤耗从 337.47g/kW·h 降至 313.45g/kW·h，累计降低 24.02g/kW·h，极大地提高设备能效，节能降耗效果显著。企业经营形式大幅好转。2012 年，宝二公司一举甩掉"亏损帽"，实现扭亏为赢，企业盈利水平逐年提高。2015 年，发电量突破 100 亿 kW·h 大关，实现盈利 7.81 亿元，创宝二公司历史最好水平，获评国电集团突出贡献奖。宝二公司#1—4 号机组多次获评全国火电 300MW 级亚临界纯凝湿冷机组能效水平对标及竞赛表彰。

四、结束语

安全与节能之间的关系有时表现为对立性和矛盾性，有时又体现为统一性和促进性。在安全节能文化建设过程中，一定要深入分析、科学论证，正确处理二者之间的辩证关系。宝二公司通过实践证明，只有坚持以人文本、积极探索、勇于实践，才能不断把节能文化建设引向深入，营造出一种人人节能、人人安全的舆论氛围，增强企业的凝聚力、向心力、竞争力，推动企业安全高效可持续发展。

浅谈发电厂基建工程的安全管理

华能太原东山燃机热电有限责任公司　郝俊峰

摘　要：在基建工程建设中，发电厂由于自身特点和安全文化体系的不完善，对安全生产工作和安全管理提出了更高的要求，因此企业要将安全生产和安全管理工作作为各项工作的重中之重。本文将从发电厂基建工程安全管理的内涵和目标入手，分析当前发电厂基建工程建设的现状和存在的安全问题，针对性提出做好发电厂基建工程建设安全生产管理的具体措施，对发电厂基建工程安全管理提供借鉴。

关键词：发电厂；基建工程；安全文化体系；安全管理

一、引言

华能太原东山 2×F 级燃气热电联产工程由华能国际电力股份有限公司投资建设，工程投资资金为 34.1273 亿元，是山西省重点工程项目。厂址位于太原市杏花岭区涧马村东北侧，总用地面积 10.27 公顷，为 2013 年山西省、市重点工程项目。东山燃机项目工程在建设施工中由于施工工期短、施工场地狭窄、作业人员集中且复杂、露天作业多、高处作业多；在施工的高峰期立体交叉、平面交叉、专业交叉大量存在、作业环境多变、人机流动性大，危险点、危险源成级数上升，极易造成高处坠落、物体打击、触电伤害、机械伤害、坍塌等安全隐患，给安全管理工作增加了很大难度。

华能太原东山 2×F 级燃气热电联产工程的情况在全国具有一定的示范性。因此，以华能太原东山 2×F 级燃气热电联产工程作为研究目标进行选取具有广泛的现实意义。

二、保证基建安全工程施工的措施

安全与事故相随相伴，而事故的发生总是由物的不安全状态、人的不安全行为和管理上的缺陷中的一种或几种因素综合作用造成的，其中人的不安全行为、物的状态一直是基建施工中安全事故的主要因素。因此，加强安全管理、消除不安全行为、物的不安全状态是确保基建安全施工的基础。东山燃机项目工程从下面几个方面加强安全管理。

（一）强化安全管理体系，充分发挥两大体系作用

成立以行政正职为首第一责任人的安全监督体系，建立健全安全生产责任制，推行安全生产"一岗双责"制。加强和完善安全管理体系建设，充分发挥安全生产保障和监督两大体系作用，与各施工单位签订安全责任状，编制符合现场实际的规章制度，配齐配强安全管理人员。强化红线意识、高压线意识，层层落实安全责任制。督促各参建单位安全责任人佩戴红袖标，每天下现场解决实际问题，防止出现管理真空、工作真空和责任真空 。通过一级保一级，做到个人无违章、班组无异常、单位无障碍、全厂无事故。

（二）注重安全培训，强化安全意识

组织参建单位施工人员学习安全法律知识和规章制度，建立大安全的工作、学习和培训体系，开展起重、脚手架、施工用电、交通安全等特殊工种安全专题讲座；反复播放"泪的呼唤"，让每一位员工懂得"无危则安，无损则全"这八个字的真正含义；通过现场布置反违章知识文化走廊和危险源辨识、危险源评估警示牌；广泛利用电子 LED 屏、安全文化走廊、横幅、标语等大力宣传各种安全知识，从标示标牌、经营宗旨、宣传口号、安全文化都彰显企业文化理念；营造了项目建设浓厚的安全文化创建氛围，促进了员工良好敬业奉献精神,推动了项目管理良性互动,建设单位与施工单位分别加大了对施工现场的安全氛围渲染,提升了岗位安全风险识别能力和安全操作技能。

（三）加强外包队伍管理

加强门禁管理。从门禁管理入手,对凡是未进行三级安全教育及考试人员不给办理入厂出场证,从源头控制了施工人员三级安全教育。

严格把好外包队伍资质关。从工程招标开始,通过严审资质,筛选确定业绩好、管理好的承包单位,从源头杜绝不安全情况的发生。对于进场后的外包队伍,又进行二次资质和施工人员工作经历、经验等方面的审查,确认合格后再签订安全协议。

落实生产责任制。对违章严重的施工单位项目经理、书记、工会主席进行约谈,要求施工单位负责人正视所辖区域内严峻的安全形势与存在的问题,严格落实施工单位主体责任,迅速制订行之有效的整改计划和措施,在规定的时间内完成整改,扭转被动局面。

跟踪安全费用。在施工过程中,东山燃机项目工程及监理部按华能国际的规定,要求施工单位根据工程进度,每月编制安全措施费用计划,每月底上报安全费用实际发生费用情况,监督安措费用投入到位,确保施工安全。

（四）强化过程控制,全面提升安全风险管控水平

东山燃机基建工作场地狭窄、人力物力投入大、交叉、上下群体作业,吊装设备拥挤,车流量大;没有组合场;设备及材料组合、安装都在现场;工程高危风险多不容易干。面对施工重重困难和高风险作业,东山燃机这支建设团队清醒地认识到,加强现场管控是关键环节,一是制度与责任要同步,二是施工过程不能失控,任何安全风险都是在现场,管好现场才是硬道理。要求安全工作要"小题大做"、注重细节。首先加强了安全组织机构建设,按 3% 标准配齐配强了安全管理人员,强化了执行系统安全操作过程中的监督,针对现场容易忽视和发生违章的关键环节进行把控,重点提高施工作业人员安全风险识别与施工抢

险技能;对危险源辨识、认识、预测和高危风险作业进行控制;对现场高空作业安全设施,如水平安全绳高度、接扣标准、直立爬梯、垂直自锁器、垂直吊笼、双钩安全带要求及使用加强了检查;对起重作业危险吊装进行了重点监督;对高危行为违章（如走单梁、单点吊、串吊）加重了处罚;对脚手架横、立杆及剪刀撑的规范搭设进行了规范管理,特别强调拆除脚手架必须持证上岗,无证不得上岗,对大型脚手架拆除,采用分兵把守,无证与双钩安全带均不得上脚手架施工,杜绝了不熟练工上架,避免了事故的发生。对施工用电要求三级用电三级保护、严格强调保护接零,所有塔吊防雷接地极与保护接地极要求保持足够距离分别设置,根据太原气候风大、现场吊装机械集中且危险因素剧增的高危风险,组织三方进行防碰撞安全协议签订。这些规范动作和执行要求,强化了现场安全高风险识别和安全操作保护界定,并按奖惩办法从严考核。做到每个施工节点进行有针对性的跟踪监督,这些清规戒律,谁触犯谁受罚,结合"安全生产月"和"打非治违"活动,对安全负责人提高安全考核权重,对违章频率较高的单位及班组,即考核单位、又考核项目责任人,考核权重每项提高金额 30%,采用双重受罚并进行曝光通报,严重的进行停工整顿。全年考核通报 50 余起,因违章强令停工整顿 5 起,用刚性手段实行监督与考核并举,使施工现场安全氛围不断提升,形成了"我要安全""我会安全"的良好局面。

（五）全力推进本质安全管理体系建设

结合工程需求,开展了基建本安体系建设,编制了基建安全工作程序,华能太原东山燃机工程项目建设本质安全管理手册。建设单位、监理单位、施工单位完善了相关安全管理制度,达到了基建安全管理标准化的基本要求。在历次安全、质量监检中,华能质检站对东山燃机基建标准化的条款应用和基建安全管理体系（包括安全工作程序和手册）内容及执行情况,给予了充分的肯定。

按照集团公司《华能电厂安全管理体系要求》《华

能电厂安全管理体系管理标准编制导则》要求，进行了体系需求分析，重点放在了 2015 年即将开始的调试交叉作业安全风险上。在中电建协的指导下，完成了工程创优策划，明确了创国家优质工程金奖目标，创优工作正在有序推进。

（六）加强应急管理

突出预防为主，重点做好事故超前防范的各项工作，不断完善安全生产应急预案，加强各类事故可能危及安全生产的自然灾害的预测、预报、预警工作；建立了应急值班制度。加强了应急演练和培训，全年组织开展防风抗汛、火灾扑救、心肺复苏、防恐反恐等应急演练。通过开展应急演练，检验了各应急预案的可实施性和可操作性，提高了各级人员的应急处置能力。

三、结论

本文从发电厂基建工程施工的特点和安全事故发生的原因出发，就如何做好发电厂基建工程安全管理进行了分析与探讨，从中得出结论，发电厂基建工程安全管理应当从全员、全方位开始，并贯穿到整个施工过程当中，从而有效提升发电厂基建工程安全管理水平，并最终实现三零目标。

电力企业安全生产管理策略创新研究

国网安徽省电力有限公司来安县供电公司　　徐梦蝶

摘　要：随着我国经济水平不断提升，电力企业在经济建设过程中的地位也越来越高，电力企业安全生产也成为企业工作的重中之重。加强电力企业安全文化建设、提升安全生产管理水平是确保电力企业安全发展的关键要素。本文结合电力企业安全管理现状，对电力企业安全管理中的问题和对策进行分析与探讨，旨在不断创新电力企业安全管理理念，提升安全管理水平。

关键词：电力企业；安全生产；管理创新；策略研究

近年来，我国的经济发展迅速，并逐步缩小了与发达国家的水平。经济的发展需要大量的能源作为支持，电能作为与人们日常生产生活息息相关的能源，由于物质与文化水平的提高，对于电能的需求也日益扩张，电力行业的经济发展已逐步成为国民经济体系的支柱产业，同时，电力行业作为其他行业发展的基本保障，也直接决定了我国经济的整体发展水平。当下，国内乃至世界范围内，各行业领域的市场竞争都趋于白热化，电力企业如何在竞争的潮流中占据一席之地，成为行业内部热议的话题，从根本上提高服务质量成为基本路径。纵观国家的形式政策，电力企业需要建立健全内部管理机制，积极转变经营理念，将提高电力服务质量作为电力营销的核心内容，进而树立电力企业良好的社会形象，扩张公众影响力。

一、电力企业安全生产管理的重要性

当前，电力企业之间的竞争越来越激烈，在经济新常态背景下，电网企业被赋予了全新的使命，电力企业是地方经济发展的先行官，承担着保障民生、服务地方经济社会稳定发展的重要任务，为社会生产及民众生活提供安全、稳定的电能产品，是电力企业发展过程中最关键的任务。

二、电力企业安全生产管理存在的问题

（一）电力企业缺乏安全管理力度

一些电力企业在生产过程中都过分重视眼前短暂的经济效益，忽略了安全生产给电力企业带来的长远利益，导致电力企业在安全生产管理过程中仍旧存在很多不足，特别是企业员工严重缺乏安全生产意识。总体而言，由于电力企业管理层的领导没有认识到安全生产管理工作对企业长远发展的重要性作用，导致安全生产管理工作无法得到有效贯彻落实，使安全生产管理工作流失形式，安全生产管理理论只停留在理论阶层而无法得到具体实践，在一定程度上阻碍了安全生产管理工作的开展，并在无形中增加了安全生产管理工作的难度和风险。

（二）电力企业服务思想观念守旧

众所周知，电力企业属于大型国有企业，它的发展动力单一，主要依靠国家的政策扶持，自身工作缺乏创新意识。大部分电力企业的员工对国企这一概念的传统理解根深蒂固，因而无法主动为客户提供服务，思维模式守旧，对时代的发展要求和政策更新掌握力度不足，没有企业发展危机意识。

（三）领导层对安全管理不重视

有的电力企业领导注重生产，忽略安全生产，安全是电力企业可持续发展的根本，电力企业一旦出现安全事故都是重大安全事故，电力企业领导层应该重视电力企业的安全管理，安全管理是电力企业可持续发展根本，加强电力企业安全生产管理，保障电力企业正常供电，为其他行业的发展提供保障措施。

（四）习惯性违章行为频发

习惯性违章行为是指在供电企业的安全生产过程中，人们对违章操作习以为常，这给电力企业的安全生产埋下了很大的安全隐患。在实际的生产过程中，

一些供电企业的老员工经常会罔顾企业的生产操作规范，按照自己的经验和判断进行生产操作，还有部分企业的员工安全意识比较淡薄，在工作时没有按照企业的生产要求佩戴安全设备，比如部分员工在进行生产工作时没有佩戴安全帽或不扎安全带。同时，管理人员也存在着严重的得过且过心理，没有及时对工作人员的不安全行为进行纠正和管理，使企业在生产过程中存在着严重的安全隐患。在这种情况下，当安全问题发生时，就会造成更大的影响。

三、电力企业安全生产管理策略

在党的十九大精神的指引下，电网企业应该进一步加强电网建设、电力安全生产，加强企业管理，进一步提质增效，具体来讲，电力企业安全生产可以从以下几个方面着手。

（一）强化安全生产工作

电力安全生产关系到国家的能源安全，电力企业必须要认识到安全生产的重要性，从源头上杜绝各种安全事故的出现。首先，在企业发展过程中应该要将电力企业纳入日常管理中，坚持安全生产，制定安全管理制度，并且将其落实到具体工作之中，利用安全管理制度对员工的行为进行规范和约束，提高安全管理水平。其次，在企业生产过程中，要加强设备的维护与管理。对此，企业应该要加强相关投入，购置新设备，对电力企业的生产能力进行提升。最后，在电力企业日常生产过程中要积极加强对各种设备的维修管理，制定检修制度，定期对电力生产设备进行检查，一旦发现问题，要及时进行修理和维护。

（二）增强员工安全生产意识

电力企业在加强安全生产管理工作的过程中，离不开工作人员的支持与配合。一方面，电力企业的管理层必须要重视安全生产管理工作的重要性，充分调动企业全体员工对安全生产工作的参与积极性，增强员工的安全生产意识，并要求企业的员工在生产的过程中严格按照相关的安全生产制度进行生产；另一方面，电力企业要通过定期或不定期地组织员工参加相关的培训与学习来不断提高安全生产管理人员的专业知识和技术能力。

电力企业要根据实际情况来完善安全生产考核制度，在这一过程中，电力企业要聘用专业的安全生产管理人才，全面、客观地评估生产风险，给员工全面讲解安全生产风险评估、生产管理方式及生产技术，以此来提高相关安全生产管理人员的知识理论和技术水平；充分重视实际工作实践，企业也要多组织一些安全生产活动，鼓励员工对安全生产管理工作的方式进行的创新，以此来提高电力企业的安全生产管理水平。

（三）强化员工服务意识

保证电力企业的可持续发展，要从根本上转变思想观念，摒弃传统管理理念的束缚，对新思想要做足充分准备，加强员工的服务意识，使之主动积极地为客户排忧解难。电力企业为客户提供优质的服务，解决客户遇到的问题，可提高电力企业的经济效益和提升品牌形象。电力企业要维护好客户群体，全面贯彻落实以客户利益为基本宗旨的思想，力求不断提升服务质量，达到让客户满意的标准，为客户制定科学合理的服务体系和方案。加强对电力企业内部员工的培训，将优质服务的理念落实到每个企业员工的工作中，保证员工充满工作热情，积极主动的了解客户所需，尽力而为。

（四）遏制违章现象发生，加强安全管理

加强电力企业安全管理，是提高职工安全意识，减少安全事故发生的根本因素，电力企业在生产过程中，要注重每个环节的细节，提高电力企业的细节问题，符合现代企业细节的发生过程。减少反违章是一项长期的，艰苦的工作。要扎扎实实地去做，不能说一套，做一套，不能搞布置多，行动少的形式主义。每一个企业员工都要克服自身因为习惯性因素造成的安全隐患，领导者要依据"五同时"的原则行事。全体员工要牢固树立违章操作就是向危险靠近了一大步，反违章操作是员工首要遵守的技能的理念。职工在工作过程中，都需要按照规章制度执行，培养职工安全意识，减少安全事故发生的根本要求。

四、结论

综上所述，电力生产是我国经济生产过程中的重要内容，在电力生产过程中经常出现各种故障问题，电力安全生产事故是影响电力企业发展的重要原因。

为了促进电力企业实现可持续发展，必须要积极加强对电力企业安全管理的重视，完善安全事故应急处理制度和机制，提高企业员工的安全管理意识，促进电力企业实现安全生产。

参考文献

[1] 赵炳程.浅谈电力企业安全生产创新思路[J].山东工业技术，2018（2）：151.

[2] 孙大雁，张小涛，郭成功，许栋栋，毕雅静.创建本质安全型电力企业的途径[J].电力安全技术，2018，20（1）：5-8.

[3] 罗建伟.电力企业安全生产管理信息化管控[J].现代工业经济和信息化，2017，7（22）：47-49.

[4] 赵熙.电力施工企业安全生产管理探讨[J].通讯世界，2017（24）：229-230.

关于班组安全文化建设的探索与思考

太原天然气有限公司检测站　　李松　　李永斌

摘　要：天然气输气和供应是高危高压易燃易爆的高危行业。在城市管网综合立体复杂、安全管控难度大的情况下，如何确保安全供气，是输气企业长期面临的问题。经过多年实践，太原天然气有限公司在不断强化设备本质安全的基础上，不断依托班组建设强化基层安全文化建设和安全生产管理，探索出一套班组安全文化的方法。

关键词：天然气企业；安全文化；班组

太原天然气有限公司成立于 2005 年，2014 年与太原市煤气公司合并重组，成为太原煤炭气化（集团）有限责任公司子公司。公司经营范围涵盖天然气输气管网建设管理、天然气储运销、加气站建设管理和器具研发生产。截至目前，公司在太原城区拥有各类燃气用户近百万人，管线延伸东至东山煤矿，西到西山杜儿坪煤矿，南到清徐，北达阳曲，全市管网南北贯通。

天然气输气和供应是高危高压易燃易爆的高危行业。作为一家城市天然气供应企业，能否做到安全生产，不仅关系到员工的生命安全，也时刻影响着千家万户的用气安全和生活稳定。在城市管网综合立体复杂、安全管控难度大的情况下，如何确保安全供气，是输气企业长期面临的问题。经过多年实践，太原天然气有限公司认为要把追求设备本质安全和基层运行安全并重，在不断强化设备本质安全的基础上，大力提升基层的安全意识和安全生产能力。而着力点就在于，提升班组安全文化建设水平，持续增强一线班组安全生产管理。

一、植根基层，加强对班组安全文化的认识

城市天然气公司安全管理的特殊之处在于，城市建设发展变化速度较快，地下管线经常需要随之发生变化，诸多限制条件交织的情况下，管线变与不变都会带来许多新的安全风险。而一旦管线铺就，安全管理只能依靠基层单位特别是一线班组来实现。因此，基层一线班组对安全风险的警惕性、辨识能力、处置行为和操作习惯，直接决定着公司的安全生产水平。

同时，一线班组人员构成包括了年轻员工、劳务工等，由于安全意识不强、安全素质不高或者人员不稳定、情绪不稳定，对一线安全生产形成了许多潜在安全风险因素，只有把班组安全文化建设放在突出的位置，大力提升班组管理水平，加强班组安全教育和安全管理，形成对班组安全的常态化管理，才能有效管控整个企业的安全生产风险。

近年来，太原天然气公司充分认识到班组安全文化和班组安全管理对企业安全生产工作的重要地位，通过加强领导、建立标准、强化评估、提升教育等多种手段，全面普及班组建设，不断依托班组建设强化班组安全文化，取得良好效果。

二、建立机构，全面加强对班组安全文化建设的领导

为了凸显公司对班组安全文化建设和班组管理的重视，集中公司领导资源，全面推动基层班组安全文化建设实施，公司建立了以总经理为组长、领导班子成员和各部室及下属单位负责人为成员的班组建设领导小组，指导制定公司班组建设工作的总体规划、实施意见、相关管理规定和措施，指导研究、确定公司班组建设模式、思路、方法。

领导小组下设办公室，由企管部部长兼任办公室主任，由企管部、安监处、技术部、生产部等各部室班组管理人员组成执行层。组织对公司所属基层单位班组建设工作进行指导、监督、检查、验收、考核、评比。负责年度工作安排、总结、评比等工作。促进相关人员参加班组建设培训活动。

同时，明确基层单位班组建设管理职责，要求各单位制订本单位班组建设管理和考核标准、贯彻公司关于班组建设工作的相关要求、负责本单位班组建设的规划组织和管理、负责本单位班组建设的自验收检查、负责本单位班组建设报表上报、积极研究探索班组建设新模式、新思路、新方法。

三、加强培训，把安全文化和安全生产管理作为班组培训的核心内容来抓

加强班组长和专管员队伍的培训，打造具有安全能力和水平的专业班组管理队伍是班组文化建设的首要任务，也是全公司班组建设的核心内容。

一方面，通过加强班组长培训工作，培训重点落实岗位责任制、岗位工艺规程、岗位操作规程等知识、技能的培训学习，突出安全管理教育，切实提高班组长安全意识和安全管理水平。推进"实操知识传帮带、基础知识进课堂"，使组长巩固掌握现岗位应知应会的安全生产基本知识和技能操作，以提高岗位技能、技能素质为核心，以加强安全操作规程为指导，充分整合资源，造就一支适应发展要求的高素质队伍。

另一方面，对专管员进行持续培训。我们坚持走出去，制订并实施学习行业标杆的计划，到优秀单位去学习，参加全国性交流活动，引进新的班组建设的思想、方法、措施，有针对性地强化本公司班组安全文化建设中的薄弱环节。

四、建立标准，把安全生产作为班组建设考核的重中之重

班组考核是班组建设的指挥棒，直接反映企业价值导向。我们坚持把安全作为公司班组建设的考核重点，建立清晰的标准，引导一线班组将安全理念固化于制，常态化地执行。

（一）明确安全在全体班组建设考核中的导向作用

经过几年的努力，太原天然气公司建立了一整套班组建设考核体系。其中通用的安全管理作为独立的主模块，占据了20%的考核内容，对安全生产责任书签订、安全检查、安全例会、安全操作合规、隐患排查、安全防护等进行统一考核。

（二）明确安全在不同类型班组建设考核中的差异性要求

如管理站安检组，要求其要求制订安检计划，并根据实际情况制定站内安检工作管理办法。要求门站巡线组按公司要求与施工方做好燃气管线技术交底，

交底资料移交完整，交底表按要求签订，施工过程中做好现场监护。要求机动设备组确保设备运行正常，无异常响声；设备完好，铭牌、编号、责任牌、合格证齐全。

（三）明确安全文化支撑因素纳入考核

安全文化不是独立存在的，职工的安全意识、良好状态有赖于企业党建思想政治工作和人本文化建设的支撑。因此，考核体系中明确纳入了团队文化和党群工作的考核内容。比如要求班组负责人贴近职工，掌握班组内每个职工思想动态，理顺职工工作情绪，做好一人一事的思想政治工作，效果明显。再如，要求坚持班务四公开，考核办法，奖惩结果、任务完成情况、收入分配情况做到公开、公正、透明。

五、加强安全宣传教育，引导全员不断增强安全意识

（一）开展班组建设工作竞赛活动，彰显特色，选树典型

班组竞赛继续以班组建设为中心，对标为抓手，以创新活动、岗位生产、安全、服务等项专题竞赛活动为载体，以安全生产、保证供气、提高效率、优质服务、创新技术和节能减排为重点，与公司发展目标紧密结合，营造"比、学、赶、超"的班组建设竞赛的良好氛围。结合开展"首席员工""巾帼示范岗""岗位竞赛"、应知应会等劳动竞赛活动，进一步夯实班组建设劳动竞赛基础，提高班组长参与班组建设的热情。

（二）不断强化员工安全知识教育和不安全行为教育，强化各级安全责任意识

各个班组把查隐患、堵漏洞、反"三违"等不安全行为作为班组安全管理的首要问题来抓，努力将事故苗头消灭在萌芽之中。强化职能部门对班组安全、生产、现场等常态化督导、检查、指导和管理，使班组安全文化建设工作进入职能部门和基层单位齐抓共管、有序推进的良性循环轨道。

（三）通过评比、对标活动，激发基层单位抓班组安全的热情

基层单位每月组织对标，公司每季结合班组建设劳动竞赛，对班组安全文化建设进行评比、表彰和奖励。

六、扎根基层扎实推进，班组安全文化建设实效不断显现

近年来，通过依托班组建设推动安全文化建设，我们把安全文化的血脉融入基层管理，把安全理念的营养灌入班组文化机体，扎根基层，扎实推进，取得如下效果。

一是基层员工安全意识明显提高，安全技能明显进步。过去安全文化建设主要靠宣传，公司通过各种宣教活动来开展，不能融入基层班组的日常工作中，员工的安全意识参差不齐，而且受到各种因素影响，员工状态不稳定，直接影响着员工照章作业。通过开展班组建设和班组安全文化建设，员工天天耳濡目染，经常性思考讨论安全作业的思路方法，时常接受安全生产的新知识、新做法，安全意识和安全技能在潜移默化中提升。

二是班组长安全管理能力显著增强。以前班组长有的重视安全有的不重视安全，有的凭经验管安全有的凭知识管安全，通过班组安全文化建设，班组长受到安全考核，接受安全培训，竞赛安全宣教活动，班组长安全管理能力普遍提升到新高度新水平，直接促进了一线安全管理。

三是实现了基层和机关部室在安全议题上的对接。过去机关部室定制度，有的制度在基层不能完全施行，有的制度与其他制度存在矛盾，有的制度基层员工根本不知道，班组建设领导小组和专管员队伍的建立，实现了基层和机关在安全议题上的对接，推动了安全制度规章的进一步提升，形成了上下一体保安全的良好局面。

乘风供热分公司安全文化建设与实践

大庆油田矿区服务事业部物业管理二公司乘风供热分公司　李洋

摘　要：本文介绍了乘风供热分公司坚持"以人为本、安全至上、科学供热、构建和谐"的安全文化方针，在此基础上开展了具有企业特色的安全文化建设，通过具体实践，将企业成功打造为安全文化建设示范企业。

关键词：安全文化；以人为本；安全至上；科学供热；构建和谐

乘风供热分公司始建于 2012 年 11 月，隶属于大庆油田矿区服务事业部物业管理二公司，是为创业城小区 2.3 万名住户提供冬季供暖的热源企业。多年来，分公司坚持继承和发扬"大庆精神""铁人精神"等优良传统，牢固树立"健康安全环保是企业核心价值观"的理念，以"继承传统与发扬创新、领导重视全员参与、立足当前着眼未来"为基本原则，坚持"以人为本、安全至上、科学供热、构建和谐"的安全文化方针，努力打造安全文化示范企业。

一、灌输"以人为本"观念，打造安全文化软实力

（一）开展教育培训，提升员工意识

分公司编印了安全文化手册，通过手册向员工和社会阐述了企业安全文化建设的理念及指导思想，强调了人本管理在安全文化建设中的重要作用。通过订购安全杂志、报纸、建立安全漂流图书角、制作安全警句牌，使作业厂区人员一举一动、一言一行都能感受到安全文化氛围的感染，充满"安全第一，预防为主"的文化氛围。分公司根据本单位实际情况制定年度安全培训计划，利用夏季停炉检修的时间，组织基层员工参观安全先进单位、开展安全体验活动和安全拓展训练，通过实操增强员工事故防范及事故应急处置能力，实现从"要我安全"到"我要安全""我会安全"的转变。

（二）鼓励全员参与，培育安全素养

建立安全生产微信群，实时上传各项安全通知、分享、工作检查和整改反馈情况。分公司每年 3 月开展"写风险"活动，共分为三级风险识别。通过"写风险"活动保证了全员参与，保证了全覆盖，保证了真实性。2017 年共识别风险源 10 余项。为持续改善分公司安全生产，增强创新能力，激发员工热情，降低成本，提高效率，每年 4 月开展一次员工"合理化建议"活动，主要从安全操作规程、生产现场、设备管理、人员管理等几个方面开展，2018 年共提出改进意见 4 条，已全部采纳并完成改造。为适应新形势下的管理，分公司采用 PMS（Plant Management System—Requirements）设备全过程管理，对设备的选型、购置、安装、调试、使用、维修、检查、评价等全生命周期管理达到"三期一体"要求，即设备前期介入管理、设备中期运维管理、设备后期评价管理，使设备管理能够达到追本溯源，增加设备使用寿命，降低企业生产成本，形成了人机一体化，实现了人与设备安全共存的良好局面。

（三）持续关爱员工，亲情送去健康

地下换热站冬夏两季温差大、湿度大，分公司从安全健康角度出发关爱员工，为巡检员工配备护膝防止风湿病。规划徒步线路，定期开展活动，使更多的人摆脱了颈椎病、肩周炎、肥胖的烦恼，获得健康的身体。关爱员工从饭桌做起，抓实食品卫生，实现了"五个一"，即：一条短信送祝福，一个电话传问候，一碗寿面盛温馨，一张贺卡展温情，一张照片存记忆。夏检期间开展"送清凉"活动，为员工送去西瓜、绿豆水、冰激凌、茶叶等。帮扶看望高考子女、离异员工、患病员工、困难员工。从关爱的角度去感染员工，达到相互关心关照，形成了互保互联的局面，从而保证了员工安全健康。

二、坚持"安全至上"核心，突显安全文化人本性

（一）有感领导先行，夯实基础管理

单位最高管理者参与安全管理，并提供必要的支

持，促进安全改善活动的开展。在安全总结及改进中分公司重新修订相关制度 3 项、检查表 2 个，实施了 3 项技术革新，"一页式改善"成果 18 项，"小改小革"4 项，调动员工对安全管理的积极性。安全评价、总结及改进活动的开展，增加了安全投入、规范了不安全行为、保障了生产平稳运行，加强了领导对安全的关注度。

（二）加强源头治理，有效预防事故

分公司成立初期积极开展调研工作。从 2011 年 12 月 1 日开始历时 9 天，走访 7 个省、市自治区（大连、上海、杭州、新疆等），调研 11 家单位，确定了 7 项具有安全环保优势的锅炉设备。通过设立由设计主管院长、安全主管、施工负责人共同组成的沟通平台，从通道障碍度、车间明亮度等多方面与设计方进行反复商议，确保竣工后的车间环境及检维修便利性达到安全需求。利用黄色瓷砖铺设地面，明确巡检路线与设备的安全距离；把原始十字形支撑架结构更改 T 字形加斜拉筋式，更加方便人的通过，减少了通道障碍，避免了磕碰；采取串联方式连接相邻锅炉后方连廊，改变原始每个锅炉独立的巡检平台，并利用连廊下方巧妙的敷设了电缆盒，方便了电线路的检修；选取在锅炉下方布置通风管道的方式，改变原始布置在锅炉两侧的方案，大大提升了空间利用，使整个环境更加通畅。选择管线集中统一布置在锅炉后方的方式，改变原有管线前后、不同高度布置乱的局面。采纳烟筒直排的方式，改变原烟筒外接，避免冬季结冰高空坠物的风险。

（三）规范操作管理，确保安全生产

分公司编制《乘风供热分公司巡检手册》《乘风供热分公司管理手册》《乘风供热分公司操作手册》《乘风供热分公司安全生产知识手册》等，利用先进的巡检仪对重点设备部位，每两个小时巡检一次，记录相关信息上传到主控室主机并保存。仿照飞机安全飞行手册的模式，我们在相关设备旁制作了可视化安全管理看板，防止员工误操作发生安全事故。安全管理看板通过彩色图文并茂形式展示了设备结构图、保养规程、故障诊断、安全操作规程、应急措施、应急小组人员名单等内容，把资料送到现场，把技术送到现场，把制度送到现场，方便员工学习和处理故障，极大程度上避免安全事故的发生。同时在每台设备上都设置了人员安全管理卡片，标明了责任人的班组、姓名、电话、照片等，提升负责人安全责任心，有利于规范运行。

三、推行"科学供热"管理，注重安全文化规范性

（一）加大硬件投入，强化安全运行

从加强生产设备、工艺的本质安全入手，在项目建设调研阶段，就考虑如何保障天然气锅炉的安全问题。不但采用先进的低氮节能燃烧器、锅炉节能器、烟气加热进风系统等相关节能减排设备，还采用了国内最先进的 DCS 控制系统，控制相关安全检测部件，实现锅炉实时在线监测。为防止天然气的泄漏，利用手持移动检测设备定期定时对关键部位进行巡检，并采用电磁阀、气动阀、固定检测仪、强排风、声光报警器等相关安全部件联动，确保安全使用清洁能源。

（二）实施技术改造，保障满意运行

分公司成立安全改造小组。通过改造解决实际工作中遇到的安全隐患问题。完成安全技术改造 20 余项，避免了高空作业风险、降低了机械伤害、杜绝了高温烫伤等。利用安全观察与沟通发现日常工作中员工遇到的高空作业问题，完成了除霜器改造、可移动式操作平台、室外爬梯加装护栏等，保障了员工的人身安全。利用废旧手推车灭火器改造成可移动式氧气乙炔瓶支架，既安全又方便。为减少员工拆解板式换热器体力劳动量大的问题，制作快速机械扳手，既方便又降低了大体力劳动带来的伤害。通过改造板式换热器反冲洗引流管、温变安装套管杜绝了高温烫伤风险。

（三）节能增效攻关，实现经济运行

根据锅炉运行中发现的多项问题，分公司全体员工不断更新理念，持续加强技术攻关。在 2015 年完成重大改造项目 1 项，缺陷治理工作 3 项的基础上，2016 年夏检期间完成对一级网除污器自动排污改造、水处理间加药箱出口管线改造、锅炉冷凝水回收系统自动化控制改造等 4 项。实现供热采暖期回收 2400 多吨水；完成锅炉房内增压泵自动控制的改造，提高锅炉热效率了 1.1%。

四、营造"构建和谐"氛围，凝聚安全文化影响力

（一）齐抓共管，构建企业和谐

分公司依托安全文化建设，全心全意依靠职工群众办企业、构建和谐企业，因此，必须坚持和落实以人为本，全面、协调可持续的科学发展观，充分调动广大职工群众在构建和谐企业中的主动性、积极性和创造性。一是处理好制度管理与人本管理的关系，分公司做到开好一个职代会，做好一个合理化建议活动，实现群众、工会、社会三个监督。二是处理好经济效益与企业和谐的关系，制定安全隐患整改制度，筹措隐患整改资金，落实隐患整改部门，制定隐患整改方案。

（二）服务住户，构建社会和谐

分公司秉承安全文化理念，营造社会和谐，作为一家供热企业，作为社会中的一个重要群体，在冬季供热中，在构建和谐社会中负有重大的责任和义务。一是树立"住户就是上帝"的理念，建立了室内温度微信群，定期开展测温活动、服务满意度问卷调查等，确立了企业服务意识，为构建和谐社会添砖加瓦。二是强化安全管理，确保冬季运行平稳，在夏季检修中及时修复破损供热管井井盖，并在井盖上喷上供热管井非工作人员禁止入内的红色字样，由于近年夏季雨大的情况，防止井盖冲走非工作人坠入管井内，我们在管井内加装了防坠网。

（三）保护环境，构建自然和谐

分公司依托先进节能环保设备，做好环境保护工作，促进人与自然和谐相处。随着人们的环保意识不断增强，全人类都关注环境保护。分公司在筹备调研阶段就以打造节能环保的供热企业为目标，采用清洁能源天然气为燃料，防止有毒有害烟气的排放。采用低氮燃烧器降低氮氧化物的排放，降低了酸雨的形成。分公司定期组织"捡垃圾活动"清理厂区及周边的漂浮物，每年植树节分公司都开展植树活动，为油田增加绿色。分公司打造花园式厂区，绿植面积占整个产区的70%，建筑物采用了蓝白色调，代表着企业节能环保的理念，与蓝天白云和谐统一。

五、结束语

经过不断的探索实践，乘风供热分公司在安全文化建设工作中取得一定的成绩。今后，分公司将继续加强和创新企业安全文化建设，坚持"安全第一，预防为主，综合治理"的安全生产方针，不断完善安全制度，加大安全投入，做好安全管理各项工作，努力完成安全生产目标任务，实现企业和谐共享发展。

脱硝氨站长周期安全运行的探索与实践

国电江苏电力有限公司谏壁发电厂　　江鹏威

摘　要： 随着我国大气污染物排放标准的实行，火力发电机组一般采用选择性催化还原脱硝技术（SCR 脱硝技术），通常以氨作为还原剂，因此氨站作为重大危险源是火电厂安全管理的重中之重，如何实现氨站长周期安全运行是氨站管理的重大课题。本文结合某厂氨站实际运行与管理情况，就如何实现氨站长周期安全运行进行了研究和经验总结，实现了氨站自投运以来无安全事故，对同类型的设备系统有一定的借鉴作用。

关键词： SCR 脱硝技术；氨站；危险化学品；应急预案

安全文化建设，意在提倡从文化的层面上研究安全规律，加强安全管理，营造浓厚的安全氛围，强化人们的安全价值观，达到预防、避免、控制和消除意外事故和灾害，建立起安全、可靠、和谐、协调的环境和匹配运行的安全体系。对企业而言，安全生产事关其经济效益的提高以及可持续、健康发展；对职工而言，安全事关生命，是人的第一需求。

具体到用氨作为脱硝还原剂的火电厂，根据《GB 18218—2009 危险化学品重大危险源辨识》的具体要求，对这类火电厂来说，由于液氨有毒有害，并且易燃易爆，氨站均被认定为重大危险源，给企业和所在地方的安全管理带来很大压力。因此，氨站的长周期安全运行直接影响企业及当地的安全和环境。安全文化建设在这类火电厂中非常重要，具体到氨站的安全管理和安全运行也成为各级主管部门的重点。

一、氨站工艺及氨的特性

（一）氨站工艺

某火电厂装机容量 5×330MW+2×1000MW，均采用 SCR 脱硝技术，该厂氨站设计为上述七台机组供氨，为该省第一座氨站，于 2010 年建成投运，为敞开式带顶棚半露天构筑物，液氨储罐布置在防火堤内，与液氨储罐相关的其他设备布置在防火堤外。具体工艺为：液氨由槽车送来，由压缩机卸至储罐；运行时由液氨储罐输送到蒸发器，通过蒸汽加热气化进入缓冲罐，再送至各机组烟气脱硝系统。液氨储槽及蒸发系统紧急排放的气氨统一排入稀释槽，经水吸收后排至工业废水处理站。具体流程如图 1 所示。

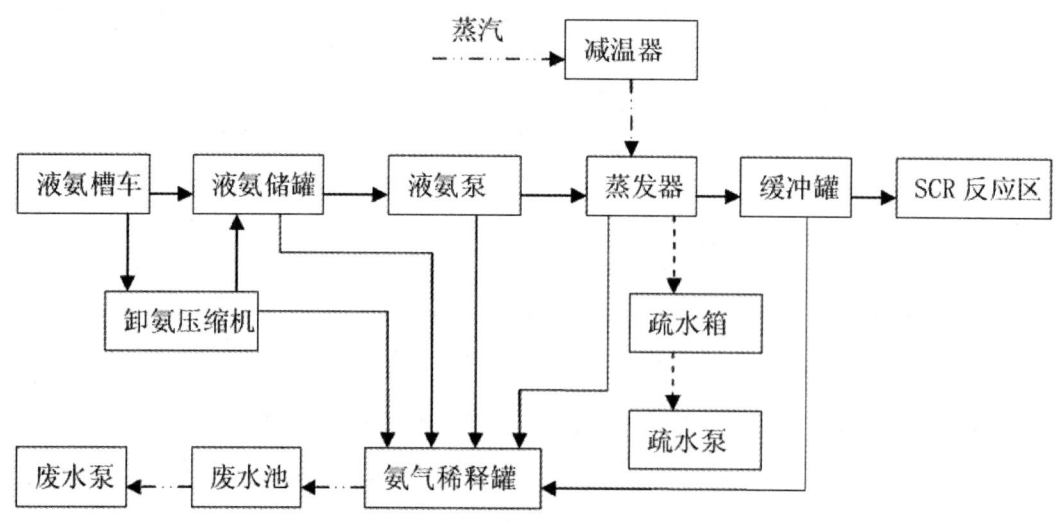

图 1　氨站工艺流程

（二）氨的特性及危害

火电厂脱硝用液氨必须满足国标《GB 5536—1988 液体无水氨》的要求，氨属可燃、易爆、有毒物质，危险类别为 2.3 类，毒物危害程度分级为 IV 级；极易溶于水、乙醇、乙醚，具体危险特性如下。

氨的对人体的危害。人体吸入少量氨气会造成呼吸道黏膜、眼角膜和眼结膜损伤，轻者出现流泪、咽痛、声音嘶哑、咯痰等；吸入过量可造成中毒性肺水肿，呼吸窘迫、昏迷、休克、窒息等；溅入眼内可造成灼伤；如长期反复吸入低浓度氨气会引起支气管炎、皮炎；氨气浓度超过 300ppm 短时间可引起人体反射性呼吸停止、可造成组织溶解坏死，甚至会引起窒息性死亡。

氨的易燃易爆性。氨气在氧化性介质中易燃易爆，与空气混合爆炸极限为 15.7%～27.4%（最易引燃浓度 17%）。如氨气中含油或其他可燃气体会增加可燃或爆炸的风险。与氟、氯等强氧化性气体接触时会发生剧烈化学反应。若遇高热，容易造成储氨容器超压泄漏甚至发生物理爆炸。

二、制定完善的安全管理制度

要实现氨站的长周期运行，必须根据国家能源局下发的《燃煤发电厂液氨罐区安全管理规定》，建立完善的氨站管理制度和相关规定、规程，确保责任到人，首先从制度上保证没有管理漏洞。

（一）制定分级管理制度

氨站作为电厂等企业的重大危险源，首先从企业层面要建立《危险化学品重大危险源管理标准》，明确重大危险源各职能部门的职责和分工，实现各部门对危险化学品重大危险源监控及管理，形成从上到下的安全管理链，有效防范危险化学品重大危险源安全事故。职能部门每三年请有资质的第三方单位对氨站进行全面安全评估，出具安全评估报告，并到当地政府安监局备案。

（二）直接管理部门制定管理标准

氨站直接管理部门根据企业制定的《危险化学品重大危险源管理标准》制定详细的《氨站管理标准》，对氨站管理各个方面进行细化和分工，避免安全技术管理上的漏洞，应包括已以下内容：管理职责与分工、氨站出入管理、液氨接卸管理、运行管理、设备管理及定期试验、涉氨容器置换、设备检修及定期校验、消防及安全设施管理、劳动防护用品管理、异常情况分析与总结等。氨站的直接管理部门必须对氨站操作班组、检修班组及相关管理人员定期进行培训，持证上岗，了解氨的危险性，熟悉氨站管理标准和安全操作规程；掌握设备系统、结构与原理，操作方法，异常状态与处理、检修技能及应急处置措施；熟练掌握劳动防护用品的使用，防止人员伤害。对应氨站发生的异常，技术管理人员必须写异常分析、技术总结和经验教训，并组织每个班组学习，吸取教训并留档。

（三）建立完善的应急管理制度

上述所有制度和规定主要集中在"事前防范"方面，而对于液氨泄漏后应急处置，从这个意义上说氨站管理不但要强调"事前防范"，同时还应制定切实有效的"事后处置"措施。制度上建立完善的事故应急预案和氨泄漏处置方案。将氨站泄漏可能发生的后果及应急措施等信息，以适当方式告知可能受影响的单位、区域及人员。将应急救援预案，报当地方安监局和企业上级安全主管部门备案。企业职能部门每年根据应急救援预案，制定不同的氨站泄漏演练计划和演练方案，每年至少两次，演练要求各个部门各司其职、相互协作，着重提高应急处置能力；每次演练结束分析存在的问题，吸取经验教训，并对应急演练预案进行修订，下次演练实施，逐步提高企业的应急处置能力。

（四）制定合适操作分配制度

氨站配置 1～2 名专职操作人员及 1～2 名运行操作人员，要求全面掌握液氨特性、设备系统、结构与原理、运行操作、应急处置、防护用品使用等，所谓"术业有专攻"，专职操作人员上白班，主要负责液氨接卸、涉氨系统置换、承压系统气密性试验、劳动防护用品管理，动静密封点定期检查、现场检修监护；氨站运行人员负责氨站日常操作，主要包括巡检、监盘、抄表、运行调整、设备检修隔离、现场异常情况处理、定期工作执行。确保氨站现场管理没有漏洞，重要操作双方协助，专工到现场监督、指导。

此外，还要执行三级定期巡查制度，配置完善的安全设施和防护用品等。

三、制定完善的技术管理制度

（一）制定完善的技术规程

技术上编制详细的《氨站运行规程》《氨站检修

规程》《应急处置预案》，为氨站设备运行、检修维护及应急处置提供依据和技术保障。氨站正常运行时采用 PLC 自动控制，除正常调整之外，均须编制完整的典型操作票，如液氨接卸；液氨蒸发器、液氨储罐、气氨缓冲器停运、投运、置换、气密性试验；供氨管道的置换、气密性试验，氨站的整体投运与停运等，严格执行操作票制度，防止误操作。对氨站的设备检修的安全措施和危险点预控，由运行专工和检修专工共同制定，安全措施执行和工作票开工时专工到场监护，以防意外。

（二）制定氨站压力容器管理规定

根据国家能源局下发的《燃煤发电厂液氨罐区安全管理规定》和《GB150—2001 压力容器》规定须对液氨储罐、液氨蒸发器、气氨缓冲器、涉氨承压管道的焊缝定期进行无损检测和厚度检测，压力容器的部分焊缝每年检测一次，承压管道焊缝每三年检测一次，做好台账，每次检测的部位不一样，做到有据可查。压力容器检测的部位主要为本体焊缝以及与本体焊接相连的管道和法兰。

（三）制定氨站定期检修规定

氨站的设备检修不能按照状态检修模式进行，必须按照计划定期检修。液氨蒸发器、气氨缓冲器每年定期检修一次，要求开人孔检查，内部沉积物清理并要求化学专业分析成分；同时利用此机会进行金属无损检测、厚度检测；与压力容器相连的阀门进行全面检查，有隐患的阀门更换，所有密封材料全部更换；阀门要求为不锈钢氨专用阀门，密封材料为不锈钢缠绕垫，法兰必须用凹凸面带颈对焊法兰。液氨储罐三年检修一次，要求与上述设备相同。氨站的所有安全阀、在线检漏仪、便携式仪表每年由有资质的单位定期校验一次。

（四）涉氨压力容器制定完善的气密性检查和置换规定

制定严密的涉氨压力容器气密性试验验收制度，气密性试验可以按照逐步升压查漏、三级验收制度执行。涉氨压力容器检修工作结束后充氮气查漏，查漏时必须对所有的法兰接合面、相连的阀门门芯、阀门压盖全面检查，跨接铜线已装好，按照制定好的《涉氨压力容器气密性试验查漏项目表》进行，以防遗漏，查漏工具用泡沫水即可。按照 30%、60%、100% 试验

压力分步进行查漏升压，避免一次性不成功，泄压重来，浪费人力物力。第一级验收由检修人员进行，合格后移交运行查漏；第二级为氨站专职操作人员进行，如有漏点交检修返工，不漏进行第三级验收；第三级为运行专工和检修专工或点检进行，如有漏点交检修返工；不漏则置换合格后备用。如有由于人为原因不成功，要求检修执行考核制度。置换合格后冲氨至略低于运行压力观察一段时间，不要急于投运，以便观察是否存在阀门内漏。如压力升高，则表明与运行设备相连的阀门内漏；如压力降低则表明对外排放的阀门内漏，或存在其他漏点，须进一步查明、处理。

（五）制定安全、可靠的运行方式

氨站最主要的运行设备为液氨蒸发器，一般设置 2～3 台，对应的缓冲器同样设置 2～3 台。某厂由于机组比较多，配置了 3 台蒸发器、2 两台缓冲器，蒸发器出口和缓冲器出口均为母管制。因此当所有机组运行时，蒸发器、缓冲器全部投运时会容易造成蒸发器和缓冲器负荷不均匀，甚至超压。该厂经过总结，仿照发电机机组 AGC 方式运行，规定氨站的运行方式：2～3 台蒸发系统并列运行时，蒸发器蒸汽加热调门投自动，出口联络运行至 2 台缓冲器；为了平均负荷，防止蒸发器超压，两台缓冲器进口调整门，一只投自动，另一只投手动，一般保持总用氨量一半的开度，缓冲器出口联络运行，每月定期切换。这种运行方式的优点在于：缓冲器根据炉侧喷氨量和自身压力设定值自动调整维持供氨压力；蒸发器根据自身压力设定值调整蒸汽调门开度，保证向缓冲器供氨，维持自身压力；缓冲器不会因调门失灵而失压，导致炉侧喷氨压力低脱硝停运，关键是蒸发器也不因气氨没有出处导致超压。

为了保证液氨蒸发器的安全运行，防止氨站失气、失电或程控失灵时蒸发器不超压，给应急处理创造时间，每台蒸发器蒸汽调门后手动隔绝门微开，对蒸汽进汽量机械限流，开度为供氨总量所需蒸汽量的 50% 左右，不影响蒸汽发器的正常运行；在异常情况下即使蒸汽调门开足，蒸发器也不会快速升压、超压，为事故处理赢得时间。为保证在事故状态下运行人员能正确开快速处理，制定了《氨站失气、失电、程控失灵应急处理预案》并培训考试，该厂程控系统发生曾过两次失灵，蒸汽调门开足，但由于对蒸发器入口蒸

汽实施机械限流措施，运行人员根据预案快速正确处理，没造成蒸发器超压泄漏事故。

此外，还要制定冬季完善的防冻措施，设置完善的程控与仪表监控系统、定期工作安排，并且做好异常分析和经验总结。

四、结论

根据我国 GB 18218—2009《危险化学品重大危险源辨识》的整体的要求，火电厂脱硝氨站是长期存在重大危险源只有按照规范管理，按照规程、规定操作，从业人员掌握应急处置技能，现场建立实时的监控预预警系统，做好设备的定期检查和检修工作，才能保证氨站的长周期安全稳定运行，也才是真正地把安全文化建设工作落到实处。

营造安全氛围，加强事故预防

中纺粮油（四川）有限公司　薛祥贵

摘　要：一切事故都是可以预防的。在粮油加工型企业，事故预防与控制事关企业的安全与稳定发展。本文从营造安全文化氛围、员工安全保护措施、有效预防和控制安全事故几个方面介绍了企业的具体做法与实践，以期形成事故预防的完整体系，促进企业安全与稳定发展。

关键词：安全文化；安全管理；事故预防；安全培训

"安全第一、预防为主"是我国安全生产的基本方针，认真落实这一方针是党和国家的要求，也是搞好安全生产，保障从业人员生命安全健康，保障企业生产经营顺利进行的根本要求。因此，把这一方针转变为所有员工的思想意识和具体行动，对于搞好安全生产至关重要。特别是随着科学技术的发展，工厂生产的产品越来越多，生产工艺越来越复杂，工艺条件要求越来越高，同时潜伏的危险性也就越来越大，对安全生产的要求也越来越高。这就更要对生产中工艺操作、设备运行、人员操作等过程中的危险进行超前预测，科学预防，从而有效地避免事故的发生。

在粮油加工型企业中，一线的操作员工往往安全意识最为薄弱，最容易发生安全事故。单靠管理者监督，甚至监视操作人员进行作业只能是短暂的安全手段，长远的安全发展需要员工提高自身安全意识，改变自身技术水平与思想认识的不足，真正地将被动安全管理转变为主动安全管理。近年来，中纺粮油（四川）有限公司为了切实贯彻"安全第一、预防为主"的方针，更好地做安全管理工作，在实际工作中做了以下探索。

一、营造安全文化氛围

安全文化氛围的形成对保障企业安全生产具有战略性意义，是企业实现安全生产的基础。只有依靠安全文化的培育才能使企业成为有共同价值观、有凝聚力的集体，从而提高企业的整体安全素质。因此，建立系统、科学、细致的安全文化，是企业预防事故发生的长期有效的做法。

（一）强化安全防范责任

企业各级领导要切实增强安全生产工作责任感和紧迫感，严格落实安全生产责任制度，严格落实安全防范措施，主要负责人要亲自抓、负总责，各职能部门要做到各司其职、各负其责，针对薄弱环节和突出问题，要制定相应措施，完善预防与应急管理机制，将问题抓实、抓细、抓好。

（二）提高全员安全防范意识

企业要提升全员安全意识，通过改善安全作业环境、制定安全管理体系、加强安全文化建设，持续宣贯企业安全生产理念，增强员工思想认识。将安全培训落实到位，对新入职员工开展安保、消防知识培训，强化安全知识和技能的学习，养成良好的工作习惯。通过系列培训，加强员工的安全理念，树立全员风险意识，突出防范重点，提高员工的防控意识，营造一种良好的安全氛围，形成"人人抓安全，人人讲安全，人人管安全"的局面。

（三）加强安全生产管理

坚持"安全第一，预防为主，综合治理"的方针，建立健全严格的安全生产规章制度，完善安全标准，提高企业技术水平，夯实安全生产基础，坚持不安全不生产。严格落实各项管理制度和操作规程，加大安全隐患的排查，加强对安全生产的现场管理，严格查处违章指挥、违章作业、违反劳动纪律的"三违"行为。加强监督检查力度，提升安全检查的频次，切实做到整改措施、责任、资金、时限、预案"五到位"。这样安全生产层层重视，安全管理层层监督，安全生产工作落到实处。

二、加强员工安全保护

员工生命安全是至高无上的，企业应当爱惜每一位员工，保护员工安全。对于粮油加工型企业，每日必抓的工作便是安全生产，要通过更新陈旧设施、配发防护用品、引入先进技术、引入先进设备，对员工进行高质量的思想和技能安全培训等保护员工安全。

（一）改善作业环境以保护员工安全

安全管理不仅要预防和控制事故，还要给劳动者提供一个舒适安全的工作环境。有一些潜在的环境危害虽然不会直接影响人体健康，但是长期在这样的环境中工作，人体长期处于亚健康状态，久而久之就患上了职业病。在粮油加工型企业中，粉尘和噪声就是两大危害，企业运用先进的除尘和除噪声技术从根源上有效降低粉尘和噪声的扩散，有效降低甚至杜绝了粉尘和噪声对人体造成的伤害。同时，企业还组织员工定期体检，定时监控身体状况，以免发生一查查出大问题等发现时已经后悔莫及。

采用目视化管理，利用仪器、信号灯、标志牌、图表等形象直观、色彩适宜的视觉感知信息，尽可能地将管理者的要求和意图让大家都看得见，借以推动自助管理、自我控制，达到提高劳动生产率。将实际状态、管理方法目视化、简单化、直观化，达到"一目了然"的水平，结果是更容易明白、更容易遵守。

（二）配发安全防护用品保护员工安全

《安全生产法》第49条规定："从业人员在作业过程中，应当严格遵守本单位的安全生产规章制度和操作规程，服从管理，正确佩戴和使用劳动用品。"

众所周知，不戴安全帽易被坠物击中头部，安全帽不系带子，弯腰低头作业时易掉落，失去安全保护作用；不戴护目镜易被酸碱等化学品刺伤眼睛；不穿工作鞋易被地面尖物戳伤或钢铁烫伤，砸伤；特殊工种不穿绝缘鞋易发生触电事故。劳保用品具有较强的防御伤害的作用。其正确穿戴与否，或穿与不穿，其结果有着明显的不同。不正确穿戴就起不到应有的保护作用；不按规范穿戴，作业中人身安全就无法得到保障。

在生产当中，一部分人因为劳保用品穿戴不全或不正确而造成了伤害，有的后果很严重。但更多的人因为劳保用品穿戴齐全而避免了工伤事故的发生。实践证明，绝不可轻视劳保用品的作用，低估它的安全保护能力。因此，要切实转变传统观念，从思想上真正重视劳保用品的功效，在行动上杜绝不穿戴或不正确穿戴劳保用品的习惯性违章行为。各级领导、班组长要把劳保用品穿戴当作安全管理中的重要工作来抓，既要让职工认识到穿戴好劳保用品重要性，让职工自觉严格按规范穿戴好劳保用品，又要加强安全检查，及时查处不按规定穿戴劳保用品的违章行为，使劳保用品真正成为职工在安全生产中的保护神，从而避免工伤事故的发生。

（三）更新不达标设备，引入安全预防设施

对于不达标的陈旧设备，应当立即改善或者更换，以免影响员工身体健康或者造成安全事故。除此之外，还可引进先进的防护装置，如除尘设备、除噪声设备、智能消防设备等。

设备是生产企业赖以生存和发展壮大的根本。随着技术领域的进步及产品各项性能要求的日益提高，各种新技术、新工艺、新材料广泛应用到生产实践中，对提高设备的可靠性、经济性、安全性助益良多，各种性能优良、安全可靠的设备已逐步取代了老化、陈旧、存在安全隐患的设备。与此同时，随着"安全第一，预防为主"的理念深入人心，设备的安全管理正在朝着健康有序的方向发展，过去片面追求短期经济效益的观念正在被摒弃。

三、有效预防和控制安全事故

事故的预防与控制有"技术、管理、教育"三大措施，其中管理是关键的措施和手段，教育是长久安全发展的灵魂。在现代安全管理理论中，生产事故的发生虽然有其突发性和偶然性，但事故也是可以预测、预防和控制的。

（一）员工培训考核通过后才上岗作业

目前，有的企业为了追求眼前利益，在新工人进厂后，未经培训就把工人分配到工作岗位，而在发生事故后，才知道上岗前的培训多么重要。这种亡羊补牢的做法只会将企业以及工人性命推到危险边缘。这是不重视安全的体现，企业如要获得发展，获得更大的利益，就不能把安全当作耳旁风，认为不会出现太大问题或发生概率小就心存侥幸。

因此，要对新员工和调动岗位员工进行三级教育（入厂教育、车间教育和岗位教育），全面提升员工安全意识和技能素养，经考试合格后，才能准许进入操作岗位。

（二）安全教育、突发状况演练一定要落实

经常性的安全教育贯穿于生产活动之中，通常采用安全工作会议，班前班后会，利用板报、简报、通信等形式。此外，还应做到班前布置安全，班中检查安全，班后总结安全，并使之制度化；节假日前后，以及生产任务特别紧张或不足时，都要强调安全生产，抓好安全生产的思想教育工作。

要防止安全培训只落实在管理者身上。在一些企业，当管理者对一线员工进行培训时，管理者觉得麻烦，而员工又觉得这个东西太简单，自己了如指掌，不必再培训一次。于是，应该深入的安全培训就变成了简单的口头传达，应该认真做的突发状况应对演练也常常是敷衍了事。然而很多时候只有切身面对才能发现存在什么问题，才能从演练中获取经验，只有通过日积月累的培训和演练，员工的安全意识和应对突发状况的能力才会明显得到提高。

（三）危险作业前必须审批

不论官职大小还是技术好坏，在危险作业前必须审批，管理者对此次危险作业进行风险评估，同意后委派安全员到场监督作业。在安全问题上不能有丝毫马虎，不论是否发生安全事故，未经审批就危险作业的一律严惩。成立独立的安全监督小组，负责督促员工安全作业。巡视工作现场是否整洁，存在安全隐患的及时处理。

（四）定期开展安全分析会议

安全来自预防，事故源于麻痹。安全经验是明灯，事故教训是镜子。以一线班组为单位定期开展安全分析会议，分析自己和其他厂近期发生的安全事故，重点分析其原因、偶然性和必然性，查找自己厂中是否存在这样的问题，以及通过哪些措施可以避免该问题；分析自己在作业过程中可能遇到哪些伤害，该如何避免；分析日常工作中存在哪些安全隐患，该如何改进。当提议被采取后应当发放一定的奖励，以调动员工发现问题，排除隐患的积极性。

（五）设备检查责任制

实行设备检查责任制，将各个设备具体分配到个人名下，定期检查保养。为杜绝员工检查保养走形式，企业设定一定的惩罚制度，如发生状况未提前发现，按情况扣除当月绩效，当发现状况却因怕麻烦不上报时应当严惩。

（六）明确管理责任主体，区分管理与监督职能

明确管理责任主体，避免职能划分不清晰，相互推诿。很多企业的管理部门多，各级管理不明确，职能出现重复，导致管理出现疏忽，为了避免安全事故发生，就必须明确设立职位以及责任。同时，对事故预防工作必须紧抓，企业管理者要负责工厂、车间、工段、班组的各级管理者责任。只有企业明确职责，才能更好地去管理企业。

四、结束语

"宜未雨而绸缪，毋临渴而掘井"。故事预防是防范和遏制重特大事故的保障。企业要全面提高对安全生产和事故预防的认识，坚持"安全第一、预防为主、综合治理"方针，按照管业务必须管安全、管生产经营必须管安全的要求，将工作落实到具体行动上。事故预防和安全管理措施要有针对性，详尽的预防管理措施只有通过在自身企业中去实践摸索。只要安全生产层层重视，安全管理层层监督，安全工作层层落实，领导认真督促，员工心系安全，不断完善安全管理制度，安全就在你我身边。

以"科技兴安"理念促进铁路运输安全

——基于"观云追雨"气象服务系统的应用与思考

朔黄铁路发展有限责任公司　王敬

摘　要：近年来我国气象灾害多发频发极大地影响着铁路运输安全，特别是在现在高铁快速运行的阶段，可以说气象变化直接关系到广大乘客的安全。如何做到预防为主，把天气变化带来的风险隐患及时管控住，国家能源集团朔黄铁路公司提出"科技保安、气象保安"的安全文化理念，并以此为指导，应用现代信息技术开发了"朔黄铁路观云追雨气象服务系统"，将安全文化与安全科技有机结合。本文阐述了铁路运营单位贯彻科技兴安思维打造气象服务系统的做法和经验。

关键词：科技兴安；铁路；运输安全；观云追雨

一、铁路运输安全特点及安全治理理念

铁路是交通运输体系的骨干，国民经济的命脉，同时也是气象灾害的高敏感行业。近年来，我国极端天气事件频发，暴雨、暴雪、雷暴大风、低温冰冻、大雾等气象灾害及其次生、衍生灾害严重威胁着铁路运输安全。朔黄铁路是我国继大秦铁路之后修建的第二条煤炭运输大通道。管内铁路沿线途径太行山山区和华北平原，地形复杂，气候特征差异大，频发的气象灾害，对铁路运输安全构成巨大威胁。这是铁路系统许多企业安全运输长期面临的困难。

如何破解这一难题，准确把握天气状况并有针对性地采取措施，确保运输安全？我们经过多年的研究和实践，认为把握气象信息靠科技兴安的战略思维，为此我们提出"科技保安、气象强安"的安全文化理念，应用现代信息技术解决行业特色安全问题，与河北省气象服务中心联合开发了"朔黄铁路观云追雨气象服务系统"，最大限度减小气象灾害对铁路运输安全的影响，同时叫响科技兴安实践品牌，树立企业安全发展新形象。

二、"朔黄铁路观云追雨气象服务系统"的实践

（一）以满足安全需求、解决实际问题为设计导向

在目前日益严峻的天气形势下，作为能源运输的铁路部门需要能及时了解天气状况，做出最合理的业务调度和安排，严重依赖一套高效能的气象服务系统。

一是满足定位需求，必须基于 GIS 技术以朔黄铁路沿线地形数据做背景图层，实况降水作为查询显示的第一重要图层；二是满足预防需求，除了实时数据，更应显示未来 3～7 天站点预报；三是满足监测需求，能够全天候实时显示气象信息和气象实况信息并支持统计；四是满足预警需求，实现灾害性天气的自动报警，为铁路运输组织提供精准气象依据；五是满足控制需求，可根据管理权限，实现不同服务对象接收不同等级的预警产品或不同区域服务产品浏览功能，方便铁路运营单位各级人员分级掌控；六是可扩展性需求，通过添加基础信息，实现服务对象、服务产品和铁路沿线气象监测点的添加。目前朔黄铁路管内自有气象监测站 40 套，气象观测站要素包括轨温和降水量，气象站的间隔约 20km；铁路沿线附近 5km 内有气象部门建设的区域气象站 48 套，气象观测要素包括气温、降水量、风向风速等；以上 88 套气象站可以为朔黄铁路沿线提供天气实况资料。

（二）以科学性完备性为内容架构支撑

软件系统具有强大的功能，是从信息采集、传输、分析、预警到处置的全流程体系，一旦部署，就会替代大量人工工作，以高精度高效能节省大量人力物力。然而，其危险性也十分突出，那就是控制人员将更加依赖其强大的系统能力。因此，如果在内容架构存在缺陷，将直接影响其本质安全性，后果也极难控制。朔黄铁路气象服务系统是由实况监测报警、预报预警

产品和雷达资料显示、数据查询、统计、分析等多功能组成的综合服务系统。该系统采用 B/S 架构，后台采用 Spring+Shiro+Mybatis 框架，数据库采用关系数据库 Mysql+ 内存数据库 Redis，前端采用了 Bootstrap+Easyui 框架，使服务系统具有高性能、安全的后台权限加菜单管理、稳定的网站服务、简洁大方的网站前台等特性。系统实时收集气象实况、预报、

预警、雷达图片等气象资料信息，利用数据库进行高效的管理存储，同时和铁路行业各类数据信息（地理信息、人员信息、行业标准、行业规则等）进行融合，利用内存数据库等高速缓存技术对各种资料进行实时高效的处理运算统计生成报警信息，最终利用网站、微信公众号、短信等渠道手段把实况、预报、预警、报警等信息进行展示或者发布，如图 1 所示。

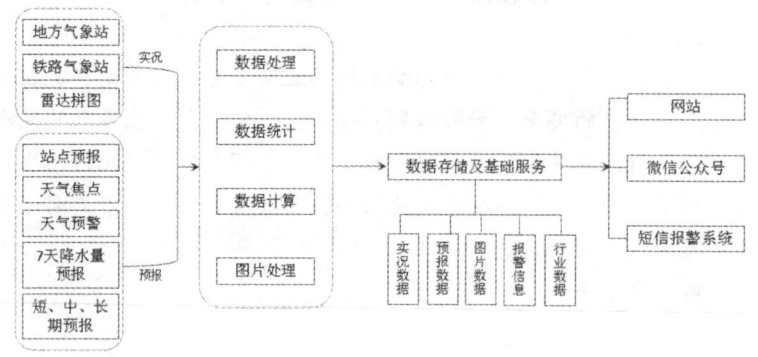

图 1　朔黄铁路气象服务系统架构

（三）以全功能可实现为测试准则

气象服务系统的最终检验标准是全部功能可实现，能够真正在安全风险识别、安全管理控制上发挥出其强大作用，必须防范功能存在但无法实现所引发的风险。朔黄铁路气象服务系统包括 6 个功能模块，分别为实况监测与报警模块、预报预警模块、雷达显示模块、统计分析模块、系统管理模块、辅助模块，对每个功能模块我们都进行了反复的测试，确保每个模块的每个功能均符合安全管控实际需要，功能精准实现。

以预报预警模块为例。预报模块中包括未来 24 小时天气焦点，显示未来 24 小时铁路沿线高影响天气；未来 7 天降水量预报，提供未来 7 天降水的具体落区和量级分布情况；未来 3~7 天铁路沿线各站的天气现象/天空状况、最高最低气温、风向风速预报；省内短、中、长期天气趋势预报产品等。气象灾害预警为基于铁路路段的暴雨、暴雪、大风、雷电、冰雹、高温、雾等灾害性天气的情况，包括发生时间、影响范围、天气强度、可能造成的影响及相应的防范建议等。其发布流程如图 2 所示。

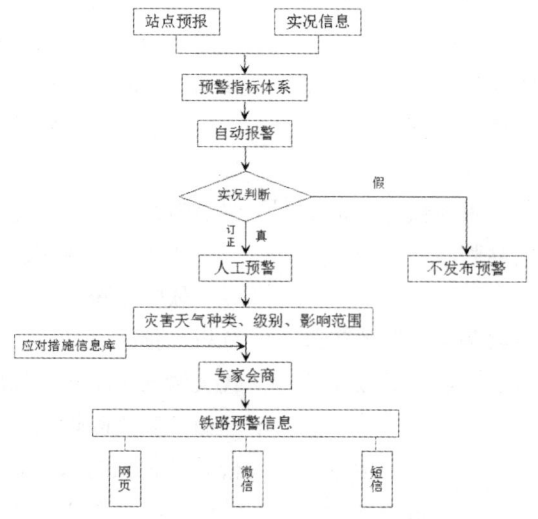

图 2　朔黄铁路预警天气信息发布流程

三、运用效果

（一）提前预警，防患未然

当气象监测的雨量、轨温、风速等实况数据超出设置报警阈值时，及时发出警告并滚动发布最新实况信息，为铁路运输调度提供决策支持；及时发布气象灾害预警，提醒铁路运营管理单位各级管理人员，坚持防重于抢的原则，加强预防措施的制定及重点防控，从防患于未然上下功夫，最大限度降低了灾害对铁路运输的影响。

（二）警戒建议，指导抢险

该系统相关警戒值设置参数与朔黄铁路公司防洪工作管理办法相关规定对接，实现了现场气象信息实时监测采集，通过系统后台运算，达到相应警戒值时自动触发短信报警、网站显示报警、微信服务号报警功能，为各级管理人员、行车组织、地面巡检、乘务员等各类人员提供及时精准的建议应对措施，进而指导抢险准备及后续应对工作。

（三）据警防备，有的放矢

气象部门在预测出对铁路运输高影响天气将要出现时，会在第一时间以风险预警、重要天气信息或重大天气过程专题服务形式在"朔黄铁路气象服务网""朔黄气象"微信公众号发布，并在网站、微信公众号中配合音效提醒或者报警图标闪烁提示当前最为严重的报警。铁路管理部门接到气象灾害预警或者实时报警信息后，公司上下各级人员依据警报的级别采取相应的警戒措施，按照相应的预案提前防控，对重点区域重点项目进行全方位防备，做到精准防控，使得灾害预防措施有的放矢，及时到位。

（四）全员参与，共同保安

铁路运输企业涉及专业较多，各种气象灾情对各专业均有不同程度影响，为保障"气象保安"效果，实现铁路运输本质安全，公司成立气象服务微信群，由气象服务人员各公司各专业各级管理人员共同组成群，重点体现实时气象灾害解疑的功能，大大缩短气象灾害应急反应时间，为灾害处理赢得应对时间，最大限度降低灾害损失。

四、总结

该系统从铁路沿线气象监测着手，将沿线气象监测站统一纳入气象监测网进行规范化管理，通过对气象监测实况数据分析，预测天气形势对铁路安全运行的影响，提供朔黄铁路公司全线预报预测气象服务，通过无线连接方式，汇总到气象局数据接收中心站，为朔黄铁路安全运行提供技术支撑。该系统在针对铁路运输方面，增强了铁路沿线气象灾害综合监测能力，大大提高了获取最新气象监测及预报预警信息的效率，最大限度减少了恶劣天气对铁路运营的损失，为做好铁路气象灾害的防御工作提供有效信息保障。深化了铁路与气象部门联合应对突发气象灾害的合作防御机制，经过两年的试运行取得了良好的效果，现已投入业务应用，为保障朔黄铁路运输安全方面作出了巨大的贡献，真正实现了安全文化理念通过科技手段融合，实现了文化理念与管理实践的结合，为企业的长远发展起到了不可替代的作用。

参考文献

[1] 张金满，赵娜，马翠平，等. 基于 GIS 技术的智能化交通气象服务系统的开发研制[J]. 山东气象，2014，34（1）：68-73.

[2] 薛冰，鹿业涛，渠寒花. 铁路交通气象服务系统的设计与开发[J]. 电子测试，2013（10）：13-15.

[3] 王丽卉，易亮. 铁路气象灾害监测预警业务服务系统的建立与完善[J]. 中国应急救援，2010（4）：29-30.

[4] 田淙海. 山西省铁路气象服务的需求分析及服务思考[J]. 科技创新与生产力，2016（9）：49-50.

[5] 谢静芳，施舍，王宝书，等. 哈大高速铁路运营气象服务需求探讨[J]. 气象灾害防御，2013（4）：38-41.

[6] 陈忠. 京九铁路开通与加快发展我省旅游气象服务的思考[J]. 气象与减灾研究，1996（3）：5-6.

[7] 刘玉芝，冯建设. 济南铁路局辖区铁路沿线气象服务系统[J]. 山东气象，1996（4）：42-45.

[8] 张熙，张殿卿. 朔黄铁路的有关技术问题[J]. 中国铁路，2005（8）：57-59.

[9] 王旭，刘旭升等.铁路专业气象服务探讨.吉林农业，2012（12）：142-142.

浅谈安全文化体系、安标标准化体系和职业健康安全管理体系之间的关系

安徽荻港海螺水泥股份有限公司　张来辉　张虎　李强　黄翔

摘　要：本文主要对安全文化体系、安全标准化体系及职业健康安全管理体系进行简要介绍。通过分析三种体系之间的内在联系，总结体系建立工作的共同点，指出职业健康安全管理体系的建立可推动安全标准化体系的创建，而安全标准化体系是安全文化体系的一部分。结合日常的安全管理工作，通过对三种体系资源的合理利用，可以避免体系建设时的重复性劳动，节约大量的人力、物力、财力，提高安全管理效率。

关键词：安全文化；安全标准化；职业健康；安全管理体系

随着我国经济迈向高质量发展阶段，国家对生产过程中安全、环保及职业健康问题越发重视。但在国家整体安全生产形势不断向好的同时，重特大安全生产事故仍时有发生。一方面，随着相关法律法规的不断健全，国家对企业安全生产、健康生产提出了更高要求；另一方面，目前我国大部分企业普遍面临安全管理人员匮乏、年龄偏大等问题。在企业安全管理力量无法大幅提高的同时，如何在新形势下提高现有的安全管理效率是摆在众多企业安全管理工作中的一道难题。本文主要对企业安全管理中经常用到的三种安全管理体系（安全文化体系、安标标准化体系和职业健康安全管理体系）进行分析，找出三个体系的内在联系，简化安全管理程序，提高安全管理成效。

一、安全文化体系

安全文化的概念由来已久，最早由国际核安全咨询组于 1986 年针对切尔诺贝利核电站爆炸事故调查报告中提出。1991 年出版的 INSAG-4 报告中，将安全文化定义为：安全文化是存在于单位和个人中的种种素质和态度的总和。我国政府对安全文化高度重视，原国家安全生产监督管理总局（以下简称总局）最早于 2006 年下发《"十一五"安全文化建设纲要》，正式拉开了我国企业安全文化建设的序幕。2008 年 11 月，总局正式发布《企业安全文化建设导则》（以下简称"导则"），导则中将安全文化定义为：被企业组织的员工群体所共享的安全价值观、态度、道德和行为规范组成的统一体。2010 年，总局开展安全文化示范企业创建活动，将我国安全文化创建活动推向高潮。

结合安全文化示范企业评定标准（试行）及《企业安全文化建设导则》，将安全文化体系分为以下 4 个层面。

（一）安全理念层面

安全理念是指企业在长期的生产经营活动中形成的，被全体员工普遍接受的安全使命、愿景、价值观。安全承诺、安全目标及员工的安全意识正是安全理念文化的一部分。安全理念文化是安全文化在长期实践中在心里深层次沉淀和升华的产物，是安全文化体系的核心，是指导一切安全行为活动的出发点。

（二）安全制度层面

安全制度主要包括企业为实现其安全理念、目标或承诺所制定的各类安全制度的总称，主要包括责任制、操作规程、会议制度、培训制度、隐患排查治理制度等。制度层面的安全文化是安全文化体系的重要组成部分，是指导劳动保护、职业健康、安全等一切工作的办事规程或行动准则。通过制度的落实执行，逐步提高员工的安全意识，从而养成规范的操作习惯，是形成安全理念文化的重要步骤。

（三）安全环境层面

文化是一种精神、理念，是一切安全活动在人精神层面的升华，它可以被人们感知，却无特定的物质形态，必须通过合适的载体表现出来。安全环境文化正是企业文化在"物"层面的外在表现形式。这里所说的环境不仅指企业为员工创造的符合安全与职业健

康的要求的生产生活环境，也指在企业内部通过广播、新媒体、安全板报、安全读物等形式普及安全知识等人文方面的安全环境。浓厚的文化环境是员工养成良好安全理念的前提。

（四）安全行为层面

安全文化在"物"的层面表现为安全环境文化，而在"人"的层面则表现为安全行为文化。安全行为既指包括企业一把手至基层员工等全体人员在履行自身岗位职责时的安全表现，也包括企业为保证安全管理工作符合法律法规要求而开展的安全标准化建设、体检、演练、会议、宣传等活动。

员工有什么样的安全文化意识就有什么样的安全行为表现，同样，企业有什么样的企业文化就会有什么样的企业行为；企业重不重视安全，通过企业的表现就可以看出，员工重不重视安全，通过其日常行为表现也可看出。因此，安全行为文化的表现直接反映安全制度文化的执行情况，同样也是安全文化内化于心、外化于行的具体体现。

二、安全标准化体系

2006年6月7日，全国安全生产标准化技术委员会成立大会暨第一次工作会议在京召开，宣布我国安全标准化建设工作正式开始。此后国家相继下发了安全标准化工作指导意见、实施意见、考评办法、实施细则等一系列规范文件。最新修订的《企业安全生产标准化基本规范》中将安全标准化定义为：企业通过落实安全生产主体责任，全员全过程参与建立并保持安全生产管理体系，全面管控生产经营活动各环节的安全生产与职业卫生工作，实现安全健康管理系统化，岗位操作行为规范化、设备设施本质安全化、作业环境器具定置化，并持续改进。

从安全标准化的定义可以看出，安全生产标准化建设重点是旨在建立一套安全管理标准（包括作业标准、防护标准、隐患治理标准等），通过标准的持续稳定运行达到预防和减少安全事故的目的。

安全标准化建设的主要内容包括：目标与职责、制度化管理、教育培训、现场管理、安全风险管理与隐患排查治理、应急管理、事故管理、持续改进等8方面内容。

三、职业健康安全管理体系

职业健康安全管理体系简称OHSAS18001，我国于2000年11月12日转化为国标：GB/T 28001—2001《职业健康安全管理体系要求》[4]。目前的最新标准号为GB/T 28001—2011，主要内容由总要求、职业健康安全方针、策划、实施和运行、检查、管理评审等6个一级元素组成，体现了PDCA循环的管理模式。

近年来，职业健康安全管理体系在越来越多的企业中得到了应用，它作为一种动态的持续改进的系统管理方法，给企业职业健康安全管理工作带来了系统性、先进性、预防性及全过程控制性，提高了企业的安全管理水平。

四、安全文化体系与安全标准化体系的关系

安全文化体系强调通过人员安全意识的提高，从而避免安全事故发生。安全标准化体系强调通过对人、机、料、法、环等影响安全生产的各种要素建立一套相对安全的作业标准或流程，并保持体系运行稳定，从而避免事故发生。安全文化体系强调"人"的提升，而安全标准化强调"物"的稳定运行，两者可以说是殊途同归，紧密联系，在安全文化示范企业创建时将企业通过安全标准化作为评审的基本条件，而在安全标准化建设导则中，明确提出企业要开展安全文化建设并作为评审要素之一。

（一）安全标准化建设体现安全文化

安全标准化建设的最终目的是实现安全管理系统化、操作行为规范化、环境器具定置化及设备设施本质安全化。其中操作行为规范化就是通过系统化的管理使日常的作业行为标准化，通过长时间的规范化操作，使员工养成规范化作业的良好习惯。这种标准化的操作实际上就是安全文化和安全意识的具体体现。

环境器具定置化和设备设施本质安全化是通过"物"的安全防护实现现场安全环境地改善。这种环境实质上是一种安全文化环境，它能随时提醒、激发人们的安全生产自觉性，也能随时防止人们产生失误时带来的种种危害。

（二）安全标准化建设是安全文化建设的组成部分

安全标准化是近几年来新兴起的一种安全管理方法，它内容广泛而具体，涉及企业生产环境、人员行为、危险隐患治理等方方面面，具有很强地指导作用。它既是一种先进的管理思想，又是一种可行的管理手段，更是一种高尚的管理文化，是企业文化中不可缺

少的一部分。通过对比安全文化体系内容可以发现，标准化中目标与职责与安全文化体系中的安全承诺相对应，制度化管理、教育培训、安全风险管理、现场管理与安全文化体系中行为规范与程序相对应，隐患排查治理、应急管理、事故管理与安全文化体系中安全事务参与向对应。企业开展安全生产标准化建设，是企业安全文化在落实执行过程中的表现形式，是企业安全在新形势下的具体反映，安全标准化建设是安全文化建设的一部分。

五、安全标准化体系与职业健康安全管理体系的关系

职业健康安全管理体系强调对过程的控制，是一种系统的管理方法；安全生产标准化更强调标准的运行，是一种执行标准。两者在系统架构、管理基础、运行原理和实施方式等方面都具有相似性，开展安全生产标准化工作可以利用在职业健康安全管理体系建设过程中的组织机构、人才队伍等资源，避免重复性工作。两者的运行原理都是基于"PDCA"（策划—实施—检查—改进）戴明模型，都需要采用企业自评和评审单位评审的方式进行评估。两者的联系如表 1 所示。

表 1   安全生产标准化与职业健康安全管理
体系对比表

比较项目	安全生产标准化	职业健康安全管理体系
运行原理	PDCA	
管理基础	风险评价和控制	
管理理念	遵循各项标准规范，防范事故	预防为主
实施方式	企业建立体系，申请外部评审	

通过对两个体系主要内容的比较发现，两者大体上都包含了目标职责的确定、现场隐患的排查治理、人员行为的规范、安全教育培训、法律法规识别获取、应急救援及持续改进等日常安全管理活动内容。有所区别的是对各个管理行为的要求上，相比于职业健康管理体系，安全标准化体系对特定内容条款的要求更加具体，主要是以相关法律法规要求为标准，对日常

管理行为的指导效果更好。两个体系在运行过程中可以互相补充，互为促进，通过一个体系的建设可以带动另一体系的创建。

六、总结

第一，安全标准化建设是安全文化建设的一部分，是企业安全文化在落实执行过程中的表现形式，是企业文化在新形势下的具体反映。

第二，职业健康安全管理体系与安全标准化体系有很多共同点，可以利用职业健康安全管理体系的建设推动安全标准化体系创建。

第三，通过对以上三种体系的比较可以发现，在日常的安全管理中，三种管理体系相互联系，又各有侧重，应用时可以互相补充。通过对三种体系资源的合理利用，可以节约大量的人力、物力、财力，提高安全管理效率。

参考文献

[1] AQ/T 9004—2008，企业安全文化建设导则[S].

[2] 杨凯，吕淑然. 浅议企业安全文化建设与安全标准化建设的关系[J]. 中国安全科学技术，2012，8（9）：190-193.

[3] AQ/T 9006—2010,企业安全生产标准化基本规范[S].

[4] GB/T 28001—2011,职业健康安全管理体系要求[S].

[5] 熊智明，彭述明，申庆思.职业健康安全管理体系在科研事业单位实践的探讨[J]. 中国安全生产科学技术，2006，2（1）：85-88.

[6] 肖彭达. 安全生产标准化建设与安全文化[J].劳动保护科学技术，1996，16（1）：13-16.

[7] 王起全，佟瑞鹏. 在航空系统内企业开展安全质量标准化分析与探讨[J]. 中国安全科学学报，2005，15（12）：47-52.

[8] 张建业. 以职业健康安全管理体系推动安全生产标准化建设探究[J]. 中国安全科学技术，2012，8（9）：186-189.

关于铜矿安全生产监理监督管理的思考

鑫诚建设监理咨询有限公司大冶铜绿山矿工程监理部　巩丽　杨跃湘

摘　要：伴随着经济发展质量的提升，人们对经济发展过程中安全问题的关注日益凸显。铜矿产业作为一个劳动密集型的高危产业，做好其安全管理生产措施至关重要。此文章分析了铜矿安全生产监督管理的重点和难点，同时对工作现状和应当进行整改的相关内容进行了系统性分析，以更好地促进铜矿企业经济效益提升。

关键词：铜矿；安全生产；安全监督管理

一、安全监督管理的重要性

无论任何行业，安全都应该摆在第一位。这也是安全监督管理的本质。当然，所有这些也都从侧面证明了安全文化建设的重要性。安全文化建设的内涵丰富，外延广泛，安全管理、安全监督、安全生产等都是题中应有之义。

安全管理不仅直接影响员工的生命安全问题，同时也间接影响着铜矿企业自身的长远发展。安全生产相对于安全监督管理更是重中之重。安全生产责任制度是生产经营单位和企业岗位责任制度的一个组成部分，是最基本的安全生产管理制度，是我国各项安全生产制度得以落实的前提条件，也是单位安全生产的核心。党和国家非常重视安全监督管理中的安全生产问题，要求各级领导把关心生产的人统一起来，以"管生产必须管安全"为安全监督管理原则。

二、铜矿产业的安全风险

（一）铜矿生产的重点与难点

铜矿开采的矿下爆破工程难度非常大，如何做好固定设施的爆破振动和飞石的控制，以及爆破安全防护是铜矿开采过程中的重点与难点。而由于铜矿开采受外界气温影响比较大，加之生产任务重，生产环节多，时空关系变化众多，一旦管理失误，每个人、每个环节、每个地点都有可能会出现无法估量的安全事故。在这种形势下，安全生产监督管理的重要性更为突出。

（二）铜矿产业的职业危害

在铜矿生产中，主要存在的职业危害有：噪声、振动、矽尘、砷、铅、二硫化碳、甲酚、石灰石粉尘、其他粉尘、视觉疲劳、强制体位、职业紧张、二氧化硫、硫化氢、一氧化碳、一氧化氮、二氧化氮、锰、焊接烟尘、紫外线、工频电磁场、γ射线等。

其物理性有害因素也主要包括以下几点。①噪音与振动：长时间处于该环境中致使人听力减弱、失眠等全身性病症。②高温与热辐射：影响人体体温调节水盐代谢等生理功能。

粉尘类通过呼吸、皮肤等进入人体，长期接触高浓度生产性粉尘，可引起尘肺、呼吸系统和局部刺激作用引发的病变等病症。

化学类有害因素包含以下几点。①二氧化硫：易被湿润的黏膜表面吸收生成亚硫酸、硫酸，对眼睛与呼吸道黏膜有强烈的刺激作用，大量吸入会引起肺水肿声带痉挛而窒息。②一氧化碳：可经呼吸道进入人体，主要损害神经系统。③氮氧化物：可经呼吸道进入人体，主要损害呼吸系统。④三酸：对皮肤、黏膜等组织有强烈的刺激和腐蚀作用。

放射性物质类有害因素如电离辐射：电离辐射可引起放射性疾病，长时间接受可引起慢性放射性损伤，造血障碍，白细胞减少。

综上，加强安全生产管理已成为现阶段各个企业不可忽视的问题。当然，加强安全生产管理并不是一朝一夕就能够完成的，这需要企业上上下下的配合，上至企业的管理层，下至基层的员工，都需要清醒地认识到该举措的重要性。

三、加强安全生产管理的措施

（一）管理层应制定安全规章制度

（1）加强企业各个部门的管控力度，完善矿产工作安全监督管理制度，只有这样才能将各个工作实施到位。

（2）对所有上岗员工做好安全生产教育工作，使矿产员工具有安全防患意识，参与危险危害因素辨识、掌握事故原因分析危险因素的方法。对员工发放符合标准的劳动防护用具，并教育正确使用，进一步保护员工安全。

（3）建立完善安全生产岗位责任制，加大管理力度，使安全生产能够完全落实，员工之间互相监督。

（4）在矿区生产时，应当根据矿井的特点制订相应的安全技术措施。对专业性比较强的施工项目，如爆破等危险性大的施工项目，应加强监督。

（5）企业应实行逐级安全技术交底制度。在工程开工之前，技术负责人应该把本工程的基本状况、施工所用到的方法、安全技术措施等向所有的员工进行详细交底；施工队长、工长应该按工程进度向有关班组进行作业的安全交底；班组长每天应向班组进行施工要求和作业环境的安全交底。

（二）监理工作中应当履行的安全责任

监理安全的内容包括施工安全和文明施工监理两项工作，监理单位应该以工程的实际状况为基础，建设完整的监理组织机构，组成专业配套技术过硬的监理队伍，落实监理安全责任。项目总监和总监代表将为工程中的施工安全和文明施工的监理工作负责到底，各专业监理工程师负责本专业的监理安全，实施切实有效的监理方法，将监理安全贯穿于整个工程监理之中，做到人的因素第一、思想到位、人员到位、工作到位、管理到位，依靠制度强化管理，时刻保证施工的安全情况和文明施工的工作的开展，严格防止发生各种的安全生产的事故和危险。具体要细化到监理工作的开展中去，必须要求所有有关的监理人员严格遵守监理安全的工作内容、工作程序。

（1）监督施工单位应该全面按照已经通过各项审查批准的施工组织设计和专项安全施工措施组织施工。一旦发现事故隐患，应该立即要求施工单位进行全面整改。情况特别严重的，应该由总监工程师命令暂时停工令并且上报到建设单位；施工单位拒不整改应及时向工程所在地行政主管部门报告。

（2）对施工工作的现场安全生产情况进行检验，确定其是否按照规定施工，具体检查施工单位对于各项安全举措的落实情况。

（3）企业各级管理人员都必须熟悉相关安全技术标准、规范的要求，并严格执行，不得违章指挥；工人必须熟悉相关安全技术规定及其岗位的安全操作规程，不得违章作业。

（4）督促施工单位对安全制度的落实情况进行自查；定期参加施工现场的安全生产检查；不定时抽查现场相关人员持证上岗情况。

（5）工程监理单位和监理工程师应当按照法律、法规和工程建设强制性标准实施监理，并对建设工程安全生产承担监理责任。

（6）充分发挥监理在生产中的协调作用，定期召开监理安全会议，不定时进行安全施工专项检查，定期抽查工程项目部安全资料的收集整理归档情况。认真、及时、如实地记录监理日记和巡视记录，对工作中出现的问题和安全隐患及时以工作联系单、监理通知、安全隐患整改通知单的形式明确下来，严格督促施工单位整改和落实。

（三）坚持"安全第一、预防为主、综合治理"的安全管理方针

（1）2005年10月11日，中国共产党第十六届中共委员会第五次全体会议通过的《中共中央关于制定国民经济和社会发展第十一个五年规划的建议》明确要求坚持安全发展，并提出了"坚持安全第一，预防为主，综合治理"的安全管理方针，特别强调要切实抓好矿产等高危行业的安全生产。

（2）在监理安全工作方面的细节问题上，我们要做好施工现场的监理安全作业，必需认识到和掌控施工安全知识、安全技能及各类机械设备性能、操作规程、安全法规等。这样才能对施工监理安全工作中施工作业危险点所采取的预防措施进行预防控制，才能有效根据工程的专业特点对施工单位加强安全监督，督促其健全自身施工安全生产保证体系，并切实搞好自控，真正达到对施工中员工的不安全行为、物的不安全状态、作业环境的不安全因素和管理缺陷进行有针对性的控制。

（3）对现场监理人员的相关安全知识和安全技能进行培养，加强对监理人员的培训和教育。

（4）以实现"一杜绝，五为零"为总目标。一杜绝：杜绝工亡事故；五为零：无重伤事故、无较大火灾事故、无重大设备事故、无重大交通责任事故、无重大危险源事故。全面落实员工安全生产责任制，着

力构建"双重"预防机制。对标先进安全管理，紧盯风险抓管理控制，抓好各项措施落实，推进安全生产形势实现根本好转。

实践证明，没有切实可行的安全管理目标，项目安全管理工作便无法顺利进行，项目管理人员的监理积极性也无法及时调动，最终将导致整个项目监理工作瘫痪。安全管理目标需具体明确，对不同的地区、不同的施工现场、不同的施工要求要采取不同的项目目标管理方式，预防安全管理目标盲目扩大的问题出现。为了充分体现行业、地区的先进生产水平，还应保证安全管理工作的完整性和细致性，不得粗枝大叶地完成一项工作，因为这样不利于保证项目的安全生产，更加不利于保证施工生产人员的生命安全，这违背了"以人为本"生产理念，也违背了安全生产第一的责任目标原则。

浅析高层建筑安全防火管理

中国金茂控股集团有限公司　　朱胜杰

摘　要：随着我国改革开放的深入以及城市化进程的迅猛发展，多功能的高层建筑如雨后春笋，不断涌现，与我们的工作和生活密不可分。然而，诸如"上海静安 11·15 特大火灾"等高层建筑火灾也时刻警示我们，加强和完善高层建筑防火工作刻不容缓。如何才能有效地把控并做好高层建筑的防火管理工作？笔者作为一名物业公司的安全工作者，结合自身多年的安全防火工作经历及对高层建筑防火管理工作的理解和认知，提出了现阶段高层火灾特点及存在的问题，针对问题提出解决方案。

关键词：高层建筑；火灾；安全管理；解决方案。

随着社会发展和进步，人们对安全的关注越来越强烈，安全文化建设也逐步提上日程。安全文化建设，提倡从文化层面上研究安全规律，加强安全管理，营造浓厚的安全氛围，强化人们的安全价值观，达到预防、避免、控制和消除意外事故和灾害，建立起安全、可靠、和谐、协调的环境和匹配运行的安全体系。从国家来讲，安全生产事关以人为本的执政理念，事关构建社会主义和谐社会；从单位来说，安全生产事关经济效益的提高，事关单位的可持续、健康发展；从职工来说，安全事关生命，是人的第一需求。

随着我国改革开放的深入以及城市化进程的迅猛发展，多功能的高层建筑如雨后春笋，不断涌现，与我们的工作和生活密不可分。然而，诸如"上海静安 11·15 特大火灾"等高层建筑火灾也时刻警示我们，加强和完善高层建筑防火工作刻不容缓。如何才能有效地把控并做好高层建筑的防火管理工作成为安全文化建设工作的一个重要课题。

从历年来惨痛的高层建筑重特大火灾事故，我们不难看出，高层建筑的消防设计存在缺陷、"三同时"（建设项目安全设施必须与主体工程同时设计、同时施工、同时投入生产和使用）不落实、在建项目消防工程监理不作为或监理不到位，高层建筑的日常消防管理、消防教育培训和应急管理不到位，是导致火灾的主要原因。同时，恶性火灾事故所导致的一个个鲜活生命的逝去及不可挽回的重大政治影响和重大经济损失，也值得我们时刻反思和深省。

一、高层建筑的火灾特点

一是火势猛烈且蔓延速度极快。高层建筑由于室内装修高档豪华，装修材料多含有大量的可燃物质，如家具、窗帘、地毯、吊顶装饰、墙壁装饰等。发生火灾后，这些可燃物燃烧猛烈，产生的烟气温度高（一般化纤织物猛烈燃烧时产生的热烟气温度可高达 450 度）。加之高层建筑的竖向井道多，如电梯井、楼梯井、通风井、管道井、电缆井、垃圾道等，它们都是火灾蔓延的通路。一旦发生火灾，诸多的竖向井道所形成的"烟囱效应"大大助长了火势的蔓延迅速，且楼层越高，抽风越强，火势越猛。据测定，在火灾猛烈燃烧阶段，烟气水平方向的扩散速度为 0.5～0.8 米/秒，而纵向扩散速度为 6～8 米/秒。

二是致火因素多。高层建筑内人员众多，不易管理，吸烟用火多，加上高层建筑业态众多、功能复杂，往往涵盖住宅、酒店、餐饮、娱乐、写字楼等，用电和用火较多，部分区域还存储有大量的易燃物、化学品，在高层建筑起火原因的统计中，主要原因依次是吸烟、电器故障火灾、高空动火作业等。

三是火灾扑救工作难度大。高层建筑的消防设计立足于"自救"，其灭火系统设备设施自动化程度高，只要任何一个环节出现问题，其灭火功能将不能充分发挥作用。再者，由于高层建筑火灾荷载大、蔓延迅速、立体燃烧、烟雾大及能见度低，增加了消防队员的救援难度。目前，国内登高消防车辆尚不能满足高层建筑安全疏散和扑救火灾的需要，不能确保及时将受困人员疏散到室外。

四是人员疏散困难易造成重大伤亡事故。高层建筑楼层多，垂直疏散距离长，疏散到室外地面或楼内避难层所需要的时间相对较长。而且高层建筑人员多且较集中，人员疏散慢，还可能造成踩踏事故，也增加了疏散的难度。

二、高层建筑消防工作存在的安全风险及对策

据不完全统计，全国每年发生高层建筑火灾中，60%以上属于居民住宅火灾，其他多为商住一体、高档住宅、宾馆、写字楼等建筑火灾。部分高层建筑存在消防通道、安全出口占用或封堵锁闭，火灾自防系统设备设施（报警、灭火系统）损坏或运行管理不到位，消防疏散指示损坏严重或设置不足，应急准备和应急管理不利等问题，为此，就高层建筑的消防管理工作，应从源头抓起，主要有以下几方面确保高层建筑的消防安全。

（1）在高层建筑的设计阶段，严格按照《高层民用建筑设计防火规范》的要求，同时落实建设项目"三同时"工作确保建设项目安全消防设施必须与主体工程同时设计、同时施工、同时投入生产和使用。其中，特别是"同时投入生产和使用"这一关口的把控尤为重要，应以建设项目安全消防设施通过消防监督机关竣工消防验收合格的法律文书，作为"同时投入生产和使用"的依据，并防止出现冒进的违规施工抢进度或未通过消防竣工验收即投入使用的错误行为。

（2）在高层建筑施工阶段，在建设过程中建立临时消防水系统，同时严格管理动火作业、临时用电安全，确保高层建筑的施工阶段消防安全，在后期装修阶段加强现场动火作业、文明施工、临时用电和易燃物的管理。施工中严格要求和监督施工单位按照设计要求进行施工，对建筑材料（保温板、装修材料等的验证）加强源头控制，严格落实现场监督、验证等把控工作。同时在精装后期阶段应严格保障消防系统投入运营，严禁在建筑物内住人，以降低火灾风险。

随着高层建筑的档次和使用功能的提高，建筑防火也越来越复杂，对消防设施的施工安装要求越来越

高，因此，消防设施的施工安装单位必须重视施工安装质量，严格按规程、标准、规范和设计图纸进行施工。为了对施工安装质量进行有效的监督，特别是对一些隐蔽工程施工安装质量的监督，应实行消防设施施工安装监理制度，开展消防设施安装的质量评定，以确保工程施工安装质量。

（3）配合政府消防机关严格按程序、规范等把好建审、施工检查、竣工验收关。针对部分消防监督人员未能及时地发现设计图纸存在的问题，不能全面、准确地提出审核意见，甚至对比较简单的诸如疏散门的开启方向、室内消火栓安装位置等问题也提不出意见来，且草率地下发同意您设计的审核意见书等，高层建筑持有方的专业人员应提前介入消防验收，从高层建筑使用者和维护者的角度排查消防隐患，提前解决消防的潜在隐患。

（4）提高高层建筑运营的消防安全管理能力，保障消防安全。作为高端地产和酒店的领航者，我们要不断完善消防安全管理体制。落实消防安全主体责任，提高消防设备设施的维护管理能力，提高员工的消防安全意识，防火患于未然。

三、结论

针对上述问题，为保证高层建筑自身具有火灾防消能力和减少火灾损害的能力，应选用有资质、负责任的建筑设计单位，并严格按照现行消防法规及各项技术标准和有关设计规范要求设计，严禁随意降低防火设计标准，特别是高层建筑的防火设计应按照公安部的有关规定，必须有建筑、结构、电气、暖通、给排水等方面的消防专编，且设计单位应当建立消防设计责任制，并应有取得消防设计资格证书的技术总负责人对消防设计图纸进行审定。同时，建设方还应在施工过程中，充分发挥监理单位在施工监理过程中的监理职能，特别是施工过程的现场监视测量、技术质量检查和现场的影像资料等合格合规证据及时归档，对不合规证据及时反馈相关方落实设计变更洽商等工作。

总之，消防安全工作需要我们持之以恒地去研究、学习，思路决定出路，细节决定成败，责任重于泰山。只有把消防安全隐患扼杀于摇篮中，安全文化建设才

是真正地落到了实处。

参考文献

[1] 于韬淼.浅谈高层建筑分层次火灾扑救战术[J].消防界（电子版），2018，4（1）：101-102.

[2] 郝展飞.高层建筑火灾时期人员安全疏散影响因素的研究[D].邯郸：河北工程大学，2017.

[3] 叶贵，陈梦莉，汪红霞.建筑安全事故人为因素分类研究[J].中国安全生产科学技术，2016，12（4）：131-137.

[4] 侯伟星.移动消防装备在高层建筑火灾扑救中的运用[J].武警学院学报，2015，31（6）：39-43.

[5] 刘文硕.高层建筑火灾疏散方案研究[D].北京：北京邮电大学，2013.

安全生产标准化激励约束机制的构建

中粮东莞粮油工业有限公司　王玫玫

摘　要：安全生产标椎化是安全文化建设的落地措施之一，也是提高企业安全管理水平的重要手段，每个企业都应进行安全生产标准化长效机制的构建。安全生产标准化，就是通过建立安全生产责任制，制定安全管理制度和操作规程，排查治理隐患和监控重大危险源，建立预防机制，规范生产行为，使各生产环节符合有关安全生产法律法规和标准规范的要求，并持续改进，不断加强企业安全生产规范化建设。本文主要针对安全生产标准化工作存在的问题，提出了建立安全生产标准化激励约束机制，确保安全生产有效进行。

关键字：安全生产标准化；激励约束机制；具体措施

企业安全文化具有导向、约束、规范企业从业人员行为的作用。只有安全文化进行有效的落地，才能把安全理念落实到安全管理和安全行为当中，安全生产标准化是安全文化落地的有效手段之一，也是提高企业安全管理水平的重要手段。

目前，安全生产标准化建设由于主观原因和客观认识，存在了很多问题。建立安全生产标准化激励约束机制，是推动安全生产标准化发展的要求。建立安全生产标准化激励约束机制，能够解决在开展安全生产标准化过程中积极性不高、主动性不强、不深入的问题，有利于推动安全生产标准化全面深入开展，是完善安全生产标准化配套措施的具体体现，有利于安全生产标准化真正取得实效。

一、安全生产标准化建设存在的主要问题

（一）对安全生产标准化认识不足

对开展安全生产标准化达标活动的重要性认识不足，导致开展活动时态度不积极，主动性不强，甚至可能出现敷衍了事、突击、应付、造假的现象，认为安全生产标准化是一项庞大的系统工程，达标极其复杂，对安全生产标准化的抵触情绪明显。这些现象的出现，导致安全生产标准化达标活动不深入，难以取得实际的效果。

（二）安全生产标准化氛围不浓厚

安全生产标准化达标是一项系统工程，涉及公司各个部门、各个岗位和每名员工。只有通过报纸、网络、展板及各种会议等多种形式广泛宣传安全生产标准化的重要意义，取得领导和全体员工的大力支持和

积极参与，安全生产标准化达标活动才能取得预期的效果。但是在实际工作开展过程中，有些人认为，安全生产标准化工作就是安全生产管理部门的事，与其他部门没有关系，造成在开展安全生产标准化工作时出现了安全管理部门"单打独斗、其他人员不闻不问"的现象，没有形成自上而下、齐抓共管的局面，没有形成高度重视、全员参与的浓厚氛围。

（三）未建立有效的安全生产标准化长效机制

安全生产标准化是一项基础性、长期性工作。安全生产标准化达标活动最基本的目标是实现岗位达标、专业达标和企业达标，而其最终目标是实现动态达标、本质达标、长效达标和全面达标。但安全生产标准化达标取得的成果没有得到保持和发扬，没有建立有效的安全生产标准化长效机制。此外，还存在开展不均衡、投入不足、基础管理薄弱、生产现场和设备设施的维护管理不到位等问题。

鉴于上述问题，建立安全生产标准化激励约束机制就显得非常有必要性。

二、建立安全生产标准化激励约束机制的具体措施

安全生产标准化顺应了安全监管和安全管理发展的趋势。建立安全生产标准化激励约束机制，是推动安全生产标准化发展的要求。建立安全生产标准化激励约束机制，能够解决在开展安全生产标准化过程中积极性不高、主动性不强、不深入的问题，有利于推动安全生产标准化全面深入开展，是完善安全生产标准化配套措施的具体体现。有利于安全生产标准化真

正取得实效。安全生产标准化激励约束机制，既强调约束，又强调激励。建立安全生产标准化激励约束机制，能够进一步明确公司在开展安全生产标准化工作中的责任，提高公司开展安全生产标准化的积极性，从被动达标变为主动需要，从而保证安全生产标准化真正取得实效。形成全面覆盖、全员参与的隐患排查治理工作机制，确保安全生产标准化的深入开展，具有积极作用。

第一，加大宣传，提高对安全生产标准化重要性的认识。安全生产标准化建设是我国现阶段加强安全生产工作的一项基础工程、生命工程和效益工程。思想是行动的先导，先进的思想认识推动正确的实践活动，标准化建设能否在公司得以正确实施，关键取决于认识是否到位。公司要利用各种宣传途径，广泛宣传安全生产标准化的重要作用，提高全员对安全生产标准化的认识，从思想上彻底扭转对安全生产标准化的理解误区，做到思想认识上高度重视，制度保证上严密有效，监督检查上严格细致，为安全生产标准化工作创造良好的舆论氛围。

第二，明确责任，进一步强化安全生产标准化，主体责任的落实，公司是安全生产和安全生产标准化的责任主体。为确保安全生产标准化责任的落实，将安全生产标准化创建工作纳入年度安全生产目标考核内容，写入签订的《安全生产责任书》中，并逐步加大考核比重。

第三，经济激励，切实提高安全生产标准化的主动性，经济杠杆是直接推动促进安全生产标准化开展的重要途径之一。可以在签订《安全生产责任书》时收缴安全生产标准化风险抵押金，在年终考核时，根据完成效果的好坏给予奖励或处罚。也可以引入高危行业安全生产责任保险制度，安全生产标准化等级可以作为纳入安全生产责任险费率的重要参考，积累的资金用于安全生产标准化隐患排查整改和设备设施的维护改造。

第四，探索安全生产标准化与职业健康安全管理体系的有机融合。安全生产标准化与职业健康安全管理体系是公司开展安全生产工作两种相辅相成的手段和管理标准。两者都强调遵守法律法规，都强调预防为主、持续改进及动态管理，积极探索安全生产标准化与职业健康安全管理体系的有机融合，实现考评标准、考评方法和考评程序的统一，通过职业健康安全管理体系的有效运行来实现安全生产标准，同时，实现安全生产标准化与职业健康安全管理体系的有机融合，能够在一定程度上减少公司的工作内容，降低公司负担，提高公司的积极性。

三、结论

通过建立安全生产标准化激励约束机制，进一步明确公司在开展安全生产标准化工作中的责任，提高公司开展安全生产标准化的积极性，从被动达标变为主动需要。公司是安全生产标准化的执行者，全体员工要正确认识安全生产标准化的极端重要性，形成人人参与、人人支持的良好氛围，做到思想上重视、工作上推动、精力上倾斜、措施上到位，对此，中粮更应挑起安全生产的重担，确保安全生产标准化取得实效，为生命保驾护航。

浅析如何做好一名基层安全员

华晋焦煤有限责任公司沙曲选煤厂　李峰

摘　要：安全文化建设工作的开展离不开每一名基层安全员，他们肩负着一线安全生产监督的重要任务，强化每一名安全员的安全意识和完善自身安全认知，提高安全员的工作能力和综合素质，使其在工作中更好地发挥监督保障、战斗堡垒作用。本文从不同的方面浅析了如何做好一名基层安全员。

关键词：基层安全员；认知；素质；监管；

安全不是一切，但安全是一切的前提。从个人的角度来讲，生命只有一次，一旦失去就不再有重来的机会；从企业的角度来说，安全文化建设工作是企业的头等大事，关系到职工的生命健康和切身利益，也关系到一个企业的健康、和谐、稳定发展。虽然我们国家的安全法规不断完善，安全生产的形势也明显好转，但仍然存在着比较严重的事故现象。从事故分析得出结论，事故发生的原因是多方面的，反思安全文化管理工作中存在的薄弱环节，尤其应该引起重视的就是如何发挥基层安全员的作用。车间安全员作为最基层的安全工作者，每天都要直接面对和解决生产工作中发生的各类具体安全问题，其工作的出色与否直接影响企业的安全生产工作成效，也直接关系到安全文化建设工作的有效落实。

一、强化安全认知体系

学习是个人和企业共同发展的刚性需要。随着企业的快速发展，无论是管理、技术或是新工艺的相关知识，都急需我们不断学习。这在一定程度上体现出企业员工自身的业务能力是否合格。所以，我们要勤于学习、更要善于学习，唯有如此，才能达到员工提高自身业务能力，反哺企业及自身的效果。

（一）事故发生的根源分析

从安全生产的实际情况出发，分析事故发生的原因，主要有以下几点。

一是习惯性违章。违章人往往麻痹大意，工作中存有"凭经验、图省事、怕麻烦"的思想，安全意识严重缺乏。

二是忽视小事。许多微之又微的细节，最容易成为人们忽略的地方。而正是这些小"魔鬼"扼住了人

们生命的"咽喉"，导致前功尽弃。

三是对待安全的态度。在平时工作中，往往因为时间紧、任务重，将每次开会所强调的安全生产规章制度、安全生产条例等安全文化的重要内涵统统抛之脑后，给生产安全事故埋下了重大隐患。也有个别同志对天天提示安全注意事项有一定的抵触心理，自以为安全工作做得很到位，无形之中为事故埋下了"定时炸弹"。

四是环境与物的状况影响。简单的模式就是：环境差—人的心理受不良刺激—扰乱人的行为—生产不安全行为；物设置不当（或营运失常）—影响人的操作—扰乱人的行为—生产不安全行为。

（二）完善危险源预防管控措施

危险源是可能导致死亡、伤害、职业病、财产损失、工作环境破坏或这些情况组合的根源或状态。安全文化管理的核心内容就是风险管理，其目的是实现事故预防，一切安全文化管理工作都要围绕危险源来进行。为了减少生产安全事故的发生，我们应该通过对工作环境的现场观察、定期检查等形式发现存在的危险源；针对生产设备使用维护周期、运行状况等科学地判断是否存在潜在危险源；另外，通过对工作过程的逐步分析，找出多余的、有危险的工作步骤和工作设备、设施，制订控制和改进措施，以达到控制风险、减少和杜绝事故的目标。

（三）树典型构建安全新体系

榜样是最好的带动，示范是最好的引领。身为安全员，就要以身作则，勤巡查、勤到检修现场、勤反映，做到件件有着落、事事有回应，做好职工安全监护人，做好安全措施贯彻人。

以班组建设为契机，发展班组安全员、技术骨干为入党积极分子，突出先锋模范带头作用，构建"党员示范岗"，开展"党员身边无事故"活动，做好安全互保联保。由党员带头规范操作，干标准活，上标准岗；带头做到珍惜岗位、勤劳守纪，工作中坚决服从，执行规范，令行禁止；带头主动学习，尽心尽责，甘于奉献，发挥好党员的表率作用，把企业的安全生产放在第一位。

二、提高安全综合素质

高超的综合素质是基层安全员能够充分发挥岗位作用的基础，因此基层安全员应努力提升以下素质。

（一）身体素质

安全工作是一项既要腿勤又要脑勤的管理工作。无论天气状况、作业环境如何，安全工作需要随时开展，事故隐患需要随时检查。没有良好的身体就无法胜任这项工作。

（二）专业技术水平

作为一名基层安全员要做到说内行话、做内行事，通过日常工作经验的积累，熟练掌握各项生产技术；通过国家有关安全生产的政策、法律法规及规章规范的不断学习积累，提高安全生产工作技能和对事故的预控能力。

（三）思想道德素质

孔子曰："其身正，不令其行；其身不正，虽令不从。"只有坚持原则、不讲私情，职工才会听从指挥，接纳意见，服从管理，工作才会得心应手。

（四）心理素质

安全员在监督过程中常会遇到很多困难，如工人违章作业时，安全员苦口婆心地教导，违章者却毫不理解，彼此之间产生误会，甚至被诬告、被陷害。因此，做好一名基层安全员，必须具备坚强的意志，同时要适应环境，寻找突破口，时刻激励自己保持积极的工作热情。另外，要有解决矛盾冲突的能力，在不被理解时，尽量把注意力放在解决问题上，要控制好自己说话的语气，不被对方的情绪牵着走。

三、完善安全监管工作

（一）开展安全生产检查

安全检查是消除事故隐患，保证安全生产的重要手段和措施。日常安全检查主要采取以下方式：定期检查、突击性检查、专业性检查、季节性和节假日前

后的检查和经常性检查。在各种检查过程中，车间安全员要亲自参加，必须做到认真细致，不留死角，对检查出的隐患问题要建立事故隐患台账，制定隐患整改"四定表"。

班组安全员一般由班组长兼任，经常性检查、巡查、检修主要由班组来完成，以及时发现、消除现场隐患，并做好巡查记录。

（二）落实安全培训工作

安全生产，人人有责。只有通过对广大职工进行安全教育培训，才能使职工真正认识到安全生产的重要性、必要性，才能使广大职工掌握更多更有效的安全生产科学技术知识，牢固树立安全第一的思想，自觉遵守各项安全生产的规章制度。

通过 LED 屏、微信群等宣传平台，广泛传播安全生产工作的方针政策及在安全生产工作中涌现出的先进典型和经验，不断激发广大职工干事的热情；通过举办培训班、报告讲座等形式，针对不同人群开展不同的培训课程，将安全操作基本技能和安全防护救护的相关知识作为常规性培训内容，把新技术、新设备、新材料及新工艺等作为素质提升教程，激励广大人员向高技能安全型人才迈进。

（三）改进工作方法

第一，"打铁还需自身硬"。作为基层安全员要有强烈的事业心和责任感，以身作则，不断"充电"，苦练基本功，通过提升业务技能水平，学习安全法律法规，真正把安全监督工作做得得心应手。

第二，要以理服人，以德感人。在监督过程中，被监督人员难免存在逆反心理，作为基层安全员首先要正视矛盾，熟悉和掌握有关安全工作的法规制度，掌握现场生产技术基本知识，找准切入点，讲清道理，指明错误点，指导应采用的正确方法，使被监督人员心悦诚服。另外，在指出问题的同时，要以平等的态度对待人、信任人、关心人、理解人、尊重人，让对方知晓保证生产安全更是为了被监督者自身的安全。

第三，要营造良好的安全氛围。安全生产管理人员的主要工作对象是人的不安全行为和物的不安全状态，而物的不安全状态还需要人来修正，所以归根到底要以人为本。古人曰："虽有智慧，不如乘势。"乘势就是顺应时势，就是顺乎客观规律和时代的发展趋势，因势利导，趋利避害，创造有利条件。要创造

一个安全氛围浓厚的环境，使人们对安全生产形成共识，增强自我防范意识，这样企业的安全生产形势才能趋于平稳。

四、安全工作要与时俱进

在万众创新时代浪潮的引领下，智能化选煤厂应运而生，由单机自动化向整套系统智能化控制迈进。依托班组建设平台，努力发挥班组安全员的作用，加强现场设备设施巡查力度，保障各种监控检测信号运行稳定可靠。利用大数据、云平台对现场设备数据收集、汇总及分析，通过各种技术参数判断出设备实时运行状况，达到预知、预判问题的能力。

基层安全员是企业安全文化管理网络中的末梢，是一个较为特殊也很重要的群体。许多安全信息的传递，作业地点与作业人员的安全状态，安全隐患的查处，各种设备的安全防护设施等与安全相关的问题，都需要他们来监督检查和督促完成。因此，基层安全员就要深入一线，既要指挥也要战斗，以丰富的安全知识来分析、判断和处理各种隐患问题，真正将事故扼杀在萌芽状态。只有充分发挥每一位基层安全员的安全堡垒作用，才能为企业的安全发展起到保驾护航的作用，也才能真正将安全文化建设工作落到实处。

浅谈榨油厂安全文化管理现状及措施

中纺粮油（福建）有限公司　郑有涛　付学华

摘　要：中纺粮油（福建）有限公司前身为沈阳金豆食品有限公司，设备年限较长，自动化程度较低，再加上员工文化程度低，在 2006 年浸出车间发生一起违章作业重大安全事故，造成严重后果。2009 年年底被中纺集团收购，2017 年企业重组后并入中粮油脂华南区，经过中粮企业文化及生产安全管理体制的逐步沉淀，安全管理的循序进阶，员工伤害事故次数大幅降低，现场环境规范有序，员工安全防护意识不断提升，硬件设施持续改善，安全风险得到有效控制。本文主要介绍了目前榨油厂安全生产管理的现状及采取的措施，两年的安全生产管理实践，营造出了遵章守纪的浓厚公司氛围厚，管理人员到员工的安全意识均得到了大幅提升，现场安全环境有了质的飞跃，夯实了安全管理基础。

关键词：安全生产管理；风险管控；现状；措施

从安全生产概念来看，安全生产是指采取一系列措施使生产过程在符合规定的物质条件和工作秩序下进行，有效消除或控制危险和有害因素，无人身伤亡和财产损失等生产事故发生，从而保障人员安全与健康、设备和设施免受损坏、环境免遭破坏，使生产经营活动得以顺利进行的一种状态。安全生产管理就是将各种危险、风险和伤害因素处于有效控制状态。榨油厂使用的溶剂 C_6H_{14}，易燃易爆、有毒性，现场环境复杂，设备传动部位多，特种设备多，人员文化程度低，都成为安全管理的难点，如何超前对生产经营过程中的各种风险和有害因素进行辨识，通过实施制度、技术、工程管理等措施，实现风险有效控制，两年来经受油脂生产部系统安全培训，并在华南区安全指导下，公司通过不断实践，安全管理有了长足进步。

一、安全生产管理现状

（一）员工安全意识普遍提高

加强生产全员安全思想引导和教育，企业安全文化理念被群体理解并分解，就会迸发出强大的改善力量。公司通过开展全员安全培训大会、全员安全动员会、安全月安全承诺、安全宣誓、安全知识竞赛，并在厂区设置安全宣传标语、安全宣传看板，形成了浓厚安全文化氛围。办公楼二楼会议室设立事故反思室，以榨油厂及相近的生产安全事故案例为教材制作 21 块巨幅看板，提高了管理层安全意识，典型事故案例展示，视觉震撼，会议前及全员安全教育时，血腥惨烈的事故展示，起到振聋发聩、当头棒喝的安全警醒效果。车间设立事故反思墙，每天对经过的员工进行无声的劝诫。通过全员找隐患，提改善活动，形成"人人讲安全，人人要安全"安全工作氛围。思想基础的夯实，安全管理思想和意识由上而下的传递得到高效落地。

（二）有效进行现场危险隐患辨识，把风险挺在隐患前面，严格审批危险作业

自加入中粮，福建公司开始引入 THM 安全管理机制，通过两年来 THM 推行，现场的危险因素得到充分辨识，共开展作业安全分析 235 起，辨识危险 1175 处，制作 SCCP 看板 149 块，制作"三个一、十不准"看板 144 块，持续普及、落实危险源的辨识和防范措施的知识，有效提高了员工安全认知和安全防范意识，员工未遂伤害事件呈大幅下降趋势，2018 年相较 2016 年下降了 80%。

隐患等同于事故管理，隐患等同于事故，把隐患挺在事故前面。公司积极落实安全隐患整改工作，对中粮集团和区域检查反馈的隐患问题，定计划、定措施、定时间、定人定责，按时完成安全隐患整改工作，同时积极开展安全隐患自查工作，共查出一般隐患 76 起，整改 76 起，及时整改隐患，安全风险得到有效控制。

严格危险作业审批工作，危险作业须履行审批手续，作业前须进行作业安全分析，规定审批人须现场

审核签字，现场确认安全措施；作业期间严格执行动态监管，并安排专人全过程监护。

（三）开展"一岗一标、一事一标"活动

公司开展"一岗一标、一事一标"活动，明确每个岗位工作程序、岗位职责、衔接流程、每一件事工作标准、工作流程，共制定岗位标准40份，一事一标46份。通过开展"一岗一标、一事一标"活动，梳理优化了工作流程，明确工作标准、工作职责，奠定了科学落实安全绩效体系的基础，提高了工作效率，明确了责任，工作偏差得以纠正。

（四）公平公正，齐抓共管

公司设立微信交流圈，对不安全行为和状态及时曝光，监督整改。培养员工自我安全意识，不能只靠说服教育，也不能单靠行政手段一罚了之。它是一项系统工程，需要各个部门共同来构筑完成。既要有强有力的思想政治工作来引导，也要有行政处罚手段作辅助，两者缺一不可，需要齐抓共管，需要全局上下的共同努力，需要每一名职工的广泛参与。以此真正培养起全体员工自我安全意识，形成安全生产坚不可摧的防线。

二、安全生产管理的措施

（一）实行领导带班安全检查制度，树立良好安全管理风范

总经理每天现场巡查两次并签字，就发现的问题及时安排人员整改，生产管理人员每天不少于两次对现场无死角巡视并签字记录，针对发现问题及时安排整改。发生事故后，部分领导立刻归责于员工违章操作，这种误区掩盖了管理缺失。通过领导带班检查，及时纠正了现场不安全行为，发现了物的不安全状态并及时予以整改，大大降低了人的不安全行为事故隐患发生可能性。按照事故轨迹交叉理论，人的不安全行为和物的不安全状态在交叉时导致事故发生，过去是强调人的不安全行为，但通过实践的不断证明，消除生产作业中物的不安全状态，可以大幅度减少伤亡事故发生，管理重点应该放在控制物的不安全状态上，即消除"起因物"，砍断物的因素运动轨迹，使人的轨迹和物的轨迹不会交叉，事故得以避免。同时节假日管理人员实行值班制度，有效避免了节假日管理真空带来的安全隐患。

（二）积极改善硬件缺陷，从源头上减少事故发生

存在缺陷，就存在事故发生的风险，我们可以通过培训教育或者警示提醒来尽可能降低风险，但是人有犯错误的时候，一旦发生错误，事故就可能随时发生。我们往往难以通过管理来杜绝人的走神或侥幸心理，且所有人都无法承担工人犯错所带来的后果，所以硬件必要改善必须及时，不应在事故发生后再整改硬件。安全生产管理要软件、硬件两手抓，不放松。福建公司在华南区领导支持下，这两年对现场硬件存在缺陷的及时予以整改，实施了对锅炉、浸出器等关键设备的大修，更换了二期粕库、浸出屋面腐蚀彩钢板，恢复榨油厂自动化，恢复并增加保温材料，更新一二期粕库除尘系统，增设现场安全关键点监控报警系统等，硬件的不断改善，虽距离设备本质安全要求存在距离，但在很大程度减少了环境危险因素及人接触危险频率。

（三）积极落实安全培训计划，提高员工安全意识和技能

通过落实和检查年度、月度、每周安全培训计划，员工培训效果显著，通过开展厂规厂纪、安全管理制度、安全操作规程、工艺知识、消防知识、交通安全知识、用电安全知识、危险作业安全许可等安全培训，三违现象减少，四不伤害得到普及落实，安全工作氛围浓厚。安环部门开展的每日安全话题，共推出65期，基本涵盖了生产和生活安全的方方面面，有效普及了安全知识和常识。

（四）积极开展应急预案培训和演练工作

把预案从墙上、柜中引入现场进行实践、检阅，不断改进，通过演练，锻炼了员工应急处理能力，提升了自我保护能力和应急救援技能，共开展火灾、火险、停电、停水、触电等各种形式应急演练65次，培训人员1950人次，2017年8—9月厦门金砖会议前夕，漳州消防队多次对我司人员进行应急响应检阅，福建公司人员在生产期间按时完成应急响应任务，得到漳州消防大队高度表扬。

（五）积极开展改善提案活动

生产部门积极开展改善提案活动，组织了5次提案评审会，收到提案256项，完成整改226项，其中60%是安全改善类，并针对提案改善评审获奖项目，

给予公示和奖励，共奖励 256 人次，极大程度提高了员工参与改善的积极性，现场的安全隐患得到及时发现和整改。

（六）持续推行现场 5S、TPM 工作，提高现场管理水平

福建公司持续开展现场 5S 定置、标识、划线工作，现场环境得到较大改善，为员工创造了安全、有序的工作环境。TPM 的推行，改善了环境、设备、提升了人的整体素质，减少了设备隐患和故障与人的交叉点，制作点检作业标准 25 份，设备信息牌 46 块，

设备管理标识牌 456 块。

三、结论

中纺粮油（福建）有限公司自 2017 年并入中粮华南区管理，浸染于中粮优秀的安全文化和管理环境，在油脂专业化公司和华南区的系统培训指导下，通过两年的安全生产管理实践，营造出了遵章守纪的浓厚公司氛围厚，管理人员到员工的安全意识均得到了大幅提升，现场安全环境有了质的飞跃，初步形成自己的安全文化，夯实了安全管理基础。

浅谈人因事故对铁路专用线安全生产管理的影响

株洲洁净煤股份有限公司　魏春勇

摘　要：党的十九大提出要把应急管理和安全生产的工作部署作为一项首要的政治任务和头等大事，铁路运输行业由于其作业性质和环境的特殊性，安全工作更是重中之重。近年来，铁路事故频发，而以前为企业内部运输服务的专用铁路不论从设计标准、设备保养、更新力度、员工素质、作业方式方法、员工行为准则遵守等方面都远不及铁总及各路局，存在着很大的安全隐患，其中人的因素对铁路专用线生产管理的影响更加的突出。本文着重分析典型企业内部运输服务的专用铁路在安全管理中常见的人因病害及如何维护保养。结合实际人因事故案例进行分析，提出控制人因事故的有效措施，以期对降低甚至消除铁路专用线安全生产风险有所借鉴。

关键词：铁路专用线；人因事故；"三控"手段

安全管理是铁路专用线管理的重点，它决定着铁路运输的成败，而人是实施有效安全管理工作的主体，它是铁路专用线安全管理的重点、难点与落脚点。特别是在铁路上，因其车辆较为固定的特殊行驶方式，人的因素在铁路事故中更加的突出。整个运输生产过程中，设备靠人来操纵和控制、规章制度靠人来制定和执行、作业计划靠人来拟定与下达，作业状况靠人来调节与控制，而人又极易受外部环境的影响与干扰，甚至只是少休息了5分钟都可能造成人员心情的不稳定。从统计数据和铁路历年事故案例来看，因违章指挥、违章作业导致的事故占的比重超过80%。由此可见，人因事故是专线铁路事故的主要原因。探讨人因事故对铁路专用线安全生产管理的影响，有利于铁路专用线有针对性地制定相应的改进措施，把安全生产管理工作开展得更好，而这也是安全文化建设工作在铁路专用线上的落地的重要途径和内涵。

一、常见铁路专用线人因造成的安全病害及维修方式

（一）曲线病害

曲线病害是指铁路专用线由于缺乏专业的精密检查仪器与计算仪器，线路维修人员在实际的拨道工作中通常是依据工作经验和肉眼直接观测进行操作，导致实际对接过程中出现一定的误差，这种微小误差经长年累月的累积慢慢变成较大的误差，从而导致铁路专用线上存在轨道头尾方向不一致的状况，这种状况在发生严重积水或者翻浆现象后可能诱发较大的安全隐患。

防治、维修方法。铁路专用线应根据自身条件进行周期性请专业人员使用精密检测仪器与计算仪器对线路进行检查，对检查出的问题严格依据铁路专用线建设基准来进行钢轨水平、高度的调整，确保钢轨间水平高度一致，同时还要加强排水设施的建设，确保不会出现严重积水或者翻浆现象的发生。此外，还要强化线路维修人员捣固作业，确保捣固作业不仅仅停留于道床表面，必须将整个道床捣固夯实。

（二）支嘴病害

支嘴病害是指相关维修人员在拨道前没有对两根钢轨间的间距受热胀冷缩而产生的变化计算好提前量，导致两根钢轨间没有足够的轨缝，从而使两根钢轨间在弹性结构上很差，进而引发两根钢轨间支嘴产生冲突的现象发生。

防治、维修方法。首先在拨道整治线路问题前必须根据季节计算好轨缝预留量，在铁路专用线施工时如接头支嘴病害较多的情况下还应先检查前后3~5根钢轨的轨缝情况，再根据实际情况预留当前轨缝，保证下次调整时不会出现相互干扰的现象。在维修过程中应该将两根钢轨间的接头先进行小范围的移动，同时在此基础上对钢轨两侧进行一定的调整，观察两根钢轨间的移动范围与角度，保证其基准弧度同时将两根钢轨间的间距进行调整。

二、控制人因事故的有效安全措施

人因是导致铁路专用线事故的最重要因素，如何有效控制人因事故的发生是铁路生产管理的头等大事。

（一）加强"三控"手段

"三控"即"自控""他控""互控"。

"自控"是指员工在生产过程中依靠自身的业务水平和责任心，通过克制自己不良行为的方式，来控制自己在生产过程中的不安全行为，以达到安全的目的。

"他控"是指依靠外界对员工进行控制，可以是其他管理人员，也可以是外界设备。针对铁路专业线而言，受资金影响，可能不能在加大技术及设备上投入很多。因此，我们要更大力气提高安全管理水平，从而间接提高作业人员的自控能力。

"互控"是指在两人以上的作业环境中参与者的互相监督。

"三控"是密切联系的，"自控"是作业控制的基础，自控主要是根据岗位特点及内容来查找漏洞与空白点，并补足缺陷。"他控""互控"是作为"自控"的关键环节与补充，使相关岗位与其他人员能有效进行控制。在铁路专用线生产过程中要灵活运用"三控"，有效对人的因素进行管控，消除人的不安全行为，从而降低甚至消除铁路专用线安全生产风险，确保运输生产安全、高效运行。

（二）加强铁路专用线的养护

正常生产作业的铁路专用线必须进行定期检查，检查时应当考虑到铁路专用线钢轨及其扣件等设施设备受季节的影响（即夏季和冬季这两个季节设施设备会发生热胀冷缩的现象）产生物理变化，所以这两个季节的巡道工作要做得更仔细认真，确保不会因为人为的认识错误而引发行车事故的发生。

铁路专用线相对于路局而言，受资金及人员的限制，设施设备的更新频率低、范围小，很难做到系统性整体更换，所以铁路专用线的维修养护人员应该抓住微小零件来做文章，加强对起连接作用的螺栓及扣件的巡查力度与更换力度，做到以小保大，从而保障铁路专用线生产作业的安全。

三、结语

安全文化建设、安全管理、安全生产不能仅靠天天讲，还必须深入落实到全体员工的思想、行动上。在铁路专用线上，不论是管理者还是一线员工，都必须清醒认识到安全生产形势的严峻性和艰巨性，认清铁路安全生产工作的长期性和复杂性，决不能有丝毫的麻痹大意和盲目乐观，时刻保持警钟长鸣，确保行车工作的安全、稳定。

强化生产安全监管的措施研究

中国石油川庆钻探公司钻采工程技术研究院　颜小兵

摘　要：目前我们大多数行业的生产安全处于强制管理阶段，还没有进入自主管理阶段，每年生产安全事故频发，为了减少生产安全事故的发生，国家修订了生产安全法，要求必须严格管理，企业必须落实生产安全管理主体责任，强化生产安全监管，严抓违章作业，减少事故事件的发生，才能实现安全生产，才能实现发展决不能牺牲人的生命为代价的目标。

关键词：生产安全；监管；违章作业

党的十九大报告要求增进民生福祉是发展的根本目的，建设平安中国，加强和创新社会治理，维护社会和谐稳定，确保国家长治久安、人民安居乐业。坚持总体国家安全观，必须坚持国家利益至上，以人民安全为宗旨，强化传统安全和非传统安全、自身安全和共同安全，完善国家安全制度体系，加强国家安全能力建设，坚决维护国家主权、安全、发展利益。生产安全属于整个安全管理的一部分。企业带血的钱一分不要，人民带血的钱一分不挣；人命关天，发展决不能以牺牲人的生命为代价，这必须作为一条不可逾越的红线。目前我们的生产安全处于强制管理阶段，必须强化生产安全监管，严抓违章作业，逐步走向自主管理阶段，这是在企业中有效开展和落实安全文化建设工作的重要途径，有利于减少安全事故的发生，进而实现人们对美好生活的向往。

一、企业必须履行生产安全主体责任

新《安全生产法》第三条从法律层面定位了企业落实安全生产主体责任的重要性，第四条解释明确了什么是生产经营单位的安全生产主体责任。从大的层面来讲，生产经营单位必须守法守规。从具体的层面来讲，生产经营单位必须建章立制，改善安全生产条件，加强安全生产管理。从安全生产结果的层面来讲，生产经营单位必须确保安全生产。从安全生产过程的层面来讲，生产经营单位必须改善生产过程中的安全生产条件，使其指标符合法律、法规、标准、规范的要求。从安全生产发展的层面来讲，企业的安全生产管理不能原地踏步，应该随着社会、经济、以人为本理念的发展而不断提高安全生产水平，从而使安全生

产能够适应社会、经济的不断发展。

因此，企业安全生产主体责任可以理解为企业依据安全生产有关法律、法规、标准、规范转化并建立企业各项规章制度，据此开展、加强安全生产管理，使其各项安全生产条件、各种安全生产状态符合安全生产有关规律、法规、标准、规范的要求，企业各种不可承受的安全生产风险得到有效预防及控制，确保安全生产。

二、全面正确理解安全生产监督管理

说起安全生产，大家都不陌生，但什么是安全生产？影响安全生产的因素有哪些？安全生产监督管理的对象、范围是什么？这些恐怕就不是每个人都很清楚了，大家要想对此有一个清晰的轮廓，必须首先理解相关的概念。

（一）生产和生产安全是孪生兄弟

生产就是人通过机械设备和工具，在一定的环境下，对某种物品进行加工，制作成某种产品的过程。安全生产就是在保障人的生命和健康的前提下进行的生产过程。从这个概念里我们可以不难看出影响安全生产的因素有三个：人、物和环境。尽管企业、单位的性质不同，生产经营的情况不同，但影响安全生产的因素都是相同的。如果没有生产就自然就没有生产安全，如果生产安全得不到保障，生产也不能持续。

（二）影响安全的三个要素

1.人对安全生产的影响

素质的影响：人的思想素质决定人的事业心、责任感，决定着人的工作是否认真、专心和负责；人的业务素质（包含操作技能）决定着人的自我保护和安

全防范能力；人的安全意识决定着人是否自觉遵守安全生产法律、法规和管理制度，是否严格遵守操作规章，随时提高警惕，加强防范。

人的思想精神状况的影响：人的思想精神状况决定着人的注意力能否集中，操作技能是否正常发挥和运用，影响操作的准确性和及时性。

人的健康状况的影响：人的健康状况指心脏病、高血压等危险疾病以及恐高、对某些物质、气味过敏等情况，除有思想精神状况的影响外，还可以直接导致安全生产事故的发生。

2. 物对安全生产的影响

物指机器设备（工具），厂房，生产的原材料及不同阶段的产品等。机械设备的影响：一是设计，安装上的缺陷，需要使用者采取弥补，修正和调整；二是陈旧、老化和破损，设备不能正常运行；三是人的违规操作和超负荷运行。其中物的本质安全对生产安全影响最大。

3. 环境对安全生产的影响

环境包括噪声、通风采光、气温、粉尘、有毒有害气体、物体、放射源、工作时间（时间段和工作时间的长短），天气状况等因素，都可以危害身体健康，诱发安全事故的发生。

4. 全面强化生产安全监督管理工作

安全生产监督管理就是消除生产过程中一切影响人的健康，造成人员伤亡的不利影响，保障正常的生产运行。安全生产监督管理的对象是影响安全生产的三个因素，即人、物和环境，监督管理的范围是全员、全方位、全过程。因此，安全生产监督管理不仅仅是专、兼职管理人员的工作，而是全员、全方位、全过程的严密监管。只有全面正确地理解了安全生产监管的对象和范围，才能找准安全生产监管的着力点。

三、严格落实违章管理，减少事故发生

影响生产安全的三个要素里人实施监督管理，操作机械，选择、改善、控制环境，又是受伤害者，因此，人是能动的最重要因素。如果长期违章作业，不加改正，往往会引起亡人事故。

1. 发展决不能牺牲人的生命为代价

怎样才能完成时代交给我们的任务，既要发生生产，又不能牺牲人的生命，那企业管理人员、作业现场的操作人员，必须全体行动，敢于同违章事情、人

员作斗争，开展"人人讲安全、个个查违章"的活动，对违章行为不能心慈手软，发现一起要处理一起，让违章人员得到震撼。通过严抓违章行为树立严抓敢管，敢抓敢管的作风，对违章人员进行安全教育培训、经济处罚、亲自巡回演讲违章行为、将违章行为书面形式告知家人、朋友、身边的同事，对违章多的人员责令出钱购买意外险，让违章人员感觉到疼，才能减少违章行为。

中国石油各级管理者和作业人员必须执行六条禁令；严禁特种作业无有效操作者人员上岗作业，严禁违反操作规程操作，严禁无票证从事危险作业，严禁脱岗、漏岗和酒后上岗，严禁违反规定运输民爆物品、放射源和危险化学品，严禁违章指挥、强令他人违章作业；如果有人违反六条禁令必须对责任人给予警告、记过、记大过、降级、撤职等处分。

2. 生产安全的监督管理既要保持稳定的结果，也要重视过程管理，安全重在管理，管理重在现场，现场重在落实

生产活动是一个动态的过程，作为生产活动主体的各类人员，由于受各类环境因素和自身条件的影响，在这个过程中，经常会有各类不安全行为的发生，这就要各级管理人员，尤其是生产现场的班组长、跟班队长，要多督促、多检查，发现隐患及时处理，认真落实好班组长安全生产责任制。各类检查人员要深入现场发现问题、解决问题，而不是在办公室听汇报。同时，加大对各级管理人员的考核力度，一级管一级，下级对上级负责，层层落实好岗位职责，重视过程监管，对检查发现的重大隐患违章要严格处理，不要等到事故发生再处理，治病救人预防管理为上主，刮骨疗伤为辅，把风险管控挺在隐患前面，把隐患排查挺在事故前面，建立生产安全管理的双重预防机制。

集团公司发生过很多起亡人事故，所有事故几乎都是违章作业、低级失误造成，分公司发生的重伤、轻伤事故也不少。我们需要认真，反复学习，吸取事故经验教训，让员工产生不能有违章的思想，不敢有违章的动机。违章作业就是不按照操作规制办事，就是不诚信的表现，要建立生产安全诚信档案，列入人事档案中，只要认真搞好教育培训工作，发挥主人翁责任感，狠抓过程监管，生产安全形势是可以控制的。

四、结论

安全工作只有起点、没有终点，冰冻三尺非一日之寒，通过一次检查，一次培训，也许对部分人员、现场有所提高，但是要达到自主管理的要求，还需要基层单位领导，尤其是项目经理、班组长、安全管理人员要认真学习规章制度，严格落实生产安全监管，严抓违章作业，落实制定好的安全技术措施，落实属地责任，切实有效把安全文化建设工作落到实处，这样才能大幅提高生产安全的管理和作业水平，实现生产安全。

安全文化视角下安全管理集成方法

——开工前标准化工地安全设施总平面布置方法探析

神华国华岳阳发电有限责任公司　李耀和　姜文俊

摘　要： 开工前标准化工地安全设施总平面布置方法是一种基于安全技术上的安全管理集成方法，作为安全文化建设工作的重要落地途径，该方法是火电建设安全文明施工管理总体策划的一个核心内容，具体做法就是对开工前需实施的安全文明施工设施进行分类分项统计，形成专项，然后以施工总平面图为技术载体进行专项安全文明施工设施布置的实物化标注，从而形成整体的、系统的各专项布置图，可作为施工图直接实施，可有效提高工作效率，可广泛应用于各类基本建设工程及工程建设各过程（不再局限于开工前布置），能够统一、规范基建现场的安全文明施工条件，从而达到创建高起点、高标准、高水平的一流安全文明施工样板工程的目标。

关键词： 标准化；工地；安全设施总平面；布置；方法

安全是生活和工作中永恒的主题，是企业发展的基石，是对员工最大的福利。对任何企业，尤其是工业生产企业而言，安全工作的反复性、长期性和艰巨性都对其安全管理提出了更高的要求。在这种形势下，就需要大力强化安全文化建设，不断提升全员安全素质，为企业的安全管理注入新的活力。安全文化建设就是把安全目标、安全宗旨、安全理念、安全管理哲学和安全价值等安全要素在实践过程中升华、扩散、渗透，为广大员工所认识、认同并接受，并化为全体员工遵章守法、按章作业的自觉行动，指导、约束、规范全体员工的安全行为，努力实现安全工作的持久稳定。

一个企业的安全文化氛围的形成，全体员工安全素质的提高并非一朝一夕就可以形成的。安全文化需要落地，开工前标准化工地安全设施总平面布置方法便是安全文化建设工作落地的重要方式，它是一种基于安全技术上的安全管理集成方法，是火电建设安全文明施工管理总体策划的一个核心内容。

一、安全文明施工设施的传统布置策划方式

通常的火电建设安全文明施工总体策划中的安全文明施工设施的布置策划，多采取以下两种方式：①组织进行相关策划书的编制，策划书多以文字说明，配以必要的图片或引用图册形式进行逐项表述；或是附加统计列表进行项目统计说明。②以简单图示或数字形式在区域图上进行标注，举例如下。

第一种方式：摘录某单位安健环宣示系统的"五牌三图"项目策划，如图1所示。

图1　五牌三图布置

在现场主要进出口处固定"五牌三图",规格 5000×3000mm,用于企业宣传,以营造安全文明施工氛围。

该策划通过文字、图片及表格统计方式进行表述,具备现场实施性,但缺乏策划的整体性、直观性、实物化效果,且不具备可直接实施性(需进行实施位置的确认)。

第二种方式:以简单图示或数字在区域图上进行标注的方式。摘录某现场区域布置图,如图2所示。

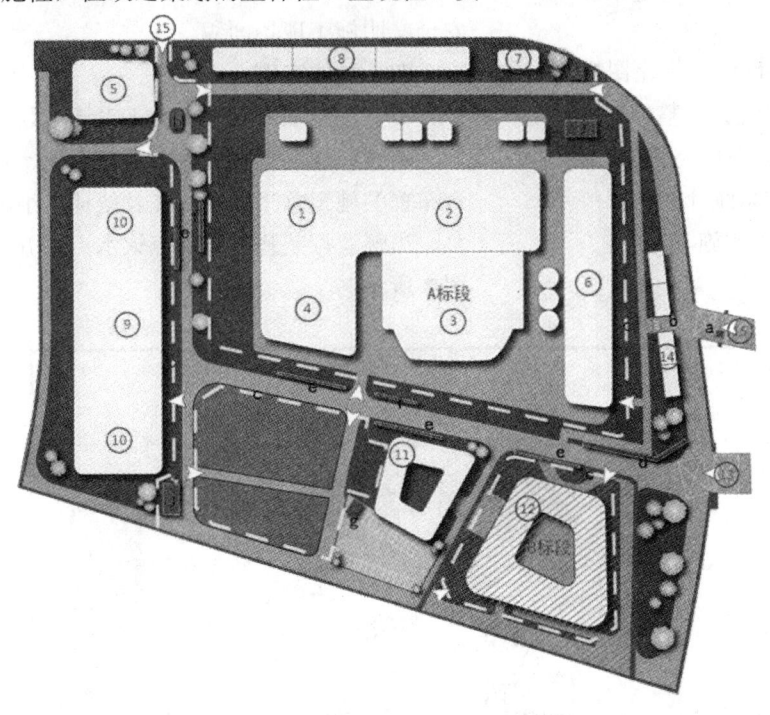

1. **厂区平面布置图**
① 汽机房
② 燃机房
③ 余热锅炉房
④ 集中控制楼
⑤ 天然气调压站
⑥ 化学水综合楼
⑦ 供氢站
⑧ GIS综合楼
⑨ 循环水泵房
⑩ 两座机力通风冷却塔
⑪ 临建办公楼
⑫ 厂前综合楼
⑬ 主入口警卫传达室
⑭ 临时办公室
⑮ 次入口警卫传达室
a 安全教育走廊
b 安全检测系统
c 施工区隔离围板
d 六牌两图
e 施工区五牌一图
f 安健环宣传栏
g 1#施工变压器
h 2#施工变压器
i 3#施工变压器
j 水冲式厕所

图 2 某电厂区域布置图

该策划以图的形式进行标注,但缺乏实物化效果,且只能标注主要项目,缺乏详细的分类分项,缺乏系统性与专项性。

二、开工前标准化工地安全设施总平面布置方法的技术关键点

本方法通过对安全文明施工设施进行分类分项统计,然后在施工总平面图中进行加载,形成系列专项,实效性地解决了现有的火电建设安全文明施工总体策划中的安全文明施工设施的布置策划存在的缺乏整体性、系统性、直观性、实物化、专项性等问题,有效提高了工作效率,可广泛应用于各类基本建设工程及工程建设各过程(不再局限于开工前布置),有效统一、规范基建现场的安全文明施工设施的实施,并可打造出高起点、高标准、高水平的一流安全文明施工现场面貌。

针对第一种策划缺乏整体性、直观性、实物化效果,且不具备可直接实施性,以及第二种策划缺乏实物化效果,只能标注主要项目,缺乏系统性、专项性

的特点。本方法通过对各类安全文明施工设施实施项目进行系统的分类分项统计,实效性地采用专项、实物化的方式,以施工总平面图为技术载体进行标注及图表统计,整体性、系统性、直观性、专项性、实物化地展现了各项安全文明施工设施在总平面中的布置位置及项目、数量统计,创造性地解决了以往策划存在的上述各项缺点,并可作为施工图直接实施,无须另行现场确认,统一、规范了基建现场的安全文明施工设施,并进而提高了工作效率,并可打造出高起点、高标准、高水平的一流安全文明施工现场面貌。

本方法可对各类安全文明施工设施系统(如现场宣传牌、灯塔、人员身份别系统各闸机及车辆通行装置、区域封闭、水冲厕所、生活污水处理设施、垃圾场、弃土场、基坑布置、厂大门、车辆冲洗装置、施工变压器及配电盘柜等)、电子监控系统、道路交通标志及标路牌系统、路灯照明系统、消防系统、门禁系统等进行分类分项,以专项的方式,以实物化的方式在施工总平面图中进行标注及图表统计,可作为施

工图直接实施。

三、该方法的优点及积极效果

（1）可对各类安全文明施工设施进行分类分项（如现场宣传牌、灯塔、电子监控、道路交通标志、道路路牌、路灯、消火栓等），以专项施工总平面布置图的方式进行标注及统计。

（2）通过对各专项实施项目以实物化图样的方式在总平面图上进行标注及图表统计，整体性、系统性、直观性、专项性、实物化地展现了各项安全文明施工设施的布置位置及项目、数量统计。

（3）可以此作为施工图直接实施。

（4）可有效提高工作效率。

（5）可拓展并广泛应用于各类基本建设工程及工程建设各过程（不再局限于开工前布置）。

（6）可有效统一、规范基建现场的安全文明施工设施的实施；

（7）在此基础上可打造出高标准、高水平的一流安全文明施工现场面貌。

四、具体实例

本方法专项安全文明施工设施策划举例如下。

例 1：现场某区域入口门禁系统、宣示系统等综合布置的施工总平面图标注及统计（小区门禁、保安亭、车辆通行装置、休息点饮水点、五牌一图），如图 3 所示。

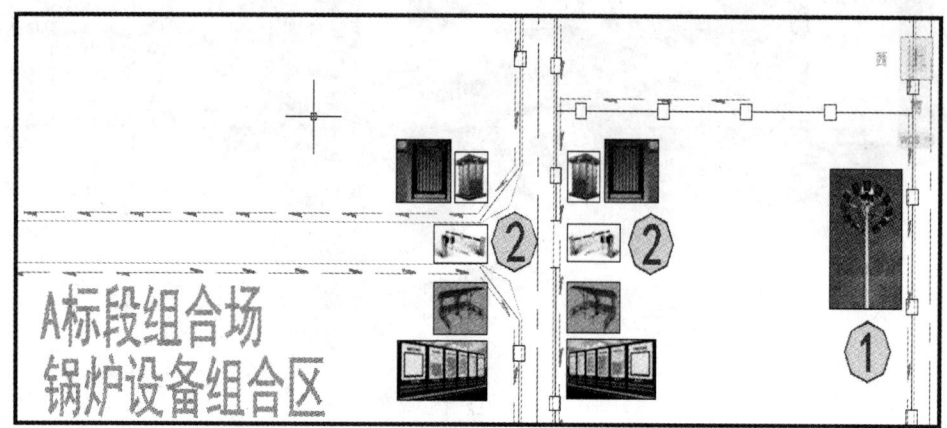

图 3　某区域入口门禁系统、宣示系统等综合布置图

例 2：现场视频监控、箱式变压器布置的施工总平面图标注及统计数据如图 4 和图 5 所示。

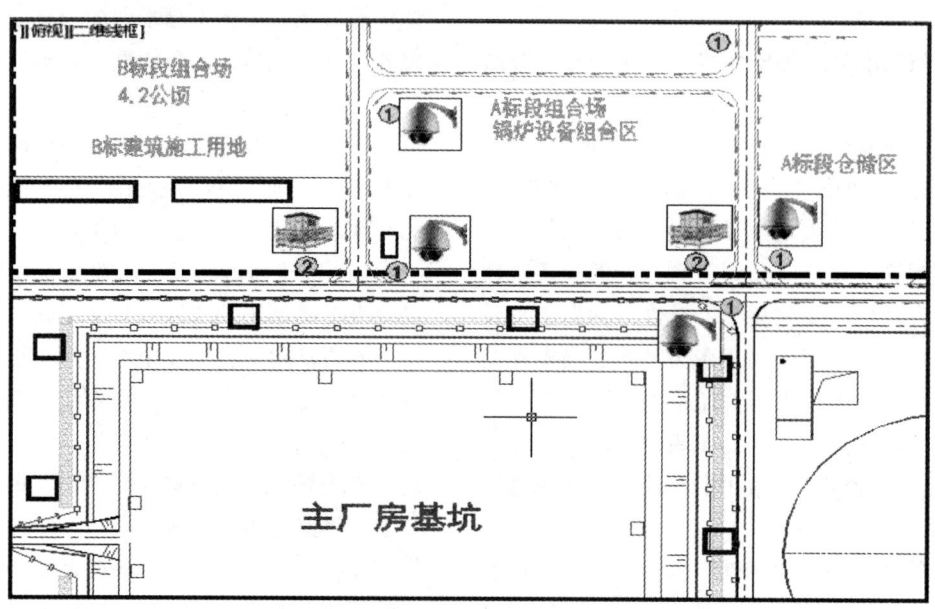

图 4　现场视频监控、箱式变压器布置的施工总平面图

序号	名称	数量	图例(实物照)
①	电子监控装置 (65个, 各路口、围墙)	65	
②	电源/箱式变压器	7	

说明: 电子监控装置计划布置92个, 其中按图设置65个, 其余考虑在建筑物内、作业面布置。

图 5　视频监控、箱式变压器统计

五、结论

本方法实效性地采用专项、实物化的方式, 以施工总平面图为技术载体进行标注及图表统计, 解决了现有的火电建设安全文明施工总体策划中的安全文明施工设施的布置策划存在的各项缺点, 可作为施工图直接实施, 提高工作效率, 并可统一、规范基建现场的安全文明施工设施, 进而打造出高起点、高标准、高水平的一流安全文明施工现场面貌。目前, 此方法已通过浙江省电力设计院以《开工前标准化工地安全设施总平面布置图》10 个专项施工蓝图卷册的方式, 在神华国华永电现场进行了实施, 效果良好。

夯实安全文化基础，构建"双重预防机制"

贵定海螺盘江水泥有限责任公司　杜艳春

摘　要：构建"双重预防机制"是企业落实安全生产主体责任，夯实安全文化建设基础载体的重要抓手，是安全发展理念向安全生产实践的落地途径之一，更是企业实现本质安全的前置机制。贵定海螺盘江水泥有限责任公司从 2017 年年初开始推动构建企业安全风险分级管控和隐患排查治理双重预防工作机制，健全安全风险评估分级和事故隐患排查分级标准体系。坚持风险预控、关口前移，全面推行安全风险分级管控，进一步强化隐患排查治理，推进事故预防工作科学化、信息化、标准化，实现把风险控制在隐患形成之前，把隐患消灭在事故前面的总体思路，重点开展"双重预防机制"基层工段班组建设，构建企业安全生产长效机制，努力打造新形势下企业安全生产管理工作新模式。

关键词：双重预防；文化基础；风险管控；隐患排查治理；分级管控

企业安全文化建设是企业安全生产活动的重要思想根基，只有秉持安全发展理念，从安全风险源头进行辨识，从安全隐患源头进行排查，才能收达到居安思危、防患未然，实现本质安全的目标。近年来我国发生的一系列重特大事故暴露出了当前安全生产领域"认不清、想不到"的问题十分突出。针对这种情况，对易发生重特大事故的行业领域，要将安全风险逐一建档入账，采取风险分级管控、隐患排查治理双重预防性工作机制，把新情况和想不到的问题都想到。构建双重预防机制就是针对安全生产领域"认不清、想不到"的突出问题，提高安全思想文化认知，强调安全生产的关口前移，从隐患排查治理前移到安全风险管控。煤矿企业要强化风险意识，分析事故发生的全链条，抓住关键环节采取预防措施，防范安全风险管控不到位变成事故隐患、隐患未及时被发现和治理演变成事故。

一、关口前移：双重预防机制的概念及原则

（一）双重预防机制是构筑防范生产安全事故的两道防火墙

第一道是管风险，通过定性定量的方法把风险用数值表现出来，并按等级从高到低依次划分为重大风险、较大风险、一般风险和低风险，让企业结合风险大小合理调配资源，分层分级管控不同等级的风险；第二道是治隐患，排查风险管控过程中出现的缺失、漏洞和风险控制失效环节，整治这些失效环节，动态

的管控风险。安全风险分级管控和隐患排查治理共同构建起预防事故发生的双重机制，构成两道保护屏障，有效遏制重特大事故的发生。

（二）构建双重预防机制要把握四大原则

一要坚持风险优先原则，以风险管控为主线，把全面辨识评估风险和严格管控风险作为安全生产的第一道防线，切实解决"认不清、想不到"的突出问题。二要坚持系统性原则。从人、机、环、管四个方面，从风险管控和隐患治理两道防线，从企业生产经营全流程、生命周期全过程开展工作，努力把风险管控挺在隐患之前、把隐患排查治理挺在事故之前。三要坚持全员参与原则。将双重预防机制建设各项工作责任分解落实到企业的各层级领导、各业务部门和每个具体工作岗位，确保责任明确。四要坚持持续改进原则。持续进行风险分级管控与更新完善，持续开展隐患排查治理，实现双重预防机制不断深入、深化，促使机制建设水平不断提升。

二、管风险，治隐患：双重预防机制总体思路和目标

（一）总体思路

双重预防机制就是构筑防范生产安全事故的两道防火墙。第一道是管风险，以安全风险辨识和管控为基础，从源头上系统辨识风险、分级管控风险，努力把各类风险控制在可接受范围内，杜绝和减少事故隐患；第二道是治隐患，以隐患排查和治理为手段，认

真排查风险管控过程中出现的缺失、漏洞和风险控制失效环节，坚决把隐患消灭在事故发生之前。通俗说，安全风险管控到位就不会形成事故隐患，隐患一经发现及时治理就不可能酿成事故，要通过双重预防的工作机制，切实把每一类风险都控制在可接受范围内，把每一个隐患都治理在形成之初，把每一起事故都消灭在萌芽状态。

（二）工作目标

尽快建立健全安全风险分级管控和隐患排查治理的工作制度和规范，完善技术工程支撑、智能化管控、第三方专业化服务的保障措施，实现企业安全风险自辨自控、隐患自查自治，形成政府领导有力、部门监管有效、企业责任落实、社会参与有序的工作格局，提升安全生产整体预控能力，夯实遏制重特大事故的坚强基础。

三、企业双重预防机制构建程序

（一）全面开展安全风险辨识

针对本企业类型和特点，制订科学的安全风险辨识程序和方法，全面开展安全风险辨识。企业要组织专家和全体员工，采取安全绩效奖惩等有效措施，全方位、全过程辨识生产工艺、设备设施、作业环境、人员行为和管理体系等方面存在的安全风险，做到系统、全面、无遗漏，并持续更新完善。

（二）科学评定安全风险等级

企业要对辨识出的安全风险进行分类梳理，参照《企业职工伤亡事故分类》（GB 6441—1986），综合考虑起因物、引起事故的诱导性原因、致害物、伤害方式等，确定安全风险类别。对不同类别的安全风险，采用相应的风险评估方法确定安全风险等级。安全风险等级从高到低划分为重大风险、较大风险、一般风险和低风险，分别用红、橙、黄、蓝四种颜色标示。其中，重大安全风险应填写清单、汇总造册，按照职责范围报告属地负有安全生产监督管理职责的部门。要依据安全风险类别和等级建立企业安全风险数据库，绘制企业"红橙黄蓝"四色安全风险空间分布图。

（三）有效管控安全风险

根据风险评估的结果，针对安全风险特点，从组织、制度、技术、应急等方面对安全风险进行有效管控。要通过隔离危险源、采取技术手段、实施个体防护、设置监控设施等措施，达到回避、降低和监测风险的目的。要对安全风险分级、分层、分类、分专业进行管理，逐一落实企业、车间、班组和岗位的管控责任，尤其要强化对重大危险源和存在重大安全风险的生产经营系统、生产区域、岗位的重点管控。企业要高度关注运营状况和危险源变化后的风险状况，动态评估、调整风险等级和管控措施，确保安全风险始终处于受控范围内。

（四）实施安全风险公告警示

企业要建立完善安全风险公告制度，并加强风险教育和技能培训，确保管理层和每名员工都掌握安全风险的基本情况及防范、应急措施。要在醒目位置和重点区域分别设置安全风险公告栏，制作岗位安全风险告知卡，标明主要安全风险、可能引发事故隐患类别、事故后果、管控措施、应急措施及报告方式等内容。对存在重大安全风险的工作场所和岗位，要设置明显警示标志，并强化危险源监测和预警。

（五）建立完善隐患排查治理体系

风险管控措施失效或弱化极易形成隐患，酿成事故。企业要建立完善隐患排查治理制度，编制符合企业实际的隐患排查治理清单，明确和细化隐患排查的事项、内容和频次，并将责任逐一分解落实，推动全员参与自主排查隐患，尤其要强化对存在重大风险的场所、环节、部位的隐患排查。要通过与政府部门互联互通的隐患排查治理信息系统，全过程记录报告隐患排查治理情况。对于排查发现的重大事故隐患，应当在向负有安全生产监督管理职责的部门报告的同时，制定并实施严格的隐患治理方案，做到责任、措施、资金、时限和预案"五落实"，实现隐患排查治理的闭环管理。

四、企业双重预防机制建设实例

2017 年年初，贵定海螺盘江公司认真学习贯彻黔南州《关于做好安全生产"双控体系"信息化建设有关工作的通知》文件要求，收集"双控体系"相关学习资料，联系国内"双控体系"建设走在前列的山东省的海螺兄弟公司济宁海螺了解创建经验，开始推进双重预防机制建设工作。公司发布实施了《安全生产风险分级管控与隐患排查治理两个体系建设实施方案》，成立了双重预防机制建设工作领导小组，制订了推进计划，全面部署落实双控体系建设工作。2017

年 7 月，黔南州安监局将贵定海螺列为州"双控体系"试点单位。黔南州和贵定县安监局各级领导先后多次来公司生产现场指导"双控体系"创建，交流总结应用先进省市经验做法。

（1）公司成立了双重预防机制建设工作领导小组，制订了推进计划，全面部署落实双控体系建设工作，发布实施了《安全生产风险分级管控与隐患排查治理两个体系建设实施方案》《贵定海螺安全风险分级管控制度》，细化和明确了风险管控具体工作要求，风险分析辨识步骤，风险评估方法（LEC），风险分级管控原则，风险公告和档案管理。

（2）逐步细化了风险分析辨识要求。一是风险单元划分，按工艺、场所、岗位相结合的原则进行；二是风险因素识别，以可能导致各类事故发生原因进行反向分析。三是风险评估方法，主要采用 LEC 评价法进行（D=L×E×C）；四是风险等级划分，风险从高到低划分为重大风险、较大风险、一般风险和低风险共四级。

（3）紧紧围绕"风险辨识，评估和控制"三个方面开展专题研讨，进一步明确"双控体系"建设的核心内容。风险辨识：①有哪些事故、隐患、危害和危险源、危险态；②后果及影响是什么；③原理和机理是什么。风险评估：①后果严重程度有多大；②发生的可能性有多大；③确定风险程度和级别；④符合规范标准或要求。风险控制：①如何预警和预防风险；②什么方法控制和削减风险；③如何应急和消除危害等。

（4）公司安全管理部门牵头编制风险分析辨识参考样本，培训和引导各部门分别开展本区域风险辨识和分级防控活动，从工艺、环境、设备、人员、管理等方面着手，自下而上的开展风险辨识及评价，自下而上的开展作业风险分级辨识形成台账。

（5）针对各部门、各环节可能存在的安全风险、危害因素以及重大危险源，将风险控制在隐患形成之前，把可能导致的后果限制在可防、可控范围之内，提升安全保障能力，结合公司实际，制定出公司安全风险分级管控制度，为全面辨识、管控生产过程中的风险打下基础。

（6）安全风险分级管控是安全生产过程中针对各系统、各环节可能存在的安全风险、危害因素以及重大危险源，进行超前辨识、分析评估、分级管控的管理措施。公司各部门主要负责人是本部门安全风险分级管控工作实施的责任主体，各工段是本区域的安全风险分级管控工作实施的责任主体。

（7）成立"风险分级管控"工作领导组，明确职责分工。①组长是安全风险分级管控第一责任人，对安全风险管控全面负责，对安全风险分级管控实施进行监督、管理、考核。②副组长具体负责实施分管范围内的安全风险分级管控工作。③成员负责具体实施专业系统的安全风险辨识、评估分级、控制管理、公告警示等工作。④工段负责人负责本作业区域和工艺工序的安全风险管控工作。⑤班组长负责本作业区域的安全风险辨识管控，岗位人员负责本岗位的安全风险辨识管控。

（8）公司实行综合、例行、专业、巡回四级隐患排查体系，开展公司、分厂、工段三级隐患治理责任模式，通过安全、技术、设备、工程、人员行为五类专业监管，每月将定期统计更新隐患排查治理情况内部网络公示、现场专栏公示、公司，分厂通报，提供隐患整改前后对比图片，实行可视化管理。

（9）奖惩激励：公司推行正向激励机制，员工积极排查隐患，并得以整改完善的，对隐患排查人员进行正向奖励；对未按要求落实整改责任的，实行考核处罚。

五、结束语

贵定海螺盘江公司通过夯实安全文化基础，不断完善企业双重预防机制建设，推进风险管控和隐患排查治理，提高了安全风险预控能力，形成了安全管理长效机制，让企业员工明白自己岗位的风险管控流程和隐患排查治理方法，明白自身在双重预防机制运作流程中的位置和作用。推行双重预防机制建设，把每个员工的工作都纳入到了整体效能中，提高了员工的责任心和自豪感，让员工切实感受到推行双重预防机制能有效防范工作风险、提高工作效率、改善工作安全环境。

2018
全国安全文化优秀论文集（上）

应急管理部宣传教育中心
《企业管理》杂志社 编

企业管理出版社
EMPH ENTERPRISE MANAGEMENT PUBLISHING HOUSE

图书在版编目（CIP）数据

2018 全国安全文化优秀论文集：上、下册/应急管理部宣传教育中心，《企业管理》杂志社编.—北京：企业管理出版社，2019.11

ISBN 978-7-5164-2019-5

Ⅰ.①2… Ⅱ.①应… ②企… Ⅲ.①安全文化－文集 Ⅳ.①X9-53

中国版本图书馆 CIP 数据核字（2019）第 193833 号

书　　名：2018 全国安全文化优秀论文集（上）

作　　者：应急管理部宣传教育中心　《企业管理》杂志社

责任编辑：郑　亮　黄　爽

书　　号：ISBN 978-7-5164-2019-5

出版发行：企业管理出版社

地　　址：北京市海淀区紫竹院南路 17 号　　邮编：100048

网　　址：http://www.EMPH.cn

电　　话：编辑部（010）68701638　发行部（010）68701816

电子邮箱：qyglcbs@emph.cn

印　　刷：天津午阳印刷股份有限公司

经　　销：新华书店

规　　格：210 毫米×285 毫米　　16 开本　　33.5 印张　　986 千字

版　　次：2019 年 11 月第 1 版　　2019 年 11 月第 1 次印刷

定　　价：380.00 元（上、下册）

编审委员会

主　　任

　　　　支同祥

副　主　任

　　　　孙庆生　　　董成文　　　刘　彤

委　　员　（按姓氏笔画排序）

　　　　王　黎　　　王仕斌　　　刘三军　　　齐俊良

　　　　李　明　　　陈永波　　　胡春梓　　　郭仁林

　　　　梁　忻

执行主编

　　　　董成文　　　郭仁林　　　梁　忻

管理有效融合，既要用先进的安全文化去指导、促进安全工作的开展，也要在具体的安全工作中积极体现安全文化的内在价值，推动安全文化的落地。入选论文集中体现了企业在具体的建设方案、制度规范、体系标准、管理措施中所呈现的安全文化内在理念价值，同时也将安全文化与职业健康、标准化建设、双重预防体系、本质安全建设等充分融合，为全社会企业安全文化建设提供智力支持。

论文征集、评选得到了应急管理部宣传教育中心和《企业管理》杂志社的高度重视，论文集将作为 2018—2019 年安全生产领域的重要研究成果进行推广和宣传。为确保论文集质量，评审工作邀请安全领域专家何国家、支同祥、王振拴、董成文、孙庆生等领导同志成立专业的评审委员会对论文进行甄别和评审，同时成立编委会，为论文集的编辑出版进行方向保证。论文集的征集工作也得到了各行各业的大力支持，如中国石油天然气集团有限公司、陕西煤业化工集团有限责任公司、神华神东煤炭集团有限责任公司、国电河南电力有限公司等积极组织提交高质量的论文来参加此次征集活动。同时各相关单位积极配合，对入选论文反复核实、修订，为论文集编辑出版提供大力支持。论文集在出版付梓之际，得到了企业管理出版社的众多编辑同志和有关领导的大力支持，他们对论文集的出版做了大量工作。在此，向所有为本书付出心血和努力的同志们表示感谢！

安全文化建设是安全生产的重要课题。通过此次论文征集活动，我们发现了一批关于安全文化建设与实践应用的好论文、好经验、好办法。在此希望广大读者，特别是致力于安全文化建设和研究的企业和工作人员可以把本书作为安全生产月的重要素材，从中借鉴先进的理论成果和实践经验，学习优秀企业的安全文化理念转化和落地实施的有效方法和路径，推动全国安全生产形势进一步好转。

我们在征集论文、编辑此书的过程中，不时听到社会上各类安全事故的发生，这很令人痛心。痛定思痛，我们只有认真编撰，完善书稿，把安全文化真正的价值传播出去，为全社会的安全发展贡献绵薄之力。限于编者水平，匆忙之中，难免疏忽，有不足之处，恳请读者朋友们谅解并予以指正。

2019 年是中华人民共和国成立 70 周年，也是全面建成小康社会的关键之年，我们一定要坚持以习近平新时代中国特色社会主义思想为指导，践行以人民为中心的发展思想，加强安全文化建设，提升全民应急能力，全力防范公共安全事故，创造安全、和谐、稳定的环境。

编者

2019.4.23

前　言

党的十八大以来，以习近平同志为核心的党中央高度重视安全生产工作，把安全生产纳入全面建成小康社会和全面深化改革的总体布局，提出了一系列重大战略思想和重要决策部署。《安全生产法》《关于推进安全生产领域改革发展的意见》的颁布实施，"发展决不能以牺牲人的生命为代价"红线意识的提出，安全文化体系、安全生产责任体系、风险防控体系和监管保障体系的倡导建立，无一不体现了党和国家对安全生产的重视，也充分说明了安全生产事关人民群众生命财产安全，事关改革发展稳定大局，事关党和政府的形象声誉，安全生产责任重于泰山，不能有丝毫放松。

安全文化建设是安全生产工作的根与魂，是做好新时期安全生产工作的思想文化保障，是国家实施安全发展战略的重要举措，是红线意识和以人为本、生命至上理念的重要体现。为深入宣传贯彻习近平新时代中国特色社会主义思想和党中央关于加强安全生产工作的决策部署，大力弘扬"生命至上、安全发展"的思想，总结、交流全国安全文化建设的理论成果和实践经验，鼓励安全文化建设和安全生产管理人员开展理论研究和经验总结，进一步提高全国安全文化建设和安全管理水平，推动全社会更加安全、健康、和谐，应急管理部宣传教育中心联合《企业管理》杂志社于 2018 年开展了首届安全文化优秀论文征集和评选活动。编辑出版《2018 全国安全文化优秀论文集》是这次活动的重要成果之一。

首届全国安全文化优秀论文征集和评选活动历时 10 个月，共收到 25 个行业 820 家企业提交的论文 1700 多篇，通过初审、复审、专家评审等流程，最终评选出 262 篇具有代表性的安全文化建设获奖论文，汇编成《2018 全国安全文化优秀论文集》并出版，作为 2018 年首届全国安全文化优秀论文征集活动的重要成果推荐给各行各业的企业，供大家参考借鉴，以推动我国企业安全文化建设，为培育中国安全文化品牌提供强大文化引领。

《2018 全国安全文化优秀论文集》内容涉及面广、专业性强，反映了当前安全文化建设和安全管理最新进展和成果。论文涉及煤矿、石油、化工、核电、交通、水泥、建筑等行业，包括煤矿开采、建筑施工、电网运行等诸多业务门类，内容主要涵盖安全文化体系建设、安全文化管理、安全文化落地、安全文化影响、安全文化与安全管理融合发展等方面。入选论文密切关注现阶段我国企业安全文化建设重点、难点问题和解决之道，重点总结和提炼企业安全文化体系建立健全、实施落地和提升创新的宝贵经验教训，具有一定的代表性和参考价值，可以被不同行业、地区的企业所借鉴。

综观全书，我们可以窥探到企业安全文化建设的基本内涵、外在体系与建设路径。安全文化是一个体系，有其内在理念，也有其外在表现形式，其最终的表现形式就是安全文化和安全

目 录

一等奖

二等奖

一等奖

关于安全文化管理的认识与思考

国电大渡河金川水电建设有限公司　王亮

摘　要：安全是人类生产和生活的根本保证，是社会进步和文明发展的基本保障，是维护社会稳定的重要前提。生命至上，安全发展。对企业来说，安全生产是企业的头等大事，是企业生存发展的基本需求。企业发展的根本在于生产、在于效益，安全则是保证效益的条件。在长期的生产经营实践中，许多企业意识到，加强智能安全管控，提高安全管理水平，落实安全生产责任，加强企业安全文化，对职工的安全意识、安全思维、安全行为、安全价值的形成，有着巨大的潜移默化作用。

关键词：安全；意义；措施

安全是生产力，安全是效益的基础，是企业健康协调发展的基石和衡量企业管理水平的重要标志。对电力基建企业而言，树立"有情领导、无情管理、绝情制度"的安全文化理念，致力于加强智能安全管控，打造智慧工程，是减少意外伤害、保障企业效益、保护职工生命安全与健康的重要保证。

一、安全文化管理的性质

安全文化管理是用先进的安全理念指导安全生产管理、提升安全生产工作水平的思维和模式。对电力企业安全管理而言，有没有文化的引领决定着企业能否从根本上可持续地提高安全绩效。电力企业安全文化管理有如下特征。

（1）具有实践性。安全理念产生于实践，又反过来指导实践。安全问题总是随着生产而出现，安全管理理念和模式也随着生产和技术的发展而发展。综观电力基建史，由于工程情况的复杂、技术水平的局限、工程推进过程中的一些不可控等因素，事故也不可避免地出现、增多。通过对千百次事故的反思和认识，对惨痛教训的系统总结，逐渐形成了专业的智能安全管理科学和管理理念。每一个电力工程项目，安全都贯穿全过程，伴随始终。

（2）具有普遍性。安全管理内涵丰富，涉及各行各业、各个领域，可以说是无处不在、无时不有。在企业，安全管理覆盖了企业管理的各个层面，包括上至企业领导，下至一般职工的所有对象，涉及企业、部门的所有组织，在各类企业特别是电力企业中，安全生产可以说是企业一切工作的中心。企业要掌握最

新的安全管理理论，充分调动企业内部组织、职工的安全管理积极性，调动职工的责任心和主观能动性，进行全员、全方位、全过程、全天候的参与和控制，建立全覆盖的安全文化体系。

（3）具有否决性。以《安全生产法》的出台为标志，国家已经把安全生产纳入法制化的轨道，对各级各类人员的安全生产职责、义务和管理要求都有法可依。凡是发生安全事故，按照"一票否决"的原则，都要追究各级领导责任和当事人的行为责任。安全的核心是"以人为本"，人是安全生产的实践主体，也是企业最重要的资源。任何时候，安全管理都要从尊重人、关心人、维护人为切入点开展工作。只有对违背安全文化的生产"一票否决"，才能有效遏制重特大安全生产事故发生，切实落实安全生产责任制，明确各级责任，突出管理重点，加强智能安全管控，提高威慑力度和管理效果。

二、安全文化管理的要领

通过强有力的安全文化管理，通过智能安全管控，在企业创造一种良好的文化氛围，进而潜移默化地影响职工的观念、态度和行为，使职工在安全上形成一种观念，树立一种意识，培育一种习惯，体现一种价值，达到"我懂安全、我要安全、我会安全"的目的。

（1）安全光喊重要不行，要建立扎实的安全责任意识。企业要发展，安全是基础。系统内外一些安全事故反复证明，重视生产而忽视安全，生产创造的效益很可能作为企业忽视安全的代价，甚至得不偿失。安全生产责任重于泰山，人人皆知，人人尽晓。安全

最忌说起来重要，做起来次要，忙起来不要。因此，安全生产不能只挂在口头上，写在纸上，停留在文件上，不能只是布置而不去监督落实，不去认真执行，而是必须要严格落实责任制，践行安全制度文化和行为文化，按照严肃制度、严明纪律、严格管理、严谨工作、严厉考核的要求，落实到每个环节，每个岗位，每个人，落实在行动上，切实夯实安全基础，提升安全管理水平。

（2）安全光有热情还不够，要树立主动安全的思维方式。安全需要党政工团齐抓共管，需要全员参与，共同营造人人讲安全、学安全、保安全的氛围。在企业，导致事故发生的原因一般有两个，即人的不安全行为、物的不安全状态，无论是侥幸和麻痹心理、习惯性违章、经验主义，还是管理粗放、责任不清，根源都是人的不安全意识和行为。物的不安全状态很大程度上也是人为因素造成的，是人没有意识到物处于不安全状态，或者意识到了，但由于侥幸心理等原因未整治、扭转。因此，无论是进行安全知识培训，还是开展安全主题活动，最终落脚点都要着眼于使员工提高自身的安全防范意识，真正使员工从"要我安全"转变为"我要安全""我会安全"，树立员工主动安全的文化思想，从而自觉遵守安全规章制度，使安全生产工作经常化、规范化、标准化，才能取得应有实效。

（3）安全光表决心没用，要建立科学的安全管理机制。下决心、花大力气搞好安全生产，不能沦为口号。要针对关键问题和薄弱环节，抓住症结，出重拳、下猛药进行治理，要加强制度建设，强化制度培训，使员工牢牢掌握安全规程，把安全内化为员工的主观意识和企业的客观存在，形成制度从严、机制从严、要求从严、过程从严的闭环体系，要狠刹违章行为，让其不敢违章、不愿违章、不能违章，才能确保安全生产。目前，电力基建企业安全管理的焦点仍然是靠制度管人，安全制度既是企业规章制度的重要组成部分，也是企业安全生产的重要保证。特别是工程施工中，面对陌生的环境和设备，当员工的既有安全意识落后于新的安全生产现实、对新的安全规律还没有充分认识时，安全制度作为规范和强制性的保障手段更显得十分重要。

三、当前企业安全管理存在的问题

随着我国经济增速放缓，转型压力不断加大，供

给侧结构性改革任务艰巨，电力企业安全问题既有共性也有个性，面临着安全管理新的挑战。对金川公司而言，当前职工安全素质、思想观念与打造智慧工程、实现智能安全管控还存在一些不适应之处。

（1）筹建时间长、安全文化观念弱化。金川电站筹备逾 10 年，由于筹建时间过长，一些新员工想做事却无事可做，豪情在漫长的项目核准等待中消磨，激情在岁月的流逝中逐渐冷却，职工安全意识、安全观念呈现弱化趋势。

（2）工程小、安全实践经验积累不足。由于金川电站项目尚未核准，前期工程项目非常少，前期筹建只涉及一路二桥建设。领导干部分管职责范围较窄，安全部门管理经验不足；职工队伍缺乏多岗锻炼，安全管理经验积累不多，工作激情消退，惰性相伴而生；新进学生实践经验积累太少。总之，整个企业干部员工都欠缺安全行为实践

（3）思考少、创新少，文化氛围不足。长期的封闭环境导致整个企业文化氛围不足。干部职工主观上进取意识不强，没有带着使命学、带着问题学，学习热情渐退，工作激情渐消，安全新知识更新较慢，导致知识陈旧、观念落后，安全管理工作思路不清晰。干部职工对安全问题未做深层次的分析、思考，面对新形势智能安全管控创新不够。

四、安全文化管理改进措施

提高安全文化管理水平，需要在文化理念引导、文化制度建设、人员培训、责任落实、载体创新等方面入手，不断总结、系统提炼，推动安全文化管理水平持续进步。

（1）坚持"大协同"，夯实安全管理基础。夯实安全文化基础必须从软硬件两方面着手，首先要制定各项工作的安全技术规范或安全操作规程，组织员工学习并应用于生产实践，对生产工作中出现的违章作业行为要坚决予以处理，只有"严"字当头，才能防微杜渐，铲除隐患，筑牢基础。金川公司自成立以来不断修订完善安全文化制度和管理规定，基本涵盖了生产的各个方面，着力建立规范有序、控制有力的长效安全文化管理机制。通过移动互联、物联网、云平台、BIM、大数据、人工智能等前沿技术与安全文化管理深度融合，将工程建设安全管理分散业务、施工设备、监测设备等资源的信息进行有机整合，实现安

全文化管理业务信息集成化、智能化、可视化管理，着力提升安全文化管控水平，着力打造智慧工程，夯实了安全生产基础。

（2）坚持"大联动"，培育安全作业习惯。安全管理工作应着手于规范和引导员工按制度和规程进行生产作业，杜绝违章行为，培养员工按制度和规章生产的行为习惯。在每项生产工作开始前都对作业环境和作业流程做到心中有数，养成一种随时分析周围存在的安全隐患的行为习惯，在心理上建立起敬畏安全的文化意识。金川公司将安全作为习惯化、制度化的行为，做到"常思不忘、常说不止、常抓不懈"，花最大的精力、下最大的功夫，不但在生产上做好安全管理，也积极培养安全习惯，比如车辆外出限速、上下楼梯必须靠右等，都成了员工的习惯，有效规避了安全风险。

（3）坚持"大培训"，提升职工安全文化素质。安全管理工作的重点应放在提升员工的安全文化素质上，通过培训和学习让员工知道哪些工作具有什么样的危险性，可能造成什么样的伤害，应采取什么样的措施来避免，应如何保障自身安全，从而在工作中能不断提醒自己和他人注意安全事项。金川公司针对项目特点和员工需要，加强安全思想、安全法制、安全纪律的教育培训，通过案例学习、观看教育片、实际操作、预案演习等多种多样的方式，努力提高员工学习安全知识的兴趣，使员工养成愿学、善学的良好学习态度，通过各项安全举措的大力推行，在全体员工中树立了人人主动学习，提高安全文化素质的学习氛围，达到了培训效果。

（4）坚持"大宣传"，营造安全文化氛围。安全管理工作还要营造一种员工人人要安全、领导人人抓安全的文化氛围，通过工作现场悬挂安全标语、开展安全活动、举办安全知识答题赛、安全先进表彰评选等活动，做到安全生产警钟长鸣，安全理念入脑入心。金川公司加大安全宣传力度，在现场悬挂了安全标语，网站设置了年度安全天数倒计时牌，小车班每周一固定进行安全学习，使员工在生产中自觉规范行为，真正做到了安全生产、警钟长鸣。

（5）坚持"大融入"，形成安全文化环境。要牢牢抓住安全这个第一要务不放，除了落实国家"安全第一，预防为主，综合治理"的安全生产方针外，还提倡"安全以人为本，人以安全为本"的文化理念，树立"职工的生命高于一切"的文化信念，确保企业文化落地生根。金川公司除进行必要的考核以外，还有针对性地开展思想教育工作，对员工在工作和生活上多一点关心，多一份爱心，及时了解并帮助解决员工的急难问题，最大限度地化解不良情绪，让员工身心愉悦地投入工作中。通过思想教育工作，使每一位员工都深刻地认识到"安全是自己的事""一切安全事故都是可以预防和避免的"，真正从自身愿望出发变"要我安全"到"我要安全"。

浅谈安全心理学在企业安全文化建设中的作用

神华新准铁路有限责任公司　王鹏

摘　要：安全心理学是研究人在劳动过程中产生的安全需要、安全意识及其他反应行动等心理活动的一门学科，而企业安全文化是"以人为本"多层次的复合体，在企业安全文化建设的过程中，离不开对人员安全心理的把握。本文通过研究安全心理学对企业安全文化建设的影响、分析影响企业安全文化建立的不利心理因素、举例说明了几个心理学效应在企业安全文化建设过程中的借鉴作用。帮助企业从心理学入手寻找安全文化建设的重点以及建设方式，从而规范、创新安全文化的建设方法，推进安全文化建设的深入发展，丰富安全文化内涵。

关键字：安全文化建设；安全心理学；心理学效应

如何有效防止安全生产事故的发生、提升全民的整体安全意识，是我们目前需要解决的一个难题，更是我国社会和谐发展的迫切需要。企业安全文化无疑为解决这一难题提供了一条根本性路径，因为企业安全文化建设通过创造一种良好的安全人文氛围和协调的"人机境"关系，对人的观念、意识、态度和行为等形成从无形到有形的影响，控制人的不安全行为，即实现"人的本质安全化"，以达到减少人为事故的效果。

安全文化的建设是一个企业安全管理"软实力"的体现，是企业所有员工所共享的安全利益，在构建安全文化的过程中，离不开对企业员工心理的把握，只有把握员工的安全心理需求，才能有效地构建企业员工共同认同的安全文化。

一、安全心理学对安全文化建设的影响

（一）安全心理学的内涵

人类的活动过程总是在各种各样的、复杂的人—机—环（境）系统（如图1所示）中进行，事故的发生离不开系统的三个因素，三个因素相互联系、相互作用、密不可分。事故的发生原因是具有很多因素的，随着现代安全科学的不断发展以及人们对安全重视程度的不断提升，在人—机—环境系统中设备设施、环境的可靠性与安全性在不断提升，随着人们对本质安全的不断追求，设备设施、环境对系统造成的影响越来越小，而人的因素因其复杂的成因以及管控的难度在事故中的比例越来越大，可以说大部分事故都是人或者管理的因素起到主导作用，同时，人的因素也是系统中最难控制和最为薄弱的环节。

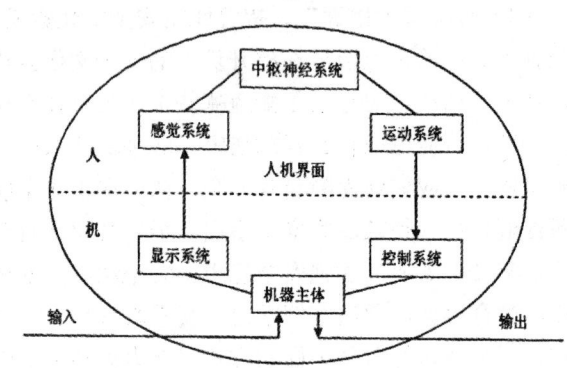

图1　人—机—环境系统模型

安全心理学是在安全生产活动和社会生产安全需求的发展中逐渐成熟的，其主要研究任务和目标就是在生产活动中分析劳动者的心理规律和心理特征，从而保证生产活动的安全性。安全心理学是用心理学的原理、方法解决劳动生产过程中与人的心理活动相关的安全问题，其任务是用心理学的原理和方法来达到减少生产中的伤亡事故的目的并降低事故后对人的心理创伤。从心理学的角度分析事故的原因，研究人在劳动过程中心理活动的规律和心理状态，探讨人的行为特征、心理过程、心理状况、个性心理和安全的关系；发现和分析不安全心理因素，潜在的事故隐患与人们的心理活动的关系以及导致不安全行为的各种主观和客观的因素；从心理学的角度提出有效的安全教育措施、组织措施和技术措施以预防事故的发生，确保人员的安全和生产的顺利进行。笔者认为在安全文

化建设的过程中，把握员工安全心理需求，借鉴成熟的心理学效应，提升安全文化建设的质量也是安全心理学的一个研究任务。

（二）安全心理学对安全文化建设的意义

在企业安全管理的过程中，如何发挥安全文化的导向功能、凝聚功能、激励功能和辐射功能，提高员工在生产中心理活动的安全性，把员工引向安全生产的正确轨道是安全文化建设的重心，通过心理学的理论来找出安全文化建设的重心，保障安全文化建设工作的推进是很有必要的，这也是安全生产工作的需要，现代安全管理的需要，更是促进企业持续健康快速发展，建立和谐社会的需要。

目前安全学科之间相关的结合进度较为缓慢，学科的理论建设仍远远落后于安全生产、消费等社会生活的实践需求，因此，企业在建设安全文化的过程中，不能仅仅依靠现有的安全文化建设理念，要开拓创新，认真研究员工的感觉、认知、习惯、个性、能力、性别、经验、年龄、作业负荷、作息制度等影响心理的因素，人为差错（人因失误）的各种类型和原因；借鉴心理学基础学科和分支学科的有关理论和方法，借鉴心理学的方法，提出预防人的不安全行为的心理学对策，从而进一步消除人的不安全行为，充分发挥安全文化的作用。

二、安全心理学在安全文化建设中的作用

（一）影响安全文化建设的员工心理因素分析

心智模式是指对周边世界如何运行的印象和认知，心智模式决定行为，而心智模式的两个方面又决定了一个个体有怎样的心智模式就有怎样的行为模式。采取针对性的有效措施改变一个人的心智模式，可以有效地改善心智模式、改变和提高员工对安全文化的认知，以一个良好健全的心智模式来建立一个安全健康的心理，从而不断增强个人建设安全文化的意识和自觉性。参考心理学的一些人的心理特征，总结得出不利于安全文化建设的心理有如下9种。

（1）"无关"心理。安全文化本应是全体员工认可遵循并不断创新的观念、行为、环境、物态条件的综合，一些员工不以为然，觉得安全文化的建设与自己无关，事不关己高高挂起，对安全文化的建设漠不关心。

（2）"逞能"心理。有的作业人员冒充专家，高估自己，觉得自己经验丰富，爱表现自己，固执的作风，总以老方法、老习惯去处理一切问题，认为自己不会出错，导致出现经验主义错误。

（3）"侥幸"心理。人对某种事物的需要和期望总是受到群体效果的影响，在生产安全事故方面尤其如此。在生产过程中虽有某些危险因素也就是安全隐患存在，但只要人们充分地重视，及时找出危险源，并采取相应措施，扼杀隐患，事故就不会发生。人们惯性认为其他多数人在违章操作的情况下并没有发生事故，所以就产生侥幸心理。他们总以为"就这一次，不会那么巧就发生问题""我觉得灾难不会这么轻易落在我头上的""没关系，以前我也这么干过，也没发生事故"，结果，由于图省事，明知故犯，导致事故发生。

（4）"逆反"心理。在某些情况下，一些人在好奇心、好胜心、求知欲、对抗情绪、偏见等的心理状态作祟下，与正常的心理产生对抗。这些人通常表现出不讲纪律，不听指挥，与领导相处不融洽，导致不稳定和消极的心态和行为。表现为一些作业人员与领导或其他人员发生矛盾时，会产生逆反心理和对抗情绪，完全不听指挥，违背正常的工作程序。

（5）"异常"心理。当群体受到包括社会、家庭或者个人生理等因素的影响，人的情绪出现偏差，处于不稳定期，工作中注意力极易被分散，这就是潜在的人的安全隐患，要引起重视。

（6）"从众"心理。心理学研究表明人具有从众性，当作业现场有人不遵守规章制度，没有被发现或未受到及时的制止，暂时没有事故发生，那么其周围的人很有可能会出现同样的违规作业。

（7）"敷衍"心理。有的人对什么事儿都抱着敷衍了事的态度；不按照规程办事，只想着如何走捷径；有些人不安于现状，心浮气躁，对工作有厌倦心理，工作敷衍塞责，只想快速完成，不讲效果和质量，也容易造成事故。当发现他人存在违章行为时，也怕麻烦，不去指出纠正，安全措施落实不到位，事故通常也就在这些情况下发生。

（8）"惧怕"心理。有些人虚荣心作祟，担心自尊心受到伤害，不懂装懂，假装内行，故作镇定，本来不具备相应的技能，自己不会做的也硬着头皮去做；有些人心理素质差，总是担心会再次出现事故，一旦

遭遇到类似曾经出现的事故，就心慌意乱，不知所措，优柔寡断，不能采取正确的解决方法或者采取措施时机不对。

（9）省能心理。心理学指出，人类在同大自然的长期斗争和生活中养成了一种心理习惯，总是希望以最小的能量（或者说付出）获得最大的效果，这是积极的一面，但在安全生产活动中，如果不能很好地把握这个最小尺度，那么目标将会发生偏离和变化，就会产生从量变到质变的飞跃，这种飞跃就表现为事故。有了这种省能心理，就会产生简化作业过程的行为。

（二）心理学效应在安全文化建设中的借鉴作用

（1）责任分散效应在企业安全文化建设中的借鉴作用。众多的旁观者见死不救的现象称为责任分散效应。对于责任分散效应形成的原因，心理学家进行了大量的实验和调查，结果发现，这种现象不能仅仅说是众人的冷酷无情的表现。因为在不同的场合，人们的援助行为确实是不同的。当一个人遇到紧急情境时，如果只有他一个人能提供帮助，他会清醒地意识到自己的责任，对受难者给予帮助。而如果有许多人在场的话，帮助求助者的责任就由大家来分担，造成责任分散，每个人分担的责任很少，旁观者甚至可能连他自己的那一份责任也意识不到，从而产生一种"我不去救，由别人去救"的心理，造成"集体冷漠"的局面。

责任分散效应（Diffusion of Responsibility）也称为旁观者效应，是指对某一件事来说，如果是单个个体被要求单独完成任务，责任感就会很强，会做出积极的反应。但如果是要求一个群体共同完成任务，群体中的每个个体的责任感就会很弱，面对困难或遇到责任往往会退缩。因为前者独立承担责任，后者期望别人多承担点儿责任。"责任分散"的实质就是人多不负责，责任不落实。

在安全文化建设过程中，安全承诺的作用是建立包括安全价值观、安全愿景、安全使命和安全目标在内的安全承诺。在承诺的过程中，各级管理者应做到的是清晰界定全体员工的岗位安全责任，一旦出现安全责任界定不明确，就极有可能会在安全责任不明确的地带发生每个人都希望别人多承担责任，自己少承担责任的情况，从而导致安全责任不能得到有效的落实。

（2）破窗效应在企业安全文化建设中的借鉴作用。心理学的研究中有个现象叫作"破窗效应"，就是说，一个房子如果窗户破了，没有人去修补，隔不久，其他的窗户也会莫名其妙地被人打破；一面墙，如果出现一些涂鸦没有清洗掉，很快地，墙上就布满了乱七八糟、不堪入目的东西。一个很干净的地方，人会不好意思丢垃圾，但是一旦地上有垃圾出现之后，人就会毫不犹疑地扔东西，丝毫不觉羞愧。在安全文化建设的过程中，这个效应有着十分重要的借鉴意义。

在安全文化建设的过程中，行为规范与程序是企业安全承诺的具体体现和安全文化建设的基础要求，在行为规范和程序执行的过程中，要引导员工理解和接受建立行为规范的必要性，知晓由于不遵守规范所引发的潜在不利的后果；通过各级管理者观测员工行为，实施有效的监控和缺陷纠正，如果人的不安全行为不能及时制止、处理，便会不断有人模仿，从而形成一种违章的"破窗效应"。

"破窗效应"是由个体引发的，在潜意识中影响集体的行为。如果个体发生不安全行为没有得到集体成员普遍认同的惩处，那么这种不安全行为就会迅速发酵，造成企业所有员工的不断效仿，"第一人"的违规行为给其他人"这个可以有"的暗示，这个暗示如同推倒多米诺骨牌一般，为了走一步捷径，纷纷群起而效仿，从而消解企业的安全意识形态和深层文化。

防止个人不良行为引发集体不安全行为是安全文化建设的重点。在安全文化建设的过程中，在建立行为规范与程序的同时，必须针对所有的行为规范及程序建立相应的排查检查制度以及考核措施，从而禁止"破窗"第一人出现，"破窗"第一人，就是打破有序，制造无序的人。一个违章行为和不规范操作一旦出现，就应举一反三进行全面排查，对打破有序的人做出相应的处罚，做出警示作用，必须这样才能使其他员工没有机会为自己的违规找借口，才能避免出现"破窗效应"，形成遵章守纪的、良好的企业安全文化。

三、结束语

安全文化建设是安全管理中高层次的工作，是实现零事故目标的必由之路，是超越传统安全管理来解决安全问题的根本途径。在企业安全文化建设时，充分考虑安全心理学在安全管理过程中发挥的作用，按照"以人为本"的思想深入分析员工想法，依据现有的心理学效应分析员工的整体心理，采用有效的措施避免员工出现消极的心理影响安全文化建设工作，促进安全文化建设的落地。

参考文献

[1] AQ/T 9004—2008，企业安全文化建设导则[S].

[2] 傅贵. 基于行为科学的组织安全管理方案模型[J]. 中国安伞科学学报，2005，15（9）：21-27.

[3] 布合力其· 努尔. 企业安全文化建设初始规划用评估方法研究及应用[D]. 北京：首都经济贸易大学，2011.

[4] AQ/T 9005—2008，企业安全文化建设评价导则[S].

[5] 邵辉，王凯全. 安全心理学[M]. 北京：化学工业出版社，2004.

[6] 华光平. 关注员工安全心理，提升企业安全层次[J]. 安全，2008（9）：34-36.

[7] 武淑平. 论恐惧心理在安全管理中的应用[J]-安全生产与监督，2008（1）：39-41.

中国海油"人本、执行、干预"特色安全文化建设探索与实践

海洋石油工程股份有限公司　王世坤

摘　要： 企业安全文化可从深层次上影响人的安全意识、态度和行为，激发广大员工安全生产的潜能和主动性，从而杜绝人的不安全行为。海洋石油工程股份有限公司十分重视安全文化建设，认为企业安全文化建设是落实安全发展理念的内在需求，也是企业安全管理发展到一定阶段进一步降低事故率的有效手段。本文在总结公司人本安全文化建设的基础上，提炼形成了海洋工程企业"人本、执行、干预"特色安全文化建设模式。

关键词： 安全文化；人本；执行；干预

一、引言

海洋石油工程股份有限公司（简称"海油工程"）是中国海油控股的上市公司，中国唯一集海洋石油、天然气开发工程设计、陆地制造和海上安装、调试、维修以及液化天然气、炼化工程为一体的大型工程总承包公司，远东及东南亚地区规模最大、实力最强的海洋油气工程 EPCI（设计、采办、建造、安装）总承包之一。

海洋工程行业具有高投入、高风险的特点，一旦发生安全事故，所造成的影响往往是巨大的，甚至是致命的。为此，海油工程在从"人、机、环、管理"四个管理要素着手创建本质安全型企业的同时，一直重视人在安全生产中的核心地位，把握安全文化的引领、示范作用，积极探索企业安全文化建设。

海油工程安全文化建设的探索和实践经历了两个阶段，第一阶段是基于人本管理思想的人本安全文化建设，这一阶段安全文化建设不仅促进了公司安全生产绩效的提升，同时也受到了行业和政府部门的肯定。2010年，海油工程《把握人本管理思想，创建人本安全文化》成功入选中央企业企业文化建设优秀案例。2013年，海油工程获得天津市"安全文化建设示范单位"称号。第二阶段是"人本、执行、干预"特色安全文化建设阶段。这一阶段是在人本安全文化建设历经近10年的基础上，结合中国海油安全管理率先实现国际一流的目标，将"执行"和"干预"纳入安全文化建设内容，进一步丰富安全文化建设内涵和实践。

二、"人本、执行、干预"安全文化内涵

（一）"人本"安全文化解读

在安全生产的各个环节中，人起着决定性作用，一切安全管理活动的核心是人。人本安全文化，即以人为本的安全理念，把员工作为企业最重要的资源，在安全管理中充分地考虑到员工价值，通过安全文化的建设，使员工能够在工作中充分地调动和发挥其对安全的积极性、主动性和创造性，营造出一个良好的企业安全氛围。

（二）"执行"安全文化解读

安全执行力是指贯彻公司的安全方针、安全规程、安全规章、安全标准，实现安全目标的能力，包括确保安全的理念、满足安全的能力、完成安全目标的程度三个方面。衡量安全生产执行力的标准，对个人而言是按时、按质、按量完成自己的安全工作任务，对企业而言就是在预定的时间内完成企业的安全目标。

（三）"干预"安全文化解读

良好的安全文化不是自然而然形成的，需要有一个"干预成习惯、习惯成自然、自然成文化"的过程。在培育安全文化过程中进行必要的干预是不可缺少的。倡导每位员工对不安全行为进行积极干预，对生产活动的不安全行为及时制止，发现日常生活中的不安全行为及时劝阻，以自身的积极行为影响身边的人，促进全员安全意识的提高。在"不伤害自己、不伤害他人、不被他人伤害"的基础上，进一步做到"保护他人不被伤害"。

三、"人本、执行、干预"安全文化建设实践

（一）"人本"安全文化建设

在人本安全文化建设中，海油工程探索建立了具有自身特色的人本安全文化培育体系，包括四个方面内容。

（1）树立安全理念，持续培育安全观念文化。一方面，海油工程秉承中国海油安全环保"天字号"工程的理念，将"零死亡"作为安全管理的追求目标，继承和发展中国海油"安全第一、环保至上，人为根本、设备完好"的QHSE核心价值理念，结合安全管理实际，形成了"以人为本，关爱员工；尊重自己，珍爱生命""所有人员均有权停止任何他们认为不安全的活动"等十大安全理念。另一方面，海油工程通过领导安全承诺与践诺、领导讲"安全课"、领导安全生产带班、安全家书、安全宣传展示、安全征文竞赛、安全答题演讲等方式，将"安全第一，生命至上"的价值观固化在每个员工的深层意识中，逐步实现从"要我安全"到"我要安全"的思想转变，形成了以"尊重自己，珍爱生命"为核心的安全观念文化。2017年，海油工程又颁发了"停工方针"，即所有人员均有权停止任何他们认为不安全的活动，进一步传播和固化人本安全观念文化。

（2）落实五大举措，大力强化安全行为规范文化。海油工程通过落实"五想五不干"现场作业安全行为准则、推行"JSA+标准化作业"、加强执行力建设、推行"安全行为观察卡"、应用"5W1H"方法进行工作分析等手段，大力强化安全行为规范文化。

（3）建章立制，努力构建安全管理（制度）文化。主要内容包括，建立"两级"安全生产委员会，健全安全生产组织机构，严格执行现场安全管理人员配比要求；坚持体系化管理，构建以风险识别与控制为核心的HSE管理体系，并获得第三方认证；强化安全生产责任落实，建立全员安全责任体系和安全十大责任划分系统；注重风险管控，建立隐患排查和风险预警双重管控机制。2018年，海油工程又以制度的形式，明确了工程项目HSE管理人员配备标准，制度化推行会议安全提示和会前"安全一刻"。

（4）改善作业环境，大力创造安全物态文化。海油工程将文明施工视为企业安全文化的重要元素，并纳入公司安全文化建设体系，致力于作业环境的本质安全化，努力创造舒适安全的环境，确保员工的作业安全。一是严格执行作业许可，辨识作业中的潜在风险，基于风险分级实现作业许可全覆盖，确保作业过程和环境安全；二是在施工现场大力落实"5S"管理，实现了"人、机、物、环境"之间的最佳结合，创建了一个清洁、安全的施工环境；三是推行《承包商文明安全行为指南》，与承包商共同安全发展，实现"双赢"。

（二）"执行"安全文化建设

海油工程主要从五个方面着手促进"执行"安全文化建设，包括完善安全生产管理制度、健全安全责任体系、加强安全生产沟通、加大安全生产投入、塑造安全生产执行力文化。特别是在塑造安全生产执行力文化方面，海油工程积极践行中国海油安全标志行为，促进领导干部、组织和员工三个层级安全执行力。

（1）领导干部安全标志行为。包括公开承诺守法合规、公开宣传健康安全环保理念、公开表达生命安全是不可逾越的红线、至少每年听取两次安全环保工作汇报、至少每年参加两次作业现场调研、至少每年参加一次应急演练。

（2）组织安全标志行为。包括召开会议有安全提示、现场活动有安全教育、大型集会有防范措施、差旅安全有规章制度、节假日安全有值班部署、私家车安全有指导支持。

（3）员工安全标志行为。包括现场作业确认"五想五不干"、知晓所处环境应急通道、及时干预不安全行为、驾车乘车系安全带、行人车辆不闯红灯、上下楼梯扶好扶手。

（三）"干预"安全文化建设

海油工程具有8000余名员工，作业高峰期承包商人员近2万人，一线作业人员众多。虽然建立了较为完善的安全规章制度，而不同人员对于安全的认识也不尽相同，仍然存在个别人员违章、不安全行为等情况，为此，海油工程积极对不安全行为进行干预。

（1）全面实施"海油工程QHSE观察卡"，鼓励员工积极参与到QHSE活动，纠正不安全行为，鼓励并推广良好作业实践，进一步营造团队互助的安全氛围。

（2）颁布并严格执行《保命条款》，识别并积极干预10项"致命"安全风险。

（3）全面推行会前"安全一刻"主题交流活动，分享工作内外安全经验，纠正不安全行为。

（4）鼓励员工主动上报工作外事故事件，分享经验教训，积极干预 8 小时外不安全行为。

（5）开展 STEP CHANGE 专项活动，即以现场安全隐患为切入点，对标先进标准，开展安全执行力提升活动。

（6）实施人员不安全行为记分管理，达到一定分数采取相应"干预"措施，如违章人员脱产安全培训、工作岗位调整等。

四、结语与建议

（一）结语

（1）"人本、执行、干预"安全文化，解决了从"要我安全"到"我要安全"的难题，促进了员工整体素质和公司管理水平的不断提升，是海油工程构建本质安全化企业的重要补充。

（2）"人本、执行、干预"安全文化是一种无形的安全管理，可从深层次潜移默化地提高员工安全意识，是海油工程实现"安全管理率先实现国际一流"战略目标的重要支持和保障。

（二）建议

（1）对"人本、执行、干预"安全文化建设现状进行一次全面评价，以定性或定量分析安全文化建设效果。

（2）及时总结"人本、执行、干预"安全文化建设经验，注重借鉴和吸收《企业安全文化建设导则》、国内外企业安全文化建设方法，进一步促进安全文化建设。

新时代"火车头"安全文化体系的构建框架

武汉钢铁有限公司运输部　　高映峰　　胡军　　沈锋

摘　要： 在新时代安全文化建设中，武汉钢铁有限公司运输部秉持"火车头"勇于带头创新、甘于负重前行的理念，秉承"安全第一"的方针，不断总结、提炼安全管理和文化理念，形成一整套符合安全屋管理模式的，以"三抓、三严、三到位""二十字方针""三个运输""四个一样""五重于"为主要内容的安全文化体系。尤其在宝武重组中，逐渐完成安全信息化、智能化的架构发展，为近年来劳动效率提升、机构改革、业务板块整合以及构建高效运输物流体系打下了坚实基础。内化于心求新、外固于行塑形，新时代"火车头"安全文化为运输部持续科学发展提供了坚实保障。

关键词： 安全管理；安全理念；安全文化

武汉钢铁有限公司运输部，主要承担武钢原、燃、材料及成品、半成品的铁路运输任务，年载运量近7000万吨。2017年4月，运输部进行机构改革，先后整合了铁路、公路、工业港、仓储配送业务板块，现设有3个部室、4个分厂、67个作业区、165个班组，在岗职工2161名。

运输部安全文化的发展是由生产特性和内需决定的。作为典型的冶金运输企业，截至2012年，运输部档案记录轻伤有477人、重伤有230人，数据触目惊心。事故导致人员伤亡的同时，也造成了难以估量的经济损失。事故的频发严重制约了运输部的持续稳定发展，安全问题成为运输部发展路上首先要攻克的难关。火车头负重引路、大道求直，运输部花大力气，用大精力，不断地摸索、改进，从单纯地靠领导抓安全到靠制度管安全，再到靠安全文化促进员工自主安全管理，在一步步的转变过程中，运输部安全理念不断创新，安全文化逐渐塑形完善，安全文化走进了职工的心里，成为企业健康发展的保障和根本内需。

一、"火车头"安全文化理念形成和提炼

"火车头"大道求直，善于不断集结力量，敢于不惧困阻前行。运输部"火车头"安全文化，正是在企业长期的安全保产经营和现场环境中，反复锤炼、再三熔炼的实践总结，符合武钢铁路运输安全文化要素和规律。

运输部形成"火车头"安全文化体系。为了让规章制度在生产现场落地生根，执行到位，运输部形成

了"抓源头、抓苗头、抓头头，严管理、严检查、严考核，责任到位、整改到位、制度到位"的"三抓、三严、三到位"安全管理理念和突出"以人为本"，落实岗位安全"责任在领导、重点在班组，效果在现场，关键在执行"的"二十字方针"安全生产理念。

运输部进一步总结提炼了"安全运输、经济运输、和谐运输"的"三个运输"安全核心价值观，以及最终达到"绿色运输"的共同愿景。在安全文化体系的实践中，形成了"日常与节假日一个样、白班与夜班一个样、检查与不检查一个样、领导在与不在一个样"的"四个一样"行为规范；树立了"责任重于泰山、继承重于创新、预防重于处理、全员重于局部、执行重于部署"的"五重于"安全指导思想。

随着安全管理经验的提炼总结，进一步丰富了运输部安全文化内涵，有力提升了各项管理工作水平，确保了运输生产顺行和职工的健康安全。为近年来劳动效率提升、机构改革、业务板块整合以及构成高效运输物流体系打下了坚实的基础。

二、"火车头"安全文化内化求新

安全文化是有丰富内涵和运作内容的，围绕安全管理需求的内因，不断内化于心，并做到求新务实，是运输部"火车头"安全文化的核心要务。"列车跑得快，全靠车头带"，运输部安全文化在创新内驱、管理并驱、自主驱动上有内化求新之举。

（一）"三抓三严"创新驱动

（1）组建专职安全督查组。2010年开始，运输

部组建了专职安全督查组，对生产现场进行全流程、全工艺、全覆盖的专项检查，各车间也成立了临时安全督查组。安全督查组组建以来，年平均开展检查332次，其中夜班及节假日112次，白班220次。2018年1月至7月，共查处违章394起，考核531人次。专职安全督查的开展对现场违章行为起到较大的震慑效果。

（2）开展视频监控检查工作。2016年以来，运输部充分利用生产视频监控系统来加强对现场操作的安全检查，重点是对厂房、货位线、翻车机、铁路道口等关键部位的安全监控检查，有效地减少了现场违章行为的发生。

（3）2014—2018年7月，因责任未落实，考核职工4788人次，考核领导587人次，14名领导受到责任追究，3名班组长、4名作业长被免职。"三抓三严"的落地生根，让安全生产形势发生了根本性的变化。

（二）"三到位"并驾齐驱

（1）责任到位。运输部将每年的安全防火动员大会列为第一会召开，组织各级管理人员层层签订安全生产责任状，人人身上有责任，个个身上有指标，一级对一级负责，谁主管谁负责，将安全责任落实到每一名职工。并对直线管理层按照季度、月度进行安全责任制考评，考评结果纳入领导干部绩效考评中。

（2）制度到位。运输部清理了车间、班组和岗位规章制度290项，修订了46项厂部级安全管理制度，建立和完善了《安全专业风险责任制管理办法》《安全生产责任制检查评价管理办法》等相关安全管理制度。

（3）整改到位。近两年，运输部分别查出各类隐患1468条、2617条，2018年1月至7月，共查改隐患3557条，全部按照隐患整改"四定"原则进行了整改。

（三）员工安全自主管理

（1）"灌疏导"转变全员安全意识。运输部党政工齐抓共管，合力抓实全员培训、全员讨论、全员调研，普及安全自主管理、共识安全标准执规、倾听职工安全建议，直接授课、正面交流，跨车间竞赛，车间"PK"、调乘联防，在职工中筑牢岗位标准再学习、岗位危险再辨识、岗位制度再遵守的意识。

（2）"查评晒"转变安全管理模式。运输部各级管理上下联动，分层指导，跟踪管理，全员查评岗位风险，全员分享安全感悟，全员参与安全联保，在全部职工中筑牢班组安全大家管、安全风险大家评、安

全联保大协同的模式。

（3）"防改治"转变职工自主行为。运输部一线职工全员参与、主动管理，集思广益查找现场安全隐患、整治现场安全环境、攻克现场安全难题，用实际行动，筑牢"我的安全我管理、我的生命我负责"的自主管理理念。

（4）开展岗位风险描述。在岗位风险描述中，运输部立足于作业现场，确定作业中风险的大小，可能造成的伤害，制定防范措施并严格落实。通过开展风险描述竞赛活动，选拔一批优秀成果参展，在职工中起到很好的宣传、引导作用。

三、"火车头"安全文化外化塑形特色

安全文化的生命力来源于职工，作为安全文化建设的主体，职工的理解与执行需要引导、劝导和规导。运输部"火车头"安全文化极其富有生命力，安全执行保障从岗位走向家庭，教育从单一转换为多元，宣传有组歌漫画会演，职工接受度高执行力强。

（一）家企共建保安全

（1）三千职工大走访。为了使安全文化走进职工的心里，从2012年开始，运输部各级领导挂帅、党政一把手牵头，广泛开展"进千家门、知千家情、暖千家心"的"三千职工大走访"活动。在走访中，运输部各级领导干部上通勤、下班组、到现场、走岗位、进家门，对3200多名职工家庭进行"拉网式"走访，贴近心与心的距离。走访中坚持做到"六个一"：为困难家庭送去一丝温暖，为工伤患病职工送去一声祝福，为特困子女送去一份关爱，为青年职工送去一步进取，为后进职工送去一语真情，为职工家属送去一片安宁。

（2）职工家属进企业。除了上门与职工家属进行沟通交流之外，运输部也通过邀请职工家属了解作业现场、召开座谈会的形式，让家属了解职工的工作环境及存在的隐患，和家属一起督促职工班前充分休息，营造和谐家企环境，做到双重关心，让家属安心。并对违章职工采取"违章行为告家属通知单"的形式与家属共商安全，让职工现身说法，讲述自己的违章经历，反思事故教训。

（3）共筑安全文化墙。基层组织广泛发动职工群众，积极宣传安全文化理念，并收集职工家属幸福笑脸，共筑安全文化墙，让职工时刻谨记家属安全叮嘱，

履行岗位安全职责。

（4）调乘联手共织安全网。为提高劳动效率提升后调车组作业的安全保障系数，运输部组织开展调乘联手共织安全防护网活动，进一步强化联保互保责任落实。各单位结合实际开展签订承诺书、召开跨车间跨班组的班前会、现场联保互保确认、加强瞭望等多种形式活动促进调乘联保互保责任落实。

（二）特色安全教育活动做支撑

（1）岗位安全操作标准化视频。为了提高培训效率，达到培训效果，近年来，运输部不断组织拍摄岗位安全操作标准化视频，采用视频教学。视频内容涵盖铁路运输的 14 个主要岗位，包括作业前准备、岗位危害辨识、全过程确认、手指口述等内容。其中有两部视频获安全生产月标准化视频拍摄活动一等奖。

（2）编制安全文化手册。运输部将安全理念、安全禁令、安全制度、事故案例等内容汇编成安全文化手册，印发到全体职工中，职工亲切地称之为安全"掌中宝"。

（3）组织国家注册安全工程师考试培训。为鼓励运输部安全管理人员和工程技术人员参加"注册安全工程师执业资格考试"及做好应试准备，运输部举办"注册安全工程师执业资格考试"考前辅导培训班，共有 77 名职工积极参加全国报名考试。目前，运输部已有 20 名职工获得国家注册安全工程师职业资格证并注册执业，专职安全管理人员中注册安全工程师比例高达 52.17%，远远超过高危行业 15%的配备标准。

（4）体感培训。为帮助职工知险、避险、防险、救险，进一步增强安全意识，提高职工的安全防范和应急救援能力，扩宽安全管理思路，运输部每年组织安全生产骨干进行体感培训。

（5）调乘合一、操检合一培训。运输部未雨绸缪，预先开展调乘合一、操检合一等针对性培训，为劳动效率提升工作中转岗、并岗人员达标上岗做足准备。

（6）电气化铁路安全培训。针对武东区域电气化铁路高压电网的特殊性，运输部积极联系铁路院校和铁路局，开展铁路院校安全技能培训和铁路局现场安全操作培训。一是积极走访铁路局电务相关单位进行实地调研，详细了解铁路局电网区域的要求；二是加强与铁路局安全部门、铁路运输院校的协调沟通，邀请专业教师就铁路高压电网区域安全问题进行重点培

训；三是开展实操培训，针对职工处理混铁车故障薄弱的问题，开展混铁车故障处理实操培训班，收到显著效果。

（三）安全文化宣传富有时代感

（1）安全组歌大家唱。2011 年开始，运输部在全体职工中开展唱响"安全组歌"活动，一股强劲的千人自创、自唱安全歌的风潮在整条运输大动脉上铺开。歌词将运输作业中乘务员、调车员、道口员、列检员等主要工种和作业过程中的关键环节融合在一起，职工自己填词、自己谱曲，无数个来自生产一线的灵感为"安全组歌"赋予了灵魂和生命，创作了《安全理念歌》《遵章守纪歌》《交班歌》《接班歌》《调车作业歌》《检修作业歌》《道口值守歌》《机车乘务歌》共 8 首安全歌曲，形成运输部"安全组歌"。当一首首语言质朴、情感真挚的安全歌曲唱响时，不仅听者眼前闪现出一个个乘务员、调车员、道口员、列检员遵章守纪的身影，还让安全理念在员工的开口传唱中内化于心，外固于行。

（2）安全漫画展。运输部组织摄影、漫画爱好者进行安全主题作品展评，培育出了"漫画工人"兰旭家等一批漫画爱好者，带动了一大批职工参加摄影协会并创作了大量的安全题材作品，先后在《人民日报》《长江日报》等多家报刊发表漫画作品 2000 余幅，荣获国家、省、市多类奖项，其中以宣传职工安全法规和安全知识为题材编绘的《违章行为 ABC》一书，用一幅幅以安全事故为原型创作的幽默诙谐漫画和朗朗上口的顺口溜解说，趣味横生、言简意赅、耐人寻味、发人深省，是一本图文并茂的安全教材，更是营造了浓郁的安全文化氛围。

（3）安全文化会演。2012 年 10 月 25 日，武钢集团公司召开"安全文化建设现场会"，总结推广运输部的经验和做法，湖北省安监局、武汉市安监局领导到会，对运输部安全文化建设工作予以肯定，号召各单位向运输部学习借鉴。

四、"火车头"安全文化实现信息化、智能化架构

安全文化必须顺循企业生产力的最新发展，运用新时代先进的技术工具建设最优秀的文化。

（一）安全文化信息化、智能化发展

（1）安全监督系统。2017 年 9 月，武汉钢铁有

限公司安全监督系统正式上线，运输部组织全体职工积极参与。安全监督系统运行以来，隐患排查、违章违约、危险源、职业卫生、安全教育、安全检查等各项工作信息均能实时、准确地反映出来，为安全管理提供了翔实的数据支撑，职工的自主管理能力也得到了全面提升。

（2）智慧制造。对标宝山，运输部加速智慧制造项目的推广应用。智慧制造项目在节约人工成本的同时，更重要的是减少了岗位安全风险。2017 年完成两项智慧制造项目：第一，机车单乘制改造项目。在 12 台作业机车上安装"机车智能视频监控系统"和"机车精确定位与安全导航系统"，解决信号准确识别和消除瞭望盲区的问题，极大地提高机车作业安全保障，减少乘务员 12 人，每年节约人工成本 96 万元。第二，电监道口及远程集中控制道口项目。2018 年，运输部根据道口级别，将 30 处道口改造成电监道口，将 30 处道口进行远程集中控制改造。截至 2018 年 7 月 1 日，上述 60 处道口全部投运。道口改造项目减少岗位操作人员 240 人，每年节约人工成本 1248 万元，道口防护工作效率也有较大提高。

（二）安全文化成果斐然

2012 年运输部荣获湖北省"安全文化建设示范企业"称号，2015 年通过了湖北省"安全文化建设示范企业"复审，2016 年荣获"全国安全文化示范企业"称号，2018 年通过"国家安全生产标准化一级企业"复审。

五、结束语

安全文化是企业文化的重要组成与根本基础。运输部的"火车头"安全文化建设是符合新时代企业安全管理要求的，具有新时代安全理念的，具备冶金运输行业特色的创新之举、强基之本。"火车头"安全文化的不断推进与执行，使运输部职工违章少了，千人负伤率逐年递减，职工安全意识增强、收入增加、企业效益也得到了提升。"火车头"安全文化的融于心求新、践于行塑形，使安全文化不仅落地生根，更是驱动企业发展的积极力量，全体员工和各级组织严格安全文化标准作业，规范安全文化理念引导，促进文化行为习惯养成，安全文化为运输部的持续发展提供了坚实的保障，实现安全、生产、质量、环保等各项工作稳定受控和强势发展。

企业安全文化建设中员工归属感影响因素分析

华电重工股份有限公司　　刘萌

摘　要：本文主要通过研究企业中职工个人安全素养和组织安全素养，探索企业安全文化建设中员工归属感影响因素并建立指标体系。研究结果表明：个人层面的安全素养包括安全知识，安全习惯，安全意识，安全期望；组织层面的安全素养包括安全管理体系，安全管理行为，安全管理状态等，这些元素都是影响企业安全文化建设中员工归属感的重要因素。最后，提出针对性措施提升企业安全文化建设中员工的归属感。

关键词：安全文化；归属感；个人安全素养；组织安全素养；指标体系

企业安全文化的归属感，是指企业员工对企业安全理念的理解、对企业安全愿景的认同，并将其企业安全行为准则作为自己的安全行为准则，被企业团体所接纳，为创造企业良好安全氛围一分子的一种情感。归属感的形成是一个非常复杂的过程，但一旦形成后，将会使员工产生内心自我约束力和强烈的责任感，调动员工自身的内部驱动力，从而形成自我激励，最终产生投桃报李的效应。强大的员工归属感是企业向心力和凝聚力的核心要素，会不断激发员工的创新意识和主人翁精神，员工自觉地发挥个体主观能动性，全情融入企业安全文化建设和营造安全氛围中去。

一、影响企业安全文化员工归属感的主要因素

企业安全文化的归属感影响因素主要集中在两个方面，一是个人层面的安全素养；二是组织层面的安全素养。

（一）个人层面的安全素养

个人层面的安全素养，包括安全知识，安全习惯，安全意识，安全期望。

第一，安全知识。保障人员身体健康和生命安全，减小或者拒绝财产和环境污染的法律法规，规章制度，标准规范和操作规程。个人的安全知识决定了个人安全素养的高低和对企业安全理念的理解、践行的程度。

第二，安全习惯。人都有自己的习惯，习惯的思维方式，习惯的行为方式，安全习惯就是让自己在生活生产中自觉地、主动地站在安全的角度思考问题，做出行为。让安全成为一种习惯，让习惯变得更加安全；良好的安全习惯有利于提升个人安全素养，推动企业安全行为准则，对团体习惯性行为产生潜移默化

的影响。

第三，安全意识。指人的行为发生前从大脑中产生的，受外部环境或具体事物对人有所作用和影响后，把大脑中已有的知识同现实情境结合起来进行分析和处理，所产生的指挥人体安全行为的意向、命令、计划、方法和方案。安全意识有助于强化个人安全素养和提升团队安全水平，安全意识强弱反映出个体对风险的预判水平的高低，对危险做出快速反应能力的大小，另外，安全意识能够促进个体积极主动落实安全责任。

第四，安全期望。期望是指一个人根据自己以往的经验和对期望对象的能力大小的感知，在一定时间里预期达到某种目标或者满足某种需要的期待和向往。安全期望就是指组织中的个体根据自己的安全知识水平以及对组织安全氛围的感知，想要达到在组织的生产过程中个体健康和生命安全不受损害的目标。安全期望是员工对企业安全文化产生归属感的基础，同时也是员工遵守企业安全行为准则的动机。

安全知识的积累是个体养成良好的安全习惯，提升安全意识的前提，习惯性安全行为和强烈的安全意识促进个体积累和学习安全知识，三者相辅相成。三者共同决定个体安全期望值高低如图1所示。

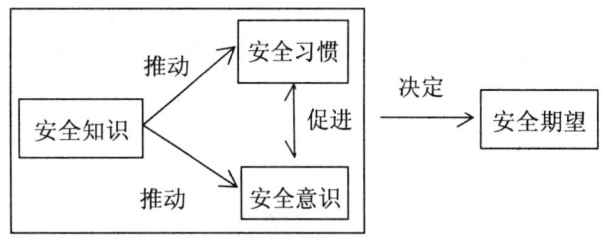

图1　个人安全素养关联模型

（二）组织层面安全素养

组织层面的安全素养，包括安全管理体系，安全管理行为，安全管理状态。

安全管理体系是指为建立安全职业健康方针和目标，并为实现这些目标所制定的一系列相互关联或相互作用的要素，包括安全指导思想、安全管理组织结构和安全管理程序。安全管理体系是组织层面安全素养的决定性因素。佟瑞鹏团队提出安全管理体系是组织安全管理活动规范化、制度化的基本保证，其完善程度对于组织系统地进行安全管理活动具有重要影响。另外，安全管理体系成熟度也决定一个组织安全管理水平和安全管理绩效。安全管理体系是企业建立安全文化，传递安全思想，推动安全行为准则的保障条件。

国内外学者在安全管理行为和安全管理态度定义方面存在分歧，在他们研究的基础上，笔者认为安全管理行为是指组织为预防事故发生和控制事故损失的工作方法的集合及其执行过程。也就是说，组织为了实现安全目标而采取的一系列保证措施和监督措施。安全管理行为是组织安全管理体系的具体的行为体现，是运行安全管理体系的具体过程，其实施效果间接反映出组织安全素养的高低，个体行为包含于安全管理行为之中，组织安全管理行为直接影响和决定了个体的归属感。

安全管理状态是指在安全管理体系运行过程中，人、物、环境所表现出来的符合组织安全要求的程度。具体表现为个体的一次性行为和习惯性行为外在状态和个体心理状态即内在状态都符合基本的安全要求；物的各种条件因素都符合相应的国家安全标准或者行业安全标准；作业环境和自然环境都符合作业安全的要求。一个组织的安全管理状态由人的状态、物的状态、环境的状态所组成的，而人、物、环境又是安全管理中最基本的要素，所以安全管理状态能够直接反应出其安全管理水平，间接反应该组织是否是一个安全的组织。同时也能极大影响组织的安全氛围和组织安全愿景的实现。

安全管理体系、安全管理行为和安全管理状态对组织的安全素养成正相关，安全管理体系成熟度决定组织安全素养的高低，安全管理行为是提高组织安全素养的有效途径，安全管理状态是组织安全素养的直

接反映。

二、企业安全文化构建中员工归属感影响因素指标体系

通过对个人安全素养和组织安全素养的分析研究，不难发现个人层面的安全知识、安全意识、安全习惯、安全期望，以及组织层面的安全管理体系、安全管理行为、安全管理状态等能对企业安全文化建设以及员工归属感产生极大的影响。另外，安全管理领域其他学者也对此进行过类似的研究，比如傅贵等人在《行为安全"2—4"模型及其煤矿安全管理中的应用》一文中分析了安全知识、安全意识、安全习惯及安全管理体系在安全管理和事故分析中的重要性。佟瑞鹏等人在《基于行为安全理论的安全管理评价普适模型与实证分析》一文中构建了安全管理体系、安全管理行为、安全管理状态在安全管理中的关联模型。在这两位学者研究的基础上，构建出企业安全文化中员工归属影响因素指标体系如图2所示。

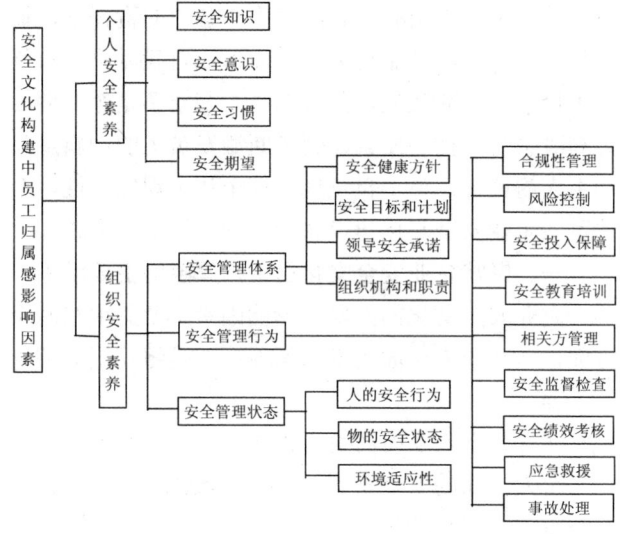

图2 安全文化员工归属感影响指标体系

三、如何提高企业安全文化中的员工归属感

心理学研究发现，归属感来源于个体的某种需求，美国心理学家马斯洛提出的需求层次理论充分说明了归属感来源于个体对爱和尊重的需求。一个组织或某种环境中只有需求得到满足感，个体才会对组织或者外在环境产生归属感。处于不同组织中、不同的情境下或者不同的人生阶段的个体需求有所不同。企业在构建安全文化过程中可以根据个体当下的需求，从多个方面入手，满足个体的需求，使其感受到组织对其

尊重，提升员工的归属感。根据所构建的企业安全文化建设中员工归属感影响因素指标体系，可知提高员工安全归属感必须从个人安全素养和组织安全素养着手。

首先，个人必须丰富安全知识，养成良好的安全习惯，提升安全意识。其次，组织要构建完善的安全管理体系，包括行之有效的安全健康方针，清晰的、可预见的安全目标和有针对性的实施计划，领导做出有效的安全承诺，建立完善的组织机构和制定能够落实的安全责任制度。建立有效的安全管理行为，具体包括制定法律法规合规性评价制度，企业安全风险管控制度，安全资金投入保障制度，安全培训教育制度，相关方管理制度，安全监督检查制度，安全绩效考核制度，应急救援制度，事故报告和处置程序。实现良好的安全管理状态，包括组织中人表现出的安全行为，物所呈现的安全状态（动态和静态）与和谐的人机关系，良好的作业环境和工作氛围。

四、结束语

较高的员工归属感，对企业安全文化建设和营造良好的安全氛围，提升企业安全管理水平和保障员工职业健康安全产生双向的利好效应，促成企业和员工彼此之间的互相成就。企业安全管理水平的稳定提高，关键就在于人才的选、用、留。员工安全期望值，也得益于所在的企业给了稳定、优良的安全文化和安全管理水平。当前，员工是现代企业的柱石，做好员工归属感的提升，是企业安全文化建设工作的重中之重，还是稳定企业人才梯队的有力举措，对于激发员工的生产力和提高企业的社会竞争力，赢得良好的行业口碑具有举足轻重的作用。

参考文献

[1] 牛莉霞，李乃文，姜群山. 安全领导、安全动机与安全行为的结构方程模型[J]. 中国安全科学学报，2015，25（4）：23-29.

[2] 佟瑞鹏，陈策，杜志托. 煤矿组织安全行为结构分析与实证研究[J]. 中国安全科学学报，2015，25（12）：93-98.

[3] 水远璇. 基于 SEF 理论视角的大学生学校归属感培育[J]. 高教论坛，2017（11）：19-23.

[4] 谢玉兰，阳泽. 影响中学生学校归属感的因素分析[J]. 中国教育学刊，2012（11）：43-46.

[5] 傅贵，李亚，王秀明. 基于 24Model 的制造业企业安全管理模式架构[J]. 中国安全科学学报，2017（10）：117-122.

[6] 傅贵，薛宇敬阳，佟瑞鹏，等. HFACS 与 24Model 不安全动作因素对应关系研究[J]. 中国安全科学学报，2017，27（1）：7-12.

[7] 佟瑞鹏，刘亚飞，刘欣. 基于行为安全理论的安全管理评价普适模型与实证分析[J]. 中国安全科学学报，2014，24（6）：123-128.

[8] 傅贵，殷文韬，董继业，等. 行为安全"2—4"模型及其在煤矿安全管理中的应用[J]. 煤炭学报，2013，38（7）：1123-1129.

[9] 邢瑞霞，宋莉莉. 企业如何提升员工的归属感[J]. 管理观察，2018（6）：27-28.

核电行业安全自主精益文化管理的研究实践

辽宁红沿河核电有限公司　闫术　薛峰　赵延鹏　陈伦道

　　摘　要： 本文分析了我国核电行业安全文化管理现状及存在的突出问题；针对核电行业传统安全文化管理的安全业绩与日益增长的安全需求的矛盾，根据辽宁红沿河核电站安全管理实践经验，提出了核电安全自主精益管理理念并介绍了核电安全自主化精益管理体系；最后通过红沿河核电站安全自主化精益管理的实践及成果证明了该管理体系的实用性。

　　关键词： 核电站；安全管理；自主；精益

　　核能是世界公认的清洁低碳能源，在保证能源供应安全、优化能源结构、应对气候变化等方面发挥了不可替代的战略作用。过去五年间，尤其是"十三五"以来，我国核电产业发展取得了举世瞩目的成绩。我国高度重视核安全工作，核安全已成为我国核能与核技术利用事业发展的生命线。安全文化管理在核电产业中有着举足轻重的地位，是核电企业的经济责任，更是其政治责任和社会责任。如何搞好安全文化建设，进而持续提高核电安全业绩，实现核电行业安全发展、和谐发展，开创核能安全高效发展的新局面是核电行业面临的又一挑战。

一、核电行业安全文化管理现状

　　由于核电站涉及核安全，其职业健康安全文化管理与其他行业相比有较大的差异性，安全文化管理标准要求更细、更高、更严。目前，国内核电站日常运维期间及大修期间大部分维修活动均采用外包模式，每个核电站核电承包商单位多达 20 余家，各家承包商单位规模、人员素质及管理体系各不相同，进一步增加了核电站现场安全管理难度。国内核电站经过近 20 年运营发展均已建立了一套完整的安全文化管理制度体系，加强了安全基础管理，提高了安全责任意识，推进了文件标准化管理，综合安全管理取得成效，达到杜邦安全文化第二阶段强制管理阶段。但也必须看到，近年来核电安全事件不断，挑战不断，一些事件多次反复发生，且多为人为因素引起。据统计，近 10 年来我国运行核电站共发生执照事件 287 起（285 起 0 级执照事件，2 起 1 级执照事件），事件总数及人因事件占比均有上升趋势（如图 1、图 2 所示），且逐

渐开始占据主导地位。

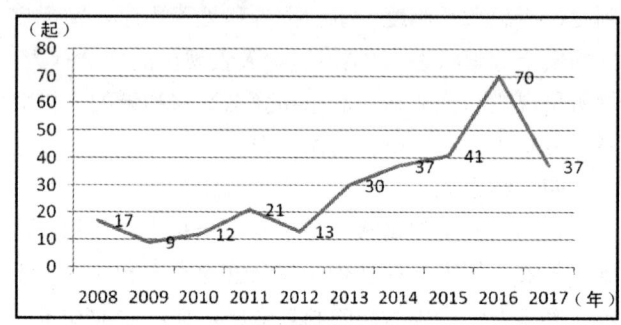

图 1　近 10 年国内在运行核电站执照事件数量分布
资料来源：国家核安全局核安全年报

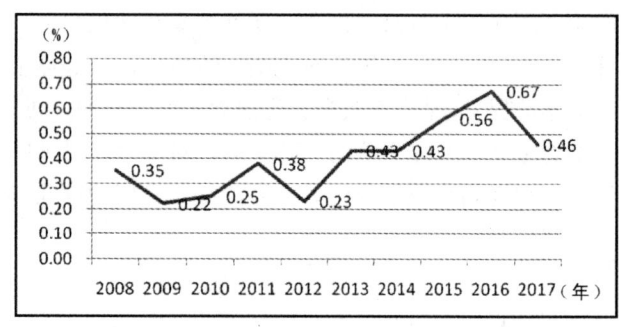

图 2　近 10 年国内在运行核电站人因造成的
执照事件数量占比分布
资料来源：国家核安全局.核安全年报

　　其中一部分原因是我国运行核电站数量的扩增，也反映了我国核电行业传统安全文化管理存在问题。随着安全文化管理强度和深度不断加强，传统的安全文化管理模式已渐渐不能满足核电行业安全需求，两者之间的矛盾日益突出。首先，传统安全文化管理的

主体是安全管理部门和专职安全人员，使其他部门或班组在安全监督管理方面缺乏激励与热情。其次，传统安全文化管理中不可避免地存在"以罚代管"的现象，从而造成管理者与被管理者关系紧张，有些被管理者甚至出现抵触情绪，阻碍安全管理的进行。最后，传统安全文化管理中员工始终处于被动地位，主人翁意识低，在遵章守纪的自觉性和安全生产自主参与方面还有待提高。

人作为生产力中最活跃、最积极的因素，如何调动人在企业安全文化管理中的主观能动性、积极性和创造性，特别是调动和激活生产现场一线员工的安全自主管理能力，是解放生产力、提高安全生产效率最简捷适用的手段，也是全面贯彻落实"以人为本"等人本管理理念的基石。传统安全文化管理模式缺乏对员工自身安全意识和技术的要求，"以人为本"的安全管理理念不够深刻，更没有有效的管理制度和体系保证，难以持续改善核电行业安全业绩。

二、核电安全自主精益文化管理体系的构建

核电安全自主精益文化管理理念是辽宁红沿河核电站在融合 ISOHSE（环境、健康、安全管理体系）管理体系、OHSMSl8001（职业健康安全）管理体系、NOSA（五星安健环）管理体系及安全生产标准化建设管理体系的基础上，经过 3 年多核电站运营安全管理的探索与实践，提出的适用于运营核电站的安全管理理念，以该理念为核心思想建立了核电安全自主精益文化管理体系。该体系是一种实现"以人为本"的安全管理机制，通过制定精细、标准化的安全管理技术和方法及创新安全管理模式，以"安全精益管理、安全自主提升"为目标，以"持续评估改进，安全绩效最优化"为方法论，以"标准化、集约化、专业化、智能化"为导向，从安全物质文化、安全制度文化、安全行为文化及安全意识文化四个层面，铸就核电安全自主精益管理文化，使员工从被动执行状态，转变成主动管理状态。以风险最小化、安全绩效最优化为控制目标。

核电安全自主化精益管理体系包括安全计划与目标、安全经济、安全培训等 15 个核心要素，可用一种直观、简明的概念模型将核电安全自主化精益管理建设的规律表现出来。核电安全自主精益管理体系模型如图 3 所示。

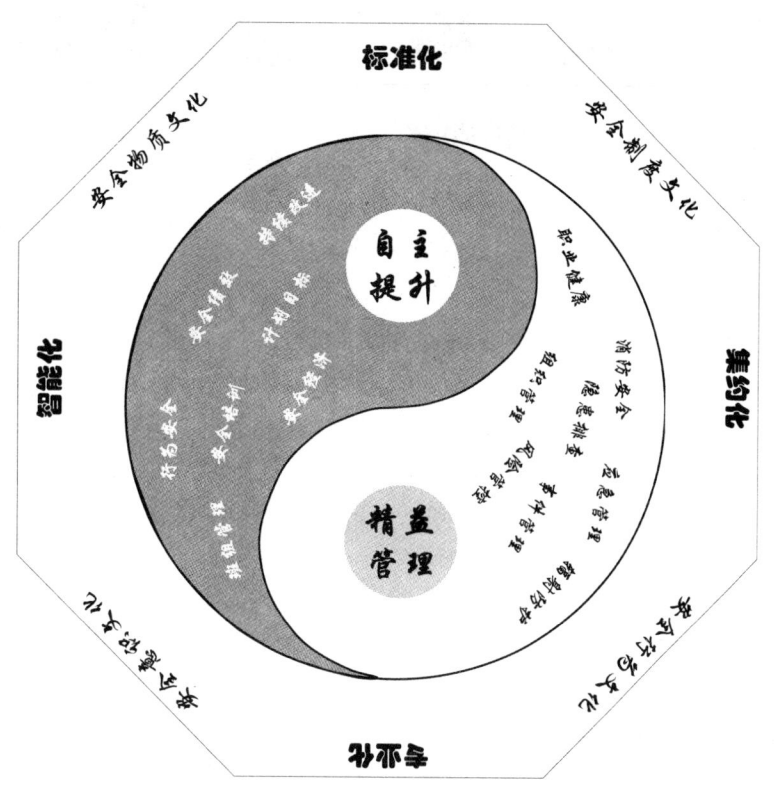

图 3　核电安全自主精益管理体系模型

三、核电自主精益安全文化管理体系的主要内容

（一）建立标准化安全管理制度

企业的各项安全规章制度是安全生产的依据和准绳。核电安全自主化精益文化管理理念是通过制定标准化、精细化的安全管理制度，实现核电站安全管理统一，风险预控措施到位，执行标准明确一致的目的。一套标准化安全管理制度、精细化的风险控制标准是员工自愿认可安全管理的基础，通过最简单、最直接的方式教导员工学习安全管理，唤起广大员工的主人翁责任感，充分发挥人的主观能动性，通过员工在岗位、班组，更加自觉地、精细地执行各项安全规章制度，让所有员工将安全当作一种习惯，变成工作过程的一部分，实现由被动执行命令到主动寻求安全的转变，变"要我安全"为"我要安全，我会安全"，最终达到无为而治的安全自主管理境界。

（1）管理制度标准化。核电站安全管理涉及辐射防护、消防管理、工业安全、职业医疗、应急管理及保卫管理六大专业。辽宁红沿河核电站建立了包括各专业组织机构、管理制度、岗位规范及专项制度在内的一套标准化管理程序，并且每年开展法律法规对针审查，实现了安全制度化管理。

（2）风险分级管控与隐患排查治理双重预防机制。该机制是基于风险管理的过程控制安全管理，是实现核电站纵深防御和安全管理关口前移的有效手段。该体系以安全业绩档案和作业标准风险管控单为工具，实现了现场安全隐患排查、评估、分级、管控及治理和作业过程风险辨识、评估、分级、定量、预警及预控，通过引导全员自主排查隐患，作业过程精细化管理，定期全面普查危险源并实现危险源分级分类管控，实现安全管理零伤害的目标如图 4 所示。

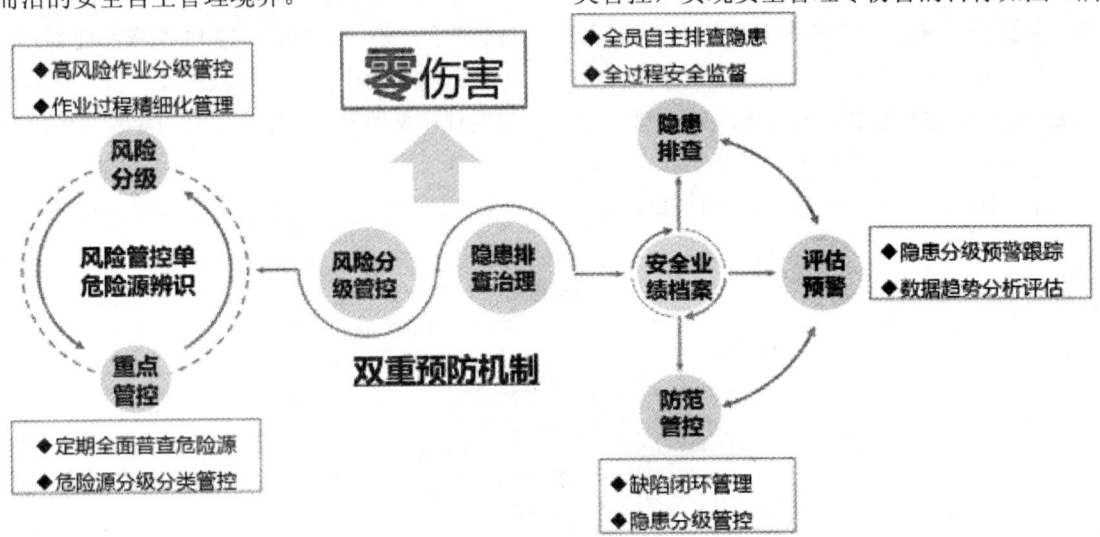

图 4　核电风险分级管控与隐患排查治理机制

（3）作业过程风险管控标准化。采用作业安全分析法（JSA）针对现场每一项作业活动进行安全分析，识别作业过程的潜在危险与可能的危害后果，并制订预防控制措施，每项活动编写一份标准的现场作业风险控制单，实现现场作业过程安全风险精细标准化控制。该体系通过设计出一套现场安全管理标准化系列图册，解决了法律法规及程序管理要求有效落地的问题。目前公司已编制完成起重作业、脚手架作业、高风险作业精益化管理等 9 本现场标准化图册。

（4）安全事件管理标准化。红沿河核电站为了深入贯彻国家法律法规和相关条例要求，以我国现有相关标准为依据，并结合实际安全生产过程中的具体情况，制订了切实可行的安全生产事件管理办法。确定了事件分类分级的方法，事件发生的报告程序、报告内容及事件调查、整改流程。

（二）建立集约化核电安全管理模式

以提高工作效益和效率的集约化管理是核电站未来安全精益文化管理的主要方向。该体系建立了虚拟现实（VR）安全培训体验中心、作业现场技术支持中心、集十大服务一体化安全服务中心等三大中心，如图 5 所示，旨在通过最优化的安全投入，实现最大化的安全绩效。

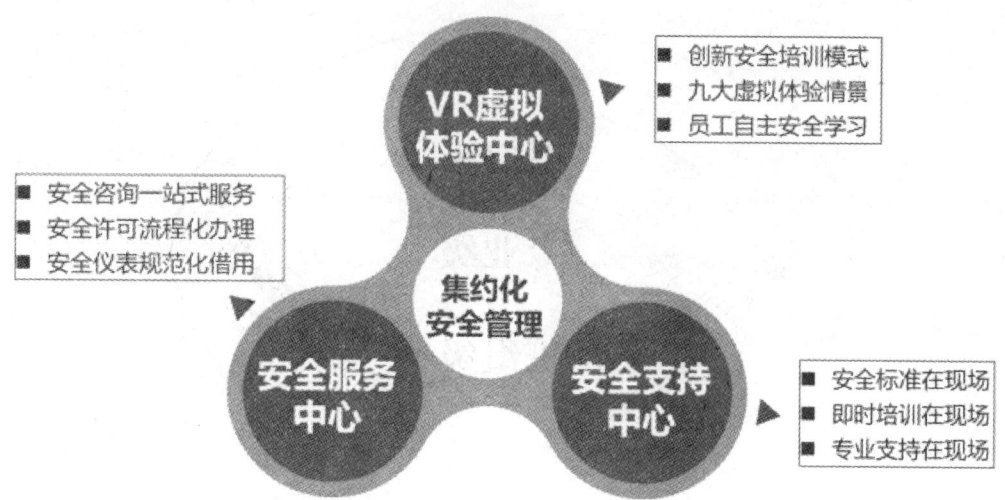

图5　核电集约化管理三大安全中心

（1）VR安全培训体验中心。该中心通过VR技术结合电动机械动作及人体触、嗅、视、听等感知创建与现实类似的环境，让操作者在模拟环境中感受人员不安全行为带来的伤害。公司首次实现了VR技术在核电站安全培训中应用，该体验中心目前投运近2年时间，培训人员达1587人，受培训人员事件重发率实现了零目标，取得了良好的培训效果。

（2）作业现场安全技术支持中心。即安全加油站，如图6所示，为现场一线员工提供一个舒适的安全培训、学习的场地，使一线员工能够在工作中随时学习安全知识，使违章人员能够及时得到安全技术支持，使作业人员在现场学习安全事件经验反馈，实现以安全文化为引领的安全文化管理模式。

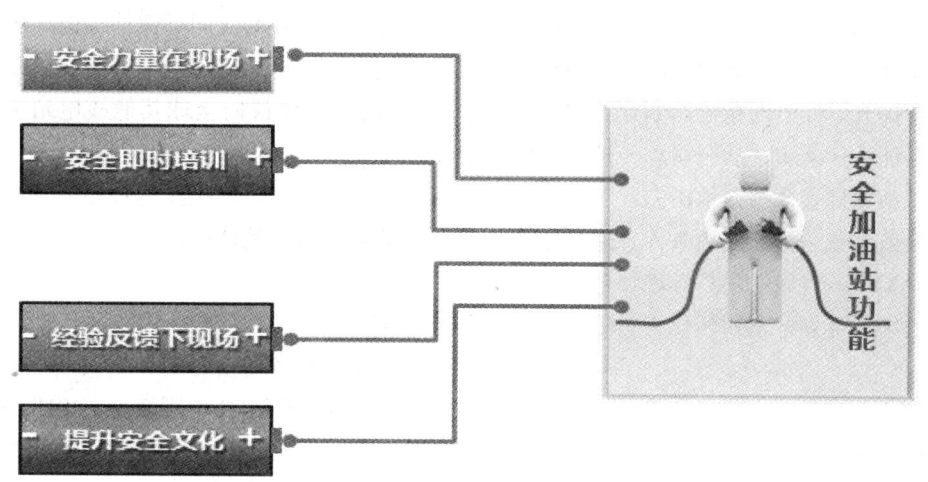

图6　核电作业现场安全技术支持中心

（3）集十大服务一体化安全服务中心。该中心为一线员工提供更加便利快捷的安全许可证办理、安全资质管理、安全方案审核、监督调度与接警、员工疲劳缓解站、安全业务/规定咨询、安全物资服务、专项培训服务、违章处理中心及投诉/建议中心等一站式服务，助力各单位提高工作效率。

（三）建立专业化安全管理队伍

（1）安全组织建设。该体系通过构建一套核电特色安全管理网络管理机制，如图7所示，建立横向到边、纵向到底的"四横三纵"安全监督网络，明确了公司级、部处级、专业级及班组级"四横"安全网络组织机构，构建了生产安全管理线、兼职安全监督线及专职安全监督线"三纵"安全监督机制。

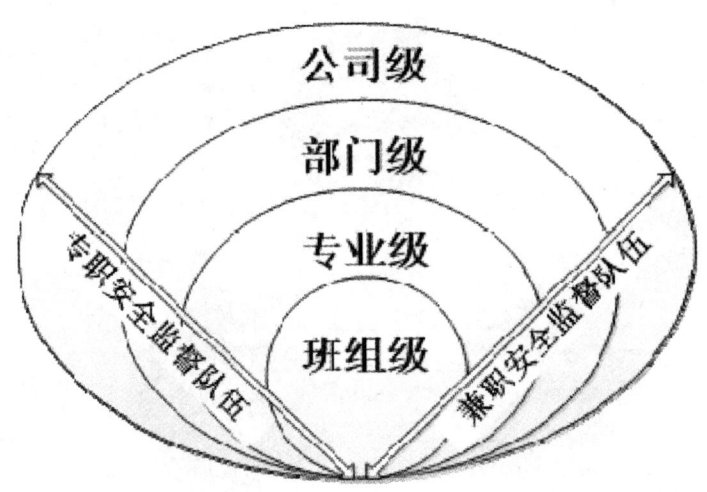

图 7　核电特色安全监督管理网络

（2）安全教育培训。该体系制定一套核电安全精益培训系统，对全员进行系统的安全培训考核授权。新员工入场前必须通过入厂三级安全基本安全授权培训。针对不同作业人群及作业内容建立了专项培训系列课程，专项安全授权培训、承包商源地培训、专业风险分类安全培训等。

（3）安全绩效考核。安全绩效考核不但有助于安全责任落实，还可以发现企业安全管理存在的问题及其严重程度，从而采取有针对性的改进措施，推动安全管理效率的持续提升。红沿河核电站制定有严密的安全绩效体系来保证责任落实，从公司总经理到基层员工，每个人每年都签订安全绩效承诺书，将安全绩效达优作为全年绩效考核达优的先决条件。通过逐级承接分解法（DOAM），将组织的目标逐级分解落实到人，纳入员工的绩效计划，从而转化为员工的自觉行动。

（四）开发智能化核电安全管理工具

随着现代通信技术、计算机网络技术的不断发展，智能化是现代人类文明发展的趋势。据统计分析，88%的安全事故是由人的不安全行为导致的，智能化的安全监督管理大大减少了人的不安全因素。该体系充分利用移动互联网、智能终端、预测预警和大数据等技术，建立形成"全员、全过程、全方位、全天候"的安全风险管控体系，可全面提高企业安全生产管理水平。

四、核电安全自主化精益文化管理体系实践业绩成果

该体系是一种实现"以人为本"的安全管理机制，以"安全精益管理、安全自主提升"为目标，以"持续评估改进，安全绩效最优化"为方法论，以"标准化、集约化、专业化、智能化"为导向，推进核电安全精益管理体系建设。红沿河核电站自 2015 年开始推进实施核电安全精益文化管理创新与实践，公司安全绩效取得突出业绩，截止到 2017 年公司连续 3 年安全指标事件持续下降，安全指标事件数量减少 58.4%，并获得中广核集团职业安全一等奖，获得世界核电运营者协会（WANO）同行评估（Peer Review）专家高度认可，其中 VR 安全体验中心被评选为"强项"（Strong），建议向全球其他核电站推广，是国内首个安全领域的 WANO 评选的强项，相关成果在中广核集团大亚湾、宁德、阳江等核电基地开始推行，得到同行业竞争者一致认可。

参考文献

[1] 汪永平.坚持核安全观和新发展理念规划推进核电安全高效发展[J].中国核电，2018，11（1）：75-79.

[2] 白宇. 安全高效仍为核电发展"主旋律"[N]. 中国电力报，2018-01-6（009）.

[3] 杨勇，雒继忠.石油企业安全自主管理的研究与应用[C]//2012 中国石油石化健康、安全、环保技术交流大会论文集.长庆油田，2012：1576-1580.

[4] 史慧敏，精益管理强安全"筋骨"[N]国家电网报，2014-2-14（004）.

以"五构建"为核心的企业安全文化建设探讨

中石化股份有限公司天津分公司装备研究院　张林浩

摘　要: 本文简要介绍了装备研究院开展以"五构建"为核心的企业安全文化建设的背景,描述了建设过程中采取的主要做法,以及开展以"五构建"为核心的企业安全文化建设取得的效果。

关键词: 五构建;安全文化;安全生产;安全职责

一、以"五构建"为核心的企业安全文化建设背景

（一）贯彻安全法律法规,符合安全发展战略要求

《安全生产法》要求安全生产工作应当以人为本,坚持安全发展,坚持安全第一、预防为主、综合治理的方针,强化和落实生产经营单位的主体责任。党的十八大以来,政府工作报告明确提出全面落实企业主体责任、地方属地管理责任、部门监管责任,坚决遏制重特大事故发生,切实保障人民群众生命财产安全。

国务院在《关于推进安全生产领域改革发展的意见》中明确要求,坚持安全发展,贯彻以人民为中心的发展思想,始终把人的生命安全放在首位,正确处理安全与发展的关系,大力实施安全发展战略。

通过开展以"五构建"为核心的企业安全文化建设,可以全面落实企业安全主体责任,明确企业党政主要负责人责任,推动落实各部门的监管责任,减少或消除企业生产经营过程中的不安全因素,有利于企业安全稳定经营,有利于保护人的生命安全,符合国家安全发展战略。

（二）满足公司安全生产,保障装置安稳运行的现实需求

安全是企业生产经营的前提。近期,炼化行业总体向好,但经营环境更加复杂多变。既有油价回升、需求回暖等机遇,也存在冬季气荒、限行禁运、环保压力、能源结构加速变革带来的困难和挑战。全球贸易摩擦、地缘政治、大宗物料及汇率大幅波动、成品油供需矛盾加剧、天然气资源紧张等因素都会对生产经营工作带来不可预见的影响。安全环保形势依然严峻。

通过开展以"五构建"为核心的企业安全文化建设,推进安全生产改革,思想上要创新安全管理思路,积极应对新挑战,工作中要紧紧围绕工作主线,狠抓安全工作措施的落实。通过持续强化从严管理,稳步推进深化改革,可以加快安全生产改革发展,全面贯彻国家和集团公司要求,满足天津石化安全生产的需求和发展。因此,不断改革与创新,是实现企业长远发展的灵魂。坚持公司安全工作指导思想,继续认真贯彻落实目标、指标,坚持不懈、持之以恒地抓好安全管理。通过开展以"五构建"为核心的企业文化建设,是满足天津石化安全生产需要,保障安稳运行的必然选择。

（三）破解安全生产难题,提升安全管理水平的重要保障

装备研究院多年来坚持以"保障装置长周期经济运行"为工作主线,专业覆盖全,技术力量强,涵盖了动静设备检验及失效分析技术、工艺防腐技术、节能技术、电气仪表等专业领域。通过开展以"五构建"为核心的企业安全文化建设,用发展的眼光看问题,创新思路查找隐患,提升安全管理水平和效率,才能破解各类安全生产难题,为公司各类设备的安稳运行保驾护航。

多年来,装备研究院承担特种设备检验与腐蚀调查、重大设备隐患的应急技术服务、设备质量监督与管理、公司新建项目设计资料审核、新投用设备质量验收、射线底片复审与无损检测工作管理等工作。装备研究院面临着检验任务重、安全压力大的特点,所以通过开展以"五构建"为核心的企业安全文化建设,推动改革发展,创新创效管理方法,才能顺利完成公司交办的各项工作任务,提升安全管理水平。

二、以"五构建"为核心的企业安全文化建设主要做法

（一）齐抓共管,构建安全生产责任体系

1.落实岗位责任,健全安全责任体系

2018 年,装备研究院制定下发 HSSE 工作计划与

HSSE 重点工作实施方案，制定了 11 个方面的重点工作，同时明确 57 项具体实施方案，并按进度要求组织实施。修订单位 32 项岗位安全（HSSE）职责，新增安全总监职责、各岗位消防安全职责，修订完善了 HSSE "三基" 工作检查考核标准，进一步规范了各项工作的 HSSE 管理。按照从严管理要求，梳理和完善岗位安全责任制，按公司要求全面推行安全生产事故责任追究制度，建立检查工作责任制，对检查发现的问题严肃处理。组织全员年初签订了 HSSE 责任书和消防安全保证书，对岗位安全责任、对行为安全做出承诺，让 HSSE 入脑入心。

党政主要负责人是本单位安全生产第一责任人，班子其他成员对分管范围内的安全生产工作负领导责任。装备研究院确定了安全工作由 HSSE 委员会领导、安全专职管理人员主抓、基层安全员规范操作、全体职工参与的思路。HSSE 委员会由院党政一把手统一指挥领导、主管部门负责、各研究室及业务主管部门分工协作的领导体制和运行机制，明确职责任务，严格落实各成员部门职责，每季度定期召开委员会会议，贯彻落实公司 HSSE 会议精神，总结上一季度安全工作情况，并对下一季度工作做出安排，确保安全管理措施在基层得到有效实施。

2. 推行责任文化，深化安全文化建设

安全管理要始终保持理念的先进性，要认真贯彻党中央、集团公司、分公司的决策部署，继续深化安全文化建设，对《安全文化建设方案》修订和完善，将 "党政同责、一岗双责、齐抓共管、失职追责" 的责任文化根植到安全文化建设中去。将安全文化作为重要元素深入融入企业文化，各层级、各专业狠抓安全生产责任落实。通过安全文化建设把安全责任文化理念渗透到每位员工思想中，进一步规范员工的安全操作行为，推动安全文化深度融入企业文化。

推动安全责任文化，要全面加强和改进安全生产工作，要切实强化高风险作业环节专项督查，进一步规范直接作业行为，严厉查处 "三违" 行为，严肃追究责任。要严格安全准入，加强风险分级管控，夯实安全生产基础，努力创造良好稳定的安全生产环境。

3. 开展安全比武，提高人员安全素质

狠抓安全培训，提升人员安全素质。开展专题安全讲座，邀请公司安全管理专家对本单位中层干部开

展安全讲座，提升中层管理人员的安全意识。开展安全理论培训，组织安全监护人培训 51 人次，开展《安全管理手册》和 7+1 高风险作业安全管理制度宣贯培训，工作安全分析（JSA）培训，做好安全基础工作理论学习。开展安全技能培训，开展空气呼吸器实操、安全带使用、气体报警仪操作、灭火消防技能培训，做好安全技能的基本功训练。全年累计组织完成各类安全培训 320 人次，大大提升了安全管理人员、基层作业人员的安全素质。

推动自律能力建设，安全面前人人平等，安全面前不分官阶大小。安全管理人员在检查别人的同时，对待自身要严格自律，容不得半点懈怠，积极倡导安全行为，查找安全问题，消除安全隐患。用安全理论来武装自己，用安全制度来约束自己，用安全行为来规范自己。树立 "我在岗，请放心" 的安全理念。推动沟通协调能力建设，安全管理中制止违章就需要讲究方式方法，这对安全管理人员的沟通协调能力要求很高。通过开展安全管理人员素质培训，可以提高队伍的职业素质，强化沟通能力，提高工作效率。

（二）依法依规，构建安全管理制度体系

1. 补充完善安全管理制度，编制安全管理手册实施细则

梳理现有安全管理制度 11 项，对每项制度的适用性进行分析，修订《直接作业环节安全管理规定》《直接作业安全视频监控管理规定》《安全公示实施细则》等 4 项。制度上完善 "一岗双责，党政同责" 相关要求，进一步落实公司对监护人管理的新要求；根据公司安全管理手册，制定并细化《安全管理手册实施细则》，并发布实施。通过以上安全管理制度的修订和补充，落实了安全管理从严从实要求，进一步完善了安全管理工作。

2. 加强新制度的宣贯学习，确保制度落地生根

加强集团公司、天津分公司及装备研究院安全管理制度、手册的学习和宣贯，领导带头参加学习，通过系统性、全面性地把握理解各项制度要求，真正做到融会贯通，掌握实质。开展全员答题，巩固学习效果，深刻领悟和掌握制度，真正把 "谁的业务谁负责，谁的属地谁负责，谁的岗位谁负责" 的安全理念入脑入心。

组织贯彻学习公司高风险作业安全管理规定，要求涉及直接作业的管理部门和基层部门认真学习，做

好学习人员的签字的记录。通过贯彻学习,提高一线职工的安全意识,确保直接作业环节依法依规,从安全制度和意识上保障职工的作业安全。

(三)源头防范,构建风险管控和隐患排查体系

1.识别风险,编制作业环节风险清单,制订管控方案

以部门或项目为单元,岗位为基础,全员参与,对材料工具、设备性能、工艺流程、作业环境以及发生过的险兆和生产安全事故进行分析,逐一辨识出各个作业环节中存在或可能存在的风险因素,并列出风险清单。严格编制JSA分析表,落实各项安全措施。对大修期间装备研究院承担的装置检验分析工作,重新识别37项作业风险内容并均采取相应安全措施。大修前完成作业部安全教育、安全监护人培训和个体防护等培训内容;提前备齐个体防护用品和气体报警仪,做到安全培训到位、防护设施到位,为装备研究院顺利完成大修打下坚实基础。

2.强化督查,重视作业环节检查,确保风险管控

2018年至今,深入作业现场安全督查9次,发现并及时纠正不安全行为、安全措施未落实、作业环节风险识别不到位等16项内容。日常组织安全大检查8次。除了每月一次的检查外,加强了节前检查,增加了季节性安全检查以及临时性检查,对发现问题及时整改并举一反三,做到闭环。严格进入受限空间作业,高处作业,动火作业,临时用电等作业的现场监督检查,确保作业JSA分析表中的各类风险得到管控,最大限度地保障职工作业安全。

3.查找隐患,推动全员安全诊断,全力排查隐患

一是积极查找自身作业过程安全隐患,从深入查找安全管理缺陷、积极查找人的不安全行为以及全面排查物和环境的不安全状态这几方面着手,并及时纠正和预防,深化全员安全诊断工作。二是积极查找设备隐患,利用娴熟的检测和物理化学分析手段,提出设备故障改进措施建议并及时上报公司。发现#8炉水冷壁缺陷、反应器制造缺陷、常顶管道减薄缺陷、加热炉、电气装置、动设备等运行问题隐患,为公司装置设备安稳运行提供保障。三是按时维护安全管理信息系统,对教育培训、风险管理、安全检查、事故管理、职业卫生、应急管理等模块进行及时更新录入,同时监督检查各部门完成情况,及时督促进度滞后部

门跟进,提升安全管理信息系统总体管理水平。

(四)事故演练,构建安全应急控制体系

1.高度重视,精心组织制定应急预案

积极宣传,提高各级人员对编制应急预案重要性、必要性认识。加强培训,普及地震、消防、职业中毒、应急处置等基础知识。修订简化预案,让预案可操作性更强。突出重点,注重实效,达到明确各级各岗位人员应急职责,同时提供资源保障。结合各部门直接作业等实际情况,编制了各岗位应急处置卡,做到步骤清晰、具有可操作性,提高了应急处置的便捷性与实用性。组织作业负责人在作业项目HSSE管理方案中补充完善了应急管理预案内容。

2.加强应急演练工作,逐步完善应急管理

组织消防演练工作,邀请消防支队专业老师,针对灭火器原理、操作使用、水带连接以及相关注意事项、应急处理等进行培训讲解,同时对消防演练过程进行了全程指导。演练过程中,广大职工踊跃参与了双人水带连接和油盆灭火的演练。通过消防演练,进一步完善了装备研究院消防应急管理工作,强化了消防安全的"三基"工作,同时提高了广大职工应对突发事件能力和自我保护能力。开展直接作业环节突发职业中毒桌面推演,相关部门围绕事故报告、应急指挥、现场处置、后勤保障等方面进行模拟和讨论,查找预案不足,完善应急处置方案。通过实施演练,进行总结和评估,分析出综合预案和专项预案存在不适宜条款,及时修订补充,做到闭环。

(五)求真务实,构建安全监督考核体系

1.建立监督考核组织机构,明确责任

加强HSSE委员会组织领导,按照"党政同责,一岗双责"的管理要求,充分发挥组织领导和统筹协调,切实解决突出矛盾和问题。安全监督管理部门承担HSSE委员会日常工作,负责指导协调、监督检查、巡查考核本级和部门安全生产工作,履行综合监管职责。健全责任考核机制,完善考核制度,统筹整合、科学设定安全生产考核指标。安全生产工作责任考核,实行过程考核与结果考核相结合。建立安全生产绩效与履职评定、职务晋升、奖励惩处挂钩制度,严格落实安全生产"一票否决"制度。

2.建立安全监督考核细则,狠抓落实

按照"谁的业务谁负责""谁的属地谁负责"的

安全管理要求，相关科室按照各自职责建立完善安全生产工作机制。坚持管生产必须管安全、管业务必须管安全，落实谁主管谁负责。安全监管部门开展监督检查，落实考核扣分，将安全管理工作考核纳入部门绩效兑现。针对装备研究院生产经营、科研开发、工程维修、消防管理等工作内容，建立安全监督考核细则，各专业管理科室和基层对所管辖范围，制定专业检查计划、检查内容，落实分管专业安全管理责任。制定相关部门安全生产权力和责任要求，尽职免责、失职追责。建立企业生产经营全过程安全责任追溯制度，严格事故直报制度，对瞒报、谎报、漏报、迟报事故的部门和个人追责。

三、以"五构建"为核心的企业安全文化建设成效

（一）安全生产责任意识进一步提升

通过开展以"五构建"为核心的企业安全管理，全员安全生产责任意识进一步提升。领导带头落实"党政同责、一岗双责、齐抓共管、失职追责"；安全监管部门统筹安排，综合监管；各专业科室狠抓分管专业的安全管理，将安全生产责任层层分解和落实，安全责任文化与生产经营深度融合，确保各项安全制度和措施沉到基层，落到实处。2018 年至今，安全管理实现"四个为零"，安全管理系统中安全综合性检查完成率 100%，顺利完成公司下达的各项 HSSE 指标任务。

（二）各专业管理板块成效显著

通过开展以"五构建"为核心的企业安全管理，各专业板块成效显著。设备方面，2018 年上半年共完成公司关键机组离线监测 95 台次，公司关键机组在线监测 138 台次，关键机组润滑油液光谱检测分析 89 个样品，公司关键机泵在线监测 195 台次；加热炉热效率计划检测共计 270 台次，加热炉炉管和衬里红外检测 15 台次，催化反再系统衬里红外检测 6 台次，水冷器能效检测 16 台次；共完成压力容器定期检验 32 台，压力管道全面检验 131 条，实现定检率 100%。完成#7炉乙侧磨煤机减速机高速轴断裂、烯烃部3#裂解炉对流段翅片管泄漏、热电部7#炉水冷壁管泄漏、乙烯车间甲烷制冷压缩机 E-GB302A 中间体连接螺柱断裂 4 项失效分析工作；常压储罐全面检验 10 台，常压储罐年度检验 29 台；电气设备红外检测5781点，局放检测 278 处；水质监测 2300 余项次，监测换热器 63 套，换热器运行状态抽检 57 台，药剂抽查评定 24 个，地下管线定位 40 余次，共约 120 公里，内窥镜检测 10 次，阴极保护检测共 12 次，共有检测 1000 个点，Φ273 长输管道全面检验工作正在进行；完成 3 套装置 RBI 再评估，累计评估 1544 个单元，评估出高风险单元 2 个，完成 3#常减压装置常顶空冷器等 3 项腐蚀泄漏原因分析，3#常减压管道定点测厚，累计测厚 1000 余点；科研方面，多个项目顺利通过鉴定或验收，部分项目整体技术达到国内领先水平，多个项目获得技术专利；职业卫生方面，顺利完成职工健康、职业体检和职业病防治周活动，做好职业防治知识宣传、职业体检告知、职业健康监测档案更新工作；环保方面，顺利完成院内雨污分流改造项目。

（三）重大隐患排查水平再上新台阶

通过开展以"五构建"为核心的企业安全文化建设，装备研究院发挥了特种设备检验检测、动设备监检测、防腐技术、加热炉技术、电仪技术、风险分析等技术优势，积极查找设备安全隐患，2018 年 1—7 月，装备研究院累计组织上报各类设备安全隐患 223 项。部分隐患的发现得到公司主管领导和主管部室的高度认可和好评。以上问题的发现和解决，及时为公司设备管理消除了隐患，为保障公司装置安稳运行做出贡献。

（四）全员参与安全诊断积极性进一步提高

通过开展以"五构建"为核心的企业安全文化建设，全员参与安全诊断积极性进一步提高。通过持续推动全员安全诊断工作，全员的安全知识、安全意识、安全能力、安全素质得到普遍提高，营造了良好的安全文化氛围。职工作业前，按照岗位职业卫生操作要求，自觉检查和互相检查劳保用品穿戴是否规范，提高安全作业的个体防护保障。全体职工必要的自我保护意识和安全防护技能显著提升，最大限度地降低了生产安全事故风险，推动了企业安全、健康、和谐发展。

参考文献

[1] 曲福年.化工企业安全生产管理水平提升探讨.安全、健康和环境，2018，18（4）：50-52.

[2] 杜红岩.石油化工企业安全生产现状分析及对策研究.安全、健康和环境，2011，11（6）：2-5.

浅谈"从心出发"的企业安全文化建设

中国石化镇海炼化公司　李朝华

摘　要：本文以镇海炼化安全文化建设为例，阐述安全文化"从心、从行、从新"出发的三个方面及具体做法，启示石化企业如何通过安全文化建设，提升全员安全意识、规范员工安全行动，促进企业安全管理的持续创新和发展。

关键词：安全文化；从心出发；从行出发；从新出发

安全是企业的头等大事，是企业生存发展的基础。企业的安全管理，不仅要靠人才骨干和完善的制度，更要靠文化的引领，需要全体员工从内心认同企业的安全文化理念，并践行于实际行动，共同推动企业安全发展。因此，镇海炼化始终着力培育以"安全从心出发"为核心理念的企业安全文化。

一、以"安全从心出发"为核心理念的安全文化内涵

安全文化作为企业整体文化的一部分，主要包括人的心理状态、人的行为和系统环境三大要素，并呈"安全三角形"模式，通过相互影响、相互作用，推动企业安全文化建设的不断深入。因此，镇海炼化在安全文化建设中，抓住"从心""从行""从新"三个关键。

（1）安全从心出发：企业安全文化建设中，心理要素是最强大，也是最难把握和受管理层直接控制最小的，它关系到管理层如何正确处理安全、质量与效益的关系，关系到员工如何看待安全，如何避免不安全的行为。因此。安全文化建设必须抓住"从心出发"这一关键。

（2）安全从行出发：企业安全文化的最直接体现是企业和员工的行为，员工的行为是动态的，企业的环境、领导的管理行为和其他员工的行为都会影响员工的感觉与看法，进而再影响员工的行为方式。因此，安全文化建设必须抓住"从行出发"这一根本途径。

（3）安全从新出发：抓安全工作必须善于从新的实践中发现新情况，提出新问题，找到新办法，引入其他企业良好实践，走出新路子；更需要将安全工作进行"归零"，需要时刻保持一颗对安全的敬畏之心，以"归零"的心态重新开始抓安全，不断推动安全工

作更加科学化、规范化、制度化、人本化。因此，安全文化建设必须抓住"从新出发"这一突破点。

二、主要做法

根据安全文化的三大要素，围绕"安全从心出发"的企业安全文化核心理念，深化以"安全从心出发""安全从行出发""安全从新出发"为主线的企业安全文化建设，并贯穿于企业生产经营全过程，有效地引领、推动安全管理水平的持续提升。

（一）坚持安全从"心"出发，确保责任到位、执行有力

（1）强化领导干部履职意识和示范作用。一是制订领导干部安全行动计划，包括安全承诺、承包安全风险巡查、安全检查、参加班组安全活动及安全观察等；二是实施领导干部安全行为公示，发挥领导干部示范和引领作用，并接受群众监督；三是实施"HSE工作日"机制，将每周的第一个工作日定为领导干部"HSE工作日"，企业领导班子成员每月参加一次"HSE工作日"；专业处室及基层单位领导班子成员每周参加一次"HSE工作日"。领导干部在"HSE工作日"指导帮助基层单位解决安全问题，并履行个人安全行动计划。

（2）强化全员安全意识提升。一是征集亲历未遂事故，讲出自己的故事。镇海炼化从2010年起组织开展"亲历未遂事件案例征集"活动，鼓励职工把具有教育意义的未遂事件案例写出来、报上来、讲出来。目前已四次征集未遂事件案例共691篇，分检维修作业、生产操作、电仪操作、设备缺陷等类别进行汇总，印刷成册，并组织学习，让宝贵的安全生产经验在更广的范围内进行传递与分享。目前，公司各基层单位

在交接班会前或班组安全活动中选择学习《亲历未遂事件》中的经典案例。

二是实施 5 分钟案例分享，吸取他人事故教训。企业成于安全，败于事故。任何一起事故对企业都是一种不可挽回的损失，同时也是其他企业管理借鉴的宝贵经验。镇海炼化于 2015 年开始推行"会前 5 分钟安全经验分享"。在内容上，重点收集国内外典型事故案例，如集团公司典型事故案例，美国 CSB 调查事故等，建立事故案例库。每周结合公司生产经营特点、季节特点和管理重点选取制作一个事故案例学习。在学习形式上，公司各单位在组织各类会议前，必须开展"会前 5 分钟安全经验分享"，按教训点，做好反思和举一反三工作。各专业根据公司生产实际提出教训点，找准事故反思措施，做到学习一起案例、整改一批隐患、提升一项管理。

三是实施"低头捡黄金"，避免身边的事故。石化行业现场任何一处的轻微泄漏都可能引起重大事故发生。为确保装置的本质安全，镇海炼化自 2009 年开始推进"低头捡黄金"安全专项奖励机制。公司根据隐患的危险性、造成事故的可能性、发现（排除）的难度系数等三个因素确定"避免事故等级"，给予发现人员几千元至几百元不等的奖励。制度实施以来，极大地调动了职工排查隐患的积极性，发现多起设备管线腐蚀泄漏、机组电源接地错误等重大隐患，有效防范"小概率大风险"事故发生，为装置安稳运行发挥了积极的作用。

四是施工人员全过程教育，严防直接作业环节事故。一是资质审查时实施技术、安全双准入；二是入厂培训时重点提醒施工人员现场作业要"无电当有电、无介质当有介质、无压力当有压力，注意安全措施落实"；三是作业前安全喊话，进一步提醒当日作业风险；四是现场作业时，放置"十大事故展板"，以血淋淋的事实案例和冲击性画面教育提醒作业人员现场作业风险；五是实施承包商实物奖励，对现场检查发现的施工作业人员的良好安全行为进行 A、B、C、D 四个等级的奖励，在承包商作业人员中起到了良好的示范引导作用。

（二）坚持安全从"行"出发，确保控制有效、保障有力

（1）岗位责任清单标准化。按照"管理标准化、行为规范化"的思路和"有岗必有责、上岗必担责"的要求，以强化岗位责任心、抓实岗位责任制为主线，制订作业岗位工作清单和技术岗位工作清单，让员工清楚知道"每天做什么、怎么做、做到什么程度和达到什么目标"。

（2）行为规范标准化。以漫画形式编发《外操人员工作行为规范》《内操工作行为规范》《班长工作行为规范》《技术人员行为规范》，通过书面形式传承操作及管理经验，消除员工在生产经营活动中的主观随意性，促进员工行为安全。

（3）应急响应标准化。为确保事故状态下职工能及时、正确响应，公司每月开展现场可燃、有毒气体泄漏应急响应检查，即以标样促发现场可燃、有毒气体报警，以"3 分钟"应急响应为目标，检查内操响应、内外操联系、外操现场应急、警戒等各环节处置是否正确。通过逼近实战的演练，有效提高装置操作人员的应急响应能力，让技能成为本能。

（4）全员"安全观察"。一是强化观察过程中的交流与沟通，进一步培养员工安全观察的意识与技能，增加员工对不安全行为的认识，促进安全行为养成；二是通过安全观察，促进"岗位工作清单""行为规范标准化"落地；三是定期对安全观察结果进行大数据分析，以问题为导向，先行解决行为安全中的"大个子"问题。

（5）持续整治"低、老、坏"行为。开展全员大讨论和案例分析，从技术、管理和行为三方面查找、提出"低、老、坏"问题，归类整理形成最需集中整治的 10 大"低、老、坏"行为，每天滚动、持续整治。将安全生产活动中的"低、老、坏"行为纳入日常检查，发布公司专业管理层面 8 大类 34 项、运行部 115 项检查标准，实施员工违章累计积分考核，促进员工"上标准岗、干标准活、交标准班"。

（6）关注员工行为状态。将员工帮助计划（EAP）应用于安全管理，在基层探索实施"三谈四看五不做"机制。"三谈"是指发现情绪不正常的人必谈、对受到批评的人必谈、每次轮班必召开一次谈心；"四看"是指"上班看面色、吃饭看胃口、干活看劲头、休息看情绪"；"五不做"是指作业要求不胜任不做；健康、休息状况不好不单独做；心理状况不好的不做；班长问询不清楚的不做；危险信号不清除不做，实行

班前员工状态的分析预警,努力把握安全生产主动权。

(三)坚持安全从"新"出发,确保持续创新、引领有力

(1)开展年度 HSE 管理问卷调查。每年年底,以人员和队伍履职、专项管理和典型经验推进效果、亟待解决问题为重点,充分了解各级管理人员和操作人员对年度 HSE 工作开展情况的看法,倾听员工的心声,广纳员工的建议,找准下年度 HSE 工作重点。

(2)引入安全管理良好实践。根据原国家安全生产监督管理总局的统一安排,2014 年年底,对公司的安全生产水平进行了定量评估。评估结果显示,公司安全管理绩效与国际同行的卓越水平相比仍有差距。针对安全生产水平定量评估结果,公司于 2016 年开始实施"三年安全管理提升"计划,确立"1231"管理提升思路:"1"是学习融合国际安全评级系统(ISRS),持续完善一体化管理体系;"2"是引入蝴蝶结分析和基于屏障的系统原因分析两项安全新技术;"3"是补齐风险管控、变更管理和应急管理"三大短板";"1"是开展阶段性评估和全面评估,应用国际安全评级系统评估方法,检验提升效果。

(3)安全文化向承包商延伸。公司坚持"甲方乙方都是一方,你们我们都是我们"的管理理念,将"安全从心出发"和"人本管理"理念向承包商延伸,关注施工人员的安全技能学习和饮食、住宿等生活状况。在学习上,开创性地实施了"白天施工,晚上学习"的做法,既可以帮助施工人员提高安全知识和技能水平,又有效防止了大量人员工作之余可能"无事生非"引发不稳定风险,用工厂化管理理念对施工人员进行提升再造。在生活上,通过大量设置现场施工人员"暖心驿站"、足量配备防暑药品和饮水、机械设备操作室安装空调、开展施工人员住宿环境检查评比等,让施工人员能够"吃得舒心、住得安心、干得放心",

以最好的身心状态投入到企业建设中。

(4)开展公司安全文化水平评估。委托专业公司从领导引领、安全职责、安全参与、沟通效果、安全重要性和制度执行力等六个方面,对公司安全文化水平进行评估,确定安全文化建设中存在的短板,持续改进。

三、结论

安全文化建设是一项长期工作,需要一以贯之执行。因此,对企业安全文化建设提出如下建议。

(1)做好安全文化总体架构设计。建设安全文化,首先企业层面需要有统一的安全文化理念,理念是行动的先导,需企业全体员工认同和践行,并持续传承。

(2)安全文化建设需要抓住三类人群。即决策层、管理层、作业层。决策层要倡导安全文化,做安全文化的标杆;管理层要负责健全制度,做安全文化的推行者;作业层负责制度规范的执行,做安全文化的践行者。

(3)安全文化要做好三个延伸。一是横向上要向专业延伸,强化各业务部门专业人员安全意识,推进专业安全管理;二是纵向上要向基层延伸,扎实基层安全文化建设,特别要抓好安全管理的最小单元——班组安全文化建设;三是外延上向承包商等相关方延伸,用文化引导承包商及施工人员的安全行为。

(4)抓好安全文化的理念文化、制度文化、行为文化和物态文化建设,特别是物态文化的安全可视化管理,用标准、可视化的物态环境组织、引导企业安全生产。

(5)抓好安全文化的典型引路。发挥安全文化建设的示范引领作用,通过选树基层安全文化示范班组、现场安全可视化模范基地等先进典型凝心聚力,营造"安全从心出发"的文化氛围。

石油化工企业安全文化测评体系构建及应用

中国石油化工股份有限公司青岛安全工程研究院　刘亭　王廷春　厉建祥　于菲菲

摘　要：通过对影响石油化工企业安全文化的各种因素进行分析，明确了安全文化各影响因素的测评重点，构建出石油化工企业安全文化测评指标体系模型，并应用层次分析法确定了安全文化测评指标体系模型各层级指标权重。开发石油化工企业安全文化阶梯，凝练出安全文化要素在不同安全文化阶梯层级的特性，并确定了安全文化阶梯的层级量化标准。在安全文化测评过程中，依据安全文化测评指标体系模型，开发安全文化检查表，确定评分规则，采用安全文化测评指标体系模型与安全文化检查表相结合的方法，并对照安全文化阶梯模型，测评企业的安全文化，提升了企业安全文化测评的应用性。

关键词：安全文化测评指标体系模型；安全文化阶梯；层次分析法；安全检查表

一、引言

壳牌、杜邦等国际一流能源化工公司都高度重视自身企业的安全文化建设工作，已经形成各具特色的安全文化建设模式。其中，实施企业安全文化测评，是国际能源化工企业开展安全文化建设的关键环节。如壳牌公司开发出由 18 个典型组织特性构成的安全文化评分表，根据壳牌病态型、被动型、计算型、主动型、健康型的安全文化阶梯五阶段划分，分别给出18 个典型组织特性对应各阶段的特征描述，并按照由病态型到健康型依次赋予 1～5 分的分值，企业管理人员按照该评分表实施安全文化测评，诊断企业安全文化的优势和劣势，揭示企业安全管理不善的内在原因，为创新发展企业先进安全文化提供科学依据。通过安全文化测评，壳牌、杜邦等国际能源化工企业实现安全文化建设的持续改进，取得了卓越的安全业绩。

对标国际一流能源化工公司的安全文化，国内石油化工企业安全文化目前尚处于起步阶段，与世界一流标准相距甚远，尚未形成类似于国际能源化工企业安全文化测评工具和具体的安全文化阶梯。鉴于国内石油化工企业特有的安全管理特点，照搬硬套国外能源化工企业安全文化测评工具是行不通的。因此，本文结合国内石油化工企业安全管理特点，并借鉴国际一流能源化工企业安全文化测评的优秀实践，开发出适用于国内石油化工企业的安全文化测评工具和安全文化阶梯，进而为测评掌握企业安全文化建设现状，持续提升国内石油化工企业安全文化建设水平提供依据。

二、石化企业安全文化测评体系构建

（一）安全文化测评体系模型

通过借鉴壳牌公司安全文化测评相关要素及要求，结合石油化工企业安全管理特点，并经石化企业安全专业人员讨论，提出由"安全理念文化"等四个B 级指标，"安全理念体系内涵"等 15 个 C 级指标构成的石化企业安全文化测评体系模型，如图 1 所示。对所确定的安全文化测评指标体系模型具体说明如下。

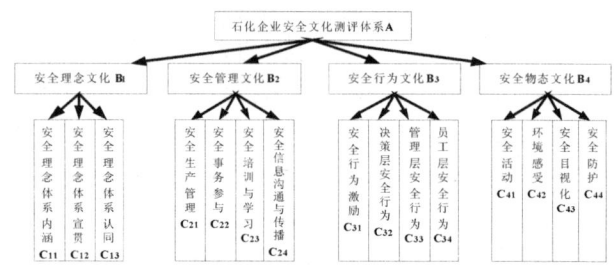

图 1　石油化工企业安全文化测评指标体系模型

（1）安全理念文化（B1）是企业在长期安全生产过程中积累下来用于指导安全生产工作的信条。安全理念体系内涵（C11）反映企业安全理念体系的内容和表述，主要对安全理念体系的内容完整性、生产实际符合性、时代先进性以及受众的感受等进行测评；安全理念体系宣贯（C12）反映企业对安全理念的宣传、培训情况，主要对安全理念体系的宣贯方式及效果进行测评。安全理念体系认同（C13）反映企业员工对安全理念体系的接受情况，重点测评企业人员对安全理念体系的共鸣程度。

（2）安全管理文化（B2）是企业安全生产的运作保障机制。安全生产管理（C21）反映企业组织机构、职责和资源配置、制度保障和执行、安全管理效果等情况，其中组织机构、职责和资源配置重点对安全管理机构及人员的权责是否明确和适宜，人力、物力资源是否满足要求进行测评；制度保障和执行重点对企业安全管理规章制度及执行情况进行测评；安全管理效果重点对安全绩效指标是否得到确立与实现；企业应急系统是否完善；事故与事件的管理水平等进行测评。安全事务参与（C22）反映员工参与企业安全事务的情况，重点对企业安全会议与活动，安全报告和建议的情况进行测评；安全培训与学习（C23）反映企业通过安全培训不断提升员工岗位适任能力的情况，重点对特定岗位满足持证上岗要求的情况，安全培训的时间和频率满足相关规定的情况，以及员工具备岗位适任情况进行测评。安全信息沟通与传播（C24）反映企业通过各种方式传播安全信息的情况，重点对安全信息资源存储情况，安全信息的传播方式，安全信息传播效果进行测评。

（3）安全行为文化（B3）是企业安全理念的外在显现。安全行为激励（C31）反映企业对员工实施安全行为的鼓励情况，重点对企业安全行为激励机制的制度化，激励方式的有效性，员工对企业安全激励机制、激励方式的响应进行测评。决策层安全行为（C32）反映决策层在公开承诺，责任履行，自我完善方面的情况，重点对决策层在公布安全承诺与政策方面亲力亲为程度、履行安全职责程度，通过接受安全培训、加强与外部沟通交流以提高安全素质等方面进行测评。管理层安全行为（C33）反映管理层在责任履行、指导下属、自我完善方面的情况，重点对管理层严格履行所承担的安全责任情况、在组织安全培训、现场指导方面工作的开展情况、接受培训，在推进和辅导员工改进安全绩效上具有必要的能力方面进行测评。员工层安全行为（C34）反映员工层在安全态度、知识技能、行为习惯、团队合作等方面的情况，重点对员工安全责任意识、安全法律意识和安全行为意识，掌握的岗位安全技能，具备的良好行为习惯，以及团队合作情况进行测评。

（4）安全物态文化（B4）是企业生产经营活动

中所处的环境条件和本质安全化状态，是实现本质安全化的基础和保障。安全活动（C41）反映企业通过开展安全活动，营造浓厚的安全氛围环境。环境感受（C42）是员工对一般作业环境和特殊作业环境的感受，体现在员工对作业现场的安全感、舒适感和满意度方面。安全目视化（C43）反映企业对人员、工器具、工艺设备和生产作业现场规范化管理的情况。安全防护（C44）反映企业群体性防护设施设备和个体性防护用品的充分性和有效性。

（二）安全文化测评体系的构建

鉴于层次分析法在确定企业安全文化测评指标体系模型相关因子权重方面的实用性，本文采取层次分析法对图1所示的安全文化测评指标体系模型中相关指标的权重进行确定。

1.构建判断矩阵

采用专家咨询法，确定安全文化指标体系模型各指标要素相对重要性，其中表1表示两因素重要性相等，表2表示两因素前者比后者稍重要；表3表示两因素前者比后者明显重要；表4表示两因素前者比后者强烈重要；表5表示两因素前者比后者极端重要，构建出B级（判断矩阵A）和C级指标判断矩阵（判断矩阵B1、B2、B3、B4），具体如下。

表1　主因素判断矩阵A

A	B1	B2	B3	B4
B1	1	1/3	1/4	1/2
B2	3	1	1/2	2
B3	4	2	1	3
B4	2	1/2	1/3	1

表2　指标层判断矩阵B1

B1	C11	C12	C13
C11	1	2	2
C12	1/2	1	1
C13	1/2	1	1

表3　指标层判断矩阵B2

B2	C21	C22	C23	C24
C21	1	5	2	3
C22	1/5	1	1/3	1/2
C23	1/2	3	1	2
C24	1/3	2	1/2	1

表 4　指标层判断矩阵 B3

B3	C31	C32	C33	C34
C31	1	1/2	1/2	1/3
C32	2	1	1	1/2
C33	2	1	1	1/2
C34	3	2	2	1

表 5　指标层判断矩阵 B4

B4	C41	C42	C43	C44
C41	1	1	1/2	1/3
C42	1	1	1/2	1/3
C43	2	2	1	1/2
C44	3	3	2	1

2. 层次单排序及一致性检验

采用方根法进行层次分析法计算，求得判断矩阵的特征向量 W，经过归一化后即为各因素关于目标的相对重要性的排序权值。利用判断矩阵的最大特征根，可求得 CI 和 CR 值。当 $CR < 0.1$ 时，认为层次单排序的结果有满意的一致性；否则，需要调整判断矩阵的各元素取值。

（1）计算判断矩阵的特征向量。

根据公式

$$\overline{w_i} = \sqrt[n]{\prod_{j=1}^n a_{ij}} \quad , \quad w_i = \frac{\overline{w_i}}{\sum_{i=1}^n \overline{w_i}}$$

式中，

$\overline{w_i}$：判断矩阵每行元素的乘积。

w_i：$\overline{w_i}$ 的归一化结果。

根据上述公式得出各判断矩阵的特征向量，即指标的权重如下：

$W_A = (W_1, \cdots, W_n)^T = （0.5, 0.25, 0.25）；$

$W_{B1} = (W_1, \cdots, W_n)^T = （0.1, 0.28, 0.47, 0.16）；$

$W_{B2} = (W_1, \cdots, W_n)^T = （0.48, 0.09, 0.27, 0.16）；$

$W_{B3} = (W_1, \cdots, W_n)^T = （0.12, 0.23, 0.23, 0.42）；$

$W_{B4} = (W_1, \cdots, W_n)^T = （0.14, 0.14, 0.26, 0.46）；$

（2）判断矩阵的一致性检验。

根据如下所示的判断矩阵最大特征根计算公式：

$$\lambda_{max} = \sum_{i=1}^n \frac{(AW)_i}{nW_i}$$

式中，

λ_{max}：判断矩阵最大特征根。

A：判断矩阵。

W_i：判断矩阵的特征向量。

n：判断矩阵的阶数。

计算得出各判断矩阵最大特征根为：

$\lambda_{max—A} = 4.0339$

$\lambda_{max—B1} = 3$

$\lambda_{max—B2} = 4.015$

$\lambda_{max—B3} = 4.012$

$\lambda_{max—B4} = 4.009$

根据判断矩阵一致性检验标准

$$CI = \frac{\lambda_{max} - n}{n - 1} \quad CR = \frac{CI}{RI} < 0.1$$

式中，

CR：一致性比率，当 $CR < 0.1$ 时，可认为判断矩阵具有满意的一致性。

CI：一致性指标。

RI：随机一致性指标。

将计算得到的各判断矩阵最大特征根代入判断矩阵一致性检验标准，可知判断矩阵具有满意的一致性。

（3）层次总排序及一致性检验。

C 级指标总排序一致性比率计算公式如下：

$$CR = \frac{\sum_{j=1}^m b_j CI_j}{\sum_{j=1}^m b_j RI_j}$$

式中，

B_j：层次总排序的权值。

CI_j：b_j 单排序一致性检验指标。

RI_j：b_j 单排序平均随机性指标。

表 6 给出了 C 级指标总排序权值，代入 C 级指标总排序一致性比率计算公式计算得出 C 级指标排序一致性比率 $CR = 0.005 < 0.1$，可认为层次总排序结果具有满意的一致性。

表6　层次总排序

C级指标	B1	B2	B3	B4	C级指标总排序权值
	0.1	0.28	0.47	0.16	
C1	0.5	0.48	0.12	0.14	0.26
C2	0.25	0.09	0.23	0.14	0.18
C3	0.25	0.27	0.23	0.26	0.25
C4	0	0.16	0.42	0.46	0.31

（三）安全文化测评阶梯的构建

1. 安全文化阶梯构建

为了配合实施安全文化测评，确定企业安全文化水平，杜邦、壳牌等国际一流能源化工公司都开发形成了各自的安全文化阶梯，如杜邦的自然本能、严格监督、自主管理和团队管理四阶段安全文化阶梯，以及壳牌病态型、被动型、计算型、主动型、健康型五阶段安全文化阶梯。

针对本测评体系，通过借鉴杜邦、壳牌的优秀实践，结合专家咨询法，编制"六阶段"安全文化阶梯，安全文化阶梯及对应要素特性如表7所示。

表7　石油化工企业安全文化阶梯

要素特性	阶段					
	本能反应	被动管理	主动管理	员工参与	团队互助	持续改进
企业安全态度	认为安全的重要程度远不及经济利益	安全问题并不被看作企业的重要风险	安全被纳入企业的风险管理内容	安全管理中心放在管理政策，制度执行上	安全管理重心放在有效预防各类事故上	保障员工安全健康成为企业的核心价值观
企业安全投入	认为安全只是单纯的投入，得不到回报	对安全技能的培训投入不足	有计划、主动对员工进行安全技能培训	激励员工参与安全培训	倡导安全经验分享，并提供资源支持	将大量投入用于员工安全与健康的改善
员工安全态度	对自身安全不重视，缺乏自我保护的意识和能力	大多数员工对安全没有特别关注	员工开始重视自身安全	大多数员工愿意参与改善和提高安全健康水平	大多数员工认为安全健康都十分重要	共享"安全健康是最重要的体面工作"的理念
员工安全行为	对岗位操作技能，安全规程缺乏了解	多数人被动学习安全知识、安全操作技能和规程	员工意识到学习安全知识的重要性	对安全做出承诺，并积极参与安全绩效的考核	除了关注自身安全，同时关注同事安全	安全意识和安全行为成为多数员工的一种习惯
员工安全职责	对自身安全不重视	不认为应该对自身的安全负责	意识到自身所担负的安全责任	积极落实自身安全责任	愿意承担对自己和他人的安全责任	认为防止非工作相关的意外伤害同样重要
员工安全感受	普遍对工作现场和环境缺乏安全感	对工作现场的安全性缺乏充分的信任	感受到企业在改善工作环境中的努力	积极参与工作环境改善	注重安全氛围的营造	拥有人性化和个性化的安全氛围

（续表）

要素特性	阶段					
	本能反应	被动管理	主动管理	员工参与	团队互助	持续改进
安全激励	处罚为主，且无标准	制定安全规章制度进行处罚	处罚和奖励作为主要的安全激励措施	以奖励作为主要的安全激励措施	形成奖励为主的安全激励机制	不断更新安全激励方式
安全绩效指标	无相关指标	采用后果性指标	采用减少事故损失工时激励安全绩效	鼓励员工申报未遂事故	所有相关的数据被用来测评安全绩效	企业采用更多的指标展示安全绩效
事故标准	认为事故无法避免	认为事故无法避免	认为事故是可以避免的	事故率稳定在较低水平	长期无事故和无严重未遂事故记录的成绩	提出"零事故"目标

2. 安全文化阶梯层级量化

在专家讨论基础上，确定安全文化阶梯层级量化标准，即自然本能（<60分）；被动管理（60～69分）；主动管理（70～79分）；员工参与（80～89分）；团队管理（90～95分）；持续改进（>95分）。

三、安全文化测评实施

（一）编制企业安全文化安全检查表

为了科学、合理地进行企业安全文化测评并便于企业实施，依据确定的测评指标，根据所确定的安全文化测评指标体系模型，编制了与15个指标层因素相对应的企业安全文化测评检查表，如表8所示。

表8　企业安全文化测评检查表

安全文化要素	检查内容	检查方法	检查结果（√/×）
安全激励	1）是否有安全奖励和处罚的相关管理规定 2）是否按照要求执行 3）安全奖惩是否严明	问询	
	4）是否对于无事故、为安全生产做出贡献的单位和个人给予奖励	问询	
	5）是否将个人安全管理能力纳入职位升迁考核中	查阅资料	
	……	……	……
……	……	……	……

检查表中所有检查项均采用"√/×"来判定，最后测评人员只需将各指标检查项中结果为"√"的数目占该指标所有检查项数目的百分比计算出来，即得指标层评语矩阵 P。例如，C12和C33指标分别有8个和9个检查项，检查结果中为"√"的又分别为6项和7项，则由C12和C33组成的评语矩阵 P=（75.0，77.8）。

根据上述的C级指标权重向量 C 和指标层评语矩阵 P，则企业安全文化综合测评量化值 W 可由式 $W=C\times P$ 确定。将量化值 W 对应安全文化阶梯层级量化标准，即可确定安全文化所处层级，对照安全文化要素特性，可得出企业安全文化最终测评结果。

（二）安全文化测评实例

专家依据设计的企业安全文化测评检查表对某石油化工企业进行了安全文化测评，15个指标因素最终测评得分为 P=（89.6，83.5，91.2，85.2，78.7，92.3，89.5，83.6，87.1，78.9，92.6，89.4，90.5，90.5，88.7）。

根据模糊测评原则，其综合测评结果得分为：

$$S=A\times P=88.5$$

对应安全文化阶梯层级量化标准，可知该企业安全文化层级处于员工参与阶段。

四、结论

（1）构建石油化工企业安全文化测评指标体系模型，确立了测评企业安全文化的4个一级指标和15个二级指标，并运用层次分析方法确定了各要素的权重。根据分析结果可知，员工安全行为（权重0.197）是影响我国企业安全文化建设的首要因素，其次是安全生产管理（权重 0.134）。因此，加强员工安全行为管理和安全生产管理是企业安全文化建设的重点。

（2）构建了石油化工企业"六阶段"安全文化阶梯，确定了安全文化阶梯中安全文化要素的特性及各层级量化标准。针对安全文化测评指标体系模型，开发安全检查表。采用安全文化测评指标体系模型与安全文化检查表相结合的方法，并对照安全文化阶梯模型，提升了企业安全文化测评的应用性。

参考文献

[1] 姚启平.论企业安全文化—壳牌沥青中国实体企业安全文化提升的实践和思考[D].上海：复旦大学，2010.

[2] 罗军.杜邦公司企业安全文化在华溢出效应的研究[D].上海：同济大学，2008.

[3] 王强.对标一流建设中国石化特色安全文化[J].安全、健康和环境，2012，12（8）：1-4.

[4] 郭金玉，张忠彬，孙庆云.层次分析法的研究与应用[J].中国安全科学学报，2008（5）：148-153.

[5] 杨海军.杜邦安全管理在塔里木油田公司的推进与实施研究[D].天津：天津大学，2012.

金川安全"文控与风控"集成模式

甘肃省金昌市金川集团股份有限公司矿山工程分公司　李梅
甘肃省金昌市金川集团公司办公室　赵千里

摘　要： 金川安全"文控与风控"集成模式突破了传统意义上安全文化建设的内涵，拓展了安全文化建设的外延，具有兼容、开放和可学、可用、可复制的特点，"金川模式"所倡导的是科学发展、安全发展、文化发展理念；所追求的是文化引领、行为养成、本质化建设、零伤害生产、零偏差操作、零风险可控、零缺陷管理之目标；它科学地揭示了科学化与系统化、合规化与合法化、精细化与集约化、体系化与机制化、流程化与程序化、匹配化与配套化、模式化与常态化管控的思路。

关键词： 安全文化；安全风险；安全模式

依托金川公司 50 多年来厚重的安全文化底蕴和安全文化资源，提出了"用先进文化引领公司安全发展"的全新思路和对策，按照"物本靠科技、人本靠文化"的管控思想，创造性、创新性地提出了"五大"文控顶层理念和"六大"风控理念，研究创立了金川"五阶段"安全文化管控集成模式，简称"金川模式"。

金川模式，是按照人、机、环和管理四大要素的本质化程度、匹配化程度和管控程度或可控受控程度分成五级，按照五阶段建设的思想而形成的一套承载企业特色"安全文化"和"安全风险"可控的集成模式。它是"金川人"从半个多世纪的发展实践中归纳提炼、又回到实践中被实践检验的一套较为科学、先进、卓越的"五阶段"安全文化管控集成模式。

一、安全"文控与风控"集成模式的基本架构

（一）创立"两道"双重预防，防控"两类"安全风险

按照"无隐患+零违章=零伤害"或"物本+人本=零伤害"固化程式，研创了"两道"双重预防机制，支撑"物本"与"人本"建设，控制"固有"和"行为"两大风险，实现"无隐患""零违章"，助推"零伤害"之梦实现，如图 1 所示。

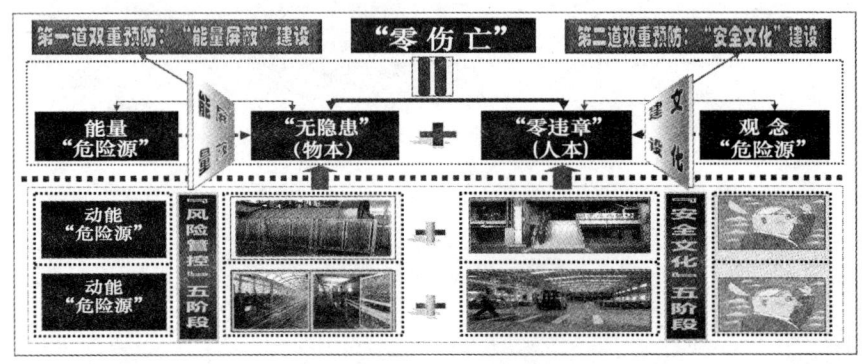

图 1　两道双重预防原理

第一道"双重"预防机制（固有安全风险管控）。该道双重预防机制，为"固有风险管控与隐患排查治理"机制，属于"能量屏蔽"建设范畴，其管控的核心是通过能量屏蔽建设，控制"固有风险"，强化"物本"意识，消除"物态隐患"，管控的目的是构筑一道本质安全型物理屏障，让固有危险源风险处于可控受控状态，支撑"物本"，实现"无隐患"。

第二道"双重"预防机制（行为风险管控）。该道双重预防机制，为"观念风险管控与行为违章排查治理"机制，属于"安全文化"建设范畴，其管控的

核心是通过安全文化建设，控制观念风险，强化"人本"意识，消除行为违章，管控的目的是构筑一道先进观念屏障，让行为风险处于可控受控状态，支撑"人本"，实现"零违章"。

（二）创立安全"文控和风控"集成模式

研究创立安全"文控和风控"集成模式，落实"两道"双重预防，防控"行为风险"和"固有风险"。该模式科学提出了"两大"顶层设计理念（即"五大"文控顶层设计理念、"六大"风控顶层设计理念）；研创了"五模式"（即事后管控模式、缺陷管控模式、系统管控模式、风险管控模式和文化管控模式）；创立了"三大"品牌工程，即"四文控"品牌工程（安

全理念文化、安全制度文化、安全物质文化和安全行为文化）、"五专控"品牌工程（生产组织风控、设备设施风控、工艺系统风控、项目建设风控和人力资源风控）和"五风控"品牌工程（零风险、零隐患、零再发、零失控、人—机—环匹配化）；构建了一套"零伤害"保命体系（用致命性作业保命条款，管控企业致命性作业安全）；创新了"一百套"科学管控法（即思维模式和行为模式：用"安全思维模式"管出科学做事的思维定式、思维习惯，管出思维无风险；用"行为模式"管出科学做事的行为定式、行为习惯，管出行为无风险）如图2所示。

图2　安全文控与风控集成模型

二、"五大"文化顶层设计理念

"金川模式"——创造性地研究提出了"五大"文化顶层设计理念，为安全文化"五阶段"管控模式的研究建立，提供了理念支撑。

1. 研创"思维模式+行为模式=文化落地"固化程式，精准指导"思维模式、行为模式"建设

按照"观念思维决定安全意识，安全意识决定安全行为"的思想，研究了"思维模式+行为模式=文化落地"或"思维习惯+行为习惯=文化落地"固化程式，精准指导"思维模式与行为模式"五阶段研究。实现用"思维模式"与"行为模式"管出"安全文化"落地。

管"思维模式"就要管出科学做事的"思维定式""思维习惯"，管出观念无风险、思维无隐患，实现用思维模式引领固化成思维定式、思维习惯，积淀成

观念文化。

管"行为模式"就要管出科学做事的"行为定式""行为习惯"，管出行为无风险、员工无违章，实现用行为模式引领固化成行为定式、行为习惯，积淀成行为文化。

2. 研创"物本+人本=零伤害"固化程式，精准指导"物本"与"人本"两化建设

按照"管安全，要管'物本'与'人本'两化建设"的思想，研创了"物本+人本=零伤害"或"无隐患+零违章=零伤害"固化程式，精准指导"物本"与"人本"五阶段研究，支撑"物本"和"人本"两化建设，实现"用物质文化，管控物态安全，用行为文化，管控行为安全"的目的，助推"零伤害"之梦的实现。

管"物本"，就要管出设备设施、工艺系统和作

业环境"三物态"本质型安全化状态，管出物态"无风险""无隐患"，实现用"物质文化"管控"三物态"安全。

管"人本"，就要管出决策层、管理层和操作层"三行为"本质化安全，管出行为"无风险""零违章"，实现用"行为文化"，管控"三行为"安全。

3.研创"让环境改变观念，让观念引领行为"顶层设计理念，精准指导"环境文化"建设

按照"环境能改变观念、驾驭行为"的思想，研究创立了"让环境改变观念，让观念引领行为"顶层设计理念，精准指导"物理环境"和"人文环境"两环境建设，创造一个本质安全型"物理环境"和"人文环境"，即"硬环境"和"软环境"，有效防范人为违章，弥补人为疏漏。

管"物理环境"，就是要管出一道本质安全型"物理屏障"，创造一个防止人为过错、弥补人为疏漏的"硬环境"。

管"人文环境"，就要管出"遵章守纪"的文化环境，管出"驾驭行为"的本质型安全环境。使有遵章守纪意识的人实现遵章守纪，使没有遵章守纪意识的人，在此环境中，改变观念，影响行为，实现遵章守纪。

4.研创"让理念固化成制度标准，让制度标准成为文化"顶层设计理念，精准指导"制度标准"五阶段建设

研究创立了"让理念固化成制度标准，让制度标准成为文化"第四大顶层设计理念，精准指导"理念固化于制程式"和"制度标准文化"五阶段研究。该五阶段成功研究，让理念固化于制度标准，让制度标准成为习惯，让习惯符合制度标准，具有了"转化器"结构。该顶层设计理念，反映了管安全，就要归纳提炼一套"物态方面理念"与"行为方面理念"，并将其固化于制，形成"物质文化"和"行为文化"。

"物态理念"固化于"制"，就是将"物态理念"固化成设备设施、工艺技术和作业环境"三物态"技术标准，通过"设备设施"五阶段、"工艺系统"五阶段和"作业环境"五阶段建设，落实"三物态"技术标准，形成设备、工艺、环境"三物态"本质安全化状态，让"物态理念"转化成"技术规范"，形成"物质文化"，实现"用物质文化，管控物态安全"。

"行为理念"固化于"制"，就是将"行为理念"固化成"员工行为规范"，通过"员工塑培"五阶段建设，让"行为规范"入脑内化于心，形成"思维习惯"，引领"行为习惯"，让"行为习惯"积淀成"行为文化"，实现"用行为文化，管控行为安全"。

5.研究创立"让管理成为文化，用文化管控安全"顶层设计理念，精准指导"四文化"五阶段研究建设

该顶层设计理念，反映了"管安全，就要管文化，管出先进文化，管出先进观念"。科学揭示了"安全文化是安全管理的最高境界，是追求零伤害生产、零偏差操作、零缺陷管理"的一整套管控体系。

为什么要让管理成为文化？历年安全管理的功效、绩效和安全业绩已经证实，"制度化与标准化管理""经验型与传统型管理"等，只能管出"要我安全、要我管理和要我遵章守纪"，管不出"我要安全"的意识和观念、"我要管理"的习惯与常态化，此类管理的典型特征就是反复抓，抓重复，反复治，治重复，管不出习惯和常态化；重复性三违屡禁不止，重复性隐患重复出现，重复性事故重复发生，管不出良好的安全绩效和安全业绩。

为什么要用文化管控安全？安全文化是安全管理的最高境界，它能培养人、塑造人、感化人，它能影响人的观念思维和认知；只有让管理上升到文化的高度，用文化管控安全，才能管出"我要安全"的意识和观念、"我要安全"的习惯和常态化、才能管出"零伤害""企业平安、社区和谐、家庭幸福、领导放心"的良好安全绩效和业绩。

三、创立"五模式"，让管理成为文化

（一）创立"五模式"

为了让管理成为文化，用文化领航企业安全发展，研究创立了"五模式"，即："事后管控模式""缺陷管控模式""系统专控模式""风险管控模式"和"文化管控模式"，如图3所示。

一是按照"事故"具有"再发"风险，研创了"事后管控模式"，控制事故"再发"风险。

二是按照"事故"源于"隐患"，研创了"缺陷管控模式"，控制隐患"失管"风险。

三是按照"隐患"存于"系统"，研创了"系统专控模式"，控制安监部门"单管"风险。

四是按照"系统"存有"风险"，研创了"风险

管控模式"，控制风险"失控"风险。

五是按照"风控"难以"常态化"，研创了"文化管控模式"，控制文化"落后"风险。

（二）创立"四大"支撑模块，助推"五模式"升级发展

为了支撑"五模式"升级发展，研创了"四大支撑"升级模块，即："两零控一应急"第一大支撑模块，支撑"事后管控"向"缺陷管控"升级跨越；"五专控"第二大支撑模块，支撑"缺陷管控"向"系统专控"升级跨越；"双重预防"第三大支撑模块，支撑"系统专控"向"风险管控"升级跨越；"四文控"第四大支撑模块，支撑"风险管控"向"文化管控"升级跨越，如图3所示。

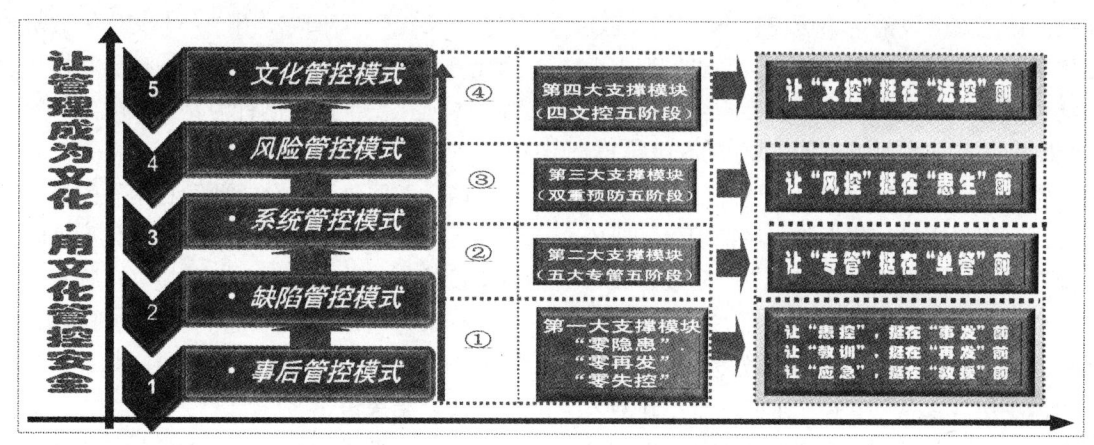

图3 安全文控与风控集成模型

1. 研创"两零控一应急"支撑模块，支撑"事后管控"向"缺陷管控"升级跨越

按照"四不放过"原则和"管安全，要管应急、管教训、管隐患"的风控理念，研究创立了"两零控一应急"第一大支撑模块，控制"救援失控""事故再发"和"隐患失管"风险，助推"事后管控"向"缺陷管控"升级跨越。

一是按照"管安全，要管应急"，研创了"应急建设"五阶段，用"应急建设五阶段"，管好安全管理最后一道防线，让"应急"建设，挺在"救援"前，控制"救援失控"风险。

二是按照"管安全，要管教训"，研创了"零再发"五阶段，用"零再发"五阶段，管好"防范措施"落实，让"教训"汲取，挺在事故"再发"前，控制事故"再发"风险。

三是按照"管安全，要管隐患"，研创了"零隐患"五阶段，用"零隐患"五阶段，管出"零隐患"，让"患控"，挺在"事发"前，控制隐患"失管"风险。

2. 研创"五专控"支撑模块，支撑"缺陷管控"向"系统专控"升级跨越

按照"三管三必须""党政同责、一岗双责"法治要求；按照"管'安全'，要管'专业化'"的理念，研创了"五专控"五阶段，用"五专控"五阶段，管控"五大专业化"安全，控制"五大"专业化"失控"风险，助推安全管理由"缺陷管控"向"系统专业化管控"升级跨越。

一是按照"管生产，必须管安全"的原则，研创了"生产风控"五阶段，用"生产风控"五阶段，管控"生产安全"，有效控制生产组织"失控"风险。

二是按照"管设备，必须管安全"的原则，研创了"设备设施风控"五阶段，用"设备设施风控"五阶段，管控"设备设施安全"，有效控制设备设施"失控"风险。

三是按照"管工艺，必须管安全"的原则，研创了"工艺系统风控"五阶段，用"工艺系统风控"五阶段，管控"工艺系统安全"，有效防范工艺系统"失控"风险。

四是按照"管项目，必须管安全"的原则，研创了"项目建设风控"五阶段，用"项目建设风控"五阶段，管控"项目建设安全"，有效控制项目建设"失控"风险。

五是按照"管人力资源，必须管安全"的原则，研创了"员工塑培"五阶段，用"员工塑培"五阶段，培塑出"我要安全意识、我懂安全知识、我会安全技

能和我愿安全的观念"，塑造出本质安全型员工，有效控制行为"失控"风险。

3. 研创"风险管控"支撑模块，支撑"系统专控"向"风险管控"升级跨越

按照管"安全"，要管"风险"和"隐患"的理念，依据"风险可控为安、失控为患"的思想，研创了"双重预防"第三大支撑模块，通过"双重预防"五阶段建设，让高安全风险"不可控、不受控"逐步向可控受控发展，实现由过去"以查'隐患'为主，向以'控险、消患'为主"上来。助推安全管理模式由"系统专控模式"向"风险管控模式"的升级跨越。

一是按照"管'安全'，要管'风险'，让'风险管控'挺在'隐患产生'前"这一风控理念，研创了"零风险"五阶段，通过"零风险"五阶段建设，实现用"安全三区""安全红区"管控"灾难性"作业安全风险；用"保命条款"管控"致命性"作业安全风险；用"零伤害条款"管控"非致命性"作业安全风险；用"零微伤条款"管控"扭伤性"作业安全风险。把"安全风险"控制在"事故隐患"产生前，把"隐患"消灭在"事发"前。

二是按照"管安全，要管匹配化"原则，研创了"手工操作"系统下、"机械化"系统下、"自动化"系统下、"智能化"系统系下和"串并联组合"系统下"人—机—环"科学匹配化建设五阶段，通过"人—机—环"匹配化五阶段建设，有效控制"人—机—环"不匹配风险。

4. 研创"四文控"支撑模块，支撑"风险管控"向"文化管控"升级跨越

按照"法控"只能管出"要我安全"，"文控"能管出"我要安全"的理念，研创了"四文控"第四大支撑模块，通过"四文控"支撑体系建设，让安全管理成为先进安全文化，用安全文化管控企业安全，管出"我要安全"的观念意识和文化素质，控制"文化落后"风险，助推安全管理由"风险管控模式"向"文化管控模式"升级跨越。

一是按照"管安全，要管观念"的原则，研创了"理念文化"五阶段，通过"理念文化"五阶段建设，形成一套先进的安全文化理念体系，引领员工安全价值观念的转变，规则意识的树立，良好行为的养成，控制"观念落后"风险。

二是按照"管安全，要管习惯"的原则，研创了"制度标准文化"五阶段，构建了"制度标准成为习惯"转化器。用"制度标准文化"五阶段，管出"依法治企、依法治安"习惯，控制"违规违法"风险。

三是按照"管安全，要管人本"的原则，研创了"人本文化"五阶段，用"人本文化"五阶段，管控"行为安全"，管出决策层、管理层和操作层"三行为"本质化安全，控制行为"无风险"，实现"零违章"。

四是按照"管安全，要管物本"的原则，研创了"物本文化"五阶段，用"物本文化"五阶段，管控设备设施、工艺系统和作业环境"三物态"安全，管出预防人为失误的"本质型"安全物理屏障，控制"三物态"固有风险，防止人为过错，弥补人为疏漏。

四、结束语

"金川模式"创立了一套模式——金川"五阶段"安全文化管控集成模式，为企业安全文化落地与传承提供了五阶段路径与方法引领体系；开辟了一条路——安全文化发展之路，让管理成为文化，用文化管控安全；探究了一套机制——安全风险与隐患双重预防机制，让"风控"挺在"患生"前，让"患控"挺在"事故"前；创建了一套体系——"零伤害保命"体系，用"保命条款"，管控企业安全；建造了一个转化器——习惯养成转化器，让制度标准成为习惯，让习惯符合制度标准；营造了一种环境——遵章守纪文化环境，让环境改变观念，让观念引领行为；创新了一套管控法——100 套科学管控法，管出思维无风险，无隐患，管出行为无风险、无违章；编织了一张网——生命之网，为企业编织了一张文化引领、本质化支撑、风险可控、常态化保障之网；打造了一个平台——安全文化咨询平台，咨询一个企业，打造一个品牌，影响一个区域，带动一个行业；培育了一种文化——企业特色安全文化，领航企业安全发展、科学发展和文化发展；实现了一个梦——零伤害之梦，让企业平安、社区和谐、家庭幸福和领导放心。

北元安全文化落地方式与路径研究

陕西北元化工集团股份有限公司　党增琦　靳党会

摘　要： 本文简要分析和论述北元"4551"安全文化管控模式如何有效落地，如何形成"理论—实践—总结—升华—再实践"的运行体系，如何有力助推企业安全发展、科学发展，最终实现安全管控目标。

关键词： 文化落地；4551管控体系；5个平台

北元安全管控模式是北元化工集团实现安全文化落地与传承的一套先进、科学并固化的安全思维模式和管用有效的安全行为工作模式，也为北元化工集团承载特色安全文化、实现"零伤害"提供了一套方法引领体系。北元梯进式安全文化管控集成模式，亦称"4551"管控体系，"4"是四层次模块，包括理念文化、制度文化、行为文化、物质文化。"5"是五大专业化模块，包括生产组织、工艺系统、设备设施、项目建设、员工塑培五个模块。另一个"5"是风险管控模块，包括报告人机环匹配化、风险管理、隐患治理、零伤害、应急建设五个模块。"1"是指一个安全文化管控体系评价标准。

北元化工集团通过安全文化管控集成模式建设，形成了文化引领、专业支撑、风险管控、常态保障的安全文化管控体系，构建了5个平台，为北元安全文化落地保驾护航，也为北元集团编织了一个"五阶段统领，文化引领，本质化支撑，匹配化助推，环境驾驭，模式化管控，常态化保障"的生命之网、平安之网。

一、安全文化落地的意义

北元安全文化落地给所有人员提供了一套先进、科学、卓越的安全思维模式和管用有效的行为工作模式，提供了一套安全管理方法与思路，为北元集团成就零伤害之梦提供了方法论和实践篇。

北元安全文化落地是将其下属各单位安全管理思想统一的有效途径，为安全管理在一套体系下运行，在一个频率上发声，统一了思想、凝聚了力量。

二、如何让北元安全文化落地

（一）搭建"北元安全文化"落地着力平台

既然是着力就要有着力点、切入点，必须从北元安全文化倡导的思想和方法的具体工作入手，将十四个模块重点倡导的内容作为着力支点。

每季度各分厂按照"北元安全文化"的核心任务和十四个"五阶段"的阶段性重点工作制订计划。计划推进的内容要严格按照北元安全文化模块进行分类，突出重点，突出执行，突出过程控制。明确每一个项目的推进目标、任务、时间节点和责任人，并制订措施，细化目标，实行闭环核销，全过程控制。每季度制订一次，每月都要按照计划进行，让员工始终感觉北元安全文化就在大家身边。通过具体的安全管理项目建设助推北元安全文化落地，及时挖掘北元安全文化的亮点，及时纠正北元安全文化的问题，及时推广北元安全文化的经验。避免只有计划没有落实，只有形式没有效果。

安全管理项目建设可以保证北元安全文化十四个"五阶段"工作持续开展，可以助推北元安全文化落地。逐步形成"领导分工抓、安全部门系统抓、专业部门配合抓、生产分厂具体抓"的管理机制，保障北元安全文化落地的着力平台搭建。

（二）搭建"北元安全文化"落地支撑平台

建立制度体系。支撑就是保障北元安全文化落地的力量，任何新事物发展的初始阶段大都需要强制推行，所以建立一套符合北元实际的安全管理制度体系，强力助推安全文化落地势在必行。制度体系建设要紧紧围绕北元安全文化十四个"五阶段"重点工作、重点特征，对北元安全文化中涉及的工作目标、标准要统一要求，不能两张皮，说一套做一套，也不能征求意见静悄悄、实际执行杂音不断，否则安全管理模式始终只能是浮云。只有规范的制度体系才可以助推北元安全文化在统一的标准下落地，只有在先落地后才可以谈在实践中总结，因为实践是检验真理的唯一标准，抛开落地一切都是纸上谈兵。

建立评价标准。在充分理解和认识"五阶段"工作的基础上，必须按照五阶段各模块特征结合实际工作制定一套简单统一的评价标准。比如行为文化建设模块，领导层行为要研究"四安全"，如何评价"是否研究、研究的效果、多长时间研究、和谁一起研究"，这些问题对应的就要有一套标准，不能随心所欲，否则时间会淡忘行为文化的初衷，也只有一系列的具体的标准才可以支撑助推行为习惯的养成。

建立运行机制。制度规定好、标准制定好，不是真的好，还要有一套如何让这些制度和标准有效运行的管控机制，北元安全文化的落地关键就是执行。首先通过制度运行总结提炼每一项制度的流程，包括管理流程、运行流程等要素，用简明扼要的图示说明谁来干、何时干、如何干、干到何效果，让谁看都能看得懂、理解透，有效执行。其次随着评价的推进，标准要尽可能地达到一致，不能这个单位这样做，那个单位那样做，一项工作好几种版本和做法，这样的差异随着时间变迁会使北元安全文化走样变调，不利于北元安全文化真正落地和发展。

（三）搭建"北元安全文化"落地专业平台

安全管理工作不是某一个部门、某一个层面、某一个人的事，必须全员参与、整体推进。北元安全文化落地亦如此，必须要形成全员参与、整体推进、各负其责、各司其职的格局，要形成决策层部署，专业化层推进、安全管理层督查，其中专业化安全管理是重要内容。

北元安全文化五个专业化管理模块，涉及生产组织、工艺系统、设备设施、项目建设、员工塑培，做好专业化管理就会构筑一条坚实的安全防护网，专业化管理可以实施创新驱动战略，将科技注入安全，让科技保障安全，让科技助推安全。可以考虑从安全费用中提取一部分作为北元安全文化专业化建设专项基金，鼓励和支持开展安全技术研究，推广先进适用的安全生产科技成果，普及应用北元先进的安全管控方法。

专业化部门按照北元安全文化建设的要求制定工作计划并指导部署基层分厂专业化小组开展工作，将专业化安全管理作为推进专业化管理水平的抓手，实

现从上到下统一链接，统一执行。专业化部门不能仅仅成为隐患和问题整改的督导部门，更要成为围绕各自专业化管理范畴主动发现隐患和问题的部门，因为相比各层级安全管理人员来说，专业技术人员对现场工艺设备原理、性能等更了解、更熟悉。只有明白的人才可以干明白的事，真正实现"安全专业管理、专业安全管理"的理念，搭建集"基础研究、科技研发、检测检验、安全培训、咨询认证、技术推广"于一体的安全生产科技支撑网络，实现北元安全文化在技术支撑下高标准、有价值的落地。进而形成全公司上下关心安全、重视安全、参与安全的良好氛围，努力为企业安全发展构筑坚强的安全屏障和坚实的安全基础。

（四）搭建"北元安全文化"落地提升平台

评价归纳。成立北元安全文化管控体系运行评价小组，分、子公司每个月按照制度和标准要求，把每一项工作进行细化，坚持深入每一个分厂检查安全管理安排执行情况，查处现场安全隐患，纠正员工不安全行为，做到北元安全文化评价沉下去、严治理，不走过场、不留后患，促进各级安全管理同步，为北元安全文化落地补充正能量，助力给力。评价组要吸纳不同单位的安全生产管理人员参加，创造相互学习借鉴的机会，发挥集体力量，搭建共享平台，激发工作热情，促进安全管理水平同步提升。对评价提出的问题，属于模式本身的问题要上报建议完善修订，属于执行不到位的问题要结合实际制定整改措施，限期整改复查核销，促进北元安全文化有效落地。

反馈机制。北元安全文化运行不可能一蹴而就，必须要经过落地、提升、发展到固化的过程，因此在这个过程中接受基层的建议和意见很重要，必须要建立北元安全文化建设反馈机制，在北元安全文化推行落地初期就必须坚持定期从模式规定的内容、运行的效果、评价的标准等入手，广泛征求基层意见，广开言路，集思广益。按照基层反馈意见和建议及时地分析补充完善，不断提升北元安全文化与时俱进、与实俱进、与事俱进，最终达到固化传承。

（五）搭建"北元安全文化"落地激励平台

实施目标考核奖惩。北元安全文化建设要作为安全管理目标责任考核的重要内容纳入绩效考核，要完善考核办法和激励机制，严格考核奖惩。要逐级分解年度建设目标任务，将公司领导、安全管理人员、分

厂班组负责人的经济利益与北元安全文化落地建设与绩效挂钩。要严格落实安全生产警示、约谈、挂牌督办、责任考核、责任追究和"一票否决"制度。对北元安全文化建设不落实、进展缓慢、效果不明显的，要予以通报批评并责令限期改进，对分管负责人要启动问责机制，严肃追究责任。

推行安全预警体系。为激发各级人员责任落实到位，助推北元安全文化建设取得实效，对北元安全文化落地推进要建立安全预警管理办法。对在北元安全文化落地创建过程中存在明显缺陷和漏洞、建设目标滞后、建设效果不好等按照具体情况划分为黄色、橙色、红色三个安全预警级别，下达北元安全文化建设预警告知书，相关单位制订整改方案，确定责任人、整改时间等，挂牌专人督办，所有问题责任落实到位，隐患和问题整改到位后核查签字，提出预警解除申请，主管领导批准后解除预警。只有做到"过程和结果考核并举"，才能营造人人参与北元安全文化落地建设的大氛围，养成"树立大局意识、彰显制度尊严、拥有感恩情怀、实现平安幸福"的思想，着力推进北元安全文化落地发展。

三、成果与展望

北元集团安全文化发挥的管控效能已经在榆林地区、陕西省打造了北元品牌，同时北元集团已经获得了全国安全文化示范企业的称号。这是一种荣誉也是一种责任，通过安全文化有效落地和实践，我们总结了一套北元经验、北元方法，作为北元安全文化的拓展和补充，进一步彰显北元安全文化的强大价值。我们希望能够走出陕北、面向全国，有效助推同行业乃至相关企业长治久安。

北元安全文化是北元梦的一部分，北元安全管理的梦就是保障全体员工生命健康安全、实现零伤害。要培养一批真正理解掌握北元安全文化内涵和运行方式的卓越的安全管理人员，要树立一批践行北元安全文化已经取得成效的示范单位、班组，要推广一批先进的人物和方法作为北元安全文化成果，要建立一批北元安全文化产业进行市场运作推广，真正地让北元安全文化产生品牌效应，实现让管理成为文化，用文化管控安全，为成就企业安全管控零伤害的美好追求做出我们的贡献。

四、结语

北元安全文化落地是零伤害目标实现的基础。空谈误企、实干兴厂，抛开落地谈收获是不现实的，我们只有凝聚力量助推北元安全文化落地，北元安全文化之花才能傲然绽放，散发的芳香才能四溢全国，北元全体员工才会在北元安全文化构筑的蔚蓝天空下快乐工作、幸福生活。

构建发电企业本质安全文化

中国华能集团有限公司浙江分公司　金天寅

摘　要：本文通过华能玉环电厂本质安全文化建设实践，探索了发电企业安全文化建设的有效途径，总结了本质安全文化建设的成果，为行业提供经验借鉴。

关键词：构建；发电企业；本质安全；安全文化

华能玉环电厂是中国华能集团有限公司浙江分公司管理的基层电厂，作为创建本质安全型企业试点企业，华能玉环电厂按照本质安全体系要求，将本质安全型企业创建与安全文化建设深度融合，经过多年实践，建设了独具特色的本质安全文化。

一、本质安全文化内涵

（一）本质安全

通常将本质安全（Intrinsic Safety）定义为：通过系统、科学、合理和可靠的设计，使设备、装置具有内在的防止发生事故的功能。

综合众多的事故致因理论，事故是由人、机、物、环境、管理等诸因素构成的多元函数：

事故=f（人、机、物、环境、管理）

因而企业安全事故预防，仅仅依靠工艺设备的本质安全设计还不能完全杜绝安全事故，还必须从企业的安全管理系统、人的行为和工作环境方面作全面提升，实现本质安全。

本质安全型企业是指从与事故相关联的人员、工艺设备、环境和管理四个方面，制定严格的标准、规范和制度，建立起有效的执行机制和预防体系，防止事故的发生，达到人、机、物、环境和管理的安全、和谐、统一，实现人员本质安全、工艺设备本质安全、环境本质安全和管理本质安全。

本质安全体系遵循 PDCA 管理模式，即策划（PLAN）、实施（DO）、检查（CHECK）和改进（ACTION），形成循环和持续改进。管理模式由六个关键要素组成，包括领导和承诺、安全健康与环境方针、策划、实施和运行、检查和纠正措施、管理评审。

（二）安全文化

安全文化，是企业在长期安全生产经营活动中，逐步形成的，或有意识塑造的为全体员工接受、遵循的，具有企业特色的安全价值观、安全思想和意识、安全作风和态度，安全管理机制及安全行为规范，安全生产目标，为保护员工身心安全与健康而创造的安全、舒适的生产和生活环境和条件，是企业安全物资因素和安全精神因素的总和。

安全文化具有导向功能、凝聚功能、激励功能、规范功能、稳定功能，对员工有很强的潜移默化作用，能影响人的思维，改善人的心智模式，改变人的行为。

安全文化可以通过安全承诺、行为规范与程序、安全行为激励、安全信息传播与沟通、自主学习与改进、安全事务参与、审核与评估等方法建设。

（三）本质安全文化特征

1. 基于风险控制的主动型安全管理

风险管理是本质安全管理体系的核心功能，本质安全体系的本质内涵就是系统的、主动的、清晰的风险管理方法。运用以风险管理为重点的本质安全体系，就能够实现安全管理由事后向事前、被动向主动、经验向科学的转变。

2. 基于行为的全员型安全管理

通过系统性、全员性的员工行为安全审核，实施针对性的行为干预策略，形成长期反违章的方法和手段，改变员工的不良行为习惯，避免人身伤害事故的发生。

3. 基于系统 PDCA 的闭环型安全管理

通过对现有的安全生产管理流程的梳理、规范和整合，按照策划、实施、检查、改进的（PDCA）循环方式建立起闭环的安全生产管理模式，实现安全生产管理观念上的转变、制度上的创新、职责上的细化、方法上的完善和流程上的再造以及管理效率的持续改善和提升。

4.基于文化的自主型安全管理

通过培育良好的安全人文氛围和协调的人、机、环关系，通过对员工的观念、意识、态度、行为等的引导、干预、强化，形成从无形到有形的影响，从而进一步强化员工的安全意识，提升员工的安全素质，形成自主性的、按规范、程序生产作业的习惯，逐步形成企业的安全文化。

5.基于问题发现型安全管理

从内部出发，研究生产系统中各要素相互关系，检查可能发生事故的途径，把生产中出现的差异作为信息，进行安全信息管理，预防事故的发生。

二、本质安全文化建设实践

（一）编制方案，做好策划

编制《创建本质安全型企业工作方案》《安全审核工作方案》《班组建设工作方案》《作业危害分析工作方案》《管理体系文件编制工作方案》《作业危害分析工作实施方案》及《厂领导安全审核工作方案》，成立了项目领导小组和技术指导小组，明确了整个项目实施流程和各阶段性工作要求，全面策划本质安全型企业创建。

（二）加强宣传，营造氛围

在集控楼、检修部、燃脱部设置创本工作宣传橱窗，制作创本宣传资料，公开厂领导和各部门的安全承诺，在综合楼大厅设置党员安全承诺宣传栏。坚持编制创本周报和月报，大力宣传创本工作的实际意义，普及本质安全知识，发动全体员工积极参与到创建工作中来，厂区布置企业文化标牌，宣传华能安全管理理念和企业安全文化，营造氛围。

（三）优化流程，提高管理本质安全水平

成立体系文件领导审核小组和编制工作小组，落实本质安全管理体系文件的编写责任部门和人员职责，组织召开编写人员会议，明确工作分工。梳理原有安全生产制度，将安全文明生产管理、消防管理、安保管理、职业健康管理、环保管理、生产运行管理制度纳入本质安全体系，确保安全生产制度唯一，避免制度"两张皮"现象。

（四）推行5S班组建设，提高班组管理水平

以设备部继电保护班、运行部运行二值、检修部电气班、燃脱部脱硫机务班等四个班组为5S班组建

设试点，加大班组建设培训力度，组织、指导试点班组按照5S班组标准开展创建并逐步推广到全厂各部门和班组，班容班貌焕然一新，工作环境本质安全水平显著提高。

（五）开展安全审核，排查治理隐患

将安全审核与反违章、隐患排查治理工作有机结合，建立厂领导带队现场安全审核制度，每月由厂领导轮流带队对现场安全生产工作开展安全审核，突出"以人为本"的理念，鼓励员工参与安全审核和全员反违章，发现的问题及时录入生产MIS，落实责任人进行整改，形成闭环管理，有效加强了现场督导检查，体现了可见的领导和传递的管理。

（六）推进作业危害分析，降低作业风险

对所有作业项目进行危险点辨识，制作了717项作业危害分析表，形成作业危害分析数据库，涵盖整个作业流程和作业环境，将作业危害分析表纳入危险点预控措施卡，每张工作票和操作票附危险点预控措施卡，有效降低作业风险。

（七）宣贯体系文件，提升员工素质

举办厂级领导中层干部法律法规、体系文件安全管理培训班，举办作业危害分析、安全审核培训班，组织各部门安全员轮流"当老师"授课讲解体系文件，邀请厂家专业技术人员讲解新技术、新工艺应用，开展安全生产应急知识竞赛，举办了脚手架作业及验收、危化品管理及使用等培训班，全面提升员工安全生产知识、技能。

三、本质安全文化建设成效

（一）打造安全品牌文化

提出"零违章保零事故""零缺陷保零非停"和"从零开始到零结束"安全理念，按照"零"起点、"零"过程，"零"目标的工作要求，把"零"理念贯穿于安全管理的全过程，实现安全工作零起点、体系运转零迟滞、执行制度零距离、系统运行零隐患、设备状态零缺陷、生产组织零违章、操作过程零失误、隐患排查零盲区、隐患治理零搁置、安全生产零事故、发生事故零效益，打造安全生产品牌。

（二）建设安全制度文化

结合本质安全型企业创建，形成133个安全生产体系文件，覆盖原有安全生产制度，补充现场工作实际，通过建章立制，再造管理流程，做到"写我所做

——写进制度"的规定就是实际所做工作，"做我所写——实际所做工作"就是按照制度要求的，记录我所做——将所做工作及时记录，查我所做——经常检查工作是否正确，纠正我所做——纠正工作做错和不到位的，建设高水平制度文化。

（三）创建管理文化

创建"两大模式、三个体系"安全生产管理模式，"两大模式"即"大检修""大运行"管理模式，将外委单位作为生产体系的独立部门进行统一管理，按照生产部门的名称命名为检修部、燃脱部和土建维修队，按照承包项目的不同，分别纳入设备维护和运行管理体系。"三个体系"即在强化安全保证体系、监督体系的同时，创造性地提出"安全管控"体系，由设备维护和运行管理部门对外委单位实施"安全管控"，形成独具特色的安全管理文化。

（四）营造安全环境文化

加快推进技术创新，推广应用各种新技术、新工艺、新设备，提高设备安全生产水平，推进安全设施标准化，完善安全设施，推行班组 5S 管理，改善生产条件，美化工作环境，更新劳动防护用品，满足职工精神追求，增强企业向心力，大力宣传和弘扬安全生产先进典型，积极向社会宣传和介绍企业在安全生产工作中的先进管理方法和取得的实效，精心营造安全硬环境和软环境文化。

（五）培育安全行为文化

抓领导干部自身建设，安全生产党政同责、一岗双责、齐抓共管，做到"三带头、三亲自"，关口前移、重心下移，做到现场可见的领导和传递的管理；抓员工队伍建设，开展安全生产教育培训，提升安全生产意识，提高专业技术技能，聘请安全心理学家专题授课，重视职工安全心理；规范作业行为，通过安全承诺、安全目标三级控制、制度宣贯、安全审核、作业危害分析、反违章等，变"要我安全"为"我要安全"，培育遵章守纪、规范的安全行为文化。

（六）形成融合安全文化

对长期外委单位按照"四个一样"原则管理，列入安委会成员，定期参加安委会会议和月度安全分析会，在生产 MIS 中开放相应的权限，直接参与安全生产管理，安全生产体系建设覆盖外委单位，规范管理流程和模式，设备检修验收实行"质量全过程监督+双三级验收"制度，推行安全生产奖惩和责任追究，专业会议、技术攻关小组、各类检查以及文化体育活动都邀请外委单位员工参与，理解、接受、融入、实践企业的安全文化。

四、结论

华能玉环电厂通过本质安全文化建设，促进了安全管理思维的变革、安全管理体制的创新、安全管理手段的丰富、安全价值观的形成，多年来安全生产保持稳定。

"6+6+6"安全文化建设模式的探索与实践

中煤上海大屯能源股份有限公司　包正明　毛中华　张进

摘　要：一直以来，上海大屯能源股份有限公司都非常重视企业安全文化建设，经过多年探索和实践，逐步形成了具有大屯特色的"6+6+6"安全文化建设模式。本文具体介绍了公司在六大体系、六大工程、六大安全活动品牌的实践经验，以及实践带来的启示。通过"6+6+6"安全文化建设，公司安全管理基础不断夯实，安全管控能力不断提升。

关键词：六大体系；六大工程；六大品牌

上海大屯能源股份有限公司（以下简称公司）于2004年正式启动安全文化建设，经过不断探索和实践，逐步让安全文化建设落地生根、开花结果，形成了具有大屯特色的安全文化建设模式。2016年，公司被评为"十三五"开局企业文化建设"安全文化优秀单位"；2017年，公司所属四对矿井一次全部通过国家一级安全生产标准化矿井验收；龙东、孔庄煤矿分别实现安全生产10周年、6周年；徐庄煤矿、孔庄煤矿、姚桥煤矿、龙东煤矿先后荣获"江苏省安全文化建设示范企业""全国安全文化建设示范企业"等称号，中煤集团先后两次在公司召开安全生产标准化现场推进会。

一、构建六大体系，不断夯实安全文化基础，构筑安全文化有效平台

公司将安全文化建设细化为六大体系建设，构建了具有大屯特色的安全文化体系。

（一）建设安全理念体系

经过广泛征集，并经总结、提炼、归纳，形成了"安全是最大的政治、最高的责任、最佳的政绩、最好的和谐"的安全哲学；"安全为天，生命至尊"的安全核心理念；"安全第一，生产第二"的安全管理观；"做安全事，当安全人"的安全行为观；"安全为生命，平安保幸福"的安全价值观；"安全是最大效益"的安全效益观；"安全责任重于泰山，职工生命高于一切"的安全责任理念；"抓好不放心的事，管好不放心的人"的安全管理理念；"事前防范胜过事后救灾，制止违章就是拯救生命"的安全防范理念。

一是不断丰富安全理念内涵。在公司安全核心理念的基础上，提出了安全"零死亡"目标，继而又提出了"五零"安全理念（零死亡、零超限、零涉险、零着火、零矿震），树立了当安全与生产、安全与效益、安全与成本发生矛盾时必须毫不动摇坚持安全第一的思想，彻底扭转"干煤矿难免不出事故"的传统观念。尤其近年来从现场安全生产实际出发，提出了严格执行"一停、二研、三干""一工程一措施、一预知一预案"两大措施，真正做到安全高于一切、重于一切、先于一切、压倒一切。

二是强势开展安全理念宣贯。充分利用传统媒体与新兴媒体等媒介手段，创新方式方法，加强安全理念宣贯和安全知识技能的宣传。通过安全理念宣传牌板、安全文化长廊、区队班组安全文化园地、安全理念宣传卡等多种形式大力宣传安全核心理念，把安全理念、岗位标准化操作程序等内容渗透到井下、班组、岗位。开展安全故事、格言警句征集，举办安全书法、漫画展，使安全理念入脑、入心。

三是不断健全安全理念培训。把党和国家安全生产方针政策和重大部署、集团公司和公司安全生产工作各项要求、安全理念，安全生产相关规定及措施，纳入职工"三个一"日常学习题库，纳入职工安全培训的必修内容，纳入新进员工学习的重点内容，纳入班组安全活动的必谈内容，不断提高职工安全意识。

（二）建设安全制度体系

一是完善管理制度，提升安全生产管理水平。健全完善了安全生产责任制和岗位责任制，坚持把"两制"作为重要工作来抓，明确责任，做到用制度抓安全、用制度保安全。健全安全生产事故应急救援预案体系，先后发布 8 个专项预案。制定管理人员下现场、反"三违"、事故责任处理、干部安全述职、领导干部带班下井等安全管理制度，进一步落实责任。建立完善"三级"隐患排查制度，实现安全"闭环"管理。

二是修订技术标准，提升安全生产技术水平。梳理整合、编制完善覆盖采掘机运通及地测防治水等专业的技术管理制度 459 项、编制技术管理流程和流程图 199 个，配套制定了技术标准、考核办法，并针对瓦斯、冲击地压、地温、水害四大灾害制定了预防技术标准和规范。

三是改进管理方法，创新安全监督管理机制。近年来，公司不断加强安全监督管理，积极探索安全管理有效途径，不断提高安全监察权力，先是将各单位原安监站长任职为安全副矿长，2017 年又出台《安全监管垂直管理实施办法》，进一步优化安全监管队伍建设，设置公司安全监察局，对公司煤矿和地面生产建设单位实行安全监管垂直管理。对不敢管、怕得罪人的安监人员及时调整，使安检人员敢于监管，敢于挂牌，不怕得罪人，充分发挥安监员在生产现场"警察"的作用，保证每天 24 小时监督检查不断线。

（三）建设安全物质体系

一是坚持"科技兴安"，构筑系统安全大环境。全面开展国家一级安全生产标准化矿井建设，始终坚持"高于标准、严于标准"的要求，努力实现安全生产标准化向动态达标、内涵达标、本质达标转变。以"一优二补三减四化"生产系统改革为抓手，抓对标补短板，加大安全投入，单轨吊、岩巷液压钻车、装载机、新型重型支架等设备逐步投入使用。践行"无人则安"，落实矿井系统优化和改造工作，保证矿井的系统顺畅和机械化、自动化、信息化、智能化水平的快速提升。近年来，获国家授权专利 16 项，"双创"成果 8 项，徐州市科技创新成果奖 2 项，集团公司科技创新成果奖 4 项。

二是开展"三化"建设，打造安全作业好基础。近年来，公司把安全质量标准化、精细化、无尘化作为煤矿企业的基础工程、生命工程、效益工程常抓不懈。重点在生产过程中推广人员操作程序化、施工作业流程化、工程质量优良化、管线吊挂线性化、设备管理责任化、材料码放定置化"六化"管理法。积极推广使用除尘风机和各种喷雾，严格实行煤层注水，

积极使用防尘监控设备、应用风流净化系统，进一步提升综合防尘自动化、智能化水平，各采掘头面降尘率达 92%以上，杜绝了煤尘事故，井下作业环境明显改善。

三是建设视觉系统，构筑安全视觉强冲击。公司把建立安全视觉系统作为重要切入点，编辑下发了《安全视觉识别系统》《企业安全文化手册》，在矿井单位进行全面导入。建成了井下的安全视觉识别系统，地面生产区域或作业现场设置安全警示标志、标识。将中煤集团企业标志及标准色引入公司标识系统，形成了由办公区导视系统、安全禁令系统、安全警示系统、安全提示导向系统、安全标牌及安装系统、安全防护系统组成的安全警示视觉识别系统，营造强烈的安全视觉冲击。

（四）建设安全教育体系

除常规性的安全培训外，还大力开展形势任务教育、安全教育活动、先进典型选树，使广大职工明确工作努力的方向，提高安全生产意识。

一是安全生产形势任务教育明方向。大力宣传公司当前安全生产面临的困难、压力和挑战，教育引导职工深刻认识安全生产的极端重要性。矿厂领导、管理部门负责人、区队（车间）级管理（技术）干部定期到联系单位开展安全形势任务教育。每有重要会议召开、重要文件出台，及时编印宣讲稿，组织宣讲小分队，到车间、班组巡回宣讲，引导干部职工明确安全形势任务，牢固树立"安全第一"思想。

二是安全教育活动常提醒。"平安一季度""警示三月行""安全大整顿""安全生产月""百日安全"等主题教育活动贯穿全年，主题不同，分工明确。在组织全员学习的基础上，不定期开展不同专业、不同岗位、不同形式的安全生产知识竞赛，不断提高职工安全生产意识，强化专业技术学习。近几年，为了提高职工的参与热情，扩大教育效果，分别举办了"安者为王"一站到底电视挑战赛，"学习达人"安全生产知识网络答题活动。经常性开展算账教育活动，制作各岗位经济账计算卡、安全警示卡引导职工细算"安全经济账、健康账、家庭账、精神账、自由账、政治账"，使职工珍惜幸福生活，自觉做到远离"三违"。

三是安全生产先进典型树榜样。评比表彰十佳安全标兵、安全班组长、群众监督网员、青年监督岗员、

安全示范岗、安全合理化建议能手等先进，大力宣传他们的先进事迹和典型经验，充分发挥先模的示范、带动和辐射作用，使广大职工学有榜样、追有方向、比有对手、超有目标。

（五）建设安全责任体系

2004年公司党政下发《关于推进安全文化建设的意见》，明确了安全文化建设的组织机构和工作目标。坚持党政工团齐抓共管安全的领导体制，明确各系统的安全责任，纵向到底、横向到边、纵横交错、形成网络，保证了每一项安全生产工作都有领导、部门和人员负责，每一项安全生产工作都在受控的状态下进行，实现了真正意义上的齐抓共管。

一是党委管党。公司各级党组织紧紧围绕中心工作，把方向管大局保落实，切实履行党管安全责任，坚持召开党组织安全生产专题会议和党员安全座谈会，排查安全教育和管理中的薄弱环节，不断增强安全教育和管理的针对性。

二是行政管长。突出以班组长为核心的现场管理，大力推行标准化、精细化、无尘化建设。强化班组行为规范。对班组长实行准入制、聘用制、量化考核制和末位淘汰制，重在考核违章指挥和群体违章。

三是技术管防。先后制定了182个工种的作业标准、76个程序化和精细化作业标准。广泛利用网络技术、数字化视频技术，实现生产调度、井上下通信和安全生产检测24小时在线远程监测。通过运用自动供电装置、监测传感装置等现代化科学技术，实现设备无人值守和远程控制。规范的作业标准、24小时远程监测、无人值守，从技术上保证了安全生产。

四是工会管网。充分发挥群监员现场监督检查的作用，不断健全群监员工作机制，筑牢群众安全防线。建立群监员微信群、深入一线工作法，通过在工作现场拍隐患、察实情、促整改，充分发挥群监员职责。

五是团委管岗。发挥青岗员安全小哨兵作用，坚持"零点行动"不断线。通过组织团员青年开展"青春与安全同行"等主题活动，引导职工进一步强化安全自保、互保意识，避免违章违纪现象的发生。

（六）建设安全考核体系

建立健全安全文化建设评价考核机制，严格按照考核评价标准，认真组织检查考核。根据工作目标和工作计划，制定重点工作、创新工作考核意见，修订年度安全文化建设考核评分标准，分阶段、按步骤推进实施。厂矿每月、公司每季对下一级单位进行检查。

一是每日考核。坚持安全隐患日考核制度。每天通报安全隐患，做到隐患清楚、责任明确、考核落实、措施到位。

二是量化考核。明确规定跟班副队长专门抓安全，对跟班副队长实施安全量化考核，对不合格的坚决给予调换。

三是从严考核。对"三违"人员实行从严处罚。对"三违"人员坚持实施离岗培训制度。建立健全安全举报制度，把反"三违"同干部的绩效工资挂钩。

四是账户考核。实施职工个人安全账户"分级管理、分级考核"，区队考核班组、个人，矿考核区队，把职工的安全情况同账户紧密结合起来。

五是联责考核。切实抓好党员安全联保、导师带徒、班组联责等联责考核，形成责任共担约束机制。

六是动静考核。坚持动态检查与静态检查相结合，实现单项检查不过月，综合检查不过季，严格考核兑现。

七是兑现奖惩。建立安全文化工作问责追究机制，依据检查考核情况，落实责任，奖优罚劣。2017年合理运用安全账户等经济政策，累计对292人实行了安全责任追究，罚款122万元。安全文化建设工作全年兑现奖金675万元。

二、抓实六大工程，不断规范职工行为习惯，保证安全文化落地生根

公司为确保安全文化在基层一线落地，在职工行为上落实，在生产现场生根，着力实施职工素质提升、新班组建设、干部走动式管理、行为禁忌规范执行、6S基本职业行为养成、班组危险预知六大工程。

（一）抓实职工素质提升工程

基本建成"技能培训、技能帮带、技能竞赛、技能晋级、技能激励，建设提升素养的大学校"五位一体素质提升机制。大力培养"高、精、尖"技术人才，选树专业带头人、岗位带头人，开展"名师带徒""导师带徒""专家讲堂"活动，通过"传、帮、带"，激发职工学技术练本领热情。坚持每三年举办职工技能奥林匹克运动会，连续举办8届，在非"技奥会"年举办十大工种技术比武，培养出一批"大屯工匠"，4名职工获煤炭行业"技能大师"，1名职工获"全国技能能手"，1名职工获"上海工匠"入围奖。

（二）抓实新班组建设工程

全面推行新班组建设，用先进文化引领职工、凝聚职工。注重班组自主管理机制建设和自主管理能力培育。抓好班组长这个"兵头将尾"，按照必备的能力要求，实行民主荐举、竞聘上岗，同时赋予现场管理等权力。规范班前会程序及内容。由班组长主持，时间控制在 15 分钟左右。主要内容：一是交代任务，讲明当班的主要工作任务及完成当班工作任务的意义；二是明确分工，讲明每项工作任务由谁来负责完成、完成的时间及应达到的标准；三是安全提醒，根据事前了解掌握的信息，明确提出有针对性的安全注意事项。

（三）抓实干部走动式管理工程

坚持各级领导干部、管理人员把主要精力放在作业现场，按照精细标准对作业现场、岗位操作实行全时空、全天候、全过程的精细化走动式管理，达到无死角、无缺漏的现场流程控制。制定走动式管理的标准体系和调控考核体系，进行点线面分级认定、走动时段与走动区域的时空闭合、责任落实考核及互动反馈，把干部跟班上岗提升为严密闭环的精细走动管理，依托信息化手段的强力支撑，促进现场管理步入科学化轨道。

（四）抓实行为禁忌规范工程

根据矿区周边人文环境和员工行为的实际状况，设定行为禁忌规范和标准，抓好督促落实。在现有标准化制度体系的基础上，公司不断将标准向岗位工种延伸，制定了井下所有工种、岗位的操作标准；编制了井下 65 个主要工种的岗位安全红线制度，使广大一线职工明白该干什么、怎么干、什么坚决不能干，真正体现了处处有标准，事事用标准、时时按标准，为职工上标准岗、干标准活，提供了技术支撑。

（五）抓实 6S 基本职业行为养成工程

公司着眼促进企业的安全发展、科学发展、健康发展，以规范作业行为为重点，坚持以提升现场安全管理水平为目标，开展了以"整理、清洁、准时、标准化、安全、素养"为主要内容的"6S"养成工程。

（六）抓实班组危险预知工程

公司制定了《关于深入开展班组危险预知活动的通知》，规定把"人员、设备、环境、管理"作为危险预知的主要对象，把危险区域、危险时段、危险人群作为危险预知的重点，每一班都要从当班工作的"人员、设备、环境、管理"四个方面排查可能出现的危险因素并及时采取必要的措施。通过班前会讲安全、讲形势、讲政策，对职工进行精神状态排查，发现问题职工进行及时疏导，决不让职工带情绪工作。定期开展"阳光大屯"职工心理咨询服务活动，普及安全心理知识；开展职工心理调查分析，真正把握职工队伍思想动态，有针对性地采取不同的疏导和减压方式。

三、打造六大品牌，不断拓展文化活动内涵，丰富安全文化活动载体

公司结合煤矿安全生产特点，充分利用新媒体，坚持开展传统活动，精心设计创新活动，着力打造了安全文化活动六大品牌。

（一）安全文艺大赛品牌

公司安全文艺大赛已经举办了 15 届，通过歌舞、相声、小品将安全文化理念、安全意识、安全责任灌输给职工，寓教于乐。2018 年，公司组织安全文艺大赛获奖节目到内蒙古和新疆等地进行慰问演出，赢得了兄弟单位对安全文艺大赛品牌的高度认可，对公司安全文化建设的广泛赞誉。

（二）事故案例警示品牌

坚持"把别人的事故当成自己的事故来对待，把过去的事故当成今天的事故来对待，把小事故当成大事故来对待，把隐患当成事故来对待"的安全警示教育理念，坚持每月开展事故案例警示教育。近年来，先后拍摄制作 13 部大屯公司岗位风险警示教育片、7 部安全警示教育片，先后举办了安全警示日、安全警示教育展、"历史上的今天"警示教育、"说危险讲安全"等警示教育活动，先后编写《公司安全事故案例汇编》《身边的安全小故事》等事故案例书籍，充分利用微信群、小视频等新媒体形式开展形式活泼、灵活多样的警示教育活动，不断增强事故案例教育效果，深刻吸取各类事故教训，从思想源头上减少"三违"行为的发生，引导干部职工铭记事故教训，提升安全意识。

（三）"三个一"学习品牌

"三个一"学习是指"一日一题，一周一案，一月一考"。"一日一题"是职工当班时学习一道有关安全生产、安全应知应会、规程制度和安全文化建设等方面内容的题目；"一周一案"是每周由技术人员组织职工学习一起案例，案例内容紧贴本单位、本工种安全生产实际；"一月一考"，是针对"一日一题"和"一周一案"内容，每个月组织一次考试，对考试名列前茅的职工给予奖励，对不合格的职工给予通报批评。通过多年来的实践，"三个一"学习已经成为职工日常安全学习，提高专业技术水平的一个有效载体。

（四）安全大讲堂教育品牌

通过"五个一"模式增强活动效果。具体内容是：一个全国安全案例、一个大屯安全案例、一首安全歌曲、一个安全演讲、一位领导安全讲话。通过活动开展，使参与活动的广大干部职工，深刻吸取事故教训，充分领悟安全的重要意义，切实强化安全意识，实现由"要我安全"向"我要安全"转变。

（五）女工家属协管安全品牌

探索形成三大文化："候罐大厅亲情文化"，组织职工家属"走千米巷道、知亲人辛苦"、开展"好矿嫂情系矿山、知矿情共筑平安"等活动。"安全教育亲子文化"，组织少先队员为一线职工过父亲节，开展"大手拉小手，童心盼亲归"活动；建立"家协联系卡"，搭建"大家"与"小家"的沟通平台。"安全教育暖心文化"，开展"三违"职工"过妻关"帮扶活动，在"情"字上做文章、在"爱"字上下功夫，用亲情温暖、感化、引领职工。

（六）身边的安全故事品牌

公司利用大屯之声微信公众平台全力打造"互联网+安全"学习模式，创办了《大家说安全》《安全微视频》两档安全教育栏目，力争做到打开手机就能听安全故事、学安全规章、看安全提示。《大家说安全》栏目由身边职工讲身边事，使安全理念以更简单易懂的方式深入到每一个人的身边，深入到日常工作和生活中，润物细无声，为安全生产提供了强大思想保障。《安全微视频》由职工原创，择优在新媒体展播。职工将自己情系企业、希冀安全的愿望和情怀，通过独特的视角、饱和的画面、紧凑的剧情以时下受到年轻人普遍喜爱的网络小视频形式展现。形式新颖，方便传播，职工乐于接受，活动效果好。

四、探索与实践带来的启示

（一）协力同心、齐抓共管，是安全文化建设取得成功的关键

公司开展安全文化建设的成功经验，重要一点就在于党政意见统一、方向一致，分工明确，各司其职、各负其责、各有侧重。公司建立了公司、矿厂、区队、班组四级安全文化建设领导小组，实施安全文化联络员制度，各级联络员进厂矿、进班组，实施一对一指导、督查，党委着重负责安全文化建设方案的总体设计、目标措施的制订，偏重于安全教育层次；行政侧重于安全管理层次，如制度的完善、执行过程中的考核。党政协力同心，共同推进，确保了安全文化建设既定的各项目标落到实处，收到实效。

（二）循序渐进、有序推进，是安全文化建设取得实效的必由之路

公司始终遵循"由实践中来、到实践中去，先试点、后推广"的建构模式，循序推进，逐步推广，有效减少了安全文化建设推进过程中遇到的阻力。

（三）以人为本、统筹兼顾，是安全文化建设取得成功的关键

公司在建设六大体系，实施六大工程，设计六大品牌活动时，始终坚持以人为本，统筹兼顾，一直把调动职工参与的积极性、主动性放在突出位置去考虑，在检查、督促和落实中也注重听取职工的意见建议并及时解释调整，提高了职工对安全文化建设的认同度，参与的主动性也有了很大程度的提高。

（四）融入管理、有机结合，是安全文化建设长盛不衰的动力源泉

公司在推进安全文化建设的过程中，把安全文化建设与安全生产管理工作同部署、同规划、同考核、同落实，有效推动了安全文化建设在现场管理工作的落地生根。公司推行的班前会、安全活动日、实施标准化作业程序、职工安全培训、精细化管理、现场安全监督等诸项活动过程中，注重改善工作的质量、提高工作的效果，有效克服了安全文化建设和安全管理"两张皮"现象。

（五）优化载体、强化考核，是安全文化建设取得实效的重要手段

公司非常注重安全文化载体的设计，在不断探索和优化的基础上着力打造六大安全活动品牌，使职工在潜移默化中接受安全文化知识的熏陶。将安全文化建设纳入安全质量标准化考核体系中，量化打分考核，保证了安全文化建设推进有力、有效。

广汽本田特色安全文化品牌建设

广汽本田汽车有限公司　曾奕聪　吴海建

摘　要：安全文化是企业文化的重要组成部分，是企业安全发展的文化基石。广汽本田汽车有限公司（以下简称公司）向来重视安全文化建设，坚定文化自信，持续构筑完善安全文化体系，提高员工安全素养，削除任何不安全的因素，为生产经营作保障。本文结合安全文化的内涵，提炼广汽本田安全文化的核心价值，提出创造广汽本田特色的安全文化品牌，使广汽本田品牌价值得以延伸，增强公司品牌影响力，实现安全创造价值的目的。

关键词：广汽本田；特色安全文化；品牌

20 年来，广汽本田安全生产工作经历了用人管安全（1998—2002 年）、用制度管安全（2002—2005年）、用标准管安全（2005—2010 年）、用文化管安全（2010—至今）四个阶段。安全文化已经成为企业文化的重要组成部分，以人为本，以员工为中心是公司安全文化的核心价值，三现主义工作方式（即现场、现物、现实）是广汽本田开展企业安全文化活动的重要基础。

广汽本田通过创造一种良好的安全人文氛围和协调可靠的人机环境关系，从而对人的不安全行为和物的不安全状态产生约束作用，达到减少事故伤害和财产损失以及促进员工健康的效果。数据显示，公司近几年工伤事故发生率持续降低，保持在 0.2‰以下的水平，没有发生职业病事故。

一、构筑广汽本田特色安全文化的积极探索

公司成立 20 年以来，始终坚持"安全第一，预防为主，综合治理"的安全生产方针。全体员工紧紧围绕和服务生产经营，在安全生产工作中不断开拓创新，探索一条适合公司经营特征的安全文化之路。

（一）依法治安

国家安全生产法律法规是公司生产经营的红线。据统计，适用公司的安全生产法规超过 600 部。公司2004 年导入 OSHMS18001 体系，每年组织人员识别适用的法规条款，进行合规性评价，并定期委托第三方评审机构开展监督审核。

1. 安全生产责任体系

在五级安全生产责任制基础上，重点明确各部、科、系、班组、员工安全职责，体现差异性，构筑全员安全生产责任制体系。识别安全关键岗位人员 3547人，一对一签署安全承诺书。除此之外，全体操作人员签署安全承诺书，推动全体员工不仅"全员参与安全工作"，更要"全员履行安全责任"。

2. 安全生产制度体系

依据法规要求，制定 32 项公司级安全管理制度，各部门依据实际生产需求制定部门级管理制度和现场安全操作规程，每年不断完善和更新公司制度中相关条款，确保制度有效性和有法可依。

3. 教育培训体系

结合公司安全需求，开展以法定培训为基础，建立各层次、各专业人员掌握安全生产知识和提高业务领域安全技能的培训体系，通过年度安全培训计划推进实施。公司正规划安全学院和建设安全体感培训中心基地，进一步提升安全培训效果。

4. 隐患排查体系

树立"隐患就是事故"的观念，以各部门设备始业点检、班组日检与车间月度安全检查等检查项目为基础，规划建立专项检查与综合督查相结合、日常检查与定期检查相结合、随机抽查与重点检查相结合的隐患排查体系。对关联企业内部事故案例和社会上典型事故，做好事故通报和横向展开对应工作。

5. 应急管理体系

依据法规对应急预案的编制要求，组织专业人员编制公司应急预案，包括综合预案、专项预案、现场处置方案，各部门结合应急需求，编制现场应急方案。

每年对应急预案内容做好演练和评估。

接下来,公司将探索开展管理层尽职履责诊断的工作,通过评估管理者尽职履责实绩,诊断可能存在的违法风险,规划建设公司安全生产证据链体系。

（二）内生机制

法规是公司生产经营的基本要求,公司更需要以行业引领者的姿态推进安全工作,建立自我约束的内生机制。对于从业人数达到 11000 人,拥有广州黄埔、增城两个工厂和五个驻外机构的公司,仅依靠公司领导或安全管理部门自上而下的指令式管理是不能达到有效管理目的的。公司安委会反复强调,必须通过形式多样和内容丰富的安全活动,建立自下而上的自主安全改善氛围,让员工明白安全工作是员工的切身利益也是核心利益。

安全生产工作是"人人为我,我为人人"。公司将广本哲学中"尊重个性"修订为"尊重人",不仅互相尊重各自独立的个性,更以平等的关系互相信赖,发挥各自拥有的力量,并以此共享喜悦。

公司探索创造各类平台让员工主动展示和分享自主安全改善活动成果,调动大家改善积极性。

1. KYT（危险预知训练）活动

各生产领域班组每月开展一次风险识别训练活动,主要目的在于培养员工对风险的感知、预判能力,并制定合适的对策和做出执行对策的承诺。

2. 自主安全改善

公司倡导各部门对现场存在的隐患开展自主改善,得到一线员工的踊跃参与。2016 年开始,安全环保部每年组织公司安全生产直接责任人对优秀课题开展评审和表彰。其中部分优秀的改善提案正在申请国家专利。

3. 安全月专题活动

每年,公司会结合国家安全月主题开展专题改善,提高全体人员安全意识和技能,并督促内部各部门有针对性的组织活动,让员工感触安全工作的重要性。

4. 安全交叉检证活动

公司在 2012 年年底成立设备安全委员,编制和完善设备安全基准,建立设备检证体制,并借助第三方安全辅助检证机制,杜绝因设备设计、制造缺陷发生安全事故。同时,提高设备运行稳定性,减少故障率,确保设备运行可靠性。这在中国汽车行业内是首创的。

5. 爆炸火灾检证活动

涂装作业场所的爆炸火灾风险是机械制造特别是汽车制造业需要重点管控的风险。为杜绝爆炸火灾事故的发生,公司建立了防火防爆检证基准和定期交叉检证体制,并组织第三方机构排查全公司爆火隐患,与本田其他在华企业联合开展防爆火交叉检证,确保不发生重大事故。

（三）社会责任

作为积极履行社会责任的企业,公司在安全领域,不仅关注员工的安全、健康,更将这种安全责任向社会传递。2017 年 9 月,公司发布安全宣言,提出秉持"为了所有人的安全"的理念,以构筑"零事故"社会为愿景,为实现每个人对幸福生活的梦想以及自由移动的喜悦而不懈努力。

第一,2007 年启动"安全中国行项目",旨在向全社会成员传递负责任的安全驾驶意识。

第二,2015 年起,携手广州交警开展"小手拉大手"活动,通过 VR 全景体验、交通礼仪亲子学园等活动,向青少年、驾驶者及行人倡导交通安全观念。

第三,为了让顾客能提升安全驾驶意识,公司启动喜悦安驾店体制,将安全教育培训传播到各个特约店,以特约店为平台向顾客传递安全驾驶的意识和能力。

公司先后建成青少年汽车安全科普展厅、喜悦安驾中心、儿童交通安全体验园等交通安全基地,为不同年龄段、不同社会阶层的人提供汽车交通安全知识和道路交通安全知识。

二、本田公司安全文化品牌的持续创新

（一）理念推陈出新

公司成立伊始,明确提出"没有安全就没有生产"理念,这是公司包括各级管理者在内的所有员工必须遵守的安全原则。特别近 20 年是汽车市场发展的黄金 20 年,公司处于产能不断扩大、生产与改造并行时期,安全与生产的矛盾相对突出,幸运的是公司各级管理者坚定原则,始终在确保安全的前提下达成生产需求。

公司逐步意识到"没有安全就没有生产"的理念存在一定的局限性。我们在教育员工"没有安全就没有生产"理念的同时,同步向员工倡导"没有安全就没有生活"的新思维,引导员工热爱生活,尊重生命,从公司关爱员工、员工关爱自己的角度诠释安全生产的意义，员工也更容易理解公司的安全工作是为了自己，更能实现"要我安全"到"我要安全"的转变。

（二）思路开拓创新

时代在变化，包括员工的生活水平、工作技能、安全意识、设备安全性都在不断地提升，过往以防范事故为安全工作重心的思路必须进行调整。

事实上，公司近 10 年来的工伤事故等指标已经相对较低，但轻微伤事故仍偶有发生。冰山理论告诉我们，仍有较多隐患需要整改。结合当前法规要求、经验教训、领导和员工期望以及同行企业的优秀做法，公司安全管理仍有很大的提升空间。为此，我们提出"责任、意识、能力、参与、内外"安全十字方针。

责任：明确全员安全责任，全员履行安全责任。

意识：全体员工必须牢固树立"安全最优先"的意识。

能力：掌握保护自己、保护他人的安全知识和技能。

参与：全体员工主动参与安全活动，营造自下而上自主改善的文化氛围。

内外：不仅关注八小时内员工的生产安全，同步关注八小时外的生活安全。

（三）方法与日俱新

安全生产是严肃的工作，是一项造福工程，员工安全无小事。怎样有效地发现隐患和快速地整改隐患是公司一直思考的课题。为此公司提出技术安全战略和快速响应的纪律要求。

1. 技术安全战略

导致安全事故的因素有人、设备、环境、管理等多重因素，归根到底就是人和设备两重因素。人是有情绪的，甚至在特殊环境下会做出非理性行为。但设备是机械化的，是可预知的，使用安全性和可靠性高的设备是预防事故发生的有效措施，技术安全的战略应运而生。2013—2017 年，公司推进 30 项自动化升级改造，"机械化减人，自动化换人"措施得到有效贯彻。

目前，公司正导入系统的风险评估体系，对现有设备开展机械风险评估、爆炸火灾风险评估，同时将评估重心前移，确认设备设施中可能存在的设计缺陷。对即将改造和新导入的设备，加强安全设施"三同时"管理和设备设施安全规格的审核确认，按机械安全设计通则要求做好设备风险评估和风险减小的预防性工作。通过源头管理、源头治理双重措施，为技术安全战略提供双重保障。

2. 快速响应要求

世界在变，环境在变，人在变。安全生产是一个动态的系统，人的不安全行为和物的不安全状态一旦实现轨迹交叉，事故就会发生。所以，当任何一方有异常苗头时，公司应该快速抽走多米诺骨牌效应中的其他联动骨牌，斩断可能导致事故的导火索。

在事后响应方面，公司建立了上下结合、平战结合的应急体制，确保发生重大事件时，信息通报畅通快速，应急指挥科学果断，事件影响最小化。快速响应正成为全体员工对待安全生产工作的基本素养。

（四）规划焕然一新

2017 年 2 月 27 日，公司举办"为了所有人的安全"安全文化宣导会。公司经营层、部门、科室安全责任人及员工代表 400 多人参加，安保部在会上宣贯公司安全文化的核心内涵。大会正式提出践行安全文化的三项行动计划。

1. 坚持文化全面引导与员工自觉践行相结合

经过 20 年发展，公司已经构筑较为系统的安全管理体制，如管理制度、操作标准不断完善，安全宣教活动日趋多样，创造了具有广本特色的安全文化。但仍有少部分员工我行我素，偶有发生一些安全事故，对个人和他人造成伤害。公司鼓励员工齐心协力，共建、共享安全文化，希望员工自觉践行，让安全文化更接地气、更有影响力。

2. 坚持严格排查隐患与自主改善提升相结合

系统、专业的排查安全隐患、严格管理是公司安全文化的重要基础，公司一直以来按照安全第一的原则开展年度费用、投资预算，为安全生产管理提供保障。公司更需要全体员工把公司当成自己家庭一样，主动、自主的发现问题并改善问题，在各自领域内营造自下而上自主改善的安全文化氛围。

3. 坚持大力弘扬先进与用心辅导不足相结合

公司和各部门每年都会组织各类形式的安全活动，并对表现优异或安全绩效突出的部门进行表彰鼓励，总结和推广优良经验。同时，对没被表彰的部门，公司也要多沟通交流，查找不足，辅导完善管控措施，达到共同提高的目的。鼓励各部门之间能够互相交流经验，探讨安全管理方式，搭建沟通机制，形成你争我赶的安全评先文化。

三、结束语

安全文化品牌是一个企业包括安全生产在内各个领域安全工作的综合价值体现。创造让消费者、员工联想到广汽本田就想到安全的环境、安全的产品和高安全素养的员工，是公司安全文化品牌的愿景。当然，安全生产工作任重道远，仍有很多的困难需要齐力克服。

作为安全监管人员，常怀善念，常行善举，关爱员工，关爱家人，关爱自己，履行好庄严的责任和光荣的使命，让安全文化的土壤变成公司安全发展的牢固基础，让广汽本田安全文化品牌熠熠生辉。

"容融"安全文化建设推动防范金融风险

国电资本控股有限公司　刘焱　闫锐锋　洪珊珊

摘　要： 当前国内经济面临转型，在"去杠杆"和"严监管"的高压下，内外部风险形势严峻，金融企业展业难度和风险压力持续增大。牢牢守住不发生系统性金融风险的底线，维护国家能源集团金融资源整体安全和优化，成为摆在资本控股公司面前的重大课题。防范化解金融风险，事关发展大局，是一场输不起的战役。本文介绍了资本控股公司始终服从于国家能源集团总体战略，服务集团主业，通过持续推进以"关口前移全程防控"为核心理念的"容融"安全文化建设，坚持"四步走，八个实现"整体战略，以安全理念文化为引领，不断提升公司专业化、集约化、精细化管理水平。发挥安全制度文化和安全环境文化保障作用，深化产融结合，强化风险管理。强化安全行为文化推动，不断创新信息科技手段，切实打造本质安全型产业金融企业，努力为集团资金安全保驾护航。

关键词： 资本控股公司；金融风险；"容融"安全文化建设；实践效果

一、实施背景

习近平总书记在中央经济工作会议、全国金融工作会议等多个重要会议上反复强调金融安全的重要性，并对服务实体经济、防控金融风险、深化金融改革"三位一体"的金融工作主题做出重大部署，防范和化解金融风险已上升至国家战略和国家安全的高度。国家能源集团（以下简称"集团公司"）高度重视金融风险防控，提出了打好"三大攻坚战"工作思路，将"安全"作为六项核心理念之一，"优化资产、防范风险"作为九项治企方略之一，对金融板块提出脱虚向实、服务主业、深度融合、切实防范风险等要求，坚持控规模、降杠杆、压两金、减负债的债务风险防控思路，持续跟踪防范并化解重大风险。

国电资本控股有限公司（以下简称"资本控股公司"），服从国家能源集团总体战略，始终高度重视安全文化工作。公司牢固树立"六种理念"，坚决把风险理念、合规理念置于首位，将所有业务、所有产品纳入安全防控体系，在切实防控风险、保证安全的前提下开展金融板块的各项工作。通过"四步走"战略，逐步构建以"关口前移 全程防控"为核心理念的"容融"安全文化建设工作体系，切实打造本质安全型产业金融企业。

二、"容融"安全文化建设的具体步骤

（一）优化金融特色文化基因，推动安全文化理念形成

实现产业金融企业发展跃迁。金融企业从本质上来说就是经营风险的。安全文化作为一种先进的企业管理理念和管理方式，它是金融企业活力的内在源泉和内增动力，更是金融企业核心竞争力的重要内容和形成因素。安全文化不会横空而来，需要厚重的文化积淀和文化实践。金融企业的安全文化需要客观分析、仔细诊断、全员参与，更需要理论和实践的深化凝练。它随着企业发展与时俱进，同时也影响着企业的知与行。安全文化重在转化，最终催生出新时代金融企业最优生产力。随着金融板块逐渐发展壮大，从财务公司成立开始，盈利能力强，金融牌照齐全、金融体系完善的综合性、现代化产业金融平台已经形成，资本控股公司步入公司发展的新时代。作为推动集团公司产业金融飞速发展的践行者，公司的金融特色安全文化已经融入经营管理的各个方面，自然转化为员工日常工作中的具体行为规范，安全文化已经自然地存在于员工的意识之中，成为员工思想架构中不可或缺的组成部分。

实现集团安全文化融合深植。安全文化建设是一个持续的过程。公司通过制定工作方案、宣贯集团企业文化、进行培训讲座、召开座谈会等方式启动安全

文化体系建设工作。通过基层、中层、高层人员分层级访谈，业务、审计、风控分条线访谈，对公司本部及下属单位进行问卷调研，就发展战略、外部环境、行业情况、企业文化、人力资源、业务概况等方面进行历史、流程梳理，环境、行业、标杆研究，整合文化因子，提炼特色安全文化体系。召开多层面的研讨交流会，下大力气对构成企业安全文化诸要素包括安全经营理念、安全管理制度、安全经营流程、安全行为规范等进行全方位系统性的重建或重新表述，及时将散落在各板块单位和员工意识中的安全文化基因碎片进行再提炼和再整合，不断完善安全文化体系，构建新的管控模式。在这些工作基础上，公司有意识地对已有安全文化因子进行重新提炼、整合、发酵，形成统一、规范、系统的企业文化体系，使之与公司的改革发展步伐和内外形势变化相适应，创建形成了以"关口前移全程防控"为核心理念的国电资本控股公司"容融"安全文化体系。

（二）强化风险闭环管控，推动安全文化规范约束

实现文化软实力"硬"起来。安全管理是金融企业的生命线和核心竞争力。安全文化建设的关键核心就是如何能够转化成全体员工行为的指南。"容融"安全文化体系建设过程中，通过加强制度建设，具体指导安全文化成果的实施，用规定、制度固定下来，执行下去。公司经过多年探索，将安全文化理念制度化，转化为"全面覆盖、重点管控、措施前置"的安全管控体系，将所有产品、所有业务纳入其中。制定统一的评估规范，明确定性与定量相结合的评估标准，建立统一的风险偏好体系，选择应对策略，制定解决方案和应急预案，实现对重要业务、重点单位的事前、事中、事后全过程管控，将安全风险防控融入经营管理的每个环节。严格遵循"审贷分离、审投分离"原则，完善投资与信贷管理委员会审议职责，对重大风险实行一票否决制度，有效保障金融资产整体质量提升。

实现安全文化管控规范化。立足合规安全运营，公司将安全文化中的风险理念、合规理念融入公司内部管控中，建设覆盖全程防控的"安全网"。编制形成了"三库两手册"制度规范，开展风险管理相关制度"立改废"工作，加快推进公司风险管理规范化、

流程化进程。结合实际问题，持续优化运行机制，建立科学高效的风险上报沟通机制，发现风险，及时上报，采取措施，有效控制，全面及时地向管理层提供经营管理中的各类风险状况，确保经营的稳健性。高度关注市场风险事件，建立了"安全事件月度通报机制"，及时通报外部安全事件，分析其原因，从中吸取教训，切实防止此类安全风险事件在本单位发生。

（三）融入公司中心工作，推动安全文化生态搭建

实现安全文化嵌入公司治理。企业文化是一个企业的灵魂，安全文化是金融企业发展的重要支柱。安全文化若要成为员工认同与共识的基础，必须是通过严格的安全文化制度管理，对安全文化理念的各种载体充分融合利用，建成良好的安全文化生态，才能在企业战略、管理运营方面提供优质高效的思想动力保障。各部门、各单位在安全理念的指引下，在安全制度的约束下，推动安全文化建设融入公司治理。发动各职能部门，夯实业务、风控、内部监督为核心的安全管理"三道防线"，业务部门作为安全文化管理"第一道防线"，切实履行职能部门拟定和完善专业风险分类框架、制定和落实专业评估标准、管理策略及应对措施等安全管理职责，在业务创新、拓展时，充分考虑安全性。风险管理部门作为全面风险安全管理归口部门，扎实开展业务运营风险审查，持续完善安全风险闭环管控，严格落实风险提示和事中稽核机制，构建风险审核"白名单"。内部监督部门充分发挥监督职能，不定期开展专项业务安全检查及审计工作，对有关业务内控制度的建立健全性和执行有效性，业务开展的合法合规性、安全性和效益性进行检查。"三道防线"的不断夯实，形成了权责清晰、衔接紧密、通力协作的良好安全文化治理体系，切实防止了各类安全风险事件在金融板块的发生。

实现安全文化融入决策体系。公司无论是高层制定发展策略，还是中层、基层在业务开拓上，安全文化理念始终根植于脑海。公司遵循有质量、有效益、安全合规发展的基本理念，做到深入细致的可行性研究，特别是对重大的安全风险，严格执行"三重一大"决策制度。在资金管理机制方面进一步优化完善，制定了资金管理办法，建立了流动性应急预案，规范了资金管理的全流程。建立"月计划、周平衡、日调节"

的资金计划平衡机制，把监管指标、结算资金、信贷资金、投资运作、财务收支等都纳入了计划平衡内容。开展头寸预测管理，合理调动资金，做好成员单位资金收支计划管理。控制投资与信贷的比例，优化信贷投向，严格名单制管理，把控好投放的对象和期限。统筹使用好信贷、票据、租赁、应收账款管理、资金计划等产品业务，合理控制负债水平。建立风险管理信息系统，实现与业务系统、报表系统的有效对接及统一授信额度管理的线上操作，实现各板块主要风险指标的日常监测和自动预警可视化，为提高全面风险管理工作效率、辅助企业经营决策、提高公司稳定创效能力提供了智能化手段。

（四）打造本质安全型企业，推动安全文化行为自觉

实现安全文化建设全员参与。"容融"安全文化的确立，有力地提升了资本控股公司的竞争实力，为企业发展战略的实施提供了精神与行为指南。在思想层面，全体员工牢固树立了"安全是金融机构的生命线"的观念，深刻认识、正确理解安全理念的重要性。在制度层面，通过落实严密的规章制度，使每项业务都有章可依，让每个员工行为都有尺可量，用安全制度文化的软力量从内心约束员工，真正形成安全经营管理的"高压线"和"防火墙"。在行为层面，强调精益管理，落实安全责任，让安全理念文化固化为员工的安全行为。在教育培训方面，强化宣贯，实现警钟长鸣，并推行安全风险提示机制，紧密跟踪金融市场和产业动向，紧密结合公司经营管理工作，定期发布廉政风险提示，开展信息安全、办公消防安全培训和演练。通过安全文化的全业务覆盖、全流程管控、全系统渗透，整体提升了公司安全风险防控水平。

实现产业金融企业本质安全。随着集团公司的快速发展，资金管理变得日益复杂，安全管理的要求也越来越高。公司的安全理念文化、安全制度文化和安全环境文化已经融入经营管理的各个方面，转化为员工日常工作中的具体行为规范，存在于员工的意识当中，积淀形成了安全行为文化。在这个过程中，涌现出了一批先进典型。他们在安全理念文化的引领下，在安全行为文化的推动下，坚持容纳融合，将自己的智慧和力量融入"容融"安全文化建设的工作体系中，将安全制度文化、安全环境文化理念因子积淀固化成

安全行为进一步嵌入各项业务流程中，推动着安全文化建设体系不断自我发展，自我完善，自我迭代。

三、实践效果

在服务"助力打好防范化解金融风险攻坚战"目标，促进公司科学发展的过程中，安全理念形成、安全规范约束、安全生态搭建、安全行为自觉四个步骤环环相扣、浑然一体，强化安全理念文化的引领作用，发挥安全制度文化、安全环境文化的保障作用，稳固形成产业金融安全行为文化的推动作用，共同彰显安全文化建设工作体系的价值创造能力。

（一）"容融"安全文化体系助力防范化解金融风险

公司通过进一步优化"容融"安全文化体系打造本质安全型企业，做好集团公司防范金融风险的"储能站"和"蓄水池"，让"容融"安全文化融入公司治理、融入企业决策、融入制度建设、融入业务拓展、融入信息化建设、融入资产安全、融入创新发展，融入员工行为、融入工作流程的每一个环节，作为谋划、思考每一项工作的前提。公司充分发挥安全文化的推动作用，激发金融板块全体干部员工的安全意识、责任意识和干事创业的激情，全面审视金融全产业链，动态跟踪金融风险因素，全面做好各项安全防控工作。认真落实集团战略部署，科学谋划符合国家能源集团定位的产业金融安全管理机制，着力强化安全风险管理水平，提高服务实体经济的能力，进一步推进产业金融强化管理、调整结构、优化资产、稳健经营，坚决打好防范化解重大风险的攻坚战。

（二）"容融"安全文化体系助力公司提质增效

正是因为"容融"安全文化体系的相伴相随，资本控股公司从无到有，从小到大，不断将公司打造成为本质安全型产业金融企业，实现了规模和效益的同步提升。公司注册资本金 73.45 亿元，拥有了财务公司、财险、寿险、保险经纪、融资租赁等 7 个金融牌照，连续 8 年被评为集团公司 A 级企业，资产总额由258 亿元增长到 1350 亿元，利润总额由 5 亿元增长到23 亿元，年平均利润增长率 36%，在集团公司的坚强领导下，资金归集率在央企中始终保持领先，每年为集团整体降低资金成本约 10 亿元。"容融"安全文化成为打造本质安全型产业金融平台的源动力和助推器，有力推动国家能源集团产业金融平台高质量发展，

为集团公司建设具有全球竞争力的世界一流能源集团注入不竭动力。

（三）"容融"安全文化体系助力核心价值观落地生根

"容融"安全文化建设是一项系统性的工程，它是人文性与商业性的统一，灵活性与创新性的统一，道德性与经济性的统一，无论在操作层面还是功效层面，都最终作用于人，引导激励广大干部员工责任在心，担当在行。经过多年的实践，"容融"安全文化体系建设已基本成熟，在培育广大员工科学先进的安全理念，实现安全文化管控、塑造产业金融安全品牌，推进和谐文化建设、推动企业高质量发展，促进核心价值观落地生根方面发挥了积极作用。

四、结论

从建设"容融"安全文化体系延展开来，强化安全理念文化的引领作用，发挥安全制度文化、安全环境文化的保障作用，稳固形成产业金融安全行为文化的推动作用，公司不断总结激发员工责任感、使命感的好经验好做法，通过召开工作经验交流会、座谈研讨会等方式，研究、总结、推广培育和践行社会主义核心价值观的理论和实践成果，形成金融板块培育践行社会主义核心价值观整体推进的良好态势，树立起了"有担当、有作为"的国有企业良好形象。

神东安全文化建设工作浅析与思考

国家能源集团神东煤炭集团公司　云飞

摘　要：安全生产要实现真正意义上的长治久安，离不开安全文化。安全文化建设是一个系统工程，具有战略性、全局性，必须多方合作，全员参与，优势互补，形成合力；安全文化建设是一个安全理念实践转化的过程，具有长期性、反复性，必须坚持问题导向，不断纠偏补差，贯穿于安全生产管理工作的全过程。神东作为中央企业、"世界煤炭企业的领跑者"，对接企业新的发展战略和时代使命，安全文化建设工作任重道远，需进一步优化资源利用，加速实践转化。

关键词：安全文化；实践；思考

2014 年，基于安全生产管理提升的需要，神东煤炭集团在系统总结分析 30 年安全生产实践成果和经验的基础上，立项研究形成了系统的神东安全文化理念体系和实践平台。经过三个主题年活动，神东安全理念得到基层全体员工的广泛认同，为促进安全生产、实现科学管理奠定了基础。安全文化建设是一个长期实践的过程，特别要坚持问题导向，调动各方资源，不断推进核心理念的转化落地。为此，要贯彻新时代、新思想、新要求，必须对神东安全文化建设工作进行再总结、再思考、再落实、再出发。

一、神东安全文化的根脉与内涵

（1）神东安全文化的基本理念及历史根脉。神东安全文化总结了"以人为本、风险预控、无人则安、向零奋进"的神东安全文化四大特质，展示了 30 年来神东在理念引领、体系构建、科技创新和目标引航四方面取得的成果，是神东安全管理的基本经验和工作基础。其中核心篇包含"生命无价、安全为天""无人则安""零事故生产"的安全理念和"安全神东、幸福矿工"的安全愿景，作为安全生产的最高指导和神东人的安全梦想，二者集中体现了"以人为本"的思想。意识篇针对神东安全管理过程中需要解决的四组矛盾，提出未来需提升四方面的安全意识，即"带着感情抓安全"的管理观，"我的责任我担当"的执行观，"一切事故皆可预防"的预控观，"坚持做正确的事"的创新观，将此作为指导神东安全发展的航标。行为篇分别制定了管理层、执行层和操作层的行为准则，为落实"我的责任我担当"细化了标准、指

明了方向。机制篇是安全理念渗透到管理过程的主要通道。其中，"科技兴安"是深植"无人则安"理念及创新观的机制，"体系管安"是深植"零事故生产"与预控观的机制，"全员保安"是深植执行观的机制，"氛围促安"是深植"生命无价、安全为天"理念及管理观机制。四者共同作用，为神东安全文化的持续健康发展提供保障。

（2）神东安全文化的思想内涵。"水哲学"是神东安全文化理念体系的点睛之笔，它将水的自然属性与安全管理的本质要求有机联系起来，凝练为"一心三力四性"的特点，上升为安全"水哲学"。

上善若水。神东安全文化以"人本"为核心。"人本"是最大的"善"，神东"生命无价、安全为天"，"无人则安""零事故生产"的理念正是对"善"的诠释，"安全神东、幸福矿工"的愿景则是对"善"的追求。

水有无形之力、汇聚之力、持久之力，神东安全文化亦须培育"三力"，即理念的感染力、行为的同化力、机制的渗透力。

水因刚柔相济而无往不利，因矢志东流而百折不回，因清源浚渠而长流不息，因激荡融合而活力不竭。神东从水"柔的涵养、进的追求、清的品性、奔的精神"中感悟到安全管理的"四性"，即管理的科学性、执行的自主性、预控的超前性、创新的持续性。

二、神东安全文化建设工作存在的问题及原因分析

近年来，神东在安全发展过程中重视科技创新，

在安全管理过程中注重风险预控，从源头抓起，切断事故因果链，使安全可控、能控、在控，神东安全文化建设也取得了可喜的成绩。然而与安全文化全面落地的要求相比，目前仍存在一些制约安全文化发展的制约因素。

（1）认识定位不准。一直以来，不少单位和部门在思想认识上把安全文化建设定位为一项务虚的党群工作，只用来装点门面、粉饰形象。特别是管理者没有将其作为一个有效的管理工具，应用到管理实践工作中，而只局限于印发资料、举办培训、组织活动等表层宣贯工作上，缺乏实践应用和转化落地，偏离了安全文化建设工作的真正目的和意图，导致安全文化建设效果不显。

（2）学习理解不深。在对神东安全文化理念的宣贯方面，存在照本宣科、囫囵吞枣的现象。不少员工对文化理念的学习领会只是死记硬背，不够深入，甚至断章取义，曲解原意。

（3）工作机制不畅。文化建设本身是系统工程，需协调统一，多方合作，而现有体制多各部门牵头，各自为政，缺乏衔接，难以形成统一目标和组织合力，导致资源浪费，工作效率低下，给基层单位工作落实带来负面影响。

（4）工作作风不佳。有的单位长期以来形成的形式主义、官僚主义作风根深蒂固，且上行下效，形成错误导向，严重影响实质性工作的开展。

三、推进神东安全文化实践转化的几点建议

（一）坚持总体布局，强化合作交流，形成齐抓共管的工作格局

（1）坚持党的领导。对中央企业来说，党的领导及党的思想政治工作是一大优势，这一优势必须通过企业文化建设才能体现出来，只有企业文化建设才能使党建工作融入管理，发挥作用。安全文化作为煤炭生产单位企业文化的重要组成部分，必须在党的统一领导下，统筹兼顾，总体布局，形成全员共同认可并自觉遵循的价值观。

（2）建立部门合作机制。安全文化建设是一项"内强素质、外塑形象"的系统工程，必须建立多部门合作机制。按照《神东煤炭集团安全文化建设工作实施细则》，公司总部负责安全文化建设相关制度的建设、工作规划、业务指导，基层单位负责做好载体建设、特色打造、自主践行。自上而下形成"主管部门牵头组织、业务部门分工负责、党政工团齐抓共管、广大员工积极参与"的工作机制。

（3）发挥领导带头作用。安全文化是全员文化，更是领导者文化。企业主要领导对安全文化建设具有举足轻重的影响力。一方面，这就要求各级领导干部要以上率下，走在前列，干在实处，做出表率。另一方面，安全文化一旦形成成果并系统化、规范化，将会作为安全管理的一项措施被广泛推广，具体工作的接受认同需要各级领导重视和参与，如此才能形成共识。

（4）强化实践转化。安全文化体现为一种科学的管理思想，必须将其内化于心、固化于制、显化于行才能体现其应有价值。必须强化理念与制度、与行为的融合，将核心理念与实际工作对应起来，不断纠偏找差，持续改进，突出核心理念的引领和实践应用。安全文化的建设是一个长期实践、不断成熟的过程，它随着时代的变化逐渐调整，同企业战略一样，着眼于未来，能在相当长的一段时间内保持稳定。而这一时期，文化建设的重点不是宣贯，而是实践应用。

（二）坚持问题导向，强化理念转化，突出文化引领的实际效果

神东在对自身安全文化建设现状进行系统把握的基础上，诊断出安全管理中存在的"严管与厚爱、被动与主动、治标与治本、传承与创新"四组矛盾，由此提出未来需提升四项安全管理观念，即管理观、执行观、预控观和创新观，作为神东安全文化的提升方向。

（1）倡导"带着感情抓安全"的管理观。管理源自"爱心"，倡导向下感恩，企业感恩员工，为员工创造人本和谐的环境。"带着感情抓安全"就是倡导安全管理要以人为本，宽严并济，要求摈弃传统安全管理中"铁制度""铁手腕""铁面孔"的"三铁"观念和重奖重罚原则，重引导，重服务，做到抓"不安全行为"就是关爱生命，真正让安全生产成为员工的第一福利，在严格管理中让员工感受到来自企业的真情关爱。努力做到制度科学，奖罚适度，范围精准，管理有效。

（2）落实"我的责任我担当"的执行观。良好的执行力始于责任，人人敢于担当，事事落实到位，才

能推动企业安全发展。"我的责任我担当"就是要落实人人尽责担当的安全生产岗位责任制。安全管理是一个系统工程，部门之间必须各负其责，各司其职，相互配合，协调统一；上下之间顺向服务，逆向负责。只有管理者主动执行，员工才会真正执行到位，提倡自上而下的执行，变强制为引导，化被动为主动，责任到人、标准作业、反馈到位、奖惩分明，铸就高效的安全生产执行力。

（3）坚持"一切事故皆可预防"预控观。这是安全管理的认识论和动力源。预控重在"用心"，坚持"抓大防小"，重点抓大系统、查大隐患、防大事故，同时不放过任何细微的隐患，源头治理、系统防范。注重风险的前期预防、中期管控、后期处理全过程控制。前期，开展危险源辨识，做好应急预案；中期，即查即改、快速反应，做到预控措施执行到位；后期，不止步于追责，而要追问事故发生的原因，坚决做到"四不"放过。

（4）秉承"坚持做正确的事"创新观。这实质上体现的是一种务实精神，即创新的目的是为了改进工作，解决问题，而非为创新而创新。创新贵在有"恒心"，高端创新，瞄准前沿性课题，善于整合资源，攻克技术难题，引领行业发展；系统创新，紧盯系统性隐患，整体把握、重点突破，从根源上解决问题；基层创新，关注实用性问题，潜心钻研、日积月累，使小改革发挥大能量。

（三）坚持统筹兼顾，强化对接融合，追求 1+1>2 的工作效果

（1）对接企业文化。对煤炭企业来说，安全文化是企业文化的重要组成部分，相关工作应统筹安排，同步落实，在推进安全文化实践创新的同时促进企业文化的转化落地。如果将企业文化喻为一棵大树，那么母文化体系就是主干，专业文化就是分支，基层子文化是枝叶，各项基础工作就是根脉。神东企业文化建设的母文化是总则，是核心，各部门专业文化和基层单位子文化必须服从和服务于母文化。

（2）纳入煤矿风险预控管理体系。煤矿风险预控管理体系是神东安全生产管理工作的一大创新成果和基本方法。它重点强调对危险源进行预先辨识、评价、

分级，进而对其进行消除、减小、控制，实现煤矿人、机、环、管的最佳匹配和本质安全。在理念上，安全文化与该管理体系完全一致，都是一种事前控制的思想，煤矿风险预控管理体系相关制度实质就是神东安全文化制度体系的核心组成部分。在安全管理工作中，推行煤矿风险预控管理体系的过程实质上也就是安全文化建设工作实践转化的过程。

（3）融入日常工作。安全文化建设的目的是统一员工思想，规范员工行为，建立科学的长效管理机制。必须将理念与实践做到知行合一，体现到日常工作中，特别是要结合管理体制、组织形式、队伍结构的新变化，推进制度创新，及时修订、完善各种规章制度，逐步建立起与文化理念导向相适应、相配套的管理体系。

（4）落到班组建设。班组建设是综合性的基层和基础工作，上面千条线，下面一根针，各级组织意图和管理理念都必须最终落实到班组，传导到每位员工才能发挥效力。安全文化建设的落脚点就在班组，即将安全文化理念渗透到基层班组建设、标准化作业流程、6S 管理等各个环节，落实到具体的作业岗位上，将安全工作重心下移，培育基层区队、班组及个人自主保安的意识和积极性。

四、结论

综上，21 世纪是文化制胜的时代，企业文化成为现代企业管理不可或缺的部分，是企业基业长青的精神动力。神东作为国家能源集团煤炭生产的主阵地，自然离不开企业文化的引领。安全文化作为煤炭企业专业文化和企业文化的重要组成部分，是保证企业科学管理、安全发展的基础工程，只有将安全文化建设与企业文化建设及安全管理的其他相关工作一体化设计，统一规划布局，实施资源整合，才有利于工作效果的最大化；只有坚持问题导向，强化实践创新，形成自身特色，才能提升安全绩效，促进安全管理，体现安全文化建设应有的价值。当然，安全文化也不是万能的，不同性质、不同规模、不同时期的企业需要因地制宜、取舍有道，要坚持实事求是的原则，努力将复杂的问题简单化、务虚的工作实效化，以促进工作的良性发展和持续提升。

川庆特色安全文化建设之途径与方法

·中国石油川庆钻探工程公司企业　侯斌　邱开烈　刘小军　牟锐

摘　要：川庆钻探自 2008 年整合成立以来，积极有效地开展了企业文化的整合研究工作。安全文化作为川庆企业文化研究的子项目，也按照预定的程序和目标有序开展。公司成立了以企业文化处为牵头，相关部门和单位参与的安全文化建设专项课题组，侧重从公司安全文化建设的途径与方法入手，对石油企业安全文化建设进行了有益的探索，总结出了一些好经验、好做法，对指导促进公司安全文化建设起到了应有的作用。

关键词：安全文化；途径；方法

石油企业特别是石油钻探企业属于高危行业，其易燃易爆、易喷易泄、高温高压、有毒有害等行业特点决定了其健康安全环保（HSE）管理的艰巨性、复杂性和长期性。川庆钻探施工区域横跨川、渝、新疆、陕、甘、宁、内蒙古及国外部分地区，不同区域的文化相互交融、碰撞，给企业安全管理带来了新的挑战。因此，构建统一而有效，富有川庆特色的安全文化体系，对促进川庆钻探安全发展、和谐发展具有极其重要的意义。

一、对川庆钻探安全文化建设的必要性分析

川庆钻探自 2008 年整合成立以来，就积极有效地开展了企业文化的整合研究工作。安全文化作为川庆企业文化研究的子项目，也按照预定的程序和目标有序开展，但在多年的探索实践中，课题组始终面临着一些难以逾越的瓶颈难题。主要表现在四个方面：一是"思想认识不到位"，部分员工能熟记安全理念，但文化推广始终停留在"知"的阶段，离"行"还有不小的差距。二是对川庆公司《安全文化建设指导意见》的宣贯和执行力度还不够，个别基层单位领导、管理者对安全文化的特性认识不足，时紧时松，削弱了安全文化建设推进势头。三是安全文化活动从内容到形式创新不够，需要更加新颖、更富时代气息的载体激发员工的参与热情。四是部分单位没有正确理解视觉形象应用与安全、效率、质量之间的关系，将之与面子工程、形式主义画等号，导致工作进度缓慢。

鉴于以上原因，需要明确一条简洁高效的安全文化建设之路，明确具体的途径与方法，用于指导川庆安全文化建设。

二、创建富有川庆特色的安全文化的理论要点

（一）企业安全文化的内涵

安全文化是企业文化的重要组成部分，是指企业在长期安全生产活动中，逐步形成的或有意识塑造的，为全体员工接受和遵循的，具有本企业特色的安全思想和意识，安全作风和态度，安全管理机制和行为规范等。

川庆钻探传承中国石油精神，在多年的安全生产实践中，逐步形成了具有本企业特点和满足行业要求的安全管理机制、行为规范和规章制度。以此为基础，构建富有川庆特色的安全文化体系，就是在川庆已有安全管理体系的基础上，结合川庆企业文化，培植安全理念，构建安全文化体系。川庆钻探的安全文化体系包括安全观念文化、安全制度文化、安全行为文化和安全物态文化四个方面。

（二）正确认识安全文化与安全管理之间的关系

在目前员工安全文化素质尚待提高的情况下，正确认识安全文化与安全管理之间的关系十分必要。安全文化与安全管理既有联系又有区别，不能简单地将安全文化混同于安全管理。安全文化主要通过传播、宣传、科学普及、教育等手段，从人的思想、意识、观念等方面去启发、教育员工珍爱生命，和谐生活，安全生产。而安全管理则采用行政、法制、经济、科技等手段，带有强制性、限制性和惩罚性的形式，是以实现生产经营活动总目标为最终目的，是以保障劳动者的安全与健康为条件，在一定范围内是一种安全生产约束手段。因此，在加快建设川庆安全文化体系的过程中，我们依然要坚持两手抓，两手都要硬的方

针，既要积极探索富有川庆特色安全文化建设的新途径，新方法，又要坚持我们既有的安全管理体系框架不放松，积极主动抓好落实，为公司安全生产提供良好保障。

（三）川庆安全文化建设应坚持的原则

1. 坚持以人为本

必须把人的因素摆在突出位置，作为一切工作的出发点和落脚点，充分调动广大员工的积极性和创造性，切实维护员工的身心健康和生命安全。

2. 坚持服务发展

必须紧紧围绕企业安全生产、安全发展这一要务，有的放矢地进行设计和组织实施，体现文化的先进性和导向性要求。

3. 坚持继承创新

必须立足传统，在继承中国石油优秀文化的基础上，借鉴国内外企业先进的安全文化经验，培育、提炼、创新出更加符合时代要求的川庆特色安全文化模式。

三、川庆特色安全文化建设之途径与方法

川庆钻探安全文化体系的建设模式，可从观念文化、制度文化、行为文化和物态文化四个方面入手。如图 1 所示。

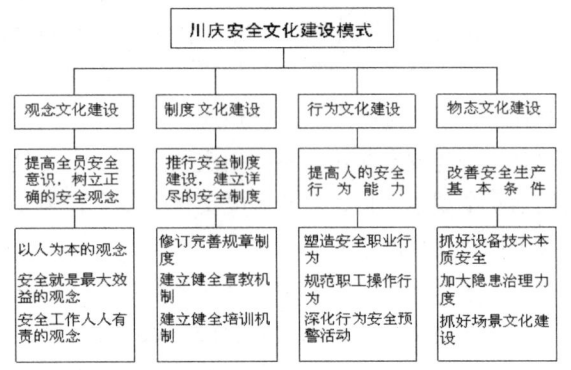

图 1　川庆钻探安全文化建设层次模式

（一）培育富有川庆特色的安全观念文化

1. 理论基础

理念是企业"处世"的总原则。培育富有川庆特色的安全观念文化，就是要在公司范围内建立起全员共同接受的安全意识、安全理念、安全价值标准。安全观念文化是安全文化的核心和灵魂，是构建安全行为文化、制度文化和物态文化的前提与基础。

2. 培育途径

川庆钻探由原四川石油管理局和长庆石油勘探局

工程技术服务业务整合而成。

川庆钻探安全观念文化要做到三个坚持，即坚持以人为本的观念，坚持安全就是最大效益的观念，坚持安全生产人人有责的观念。三原则遵循了中国石油核心经营理念，找到了川渝和长庆石油人的文化共同点。

3. 川庆安全观念文化

核心价值观：油气至上，安全为天。即当公司利益与油气大局发生矛盾时，要以服务油气为重；当市场取向与保障职责发生矛盾时，要以保障优先。必须把安全环保放在第一。要保障和谐，必须以安全为前提，安全永远比进尺、速度和效益更重要。

HSE 理念：安全第一，环保优先，生命与健康高于一切；关爱他人，关心自己，一切事故都可以避免。即管理者始终把人的生命安全、身心健康放在首位，主动保护环境，积极构建人与自然的和谐。员工要树立"工作、操作中的每一个环节都关系自己和他人生命"的责任意识，坚信事在人为，事故完全是可以避免的观念。

HSE 方针：以人为本、预防为主、全员参与、持续改进。

4. 宣贯途径

安全观念文化要为广大员工认同并为社会公众理解，关键在于宣贯，重点在于落实。

途径一：搭建宣贯平台。编印下发了《企业文化手册》《员工行为规范手册》《行为安全规范手册》《企业文化故事集》，在内部网络开通了 HSE 和企业文化宣传专题栏目。

途径二：丰富宣贯手段。集中开展文化宣讲、理念测试、讲故事和文艺下基层四个方面的活动。征集文化故事 76 个，不同层面的文化宣讲 300 多场次，理念测试 59 场次，文艺下基层 38 场次，促进川庆安全文化理念深入人心。

5. 实践案例

案例一：川庆川东钻探公司编印《川东钻探公司 HSE 理念手册》4300 册、安全文化理念宣传画 170 张下发到各基层，组织员工认真学习讨论。在自办杂志《东钻人》开辟"安全生产"专栏，进行特别策划，刊载安全文化建设文章供大家学习，"油气至上、安全为天"的核心价值观在员工中逐步树立。

案例二：川庆长庆钻井每年开展"理念进井场"活动和"安全文化快车"下基层文艺慰问演出，其中的"安全歌曲大家唱"受到了一线员工的广泛关注。此外，制作下发安全漫画扑克牌，累计印发上万副，在寓教于乐中使安全理念逐步深入人心，认知率达到了90%。

（二）创建富有川庆特色的安全制度文化

管理是企业文化的外在表现形式，涵盖了规章制度、培训及宣教机制。建立详尽的安全生产管理制度，形成保障有力的工作机制，是做好安全工作系统控制和过程控制的有力保障。

1. 理论基础

管理是企业内部人与物、人与制度的中介体，它将企业的意识与观念形态通过适合的制度体现出来。制度文化既是适应物质文化的固定形式，又是塑造精神文化的主要机制和载体。正是由于制度文化的这种中介的固定、传递功能，它对企业安全文化的建设具有重要作用。

2. 创建途径

途径一：完善制度保障体系。川庆钻探在多年的安全生产实践中，逐步探索总结出了一套相对完整的安全管理规章制度，但在国际化步伐加快、企业安全环境多变的新形势下，修订完善符合市场要求，符合川庆新的企业文化体系要求的安全管理制度仍然是我们急需探讨的课题。要按照国家的法律法规、地方政府和国外市场的要求及行业的规范和制度，及时修订完善各项安全生产规章制度。

途径二：建立安全宣教机制。要建立"大安全"联动工作机制。培训部门要在培训的途径上多管齐下，强化效果，在安全形式及内容上推陈出新。党群工作要加强阵地建设，充分发挥工会、共青团等群众组织的作用，细化"青安岗""党员责任区"等群众组织的功能，有针对性地开展"事故案例巡回展演""安全演讲"、安全竞赛等系列活动，确保安全文化活动常态化。相关职能部门要持续不懈开展"安全生产月""交通安全月"等各种形式的宣传教育活动，让员工在活动中受到教育。

途径三：建立安全培训机制。分层次强化全员培训，单位主要负责人、分管安全领导、安全生产管理人员、安全监督、特种作业人员由公司组织，到有相应资质的培训机构进行培训。其他从业人员，由所属各单位组织培训和考核，培训和考核结果要在本单位安全管理部门备案。各单位主要负责人、分管安全领导、安全生产管理人员、安全监督、特种作业人员必须经培训合格后，持证上岗。要通过开展以"关爱生命、关注安全"等为主题的安全培训教育，提高全员安全意识和素质，由"要我安全"到"我要安全"，最终达到"我会安全"。

3. 实践案例

案例一：川庆长庆井下以机关科室为重点，开展制度大讨论，修订安全管理制度14项，新增15项。对一线试油（气）机组的标准、操作规程进行了认真梳理，整合规范了现场QHSE记录，引导员工编制岗位巡检路线图、巡检内容，自下而上总结出符合岗位实际、能为员工熟练掌握的"操作法"，制作了包括常规试油（气）的40个工序的操作标准flash教学光盘，被集团公司给予了专利授权。

案例二：川庆油建公司科级以上领导干部定期开展基层联系点HSE审核，加大过程性指标考核权重。完善公司《HSE绩效考核制度》，总结龙岗净化厂、卧渝线工程HSE体系推进试点经验，编制完成长输管道施工项目、天然气处理厂施工项目HSE管理指南。

（三）打造富有川庆特色的安全行为文化

人是企业文化建设的中心。塑造富有川庆特色的安全文化，必须突出以"人"为中心，重点就是规范员工的安全行为，以川庆公司《行为安全规范手册（试行）》和《员工行为规范手册》为准则，培养员工良好的安全职业精神。

1. 理论基础

安全行为文化就是指在安全观念文化指导下，人们在生活和生产过程中的安全行为准则、思维方式、行为模式的表现。行为文化是观念文化的反映，观念文化指导行为文化。打造符合企业要求的安全行为文化，就是要引导员工强化高质量的安全学习，执行严格的安全规范，掌握必需的应急自救技能，进行合理的安全操作等。

2. 建设途径

途径一：塑造员工良好的安全职业行为。职业文明是对员工最基本的要求，也是传达企业核心价值观，展示企业精神风貌的有效载体。川庆安全职业行为以川庆员工行为规范为准则，要加大宣教力度，确保各层级、各岗位形象规范、行为规范，以良好的职业道德、职业形象推动安全文化。各级领导干部要制定个人安全行动计划，落实"七个带头"，全面提高安全管理能力。各岗位员工要以《行为安全规范手册》为准则，当好手册的践行者，把川庆安全理念转变为个人的自觉行动。

途径二：规范员工的操作行为。严格落实各岗位规范，大力推进标准化班组、标准化岗位、标准化现场建设，使各生产环节都始终处于标准规范的要求之内，确保人、机、物处于良好的生产状态。严格落实岗位操作规程，班前贯彻施工措施，提出具体要求，施工操作行为全面受控，及时发现，及时整改，使员工养成良好的操作行为。要切实推进内控与风险管理体系建设，规范业务流程，规避事故风险。

途径三：深化行为安全预警分析活动。对员工行为安全信息定期统计，分析趋势，制定措施，消除隐患。要全面推行安全行为审核，党、政、工、团要把员工思想情绪的引导作为行为文化建设的重要内容来抓，及时掌握员工思想动态，落实倒休制度，策划和设计文化休闲活动，确保员工以良好的精神状态投入到工作中来。要大力开展班组安全预知活动，真正使员工对当日当班的生产现场情况、安全工作重点及施工过程中可能威胁正常安全生产、造成事故的危险源做到心中有数，了如指掌。

3. 实践案例

案例一：长庆钻井探索制定了《作业现场不安全行为管理办法》，总结、提炼、制作了《52种常见的不安全行为》卡片，形成了从违章行为认知判定、控制、处理等一整套管理制度，强化了员工的安全生产意识和安全责任的落实。建立了管理与监督"双线"反违章机制，通过采取对违章人员进行安全经验分享、购买商业保险、家庭告知、安全谈话、违章曝光、分层举办违章培训班、违章责任追究等9项控制措施，形成了家庭、企业、社会积极互动的立体反违章机制，形成了全员参与、互相监督、全力围剿"三违"的群众战争攻势，有效地控制了员工的不安全行为。

案例二：长庆监督公司超前预警，落实基层班组长"六必问"活动，及时掌握员工思想动态，确保员工以良好的精神状态投入到工作中来。与此同时，他

们与心理咨询专家联系，分批次对257名一线员工进行了心理咨询，有针对性地开展了形式多样的文化休闲活动，保障了员工的行为安全。

（四）构建富有川庆特色的安全物态文化

1. 理论基础

安全物态文化是为保证人们的安全生活和安全生产而以物质形态存在的条件、环境和设施的总和，它包括作业环境安全和机械设备安全两个方面，是安全文化的本质载体，基础和保障。

2. 构建途径

途径一：抓好生产设备、生产工艺的本质安全。即突出科技安全，大力推广和开发应用安全新技术，把好安全生产的源头关。要加强设备的投入力度，配备先进的安全生产及保障设备，充实、完善危险源（点）的监控，淘汰不符合安全要求的设施、设备，及时进行设备的安全技术改造和日常维护保养，使设备始终处于良好状态。要加强员工劳保护具的配备，完善自我保护功能。

途径二：加大现场设备隐患治理力度。即发动全员积极参与各项安全检查，及时发现生产过程中的各类隐患，减少潜在危险源。要将隐患治理常态化，切实做到整改措施、责任、时间三到位，及时消除事故隐患。要按轻重缓急加大安全投资，逐步治理隐患，不断改善劳动作业环境和条件，达到人、机、物、环境的整体优化和本质安全。

途径三：抓好场景文化建设。抓好企业标识的规范使用工作，形成公司统一的场景文化展示模式。在公司《目视化管理规范》的推进基础上，制定《标准化施工作业现场规范》，对人员、设备设施、工具及作业场所，设置区域线、警示线、告示板、提醒板和操作流程图等视觉提示。现场安全警示标识，做到设置专权、标识清楚、悬挂规范，帮助员工养成良好的执行规定动作的习惯。要认真落实入场教育制度，生产厂区制定"安全提醒卡"，建立"五型班组"场景文化展示模式，施工现场结合"两书一表"，落实"岗位指导卡"。值班室、工作休息等场所设立安全文化专栏，让员工在工作中感受到文化的熏陶；在会议室等公共场所，设置以安全法律法规、安全理念、安全承诺、安全漫画、安全警句等为主要内容的安全板面，图文并茂，在潜移默化中影响员工的安全品质、安全

态度。

3. 实践案例

案例一：川庆重庆运输公司通过 GPS、3G 远程视频监控系统和单车运行信息系统，建立了先进的调度指挥系统和安全信息资源平台，进行数据存储、传输、处理和监控，使数字化与安全信息化建设统一步调。实现了超速显形无处藏，疲劳驾驶及时控，重点监控保平安，语音提醒传温馨，违章超速车辆从 2009 年的 146 车次下降到 2011 年的 16 车次。

案例二：川庆物探公司自主研发了"民爆物品编码管理系统"，实时动态监控每一公斤炸药和每一发雷管的来源、流向和使用情况。确保管理者能迅速准确地查询出每个编码的民爆物品在测线和井位上的消耗情况，有效地预防丢失或被盗。

四、阶段性成果

成果之一：遵循"实践、创新、提高、应用"的工作思路，初步构建起了川庆特色的安全文化建设框架，第一批 6 个示范单位的引领作用初步显现，为下一步更大范围的拓展示范点工程，推动川庆公司安全文化建设工程夯实了基础。

成果之二：探索推广了观念文化两大宣贯途径，解决了"思想认识不到位"的安全文化建设难题，初步实现了安全理念由"知"到"行"的良性转变，理念认知率由整合初期的 39.69% 上升至目前的 90%。

成果之三：安全文化创建形式呈现多样化，明确了四大体系的建设途径，"有感领导""属地管理""场景文化"成为川庆安全文化建设的"三驾马车"，特征明显，效果显著。

成果之四：目视化管理成效突出。探索形成了人员、设备、工器具、区域四个方面的目视化规范标准，基层现场标准化达标率在 80% 以上。

成果之五：安全行为能力得到提升。川庆荣获"四川省安全文化建设示范企业"称号，获得壳牌公司颁发的安全零目标和优秀作业绩效的卓越贡献奖，并被推荐参加 2011 年国家安全文化建设示范企业评选。一家下属单位荣获中国企业文化管理年会颁发的"中国企业安全文化建设优秀单位"称号。

五、结束语

2009 年 5 月，公司下发《川庆钻探工程公司安全文化建设指导意见》，成立了相应的组织机构。随后公司又按照业务特性确立了 70573 钻井队等 6 个基层队（站）为安全文化示范点，下发了《视觉形象应用手册》《安全目视化管理指南》，拟定了《安全文化示范单位建设标准》。2011 年公司本着"实践、创新、提高、应用"的思路，对川庆钻探安全文化建设模式进行了深入探索，在理论与实践的交错互助中，初步构建起了具有川庆特色的安全文化建设模式，为推动公司安全生产、安全发展提供了较为有力的文化支撑。

企业安全文化建设是一项长期的系统工程，需要我们持之以恒地推进，脚踏实地地落实和满腔热情地耕耘。川庆钻探安全文化建设任重而道远，这需要我们深刻认识安全文化建设的重要意义，不断提高安全管理的素质和水平，广泛发动全体员工积极参与到安全文化建设中来，深入挖掘安全文化资源，全力推进川庆钻探安全文化建设再上新台阶！

浅谈国华电力安健环文化的建设实践

中国神华能源股份有限公司国华电力分公司　王艳双

摘　要： 安全文化是企业文化的重要组成部分，是企业在长期安全生产经营活动中经过长期积淀，不断总结形成的，为全体员工接受并遵循，具有企业特色的安全价值观、态度、道德和行为准则的总和。国华电力公司在开展安全文化建设中，坚持让文化融入安全，让安全成为文化，形成了独具特色的安健环文化体系。本文重点阐述了安健环文化的具体内容和核心理念，并从具体的五个方面来保障安健环文化的建设实践，最终实现安健环文化建设的持续改进，达到安全生产零事故、员工零伤害的目标，并建立安健环管理的长效机制。

关键词： 安健环文化；文化宣示；责任落实；领导示范；教育培训

国华电力公司始终贯彻"安全第一、预防为主、综合治理"的安全生产方针，坚持"安全为天"的管理理念，紧紧围绕安全生产目标，提出了符合企业实际的安健环文化建设。安健环文化就是安健环理念、安健环意识及在其指导下的各项行为的总称。安健环文化建设通过宣传、教育、奖惩、形象、标识、文化活动及与 NOSA 五星安健环管理理念的有机结合，坚持整体规划、有序推进的工作思路，将安健环责任落实到公司员工的具体工作中。安健环文化的核心内容是安健环文化理念，即大力倡导"以人为本"的"人本观"，"一切事故皆可避免"的"预防观""安全源于责任心"的责任观，"细节决定成败"的"执行观"，"安全是最大的节约、事故是最大的浪费"的"价值观"和"每一位员工平平安安回家"的"亲情观"，这也是国华电力公司安健环管理工作的行动指南。公司通过建设个性鲜明的安健环文化宣示系统、实现自主安健环管理、推动安全生产责任的落实、强化全员安健环意识、提高全员安健环素质来加强安健环文化建设，为实现本质安全提供精神动力和文化支撑，确保企业的长治久安。

一、深化安健环文化宣示建设

安健环文化宣示系统建设是可持续发展型的安健环文化建设。引领国华电力公司安全生产管理向全员安健环文化拓展，实现生命安全与健康保障、社会和谐与公司可持续发展的目标。

安健环文化宣示建设作为提升国华电力安健环管理水平、实现企业本质安全的重要途径，是一项惠及员工生命健康安全和国家财产安全的战略工程。国华电力公司安健环文化宣示是安健环文化宣示系统建设的灵魂，涵盖了安健环目标、使命、价值观、策略和安健环行动等内容。安健环文化宣示引导国华电力安健环文化宣示系统建设进行系统规划和有效实施，全面实现安健环文化系统建设。

通过安健环文化宣示系统建设，形成富有国华电力公司特点的安健环文化理念。推进安健环文化宣示系统建设方案、安健环文化宣示实施到现场、部门、班组、岗位、员工，创新安健环文化宣示系统建设模式，树立安健环文化建设典型，使全员的安健环知识、安健环意识、安健环能力、安健环素质得到普遍提高，推动本质安全型部门、本质安全型班组、本质安全型员工创建。通过学习和借鉴国际先进的安健环管理思想和安健环文化理论，结合公司安健环管理实际，经过提炼总结，逐步形成安健环文化的价值体系，做到了内涵丰富、系统完善、鲜明特点，形成适合公司发展的《安健环文化手册》，形成上下同欲、知行合一的安健环文化，推动国华电力公司又快又好、可持续发展。在全公司内形成了比安全文化建设，赛安全文化氛围；比安全知识教育，赛安全意识；比安全技能培训，赛安全素质；比规章制度落实，赛安全行为；比纠正安全违章，赛隐患整改力度，深化了安全管理，形成了人人要安全、人人会安全的浓郁氛围。

二、明确安健环自主管理策略

建立安全"零容忍"管理机制。利用《国华电力公司人员识别安全信息系统》的人员身份识别进行安全"零容忍"的管理。进入生产现场的人员应做到安全基本要求，对不能做到"进入生产现场戴安全帽""高空作业应系安全带""进入生产现场不穿工作服"的人员，进入《人员识别安全信息系统》黑名单控制，通过人员识别安全信息系统控制违章人员进入生产现场，实现安全"零容忍"的目标。对安全基本要求不能做到的人员进行重点安全培训，培训合格后再上岗；对重复性不能改善的人员，拒绝进入生产现场，全面实现生产现场"零违章"。

深入开展"零违章"活动。组织员工学习《安规》和编制《反习惯性违章管理标准》，促进生产员工自觉遵守安全规程、规定，做到执行规章制度"精确复制"不走样，提高《安规》的执行力。加强安全警示教育，组织员工观看安全教育光盘和典型事故学习，深刻吸取教训，提高员工自我保护意识和能力，树立"安全就是最大效益"的理念。

开展"对标管理"活动策划。坚持对标管理，遵循先国内、再国际的对标原则。建立组织领导、指标体系、标杆体系、评价体系、管理控制体系五个体系组成的对标管理体系，在实际工作中按照"现状分析、选定标杆、对标比较、实施整改、持续改进"五个阶段全面开展安全对标工作。国华公司与国内五大电力公司进行对标，各发电公司选择国内同类型标杆机组进行对标，坚持全过程、全员、全要素安全对标理念，以增强企业竞争力为核心，以安全性评价为抓手，以安全管理评估活动为手段，着力推进安全生产对标工作。

三、狠抓安全生产责任落实

推动安全文化建设，重在责任落实；加强安全生产管理，重在责任落实。在安全生产管理实践中，国华电力公司深刻认识到，安全管理难在责任落实，重点也在责任落实。为此，公司通过大力加强责任制建设，稳步推进安全管理长效机制建设。

一是明确各级安全责任。每年都要按照《安全生产法》的有关规定，围绕年度的生产任务，确定当年

的安全目标。经职代会审议通过后，再根据目标的具体要求，制订和下发年度安全生产计划及事故控制指标。并采取公司总经理与各单位总经理签订《目标责任状》的形式，将公司的安全生产工作目标分解后落实到各单位，同时，明确安全第一责任人宣讲、示范、引领安健环工作，现场带班值班。

例如，为强化公司生产过程的领导责任，更好地落实安全生产主体责任，国华电力公司制定了安全生产值班与领导带班制度。各单位副总工程师以上人员坚持亲自带班和检查制度，做到"三个保证"，即保证亲自主持高危风险作业中危险作业和重大操作现场安全措施执行的检查。带班领导监督安全生产值班到位情况，随时处置突发应急事件，并在第一时间逐级汇报。对于未执行现场带班和检查制度而导致事故者从重追究责任。国华电力公司对各分（子）公司领导班子成员带班制度执行情况进行监督管理。

二是层层签订安全责任状。各分（子）公司将安全责任分解到部门，与部门签订"安全生产责任书"，部门经理又与班组人员层层签订"安全生产责任书"，把安全生产预防事故的指标进一步细化分解，具体落实到各级领导和每一个职工身上，形成一级保一级，一级管一级的安全生产承包责任体系。

三是层层传递安全压力。为了推进安全生产，公司的主要领导及安全生产领导小组的全体成员，坚持不定期地到各基层单位和各项目工地进行安全工作抽查，及时发现和解决落实《安全生产责任承包书》中的问题。通过让人人心中有指标，人人肩上扛任务，较好地做到把工作变压力，压力变动力，推动了安全生产的全面落实。

四是强化岗位安全责任落实。各单位党政负责人是本单位安全生产环保第一责任人，全面负责本单位安全工作；分管领导是分管业务安全的直接责任人，负责业务保安；总工程师是安全技术保障第一责任人，负责技术保安；明确本单位安全监管负责人，负责安全监督管理工作。公司以"四抓一强化"为抓手，严格执行"三个保证"，坚持常态化"三个一次"安全管理。

五是强化安全监察责任落实。主动接受地方、行

业和上级安全监督管理部门的安全监察指导；按照"强责任、促规范、严监管"的原则，严格落实"一岗一网一中心"安全监察体系的监察责任，强化各级安全监察人员履职尽责，坚持依法合规动态监察，做到"高标准、全覆盖、零容忍、严执法、重实效"。

四、发挥领导示范作用，强化员工的安健环意识

公司进行领导示范作用强化，对各级安全第一责任者进行安全标识，从安全帽、袖标进行重点标识。通过领导示范作业，激励员工自觉遵章守纪，提高员工安全意识。

建立安健环通告栏、公告栏和安全生产九天禁令上墙。公司的安全理念、安全要求通过公告、标识、色彩、图画、影视等导入人的视觉系统。例如，以漫画和动漫的形式提炼企业安健环文化，给予心灵的震撼，引导员工的行为、习惯、思维、理念、文化，从而积淀安健环文化，使员工在安健环表现中自觉自律，实现"以人为本、风险预控、本质安全、自然和谐"的安健环文化。

行为系统起着对内打造氛围，对外塑造形象的作用。公司制定明确的行为标准，并对员工的行为进行矫正，即行为的引导与约束。例如，作业人员穿作业反光衣上岗等。将公司安健环理念转换为公司的各项制度、员工的日常行为、公司的各项流程，形成执行文化，提高广大员工的日常安全意识。

结合形势发展需要，充分利用各种会议和媒体，广泛宣传导入安健环文化宣示系统建设。进一步深化公司安健环文化的品牌建设，向广大干部员工灌输安全意识，只有通过安健环文化建设、掌握安健环文化水平，才能共享安健环文化建设效果。通过评估安健环文化中事故先行变量、进行事故预防和重大事故预警，确保公司的长治久安。从而为广大员工的安全作业营造良好氛围。

根据地域特点、作业工种风险和国家劳动防护用品配备标准要求，统一制定公司劳动防护用品配备标准，标准分为特殊防护用品和普通防护用品标准，选择达到防护等级的劳动防护用品厂家、给予现场作业人员配备舒适、简洁、防护等级较高的防护用品，以达到安全作业人员的防护等级和防护要求。规范安健

环标识，以标识提示、警示来规范员工安全行为，提高全员安全意识。

积极开展安全生产"三项行动""三项建设"和安全生产宣传教育"十项活动"，如"百日安全"活动、"安全月"活动、"安康杯"竞赛活动、开展技术练兵、技术比武、预案演练、安全竞赛、安全承诺、安全警句、安全漫画、安全征文、安全演讲等。通过丰富有意义的活动，使安全意识入脑入心。

五、开展安全教育培训，着力提升员工安健环素养

人的本质安全是实现发电公司本质安全的重要环节。员工是企业的根本，是保障安全生产的基础，员工技能素质的高低决定了安全生产的成败。国华电力公司通过开展一系列的安全教育和宣贯，培育员工的心态安全文化，积极营造"以人为本，安全为天"的文化氛围。充分利用年度工作会、月度安健环视频例会、生产早会、班组班前会、班后会和每周的安全学习日等定期例会进行不同层次的学习、教育，并不定期在企业内网发布安全事故案例，对年度不安全事件进行汇编，各单位建立了事故回顾室和安健环阅览室，选择具有典型意义的生产事故，分析其事故产生的根源、危害及应吸取的教训，使员工不仅知其然，而且知其所以然。特别是在安全生产形势越好时，越易滋生麻痹思想，更要进行事故反思，把兄弟单位的事故当成自己的事故来抓，让每位员工从中吸取教训。

适时开展全员安全大讨论活动，着力从思想意识、管理措施、危险源辨识、事故预防、过程控制和责任落实等方面入手，深入、务实地开展大讨论，形成有效的防范措施，使员工纠正麻痹思想、侥幸心理和冒险蛮干行为，养成良好的安全习惯。同时，做好承包商作业人员、新入职员工、外委施工人员的安全教育工作，努力变安全事故的"易发群体"为"不发群体"，使这些人员受到应有的教育和熏陶，实现企业安全文化的有效延伸。

例如，三河发电公司将"三违"典型行为拍摄成了十五集电视系列小品剧《全员行动找"三违"》。每集小品剧由"找错篇"和"纠正篇"组成，将典型"三违"行为贯穿在小品剧中，同时还组织编制了网络观看及识别软件，创建了员工在公司网站中快捷收

看小品剧，在网络软件系统中识别填空"三违"典型行为的新颖形式，对识别填空正确的员工采取抽奖给予奖励，之后将本集"纠正篇"进行播放，进一步规范员工日常工作行为，该成果荣获全国电力系统企业文化建设优秀创新成果奖。

六、结论

国华电力公司在开展安全文化建设中，坚持让文化融入安全，让安全成为文化，把安全文化建设作为企业安全管理的一种策略和思路，提出了具有特色的安健环文化。

安健环文化的实施过程是个持续改进的过程。国华电力公司通过深化安健环文化宣示建设、明确安健环管理策略、狠抓责任落实、树立员工意识、开展教育培训五个方面来加强安健环文化建设，真正把职工的生命安全、健康放在第一位，突出重点，体现特色，全方位、多层次地打造安全文化，为实现年度工作目标和促进企业持续发展做出更大的贡献。

浅谈 13650 安全文化建设体系构建与落地

山西焦煤霍州煤电丰峪煤业有限责任公司　郑旭峰　朱帅　牛康美　孟毅

摘　要：为持续推进本质安全型矿井建设，丰峪煤业创建了独具特色的"13650"安全文化建设体系。本文着重介绍了"13650"安全文化建设体系的背景、内涵、具体做法及实施效果，可以给相关企业以借鉴。

关键词：13650 建设体系；理念塑魂；规矩塑行；制度塑体

霍州煤电集团丰峪煤业有限责任公司，其前身为曹村煤矿，成立于 1958 年，矿井由于多年开采资源枯竭，经政策性破产、资源整合赤峪、宋庄煤矿后，企业改制，2014 年成立丰峪煤业公司，现为霍州煤电集团公司全资子公司。公司位于山西省临汾地区北部，霍州市东南约 7 千米。矿区内有运输铁路专用线与南同蒲铁路接轨，公路连接霍侯一级公路，交通便利。丰峪煤业目前井田面积 24.4 平方千米，主要可采煤层为 2#、10#、11#煤，核定生产能力 120 万吨/年，矿井保有储量 2.29 亿吨，可采储量 1432 万吨。在企业去产能的大背景下，丰峪煤业确立了"以煤为基、多元发展"的工作思路，逐步形成为以原煤生产为主业，以汽运、养路、文化传媒、超市等非煤产业共同组成的综合矿井。

一、实施背景

在煤炭企业安全生产形势不断明显好转的过程中，广大煤矿从业人员对安全工作的认识、严抓细管履行安全职责和落实各项安全法律的态度及企业安全管理的方向和内容一定程度上会发生一些变化，如长周期安全生产，职工对安全工作的警惕性会放松，对一些客观存在的危险源会视而不见。另外，随着安全管理周期的不断延长，安全管理目标会根据实际情况不断调整变化，安全文化建设的侧重点也要随之变化，适应其发展的需要。如果没有宏观的规划，安全文化就会杂乱无章，不成体系，不利于传播。

所以，安全文化建设必须从安全生产的实践中来，再应用到实践中去；必须和安全目标愿景保持高度的一致；必须和各项既定的安全管理抓法保持步调一致；必须对人的思想行为和事物的特点规律进行总结分析，对症下药进行宣传教育，这样才能真正起到安全文化对安全整体工作的引领作用。

二、内涵

近年来，为了提升企业安全管理水平，山西焦煤霍州煤电丰峪煤业有限责任公司牢牢坚守"发展决不能以牺牲人的生命安全为代价"这条红线，用先进的理念做牵引，用特色的载体作为支撑，用精细的制度培养习惯，围绕安全理念灌输、安全愿景激励、安全教育培训、职工安全行为规范、安全管理体制机制等重点内容，着力构建安全文化建设长效机制，形成了"理念塑魂、规矩塑行、制度塑体"党政工团齐抓共管、干部职工全员参与的独具丰峪煤业特色的"13650"安全文化建设体系，持续推进本质安全型矿井建设，为矿井安全发展和可持续发展提供了强大持久的推动力。

"13650"安全文化建设体系即一年 365 天天天都安全，通过安全文化建设体系，确保全年安全生产目标的实现。"1"即坚持一条核心理念——珍惜生命，珍爱健康；"3"即实现"安全愿景、安全思想、安全行为"三者有机统一；"6"即实施六项工程——干部作风建设工程、党员安全示范岗工程、安全契约化工程、素质提升工程、群众安全工程、安全文化氛围营造工程；"5"即构建五大支撑——系统自控、部室保安、区队达标、支部晋位、班组竞优；"0"即实现企业安全生产。

三、主要做法

（一）理念塑魂：把塑造安全愿景和职工安全思想教育作为安全工作的灵魂工程来抓，以思想教育为先导规范职工行为，达到知行合一的效果

（1）塑造先进的安全文化理念。山西焦煤霍州煤电丰峪煤业始终坚持以理念塑造人，引导职工树立正

确的安全价值观,根据企业60年来积淀形成的企业安全文化,凝练了"珍惜生命,珍爱健康"的安全理念、"安全第一,生产第二"的安全价值观、"安全高效,文明和谐"的安全共同愿景、"矿井无隐患,安全零事故"的安全工作目标、"责任有我,我必负责;安全有我,我必安全"的安全主导理念、"一切工作标准化"的安全工作理念、"超前防范,过程控制,规范操作,强化管理"的安全管理理念、"工作标准化,任务明晰化,责任明确化,时间具体化,监督过程化,考核兑现及时化"的安全工作方法、"安全是最大的效益,事故是最大的浪费"的安全效益理念、"一切事故都是可以避免的"的安全预控理念、"该投则投,应投尽投"的安全投入理念、"在岗1分钟,安全60秒"的安全岗位理念、"全员培训,持续培训,终身培训"的安全培训理念、"宣传到人,教育入心;人本引导,行为养成"的安全宣教理念、"天天都是安全日,人人都是协管员"的安全监督理念、"安全设施齐全,标志醒目规范,设备场所清洁,环境文明卫生"的企业安全形象十六条安全理念和从安全生产"临床"总结出来的涉及安全、生产、干部作风、技术管理、机电管理、顶板管理、经营管理的38条理念、思路、口诀,逐步形成了职工口念嘴诵的安全行为准则。

(2)探索新时期职工思想教育的新方法。随着社会和科技的不断进步,职工接受事物的方式不断发生改变,如何做好新时期职工思想教育,让先进的理念能够更好地入脑入心,让职工"想学""愿学""能学"成为安全思想教育的新课题。山西焦煤霍州煤电丰峪煤业探索了教育的新方法,如开展了"班班有警示、月月有反思"事故案例教育活动,自行研发制作了井上下事故案例教育3D动漫片,对当事人、工友、家属进行采访,以还原现场的形式,制作事故案例教育专题片,编制故事书,达到了良好的警示教育效果。同时,开办了"丰峪看点""曝光台""丰峪V课堂"等一系列视频教育栏目,从正反两面对安全亮点工作和典型安全隐患问题及严重"三违"进行报道,做到见人、见事,对规范职工行为和管理行为,起到了较好的教育作用。

(3)树理念立规矩规范职工行为。坚持"变治已病为治未病"的理念,以思想教育为先,建立了从入井到作业全环节工作流程,规范职工行为。山西焦煤

霍州煤电丰峪煤业把行为军事化作为职工入井班前的必修课,严格执行班前必看事故案例教育片,班前会后齐唱《煤矿井下安全歌》→集体安全宣誓→集体列队→集体更衣→领灯→排队有序入出井的"准军事化"管理程序;在作业过程中,开展风险预控管理,严格落实《安全风险分级管控工作制度》《事故隐患排查与整改制度》等,开展好"五环六步"隐患排查、隐患"双追"、红黄牌管理和"三违"处罚等规定。认真学习了红黄牌分类标准、隐患分类标准和"三违"分类标准等,入井前做好岗位隐患排查,入井后做好现场安全隐患排查等工作,填写好岗位、班组和区队安全隐患排查记录表,用严格的安全隐患闭合管理流程超前预防事故。

(二)规矩塑行:紧紧抓住"人"这一核心,用规矩管人,用人落实制度,形成党政工团齐抓共管的良好格局

重点是发挥好"一干三员"(干部、党员、岗员、网员)的作用,形成全方位,立体式抓安全文化建设的工作格局。

(1)树立了"干部抓、抓干部,反复抓、抓反复,经常抓、抓经常"的工作理念。把干部作风建设作为安全工作的风向标,围绕如何做好动态监督,企业以强化干部履职尽责为核心,推行了"1141"干部作风建设体系。第一个"1",就是每周由干部作风督查组的一个部室牵头,其他部室配合,对公司"1+N"各个板块的干部作风进行全面督查;第二个"1",就是每周进行一次通报,由牵头部室对督查情况在周五早调会上进行通报,公司领导进行点评,推进干部作风建设常态化;"4",就是突出"四个融入",把加强干部作风建设工作融入安全生产全过程、经营管控全流程、区队管理全环节和科室履职全岗位;第三个"1",就是落实每月一考核制度,各督查部室对违规现象严格按照相关制度对责任部室和责任人进行处罚,月底前由组织人事部统一汇总,考核兑现到月度工作绩效和个人工资中。把干部作风融入安全生产全过程、经营管控全流程、区队管理全环节、科室履职全岗位的"四个融入"工作机制,成立了干部作风督察组,形成了每周一责任部室牵头督查、一周一通报一点评、一月一考核的机制。开展了每天"零"点行动督查薄弱时段安全,每周深入基层督查干部纪律和安全生产

痕迹，每月进行区队达标竞赛评比，定期进行矿领导基层专题调研和谈心办实事等行之有效的活动，促进了干部作风建设融入中心工作，各级干部能够知责、明责、履责、尽责。

（2）开展"举党旗、亮身份、见行动"党员安全示范岗活动。充分发挥党管安全的作用，把党员身边无事故、无"三违"作为衡量一名合格党员的基本标准，开展了党员戴党徽、入井党员戴布艺党徽、党员签承诺书摆承诺桌签、支部设党员公示牌、井下设党员示范区等"亮身份"活动，用"党员"这一光荣的称号规范和约束人员的行为。以党员"一区两无""星级窗口工程"等竞赛和"谈心、办实事、做好事"活动为载体，在井下和地面生产岗位创建了"党员安全生产示范岗"、在窗口服务岗位创建"党员红旗窗口示范岗"，与公司"窗口工程"活动相结合，擦亮党员岗位窗口、打响党员服务品牌、在各机关岗位创建"党员服务群众示范岗""党员业务保安示范岗"和"党员业务先锋示范岗"五类百名"党员示范岗"，实行党员月度考核、季度申报、验收授牌等"党员安全示范岗"评选工作，让党员立足本职岗位，服务群众，奋发进取，争创一流工作业绩，为周围党员和职工做出表率。通过这一机制，把党员的先锋示范作用充分发挥到了安全生产工作当中，起到了良好的示范引领作用。

（3）实施全员素质提升工程。随着科技的进步，管理理念的革新，对煤矿从业人员素质提出了更高的要求。山西焦煤霍州煤电丰峪煤业以打造高素质、综合性煤矿从业人员为目标，制定了职工学历、技能提升规划，截至 2018 年年末区队安全生产管理人员大专学历达到 75% 以上，本科 45% 以上；煤矿班组长及煤矿特种作业人员大专学历达到 25% 以上；煤矿特有工种人员中专学历达到 75% 以上；各级管理人员中级专业技术职务达 40%，初级达 90%。在学历、技能等级提升的基础上，以岗位技能竞赛为纽带，发挥技能大师工作室的作用，培养一批技术状元、技术标兵和技术能手，完成技术创新及小改小革活动 32 项，申报国家专利 1 项。

（4）发挥好岗网员女工二道防线的作用。充分发挥群众组织对矿井安全生产的促进作用，深入开展了"两站两员"建设活动。一是坚持群监网员制止"三违"竞赛和女工协管站井口送温暖、安全帮教等活动，促进群安工作扎实开展；二是做好"两员"全年培训工作，贯彻落实好国家、省、市等各项会议精神、讲话精神，坚持安全培训教育不断线；三是开展好"安康杯"竞赛活动，充分利用"安康杯"这一有效载体，强化组织领导，把"安康杯"竞赛同区队、班组建设，职工素质提升和安全培训教育等工作有机结合，开展了形式多样的"趣味安康"竞赛活动，营造浓厚的安全文化氛围；四是深入开展了井口群众安全工作站星级竞赛，严格按照群监网员安全连带责任追究考核办法，明确群监网员对各类安全事故的连带责任，坚持月考核，月兑现；五是深入开展了维护职工生命安全和身体健康的活动，履行好群众的监督职能。对"三违"人员和其家属定期召开恳谈会，通过一系列活动，让职工感受到温暖的安全教育。

（5）实施"链环"安全契约化工程。为了把安全责任从个人传递到整体，山西焦煤霍州煤电丰峪煤业实施了"链环"式安全契约化管理办法，在安全生产管理工作方面要围绕干部、职工、班组、区队、系统"五自"管理模式要求，全面运行联保契约化管理模式，单位负责人、党支部书记与承诺人签订了职工自保承诺书，区队每两名职工（一名党员和一名职工）之间签订结对互保契约书，区队负责人、班组长和班组成员之间签订了班组联保契约书，安全副总经理、分管领导和区队长、党支部书记之间签订了区队安全契约书，树立"我的安全我负责，你的安全我有责，全员保安我尽责"的理念，形成全员自保、互保、联保，共创安全管理的健康安保体系，形成自上而下互保、联保"链环"机制，确保公司实现安全零事故目标。

（6）实施安全文化氛围营造工程。为了确保井上下职工都能感受到浓厚的安全文化氛围，山西焦煤霍州煤电丰峪煤业以安全阵地建设和安全活动为抓手，开展安全文化氛围营造工程。首先，利用广播、电子屏、微信公众平台等载体定期开展各类安全会议精神、安全法律法规宣传；其次，利用主题宣传栏、安全文化走廊等阵地宣传安全常识、榜样事迹等；地面工业广场，主要活动场所、办公楼、车间、车队、公寓、澡堂、食堂、头灯房、皮带（人行）走廊、井下车场、主要巷道、峒室、工作面、关键工作岗位等设置醒目的安全宣传标语、公益广告、警示牌板；最后，开展形式多样的安全活动。利用安全生产月、安全书画展、廉政文化活动月、文艺表演等形式，开展形式多样的安全文化活动；定期开展地面安全检查活动、综治活动，开展民爆物品、车辆检查等活动，形成党政工团齐抓共管的大安全格局。

（三）制度塑体：建立科学严谨的安全管理制度体系，形成自我造血强健有力的安全管理体制机制

从系统到班组，在每一个组织单元都倡导和建立主动管理、主动作为、争优争先的管理和工作模式。

（1）系统自控。各系统按照"分级管理、逐级负责"的原则，落实系统安全生产目标责任制的要求，发挥好生产指挥、技术支撑、安全监察三大安全保障体系的作用，使矿井各业务保安单位能够在三大安全保障体系的统一指挥下，步调一致、高效协同地发挥好自身在安全生产中的作用，避免系统管理缺失带来的责任盲区和管理漏洞，使安全管理主体责任更为清晰，系统对安全的控制能力更为显著。

（2）部室保安。各业务保安部室严格履行安全生产责任制，对照安全生产责任制清单和安全承诺，认真履行自身的安全岗位职责；各业务保安部室要定期召开系统业务保安会议，及时分析、研究、通报系统内存在的主要安全生产隐患，并对业务找差情况进行通报分析，提高业务保安对安全生产的保障作用；执行 4+X 工作法（每季度组织专题会诊，安排专项整治；每月对隐蔽致灾因素进行预测预报，针对性安排部署；每周对生产组织情况进行修正安排，持续开展动态检查；每日对现场隐患情况进行重点过问，督促整改落实），履行业务保安职责，时刻关注井下各区域的生产动态，对作业现场出现的异常特殊情况，充分发挥各自的专业优势，开展好针对性的技术服务，解决好矿井的系统问题、环节能力问题、重大隐患和技术问题，为矿井营造出良好的生产秩序；加强规程措施编制、审查管理，每季度开展规程措施的评比活动，确保规程措施符合实际，能有效指导现场作业。

（3）区队达标。以安全生产标准化建设为依托，结合公司基础内业、现场管理、生产组织、培训教育、风险排查、隐患治理、民主管理等要求，在矿井全面开展区队达标建设工作。区队完善区队干部带班、值班、会议等12项基本管理制度，明确和认真履行队长、

书记、技术员和安全、生产、质量、机电等副队长的职责，区队作为达标管理的主体，履行主体职责，主管部室对区队达标建设工作开展情况进行全面的指导、协调、监督、验收及考核，每月由主管部室召开区队达标总结讲评会和学习交流会，形成标准化、规范化的区队达标管理模式。

（4）支部晋位。为充分激发基层党支部的活力，发挥支部安全管理的作用，企业制定了"支部班子好、党员队伍好、活动开展好、基础管理好、作用发挥好""五好"党支部创建标准，列出重点项、基础项、创新项和自主项四类30项党建工作清单，明确了工作职责和任务，并分"先进、合格、后进"三个等级每月进行考核定级，如在安全生产中发生工伤亡事故和党员违法违纪的党支部实行一票否决制。

（5）班组竞优。开展"六型"班组达标竞赛活动，按照采掘开、机电运输、通防三个序列，对照班组达标建设的相关要求和标准开展"安全型、高效型、质量型、学习型、创新型、和谐型""六型"班组达标竞赛活动，每个季度召开一次全矿性的班组建设总结表彰大会，典型班组和个人分享交流经验，并授牌表彰，在公司形成了人人都争当安全明星，每个班组都争当明星班组的良好氛围。

四、实施效果

体系更为清晰。"13650"安全文化建设体系是筑牢安全生产的基础性工程，内容涉及安全理念、规章制度、行为规范、警示教育、文化教育等一系列内容，对安全"三基"建设中基层队伍建设、基础建设和职工基本素质提升，都能起到实际的引导、教育、监督、规范的意义，有利于推动安全目标平稳的不断向前发展。

定位更加精准。"13650"安全文化建设体系，紧密配套丰峪煤业安全管理体系构架，契合安全管理的方向目标，让安全文化建设的目标更为精准。

效果更为明显。"13650"安全文化建设体系，以理念塑魂、规矩塑行、制度塑体，形成了体系性的工作方法，挖掘出了管理中的潜能，对提升企业安全管理内涵水平，安全文化自信起到了积极的作用，通过实施"13650"安全文化建设体系，丰峪煤业实现了长周期的安全生产目标。

"3450" 安全管控体系的探索与实践

淮北矿业股份有限公司童亭煤矿　韩昌伟　陈龙寿　张宗清　李尔宾

摘　要：安全管理是煤矿生产管理工作的重中之重。童亭煤矿在淮北矿业"54321"安全生产体系建设的引领下，不断探索和实践安全管理的新方式、新方法，并吸收、转化兄弟矿井、先进企业的管理经验，结合自身实际，经过探索、实施、修改、完善、总结、分析、实施等步骤，最终形成了具有童亭特色的"3450"安全管控体系。"3450"安全管控体系坚持把安全发展的核心理念确定为"以人为本、安全为天"，把维护职工的生命健康权放在突出位置；把职工群众作为建设安全文化的主体，使安全文化来源于群众，根植于群众，形成共识、共知、共为，体现了安全发展深厚的群众基础。

关键词：安全文化；体系建设；手指口述；安全确认；风险预控；安全素质

淮北矿业股份有限公司童亭煤矿位于安徽省濉溪县五沟镇境内，1979 年 10 月 1 日破土动工，1989 年 11 月 30 日投产，以生产肥煤、气煤、焦煤为主。2004 年扩建陈楼块段，矿井核定生产能力为 180 万吨/年，现有在岗职工 2016 人。

在淮北矿业"54321"安全生产体系建设引领下，童亭煤矿对矿井安全管理工作进行全面总结、系统分析、深入探讨和研究矿井安全管理取得的经验和教训，构建了"3450"安全管控体系，通过近几年的实践和检验，"3450"安全管控体系已经成为淮北矿业"54321"安全生产体系建设的有益补充，并逐渐融入矿井生产管理的方方面面，形成了童亭煤矿安全文化建设的独特模式。截至 2018 年 8 月 31 日，该矿累计实现安全生产 4801 天。

一、"3450"安全管控体系建设的内涵

人命关天，发展决不能以牺牲人的生命为代价，这必须作为一条不可逾越的红线。如何巩固现有的安全成果，实现更长的安全周期？如何杜绝工伤事故，把隐患消灭在萌芽状态？童亭煤矿通过深刻反思、科学研究，构建了"3450"安全管控体系。

"3450"安全管控体系即"三为、四化、五预、零伤亡"，各取每项要素的第一个数字组合而成。管控体系坚持的原则是"安全第一、预防为主、综合治理"，注重事前预防、防控结合，防范、杜绝各类事故的发生。其中，"三为"是灵魂和指导思想，"四化"是支撑保障，"五预"是核心内容，"零伤亡"

是管控体系实现的最终目标，如图 1 所示。

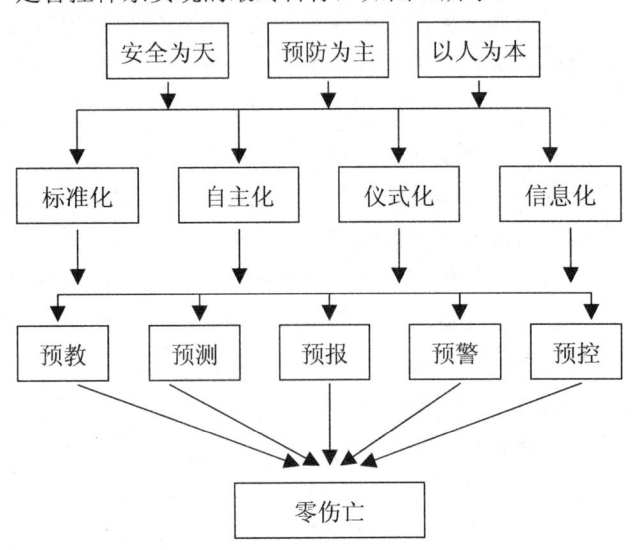

图 1　"3450"安全管控流程图

二、"3450"安全管控体系建设的具体做法

（一）"三为"愿景引领全员的共同行动

安全文化决定着企业和职工的安全价值取向和目标愿景，为职工在生产生活中提供科学的指导思想和精神力量，具有引导行为、凝聚力量的功能。童亭煤矿提出了"安全为天、预防为主、以人为本"为主要内容的"三为"安全愿景，正是企业安全文化建设终极目标的具体体现。

为了使"三为"愿景入耳、入心、入脑，易于被干部职工所接受，童亭煤矿结合矿井安全生产的实际，提炼总结出了"五大安全文化理念"引领系统，即事

故预控理念——一切事故都是可以预防和控制的；安全确认理念——只有不到位的确认，没有抓不好的安全；安全价值理念——安全是最大的幸福，确认是最好的保证；岗位安全理念——"手指口述"做到位，自己的安全自己管；安全责任理念——安全永远第一，生命至高无上，责任重于泰山。为了让"三为"愿景和"五大"理念看得见、摸得着，强化全体职工对安全文化的感悟，童亭煤矿从地面到井下，倾力打造"安全文化长廊""自办刊物""广播系统""闭路电视"和"内部网络"五个安全宣教平台，通过强烈的视觉冲击、听觉灌输和形象感染，使职工在耳濡目染中接受安全教育，认同安全愿景，增强安全意识，规范安全行为，从而营造浓厚的安全文化氛围。

童亭煤矿在加强"五大理念"宣贯的同时，灵活开展各类安全主题活动。坚持"每季有主题、月月有活动"的原则，积极开展行为纠偏、警示教育、典型引路、环境熏陶、考核奖励等活动，在干部职工之间细算"五笔账"，明确安全对矿井效益、矿井形象、政治生命、个人收入、家庭幸福的重要性，强化了安全责任意识。按管理层次逐级签订安全承诺书，实行安全诚信双向承诺，从根本上防范人的不安全行为。倡导"诚实做人、诚信做事、诚信兴企"的理念，强化诚信主题教育，提高全员诚信意识，从而使"三为"愿景转化为全矿干部职工的共同价值观和共同行动，最终实现"零伤亡"的奋斗目标。

（二）"四化"支撑提高全员的综合素质

由标准化、自主化、仪式化、信息化组成的"四化"建设，充分发挥了提振职工精神状态、展示职工精神风貌、排查现场安全隐患、规范职工安全行为、强化良好习惯养成的重要功能，同时也为整个预控体系建设提供了强有力的支撑和保障。

精准化，就是精练、实用、准确、规范，使现场安全确认的每一个动作、每一声呼号、每一道程序更加优化、精化、实用化，更具有操作性。

自主化，就是通过严格的"学、练、赛、考"活动，促进"安全确认、超前预控"的行为养成，培养职工的良好安全习惯，实现职工从"要我确认"到"我要确认"和"我会确认"的转变。

仪式化，就是通过安全确认过程中的列队、宣誓、动作、呼号这些要素的组合，激发团队意识，保证职

工始终以昂扬的精神状态投入工作，打造安全生产的仪式系统，展示企业文化形象。

信息化，就是依托淮北矿业安全体系支撑平台和童亭煤矿内部网站，打造安全隐患分级排查网络信息化平台，充分发挥网络信息技术的优势，用安全确认走动式管理、隐患分级排查的流程进行控制，弥补传统安全管理中的不足，提升工作效率和安全保障系数。

为了让职工做到"四化"合一，童亭煤矿以推行PAR"手指口述"安全确认、风险预控等管理法为载体，严格落实"四化"流程，从班前礼仪、精神状态确认到入井前确认，从作业前交接班确认到集体、个体确认，从作业过程确认到作业结束交接班确认，实行闭合管理，每一步操作、每一道工序、每一个环节全部做到精准确认、自主确认。通过"四化"的具体实施和建设，如今童亭煤矿干部职工的安全意识、安全观念，正悄然从"要我安全"向"我要安全、我会安全、我能安全"转变。

（三）"五预"闭环保障全矿的安全生产

"五预"立足于煤矿安全管理现状，是国家安全生产方针"安全第一、预防为主、综合治理"的具体实践。"五预"重在超前防范，是整个安全文化体系建设的核心。通过预教、预测、预报、预警、预控递进式、立体化的事故隐患预控体系建设，实现安全管理的同步推进、超前控制、闭环管理。

1. 实施预教，超前提升全员安全综合素质

坚持"干什么、学什么、缺什么、补什么"的原则，充分利用"一日一题、一周一案、一月一考"，重点抓干部职工的安全意识教育和技能培训，增强干部职工的安全责任意识和安全诚信意识，实现了安全教育制度化。充分利用煤矿安全培训基地，建成通防、采掘、机运、电气等专业模拟实验室和井下模拟实训基地，实现了理论教学、模拟实验、实训操作一体化，职工在地面就可模拟井下环境进行实际操作演练，实现了教培基地实训化。利用多媒体电子教室、网络教学、短信课堂、导师带徒、流动课堂、"童亭微学堂"等手段，组织开展区队自教、职工自学，消除了凭经验作业、"马虎、凑合、不在乎、看惯了、习惯了、干惯了"等不安全行为，提升了全员隐患辨识、标准操作和应急处理能力，实现了培训方式多样化。

2.实施预测，超前排查发现各类危险因素

用科学化、系统化、定量化的方法，对矿井安全状况、现场危险源进行动态分析预测，及时预知各类隐患。实施安全隐患分级预测，建立了矿、专业、区队、班组、岗位五级预测制度，每月由总工程师组织一次全矿范围隐患预测，统筹把握安全重点和薄弱环节；每周由专业副总工程师组织一次专业隐患预测，对排查出的问题，落实人员现场指导解决；每天区队进行一次"11 种安全隐患人"的预测与排查，发现安全隐患人及时开展谈心帮教；每班班前会由跟班区长、班组长对当班现场隐患进行安全确认、分析排查、现场整改、建立记录。开展全员岗位隐患预测，设立专项奖励，发动职工立足本岗位，围绕作业环境、生产系统、施工工序、设备工具、操作方法、人的不安全行为六个方面开展隐患自查，及时发现和消除动态作业过程中的隐患。落实干部职工隐患预测责任。建立了管理干部走动式现场巡查表，干部下现场必须做到"三查两盯"，即：查作业环境隐患、查系统设备运行状况、查人员精神状态和操作标准，盯特殊施工环节、盯重点隐患整改过程，对岗位人员进行安全提示、警示和问询。

3.实施预报，把预测结果准确及时传输给相关单位及个人

对预测出的安全隐患或危险性问题，统一记入集团公司安全信息平台，并通过"五级"预报，让有关单位和个人超前掌握各类风险隐患和防范措施。一级预报：通过井口电子大屏幕对矿排查的重点隐患进行动态预报；通过调度信息系统、内部办公网络、手机短信平台等现代传输手段，对井下地质灾害、极端天气等突发危害因素及防范措施，第一时间预报到有关单位、人员。二级预报：通过隐患整改联系单及时将专业排查的隐患预报给区队。三级预报：在区队会议室设置"预报看板"，由值班干部将当天排查的隐患、预测的风险随时预报到班组和个人。四级预报：在作业现场设置"预报牌板"，由当班班长将"安全确认"过程中排查出的隐患、风险预报给全班现场职工。五级预报：职工将本岗位预测的风险预报给跟班区长和周围作业人员，互相提醒。通过全方位、全过程的"五级"预报，使干部职工养成了像关心天气一样关注安全的良好习惯，自觉撑起了自我保护的"安全伞"。

4.实施预警，对预报出的各类安全风险隐患及时警示

对预报反映的安全风险隐患，整理分类，采取针对性的预警措施，强化对"人"的警示。一是从思想意识上警示。建立实施了全员安全风险抵押、安全结构工资制等安全激励制度，严格干部安全责任追究、全员安全绩效考核、超前安全问责，利用经济处罚、行政问责等多种手段对各类人员进行警示。特殊地段、特别时段制定强化措施，通过严厉的制度、强制性的指令，增强干部职工思想上的警惕性。二是从视觉听觉上警示。完善了井下安全视觉听觉系统，通过语音、声光、标识牌等，对危险性区域、设备进行警示。

5.实施预控，提前消除安全隐患和危险因素

通过推行 PAR "手指口述"安全确认、风险预控等管理法，对工作过程中的人、机、物、环进行确认和提醒，对各类安全隐患和危险因素及时辨识和整改，动态控制和提前消除预测、预报的各类危险因素。使现场安全生产达到可控状态，从而实现避免违章、消除隐患、杜绝事故的目的。一是强化行为预控。抓职工行为养成，制定完善了《童亭煤矿班前文化礼仪流程》《童亭煤矿 PAR "手指口述"安全确认标准》及《童亭煤矿干部规范管理、工人规范操作和下井人员安全行为规范》，对重点隐患实行专业人员、值班人员、安监员、区队干部"四级专盯"；规范理顺了以矿、专业、区队、班组为主的"四级安全自控网络"，构筑了点线面结合、立体交叉、全面覆盖的行为管控体系。二是实施技术预控。加大矿井安全信息化改造力度，围绕制约安全生产的技术难题积极开展技术攻关，提升了矿井安全技术保障水平。建立完善了瓦斯、煤尘、火灾等 11 类安全应急预案，强化学习演练，提高了矿井应急能力。三是完善硬件预控。加大安全投入，开展设备升级改造，及时淘汰落后设备、工艺，完善增设安全防护设备，提高了系统、设备的安全可靠性；积极引进新设备，推广应用新工艺、新材料，提高了现场作业的机械化、自动化水平。四是优化环境预控。实施安全精细化管理，现场作业达到了编码和定置标准；深化安全质量标准化建设，制定并推广实施了各工种精细操作标准，坚持开展标准化工作面、掘进头、巷道、硐室创建，矿井质量标准化保持了行业一级水平；实施清洁生产，建立了涵盖井下各作业地点和系统的清洁生产标准，全面完善了防尘除尘手段，为职工创造了良好的作业环境。

三、"3450"安全管控体系建设的保障措施

（一）健全"3450"安全管控体系制度

"3450"安全管控体系的科学化、规范化离不开制度的规范约束作用。搞好"3450"安全管控体系，就要不断健全完善一套系统合理的制度规范体系，包括"3450"安全管控体系精细化管理、安全确认管理、班组管理等基础制度及"五预"制度在内的制度规范体系。为保证"3450"安全管控体系流程闭环落实，需要建立完善的制度保障和责任落实体系，健全各项支持性制度，严格落实决策管理层、专业技术指导层、组织落实层、现场实施层等各级责任，将"五预"实施过程和结果纳入日常检查考核，并不断完善、深化，真正使"3450"安全管控体系实施有形、落实有果，变为干部职工共同的价值标准和行为规范。可以说，制度的规范约束是有力地推动"3450"安全管控体系建设的重要保障。

（二）完善安全管控体系运行机制

为确保"3450"安全管控体系深入实施，使"三为"愿景、"四化"支撑保障、"五预"运作流程真正融入安全管理全过程，促进矿井安全管理上水平，需要完善严格的安全文化考核奖惩机制，建立安全超前问责、安全诚信、岗位安全创效、安全绩效考核等一整套较为完善有效的煤矿安全管理新机制，为有效落实各级安全主体责任，建立安全生产长效机制，提高员工的安全意识，提升安全基础管理水平奠定良好基础。

（三）建立双向反馈奖惩机制

通过建立双向的反馈与管理机制，一方面可以及时掌握职工在"五预"管理工作中遇到的问题，使管理层了解"3450"安全管控体系的实施状况，从而有针对性地开展下一步工作，提高工作效率；另一方面

管理层对职工意见的及时处理，再通过反馈途径传达到职工，可以调动职工的工作积极性，使职工保持稳定、良好的工作绩效。而职工工作过程中对"3450"安全管控体系所产生的建设性意见通过反馈系统反馈到管理层，可以提升组织的管理水平；管理层对职工提出的建设性反馈意见，也使职工个人能力得到很好的提升。

在该系统的建设过程中，与 PAR "手指口述"安全确认督导考核奖惩系统的建设相结合，建立相应的双向反馈奖惩机制。对那些对"3450"安全管控体系的实施提出合理化建议，为实现安全生产做出重大贡献的职工给予适当奖励，以增强他们的责任感和满意感，激发他们的工作积极性；对意见处理不及时或隐瞒不报的有关负责人，给予严厉惩罚。

四、"3450"安全管控体系建设取得的效果

"3450"安全管控体系抓住了安全管理的灵魂和核心，构成了一个核心理念引导下的"三为"灵魂、"四化"支撑和"五预"闭环的管控体系，提升了安全生产体系建设的内涵层次，将环境、制度、技术设备纳入安全生产体系建设范畴，做到人、机、物、制度和环境的协调发展。实现了矿井安全文化建设与安全管理的有机结合，体现了安全文化建设的全员性和系统性。

童亭煤矿按照"3450"安全管控体系实施流程要求，强化现场隐患风险超前预测、预报、预警和预控，有效地排除了安全隐患，防范了安全事故，提高了安全意识，夯实了安全基础。2018年7月，该矿实现了安全生产13周年，创造了建矿以来的最长安全生产周期，杜绝重伤及以上二类事故的发生，"三违"行为同比下降63.7%，轻伤下降90%，安全生产标准化持续保持国家一级水平，实现了经营效益稳步提升、安全生产健康发展、企业大局和谐稳定的良好局面，成为淮北矿业集团安全生产的一面旗帜。

"零和"安全文化推进本质安全企业建设

华电宁德电力开发有限公司　陈孙森　罗志伟

摘　要：华电宁德电力开发有限公司"零和"安全文化以"100-1=0"为简洁表达式，以"人、机、环境"和谐统一为安全文化使命，在运行实践中创造了"六零法则""三宜原则""3+1"安全机制等。"零和"安全文化在企业落地、生根、发芽，内化于心、固化于制、实化于行，推进了本质安全企业建设，实现了企业安全和谐永续发展。

关键词：零和安全文化理念；落地工程；实践

华电宁德电力开发有限公司（原名"闽东水电开发有限公司"，以下简称公司）是中国华电集团公司和福建电网的骨干企业，辖有芹山、周宁两级电站，装机容量 320 兆瓦，设计年发电量 7.6 亿千瓦时，是福建省"九五""十五"重点建设项目。

几年来，公司始终坚持"安全第一、预防为主、综合治理"的工作方针，认真落实安全生产主体责任，积极创建全国安全文化建设示范企业，切实履行国有企业的政治、经济、社会、文化责任，精心培育实践"零和"安全文化，让文化内化于心、固化于制、实化于行，实现人、机、环境和谐统一，保证公司安全永续发展。企业建厂至今始终保持"零事故、零非停"，先后荣获了"全国文明单位""全国安全文化示范企业""全国青年安全示范岗""全国'安康杯'竞赛优胜单位"和国家能源局"电力安全生产标准化一级企业"，以及福建省"安全生产主体责任先进集体"等，成为中国华电集团在福建的优质企业、标杆单位、文明形象窗口和人才摇篮。

一、注重实践，提炼形成零和安全文化体系

公司把"安全第一，预防为主，综合治理"的安全方针融入安全文化建设中，遵循以人为本，从工作实践中总结提炼并不断丰富完善具有企业特色的"零和"安全文化理念，全方位指导企业安全工作。

2005 年，公司两级电站全面投产发电后，针对新机缺陷多，员工新、技能弱，安全基础薄弱等现状，公司归纳总结了基建时期积淀的"安全、优质、高效、廉洁"的优秀传统，作出了建设安全文化、向安全要效益的决定，开展"设备零缺陷、行为零违章、工作零差错、管理零漏洞"等主题活动，健全完善安全三级网络和规章制度体系，加强人员的安全培训和安全教育，把"100－1＝0"作为自己的安全文化理念，致力于建设人、机、环境和谐统一的本质安全型企业。

经过十几年的运行实践，公司安全基础更加扎实、员工素质得到提升、设备健康水平跃上新台阶、制度机制和安全文化成果得到巩固，"零和"安全文化不断成熟完善，逐步形成了具有企业特色的文化品牌。

（一）"零和"的释义

中华传统文化认为"零"乃是万物本源，世间一切皆从零始，又回归于零。零到一是创造、创新、突破和质变，从一到二到三、类推递进，则是持续、增加、成长和量变。"和"是中国文化集大成的浓缩，是平衡、稳定、和谐、共同体，和谐稳定企业才能持久生存、永续发展。"零和"强调零为始、和为重，没有终点、永不停步，每一次、每一天的成长、进步、突破都是新一轮创业的起点。"零和"又表现为圆满、整体、全局，哪怕只是一丁点的缺陷，零的完整就不能实现。"零和"是一种精神、是一种境界、是一种追求。

（二）"零和"安全文化框架图

（1）图形的内框是由三色菱形块相互结合而成的正三角形，象征电力企业员工、设备、环境三者的有机统一。

（2）正三角形的三条边代表企业团队、战略、运营三者关系，边越长、三角形的面积就越大；三角形的边与圆弧间的空间代表企业的学习力、执行力、领导力，空间越大，圆就越大，企业的成长性、竞争力、影响面、贡献度就越好。

（3）正三角形中心，也是图形的中心，是菱形块相互重叠出的又一个正三角形，喻义员工、设备、环境相互影响、相互联系、相互作用、相互促进、相互依赖。

（4）正三角形顶端分别指向"价值素质导向体系、制度机制战略体系、资金科技保障体系"三大文化系统，并相互构成箭头首尾衔接合成的圆环，其旋转方向与时针运动方向相同，寓意企业与时俱进、永无止境、持续发展的"零和"文化思想。

（5）图形的外框是个圆形，内框是三角形。寓意"零和"安全文化刚柔相济、动静结合、相辅相成、辩证统一。动态的圆表示企业与时俱进、永不停步，静态的三角形表示企业依法治企、从严管理的安全理念。也有"天圆地方"的喻义，三个角象征"天、地、人"三者，寓意企业占尽"天时、地利、人和"的优势，圆形象征企业团结和谐的生命共同体，构建"零和"为中心的文化氛围。

图1　"零和"安全文化框架图

（三）"零和"安全文化理念体系

（1）"零和"安全文化表达式："100－1＝0"。

（2）"零和"安全文化警言：心存侥幸，事故之源。

（3）"零和"安全文化使命：实现人、机、环境和谐统一。

（4）"零和"安全文化核心价值：安全稳发、造福人民。

（5）"零和"安全文化卡通图：常青藤（又名"爬山虎"）。

（四）"零和"安全文化法则机制

（1）六零法则：零盲区、零短板、零违章、零缺陷、零距离、零情面。零盲区：要求员工思想无盲区。零短板：要求员工素质无短板。零违章：要求员工"守法"无违章。零缺陷：要求设备健康无缺陷。零距离：要求安全管理无距离。零情面：要求安全考核无情面。

（2）三宜原则：宜人、宜机、宜环境。公司"零和"安全文化体系建设过程中，在分析研究"人、机、环境"作用与投入时，发现在三者的重视与投入上都应该平等对待，三者关系中应该把守一个合宜的度，忽视任何一方、过于强调或夸大一方的作用，都可能造成资源的浪费和不协调，只有在平等对待、对等投入、共同成长的基础上，做到宜人、宜机、宜环境，才能形成建设本质安全型企业的强大合力。

（3）3+1安全机制：人防、物防、技防、心防。人防：是"3+1"安全机制的核心。要求每位员工都成为安全防范的责任人，建立专职的安全防护队伍，体现以人为本的安全工作方针。物防：是"3+1"安全机制的基础。公司物防建设，针对电力生产的特点，配备、配齐、配足必要的安全工具器、安全防护用品，采取必需的安全保护措施等物质的、物理的安全手段，来防范不安全事件的发生。技防：是"3+1"安全机制的关键。公司技防建设，遵循"科技兴企、科学保安"的工作要求。心防：是"3+1"安全机制的统领。"人人管安全、时时讲安全、处处保安全"是公司心防建设的最佳效果。

二、着眼入脑入心，全面推进安全文化落地工程

公司安全文化建设坚持循序渐进、从心开始，紧密结合企业安全生产、经营管理实际，以活动为载体，通过文化建设丰富内涵、扩展外延，加强文化宣贯和传播力度。

（一）加强宣贯，全方位打造安全文化视听系统

公司成立安全文化丛书编撰委员会，组织编制企业《安全文化手册》《交通安全手册》《安全漫画手册》《安全故事》等书籍，精心编排了安全小品、微电影，在生产现场布置了安全漫画长廊和"零和"安全文化挂图；结合公司企业文化，设计了"善善"和"安安"作为安全文化卡通形象代言，以动漫的形式，制作企业厂情和入厂安全教育片，全方位打造"零和"安全文化视听系统。定期组织员工观看安全电教片、

学习事故通报，开展安全生产月活动、"安康杯"竞赛、安全座谈会、安全承诺签名、安全知识竞赛等形式多样的安全活动，宣传安全理念、分享安全知识、提高全员认识，形成人人管安全、时时讲安全、处处保安全的良好氛围。

（二）辐射周边，"零和"安全文化广受社会好评

公司注重安全文化传播辐射，"100－1=0"的安全理念受到地方机关企事业和系统兄弟单位的好评和认同。2014 年 6 月，"海西安全发展行"宣传采访团深入到公司进行深度报道，专访公司安全文化建设成果；《企业文化》杂志更以大篇幅深度报道了公司安全子文化在内的企业文化建设成就；"零和"安全文化先后获得"全国电力行业优秀文化成果奖"和国家电监会安全文化征文二等奖。公司把"零和"安全文化理念融入"平安库区"建设，组织开展了"争当水库卫士，共建美丽家园"系列活动，走村进户宣传防汛防台风知识、安全用电常识等，进行文明环保绿色行动等，大力宣传"100－1=0"的安全理念，政企携手共同打造生态文明库区。

（三）深度融合，推动安全文化和精神文明同步发展

公司把本质安全型企业建设与精神文明建设有机统一起来，把创建全国安全文化示范企业与创建全国文明单位同步推进，建立了三级安全文明工作监督网，提出了"安全文明一体两面"和"安全文明无小事"等行动口号，开展"创一流、保安全、小细节、大文明"等主题系列活动，应用"7S"管理、对标管理，积极评选表彰文明部室、文明宿舍、文明员工和安全卫士，以"工作生活小细节"推动"大安全大文明大发展"，以文化力保证公司生产安全、经济安全、政治安全、形象安全。

（四）制度固本，推进安全文化在实践中固化提升

公司把制度文化作为安全文化的基础和载体，大力推进安全标准化建设，先后制定实施了总经理特巡和重大操作、重要事项领导到位、安全隐患排查治理限期督办、安全生产工作问责、安全生产奖励等安全规章制度、规程规范近 110 多项，各类应急预案达 50 多个，形成规范完善的安全工作标准化制度、安全风险预控体系、安全应急管理体系和员工安全行为规范。每年组织对规章制度进行一次全面复审和修订完善，

每年对所有应急预案开展演练。公司充分运用现代化信息技术，在公司办公自动化平台设立制度模块，实现实时共享和查询，使各项工作有法可依、有章可循、有据可查，不断提升安全工作水平。

三、注重践行实效，着力建设本质安全型企业

公司紧扣安全发展主题，充分发挥文化功能，为公司安全增效、和谐发展提供源源不断的文化力。公司启动安全文化建设以来，芹山、周宁两级电站年年实现盈利、安全生产无事故、机组零非停目标，自两级电站建成投产以来，始终保持了长周期安全生产纪录。

（一）责任为先，念好安全"紧箍咒"

坚持安全"党政同责、一岗双责、失职追责"原则，落实"管企业必须管安全、管生产必须管安全、管经营必须管安全、管党务必须管安全"的要求，多年来，公司新年第一会是安全会，一号文是安全文，层层签订安全生产和政治安全责任状及承诺书，层层传导安全压力，全面部署全年安全工作。公司把安全文化建设作为企业战略规划和发展目标的重要组成部分，制定安全文化建设规划和实施方案，从保证生产安全、经济安全、政治安全、形象安全四个维度开展安全文化立体建设，加强督查考核，严格实行动态管理，形成闭环管理机制。加强安全管理专兼职人员队伍建设，加大安全资金投入，为安全文化建设提供人、财、物和组织保障。

（二）刚柔并济，确保安全增盈"双丰收"

把"心存侥幸、事故之源"作为安全文化警言，在安全管理上严监督、严考核、严兑现。通过开展安全性评价、"7S"管理提升、安全生产"六零"精细化考评等工作，确保各级生产管理人员牢记责任，各负其责，实现安全责任传递不衰减。确保公司主设备和辅助设备完好率、一类率达到 100%，确保了安全生产"零事故"和安全稳发，为公司始终保持良好盈利能力奠定坚实的安全基础。加强人文关怀和硬件建设，每年均投入大量资金改善职工工作生活环境，广大职工干事创业、团结奋进。充分发挥党群组织作用，深入开展道德讲堂、先进集体、先进人物事迹宣讲等活动，提升广大员工职业操守和道德水平。建立员工思想状态分析系统，每天上午上班后即由所在部门、班组负责人对本部员工进行分析，做到"不安全不工作"。

（三）文化育人，筑牢安全"防火墙"

以实施"3+3"轮训工程（以三年为滚动周期，完成管理人才、专业技术人才、技能人才等三支人才队伍的全员轮训）为抓手，开展多层次、多样化、多形式的专业理论知识和安全技能培训，提升全员安全意识和安全技能水平，提高全员履职、创新、创效能力。广泛开展岗位练兵、技术比武、导师带徒、人人都是培训师等活动，在省总工会和华电福建公司举办的继电保护、水电运行、水库调度、工程招标、纪检监察等专业技术比武中，公司代表队都取得了优异成绩，多名员工获得福建省"金牌工人"和公司系统"技术能手"称号。

四、结束语

企业竞争，文化制胜。企业安全文化体系建设是一项长期复杂的系统工程，新时代对安全文化建设提出了新要求。我们要认真贯彻落实习近平总书记关于安全工作的系列重要指示精神，不断丰富、完善"零和"安全文化的内涵外延，攀登安全高峰，创新创效、和谐超越，建设本质安全企业，实现企业安全生产长治久安。

对本质安全文化的理解与实践探索

河北国华定州发电有限责任公司　马欣

摘　要： 本质安全是指当操作失误时，设备、系统能够自动保证安全；当设备、系统发生故障时，能够自动排除故障影响或安全地停止运转；采取双重或多重安全措施，确保人身、设备和系统安全。为使设备、系统达到本质安全而进行研究、设计和改造称为本质安全化。河北国华定州发电有限责任公司（以下简称定电）的安全文化，就是集安全风险预控、NOSA 管理、安全性评价、安全质量标准化、技术监督、发电管理系统于一体的，追求本质安全的安全生产管理体系。定电以本质安全个人为基础，以班组建设为纽带，形成了独特的安全文化。本文就定电的本质安全文化提出了一些见解，并结合本质安全管理的实践进行了探索，以期为行业提供一些借鉴。

关键字： 本质安全文化；发电企业；实践探索

定电建立的本质安全文化是以风险预控为核心，体现"安全第一，预防为主，综合治理"的方针，并为广大员工所接受的安全生产价值观、安全生产信念、安全生产行为准则及安全生产行为方式与安全生产物质表现的总称，是企业安全生产的灵魂所在。为建设符合企业实际的本质安全文化，定电确定了本质安全文化建设的三大目标：一是真正落实"安全第一，预防为主"的安全生产方针，变"要我安全"为"我要安全""我会安全"，形成一个"不能违章、不敢违章、不想违章"的自我管理和自我约束机制，使安全管理由外部监督控制逐步转化为员工的自我管理，实现人的本质安全；二是健全安全责任制度和群众性安全监管网络，逐步形成完善的符合实际的安全管理体系和保障体系，实现管理的本质安全；三是加强安全生产作业环境建设，提高全体员工的安全素质，自觉规范作业行为，创造一种良好的安全人文氛围和协调的人、机、环境关系，实现设备和环境的本质安全。本文探索定电构建本质安全实现三大目标的关键点。

一、管理学中关于安全的九大理论

安全理念决定了企业和员工如何看待安全，如何做和如何做优安全工作。为提升员工认知水平，消除干部员工对安全生产问题的麻痹思想、侥幸心理等错误思维，我们在梳理本质安全文化手册时，全面梳理了当前安全生产认知所涉及的九条理论，并向员工特别是各级管理干部广泛宣传。

需求层次理论：马斯洛"需求层次"理论中，安全是人类基本的需求，是一切需求的保障。没有了安全，就没有生活的稳定、健康的保障和家庭的幸福。所以，企业要站在保护职工生命安全，维护职工健康权益的角度，做好各项工作，确保安全生产。

人本论：以人为本是企业生存发展的基础和根本。安全工作必须以人为本，强化职工安全培训和职工操作技能，开展多种形式的安全教育活动，加强职工的安全意识、增强职工安全责任、提高职工操作技能，为职工提供生活、工作、学习等方面的良好服务，保证其全身心地、集中精力地投入到本职工作当中。

安全周期论：一个企业的安全生产是有周期性的。当安全出现问题时，企业抓得很紧，达到安全形势的高峰期。但长时间的安全，会给企业和职工带来思想上的松懈和工作上的麻痹，直至再次发生较大事故，出现了安全生产的低谷，引起企业和职工对安全的重视，使企业的安全工作再次呈上升趋势。企业安全周期越长，安全事故发生的机会越少。所以，要尽量掌握企业安全周期，在安全低谷加大力度抓安全，拉长安全高峰期，避免安全事故发生。

木桶原理：木桶的最短板决定了木桶的最大容量，必须加长最短的那块木板才能增大整个木桶的容量。企业一个基层单位、一个班组，乃至一个人的安全水平和安全形势的好坏决定了这个企业的安全状况。所以，必须在企业当中找出安全意识最差、安全隐患最大的单位和个人加以改善和提高，以促进企业整体安全水平的提高。

链条原理：起着机械传动作用的链条是由每个相串联的连环连接而成的。一旦有一个链环损坏，机械就会存在严重的隐患；一旦有一个链环断裂，整个机械就会瘫痪。发电生产也是一环扣一环的，是由每个细小的生产环节组成的，有一个环节出现问题，就会有可能酿成大的事故，影响整体的安全生产。

堤坝原理：洪水靠堤坝的拦截疏导，不会发生灾难。然而"千里之堤，溃于蚁穴"，一旦堤坝有一个细微的漏洞，洪水将一泻千里，造成天灾人祸。事故就是灾难，筑成牢固的安全堤坝防止灾害的发生是企业的首要工作。企业要从点点滴滴抓起，防微杜渐，打好安全堤坝的基础，采取各种措施把事故的隐患堵在堤坝之外。

球体斜坡理论：抓安全工作就像在斜坡上向上推动球体，越向上越是费力，这就需要企业全体职工共同的努力。质量标准化、现场管理、安全制度、安技措施投入等安全管理的基础工作是斜坡上球体的止动力和向上滚动的前进力。如果基础工作稍差一点，就会被斜坡球体的自重力所压垮，安全就要滑下去，甚至永远也上不来。所以，企业越是快速发展，越要加大安全管理力度，一点也不能放松，把安全工作向更高的层次推进。

漏斗原理：把企业安全管理机制看作一个漏斗，根据漏斗原理，所有的安全问题、安全制度最终要通过最下端漏口解决、落实。一旦漏口不畅通或者堵塞，就会造成上端安全问题成堆，安全措施贯彻不下去，企业就会出现大的安全事故。所以，作为基层管理者和现场作业的职工必须将各项安全管理措施贯彻到底，保证机制畅通，形成安全管理闭合，把安全隐患消灭在萌芽状态。

海恩法则：海恩法则是一条从安全事故总结出来的规律，即每一起严重事故的背后，必然有其未发生先兆和300个事故隐患。"海恩法则"以事实告诉我们，严重事故是由事故未发生先兆、事故隐患和违章操作所引发造成的。所以，在建立重大事故的处理流程的同时，应该建立轻微事故、事故未发生先兆、事故隐患和违章事件的排查、上报、分析、总结流程，从源头上控制事故的发生。

定电通过对九大理论的分析、学习，广大员工不仅加强了对安全的认知和理解，而且提升了安全理念、创新了安全方法、强化了安全管理。

二、本质安全文化建设实践

为了让各级人员牢固树立"一切工作基于风险"的安全意识，定电始终把安全作为第一要务，在生产楼与厂房之间设置了安全警示钟并定期敲响。钟声的敲响，就是要求各级人员要时刻牢记"以人为本、安全为天、警钟长鸣"的安全意识，做到居安思危，如履薄冰，切实做好日常安全生产工作，并把安全责任的落实当作做人的道德底线和责任担当的最高标准体现在日常工作中。通过对管理学安全理论的研究，结合自身的安全管理现状，定电构建了符合自己特色的本质安全文化，以下是关于本质安全文化的具体实践。

（一）强化风险管控的基础地位

定电每年进行一次全面的危险、危害因素辨识和风险评估工作，确定公司风险清单，依照风险等级，制定专项运行控制措施、检修控制措施和应急预案，对长期无法整改的风险按照五定原则纳入隐患管理中，利用检修周期或停备期间及时整改。建立健全风险评估培训体系，完善了包括承包商在内的三级培训网，针对任何一项工作分别从安全、健康入手评估风险，确保各项工作安全完成。开展季节检查、专项检查和日常检查相结合的安全检查活动，发现风险和隐患，及时进行整改，确保人员行为规范，设备设施安全可靠。同时提高了员工应对风险，处置风险的能力。公司根据《危险化学品重大危险源辨识》GB18218—2009、《河北省重大危险源监督管理规定》（河北省人民政府令〔2009〕12号），完成了公司重大危险源评估工作。高风险作业是风险管控的重中之重，定电公司通过对高风险作业管控措施进行了系统的梳理和完善，将其中8项重点措施固化下来加以广泛推行。

（二）建立健全安全管理体系

引入NOSA五星安健环理念，全面导入五星级安健环管理体系（现已达到国内最高的NOSA五星标准）。每年年初召开公司年度安全工作会，层层签订安全目标责任状，明确落实各级人员安全生产责任制，绩效考评执行安全一票否决制。围绕安全生产标准化建设、企业法人主体责任、安全生产"三项制度"、隐患排查治理四个方面进行承诺，通过逐级逐人签订安全生产承诺书，进一步规范安全生产管理，夯实安全生产基础。强化以"一把手"全面负责、分管领导分工负责的安全责任体系。严格执行领导现场带班值班、检查制度和离岗请假制度，保障了现场高危作业、重大操作各级人员到岗、到位。每月举行安健环例会，公司主要领导、各部门第一负责人参加，对公司安全管理进行总结、布置。公司每周在生产班组开展安全日活动，部门领导、主管及以上管理人员必须参加班组安全日活动，公司领导每月至少参加一次，及时传达安全管理信息，保证了安全管理工作的及时有效，层层落实。按照本质安全文化的扎实推进，加强对设备、作业环境、隐患、异常事件、职业安全健康、承包商的安全管理，提升本质安全水平，有效防止和遏制生产安全事故发生。

（三）加强安全培训工作

定电狠抓安全技术培训，技能培训，开展形式多样的培训，对全员开展岗位技能培训、风险评估培训、紧急救护培训、消防培训、职业健康培训，针对特殊岗位坚持持证上岗，开展职业技能鉴定。有计划地安排员工取证培训，严格执行安全管理人员持证上岗制度。定电开展安全微视频拍摄活动，使安全教育更加生动直观，针对性强，规范了检修作业和运行操作行为，降低了违章作业情况的发生，提高了现场基本技能。在检修期间开展"1 分钟管理"协调会，推广亮点，纠偏不足，将相关 PPT 内容及时在现场多个显示屏上滚动播出。

按照定电年度应急管理工作计划及预案修编计划，完成了公司综合应急预案、专项应急预案、现场处置方案的修编工作，完成地方安监局、能源局注册备案工作。编制完成《一线员工应急知识培训手册》。

三、定州电厂本质安全文化建设的特色成果

定电通过构建本质安全文化，形成了一批适合广大员工、富有自己特色的安全文化成果。

（一）"安全十大劝"

为了提升员工的安全意识，定电结合民间"十大劝"的艺术形式制定了脍炙人口的"安全十大劝"，用浅显易懂的语言总结了因违章导致的严重后果，从现场作业、麻痹大意、违反规章、侥幸心理、安全生产等方面形象揭示了安全事故对个人、家庭、同事、单位、社会的危害，在潜移默化中促进了安全理念的

入耳入脑入心，增强了员工的安全意识。

安全十大劝

一、劝同志，莫违章，作业现场如战场，
安全规程要牢记，莫把违章苦果尝。

二、劝同志，莫违章，负伤致残伤心肠，
伤筋动骨悔时晚，痛苦声中度时光。

三、劝同志，莫违章，造成事故涉及广，
害儿害女害爹娘，家庭幸福无指望。

四、劝同志，莫违章，麻痹大意有祸降，
事故专找麻痹人，轻则受伤重则亡。

五、劝同志，莫违章，违章违纪坏风尚，
影响生产误大事，害人害己难补偿。

六、劝同志，莫违章，违犯规章理不当，
党纪国法不留情，罚款降级坐牢房。

七、劝同志，莫违章，侥幸心理要扫光，
一人违章重遭殃，谁不背后戳脊梁。

八、劝同志，莫违章，血的教训记心上，
条条规程血染成，警钟长鸣不能忘。

九、劝同志，莫违章，安全工作要加强，
人人自觉大家管，安全生产有保障。

十、劝同志，莫违章，遵章守纪生产上，
安全无事大家乐，幸福美满度时光。

（二）安全工作十关键

安全生产工作是系统工程，重在系统建设，重在常态化管理。为切实提升安全生产管理水平，定州电厂深入总结了电厂安全管理的十大关键点，形成了提升各层级管理人员的安全文化成果——安全工作十关键。其精髓在于言简意赅地阐述了本质安全工作的十个关键点，形成了一个闭环管理模式。这其中，领导的重视是基石，深入现场管理是重要工作步骤，制定的一切安全制度完全落实才是根本，通过检查、整改才能更好地进行风险预控，进而更好地进行安全生产工作。

十关键的主要内容是：安全的关键在重视，重视的关键在领导，领导的关键在深入，深入的关键在现场，现场的关键在管理，管理的关键在制度，制度的关键在落实，落实的关键在检查，检查的关键在整改，整改的关键在预控。

四、结论

本文通过对定电本质安全文化进行梳理和实践研究，从中学习到以下几点经验。

（1）对于安全的认知，要促进各级管理者和员工从管理理论层面进行提升。通过对安全管理学中九大理论的学习宣传，引导广大员工认识了安全是什么，如何做好安全，教育广大员工提升安全理念，创新安全方法，提高安全管理水平。

（2）盯住各层级管理者这一关键群体，重点对定电的本质安全管理关键环节进行了总结梳理，从强化风险管控体系、健全安全生产管理体系、加强安全培训等方面来追求本质安全文化，提升了管理者本质安全管理能力。

（3）安全文化成果通俗易懂，反映了广大员工的所思所想，在潜移默化中引导员工注重安全，不断丰富企业安全文化建设，把安全文化工作做得更好。

浅谈火电行业运行班组安全文化建设

华能沁北发电有限责任公司　张鹏宇　李泓霖

摘　要：运行班组是火力发电企业的重要组成部分，加强班组安全文化建设是企业文化协调发展的前提和基础。本文结合发电企业运行班组的实际情况，阐述了运行班组安全文化建设的重要性及其构成，对运行班组安全文化建设方法进行了探讨。

关键词：火电行业；运行班组；安全文化

火电行业作为我国电力能源结构的绝对主力，为经济社会的高速发展提供了强力支撑，其安全生产直接关系到我国的能源安全和人民生活质量。目前，我国火电行业安全生产形势总体平稳，但生产过程中造成的人身伤亡事故时有发生。而运行班组作为火电行业生产过程的直接参与者，运行班组安全文化建设水平的高低，员工安全意识和安全技能水平的高低，直接关系到企业的安全生产、设备财产损失和员工人身安全。

一、运行班组安全文化建设的必要性

（一）安全文化建设是安全生产的灵魂

企业的生产经营活动中，安全具有高于一切的优先权。《中共中央国务院关于推进安全生产领域改革发展的意见》及《安全生产"十三五"规划》中，多次强调了管行业必须管安全、管业务必须管安全、管生产经营必须管安全这一"三管三必须原则"。企业的发展必须以安全生产为前提，实现安全生产必须加强安全文化建设。运行班组作为火电企业设备的直接管理人员，也是安全文化的最终受益人。班组安全文化建设关系到每个成员的切身利益，要充分发挥员工的主观能动性，提高安全意识，促进班组安全文化建设。

（二）安全文化建设在高技术含量、高风险等行业中尤为重要

现代化火电厂作为一个庞大而又复杂的生产电能与热能的工厂，自然环境、设备状况、人员素质等均会对火电企业安全生产构成潜在威胁。运行班组是电厂机组各项指标安全、稳定、经济运行的直接负责者，也是安全生产的执行基础。由于运行人员能力和素质水平的不同，在面对多变的生产工况时，稍有不慎就

会造成较大经济损失和人员伤亡。因此，必须紧抓班组安全文化建设，实现班组操作规范化和标准化，提高运行班组人员安全素养，夯实安全基础。

（三）安全文化建设要深入基层

近年来，随着国家在安全生产领域的巨大投入，我国很多行业和企业都深入开展了安全文化建设。但国家多是从社会发展层面、安全生产战略层面提出指导性意见，大多数企业的安全文化建设也只是针对企业整体层面，而导致基层安全文化建设缺失。须知企业 80% 的生产经营内容取决于基层班组和员工，班组安全文化建设与企业安全文化建设是相辅相成的。可以说，班组安全文化建设水平高低，员工能力素质高低，人才队伍是否壮大，直接关系着企业的市场竞争力和发展前途。

综上所述，为了保证我国能源企业长足、稳定、健康的发展；为了实现电力生产安全环境、技术、素质的综合提高；为了促进员工、班组、企业的共同发展，必须不断加强运行班组安全文化建设，加快运行班组安全文化体系的形成。

二、运行班组安全文化建设的构成

班组安全文化是企业文化不可或缺的组成部分，是在生产过程中班组成员为维护自己免受意外伤害或职业伤害困扰，从而创造出的各类物质及意识形态领域成果的总和。所以，班组安全文化建设是一项系统工程。文化建设与发展的过程必须以实体为依托，下文通过班组安全文化涉及主体的不同，将班组安全文化建设分为三个基础部分加以讨论。

（一）员工是安全文化建设的核心

运行班组的构成基础是参与生产的员工，员工以

班组的形式聚集和生产。班组首先是以一个集体的形式存在，作为一个最小的集体单位，集体所具备的管理、监督体系在班组安全文化建设中具有指导性意义；其次员工是班组构成的个体，不同个体的差异构成了文化的多样性，正如"细胞"与"组织"的关系。要充分发挥个体的主观能动性，并结合班组集体的高效性，指导班组安全文化建设，树立以人为本的安全文化理念。

（二）生产技术的发展是安全文化建设的可靠保证

班组进行生产活动的对象是生产活动中所涉及的物质材料总和。火力发电企业生产活动中涉及设备繁多，以运行班组为例，包括生产过程中使用的工器具、生产现场的各种设备以及保障生产活动正常进行的物质基础。虽然自改革开放以来，我国火力发电企业设备安全性和员工安全防护取得了长足发展，但仍有不足，因此构建以物为基础的班组安全文化，是实现本质安全，环境安全的具体要求。

（三）完善可行的制度是安全文化建设的前提

一个安全生产环境的形成离不开一整套合理有效的班组管理制度的约束，班组安全管理制度是班组得以正常运作的保障。火电企业生产过程是围绕电力产出进行的一系列活动的总和，为保证生产过程的安全，必须建立一套由运行生产人员共同遵守的行为准则。建立班组管理制度标准、完善安全文化制度建设，对班组安全文化建设具有十分重要的意义。

三、运行班组安全文化建设方法探讨

（一）基于人的安全文化建设

1. 加强运行班组管理、监督体系建设

为保障班组安全文化的健康发展，一方面，要建立强有力的管理体系。班组长作为一个班组的直接领导人员，是班组安全生产的第一责任人，首先要强化班组长的安全文化意识，提高班组长安全生产领导能力。引入班组长安全领导能力培训考核机制，并为每个班组配备一名兼职安全员，协助班组长对班组进行安全生产管理。定期举行不同班组间安全管理交流活动，不断完善班组管理水平，强化班组长、安全员的安全带头作用。另一方面，要充分发挥班组全员的监督作用。班组设置一名安全监督员，负责监督班组长的安全管理工作是否合乎规定，并对班组生产过程中不文明、不安全的行为坚决制止。还应充分调动班组全员的安全监督积极性，实现人人参与监督、参与管理。

2. 开展全员安全教育培训，提高安全素质

安全教育培训是提高班组成员安全素质的重要手段之一，安全教育包括安全知识教育、安全技能培训和安全意识养成三部分，缺一不可。安全知识教育的目的在于"识危险"，安全技能培训的目的在于"会操作"，安全意识养成的目的在于"守规矩"。三者的有机统一是营造浓郁安全文化氛围的关键。

在日常对班组的管理过程中，要加大员工安全知识普及的力度，在班组间定期组织安全知识培训，班组成员积极参与，通过相同工作范围、岗位、工种上发生过的一些事故及相应的预防措施展开全员教育培训工作，使员工深刻理解工作过程中存在的危险因素和劳动过程中应遵守的基本要求。

由于班组成员存在的个体差异，班组成员技能水平的不同，应按照个体化差异展开安全技能培训。在班组成员中开展"师带徒"协议的签署，按个体差异制定培训方向及培训步骤。由师父负责，班组长统筹培训工作，在班组中形成良好的求教与施教环境，为安全生产打下坚实的技术基础。

结合运行班组生产过程，展开安全知识教育和安全技能培训，增强班组成员的学习兴趣，培养他们的安全意识，提高安全素养，在工作中践行安全理念，使员工的"要我安全"转化为"我要安全"。

3. 关心员工心理健康，营造积极、和谐的工作氛围

日常工作中每个人的心理状况不可避免地会发生些许波动，这是正常的职场心理反应，但是长期下去，是不利于员工的身心健康的。特别是发电企业作为高危行业，需要员工在工作的时候保持适度的压力和警觉度，如果没有良好的心理素质和心态，就容易产生心理危机。班组作为企业最基层的组织，是员工心理实际情况反馈点的最前线，因此班组管理人员要善于发现员工的心理变化，及时沟通，使员工保持正常的作业心态。

班组要尽可能为员工搭建价值平台，根据员工的不同特点合理构建用人体制，使员工在工作中得到的物质满足转化为精神享受和乐趣。加强心理学教育和思想政治培训，对员工的心理压力进行疏导。积极开展班组集体活动，形成班组成员间良好的人际交往氛围，形成积极、乐观、活泼、拼搏的工作心态，努力

把班组建设成爱岗敬业、奋发向上、团结互助的"温馨小家"。

（二）基于物的安全文化建设

1.建立个人防护用品及工器具的使用管理标准

在火电生产企业，由于生产现场涉及较多高温、高压、噪声、带电等各种潜在危险因素，因此在运行班组生产活动中，尤其要注意防护用品的佩戴和安全工器具的正确使用。对生产现场进行"6S管理"（整理、整顿、清洁、规范、素养、安全），把精细化管理融入安全生产的每个环节、每个流程、每个岗位，努力提高各项工作的标准化、精细化管理水平，提升安全基础保障能力。

2.提高现场危险因素辨识能力

为确保班组生产活动安全进行，运行人员应对生产现场具备较高的危险因素辨识能力，这不仅是避免人员伤害发生的关键，也是保障生产现场设备安全的关键。应加强作业风险管控工作，完善对各个工作环节的风险辨识与分析，并制定相应预控措施，形成完备的风险辨识数据库。针对班组所存在的危险源因素，充分利用工程技术和管理手段进行消除和控制，以达到防止危险源导致事故，造成人员伤害和财产损失的目的。

3.加强对现场设备的巡视，及时发现安全隐患

明确班组和岗位的管控职责，经常性开展检查和治理工作，进一步保障现场作业安全。在日常工作期间，全面推进隐患排查治理，对生产现场存在的不合作业规范的行为及时制止，对现场设备存在的隐患及时反馈整改，将隐患排查工作落实到每个一线员工。全面推行设备巡检、维护、消缺、更新改造、技术台账的标准化管理工作。

（三）基于制度的安全文化建设

1.加强安全生产管理制度的建设

在实际的生产过程中，安全事故的发生多是违规、违章导致，因此完善的安全生产管理制度十分重要。安全生产的外在依靠形式就是安全管理制度，安全管理制度的落实情况直接关系到班组的安全生产能否顺利进行。

安全管理制度的组成有很多，如安全生产制度、安全操作规程、两票三制、工器具使用规定等。要在安全生产过程中不断完善安全生产制度和体系。与此同时，在相应的体系内有效落实安全生产奖惩制度，把每个员工的安全生产情况同各个月和每年的绩效奖金结合在一起，从而建立有效完善的管理考核制度。

2.建立班组制度制定机制

制度的约束主体是员工行为，因此班组制度的制定要以员工为出发点，以安全生产为准绳。切忌与实际脱节，缺乏实操性，避免员工在执行制度中的博弈和对抗的心理。

班组制度的制定要以班组长为发起人，而不是制定人。班组长是引导者，而不是决策者。要提高制度制定的全员参与度，群策群力，既能保证制度的合理性，又能确保制度的执行力度。真正实现制度制定过程中的全员参与。班组制度公约化，是班组建设从一人担责到多人担责，从被动管理到自主管理的标志。

3.完善班组安全生产责任制落实，夯实安全生产基础

党的十八届五中全会指出："要完善和落实安全生产责任和管理制度。安全生产责任制是最基本的一项安全制度，也是企业安全生产、劳动保护管理制度的核心。"国务院《关于加强企业生产中安全工作的几项规定》要求："企业的各级领导、职能部门、有关工程技术人员和生产工人，各自在生产过程中应负的安全责任，必须加以明确的规定。"运行班组是火电企业基层组织，运行人员是直接参与安全生产的工人，在运行班组内理应深入开展安全生产责任制落实活动。

班组安全管理制度要细化到每个人，每个岗位。要求运行人员掌握具体的安全职责与岗位职责。在班组中扎实开展"安全生产责任制深化落实"活动。牢固树立"安全就是效益，安全就是信誉，安全就是竞争力""安全是一切工作的基础"的安全理念，强化员工红线意识。建立安全生产责任制落实动态评估机制，使运行人员进一步明确自己的权利和义务，从而有效地保障安全生产和个人的合法权益。

四、结语

运行班组安全文化建设是发电企业安全文化建设、安全生产实施的根基所在。运行班组安全文化不单单只是一种理念，更是一种根植于运行人员安全意识所体现出来的行为习惯。安全文化是生产实践中不断发展完善的，只有做到基层班组安全文化建设的规

范化、完整性和实用性，做到上下联动、左右协调，才能逐步形成独具行业特色的班组安全文化。

参考文献

[1] 景永合.班组安全文化建设与企业安全浅谈[J].价值工程，2013（6）：163-164.

[2] 郭正忠.浅谈企业班组安全文化建设[J].理论学习与探索，2011（3）：27-28.

[3] 张东，江玉荣.电力企业班组安全文化建设的思考[J].电力安全技术，2012（10）：68-70.

以班组安全岛促进安全文化深植基层

中国石化北京燕山分公司安全监察部　杜金山

摘　要：基层班组是安全文化落地的最后一公里。新形势下如何创新班组安全文化，把安全理念深植基层？燕山分公司构建了班组安全岛培训体系，通过搭建全新培训平台，集"教、学、考、练、统"五大功能为一体，实现班组安全培训的小型化、常态化，实现高效的培训、考核及训练模式与方法，使班组岗位人员能够有效地掌握基本的安全知识，提高班组成员安全意识和操作技能。

关键词：班组安全文化；培训方式；安全岛；建设方案

班组安全文化是班组在组织班组生产作业过程中，以及班组成员在班组生产过程中，为维护自己免受意外伤亡或职业伤害而创造的各类物质的以及意识形态领域成果的总和。班组安全文化建设是一项安全系统工程，它的最终目的就是要实现安全生产，保护员工生命安全。

班组培训是班组安全文化建设的方式之一。中石化北京燕山分公司把培训工作作为班组安全文化建设的重要手段，在推行班组自我管理，全员参加班组安全文化建设，建立作业现场员工行为标准的同时，不断加强班组安全培训，优化培训模式，宣贯安全理念，通过先进的培训方式，不断提升员工安全技能，规范班组员工行为，使安全理念入脑入心，员工安全意识普遍提升。2018 年，公司对班组安全培训方式展开了新的探索，积极推动班组安全岛建设，实现了培训资源与信息技术的融合联动，打造了开放、共享的全班组安全"生态网络"。

一、传统班组岗位安全教育培训的特点

为增强班组成员的学习兴趣，培养他们的安全意识，使他们的"要我安全"转化为"我要安全"，需要采取灵活多样的培训、教育方式。在过去，一般采取以下几种方式对班组成员进行安全教育。

（1）师傅带徒弟模式。师徒制在我国由来已久，直到现在仍成为新入职职工了解、掌握和提高技能的重要途径。一般情况下，新入职职工或转岗职工到新的工作岗位后均由单位领导指定技能高超的师傅进行传帮带。

（2）专业讲师（技术人员）授课模式。聘请不同专业的专家、讲师或专业技术人员，在课堂上为脱产职工教学、讲课的模式，即教师在课堂上针对学生学习而使用的教学方法，也就是孔子说的"因材施教"。

（3）传统网络在线培训模式。通过搭建网络培训平台，在企业网站或电教室内组织员工进行网络在线学习、培训、考试等，如公司组织各专业人员进行的远程教育培训课程的学习。

（4）现场实操训练培训模式。企业利用原有的设备设施或仿真设备设施进行培训，培训过程中，员工可以在真实的环境下进行操作体验，完成岗位的业务学习、实战训练和考评。

这几种班组岗位安全教育培训模式的优缺点分析如表 1 所示。

表 1　班组岗位安全教育培训模式的优缺点

模式类型	优点	缺点
师傅带徒弟模式	①传授直接、易懂、易上手 ②增进新人与老员工之间的交流沟通	①师傅的岗位及沟通技能直接影响培训效果 ②师傅不愿意或传授不全面 ③师傅的培训时间受企业生产限制
专业讲师授课模式	①传授知识比较系统 ②有利于大规模培训 ③对环境要求不高 ④有利于培训师发挥 ⑤费用低	①单向传授，不利于双向互动，资料比较枯燥 ②不能满足学员个性需求 ③培训师水平直接影响培训效果 ④传授方式不利于成人学习

续表

模式类型	优点	缺点
传统网络在线培训模式	①信息量比较大，课程品种多 ②能够很好的跟踪学习记录 ③不受时间、地点限制	①学员的归属感弱，一般的学员难以形成网络学习的习惯 ②传统的课件缺乏互动性 ③灵活的学习方式导致学员"放羊式"学习 ④很难在工作中实现
现场实操训练培训模式	①传授直接、易懂、易上手 ②最接近实际工作	①培训场景单一 ②高危培训无法实现 ③培训周期长，工学矛盾

通过分析可知以上几种培训模式各有利弊，为了取得更好的培训效果，提高班组员工的安全意识和安全技术素质，促进班组安全文化落地生根，北京燕山分公司在传统班组安全培训基础上，总结班组安全培训的先进经验，充分发挥现代科技成果的作用，创建班组安全培训新模式，即通过搭建移动式触控交互培训平台——班组安全岛，实现班组培训的小型化、常态化，有效利用即时化学习模式，打造一个可持续扩展内容及功能的综合平台，并逐步形成班组级、车间级、二级单位级及公司级的共享学习生态圈。

二、班组安全岛系统概述

针对传统班组安全培训缺陷，我们开发了安全岛系统。它结合海量权威 3D 动画课件、知识题库及三维仿真系统的开发积累，为企业班组岗位提供全新模式的线下安全培训解决方案。该系统基于云计算、虚拟现实等技术，将传统培训方式转换为可视化、互动化模式，以主动推送的方式，实现班组活动、安全培训资源及资讯更新，同时还可以针对不同班组制作不同培训内容，为企业班组活动提供培训资源支持。它充分运用多媒体及 3D 仿真等先进技术与班组安全培训、班组安全活动相结合，通过搭建全新培训平台，集教、学、考、练、统五大功能为一体，实现班组安全培训的小型化、常态化，为管理人员提供组织班组安全活动和班组成员培训管理的同时，也为班组成员提供自主学习、测评平台，解决其工学矛盾、以讲师为中心和反馈不及时等实际问题。

三、班组安全岛系统的功能

（1）"教"——为管理人员提供创新模式的教学工具。班组安全岛不仅设计了专属的任务计划日历表，同时还为管理者提供丰富、权威的培训和题库资源，管理者可结合实际培训需求，拟定培训任务计划、创建培训任务方案，如事故案例学习、安全知识和安全技能学习训练题库、安全知识竞赛等多样化的培训任务。根据任务模板，筛选培训学习资料和测评考题，设置任务时间，选择发布范围，管理人员即可利用平台进行培训内容的讲解、演示、培训记录查询和打印等，员工可以通过自己的 SAP 号登录进行签到、学习以及即时测评等。

（2）"学"——为班组岗位人员提供丰富的学习内容。包括事故警示 3D 动画教育片、炼化企业 3D 动画教育片。前者有 70 多个课件，涵盖国内特重大事故案例及典型常见事故案例、中国石化近 6 年发生的事故案例、美国 CSB 事故案例等。后者有 50 多个课件，涵盖安全及岗位专业知识、消（气）防基础知识、个体防护装备知识、危险化学品安全知识、装置（罐区）安全基础知识、装置（罐区）突发事件应急预案；岗位标准化操作规程等。

（3）"练"——为班组岗位人员提供内容丰富的模拟仿真训练环境。通过模拟再现真实的现场环境，采用人机交互式的操作模式，使不同岗位的人员能够身临其境的"沉浸"在虚拟训练环境中，以最接近实际操作的形式，进行直接作业环节的现场核查与监护、突发事故的应急处置、应急预案的演练、设备设施的检维修等仿真模拟训练。

系统实现将 3D 仿真及虚拟现实等先进技术与现场直接作业环节规范要求进行完美融合，通过在计算机中构建逼真作业虚拟仿真环境，并将 GB30871—2014《化学品生产单位特殊作业安全规范》要点内容与公司安全管理制度实际相结合，制作可视化、场景化的考点模型植入场景，全面实现集动火、进入受限空间、盲板抽堵、高处作业、吊装、临时用电、动土 7 种高风险作业无纸化、场景化仿真教学与培训。

（4）"考"——为班组岗位人员提供灵活、多样的理论知识和技能测评系统。系统植入灵活、多样的理论知识和操作技能知识题库，可以全面覆盖安全知识体系，同时提供灵活、多样的测评模式，支持自动/

手动组卷、随机出题、在线答题、自动评价、错题分析等功能，通过做题掌握安全知识和操作技能水平，发现自身的薄弱点。

（5）"统"——为管理者提供全面、可视的数据统计分析报表。平台为管理者提供了员工日常学习、测评及培训任务记录数据的统计与分析功能，并通过简单、直观的数据报表、曲线图、柱形图等形式进行可视化呈现。例如，培训任务记录、参与活跃度、安全竞赛、个人竞赛等数据统计，同时平台还预留了全网接口，可实现不同站点的综合数据统计和综合分析。

四、利用班组安全岛进行安全培训考核与上岗晋级挂钩试点工作

为进一步加强和规范企业安全培训工作，中石化发布了《关于发布安全培训考核与上岗晋级挂钩试点工作总体方案的通知》，据此燕山石化公司相应制定了《关于开展安全培训考核持证上岗试点工作的通知》，要求公司全面开展安全培训考核与上岗晋级挂钩试点工作，切实保障企业安全生产和员工生命安全。通过建立安全培训考核模块实现安全培训考核与上岗晋级挂钩。

安全培训考核模块主要面向企业高级管理者、专业技术管理人员、一般管理人员及岗位操作人员（含新入职员工、转岗人员等相关基层员工）四个类别。安全培训课程及考核标准由企业相关专家论证审核，上报安全监察部门审查备案，通过后进行职工的课程培训及相关人员的考核。安全培训考核分层分类构建岗位安全培训体系，制定相应的题库。包括通用安全、专业安全和本岗位安全等知识技能。系统除了植入中石化公共安全题库以外，同时还植入了安全监察部、生产管理部、机械动力部、工程管理部、炼油事业部的专业安全知识题库，可以全面覆盖安全知识体系，同时提供灵活、多样的测评模式。考核试题根据不同岗位人员特点进行有针对的下发，考试结束后，安全监察部会给成绩合格人员发放安全上岗资格证，并将安全上岗资格证导出并录入企业 SAP-HR 系统，从而确保公司安全培训考核与上岗晋级挂钩试点工作顺利进行。

五、结束语

企业安全文化建设要抓实抓牢基层工作，固化优秀经验，推出新载体、新方法，以班组安全培训教育为突破口，不断夯实公司安全生产的基础。通过班组安全岛建设可以强化班组人员及企业员工的安全意识，规范员工行为，提高安全素质，有效地避免生产安全事故的发生。

"三零"安全文化的建设路径与实施

国家能源集团神东煤炭集团　　王德清　　王天才　　石永进

摘　要： 安全文化建设不仅是提升企业安全管理水平、实现企业本质安全的重要途径，还是一项惠及员工生命与健康安全的工程。补连塔煤矿以党的十八大"强化公共安全体系和企业安全生产基础建设，遏制重特大安全事故"为纲领，以"安全第一、预防为主、综合治理"为方针，在全面贯彻公司安全文化建设要求的基础上，大胆创新，积极探索，在刚性的管理中，融入水的人文特征，确立了以"三零"文化为主题的安全文化建设体系。本文主要介绍了"三零"安全文化体系的基本内涵、建设路径和实施效果，确保企业在新常态下保持安全优势，建立安全生产长效机制，为建设具有国际竞争力的世界一流煤炭企业提供重要支撑。

关键词： 安全文化；矿井；建设路径；实施效果

补连塔煤矿在全面贯彻公司安全文化建设要求的基础上，大胆创新，积极探索，在刚性的管理中，融入水的人文特征，确立了以"三零"文化为主题的安全文化建设方案，以幸福员工工程建设为核心，以"从零开始，向零迈进"和"三零"文化为矿井特色执行文化（管理零盲区、岗位零隐患、操作零违章），以"六常"为保障体系和基础框架（常备性安全理念、常规性安全制度、常态性安全活动、常设性安全载体、常抓性执行措施、常用性评估办法），构建实践方式概括为"三零六常九路径"的安全文化建设和保障体系。

一、"三零"安全文化基本内涵和保障体系

（一）"三零"安全文化的基本内涵

1. 管理零盲区

指安全责任落实，包括矿井、区队两个层次的安全责任、风险预控管理体系和管理制度三个方面。

一是责任分配无漏洞。按照"管生产必须管安全""管业务必须管安全""管经营必须管安全"三个要求，层层签订责任状，严格执行安全风险抵押和安全结构工资制度，建立健全横向到边、纵向到底的安全责任体系。

二是上下衔接无缝隙。将风险预控管理体系考核要素、考核指标分解到业务科室和各级管理人员，将安全管理责任、任务和压力逐级分解到班子成员、区队、班组及员工，与安全绩效全面挂钩考核，形成一个责任分明、各司其职、各负其责、全员参与的考核体系。

三是现场空间无死角。对井下所有设施进行安全区域承包，明确职责范围、检查频次、台账管理和整改要求，推行不漏一人的责任追究体系，形成了没有死角、盲区的责任承包和责任追究体系。

2. 岗位零隐患

指作业环境，包括人文环境和作业环境，含素质技能、隐患排查整改、危害因素辨识三个方面。

一是推进岗位标准作业流程建设。做到"知道，会做，按程序做"，并做精做细，使员工实现"应知、应会、应用"三个跨越，使岗位标准作业流程成为制度化、规范化、标准化的安全业务技能，成为实现安全管理目标的重要措施。

二是扎实开展隐患查治体系建设。建立了岗位、班组、区队、业务科室、矿井五个层次的隐患排查考核和激励机制，明确各级人员隐患排查路线、频次、检查内容和信息系统规范化录入规定。对隐患排查不到位、不去排查、重复出现和整改不力等情况，严格追究隐患查治责任人的责任。

三是强化危害因素辨识结果应用的全覆盖。每月开展岗位和系统危险源辨识，辨识结果与标准作业流程宣贯、优化升级应用相结合，确保辨识结果能够在现场管控措施方面进行及时跟进。同时，通过在不安全行为案例征集、事故案例警示教育、未遂事故举报奖励、设备消漏补缺等环节中分析、辨识、评估非常态危害因素，采取针对性管控措施，实现实时受控和

预控管理。

3.操作零违章

指行为规范，包括习惯养成、行为激励和行为约束。

一是采取"六思而行"的工作方法。做本项工作有什么风险，不知道不去做；是否具备做此项工作的技能，不具备不去做；做本项工作环境是否安全，不安全不去做；做本项工作是否有合适的工具，不合适的不去做；做本项工作是否佩带合适的防护用品，没有不去做；做本项工作是否知道工作标准及安全技术措施，不知道不去做。

二是构建"九位一体"管控格局。按照党委管"党"，行政管"长"，分管包"干"，总工管"技"，工会管"网"，团委抓"岗"，纪检负责效能监察，妇联抓家属协管，"家庭抓帮"的分工原则，在执行目前不安全行为管控措施的基础上，落实各级管理人员查处不安全行为的责任，建立全员安全积分数据库，落实单岗作业管控措施，强化警示教育，对特殊岗位、特殊地段、特殊人群进行重点盯防，形成全员、全方位、全时段的防控体系。

三是加大"不安全行为"查处力度。重点惩治有章不循、有令不止行为，全方位纠正，着力解决明知故犯、凭经验、心存侥幸和麻痹大意思想的问题，执行连带处罚，发现一起处理一起，形成不安全行为管控的高压态势。

（二）"三零"安全文化保障体系

1.常备性安全理念

全员掌握神东"生命至上，安全为天，无人则安，零事故生产"安全文化理念，理解矿井管理零盲区、岗位零隐患、操作零违章的"三零"安全文化内涵，增强"红线、责任、风险、规则"四种意识。

2.常规性安全制度

持续推进风险预控管理体系建设；强化"五型绩效"考核和隐患查治的指标化检查、旬录入考核、月兑现管理；构建"九位一体"的不安全行为管控格局，建立全员积分数据库和区队自主管理约束激励机制；持续开展月度安全评估和非常态危害因素辨识，提升制度建设保障能力。

3.常态性安全活动

一是推行安全文化试点创建。将综采一队、连采三队、车队、机电一队为首批"三零"文化建设示范

单位，引领各单位整体推进。二是推进精益管理。按精益化管理要求，贯穿生产经营各个环节，严格"五型"绩效考核兑现，实现责任落实精细化、现场管理精细化、行为规范精细化、监督检查精细化、文化引导精细化、考核奖惩精细化。

4.常设性安全载体

一是编印工作简报。围绕公司安全文化和矿井"三零"文化建设要求、典型事迹、安全制度等内容，每月印发矿井"三零"文化建设工作简报。二是开设网络专栏。在矿井网页开设"三零"文化专栏，设置规程标准、安全管理制度、亮点推广、基层在线、工作简报、先进人物等板块，及时宣传"三零"文化建设先进事迹、管理亮点和安全管理制度。三是打造文化长廊。建设"1115"工程（建设一道文化长廊、一条文化道路、一个文化广场，建设网站、广播、简报、电子屏、手机微信五个安全文化宣传平台），拓宽"三零"文化宣传平台，在井下候车室、各区队工作面、进矿公路、家属区等场所张贴安全文化牌板。四是制作安全知识读物。印制并人手一册发放《煤矿井下从业人员应急知识手册》《应急预案现场处置流程明白卡》《神东安全管理制度摘要手册》《事故案例警示教育手册》等，让员工学习安全知识。

5.常抓性执行措施

围绕矿井"三零"文化建设方案和安全生产运行管理办法，制定矿井和区队两个层次年度安全文化建设实施方案并予以实施，形成措施得力、方案可行、上下联动的管控格局。

6.常用性评估办法

按照工作安排做到责任主体、职责任务、工作标准、时限要求和考核奖惩"五个明确"要求，按日常、月度、季度、年度四个节点对矿井各区队安全文化方案进行全面落实和常态化考核，覆盖全体员工和贯穿所有安全生产过程，通过自主检查考核和自我激励约束，不断总结、分析和评估，奖优罚劣，实现持续改进。

二、"三零"安全文化建设路径

（一）深入开展理念融入实践建设，提高贯彻力

统一编制安全文化手册，解读理念内涵，开展征集员工寄语等活动，促进员工树立正确的安全价值观，培育自觉的安全意识，养成良好的安全习惯，实现员

工从"要我安全"向"我要安全"转变。各区队围绕"三零"文化提炼有震撼力的安全格言，体现区队特色，通俗易懂，简短有力，易于员工接受，纳入班前会宣誓内容。

（二）扎实推进运行工作机制建设，提高组织力

1.建立"三零"文化建设联络机制

明确各区队党支部书记为"三零"文化建设责任人，机关各科室明确安全文化建设联络员，每月召开一次安全文化建设推进会，分析问题，交流经验，布置任务。

2.建立"三零"文化建设激励机制

建立"三零"文化建设业务科室联络员、基层单位队长、书记、带班队长、班组长、岗网员、家属协管员数据库，以参与积极性、工作绩效、管理创新、合理化建议提报等为考核依据，积分管理，作为安全文化建设奖品发放、评先树优等奖励的主要依据。

3.明确每月资料管理和报送制度

按矿井"三零"文化建设实施方案要求，各区队每月上报"三零"文化建设当月进展、完成情况及下月工作计划，对未及时上报及上报质量差、应付上报的，纳入"五型"绩效进行扣分考核。

（三）着力深化培训方式方法建设，提高学习力

1.开展"三零"文化的"五个一"学习培训

对《神东安全文化手册》《神东安全文化建设指导意见和实施细则》进行任务分解，开展"每日一题、每周一课、每月一测、每季一考、每年一赛"的"五个一"安全教育活动，形成以班保日、日保周、周保月、月保季、季保年和个人保班组、班组保区队、区队保全矿的周期闭环安全活动模式，解决思想认识问题，从严、从精、从优调控个体自律行为。

2.强化员工风险预控管理体系应用的自身行为准则和标准培训

结合各类人员的风险预控管理体系掌握和应用情况，加大工作力度，分层次、分专业、分岗位开展针对性培训，在深刻理解体系管理内涵和外延的基础上，达到规范录入和"懂辨识、会分析、能应用"的标准和目的，提高行为能力。

3.加大安全管理规章制度的解读、培训力度

在强化红线、责任、风险、规则"四种意识"培训贯彻的同时，对新《安全生产法》、两级公司及矿井安全生产1号文件、神东《安全生产奖惩管理办法》《安全文化考核细则》、非常态危险源辨识方法、不漏一人的责任追究体系等进行全面解读，并纳入年度培训计划，确保员工应知应会和遵章执行，保证培训、解读和指导效果，促进全员自身安全行为的养成。

4.建立培训约束考核机制，提高培训质量

加强出勤和考试管理，落实奖罚措施，进行真考、严考，强制员工进行主动学习，通过奖惩激励调动员工参与培训的积极性，提高培训质量；建立培训绩效直接评估机制，编制培训大纲，带着问题组织培训，以解决问题结束培训，让员工一目了然地了解和掌握培训重点，保证培训的针对性和实用性。

5.培养矿井安全文化宣贯人才队伍

在加大各区队支部书记、业务科室安全文化建设联络员日常学习计划落实考核的基础上，邀请安全文化专家授课，培养一批安全文化宣贯队伍，自上而下，稳步推进，促进矿井安全文化建设宣贯质量的逐步提升。

（四）大力实施安全标杆单位建设，提高创新力

1.明确标杆单位创建标准

分解落实公司指标，制定矿内落实、考核方案，包括：连续一年内无轻伤及以上人身伤害事故；评选日之前两个季度风险预控管理体系达标考核得分均高于本年度平均得分；年度内有1项以上亮点被公司认定并推广；重大隐患管理符合公司管理办法，并按计划完成本单位重大隐患的整改；"九位一体"管理方案具体，职责分明，落实到位；风险预控管理体系要素分配落实到具体班组和个人；危险源辨识及安全风险评估符合管理规定；完成年度生产经营任务指标。

2.鼓励自主创新，倡导方法多样

在风险预控管理体系运行考核的基础上，鼓励区队进行安全和管理创新活动，以实用优先、从简审核、快速推广应用为原则，一周内完成验收、评比、公示，月度统一兑现奖励，提升矿井综合管理水平和科技含量。

（五）持续巩固源头治理保障建设，提高执行力

1.构筑无不安全行为激励机制

一是建立无不安全行为员工月度叠加奖励制度。二是建立无违章人员和带班队干积分数据库。三是开展"无不安全行为"班组创建万元奖励活动。四是做

好日常基础工作与"三零"文化建设考核激励机制的整合。

2. 建立行为规范约束机制

一是实行"九位一体"指标化查处，积分化管理。二是多管齐下明确管控重点。三是严肃不安全行为责任追究。

3. 推进隐患查治的指标化检查、规范化录入和旬考核管理

一是建立了矿领导、业务科室、区队长、班组长、岗位工五个层次的隐患排查考核和激励机制。二是严格执行每月3次的常态化隐患排查活动。三是以"五型绩效"考核推进考核体系建设。四是落实安全隐患治理"限时"规定。

（六）切实加强现场管理流程建设，提高管控力

1. 严格执行管理人员入井带班制度

明确矿领导、业务科室和区队技术员以上管理人员下井、跟班次数及时间要求，每次必须带着任务入井。调度室每天对管理人员入井和带班情况进行统计，在井口、调度室电子屏滚动播放，月底通报并考核兑现。

2. 严格执行井下交接班制度

综采工作面交接班必须执行岗位停机规定，连采工作面交接班必须先由带班队领导进入工作面进行敲帮问顶、设备检查后，其他人员方可进入作业区域接班；实行管理人员"井下交接班工单制"，严格交接班程序，杜绝随意拦车或徒步升井等安全隐患。

3. 加强重点区域和薄弱环节管控

适时开展顶板、"一通三防"、防治水、皮带保护等专项整治；成立辅助运输检查组，持续以高压态势开展辅助运输专项检查，重点查处管理人员违章行为。

4. 执行安全隐患漏查"问责"制度

凡是在下井检查或下现场检查过程中，所到地点存在的明显安全隐患而没有查出或查出后没有落实整改责任及整改措施的，一律进行"问责"追究；公司领导、上级业务部门查出而矿井隐患排查或区域承包未查出的重大安全隐患，对矿领导、业务科室和责任区队进行三级连带责任追究，执行隐患排查和区域承包双重考核。

（七）全面启动亲情管理工程建设，提高支撑力

1. 管理人员实行"有情管理"

开展月度合理化建议征集活动，落实专人对合理化建议进行梳理汇总，重点做好了三个方面的工作。首先，对采纳合理化建议进行落实解答和兑现奖励；其次，对未采纳及不符合公司政策的合理化建议解释说明；最后，强化业务科室管理，及时修订安全管理制度，加大服务指导力度，使各项制度的制定符合实际现场管理。

2. 工团组织做好"以情促安"

矿工会、团委将工作重点融入安全生产中去，认真开展"安康杯"竞赛、技术比武、家属协管、文化广场、一线慰问、警示教育、安全寄语等系列安全文化活动，营造良好的安全文化氛围。

3. 以后勤服务营造安全心境

开展地面质量标准化建设，加强后勤服务管理，对后勤服务质量、安全隐患、不安全行为进行相关方考核，并纳入风险预控管理体系考核实施办法，进一步加强"两堂一舍"管理，通过创建温馨、贴心、爱心服务，使员工产生了良好的文化心境。

（八）突出抓好安全氛围营造建设，提高凝聚力

1. 建立社区综合服务中心

充分利用原幼儿园等闲置房产资源，建立老年人活动中心，引进儿童特长培训、洗车、法律咨询、中医理疗、保险、航空售票、社区服务等专业服务机构，在使员工群众得到最大实惠的基础上，进一步提高矿区生活质量和生活品位，丰富文化生活，真心实意为员工群众办实事、做好事、解难题，发挥文化的引领作用。

2. 建立文化广场大舞台

利用墙体文化粉刷装饰及印刷宣传标语，营造浓厚企业特色文化氛围，进一步加大基础设施建设，更换小区公园娱乐健身设施；在文化广场增设了先进人物、道德模范及好人好事等宣传牌板，将文化广场打造成了集舞台、音乐、绿地、健身休闲、宣传教育于为一体的多功能的文化广场大舞台。

（九）完善检查考核体系建设，提高保障力

1. 纳入常态化考核

以"三零"文化建设制度完善、培训宣贯组织、计划实施、应知应会掌握、上报资料规范、不安全行为管控等作为考核指标，每月进行日常动态和月度检查，根据《风险预控管理体系定期评价标准（安全文化部分）》所占考核比例，将考核结果纳入"五型"

绩效考核兑现。

2.注重活动效果

针对"三零"文化建设存在的突出问题和薄弱环节，抓住重点，细化措施，加强活动情况的跟踪督查，每个阶段结束后对活动进行考核评价和全面总结，总结提炼出的亮点要进行推广应用，确保有声有色和取得实效。

三、实施效果

通过"三零"安全文化建设，创新了安全文化建设模式，树立了安全文化建设典型，总结和提炼了矿井特色安全文化理念，得到广大员工普遍认同并自觉执行。首先，全员安全意识和安全技能得到提高，员工安全行为得到规范，全员参与和分享了安全文化建设成果并转化为自身行动；其次，矿井安全生产、安全管理基础更加牢固，安全管理制度、规程、标准等得到完善和有效执行，打造了牢固的责任落实、绩效考核和责任追究体系；再次，开展常态化安全活动，安全环境和安全氛围更加优化，逐步形成具有矿井特色的安全文化体系，构建与企业文化相和谐的安全文化；最后，良好的安全生产局面得到保持和巩固，各项安全生产指标达到领先水平，充分发挥了安全文化对安全生产、安全发展的指导、推进作用。

参考文献

[1] 孙海龙.煤矿安全文化建设的探索与实践[J].东方企业文化，2014（1）：15-17.

[2] 李勇.煤矿安全文化建设的探索和研究[J].山东煤炭科技，2014（8）：174-175，178.

[3] 王永红.关于煤矿安全文化建设的思考[J].山东工业技术，2016（8）：206.

[4] 曹占英.以人为本 加强煤矿安全文化建设[J].河北煤炭，2009（4）：22-24.

[5] 马金山.煤矿企业安全文化建设方法探析[J].河北煤炭，2012（1）：41-44.

[6] 宋建萍.对煤矿安全文化建设瓶颈的分析[J].煤矿安全，2017（4）：230-233.

[7] 王丹.谈我国煤矿安全文化建设[J].安全，2009（8）：1-3.

煤炭企业实现长效安全的路径研究

国家能源集团公司组织人事部　庞柒

摘　要：当前煤炭企业之所以难以实现长效安全，根本原因是由于社会的公平正义，企业的核心观念文化，人的职业伦理道德等主体行为不到位所致，而解决这些问题的主要措施是需要全社会注重人文关怀，强化政府规制，突出信息公开，加大群众舆论的力度；培育企业的核心观念文化；塑造员工的职业伦理道德。

关键词：马克思哲学；煤炭企业；长效安全；机制

要实现煤矿企业的长效安全，必须坚持公平正义，解决社会的信用危机问题；必须促进和谐发展，解决社会的管理问题；必须推进安全文化，解决企业的核心观念问题；必须崇尚伦理道德，解决人的内生动力问题。

一、长效安全的概念及基本属性

"安全"，就是"无危则安，无损则全"。安全就是没有危险，不发生事故和灾害，不造成损失、伤害。在煤矿企业的安全生产实践中，发生事故是小概率事件。按照海因里希的研究结果，300 个事故案例当中，有 29 个可能发生工伤事故，其中只有 1 个可能发生死亡事故。所以，不发生事故并不意味着没有事故隐患，恰恰这些隐患具有累积效应，量变到一定程度，必然发生质变。这就是事故的偶然性和必然性原理。长期以来安全管理体系是基于人—机—环—管"4M"模型而构建的，强调的是以客体为中心。

从马克思主客体认识理论认知，长效安全就是一种脱离于恐惧的境界，悠然自得的神情，也是一种和谐沉静的状态。长效安全的管理思想是尊重生命，敬畏自然。长效安全属于安全的范畴。安全是企业微观的不发生事故和灾害的状态；而长效安全则是反映社会、企业、人把握自然环境和技术与装备的能力和态度。长效安全，是在一定的时间、空间范围内，通过实现社会、企业、人主体行为的合规性；通过实现环境、技术、装备状态的可靠性；通过实现中介的安全管理和安全文化作用的有效性，促使企业达到提升永久性安全的综合能力。

唯物史观揭示了人的本质是社会关系的总和，科学地说明了人的属性是自然属性和社会属性的统一。

煤矿企业长效安全也同样具有自然属性和社会属性两个方面。长效安全的自然属性是煤矿企业的人和物及其运动规律在安全方面表现出来的现象和过程。煤矿安全既是人的生理和心理需要，又是人在生产环境的过程中，受煤矿水、火、瓦斯、顶板、煤尘、机械等自然条件约束的无奈，使得人不得不把生命安全提到重要的议事日程。煤矿安全的自然属性是决定安全规律的基础。煤矿长效安全的社会属性，是在煤矿的生产实践中发展起来的，是基于人的社会属性而产生的安全现象和运动规律。

煤炭企业长效安全的社会属性，首先，表现为经济属性，因为安全是推动生产力发展的基本途径，是通过劳动者与劳动工具的矛盾不断产生矛盾和不断解决矛盾来实现的。劳动者是生产力中最活跃的因素，通过不断积累和总结经验，创造或改进有利于煤矿安全生产和工具和劳动条件。比如，依据社会对煤矿安全的需要的不断提升，影响和改变煤矿的采掘工艺技术设计、优化设备和工具的指导思想和价值取向，使技术和工艺设计转向为以人为中心，兼顾经济效益，强调安全性和经济性的统一，促使煤矿工艺技术、装备向安全化演化；也促使劳动者不断提高自身素质和操作技能，实现生产力资源的合理配置，从而进一步推动生产力的发展。

其次，表现为文化属性。煤矿的安全活动，不仅包括人们的物质关系和经济技术活动，而且包括人们的思想、观念、意识的活动。煤矿的安全文化表现为安全价值和道德观念及人民对安全经验的积累。安全价值和道德观念主要指对人的生命价值和尊严的认识，以及对于安全相关行为的道德判断。安全经验主要是设计人们对安全事故本质及规律性的认识。

第三，表现为政治属性。由于煤矿安全是建设平安中国的重要组成部分，涉及煤矿职工的切身利益，涉及社会和谐和政治稳定，自然成了事关国计民生的政治性问题。安全的政治属性表现在职工的健康权、劳动权；也表现在有国家的法律法规维护煤矿的安全生产秩序；还表现为国家的行政监管职责以及职工对安全工作享有的知情权、参与权等方面。

二、长效安全的理论支撑及需要遵循的基本原则

（一）长效安全的主—客体认识论

马克思主义的认识论认为，认识是人与外部世界之间的一种关系，它同人为了自己的生存和发展而同外部世界发生的物质的、能量的、信息的变换与转移关系交织在一起。认识的主体和认识的客体，是一切认识关系中所必然包含和必须具有的两个相关联的基本要素。而认识主体和客体的相关联，表现为两者之间的相互作用、相互转化，而且都是借助于并通过一定的中介系统来实现。运用这一马克思主—客体关系理论认识煤矿企业的长效安全，更能够全面系统地认清长效安全的深层次原因，揭示其本质，对构建实现长效安全具有极其重要的指导意义。

本文旨在从影响煤矿企业长效安全的社会主体、企业主体、人的主体；技术与装备的客体、环境的客体；安全管理中介和安全文化的中介中认识煤矿企业的长效安全问题。解决长效安全的最根本的问题是提高系统的安全性，依据事故致因理论，作为安全事故的因变量通常由主体的社会因、企业因、人因，客体的技术与装备因、环境因，中介的管理因、文化因等多种自变量、各因素非线性作用引发的，可用以下函数式简要表述：

长效安全=（社会因，企业因，人因，技术与装备因，环境因，管理因，文化因）

（二）长效安全的"二元法则"

长效安全的本质是实现系统各因素结构的稳态与关系的和谐，但所有物质系统都存在有序和无序的矛盾统一。煤矿企业安全系统是一个复杂的非线性系统，其能量在释放的时候，必然受到社会文化、政府规制等社会秩序，企业的管理和文化法则，以及人的伦理道德和行为规范等各种各样的限制。因此长效安全的第一法则，就是系统能量受限制地释放。比如，人类

在利用、改造、控制自然，为自己创造财富的同时，大自然的能量得以释放，必然受到各种条件的限制，以避免事故、灾害的发生。但人们逐渐认识到，事故和灾害能够破坏经济建设，给人们的生命财产带来巨大的损失；同时也应清醒地认识到，事故、灾害是事物异常运动的表现形式，是人类违背客观规律或不具备掌握客观规律的知识和能力而受到的惩罚和付出的代价。人类在征服世界、改造世界的同时，始终不断地被危险困扰，又不断地与危险抗争，在抗争中、失败中不断提升、发展、演化，促使人类在事故、灾难面前必须心存敬畏，逐步成熟，也促进人们对自然的认知、改造自然能力的提高和科学技术的进步，为有效地预防事故提供物质保障，使生产力水平得到不断的提升，从而推动经济发展和社会进步，这是长效安全的第二法则，就是系统结构的稳态和因素关系的和谐随着系统发展阶段不同而不断发生的变化，呈现螺旋式上升的发展轨迹。

（三）长效安全必须恪守的伦理道德准则

衡量人的道德标准取决于对人性的理解。马克思主义将人性定义为人的自然属性、社会属性和思维属性。自然属性强调全部人类历史的第一个前提无疑是有生命的个人的存在，人是肉体的、有自然力的、有生命的、现实的、感性的、对象性的存在物，客观地反映了人的自然属性。惯性思维上这赋予了人的利己的特点，将利己之心视为人的天性，这是毋庸置疑的。但重要的是人不光具有自然属性，因为人天生就是社会的动物，只有在社会中，人才能发展自己的真正的天性，而对于他的天性的力量的判断，也不应当以单个个人的力量为标准，而应当以整个社会的力量为准绳。人的社会属性决定了人在利己的同时，也在一定程度上必然在利他。"利己和利他"的二元论观点是长效安全道德观的基础，既关心和保护个人和局部的安全，也关心和保护他人和全局的安全，达到一种协调和谐的状态，使系统正常平稳运转，实现长效安全。长效安全伦理道德准则，就是在生产劳动中，需要维护自己、国家和他人的利益，人与人之间共同生产、工作、生活的行为准则，也就是培育员工的职业伦理道德规范，养成企业的核心观念文化，树立社会的公平正义思想。只有把人伦和道德有机地结合起来，人、企业、社会就能够自觉地按照长效安全道德准则的内

容去做，把长效安全道德规范转化为全社会的道德力量，从而能有效地控制伤亡事故的发生。

（四）长效安全需要坚持"以人为本"的生命价值观

长效安全价值观，对生命价值理念赋予了新的内涵：遵循"尊重生命、敬畏自然"的哲学思想，通过社会、企业、人行为主体体现责任和关怀，保护人的身心健康，建立群体性的、统一性的长效安全文化，确立这个群体的长效安全价值标准和价值取向，并固化成为判断事物有无价值及价值大小的标准，将"安全至上"作为人生追求的基石，将"生命大于天"作为煤矿企业长效安全的最大价值。让每个人由热爱自己的生命进而体会到别人对生命价值的追求的重要性，这样方能对生命怀有敬畏之情，从而珍惜自己的生命，对他人的生命给予尊重，在生产工作中真正对自己和他人的生命负责。因此，无论是作业者、管理者还是领导者，务必将安全作为人生最基本的观点与第一选择。这不仅为了善待别人，更为了善待自己。凡是侵犯自身或他人人身安全健康行为的都是不道德的，凡是违章的都是不正义的。

三、实现长效安全的路径

（一）坚守公平正义

（1）建立公平的机制。在市场经济中公平、公开、规范有序的竞争，是促进市场经济的有效条件。公平是强调尊重社会上每一个人的"财产权利"，强调"平等待人"和"权利平等"。第一，积极推进煤矿企业的安全监管市场化改革，引入灵活的专业机构，严格政府规制，严格要求煤矿业主必须为矿工投保，且通过具有权威的保险公司的安全认证才能营业。第二，促进底层劳动者能够自由就业，提升矿工的就业标准、工资和福利待遇、工伤成本，以及安全素质等。第三，积极探索煤矿资源归属公司的股东的新突破、新方法，提高矿业主经理们长期安全投资的动力，避免短期行为，解决矿工的后顾之忧。第四，建立高标准的矿工伤亡赔偿金制度，让煤矿企业的管理者明白：高风险战略将会失去一切，促使他们改变策略，加大安全投入，促使煤炭行业真正形成良性的进入和退出机制。

（2）拓宽监督渠道。动员全社会力量，发挥社会职业道德和社会的舆论监督作用，逐步形成有效的约束机制。鼓励社会公众参与，以群众参与性、信息公开性为指导原则，扩大公众参与安全监督的范围，便于社会了解情况、参与监督。为保障企业内部员工对安全生产的监督权，对职工群众监督举报各类安全隐患给予奖励；继续总结推广好的群众监督经验，提高监督实效，进一步发挥工会、共青团、妇联组织的作用，依法维护企业员工对长效安全的监督权、知情权和参与权，采取有效的措施保障员工的生命安全和职业健康。

（3）实现信息公开。建议各级政府要建立煤矿企业长效安全信息的披露和举报制度，对典型事故的处理要向全社会公布，并主动接受群众、社会和媒体的监督。安监及政府其他相关部门对群众的举报认真对待，严肃处理。引导媒体不但要曝光事故和违法违纪行为，而且要大力宣传党和政府为安全生产所做出的努力、所取得的成效。新闻界用舆论监督的武器，反映矿工的疾苦、生活和工作，把一些企业和组织的违法侵权行为暴露在公众面前，为政府监管提供必要的线索，真正起到政府职能部门和社会组织难以起到的作用。

（二）促进和谐发展

（1）转变经济发展方式。继续推进供给侧结构性改革，为煤矿企业安全减压，尽快从高投入、高消费、高排放、低效率的粗放型经济增长方式转变为重质量、低投入、低消耗、低排放、高效率的资源节约型经济增长方式。积极开发新能源，改变目前能源结构中对煤炭的过度依赖。强化采煤业的技术和管理水平，进一步提高煤炭产业集中度，在有条件的区域，加大智能化矿区的建设力度；进一步淘汰条件差、装备落后、安全没保障、人员素质低的小煤矿；进一步改革领导干部政绩考核和提拔任用制度，不能光关注 GDP 的增长速度。加强政府监管，进一步提高煤炭市场的准入门槛，严格煤炭企业的资质要求和生产标准，对非法开采的矿主，除没收其非法收入之外，还要加以重罚。

（2）提高法制权威性。现代文明社会的法制理念，强调每个人都享有安全的工作环境，这是由宪法确定的基本权利。政府机关具有重大的检查监督和制裁违法的保障责任，建议对各级管理干部加大监督力度，使之正确处理好国家权利与公民权利关系所应当遵守的基本要求，真正实行市场配置矿产资源的资产，坚决杜绝政府权力寻租现象的发生，进一步转变政府职能，应当积极为市场服务。加强立法，从立法的角度加大管理力度，对违反《劳动法》和侵犯矿工权益的矿主，坚决严惩不贷，并追究责任人的刑事责任，使煤炭企业的管理者将损害矿工安全视为高压线，遵守经营秩序，逐步建立起良性的、规范的运行规则。发挥企业工会的作用，维护矿工的权益。许多矿工因为缺乏安全常识、预防观念、逃生技能，在矿难发生时不能及时逃脱。同时要加强对矿工工作技能、安全观念、逃生技能等方面的培训。

（3）推行安全保险制度。借鉴国外的先进经验，结合我国的长效安全生产实际，引入保险机制。一方面按比例提取工伤保险费，鼓励所有企业为从业人员办理商业保险，并推行安全生产责任保险，建立商业险与安全生产管理相结合的机制。另一方面通过安保互动机制的建立，既可以加大生产营单位对伤亡事故的经济赔偿力度，又可以建立事故预防机制，使安全生产工作心下移、关口前移，着重预防。再一方面改革安全生产风险抵押金制度，逐步将其转化或纳入保险之中。同时大力推行统一管理、统一基础费率、统一保险合同、统一服务标准、统一赔偿的管理模式。

（三）推进安全文化

人的思维影响思想，思想影响文化，文化影响管理，管理影响行为。

（1）用"尊重生命，敬畏自然"的安全思想统领和指导煤炭企业的生产实践。关爱生命、尊重生命、敬畏自然是"以人为本"最重要的基础。在企业长效安全生产管理中，始终坚持以人为本的安全理念，要把人的生命安全放在最突出的位置，在"以人为本"安全理念指导下，各项工作要以人的价值、珍惜人的生命为出发点和归宿。采用多种的宣传方式，形成企业党委领导，行政、工会、共青团、妇联、家属协管会等多方式、多渠道地开展安全文化宣传教育活动，提高全员的安全意识。同时广泛利用网络、电视、报纸、手机登传媒媒体，在全社会范围内传播长效安全生产常识，构筑安全生产文化。

（2）实施科技兴安的策略。大力发展煤矿企业的安全生产科学技术，提高长效安全水平，进一步发展和完善煤矿安全科学技术体系，吸引更多的行业科技带头人，参与到企业长效安全科技事业中来；重视煤炭安全生产科技应用的研究和成果转化，促进煤炭安

全成果的产业化。在政策和投入方面，要积极向安全技术领域倾斜，想方设法增加煤矿安全科技投入，加强煤矿企业技术基础设施建设，建立安全科技激励机制，努力为矿工提供一个有利于科技创新、技术成果不断涌流的新环境，从而促进煤矿安全技术产业的升级；要尊重知识和人才，牢固树立以人为本的价值观，实施人才战略。加大长效安全设备和技术的投入，根据安全生产的需要，大力推广安全新装备和科技成果，企业加强与高校及科研单位的战略合作，加大应用型项目的科研投资，增强科研成果的应用能力。

（3）提高矿工的整体素质。安全文化是保护矿工的身心健康、尊重矿工的生命、科学地实现人的生命价值的文化，其核心是提高矿工的安全素质，包括文化修养、风险意识、安全技能、行为规范等。因此要保证人的行为的安全，更好地预防事故发生，达到长效安全的目的，就需要从提升人的基本素质出发，切实加强安全文化教育，实现企业员工的岗前、在岗、离岗安全守训和全员、特殊岗位安全培训教育一体化。通过大力开展长效安全生产教育培训，提高全员的长效安全意识，提高矿工的长效安全技能和防范能力，增强矿工维权意识，同时建立企业内部和社会民众维权机构，形成多层次对企业生产与员工健康和安全的维护系统。

（四）崇尚伦理道德

（1）推进伦理道德建设。伦理道德自律与法律约束相比较而言，伦理道德比法制更重要。伦理道德自律是一种鼓励人向上的积极力量，促使人去关心别人，而法律约束则是对侵害别人利益的行为的消极制裁。作为自省自律的道德，其作用的结果一般没有副作用，或者副作用较小，而作为外在强制的法律，其副作用比较明显。第一，日常工作中往往注重"违章后对人的处罚"，忽视了道德的力量。第二，伦理道德首先要求人自律，严格约束自己。第三，伦理道德面对别人的侵害不是以怨报怨，也不是以德报怨，应当以直报怨。

（2）重视人的生命价值。中国传统文化非常重视人的生命价值和尊严，将尊重人的生命与治国平天下紧密联系在一起。《吕氏春秋·贵生》中，子华子陈述人的生命状态："全生为上，亏生次之，死次之，迫生为下"，强调有尊严的生活。西方发达国家进入

后工业化时期煤矿安全事故之所以很少，除了技术进步、人员素质提升之外，还有一个重要的因素，就是重视了人的生命价值。

（3）形成诚信的风尚。诚信是人们的一种品德，是人与人之间建立互信关系，实现合作的价值前提和基础，也是节省交易费用，促进经济发展的重要内容。一方面强化制度伦理，在经济制度、行政制度、法律制度、政治制度的制定要体现道德精神和理念，注重社会基本制度的道德合理性；同时在制度化、法律化的道德规范中，注重考查人们的道德行为。另一方面强化责任担当，注重考查人们在处理有关自身的权利义务关系中所坚持的道德准则、伦理观念和行为模式，要求每一个矿工必须承担相关的责任，包括对自己的安全负责和行为后果负责，这是建立和优化现代经济秩序的神圣使命。让全社会对自然、生命的敬畏进入每个人的灵魂深处，形成"以人为本""可持续发展"，尊重生命和敬畏生命的社会新风尚。

（4）坚持正向激励。对长效安全做出贡献者，要给予表彰，着力树立守法光荣的正气；对违法生产，酿成重事故的责任者，依法追究，严肃处理；坚决打击安全生产的歪风邪气。通过营造守法光荣、违法可耻的良好氛围，让每个社会成员都要遵守市场规则和国家的法纪，这是对每个市场主体行使的市场行为最起码的正义要求。

浅谈煤炭企业如何厚植安全发展的文化土壤

淮北矿业集团　张胜　郭壮

摘　要：安全发展是煤矿企业亘古不变的主题，是贯彻落实习近平总书记"发展决不能以牺牲人的生命为代价"等安全生产重要指导思想的根本体现。安全规章、制度、措施是刚性的，而安全文化则是柔性的，是实现煤炭企业安全发展最长远的保障，刚柔结合，安全发展方能强基固本。本文以淮北矿业集团安全发展为例，从安全文化建设的视角，总结分析了厚植煤业企业安全发展文化土壤的途径、方法和启示。

关键词：煤炭企业；安全发展；安全文化

煤炭企业安全生产以保护人的生命安全和健康为基本目标，是"以人为本"的本质内涵，是和谐社会的重要表现，是从业员工最大的安全福利。一直以来，煤炭企业在人们心目中的定位就是高危行业，矿工是特殊群体。煤矿企业井下作业过程中，地质构造复杂多变，水、火、瓦斯、煤尘、顶板等灾害时刻威胁井下矿工的健康和生命。近年来，尽管各大煤炭企业在安全发展方面下了很多功夫，采取了各种措施，煤炭生产百万吨死亡率持续走低，但煤矿安全事故并没有销声匿迹，本质安全矿井建设及实现安全发展仍然任重道远。

淮北矿业集团作为全国 500 强大型能源化工集团，2017 年，立足时代大背景、发展大趋势、行业大视野，做出了建设"质量时代"的战略选择。实现安全发展既是质量时代建设应有之义，更是前提基础。为此，淮北矿业集团提出了所属煤炭生产矿井实现"零死亡、零突水、零超限、零着火"的"四零"安全目标，通过不断的实践和努力，淮北矿业集团正向着"四零"目标大踏步迈进。淮北矿业集团矿井地质构造复杂、自然灾害严重、安全威胁巨大是不争的事实，安全发展的复杂性和艰巨性长期考验着企业。在安全生产管理实践中，淮北矿业集团深刻认识到：安全文化建设久久为功，润物无声，对安全生产的影响持久而深远。为此，淮北矿业集团坚持用安全文化筑牢安全之魂、凝聚安全之力，深入推进安全生产理念、体系、基础、作风等建设，以安全文化的感染力助推企业安全发展。

一、树安全理念，铸魂塑形

人是安全的主导者，煤炭企业安全文化建设必须坚持"以人为本"，自觉把尊重人的价值、满足人的需求、实现人的愿望、促进人的发展作为出发点和落脚点，用科学理论武装人，正确舆论引导人，高尚情操塑造人，全新文化培育人，最大限度地发挥员工在安全生产工作中的主体作用。淮北矿业集团采取的"三步走"凸显人本理念的价值。

一是培育理念，入心。淮北矿业集团以习近平总书记安全生产重要论述为指导，坚持"党管文化"原则，企业文化建设由集团党委书记负总责，集团党委副书记主管，把企业安全文化建设纳入党委目标考核范畴，提高企业安全文化建设分量。坚信"四零"目标是完全可以实现的，坚持"为安全生产立心、为员工生命立誓、为淮北矿业开太平"的安全工作价值取向，坚定不移严要求、高标准执行党和国家安全生产各项方针政策，在长期的安全生产实践中总结提炼了"生命至高无上、安全永远第一、责任重于泰山"核心安全理念，坚持固化"只有不到位的管理、没有抓不好的安全"安全管理理念，培育"严细实精作风是安全工作的'牛鼻子'"干部作风理念、"培训不到位是最大的安全隐患"安全培训理念、"重大灾害是可防可控的""'一通三防'工作是'定海神针'"灾害防控理念等。各类安全理念与员工安全生产意愿高度切合，入脑入心。

二是实践理念，入行。安全理念只有被员工掌握，并外化于行，才能变成强大的力量。淮北矿业集团通过安全理论学习、安全形势任务宣讲、安全政策解读、员工季度考试、安全 365 访谈、事故警示教育、亲情感染等多渠道，综合利用传统媒体和新兴媒体进行全方位、广覆盖的宣讲宣贯，精准诠释要义，增进员工对安全系列理念的认知度。坚持"三贴近"，开展"安全直通车进基层""亲情系安全"展播诵、送安全红腰带等活动，用情讲好安全故事，并大力评树、宣传"十佳安全卫士"、安全标兵和优秀安监员、协安员、青岗员，树立典型，引领带动。从点滴小事规范员工安全行为，教育和引导员工自觉执行班前礼仪、井口安全宣誓、集体入（升）井、乘罐、巷道行走、乘车、作业地点安全确认等一系列环节的安全要求。企业上下对安全核心理念和安全价值观从政治上认同、思想上认同、情感上认同，能够把安全理念作为时时刻刻遵循的准则，知行合一，一以贯之。

三是创新理念，入神。淮北矿业集团深知一切事物都是在发展变化中形成并完善的，企业安全文化的活力之源就是创新，而创新的动力在基层。为此，淮北矿业集团一方面严格要求基层生产矿井贯彻执行集团层面安全系列理念，加强落实考核监督；另一方面充分尊重基层的创新精神，坚持"盆景多了也是风景"的思想，鼓励基层各生产矿井结合单位实际创新安全理念，实现共性与个性的无缝对接，打通集团顶层设计与基层实践总结的通道，让安全理念真正上升到员工的精神追求层面，让安全文化建设更具生命力。比如，淮北矿业集团所属许疃煤矿结合安全生产的具体实践，"提出了安全责任到此，不能再推"的安全责任理念，把"手指口述安全确认当作保命工程来抓"的安全操作理念，"治大害、防大患，确保重大灾害防控万无一失"的灾害防控理念等，创新推进"向安全生产中不文明行为宣战"活动。"安全是许疃煤矿的第一品牌"成为全矿员工的精神共识和价值追求。

二、固安全根基，强身健体

根基不牢，地动山摇。通过安全文化建设，夯实煤炭企业安全生产根基，继而让安全发展的躯体更加强健。淮北矿业集团锲而不舍地抓"四个坚持"，努力实现"四个转变"。

一是坚持以体系建设为统领，努力实现从"表层治标"向"深层治本"转变。传统的煤炭企业安全管理模式往往停留在"头痛医头、脚痛医脚"这种被牵着鼻子走的表层治标阶段，看似见效快，实则按下葫芦浮起瓢，效果并不理想，深层的治本更难以实现。如何实现从"表层治标"向"深层治本"转变，淮北

矿业集团经过不断地探索和实践，自 2009 年开始，提出并推行"54321"安全体系建设，坚持抓系统、抓全面、抓深层，明确 5 大体系 15 项要素建设路径和考核标准，十年如一日地坚持"要素推进流程化、流程工作任务化、工作任务责任化、责任考核定量化"的"四化"模式，不断固化、完善、融入、创新。以体系建设为统领，注重管理的前瞻、系统、集成、高效，将环境、制度、技术、设备纳入安全体系建设范畴，做到人、机、物、环、管协调发展，同时将体系检查考核结果与员工收入挂钩，充分调动广大员工创建体系的积极性和主动性。对体系创建工作中出现的问题，集团坚持年度召开体系建设现场会、基层单位坚持月度召开体系建设例会进行会诊整改，保证体系健康运行。集团鼓励基层结合实际创新推进，淮北矿业集团下属童亭煤矿 PAR "手指口述"安全确认管理法的实行，使 2017 年度全矿工伤事故、"三违"行为、安全隐患分别同比下降 33.2％、21.3％和 43.3％，矿井安全管理的系统化、规范化、科学化水平大幅跃升。目前，此安全体系已成为淮北矿业集团安全文化品牌。

二是坚持以灾害预防为基础，努力实现从"被动应对"向"主动治理"转变。先其未然谓之防，发而止之谓之救，行而责之谓之戒。防为上，救次之，戒为下。淮北矿业集团始终以如履薄冰、如临深渊的心态紧紧抓住重大灾害防控，以规划引领治灾，集团、矿两级统筹资源、设计、灾害治理和采场接替，编制《"十三五"煤炭生产及灾害治理规划》，明确了灾害治理的理念、目标、原则、技术路线、工程实践、技术创新和管理保障。制订《"一矿一策"安全技术经济一体化论证实施方案》，精准实施水、火、瓦斯等灾害治理工程，牢牢把握工程节点和治理效果，对治灾未达标而组织采掘活动的，严肃追究主要领导责任。每月对瓦斯综合治理"六项指标"进行考核，制定了瓦斯超限五条刚性规定，严格问责到位。每年开展"一通三防"专项整治，制定了地面单位动火管理八条刚性规定，进一步夯实基础，规范管理，补齐短板。高度重视防治水工作，勇于进行水害治理认识革命、水害治理革命和水害管理革命，以水害治理五年规划为统领，全面实施水害治理工程，"防、堵、疏、排、截"综合施策，钻到位、管到底、水放净、孔封严、"放干""堵死"，将"先治水达标后生产"上

升到文化习惯的层面，对安全威胁大的桃园煤矿、杨柳煤矿等矿井部分采区断然停止生产，实现了灾害治理从被动应对到主动治理转变。

三是坚持以四化三减为突破，努力实现从"人海战术"向"少人则安"转变。依靠劳动力的密集投入与煤炭企业转型发展的大趋势格格不入，"少人则安、无人则安"成为煤炭企业安全发展的关键词。基于这种认识，淮北矿业集团从 2016 年开始，集中力量打起一场"强筋健骨"的"四化三减"攻坚战，坚决破除"唯条件论"，推广应用先进的技术工艺及装备，推进机械化、自动化、信息化、智能化建设，实施减矿井、减采区、减人员，走经济效益好、科技含量高、安全有保障的转型升级之路。发展采掘、修护、安拆机械化，淘汰炮采和炮掘工艺，基本形成了以综掘配综采的开采模式。坚持用研发、创新破解前进中的难题，在巷修机械化、综采工作面扩帮安装一体化方面实现了历史性重大突破。矿井两巷卧底机、掘锚一体化机、无极绳单轨吊等先进设备在全矿区推广，刷装一体化工艺在童亭煤矿成功实施。煤矿综采、综掘、巷修机械化程度分别达到 100%、92.1%、84.5%。坚持问题导向，盯紧煤矿提单产、单进、单效和降本，建设职能化工作面，杨柳煤矿、朔石西部井智能化综采工作面按期建成投产。积极推行"大部门、大科区、大车间、大工种"四大改革，减员瘦身，2018 年上半年，淮北矿业集团撤销科级机构 56 个，企业员工由 2009 年近 10 万人减少到目前 5 万多人。

四是坚持以三基建设为根本，努力实现从"事后补牢"向"筑基防范"转变。抓好基层、基础、基本功建设，就抓住了煤炭企业安全发展的命脉，把安全生产的基石夯实胜过发生事故之后的反思整改。安全文化建设必须依托于"三基"整体推进，让"筑基防范"成为员工的行动自觉。抓基层，淮北矿业集团坚持把班组建设作为安全生产的"基座子"，大力实施班组长"公推公选"，推行员工轮值担任班组长制度，加强班组长培训，建立班组长后备人才库。积极开展标准化区队创建，把管理的焦点向班组、岗位、现场延伸，实现班组行动团队化、岗位操作程序化、现场管理规范化，把班组打造成矿井安全生产的坚强堡垒。打基础，淮北矿业集团坚持把安全生产标准化作为煤矿安全生产的主线，制订了《煤矿安全生产标准化三

年（2018—2020）动态达标行动计划》统筹矿井动态达标创建工作，建立完善动态达标考核验收工作机制，矿井每月召开一次安全生产标准化专题会议，集团每季度召开一次标准化工作总结会，分析问题，积极整改，同时，严格工程质量考核，对现场工程质量低劣、隐患和问题较多的挂牌停产，对精品标杆工程进行奖励，让员工得实惠，员工推进安全生产标准化全面达标、过程达标和动态达标意识不断增强。练好基本功，淮北矿业集团坚持把培训作为安全生产的重中之重，制定了《淮北矿业员工培训五年规划》，实施精准培训，把提高教学质量和培训效果作为谋划、推进和评价培训工作的根本要求；坚持以考促学，持续开展全员考试，推行"一日一题、一周一案、一月一考"，广泛开展各类技术比武、技能大赛等活动；先后建立国家级技能大师工作室 3 个、省级技能大师工作室 3 个、煤炭行业技能大师工作室 8 个，力争到 2020 年培养淮北矿业集团技术专家 100 名、技能专家 100 名、优秀管理人才 100 名、淮北矿业集团工匠 200 名。

三、抓安全作风，行稳致远

煤炭企业安全发展离不开抓安全的良好作风，而抓安全的良好作风是安全文化建设的重要内容。淮北矿业集团以推进"两个规范"，严格落实安全生产责任制，以严肃安全检查问责为抓手，持续深入推进"严细实精"作风建设，推动企业安全发展行稳致远。

一是推进"两个规范"，提升安全素养。安全事故多源于违章，员工违章操作、干部违章指挥是煤矿安全生产的头号大敌，如何让干部员工安全生产行为"不带病"。淮北矿业集团把干部规范管理、员工规范操作作为根治不安全行为病理的良药，坚持把"规范"挺在前面。严抓干部管理规范，严惩领导干部违章指挥，集团安全生产业务部门带指标反副处及以上领导干部"三违"，做到反"三违"首先从干部做起。严抓员工操作规范，井下现场"手指口述"安全确认必须做到有声有形，对不按要求确认、假确认的，一律按"三违"论处，将原有安全管理 20 条红线增加为 30 条，特别严重"三违"列入红线，集团安全生产业务部门每季度至少查处一名碰触红线人员，给其解除劳动合同。集团对干部违章指挥、员工违章操作加大惩处宣传曝光力度，形成强大震慑。制度长牙、纪律带电，惩治零容忍，提高了干部员工"不敢违章、不

能违章、不想违章"的安全素养。

二是狠抓"安全责任"，强化履职尽责。按照习近平总书记强调的"管行业必须管安全、管业务必须管安全、管生产必须管安全"的要求，淮北矿业集团建立健全了"党政同责、一岗双责、齐抓共管、失职追责"的安全生产责任体系，实行矿井党群、经营、后勤副职、副总师协助同级安全生产副职、副总抓安全生产，对发生事故的单位同时追究分管、协管领导责任。2017 年以来，集团副处及以上干部因安全事故受到降职、撤职处分 24 人。坚持管理干部履职尽责的监督检查，推行双随机动态督查、双休日安全监管、夜间抽查等方式，创新实施安全生产巡察制度，建立安全检查工作责任制，严格落实"谁检查、谁签字、谁负责"，月度通报管理干部落实安全责任情况，对履职尽责不到位的动用组织手段，通过约谈、曝光、召回等措施，激发责任担当，促进各级管理干部抓安全作风转变。

三是深化"严细实精"，护航安全生产。淮北矿业集团始终坚信发扬"严细实精"的工作作风是矿井实现安全生产的制胜法宝，安全文化建设必须深深打上"严细实精"烙印。"严"字当头，以铁的规矩、铁的手腕、铁的面孔，严管干部、严抓作风、严格管理、严肃问责，让"严"在淮北矿业集团蔚然成风。"细"字为要，牢记"千里之堤，毁于蚁"，不以"恶"小而放任自流，自觉树立问题导向，任务分解细、责任划分细、工作落实细、闭环管理细，促进安全生产工作走上细致化轨道。"实"字落笔，大力弘扬"一声令下、执行到位"的执行理念，倡导挂图作战，拉单督导，融入"制度+执行"的落实元素，促进制度规章、工作安排掷地有声。"精"益求精，围绕安全生产"四零"目标，在具体的安全工作实践中体现工匠精神和品牌意识，真正让安全成为煤矿的必需品，而不是奢侈品。

四、成果与启示

淮北矿业集团通过厚植安全文化土壤，结出了安全发展硕果，并荣获了"全国安全文化建设先进单位"称号。2017 年，企业杜绝了较大及以上事故，煤矿百万吨死亡率 0.03，远低于全国平均水平。企业所属童亭煤矿等 3 对矿井荣获"全国安全文化建设示范企业"称号，祁南矿煤矿等 9 对矿井被评为"省级煤矿安全文化建设示范矿井"，所属 19 处生产矿井有 10 处实现安全生产 3 年以上，童亭煤矿实现安全生产 13 年。

厚植煤炭企业安全发展的文化土壤，淮北矿业集团得到三点启示。

一是全员践行。煤炭企业安全文化建设是一项系统工程，绝不是哪一个部门、哪一个个人可以"单兵作战"独立完成的，需要调动上上下下各个层面参与创建。只有汇集全员的"磅礴之力"，企业安全文化方能"根深叶茂"。

二是虚功实做。煤炭企业安全文化建设轻轻松松喊口号，敲锣打鼓搞形式，是无法落地生根的，必须虚实结合、虚功实做，虚功只是表象，实做才是根本。只有两条腿走路，才能走稳；只有两个巴掌相击，才能有声。

三是持之以恒。煤炭企业安全文化建设贵在"坚持"，一蹴而就的是广告，不是文化。安全文化建设需要"积跬步方能至千里"，一步一个脚印、一点一滴积累、长久不懈坚持，换来的必定是煤炭企业发展长治久安。

基于"红线"意识的企业安全文化长效管控机制的思考与实践

内蒙古第一机械集团有限公司　贾睿　张四清　卢月婷　赵旭东

摘　要： 安全生产是企业经营发展的基础条件和根本保障，企业安全文化建设是保护员工生命安全和健康、履行社会责任、塑造企业品牌形象的重要内容和主要途径。本文基于多年探索企业安全文化建设的基础上，结合坚守"安全红线"，建立责任体系的管理实际，对建设基于"红线"管理的企业安全文化长效管控机制进行了一些思考和实践。

关键词： 安全生产；红线管理；安全文化；科学发展；管控体系

一、安全生产管理面临的挑战和发展趋势

（一）新形势下安全生产面临的挑战

党的十八大以来，党和国家确定了全面深化改革的战略决策，客观上要求企业必须不断创新、不断增强核心竞争力，这就给我们带来了更大的经营风险和安全管理上的挑战。按照目前形势，安全生产管理面临的挑战表现在：一是产业结构多元，管理跨度增大，经营规模和经济总量不断扩张，产品的结构、生产工艺发生了很大变化，涉及的行业领域、工种岗位和危险有害因素越来越多；二是战略投资思想的变化，在短时间内不可能全部淘汰和更新本质安全度不高的设备设施和作业环境的不安全条件，加上用工形式多样、人员流动性大、员工安全意识和防护能力不高等许多不确定因素，客观上都给安全生产带来一定的风险；三是管理模式相对固化，面对复杂多变的市场环境，安全管理模式也必须随之深化和创新，否则将很难适应新形势下企业安全发展的需要。

（二）安全生产的发展趋势

（1）安全生产成为提升企业核心竞争力的重要环节。安全生产是企业履行社会责任的重要内容，它不仅直接影响着职工的生命财产安全，更在很大程度上决定着企业的经济效益、品牌声誉和社会形象。安全生产管理是一项系统工程，涉及产品物料、工艺技术、设备设施、工具能源、作业条件、人员技能等许多影响因素，作为这样一个系统性、专业性较强的管理业务，如何实现系统效能的最大化，是一个值得思考和实践的问题。

（2）安全文化建设是新形势下企业安全发展要求。安全文化是安全管理的高级阶段和高级形式，是一种以风险管理为核心、人本管理为根本、科学管理为支撑、适应现代企业安全生产需要的新型安全管理模式，在国内外企业中均取得了较好的效果，不仅有效提升了全员安全生产素质，对安全生产事故进行了强有力的控制，同时也带来质量、生产、成本和整体精益管理效果的改善升级。

（3）安全红线成为保护生命的坚固围栏。坚守"安全红线"这道牢固的防线，人们在它的保护下安心工作，享受快乐和幸福生活，而企业在它的庇护下安全稳定更好的发展。企业要做的，就是让这道"红线"加粗，变得鲜红且醒目，让那些想碰、要碰它的人，变得不能碰、不敢碰，让生产安全事故永不侵犯我们的防线

二、以"安全红线"管理完善责任体系

（一）自觉坚守"红线"是恪尽职守

"红线"是什么？它与底线有不同之处，底线虽然不能突破，但是可以触碰。可是"红线"是高压线，决不能去碰触，一旦触碰后果不堪设想。所以，安全生产是安全发展的根基，科学发展要以安全发展为前提。对于企业来讲，各层级员工自觉遵守"安全红线"，才是恪尽职守，才是勤勉尽责。

（二）落实安全责任是筑牢安全防线

企业安全事故的发生，其根本原因都是责任不清、

管理不到位造成管理的空白和操作的失误。在岗位责任制建设中，要以明确岗位工作责任、特别是安全责任为重点，实现工作项目、目标与责任相统一。通过工作职责的明确和岗位责任制的完善，使各单位、各部门、各级干部和岗位员工明确自己应该"干什么"，"怎么干"，出了问题应采取哪些措施、要负什么样的责任，从而使油田生产各环节都处于有效的监督和控制之下，营造员工自觉遵章守纪的企业安全文化氛围。

（三）"安全红线"是考核问责的临界点

所有的事物都有一个积累的过程，重特大事故的发生的起因也许是微乎其微的，可是无数隐患最终堆积导致事故后果。生产过程中，岗位责任人遵守岗位安全操作规程，具备安全操作的能力；专业管理人员对发现的隐患和故障及时排除尽心履职；各层级领导人员对安全高度重视，保证安全投入，提高设备设施和作业环境本质安全度，这都是在维护安全防线。对于触碰甚至突破"安全红线"的，相关责任人就该从严从重进行考核问责，因为这本身就是对工作的不负责，对生命的漠视。

三、建设基于"红线"管理的安全文化长效管控机制的建议

（一）明确"红线"行为和考核问责方式

结合国家关于实施岗位责任清单和现场"网格化"安全管理的总体要求，进一步强化"红线"思维，完善安全生产责任体系和考核问责方式，将各级干部职工必须遵守的最基本的安全要求或者易引发严重事故后果的典型违章行为确定为"红线"。各级领导干部的安全"红线"依据岗位安全责任制确定，各类作业人员的安全"红线"依据岗位安全操作规程确定，同时应参照相同或相近行业事故案例，对违反"安全红线"的行为和造成事故后果的，一律按照企业的安全生产考核和问责制度，对相关责任部门和责任人进行从严从重考核。

（二）开展专项宣贯培训工作

要进一步提高员工安全文化素养，增强执行安全规章制度的自觉性，把"人"作为培育安全文化的对象和立足点，从围绕"人"的安全需求开展工作，在培养员工程序化管理和标准化作业上下功夫，使广大员工的安全思维方式、安全行为准则和安全价值观更

加适应企业的安全愿景和安全使命。

（三）持续改进，大胆创新，完善常态化管理

要不断完善常态化管理，加强安全管理信息系统的建设，提高安全管理水平，把安全文化具体贯穿于安全生产标准化和安全工作的实践中，将集团化安全管控模式的完善与创新提升到一个新的高度，全面推动安全文化建设的可持续发展，最终形成长效管控机制。

（四）创新开展安全文化建设

1. 导入安全文化理念，营造安全氛围

公司要不断导入并宣贯一系列职工易于理解且认同的安全理念。为促进安全理念的学习实践、确保安全管理制度的高效执行，采取各种宣传方式，持续开展全民安全知识普及教育活动。选树正面典型，充分发挥典型的带动、辐射、导向和激励作用。狠抓反面典型，引人关注、让人警醒，教育员工吸取教训、深刻反思，进一步提高安全意识，增强执行安全制度、学习安全技能的自觉性和主动性。通过安全宣传墙报、安全知识竞赛、事故报告、文艺活动等载体以及组织员工查事故隐患、提安全建议、创安全警语、讲事故教训、当安全监督员等措施，充分发挥集体智慧，调动群众积极性，使员工在活动中受到教育，建立良好的企业安全文化氛围。

2. 狠抓安全诚信文化，践行履职承诺

企业主要负责人对外向社会履行安全责任的承诺，定期向社会公布企业安全生产情况和承诺兑现情况，树立良好的企业社会形象；对内要在全公司内部推行了"自上而下定目标、抓履职，自下而上守规章、抓自律"的安全承诺制度，做到个人对班组承诺，班组对车间和员工承诺，车间对班组和分子公司承诺，分子公司对公司总部和全体员工承诺，建立并完善全员认知、认同和践行的安全理念体系，有效促进领导干部员工安全履职和遵章守纪的自觉性和主动性，为安全文化建设提供坚实的舆论基础和群众基础。

3. 构建安全制度文化，完善保障体系

完善的安全制度体系是创建企业安全文化的保障和基础。只有使员工行为处于制度的涵盖之中，充分发挥制度的规范、约束和激励作用，才能使员工自觉遵守安全制度、规范生产行为，保证企业安全文化的有效建立与实施。通过完善企业各项规章制度、规程

和标准，提高安全工作的制度化、规范化和科学化水平。

4.培育安全教育文化，深化员工塑培

员工是企业安全文化建设的土壤，员工受教育的程度、知识水平的高低、业务能力的强弱等基础文化素养，与创建企业安全文化密切相关。加强管理人员、有关技术人员的安全知识和技术培训，提高安全意识和知识水平；加强岗位操作人员专业技能培训，严格安全培训和持证上岗制度，杜绝违章操作的发生；重点加强各级安全管理人员培训，使其熟悉生产技术和流程，掌握安全专业知识，能够把握生产过程中的关键环节，及时发现和处理各种安全隐患。同时，充分发挥各种媒体的作用，加大安全生产法律、法规和安全生产知识的教育培训力度，发挥安全案例教育、分析的警示作用，营造珍视生命、重视安全的良好氛围。

5.加强安全物质文化，提升本质安全

环境因素作为人的行为外因，对人的行为有着深刻的影响，通过建设良好的企业文化环境，推动企业安全文化的建立与实施。在物质文化建设上，一要加强基础管理，改善员工工作环境、企业厂容厂貌以及安全文明生产的环境与秩序、关爱员工生命健康，为员工创造整洁、规范、有序的工作环境，防止职业性危害，杜绝各类事故的发生。二要加大投入力度，完善安全技术措施。三要有效运用资源和管理方法，找到经济效益与安全投入的最佳投入点，健全完善必要的安全保障措施，合理应用成熟实用的安全技术措施，从思想上、措施上杜绝各类事故的发生。此外要定期组织专家进行安全技术咨询和安全现状评价，为公司提供安全技术服务保障，以"专家查隐患，单位抓整改，部门抓监督"为原则，有效解决现场存在的问题，落实跟踪隐患整改，有效地促进公司事故预防、控制和安全管理水平的提升。

6.规范安全行为文化，实现自我管控

广大员工是安全文化建设的主体，是安全文化转化为执行力的有效载体。企业针对一线员工和班组的基层安全文化建设，在不断提高安全监测水平、改善作业环境，为基层安全文化建设奠定坚实的物质基础上，从"基础管理、安全教育、安全活动、遵章守纪、隐患整改、文明生产和科学管理方法应用"七个方面，把安全文化和理念导入到生产一线，最终实现安全文化落地。

四、结论

建设企业安全文化，对员工自觉形成规范的安全行为，提升整体本质安全有着不可估量的作用。我们的安全文化建设任重而道远，更应秉承"生命红线观"，持续改进，通过不断提高员工的安全文化素养来规范安全行为，不断加强安全文化建设来提升整体本质安全水平，为企业的发展提供坚实的保障。

神东"水哲学"安全文化体系的建立与实践

国家能源集团神东煤炭集团公司安监局　董丽玲

摘　要： 神东安全文化建设构建了一个融理论和实践于一体的完整系统，其特点在于以人为本的理念引领、风险预控的体系构建、无人则安的科技创新和向零奋进的目标引航，这些特色不仅体现在体系建设上，更体现在实践创新上，即在保证员工人身安全的同时，注重提升员工的幸福感，让员工以良好的精神状态，促进企业安全健康发展。本文主要介绍了神东"水哲学"安全文化体系的具体做法和实践效果，以及以后的发展方向，为企业高效安全发展保驾护航。

关键词： 神东；水哲学；安全文化体系；建立；实践

神东自 1984 年开发建设以来，始终坚持以人为本、安全发展的理念，创出无数安全佳绩。煤炭行业风险预控管理从这里起步，全国百万吨死亡率向这里看齐，神东的新型工业化道路，同时也是神东追求安全发展、实现本质安全之路。进入新时期，神东对安全的思考日臻成熟，更加注重人本管理的作用，在刚性的管理中，融入水的人文特征。2014 年，在总结、提炼神东 30 年的安全管理实践经验基础上，构建了神东"水哲学"安全文化体系，并积极推进基层单位的安全文化实践创新工作，具有神东特色的安全文化实践效果初见成效。

一、神东安全文化体系建设的具体内容

（一）建立以"水哲学"为主题的安全文化理念体系

（1）明确神东安全文化管理现状。在对神东自身安全文化建设现状进行系统把握的基础上，形成了对神东安全文化管理现状的基本判断：既有以人为本、无人则安、风险预控与向零奋进的鲜明特质和丰富内涵，同时也有"四重四轻"的局限和不足，即重制度轻人本，重监督轻自主，重局部轻系统，重创新轻传承。从"四轻四重"的局限中，研究人员深刻认识到神东安全管理中存在的"严管与厚爱、被动与主动、治标与治本、传承与创新"四组矛盾，也由此明确了安全管理未来需要提升的方向。

（2）确立神东安全文化"水哲学"。从水的特性中找到与神东安全管理的相通之处，凝练为"一心三力四性"的特点。"一心"指的是"善"为核心，即

以人为本；"三力"指的是水无形、汇聚、持久的力量，对应理念的感染力、行为的同化力、机制的渗透力；"四性"是从水柔的涵养、进的追求、清的品性、奔的精神中感悟到安全文化管理的"四性"——管理的科学性、执行的自主性、预控的超前性、创新的持续性，从而确立了神东安全文化"水哲学"。

（3）建立神东安全文化理念体系。神东将安全文化理念体系分为核心篇、意识篇两个部分。核心篇是神东安全文化的灵魂，包含安全理念与安全愿景，安全理念是安全生产的最高指导，安全愿景是神东人的安全梦想，二者共同为神东的安全发展导航。秉承"至善之心"，将"生命至上、安全为天""无人则安""零事故生产"作为神东安全理念。追求"至善之境"，提出"安全神东、幸福矿工"的安全愿景。意识篇是神东安全文化提升的方向。针对目前安全管中存在四组矛盾提出了神东四项安全意识，即"四观"。针对"重制度轻人本"，提出了"带着感情抓安全"的管理观；针对重监督轻自主，提出了"我的责任我担当"，的执行观；针对"重局部轻系统"，提出了"一切事故竭可预防"的预控观；针对"重创新轻传承"，提出了"坚持做正确的事"的创新观。

（二）建立全面完善的安全文化制度行为体系

将神东安全文化制度行为体系分为行为篇与机制篇两个部分。行为篇是神东员工的安全行为规范。行为准则从决策层、执行层、操作层三个层面提出了行为要求。决策层要求做到"三善"，善察、善谋、善断；执行层要求做到"三能"，能当、能同、能进；

操作层要求做到"三从"，从严、从精、从优。制定了《神东矿工安全生产十项权利》和《神东安全生产十项义务》，明确规定了神东煤矿工人基本的权利和义务，体现了权责统一、利义对等的原则和以人为本的思想。

机制篇是神东安全文化落地的路径。将神东四项安全意识，与科技兴安的技术保障体系、全面预控的本安管理体系、全员保安的安全责任体系与氛围促安的思想保障体系一一对应。将科技兴安作为深植无人则安的理念及创新观的机制，将体系管安作为深植零事故生产与预控观的机制，将全员保安作为深植执行观的机制，将氛围促安作为深植生命至上、安全为天理念及管理观的机制。

（三）建设有声有色有形的物质文化

物质文化建设抓住了安全吉祥物与安全文化环境两个重点。安全吉祥物是神东"水哲学"的拟人化，是神东安全文化的形象代言。吉祥物名为"平安宝宝"，寓意"安全为天，平安是福"。吉祥物的形态既像一滴水，又像一颗心，凸显了神东严管厚爱的安全管理特色和安全管理的"四心"原则（爱心、诚心、用心、恒心）。以神东蓝为主色调，体现了神东奉献清洁能源、造福千家万户的追求。吉祥物主要用于引导、提示、认可、装饰等。

在安全文化环境的建设方面，一方面强化安全文化"目视管理"，设计安全文化宣传栏，张贴安全文化宣传画，制作安全文化活动横幅、标语，完善地面与井下的安全警示、引导标识等；另一方面突出安全文化的"有声管理"，打造微电影、安全行为动画、亲情寄语、安全顺口溜等丰富的传播载体，以员工喜闻乐见的形式传播安全文化，让员工在耳濡目染中自我提升。

（四）积极推进神东安全文化落地实践

（1）责权分明、重心下移，充分调动基层创新实践的积极性。为了避免安全文化建设过程中出现的管理越位、执行不到位的问题，在安全文化建设中建立和完善组织保障，建立起职责明确的责任体系。其中，神东安监局为主管部门，建立起"主管部门牵头组织、业务部门分工负责、党政工团齐抓共管、广大员工积极参与"的工作机制。在具体的实践过程中，神东各基层单位是实践创新的主体，拥有充分的自主权，可

以结合自己单位的实际和公司的规划要求来开展工作。在这个过程中，有的基层单位通过进一步下发权限，激活基层区队、班组的积极性，为神东的安全文化建设探索出了丰富多彩的实践载体。例如，榆家梁煤矿的图腾文化和微电影，补连塔煤矿的班组梦想秀，上湾煤矿的精益文化，维修中心的铁艺文化，都进一步丰富了神东安全文化的内涵。

（2）融入本安，注重考核，避免安全理论和安全生产的"两张皮"。神东的安全文化建设，从理论构建阶段，到体系的实践推进阶段，都注重和生产实际的相结合，避免和实际工作脱离，注重达到从实践中来，到实践中去的目的。在体系构建之初，神东就将安全文化建设工作的相关要求纳入了本安考核评价体系，对各单位在安全文化建设的日常管理、工作过程、工作效果进行考核，形成分工明确、层层负责的安全文化建设目标责任体系。把考核结果作为评先树优的依据，树立先进典型，推广优秀经验，增强安全文化建设的活力。

（3）突出重点、分步实施，促进安全文化建设的稳步推进。根据安全管理一般规律和实际情况，神东将安全文化建设分为了三个阶段来分步实施。2014年为"认同期"，在这个阶段，神东主要完成了几项工作：明确组织机构，形成运行机制、探索考核机制与激励机制；印刷《神东安全文化手册》等成果，并全面宣贯传播；以管理、执行、预控、创新四个意识的提升为主题，探索性地开展安全文化实践创新。2015年是"深化期"，在这个阶段，神东将主要完成以下几项工作：优化评价、激励机制，形成公司的常态运行机制；建立立体传播平台，传播和推广安全文化建设的实践创新方法和经验；促进安全文化与日常管理的有机融合；开展"行为塑造"活动，促进"习惯性遵章行为"的预防；健全培训体系，全面开展安全教育培训活动。2016年是"提升期"，神东将主要完成以下几项工作：逐步将安全文化建设的相关制度纳入企业日常管理，形成安全文化管理长效机制；提高传播的水平，对内宣传经验与方法，对外注重形象传播；形成以"公司为统领、单位为主体、班组为重点"的安全文化实践模式；以"安全、健康、幸福"为主旨，开展有针对性的宣贯培训；对各单位的安全文化实践模式进行评估，对创新成果进行总结，形成经验，持

续改进。

（4）构筑平台、全面推进，为安全文化建设提供强力支撑。安全文化建设，需要一系列平台进行强力支撑。神东系统打造了三大平台，努力营造了安全文化建设的良好氛围。

一是培训平台。系统制订安全文化宣贯培训规划，开展安全文化专题培训；利用安全文化内训师队伍开展安全文化宣贯培训；制订安全文化宣贯培训效果评估体系，定期进行评估和考核。二是传播平台。在对内传播方面，神东充分发挥内部媒体的影响力，系统解读神东安全文化理念，报道神东安全文化建设动态，引导员工形成正确的安全价值观；提升环境的感召力，以员工喜闻乐见的形式传播安全文化，让员工在耳濡目染中自我提升。在对外传播方面，召开和参与相关学术研讨会、经验交流会，同时通过主流媒体广泛宣传神东安全文化建设的优秀成果，塑造神东良好的安全形象。三是沟通平台。有情沟通方面，深化"沟通九法"，搭建起真情沟通、良性沟通的桥梁，增进理解，达成共识，全面提升员工对安全文化和企业制度的认同度；阶段性召开安全文化工作会议，对安全文化建设工作进行回顾、总结，并对下一步安全文化建设工作进行部署；平时注重收集员工对安全文化建设的意见和建议，增进良性互动。

（5）注重人本、提升体验，让员工切实感受到安全文化带来的实惠。全面开展了"幸福矿工"工程、"无不安全行为"抽奖等活动，让员工切实感受到来自企业的关爱。2009 年 4 月，神东率先启动了全国首个"企业幸福矿工工程"，系统研究出神东矿工的幸福指标体系。保障矿工安全是该工程的首要内容，在劳动保护装备上，严格执行企业劳保制度，保证劳保用品质量；在生产作业环境上，认真落实本质安全管理体系实施规划，加大资金投入，为员工创造安全、放心的生产作业环境。将员工健康管理也纳入了幸福矿工工程，编制了第一本专门写给煤矿工人的系列健康书《矿工健康管理手册》；改善员工生活、住宿条件等问题。提升员工待遇，正式工、劳务工工资均实现了不断增长，提高了劳务工转正的概率等内容。

二、神东"水哲学"安全文化体系建设的实践效果

（一）促进神东安全管理水平的提升

神东以"水哲学"为主题的安全文化体系，贯穿了"以人为本、风险预控、无人则安、零事故生产"的本质内涵，提出了"带着感情抓安全""一切事故皆可预防"等管理观念，为神东的安全管理工作提出的明确的标准。神东从维护矿工生命安全出发，构建的以风险预控为主要特征的"本质安全管理体系"，从根本上让"一切事故皆可预防"的实现成为可能；从"无人则安"理念出发，坚持走新型工业化道路，不断减少井下用人，最大限度地降低了对生命的危害；以"零事故"为目标的生产活动，促使神东形成了个人保班组、班组保区队、区队保矿井、矿井保神东的责任体系；"带着感情抓安全"，引导着神东各个基层单位，积极转变管理方式，通过充满感情的正向引导，如亲情沟通日、六必谈五必访四互助、安全行为积分制、无不安全行为抽奖、安全擂台大"PK"等形式，促进员工安全行为的塑造，使神东的安全管理不断迈上新的台阶。

（二）提升员工的安全生产意识

在构建安全文化的同时，神东全面进行了安全文化的宣贯和实施推进，将安全文化融入安全生产管理工作的全过程，以公司为统领，各个继承单位为主体，开展特色载体建设活动，并充分和班组建设进行融合，积极推行自主管理，从根本上提高员工安全意识养成和安全行为塑造。如在神东榆家梁煤矿首先开展的以图腾为特征的班组文化建设，为凝聚班组人心，提升整体安全意识，实现神东安全文化的有效落地找到了途径。随后，神东又利用公司的亮点工程平台，于集团层面进行广泛推广后，在榆家梁煤矿、维修中心等单位产生了同样的积极效应，深受员工的欢迎和喜爱。同时，神东各基层单位还积极利用家属协管员这一传统形式，赋予其更具活力的因素，如补连塔煤矿、大柳塔煤矿专门成立了领导小组，负责组织开展心理咨询服务和家庭帮教等家属协管活动，同时又赋予家属更大的权力，在上班前由她们为矿工丈夫佩戴相应颜色的安全状态卡，构筑显示矿工安全状态的"交通灯"，便于矿井实时了解矿工状态，在提升了矿工安全意识的同时做到有效预控。

（三）提高企业安全生产的效益

神东公司重视安技措资金投入，每年按照比例提取大量专项资金，并逐年增加，用于矿井的安全设施改造、生产系统改进、消防系统升级、监控系统完善、

安全避险系统建设等方面，极大改善了矿井生产环境，为员工的安全生产提供保障。本安体系以基础设施的健全为基础，建立安技措资金和危险源辨识的关联机制，及时整治安全隐患，确保环境安全。在指标最为明显的死亡率上，由于安全投入和安全管理的到位，神东实现了在煤炭行业百万吨死亡率世界最低、全员工效世界最高的辉煌业绩，多个矿井连续多年实现了百万吨甚至千万吨、几千万吨"零"死亡的成绩。特别是近几年，神东在零事故的基础上，进一步提出了零死亡直至零伤害的安全生产目标，展示出神东在安全管理方面取得更辉煌成绩的信心和底气。

三、神东"水哲学"安全文化体系建设的启示

（一）建设工作必须科学定位

神东的安全文化建设，从最初就确定了求真务实的态度和解决问题导向的思维，特别是要处理好创新与传承的辩证关系。具体工作中坚决不追时髦、不赶时尚、不为装点门面和选报评奖搞项目，而是要实实在在进行管理、指导工作，建立健全安全生产工作的长效机制。神东矿区从开发建设以来，始终坚持以先进的安全管理理念引领安全生产，不断引进国内外先进的安全生产管理经验，并在2007—2009年创建了本质安全管理体系，使神东的安全管理迈上了一个新的高度。

（二）安全文化体系必须系统完善

神东安全文化体系，包含内涵篇、核心篇、意识篇、行为篇与机制篇五个部分。体系从理念引领、管理促进、行为规范到机制支撑，层层推进、不断深入，成为全面指导企业安全发展的纲领性文件。为了便于员工对神东安全文化内涵的深入理解和准确把握，又引入"水哲学"思想，将神东安全文化定位为"水哲学"，贯穿安全文化理念体系始末，并据此设计出了神东安全文化的吉祥物"平安宝宝"。系统完善的安全文化体系，为神东各层级、各部门有效地开展安全文化建设提供了依据和方向。

（三）相关配套制度必须切实可行

为了便于神东安全文化建设的有效推进，除了在安全文化理念构建过程中制定神东安全文化建设的《指导意见》《实施细则》和《考核标准》，又通过广泛的征集，编纂《神东安全文化典型案例》，成为神东及各基层单位今后开展安全文化建设的理论基础、政策依据和参考案例。2014年以来，围绕安全文化的宣贯认同，又制定了《神东安全文化宣贯培训实施意见》，制作了神东安全文化二维动漫宣贯片和专题片，神东网开设了《安全神东》专栏，各层级将安全文化纳入安全基础知识培训的必修课，多层次、全方位地开展宣贯培训工作。

特色班组安全文化建设的探索实践

神华神东榆家梁煤矿　李永勤　杜亮

摘　要：国有煤炭企业在提升安全管理水平、创新安全管理模式时，大多选择了发展安全文化建设、打造安全文化管理新模式的路径，然而，最终成效却良莠不齐。神华神东榆家梁煤矿着眼基层班组，以特色班组安全文化建设为抓手，促进班组自主管理办法探索和管理能力提升，服务安全生产和价值创造，成效显著。本文重点从建设目的、具体做法、取得成效等方面对榆家梁煤矿班组安全文化建设经验进行梳理分析，希望为各单位安全文化建设提供灵感和借鉴。

关键词：特色班组；安全文化；建设

榆家梁煤矿发挥央企政治优势，站在抓意识形态管理和增强发展软实力的高度，推行特色班组安全文化"一队一品"建设，探索"六清"建设模式，以问题为导向开展文化研讨，打造文化活动精品工程，建立了独具特色的文化品牌，提升了基层的自主管理能力，打造了蚁族文化、雁阵文化、图腾文化等特色文化品牌，为安全生产和价值创造提供了强力支撑。

一、特色班组安全文化建设的目的

从班组安全文化建设的工作性质不难理解其重要性，特别是当前大力倡导转型发展、精益管理、以人为本的发展过程中，班组安全义化建设的目的性就更加突显。

（1）促进矿井安全管理。班组安全文化建设能不断增强员工的安全意识，践行矿井和神东公司安全文化理念，进一步提升安全自保和互保能力，促使班组员工抓好危险源辨识、安全隐患排查和不安全行为治理，杜绝事故发生，确保安全生产。

（2）促进班组建设提升。文化管理是管理的更高阶段，班组旨在以此为抓手，通过多层面、多维度、多举措推进，不断为班组建设提供支撑，促进班组建设工作稳步提升。

（3）促进员工提高素质。班组员工作为文化的直接执行者，优秀的文化能引导员工不断学习、成长和提升，有效提高员工的思想认识、个人修养、理论水平、岗位技能等。

（4）促进矿井价值创造。文化建设能进一步增强班组共识，不断提高班组的战斗力。文化建设的过程就是优化劳动组织、改进生产工艺、提高生产效率、创造价值的过程。

（5）促进建设和谐矿井。班组安全文化建设能团结班组员工，凝聚共识，汇聚能量，增强员工的主人翁意识，促进员工间、班组间的交流合作，在矿井内部形成"比学赶帮超"的良好氛围，营造良好的人文环境。

二、特色班组安全文化建设的具体做法

（一）推行"一队一品"文化品牌建设

理念是文化建设的思想核心和价值主导。文化理念能清楚回答企业要做什么、做成什么样、怎样做等问题，引导企业发展。榆家梁煤矿以集团公司文化核心为统领，实行一个区队一个班组安全文化品牌建设。从文化理念提炼入手，引导 13 个区队通过新老员工座谈、查阅资料、梳理发展历程和重大事件等方式，总结提炼班组文化理念，将安全重要性放在首要位置，凸显重点，确立文化品牌。

为确保总结提炼的班组安全文化理念符合各班组实际，独具班组自身特点和特色，榆家梁煤矿对各区队班组文化提炼进行跟进支持，并邀请文化建设专业人士进行指导，要求提炼的文化理念要做到四个相适应：一是理念核心要义要与班组的传统相适应，不断发扬和继承班组的优秀文化基因。二是理念表述要与煤矿语境相适应，用煤矿人的语言表达煤矿文化，让班组员工易于接受，乐于接受。三是理念要与神东和矿井文化主导思想相适应，要主动贴近公司和矿井文化。四是理念要与班组主业、工作特性、工作氛围等

相适应。

通过总结提炼，各区队班组全部形成了各自的文化理念，绝大多数单位还制作了各自的文化图腾。综采一队打造"同心文化"，提出了"始于心、善于新、立于信、勤于学、工于细"的区队精神，将"安全生产、以人为本，打造神东一流标杆区队"作为奋斗目标；综采二队建设"蚁族文化"，分别以黑蚁、红蚁、黄蚁、白蚁作为各班组的文化标志，提出了"分工合作、和谐包容"的工作格言；连掘一队结合自身工作场所流动性大的实际情况，将班组文化定位为"泰山文化"，并以泰山为文化标识，提炼出了"区队安全为泰山之本，班组和谐为泰山之基，员工利益为泰山之巅"的管理理念；运转队采用虎、马、蛇、牛、鸡、雁、鹰作为各班组的"图腾"标识，将"强素质、保安全、增效益、促和谐"作为管理理念，将"安全运输出每一块煤炭"作为工作目标；机电队全力打造"雁阵文化"，将"锻造供电供排水强军"作为工作目标，将"安全为天，降本增效，笃学尚行，求实创新"作为工作格言。"一队一品"建设最大限度做到价值核心与集团公司发展战略相适应，文化理念与单位传统相适应，理念表述与煤矿语境特点相适应，文化特点与工作主业、工作特点等相适应，得到了班组员工的高度认同。

（二）"六清"模式促进班组自主管理

为牢固树立"区队自治，班组自主，员工自律"的班组管理价值观念，推动区队班组自主管理，该矿提出矿井"搭台"区队班组登台"唱戏"的建设思路。矿实行文化建设"六清"模式，区队班组文化建设做到理念思路清、载体抓手清、亮点成效清、先进典型清、问题短板清、措施方向清。

指导基层单位探索符合自身管理实际的文化自主管理法，综采一队结合"同心文化"建设，在队内实施红旗管理法，创建"红旗区队""红旗班组"，评选"红旗员工"，引导和鼓励员工身先士卒、攻坚克难、勇于奉献、模范引领；综采二队结合"蚁族文化"建设，通过正向激励、反向考核的方法实行全员安全积分，根据考核积分对员工实行星级分层管理。制定了蚂蚁币管理法，蚂蚁币可以用来兑换工作工具、带薪休假、助力圆梦等；运转队在打造"图腾文化"的基础上，实施"九宫格差别化搭配"管理法，开展"带

着爱心抓安全"活动，对发生不安全行为的人员进行曝光的同时，鼓励员工通过个人努力为区队、班组作贡献获得奖励的办法挽回损失；连掘一队稳步推进"泰山文化"建设，推行"五个三"管理模式，"三严"保证安全、"三全"激励创新、"三班"学习技能、"三细"节支降耗、"三心"凝心聚力；机电队建设"雁阵文化"的同时，实施"头雁评比"管理法，探索出了雁阵文化"1245"管理模式。

（三）坚持问题导向开展文化研讨

该矿坚持以问题为导向，让文化建设在解决问题上发挥效力，推进矿井文化建设工作行稳致远。矿井广泛开展文化专题研讨，不回避问题，力求做到真研讨、真查摆，及时、准确发现和整改存在的问题和不足。

以区队为单位，以"责任""安全""纪律"为主题核心开展文化研讨，及时、准确发现和整改存在的问题。通过矿和基层支部进行研讨主题"双解读"，业务部门和联系点领导进行工作进展"双督促"；按月进行研讨时间和研讨质量"双检查"，确保研讨不流于形式。重点查摆员工安全意识淡薄、对不安全行为人员现场教育不到位、艰苦奋斗精神淡化、工作中责任担当意识不强等各类问题共计 200 余条，以支部为单位进行针对性整改。

矿井结合研讨暴露出来的问题和实际管理，对各类管理制度进行修订，要求矿和队层面的各项管理制度不能违背国家政策、公司制度，人性和公平公正原则，要加强监督检查、考核和监督力度。矿井现行有效制度共计 241 个。

（四）打造文化活动精品工程

为引导基层班组员工积极作为、主动作为，进一步强化基层基础工作，榆家梁煤矿从矿井和区队两个层面着手，大力实施文化活动精品工程，增强文化的感召力、影响力和凝聚力，锻炼基层的组织和管控能力。

班组连续 5 年举办安全文化节，集中展示班组建设、文化建设成功经验和优秀成果；以矿井发展、人才成长、矿工生活等为主题举办员工微电影大赛，3部作品在山西平遥微电影节上获奖，展示当代矿工良好精神风貌；开展"安全梦想账单"活动，帮助 27名员工实现梦想；开展"阳光班组，健康矿工"心理

咨询，引导员工塑造阳光心态；举办"弘扬工匠精神，锻造技术能手"技术比武，营造"比学赶帮超"的氛围，提升员工的技能水平。

公司从场地、经费、人力等方面不断加大对区队班组自主举办活动的支持力度。各队班组开展了"尽责担当、角色认知"和"如何当好班组长"演讲比赛、"手指口述岗位标准流程"知识竞赛、现身说伤安全教育、班前会上赛班歌、班前会答题抽奖、青年梦想圆梦、人人轮值当安监员、"安全生产靠自律还是他律"辩论赛、班组"对话"活动。

（五）注重五个作用发挥

（1）注重"一把手"作用发挥。榆家梁煤矿文化建设实行党政一把手负责制，矿、科室、区队、班组均实行一把手负责制，到位的思想认识和强有力的组织领导，为各项工作的落地提供了前提保证。

（2）注重党支部战斗堡垒作用发挥。将文化建设考核指挥棒从以往扣分制向得分制转变，鼓励基层支部在保证完成文化建设规定动作的同时，通过创新自选动作积极获取加分，增强党支部在文化建设中的主动性。

（3）注重党员先锋模范作用发挥。文化建设中，从文化理念提炼、文化研讨、文化宣贯、文化践行出发，矿党委要求广大党员积极发挥先锋模范作用，走在前、干在先，充分发挥示范引领作用，不断将文化建设推向深入。

（4）注重员工自主管理作用发挥。通过班组安全文化建设，不断强化员工的主人翁意识和爱企爱岗精神，营造宽松的文化氛围，鼓励员工立足岗位实际，积极开展技术革新、积极为矿井管理献言献策，积极参加矿里的各类学习和活动，在岗位上学习、提高、进步。

（5）注重先进典型引领作用发挥。文化建设中，矿井注重文化建设先进集体和个人示范作用的发挥，通过参观交流、案例总结、新闻宣传等办法，不断发挥文化建设先进典型的示范引领作用。

三、特色班组文化建设取得的成效

（1）自主管理习惯逐步养成并巩固。榆家梁煤矿始终把实现"区队自治、班组自主、员工自律"作为班组安全文化建设目标。班组建设和安全文化建设共同推进，齐头并进，为区队班组人员立足岗位发挥个人价值搭建了良好平台，有效提升员工的工作热情，不断创新管理人员的管理理念，形成了群策群力、主动思考、主动管理、主动提升的良好氛围。

（2）增强班组的凝聚力和战斗力。班组安全文化建设过程中，各班组根据自身实际大胆创新，扎实推进各项工作，形成了具有特色的班组安全文化。通过文化理念宣贯、员工思想教育、实操培训、技术比武、班组文化活动的开展，丰富了班组员工的精神生活，有效统一了班组员工的思想，强化了团队共识，增强了班组的凝聚力、向心力和战斗力。

（3）提升安全管理和价值创造水平。各区队班组积极践行班组安全文化，扎实开展危险源辨识、推进精益管理、推行岗位标准作业流程、技术创新和双增双节工作，促使员工岗位作业行为更为规范，动态达标水平明显提升，成本节约意识不断增强，矿井安全管理基础进一步夯实，安全生产周期不断延长。

（4）促进班组建设工作发展。班组安全文化建设的有效推进，为班组建设工作开展营造了氛围、凝聚了共识、提供了支撑，与班组建设相互促进，互为依托。近年来，矿井涌现出了 2 名全国优秀班组长，1个全国百强班组，2 名员工被评为全国百名优秀青年矿工。矿井被评为神华集团煤炭班组建设先进单位，连续多年被神东煤炭集团评为班组建设优秀单位。

（5）特色安全文化建设获得荣誉。矿井被中国企业文化研究会评为"改革开放 35 周年企业文化竞争力优秀单位""企业文化顶层设计与基层践行优秀单位""2012—2017 年度企业文化建设优秀单位"，被陕西省煤监局评为"省级安全文化建设示范企业"等荣誉，成为榆家梁煤矿对外展示的一张名片。

四、结论

在特色班组安全文化建设中，只有把宣贯和文化研讨结合起来，把宣贯与实际工作融合起来，文化建设才能不偏、不虚，才能真正成为员工思想价值的灯塔和行动工作的指南。

全力做好安全文化研讨，注重一个"真"字。为了让员工吃透文化精神，并在实践应用中准确、高效践行，文化研讨必须在"真"字上下功夫，全力做到真研讨、真理解、真接受。扎实开展文化宣贯，力求一个"广"字。文化宣贯要在"广"字上下功夫，宣贯人员范围要广，文化知识点解读要广，文化宣贯形式和方法要广泛创新，让员工喜闻乐见；同时要不断壮大宣贯员队伍。打造班组特色文化，凸显一个"我"字。部分单位文化建设认识片面、相互模仿，只有共性，缺乏个性，致使员工认可度低，影响力下降。强化班组文化践行，着力一个"实"字。文化建设是一个慢过程，需要持之以恒的坚守，要在"实"字上下功夫。工作开展过程中，既要着眼大局做长远规划，又要设短期工作目标，同时文化建设的方法也要不断创新，做到形式新、方法新、载体新，结合实际搭建载体，逐阶段推进。

"双线保安" 安全文化管理模式探讨

山西焦煤汾西矿业集团贺西煤矿　肖海滨

摘　要：煤矿安全管理是一项系统工程，也是重中之重。本文贺西煤矿在结合自身实际的基础上，针对影响安全生产的各类因素，经过长时间的实践检验，总结性地提出了以精细化安全管理和人文关怀安全管理为主的"双线保安"安全文化管理模式。精细化安全文化管理重点是人、机、物、法、环的精准管控，对标管理和目标管理的成功运用表明了煤矿精细化安全管理不断改革、不断发展的必要性。人文关怀安全文化管理重点是对职工从精神到物质的全方位关注，取消夜班等开创性人文举措的实施有效降低了煤矿安全生产事故率，提升了经济效益。二者有机结合促进了安全生产的良性循环，对企业的长治久安具有积极的指导意义。

关键词：双线保安；安全管理模式；精细化安全管理；人文关怀安全管理

在全面总结、科学研判的基础上，贺西矿提出了以精细化安全文化管理、人文关怀安全文化管理为主的"双线保安"安全文化管理模式，二者有机结合，同步提升、不断创新，促进了贺西本质安全型矿井的跨越发展。该模式运行以来，矿井取得卓然成绩并日益焕发勃勃生机。

一、精细化安全文化管理

精细化管理，兴起于十九世纪的美国，成熟于日本，最终贯穿了企业管理的全过程。煤矿企业的精细化安全文化管理就是通过对安全各个环节的精准管控，正确处理安全与生产的关系，形成安全生产的良性循环。

（一）精细化安全文化管理的影响因素

就贺西煤矿而言，影响因素主要包括以下三点。

一是人的不安全因素：具体表现为管理层安全意识淡薄、管理纵容，技术层决策缺乏能动性、主动性，操作层长期低标准、得过且过。

二是物的不安全因素：主要是矿井机械化程度和新技术、新工艺、新设备的采用率达不到要求，工作现场的安全管理和个人安全防护用品的配备不达标。

三是环境的不安全因素：包括自然环境、生产环境中各类重大致灾因素等的不安全。

（二）精细化安全文化管理的具体措施

精细化安全文化管理的本质意义在于它是一种对安全战略和目标分解细化落实的过程，是让安全战略规划能有效贯彻到每个环节并发挥作用的过程。针对存在的问题，落实改进的措施，就是不断强化精细化管理的过程。

1.改进人的不安全因素

精细化安全文化管理注重人的作用，它强调管理过程中管理主体的与时俱进、开拓创新，也强调管理客体积极主动的参与、学习和实践中的不断积累、总结，只有充分发挥主客体两个方面的作用，精细化安全文化管理才能取得实实在在的效果。

煤矿企业中的主客体，具体包括三个层次：管理层、技术层、操作层。在实践摸索中，贺西煤矿找到了三者结合的有效途径，对标管理和目标管理模式。两种模式通过对三个层面的规范化要求，克服了由于人性中固有的惰性而导致精细化安全文化管理无法持久的弊端。

对标管理。贺西煤矿对标管理以基层队组为主体，从管理制度、工作现场、操作环节等三个层次进行对标，对标的基础是国家、行业、企业最先进的标准，现场的吻合度和操作的规范性。通过对标，将发现的问题按轻重缓急划分三个等级，根据等级的不同制定不同的解决办法。这种自主安全的标准化机制从2016年11月开始正式运行，几年来，贺西煤矿的标准化水平有了突飞猛进的进步。自下而上的对标模式倒逼标准化的升级完善，对标的常态化促进了标准化工作的动态达标，解决了队组"灯下黑"的问题，实现了安全监管与现场自治的有效结合。对标管理模式的成功实施引起了集团公司的关注，成为集团公司安全监管的参考模式,同时贺西煤矿在 2018 年 3 月顺利通过了国家一级标准化矿井的验收。

目标管理。2017 年 1 月开始,在除基层队组外的科区管理部门实施目标管理。科区管理部门根据全年工作计划分解本部门年度重点工程、主要工作、日常业务,结合实际确定时间节点,划定责任范围。由目标管理督查办公室分五大系统对所有科区自己制定的目标规划进行督查并定期汇总考核,在督查管理部门的同时督查该部门的分管矿领导。目标管理的实施激发了职工的干事热情,进一步推动管理部门效率和能力的不断进步。

2. 改进物的不安全因素

全面提高矿井科技含量,将科技的力量武装到井上下的每一个工作面,是减轻职工劳动强度、降低矿井危险系数、实现高产高效目的、提高职工幸福指数的有力举措。

一直以来,贺西矿不断加大科技投入力度,2016—2017 年投入科研资金 2700 余万元,开展了 25 项技术革新活动和多项五小活动,获得实用新型 17 项、五小改革 12 项。2018 年,制订了"科技强企"行动规划:一是提升矿井科技含量。在采掘工作面加入自动化控制系统,建立集控室,努力做到采煤机、支架、转载机以及皮带、泵等设备的集中统一管理,达到设备从外到内启动、从内向外停止的理想状态。同时,在配套洗煤厂开展"三化合一"工作,通过高新机械设备的引入提高单机检测的准确性,利用大数据分析进行智能化控制,达到解放劳动力、减人提效的目的。二是不断增强矿井科研水平。加大与科研机构、高等院校的合作力度,并在合作的过程中有意识的激发矿技术人员的创新研发动力,提高矿井自身科研水平。同时,结合矿井实际情况,逐步引入新型高科技工艺装备。

3. 改进环境的不安全因素

精细化管理是一个持久、精进的过程,要不断随着内外部环境条件的变化及时做出改进和完善。

首先,由于自然环境无法改变,我们要尊重自然,因势利导,顺势而为,根据自然环境的变化不断调整生产工作的方式方法,调整系统和技术措施去适应自然。

其次,改进生产环境,重点管控重大灾害。贺西煤矿高突、高瓦斯矿井的性质,决定了灾害管控的第一个重点在通风瓦斯。在优化通风系统的基础上,通过抽采管路改造、"两堵一注"封孔工艺的使用、打钻防喷缓冲装置的改造、区域消突方式调整、专职钻孔验收队组成立等措施加强了瓦斯防突管理,确保了工作面的安全生产。灾害管控的第二个突破点是运输系统。贺西煤矿源头治理,取缔了小绞车,安装了架空乘人装置,取消了所有单轨吊运输,全部采用无极绳绞车,实现了从采区到工作面全部的无极绳接力运输,提高了运输效率,促进了运输安全。只有人、机、物、法、环各个环节同步提升、安全共同改进,才是实现精细化安全文化管理的正确途径。

二、人文关怀安全文化管理

(一)人文关怀的现实矛盾

人文是人类文化中的先进部分和核心部分,其集中体现是:重视人、尊重人、关心人、爱护人。它引领、推动社会的发展进步,是新时代中国特色社会主义思想的重要组成部分。人文不仅包含了外在的衣、食、住、行,也包含内在的心理、意识和思维活动。

贺西煤矿地处偏远,无家属区,2500 余名职工长期过着与亲人分离的"四点一线"单身生活,业余生活枯燥乏味,不良嗜好弥漫矿区,亲人之间缺乏沟通,各类家庭问题频发,这些都严重影响着职工安全工作的情绪,是人心凝聚的最大障碍。

(二)人文关怀安全文化管理的具体措施

要构建人文和谐的矿区,首先要凝聚人心,要让职工真正享受到企业改革发展的成果。

1. 大力推进民生工程

几年来,贺西煤矿民生福祉网覆盖范围不断加大。清包模式运营的新职工食堂做到了最大限度地让利于民。双休日集中轮休班车接送保证了职工的休息权。覆盖全矿的免费无线网络的开通,实现了职工家属的无障碍沟通。空调改造工程、直饮水改造工程、职工荣誉疗养、被褥等床上用品的更换、地面安防监控系统的完善等,都将职工与企业更紧密地联系在了一起。

同时,考虑到一线职工长期夜班生活对身体不可逆转的伤害及夜班期间安全事故高发的事实,贺西煤矿科学论证,大胆实践,从 2017 年起将取消夜班作为一项改革课题进行了长时间的研究探索,并将其列入 2018 年企业发展规划。2018 年 1 月 1 日起,贺西煤矿正式在一线所有采掘开队组试行取消夜班模式。试行

5 个月来，在生产条件极不稳定，内外环境制约的影响下，贺西煤矿生产组织有序推进，安全态势总体平稳持续向好，井下职工三违人次同比下降 26%，生产影响同比有了较大程度的下降。工作效率同比提升，在生产任务正常完成的情况下，回采作业生产人员入井时长平均减少 5.3%，回采时间工效平均提高 12.9%，掘进和开拓作业生产人员入井时长平均减少 8.2%，掘进时间工效平均提高 10.2%，开拓时间工效平均提高 23%。设备事故率下降，集中生产提高了设备开机率，减少了电耗，节约了电费，1—5 月，共节省电量 323 万度，节约电费 213 万元。遵循人体职工获得感增强，生物钟的作息保证了休息时间，保障了身心健康。

2. 不断提升文化内涵

公司启动了以百日消夏为代表的四季主题活动和以系统为代表的系列春晚活动，建成投用了 348 平方米的矿史馆，先后开辟了《贺西风采》《大美贺西》《贺西职校》等微信平台，组建了读书、书法、篮球、羽毛球等协会。《贺西风采》的刊发，"贺西夜话"的开播等，进一步丰富了职工的业余生活，增强了企业的文化自信。不断扩大的企务党务公开、信访零距离、支部活动进宿舍、最美员工评选等，增强了职工参与企业管理的热情。

3. 倾力打造绿色矿山

遵循"绿水青山就是金山银山"理念，完成了远红外线电热风炉替代燃煤热风炉的改造工程。新旧矸石场交替有条不紊，实现了旧矸石场的绿化复垦，做到了边排矸边治理的环保要求。开展矿区绿色覆盖工程，绿化面积逐年提高。更新改造了两个水处理站的设备，提标改造了脱硫除尘系统，重新选址修建了危险废物暂存库。绿色矿山渐具规模。

三、实施"双线保安"安全文化管理模式的保障条件

要确保双线管理模式的有效运作，实现长周安全期，相关保障条件必不可少。双线管理模式保障条件主要包括安全文化保障、组织保障、制度保障等。

（一）安全文化保障

首先是安全制度的健全和落实。建立健全各级安全生产责任制、安全管理制度、岗位安全操作规程，保证各项工作有据可依。通过两个"责任清单"的再梳理、三基建设、对标管理、目标管理来健全和落实各项制度。其次是要不断提升职工安全理念。凝练升级安全文化的核心理念，通过办公系统、自办节目、自媒体平台、文化长廊、牌板标语、文化月活动等营造浓郁的安全文化氛围，通过形式多样的安全知识培训和安全知识竞赛、比武活动等增强广大职工的综合素质，提高职工的安全意识。

（二）组织保障

安全双线管理是一项庞大、持续的工程，为了保证开展效果，相应的管理项目要成立组织机构，同时对应的部门管理者为该管理项目的负责人，赋予负责人和组织机构监督考核的权利，定期上报项目落实情况并形成文字性汇总材料归档，作为项目实施和改进的依据。

（三）制度保障

制度保障主要是要建立安全管理的激励和约束机制。以对标管理为例，为确保该管理模式持续有效落实到位，贺西煤矿制定了相应的监管考核制度，由矿安监部门对对标全过程进行监督并将对标结果与工资绩效考评体系相挂钩，从而刺激队组、职工对标的主动性和积极性。

煤矿安全管理是一项系统工程，也是一个永无止境的追求过程，没有标准的模板，也没有一成不变的方式方法。贺西煤矿总结探索的安全双线管理模式是切合自身实际的，具有深远的指导意义。

石化企业安全文化建设的探索

中国石油化工股份有限公司长岭分公司　李祥寿　帅泽轩

摘　要：中国石油化工股份有限公司长岭分公司在 47 年的发展过程中，始终坚持"以人为本、生命至上、安全发展"的思想，逐步探索并形成了"预防文化引领人；责任文化激励人；行为文化约束人；警示文化感化人；风险文化塑造人"的安全文化建设模式，为实现石化企业安全生产长治久安奠定了坚实基础。

关键词：安全文化；建设模式

长岭炼化公司是中国石油化工股份公司长岭分公司和中国石化集团资产经营管理有限公司长岭分公司的统称（以下简称长岭炼化），隶属于中国石油化工集团公司，是集炼油、化工生产于一体的国有大型企业。长岭炼化前身为长岭炼油厂，始建于 1965 年，投产于 1971 年。历经 47 年的改革发展，目前拥有 30 套炼油化工装置，原油加工能力 800 万吨/年，聚丙烯、改性和乳化沥青生产能力分别达到年产 13 万吨、20 万吨和 10 万吨，成为中南地区重要的石油化工产业基地。

在 47 年的发展历程中，长岭炼化始终坚持"以人为本、生命至上、安全发展"的思想，创造与时俱进的安全思想、安全观念、安全行为、安全制度和安全物态，丰富安全文化的内涵和外延，形成企业安全生产的软实力，为推动企业安全生产向前发展提供源源不断的动力。本文将具体介绍"预防文化引领人；责任文化激励人；行为文化约束人；警示文化感化人；风险文化塑造人"的安全文化建设模式。

一、预防文化引领人

"凡事预则立，不预则废"这句古训无时无刻不在提醒着我们，预防的重要性。而对于石化企业而言，由于具有高温、高压、易燃易爆、有毒有害等综合风险，所以中石化的 HSSE 管理中就将"安全第一，预防为主"的理念放在首位。长岭分公司深刻汲取集团公司在预防文化中的精髓，依据自身实际情况，结合以往发展历程，形成了一套符合企业长期发展的预防文化。

（一）班组预防文化逐步推进

班组是企业中最小也是最基本的作业团队，是保障整个企业实现全年安全生产目标的基础。为了确保人人懂安全、人人会安全、人人要安全，长岭分公司实行班组安全提前预防机制。从新员工正式分配至班组开始，就对其进行三级安全教育，具体内容涵盖了本岗位操作要领、危险生产装置、操作过程风险、突发状况下的应急处置以及基本救护知识。在形成属于自己的预防文化之前，新员工通过现场操作一对一、班组安全活动分享以往事故教训及参加专项事故演练的培训，将新员工的预防意识实现了由外至里的灌输和言传身教，不仅让新员工知晓本岗位存在的特殊风险，同时直接提高了新员工对于风险的辨识与认知能力，从而起到了对危险的直接预防式的培训效果，让新员工从进入班组开始就接受了完整且系统化的预防机制和内容的训练，提高了班组乃至企业的预防文化实力。同时在接下来的职业生涯中，员工还会在整个企业良好的预防文化氛围中敢于发现潜在隐患，实行现有风险系统化管控，从根本上降低生产就有风险的概率，将预防文化入脑入心，形成企业独有的特色理念。

（二）深化预防文化的实际运用

长岭炼化每天的日常工艺操作和现场的施工作业数量繁多，就以现场施工为例，仅生产一线的作业部当天执行的动火作业次数就高达数十起，对周边易燃易爆的生产环境而言，用"坐在火药桶上作业"也毫不为过。为了实现每一处作业都有人管、每一张票证都有安全措施、每一位施工人员都接受了安全教育的综合目标。长岭炼化启动了特殊作业"五个必须"，即必须进行作业前 JSA 分析、必须办理相应作业票证、必须保证票证现场签发、必须执行双向监护、必须配备现场监控设备，在这层层保障之下，发生危险概率大幅降低，真正地实现了环境安全、过程安全、人员安全以及设备安全的整体目标。再以 2017 年公司大检修为例，在长达 60 余天的检修期间，共计签发动火作业票证 9529 张，其中特级用火 829 张，一级用火 3126 张，二级用火 5574 张，均实现了人员和设备的双重安全，没有发生一起安全事故。归根结底，这与长岭分公司大力推行预防文化有直接的关系。只有预防做好做实了，员工才会主动去分析、解决事情并完善过程安全，这些通通都是建立在"预防，是一切安全生产的基石"基础之上的。

二、责任文化激励人

责任意识是企业赖以发展的根本。长岭炼化从培养开始责任意识，对该项文化进行了细化理解与辨识。

（一）建立企业责任清单，落实安全生产责任制

长岭分公司实行企业责任制度，将具体的职责与要求细化至具体的个人，能够及时有效地对企业的重要区域以及生产装置进行全面的管控。按照安全标准化要求，全面梳理生产经营业务和管理要素，建立涵盖全员的安全生产责任制，明确了 1596 个岗位 HSE 职责，建立安全责任清单，把 HSE 责任细化到生产经营的全过程，做到安全生产有岗必有责，上岗必担责。坚持目标管理，分解落实"两个责任"，年初确定 HSE 控制指标，并以"HSSE 工作任务分解表""HSSE 目标责任状"等形式进行分解，明确责任部门、单位、责任人、相关措施及完成时间，定期进行公布、讲评和考核，促进主体责任和监管责任的落实。严格管理制度执行，对各单位下达年度 HSE 重点绩效指标和约束性指标，确保指标到单位、考核到个人，兑现在当月，所有事故事件一个月闭环，对发生安全事故的单位党政领导实行同考核、同追责，切实做到责任明确、管理精细、考核严格、奖惩分明，形成了"有问题，找制度"的良好氛围。

（二）执行安全责任状和安全风险承包制

公司每年年初的 HSSE 领导班子会上集体进行签订，保证每一年的责任状签订都为公司的全年安全生产打下的基础。在签订了责任状之后，继续推进了安全风险承包的做法。就是将企业存在的重大风险进行承包制，具体分配到公司领导、基层单位和风险区域的第一负责人，而且在定期的一对一基层服务中，对被承包单位的主要风险、潜在隐患、安全活动等专项活动进行建议、识别、整改，保证了从上至下的企业

责任文化理念的层层落实与不断更新，形成了责任意识，在实际工作中做到本质安全，并在本质安全得到保障的基础上，将整体的安全责任文化继续推进下去，实现良性循环。

三、行为文化约束人

"人人遵章守纪，全员照章办事，行为安全有序"是安全行为最基本的要求。长岭炼化从事故预案可视化、事件处理规范化、职业伤害警示标识化、直接作业现场标准化等实际出发，着手解决制约安全生产的难点问题及薄弱环节，强化岗位技能培训，提高员工应急水平和解决实际问题的能力，引导员工逐渐养成良好的安全行为和规范的操作行为习惯。一是加强操作工艺管理，规范生产操作行为。二是加强 HSE 安全监护管理，规范安全监护行为。三是严格现场管理，规范施工作业行为。同时，我们每年都在进行的评选"安全卫士"就是对坚定执行全过程安全文化的一种认可和坚守。企业的长期发展也离不开年轻员工，在依托行为文化的基础之上，我们也持续开展了"青年安全岗"的建设和推行，其中，在该岗位上成长出了多位集团公司先进技术能手和青年技术标兵，把行为安全理念和制度传播到更多更广的基层片区，让行为文化的思想得到落地生根。

四、警示文化感化人

虽然风险是无处不在的，但是我们可以运用现有的成熟辨析方式、预判计算、安全活动等方式加以预防和警示。这其中就离不开警示文化的效应，是巩固现有一系列安全文化的基础中的重要一环。企业自建立发展至今，我们通过将以往公司内部和同行业发生过的事故进行分类整理，并将原因、防范措施、处置结果等一一进行统一学习与总结，将身边存在的类似的风险进行举一反三的排查，再依据系统化的辨识与分析，完成每一起事故的完整学习，做到入心入脑，不只是单纯的接受而已。在公司现阶段，我们在每周的调度会上进行事故的分享、在班组安全活动中开展"事故大家谈"和公司主页上"历史上的今天"等方式，将事故的警示效果、反思效果、再学习效果以及文化效果深入人心，切实把事故的学习作为一种企业实现自身不断进步的积极方式，让企业和员工都在反思、反查中得到一种思想上的根本进步，并学会对现有的运行方式进行先期判别和预防，将警示文化的理

念做到了实处。

五、风险文化塑造人

在长岭炼化公司一直全力推行与实施的全要素安全管理中，风险的重视程度是其中最为关键的一个环节，也是在公司五大文化体系中关于对人的最终安全意识成型的关键步骤。风险是实时实地存在的，是一种潜在的客观事实。通过预防文化的引领、责任文化的激励、行为文化的约束、警示文化的感化，再进化至风险文化的塑造，这些都是为了让企业的整体安全文化形成阶梯式的累进效果，最为关键的就是突出"问题导向"，实现风险隐患动态管理。

按照"识别大风险、排查大隐患、预防大事故"的要求，全面开展生产运行、设备设施、作业环节安全风险识别，通过"识别—排查—评估—治理"的PDCA 模式实现风险隐患动态管理。建立日常检查、综合检查、专项检查"三位一体"的监督检查机制，每次检查都要有标准、有内容、有风险评估、有跟踪验证、有考核。充分发挥督查大队作用，在现场开展全天候、全覆盖监督检查，督查大队及时将查出的问题在各单位主要领导微信群中发布，各单位立查立改，安全环保处每周在调度会上通报查出的问题和整改情况。针对集团公司安全大检查、安全水平量化考评和地方政府各类检查督查的问题，组织召开问题分析会，按照"五定"原则，落实问题整改。加强事故事件管理，所有事故事件实行"一月闭环"，即一个月内完成事故调查、事故原因分析、防范措施的制定以及责任认定，并将调查结果反馈给总经理。发生公司级事故或者较大未遂事件的单位，领导必须在公司大调度上做深刻检查，发生人身伤害、火灾爆炸、环境污染事故的单位，必须召开现场会，深刻吸取事故教训。

六、建设效果

长炼炼化安全文化建设效果明显，安全业绩逐步提升。2001—2013 年连续 13 年没有发生员工因工死亡事故和上报事故，2004—2013 年，连续 10 年被评为中国石化集团公司安全生产先进单位。2008 年长岭炼化荣获湖南省首批首家"危险化学品从业单位安全标准化"二级达标企业称号。2009—2011 年，连续三年被评为中石化集团公司"我要安全"主题活动先进单位。2012 年长炼炼化荣获国家安全社区称号。2013年荣获国家安全文化建设示范企业称号。2014年荣获国家危险化学品从业单位一级标准化企业。

七、结束语

企业安全文化建设是一项长期的工作，建设具有长岭特色的企业安全文化，必须弘扬新的企业作风，在继承中发展，在发展中创新。在长岭炼化建成至今的 40 多年中，我们秉承严格的管理理念、精细化的作业管控、人性化的员工关怀以及多样化企业文化灌输。随着安全文化建设不断深入，我们越来越认识到要做的工作还很多，需要持续不断地完善和提高。只有持之以恒、全心投入、勇于创新，安全文化建设才能取得成功，企业内部才能够逐渐形成"我的安全我负责，你的安全我有责"的良好氛围，HSSE 体系才能呈现恒久活力，HSSE 管理才能真正实现依靠严格监督转变为自主管理，最终达到"人人参与、人人负责"的团队管理状态。

浅谈构建新时代特色安全文化的关键要素

陕西北元化工集团股份有限公司　刘国强　申建成

摘　要： 安全文化建设的目的是实现企业的本质安全，不同的时代背景、行业性质、企业状况，会呈现不同的安全文化建设要求和效果。本文从安全文化建设的时代引导、应遵循的发展规律、应具备的基础条件，以及安全文化建设的内容、重点和方法等方面进行阐述，剖析了陕西北元化工集团股份有限公司（以下简称北元集团）新时代背景下，务实管用特色的安全文化建设历程，以期为其他企业提供借鉴。

关键词： 新时代；企业安全文化；关键要素

北元集团成立于 2003 年 5 月 18 日，是由陕煤集团、2 户民营企业、10 方自然人股东和员工持股平台共同组建的大型盐化工企业。依托系统化、科学化、精细化的管理思维和务实管用特色的安全文化体系，北元集团自成立以来未发生较大生产安全事故，实现了安稳环长满优的健康可持续发展。2017 年，北元集团被评为全国安全文化建设示范企业，受到同行企业和社会各界的广泛关注。下面结合北元集团安全文化建设经验，就构建具有新时代特色务实管用的安全文化进行探讨研究。

一、安全文化建设必须与新时代发展相适应

北元集团在过去的安全管理中，虽然积累和总结了一些管理经验和方法，但零零散散不成体系，各级人员安全理念没有与时俱进，人制思想大于法治力量，安全责任没有一沉到底，安全管理方法没有推陈出新，制度没有得到有效落实，人、机、环等匹配化建设未及时跟进，未能从根本上解决安全管理的被动局面，距离新时期安全管理要求和本质安全期望还有很大差距。在这样的时代背景下，2014 年，北元集团经充分讨论，多方考察和调研，最终决定引进国内、外先进的安全文化建设经验，全面开展安全文化建设工作，全力构建新时代北元特色的安全文化，这既是对新时代国家安全生产政策的响应，也是北元集团安全发展的必然选择。

二、安全文化建设必须以企业文化建设为基础

企业文化是企业的灵魂和支柱，是企业的生命工程，是企业团队的灵魂所在，是企业实现可持续发展的核心动力。安全文化作为企业文化的重要组成部分，必须以企业文化为基础，且必须与企业文化愿景、精神、核心价值观相统一。

北元集团的企业文化建设在企业组建成立之时就开始起步，从 2003 年至今，走出了一条以文化塑魂、文化兴企的道路，并与公司三次跨越发展同步提升，建立了以"责任"为主线的"聚·合"文化，从战略层面、价值层面和执行层面形成了包括理念识别系统、行为识别系统和视觉识别系统的文化体系。在此期间，北元集团安全文化建设虽在推进，但还未形成体系，无顶层设计，架构零散。2014 年，北元集团安全文化建设才全面启动，并在企业文化完整体系的引领下，经过三年多的努力，从转变安全理念、健全安全制度、规范人员行为、打造本质安全环境等方面累计投入 1200 万元，搭建了具有鲜明特色的较完整的安全文化架构体系，并作为企业文化落地的载体，在岗位上体现、在流程中落实。北元集团安全文化建设取得的成绩和效果，得益于以坚实的企业文化为基础，同时也进一步充实了企业文化的内容。

三、安全文化建设必须实现全员参与

安全文化建设体系分为决策层、管理层和执行层，无论是发布指令的领导者、推动指令落实的管理者，还是执行指令的基层员工，都必须参与到安全文化建设中来。

北元集团高度重视全员参与安全文化建设工作，在安全文化建设方案编制、论证和确定阶段，广泛征求各单位和基层员工的意见和建议。在安全文化建设过程中，从决策层、管理层和执行层三个层面成立安全文化建设推进小组，定期组织召开安全文化推进会，

征集、讨论各方面意见。同时，针对领导层建立"十带头""四安全"研究（工艺系统、设备设施、人员行为、作业环境）规范，针对管理层建立"安全责任区"联系点制、"四必做"（逢会必讲安全、下现场必查安全、遇违章必引领纠偏、到基层必研究四安全）规范，针对执行层建立员工安全基本行为规范、交接班规范、岗位隐患排查等规范，约束各级人员参与安全文化建设。

四、安全文化建设必须坚持以人为本

人是生产过程中最活跃的要素，是安全生产的实践者。坚持"以人为本"，就必须尊重员工在安全生产过程中的主体地位，建立优秀人才脱颖而出的激励机制，为员工创造事业需求发展空间，把严格的刚性管理和柔性的人文关怀有机结合，变"行为控制"为"自我管理"，变"训导、训服"为"启发、自觉"，实行"无情管理、有情操作"，让员工深刻追求自我价值，不断进步、不断开发自我，超越自我、在实现个人价值的同时，展示才华。

北元集团把"员工的生命安全与健康高于一切"作为公司的核心价值观、安全管理的出发点和落脚点，在安全文化建设中，不局限于使员工只满足于作为各项活动的被动参与者，而是积极鼓励员工主动成为企业文化的建设者和缔造者，通过定期组织安全论文征集、安全文化辩论赛、安全知识竞赛、岗位技能大赛、安全文艺汇演及亲情助安、隐患"市场化"等活动，让广大员工共同参与，展现自我，为安全文化建设建立了良性沟通、互相理解、互相尊重的良好机制，营造出了浓厚的人文环境。

五、安全文化建设必须坚持党政工团齐抓共管

按照"党政同责、一岗双责、齐抓共管、失职追责"的精神和《安全生产法》《企业安全生产责任体系五落实五到位规定》，企业必须坚持"管业务必须管安全、管行业必须管安全、管生产经营必须管安全"的原则，企业党组织书记、董事长和总经理共同承担安全生产领导责任。

北元集团在党政工团安全管理实践中，提出了管理体制"三位一体"（党建序列、行政序列和技术序列）建设和安全生产管理"三位一体"（安全生产标准化、安全文化、过程安全管理）建设，并在工作当中融会贯通，有机结合，大胆应用。一是把党建序列

作为推进安全管理的政治保障，建立组织纪律督查运行机制，把控思想问题，推动监督常态化。二是把行政序列作为深化安全管理的执行保障，建立能上能下、鼓励激励、容错纠错机制，使安全文化从思想变成行动。三是把技术序列作为提升安全管理的技术保障，用技术推动企业创新发展，以技术力量保障安全文化落地，各司其职，形成了党、政、工、团齐抓共管的工作格局，筑牢了安全生产防线。

六、安全文化建设必须坚持以理念文化为先导

安全理念文化是企业全体员工共同秉持和遵守的安全思维观念、价值标准、道德规范等，是企业安全文化体系的核心内容，是激发全体员工由"要我安全"转变为"我要安全"的精神动力。

北元集团在安全文化建设的起步阶段，就把"人本+物本=零伤害"作为安全文化建设的顶层设计理念，并按照理念差异、认知入脑、认同入心、外化入行、固化入魂的建设路径逐步实施。通过征集、归纳、提炼和固化，形成了"员工的生命安全与健康高于一切"的核心价值观、"一切风险皆可控制，一切事故皆可预防"预防理念、"人人都是安全员"的责任理念等具有北元集团特色的安全理念体系，并通过各种各样的载体进行宣贯培训，引领员工安全理念从最初的认识差异向内化入心、外化入行转变，彻底摒弃过去落后的思想观念，做到上下同心，实现让安全成为所有员工的安全意愿，让观念引领行为的良好效果，充分发挥安全理念的导向、激励、凝聚和稳定功能。

七、安全文化建设必须坚持以制度文化为保障

安全制度文化是企业以国家安全生产法律法规、行业规范、先进的管理方法、科研成果、试验结论及事故教训等为依据而建立的员工共同遵守的安全法规体系、安全制度体系、安全操作规程、企业标准体系、员工行为规范、作业指导书等方面的综合，是企业安全理念文化固化于制的具体体现。

北元集团秉持"让制度标准成为行为习惯，让行为习惯符合制度标准"的理念，坚持"简单、量化、实用、可操作"的原则，按照人管人管事、人制并管、制度管人管事、制度管人流程化管事、文化管人模式化管事的建设路径，以国家最新安全生产法律、法规为依据，建立了以安全生产责任制为核心的安全生产管理制度体系。同时，按照"制度不打折扣，安全不

找借口"，有计划定期对各项安全生产管理制度执行情况进行检查考核。通过安全制度文化建设，进一步落实各级人员主体责任，使各项安全生产管理工作有法可依、有章可循，达到复杂的制度简单化，简单的制度流程化，可操作性明显增强，并通过持续、常态化的检查与考核，使安全制度建设由人管人管事向文化管人模式化管事梯进。

八、安全文化建设必须营造浓厚的人文环境和物理环境

环境的本质化就是通过工艺系统、设备设施和作业环境本质安全建设，使机械设备、现场环境逐渐达到本质安全状态，符合国家法律法规和行业标准要求，提升物态的安全本质化程度，弥补管理缺失和操作疏漏，降低安全风险，杜绝事故发生。

北元集团按照缺失缺陷、控制保护、隔离防护、本质安全、常态保障的建设路径，在安全物质文化建设过程中投入大量资金，对厂区道路、安全隔离、防护设施、管道色环、色标、厂内人、车分流、岗位红、黄、绿安全三区、防撞警示以及定置管理、联锁、闭锁保护等进行了系统的可视化建设，营造出了规范化、标准化的物理环境。同时，通过开展积极向上的安全文化活动，打造安全文化长廊、岗位安全文化园地等亮化工程，营造出了温馨、美观的人文环境，用视觉冲击烘托出浓厚的安全文化氛围。通过安全物质文化建设，达到让环境改变观念，让观念引领行为的目的，实现物的状态由缺失缺陷向本质安全转变，实现物本管控物态安全。同时，也为安全理念文化落地提供了重要载体，为安全行为习惯养成提供了外在驱动力，凸显了企业外在形象。

九、安全文化建设必须重点管控员工的行为安全

安全行为文化既是安全理念文化的反映，也是安全制度文化固化于形的具体体现，它是在安全理念文化引领和安全制度文化约束下，员工在生产经营活动中的安全行为准则、思维方式、行为模式的表现。

北元集团按照粗放松散、强制被动、依赖引领、自我管控、行为养成的建设路径，在安全行为文化建设期间，逐步导入并推行了员工安全基本行为规范、交接班行为规范、项目施工、检修行为规范、岗位隐患排查行为规范、安全责任区管理行为规范、"四安全"研究行为规范、班组（岗位）安全管理规范等 7

项安全行为规范，建立了一套员工广泛认知和接受的安全行为文化体系。通过安全行为文化建设，实现安全管理以"事""物"为中心向"人"为中心的转变，营造员工行为的"自律自控"和"照章办事、高度自觉"的良好氛围，使各级人员成为安全文化建设的倡导者、组织者、示范者和践行者，营造出一个足以让员工遵章守纪的人文环境，展现良好的精神风貌。

十、安全文化建设必须突出行业安全特色

企业的性质不同，安全文化建设的思路、方法和内容也不同。例如，煤炭、建筑、危险化学品企业，所表现出来的安全文化内涵就有所不同。因此，安全文化是经过企业长期安全管理实践积淀出来的一种文化，一家企业可以借鉴另一家企业的安全文化建设思路、经验和方法，但具体内容由企业的特有属性决定的，不能复制、照搬照抄或生搬硬套。

北元集团在安全文化建设实践中，首先以"人本+物本=零伤害"的顶层设计理念，按照"文化引领、专业支撑、风险管控、常态保障"的布局，搭建了一套由四层次文化（安全理念、安全制度、安全行为、安全物质）、五大专业化（生产组织、工艺系统、设备设施、项目建设、员工塑培）、五风险管控（人机环匹配化、风险管控、隐患治理、零伤害、应急建设）共计 14 个模块和一套安全文化评价标准构成的具有北元特色的安全文化管控体系，亦称"4551"管控体系，为北元集团安全文化落地和深植提供了一套思维模式和行为模式。其次，北元集团遵循事后管理、隐患管理、系统管理、风险管理和文化管理这一发展规律，探索并总结出了一套"五阶段"的安全文化建设之路。即安全文化架构体系当中的任何一个模块，都是按照"五阶段"的梯进模式进行建设。例如，安全理念文化就是按照理念差异、认知入脑、认同入心、外化入行、固化入魂五个步骤予以实施，安全行为文化是按照粗放松散、强制被动、依赖引领、自律自控、行为养成五个阶段予以实施，这样即遵循了事物发展的规律，也体现出北元集团安全文化建设的特色。北元集团经过三年多安全文化建设，总结凝练出了一整套科学、有效、独具行业特点和北元特色的安全管控方法，如关键参数三区管控、岗位"红黄绿"三区管控、重大危险源红区管控、救命法则、保命条款、零伤害条款以及"两盯一带"（人盯人、人盯事、人带

人）、"三勤一硬"（脑勤、口勤、腿勤、心硬）、"四必做"（逢会必讲安全、下现场必查安全、遇违章必引领纠偏、到基层必研究四安全）、违章人员"过四关"（教育培训关、现身说法关、通报考核关、自我反省关）等。

文化是力量，文化是境界，文化是生产力。在新

时代的浪潮中，企业安全文化建设应该始终践行安全发展理念，坚守"发展绝不能以牺牲安全为代价"这一红线，建立新秩序，树立新风尚，培育新氛围，构建新时代具有务实管用特色的企业安全文化，让安全真正成为企业最大的效益，让安全真正成为员工最大的福祉。

施工现场安全文化管理的问题与对策

中铁十二局第二工程有限公司　刘文俊　任晓琴

摘　要： 近年来，因建筑规模的扩大和建筑数量的增加，建筑施工现场暴露出了许多安全问题，严重的威胁了施工人员的生命健康和施工质量。施工现场是施工企业的主要阵地，是安全生产管理的第一道防线，而安全文化建设是促使施工现场安全管理的内在动力。本文通过对某公司当前施工现场安全文化建设存在的问题及原因进行了分析，结合行业实际情况，就如何做好施工现场安全文化建设做了详细的阐述，以期能进一步推动施工现场的安全管理。

关键词： 施工现场；安全文化建设；问题；对策

安全生产是施工现场的头等大事。施工现场安全工作的好坏直接影响到企业的稳定和经济效益，事关企业的改革发展，更直接关系到职工群众的生命安全和家庭幸福。同时，安全工作情况也反映企业的管理水平和企业形象，是企业文明生产程度的重要标志。因此，安全是施工企业永恒的主题。

公司承担的工程种类复杂、规模巨大、技术含量高、施工困难大，临近既有线大桥和长大富水、瓦斯、黄土隧道及城市轨道交通工程等高风险项目。点多线长面广的施工现场管理跨度，使得项目安全管理难度加大、漏洞增多，不安全因素复杂多变，安全形势非常严峻。在各种安全事故主因构成中，人的不安全行为和物的不安全状态是导致事故的最根本的原因，当物的不安全状态和人的不安全行为在一定的时空发生不可避免的交叉、碰撞时，通常就是安全事故的触发点，而最主要的就是人的因素。安全文化建设是解决人因失误而引发事故的最有效的方法和手段，提高人们的安全素质，从根本上消除人的不安全行为，从而提升整个施工现场的安全管理水平。由此来看，加强企业的安全文化建设，构建和谐的安全文化氛围是当务之急。

一、施工现场安全文化建设存在的问题

（一）安全管理理念落后

随着科学技术的不断进步，各种新技术、新设备、新材料、新工艺逐渐被应用于工程施工现场中。在这种情况下，由于现场人员的安全管理理念没有跟上时代发展脚步，缺乏管理经验，从而导致工作中出现盲目指挥、管不到位、管不到点子上、管不到关键部位等现象。由此可见，传统的安全管理理念也不能满足当前企业的发展需求，不能对施工现场安全事故的发生进行有效的预防与处理。因此，落后的安全管理理念是影响建筑施工现场安全管理工作的重要因素之一，使得安全管理工作不能发挥应有的效果，阻碍施工单位的健康发展。

（二）安全生产意识不强

目前，有的项目部领导对安全工作重要性的认识不到位，"安全第一"只是喊在嘴上、贴在墙上，说起来重要，干起来不要，没有落实在思想上，更没有落实在行动上，导致安全管理的力度层层递减，落实不到现场，落实不到作业层，呈明显的"倒三角形"。在对施工人员进行安全管理时，仍是以岗前安全知识培训与动员大会等形式为主，使得安全管理工作流于表面，不能被彻底落实。再加上施工现场极易受到环境与自然气候等各种因素的影响，在缺乏安全生产意识的氛围内工作，极易造成安全事故，威胁到工作人员的生命安全，影响到施工单位经济效益与社会效益的实现。

（三）安全培训不到位

首先，施工人员大部分是外来劳务人员，文化素质低，本身就缺乏些应具备的安全知识与防范意识，再加上项目操作人员频繁进出，流动性大，对劳务人员的教育培养难以系统化和持久性，造成安全培训教育的短期行为和不适应性。对从事施工各岗位的人员，没有组织系统的安全质量方面法律、法规、标准、规

范培训，有些甚至没有岗前培训而直接上岗。其次，有些基层领导缺乏安全责任意识，认为对施工现场的工作人员的培训不重要，降低标准等，导致安全教育、培训流于形式，只是挂在墙上，写在纸上，并未落实在行动上。

（四）安全生产管理制度不落实

部分项目对安全责任主体辨析不明，缺乏对本部门及本岗位安全生产责任的基本认识。施工现场的安全生产责任不明、奖罚不严，把制度流于形式。管理干部、技术干部乃至操作工人对自己岗位职责的忽视，对自己所在岗位能力素质要求的弱化，对自己职业道德操守的放松，使得管理真空、技术缺陷、作业失序，最终导致事故发生。安全生产管理制度的不落实，不仅会导致违规操作现场严重，而且会导致隐患排查落实不到位。施工现场管理中，注重进度，疏忽安全，放松重大技术、专项方案编制和审批、变形监控量测等关键环节，对于其他检查及上级检查查出的安全隐患，不能及时彻底整改。

二、加强施工现场安全文化建设的对策

施工现场是安全管理的出发点和落脚点，而施工现场的安全文化建设是实现"安全零事故、零伤亡"的必要手段，在实际工作中，必须充分发挥企业安全文化建设在安全管理中的作用，坚持在实践中提升理念，用发展的眼光来加强安全文化建设，进一步丰富和培育独具特色的安全文化，适应企业安全管理的要求。

（一）培育安全理念文化，使安全理念入心入脑

在安全文化建设中，理念文化建设是灵魂，是安全文化建设最核心、最基础、最本质的要素。加强理念文化建设要着重突出以下几个方面：首先，所有人员树立安全是企业生命的意识，坚守"发展决不能以牺牲人的生命为代价"这条"红线"的正确的理念文化，营造"安全就是效益""安全就是生命"等安全氛围，才能从根本上有效杜绝"三违"行为，做到"四不伤害"，确保施工现场安全。其次，做好教育和培训，引导员工树立正确的安全价值理念。例如，开展安全生产专题活动，增强他们的安全意识，对他们的安全教育要简单有效，要与利益挂钩；不能让在安全上有侥幸心理的人占便宜、钻空子，事前的预防比事后的处理更重要，树立生命至上的安全价值观。最后，

充分利用各种宣传工具，引导广大职工深入学习领会党和国家的安全方针政策、法律法规及企业安全生产的规章制度，强化职工的安全价值观，增强职工的安全意识。

（二）落实和完善各项安全制度

安全制度文化是指现场施工的安全管理模式，包括管理的组织机构、部门分工和安全生产规章制度。首先，加强安全管理队伍建设。依法分级分层设置安全质量管理机构，分级建立安全管理干部和劳务队（架子队）专职安全员档案库，掌握安全管理人员配置、工作流动情况，组建一支经验丰富、勇于担当的高素质安全管理队伍，提高执行力。其次，全面落实安全生产责任制，做到一级对一级负责。要进一步健全完善各级人员的岗位责任制，狠抓事故责任追究制，着力构建目标明确、措施明确、责任明确的安全生产责任体系。最后，要梳理原有的制度体系，查漏补缺。对原来存在严重问题的制度进行修订和改进，对原来缺失的制度进行编写，在制度设计和更新的过程中，始终强调制度的科学性、规范性和有效性，并通过宣传、培训、考核、奖惩等一系列工作的协同作用，实现安全制度的真正落实。

（三）改善安全环境，构建本质安全管理

安全环境是安全文化的重要组成部分，不仅包括施工现场环境要素，如安全设备、安全新技术、安全基础设施等；而且包括大量软环境要素，如员工的安全精神需求、安全品牌、企业安全形象等。首先，保障施工现场的安全投入，国家立法规定必须要有安全专项投入。公司根据施工需要，建立安全技术措施经费台账，这项工作要纳入评比和日常检查。把用于施工生产所需的安全防护设施、机械设备必需的安全防护、职业劳动保护面、劳动卫生检测、应急器材及预案演练及培训、安全生产教育培训、职工体检等方面的支出，编制安全技术措施经费计划，实施台账，保留相关凭证。其次，采取安全目视化管理，建立安全识别系统，建立禁止标志、警示标志、提示标志、设备标识，管理员、施工员、安全员服装服饰统一标识或统一胸牌，让现场人员能够一目了然，确保作业安全。最后，营造关注安全的良好氛围，在施工现场、生活区张挂安全标语、摆放安全宣传板，开展各种主题活动，如安全月、安全周、安全竞赛等。

（四）培育安全行为文化，规范员工的安全行为习惯

安全行为文化是指员工自觉践行的又为公众所接受的安全行为规范和标准，包括安全行为准则、职业道德标准、安全的习俗和风貌等。规范员工的安全行为主要从以下几个方面入手：第一，通过安全教育、培训，提高施工现场人员的安全素质和职业道德标准。第二，培养施工现场从业人员的安全行为和安全习惯，意识引导行为，各级部门应加强安全检查和培训，对员工的不安全行为要及时纠正，养成良好的安全习惯和安全意识。第三，重视施工现场从业人员的安全心理，做有感领导和实施亲情化管理，提高员工对安全的认知，培养他们正确的安全观念和安全心理，潜移默化中加深他们对安全工作的认识。第四，开展应急救援演练，提高应对突发事故的能力。

三、结论

建筑施工企业是高风险行业，安全事故一旦发生，尤其发生重大恶性事故，不仅对企业和个人造成严重的后果，同时也意味着企业有退出市场的危险。而企业安全文化建设是保障企业安全生产，保护员工安全与健康，提高员工安全生活质量和水平的根本途径。本文以安全文化的导向作用和行为规范作用，阐述了施工现场安全文化建设的对策和途径，使员工懂得"以人为本"要从我做起，树立正确的安全价值观，培养良好的安全行为和习惯，遵守规章制度，变"要我安全"到"我要安全""我会安全"，从而提高施工现场的本质安全，从源头消除事故隐患。

树立安全首位思维，打造"14751"特色安全文化管理模式

陕西陕煤黄陵矿业有限公司一号煤矿　马玉军　沈亚洲

摘　要： 为贯彻"安全是一切工作之首"的理念，促进全员"行为规范化，操作标准化"，强化本质安全型矿井建设，本文结合黄陵一号煤矿安全管理工作实践，对治理人的安全行为的"14751"工作模式进行了论述，为构建系统性、全局性的安全管理体系提供了新思路。

关键词： 人；安全行为治理；"14751"工作模式

近年来，我国煤矿安全生产形势持续稳定好转。但是，随着生产装备的升级、工艺方法的革新、作业方式的转变，煤矿安全管理也面临着一些新问题、新矛盾，特别是对从业人员安全素质和作业技能的要求要不断提高。为了解决这一问题，陕西陕煤黄陵矿业有限公司一号煤矿（以下简称一号煤矿）针对人的安全行为的治理，提出了"14751"工作模式。

一、"14751"工作模式内涵

一号煤矿按照"理念宣贯、建章立制、示范引领、整体推进"的工作步调，在全矿强力推进人的安全行为治理工作，形成了独具特色的"14751"工作模式。即，牢固树立"安全是一切工作之首"理念，将安全环境治理、NOSA（诺莎）安健环体系、"党建+安全"与人的安全行为治理四项工作有机融合，做实做细"七项管理内容"，形成"员工、岗位、班组、区队、部门"五位一体联动格局，构建NOSA（诺莎）与人的安全行为治理一体化的安健环风险管控体系。通过实施人的安全行为治理"14751"工作模式，矿井安全生产保障能力得到显著提升。

二、"14751"工作模式的具体思路与做法

（一）牢固树立"安全是一切工作之首"理念

1.加强日常安全教育培训，宣贯"安全是一切工作之首"理念

规范班前会召开程序，把"安全是一切工作之首"的理念融入到班前会各个流程；每班班前会进行安全培训，设定作业场景由职工进行安全预想，提出安全防范措施，在日积月累中提高职工安全意识和素质。

每周五召开安全教育大会，组织职工学习上级有关安全工作会议、文件精神，宣传安全管理制度、办法，使职工认识到只有遵章守纪、规范操作，才能保证自己的安全和健康，才能维系家庭的幸福和美满。举办"强化安全意识·行为治理我争先"主题朗读比赛，由职工主动思考安全对自身生命和健康的重要性，对企业稳定发展的保障作用，引导职工争做人的安全行为治理的标兵，争当安全生产的卫士，促使职工自觉践行"安全是一切工作之首"的理念。

2.创新管理机制和方法，凸显"安全是一切工作之首"理念

实行全员安全风险抵押制度，将考核内容和"三违"发生、隐患排查治理、干部走动式管理、灾害治理、安全事故等挂钩，实行"不安全进行沉淀""安全进行加倍返还"机制，每季度进行兑现，增强了全员落实安全管理规章制度的主动性。实行安全绩效考核办法，对部室、区队、个人进行全面量化考核，每月兑现，从工资分配方面体现"安全是一切工作之首"的理念，促进了全员自觉把安全放在第一位的意识。

3.强化作业现场管理，落实"安全是一切工作之首"理念

坚持每班执行"三员联签"安全确认开工制和"四位一体"安全生产负责制，采掘工作面符合安全条件才能开工作业，切实做到了"不安全不生产"。成立了4个"零点行动"专业小组，以零点班和四点班为重点，每月开展不少于11次"零点行动"；在"零点行动"中发现"三违"行为的，立即给予纠正；发现

危及安全的隐患时，必须停止作业处理隐患，形成了"安全先于一切"的态势和氛围。认真研究制定不同灾害类型、不同危害状况、不同数据情形的灾害应急处置措施，分类绘制灾害应急处置流程图，建立灾害应急处置数据库，并通过制度赋予调度员、瓦检员、班组长等人在危急情况下的撤人的权利，确保了第一时间控制灾害。

（二）切实推进"四项工作"有机融合，丰富安全行为治理工作内涵

1. 将安全环境治理与人的安全行为治理有机融合

安全环境对作业中人的心理、情绪影响很大，进而会左右人的安全行为。良好的安全环境可以增加作业舒适性，减少人的疲劳；反之，则会分散作业注意力，增加人的疲劳。甚至，职工会因为环境的不安全因素而发生"三违"行为，进入"破窗效应"的预言。为此，一号煤矿花大力气开展了安全环境治理。按照人性化管理的思路，本着整治突出问题和反复隐患的原则，对照行业标准、规范，制订了安全环境治理工作方案，分采煤工作面、掘进工作面、安装（回撤）工作面、生产系统、临时施工点、电气硐室编制了 6 类场所的安全环境治理标准和考核表。通过专项检查、每周定期检查、"零点行动"检查等，逐条逐项排查安全环境营造方面存在的问题，进行集中整治、重点解决，使作业现场安全环境不断向人机匹配、本质安全的方向发展，筑牢了人机工程安全防火墙，杜绝了因环境缺陷而导致职工"三违"现象的发生。

2. 将 NOSA（诺莎）安健环体系与人的安全行为治理有机融合

NOSA（诺莎）安健环体系是南非国家职业安全协会于 1951 年创建的一种科学、规范的安全、健康、环保管理系统。NOSA（诺莎）安健环体系推行"人性化管理""风险管理"理念，关注全员参与和对员工的保护，强调主动控制风险。煤矿生产作业中，任何一个人在任何一个环节都面临着一定的安全风险。在强力推行人的安全行为治理工作的过程中，一号煤矿积极引进 NOSA（诺莎）安健环体系，主动融入先进的理念和机制，形成了强大的互补和促进作用。通过细化工作标准，加强教育培训，让职工认识到所有"风险"都能得到有效控制，在作业中主动控制安全风险成为了职工的"条件反射"和本能。

3. 将"党建+安全"与人的安全行为治理有机融合

"党建+安全"工作模式是一号煤矿贯彻党建工作"融入中心、嵌入管理、发挥作用"理念的具体体现，是增强"党、政、工、团"对安全生产齐抓共管作用的有效途径。通过在党建工作中积极开展党员安全承诺践诺、党员"进送保"（进基层、送服务、保安全）、党小组灾害治理攻关、"强化安全意识·行为治理我争先"等活动，发挥了党员干部在人的安全行为治理工作上立标杆、做示范的作用。同时，一号煤矿把人的安全行为治理标准、要求融入到党建考核中，落实了党员干部主动抓安全的责任，形成了"党建+安全"与人的安全行为治理对促进安全生产"1+1＞2"的叠加效应。

（三）做实做细"七项管理内容"，推动人的安全行为治理落地生根

1. 做实做细"岗位描述"，提升员工素质

在强力推行人的安全行为治理的过程中，一号煤矿始终把"岗位描述"作为重中之重的工作来抓。在"岗位描述"文本编制上，按照标准定位准确，内容贴近实际及有用、管用、实用的要求，将每个岗位的"岗位描述"分为岗位职责及要求、工作流程、危险因素预知预想、作业标准、应急处置、事故案例 6 个部分，力求简练、全面、专业、准确，力图让干部职工明白怎么干、为什么要这样干、干到什么标准，达到什么样的安全质量效果，使文本具备了很强的指导意义。考核时，按照"怎么做的就怎么说"的差异化办法，对优秀的"岗位描述"能手披红戴花进行表彰，对基础差的职工进行"一对一"帮扶，促进了全员"知标、懂标、遵标、达标"。矿井每年举办"岗位描述"大赛，先后涌现了大量"岗位描述"能手；新入职职工掌握"岗位描述"后迅速成长为技术骨干，一批农协工也凭借过硬的业务素质转为正式工。

2. 做实做细"手指口述"，提升岗位技能

"手指口述"通过"手指"来引导眼看心想，通过"口述"来引导耳听心想，通过心（脑）、眼、耳、口、手的指向性集中联动强化注意力，能有效避免操作失误，保证作业安全。以主通风机司机、变电所巡检工、无轨胶轮车司机、智能化综采监控中心司机等关键岗位，以及多人配合作业和非常规作业项目为重点，编制了"手指口述"文本，作为指导职工安全作

业的规范。同时，加强"手指口述"教育培训，使职工认识到"手指口述"是自己指挥自己安全作业行之有效的方法，并学会根据实际作业情况进行融会贯通，以积极的心态主动运用，促进了岗位作业安全。

3. 做实做细"七种安全行为"，提升工作质量

"七种安全行为"包括排队上下班、统一着装、工作验收（确认）列表化、行进中的安全确认、干部危险预知表格化、班前礼仪、准军事化管理。其中，工作验收（确认）列表化、干部危险预知表格化主要是对安全生产管理人员的要求，其他5项主要是对普通职工的要求。

4. 做实做细安全风险评估，提升管控效果

在做好《煤矿安全生产标准化基本要求及评分方法（试行）》"安全风险分级管控"部分"1+4"辨识、评估、管控的同时，采用直观经验法、安全检查表法、工作危害分析法等对重大设备、生产安全系统、重点作业场所、非常规作业及岗位作业存在的安全风险进行全面辨识，采用矩阵法对风险进行评估、分级，列出各类风险清单，制定对应的管控措施。通过加强安全风险评估培训，提高全员安全风险意识，干部职工主动辨识、评估、管控风险成为了工作和作业习惯，实现了由"事中"治理事故隐患到"事前"管控安全风险的转变。

5. 做实做细干部走动式管理，提升管理水平

总体来讲，把干部走动式管理程序分为三个环节，第一个环节是任务布置和隐患排查环节，包括排定任务、接收任务、入井登记、领取A卡（干部走动式管理检查卡）、入井走动式巡查并填写隐患、升井汇报、确认签字；第二个环节是隐患处理环节，包括上传隐患、接收隐患、整改隐患、验收隐患、隐患销号，这个环节依靠安全隐患编码分析系统（安全隐患信息化管理系统）进行；第三个环节是考核环节，包括出具周报表、每周通报、月度考核。通过3个环节共15个步骤的规范管理，达到了"零盲区""零缺位"的要求，做到了对重点区域、关键环节、特殊时段的全面管控，确保了作业现场"系统无缺陷、设备无故障、管理无漏洞、人员无失误"。

6. 做实做细安全确认，提升程序要求

多年的实践不断验证着安全确认是保障岗位安全作业的有效方法。通过完善管理办法和考核机制，菜单式交接班、"双险双控""机环双检""三三整理"等制度成为了干部职工高度认可和自觉接受的安全确认方法，"先确认、后操作、不确认、不操作"在全矿蔚然成风，确保了规定动作执行到位、责任落实不打折扣，实现了班班安全。

7. 做实做细经济制度，提升保障能力

制定人的安全行为治理考核细则，分基础工作、教育培训、"岗位描述""手指口述""七种安全行为养成"、安全风险评估、走动管理、安全确认、内部经济制度、分析评价、示范岗位（现场）共11个考核项目，每月对部室、区队按千分制进行评分，将评分结果纳入安全结构工资办法。具体为，部室层面，在每月"532"绩效考核（即安全占比50%，日常行为占比20%，工作任务占比30%）"安全"部分划出30%进行人的安全行为治理考核；区队层面，在每月"5221"绩效考核（即安全占比50%、安全生产标准化占比20%、煤质或服务质量占比20%、党建质量占比10%）中"安全"部分划出60%进行人的安全行为治理考核；岗位层面，把人的安全行为治理融入到每班岗位价值B卡考核中，当班兑现。通过完善的考核措施和经济制度，使人的安全行为治理成为常态化的、习惯性的工作，强化了干部职工执行力。

（四）创新推进"五位一体"安全联动格局，强化安全行为治理

1. 强化员工自律

每个员工在生产作业中都是一个独立而又与其他员工相关联的个体，不可忽视的"蝴蝶效应"和安全链条原理告诉我们，要实现安全生产，必须从提升每名职工的安全素质和作业技能入手。围绕人的安全行为治理，大张旗鼓地开展"岗位描述"竞赛、技术比武、安全行为督导、"每日一题"培训等工作，推进了全员"应知、应会、应用"。制作人的安全行为治理"示范现场""示范岗位"教学视频，充分发挥辐射和带动作用，树立标杆典型，推广先进经验，营造"我要安全、我会安全、我能安全"的氛围。

2. 强化岗位自主

坚持在岗位内各员工之间实施安全"互保""联保"工作，促进相互监督，相互提醒，减少了人的不安全行为。采用流程图和表格的形式，综合作业流程、作业内容、作业标准、存在风险和管控措施5项要素，编制了各岗位标准化的作业流程。在安全技术措施中增加了作业循环图表，对作业工序进行分解，使各岗位人员的作业流程、标准更加清晰，增强了安全作业的指导性。以岗位为单位，每周组织安全风险评估，加强管控措施落实情况的监督检查，积极开展岗位作业后评价，采纳职工建议，推广先进经验，不断完善作业标准、流程，持续改进各岗位员工的作业认识和习惯。

3. 强化班组自觉

实行班组长公推公选办法，规范班组长选聘的八步流程，即提出申请→发布通知→产生候选人（职工联名推荐、职工自荐、队委会提名）→候选人资格评审→召开选聘会→报呈建档→调整待遇→任前谈话。两年来，先后指导 8 个区队公开选拔班组长 13 名，真正把责任心强、素质过硬的优秀职工选拔到了班组长的岗位上，发挥了班组长在劳动组织、现场管理、设备维护等方面的指挥、协调作用。健全班组（长）考核机制，融入人的安全行为治理管理要素，从安全、学习、技能、创新、和谐 5 个方面对班组进行考评，从安全管理、劳动组织、劳动纪律、民主管理、班组培训 5 个方面对班组长进行考评，以考促进、以考促改，形成人人参与、人人发力、人人负责的氛围，促进了班组工作落实。

4. 强化区队自治

各区队对照《人的安全行为治理工作指南》，逐条逐项对内业资料进行梳理完善、查漏补缺，建立健全工作档案，实现了分类分项管理，对自身工作开展进度做到了了然于胸，强化了自我鞭策作用。把人的安全行为治理工作重心放在作业现场，拓宽工作思路，创新工作方法，注重工作效果，切实将七项管理内容和"七种良好行为养成"应用到生产实际中。矿井适时组织召开人的安全行为治理区队对标推进会，推广人的安全行为治理标杆区队、示范岗位、示范现场的成功经验和先进做法，对一个阶段内人的安全行为治理开展情况进行系统回顾和总结，剖析存在问题和不足，研判改进方向和方法，以更有效的措施推进区队工作的开展。

5. 强化专业自保

实施安全"包保"机制，将区队、井下区域划分给各部室科部长、矿领导班子进行"包保"管理，促使管理人员主动为所包区队、片区想办法、拿对策，规范了管理行为，提高了管理水平。出台隐患追溯问责制度，上级检查下发隐患通知单（处理决定书、通报等）后，按照隐患级别进行问责。若隐患属于"已由归口业务部室检查发现并安排整改，责任单位未按要求整改到位"的，则对责任区队进行处罚问责；若隐患属于"归口业务部室检查未发现"的，则对责任区队和归口业务部室同时进行问责，取得了"处在检查的位置思考，站在被检查的角度提升"的效果，推动了部室干部走动式管理等工作的落实，确保了分管专业动态达标。

（五）构建 NOSA（诺莎）与人的行为治理一体化的安健环风险管控体系，创建本质安全型矿井

紧紧抓住"人"这个安全管理的关键和核心，按照 NOSA（诺莎）安健环体系的思路，划分管理元素，进一步完善安全风险辨识、评估、管控等全过程的工作办法，建立安全风险清单，制定管控措施。在强力推行人的安全行为治理过程中，坚持"以人为本，全员参与"的原则，树立全员风险意识，以人的良好安全行为为抓手，确保安全风险管控措施落实到位，并不断改进管控措施。同时，积极应用 PDCA 管理方法，加强对人的安全行为治理工作检查、反馈、提升等环节的监管作用，不断完善监督体系、考核体系、激励体系，使矿井安全的"根本和内质"处于良好状态，打造美丽和谐平安智慧新矿山。

三、结论

通过实施人的安全行为治理"14751"工作模式，形成了干部职工上下协作的共同意志，通过层层立标杆、作示范，显示出了巨大的安全管理动能，提升了全员安全素质和各层级的安全管理水平。随着对治理人的安全行为"14751"工作模式的不断深化，全面规范了安全生产中的人的管理和操作行为，发挥了"人"调节"机、环、管"三个要素安全状态的主导作用，促进了安全管理"人、机、环、管"四要素的最佳匹配。

以全要素本质安全管理助推安全文化建设

湖北襄阳泽东化工集团有限公司　宋开荣　尹芙蓉　张建辉

摘　要：通过对化工企业的行业特性进行分析，提出了与本质安全相一致的全要素本质安全管理模式，此模式是企业安全文化建设的重要手段，也是公司可持续安全发展的基本条件。本文在本质安全文化的基础上阐述了全要素本质安全管理的内涵，并探讨了其与安全文化建设相结合的主要做法，深入介绍了本质安全理念和管理体系的建立，本质安全型员工的教育和塑造，本质安全的物质和环境基础建设，以及安全生产监控、预警应急管理风险评价与改进等几个方面的具体实践，最后总结了全要素本质安全管理的实施效果，指出该模式有一定的推广价值。

关键词：化工企业；全要素；本质安全；安全文化建设

一、全要素本质安全管理实施的背景

化工企业一般具有"生产连续性强、工艺流程复杂、高温高压、易燃易爆、有毒易腐蚀"的特点，这些特点决定了化工企业更具有危险性。每年都有相当数量的化工企业因为缺乏有效的安全管理而导致安全事故发生，这些事故往往危害大、影响大，给国家和人民群众的生命财产安全造成巨大损失。本质安全提出的"一切事故都是可以预防和避免的"这一观点正好与化工企业安全管理的目标相一致。

受限于传统的安全管理思维惯性，在泽东公司部分干部员工中，仍存在重生产、轻安全等现象，存在人员流动性与安全管理要求不相适应，员工的安全意识、安全行为与不断优化的安全硬件及现代化的过程控制装备不相适应，传统的安全管理模式不能满足现代企业管理需求等矛盾，各种的矛盾对公司的生存和发展十分不利。为了扭转不利的局面，湖北襄阳泽东化工集团有限公司（以下简称泽东公司）进行了系统的、全要素（包括员工、环境、设备、生产过程和产品等各方面要素）的管理，保证所有与企业安全生产相关的因素都得到有效的控制，取得了显著的效果，但是在某些方面仍存在着薄弱环节，因此从 2012 年年底开始提出并实施全要素的本质安全管理。

全要素的本质安全管理既是泽东公司安全文化建设的外在表现形式，是公司取得可持续安全发展的基本条件之一，也是公司利用创新的理念和方法从传统的安全管理模式向现代化的本质安全管理模式转型的重要手段。

二、全要素本质安全管理的内涵和主要做法

全要素本质安全管理的内涵是：以"安全为天"的管理理念为引领，运用海因里希因果连锁论、安全人机学原理、安全行为原理、安全系统原理及人体生物节律理论，融职业健康安全管理体系、安全标准化建设及危险化学品生产企业安全要求、化工生产规范于一体，采用 PDCA 闭环管理模式、过程和方法，汇集泽东公司多年安全管理的研究和实践经验，在科学与技术、理论与实践、基础与应用的综合层次上，将文化、情感、教育培训、物质和环境、监视测量、制度、预警应急、评价等多要素有机结合在一起建立的适合化工企业自身生产特点的安全管理。

本质安全管理不仅强调责、权、利的有机结合，更注重绩效监视、测量和持续改进，以提高预期结果及安全管理绩效，促使公司在工艺复杂、危险众多的环境条件下，依靠内部系统和组织，消除安全隐患，实现本质安全的管理目标，促进企业快速、健康、可持续发展。其主要做法如下。

（一）确立本质安全理念、健全本质安全管理体系

安全生产关键在人。人是安全的决定性因素，最终决定安全的是人而不是物，是人对管理客体实施有效的控制，这是本质安全的基本内涵和实现本质安全管理的关键。

泽东公司以安委会为全要素本质安全管理的最高

管理机构，总经理为本质安全管理的第一责任人，分管安全的副总经理为本质全管理的具体负责人，安全部作为本质安全管理的专职管理部门，企业文化部、党群办、职工大学、设备管理部、安全部、生产调度部等职能部门分别作为文化、情感、教育培训、物质和环境、监视测量、制度、预警应急、评价等要素的主管职能部门，各车间为本质安全管理的具体实施组织，形成一套完整的本质安全管理组织体系。各组织各司其职，各要素互相联系、相互影响、相辅相成，达到本质安全的管理目标。

（二）与安全文化建设结合，塑造本质安全型员工

安全文化建设的核心是塑造本质安全人，这与本质安全管理的目标相一致。通过宣传、教育、培训等活动将安全文化渗透到日常管理当中，以塑造本质型员工为最终目的。

（1）将安全文化教育纳入新员工入职必修课。公司对所有新员工都要开展安全文化普及教育，重点学习《企业文化手册》中的核心文化及安全文化。通过对安全文化中的安全生产方针、理念、安全承诺和警示语的学习，加深"安全为天、生命至上""以人为本、关爱生命"等核心理念认知认同，作为企业打造本质安全型员工的基础。

（2）常态化组织主题宣教活动。内部报纸《泽东报》开辟安全文化专栏，确保每期有固定的安全文化宣传版面；各党支部每季度至少办一期以安全文化为主题的黑板报。坚持班组安全文化学习每星期一次，车间、科室级安全文化学习每月一次，公司级大型安全文化学习活动每半年一次。在厂区和办公楼内设置大量通俗、有趣的安全文化标语，使员工耳濡目染中不断接受安全文化的熏陶。经常性组织各类员工喜闻乐见的安全文化活动，如举办以安全为主题的演讲比赛、安全生产知识竞赛等，吸引员工自觉树立安全意识，积极学习安全文化知识，为实现本质安全营造了浓厚的安全文化氛围。

（3）树立安全生产典型人物。通过树立典型人物，宣传其先进事迹，使其成为员工的榜样。公司每年评选一次安全生产先进人物，采用先进事迹宣讲会及《泽东报》刊登先进事迹等方式对安全生产先进人物的事迹进行大张旗鼓的宣传报道。

（4）通过情感管理，及时掌控和调整员工的不良情绪。情感管理要求管理人员从情感识别开始，准确把握员工情绪波动，积极探寻根源，及时掌控调整员工的不良情绪，尽可能避免发生安全事故。当员工在生产过程中出现"三违"问题，管理人员按照制度执行的同时，又给予其人文关怀，注重心理疏导，对工作中出现的不安全行为及时进行剖析和整改，形成互相关心、互相照应、彼此提醒、共防事故的良好氛围。

（5）加强塑造本质安全型员工培训。以新员工为重点开展三级安全教育，以安全文化为内容开展专项培训，以师带徒为基础开展技术工种岗位技能培训，以强化员工的动手能力开展定向培训，以"每月一题"班组活动为内容加强基层员工日常安全培训，以提高主要负责人、安全生产管理人员、特种作业人员综合素质为重点开展创新培训等。公司十分注重对员工进行安全事故案例培训。此外公司先后与武汉工程大学、中南民族大学、江汉大学、长江大学、湖北文理学院、中南大学等多所高校与公司签订校企合作协议。

（三）强化本质安全的物质和环境基础，夯实本质安全硬基石

狭义的本质安全就是指设备系统的安全可靠，所依靠的理念是设备系统的完备性、高品质和高自动化及系统协调性，可以说这是本质安全的硬件基石。

（1）恪守本质安全理念，注重设备和工艺的安全性能和自动化程度。工程技术人员在新建项目和技改新增项目的设备选型过程中，优先选取自身安全性和可靠性良好的设备，并且对采购回来的设备的安全性能进行严格验收，做好源头控制。在工艺设计中，技术人员要充分考虑设备和工艺的自动化程度，实现机械化减人，自动化换人，极大程度地减轻岗位员工的劳动强度，有效保障安全生产。

（2）增强创新意识，对现有设备设施不断进行技术升级改造。对公司现有的设备和设施进行研究，对生产过程中已经发现的设备安全缺陷，采用技术措施来消除或控制危险，如增加安全保护措施、将危险区域完全封闭等技术改造升级方法，确保设备和设施的安全使用，减少设备和设施对人员的伤害。

（3）树立"重在维护、系统维护"思维，做好特种设备的定期检测及全部设备的日常维护管理。设备管理部不断细化设备管理，按规定对设备进行定期检

查和检测，确保特种设备附属的安全附件、安全保护装置和与安全保护装置相关的设施完好。各车间的设备管理者对本车间的各类设备加强管控；设备维修人员严格按设备的安全检维修规程实施检维修；加强设备操作人员的安全培训教育，提高他们发现设备异常状况和处理紧急情况的能力。

（四）实行严格的安全生产监控制度

安全生产是一门极为严格的管理科学，监督管理是其中关键一环，泽东公司坚持"预防为主"的方针，持续健全和严格执行安全生产监管制度。一是加强易燃、有毒有害气体的监测，在主要危险场所安装有毒、易燃、易爆气体在线监测分析仪，信号直接传入调度指挥中心和各相关岗位 DCS 指挥界面，一旦发生突发性泄漏或者泄漏达到报警值系统自动报警。二是加强轴位移检测、振动检测、转速检测等大型设备的检测，通过先进的在线测试仪器测出设备运行状态时的数据，操作人员通过设备参数及状态的变化，及时分析原因并对运行状态进行趋势跟踪，做到有计划的检维修。三是加强重大危险源的监控。通过公司定制的软件实现市级安监部门对公司重大危险源的在线监控和一键控制，采用远程监控、遥控应急处置技术，应用可监测温度、压力、液位、流量、组分等参数的实时监测预警系统和可燃、有毒、有害气体泄漏检测报警装置应用情况，实现危险化学品重大危险源的安全管理自动化。四是建立有效的安全联锁系统和供电保障系统，针对合成氨生产线具有易燃、易爆、易中毒、高温、高压等生产特点，建立包括罗茨风机联锁、合成超压放空联锁、合成切气联锁等众多安全联锁，形成联锁系统，联锁数量占公司联锁总数的 50% 以上。在供电方式上实行外供电双回路，实现任何一路出现跳闸断电就会立即切换到另一路上，锅炉给水和重大危险源均配备自动发电装置，保障生产安全、有序地进行。五是建立摄像监控系统，对关键装置、危险源、重要场所、各岗位控制室安装高清监控探头共计 249支，实现对现场、环境、人员全天候实时监控。

（五）强化预警应急管理系统

（1）加强应急预案与演练。公司组织专业评价小组对危险源进行辨识，对安全风险进行评估，将各岗位的危险因素、紧急情况及防范措施全部写入岗位操作规程，要求员工熟练掌握。由工程技术人员、车间干部及各职能部门干部组成预案编制小组，分专业按照《生产经营单位生产安全事故应急预案编制导则》的要求进行应急预案的编制工作。每年 6 月和 11 月各车间集中组织开展车间级应急预案演练活动。通过演练，员工不仅熟悉紧急情况的处理流程和应对方法，同时查找预案的不足之处，将演练中发现的问题反馈至公司安委会。专业评价小组对提交的问题进行讨论并修改，使其更具可操作性。修改完成和评审后，重新下发和组织学习，形成闭环管理。

（2）强化预警应急管理的保障措施。一是制度保障，明确应急救援的方针与原则，规定相关组织在应急救援工作中的职责，划分响应级别，明确应急预案编制和演练要求、资源和经费保障、法律责任等。二是通信、报警系统，采用内部电话、防爆对讲机、应急广播等多种通信方式传递信息。三是资金、物资与人才支持，成立"武装部防化连"，配备专业安全生产管理人员进行训练指导，开展组织训练。四是教育和培训，加强应急救援政策、基本防护知识、自救与互救基本知识等应急处理技能教育培训，设立应急救援培训站，邀请专家定期对应急救援队伍进行专业的强化培训。

（六）对安全生产的风险评价与不断改进

本质安全的核心就是风险预控，是通过专业、全面的风险评价，减少和控制生产中的危险、有害因素，降低生产中的事故风险，减少生产事故，有效地保护公司的财产及其相关人员的健康和生命安全。

（1）公司自身开展专业风险评价。成立专业安全评价小组，深入生产车间，识别生产过程中的危险有害因素，针对不同环节、不同内容采用不同的评价方法。编制评价报告后同相关资料提交安全副总审批，并对安全风险因素的控制情况进行跟踪监督，并将评价的初步结果下发至各车间进行学习。鼓励各车间、班组人员对评价的结果提出意见和建议，评价小组对反馈的意见进行分析和讨论，形成最终的评价报告下发至各车间。车间根据报告内容的指导，制定相应的制度和检查表格，开展日常安全管理。

（2）邀请第三方进行专业安全评价。按照法律法规要求联系第三方专业评价机构定期对公司进行安全现状评价和重大危险源评价，通过第三方的角度帮助公司查找安全生产问题。

（3）根据评价等级采取管理措施。当评价结果为安全可控或基本可控，可边工作边整改隐患；当评价结果不可控，要求其停止工作，进行隐患整改；当隐患整改完成后，通过评价人员再次评价达到安全可控或基本可控，方可进行工作，同时对安全管理工作进行评估，实现持续改进。

三、全要素本质安全管理的实施效果

泽东公司自推行本质安全管理以来，安全生产形势平稳，生产规模和经济效益不断提升，各类安全事故逐年下降，未发生火灾、爆炸、重伤及以上责任事故，轻伤事故发生率呈大幅下降趋势。本质安全管理的所有要素充分考虑化工企业的安全管理特点，与安全文化有机结合，涵盖人、机、料、法、环等各个方面，以科学严谨的全要素设计，形成务实高效的安全运行机制，达到全员、全过程、全天候的本质安全管理全覆盖，进一步增强各职能部门的安全责任意识，真正做到安全第一，不安全不生产，将一岗双责从管理方法上落到实处，具有一定的推广价值，为企业的进一步快速、健康和可持续发展奠定了坚实的基础。

安全文化建设在金陶公司的实践

内蒙古金陶股份有限公司　张长征　王寿刚　姚文华

摘　要： 保护劳动者的生命健康和职业健康是安全生产最根本最深刻的内涵，是安全生产的本质核心。金陶公司通过创新安全思维、修订制度规程、实施"人本""物本"建设、开展安全风险分级管控、压实安全责任、建立健全应急救援体系等措施，有计划分阶段地开展企业安全文化建设。经过三年多的实践，金陶公司各项安全生产工作水平不断提高、全员安全生产意识明显增强、各级安全管理水平得到进一步提升。安全文化建设的实施，对企业先进安全文化理念的固化传承和安全行为文化的落地生根具有积极的指导意义。

关键词： 安全生产；安全文化建设；安全理念；安全行为；职业健康

内蒙古金陶股份有限公司（以下简称金陶公司）是中国黄金集团公司一级子公司，是以生产黄金为主的矿山企业。金陶公司位于内蒙古赤峰市敖汉旗东南部金厂沟梁镇，南与辽宁省朝阳地区交界，所在的金厂沟梁矿床属国家级大型金矿床，历史悠久。金陶公司集地质勘探、矿山开采和选冶于一体，现有 4 个采矿区，2 座选矿厂，16 个职能部门，1 个子公司，在岗职工 1940 人，年产黄金 1.8 t 左右，副产银、铜、铅、硫，现有总资产 8 亿元，年产值 5 亿元左右，为国家二级安全标准化企业。

原来，金陶公司安全生产管控水平处在以传统、常规和经验安全管理为主的低安全管控阶段，安全管控结果不理想，员工普遍存在不按工艺纪律、操作纪律和规章制度做事的不安全行为，"物本""人本"匹配化水平低，事故多发频发。因此，开展企业安全文化建设工作十分必要。

一、安全文化的创建

企业安全文化是企业员工所共享的安全价值观、态度、道德和行为规范的统一体，包括安全理念、安全制度、安全态度、安全习惯和安全环境等。基本建设要素包括安全承诺、行为规范与程序、安全行为激励、安全信息传播与沟通、自主学习与改进、安全事务参与、审核与评估等内容。

2015 年 1 月金陶公司启动安全文化创建工作。根据国家 AQ/T 9004—2008《企业安全文化建设导则》、AQ/T 9005-2008《企业安全文化建设评价准则》和《全国安全文化建设示范企业评价标准（修订版）》（安监总厅政法函〔2012〕150 号），以及企业安全文化建设内容，金陶公司安全生产按照"一年控制事故总量，两年实现零死亡和事故总量大幅度下降"和"两年实现系统管控向风险管控过渡，三年实现稳定"的目标，将安全文化建设分为四个阶段。

第一阶段：灾难性与致命性作业管控建设。以控制灾难性作业风险和致命性作业事故发生为目的，开展零伤亡构架体系、安全物理环境、安全理念体系、安全管理制度体系等重点建设工作。

第二阶段：先进管控法重点建设。创新开展"安全三区""安全红区"、规范厂矿班组管控模式、四抓两保一控、采掘标准化、安全风险分级管控与隐患排查治理双重预防机制建设等先进的管控方法。

第三阶段：全面系统建设。研究编制金陶公司安全文化六大管控思想、十四个"五阶段"模块，细化量化阶段建设任务，制订建设计划，按照任务时间节点进行建设。

第四阶段：巩固提升与风险管控全面建设。按照"思维模式+行为模式=文化落地"的顶层设计思想，推进"安全三区""安全红区"、样板采场建设、规范厂矿班组安全管理、安全风险分级管控与隐患排查治理双重预防机制建设等重点工作，完善运作管控机制，实现常态化管理。

二、安全文化建设措施

（一）创新安全思维，构建安全文化理念体系

按照管"安全"要管"观念"的管控思想，借鉴国内先进的安全文化理念，结合金陶公司自身特点，

优化安全管理思路，创新安全管理理念，建立"以人为本、生命至上"的安全核心价值观、"建设文化管理平安矿山，打造中国黄金安全典范"的安全愿景、"营造安全环境、建设平安金陶"的安全使命、"管理零盲区、行为零违章、设备零缺陷、环境零风险、实现零伤害"的安全目标、"任务重重不过安全、千金贵贵不过生命"的人本理念、"安全是管理者的首要责任，是员工应尽的首要义务"的责任理念、"让管理成为文化、用文化管控安全"的管理理念、"先确认、后操作"的作业理念、"一切风险皆可控制、一切事故皆可预防"的预防理念等九大安全理念引领体系。按照安全理念文化"宣贯入脑—塑培入心—建制践行—固化入魂"的形成路径，采取安全宣讲、模拟事故责任追究发布会、安全文化分享、演讲比赛、安全宣誓、安全座谈交流等多种形式，逐步实现安全理念引领员工安全价值观和责任观的转变，为金陶公司特色安全理念提供了落地的导向和途径。

（二）修订制度规程，研究建立安全管理制度文化体系

依据管"安全"要管员工"习惯"的管控思想，按照"人管人、管事—人、制度并管—制度管人、管事—制度管人、流程管事—文化管人、模式管事"的安全制度文化建设路径，建立安全管理制度体系。一是依据相关的法律、法规和标准，按照"科学性，可操作性，简单和实用性"等原则，修订安全管理制度，完善各岗位安全操作规程，编制职业健康管理制度。研究建立体系化、系统化和能够保障安全文化有效建设的安全文化建设管理制度，编制了建设和管控流程，实现和体现制度管人、流程管事，为迈向制度文化提供保障。二是研究建立和运作十五项规范厂矿和班组两层级安全管控模式。建立"四抓两保一控"（即正职抓结果管理、副职抓过程管理、班组长抓细节管理、安全员抓监督管理，细节保过程管理、过程保结果管理，监督管理控制层级管理落实）管理体制；建立抓规范化排班、规范化交接班，促进班中操作过程细节安全控制的"抓两头促中间"的班组安全管控体制；逐步形成厂矿和班组的"自我管理、自我控制、自我改进"的自治自控合力管理模式。三是构建属地化管理体制机制，强化管理，不断提升对外来单位的管控水平，助推安全管控效果。按照"区域谁主管、安全

谁负责"的安全责任和安全理念，构建了属地化管理体制，提升对外来单位的施工过程安全管控水平，将外来施工单位的安全监管工作纳入本单位安全管控体系中统一管理，与本单位的安全生产工作同时部署、同时落实、同时检查、同时安排整改、同时总结、同时考核，实现施工全过程监管，减少和防止事故发生。

（三）实施"人本、物本"建设，提升人机环科学匹配化水平

依据管"安全"要管"人本"和"物本"建设的管控思想，实施了"人本行为文化、生产组织、员工塑培"三人本管控阶段任务建设，以及"物本"物质文化、工艺系统、设备设施和人员、机器、环境匹配化四模块任务建设，不断提升本质安全化水平，逐步实现用"安全行为文化和安全物质文化"管控安全。

（1）让行为安全理念成为思维引领。金陶公司以行为文化的"强制被动—依赖引领—自我管控—行为养成"形成路径为建设指导，全面开展行为文化、生产组织、员工塑培三人本管控任务建设。以"行为安全理念"为思维引领，以"安全制度文化"为规范，不断规范安全行为，采取有效措施，强化行为落地，促进人本运行水平提升。

（2）强化本质安全人建设。以理念宣贯等方法培养员工安全意识，以开展法规制度、岗位安全风险培训提升员工安全知识水平。采取岗位练兵、传帮带、现场模拟和实战演练等方式逐步提升员工安全技能，采取常规传统培训与专业化培训相结合、知识培训与技能训练相结合、公司级与厂矿级培训相结合的"三结合"塑培体制，确保了塑培质量，全面提升员工综合安全素质，使员工逐渐由非本质安全型员工向本质安全保障型员工过渡，最终成为本质安全型员工。

（3）强化行为规范落地建设。创新制定了上下楼梯扶手、下现场必穿戴劳保用品、驾车必系安全带等员工日常安全行为规范；层级领导逢会必讲安全、下现场必检查安全、对违章必纠偏和引领、到基层必研究四安全（工艺系统安全、设备设施安全、作业环境安全、员工行为安全）等"五必做"行为规范；建立和运行了岗位人员"三违""五必"控制体系，即岗位人员保命条款、规程必掌握，对"三违"人员必纠偏、"三违"人员必过"三关（培训关、考试关、家属签字关）""三违"人员必须量化考核、"三违"

原因必须分析；建立精神状态确认、身体状况确认、应知应会确认、持证情况确认、劳保用品穿戴确认岗前"五项准入"和安全宣誓、规范记录、手指口述等交接班行为规范；对标准化建设等系列行为规范，采取有效措施，强化落地，逐步实现领导层、管理层自觉依法依规管理、操作层按章操作的安全行为新格局。

（4）让物态安全理念成为思维引领。金陶公司按照"本质化状态评价—安全三区、红区建设—安全可靠性建设—本质安全型建设—安全保障型建设"的物质文化形成路径为建设指导，全面开展物质文化、工艺系统、设备设施和人员、机器、环境匹配化四大"物本"管控模块阶段任务建设。建设过程中采取有效措施，加大安全投入，强化物理硬环境和可视化人文物理软环境建设。

完善物理硬环境建设。开展工艺和设备的"安全三区""安全红区"、安全可靠性、固有本质建设，完善物理硬环境建设，逐步提升人员、机器、环境科学匹配化水平。引进了合规性蓄电池电机车，将井下电缆更换为本质安全型阻燃电缆，完善了矿山竖井提升系统的松绳保护装置、完善了设备设施的安全防护和安全隔离装置等。

开展可视化人文物理软环境建设。金陶公司实施了安全色彩管理，设置了安全文化长廊，完善了安全标志标识，营造了良好人文环境，促进了员工行为本质安全化水平的提升。

（5）创新采掘系统安全管控新模式，研究建立和有效开展了采场"三模式"安全管控法建设（采场安全"红区"管控+执行"保命条款"+安全生产标准化采场建设）、管控和保障机制。采掘系统是金陶公司安全管理的难点重点，是事故高发区域，制约安全管理水平的提升，通过开展采矿场"三模式"安全管控法建设和管控保障机制运行，采掘系统现场面貌发生了较大转变，采场员工行为有了很大规范，提升了采掘系统人机环的本质安全化水平和匹配化程度，初步实现了采掘系统的精细化、流程化、模式化管控，促进了公司整体安全管控水平和安全绩效的提升，并减少了矿石损失和贫化率，提高了经济效益，逐步实现了采掘系统安全管控新常态。

（四）建立零伤害构架体系，为实现零伤害、零死亡提供保障

按照管"安全"要管"安全三区、红区和保命条款"建设，管控"安全风险"，构建安全风险分级管控和隐患排查治理双重预防机制。

（1）辨识和明确各单位的重大安全风险、较大安全风险、一般安全风险和低风险，研究和制定每项安全风险的管控措施并排版上墙，对相关人员进行培训，明确风险地点、风险级别、危险源类型、风险管控措施、风险落实人和管控责任人，强化执行。

（2）结合实际，对可能存在重大风险的工艺系统或装置的关键变量参数、人员操作、作业区域、项目建设等按照安全区（绿区）、警戒区（黄区）和危险区（红区）实施"安全三区"管控，确保其始终处于受控状态。对存在重大安全风险或较大风险的采场、竖井井口、炸药库、变电所等区域实施"安全红区"管控。对存在致命性伤害的作业，研究编制"保命条款"，要求作业人员和管理人员牢记，作为安全底线和不可逾越的红线高压强制执行。对非致命伤害性作业，编制零伤害条款，与保命条款一样作为高压条款强制执行。

（3）参考GB16423-2006《金属非金属矿山安全规程》研究制定了《隐患排查标准》，标准包含了设备设施、工艺系统、作业环境和员工行四类隐患，明确了隐患级别（A级、B级、C级、D级4级）和隐患整改层级。将《隐患排查标准》作为公司、厂矿、班组、岗位四级安全检查依据。坚持"逐级排查、逐级负责、分层管理"的原则，按照"岗位班查、班组日查、单位周查、公司月查"的四级隐患排查运行机制，开展隐患排查工作，对查出的隐患及时整改，实现隐患整改闭环管理。

（五）压实安全责任，确保安全文化建设落地

金陶公司以"管安全就是管责任压实，让压实挺在追责前"为指导思想，研究建立了具有金陶特色的安全责任管控体制和运行保障机制。

（1）建立了公司、部门和厂矿三层级纵向安全管控、综合安全管理与专业化安全管理相结合的横向安全管控体制。建立完善了厂矿单位级和班组级安全管理体制。制定了《安全文化建设管控责任清单》，实施流程化照单公告、照单建设、照单管理、照单通报

和照单追责，落实安全责任。

（2）发挥专业部门作用，提升专业化安全管控水平。按照"管安全就是管专业化安全，管业务必须管安全"思维模式，结合生产组织、设备设施、工艺系统、员工塑培和项目建设五大专业化模块建设要求，建立完善职能部门专业化安全管理配套制度体系，如专业性安全检查和隐患整改核销制度等，使专业化安全管理实现流程化、程序化、规范化。

（六）应急到位，把应急准备挺在事故救援前

管"安全"就要管应急到位。根据国家标准和规范，金陶公司成立应急办公室，建立二级质量标准化矿山救护队，建立健全事故应急救援体系，井上、井下各单位分别建立一个应急救援装备库，按要求配备齐全救援装备。编制了《金陶公司生产安全事故应急综合预案》《火灾及爆炸事故专项应急预案》3 个专项应急预案，以及《井下冒顶片帮事故现场处置方案》等 10 个现场处置方案。每年年初制订年度演练计划，实时按计划开展公司、厂矿、班组级演练，且每次演练结束均进行评价和总结，持续改进和完善预案或方案，达到普及员工应急自救知识，提高应急自救技能，增强应急处置救援能力的目的。

三、安全文化建设的效果

金陶公司经过 3 年多有计划、有步骤的安全文化建设，持续巩固和深化安全文化建设成果，上下齐心，不懈努力，初步形成了富有金陶特色的安全文化体系。良好的安全观念已基本树立，"管安全就是要用文化管控安全、管安全就是要管物本和人本建设、管安全就是要管风险"等管控思维习惯已基本形成，良好行为习惯也已培养形成，"让良好安全习惯积淀成金陶文化，用金陶安全文化管控安全"也逐步体现，良好

建设效果正在显现。

（1）实现了 5 个转变。一是逐渐由传统、常规、经验管理向科学管理、文化管理转变，二是逐渐由被动管理向主动管理转变，三是逐渐由要我安全向我要安全、我会安全、我能安全转变，四是逐渐由粗放管理向精细化、模式化、层级化和规范化管理转变，五是逐渐由安全部门单管安全向"安全部门综合管理+专业部门专业化安全管理"转变。

（2）取得了 8 个方面提升。一是安全管控级别显著提升，二是人本安全水平显著提升，三是物本安全和人机环科学匹配化水平显著提升，四是安全风险管控水平显著提升，五是良好安全人文环境营造能力显著提升，六是员工塑培水平显著提升，七是安全功效、安全绩效显著提升，八是企业管理水平整体提升。

四、结语

企业安全文化建设，要紧紧围绕一个中心——以人为本，两个基本点——安全理念渗透和安全行为养成，内化思想，外化行为。2015 年以来，金陶公司积极开展企业安全文化建设工作，员工安全意识不断增强，安全行为进一步规范，安全基础不断夯实，安全管控水平进一步提升，安全生产形势持续稳定，真正实现了用安全文化管控安全。

金陶公司安全文化体系具有鲜明的特色和行业特点，今后将继续牢固树立"一切事故皆可预防，一切事故皆可避免"的安全理念，着力搭建先进、科学的固化安全思维模式、管用有效的行为工作方式和长效建设的体制机制，以实现系统管控、风险管控的常态化，为实现"零伤害"，打造金陶公司安全文化发展之路而努力。

浅谈煤炭企业"153"安全文化管控模式

兖矿集团有限公司　李希勇

摘　要： 兖矿集团有限公司（以下简称兖矿集团）是以煤炭、化工、装备制造、金融投资为主导产业的国有特大型企业。面对煤矿开采自然灾害威胁严重、安全管理难度加大、安全形势日益严峻的实际情况，兖矿集团坚持以"隐患就是事故、防治胜于救灾、健康价值至上"安全理念为引导，构建文化引导、风险预控、技术支撑、装备保障、考核问责五大体系，推动安全管理由防事故向控风险、由保生存向保健康、由人盯人管理向自主化管理"三个跨越"，形成独具兖矿特色的"153"安全文化管控模式，有力推动了兖矿集团向自主本质安全型企业目标转变。本文主要阐述了"153"安全文化引导的管控模式的内涵和具体措施，以期为其他煤炭企业提供借鉴。

关键词： 兖矿集团；煤炭企业；"153"安全文化管控模式；五大体系

一、"153"安全文化管控模式的提出及内涵

以人为本、安全发展已成为经济社会发展的重要基础。党的十九大报告明确要求"树立安全发展理念，完善安全生产责任制，坚决遏制重特大安全事故"，为煤矿企业安全工作指明了方向、提供了遵循。兖矿集团是以煤炭、化工、装备制造、金融投资为主导产业的国有特大型企业，在国内外拥有生产矿井 30 对，煤炭产能 1.6 亿吨。近年来，兖矿集团认真贯彻开创新时代国家安全工作新局面的重要指示精神，着力在践行安全核心理念上抓提升、在推动体系构建上下功夫、在推进三个跨越上求实效，明确提出"隐患就是事故、防治胜于救灾、健康价值至上"的安全理念；着力构建文化引导、风险预控、技术支撑、装备保障、考核问责"五大体系"；推动安全管理由防事故向控风险、由保生存向保健康、由人盯人管理向自主化管理"三个跨越"，创建了独具兖矿特色的以"153"安全文化为引导的安全管控模式，实现安全生产 12 周年。

二、"153"安全文化管控模式的具体内容

（一）深化安全发展理念，发挥安全文化引导作用

五年安全靠管理，十年安全靠制度，本质安全靠文化。安全文化是安全发展的灵魂。兖矿集团各级组织深入贯彻上级一系列安全工作指示要求，树牢"管行业必须管安全、管业务必须管安全、管生产经营必须管安全"的意识，坚持从文化中借力、在文化上发力，切实增强文化自信。一是树牢"隐患就是事故"的理念。隐患不除，事故难免。牢固树立"发展决不能以牺牲安全为代价"这条不可逾越的红线，树立"隐患不消除就是违法"的理念，把隐患当成事故对待，把苗头当成事故处理，把问题当成事故分析，推动安全管理关口前移，做到"治病于未病、防患于未然"。二是树牢"防治胜于救灾"的理念。立足超前预防、准确预报、科学防治，把风险管控挺在隐患前面，把排查治理挺在事故前面，把灾害隐患消灭在萌芽状态，在安全管控上时刻都要紧起来、狠起来、严起来，下硬功夫、苦功夫、实功夫，推动安全管理由"宽松软"走向"严实硬"，最终实现无灾可救、无险可抢、无事故发生的目标。三是树牢"健康价值至上"的理念。企业不仅要保障职工生命安全，更要关注职业健康。兖矿集团各级组织把保障生命安全健康作为职工的最大福利和干部的第一责任，记在心上、扛在肩上、抓在手上，实施职业安全健康保障工程，着力加强粉尘、噪声、高温等职业病危害因素防治，深化安全不放心人排查，让职工体面劳动、快乐工作、健康生活。

（二）加强拓展风险预控体系，创新机制建设

双重预防机制推动安全生产关口前移，把风险控制在隐患形成之前，把隐患消灭在事故发生之前，深刻理解了本质安全的核心理念，深层次贴合了本质安全"以风险预控为核心，持续的、全面的、全过程、

全员参加的安全管理活动"的基本原则和核心思想，是切实提升企业安全生产水平、实现本质安全的有效手段。

一是责任细化落实到全员。明确集团公司、专业公司、矿处单位三级安全职责定位。集团公司突出安全系统评价、重大灾害治理和重大事故防范；专业公司突出专业技术管理、重大工程设计、安全制度监督执行；矿处单位突出安全规程措施落实、安全双基建设和系统安全高效运行，形成层次清晰、重点突出、覆盖全面的安全责任体系。二是创新安全评价方式。建立专家查隐患、部门抓督查、单位抓整改"三位一体"安全评价机制，从基础管理、系统优化、灾害防治、技术装备等方面开展全过程、全区域、全要素评价，形成"评价诊断、落实整改、考核奖惩、优化提升"的闭环管理，切实提高评价深度、保证评价质量。三是风险评估贯彻全过程。建立矿处单位科室、区队（车间）、班组、岗位"四级"安全风险评估机制的运行管理和检查考核，严格"三位一体"安全检查确认制度，确保安全风险全面辨识在现场、有效管控在现场。四是在提升应急处置能力。严格落实大风雷雨天气室外停止作业等夏季"三防"、化工"四防"措施，加强巡查防护、应急值守和演练，完善重大灾害应急预案，编制各岗位应急处置卡，开展逃生避险、自救互救、先期处置应急演练，提高科学快速施救能力。

（三）完善技术支撑体系，加强安全环境建设

科学防灾、科技治灾，坚持依靠科技、源头治理、标本兼治，着力破解治理难题，构建技术支撑体系。持续开展安全高效技术研究，推动工作面单产单进、全员效率、生产成本等经济技术指标处于世界领先水平，打造技术支撑五大示范工程。一是重点开展特大采高年产 2000 万吨智能综放成套装备与工艺技术研究，创新"以采为主、以放为辅"理念，加快突破浅埋深、坚硬煤层综放开采重大技术，打造坚硬煤层高效开采示范工程。二是大力推广应用大功率硬岩掘进机、快速安撤和无轨运输等新技术、新工艺，打造深部矿井快速掘进示范工程。三是强化深部开采冲击地压、火灾、水害等综合防治技术研究，推广应用防灭火核心技术，开发系列防灭火新装备，实现由早期预报向超前预防的转变，打造主力矿井灾害治理示范工

程。四是坚持学习与创新、制度与装备、抽采与利用"三个并重"，确保瓦斯"零超限、零突出、零事故"。严格井巷六步揭煤法，实现区域、局部防突措施流程化管理，打造高突矿井安全开采示范工程。五是加快开展矿井水井下处理与循环利用、煤矸石综合处理关键技术研究，打造塌陷区生态恢复示范工程，促进资源开发与生态建设和谐发展。

（四）构建装备保障体系，实现本质安全

公司实施三化工程建设，以高可靠性、自动化、用人少为方向，通过机械化换人、自动化减人，大力培育煤机装备、环保设备等高端制造，实现无人则安，人少则安。一是协同创新培育高端化装备。推广连采机、掘锚一体机、岩石掘进机、锚杆支护自动作业钻车，实现智能控制和自动化作业。二是以工艺创新培育现代化装备。本部矿井推行厚煤层大采高与一次采全高、岩巷（半煤岩巷）高效综掘、大断面沿空掘巷支护等工艺；在陕蒙基地重点推广单产千万吨集约化开采、大功率掘进机等工艺，实现煤炭开采装备的升级换代。三是以系统创新培育智能化装备。以可靠的数字化硬件设备、安全高效的软件环境、畅通安全的网络系统、清晰稳定的视频监控系统为条件，以智能感知、故障诊断、自动控制、信息通信技术为基础，推动主提升系统、主胶带运输、主供电、主排水、压风、主通风机"六大智能化系统"建设，打造洗选智能生产模型与智能决策平台和井下智能交通，实现生产控制、生产管理、设备运维、经营决策全系统全流程智能化。四是以模式创新培育数字化装备。通过三维地质模型可视化，建成集团公司灾害预警综合分析云平台，对各矿灾害监控系统运行状况进行全周期实时监控，实现数据共享、智能预警，打造矿井灾害监控预警中心。破解数据孤岛，构建安全生产智能调度平台和煤矿生产精益管理平台，促进生产管理精益化、标准化，打通管理信息化与综合自动化、过程自动化界限，提高安全生产决策科学化水平。

（五）构建考核问责体系，党政齐抓共管安全生产

兖矿集团切实履行安全生产的主体责任、政治责任，实行"党政同责、一岗双责、齐抓共管、失职追责"，倒逼安全管理由防事故向控风险、由保生存向保健康、由人盯人管理向自主化管理"三个跨越"。

一是严格"三级管控"压实责任。落实领导分工负责制、业务保安责任制和岗位安全制，明确集团公司指导监督、二级公司专业管控、矿处单位主体落实的安全职责定位，即集团公司负责安全管理体系和体制机制建设、重大灾害治理、重大风险防范、安全考核奖惩；专业公司负责专业技术管理、重大工程设计、安全制度监督执行；矿处单位负责安全规程措施落实、安全双基建设和系统安全高效运行，做到"谁的问题谁负责、谁出问题谁担责"。二是严格"三个倒逼"闭环管理。围绕安全生产的重点、难点和隐患点，规范隐患排查、登记、整治、监督、销号全过程管理，实行时间、任务和责任"三个倒逼"，构建全员、全方位、全天候的安全闭环管理机制，做到管控有任务、目标有要求、推进有措施、完成有时限。三是严格"七个一律"考核问责。坚持严检查、严追究、严问责，落实安全"一票否决"制度，逐级形成对安全问题分析、追究、处理的常态化机制，实行"七个一律"：对现场隐患排查治理不到位的，一律从严实施问责；对安全问题突出的单位，一律给予通报批评，单位主要领导公开作检查；对同类问题重复出现的单位，一律从严按照事故追究处理；对安全管理不放心单位，对单位主要负责人一律从严进行约谈警示、媒体曝光；

对管理松懈、安全没有保证的单位，对其班子一律从严采取组织措施；对因防控措施不到位引发安全事故的，一律从严升级分析、升格处理；对因应急值守不到位、汇报不及时、应急处置决策不当导致事故险情扩大的，一律从严先免职后处理，果断遏制安全不良苗头。

三、结论

五年安全靠管理，十年安全靠制度，本质安全靠文化。安全文化是安全发展的灵魂。兖矿集团将牢固树立安全生产红线意识，利用自身优势，大力宣传"生命至上，安全发展"主题理念，不断深化拓展"153"安全管理文化，健全安全生产责任体系，落实安全生产责任制度，完善安全生产环境，实现安全管理由防事故向控风险向自主化管理转变，为煤矿行业安全生产根本好转做出应有的贡献！

参考文献

[1] 贾麟.全球职业安全健康问题与新趋势[J].中国安全生产，2014，9（11）：58-59.

[2] 韩瑜，张嵩.为了劳动者健康，他们一直在努力[J].中国安全生产，2016，11（2）：18-19.

安全文化建设创新与实践

中国葛洲坝集团易普力股份有限公司　付军　李宏兵　李名松　肖旺德

摘　要：中国葛洲坝集团易普力股份有限公司围绕统一安全思想、增强安全意识、提升安全管理能力、提高安全监管效率和水平，秉承"忽视安全的人就是我们共同的敌人"的核心安全理念，探索"用文化管控企业安全"安全管理模式，采用全方位信息化管控、预警手段，以塑造培养本质安全员工为抓手，强化安全价值观，规范员工安全行为，加强安全监管，有效解决安全观念、安全认识、安全管理等问题，全面提升安全管控能力和效果。

关键词：安全文化；管控模式；安全监管；安全信息化

中国葛洲坝集团易普力股份有限公司（以下简称易普力公司）是中国能源建设集团有限公司下属成员单位，是一家以民用爆炸物品生产、工程爆破服务为主业的专业化公司，每年生产炸药超过 20 万吨、雷管近 3000 万发，实施爆破作业约 1.5 万次，运输危险物品约 1200 万吨公里。在国内外设有 30 余家子分公司、项目部，生产、销售、研究开发品种、规格齐全的民用爆炸物品，产品销售范围覆盖全国大部分地区；同时，作为爆破服务一体化应用企业，广泛服务于矿山开采施工、能源工程建设、基础设施建设、城镇控制爆破及国防建设等众多领域，市场遍及国内外。

在民爆行业，"易普力"品牌是"推广应用现场混装炸药车一体化商业模式的代表"；在用户心中，"易普力"品牌是"诚信、安全、可靠的合作者"。安全对于易普力公司来说是至关重要的事。随着易普力公司规模不断扩大，并购重组的企业不断增加，单位组织结构越发复杂，管控链条增长，安全理念出现差异，安全制度难以彻底落实，员工安全行为管控难度增加。要破解这些复杂多元的安全难题，必须升华企业安全文化内涵，以文化为引领，多措并举，提升安全管控能力，久久为功，才能维护好、打造好易普力安全品牌，确保企业健康可持续发展。

一、系统构建安全文化管控模式

企业安全文化建设过程的重点和难点，是解决安全理念、安全制度、安全行为、安全环境等方面的相互关系及渗透与转化问题[1]。易普力公司根据安全生产及安全管理要求，传承企业多年积淀的优秀文化，借鉴国内外创建安全文化的成功经验，围绕安全文化核心体系和安全文化保障体系等方面，系统构建了"易普力安全文化管控模式"。易普力公司决策层、管理层到执行层各层级员工，通过安全文化建设过程，统一安全思想，提高安全认识，实现自觉安全行为，从而实现用安全文化管控企业安全，全面提升企业安全管理绩效。

（一）构建安全文化"四层次核心体系"

易普力公司从强化员工安全意识、规范员工安全行为入手，构建包括安全理念文化、安全制度文化、安全行为文化、安全环境文化的安全文化核心体系，引导全员在思想上绷紧"安全弦"，在制度上关好"安全阀"，在行为上系牢"安全带"，在环境上突出"安全味"。

1.在安全思想上绷紧"安全弦"

理念是共同价值观的体现，可以统一人的思想，强化人的意识[2]。易普力公司采用"从下到上、从上到下"的方式，发动全体员工开展安全理念大讨论，提炼形成了易普力特色的四大安全理念：忽视安全的人是我们的共同敌人；履行安全职责是我们的道德底线；安全是我们为员工谋求的最大幸福；安全是我们为客户创造的最大价值。围绕四大安全理念，本文分别从思想认识统一、红线底线思维、安全价值意义和顾客价值创造四个层面进行了阐述，对应的是相关制度梳理和安全行为修正，采用员工喜闻乐见的宣贯手段，让员工内化于心，鲜明地竖起一面安全旗帜，让员工知道易普力公司提倡什么，反对什么，我们要做什么，我们应该怎么做！树立正确的安全观念，在思想上绷紧"安全弦"。

2. 在安全制度上关好"安全阀"

有什么样的安全理念，就会产生什么样的安全制度。安全制度除了可以规范和约束人的安全行为外，更重要的是把员工的安全行为变成一种习惯。在安全制度文化建设方面，通过对制度全面梳理，在安全理念的引领下，形成了"简单化、流程化、图示化、标准化"的易普力特色安全制度文化，使安全制度简单易懂、易于执行。

安全制度的落实，对领导来讲就是安全领导力，对员工来讲就是安全执行力。安全领导力和安全执行力是安全管理的两个层面。为了强化安全领导力和安全执行力，易普力公司对每一项安全管理制度配套有相关的制度流程、实施细则、考评措施，形成闭环管理，在制度上关好"安全阀"，确保有法可依、有法必依、执法必严。

3. 在安全行为上系牢"安全带"

人的不安全行为是导致事故发生的主要原因，但人又是最不愿意被改变的。对习惯性违章等不安全行为，必须"强迫成习惯，习惯成自然"[3]。易普力公司提炼了"行为观察、行为分析、行为纠偏、行为固化"四步走的安全行为养成模式，总结实施了针对各级各层面的全员安全行为管控"易普力安全行为管控十大工作法"，配套有相关的实施要点，采用"宣讲、培训、训练、强化、固化"等手段，把员工的安全行为变成一种自觉的行为，在行为上系牢"安全带"。

4. 在安全环境上突显"安全味"

环境可以影响人，环境可以培养人，环境可以改变人。要改变员工的安全行为，就要改变内部的安全生产环境，因为环境最终会影响员工的行为。安全环境文化建设就是要为员工创造一个良好的"能安全"的环境，营造良好的有"安全味"的安全文化氛围。

易普力公司根据所属单位的生产作业特点，建立了完善的《易普力安全可视化管理标准图集》，通过对作业区域、人员、设备、器具、安全防护、氛围营造等多方面的安全可视化管理，加强生产现场能源隔离、人机隔离、安全警示、安全提示，规范现场安全管理及员工安全行为，让安全理念、安全制度、安全规范等看得见，"好记、好懂、好用"，有效强化和引导员工安全意识和行为。

（二）构建安全文化"四大保障系统"

为保障安全文化贯穿于具体安全管理工作，易普力公司建立了四大配套支撑系统：一是覆盖全员的"员工塑培系统"，二是实时纠偏的"安全预警系统"，三是准确高效的"信息传播系统"，四是持续优化的"考核改进系统"。

员工塑培系统。通过抓住班组长这个"火车头"和安全文化建设推进师这个"牵引机"，用2年时间对342名班组长和45名安全文化建设推进师进行脱产培训，打造了覆盖全公司的安全文化建设推进团队，推动了全员安全素质的提升，保证了安全文化体系的宣贯与落地。

安全预警系统。通过信息化手段，实现了对生产、运输、储存、爆破作业全过程、无死角监控，建立起天眼、天网系统，起到了及时预警、提醒、发现和制止违章行为的作用。

信息传播系统。运用网站、微信平台、安全简报等媒体媒介，确保安全信息能快速、准确地传递给每一位员工。

考核改进系统。通过对所属单位安全文化推进情况进行定期考评，推动持续改进、优化升级。

二、创新安全监管方式

为有效推进安全文化建设，落实安全理念、安全制度、安全管控方法，易普力公司加强了安全监管方式方法的创新，提升了安全管理绩效。

（一）推行派出安全总监制，强化安全管控能力

选拔合格的派出安全总监和安全巡查员，组建6个安全巡查组，划分巡查责任区，签订工作目标责任书，建立管理办法和考核制度，明确派出安全总监安全巡查、评估安全风险、监督整改、评价安全绩效、教育培训等主要职责，以定点定期、实地巡查实现了安全监管全覆盖，形成了上下互动、纠偏及时、指导深入的安全监管新格局。

1. 举办派出安全总监培训，选拔巡查队伍

组织开展了为期一个月的派出安全总监及安全巡查员专项培训，选拔了28名安全管理业务骨干，采用内部培训加外部培训相结合的培训方式，分别邀请了安全文化研究所所长、国家高级安全专家、国家安全高级讲师等8名授课导师。通过系统性培训，并采取

理论考试和现场模拟巡查测试，选拔出 6 名派出专职安全总监和 3 名派出兼职安全总监。建立安全巡查员库，选派安全巡查员协助派出专职安全总监开展工作，组织派出专职安全总监与安全巡查员签订导师制协议，形成安全人才梯队。

2. 建立派出安全总监巡查制度

一是通过出台《派出安全总监管理办法（试行）》，明确岗位职责、选拔与任用条件、工作内容和要求等；二是签订《派出安全总监工作目标责任书》，确定年度工作目标；三是制定《生产安全风险管理办法》，通过风险程度评价，将安全风险等级从高到低划分为重大风险、较大风险、一般风险和低风险，分别用红、橙、黄、蓝四种颜色标示，并实行安全风险层层周报制，现场发现较大及以上等级安全风险时，应于 48 个小时内记录台账并上报；四是出台《派出安全总监考核实施细则（试行）》，建立有效的激励约束机制，考核分为能力素质考核和工作绩效考核两部分，易普力公司每季度对派出安全总监履职情况进行一次考核评价，年终对其年度履职情况进行综合评价。

3. 开展安全巡查工作

易普力公司将全国业务区域划分为三个责任区，每个责任区含两个巡查组，每个巡查组配一名派出专职安全总监和一名安全巡查员，每个责任区再配一名派出兼职安全总监。各巡查组按照国家有关安全法律、法规、标准和规范，依据上级及易普力公司相关制度、巡查工作计划，以落实安全生产责任制为核心，结合重点监控项目巡查和体系内部审核要求，对责任区域内各单位安全工作进行监督。通过录音、录像、图片、文字等方式详细记录巡查情况，并将巡查结果作为安全生产责任制考核的重要依据。按要求周报隐患排查治理台账，现场填写安全生产责任制考核表，并签字确认。每巡查完一个项目及时提交巡查报告，每季度向易普力公司安全生产委员会汇报本季度巡查情况，撰写年度安全评价报告。

4. 评估安全风险，监督实施针对性的安全管理措施

一是巡查过程中发现安全违法违规行为及时制止和纠正，下发隐患整改通知单，督促、指导责任区域内各单位对安全巡查发现的问题和隐患，按照"五定"原则，限期整改到位，坚决防止悬而不决，反复出现

的现象；对未按期完成整改或未按期回复整改情况的，将对其进行约束性指标考核，并加大督办力度。二是依据易普力公司《生产安全风险管理办法》，针对发现的问题，进行风险程度评价，评估安全风险等级，制定针对性的安全管理措施，督促实施。对经调查确认为严重安全隐患的，将比照事故进行责任追究。三是定期召开安全巡查视频通报会，通报巡查情况和调查处理情况，形成强有力震慑。

5. 开展安全培训，提升基层员工安全意识和能力

各巡查组深入现场巡查、纠偏不安全行为的同时，根据不同培训对象及需求，围绕危险源辨识、风险管控、应急处置等内容，制定针对性安全培训课件，对责任区域内各单位开展安全相关培训，强化基层员工安全意识和能力。在《派出安全总监工作目标责任书》中明确，派出安全总监每年对责任区域讲授安全培训课程的时间不少于 32 课时，严格落实"师带徒"制度，每轮巡查结束后对安全巡查员进行评价；定期召开巡查工作交流会，探讨新的工作思路和方法，分享好的巡查经验和做法。

（二）利用信息化手段，提高安全生产监管效率和水平

1. 借助"互联网+"，创新安全监管模式

易普力公司以安全监控中心为平台，利用信息化手段，借助"互联网+"，创新了安全监管模式。通过 4G 视频监控系统，在 8 家炸药生产单位、2 家雷管生产单位、19 个地面制备站、58 个储存仓库的厂区大门、工（库）房、关键工序点，共计安装了 1230 个防爆监控探头；在每个爆破作业单位设置了固定式实时摄像机或高清摄像机，并针对需监控的区域、工序、图像质量、图像记录时间、储存时限等均做出了明确要求，实现了对全部生产作业现场的监控，把监管触角延伸到了作业现场，促进了作业人员行为更加规范，现场施工组织更加有序，起到了良好的监督作用，提升了监管效能。

2. 动态监测生产工艺数据，及时处置异常情况

易普力公司对所属单位的包装炸药生产线和地面制备站、工业炸药现场混装车的实时生产工艺参数进行采集上传，及时掌握生产设备运行状况和半成品、成品状态。按照工艺技术规程设置安全阈值后，生产工艺数据发生异常时将进行智能预警、报警，并将报

警信息及时以短信形式发送给值班人员和相应单位管理人员，以便及时处置，防止事故发生。

3.动态监控生产运输车辆，降低道路运输风险

在运输危险品的危险货物运输车和搭载职工的交通车上安装了智能车载终端设备。该终端设备采用GPS和北斗双模定位，搭载有车辆定位、驾押人员信息收集、视频监控、异常预警、紧急报警等功能。一是当车辆出现超速、偏移规划路线等现象时，可以实现智能报警，提醒监控人员有效处置；二是通过车载视频，监控人员可以实时检查车辆驾驶室情况，发现驾驶员存在未系安全带、开车时接打电话等违规行为时，及时进行纠正，并通报相关单位进行整改。通过动态监控运输车辆，有效促使驾驶人员规范操作，降低了车辆运行风险。

4.建立多部门联合巡查机制，及时纠违纠偏

利用监控中心的多元功能，组织多部门开展联合巡查，促进多业务协同监管，更加全面掌握各民爆物品生产点、爆破作业现场、危化品运输、通勤车辆的安全状况，及时纠违纠偏，多维度督促整改。同时，易普力公司还加大对违章的处罚力度，对重复违章加倍处罚，提高违章成本，形成震慑力。

通过充分发挥监控系统作为安全信息中心、视频巡查中心、应急指挥中心的多元功能，提高了安全管理效率，预防了各类事故发生。

三、安全文化建设成效

通过系统的安全文化体系建设与实施，易普力公司将安全理念渗透到安全管理制度中，并转化为员工的安全行为，各级各岗位安全职责层层落实，提升了全员安全意识，有效提高了安全管控效果。2017年，易普力公司再次被评选为"全国安全文化建设示范企业"，部分所属单位也被评选为"省级、市级安全文化建设示范企业"，塑造了民爆行业本质安全品牌。

（一）领导干部更加重视安全工作

领导层坚持"逢会必讲安全，下基层必查安全"，建立了更完善的安全管理制度，配备了足够的专职安全管理人员，并加强安全培训，加大安全投入，持续改善安全作业条件，充分发挥了领导干部示范引领作用。

（二）提升了班组安全管理水平

通过班组安全文化建设及班组长能力提升培训，提高了班组长的安全管理能力，促进了班组安全管理工作的开展，保证了安全文化理念与建设途径的落实。2017年，所属四川爆破公司米易分公司地面站、内蒙古爆破公司锡林浩特分公司爆破队被中国安全生产协会评为"百强班组"，力能公司垫江炸药生产厂JWL-III型乳化炸药生产线制药一班班长王洪云、呼伦贝尔分公司地面站站长罗志鹏被中国安全生产协会评为"百强班组长"。

（三）安全事务处理效率更高

借助信息化手段，安全管理信息的收集、整理、分析更加真实、完整，并能得到快速更新和汇总分析，为日常安全事务处理带来了便捷，为领导决策提供了有力支撑。

（四）违章现象大幅减少

据统计，易普力公司2015年发现违章现象120起，2016年97起，2017年55起，2017年违章现象比2015下降了54.17%，生产作业现场违章现象大幅度减少，作业人员逐步养成了良好的行为习惯。

（五）事故数量呈下降趋势

易普力公司2013年度发生2起生产安全事故，造成2名作业人员受轻伤；2014年度发生1起生产安全事故，造成1名作业人员受轻伤；2015年度、2016年度、2017年度未发生责任性生产安全事故。

参考文献

[1] 毛海峰，王珺.企业安全文化理论与体系化建设[M].北京：首都经济贸易大学出版社，2013：95-107.

[2] 支同祥.安全文化是安全生产的治本之策[J].现代职业安全，2014，（1）：8-11.

[3] 赵千里.金川模式—用文化管控企业安全[J].现代职业安全，2014，（5）：47-47.

浅谈海螺集团安全文化建设

安徽海螺集团有限责任公司　陈永波

摘　要： 安全文化作为一种新的安全管理模式，正在被越来越多的企业所重视和接受。安徽海螺集团有限责任公司（以下简称海螺集团）作为我国目前最大的建材企业之一，依据自身安全管理的特点，通过提炼文化理念、加强制度执行、营造文化氛围等手段，建立了特色鲜明的安全文化，在提升企业的安全管理水平过程中发挥了重要作用。

关键词： 安全文化；安全理念；安全行为；制度文化

一、引言

安全文化的构建是一个复杂的过程，最重要的是安全文化的落地生根，真正把提炼出的文化、理念融入员工的血脉中，是一个艰难的过程。安全文化建设需要长期、持续的投入、创新、改进和优化，才能最终使其外塑于形、内化于心，在企业落地生根，为企业安全发展增添活力、动力和创造力。文化是管理的灵魂，管理是文化的集中体现。海螺集团始终将安全文化建设作为企业战略发展的重要组成部分，在企业中营造"安全是企业的核心价值观，是一切工作的首选项"的文化氛围，进而影响安全在员工心中的位置，提高员工的安全意识，规范行为保证安全，使"安全意识"在员工心中落地生根。

二、海螺集团安全文化建设的具体措施

（一）树立安全理念，构建安全文化格局

安全生产是企业必须坚守的底线和不可触碰的高压线，海螺集团历年来高度重视安全生产工作，将"安全"作为企业核心价值，始终坚持"安全第一、预防为主、综合治理"的安全方针、"发展决不能以牺牲人的生命为代价"的根本原则、"以人为本、生命至上，一切安全生产事故可防可控"的安全理念，并有效渗透到经营管理当中，化为了员工的行为习惯，实现了由传统安全管理向现代化安全文化管理的转变。公司坚持以文化为前提，员工为根本，管理为重点，教育为常态，构建了安全理念文化、安全行为文化、安全视觉文化框架，推动了安全文化建设，为实现企业的长效本质安全奠定了基础，引领集团安全文化不断向前发展。

（二）以安全文化为导向，建立安全管理体系

一是建立健全安全管理体系。海螺集团健全了横向到边（各版块—各专业—各部门）、纵向到底（集团—股份—子公司—分厂处室—工段班组—岗位）的安全管理体系，领导层以身作则，亲自参与企业文化建设，并将安全理念贯彻于决策的全过程中，在考虑安全人员的配备与晋升、安全设备设施的投入、作业环境的改善等方面均率先垂范，体现了领导层对企业安全工作的重视，形成安全文化建设的核心推动力。

二是认真贯彻落实安全生产责任制。从集团公司到基层班组层层签订《安全生产职业健康目标责任书》及考核细则，细化、分解与落实安全生产管理目标责任，强化党政同责、一岗双责，形成安全目标责任的"铺天大网"，做到了"人人有指标，个个有责任，事事、时时要安全"。

三是完善制度文化。海螺集团将安全文化理念渗透到规章制度中，通过领导层的展示能力、管理层的贯彻能力、员工层的执行能力和团队协作精神，强化制度执行，彰显制度的生命力。经过制度的执行、工作的落实、细节的管控促进了安全文化建设的目标实现。

四是重视全员参与。安全管理不仅是企业领导的责任，也是每个管理人员和员工的职责。海螺集团高度重视全员参与式的管理模式，投资 3000 万元自主研发了"安全环保职业健康综合信息系统"，获得国家软件著作权，并在此基础上，开发了具有"现场隐患报告、现场违章查处、现场作业信息、检维修工艺检查维护故障处理指导"四大功能的手机版 APP 安全管

理系统，通过手机拍照上传的方式，实现了隐患及时整改、违章及时惩处、现场作业信息及时获取；通过手机扫码，及时了解和掌握作业安全规程及注意事项，推动了全员安全管理常态化。

（三）加强安全文化培训，营造安全文化氛围

一是牢固树立"安全培训不到位就是隐患"的培训理念。《海螺集团安全生产和职业健康"十三五"规划》对安全培训进行重点规划，每年制订下发年度安全培训计划。在培训计划中始终把各级管理人员尤其是主要负责人培训工作摆在安全工作的重要位置。组织开展安全、职业卫生等内容丰富、形式多样的安全教育培训。把安全文化的丰富内涵深植基层、深入人心。每年约1000多名中高层管理人员进行安全专项培训。通过举办注册安全工程师报考人员考前辅导班，截至目前共有117人通过考试取得注册安全工程师执业资格证。通过培训使员工能够深刻理解企业文化的内涵，不断增强员工的理解和认同，最终转化为员工工作学习的自觉行动。

二是大力推进培训教材统一化、培训内容规范化、培训知识实用化。海螺集团组织编制了《深挖事故镜子 点亮安全明灯》安全培训教材，并向各单位印发了4000本。积极推动"总经理上讲台讲安全"创新活动，进一步落实企业负责人的安全生产主体责任。

三是把集团内部讲师团队的培养作为一项长远的战略规划来实施，计划组建海螺集团安全讲师队伍，建立一套集团内部讲师日常管理和激励制度，组建集团公司安标创建指导员，通过加强和完善自身的内部培训机制，培养一批高素质的内部讲师队伍，助力企业发展。

四是在员工日常教育培训、行为养成等方面注重安全理念的宣传贯彻。充分利用电视、报纸、网站宣传栏及企业文化墙等媒介向员工宣传企业文化理念，把企业文化灌输到每一个角落，使安全理念深入到企业每个人的内心，并对其行为活动产生直接影响。让员工知道什么是安全文化，为什么建设安全文化，让人人都被这种氛围所影响，使每一个员工不仅要成为企业安全文化的认同者、执行者，更要做企业安全文化的传播者、创新者、实践者。

（四）开展安全宣教活动，提升安全管理水平

一直以来，集团公司严格按照国家、省市有关要求，扎实开展了"《职业病防治法》宣传周、安全生产月和消防日"等全员性安全宣教活动。每年定期举办集团公司安全知识竞赛和安全演讲比赛活动，并在118家单位设置了视频分会场，通过视频在线直播的方式、线上线下互动的形式参与比赛，让竞赛活动深入每个员工心中，企业安全文化渗透到每个员工心中。围绕"物的不安全状态和人的不安全行为"两条主线，拍摄《员工安全教育片》，将公司安全管理制度、现场所有隐患、典型安全事故的照片及发生原因、正确的安全防护措施等融入教育片中，通过直观、可视的教育形式，提升广大岗位人员的安全意识以及操作技能。制作《入厂安全告知片》，加强入厂安全教育。制作《安全宣传片》大力宣传安全管理文化、理念等，提高安全文化影响力。通过系列活动的开展，使全员安全意识由"要我安全"向"我要安全、我能安全"转变。

（五）以"人本、仁爱"为切入点，营造安全文化环境

坚持以人为本，加强技术创新。海螺集团投资上亿元，成功建设智能化工厂示范线，包括数字化矿山、专家操作系统、装备管理与辅助巡检系统、自动化实验室、自动插袋包装系统、船舶调度信息系统、码头自动装船系统、智能地磅系统等，改变了传统的生产运行和管控模式，实现了技术装备升级换代，自动化减人、机械化换人、生产过程控制可视化、信息传输网络化、风险因素最小化、经济效益最大化、管理决策科学化目标。海螺集团还承接了原国家安监总局《2017年安全生产重大事故防治关键技术科技项目》，牵头研发袋装水泥自动装车系统，并通过安监局验收；对移动式扬尘治理进行攻关，获得国家专利，破解了水泥包装栈台粉尘治理的难题。通过科技导入，标本兼治，进一步提升企业的本质安全。

保障员工的权益，关心员工生活。在职业病防治方面，在不断优化现场作业环境的基础上，每年对全员进行职业健康体检。在员工福利方面，提供营养餐，建立文体活动室、图书阅览室等，定期举办篮球、足球比赛、拔河比赛等娱乐活动，让员工吃得放心、住得舒心、工作安心。注重从源头上关爱员工，集团所属各单位通过建立亲情墙，邀请员工家属参与座谈会，面对面、实打实地让员工时刻感受到亲人的关注和支

持，筑起安全思想教育的第二道防线。

三、结束语

安全文化是一个逐步形成的过程，是核心安全理念与企业方方面面相融合的过程，是传统安全管理模式的集成与升华，更是安全生产效益的重要保障。海螺集团通过强化安全管理，不断提高员工安全意识、规范安全行为，做到以文化促管理、以文化促和谐，不断推动企业安全健康稳定发展。

参考文献

[1] 王文靖，徐茜.企业安全文化的内涵及特点[J].中小企业管理与科技，2010，19（22）：12.

[2] 肖彭达.安全生产标准化建设与安全文化[J].劳动保护科学技术，1996，16（1）：13-16.

[3] 马西员.论企业安全生产标准化建设[J].中国钨业，2003，18（3）：10-12.

[4] 谢荷锋，马庆国，肖东生.企业安全文化研究述评[J].南华大学学报：社会科学版，2007，8（1）：35-38.

基层企业双重预防机制建设与安全文化落地

中粮可口可乐饮料（山西）有限公司　叶树峰　刘春博　张建荣　赵智勇

摘　要： 为了坚持以习近平新时代中国特色社会主义思想为指导，全面贯彻落实党的十九大精神和党中央、国务院关于安全生产工作的决策部署，大力弘扬生命至上、安全第一的思想，牢固树立安全发展理念，提出了构建安全生产风险辨识管控与隐患排查治理双重预防体系。近几年，企业认真贯彻落实关于建立双重预防工作机制的重要指示和讲话精神，积极开展双重预防体系建设，有效提升企业安全管理水平，增强安全责任意识，并与本质安全文化建设有机结合，取得明显成效，促进了安全生产形势稳定好转。本文结合基层企业安全生产工作面临的实际问题，对基层企业双重预防机制的建设如何与本质安全文化建设有机结合进行探索和实践。

关键词： 新时代；安全生产；双重预防机制；本质安全文化

2016 年 1 月 6 日，为了全面加强安全生产工作，中央政治局常委会提出对高危行业采取双重预防工作机制。双重预防体系强调了推动安全生产关口前移，特别强调了对风险的分析、预防、管控，在实质上与本质安全风险预防的核心思想高度贴合。双重预防工作机制既是新形势下推动安全生产领域改革创新的重大举措，也是落实企业主体责任、提升本质安全水平的治本之策和企业安全文化落地的形式之一。可见，开展双重预防体系的构建对企业安全文化落地具有积极的推动作用。本文着重分析了基层单位的双重预防体系建设情况，对加速安全文化的落地进行总结探索。

一、基层企业双重预防机制的建设过程

（一）组织领导小组，建立推进机制，与一岗双责的安全制度相结合

在接到集团公司双重预防机制建设要求后，公司立即成立安全生产风险管控与隐患治理工作领导小组，统一领导安全生产风险管控与隐患治理工作，研究解决安全生产风险管控与隐患治理中的突出问题，组织协调开展安全生产风险管控与隐患治理工作。领导小组组织召开专题会议，布置双机制建设推动要求，由公司安全管理部具体协调实施跟进。领导小组成员在做好原来岗位业务工作的同时，按照"谁主管、谁负责""管行业必须管安全、管业务必须管安全、管生产经营必须管安全"的原则，进行双重预防机制建设工作。

为了确保相关工作的有序开展，公司将双重预防机制建设列入年度安全生产重点工作计划，予以关注和推进。根据安全生产风险管控与隐患治理专项行动的精神，形成了《安全生产风险管控与隐患治理专项行动工作方案》。

（二）建章立制，明确制度标准，推动依规建设

双重预防机制建设建章立制，明确制度标准，可以规范安全行为。突出落实以安全生产责任制为中心，以隐患排查治理和安全风险管控双重预防为重点，强化管业务必须管安全、管生产经营必须管安全、管部门必须管安全。坚持不懈推进安全生产标准化上台阶，把提升体系保障能力，作为安全文化建设的内生动力，促进全方位系统安全布防。

撰写《风险分级管控体系建设作业指导书》，编制《风险分级管控工作计划》，对双重预防机制建设过程节点进行规划和布置。

明确标准。根据公司统一要求，厘清相关标准关系，使用《质量安全风险管理办法》《产业链安全生产风险控制大纲编制指南》《危险源辨识评价与 SCCP 管理办法》《安全生产隐患排查治理管理办法》《DB37/T 2882—2016 安全生产风险分级管控体系通则》《DB37/T 2883—2016 生产安全事故隐患排查治理体系通则》等作为双机制建设标准。

（三）创新培训方式，培养一线自身能力

管理层级，自上而下，瀑布培训。山西转型综改示范区安全生产监督运行部对全区安全生产管理人员进行专题培训。中粮集团通过《中粮集团安全生产风

险分级管控与隐患排查治理双重预防机制现场推进会》（东莞）对专业化平台公司安全生产管理人员进行专题培训、中可饮料通过《中粮集团安全生产"双预防"机制建设现场培训-中可华中厂现场会》（长沙）对各基层企业安全生产管理人员进行专题培训。

质量安全环保部邀请专业技术机构结合公司自身计划，结合示范区集中培训和中粮集中培训内容，对公司相关部门推进人员（核心小组）进行集中培训，核心小组培训一线员工。

（四）自查自辨，建立索引清单，防呆防漏辨识

索引清单。为了使一线员工更加简洁明确操作，编制了一版集风险点、风险辨识、时态、状态、控制措施、LEC 风险评价、风险分级、风险管控措施、风险管控级别为一体的危险源辨识清单表，在识别首轮过程中，尽量简化一线员工表格负担，提升一线员工参与度。在第二轮识别过程中，一线员工与专职安全人员、技术机构专家相结合，完成风险点台账、作业活动清单、风险风级管控表。

防呆防漏。在危险源辨识清单表中固化了识别方向，包括危险物质、设备安全、设施安全、作业环境、交通安全、危险作业、作业人员、安全管理等方面，以便危险源辨识过程中能按照分类和优先顺序进行，避免重复辨识，同时也便于最后的汇总统一。

（五）属地可视，优化样式规格，丰富现场信息

三牌两图一卡。根据技术指导机构的建议，针对三牌两图一卡［厂级风险分级告知牌、车间风险分级告知牌、岗位风险分级告知牌、厂级风险空间分布图（四色图）、车间风险空间分布图（四色图）、岗位安全风险告知卡］形成了自己的一套可视化版面，统一样式格式。

安全生产关键控制点。根据安全风险分级，识别了安全生产关键控制点，形成了安全生产关键控制点看板、现场应急处置方案看板，根据《中粮集团危险源辨识与安全生产关键控制点管理办法》制作标准版面上墙公司。同时，对现场人员进行培训，结合实践，促进上心，强化实际操作。

安全属地责任信息牌。结合双重预防机制推进以及安全文化的深入推动，为了落实安全生产主体责任、属地责任，我们还在相关区域设置了安全属地责任信息牌，公示属地责任人、联系方式、属地职责、风险作业、标识警示、风险等级、过程控制人等信息，进一步推进属地化。

（六）排查治理，隐患就是事故，治理闭环管理完善标准。根据中可饮料《安全生产事故隐患排查治理管理办法》，明确形成了饮料产业链安全生产隐患排查标准（合规性）、饮料产业链安全生产隐患排查标准（现场管理）、饮料产业链安全生产隐患排查标准（综合管理）等标准，制定了隐患排查标准、整改要求等，重在落实。通过开展电气安全专项检查、消防安全专项检查、受限空间安全专项检查等专项检查，结合自我加压，我们投入专项经费，快速完善进行了氨改氟施工改造、消防设施设备改造、机械安全防护改造、高处作业护栏改造，及时消灭现场安全隐患，坚决保证现场运行安全稳定。

二、双重预防机制的建设探索与总结

（一）双重预防机制建设与本质安全相互促进

通过学习，发现双重预防机制的核心也是基于风险预控的思想和要求，以问题为导向，抓住了风险管理这个核心，以目标为导向，强化了隐患排查治理。双重预防体系强调了推动安全生产关口前移，特别强调了对风险的分析管控，在实质上高度贴合本质安全的核心思想，深刻理解了本质安全的核心理念，深层次贴合了本质安全"以风险预控为核心、持续的、全面的、全过程、全员参加的安全管理活动"的基本原则和核心思想，是切实提升企业安全生产水平、实现本质安全的有效手段。

通过创建，发现双重预防机制建设的推进过程，有利于安全文化建设的本地化和具体化，是安全文化落地的重要载体，而安全文化建设有利于双重预防机制的深入化和主动化。企业安全文化是具有企业特色的安全价值观、安全思想和意识、安全作风和态度、安全管理机制及行为规范、安全生产和奋斗目标，也是企业存在和延续的核心价值。建设安全文化就是要企业转变思维方式和安全管理模式，树立全新的安全文化理念，实现本质安全，这也正是双重预防机制建设的终极目标。从中可以看到，双重预防机制正是安全文化落地的形式表现，是安全文化建设的重要手段。

（二）双重预防机制的推进完善

山西转型综改示范区安全生产监督运行部领导在现场指导企业双机制建设中提出"推进两个体系，完

善双重机制"（责任体系应急体系两个体系，风险分级隐患排查双重机制）的要求，并提出了"六个要"，"风险点位要知道、危害后果要了解、管控措施要掌握、个人防护要加强、应急处置要熟练、管控责任要落实"，颇有感触。

我们认为，安全生产风险分级管控与隐患排查治理双重预防机制建设重在动员一线、重在控制风险，"一企一策、一企一册"充分说明了双重预防机制建设本地化、属地化的重要性。从培训开始，我们就全面动员一线员工，通过全员参与培训、全员参与危险源辨识、全员参与风险评估，提高员工风险意识，使安全管理实现由"被动式"的经验管理向"主动式"的风险管理转变。通过双重预防机制试点建设，公司锻炼了队伍、提升了能力、完善了制度、弥补了缺项，

也体现了安全文化建设的水平。

三、结论

双重预防机制体系具有鲜明的科学性、先进性和实用性，是对各系统、各环节、各岗位存在的危险源进行全员分析辨识，确定管理标准、管控措施及进一步完善隐患排查治理的过程。双重预防机制体系不仅减少人的不安全行为与物的不安全状态，从源头遏制隐患发生从而消除事故发生的可能性，而且在出现风险管控措施失效或弱化的情况下形成了隐患时，做到及时整改防患于未然，从而变被动安全为主动安全，也体现了"以人为本、安全第一、预防为主、综合治理"的安全理念，是安全文化建设重要的外在体现，是我国安全管理的未来趋势。

"网格管理—全员参与型"安全文化模式建设探索

内蒙古包钢钢联股份有限公司　郝志忠　吴明宏　梁志刚　赵鸣　白新平

摘　要： 人人参与是安全文化建设的重要趋势，也是安全文化管理的难点和重点。如何将人人参与落到实处，使每个管理者认真履行安全生产责任，每个员工成为安全生产的践行者、守护者？内蒙古包钢钢联股份有限公司（以下简称包钢钢联股份）通过实施安全生产网格化管理，提出"全区域、全过程、全员参与"的网格划分原则和"五定一台账"的推行方式，把每个人的安全责任落实到岗位职责上，嵌入安全生产管理流程之中，有效提升了全体员工对安全文化建设的参与度，逐步建立起"人人参与型"安全文化管理模式。

关键词： 安全生产；全员参与；网格化安全管理；全员安全生产责任制

随着企业生产规模的扩大和各种机器设备的应用及企业内外环境的复杂性和不确定性，企业面临的安全生产风险与日俱增。靠运动式的排查治理，难以持续地、根本的解决安全生产问题。近年来，为防范企业系统中各种安全生产风险，全时态、全过程地进行风险管理，切实把风险隐患控制在源头，包钢钢联股份公司通过导入安全生产网格化管理思维，积极构建"全员参与型"安全文化管理模式，把安全生产责任精细化切分，落实到人、固化于制、持续提升，极大提升了安全生产风险管控的精准度、及时性和实效化，逐步形成"层层负责、人人有责、各负其责"的良好局面，实现了安全管理无盲区、安全责任无盲点。

一、安全生产网格化管理及对安全文化建设的意义

"网格"一词由网格技术而来，网格（Grid）技术是 2000 年前后兴起的重要信息技术，目标是实现网络虚拟环境下的高性能资源共享和协同工作，消除信息孤岛和资源孤岛[1]。由于网格具有"标准统一、资源共享、协同高效"等特点，被演变并广泛运用到管理领域。2003 年，北京市东城区首创了城市网格化管理，利用现代高科技手段对辖区实施分层、分级、全区域、全时段的管理，取得了极大的成功，被微软比尔·盖茨在国际上公开盛赞为城市管理新模式的世界级案例[2]。从此，我国社会管理领域大量引入网格化管理思维，并探索了社区管理、城市管理、治安管理、政府监管等各方面的网格化管理体系。2009 年，青岛市南区探索建立安全生产监管网格化监管模式，将网格化管理思维引入到安全生产监管领域，此后，国务院安委会《关于加强基层安全生产网格化监管工作的指导意见》要求推动实施加强基层安网格管工作，全面提升基层安全生产监管的精细化、信息化和社会化水平。

企业的网格化管理是指从改善微观治理模式入手，对企业管理的微观对象，即人、事、物等个体的精准定位，突破传统管理模式的框架束缚，通过灵活调度使用分散资源，加强横向和纵向沟通，企业管理模式改革以网格化管理为目标，形成虚拟网格和实体网格相结合、内外结构互动平衡的治理模式。推行网格化安全管理的目的是为了全面落实企业安全生产主体责任，明确安全生产工作职责，强化、细化安全管理工作，通过层层压实安全责任，达到管理有网、网中有格、格中有人、人有职责的管理目标，有效控制危险有害因素，保证职工作业过程中的安全与健康。

包钢股份经过深入研究本单位安全生产管理需要，大胆引入了网格化管理思维，并探索建立了符合自身实际的安全生产网格化管理体系。体系以网格内工艺设施为基础，以网格内过程控制为方向，以网格内员工安全责任落实为抓手，构建"全区域、全过程、全员参与"安全网格的管理理念。形成基层员工具体实施，上级主管引导推进，业务部门监督管理的网格化安全管理体系，集中监管、各司其职、相互联动，最终实现"网格内部无隐患、过程控制无盲区、安全生产无事故"的安全管理目标[3]。

通过实施安全生产网格化管理，不仅把安全生产

责任落实到人，而且有力调动员工对安全生产管理的能动性，精准提升员工的安全素质和技能，促进整个队伍安全思维与安全行为习惯的养成。

二、包钢"网格管理—全员参与型"安全文化模式探索实践

包钢股份在推行"网格化安全管理"初期，存在部分厂矿虽然构建了安全网格，但网格建立和生产实际虚脱、管理不好实施等一系列问题。为了切实推进网格化安全管理，让其真正落地生根、发挥作用，包钢股份经过探索实践，总结出"五定一台账"的推行模式，即定制度、定层级、定网格、定内容、定责任、建台账。

定制度，将安全文化固化于制度。强制性地贯彻和执行安全法规，能够有效内化企业安全生产组织行为的持续；强化企业的安全知识素质和责任素质，能够激发和促进企业安全生产组织行为的持续形成，并沉淀为企业内在的安全文化；但只有在强制规控安全法规、内导企业安全文化的共同作用下，企业安全生产组织行为的长效机制才能得到持续确立[4]。包钢股份制定下发了网格化安全管理一系列相关管理制度，明确网格划分方式、管理层级及安全职责等具体内容，明确网格化安全管理工作的组织领导、推进方式、实施进度、反馈原则和监管职责，为本项工作的稳步推进打牢基础。

定层级，将安全责任明确划分。推行层级管理，根据各单位作业环境、工艺特点、设备布置及人员分工情况进行网格划分，从单位主要负责人一直划到班组直至岗位员工。共建立五个层级的管理体系（见图1），上一层级负责下一层级安全网格开展情况的监督管理。根据层级划分，明确了各层级网格责任人的职责。例如，第一层级网格责任人职责为针对本网格存在的危险有害因素及安全确认项，每班开展安全巡查，及时处理或上报隐患，确保安全生产条件符合要求；知晓本网格区域内可能发生的安全生产事故，掌握相应的应急预案和处置措施，参加应急演练；掌握并严格遵守本网格区域内和工作相关的安全生产管理制度和安全操作规程（包括工艺规程、设备操作规程、岗位安全操作规程），积极参加安全教育培训和各类安全活动；发生安全生产事故后及时如实向上一层级上报事故情况，并立即采取应急措施，情形危急时立即

撤离现场。

图1　网格化安全管理层级划分

定网格，将安全管理下达到区域。定网格是科学有效实行网格化管理的关键。各厂对每个区域、每个场所、每个部位、每个环节、每个设备设施、每个工艺流程进行安全网格划分，做到无盲点、无死角、无交叉，实现全区域的网格化管理。以包钢股份稀土钢板材厂炼钢作业部铸机区域网格化安全管理工作为例，稀土钢板材厂铸机区域，主体设备为1#、2#铸机，并建有中包维修区、离线维修区、各电气室、旋流井及各类介质管线等辅助设备设施，其安全责任区域划分共涉及炼钢作业部、自动化作业部、吊车动力部三个作业部（见图2）。

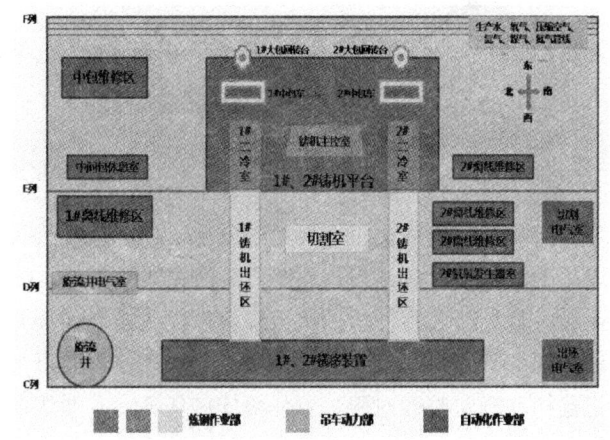

图2　稀土钢板材厂铸机区域安全责任划分示意图

定内容，将安全风险明确到根。针对各网格内包含的内容，根据生产、事故及维检修等不同的状态，辨识出存在的危险有害因素，以及对应的安全确认项目，并将所有安全确认项进行责任分解，落实到人，并以台账的形式加以固化，实现安全网格内的全过程

管理。

定责任，将安全责任落实到人。以六项安全管理台账为基础，针对网格内员工个人所承担的安全责任，建立不同层级的个人安全责任台账；以个人安全责任台账为基础，最终形成覆盖所有岗位、所有人员的个人安全责任明细表，作为网格化安全管理落实推进的基本依据，实现安全网格内的全员参与。

建台账，将安全生产管理到细节。台账是网格化管理的基石，没有坚实的台账基础，"五定"就失去了载体依托，网格化管理就无法真正发挥出精细化、协同化的优势。包钢股份通过建立"建构筑物、生产工序、生产类设备设施、有毒有害设备设施、特种设备设施、吊具"六项安全管理台账，实现上述管理目标。

三、包钢"网格管理—全员参与型"安全文化模式形成

包钢股份通过五定一台账的推进模式，构筑起安全管理网格，为实现各网格间信息的有效交流，形成在隐患排查等安全工作上的闭环管理，在网格化安全管理中实行基础级、专业级、督导级及责任级四级流程管理模式（见图3）。

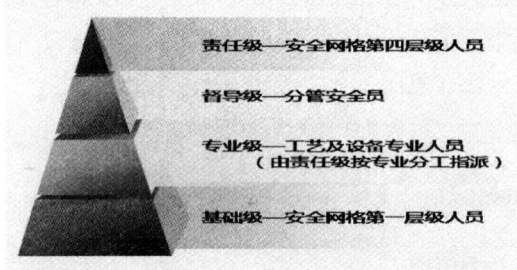

图 3　四级流程管理示意图（一）

日常工作中由员工个人对照安全责任明细表进行逐项确认，经过确认发现安全问题时通过基础级、专业级、督导级及责任级四级流程管理模式实现闭环管理。即基础级填写任务书并由班工长确认，督导级登记建档并确定整改时限，责任级安排任务，专业级制定方案并实施，督导级协同基础级共同确认，保证问题圆满解决。

管理部门通过对网格化安全管理各层级人员履职尽责情况的监督检查和考核，推动网格化安全管理工作落地生根并持续改进，发挥网格化安全管理作用，最终达到预期效果。

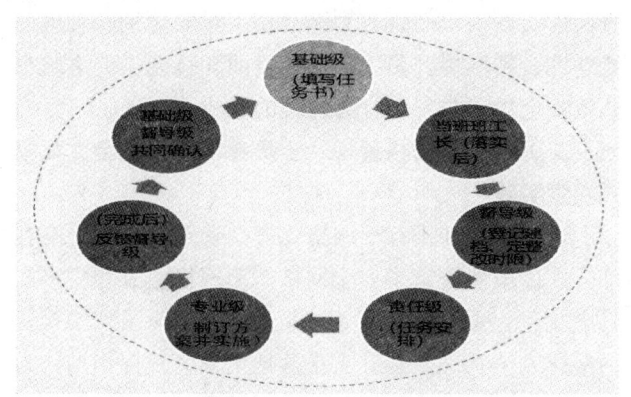

图 4　四级流程管理示意图（二）

四、应用效果与启示

安全管理大多是传统、被动、定性、分散的，而网格化的管理模式可以使安全管理更加现代、主动、定量和系统，通过安全责任的细化量化，能让安全隐患及时发现解决，破解突击式的管理弊端，实现粗放机械到精细灵活的转变[4]。随着网格化安全管理深入基层，激活了安全管理神经末梢，形成各级各层员工齐抓共管安全生产合力，用"小网格"构筑"大安全、大稳定"格局，开拓了安全管理新局面。更重要的是，通过"各司其职、全员参与"，把安全文化建设、安全生产管理变成了公司全体员工的常态化工作，形成了群防群治、及时响应、预防为主、综合治理的大安全格局。

通过探索实施"网格管理—全员参与"安全文化模式，企业安全生产效果显著提升，具体效果包括：安全生产责任制精细化、实质化落地；安全生产基础管理水平不断提升；安全生产标准化水平、作业规范化水平大幅提高；安全理念与安全生产实践不断交融、互相提升，使安全文化落到实处。

在探索实施"网格管理—全员参与"安全文化模式过程中，发现两方面的启示：一是坚持求真务实，安全生产网格化是一种要求很细很实的管理思维和工具，在定网格、建台账等环节必须坚持以求真务实的精神扎扎实实地、一丝不苟地开展，决不能有丝毫的"走过场"的心态和行动，否则将严重影响管理体系的运行质量。二是网格化管理仍然是一种新的管理思维，要求全员尤其是网格负责人真正树立起系统观和精益理念，前者要求"顾大局、讲协同、开放性思维、持续性优化、全员全时全程"，后者要求"科学布局、精心设定、精细执行、精益管理"。

五、结束语

探索实施"网格管理—全员参与"安全文化模式是创新安全管理方式的重大举措，是促进企业全员安全管理职能到位，是提高对企业安全生产控制力、降低企业安全管理工作风险点的新手段。"网格管理—全员参与型"安全文化管理模式实践与应用，探索出网格化安全管理落地生根、发挥作用的渠道和途径，将包钢股份横向到边、纵向到底的全员安全责任经、纬线进一步细化落实，使安全管理更加立体化、全面化、层次化，为包钢股份生产经营提供了安全保障。

参考文献

[1] 郑士源，徐辉，王浣尘. 网格及网格化管理综述[J]. 系统工程，2005，23（3）：1.

[2] 阎耀军. 城市网格化管理的特点及启示[J].城市问题，2006，2：76.

[3] 王怀山.浅谈企业安全生产的标准化管理模式[J]. 轻工科技，2016，32（8）：138-139.

[4] 杨涛，党光远.企业安全生产事故风险预警研究综述[J].安全与环境学报，2014，14（4）：123-129.

浅析如何做好班组安全文化建设

宿州海螺水泥有限责任公司　刘陈

摘　要：班组是企业的基层单位，是组成企业的基本细胞，也是企业安全生产的基础阵地。班组作为企业的基石，在企业中担负着重要的作用，加强基层班组安全文化建设是确保企业安全文化建设落地的重要前提和基础。本文从班组安全文化建设基本途径，班组长的素质和工作要点，班组安全建设的方法和现场安全管理的基本内容着手，介绍了企业如何做好班组安全文化建设，通过强化班组安全文化建设，完善安全制度、规范工作标准等多项举措，提高班组成员安全意识和技能水平，从而全面提升安全管理水平，夯实安全基础管理，逐步实现班组安全生产工作标准化、程序化、科学化，使企业整体实现安全生产的良好局面。

关键词：班组安全建设；基本方法；安全管理；团队意识

班组是企业的基本组织单元，而员工是班组工作的行为主体，是班组必不可少的能动部分。但是在任何一个班组，最难的恰恰也是人员的管理。想要调动员工积极性，不能仅仅只是停留在形式上、表面上，得做出实际的行动。因此，对现代化班组安全文化建设进行梳理和探讨，将对企业安全发展有着深刻意义。

一、班组安全文化建设的基本途径

（一）建立健全班组安全文化建设的运行机制

明确班组安全文化建设的领导机构和组织体系，实行统一计划布置、组织实施、检查评审和考核。在企业安全文化核心理念指导下，梳理班组安全文化实践方案。制定班组安全建设的规章制度及达标验收的相关标准。组织相关部门定期开展检查、评比和验收，并实现考核、奖惩兑现。发现问题及时地调整和处理，确保建设目标的实现。

（二）班组安全文化建设的基本思路

（1）统一思想、常抓不懈。企业对班组安全文化建设的重要性、制约性和现实意义要达成共识，要澄清员工的模糊认识，明确创建思想，编制创建计划，统一思想认识。

（2）设置合理、不断攀登。企业要结合实际情况，设置合格班组、先进班组、优秀班组、安全标准化优胜班组等档次，以便循序渐进、逐步提高。

（3）依据标准、严格考核。考核是对安全文化建设成果和安全行为表现的评价，企业应做到每月按标准进行检查，然后通过整改进行推动。检查和评价实

行动态管理，对合格者授予标志牌、命名和公示；对不合格实行考核，并与其绩效工资挂钩；对达到合格后出现退化的班组进行摘牌，也要与其绩效工资挂钩。

（4）通过建立制度、落实责任，强化班组安全文化管理。班组安全管理的制度一般有：岗位责任制；安全技术操作规程；设备维护保养制度；交接班制，要求其内容、问题、人员记录详细，且重在坚持；隐患排查制，包括危险源的识别、评价和控制，隐患排查（三查即自查、互查、专查）和治理的相关规定等；目标管理规定，即班组要依据企业的年度总目标，制订好"三保"规划，也就是个人保班组、班组保车间、车间保企业的层层包保措施。

（5）突出重点、以点带面。企业应先抓好重点班组的安全文化建设，取得经验后进行全面推广，通过"标杆"的示范作用，推动班组安全文化建设。

（6）在班组安全文化建设中要关注全员的行为标准化，在安全文化理念得到贯彻的基础上，重点要放在安全生产标准化作业程序和标准操作方法上。

二、班组长是班组安全文化建设的关键

（一）班组长在班组安全文化建设中至关重要，其应具备良好的素质

（1）具有强烈的安全责任感，在日常工作中能将"安全第一，生命至上""珍惜生命，关爱健康"等作为班组安全价值取向，不仅自己不违章，还能主动制止违章行为和抵制违章指挥。

（2）正确的安全文化意识，理解"安全第一"的

内在含义，并把它作为规范自己和全员的行动准则。

（3）较广泛的安全技术知识，掌握与本班组生产经营活动相关的安全技术知识，了解事故发生规律和典型案例，以便从中吸取教训。

（4）具有熟练的操作技能，能正确掌握本班组各工序的生产作业技术要点和工作流程。

（5）具备自觉遵章守纪的意识和习惯，熟悉与本班组相关的安全生产法规、制度和其他要求，并能自觉遵守和执行。

（6）勤奋的履职精神，坚持班前开好安全会议、班中进行安全巡检、班后交接安全事项。

（7）具有机敏处理异常情况的能力，当发生事故迹象时，能果断地采取应急措施，组织班组员工进行应急救援，以减少事故损失。

（二）班组长在安全生产方面应做好的工作要点

（1）认真贯彻安全生产方针和相关的法规要求，以及企业安全管理的规章制度，使班组的生产活动合规。特别要重视法规政策的学习和培训，使安全生产落实到每个员工的具体行为中。

（2）组织员工学习安全技术、操作规程和标准作业法，增强安全操作的技能。

（3）认真落实班组安全生产责任制。班组长不仅要认真履行安全职责的要求，还要督促员工全面执行各自的安全职责，做到"事事有人负责、人人遵章守纪"。

（4）加强基础工作，积极推行标准化作业。班组长要积极参与标准化作业规程的制定和实施，营造学习标准、依据标准作业的良好氛围。

（5）开好班前会，认真交接班。班组长在计划、布置、检查、总结、评比生产经营活动的同时，对其相关的安全工作要同时进行。

（6）认真开展职业安全健康教育。班组长要对新员工、外来人员、换岗及休假后的员工进行安全教育，还要按照企业的统一安排，组织好"四新"教育、职业健康教育及全员教育，并要保持纪录。

（7）隐患排查与整改。班组的隐患排查应有计划、目的、内容及发现问题的处理方法，隐患排查的方法有：统一查、自查、互查、专项查，以及班前、班中、班后查等。

（8）做好班组安全活动。班组长应每半月组织一次安全活动，要做到定时、定内容、定目的、定人员。

（9）发生事故或事件时要及时上报、及时处理。当发生事故或事件时，班组长应及时抢救伤员、及时上报有关部门，并配合做好事故或事件的调查和分析。

（10）积极组织对应急预案和措施的演练，只有通过不断演练，才能做到临危不惧、冷静处理，使人员伤亡和财产损失降到最低限度。

（11）关注员工的异常变化，积极作好思想工作，确保员工无异常情绪进入作业现场。

三、班组安全文化建设的基本方法

（一）班组安全文化建设"十字法"

（1）狠抓一个"学"字。经常开展班组安全知识学习活动，提高个人安全意识和技能，增强群体安全素质和安全责任。

（2）坚持一个"严"字。工作上要严格，使事故无可乘之机；态度上要严肃认真，不放松每一个细节问题；标准上要严格，规范作业一丝一毫不含糊；行动上要严于律己，从我做起。

（3）坚持一个"查"字。要做到班前互相检查确认，班中专人现场巡回检查，及时消除各种不安全因素。

（4）立足一个"准"字。要做到开展活动有标准、作业行为守标准、执行规则准确无误。

（5）深化一个"细"字。要做到细在落实安全责任上、细在各项工作的流程上、细在作业活动的规范上。

（6）注意一个"防"字。班组在策划任何活动、开展任何作业前必须先确认是否有危险因素、控制措施有没有、控制措施是否可靠，使人、机、环都要处于最佳状态。

（7）落实一个"实"字。班组要把预防措施落在实处，落到各岗位、各种活动的每个过程和环节中。

（8）贯彻一个"全"字。做到全员培训、全线预防、全面管理、全员参与、全过程控制等。

（9）行动上要求一个"快"字。班组对上级的指示和决策精神要传达快，现场发现问题要处理快，查出事故隐患要整改快，对"三违人员"要制止快，异常情况和员工需求要汇报处理快。

（10）保持一个"多"字。班组在生产经营活动上应多留一个神、多提一个醒，对频出事故的部位要多一些查看、多一些预防措施。

（二）班组安全文化建设的"六有"

（1）班组有目标。班组应依据自身实际状况和车间的要求，制定出量化的年度工作目标和详尽的保障措施，使班组成员做到"干有目的、防有措施"，使班组安全管理实现"量化"考核。

（2）管理有规章。班组管理应有章法、有套路（方法和程序），并通过检查和考核、重奖重罚来改变管理不严、纪律松弛的状态，充分体现规章制度的唯一性和权威性。

（3）操作有规程（或作业指导书）。操作规程的内容必须科学、完整，步骤和方法必须清楚明了，出现变化要及时修订；员工在作业过程中必须严格执行操作规程，熟练掌握作业方法和要领。

（4）检查有记录和台账。班组涉及安全生产的记录和台账包括：设备运行检查台账、班组学习教育台账、隐患整改台账，安全奖罚台账，以及事故、未遂事故记录等。

（5）考核有依据。企业班组安全建设的主管部门应对每个班组在月末进行一次全方位的考核，年终则依据考核结果进行评比，用文件化的形式命名公布，通过考核和改进，在班组内形成有力的制约机制。

（6）班组有安全员。班组必须设有专（兼）职安全员，负责日常的安全工作。安全员应熟悉本班组的安全生产特点，有较强的责任意识，了解作业过程中的危险因素和员工的作业习惯，善于管理、敢于管理。

（三）班组安全文化建设的"六无"

（1）生产无事故。班组要做到"杜绝各类事故的发生"，一要增强安全意识，二要班组成员了解本岗位存在危险源和防范措施，三要严格执行各项规章制度和操作规程，四要积极消除和控制危险源，五要不断改善作业环境和作业条件。

（2）作业无"三违"。在班组要营造一种"杜绝违章"氛围，并积极采取多种措施杜绝"三违"的发生。

（3）设施设备无故障。班组内一定要健全和严格执行设施设备检查制度或点检制度，以及维护保养制度，做到"设施设备不带病运行"。

（4）环境无隐患。班组要借助于定置管理、5s管理等规定进行有序整治，让员工逐渐养成爱整洁的良好习惯。

（5）制度无缺陷。班组应将针对班组安全建设的企业制度进行细化，使制度切合班组实际情况，具有符合性和可操作性。

（6）教育无遗漏。班组应依据相关规定，确保所有应参加教育培训的人员得到良好的教育培训，与此同时，班组要结合自身实际开展日常教育，使安全学习在班组内蔚然成风。

四、班组现场安全管理的基本内容

（一）现场安全管理的作用

（1）确保安全生产。现场管理能最大限度地减少或杜绝各类危险和事故的发生。

（2）有利于节能降耗。现场管理可及时发现生产中的薄弱环节，改进工作方法，降低成本，并能保护环境。

（3）优化管理结构。把管理重点落实到生产现场，能使生产现场管理更科学、更规范，促使班组整体管理水平的提升。

（4）改变厂容厂貌。现场管理使生产条件和作业环境不断得到改进，使员工心情舒畅，工作效率就会提高，进而改变整个企业的面貌。

（二）现场安全管理的主要内容

（1）生产现场环境清洁卫生，无脏乱死角，职业病防护设备设施完整无缺、运行有效；工作区域的粉尘、毒物、噪声、温度、湿度、照明等符合相关标准的要求；操作区域、更衣间、休息间整洁明亮，地面干净、无绊脚物。

（2）设备设施、管道的安全附件、安全装置齐全，符合相关标准的要求。班组成员对本岗位设施设备做到"四懂（懂工作原理、懂可能出现场的故障、懂存在的危险源、懂操作使用）""三会（会操作、会维护、会控制和消除危险源）"，严格执行巡回检查，及时消除跑冒滴漏。

（3）班组员工安全培训合格，做到持证上岗。员工能正确穿戴和使用劳动防护用品，严格执行安全纪律、工艺纪律、劳动纪律，定时、定点、定线巡回检查，并做好原始记录。

（4）原辅材料、半成品、产品、工件、各种工具、器材实行定置管理，做到人流、物流分流有序，安全标志齐全，安全色标醒目。

（5）岗位安全技术操作规程齐全，班组的安全管理和员工的作业行为均处于受控状态，危险岗位有应急措施。

（6）班组在生产现场要做好信息的收集、传递、分析、处理工作，及时了解安全生产情况，及时处理生产中反映出来的问题。

五、培养班组团队文化意识

一个好企业必然有一个好的团队，一个好的团队就应培育一个团队的精神与特点，大庆油田铁人 3211 钻井队就是很好的例证。班组也一样，应有一种精神、一种文化、一种风格，才能形成自己的团队精神，产生向心力与凝聚力，提高责任心与责任感。班组团队是一个班组精神风貌的展现，是班组优良风气、道德观念、行为规范、工作作风和生活态度的总和，是班组团队和谐的凝聚力和班组团队前进的驱动力，是班组文化的重点与核心。班组成员长期工作和生活在同一环境中，相互联系比较紧密，思想感情易于交流和产生共鸣，很容易形成共同的认识。其思维方式和工作作风都集中体现在班组精神上。这种班组精神就成为班组的优良作风，能够增强班组成员的责任意识，发挥班组成员的积极性、创造性和主动性，形成班组的作风与精神。对班组外部来讲，这种班组精神，能够充分展示班组的良好形象，创造良好的班组信誉，赢得各级领导与部门和兄弟班组的信赖和赞誉，能有效地促进班组的工作。在班组团队精神的基础上提炼出的企业经营理念，更切合企业的实际，便于发扬、巩固和提高。

六、结束语

班组安全文化是班组文化建设的基础，班组安全建设是企业安全发展的重要载体，也是企业发展壮大的必经之路。一个不抓班组安全建设，职工纪律涣散，习惯性违章屡屡发生的企业，企业安全发展根本无从谈起。所以说，一个企业要想安全，必须对班组安全建设常抓不懈。在新形势新任务的要求下，班组安全文化建设工作作为企业发展的基础，必将日趋显示其重要性和必要性。如何进一步抓好班组安全文化建设，持续增强企业生命力，将是我们不断完善、不断创新所追求的目标。

"合和开"安全文化建设的探索与实践

华能龙开口水电有限公司　李凤玲

摘　要： 安全文化是企业得以安全生产的灵魂，是推动企业安全发展的不竭动力。华能龙开口水电有限公司自成立以来，持续探索实践，构建了具有自身特色的"合和开"安全文化，本文从其背景、内涵、建设模式、具体实践、取得成效几个方面展开介绍，能够促进相关企业安全文化建设。

关键字： "合和开"安全文化；安全生产责任；安全信用评价；安全信息化

华能龙开口水电有限公司（以下简称龙开口公司），是由华能澜沧江水电股份有限公司（以下简称澜沧江公司）、云南华电金沙江中游水电开发有限公司、云南省配售电有限公司共同出资组建。位于云南省大理州鹤庆县龙开口镇境内，是金沙江中游河段第六个梯级电站，是由澜沧江公司负责，在金沙江投资建设、运营管理的第一个电站，也是澜沧江公司实施"跨流域"发展战略的标志性工程，担负着在金沙江上创华能品牌的重任。电站枢纽工程属一等大（1）型工程，采用河床式开发，以发电为主，兼顾防洪和灌溉，总装机规模180万千瓦，设有5台单机容量为36万千瓦的混流式机组，首台机组于2013年5月发电，2014年1月5台机组全部建成投产，顺利实现"一年四投"，其中3号机组成为云南电网统调装机容量突破5000万千瓦的标志性机组。

华能龙开口水电有限公司自筹备伊始，就始终以华能"三色"文化为引领，将建设"注重科技、保护环境、促进社会可持续发展的绿色公司"作为使命，紧紧围绕安全文化引领可持续安全生产的目标，结合工作实际，积极深化、拓展，探索出具有自身特色的"合和开"安全文化，"合作、合力、合思、和谐、和顺、和悦、开放、开拓、开明"等关键字，成为安全生产工作的缩影，营造了安全文化导向、激励、凝聚、约束安全生产行为的良好氛围，"合和开"安全文化实践有了实质性成果，形成了独具龙开口特色的安全文化。

一、龙开口公司"合和开"安全文化建设背景

（一）"合和开"安全文化建设是落实《中共中央、国务院关于安全生产领域改革发展意见》的本质要求

2016年12月9日，中共中央国务院下发《关于推进安全生产领域改革发展的意见》，要求"不断推进安全生产理论创新、制度创新、体制机制创新、科技创新和文化创新，增强企业内生动力，激发全社会创新活力，破解安全生产难题，推动安全生产与经济社会协调发展""推进安全文化建设，加强警示教育，强化全民安全意识和法治意识"。2017年1月12日，国务院办公厅《关于印发安全生产"十三五"规划的通知》，要求"大力倡导安全文化，提高全社会安全文明程度"。一方面充分体现了党中央国务院对安全生产的高度重视，另一方面也说明了全国安全生产形势依旧严峻，特别是制约做好安全生产的深层次原因依然客观存在，必须从制度机制、文化层次上深入探究，有的放矢地探寻解决之策。因而，构建安全文化，在龙开口公司内部形成共同遵守的安全价值标准、基本信念及安全行为规范，推动龙开口公司的发展具有重要意义。

（二）"合和开"安全文化建设是华能集团"三色"企业文化继承和发扬的具体措施。

推进安全文化建设，是新时期、新形势下国有企业的重要历史使命和责任，是国有企业全面贯彻落实、履行好政治责任、安全责任、社会责任的具体行动，是促进企业持续、稳定、健康发展的必然选择和内在要求，是树立和展示企业社会形象，提升企业核心竞争力的有效途径。华能集团公司建立的"为中国特色

社会主义服务的红色公司；注重科技、保护环境、促进社会可持续发展的绿色公司；坚持与时俱进、学习创新、面向世界的蓝色公司"的"三色"文化理念，将华能集团的责任与使命形成体系文化。"绿色"表明华能保护环境、和谐共进、可持续发展的人文观念和科学态度；"蓝色"表现华能纳海百川、通达天下的博大胸怀和跻身世界强企的雄心壮志；以"红色"为本，以"绿色"和"蓝色"为基，号召下属企业齐心协力、以人为本，共同创建世界一流企业。安全文化作为企业文化的子文化，是对"三色"文化精髓的领悟和继承，是在安全生产领域的充分发扬和具体落实。

（三）"合和开"安全文化建设是龙开口公司安全生产管理创新和提升的现实需要

龙开口公司作为澜沧江公司实施"跨流域"发展战略的标志性工程，担负着在金沙江上创华能品牌的重任。2016 年，发生一类障碍 1 起，同比 0 起增加 1 起；二类障碍 2 起，同比 0 起增加 2 起；查处违章 49 起，同比 36 起增加 13 起；隐患排查治理完成率 75.00%，同比 88.13%降低 13.13%；"两票"合格率 98.29%，同比 98.39%降低 0.10%。安全生产形势面临着严峻的考验，究其原因，与安全生产工作未形成合力，安全生产基础工作落实不到位密不可分。职工是安全生产的主体，通过安全文化建设，强化决策层的安全领导力，提高管理层的安全管制力，提升执行层的安全执行力，培塑"本质安全型人"，进而提升安全生产管理水平，形成安全生产工作合力，扭转安全生产被动局面。

（四）"合和开"安全文化建设是发电企业电力市场竞争的发展方向

随着电力市场化改革的不断深入，电能直接参与市场竞价交易，对发电企业进一步夯实基础管理、标准化管理、精细化管理、提质增效提出更高要求。安全生产责任落实是电力企业长周期安全稳定运行的根本保障，安全生产责任落实到位与否直接关系到企业安全生产基础夯实与否、直接关系到电力供应能力和经济效益好坏。而安全文化的导向、激励、凝聚、约束作用，能够激发全员落实安全生产责任，提升安全生产工作水平，进而实现抢占市场的目的。

二、龙开口公司"合和开"安全文化的主要内涵

龙开口公司在建设和运营管理中，始终以华能"三色"文化为引领，在"合和"企业文化的基础上，结合安全生产工作实际，积极深化、拓展，探索出具有龙开口特色的"合和开"安全文化理念。"合"包括合作、合力、合思三层含义，意在表达"合作更合力，合力先合思"的境界追求，要求每位员工目标一致、群策群力、互励共勉；"和"包括和谐、和顺、和悦三个层次，意在表明"和谐促和顺，人人享和悦"的递进关系，要求每位员工尊重包容、落实责任、共享安全；"开"包括开放、开拓、开明三层意思，意在阐明"开放并开拓，自然得开明"的逻辑关系，要求每位员工集思广益、开拓创新、持续改进。

三、龙开口公司"合和开"安全文化的建设模式

龙开口公司"合和开"安全文化继承了华能集团"三色"企业文化中的企业责任基因、可持续发展基因、与时俱进学习创新基因，也继承了澜沧江公司"三色水"企业文化中的开放、包容基因，并发扬了龙开口自身企业文化所蕴含的和谐、合作等思想基础，是企业持续、安全发展的强大动力，是实现"一流企业"宏伟愿景的强力保障。在总结前人经验的基础上，提出了"安全理念植入三阶段、安全文化建设四参与、安全文化建设五步骤、安全文化建设六追求"的方法论，简称龙开口"3456"安全文化建设模式。

（一）"合和开"安全理念植入三阶段

方法是达到目标的关键。安全文化建设中，安全理念植入是重中之重，通过学习、借鉴国内外安全文化建设先进的方法，本着"借鉴不照搬、重形更重实、学习并创造"的原则，积极探索出"思想上理解、态度上认同、行动上践行"的"合和开"安全理念植入的三个阶段。

（二）"合和开"安全文化建设四参与

海纳百川，有容乃大。安全文化建设中，参与者的广度和参与深度是安全文化建设成败的关键，本着"开放包容、兼收并蓄"的原则，确定"合和开"安全文化面对四个对象，即领导层、管理层、相关方、职工及家属。领导层是参与的表率，管理层是参与的关键，相关方是参与的重要力量，而职工及家属是参与的主要动力及动力源泉。

（三）"合和开"安全文化建设五步骤

安全文化建设是企业长期坚持并持续调整的重要事项，应将战略和执行两方面紧密结合起来。经过长期的安全生产实践，总结形成一套安全文化建设的"五步法"。

第一步，战略规划。在对安全文化理念达成共识、树立正确的思维模式基础上，评估安全生产工作方面的优势、劣势和主要问题，有针对性地制定 3～5 年的安全文化推进战略规划，明确目标。

第二步，制订计划。将规划转化为具体实施计划，从人力、物力、财力"三落实"方面制定具体措施，同时"定人、定岗、定时限"按步推进，确保方案可行。

第三步，方案执行。贯彻执行既定的计划和方案，在规划目标、衡量指标不变的前提下，结合实际微调落实举措，制订更细节的执行方案，主要领导具体抓、抓具体，确保落实到位。

第四步，促进和学习。加强方案执行环节的跟踪督促，协调解决执行过程中存在的问题，形成有效闭环管理；同时，加强学习国内外安全文化建设方面的新方法、新理念，辩证吸纳，以期有效推进。

第五步，效果检验和调整。对安全文化建设工作进行效果评估，研究战略规划、计划方案与安全文化改进、安全业绩之间的相关性，总结取得的成果和存在的不足，必要时及时调整战略，进入新一轮的系统循环，促进提升。

（四）"合和开"安全文化建设六追求

龙开口公司将以往自然形成的安全文化加以筛选，并引进系统理论，通过继承、摒弃、补充，确立了安全文化建设的 6 个目标。

一是奋发向上的团队精神。员工努力承担更多责任，力求自我价值最大化，安全文化的价值观和信念成为激发员工积极性和创造性的力量源泉。

二是和谐的人际关系。员工与企业的利益融为一体，归属感激发主人翁意识；领导与员工人格平等，从上向下逐级担责，从下向上逐级分忧；员工之间互相学习和帮助，互励共勉共同提高。

三是高效的安全生产管理。企业安全生产目标明确，全员安全生产责任清晰，通过全员安全生产责任落实，促进企业安全生产主体责任落实，进而实现安全生产目标。

四是安全优美的工作环境。安全优美的环境，不仅能够净化、美化人的心灵，约束人的不良行为，而且能够提高工作效率，保障生命安全、促进身心健康。

五是良好的学习氛围。知识是员工实现自我价值的重要资源，主动掌握安全知识与技能成为自觉行为，员工由"要我安全"转变为"我要安全、我会安全"，实现安全生产意识和技能的质的飞跃。

六是不断攀升的安全业绩。通过安全文化的力量，将安全生产法律法规、规章制度落实在全员安全态度和安全行为上，将标准规范落实在安全生产的工艺、技术和过程中，使安全生产自觉性逐渐养成，形成科学发展、和谐发展的驱动力和引领力，促进安全业绩不断攀升。

四、龙开口公司"合和开"安全文化的实践

（一）持续的宣传教育营造安全文化氛围

通过安全文化专题、安全生产分析等会议，知识竞赛、演讲比赛、安全征文等安全活动，宣传栏、刊物、报纸、局域网等传播介质，开展内容丰富、形式多样、贴近实际的安全宣传教育，宣传安全文化理念，营造安全文化氛围，培育管理层人本管理思想，倡导正确的安全生产价值观，用人文激励员工。

（二）三级安全监督网促安全责任落实

健全安全生产监督体系和保证体系。龙开口公司建立公司级、部门级、班组级三级安全监督网络，践行"岗位时时查、班组天天查、部门周周查、企业月月查"的安全监督模式，并通过月度三级安全监督网例会，分析存在问题和不足，明确整改提升措施，有效促进各级安全生产保证体系的安全生产责任落实。

（三）安全信用评价体系保安全生产工作执行到位

以闭环管理为手段，着力抓安全生产责任落实，大胆创新实践，成功摸索出安全生产信用评价机制"一五二一"管理模式，即建立一套安全生产信用评价标准，重点评价安全生产事件事故、反违章管理、隐患排查治理、"两票"管理、安全教育培训五个方面安全生产基础工作，以"红黄牌"制度、信用等级划分两种手段，与安全绩效、岗位晋升、薪酬待遇、评先推优挂钩，实行"安全生产一票否决"。建立健全安全生产信用评价机制，通过实时、全员、全方位、全

过程跟踪评价,促使全员安全生产责任得到深化落实,安全生产工作执行到位。

(四)安全激励引导员工安全行为

健全完善安全生产奖惩机制,坚持"奖惩分明""以责论处"、精神鼓励与物质奖励相结合、思想教育与行政惩戒相结合的原则,对安全生产成绩优异的部门、班组和有突出贡献的个人,给予表彰和奖励;对不安全事件、违章等的责任部门、责任人,根据责任的划分,分别给予相应处分。树立"安全生产先进"典型,激励员工参与安全生产工作、规范安全行为。

(五)安全风险可视化规范安全环境

紧紧围绕遏制事故的目标,突出重点工作、重要环节和关键岗位,全面开展安全风险辨识,科学评定"红、橙、黄、蓝"安全风险等级,制定安全风险管控措施,构建安全风险分级管控体系。结合"6S"管理,不断改善劳动作业环境,对生产设备运行值、安全设施、警示标识等,进行可视化管理,使安全风险一目了然,生产现场作业环境和员工作业行为得到进一步规范。

(六)安全信息化管理助力安全闭环管理

搭建安全信息化平台,使外包工程管理、隐患排查治理、安全检查闭环、法律法规实时更新、安全生产信用评价及安全绩效考评等安全管理工作,实现全方位、全过程、可追溯的信息化管理。并通过 4G 网络将智能移动终端与数据平台对接,实现移动办公,有效解决工作流程冗长、复杂、审批慢等问题,实现安全管理规范化、规范标准化、标准流程化、流程信息化。

五、龙开口公司"合和开"安全文化建设取得的成效

龙开口公司通过"合和开"安全文化建设的探索与实践,全员安全生产责任得到深化落实,安全生产形势得到稳定好转,各项安全生产工作指标明显改善。

(一)"合和开"安全文化理念获肯定

具有龙开口特色的"合和开"安全文化理念,通过目标管理、完善规章制度、设施标准化管理、改善作业环境、丰富安全活动、反违章及隐患排查治理闭环、建立安全信用评价档案、强化安全培训等举措的探索和践行,理念成功落地,龙开口公司被中国安全生产协会命名为"2017 年全国安全文化建设示范企业"。

(二)安全环保出彩

2017 年,龙开口公司实现全年无事故,机组零非停,未发生各类生产安全事故及影响企业稳定的事件,生产、经营、政治、形象安全得到有效保障,累计安全生产 1686 天。未发生一类障碍及以上事故,同比 1 起减少 1 起;查处违章 28 起,同比 49 起减少 21 起;设备缺陷消除 187 项、消缺率 100.00%,同比 124 项、99.20%分别增加 63 项、上升 0.80%;安全检查发现问题整改率 90.50%,同比 75%上升 15.5%;"两票"合格率 98.55%,同比 98.29%上升 0.26%。

(三)职工队伍团结奋进

龙开口公司以华能集团"三色"文化为引领,凝聚了一种独特的"合和开"安全文化,培养了一支能攻坚克难、干净担当的队伍,真正起到了内化于心、外化于行的作用,树立了良好形象,龙开口公司荣获国家优质工程金质奖、云南省五一劳动奖状及"电力优质工程奖全国企业文化顶层设计与基层践行优秀单位""全国大型水电厂青年工作先进单位""全国职工书屋示范点""云南省文明单位""华能集团安全生产先进单位"等多项荣誉称号。

六、结语

安全文化是安全生产的根本和灵魂,是实现安全生产长治久安的制胜法宝。龙开口公司结合实际探索实践,构建起具有自身特色的"合和开"安全文化,让"安全就是信誉,安全就是效益,安全就是竞争力"的华能安全理念落细落小落实,提升了职工安全素质,打造了一支奋发向上、和谐团结的团队,营造了安全优美的工作环境,高效的安全生产管理水平,促进安全业绩不断攀升,在金沙江上树立了良好的华能品牌形象。

关于安全文化建设创新的几点思考

安徽海螺水泥股份有限公司　吴铁军　邱军磊

摘　要： 安全生产作为企业经营发展的基础和生存底线，事关企业和谐稳定发展大局，事关员工生命健康、财产安全，是每个企业义不容辞的责任，必须坚守的"底线"，时刻牢记的"红线"。海螺集团历来高度重视安全生产工作，始终将安全生产工作摆在首要位置，在安全文化建设方面，通过塑建切实可行的安全文化，提升职工的安全行为，增强职工的安全意识，用先进的安全管理理论指导企业安全生产，以提升企业安全生产管理水平，促进安全生产。

关键词： 安全生产；安全文化

海螺集团是我国建材行业最大的国际化企业集团之一，拥有国家级技术研发中心，控股经营海螺水泥和海螺型材两家上市公司，下属 170 余家子公司分布在全国 20 多个省、市、自治区及印尼、缅甸、俄罗斯等"一带一路"沿线国家，是水泥行业首家"A+H 股"上市公司，经营产业涉及水泥、化学建材、节能环保、国际贸易、酒店餐饮、新材料等领域。海螺集团已连续多年入选中国企业 500 强，荣获中国工业大奖表彰奖，跻身中国跨国公司 100 大榜单。

海螺集团各单位凭借内部严格的安全管理标准，扎实的安全管理基础，优良的安全管理文化，得到各级地方政府的认可和肯定。集团公司先后荣获原国家安监总局颁发的"贯彻实施新安法，严格落实各项法律责任"知识竞赛活动二等奖、"全国职业病防治知识竞赛优胜单位"、安徽省"安全生产月"优秀单位称号。多年来，海螺集团在各级政府及社会各界的精心指导和大力支持下，深入学习贯彻关于安全生产的一系列重要指示、批示精神，认真落实"安全第一，预防为主，综合治理"的工作方针，大力弘扬"发展决不能以牺牲安全为代价"的红线意识，坚持"以人为本、生命安全至上，一切安全生产事故可防可控"的安全理念，以"落实主体责任、强化教育培训、加强隐患治理"为主线，健全集团公司-股份-子公司三级安全管理体系，制定了《海螺集团安全生产和职业病防治"十三五"规划》，打造了富有企业特色的安全文化，为集团公司生产经营发展打下了坚实的安全基础。

一、丰富安全文化内涵

文化建设，观念先行。集团公司在安全管理工作中坚持以员工为核心，把"人本"管理作为安全工作的灵魂主线，推行人性化安全管理，大力宣贯"以人为本、生命安全至上，一切安全生产事故可防可控"的安全理念，推进"零伤亡"安全目标，践行"员工的生命与健康是公司发展的先决条件，是一切的基石"的核心价值观，实行"打造最安全、最健康的国际化大型企业"的安全愿景，进一步抓思想、提认识、转观念，增强红线意识，筑牢底线思维，提高安全生产的政治站位，使广大员工认知、认同，内化于心，外化于行。

二、健全安全制度

一是每年年初，集团与股份公司、股份公司与子公司均签订《年度安全生产和职业健康目标责任书》，并在海螺集团特有的年终检查期间对责任书的完成情况开展考评、实施奖惩。子公司与各部门、各部门负责人分别与所属各岗位所有人员逐层签订了责任书，狠抓责任制这个环节，进一步健全全员、全过程、全方位的安全生产责任体系，以责任落实推动工作落实，形成了主要领导亲力亲为、亲自动手抓，分管领导具体抓细抓实、抓出成效，各部门（单位）负责人各司其职、协调配合、齐抓共管的安全生产工作格局。

二是依法合规健全完善了集团-股份公司-子公司三个层级的安全管理规章制度，在制度的执行过程中始终秉承"一视同仁、不打折扣"原则，确保制度的严肃性和公平性。

三是公司多年来不断加大安全生产费用投入，确保安全生产设备设施的不断改善，并将安全生产费用提取、使用纳入年度财务预算管理，确保年度安全生产费用及时足额投入使用。

四是下属各单位充分利用班组活动、班前会、安全例会等宣讲安全，及时传达上级安全文件和会议精神，分析和预测安全形势，提前制定针对性防范措施。

三、开展技能培训

一是抓好安全生产工作，重点在基层、关键是教育。在培训教育方面，海螺集团始终牢固树立"安全培训是员工最大的福利"的思想，年初制订集团公司的安全生产培训计划，积极推动"总经理上讲台讲安全"，不断地落实负责人的安全生产主体责任。每年，举办安全管理人员轮训、安全知识竞赛等形式多样、内容丰富的安全宣教活动。下属各单位在抓好"三项"岗位人员、新进人员和在岗人员培训的同时，根据不同的培训对象，分层级分专业有针对性地开展培训，努力提升教育培训与工作实际的结合度，坚决杜绝"一刀切"现象，确保全体干部员工接受与其岗位相适应的安全教育培训及再培训。通过各类宣教培训活动，结合员工自学、互学，激发比、学、赶、帮、超的工作热情，内增素质，外树形象，进一步提高本质安全的可靠性。

二是举办各类宣传活动，加强安全文化建设。集团公司在落实国家要求开展的安全生产月、《职业病防治法》宣传周、消防日、安全咨询日等活动的同时，还通过举办知识竞赛、演讲比赛、悬挂安全宣传横幅、制作安全宣传栏、安全宣传展板、张贴宣传画，编印《深挖事故镜子，点亮安全明灯》海螺安全生产培训教材、《员工安全知识手册》，积极参加国家、省市消防应急知识普及竞赛活动，组织观看安全生产警示教育片等形式，增强了全体员工的安全防范意识，使"我要安全"成为全体员工抓好安全工作的信念支撑和行动指南，形成了"人人想安全、人人抓安全、人人会安全"的浓厚氛围。我们积极开展"走出去，请进来"学习活动，先后组织多批次中高层管理人员赴拉法基等企业参观交流典型安全管理经验。

四、突出风险管控和隐患排查

着力构建安全风险分级管控和隐患排查治理双重预防机制。一是全面梳理、排查各部门、各层级的安全风险，建立风险点查找、研判、预警、防范、处置、责任等"六项机制"，突出抓小抓早抓预防，实现安全风险管控和隐患排查治理闭环管理。二是集团公司建立起了督促检查体系，规定集团、股份公司定期赴子公司开展督查巡查，子公司每月至少开展一次安全隐患排查，分厂（处室）每月安全检查不少于两次，工段班组每月不少于四次检查。三是安全检查实行谁检查、谁签字、谁负责的责任制度，做到检查不留死角、排查不留漏洞、隐患不留盲点、整改不留后患。对于排查出的所有安全隐患，全部登记在预测预警系统中，建立电子台账，实行人员、责任、资金、时限、预案"五到位"，并及时组织"回头看"，真正做到检查滚动式、整改追踪式、销号闭合式。

践行"以人为本"，优化作业环境，严防职业病。关爱生命，珍惜健康，是"以人为本"的重要内涵。海螺集团从员工最关心、最直接、最现实的利益入手，竭力为员工创造舒适的工作环境；实施以"降低事故风险、优化作业环境"为目的的技措技改工程，积极推进包装栈台粉尘治理，大力实施员工休息室升级改造；食堂精心烹制健康营养餐，每年为员工开展职业健康体检等。

五、结束语

党的十九大报告强调了要以人民安全为宗旨，牢固树立安全发展理念，弘扬生命至上、安全第一的思想，依靠严密的责任体系、严格的法治措施、有效的体制机制、有力的基础保障和完善的系统治理，大力提升安全防范治理能力，坚决防范遏制重特大事故发生。这是新时代党中央提出的新要求，是企业抓好安全工作、实现安全健康持续稳定发展的根本遵循。海螺集团将始终坚持这一精神，切实保障员工生命安全与身体健康，不断深化和夯实企业安全文化建设，提升企业安全生产工作管控水平，实现企业长治久安。

浅谈新时代煤炭企业安全文化建设

铁法能源公司大平煤矿　窦颜红

摘　要： 当前，践行社会主义核心价值观，已成为各行各业提高员工职业素养、增强企业自身核心竞争力的重要途径。对于煤炭企业而言，如何将企业安全文化建设与践行社会主义核心价值观有机结合，不仅是新形势下强化煤炭企业安全文化建设的有效方法，更是促进煤炭企业安全、健康、可持续发展的重要途径。本文主要阐述了企业以践行社会主义核心价值观为引领进行煤炭企业安全文化建设的途径和方法。

关键词： 核心价值观；安全文化建设；有机结合

社会主义核心价值观是社会主义制度的内在精神，是建设和谐文化、构建和谐社会的必然要求。企业安全文化的建设是安全文化最为重要的组成部分，企业安全文化与社会的公共安全文化既有互相联系，更有相互作用。

企业是安全文化建设的重要载体，也是建设社会主义核心价值体系的重要阵地。以社会主义核心价值体系引领企业安全文化工作，占领职工思想舆论阵地，将安全文化建设渗透到职工生产和生活的各个领域和各个方面，引导职工不断增强安全意识，树立企业的良好形象，增强企业的凝聚力和核心竞争力，是企业安全文化工作的出发点和根本任务。

一、社会主义核心价值观对企业安全文化建设的作用

核心价值观是文化软实力的灵魂、文化软实力建设的重点。这是决定文化性质和方向的最深层次要素。一个国家的文化软实力，从根本上说，取决于其核心价值观的生命力、凝聚力、感召力。培育和弘扬核心价值观，有效整合社会意识，是社会系统得以正常运转、社会秩序得以有效维护的重要途径，也是国家治理体系和治理能力的重要方面。历史和现实都表明，构建具有强大感召力的核心价值观，关系社会和谐稳定，关系国家长治久安。

具有中国特色的社会主义核心价值观，为企业大力开展企业文化建设，构建和谐企业，促进企业发展提供了理论依据和精神动力。对于企业来说，贯彻落实党的十九大精神，就是要以习近平新时代中国特色社会主义思想为抓手，以社会主义核心价值观为根本，着力发展中国特色企业文化，兴起企业文化建设新高潮，提高企业软实力，为增强企业的自主创新能力、竞争能力，提供坚实的文化支撑力。

二、煤炭企业安全文化的作用

煤矿的安全管理点多面广，战线长，难度大，地质灾害严重，安全威胁大，劳动用工的多样化，员工素质的参差不齐；安全意识的淡薄，自主保安意识不强，违章指挥，违章操作还时有发生；技术装备的相对落后，安全设施的不完善，这些都必须从解决人的问题入手，靠人的主动管理来弥补，这就迫切需要提高职工队伍的素质，增强主动管理的安全意识和自律管理的安全观念，以精细严实的管理方式弥补技术装备的内在缺陷，从而有效地解决生产力水平不高，技术装备等方面存在的缺陷。

要实现矿井本质安全，就必须建设一种能够促进安全生产的长效机制。实践证明，企业文化是企业的核心竞争力，而企业安全文化是企业安全工作的灵魂，是企业全体员工对安全工作集体形成的一种共识。这种共识一旦形成习惯，就会以一种无形的力量去规范和调整干部员工的安全行为，真正使安全成为一种自觉的行动，推动安全生产工作持续稳定健康发展。

推行安全文化建设，有利于安全管理体系的建立和完善，有利于弥补生产力水平不高，技术装备不高存在的缺陷。安全文化建设包括了物质层、制度层和精神层三个层次，把人、机、环境有效地统一协调起来，达到人、机、环境的和谐。安全文化建设强调制度建设，有利于安全规章制度的建立，完善和落实。

推行安全文化建设，有利于规范员工安全生产行为，营造浓厚的安全生产氛围，有利于提高企业安全管理的水平和层次，树立良好的企业形象。人不仅是安全管理的主体，而且是安全管理的客体。在安全生产人、机、环境三要素中，人是最活跃的因素，同时也是导致事故的主要因素。因此，能否做到安全生产关键在人，能否有效地消除事故，取决于人的主观能动性，取决于人对安全工作的认识，价值取向和行为准则，取决于员工对安全问题的个人响应与情感认同，而安全文化建设的核心就是要坚持以人为本，全面培养，教育和提高人的安全文化素质，完全符合安全生产的工作规律。

安全文化是一种新型的管理形式，是安全管理发展的一种高级阶段，其特点就是将安全管理的重心转移到提高人的安全文化素质上来，转移到以预防为主的方针上来。通过安全文化建设提高员工队伍素质，树立员工新风尚，企业的新形象，增强企业的核心竞争力。

三、核心价值观引领安全文化建设的途径

煤矿企业搞好安全文化建设，必须坚持与安全生产、经营管理、党建文化等相结合；要坚持在实践中提升理念，把社会主义核心价值观融入企业安全文化建设，煤矿企业需要以社会主义核心价值体系引领企业安全文化建设，引导员工的思想，强化他们的安全意识，使他们自觉树立安全理念，培养安全行为，更好地建设安全文化。

（一）建立导向型安全文化平台，达到工作目标化

煤矿企业在安全文化建设中，必须紧紧围绕企业的中心任务，抓住安全生产工作的薄弱点，实行目标化管理，要及时根据企业各阶段的发展目标及安全管理目标，制订安全文化建设的目标和措施，确定安全文化的努力方向，积极发挥安全文化的导向作用，规范作用，凝聚作用和激励作用，确保企业安全管理目标及发展目标的最终实现。

（二）形成立体型安全文化格局，达到组织网络化

企业安全文化建设是一项复杂的系统工程，它包括煤矿企业在安全宣传，教育管理，具体实施等方面的建设和组织措施，涉及煤炭企业党政工团各级组织和各个业务部门，生产单位，涉及千家万户。必须加强沟通和联系，努力构建安全文化的立体网络管理体系，动员方方面面的力量，形成党政工团齐抓共管的格局，确保发挥整体效应。必须建立起以党委为核心，横联党政工团，纵贯矿、科室、区队、班组，既有政工干部，又有生产及行政人员；既有管理干部，又有员工群众参加，立体交叉的安全文化建设队伍和责任体系。

（三）形成民主型安全文化方式，达到形式多样化

安全文化建设要注意克服单一的自上而下的实施方式，多用民主的方式，调动职工群众的参与积极性，形成共建优势。一是要进行自我启发式教育。把安全教育的主动权让给员工，让员工唱主角，通过举办安全演讲，安全文艺汇演，安全征文等活动，让员工把自己的感受讲出来，唱出来，写出来，把个体意识，情趣和实际效果融入安全教育。二是要进行关联层次式教育。根据群体中的不同成分结构，分层次开展安全教育，如签订"师徒合同""一帮一"安全结对子等活动。三是要进行相互制约式教育。通过实行安全风险抵押，安全连带奖罚等制度，让个体的安全状况与群体利益挂起钩来，从而形成一个人人关心安全，人人为安全着想，相互监督，相互帮助的良好局面。

（四）探索开放型安全文化方式，达到管理信息化

随着科技的不断发展，信息化管理已经成为目前企业管理的唯一形式。煤矿企业也不例外，要不断与时俱进，进一步完善信息化管理体制，建立起上下联系，纵横畅通的信息网络，疏通各类渠道，不断地学习、引进、移植、借鉴各方面先进的科学的方法，并结合自身实际，及时进行消化、变通、创新和发展。只有这样，才能保持企业安全文化的先进性和鲜活力，做到与时俱进。

在具体操作中，一是要加强对员工的安全理念灌输，把各种安全理念、警句汇编成册，组织员工认真反复进行学习，并定期开展安全理念专题研讨、讲座、交流活动，提高员工对各种安全理念的认识程度，从根本上强化安全认识，提高安全觉悟，牢固树立"安全为天，生命至尊"的安全理念。二是要采取多种形式加强员工的安全技能培训，规范员工的安全行为。要利用班前班后会、周二安全思想教育日活动、安全

培训等途径，有计划地对员工进行系统的安全技能培训，并定期举办各工种岗位的安全知识考试、技术比武、岗位练兵等活动，提高和巩固培训效果。

（五）保持主动型安全文化状态，达到研究经常化

煤矿企业要适应形势的变化和需要，不能抱残守缺，更不能故步自封，要积极探索新形势下安全文化建设的规律和方法。

一是要善于调查研究，调查了解新情况、新问题，动态地掌握企业的安全状况，为正确地确立各阶段安全文化建设的任务争取主动。二是要善于调整方向，致力于解决员工群众关心的安全热点和焦点问题，致力于解决制约矿井发展的重大安全问题，紧密结合工作实际，在安全文化建设的内容、形式、方法、手段和机制等方面进行创新，使之不断适应形势发展变化的需要。三是要善于总结提高，不断探索研究、提炼、总结新的创建经验，用以指导安全文化建设的正常开展，积极主动地发挥好安全文化的导向、规范、凝聚和激励作用。

（六）创造情感型安全文化氛围，达到教育形象化

煤矿企业要提高安全文化的形象力和熏陶力，使员工时时处于饱含着真情实感的氛围中，就是要在教育形象化上下功夫。

一是要发挥宣传优势，广泛宣传以社会主义核心价值观引领企业安全文化建设。将社会主义核心价值观 24 字内容，利用牌板、条幅、广告牌、电子大屏幕等媒介大张旗鼓地宣传；利用各种学习会、培训会、

员工班前会广泛学习培训，做到人人知晓。利用宣传载体广泛宣贯安全愿景、安全目标、安全理念，使广大员工能充分树立"凡是安全先，万事安全大""安全第一，预防为主""确认安全，按章操作"等安全理念，牢固树立安全思想，营造良好的安全氛围，为煤矿企业安全文化打下坚实的思想基础。

二是要坚持每周安全思想教育活动日，安全思想教育常抓不懈。"安全意识靠培育，安全行为靠养成"，为了培养员工的安全意识，使他们自觉养成安全行为，坚持开展每周的安全思想教育活动。对全体员工进行安全思想教育，并不断创新教育方式、方法，丰富安全思想及教育活动的内容，并采取多种形式加大安全思想教育力度，切实提高安全思想教育活动质量，形成了浓厚的安全文化氛围，增强了广大员工的安全意识。

三是积极开辟安全学习园地，悬挂安全标语口号，设置安全橱窗，建立员工图书室、阅览室，为员工提供良好的学习环境。

四、结论

企业安全文化，能够在潜移默化中科学、合理的影响和激励员工每时每刻的思维和行为。以社会主义核心价值体系引领企业安全文化建设只有起点，没有终点，只要铁煤人不懈努力，共同缔造一种可持续发展的安全文化——以社会主义核心价值体系引领企业安全文化建设，而且最终改变人们的安全理念，就一定能够实现安全文化深入人心，铁煤集团也必将开创安全健康和谐长久发展的新纪元。

加强班组安全标准化建设，促进安全文化落地生根

国电河南电力有限公司　李秋白　高宏发　张国平

摘　要： 班组是企业安全文化建设的"最后一公里"，安全文化建设能否取得实效，最终要看能否在基层一线班组落地生根。然而班组也是安全文化建设和安全生产管理的难点和重要课题，如何建设卓有成效的班组安全文化长期困扰着企业。国电河南电力有限公司结合自身实际，通过扎实开展班组安全标准化建设强化员工安全意识和行为管理，建立一套有效的班组安全标准化建设模式，并在六家发电企业试行，在实践中取得良好效果，为企业安全文化落地和安全发展提供了有效的基层管理工具。

关键词： 安全文化；班组；安全标准化体系

一、引言

班组是安全生产的基石，是安全文化建设的"最后一公里"。有资料表明，98%的事故发生在生产班组，84%的事故原因与班组人员直接有关。因此，企业要建设安全文化、实现安全生产，就必然要提升基层安全文化自觉和基层安全文化管理。然而，由于企业基层班组通常面临较为复杂的情况，比如，人员素质的参差不齐、作业环境的复杂性以及作业条件的不足、现场大型机器设备的多样性、作业任务的交叉性与难易差异等，特别是班组一线人员的安全意识、技能与安全习惯等问题，都直接影响到作业现场的安全。

如何管理好基层班组的安全，我们认为关键在于班组安全文化建设，要用安全意识、安全思维、安全理念引领和推动员工遵行安全规章制度，养成安全操作的良好习惯。管理学的行为学说指出，行为的规范管理有助于新的行为习惯的养成。因此，我们在开展班组安全文化建设过程中强调，不仅要持续宣传培训安全理念，更重要的是加强规范管理，用硬管理培育基层员工安全习惯。在这样一种理念下，公司近年来不断研究探索，一套基于班组安全标准化建设的班组安全行为管理体系日益成型。

企业安全生产标准化就是"通过建立安全生产责任制，制定安全管理制度和操作规程，排查治理隐患和监控重大危险源，建立预防机制，规范生产行为，使各生产环节符合有关安全生产法律法规和标准规范的要求，人、机、物、环处于良好的生产状态，并持续改进，不断加强企业安全生产规范化建设。"安全标准化是企业的基础工作和基层工作，是全员、全天候、全过程、全方位的工作。

班组通过开展安全标准化建设，可以解决企业班组安全管理突出问题，重点强化规章制度落实和班组安全基础工作，持续规范班组日常安全管理，提升员工安全观念和意识。通过规范人员的行为，避免作业风险，完善管理流程，实现本质安全要求，达到提高班组安全管理水平和工作效率，减少事故发生，保障人身和设备安全的目的。

2017年，公司在六家企业145个班组进行了试行，取得了良好的效果。通过班组安全标准化建设，我们把红线意识、安全方针落实到基层班组的细微之处，转化为具体的行为管控，向着安全文化管控的方向不断迈进。

二、班组安全标准化内容与评价体系

班组安全标准化体系主要由《班组安全标准化管理办法》和《班组安全标准化评定标准》两部分构成，该体系是班组安全标准化建设的主要内容，是促进安全文化在班组落地的基本保障。

（1）《班组安全标准化管理办法》共有25章174个附件。包含内容有：班组安全目标管理、班组安全组织机构和职责、班组安全生产投入、法律法规与安全管理制度、安全台账管理、班组安全教育培训、安全文明生产标准化管理、外包项目安全管理、安全例行工作管理（班组安全活动、班前班后会、安全检查）、"两措"计划管理、作业安全（电气安全、高处作业、起重作业、焊接作业、消防安全、有限空间作业、防

汛和地质灾害、交通安全、土建作业、特种作业及防护用品）、危化品和重大危险源管理、现场安全防护设施、两票三制管理、员工人身安全风险分析预控、反违章管理、隐患排查和治理、职业健康、应急管理、安全性评价管理、事故及不安全情况管理、安全生产考核与奖惩、信息报送和信息化、绩效评定和持续改进。

每一章包含有不同数量的附件，对每项安全工作的流程、时间、内容进行了具体化，统一模板，统一流程，统一周期，方便班组使用。以"外包项目安全

管理"为例，河南公司外包队伍数量多、人员多、文化素质普遍偏低、安全意识淡薄、安全管理难度大。我们在"外包项目安全管理"内容中，明确了外包工程开工手续的办理、外包工程人员的管理、外包工程施工安全管理等具体要求，并编制以下九个附件，规范了班组对外包人员的管理。

（2）《班组安全标准化评定标准》明确可评定的方法，将管理办法的内容划分为40个核心要素。各要素和分值情况如表1所示。

表 1 班组安全标准化评定标准

序号	内容	要素	分值
1	班组安全目标管理	班组安全目标管理	100
2	班组安全组织机构和职责	班组安全组织机构和职责	100
3	班组安全生产投入	班组安全生产投入	100
4	法律法规与安全管理制度	法律法规与安全管理制度	100
5	安全台账管理	安全台账管理	100
6	班组安全教育培训	班组安全教育培训	200
7	安全文明生产标准化管理	安全文明生产标准化管理	300
8	外包项目安全管理	外包项目安全管理	200
9	安全例行工作管理	安全例行工作管理	100
10	"两措"计划管理	"两措"计划管理	100
11	作业安全	电气安全	100
12		高处作业	100
13		起重作业	100
14		焊接作业	100
15		消防安全	100
16		有限空间作业	100
17		防汛和地质灾害	100
18		交通安全	100
19		土建作业	100
20		特种作业及防护用品	100
21	危化品和重大危险源管理	危化品和重大危险源管理	100
22	现场安全防护设施	防护栏杆、护（围）栏	100
23		楼梯（爬梯）、通道、格栅及平台	100
24		转动机械护罩/网	100
25		隔离、闭锁系统	100

序号	内容	要素	分值
26	"两票三制"管理	工作票	250
27		操作票	100
28		巡回检查制	50
29		交接班制度	50
30		设备定期试验和切换	50
31	员工人身安全风险分析预控	员工人身安全风险分析预控	100
32	反违章管理	反违章管理	500
33	隐患排查和治理	隐患排查和治理	100
34	职业健康	职业健康	100
35	应急管理	应急管理	200
36	安全性评价管理	安全性评价管理	100
37	事故及不安全情况管理	事故及不安全情况管理	100
38	安全生产考核与奖惩	安全生产考核与奖惩	100
39	信息报送和信息化	信息报送和信息化	100
40	绩效评定和持续改进	绩效评定和持续改进	100
	合计		4900

公司要求，所有的生产班组以及长期外包单位的班组均参与班组安全标准化考评。根据考评结果，将班组评定为一星级、二星级、三星级、四星级、五星级5个等级。评定标准：五星级安全标准化班组为总分≥95%，单个要素得分≥85%，没有否决项目发生。四星级安全标准化班组为总分≥90%，单个要素得分≥80%，没有否决项目发生。三星级安全标准化班组为总分≥85%，单个要素得分≥75%，没有否决项目发生。二星级安全标准化班组为总分≥80%，单个要素得分≥70%，没有否决项目发生。一星级安全标准化班组为总分≥70%，单个要素得分≥60%，没有否决项目发生。否决项为班组发生人身轻伤或责任一类障碍及以上的不参与考评。

三、班组安全标准化实施情况及效果

（1）实施过程。

从2017年8月起，河南公司所属6家发电企业，组织开展班组安全标准化试点创建工作。各单位按照深入宣贯、树立示范、全面推进、评价验收四个阶段开展班组安全标准化建设工作。2017年12月，各单位组织了自评，本次共145个班组参加评定，其中外包维护单位班组有75个。各单位申报五星级班组共23个，河南公司组织专家对各单位开展情况进行了检查。最终，五星级班组6个，四星级班组39个，三星级班组53个，二星级班组20个，一星级班组15个，无星班组12个。

通过试点创建，员工对班组安全工作有了新的认识，一致反映效果良好。2018年，河南公司将正式开展创建工作，并将该项工作纳入年度重点事项并签入各单位的年度目标责任书，要求五星级班组通过率达到30%以上。

（2）实施过程中遇到的问题和解决办法。

在推进班组安全标准化初期，个别人认为会增加班组工作量，对开展班组安全标准化工作持怀疑态度。这主要还是前期欠账太多，管理不规范，如果按照管理标准去明确班组安全管理范围，把安全管理工作按天、周、月合理分配，班组并不需要花费太多精力，而且该标准工作方法具体，有利于规范班组管理。

习惯了前期班组管理的方法，对新的管理标准适应性不够。对于此类情况所采取的措施是设置"过渡阶段"，在新旧两种管理模式下同时存在一段时间后逐步替换，并适应新的标准。新的管理方法更加详细，覆盖全面，弥补了班组管理的漏洞，更有利于规范班组安全管理工作，推动安全文化落地。

对评定标准解读不够，理解上存在差距。管理办法和评定标准的编制更专业化，班组一级人员理解、消化、吸收需要一定的过程。我们组织安全管理人员以及评定标准的编写人员，开展了多形式的辅导工作，包括集中讲解、集中办公指导、深入班组指导、协助班组开展自评辅导等，来提高班组对评定标准的认识，培育和提高安全意识。

（3）实施效果。

通过开展班组安全标准化工作，所有生产班组对自己的安全管理范围都了如指掌，对需要开展的安全工作更加清晰、明了。通过班组安全标准化工作实施，提升了班组员工安全标准化管理的意识，提高了班组安全管理水平和工作效率，夯实了企业的安全管理基础。统一了标准、统一了流程、统一了周期、统一了模板，班组更容易实施，大家齐动员，人人有分工，在学中干，在干中学，班组的安全管理水平得到迅速提高。

四、总结

班组是企业组织生产经营活动中的基层单位。班组安全标准化是企业安全标准化的一部分，是贯彻国家安全生产法律法规，落实安全生产责任，夯实安全生产基础，全面提升企业的安全管理水平，达到安全标准化的保证。通过安全标准化建设，让班组安全文化建设落地生根，企业才能在激烈市场中长久生存发展。

加强职工安全培训，增强安全文化自觉

武汉工程职业技术学院　朱宁　徐莹

宝武集团武钢集团有限公司安全环保监督部　田邻国

摘　要：企业职工安全培训对于企业的长远发展有着十分重要的促进意义，通过建立有效的安全培训模式，可以提高员工安全意识，实现企业工作秩序的稳定性，从而促进企业各项工作有条不紊地进行。实现有效的企业职工安全培训，不仅可以强化职工的素质，同时还能够不断地提升工作质量和工作效率，这对于促进企业的发展有着十分重要的作用。目前的企业职工安全培训模式较为落后，在很大程度上降低了安全培训的目标和效果，对于企业的长远发展极为不利。本文将重点围绕目前企业职工安全培训中出现的问题进行分析，并为如何实现企业职工安全培训模式的创新提供思路和建议。

关键词：安全文化；职工安全；培训模式；创新机制

安全文化是企业安全发展的根基，需要长期培育和建设。研究表明，基层干部职工安全意识淡薄、安全习惯不足是企业安全生产领域的重要短板。如何让安全文化扎根基层，深入员工意识层面，做到入脑入心，激发员工安全文化自觉，很关键一条就是要加强和创新安全培训，从教育入手塑造本质安全型员工。

一、企业职工安全培训的意义及重要性

企业职工安全培训工作很大程度上关系到企业的生命力和竞争力，对于企业的长远发展有着非常重要的作用。企业职工安全培训机制是一个系统化的机制，包括各方各面的培训内容，比如本单位的安全管理体系规范、安全生产规章制度、安全生产基本知识、劳动纪律、岗位安全操作规程、应急预案等，这些内容与企业职工安全培训息息相关。实现有效的企业职工安全培训，关系到企业秩序的严明性，对于其今后的壮大和成熟有着极为重要的促进意义。

企业安全培训是企业安全生产工作的重要基础性工作，安全培训模式的创新具有很强的现实性和时代意义，对于企业发展、职工素质、企业秩序等方面的完善和发展有着非常重要的作用。第一，通过有效的企业职工安全培训，能够让企业更加明确战略方向和发展目标，从而从整体上对企业的发展方向进行部署，以此来壮大企业的力量。第二，实现有效的企业职工安全培训，能够从整体上提高每一位职工的基本素质和基本能力，这对于他们的发展和进步有着非常重要

的促进意义。第三，建立有效的企业职工安全培训机制，能够从整体上对企业的各项工作进行统一地规定和管理，以此来建立井然的企业秩序，从根本上促进企业的发展。总之，实现有效的企业职工安全培训能够提升员工安全意识和素质技能，增强文化自觉性，促进安全文化落地，对于企业的安全稳定发展有着非常重要的意义。

二、企业职工安全培训中存在的问题分析

企业职工安全培训是保证企业安全生产、提高员工安全防范意识的重要举措，但是从安全生产工作实践来看，企业安全培训工作还存在一些问题，培训效果难以令人满意。

（1）缺乏长期有效的安全培训机制。安全文化的形成、发展需要一个较长时期，而目前企业职工安全培训中存在的问题之一是，缺乏长期有效的安全培训机制。在很多企业中，尽管很多领导者都充分认识到了安全培训的重要性，但是在具体实践过程中，由于缺乏长期有效的安全培训机制，导致培训内容不完整、培训方式不合理，培训随意性很大，对于员工的成长极为不利。同时，由于很多企业在进行企业安全培训的时候，没有与企业的发展现状和现存问题进行分析，因此很难实现短期奏效的培训结果，对于企业的发展也极为不利。

（2）缺乏目的性和针对性。在进行企业安全培训的时候，由于缺乏较强的目的性和针对性，这在很大

程度上降低了培训效果。首先，很多企业在进行安全培训的时候，没有考虑到企业的需求，对于员工的个人情况以及企业的安全现状都没有明确的认知，所以具体的安全培训工作体现出一定的盲目性。其次，由于安全培训缺乏一定的目的性，培训内容与具体的生产实践严重脱节，使得安全培训的内容浅显、流于形式，这在很大程度上浪费了不必要的财力、物力和精力，对于企业的长期发展起到较大的阻碍作用。

（3）师资力量较弱。很多企业中，安全培训师资力量较弱，阻碍了正常企业职工安全培训效果的实现。第一，由于很多安全培训教师没有基层实践经验，只精通理论，这样在进行安全培训的时候很难与学员互动交流，往往是课堂上老师唱独角戏，学员在座位上昏昏欲睡，很难达到综合性、完整性完美呈现的安全培训效果。第二，不少企业的安全培训老师，他们虽然有较多的实际经验，但是由于日常事务性的工作非常繁忙，很难静下来系统地提升自身的理论水平，从而导致培训的效果大打折扣，这对于企业职工安全培训效率的提升是极为不利的。

（4）培训方式单一化。职工安全培训方式单一化是很多企业职工安全培训中的通病。目前的企业安全培训模式一般都是传统课堂式教学，过多地传授理论内容，很少结合现代化教学手段来实现。这样导致的结果是，很多职工的实践能力得不到增强，对于单一化的培训方式感到反感和厌烦，从而极大地降低了培训的效果，让培训质量很难提升上去。

（5）培训内容流于表面。职工安全培训课程中往往都是就技术论技术，就管理理论管理，缺乏对职工安全意识、安全心理、安全自觉的培育。特别是对安全文化的渗透，缺乏足够的研究，缺少有效的实践模式。因此培训完了，安全知识有了一些，然而安全意识没有增强，回到工作实践中，依然改变不了麻痹大意、粗放管理、侥幸心理等错误思维习惯对基层安全生产的负面影响。

三、企业职工安全培训模式创新思路

企业要不断创新安全培训方法和模式，通过职工安全教育，提高各级生产管理人员和广大职工搞好安全工作的责任感和自觉性，增强安全意识，掌握安全生产的科学知识，不断提高安全管理水平和安全操作水平，增强自我防护能力。

（1）结合企业实际制订长期系统的培训计划。要想实现企业职工安全培训模式的创新，就要结合企业实际制订长期系统的培训计划，建立科学、长效的培训机制。对于企业而言，首先，必须要充分重视企业职工安全培训工作，认识到这项工作对于企业发展的重要意义；其次，在此基础之上，要立足于企业发展现状，分阶段地来进行企业职工安全培训，实现企业发展与安全培训的同步，这样可以在很大程度上促进企业安全生产的顺利进行，不断提升企业的核心竞争力。

（2）明确培训目的，制订合理化方案。实现企业职工安全培训模式的创新，必须要明确培训目的，制订合理化地培训方案。首先，要根据目前企业发展现状及安全管理现状来进行分析，及时地跟踪企业发展动态，来进行企业职工安全培训，以此不断提升培训的针对性和目的性；其次，在进行方案设计的时候，要根据职工的认知规律及学习情况来进行合理化地分析，不断地结合员工的学习需求来制订不同的培训方案，实现层次化地培训，从而提升培训效果。

（3）实现安全培训教师队伍的壮大。实现企业职工安全培训教师队伍的壮大，是实现企业职工安全培训的关键所在。第一，必须要加强对专兼职教师队伍的建设与培训，不断地提升他们的理论水平和实践能力。例如，武钢大学在实施原武钢集团 2011 年、2014 年劳务人员安全准入培训项目及宝武集团武钢有限公司协力人员 2017 年安全准入培训项目时，有意识地建立了一支专兼职安全培训团队，组成了由 2 名国家注册安全工程师为核心，数名教授、副教授、高级讲师为成员，企业安全专家为补充的专兼职安全教师队伍，从项目策划、现场调研、教材编写、课件制作、公开试讲、教学研讨、无纸化考试等环节扎实做起，有效提升了整支队伍的理论和实践水平。截至 2017 年 12 月 31 日，该项目培训协力人员超过 5 万人，培训效果得到企业的好评。第二，在进行教师队伍选拔的时候，要兼顾理论水平和实践经验，遴选出高素质、高水平的人员（如来自基层的安全员、技师、工程师等）来为企业职工进行安全培训，一方面鼓励被选拔人员一专多能，另一方面为企业培养后备人才。只有这样，才能让职工从中收获更多的利益，才可以在根本上提升安全培训的效果。

（4）采用灵活、多元的安全培训方式。采用灵活、多元化的安全培训方式，能够在很大程度上实现企业职工安全培训模式的创新。第一，不断丰富企业职工安全培训的内容，建立规范化的培训体系，从根本上保证内容的完整性，让职工在培训过程中收获良多。第二，在进行企业职工安全培训的时候，应该巧妙地结合现代化培训手段，比如多媒体课件、网络视频等，还可以专门为职工打造网络培训平台，让他们根据自己的情况选择合适的方式进行自主培训和学习。只有保证培训方式的灵活性和多元性，才能够实现企业职工安全培训效益的最大化。第三，要在安全培训内容上进一步突出安全文化的内容。以最先进的安全管理理念塑造职业思维和职业习惯，以最具典型意义的案例促进干部职工反思安全生产的严肃性、安全事故的严重性和安全风险管控的科学性，提升广大干部员工的安全文化自觉。

四、结语

企业安全培训工作是安全文化落地的重要载体。目前在大多数的企业职工安全培训中都存在着安全培训机制不成熟、缺乏培训的针对性、师资力量较弱、培训方式单一等问题，严重影响了企业安全培训质量的提升。因此，必须制定科学化的培训机制、合理化的培训方案，同时还要不断壮大教师队伍的力量，并实现安全培训方式的灵活性。只有如此，才能够从根本上实现企业职工安全培训模式的创新，促进企业安全文化落地，培育出员工安全文化自觉，为企业的健康发展提供良好的环境。

参考文献

[1] 朱峰翔.创新培训模式强化质量管理全面提升职工安全素质[J].现代企业教育，2011，1：84-85.

[2] 张跃兵.企业安全文化结构模型及建设方法研究[D].北京：中国矿业大学（北京），2013.

[3] 李俊英.山西省煤矿企业职工安全思想教育研究[D].晋中：山西农业大学，2013.

[4] 许林.企业职工安全培训工作中存在的问题与对策[J].安徽冶金科技职业学院学报，2014，4：44-46.

马克思主义安全观的继承和创新

国家能源集团　陈重

摘　要：正确处理好经济发展与安全生产的关系，是政治问题、民生问题和科学发展问题，而如何解决好这个问题，是对党的执政能力的一个非常现实、非常紧迫的考验。安全生产需要安全文化建设工作来辅助推进。本文从马克思主义理论创新和发展的角度，提出敬畏生命是马克思主义安全观的必然要求；要强化红线意识，建立为民生的科学发展观；要从实践中去探索，制定出切实可行的法律法规，做到有法可依，依法治理安全，这些也同时都是安全文化建设的重要内容。

关键词：安全生产；马克思主义；安全观

党的十八大以后，安全生产日益成为党和政府领导工作的关键词。新华社曾经公布这样一组数字：从党的十八大至今，习近平总书记先后 5 次主持中央政治局常委会和中央政治局集体学习会，专题研究安全生产问题，从增强红线意识、建立健全责任体系、强化企业主体责任、维护国家公共安全、加强应急救援、遏制重特大事故等方面，做出重要而详细的部署。

作为党和国家的领导核心，习近平总书记关于安全生产的一系列讲话和论述，为国家安全生产发展谋篇布局，为我们做好安全生产工作指明了方向、提供了遵循，受到国内外舆论的高度评价。这体现了一个执政党对人民生命安全的极大关注，同时也表明，随着经济的快速发展，如何正确处理好经济发展与安全生产的关系，越来越清晰地摆在党和各级政府的面前，这不是一般的认识问题，而是政治问题、民生问题、科学发展问题，是对党的执政能力非常现实和紧迫的考验。

今天，我们从马克思主义理论创新和发展的角度，重新研读习近平总书记关于安全生产的论述，对于进一步加强对安全生产重要性的认识，落实安全文化建设，进而对我们实现中华民族伟大复兴的中国梦和两个一百年的伟大目标，具有特别重大的意义。

一、强调生产须有安全保障

关于安全生产，最早做出理论概述并进行系统研究的当属马克思。在被称为"工人阶级的圣经"的马克思主义经典著作《资本论》中，马克思对生产安全曾经做过详细的分析和论证。他认为，自工业革命以来，生产日益成为社会化大生产，产品成为结合劳动人员的共同产品，所以安全在人类生产劳动中的地位就显得越来越重要。如果没有安全，社会化大生产就不能正常进行，商品就不能正常产出，社会消费也将被迫终止，人类自身的存在也将成为一个严重的问题。基于此，马克思提出，社会化大生产，安全必须要有充分的保障，没有安全保障的生产，是不可持续的生产。他非常形象和通俗地对安全的重要性加以描述，他说：我明天得像今天一样，在体力、健康和精神的正常状态下劳动。这个健康、体力、精神谁来保障？怎么保障？这是社会化生产必须面对和解决的问题。如果没有安全，劳动者受到伤害，就不可能以正常的状态投入新的劳动。

在今天这样一个崭新的时代，表现在生产领域的最大特点，就是在强调发展时，必须首先关注生命安全，并且把安全生产从理论上加以完善，从法律上加以约束，从制度上加以保证。与资本主义制度下的社会化大生产相比，中国特色社会主义最大的特点是把安全、把对生命的尊重放在首位。因此，在生产领域为劳动者提供强有力的安全保障，是一个执政党在治国理政中表现的人民情怀。而这也正是中国共产党把确保劳动者的生产安全，作为执政要务之一的原因所在。

二、强化安全生产红线意识

随着我国经济的不断发展，党和国家日益高度重视安全生产问题，安全生产已经成为民生大事，已经是全面建设小康社会的题中应有之义。严守安全底线、严格依法监督、保障人民权益、生命至上已经成为全社会的共识。同时我们发现，一个关于安全生产的新概念已经越来越受到全社会的普遍认知，那就是关于安全生产的红线意识。

安全生产红线，是任何行业领域需要承担的责任，是政府部门必须兑现的诺言，是生产工作需要坚守的底线，是人民需要获得的保障，是一个执政党对人民的情怀。红线，对一个企业、一个部门、一个单位来说，就是问责的临界点。我们切不可忘记，千里长堤，溃于蚁穴，重特大事故可能源于一个微不足道的细节，而无数隐患的堆积就可能堆出一个重大事故。这在科学上已经被证实过。美国著名安全工程师海因里希提出过著名的关于生产安全的300：29：1法则，即当一个企业有300个隐患或违章，必然要发生29起轻伤或故障，发生1起重伤、死亡或重大事故。从这个安全法则，我们可以看出，如果执政者、执企者缺乏红线意识，就意味着严重失职。因而，强化红线意识，建立为民生的科学发展观，是执政者、执企者必修的课程。

沉疴下猛药，非常出重典，这是从严要求党和政府工作的必然。像治党管党一样管理安全生产，这是这个时代对党和政府各级工作的要求，它表现的是党中央对人民生命的关切和爱护。今天，我们只有将这条红线划得粗壮、划得醒目，才可能确保人民的生命安全。安全红线的筑牢、筑实，便是对人民生命财产的责任。

三、强调依法治理安全生产

安全生产问题是我们走向现代化绕不开的问题，它在整个国民经济建设中显得越来越重要和突出。怎样解决这些问题，作为中国特色社会主义国家，必须根据马克思主义的科学原理，从实践中去探索，制定出切实可行的法律法规，做到有法可依，依法治理安全。

早在100多年以前，为确保劳动者的生命安全，马克思基于对当时资本主义社会安全生产在状况的详细考察，得出国家加强安全生产管理的法律责任及维护劳动者健康权和休息权的重要性。他在《资本论》中提出一套切实可行的法律建议，这套完整的法律制度，对我们今天进行社会主义建设时期的安全生产，具有重要的指导意义。

2014年8月，第十二届全国人大常委会第10次会议通过了关于修改《安全生产法》的决定。

两年以后国家颁布《关于推进安全生产领域改革发展的意见》，这是中华人民共和国成立以来第一个以党中央、国务院名义出台的安全生产工作的纲领性文件。这一历史性的举措，充分体现了党中央对安全生产工作的高度重视，标志着我国安全生产领域的改革发展进入了崭新阶段。这些关于安全生产法律制度的基本建设，是我们国家在迈向现代化的征程中，必须完成和经历的重要环节。

当然，法律的生命在于实施，制度千万条，落实最重要。对安全生产问题，强化依法治理，用法治思维和法治手段解决安全生产问题，不能有丝毫懈怠。在全面依法治国大背景下，要强化依法治理，不断提高全社会安全生产水平。

具体到由国电和神华两大集团合并而成的国家能源集团，体量大、布局广，仅煤炭总资产就突破2793亿元，产量5亿多吨，火电总装机1.75亿千瓦，总从业人员30多万人，如此巨大的产业和队伍，稍有不慎，就可能有关乎人命的事故发生。正是由于从上到下不断落实安全文化建设，强调对安全生产问题的依法治理，在安全生产上也取得了一定的成绩。依据国家能源集团2017年的统计，集团全年未发生较大以上事故，14个煤矿安全生产已经达到10周年以上，29个煤矿安全生产已经超过3000天，65个煤矿安全生产超过1000天。2017年煤炭业务亿吨死亡率0.98，保持了世界先进水平。集团97.8%发电企业实现安全生产无事故，395个发电企业安全生产超过1000天。铁路、港口、航运业务全部实现零死亡的安全目标。

创新安全管理理念，提升安全风险信息化管理

中国石油天然气股份公司西北销售分公司　刘守德　郑国玉　陶明川　刘俊材

摘　要：安全生产理念是企业安全生产工作的价值引领和理论导航。随着我国安全生产工作的不断发展，安全生产管理的重心不断前置化、系统化、动态化，安全生产工作的管理理念也日益需要创新。本文结合本企业实践经验，着重阐释如何创新安全理念、提高安全信息化管理水平，促进风险管控体系建设，以供同业参考。

关键词：安全管理；理念创新；风险防控；信息化

一、新变化催动安全理念创新

随着我国企业越来越重视安全生产工作，企业安全生产管理水平不断提升，对安全事故的防范能力日益增强，尤其是企业内部的安全监管、安全规范、奖惩以及安全投入日益改善。在这种大背景下，企业安全生产工作重心也出现了一定的转移，对安全理念创新和实践提出了新的要求。

（一）由被动安全逐步转向主动安全

过去无论是企业组织本身还是一线作业人员，对安全生产工作一直存在"怕麻烦、不愿意增加工作程序、不愿提高工作标准"等心理，被动地去适应监管层对企业和员工的要求，随着近些年安全监管高压态势的保持和长期不断的安全宣传教育、文化渗透，现在越来越多的企业认可了安全生产的价值。因此，企业安全理念创新应基于主动安全的假设，越来越强调在安全管理上有所作为、主动管控和消除风险。

（二）由粗放管理逐步转向精细管理

回顾企业发生的安全生产事故，归结到人的原因是安全意识薄弱，归结到管理上是管理混乱、违反国标或行标开展项目、现场违章作业等。深入分析、管理粗放是一个重要因素。近些年，企业安全管理不再单纯依靠人盯人、空洞的说教等方式，而是更加注重从定性管理转向定量管理，从人治管理转向标准化管理，从经验管理转向科学管理，从粗放管理转向精细管理。因此，新时期的安全理念应更加强调"信息化、科学化、标准化"趋势。

（三）由局部监管逐步转向系统安全

杜邦安全理念指出，所有事故都是可以预防的。其背后的要求是系统防范安全。过去许多企业在安全监管上是"头疼医头脚疼医脚"，在一些经常出现事故的环节重点防范。现在，越来越多的企业意识到，安全生产事故、隐患都是安全风险管理不善的结果，真正的源头在安全风险管控。从源头抓起，梳理整个工艺流程和物流链，覆盖全部工作领域，涵盖所有部门，提升整个管理系统的本质安全水平。

（四）由人防为主转向"人防+技防+……"一体化综合防控为主

人防方面，过去主要靠安全生产责任制相关人员，各级管理者、安全生产条线人员，现在，在过去基础上越来越多的人主动参与，"全员参与"的氛围日益形成。技术方面进步明显，现代信息技术的发展使得越来越多的远程监控、自动化控制以及机器人、无人机等软硬件设备设施进入到安全生产防控领域，极大提高了安全生产效率，降低了人因错误概率。这一变化为安全管理理念革新提供了更好的技术和人文环境。

在上述变化中，我们的安全管理理念应尽快从"安全第一"的价值判断提升为"预防为主、综合治理"的科学方法论高度，更加强化"安全风险管理""安全信息化"的思维，将安全风险管理放到更加突出的位置，大力加强风险防控体系建设，以促进零风险零事故目标的实现。

二、深刻认识安全风险管理的内涵和重要性

（一）风险管理由危害识别、风险评价、风险控制三个要素构成

风险的最大特性是不确定,确定性是风险的克星，看得见的风险就不再是风险。危害识别即是对活动过程中可能存在的危险、危害因素进行识别，让风险现

形；风险评价即是对活动过程中的危险、危害因素可能造成的伤害程度以及财产损失等进行评估，确定其可接受的程度；风险控制即对不能接受的伤害，采取安全预防措施，达到消除危害的目的。危害识别、风险评价、风险控制是构成安全风险管理不可分割的整体，它们之间既相互联系又相互促进，其核心是风险控制，基础是危害识别和风险评价。人们在进行各种安全活动过程中，每一项活动都是按照这三个过程进行，它们既不能相互孤立，更不能缺失其中某一个环节。

（二）安全风险管理比事后管理更具针对性和可操作性

安全事后管理是对以往发生的事故进行归纳总结，在分析事故及事故形成机理的基础上掌握事故发生的客观规律，从根本上采取有针对性的预防措施，以达到控制事故发生的目的。而安全风险管理是针对具体存在的危险源，进行危险识别和风险评价，确定危险源点，然后针对危险源点，采取具体措施进行风险控制，是普遍性和特殊性的有机统一。我们从了解事故发生的内在规律三个角度分析，就能比较出安全风险管理比预控管理更具有针对性和可操作性。

（1）从事故预控管理角度分析事故形成机理。事故的发生与人的不安全行为、物的不安全状态、管理性的缺陷息息相关，要预防事故，必须要从这三个方面制订对策措施并进行防范，这是安全预控管理的基本思路。

（2）从风险管理角度分析事故形成机理。风险管理是针对具体事故发生的活动过程，揭示风险管理的三个运行过程，要预防事故，必须从三个过程管理着手防范，这是安全风险管理的基本点，也是实现安全管理最有效的途径。

（3）从事故发生的即时过程分析。事故的即时发生过程具有风险管理的三个过程特征，掌握了这个规律，可以帮助我们厘清安全管理思路，提高预防事故发生的能力，找到安全管理的关键环节和工作的突破点。

三、安全风险管理基本思路

（一）安全风险管理需要遵循的基本原则

风险管理的主体必须是从事活动过程的人自身；必须全员参与，全面、全过程实施；风险管理是系统管理，立足于机制的运作，是一个完整的持续改进的循环往复过程。

（二）完成和规范作业层面的风险管理

一是建立和完善岗位或班组的危险预知体系，增强员工对事故的敏感度。应根据员工的工作环境和生产过程，广泛发动员工，对可能造成人员伤亡、财产损失或工作环境破坏的危险因素，进行全面排查摸底，从风险管理角度制定危险源点的警示监控。二是运用信息化技术固化员工的操作行为。为了做到"只有规定动作，没有自选动作"，将员工主观意识犯错的可能性降到最低，必须采用信息化手段按业务流程的流向，将员工每一步的操作步骤固定下来，杜绝员工误操作，乱操作，从而管控住整个作业过程的安全风险。

（三）信息技术管控风险原理

利用移动手持终端设备，充分运用 RFID（射频识别）、NFC（近场通信技术）等技术，通过集成相关安全风险管理数据，利用现场无线网络技术，将传统的纸质载体转变为信息设备并应用于作业过程的方法，实现操作实时在线管理、操作风险实时提醒、操作程序步步确认、专项作业现场审批、语音对讲实时互动、应急处置及时指引等功能，达到生产过程操作"步步确认"，确保作业过程风险全面受控。

（四）信息技术管控风险流程

一是要定流程，将生产作业过程固化，以流程节点的形式展现，并将流程数据加载于信息系统之中，实现生产过程的流程管理，让跨越流程作业成为不可能。二是定地点，对生产作业现场的关键装置、关键工艺、关键区域设置 RFID 标签，让操作者到指定地点作业，有效杜绝不在现场完成相关工作的情况。三是定时间，在信息系统对作业时间进行设定，保证操作者是在规定时间里完成相关生产作业。四是定人员，通过在系统中对操作人员和管理人员的角色设定，分配操作权限，并进行身份识别，做到所有人员各履其责。五是定措施，将每个步骤可能涉及的风险防控措施细化，指导操作者正确操作。

四、信息化技术管控安全风险实践应用

（一）构建基于业务过程的风险数据库

作者所在的企业是一个成品油销售物流企业，现场作业场所主要是在成品油库。我们首先对油库所有生产作业过程进行全面风险识别，以生产工艺、作业区域、作业类别等为单元，开展作业过程风险识别，采用科学的风险评价方法，制订有效的防控措施，对风险进行分类分级，形成风险数据库。将风险数据库导入信息系统，并将风险关联到相关操作程序中实现信息化管控。使油库作业安全风险、工艺流程、操作程序、语音对讲、应急处置等安全防控信息实时显示，有效防范了作业过程误操作安全风险。

（二）操作步步确认实现过程风险防控

1. 作业流程实现标准化操作

把油库组织信息、人员信息、主要生产设备信息、11 种作业操作卡流程信息录入风险防控信息平台，固化油库风险分析与防控、操作流程、工艺运行参数和管控指标，在罐区、泵房、栈桥、码头、发油台等关键风险管控区域设置现场射频标签，当班员工利用移动终端读取操作位置、人员、步骤、提示等关键信息，进行作业工单在线派发、人员分工和确认操作，使油库罐区、铁路、公路、码头四大类作业操作卡的应用全面取代纸质记录，实现了操作标准化。

按照操作步骤，在生产现场按点设置 RFID 标签并对每个 RFID 标签设置与手持终端设备软件相对应的数据关联，确保员工按照设定步骤进行操作，跨越任何一个操作步骤，均不能进行下一步操作，有效管控了作业过程的风险，实现员工操作步骤的确认。作业风险防控移动终端上线运行后，员工违章行为得到有效管控。

2. 作业许可实现信息化管理

对照石油企业作业许可管理规范要求，将油库七大类特殊危险作业审批流程数据化信息录入作业风险防控信息平台，重点加强作业审批人审批条件管理，

取代纸质作业票办理模式。作业申请人通过现场作业票管理员移动终端，在线填写作业申请，作业审批人利用移动终端读取施工作业现场射频识别标签，在线进行作业许可及作业计划书的书面审查、现场核查、作业许可关闭和批准委托等工作。通过对作业申请人地点、施工人员、审批人员进行精准定位和限位管理，实现特殊危险作业许可不在作业现场就无法完成审查、签批。应用移动终端进行现场作业许可审批以来，作业现场审批率达到 100%，未发生一起承包商违章行为。

3. 研发应用无线移动监控设备，强化特殊危险作业现场监护

针对油库承包商施工人员存在视频监控盲区的实际，利用油库工业无线网络，研发应用防爆型无线移动视频监控设备，实现对施工现场不间断监控和无死角监控，强化对油库特殊危险作业的现场监护管理。无线视频监控设备投用以来，油库施工现场安全监护执行率达到现场、远程监护两个100%，施工人员违章行为纠正率保持100%。

五、结束语

信息化技术管控安全生产过程风险是将现代安全管理理论与信息化技术相融合的有效实践，是企业风险防控手段的具体化、现实化。信息化技术管控生产过程风险使企业生产过程风险的防控更有针对性和科学性，更加突出了"预防为主"的安全管理理念，从而有效推动企业"风险受控、效率提升"管理目标的实现。而风险得到有效管控能够使安全管理更加完善，切实减少安全事故的发生，在实践中践行好安全文化建设。

二 等 奖

炼化企业安全行为文化建设策略与路径研究

中国石化安全工程研究院　徐峰　王廷春　厉建祥　贺辉宗

　　摘　要：控制人员不安全行为可以大幅减少企业安全生产事故，所以通过系统的安全行为文化建设可以从根源上制止和矫正人员不安全行为发生，是预防事故的主要途径之一。本文基于企业安全行为文化建设的必要性，以人的不安全行为产生机理为基础提出了安全行为文化建设的理论依据，构建了以风险预控管理为核心的炼化企业安全行为文化建设的模型及其内涵，并以"转变观念、提高素养、培养习惯"为主线，提出了安全行为文化建设的有效策略和实施路径，最终打造"本质安全型"员工，实现炼化企业安全生产的目标。

　　关键词：炼化企业；安全行为文化；风险预控管理；建设策略；实施路径

　　目前，国内炼化企业积极对标国际一流能源化工企业的安全文化标准，纷纷开展企业安全行为文化建设工作，很多企业的安全行为文化建设工作已经开展得有声有色，但是企业在进行安全行为文化建设的过程中，依然存在缺乏系统性和操作性等问题。此外，由于炼化企业工业生产技术复杂，具有大能量、集约化、高速度的过程特点，大多数物料易燃、易爆、有毒、腐蚀性，安全生产管理难度大，一旦发生事故损失极大，而炼化企业工业设备又非常复杂，生产、运输及贮存都具有很强的技术性，需要多部门、多工种准确配合，需要高度的责任心和组织纪律，这就要求炼化企业全体员工都具有高度的现代生产安全文化素质、现代安全价值观和安全行为准则，因此，炼化企业需要创建系统的安全行为文化，探索有效的实施路径，塑造员工安全行为理念，打造"本质安全型"员工。

一、安全行为文化建设的必要性

　　从事故致因理论上讲，造成事故的原因有人、机、物、环境和管理，但从根本上可归类于人的不安全行为和物的不安全状态[1]。轨迹交叉理论认为造成事故的根本原因有人的失误和物的缺陷，而两者轨迹交叉时就可能发生事故，由此表明，人的不安全行为与事故关系密切[2]。海因里希提出人的不安全行为引起了88%的安全事故；杜邦公司统计结果表明96%的事故是由于人的不安全行为引起的；美国安全理事会NSC得出90%的安全事故是由于人的不安全行为引起的结论。

　　由炼化企业员工不安全行为导致的事故类型大致分为：火灾、爆炸、高处坠落、危化品泄漏、中毒和窒息等。其中，绝大部分事故发生的直接原因或间接原因都是因为员工安全意识薄弱，没有按照管理制度或操作规程进行，因此，以安全行为文化建设为抓手实现企业安全管理水平的提升，减少企业事故的发生率，就要求企业将安全行为文化建设作为一项系统工程来推进和实施。

二、炼化企业安全行为文化建设的理论依据

　　企业安全行为文化是在安全理念文化指导下，员工在生产经营活动中安全思维方式、行为模式和遵守安全行为准则状况的综合体现[3]，是在安全理念文化指导下，以风险预控管理为基础，以提高员工的安全素质为根本目的，打造本质安全型的员工，而员工的安全素质包括：基本层面的安全知识和技能，以及深层的安全观念、意识和态度本质素质。"意识决定行为，行为体现素质，素质决定命运"。通过建设先进的企业安全行为文化，提高全员安全素质，强化全员安全行为意识，最终达到企业安全生产的目标。

　　因此，炼化企业安全行为文化建设的目标，就是塑造"本质安全型"员工[4]，让员工具有时时想安全的安全意识、处处要安全的安全态度、自觉学安全的安全认知、全面会安全的安全能力、现实做安全的安全行动、事事成安全的安全目的。炼化企业塑造和培养"本质安全型"员工，需要从安全行为文化入手。

三、炼化企业安全行为文化建设的模型设计与内涵

　　炼化企业安全行为文化建设主要是解决安全管理

方式的规范化、标准化、科学化，主要手段是依靠制度和标准，严格程序和操作，全面落实责任，以对象的管理和规范为主，在"风险预控管理"为核心的安全理念文化引领下，引导员工将安全理念和规范内化于心，外化于形。培养塑造主动自觉安全行为人，促进全体员工的安全素质提升和安全行为习惯养成，形成制度化、流程化、自律化的炼化企业安全行为文化[5]。

炼化企业安全行为文化建设的模型设计如图 1 所示。

图1　炼化企业安全行为文化建设模型

本文提出了炼化企业安全行为文化建设模型的内涵：

（1）图1模型的次内层，是以企业安全风险预控管理为核心的安全管理要素，是炼化企业各项工作开展的行动指南与标准，也是炼化企业安全行为文化建设所需的基础。

（2）图1模型的次外层，是炼化企业安全行为文化建设涉及的要素，安全行为文化赋予了安全管理以灵魂，在境界上高于安全管理，却又是安全管理的思路和驱动。建设先进的安全行为文化建设理念，需要炼化企业把注意力集中到员工，聚焦到员工的行为安全上，通过领导的模范带头、推行安全工具、风险管理等手段来塑造员工的安全行为文化价值观和安全理念，改善员工的行为安全，达到企业安全生产的目的。

（3）图1模型的最外层，是要素的运行与评审，通过定期对炼化企业安全管理运行和安全行为文化要

素进行评审，确定企业管理与安全行为文化的建设状况，找出存在的问题，提出解决方案。

四、炼化企业安全行为文化建设的策略和路径

目前，国内炼化企业积极对标国际一流能源化工企业的安全文化标准，纷纷开展企业安全行为文化建设工作，很多企业的安全行为文化建设工作已经开展得有声有色，但是企业在进行安全行为文化建设的过程中，依然存在缺乏系统性和操作性等问题，本文就炼化企业如何系统开展安全行为文化建设工作提出了有效策略和实施路径。

炼化企业安全行为文化建设的"五大"策略，如图2所示。

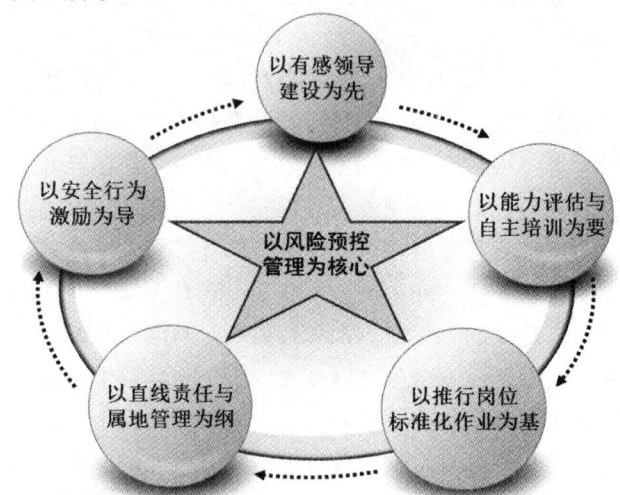

图2　炼化企业安全行为文化建设"五大"策略

（一）以有感领导建设为先，发挥安全文化建设的引领作用

领导力建设工作，是炼化企业安全文化建设成败的首位和关键。领导层是企业安全生产的最高层次责任人，肩负着企业安全发展的使命，领导层的意识和行为直接决定着企业安全文化建设的成败。同时，领导层也是企业安全文化的倡导者，没有领导层的倡导，安全文化建设就无法落地生根。领导层在企业安全文化落地生根过程中应起到引领作用。

通过安全理念的宣贯，导入有感领导建设方法与工具，建立可见的领导安全行为，从而树立领导安全表率、影响全体员工安全意识与行为。

炼化企业以有感领导建设为先，发挥安全文化建设引领作用，主要从"听到、看到、感受到"三个层次入手，即：让员工听到领导在各种场合强调安全、看到领导亲身实践安全、感受到领导从关心员工健康

的角度重视安全。这既是推进"有感领导"的原则，也是评价"有感领导"的标准。

炼化企业在有感领导建设时，可以开展以下工作。

（1）领导有明确的安全承诺并能够兑现，亲自制定量化的、具有挑战性的安全目标，并制定相应的措施。

（2）领导清楚自己分管业务的安全风险。

（3）制订领导安全行动计划，参与日常的观察与审核；采纳事故调查、经验分享等方面的合理化建议，不断完善企业安全管理；领导以身作则，做到承诺一件、实施一件，通过言行举止，让全体员工听到、看到和感受到安全工作的重要性。

（4）领导所有管理活动和管理流程，都在企业管理体系、制度和要求内实施，遵照相应的标准、程序、指南和原则。

（5）通过炼化企业业绩管理系统反映内在激励机制，对直线下属领导进行安全责任落实情况考核，引导各级管理人员不断提高自身能力，改善业绩。

（6）领导、员工的所有考核均与个人利益挂钩并兑现。

（二）以能力评估与自主培训为要，提高全员综合安全素质

充分分析炼化企业各岗位现状和培训需求，建立适合本企业员工和作业特点的培训教程或培训系统，构建炼化企业以员工自主安全学习和能力评估机制，推行员工安全行为监控与行为改进方法，不断提升员工的安全意识和安全技能，达到安全行为目标。

（1）根据岗位管理的要求，从员工持证需求、理论知识、操作技能等三个方面，制定岗位培训需求矩阵，确保不同岗位员工接受有针对性的培训。

（2）建立炼化企业内部安全培训师认证制度，鼓励岗位员工编制安全培训课件，自我开展培训与演练工作。

（3）建立炼化企业安全培训与考核管理平台，提供自我培训考核管理，确保各种培训计划定期开展，对培训效果、员工技能进行记录与评估，对能力不满足安全要求的员工及时进行分析并提示。

（三）以推行岗位标准化作业为基，实现标准化安全作业

推行炼化企业岗位标准化作业，应用符合科学原理和炼化企业实际的行为规范来制约员工不安全行为，消除员工在炼化企业生产经营活动中的主观随意性，实现标准化安全作业。结合企业生产作业实际情况，炼化企业可以开发标准化安全作业规范及系列工具，规范员工安全作业行为，并助推操作技能传承。

（1）内、外操人员操作标准化：编制《内操工作行为规范》《外操人员工作行为规范》，促进员工操作逐渐向程序化、文本化管理递进，全面减少误操作，实现"上标准岗，干标准活，交标准班"的目标。

（2）重要模块操作标准化：对各种动设备、加热炉、换热设备切投等重要模块的操作法，实行标准化操作。

（3）设备检修标准化：编制《设备检修作业指导书》，用于装置停工大修及日常检修，为编制施工方案及设备检修提供参考依据，从而减少检修作业自由度和随意性，避免作业过程中发生异常、故障或事故。

（四）以直线责任与属地管理为纲，落实全员安全责任

直线责任与属地管理是有效落实炼化企业安全生产责任制的重要管理工具。通过落实炼化企业每位领导对分管领域、业务、系统的安全负责，落实每名员工对自己工作岗位区域内的安全负责，包括对区域内设备、人员及作业活动的安全负责，实现"谁的领域，谁负责""谁的区域，谁负责""谁的属地，谁负责"的原则。

（1）明确属地划分，落实属地责任（明确到人），确保炼化企业每个生产区域包括每台设备、每次作业都有明确的属地主管。

（2）应用职责分工表工具，梳理各岗位的岗位职责，确保岗位职责无遗漏。

（3）属地管理通过岗位职责的形式加以明确，并将属地责任人区域划分与职责进行宣传和公示。

（4）炼化企业在组织机构、工艺技术发生变更时，及时调整属地职责，重新评估属地主管的能力，并更新职责分工表。

（5）制定细化和量化的安全考核指标，体现过程管理和正向激励相结合的考核原则，且与个人利益挂钩，并严格兑现。

（五）以安全行为激励为导向，策划行为安全管理工具，规范沟通分享机制和员工安全作业行为

（1）策划并导入系列的员工行为安全管理工具，

如人人说"我要安全"活动、"安全5分钟"、行为安全观察、作业前危害分析活动等，建立员工安全行为示范项目或工程，通过培养员工安全观察的意识与技能，提升员工的风险应对、个体防护装备、环境与工具设备、作业程序与现场秩序等方面的安全管理水平。

（2）根据炼化企业安全生产、直接作业和环境特点以及当前安全文化成熟度，编制图文并茂的《炼化企业员工安全行为规范》，为员工树立正确的岗位及工作外的安全行为规范，并通过多种形式的安全教育，推行"让安全行为成为习惯"的理念。其中，决策层人员的安全行为规范重点是身先士卒，率先垂范，依法管理；管理层人员的安全行为规范重点是将安全寓于管理的全过程，确保安全与生产同步计划和实施；操作层人员的安全行为规范重点是对制度、规范、标准的贯彻执行。

（3）构建员工安全行为激励机制，制定科学合理的安全绩效评估标准和方法，使用员工认可的、积极的安全绩效指标，充分调动全体员工参与安全工作的积极性和创造性，形成全员参与、合力推动的炼化企业安全文化建设工作新格局。在策划和制定激励机制时，要注意以下几点。

①激励考核的周期要合理策划，体现及时、公开、公正的原则。

②安全绩效考核要采用由结果考核转变为过程考核与结果考核并重、正面与负面激励协调运用的方式。

③安全业绩既包括炼化企业的团队整体情况，也包含员工个人安全参与行为。

（4）构建安全信息传播与沟通机制，建立安全事项沟通程序，优化安全信息传播内容，实现安全经验交流和分享。

①炼化企业分专业、现场类型，制定目视化安全管理标准，结合工艺安全分析，对工艺设备、作业环节、现场环境实行安全与风险提示，统一现场目视化标准管理。

②结合炼化企业安全文化建设，积极建设安全文化园地、安全文化长廊、安全文化社区，广泛开展安全知识竞赛、技术大比武、安全座谈会，以及安全论文评比、安全文化演讲、安全课件制作竞赛、安全漫画、安全警句格言、安全签名等专题活动。

③建立炼化企业安全信息发布平台，定期发布企业各部门、员工安全绩效、安全明星等评比情况。

五、结语

安全文化的核心是以人为本，这就需要将安全责任落实到企业全员的具体工作中，而安全行为文化建设就是通过培育全员共同认可的安全行为价值观和行为规范，在企业内部营造自我约束、自主管理和团队管理的安全文化氛围，最终实现持续改善安全业绩、建立安全生产长效机制的宗旨。炼化企业要以"转变观念、提高素养、培养习惯"为主线，通过领导的模范带头、推行安全工具、风险管理等手段来塑造员工的安全行为文化价值观、安全理念，改善员工的行为安全，完善安全行为文化建设机制，这是炼化企业安全发展的战略之举，也是保障企业安全生产的治本之策。

参考文献

[1] 吴起，汪丽莉，匡蕾，等.人的不安全行为对高危行业从业人员安全评价的影响研究[J].中国安全科学学报，2008，18（5）：28-35.

[2] 陈明利.企业安全文化与安全管理效能关系研究[D].北京：北京交通大学，2012.

[3] 甄枫杰，杜泽生.煤矿企业安全行为文化建设研究[J].中州煤炭，2015，11：42-45.

[4] 耿霖，伊永强.打造本质安全型员工，实现安全生产[J].企业管理，2015，11：26.

[5] 李文英，汪永芝，郭佳.试论煤矿企业的安全行为文化建设[J].煤炭工程，2011，9：130-134.

"四态"安全文化建设

神华北电胜利能源有限公司　孙那斌　吕瑞峰　林向阳

摘　要：通过打造先进的安全文化，增强安全工作的吸引力、感染力与亲和力，是提高员工抓安全、保安全的主动性和自觉性，实现安全生产的有效途径。本文详细阐述胜利能源公司安全文化建设方法，将对全国露天煤炭行业安全发展具有借鉴作用。

关键字：安全文化；理念；体系建设；行为习惯

一、安全文化建设背景

神华北电胜利能源有限公司（以下简称胜利能源公司）位于内蒙古锡林浩特市北郊5公里处，是中国神华能源股份有限公司的控股子公司，主要任务是经营开发胜利西一号露天煤矿，建设现代化大型坑口电厂，形成煤电联营、节能环保、安全高效的清洁能源企业。

公司领导和员工充分认识到加强安全文化建设的重要现实意义和历史意义，开展了具有胜利能源特色的安全文化创新与实践，构建卓有成效的文化引领的安全管控体系。通过持续改进、科学探索、全面推进公司安全文化建设工作，持续提升公司安全管理水平纵深发展，形成以安全文化引领安全发展，引领各层级员工安全价值观念的转变、规则意识的树立、行为习惯的养成、团队文化的提升，追求人和物的本质安全化，为实现零事故的目标提供有力保障。

二、胜利能源安全文化创建背景

胜利能源安全文化是为了有效防范公司生产运行过程中的各类风险隐患，保障全员生命安全与健康和企业持续健康发展所创造的安全精神价值和物质价值的总和，这是建立在广义概念上的。公司开展企业安全文化建设的目的在于全面提升精神和物质两个层面的文化，从而提升安全管控水平。安全文化的范畴既包括思想、情感、态度、品格等精神层面的，也包括制度、标准、管理方法、行为习惯、安全环境和氛围等外部文化表象和载体层面的。从另一个角度讲，胜利能源安全文化是公司在长期生产经营活动中逐步培育形成的具有公司特点、为公司全体员工认可、遵循并不断丰富创新的安全观念、管控方式、行为、氛围、环境等条件的总和，并强调安全文化建设的全员性、主动性、自觉性、创新性、适用性和特色性。

胜利能源安全文化包含物态文化、行为文化、管理文化、理念文化四个形态。四种文化模式相互衔接、彼此关联。总体上，在安全理念文化影响下，在安全管理文化的约束下，开展安全行为文化和安全物态文化创造构建，同时安全行为文化对安全理念文化和管理文化建设水平的提升有推动作用，安全物态文化能够影响理念文化的形成和深化，对管理文化和行为文化产生深刻影响。安全理念文化是灵魂，是安全文化的精神层，指导、引领安全生产实践。安全管理文化是制度层，核心是规范安全行为的标准、制度，是安全理念文化在管理工作中的落实和体现[1]。安全行为文化是行为表象层，在理念文化的引领下，在管理文化的约束下逐步形成。安全物态文化是器物层，既是安全理念文化在物质环境领域的反映，又对理念文化产生制约或推动提升的作用，同时它也是安全管理文化和行为文化产生的基础条件。

三、树立核心理念，构建安全文化理念

安全文化理念是指各级管理人员及员工对安全意识、价值、标准的统一认识。涵盖安全氛围、思维方法、意识形态、安全哲学思想和生产作业过程中的心理素质等。安全文化理念是安全文化建设的核心，是搭建质量高效的安全管理文化、行为文化和物态文化的基础和保障。安全文化理念体系主要包括安全生产总体观念和指导思想；在此指导下确立的安全使命、安全愿景、安全目标；指导安全生产实践的理念等。[2]胜利能源公司提出了"露天矿可以做到零伤害，'三违'就是事故"的安全理念，这一理念是胜利能源在

安全管理工作中的核心，它贯穿于安全生产管理过程中的各个环节，破除"生产经营活动伤害在所难免""'三违'不可能彻底根除"等固有认识与思想，像预防事故一样预防"三违"，像调查事故一样调查"三违"，像治理事故一样治理"三违"，坚决消除可能出现的事故苗头，真正体现了预防为主，关口前移，把事故消灭在萌芽状态。这一理念抓住了消除事故隐患的核心要素，即管控人的不安全行为，对避免事故具有重要的指导意义和现实意义。

四、以风险管控为核心，建立安全管理文化

（一）明晰完备的本质安全标准体系

公司以风险预控管理为抓手，以不安全行为控制、隐患治理、相关生产要素管理为重点，以应急保障机制为支撑，以信息化为运行平台的风险预控管理体系[3]。实现了安全管理工作从传统的隐患治理、消缺处理向事前管控、风险预控的转变，既体现了全员、全过程、全方位循序上升的管理特点，又体现了以预控为核心、双管齐下、闭环管控、持续改进的特点，具有系统化、科学性、预防性的特征。

（二）建立配套的保障管理机制

强化风险预控管理体系的组织保障、制度保障和有效管理，促使煤矿安全管理工作得到持续地贯彻落实。在危险源辨识评估、风险管控、隐患治理和安全管控标准、措施的基础上，制定落实一整套切实可行的配套保障监督管理机制，形成了相应体系文件作为管理工作的指导和规范，实现安全管理的规范化、科学化。建立编制了50余项安全管理各项规章制度，通过制度的建立和落实，规范了员工行为，增强了员工按章办事的意识，提高了员工按章办事的自觉性。

（三）建立健全安全责任体系

公司紧紧围绕"责任落实"这条主线，建立了"党政同责、一岗双责、失职追责"的责任体系，细化各级领导、职能部门、工程技术人员、岗位操作人员在劳动生产过程中对安全生产层层负责的制度。公司、厂矿、区队、班组、个人逐层签订了安全生产责任状，层层分解了安全目标、逐级落实了工作任务。公司范围内实行全员安全风险抵押制度，发生事故实行连带责任；强化"领导干部带班、区队长跟班、班组长盯班"管理，紧盯作业全过程，及时发现问题、解决问题，建立了一套横向到边纵向到底的安全管理责任体系，把各项工作落实到每个岗位和员工，确保发生问题时"鞭子"能够打到具体人身上。

（四）细化严实的考核评价体系

公司建立了风险预控管理体系考核办法，每季度组织相关部门对各单位体系建设情况进行考核，拿出30%的月度绩效工资作为安全指标考核项，考核内容为集团公司风险预控管理体系建设指标项，实现了安全检查考核常态化、规范化、制度化。使各级人员在体系建设运行上既添压力，又增动力，有力地推动了建体系的主动性、积极性，保证体系建设的持续性，确保体系全面落地。

五、强化执行力构建安全行为文化

（一）明确各层级人员安全行为基本准则

各级管理人员要牢固树立"安全第一、预防为主、综合治理"思想意识，坚持安全管理科学化、法制化、制度化，强化舆论引导，及时解决安全生产中存在的重点、难点问题。公司领导以身作则积极推行安全理念思想，严格落实岗位安全职责，建立了横向到边、纵向到底的安全管理网络体系，严格执行安全管理各项决策部署，按章操作、规范指挥。操作人员严格执行岗位标准化作业流程，做到上标准岗、干标准活、交标准班[4]。

（二）严格管控不安全行为发生

以落实规章制度、工作任务、行为规范、作业流程、安全职责等为基础，以岗位危险源辨识和岗位标准化作业为指南，编制切实可行的安全行为准则，建立畅通的内、外部信息沟通制度，构建合理化建议征集办法，保障员工参与安全管理意见反馈的权利。强化员工岗位危险源辨识培训，确保员工熟练掌握本岗位危险源及管控措施，杜绝不安全行为的发生。

（三）强化日常安全监督检查

成立检查领导小组，针对重点环节、重点岗位、重点时段开展安全专项检查，对在检查过程中发现的不安全行为严格按照不安全行为管理办法考核惩处；对发现的隐患按照"五定原则"落实整改责任。同时，每月对不安全行为进行统计分析，研究不安全行为发生性质，制定有针对性的管控措施。工会、共青团建立了群监网、青安岗，在反"三违"、查隐患中起到了安全监督、安全生产示范的作用。

（四）强化教育培训，提高安全素养

按照"教考分离、百分过关"的原则，持续推进员工教育培训工作，通过培训提高员工安全生产责任意识和技能水平，达到全员培训、全员持证上岗。[5]加强新入职员工安全教育培训，对转岗员工及在新设备、新工艺、新技术投用前的安全教育工作。强化新入职员工应知应会能力，保证新员工上岗前知原理、懂操作、会应用，做到规范操作、安全上岗。坚持从实效、实用、实际出发，采取实操演练、案例分析、技能练兵、知识竞赛、集中培训、定期轮训、现场考核等形式方法，分岗位、分级别组织培训。设备维修中心将业务学习和现场操作一体化，把培训由教室搬到现场，并设立培训奖励基金，用于奖励涌现出的积极向上的优秀员工。

六、构建技术先进的安全物态文化

作为安全文化的外在表现形式，安全物态文化是形成安全文化理念、管理方法和行为准则的基础体。安全物态文化往往能反映出企业管理层对安全管理工作的认识程度，反映出企业安全管理的哲学理念，映射出安全文化建设的实际效果。公司通过信息化及科技化建设，形成了覆盖广泛、标识齐全、工程达标、保障得力、防护有效、环境适宜、职业健康、自然和谐的安全物态文化，实现了"人、机、环"的和谐统一，有效保护人员、设备、环境的安全[6]。

（一）开展科技化信息保安措施

公司生产作业范围内建立了视频监控系统；各生产单位建立了安全管理风险预控管理系统，实现了危险源、隐患、不安全行为在线实时管控；露天矿先后投用了 GPS 卡车调度系统、远程边坡雷达监测系统等、地质测量信息管理系统、车辆安全带预警系统、煤质信息管理系统、车载对讲系统、大型自卸卡车盲区监控系统、卡车防撞系统、疏干排水集中控制系统、卡车轮胎全生命周期管理系统，实现了设备管理信息化和科技化，进一步增强了安全高效生产能力。

（二）采用先进生产设备和合理的工艺

公司坚持"生产设备大型化，生产工艺简单化"的原则，提高物质环境的本质安全水平，打造一流的安全高效露天矿。在设备设施上，公司引进世界最新最大的电铲、卡车等先进生产设备以及与之配套的辅助设备。

在生产工艺上科学论证，因地制宜，剥离采用单斗－卡车间断工艺系统，采煤采用单斗－卡车+半移动式破碎机半连续开采工艺系统。

先进的设备和生产工艺，有效提高了物质安全保障能力。同时，在生产设计方面追求本质安全，制定详细的采掘系统、运输系统、排土系统、边坡管理、防灭火和防治水安全对策。

（三）强化物态安全氛围

（1）作业现场标准化。做到"三平""四无""五直"，即采掘工作面、排土工作面、运输道路平整；采掘工作面、排土工作面、运输道路无淤泥、无积水、无浮货、无杂物；采、剥工作面台阶直，排土场布置直，挡土墙布设直，排水明渠设置直，电缆、排水管摆放平直。

（2）设置危险警告。对有可能造成风险的工艺系统或设备设施，进行危险告知。在易发生事故和危险性较大的地方，设置醒目的安全色、安全标志，设置声、光或声光组合报警装置[7]。地面生产系统禁止区域、地面危险区域全部刷上黄漆，消防管路、设施全部刷红漆；道路转弯处、限高架上、胶带机栈桥上全部贴反光标识；电梯报警信号接入集控室；M304 暗道、仓上配备甲烷、一氧化碳报警系统。

（3）设置隔离设施。在无法消除、预防、减弱危险、危害的情况下，将人员与危险、危害因素隔开和将不能共存的物质分开，如设置防护罩、安全距离、防护网等。

（4）配备个体防护。配备和使用个体防护来降低伤害或损失带来的后果。粉尘较大场所必须佩戴防尘口罩；噪声较大场所必须佩戴护耳器；进入箱变必须穿绝缘鞋佩戴绝缘手套[8]。

七、结语

胜利能源公司通过多年的安全生产实践，不断创新、研究和探索，以"露天矿可以做到零伤害，'三违'就是事故"核心理念为引领，不断强化安全管理文化、安全行为文化、安全物态文化的建设，形成了具有胜利能源公司特色的安全文化模式。通过此模式的推行应用，公司安全文化建设稳步提升，同时促进了安全生产管理水平和安全生产绩效逐年提高，安全管理正逐步从科学管理向文化管理迈进，为公司可持续发展奠定了坚实的基础。同时，胜利能源安全文化模式的形成，将对全国露天煤炭行业安全发展具有借鉴作用。

参考文献

[1] 向隅.煤矿安全文化评价系统的研究[J].中国安全生产技术，2012,（7）：20-25.

[2] 雍信实.浅谈企业安全生产应如何做到以人为本[J].石油化工安全技术，2006,（4）：35-36.

[3] 董晓波，张同建，谭章禄.一种新型煤矿安全文化的构建[J].中国矿业，2010,（4）：30.

[4] 崔晋飞.浅析如何建设煤矿安全文化[J].建筑工程技术与设计，2008,（5）：5-7.

[5] 钱小武，李希建.煤矿安全文化发展探讨[J].煤炭技术，2015,（13）：16-17.

[6] 王汉斌，杨晓璐.煤矿安全文化指标体系构建的新方法[J].2012,（2）：12-14.

[7] 崔政斌，周礼庆.企业安全文化建设[M].北京：化学工业出版社，2014.

[8] 范立军，姚元，王长军.GPS 卡车智能调度管理系统在南芬露天铁矿的应用[J].现代矿业，2013,（1）：102-103.

浅谈川西钻探公司特色安全文化"五字诀"

中国石油集团川庆钻探工程有限公司川西钻探公司　王建国

摘　要：培、标、联、查、严，是川西钻探公司探索实践的安全管理"五字诀"。"培"是切入点，"标"是着眼点，"联"是着力点，"查"是中心点，"严"是关键点，五者紧密联系、相互贯通、相互作用。钻探作业风险得到有效管控，不仅促进了安全管理体系的建立和完善、推进了安全文化建设，还保障了钻井持续提速提效，推进了企业科学发展、安全发展、效益发展。

关键词：五字诀；企业管理；安全文化

针对石油钻探企业安全工作的长期性、艰巨性、复杂性和反复性，专业化重组成立14年来，中国石油集团川庆钻探工程有限公司川西钻探公司（以下简称川西钻探公司或公司）始终坚守"我为祖国献石油"的初心，始终秉持"安全文化是企业核心文化"的理念，探索实施了培、标、联、查、严"五字"安全管理法，浓墨重彩地书写了"广安模式""龙岗工程""合川提速""牵手壳牌""攻坚九龙山""鏖战莲花山""进军龙王庙""集结高石梯""征战页岩气"等钻井工程的恢宏诗篇，创造了享誉全国的"磨溪速度"，在中国石油史产生深远影响。全力保障了四川油气田300亿方战略大气区、长宁-威远国家级页岩气示范区、新疆塔中400万吨产能建设、内蒙古苏里格气田产建项目和青海油田1000万吨油气当量生产工程建设。

一、"培"：以"严"为遵循，培育员工安全意识和安全素养，提升科技支撑力——安全生产的思想保证

建立完善QHSE（Quality　质量、Health　健康、Safety　安全和Environmental　环境）培训系统。修订、完善各专业（工种）岗位培训矩阵（培训大纲），编制与矩阵配套的考试题库；规范井控作业、特种作业、硫化氢防护培训取证工作；实施"新员工三级安全培训制度"；建立员工培训记录档案。坚持"谁负责培训，谁对培训效果负责"原则，开展安全环保履职能力评估，提高了培训工作的系统性与实效性。在钻井一线，积极推广视频教学系统，将公司各种标准化管理制度、操作规程、设备维保、事故案例等内容

制作成视频节目，连同QHSE培训课件与作业程序，每日在一线队伍值班室循环滚动播出，不断教育引导员工提高安全意识、安全技能和安全素养，不断强化思想自觉、行为自觉。

分层次开展安全培训。思想是行为的先导。围绕"精益钻井"，以培育爱心、细心、责任心"三心文化"为主抓手，利用各类自办媒体开设安全宣传、培训阵地，引导教育员工牢固树立"任何事故都有可能发生的"预防意识与危机意识，树立"安全第一，环保优先，生命与健康高于一切；关爱他人，关心自己，一切事故都可以避免"的QHSE理念，牢记"以人为本、预防为主、综合治理、全员参与、持续改进"的QHSE方针。举办经常性的法规制度培训班、安全联系人培训班、专兼职安全人员培训班、审核员培训班、义务消防员培训班、巡视组培训班、转岗培训班等。抓好特种作业人员、新入厂员工、新提拔干部、高频违章人员、承包商管理人员和"防御性驾驶"等专项培训。组织中石油川庆首支专业教导示范队开展持续深入的岗位"一对一"教学，已对所有钻井、试修作业班组员工进行标准化操作培训。强力宣贯新《安全生产法》《环境保护法》，举办培训辅导讲座和宣讲培训班160多场次，制作并下发知识讲座光盘350余套。组织3600多人参加安全环保制度培训和考核，组织60场次2800余人观看《坚守安全红线》等警示教育片。

提升科技支撑力。持续完善QHSE信息平台，适时发布安全制度、阶段性措施、培训课件、事故案例等信息，实现了资源及时共享。建立安全管理月报、

环境节能月报系统，实现了安全环保数据在线传输与统计，提高了管控效率。有效运行安全生产预警系统，数据录入量 2017 年同比上年度增加 600%，为隐患违章适时统计与分析提供了数据支持。应用"远程作业支持中心"，实现公司机关掌握钻井队实时生产动态、管控现场安全风险、远程指挥处置突发事件的同时，开展面对面交流和远程培训，提高了培训时效与实效。鼓励基层单位立足现场进行各种安全方面的培训和发明创造，在工艺安全、设备改革创新、安全防护用品等多个方面成效显著，多项成果获得中国石油集团奖励。

二、"标"：以"培"为基础，完善 HSE 规章制度和推进 HSE 标准化建设，构筑安全生产合法合规管理体系——安全生产的制度保证

完善安全生产管理标准。购置并发放各项国家法律法规、企业标准手册（资料），及时组织参加 QHSE 管理、风险管控、应急管理等标准宣贯。出台钻井、试修、后辅单位 QHSE 建设工作指导意见；编制中石油川庆首部《钻井队标准化管理手册》和《QHSE 作业指导书》《钻井工程设备安全操作规程》等管理体系建设、设备操作、员工行为规范、作业队伍标准化管理、关键作业工作安全分析等多项企业标准和安全生产管理制度；编制风险分级防治方案，针对井控、起重、动火等 97 项高风险生产管理活动，从公司、二级单位、车间（队站）三个层面制订措施 234 项。安全工作做到了"事事有标准"。

"三标一规范"持续提升。标准化现场方面，建立运行以"一图一单"（现场提示图、硬件管理清单）为核心的标准化现场模式，并与属地管理相结合，实现现场无隐患、设备无缺陷。标准化操作方面，建立运行以"两书一表"（作业指导书、计划书、检查表）为核心的标准化操作模式，分专业编制完善操作规范和作业指南 200 多项，做到了"设备有规程、操作有指南"，实现操作无违章。标准化管理方面，建立运行以"三三一册"（规范制度、培训、绩效三种管理，规范"日、周、月"三个管理流程，推行《行为安全规范手册》）为核心的标准化管理模式，实现管理无违规。规范化控制方面，建立运行以"二七"风险控制（严格违章和隐患两种管理，推行工作安全分析、作业许可、安全观察沟通、变更管理、作业前安全会

等"7+N"种风险控制工具）为核心的规范化风险管理模式，实现有效纠正违章和整治隐患，有效辨识风险和防控风险。

坚持贯标、对标、亮标。在施工作业现场，尤其是针对页岩气项目"一场双机"特点，从属地管理、清洁生产、交叉作业等各个方面制定 HSE 标准。不断出台配套的制度和政策，不断完善和拓展标准化建设工作，督促及时有效贯彻落实。进行纵、横向对标，不断推进一线作业队伍管理水平和凝聚力、战斗力、执行力全面提升，先后涌现出川庆 30700 队、川庆 70016 队、川庆 70594 队等一大批 HSE 标准化建设先进示范钻井队。其中，川庆 70016 队作为中石油首支 HSE 体系建设示范钻井队，吸引了来自集团公司各大工程技术服务企业 20 余批次、600 余人次现场观摩交流。标准化建设由前线向后辅延伸，钻具井控公司的标准化工作走在了各单位前列，成为中国石油集团的标杆。

三、"联"：以"标"为准绳，实行机关与基层联责、相关人员与作业点联责、值班联责与一岗双责、挂钩联责、"一对一"联责——安全生产的组织保证

机关与基层联责。公司领导和机关部室长作为所有一线作业队伍以及后辅单位车间（队站）的 QHSE 联系人，随时问询、沟通，定期到联系点检查、督导；联系点随时向联系人反馈情况、强化执行。机关人员出差到一线，必须提交《出差述职报告》和作业现场《安全观察与沟通卡》，否则不予报销差旅费。2016—2017 年，机关联系人进点审核 580 次，发现并督促整改隐患、问题 2036 项。

相关人员与作业点联责。公司到基层检查（考核、巡视等）人员、驻井工程师、各项目部负责人，均与作业点联责。作业点发生 QHSE 事故的，不但当事人将受到扣款、扣分或降级、撤换处理，还将视情况扣罚机关联系人、考核（巡视）人员、驻井工程师、各项目部负责人，并在全公司通报。

值班联责与一岗双责。坚持节假日和周末两级领导班子成员值班制度；明确作业现场值班干部、队长在复杂处理、大型施工等关键作业过程的旁站监护，强化关键过程联责监管。实行安全工作"一岗双责、党政同责""管行业必须管安全、管业务必须管安全、管生产经营必须管安全"的原则，避免两张皮现象，

做到安全与生产一体化、安全与管理一体化。

挂钩联责。建立高频违章、重复隐患单位主要负责人联责追究制度。通过曝光公示、纠违培训、告知家属等方式，共同治理违章。将违章下降率、岗位员工持证率、查患纠违处罚率作为机关部室和基层单位考核指标，逐级签订 QHSE 责任书，全员签订安全生产承诺书；对各级领导干部个人安全行动计划进行公示和阶段性考核。

"一对一"联责。通过采取签订师徒协议、"一对一"结对子，使每名重点人员（如新入厂员工、高频违章人员）都有专人帮扶，每半年进行一次考核。同时，按照边界清晰、分工合理、权责统一的原则，梳理机关部室、二级单位、钻井试修队安全环保职责，编制 26 份责任与权力清单，强化"照单追责、照单免责"的联责、问责制度。

四、"查"：以"联"为先手，辅以综合检查、巡查、突查、夜查、交叉查、"回头看"和自查——安全生产的作风保证

"定期"型检查。形成并坚持每半年一次的以落实岗位责任制为主要内容的综合大检查考核机制，每次大检查均由公司领导带队，兵分数路，对所属单位进行拉网式检查。作为"姊妹篇"的季度审核，则主要以 QHSE 体系标准为依据，结合阶段性安全工作落实情况，突出风险控制、设施完整性、作业许可、区域管理及应急管理等关键要素，进行全员全要素审核。2017 年开展 QHSE 量化审核 4 次，督促整改问题 3800 余项。

"活期"型检查。针对野外作业本身具有的不确定性风险和季节特点、特殊时段、大型施工、搬家安装等关键环节，以及"三高"井、复杂井、边远井等重点作业现场，采取远程视频监控、安全巡查、突查、夜查、交叉检查、"回头看"等不打招呼的非常措施，查资料、查现场、查操作、查值守、查隐患、查违章、查整改、查落实，确保多一次检查、少一些问题。同时，每年还接受国家安全监管总局及中国石油集团等各级各类检查、审核、巡视督查，达到了以查促隐患问题整治和严细实作风提升。

自主型检查。施工作业队伍集中组织或定时、定岗、定人对井控、硫化氢防护、起重作业和交叉作业等重点环节，每一个作业场所、每一台设备、每一个关键要害部位，以及施工作业前、生产运行中、任务完成后都要进行自检自查、自纠自改，查找"低老坏""脏乱差""跑冒滴漏"现象，制定防范整治措施，推进自主管理进程。2017 年，各单位自主纠正违章 1713 起，发现、整改危害因素 9214 项、一般隐患 780 项、重大隐患 2 项。

五、"严"：以"查"为试金石，验安全制度之严格、安全思想之严肃、安全组织之严密、安全作风之严谨、安全处罚之严厉——安全生产的纪律保证

严格安全制度。出台《安全生产违章行为管理办法》和《员工违章行为管理规定》等规章制度，实行月度隐患数量通报制，坚持实行安全工作"一票否决"制。对员工予以人文关怀的同时，坚持体系建设与强化制度执行相结合。2017 年，受到违章处理人员违章记分 2682 分，扣款 23.22 万元。与此同时，设立岗位主动查患纠违、及时发现和整改隐患、优秀安全观察与沟通卡填报、预警系统录入达标等的专项奖，发放专项奖 38.6 万元。激励与约束并重，赢得一线广大干部员工欢迎。

严肃安全思想。利用各种载体，采取各类形式，全方位进行安全警示教育和管理，引导员工牢固树立"安全无小事"的思想，从思想上增强底线思维、红线意识，从行为上遵章守纪。强化大型施工、特殊工况、重大节假日，以及极端天气情况下的预警与安全工作全面升级管理，24 小时不间断值守并随时报告工作情况。出台基层队站安全生产诚信体系建设方案，制订诚信等级划分及评定标准，建立"黑名单"制度和对应的奖惩考核政策。

严密安全组织。成立 QHSE 委员会和井控等安全工作领导小组。设置文化宣传、QHSE 培训、行为安全、工艺安全、交通安全、设施完整性和可靠性、生产组织及应急、建筑物联合防火安全等 8 个 QHSE 分委员会，各分委员会职责清楚，分工明确，各司其职，相互配合，定期会商、研讨，督促和抓好各项工作落实。建立员工 QHSE 考核档案。同时，在二级单位、一线队伍和生产作业班组，分别明确一名副经理、副队长和副司钻（副班长）分管安全工作或为安全监督员。

严谨安全作风。坚持开展"安全生产月""安全咨询日""安全警示日"活动和以"提素质、强执行、

控风险""狠抓执行、严惩违章""讲忠诚、强执行、保安全、创业绩""敢抓敢管、严抓严管、善抓善管""查治工艺安全隐患，落实工艺安全措施""全覆盖、零容忍、严执法、重实效"等专项活动。开展以安全为主题的微电影、动漫、多媒体的征集、评选和传播工作，以及安全述职报告、安全建议、安全知识竞赛、摄影比赛、征文比赛等一系列活动。开展防喷、消防、二层台逃生、地企联动等各项应急预案演练和效果评价工作。各项活动做到了有坚持、有声势、有力度、有效果。

严厉安全处罚。开展违章隐患周分析、月通报、季治理工作。在《西钻之声》开展"曝光台"栏目，对重复隐患、典型违章和作业现场不安全行为点名曝光，形成震慑。对事故和高风险的未遂事件和医疗事件，实行"四不放过"原则，严肃责任追溯和调查处理。对发生单吊环事故的威204H4平台经理、书记予以撤职；对管理力度欠缺、安全工作流于形式的威204H5平台进行全面整顿，对平台经理、书记给予停职处理。铁的手腕和纪律，让各单位深刻警醒、举一反三抓整改落实，让全体员工引以为戒、入脑入心。

六、结束语

2014年来，川西钻探公司通过"培—标—联—查—严"环环相扣、相辅相成的安全管理"五字诀"，打造特色安全文化，弘扬"生命至上、安全发展"思想，克服点多面广线长、山高路远地偏，以及队伍流动的频繁性、劳动的密集性和技术工种的多样性等诸多风险与各种不安全因素，推进了安全快速打井、科学效益打井——在新疆，创造了中国陆上最深水平井等钻井纪录，被誉为塔里木的"钻井铁军"；在青海，先后参与发现5大构造，为青海油田建设千万吨高原油气田做出了不可磨灭的贡献；在苏里格，将水平井钻井速度飙升3倍，被誉为"鄂尔多斯茫茫草原永不停息的战车"；与壳牌合作市场，坛202H2井从94.56天到28.92天的速度。目前，川西钻探公司正以不断丰富"五字诀"内涵的生动实践，强力助推国内一流专业化钻井工程公司建设。

基于"五圈层雷达"模型的煤矿
安全文化建设研究

山西西山煤电股份有限公司西铭矿　卢峰

摘　要：煤炭是我国的支柱性能源，安全则是煤矿企业顺利进行高效生产的保证。煤矿安全文化是企业文化的重要的组成部分，技术可以学习，理论可以引进，唯有安全文化不能移植。基于煤矿企业的实际，把"五圈层雷达"模型应用于煤矿企业安全文化体系的建设之中，将"安全科技文化"作为煤矿安全文化的一个重要圈层，以此来推进安全文化建设。本文主要揭示了"五圈层雷达"模型中各个圈层之间的相互作用和影响，分析了煤矿安全文化建设中遇到的问题和面临的新形势，并相应地提出了有效对策，促进煤矿企业安全生产。

关键词：煤矿企业；安全文化；"五圈层雷达"模型；新形势

一、引言

中国是一个煤炭资源储备的大国，同时也是世界上主要的煤炭生产国和消耗国之一[1]。山西省作为国家重要的能源生产基地，煤炭资源储量、煤炭资源开发仅次于内蒙古，居全国第二，煤炭产业是支撑该省经济发展的重要支柱性产业[2]。

在当前煤炭行业形势日趋紧张的大环境下，安全作为煤矿生产的本质要求，对煤矿可持续发展和国家能源供给安全的重要性也越来越高。近年来，国家、地方政府出台了大量相关措施，保障煤矿的安全生产。2016年，国家能源局出台了《煤炭工业发展"十三五"规划》，明确指出要进一步加强安全管理基础工作，提高煤矿安全保障能力，有效防范重大特大事故[3]。2017年，山西煤矿安全监察局、山西省煤炭工业厅联合制定了《井下探放老空水技术要求》《井下老空水探查物探技术指引》，指出要不断规范安全生产。

随着国家和安全监管等相关部门对煤矿企业安全管理的重视，我国重特大煤矿事故发生率呈逐年递减趋势。由此可见，我国煤矿生产形势依旧不容乐观，严峻的煤矿开采形势不但危机矿工的生命安全和健康，也影响着构建和谐社会的步伐。

有数据表明，我国的煤矿安全事故90%以上是由于"三违"造成的，是人本安全出了问题，即作为企业安全文化建设的客体和主体的人成为了"安全生产木桶"那块短板，因此，基于人的企业安全文化体系建构则成为弥补这一短板的关键。本文在企业安全文化理论的基础上，引入"五圈层雷达"模型，具体分析了煤矿安全文化建设的问题和对策。

二、企业安全文化模型结构

（一）传统的企业文化模型结构

目前，学术界关于安全文化的内涵，大多是比照企业文化的内涵来定义的，大致分为三类：综合论、精神论和同心圆构成论。其中，同心圆构成论将企业文化的内涵分为精神文化、制度文化和物质文化，因其独特的可感知性和与现实的亲和力而被广泛接受。

第一种是四层次"同心圆"模型如图1所示，将企业文化分为四层，即精神文化、制度文化、行为文化和物质文化（见图1a）。这是一个静态模型，没能表现企业文化的动态性。第二种是"陀螺"模型（图1b），克服了四层次同心圆模型的静态性，突出核心价值观的重要地位，但是没有表现出各层内容的互动关系。第三种是"雷达"模型（见图1c），用价值观体系代替了"同心圆"模型的核心理念层和"陀螺"模型中的核心价值观[4]。

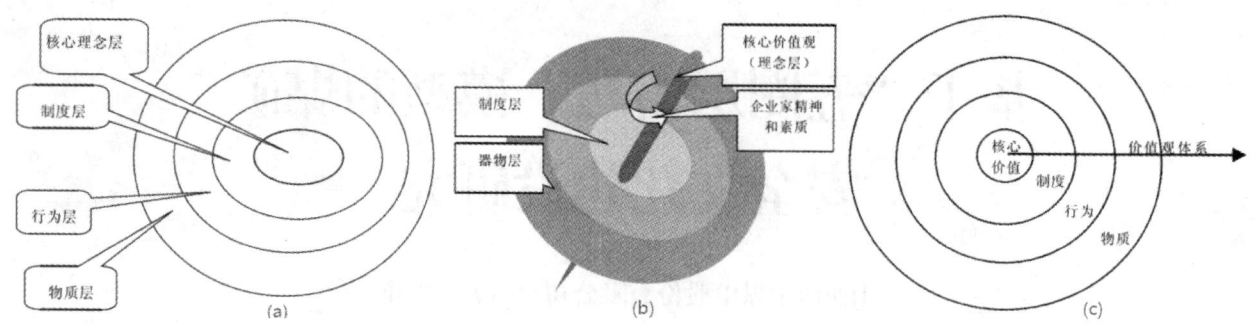

图 1　企业文化结构的四圈层同心圆模型（a）、"陀螺"模型（b）和"雷达"模型（c）

（二）"五圈层雷达"模型

传统的三种企业文化结构模型各有优缺点，在煤矿这样具有特定禀赋的领域应用的时候，具有一定的不完善性，因此，本文使用"五圈层雷达"模型（见图 2），第一部分精神层与"雷达"模型一样，仍然是"价值观体系"，位于雷达的中心层。第二部分依然是制度层，第三部分为行为层，第四部分为科技层，第五部分为器物层。与"雷达"模型相比，"五圈层雷达"将原来的最外层物质层改为器物层，增加了科技层，在行为层和器物层之间。

将"五圈层雷达"模型应用于煤矿安全文化建设中，即煤矿安全精神文化、安全制度文化、安全行为文化、安全科技文化和安全器物文化五个圈层。其中的安全科技文化圈层包括科学技术、高水平人才和安全技术装备三个方面，充分考虑到科学技术和科技人员对煤矿安全生产的作用[5]。安全生产的五要素（安全文化、安全法制、安全责任、安全投入、安全科技），与模型的五个圈层很好地契合，也从另一个角度佐证了企业安全文化"五圈层雷达"模型中新增加的科技层的合理性和必要性。

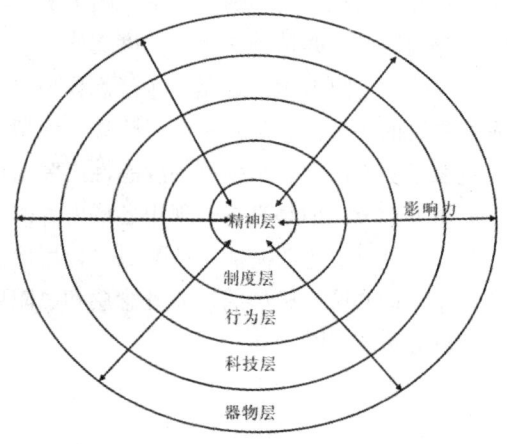

图 2　"五圈层雷达"模型

三、煤矿企业安全文化建设存在的问题

对照"五圈层雷达"模型中所构建的煤矿安全文化的五个圈层：安全精神层、安全制度层、安全行为层、安全科技层和安全器物层，分析煤矿企业安全文化建设中存在的问题。

（一）思想意识薄弱

一些煤矿对于安全生产的宣传教育及安全意识培训做得不够全面、不够深入，培训的效果在实际安全生产中没有得到很好的体现[6]。煤矿企业每年会制订许多培训计划，人事科、安监科都会针对采煤一线、掘进等特殊岗位及需要进行培训的员工分批做安全知识培训与安全技能考试，但多数职工存在为了应付考试而学习的消极情绪，没有认识到学习的目的是为了提高自身的安全意识，因此培训考试起到的实质性效果不高。

（二）制度落实不到位

国家高度重视煤矿企业的安全生产，相继出台了一系列的法律法规，同时，煤矿企业自身也不断完善对安全生产的制度管理。然而，现实中如此全方位的制度仍然难以规避煤矿安全事故，这就说明煤矿企业还存在制度落实不到位的问题。随着技术的进步和设备的更新换代，一些已有的制度也有待完善，适应新的生产技术；某些通过"拿来主义"照搬来的制度规范，不符合自身的实际情况，使其失去了应有的标准性和有效性。

（三）安全管理建设不力

对中国近十年的煤矿安全事故进行梳理，究其发生原因，发现煤矿本身的安全管理建设不力是导致安全事故的重要原因。在煤矿企业的现场安全生产管理中存在"二多、二少"的现象，即现场安全生产管理人员早班多、晚班少；近作业点多、边远采区少。

（四）科技创新匮乏

在市场经济快速发展的环境下，创新性机制制定和完善是煤矿安全文化建设的主要瓶颈。同时，缺乏专业性的技术人员，科技研发投入低，安全技术措施不到位，也给煤矿安全生产埋下了巨大的安全隐患。

（五）设备机械化程度不高

机械化程度低一般出现在小型民营煤矿中，由于缺乏资金来源，生产效率低，经济收益也低，而大型的机电设备往往价格昂贵，使得小型煤矿无法用有限的资金来引进设备，最终导致民营煤矿生产技术落后，设备机械化程度低。

四、煤矿安全文化建设面临的新形势

党的十九大以后，国家更加重视煤矿安全生产，提出了更高的安全生产标准，划定了"发展决不能以牺牲人的生命为代价"的红线；同时，随着人们的安全意识的提高、生命至上安全观念的深入，社会对煤矿安全问题的容忍度大幅度降低。此外，近两三年来，煤炭价格严重下滑，煤矿经济形势持续低迷，使得煤矿安全文化建设面临严峻的挑战，同时，这个时候也正是需要安全文化发挥积极作用的机遇期。

在技术方面，国家发展和改革委员会、科技部、原国家安全生产监督管理总局、国家煤矿安全监察局等几部委联合，先后组织了"十五""十一五"煤矿安全技术的联合攻关，提高企业技术水平，增加安全生产保障。在制度规范上，2016年年初，国务院发布《关于煤炭行业化解过剩产能的意见》，要在5年内取缔低产能的煤矿企业；国家安全监管总局颁布新修订的《煤矿安全规程》，充分反映煤炭科技进步和煤矿安全生产形势发展的客观要求；2018年，国家煤矿安全监察局下发了《国家煤矿安全监察局关于进一步深化依法打击和重点整治煤矿安全生产违法违规行为专项行动的通知》，以防范遏制煤矿重特大事故为目标，坚持查大系统、控大风险、治大灾害、除大隐患、防大事故，深入开展打击整治煤矿违法违规行为专项行动。

五、新形势下加强煤矿企业安全文化建设的对策

（一）坚持以人为本，重视思想教育

安全文化建设的核心是人，企业领导层的安全文化素质是决定性的因素，企业人的安全文化素质是安全文化建设的群众基础。对于煤矿企业的生产活动来说，生产过程离不开企业职工的共同努力，同时企业职工也是进行安全生产的重要力量。从意识的高度上引导煤矿企业职工的行为，可以进一步推动煤矿企业安全文化建设，有利于煤矿企业员工树立主人翁意识。

（二）优化制度规范，适应设备技术

只有不断地更新生产规章制度和操作规程，适应新设备和新技术的发展，才能有效地堵塞安全管理的漏洞，保证生产的有序进行。只有明确各单位、各部门、各岗位的安全生产职责，分清责任，各尽其责，才能形成严密科学的安全生产责任体系，确保煤矿安全文化建设的顺利推进。

（三）强化安全管理，完善管理体系

煤矿企业应该根据自身的实际情况，结合内外部环境，完善安全管理制度，做到"合理、合法、全面、具体"。并且明确各部门、各岗位与整体组织之间的权、责、利关系，有效地保障安全部门组织的稳定性、合理性，增强安全部门运行效果，防止使得本应解决安全问题的组织机构成为煤矿灾害事故的源发机构，进而促进煤矿安全生产。

（四）加大投资力度，引导科技创新

煤矿企业应积极贯彻"科技兴安"战略，加大煤矿安全基础设施建设的投资力度，引进先进的设施设备。同时，建立先进的自动化管理系统，提高基础设施系统自动化的程度，利用机械设备替代危险的手工作业。

六、结论

安全生产是煤炭企业长远发展的必要条件，安全文化建设是安全管理和安全生产的重要保障。本文结合煤矿企业安全生产实际，将"五圈层雷达"模型运用到企业安全文化建设当中，增加了安全科技文化圈层，并以此为基础，分析了煤矿企业安全文化建设存

在的问题以及新形势下加强安全文化建设的对策，借此来推进煤矿企业安全生产，创造更大的效益。

参考文献

[1] 冯立群. 中国煤炭进口来源分析[D]. 呼和浩特：内蒙古大学，2012.

[2] 杨蕊. 山西省煤矿安全质量标准化管理的问题及建议[J]. 经营与管理，2018，（4）：106-108.

[3] 国家发展改革委，国家能源局. 煤炭工业发展"十三五"规划[Z]. 2016.

[4] 许学锋. "雷达"模型——企业文化结构探讨[J]. 中外企业文化，2007，（9）：40-41.

[5] 李霞. 基于思想教育的民营煤矿安全文化建设研究[D]. 徐州：中国矿业大学，2016.

[6] 倪廉钦. 淮南矿业集团企业安全文化建设研究[D]. 淮南：安徽理工大学，2016.

企业安全文化评估指标体系构建探讨

上海发电设备成套设计研究院有限责任公司　樊重建　许跃武

摘　要： 安全文化是企业安全管理的灵魂和核心，是规范和指引员工安全行为的最佳手段，体现了一个企业安全管理的水平。本文借鉴核安全文化评估指标体系构建经验，结合被评估对象业务特点，建立有针对性的安全文化评估指标体系，在精神层、制度层、物态层和行为层分别引入安全文化良好实践，便于评估企业安全文化状态，识别安全文化弱项，探寻根本原因，采取有针对性的纠正措施，促进企业安全文化水平提升。

关键词： 安全文化；评估；指标体系

一、背景

1986 年，切尔诺贝利核事故发生后，国际原子能机构（IAEA）国际核安全咨询专家组（INSAG）首先提出了"安全文化"的概念。1991 年，国际核安全咨询专家组在《安全文化》（No.75-INSAG-4）中给出了定义："核安全文化是存在于单位和个人中的种种特性和态度的总和，它建立了一种超出一切之上的观念，即核电厂的安全问题由于它的重要性必须保证得到应有的重视"。核安全文化概念提出后，在其他工业界也产生普遍而深刻的影响。

2009 年 1 月，国家安全生产监督管理总局发布的《企业安全文化建设导则》（AQ/T 9004—2008）这样定义企业安全文化：被企业组织的员工群体所共享的安全价值观、态度、道德和行为规范组成的统一体。学术界将安全文化分为四个层次，即精神层、制度层、行为层和物态层。可见安全文化不仅限于口号与标语，而是贯彻整个企业的管理和每个员工的价值观之中。

本文中，被评估企业具有核安全文化创建和评估工作基础，并形成了核安全文化评估指标体系和评估方法。为更好地将核安全文化评估拓展到常规工业活动领域，本文在吸收国内外良好经验的基础上，就建立企业"安全文化评估指标体系"进行了深入研究。

二、核安全文化评估借鉴意义

（一）核安全文化评估

被评估单位使用美国电站联盟核安全文化评估（NSCA），结合安全文化要求，建立满足核电制造企业、服务企业特点的核安全文化评估指标体系，通过三年的实践，形成了一套完整的核安全文化评估方法。通过定性、定量评估，及时了解被评估单位核安全文化的现状、发现核安全文化存在的强项与弱项，并针对评估发现的核安全文化存在的弱项，研究有针对性的改进行动计划。

结合实践以核安全文化八大原则为依据，建立了评估指标体系，共分为 8 个原则、40 个评估指标、203 个指标特性三个层次。该指标体系，可结合被评估单位业务类型、业务特点进行灵活调整。

（二）核安全文化评估主要原则设置对比

目前核电行业惯用的核安全原则主要有：2004 年美国核电运营学会（INPO）提出的"以加强专业能力为主旨的强有力核安全文化相关原则"（核安全文化八大原则）；2012 年 INPO 提出的"健全的核安全文化特征"（核安全文化十大特征）；2015 年中国政府在《核安全文化政策声明》中提出的八大特征。

对这三类原则分类进行对应关联如表 1 所示。

表 1　核安全文化原则设置对比表

NNSA 八大特征	INPO 八大原则	INPO/WANO 十大特征
1. 决策层的安全观和承诺	2. 领导做安全的表率 4. 决策体现安全第一	4. 领导安全观与行动 5. 保守决策
2. 管理层的态度和表率	2. 领导做安全的表率	4. 领导安全观与行动
3. 全员的参与和责任意识	1. 核安全人人有责	1. 个人责任

NNSA 八大特征	INPO 八大原则	INPO/WANO 十大特征
4. 培育学习型组织	7. 倡导学习型组织	7. 持续学习 8. 发现问题和解决问题
5. 构建全面有效的管理体系	5. 认识核技术的特殊性和独特性 8. 评估和监督活动常态化	8. 发现问题和解决问题 10. 工作过程
6. 营造适宜的工作环境	3. 建立组织内部的高度信任	3. 有效安全沟通 6. 互信的工作氛围 9. 有利于提出关注的工作氛围
7. 建立对安全问题的质疑、报告和经验反馈机制	6. 培育质疑的态度	2. 质疑态度
8. 创建和谐的公共关系	8. 评估和监督活动常态化	8. 发现问题和解决问题

对以上三类原则进行分类，可分为"共性原则、重要原则、独有原则"，具体罗列如下。

（1）共性原则（出现 3 次）："领导做安全的表率、信任的工作氛围、质疑的态度、学习型组织、人人有责"等关键词在三类设置方式中都有提现。

（2）重要原则（出现 2 次）："保守决策""有效管理体系与过程管理"等关键词在三类设置方式中出现 2 次。

（3）独有原则（出现 1 次）："发现问题和解决问题"和"创建和谐的公共关系""认识核技术的特殊性和独特性"在三类设置方案中只出现 1 次，为独有原则。

三、评估指标体系构建

（一）原则确立与合并（见表 2、表 3）

表 2　安全文化八大原则构建表

序号	原则	设置理由
1	安全人人有责	为"共性原则"
2	各级领导做安全的表率	为"共性原则"
3	决策体现安全第一	为"重要原则"，在安全问题上保守决策具有通用性
4	构建全面有效的管理体系	为"重要原则"，合并"评估和监督活动常态化"内容，体系有效、按程序办事是安全文化的重要支撑
5	企业构建相互信任，彼此尊重，公开透明的氛围	为"共性原则"
6	建立对安全问题的质疑、报告和经验反馈机制	为"共性原则"，尤其重视"质疑的工作态度"，同时将核电届"经验反馈"的良好做法推广至常规电
7	发现问题并解决问题	为"独有原则"，但该条为被评估单位的短板，发现问题的能力还需加强，更重要的是解决问题
8	培育学习型组织	为"共性原则"

表 3　未采用的原则条款说明

序号	原则	未采用理由说明
1	认识核技术的特殊性和独特性	拓宽至整个企业后，不仅是核电领域，故而未采用
2	创建和谐的公共关系	常规电领域、核电设备制造领域与社会公众的关系较"核设施邻避效应"而言，影响较小，故而未采用
3	评估和监督活动常态化	与构建全面有效的 QHSE 管理体系合并，是管理体系"PDCA 循环"的一部分

（二）二级指标与三级指标特性编制要求

1. "二级指标"编制要求

每个原则的指标，依据复杂程度，可列出 3 到 6 个，需基本覆盖该原则主要要素，"指标"的描述应为陈述句，应列出该项内容的高标准。

2. "三级指标特性"编制要求

"指标特性"是围绕"指标"的展开，可对该"指标"在"精神层、制度层、行为层、物态层"进行展开；也可融入"管理工具"，对先进的管理方法进行嫁接，如嫁接"对标""经验反馈""人因管理""根本原因分析"等；也可探讨员工对该项指标的感知和态度，如"理解什么是质疑的工作态度""身边有没有人进行质疑""质疑后的结果如何，有没有得到答复""我是否也想尝试着去质疑" 等。

（三）企业特点与个性化内容

在一级原则和二级指标相对固定下，将三级指标特性分为"共性部分""个性部分"，其中"个性部门"可针对不同业务部门特点，修订和调整指标特性内容。例如，制造类企业，在"构建全面有效的管理体系"设置二级指标"有完善的设计、制造体系"，在三级指标特性中，加入制造、采购、过程工艺控制等内容。

（四）原则及二级指标实例（见表 4）

表 4 "原则四：构建全面有效的 QHSE 管理体系指标体系"实例

原则	二级指标
原则四：构建全面有效的管理体系	（1）组织具备全面的 QHSE 管理体系及管理制度，在实际运行中有效，且体系持续改进 （2）构建完善的安全生产管理网络，有足够的、合格的安全质量管理人员（至少满足国家法规要求） （3）安全教育覆盖全员，且具有针对性。在项目经理、安全员、特种作业人员等重要岗位，形成"培训—授权—上岗"的循环机制 （4）应急管理体系健全，应急预案可操作性强，一旦发生突发事件，各级应急人员清楚知道应急流程 （5）员工具备"令必行、行必果、禁必止"的执行力，"按程序办事"，不走捷径 （6）运用"对标"手段，向其他先进企业学习，不断提供知识、技能、管理水平和绩效 （7）有完善的设计、制造质量管理体系

四、评估方法选择

（一）常见安全文化评估方式

1. IAEA SCART 导则及美国电站联盟 NSCA

对安全文化最早的评价方式来源于核电届，1991 年国际原子能机构（IAEA）提出了用一套提问清单来评价核安全文化，1994 年在《ASCOT 指南》中提出了评估安全文化的七要素说，2008 年，正式颁布的 SCART 导则，通过对不同层级人员的 307 个访谈问题来评估安全文化。

SCART 主要目标为向被评估方真实反馈它的核安全状态；提供方法，识别被评估方核安全文化中需要加强和提高的地方；为被评估方核安全文化的弱项和负面观察提供建议和意见；给被评估方员工提供一个交流讨论安全文化的机会。SCART 导则中明确指出安全文化评估要注意：不要将被评估方的安全文化水平与其他单位比较排名；不要超出评估范围，而是只对行为、态度进行评估，不评估运行或者设计；不把正面或负面的评估结果归咎于被评估方的某一个人。SCART 导则运用定性和定量两种方法，更关注识别被评估方的强项和弱项，避免对企业文化水平进行排名和打分。

USA NSCA 访谈的打分标准为"-1、0、1"，判断被访谈人回答内容是否满足核安全文化要求及举例的清晰程度，给予打分。对标准调查问卷，给出"同意、不大同意、不清楚、基本同意、同意"五个选项，分别赋予"-2、-1、0、1、2"分值，计算各提问平均分后按分值排名定量生成十大强项、十大弱项。

2. 企业安全文化建设评价准则

2008 年，国家安全生产监督管理总局发布了《企业安全文化建设评价准则》（AQ/T9005-2008），提出了 11 个一级指标（基础特征、安全承诺、安全管理、安全环境、安全培训与学习、安全信息传播、安全行为激励、安全事务参与、决策层行为、管理层行为及员工层行为共 11 个方面）、42 个二级指标、147 个三级指标。满分为 100 分，对不同指标设置不同权重因子。

最后按得分评价企业处在哪个阶段（第一层级为本能反应阶段；第二层级为被动管理阶段；第三层级为主动管理阶段；第四层级为员工参与阶段；第五层级为团队互助阶段；第六层级为持续改进阶段）。属于纯定量分析。

3. 其他评估方法

目前国内外常用的综合评价方法有层次分析方法、主成分分析法、模糊综合评价方法、人工神经网络方法和遗传算法。

（二）评估手段

目前常用的安全文化评估手段主要有：问卷调查、个体深度访谈、工作观察、文件审查和集体讨论，对其优缺点进行分析比较如表 5 所示。

表 5　安全文化评估手段优缺点对比

序号	方法名称	类型	方法描述	优点	缺点
1	问卷调查	定量	选取"60"提问，覆盖所有原则，按决策层、管理层、执行层设置问卷	针对人群广；覆盖所有原则	答卷人可随意答题、造成偏差
2	个体深度访谈	定性	依据指标体系和被访谈对象岗位设置访谈提纲，进行深度沟通，识别被访谈人的态度、感受	可收集强弱项的案例；可直观感受员工对安全文化的态度	对评估员要求高；不易量化
3	工作观察	定性	主要观察环节：交接班、内部例会、班前会、班后会、团队会议和项目管理会议、测试和研究结果暂时会、培训课程	可直接关注人员的安全行为，验证其是否符合安全文化要求	耗时长；对观察员要求高
4	文件审查	定量、定性	主要审查：国家核安全局产生的相关文件；愿景和使命；安全政策声明；安全工作的安排，包括职责分工；关注安全的文件；资源分配及人员资格的程序；事件分析和操作经验反馈；招聘政策，尤其与安全有关；强化安全的培训课程，培训计划；任何对评估工作有益的文件和信息	通过记录的方式，验证企业在安全文化方面的举措和行为，检验安全文化与企业安全管理的融合度	应避免文化评估变为外部审核，更多还是关注员工的体会和感受
5	集体讨论	定性	通过召开座谈会的方式，探讨安全文化	多人讨论，能互相激发思维	由于不匿名，会导致对弱项的提出不够深入

（三）拟确定的评估方式

基于美国电站联盟 NSCA 和 IAEA SCART 导则，本文建立了以"安全文化八大原则"为核心的安全文化指标体系，同时结合业务特点设置不同类型的二级指标和三级指标特性。采用 NSCA 的评分标准，对标准调查问卷进行分析。同时，在数据分析时，采用雷达图、折线图进行数据可视化处理。

五、总结与思考

定性方法中，应更关注员工反馈的态度和感受，重点培养评估员的文化识别能力，真正获取企业安全文化的弱项。定量方法中，应增加被评估人的重视程度，消除答题人的顾虑，真实反映企业安全文化的状态。

安全文化的建设与评估，是螺旋上升的关系，采取科学、合理的评估方法，设立完善、有针对性的指标体系，有利于评估和发现安全文化的强弱项，就像"原则七：发现问题和解决问题"一样，发现了问题后解决问题更重要。

企业安全文化对企业发展的重要意义研究

——以国家能源集团神东安全文化建设为例

神东煤炭集团公司矿业服务公司　杨婧

摘　要：文章通过论述企业安全文化的定义和基本特征，阐明了安全文化所发挥的主要功能；以国家能源集团神东煤炭分公司安全文化建设为例，梳理、分析了企业安全文化建设在企业安全管理中的作用，进一步论述了安全文化建设对推进神东"1233"战略任务的实际意义。

关键词：安全文化；安全管理；基本特征；作用；实际意义

随着人类社会的发展，现代企业的设施设备类型越来越多，技术水平也越来越高，生产运行环境更加复杂多样，知识结构的复合性要求也相对更高。长期以来，对于能源产业来说，安全作为最大的效益，支撑着企业有效运营与发展，有怎样的安全文化就有怎样的安全管理。安全也是企业员工最大的福利，安全文化在企业管理中的融合运用日益广泛，其作用也在不断显现，它对员工的安全理念、行为方式等产生着正向的推动作用，从而促进企业与员工实现安全"双赢"。

一、企业安全文化的定义

安全文化是指安全价值观和安全行为准则的总合，安全价值观是安全文化的内部要素；安全行为的标准和准则是安全文化的表层要素；具体表现为组织内部的每一个人、每一个单位对安全的认识、态度及采取的行动。安全文化强调以人为本，以文化为载体，通过文化的渗透提高人的安全价值观和规范人的行为。

企业安全文化是企业文化的重要组成部分，它是人们为了预防或降低生产、生活中的各类风险，实现生命安全、人身健康、社会和谐及企业持续发展，所创造的安全精神价值和物质价值的总和。安全文化也是企业倡导并被企业和员工所践行的安全价值理念及由此形成的共有思维模式与行为方式，其一般表现形式为认识、态度、信仰、观念、价值观、愿景、宗旨、方针等；它对企业安全管理工作具有指导、支配和推动作用。

二、安全文化的基本特征

安全文化既具有文化的基本特征，同时也体现着安全的重要性，它在新时代体现出了新的特点。

一是安全文化具有鲜明的时代性。安全文化的形成和发展受到政治背景、经济基础、社会环境、科技水平和时代整体需求的影响。随着人类社会的发展，人们建立了安全价值观，大众的安全文化素质也在不断提高。这些都表现了安全文化独特的时代性特点。

二是安全文化具有突出的人本性。安全文化是以保护人的生命安全、身心健康，维护人应当享受的安全生产、安全生活、安全生存的权利为宗旨，它从愿景、使命、理念、要求等多方面都体现着以人为本，也就是融入了一个"情"字，安全文化讲人权、讲人性、讲人情，充分体现了安全文化是一种典型的人本文化。

三是安全文化具有较强的实践性。安全文化的产生和发展经过了人们长期的探索与实践，在生存需求和安全理念的指导之下，人们不断总结安全文化建设经验。如果没有安全文化的实践活动，就没有新的理论和方法，所以，安全文化实践活动也是丰富安全文化的源泉和动力。

四是安全文化具有内容的多样性。安全文化内涵丰富且涉及了多个领域。人们在对于安全文化知识和具备的素质上也存在着差异，这成为了安全文化多样性的根源之一。安全文化的体现形式和模式也是多种多样的，安全文化的宣传、落地、活动、效果评估等都具有内容的多样性。

五是安全文化具有运用的可创塑性。安全文化既继承吸收着先进文化中的要素和方法，又要求不断融入新思想、新理念。特别是在社会发展进步的新时代，任何单位、群体、组织在继承自身优秀的文化外，可以结合实际需要塑造符合时代要求的先进文化，显示各自的文化特色。这也就体现了人对安全文化具有能动性和塑造性。

三、安全文化的基本功能

经过对安全文化在人类社会生活、工作实践中发挥作用的总结，安全文化具有以下基本功能。

（1）对人们安全意识的树立具有引导作用。在传播安全文化理念和文化体系建设时，大众在接受和理解安全文化知识的过程中会树立起一定的安全意识，正确、优秀的安全文化会促使人们树立科学的安全理念，同时增强其获得安全知识和提升安全技能的渴望，从而使每一个人都成为社会安全发展的重要因素。

（2）对整体安全观念的更新具有推动作用。在新时代文化形态与安全发展的需求下，安全价值观念的更新是安全文化发展的重点环节，安全文化给人民大众提供了适应深化改革的安全新思想、新意识，使其树立了科学的安全人生观和现代的安全价值观，用新的安全意识和新的安全观点指导实践活动，从而更有效地推动安全文化的优化升级。

（3）对主体安全行为的实现具有规范作用。安全文化的内容中包含着安全宗旨、安全规程、不安全行为控制等内容，它使每一个社会成员加深了对安全法律法规、规章制度、作业标准等的理解和认识，从而能自觉地规范自己的行为。安全文化还明确了组织中对不安全行为管控的职责，一部分管理者需要帮助和监督他人对行为进行规范，进而减少甚至避免不安全行为的发生，实现"人"的安全。

（4）对组织安全工作的开展具有凝聚作用。安全文化自身带有文化的粘合力作用，当安全文化的价值观被一个组织或团队所一致认同，它会成为一种团体工作的黏合剂，形成巨大的向心力和凝聚力，使大家向着同一方向，通力合作，在此基础上促进安全工作的开展。

四、企业安全文化在企业安全管理中的作用

通过对安全文化的现代定义、基本特征及功能的研究，可以分析出企业安全文化在企业安全发展和运行管理中发挥的作用。以国家能源集团神东煤炭分公司安全文化建设为例，梳理、分析企业安全文化建设

的重要意义。

一是安全文化为企业员工投入安全生产提供着精神动力。企业安全管理是需要全员参与的动态管理过程，采取多措施营造安全的工作氛围对推动安全管理工作具有很大的作用。国家能源集团神东安全文化内涵是以"水"哲学（见图 1）作为指引，坚持一个理念，即"生命至上，安全为天""无人则安""零事故生产"，以"安全神东、幸福矿工"为愿景，立志打造同行业"最安全"的企业。对于企业员工来说，安全的发展理念不仅是一种思想指导，也是推动着他们投入到安全生产工作的巨大力量，可以使全员树立正确的安全生产观，为安全运行奠定思想基础。水奔流而下，不竭不息，神东的安全"水"文化引导员工将安全工作长久执行下去，持续推进安全技术创新，合力向"零"奋进，不断降低运行风险。

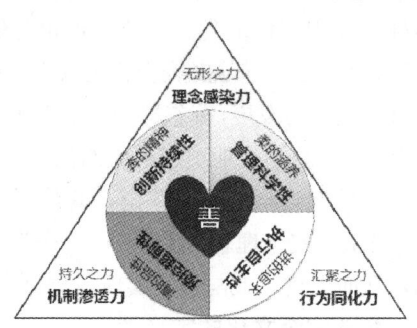

图 1　神东煤炭集团安全文化"水"哲学

二是安全文化为建立完善安全管理制度奠定坚实的基础。企业的安全管理是一项复杂而系统的工程，不仅要有组织支撑，而且要有制度、思想、流程、标准、文化等基础要素的建立完善。神东安全文化注重管理的科学性，强调风险预控的超前性，在安全文化"严管"与"厚爱"的管理思想指导下，将风险预控管理体系充分融入到安全工作中，确保事事有标准、有人管、有考核，在管理制度中体现"以人为本"，坚持"友情管理"，做到关爱人、尊重人、发展人。神东安全管理将教育培训机制、关爱机制、激励机制、保障机制四项机制相结合。以危险源辨识与切断事故因果链为管控手段，以人员"不安全行为"管控为重点，对全员进行全过程、全方位的监督管控，严格按照风险识别、风险评估、风险控制的流程进行闭环管理，安全文化指导安全管理，采取全面、动态的安全

预控是杜绝事故唯一的方法。重点抓大系统、查大隐患、防大事故，做好应急预案，过程中要求做到即查即改、快速反应，实现及时整改提升。安全管理制度在各运行环节的运用不仅促进了安全管理水平的提升，也推动着企业的整体安全发展。

三是安全文化为企业安全运行成果的评估提供了依据。安全文化评价的关键是影响因素的确立及指标体系的构建，同时它对企业安全运行的各类标准执行效果、安全知识掌握度、安全技术创新成果等进行阶段性有效评估。神东煤炭集团将安全文化融入到管理机制中，对本安体系的运行情况进行定期和不定期的评价考核，查摆出煤矿本质安全管理过程中存在的问题，从而对公司整体安全发展水平进行准确定位。技术创新作为安全管理水平提升的重要手段之一，神东设置技术创新和亮点工程专项奖励，评价划分价值等级，这也正是评估公司整体安全成果的过程。安全文化还与考核奖罚机制有效融合，将考核奖罚作为纠正安全问题、弥补安全管理短板的重要手段，而检查考核的过程就是评价多方面安全等级的过程。神东安全文化要求提高安全监控水平，加强安全监测监控，这样可以提升对安全管理效果评估的准确度。

四是安全文化成为了建设和谐企业不可缺少的文化内涵。企业安全文化内涵和安全文化本质长期以生动、形象、艺术的表现形式，潜移默化，感染着企业内的每一名员工，带动着企业中每一个团体向安全无事故的目标奋进。神东煤炭集团在社会主义核心价值观指导下，从生存需求、尊重需求、发展需求三方面入手，针对不同人群的个性化需求，确立目标、细化措施、强调保障、提升素质。关注员工身心健康，切实为员工解决后顾之忧，满足其生存需求；神东企业文化强调的是人文关怀，营造安全和谐氛围，满足员工尊重需求。同时，经常性通过事故案例学习、安全故事、亲情寄语、安全漫画等活动，将安全理念深植到员工的心中，促使企业员工树立科学的安全观，进而推动企业和谐发展。

五是安全文化为企业安全生产绩效走向卓越提供了重要保障。安全文化能较为准确地反映企业安全管理状况，可为企业的事故预防工作提供预测性指标。如果在企业管理中有效地运用安全文化，同时以此来潜移默化地提高员工的价值观、能力、态度、行为等，

安全管理工作就可以消除许多之前难以消除的盲点，达到预防事故的目的。在神东集团公司形成了"安全第一、预防为主"的良好氛围，在生产、生活区域处处可见醒目的安全标志牌和警示标语，安全通道清洁畅通，生产作业流程规程、危险源辨识上墙，这种强烈的安全生产气氛能够时刻提醒员工注意安全，降低了人为事故的发生率。"安全就是福利，安全就是效益"，只有建立起齐抓共管、群防群治的平台，真正形成全员、全方位、全过程抓安全的文化氛围，才能提高企业安全绩效，而这就需要安全文化建设工作作为推手，不断发挥文化感染作用。企业为了不断提高安全管理整体水平，定期对安全绩效进行考核，其内容主要包括安全基础管理、现场风险预控管理、职业健康管理、应急管理等，每个环节管理与运行的核心思想都源于企业文化，企业文化又成为安全生产绩效逐步走向卓越的重要推手。

五、安全文化建设对推进神东"1233"战略任务的实际意义

2018 年是国家能源集团整合重组起步之年，神东煤炭集团公司紧跟步伐，聚焦"1233"主要任务，即：贯穿一条主线，突出两个重点，提高三大能力，推进三大建设。贯穿一条主线即深入学习宣传贯彻党的十九大精神，用习近平新时代中国特色社会主义思想统领各项工作。突出两个重点即坚持党的领导，加强党的建设；深化重点领域改革创新，推动企业优化升级。提高三大能力即安全管理能力；生产运营能力；抵御风险能力。推进三大建设即生态环保建设；人才队伍建设；和谐文化建设。安全文化对企业发展有着重要作用，神东煤炭集团公司安全文化建设对推进神东"1233"战略任务，实现神东发展战略目标的意义重大。

（一）安全文化建设为学习贯彻党的十九大精神营造了良好的安全氛围

党的十九大会议召开以来，国家能源集团神东集团公司从上到下掀起了学习宣传贯彻党的十九大会议精神和习近平新时代中国特色社会主义思想的热潮。安全的氛围是落实好党的十九大精神宣贯工作的基础，安全文化建设推动着神东和谐企业建设水平的不断提升，党的十九大精神在各级党组织宣传落地的前提是具有稳定、和谐、文明的整体工作形态，只有在

一种优秀的安全文化氛围下，党员和员工群众的责任心和贡献才会及时受到肯定、赞赏和奖励，企业宗旨和经营理念也起到良好的激励作用。神东安全文化建设强调其协调作用，使内部员工之间、部门之间、党员与群众之间的关系达到平衡与和谐，促进实现宣传贯彻党的十九大精神要求的目标；实现企业、员工、社会的"双赢"或"多赢"，从而与党的十九大报告中提出的五个"更加自觉"重要指示相一致。在神东，党的十九大精神的宣传贯彻是一项要求实现全体党员和员工群众全覆盖的重要政治任务，这就决定了此项工作更加需要上下交流与共进，注重氛围的引导，这样的"氛围"不仅仅是学习的氛围，也是强化安全工作，促进企业内部和谐稳定的"氛围"。故而安全文化建设工作为宣传学习贯彻党的十九大精神营造的安全氛围，支撑着党带动中心工作的进一步有效开展。

（二）安全文化建设为公司党的领导和建设工作奠定了坚实的安全基础

安全文化是企业文化的一部分，更加具象地体现着企业文化中的安全理念；党建工作对中心工作的领导也在遵循着企业整体目标的要求，将安全放在组织领导企业发展创新的第一位。经过亲身参与神东安全文化建设的相关活动，在实践中验证了安全文化融入党建创新工作，成为了党的建设工作之依托，为党建工作开展奠定了坚实的安全基础。党的领导和党的建设工作重在稳定和谐，如果没有安定的环境就无法顺利推进党的建设各项工作。神东安全文化重点在于为员工创造人本和谐的环境，这与党的维稳工作目标同出一辙。神东安全发展理念的核心是"以人为本"，其安全文化建设工作中所体现的人文关怀，也是党组织工作所确定的重点任务之一。神东安全文化中积极推进"党委管党、行政管长、工会管网、团委管岗、技术管防、家属管帮"的安全协管体系，创新机制、丰富载体，构筑了安全生产第二道防线，形成党、政、工、团齐抓共管同心管安的协管格局。这也为党的工作完善和提升筑起了安全的城墙。由此得知，党的建设离不开安全文化的支持，同时也推动着安全文化的建设工作。

（三）安全文化建设为企业深化重点领域改革创造了安全的实施环境

神东集团公司全面落实企业深化重点领域改革，

加快完善现代企业制度，要求积极稳妥地推进"三项制度"改革，分别在干部管理、劳动用工和建立市场化用工方面完善相关制度、加大考核力度，既倡导正向激励又防止"鞭打快牛"。然而，企业改革是一个循序渐进、由浅入深的过程，不会一蹴而就、一劳永逸，这就需要一套完善的安全文化体系，不断在其建设的过程中为企业创造安全的实施环境，促使企业深化重点领域改革的各项工作一步一个脚印、稳扎稳打地向前走。安全是推进企业改革创新的基础条件，如果运行中存在安全隐患，则会扰乱企业改革的步伐。安全文化建设的过程是强化全员安全意识、推进隐患排查、监督人员安全操作、规范各类流程的过程，为企业创造了高凝聚力的安全价值理念、高驱动力的安全管理模式、高执行力的安全生产团队，促进企业改革以点带面，积极稳妥地统筹推进，持续不断激发和增强企业发展活力。

（四）安全文化建设为提高安全管理、生产运营、抵御风险能力提供了有力保障

安全文化不仅仅为企业安全发展提供了强有力的理论基础，也在完善安全管理制度、提高员工整体业务水平与安全技能、预防各类安全事故发生等方面具有非常重要的作用。"不积跬步，无以至千里；不积小流，无以成江海"，安全文化是推动企业管理水平提升的"软基础"，现代企业发展中的安全文化不仅为企业提供了思想方面的支持，也在生产运营中潜移默化地融入着更加有效的安全文化制度，让安全文化中的精髓可以真正转化为具体的风险预控措施，从而更快速地运用到公司管理中去。神东集团公司作为煤炭行业中规模较大、实力较强、产量较高的领跑型企业，鼓励在生产运营中坚持"精益求精、价值创造"的理念，统筹生产布局、强化计划管理、优化要素配置、加强产运协调、推进科技创新，其中各个环节的工作都要有安全作为先决条件。由于企业运行风险与经营活动相伴相生，贯穿全过程，这就要求企业加强风险动态管理，提高应对风险的能力，而安全文化建设工作就为实现企业有效抵御风险提供了有力的保障。

（五）安全文化建设为生态环保、和谐发展水平的提升指明了方向

生态环保工作是能源产业实现长远发展、永续发

展的前提和重要保证。神东煤炭集团秉承"建生态矿区、产环保煤炭"理念，努力修复矿区生态环境，实现经济、社会、生态效益的和谐统一。2018 年，神东提出的安全环保工作目标是人身"零死亡"、环保"零违规"，同时对安全环保工作进行了认真地部署，以安全文化建设为依托，结合国家环保部门统一规定，结合运行实际需要对各单位的排放指标也做出规定，提出了环境问题整治的举措。安全文化中的安全环保理念为该公司整体环境保护工作指明了方向。要实现人与自然和谐发展，就要从源头进行治理，神东文化中的环保理念则为推进实现安全环保目标，提升企业和谐发展水平指明了方向、打开了思路，推动着它走向更加文明、美丽的现代化企业。

六、结束语

水滴石穿，非一日之功。要想将安全文化中的科学理念渗透到企业每一位员工的心中，就要搭建有效的学习宣传平台，将安全文化重要内容与管理制度适当融合，推进安全文化在企业的各个层级和业务领域真正落地。安全文化建设在企业管理与发展中占有举足轻重的位置，能源产业只有不断分析、探索、创新，才能将安全文化有效运用到企业管理中去，从而促使企业适应新形势、获取新发展，发挥好造福社会、促进和谐的职能作用。

参考文献

[1] 王志. 论安全文化在企业安全生产中的地位[J]. 工业安全与环保，2004，30（8）：42-43.

[2] 傅贵. 论安全文化的定义及建设水平评估指标[J]. 中国安全科学学报，2013，23（4）：142-143.

[3] 张江石，傅贵，唐静，郭竟成. 企业安全文化和安全管理的关联性分析与实证研究[J]. 中国安全科学学报，2009，05（9）：6-7.

核安全文化评价方法探析

中核核电运行管理有限公司　高波　范仕海

摘　要： 如何科学、客观地对组织进行核安全文化评价，找出不足是核安全文化持续提升的一个难题，该文通过对组织成员行为数据的统计、分析和现场访谈、观察的方法，科学、客观地评价组织的核安全文化状况。同时，通过具体量化的数据帮助组织和个人找出不足，从而更具针对性地制定提升计划，推动核安全文化的发展。

关键词： 核安全文化；评价；访谈；观察

一、前言

（一）核安全文化的定义

在国内外已发布的各类核安全文化的文件中，对核安全文化的定义都基本类似。国家核安全局、国家能源局、国防科工局联合发布的《核安全文化政策声明》中将核安全文化定义为："核安全文化是指各有关组织和个人以'安全第一'为根本方针，以维护公众健康和环境安全为最终目标，达成共识并付诸实践的价值观、行为准则和特性的总和。"IAEA 在其发布的《INSAG-4》中将核安全文化定义为："安全文化是存在于单位和个人种种特性和态度的总和，它建立一种超出一切之上的概念，即核电厂的安全问题由于它的重要性要保证得到应有的重视"。

核安全文化是存在于组织内部的一个内在特性，它决定了组织是通过怎样的一种表现来维护核安全，保障核安全三个基本功能得以实现。因此，核安全文化是组织文化的一部分，对于从事核行业的组织，又是其组织文化的核心。核安全文化最终的输出是一种组织行为，包括整个组织和组织内部的个体。他们的行为和决策以及其他特性是否符合"核安全第一"的要求，这也是建立核安全文化评价方法的基础。

（二）核安全文化的作用

核安全文化是组织内部对待核安全的一种态度，这种内在的核安全文化素养指导建立组织的各种规章和流程、指导组织决策层、管理层和执行层的行为表现、指导在解决挑战核安全的问题上组织应该采用什么么样的决策。正所谓"内化于心、外化于行"，一个组织内部建立起一种卓越的、健康的核安全文化，必将对组织内部的所有成员产生积极正面的影响，从而不断提升电厂的安全生产绩效。

（三）国家法律法规的要求

《中华人民共和国核安全法》于 2018 年 1 月 1 日正式实施，其第九条中规定："核设施营运单位和为其提供设备、工程以及服务等的单位应当积极培育和建设核安全文化，将核安全文化融入生产、经营、科研和管理的各个环节。"

二、目前核安全文化评价方法及其不足

国内的核安全文化评价是近几年国内核电厂根据国外同行实践所开展的一个管理提升活动，其评价方法参照了国外电厂的评价方式。受评单位根据评估结果，制定核安全文化的提升计划。

核安全文化是组织内部的一种特性，这种特性是隐性的，而要对这种隐性的特性做出评价，基本方法是通过人员访谈、活动观察等手段去发现和评价组织内在的安全文化。

（一）建立明确的标准和期望

一种有效的评估活动都需要有一个明确的标准和期望，目前中国核电开展的核安全文化评估活动的标准是《卓越核安全文化十大原则》，里面包括了 3 大类 10 个原则，46 条属性。《卓越核安全文化十大原则》中的 3 大类及其对应的原则如图 1 所示。

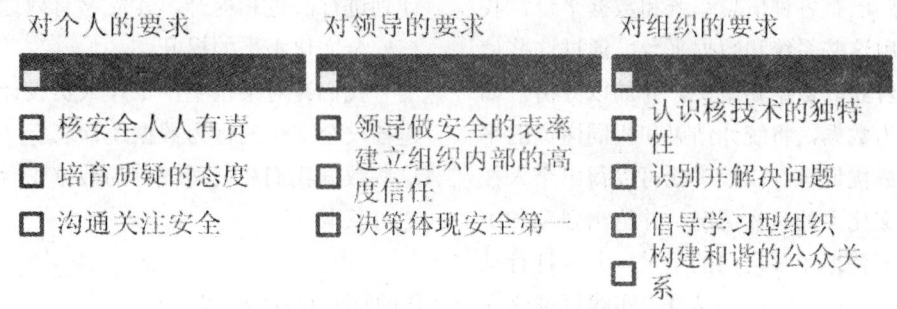

图1 卓越安全文化十大原则

（二）核安全文化评价流程

目前核电厂进行核安全文化评估时，一般采取的流程如图2所示。

图2 核安全文化评估流程

（1）问卷调查。

评估小组在开展现场评估前，需要准备调查问卷，由受评方组织回答问卷中的问题。为了保证调查问卷结果的代表性，答题人员需要包括受评方各层级的人员，同时也要包括部分承包商人员。

（2）现场观察和访谈。

这一阶段是核安全文化评估最重要的阶段，评估人员在为期5天的评估时间内，与受评方各层级的人员开展访谈，访谈的内容主要是围绕"卓越核安全文化十大原则及其属性"，再结合现场人员行为的观察，得出受评方核安全文化的状况。

（3）制定纠正行动。

受评方根据评估结果，制订核安全文化的提升计划。

（三）目前的评价方法存在的不足

目前，核安全文化评估流程虽然已经考虑了从人员内心的想法、人员行为等方面去评价组织核安全文化的状况，这个流程符合核安全文化评价的思路，但是这样的流程设计也存在着一些问题和缺陷：

（1）问卷调查的结果可能与现场访谈的结果不一致，并不一定能反映实际的核安全文化状况。

由于问卷中的问题设计存在不合理性，答题人员对核安全文化的认知程度也存在不一致性，使得问卷调查的结果并不能真正反映整个组织的核安全文化状况。比如，对于《卓越核安全文化十大原则》中对"领导的要求"，普通员工在回答时，更多的会选择否定

的答案，而管理人员则会选择肯定的答案。因此，问卷调查的部分结果与受评方所处的岗位是相关联的。

在进行现场访谈的时候，由于是面对面的访谈，受访人在思想上存在顾虑，回答问题所给出的答案不一定是他的真实想法。以《卓越核安全文化十大原则》中对"领导的要求"为例，受访人员在接受现场访谈时，大部分都会给出肯定的结果。这样会导致针对某些"核安全文化原则"通过现场访谈、观察得到的结果与问卷调查得到的结果存在偏差。

（2）核安全文化评估结果的准确性存在偏差。

开展核安全文化评估的时间一般为5天，评估人员需要通过访谈和现场观察来评价受评方的核安全文化状况。除去入场会和离场总结会的时间，实际上用于评估的时间约4天。"路遥知马力，日久见人心"，用4天的时间去评价一个组织的核安全文化，时间上明显是不够的。有时候，评估员为了节省时间会通过查阅事件报告，用事件报告中的原因来评价受评方的核安全文化，这样做会导致以偏概全。因此，有些评估结果并不能反映整个组织真正的安全文化现状。

（3）无量化数据，无法针对个人提出提升建议。

目前，核安全文化评价因为时间上的关系，现场访谈、现场观察均是通过抽样调查来实现，缺乏组织内各个成员《卓越核安全文化十大原则》方面的量化数据，也就无法针对组织内单个成员给出相应的核安全文化方面的提升建议。

三、核安全文化评价方法改进

要有效地评价一个组织的核安全文化状况，需要日常积累一定的数据和事实。评估时，这些数据可以作为一个有效的输入信息作为评估参考。日常积累的这些数据和事实要以《卓越核安全文化十大原则》为标准和期望。

目前，各电厂已有各种信息系统和数据平台，我们只需要充分利用这些系统和数据平台，通过这些信息系统和数据平台获取数据和事实，并加以分析。如统计日常人员行为数据，将统计结果和相同岗位的平均值以及行业的最优值进行比较，就可以得出个人在实践卓越核安全文化上的具体情况，并给出强项和不足。每个人只有清楚地了解自己的不足，并制订行动计划进行改进和提升，才能够有效地带动整个组织的核安全文化水平的提升。

我们针对某核电厂工作人员设计了关于"实践卓越核安全文化的行为数据统计表"（如表1所示），这些数据我们从公司现有的数据平台及人员绩效等渠道可获取。

表1 实践卓越核安全文化的行业数据统计表

姓名：	部门：		岗位：		
原则	人员行为		统计结果	得分	总分
核安全人人有责	获得公司嘉奖次数				
	获得单元嘉奖次数				
	良好行为获得他人认可次数				
	编写每日一条安全信息次数				
	担任师傅带徒次数				
	授权考试一次通过				
	担任同行评估协调员/对口人				
	基本安全复训一次通过				
	发现缺陷并提交工作申请数量				
	……				
培育质疑的态度	发现执行文件错误并填写状态报告数量				
	填写"人因失误陷阱"类状态报告数量				
	填写"管理改进"建议数量				
	未发生人因失误				
沟通关注安全	参加单元生产晚会次数				
	参加运行决策会议次数				
	晚会汇报次数				
领导做安全的表率	参与安全相关课程讲课				
	执行管理巡视次数				
	执行观察指导次数				
	管理巡视发现的问题数量				
	观察指导发现的问题数量				
建立组织内部高度信任	……				
……	……				

通过一段时间的数据统计，就可以得出这名员工在这段时间内实践核安全文化的情况。这个结论可以用一张"雷达"图（见图3）进行表示，每一个原则的数值可以和相同岗位员工的平均值进行比较，以明

确自己是否存在差距。

而一个部门或公司的核安全文化正是由这些一个一个的个体核安全文化所组成。同时我们还可以建立一个部门或公司的核安全文化的数据库，也可以从这些数据库中，确定核安全文化的指标。

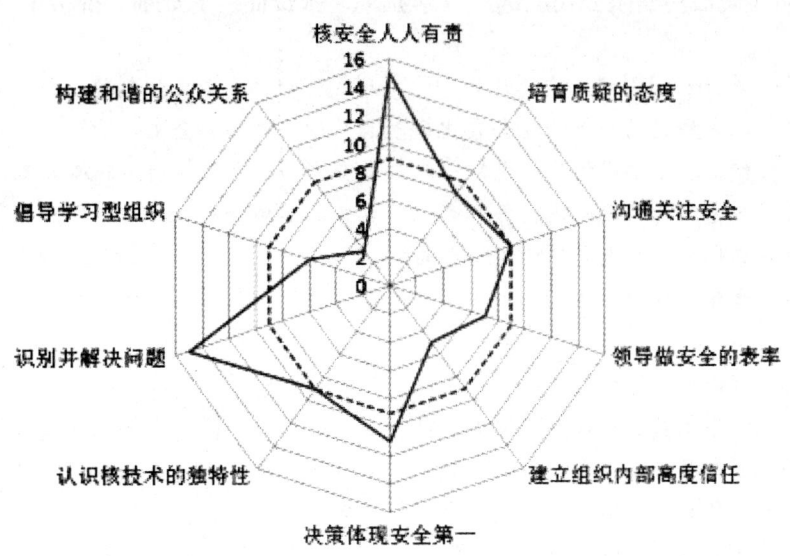

图3　员工实践核安全文化雷达图

使用这种统计方法可以避免"调查问卷"结果带来的统计偏差。因为长期的不间断的统计结果，可以更加客观地反映一个组织内的成员在实践核安全文化方面的情况，也反映了组织本身的核安全文化状况。同时，通过组织发生过的事件进行原因分析和现场访谈、观察，可以更加科学、合理、客观地评估出一个组织的核安全文化现状。

四、结论

通过本文的方法，在核安全文化评估时通过量化的数据统计和分析，可以科学、客观地评估出一个组织的核安全文化状况，同时可以量化组织成员在核安全文化上的作为，更加客观地反映出员工或者干部在践行卓越核安全文化上所做的工作，促进组织内部成员针对自己存在的不足，积极地做出改进和提高，从而为推动核安全文化的发展贡献一分力量。

金陶公司安全文化建设创新与实践

内蒙古金陶股份有限公司二选厂　李兆军　张长征　王寿刚　祝宝军　张洪涛

摘　要： 2015 年，金陶公司引进国内先进的"金川模式"启动安全文化创建工作。在金川模式的基础上充分吸收其精髓，以建矿以来积淀的丰厚的安全文化底蕴为基础，挖掘安全文化基因，优化整合安全文化要素，破解安全管理难题，归纳、提炼安全文化理念，以先进安全文化理念为指引，精心规划金陶安全文化体系。本文主要介绍了金陶公司安全文化建设阶段任务和步骤及具体的实施措施，并对其实施结果进行了总结分析，最终形成金陶安全文化基本体系，打造金陶模式特色品牌。

关键词： 金陶安全文化；安全管理制度体系；双重预防机制；零伤害；红区管控

金陶股份有限公司（以下简称金陶公司）是中国黄金集团一级子公司，是中国黄金行业规模最大的井下极薄矿脉黄金矿山。矿山开采难度大，危险性高，安全生产是制约企业发展的瓶颈。2015 年 1 月，金陶通过学习"国内首创、国际领先"的"金川模式"安全文化后，启动安全文化创建工作，同时根据国家《企业安全文化建设导则》（AQ/T 9004—2008）和《安全文化建设示范企业评价标准（试行）》，以建厂以来积淀的丰厚的安全文化底蕴为基础，挖掘安全文化基因，优化整合安全文化要素，破解安全难题，归纳、提炼安全文化理念，以先进安全文化理念引领安全文化建设深入开展。

一、金陶安全文化建设阶段任务和步骤

金陶公司按照"一年控制事故总量，两年实现零死亡和事故总量大幅度下降"和"三年实现系统管控向风险管控过渡和实现安全生产形势稳定"的目标，将安全文化建设分为高风险致命性作业建设、先进管控法重点建设、全面系统建设、巩固提升与风险管控全面建设四个阶段的梯次创建模式。

第一阶段：高风险与致命性作业管控建设。以控制高安全风险和致命性作业事故发生为目的，开展了零伤亡架构体系、安全物理环境、安全理念体系、安全管理制度体系等重点建设工作。

第二阶段：先进管控法重点建设。创新开展了安全"三区"、安全"红区"、检撬监护"三必须"、规范厂矿班组安全管控模式、采掘安全标准化和安全风险分级管控与隐患排查治理双重预防机制建设等先进管控法建设工作。

第三阶段：全面系统建设。研究编制金陶安全文化十四个建设管控模块，细化量化阶段建设任务，制定建设计划，按照任务时间节点进行建设。

第四阶段：巩固提升与风险管控全面建设。按照"思维模式+行为模式=文化落地"的顶层设计思想，推进"安全三区""安全红区"、样板采场建设、规范厂矿班组安全管理、安全风险分级管控与隐患排查治理双重预防机制建设等重点工作，完善运作管控机制，实现常态化建设。

二、安全文化建设的方法和措施

（一）靠实安全责任，确保安全文化建设落地

金陶公司以"管安全就是管责任靠实，让靠实挺在追责前"为指导思想，研究建立了具有金陶特色的安全责任管控体制和运行保障机制。建立了公司、部门和厂矿三层级纵向安全管控、综合安全管理与专业化安全管理相结合的横向安全管控体制。建立完善了厂矿单位级和班组级安全管理体制。制定了《安全文化建设管控责任清单》，实施流程化照单公告、照单建设、照单管理、照单通报和照单追责，落实安全责任。

（二）创新安全思维，构建安全文化理念体系

金陶公司按照"管安全就是管观念"思维，结合自身特点，借鉴国内先进的安全文化理念，优化安全管理思路，创新安全管理理念，研究建立了以"以人为本、生命至上"的安全核心价值观、"建设文化管理平安矿山，打造中国黄金安全典范"安全愿景等九大安全理念引领体系。

（三）修订制度规程，建立安全管理制度体系

金陶公司依据相关的法律、法规、标准，按照"科学性，可操作性，简单和实用性"等八项原则，修订36项安全管理制度，完善各岗位安全操作规程。编制职业健康管理制度12项。建立《金陶安全文化建设管理规定》，明确安全文化建设运行机制、管控与保障机制和建设流程。通过有效运行，实现安全文化流程化和模式化建设，使公司安全文化建设实现常态化。

（四）实施"物本"建设，提升人机环科学匹配化水平

金陶公司以物质文化的"本质化状态评价—安全三区红区建设—安全可靠性建设—本质安全型建设—安全保障型建设"形成路径为建设指导，开展物质文化、工艺系统、设备设施和人机环匹配化四大物本管控模块建设。

完善物理硬环境建设。开展工艺和设备的安全三区、红区、安全可靠性、固有本质建设，完善物理硬环境建设，逐步提升人机环科学匹配化水平。例如，引进了合规性蓄电池电机车，将井下电缆更换为本质安全型阻燃电缆，完善了矿山竖井提升系统的松绳保护装置、完善了设备设施的安全防护和安全隔离装置等。

开展可视化人文物理软环境建设。金陶公司在部分区域实施了安全色彩管理，设置了安全文化长廊、完善了安全标志标识，逐渐营造了良好人文环境，促进了员工行为本质安全化水平提升。

（五）做好安全教育，塑培本质安全型员工

公司以行为文化的"强制被动—依赖引领—自我管控—行为养成"形成路径为指导，开展行为文化、生产组织、员工塑培模块建设，采取有效措施，强化行为落地，促进人本运行水平提升。

强化本质安全人建设。以理念宣贯等方法培养员工安全意识，以开展法规制度、岗位风险培训提升员工安全知识水平。采取岗位练兵、传帮带、现场模拟和实战演练等方式逐步提升员工安全技能，使员工成为本质安全型员工。

强化行为规范落地建设。创新制定了员工日常安全行为规范、领导"五必做"行为规范、交接班行为规范、标准化建设等系列行为规范，采取有效措施，强化落地，逐步实现领导层、管理层自觉依法依规管理、操作层按章操作的安全行为新格局。

（六）发挥专业部门作用，提升专业化安全管控水平

金陶按照"管安全就是管专业化安全，管业务必须管安全"思维模式，按照生产组织、设备设施、工艺系统、员工塑培和项目建设五大专业化模块建设的要求，建立完善职能部门专业化安全管理配套制度体系，如专业性安全检查和隐患整改核销制度等，使专业化安全管理实现流程化、程序化、规范化。

（七）构建安全风险分级管控和隐患排查治理双重预防机制

按照"管安全就是管风险"的思想，辨识本单位的重大风险、较大风险和一般风险，明确每项风险的管控措施。对职业危害因素检测、公示，并将危害管控措施制成版面悬挂于醒目位置。对所有关键要害岗位和工艺环节，实施岗位危险危害因素告知卡、岗位安全责任清单、岗位应急处置卡、"四安全"研究、岗位隐患排查标准、风险变更管理"六大"配套管控措施，实现对高安全风险动态管控。

研究制定了《隐患排查标准》，标准包含了设备设施、工艺系统、作业环境和员工行为四类隐患，明确了隐患级别（ABCD四级）和隐患整改层级。将《隐患排查标准》作为四级安全检查依据。坚持"逐级排查、逐级负责、分层管理"的原则，按照"岗位班查、班组日查、单位周查、公司月查"的四级隐患排查运行机制，开展隐患排查工作，对查出的隐患及时整改，实现隐患整改闭环管理。

（八）研究建立零伤害构架体系，为实现零死亡、零伤害提供保障

金陶按照"管安全就是管零伤害支撑体系建设"思维，结合实际，对有可能造成致命性风险和灾难性风险的工艺系统或装置的关键变量参数，按照安全区、警戒区和危险区实施"安全三区"监控，确保其始终处于受控状态。

对人—车—吊立体交叉高风险作业的区域实施高风险人车吊运区域安全三区建设，将该区域按风险程度划分为红黄绿三区。红区为危险区、黄区为警戒区、绿区为安全区，实施"安全三区"管控。

实施设备设施管控"安全三区"建设。根据设备设施检修周期、检测时限设置安全区（绿区）、预警区（黄区）和危险区（红区）。"绿区"运行设备设

施日常管理规定，"黄区"和"红区"实施强制有效的管控措施，保障设备设施运行的合规性，有效性和可靠性。

对存在高安全风险或灾难性风险的采场、竖井井口、炸药库、变电所等区域实施了"红区"管控。

对存在致命性伤害的作业，研究编制"保命条款"，要求作业人员和管理人员牢记，作为安全底线和不可逾越的红线高压强制执行。对非致命伤害性风险的作业，编制零伤害条款，与保命条款一样作为高压条款强制执行。

（九）规范厂矿和班组两层级安全管控模式，提升基础管控能力

金陶按照"关口前移、重心下移"的原则，创新建设，规范了厂矿、班组安全管理模式。制定了"四抓两保一控"的厂矿安全管控体制和"抓两头促中间"的班组安全管控体制，建立和运作了十八项规范厂矿、班组安全管理的运行机制。重点开展了岗位员工安全承诺与安全宣誓、岗前安全准入标准、岗位亲情化建设等岗位安全文化建设。2015 年 11 月，在中国黄金集团举办的班组管理经验交流会上，金陶做了题为《规范和创新建设 全面提升班组安全管控水平》的汇报，获得与会领导和同行的认可和好评。

（十）实施采掘系统双品牌建设，实现采掘系统安全管控新常态

采掘系统是金陶安全管理的重点和难点，是事故高发区域，更是制约安全生产的瓶颈。为改变采掘系统现状，创新建立了采掘系统"三模式"安全管控法：安全"红区"管控+执行"保命条款和安全监护三必须"+ 安全生产标准化采场、工程建设。矿山各单位按照三种模式进行建设，员工行为规范，人机环的本质安全化水平和匹配化程度提升，实现了采掘系统的模式化管控，促进了公司整体安全管控水平的提升，实现了采掘系统的零死亡。现在，公司四个矿区的 46 个采场全部达到了安全标准化采场，安全标准化达标率 100%，26 个采场达到了样板采场，样板达标率为56.5%。

（十一）管安全就要管应急，把应急挺在救援前

根据国家标准和规范，编制了《金陶公司安全生产事故应急综合预案》1 个，《火灾及爆炸事故专项应急预案》等 3 个专项应急预案，《井下片冒事故现场处置方案》等 10 个现场处置方案。成立应急办公室，组建了矿山救护队，建立健全了事故应急救援体系。公司每年初制订年度演练计划，按计划实时开展公司、厂矿、班组级演练。每次演练结束均进行评价和总结，持续改进和完善预案或方案。以此普及员工的应急自救知识，提高应急自救技能，增强应急处置救援能力。

三、安全文化建设的经验成果

（一）安全文化建设整体效果

金陶经过两年有计划、有步骤建设安全文化，圆满完成了安全文化既定建设任务和建设目标。金陶层级领导良好观念已基本树立，"管安全就是要用文化管控安全、管安全就是要管物本和人本建设、管安全就是要管风险"等管控思维习惯已基本形成，也引领了良好行为习惯形成，"让良好安全习惯积淀成金陶文化，用金陶安全文化管控安全"也逐步体现，文化管控效能开始发挥作用，良好建设效果正在显现，安全管控效果主要体现为"五个转变、八个提升"。

1. 安全管控五个转变

一是逐渐由传统、常规、经验管理向科学管理、文化管理转变，二是逐渐由被动管理向主动管理转变，三是逐渐由要我安全向我要安全、我会安全、我能安全转变，四是逐渐由粗放管理向精细化、模式化、层级化和规范化管理转变，五是逐渐由安全部门单管安全向"安全部门综合管理+专业部门专业化安全管理"转变。

2. 八个提升

一是安全管控级别显著提升，二是人本安全水平显著提升，三是物本安全和人机环科学匹配化水平显著提升，四是安全风险管控水平显著提升，五是良好安全人文环境营造能力显著提升，六是员工塑培水平显著提升，七是安全功效、安全绩效显著提升（经过两年安全文化建设，有效控制和降低了生产安全事故发生，建设后的 2015 年与安全文化建设前的 2013 年、2014 年相比，事故总量下降率分别为 44.4%和33.3%，2016 年与之相比，下降率分别为 88.9%和86.7%，事故总量大幅度下降；更为重要的是在建设过程中实现了"零死亡"），八是助推企业管理水平整体提升。

（二）金陶安全文化建设成果

在安全文化建设过程中，逐步形成了《安全文化手册》《保命与零伤害构架体系》《先进的安全管控法》《规范厂矿班组安全管理模式》《安全生产标准化采场管控模式》等成果。这既是对过去安全文化建设工作的总结，也蕴含对未来工作的指导，为推动金陶安全文化建设深入开展起到了积极作用。

四、结论

金陶安全文化体系具有鲜明特色和行业特点，目前已成为中国黄金集团的安全典范和文化品牌，成为了内蒙古赤峰市的安全文化建设品牌，"建设文化管理平安矿山，打造中国黄金安全典范"安全愿景正在成为现实，安全管控品牌基本形成。2016 年 10 月，公司原董事长高延龙在中国黄金集团第三季度安委会扩大会议上做了《培育企业安全文化，打造安全管控新模式》安全文化建设主题发言；近一年多来，中国黄金集团多家二级企业、赤峰市安监局和市所属旗（县）安监局多次组织人员来公司进行了安全文化建设交流；2017 年 4 月下旬，中国黄金集团在金陶公司召开现场会，在集团范围内推广金陶安全文化建设经验，为金陶安全文化的传承和发展注入了新的活力。

树立安全文化理念，打造 5N 健康管理体系

河南能源化工集团永煤公司新桥煤矿　杨凤才　崔庆广　王智玉

摘　要：管安全生产必须管职业健康。为最大限度降低煤矿职业危害头号"杀手"尘肺病等职业病危害因素对煤矿作业人员生命健康的威胁，提高煤矿作业人员生命健康质量，河南能源化工集团永煤公司新桥煤矿（以下简称新桥煤矿）通过消化和吸收国内外先进管理经验和技术，创建煤矿职业卫生示范矿井实践中，摸索出一套较为成熟实用的煤矿职业卫生"5N 管理体系"，把煤矿建设成为了现代化职业卫生示范矿井，在国内煤矿职业卫生管理领域跻身前列，受到同行业的广为关注和认可。

关键词：职业健康；5N 管理体系；5 字防尘法；智慧化矿山

职业健康关系到劳动者身体健康和家庭幸福，是安全生产管理发展到一定阶段必然高度关注的重要课题。强化职业健康管理体系建设是安全生产管理体制机制创新的重要内容，也是解决安全生产工作深层次问题的重要举措。企业通过树立安全文化理念，开展安全文化体系建设，能充分促进职业健康管理体系的有序发展。

近年来，河南能源化工集团永煤公司新桥煤矿坚持以人为本、坚持管安全生产必须管职业健康，通过消化和吸收国内外先进管理经验和技术工艺，应用当前最新产品，在紧密结合矿井实际，倾力打造煤矿职业卫生示范矿井工作实践中，经过大量探索研究与应用，摸索出一套较为成熟实用的煤矿职业卫生"5N 管理系统"。5N 即是新理念（New Ideas）+新思路（New Thinking）+新技术（New Technologies）+新工艺（New Processes）+新产品（New Products），把煤矿建设成为了河南省现代化煤矿职业卫生示范矿井，全面提升了矿井职业卫生工作管理水平，保障了劳动者的生命安全和职业健康。

一、树立"抓安全既要抓生命保障、更要抓生命质量"的新理念

新桥煤矿是河南能源化工集团永煤公司在永夏煤田投资建设的第四对大型现代化矿井，矿井主要的职业病危害因素是粉尘和噪声，煤矿要特别警惕发生群体性职业病。我们大力培育"抓安全既要抓生命保障、更要抓生命质量"的先进理念，着力增强安全生产和职业健康意识，深化推进防治职业病危害、改善井下作业环境。

一是建立机制。设置了以矿长为第一负责人的矿井职业病危害防治机构，配备了 2 名专职职业卫生管理人员、6 名兼职职业病危害因素监测人员。建立了"矿井—区队—班组"三级职业病危害防治工作责任体系，做到了职业卫生工作责任纵向到底、横向到边、层层压实。

二是健全规范。制定《职业病危害警示告知牌悬挂管理标准》《职业病危害因素检测结果公示管理标准》《职业病危害因素监测监控探头吊挂标准》等一系列粉尘危害防治管理工作标准，实现了矿井职业病危害防治管理工作标准化、规范化，做到了有规可循、有法可依。

三是纳入考核。健全《新桥煤矿职业病危害防治责任制度》《新桥煤矿劳动者职业健康监护及档案管理制度》等 15 项职业病危害防治管理制度。把各专业系统、区队班组的职业卫生工作情况统一纳入到矿井月度安全考核，奖优罚劣。制定发布《新桥煤矿管理人员安全失信黑名单管理制度》，对在煤层注水等职业病危害因素防治工程质量中的数据造假等不诚信行为人，一律纳入"黑名单"管理，管理期限内不得评先、晋升，强化了工作执行力，提高了管理效果。

四是加强宣教。充分利用"一报一刊一广播"和"微信平台"、VOD 视频点播系统、手机在线培训系统等多种形式，广泛宣传职业病防治知识、管理制度、操作规程、工作标准等相关专业知识，及时发布年度职业危害因素日常监测结果，同时，发放宣传资料，

制作宣传牌板、条幅，营造了良好的职业卫生工作宣传氛围，有效提高了职工的自我防护意识。坚持"首在意识、重在技能"的培训方法，开展形式多样的职业卫生知识专项学习培训，在提高职工防治意识的同时，提高防治技能。

五是加强职业卫生防护。按照《煤矿职业安全卫生个体防护用品配备标准》（AQ 1051—2008）的规定，制定作业人员劳动防护用品发放计划，为接触职业病危害的职工配齐符合要求的个体防护用品。提高防护要求，将工作服、防砸胶靴、防噪耳塞、防尘口罩等易损易耗防护用品发放周期比国家规定的时间缩短了一倍。施行人性化选购职业卫生防护用品，在保证安全的前提下，尽可能根据职工的身体条件、穿戴舒适度，精心甄别选购不同厂家提供的产品。严格督促职工正确佩戴防护用品，对不正确佩戴和使用防尘口罩、防噪耳塞等劳动防护用品的一律按违章考核，并纳入所属单位的当月安全考核。禁止劳动保护用品佩戴不全者进入有害场所，强制督促职工逐渐养成正确佩戴和使用劳动防护用品的良好习惯。

六是加强体检。严格执行上岗前、在岗中和离岗前健康体检。坚持对新员工进行上岗前、在职员工岗上定期和离职员工离岗前健康体检，实现岗前、岗中和离岗前健康体检率 100%。每年委托专业医院对全体在岗职工一并进行健康体检和职业病体检，并如实告知职工职业健康检查结果，保存完备的在职员工"一人一档"健康监护档案。

二、确立"围一定六"推进智慧化矿山建设的新思路

智能化矿山是我国矿业开采的发展方向，新桥煤矿确立了"围一定六"（即，围绕"少人多安、无人则安"这一安全理想目标，下定"能无人操作的坚决不值守，能减人的坚决不加人，能不接触职业危害的坚决不接触，能实现自动化操作的坚决升级为自动化，能用设备换人的坚决不用人，能淘汰的落后工艺坚决予以淘汰"六条管理决心）措施，持续推进智慧化矿山建设的新思路，最大程度做到作业人员接触职业危害因素时长缩短、频次减少。

（一）扎实推行机械化换人

一是采煤工作面全部使用综合机械化采煤，采煤工作面机械化率 100%，掘进工作面机械化率 93%，并推广应用自移式超前液压支架、自移式皮带机尾。二是采煤工作面和煤巷掘进工作面推广应用无极绳单轨吊辅助运输，不让职工爬山上下班，减少体力消耗，保持旺盛精力，增强自主保安能力。三是在岩巷掘进工作面推广使用新型岩巷作业线，为原有岩巷掘进设备出矸速度的 3 倍以上。四是引进掘锚钻一体机淘汰落后的炮掘工艺。

（二）持续推广自动化减人

建设矿井综合自动化系统，集"管、监、控"三维一体化，主要包括 1000M 工业环网平台、自动化子系统建设工程和调度配套设备升级改造工程，使井下多系统实现了远程集中控制。建设自动化运输系统，在-385 南翼行人斜巷推广使用无人值守自动猴车；在主运输大巷建设轨道运输"信、集、闭"系统，将井下机车调度改为地面调度，提高了机车周转效率。建设全矿井关键岗点视频监控系统，在井上"四大运转"系统、矸石山和井下斜巷运输各个偏口、采掘工作面等所有安全生产关键岗位和重要地点全部安装视频监控探头，实现全矿井安全生产关键岗位和地点视频监控，做到关键部位尽在掌握中。实现多岗位无人值守，升级主煤流系统、采区变电所、采区排水泵房等生产场所远程控制系统，实行走岗式管理，井下 20 个生产岗位实现了无人值守。通过不断推进智慧化矿山建设，不仅精简岗位人员 200 多人，降低了职工劳动强度，提高了工作效率，而且进一步改善了职工工作环境，最大程度减少职工与职业病危害因素的接触时间和接触量，减少了职业病危害对职工的伤害。

三、采用"5 字防尘法"新技术全面提升生产现场粉尘危害防治能力

在采掘工作面创新实施了减、控、降、隔、监"5字防尘法"粉尘综合治理技术。"减"，即通过煤层注水的主动防尘技术减少产尘；"控"，即通过对含尘气流的控制，控制粉尘扩散；"降"，即采用高效降尘措施降低粉尘浓度；"隔"，即采用防尘水幕将含尘气流与作业人员隔开；"监"，即采用粉尘浓度传感器实时监测粉尘浓度，实现超限自动喷雾。

在综采工作面，主要采用了工作面浅孔注水，采煤机高压外喷雾降尘、尘源跟踪喷雾降尘等技术，并配置篮式水质过滤器、回风巷自动喷雾装置，定时进行巷道冲尘，为采煤机司机配备 KLS120 型滤尘送风式专用防尘口罩等一系列粉尘防治措施，工作面综合降尘效率达到了 93.7%。

煤巷综掘工作面，主要采用了工作面浅孔注水、掘进机高压外喷雾降尘、可调式控风抽尘净化等技术，为综掘机司机配备 KLS120 型滤尘送风式专用防尘口罩，还装设了篮式水质过滤器、掘进巷道全断面自动净化水幕、综掘机安设防堵喷嘴等设备。其中，综掘工作面煤层注水结合高压外喷雾降尘技术，可使工作面掘进机司机位置总粉尘降尘效率达到 96.3%。

在岩巷炮掘工作面，主要采用了组合式高压雾化喷雾降尘、PS6I-J 型湿式喷浆等装置。其中组合式高压喷雾在炮掘工作面形成无间隙、微细雾流区，治理放炮期间产生的大量冲击性粉尘和炮烟，同时缩短工作面各个工序产生的污浊风流排放时间。放炮作业在采用高压喷雾降尘措施后，放炮后总粉尘降尘效率达到 97.5%，呼吸性粉尘降尘效率达到 89.6%。PS6I-J 型湿式喷浆机治理潮喷工艺中产生的粉尘，较 PC5T 型喷浆机全尘、呼尘均降低 50% 以上。

在皮带运输巷，采用转载点密闭自动喷雾降尘技术治理皮带转载点落煤期间产生的粉尘，可使转载点运煤时下风侧 5m 位置处总粉尘降尘效率达 90.5%，呼吸性粉尘降尘效率为 76.8%。通过采用粉尘浓度超限自动喷雾降尘技术，进一步减少回风流中的粉尘含量。

"5 字防尘法"达到了"源头少产尘、产尘少接尘、接尘少吸尘"的工作目标，既适合井下生产条件和煤尘现状，又体现出了现场易操作、工艺适应性强、防尘效果好的突出特点，可有效降低井下作业场所粉尘浓度，明显改善生产现场作业环境。我们还联合北京华扬怡和科技有限公司、重庆煤科院等专业企业和科研机构，深入开展煤矿抑尘系统应用、难湿润煤层注水关键技术研究等多项疑难问题技术攻关。

四、应用"大采长、大采高"新工艺，提高生产效率

工作面采用一面三巷"布置的"大采高、大采长"综采工作面（倾向长度 300m 以上），相当于过去的两个一般工作面，只占用一套设备，在管理效益上突显"三高两降一提升"。降低了职工作业劳动强度和安全管理难度，保障了员工休息时间，减少了操作失误率，减少了管理成本投入，提升了矿井抵抗安全风险的能力，有利于培育专业化队伍和设备配套升级。

一是高效率。提高了回采率，减少了巷道掘进工程量，减少了端头作业工作量和工作面搬家倒面次数。比过去减少一个工作面及其人员、设备投入，提高了工作效率。减少了进刀次数，增加了有效截割时间。单刀原煤产量 1533 吨，较传统工作面人均工效提高 28%。

二是高速度。大功率重型配套设备运行的高可靠性和安全性，提高了采煤机牵引速度及工作面支架的推溜、移架速度，减少了设备故障率，提高了设备开概率，增加了有效生产时间，减少非生产时间，提高了单产。"一面三巷"布置，与两个工作面分采方案相比，可减少等待近 6 个月（相邻两工作面接替时第一个工作面的回采稳定期），可减少第二个工作面顺槽掘进时间近 8 个月，缩短了采掘接替时间。

三是高水平。"大采高、大采长"工作面布置简化环节集中生产，便于引入现代化管理新技术、新方法，改进劳动组织，提高了工程质量，提高了全员生产效率，较大幅度提高了矿井管理水平，大型采煤设备的应用提高了煤矿装备水平。高效率、高速度的生产系统把矿井生产保障能力提高到新的水平。

五、引进新产品升级装备，最大限度降低作业现场噪声污染危害指数

1. 改造设备降低噪声

对主通风机进行降噪改造，降低噪声 16.7%。局部通风机进风侧与出风侧安装消音器，噪声降低到 85 分贝以下。风动锚杆机安装使用消音器，噪声由原来的 115 分贝降低到现在的 85 分贝左右。

2. 改进装备减少噪声

岩巷掘进采用液压钻车取代人工凿岩机打眼，岩巷喷浆作业采用 PS6I-J 型喷浆机取代 PC5T 喷浆机，煤巷掘进全部应用综掘机淘汰炮掘及风镐掘进，地面压风机机房引进螺杆式压风机淘汰活塞式压风机，作业期间，设备 5m 范围内的噪声较前普遍降低 5% 以上。

3. 增建设施隔离噪声

在地面压风机房和井下中央泵房、强力皮带操作间，均增设增建隔音间或独立值班室，实行人机隔离作业或远程控制，实现人机分离，隔绝噪声。通过加大投入，目前矿井噪声危害得到了有效控制。

六、结束语

建立职业健康安全管理体系是企业安全管理从传统经验型向现代化管理转变的具体体现，是实现安全管理从事后查处的被动型管理向事前预防的主动型管理转变的重要途径。新桥煤矿职业卫生"5N 管理系统"应用成效显著，矿井至今未发生 1 例职业病确诊事件，职工生命健康质量得到有效保障，实现了企业发展成果与职工健康共享的良好发展愿望。

企业安全文化体系建设的四维研究与实践

中国航空油料集团有限公司　陈思　位广超　李珊珊

摘　要： 坚持科学发展、安全发展是企业的追求，中国航空油料集团有限公司供应企业横跨民航、能源、物流三大板块，安全生产事关企业改革发展稳定大局，攸关全体干部职工切身利益。为了推动安全文化在航油企业建设与应用，本文从安全认知维度、安全制度维度、安全行为维度、安全物质维度四个维度研究安全文化体系建设，进而形成完整的企业安全文化框架结构。

关键词： 安全文化；体系研究；四维度建设

安全文化是个人和群体对安全的态度、能力和行为的综合产物，始终伴随着企业的安全生产行为，是从属于企业文化的子文化。企业安全文化建设要培育高效能的组织团队，为实现"安全第一"的共同价值，做到精神互通，情感共振，命运共担，促使全员从服从管理的"要我安全"变成自主管理的"我要安全"，进而发展为"我能安全"的企业人安全行为，全面建设本质安全型企业。针对目前安全文化的建设现状，笔者从安全认识、安全制度、安全行为、安全物质四个维度展开了研究。

一、正确认识和准确把握安全文化建设方向

根据企业文化体系建设的总体要求和安全生产的现实需要，应当通过坚持安全文化科学发展观，明确安全文化观念、建立安全文化制度、规范安全文化行为、运用安全文化物质，提升安全文化意识，促进安全文化管理，进一步巩固、维护、发展好企业持续良性发展的局面。

（一）安全文化的重要意义

1. 安全文化确定企业发展方向

在现代企业中，安全文化已经成为企业健康发展、和谐发展的重要决定因素之一，引领企业的发展，对实现全员、全过程、全方位的安全管理和安全发展起着至关重要的导向作用。

2. 安全文化服务企业安全生产

安全文化是为防范、预防、控制、降低或减轻生产风险，实现生命安全与健康保障、社会和谐与企业持续发展，所创造的安全精神价值和物质价值的总和。安全文化通过影响公司科学决策，激励全体员工自律遵规，最终实现提升全员的安全意识、安全技能、安全行为规范，促进安全生产目标的实现。

3. 安全文化助推企业发展提升

通过把安全生产工作提高到安全文化的高度来认识，坚持"以人为本"抓好安全，"以文化人"提升意识，把安全生产上升为全体员工的"一种约束，一种责任，一种理念"，不断提高企业员工的安全意识和防范能力等综合素质，通过培育自身的安全文化，最终提升企业整体的安全工作水平。

（二）安全文化的主要内涵

安全文化存在于企业生产经营及各种行为活动的时空过程中，有安全运营和安全管理就有安全文化相伴随。结合实际，将安全文化体系分为四项子文化。

1. 安全观念文化

安全观念文化即安全价值理念，是企业安全文化的核心部分，指企业员工的安全观、安全态度、安全知识和安全价值观等。

2. 安全制度文化

安全制度文化是企业安全制度约束部分，是指在安全生产活动中长期执行的保障人和物安全的各种安全规章、操作规程、防范措施、教育培训、管理责任等制度，以及制度衍生出的体现安全管理理念的内容。

3. 安全行为文化

安全行为文化是企业员工在生产生活中约定俗成的有关安全的行为准则和习惯，包括管理者、班组、员工和员工家属的安全行为方式。

4. 安全物质文化

安全物质文化是为保证安全生产而以物质形态存

在的条件、环境和设施的总和，是安全文化的本质载体和客观体现。安全物质文化的物质客观属性，决定了安全物质文化成为安全文化的基础。

（三）安全文化的核心作用

安全文化是企业可持续发展的力量源泉。安全文化的本质是"塑心"工程。安全文化的推广有助于营造安全文化氛围，通过逐步强化全员的安全修养和安全意识，使员工树立正确的安全观，自觉根据安全需求采取行动，推动安全生产责任的落实，弥补安全设备硬件的局限和不足，为实现企业本质安全提供精神动力和文化支撑。

二、安全文化建设第一维度——安全观念

（一）安全观念文化的价值观

1. "安全第一"的哲学观

"安全第一"是一个相对辩证的概念，它是相对于其他方式或手段而言，在与之发生矛盾时，必须遵循"安全第一"的原则。建立起辩证的"安全第一"哲学观，有助于处理好安全与生产、安全与效益、安全与其他工作的关系，是做好企业安全工作的根基。

2. "以人为本"的情感观

安全最根本的对象是人的生命健康安全。充分认识人的生命与健康的价值，强化"善待生命，珍惜健康"的人之常情，是企业每一个人必须建立的情感观。在任何情况下，员工都是安全生产主人翁，企业都要将保证人身安全作为第一要务。

3. "预防为主"的科学观

确保企业安全生产顺利，必须预防为主，治理隐患。通过科学有效的对策，从根本上消除事故隐患。在安全管理上，要变事后处理为预先分析；变事故管理为隐患管理；变静态被动管理为动态主动管理。这些都是企业全员必须建立的抓好安全生产工作的科学观。

4. "以文化人"的意识观

"以文化人"的本质含义就是运用理论指导实践。在本企业中，就是一个实践、认识、提炼，再实践、再认识、再提炼的过程。通过用公司多年来凝练出的安全文化精髓指导安全工作的实践，构建以文化孕育品牌、以文化打造形象、以文化形成特色的航油企业，使安全工作在"以文化人、知行合一、润物无声"的过程中，得以全面提升。

5. "安全效益"的经济观

实现安全生产是企业的责任，是企业效益实现的基本条件。"安全本身就是最大效益""安全价值比安全成本更重要"，安全的投入不仅能给企业带来间接的回报，更能产生直接的效益。

（二）安全观念文化的核心理念

1. 安全重于泰山

安全是企业发展的基本保障和基础。高度关注安全，源于对生命的尊重，源于企业对国家、社会和员工的高度负责任的态度。

2. 诚信存于服务

公司视诚信为安全服务工作的精髓，以诚信树立良好企业信誉，以诚信铸造公司品牌，以诚信谋求快速发展。诚信理念要贯穿于公司安全生产服务的每一个领域，每一个环节。

3. 创新贯于发展

创新是企业安全发展的动力源泉。要充分发挥广大员工的聪明智慧，通过管理创新、技术创新、服务创新、文化创新等全方位创新，全面提升企业核心竞争力。

（三）安全观念文化的思想认识

1. 安全是为了家庭的幸福

重视安全生产，首先是对自己有利，保障安全最大的受益人就是自己，同时带给亲人一个美满的家庭。

2. 安全是为了企业的发展

重视安全生产，会减少企业不必要的经济损失，促进企业的稳步发展。

3. 安全是为了国家的和谐

重视安全生产，企业才能得以持续发展，才能为国家和社会创造财富，才能更好地履行社会责任。

三、安全文化建设第二维度——安全制度

（一）安全制度文化的建设目标

以"全覆盖、全适用、全符合、全监管"为安全制度建设目标，重点突出一个"全"字。"全覆盖"，即有安全生产作业，就有安全制度作指南；"全适用"，即有安全运营工作，就有安全制度作保障；"全符合"，即有生产作业岗位，就有规章制度作指导；"全监管"，即有安全管理行为，就有监管机制作监督。

（二）安全制度文化的特征

"科学性、原则性、规范性、时代性"是安全制度文化的主要特征。安全制度文化是公司安全运营和保障机制重要组成部分，是具有较强操作性的实用安全文化。营造浓厚的安全制度文化氛围，要以建立、健全安全生产制度为重点，以规范作业、强化制度执行为核心，使正确的安全制度观念深入人心，为员工的安全行为提供规范和标准。

（三）安全制度文化的内容要求

"合法、合规、合理"是安全制度文件建设的内容和要求。首先要符合国家劳动安全卫生及职业安全健康法律、法规，其中包括宪法、劳动法、安全生产法及地方政府部门规程条例和国家或行业技术标准。其次是企业自身的安全生产管理制度和技术标准化体系的建设，包括各种岗位和工艺的安全操作条例和规程；安全检查、检验制度；安全知识和技能的学习及培训制度；安全技能考核认证制度；安全教育及宣传的制度；安全班组建设及其活动制度。事故管理及处理、劳动保护和女工保护等一系列的制度建设。同时，在发展中遇到的情况是在不断变化的，所以制度应根据具体情况不断修正完善，要结合实际特点加强制度的可操作性，以确保制度的时效性和实用性。

1. 单位安全制度文化建设内容

根据"责任、务实、执行、覆盖、适用"的原则，建立、健全相应的安全制度体系。至少要制定有安全组织管理、安全责任管理、现场作业管理、安全培训管理、安全隐患排查管理、重大安全事项专项管理、安全监管、安全考核等八类安全管理制度。

2. 人员安全制度文化建设内容

（1）管理层要兑现管理者的承诺，以身作则做好制度规范执行的带头人。定期清理审查制度，及时发现问题，认真查找空白点和失效性，及时完善和调整，要按照"全、严、细、实"的标准，定期整合管理制度，保证制度体系的科学性、完整性和有效性。自我改进、自我完善、自我提升，自觉主动接受职工监督。

（2）员工要养成自觉学习各项规章的习惯。养成严格执行各项安全规章制度的习惯。当发现制度不适于实际生产需求时，乐于提出建议并参与制度的修订完善工作。

四、安全文化建设第三维度——安全行为

安全行为文化是文化落地的具体体现，重点在于规范人的安全行为，包括管理者、班组、员工和员工家属四个行为层面的安全行为规范。

（一）管理者安全行为文化

（1）靠前指挥：管理者作为企业第一安全责任者，把工作重心放在工作现场，加强和改善对安全工作的关心与态度，坚持做到靠前指挥，从实际出发，善于发现问题，并有计划地解决问题，提高现场指挥的能力和水平。

（2）严格管理：管理者对安全管理应坚持"严谨、严肃、严格"原则，在"三违"问题上，高喊杜绝"三违"口号、高度重视"三违"处理，公平处理"三违"人员。坚持"四不放过"，即对当事人认识不到位不放过，群众未受到教育不放过，分管领导和队室干部不认可不放过，培训考核不合格不放过。

（3）以人为本：员工是公司生存发展的源动力，一切安全工作的出发点是为了员工，一切安全工作的推动要依靠员工，一切安全工作的成果要惠及员工。管理者要认真听取员工的意见和建议，充分调动员工的主动性、积极性和创造性。

（4）持续学习：一名合格的管理者，要主动自觉地学习安全规程、知识与管理技能。积极传承公司的优秀文化理念和管理方法，不断学习和创新安全管理模式，以过硬的专业知识和管理水平，应对安全发展的新形势。

（二）班组安全行为文化

（1）强化教育，狠抓培训：按培训工作要求，为员工提供三级安全教育与培训，结合班组工作实际，自主计划开展周期性的安全教育与安全实践活动。

（2）安全作业，辨识风险：将安全生产行为中易遗忘的、易疏忽的风险点提示给员工，使风险辨识的方式为员工所熟知掌握。

（3）加强宣传，营造氛围：建立安全文化宣传区，利用板报、壁报、图表、标语、宣传安全事迹、贴心提示小常识等形式，使安全文化宣传覆盖员工活动区域，使职工始终处在安全文化的熏陶中，时时处处警示员工牢记安全，遵章守纪。

（4）立足岗位，追求品质：结合不同岗位特征，提炼出具有岗位特色的岗位文化体系，做到文化进班组，管理在岗位，安全到个人，以安全文化班组建设，促进员工实现安全的自我管理。

（三）员工安全行为文化

（1）爱岗敬业：爱岗敬业是一种态度，是一种责任，更是一种境界。员工要加强对自己所从事工作的学习与研究，干一行、爱一行、专一行，遵章守纪，本岗位精益求精，多岗位全面学习，逐步成为满足未来发展需要的复合型人才。

（2）钻研业务：员工要自觉接受三级教育，并通过自主学习，努力提高安全意识和安全素质。要自觉学习各类安全生产规章制度，除传统的课堂培训外，更要通过向现场学，向实践学，向专家学，掌握实战技能以及应急处置能力。

（3）执行有力：自觉执行是员工自我负责的表现。从遵章守纪开始，员工努力干好本职工作，自觉地执行制度，自觉地防范风险。在执行中，改善自我、完善自我、提升自我，逐步成长为一名成功合格航油人。

（4）和谐相处：员工之间的和谐相处，是企业安全稳定的前提。每一名员工都能够自觉提高品德修养和精神境界，学会多体谅、关心、帮助别人，学会互相尊重，学会虚心接受批评，成为一支团结奋进的团队。

五、安全文化建设第四维度——安全物质

安全物质文化建设以追求人、物、环境和谐统一为重点，倡导人与设备设施和谐，人与环境和谐，以物质安全性能的提升保障安全的提升。

（一）安全物质文化理念

（1）科技强安。针对安全供油、设备质量、节能环保、员工劳动保护等内容，积极引进现代科技成果，充分利用计算机网络、先进设备、GPS 卫星系统等科技手段，不断提升安全设施、装备的科技含量，增强设备硬件实力，为企业安全生产提供强有力的科技保障。

（2）人物和谐。安全物质文化建设强调人与物的和谐，其关键在于通过人的管理规范"物"的行为，通过实施科学设备维护与保养，实现人与设备设施、劳动工具等各种物资的和谐统一。

（3）环境安全。安全物质文化建设强调人与环境的和谐，其关键在于体现以人为本的本质要求，加强梳理作业环境，营造安全氛围，树立安全形象，实现人与环境的和谐统一。

（4）持续改进。坚持把持续改进设施设备质量和性能作为企业和每一位员工的目标。注重对标国际，

有计划、有步骤地改良工艺、升级设备，逐步实现与国际同行业先进企业硬实力的接轨。

（二）安全物质文化目标

（1）实现设备设施的本质安全。构建安全物质文化应从设备设施的配备入手，使之既能满足安全生产的需要，又能体现出安全物质文化的本质属性。要对标国际，加大投入，不断提升设施装备的安全性和可靠性，实现物资装备水平在国际同行业中处于领先的地位，确保设备安全可靠。

（2）实现工艺技术的科学发展。要实现工艺技术的本质安全，就要在系统设计、工艺选择和技术措施上下功夫，使生产设备系统本身具有安全性，即使在误操作或发生故障的情况下，工艺系统自身也具有一定的自动纠偏功能，以实现工艺系统的本质安全。

（3）实现劳动保护和职业健康。要加强对职业危害的防范，积极改善劳动条件，营造符合安全作业标准和职业健康标准的从业环境，结合实际制定员工劳动保护的措施办法，确保员工的安全健康。

（三）安全物质文化措施

（1）强化劳动作业保护，实现人自身的作业安全。要始终坚持将员工的安全健康放在第一的位置。各单位应根据实际条件，实施以下三项具体措施：一是建立防止职业病的机构，制定劳动保护制度，建立完善的职业健康保障机制。二是开展劳动保护宣传教育和检查，定期对员工进行健康检查，关注员工身心健康。三是按标准配备和完善劳动安全防护用品、用具，加强个人防护。

（2）梳理优化作业环境，实现人与作业环境的和谐安全。要始终坚持将生产环境的治理和优化作为安全物质文化的重要任务。各单位应根据实际条件，实施以下三项具体措施：一是结合岗位作业特点，布置生产作业环境，符合国家规定的职业安全健康标准。二是危险源和作业现场等区域设置符合国家和作业标准的安全标识和安全操作规程。班组活动场所等设置和谐醒目的安全警示、温情提示等宣传。三是设立安全文化廊、安全角、黑板报、宣传栏、安全网络等员工安全文化阵地，并视情况按期更换。

（3）加强设备设施管理，实现人与硬件的和谐安全。要始终坚持将提升设备安全性能作为安全物质文化的首要任务。各单位应根据实际条件，实施以下三

项具体措施：一是建立生产设备硬件中长期投资规划，设备设施和工艺系统配置和使用应以先进性、安全性和可靠性为前提。二是建立生产设备使用与维护档案，加强设备使用与维护保养，确保设备使用状态满足实际生产需要。三是建立安全形象实施方案，有目标、有计划、有步骤地推进安全形象建设，实现"安全设施齐全、标志醒目规范、设备场所清洁、环境安全可靠"的整体目标。

（4）加强环境保护管理，实现企业安全环保发展。要始终坚持环保理念，始终树立"环保发展"理念，大力倡导环保的生产生活方式，立足生产实践，着眼生物燃料研发、应用及节能减排。一是建立切实可行的环保工作方案，加强绿色环保理念的灌输和引导。

二是完善现有的减排体系，完成下达的环保工作指标，最大限度地减少废弃物和其他污染物的排放。三是引导员工从日常生产到重大保障任务中，倡导环保优先、质量先行，努力实现人与自然和谐发展。

六、结束语

安全文化是在实现企业宗旨、履行企业使命而进行的长期管理活动和生产实践过程中，积累形成的全员性的安全价值观或安全理念、员工职业行为中所体现的安全性特征，以及构成和影响社会、自然、企业环境、生产秩序的企业安全氛围等的总和。各个企业生产实际不同，可根据自身情况，对本文中提出的安全文化建设的四个维度进行增减或扩大外延和内涵，持续提升本企业安全文化创建能力和水平。

"知行合一"安全文化构建与实践创新

安徽华电宿州发电有限公司　陈永彬

摘　要： "知行合一"的企业安全文化体系，是安徽华电宿州发电有限公司在进行企业安全管理与具体实践相结合的活动中，通过长期摸索总结提炼的一项创新成果，涵盖"只要想全做细，一切事故都可以避免"的核心理念，以及安全使命、安全愿景、安全方针、安全目标和安全行为观等10项内容。本文重点论述企业如何结合自身的发展目标和任务，构建企业安全文化体系。通过实践创新，典型引领，选择合适的管控方式，将安全文化与安全生产管理有机融合，实现安全文化和安全发展的同步提升。

关键词： 安全文化；发展；实践；融合；创新

多年来，安徽华电宿州发电有限公司（以下简称公司）高度重视企业安全文化建设，经过不断积累、沉淀、总结、提炼，培育形成了以"只要想全做细，一切事故都可以避免"为核心理念的"知行合一"安全文化体系。在安全管理实践中，坚持运用安全文化引领发展，积极推进外包工程"五关三到位"、微信"随手拍"等安全监督管理方式，创新实施百条禁令、岗位安全禁令，企业安全生产保障能力不断提升，实现首次运营至现在无事故，截至2018年7月20日，公司安全生产3974天，连续四年实现机组"零非停"；荣获"全国安全文化建设示范企业""华电集团五星级发电企业'四连冠'""电力安全生产标准化一级企业"等称号。

那么，他们是如何打制安全生产的成功密匙的呢？笔者试图从以下几个方面，解读他们的成功经验。

一、公司安全文化发展轨迹

（1）诞生于基建试生产期。公司成立之初，由湖北、东北、山东各电力企业来了一大批支援宿电建设的职工，他们文化背景不同，生活习惯、管理理念、执行力度认知不一，急需统一的思想意识、行为规范作指导，于是诞生了"以知促行，以规正行，以行保安"安全行为观、"知其责，负其责，尽到责"安全责任观、"同携手，保平安，共幸福"安全亲情观等安全文化的萌芽，为"知行合一"安全文化的孕育形成提供了沃土。

（2）成长于公司生产正常营运期。机组正常营运后，为促进安全发展，以企业安全文化创示范为契机，公司开展了形式多样的活动。组织开展了职工安全心声、安全格言、警句征集活动，举行安全文化体系建设座谈会，集思广益，提炼总结出以"知行合一"为主题的宿电安全文化内涵，进而凝练形成了"平安宿电，幸福生活"的安全使命，并从安全责任观、安全效益观、安全培训观、安全行为观、安全检查观和安全亲情观6个方面解读了公司的安全价值观。据此，进一步提出了"只要想全做细，一切事故都可以避免"的安全文化核心理念，进而规划提出企业安全愿景"塑造本质安全型员工，打造本质安全型企业"以及安全目标"零违章、零隐患、零缺陷、零事故"。为企业提质增效，打造本质安全型企业，提供了强大的的精神之源。

（3）成熟于企业安全发展新时期。近年来，公司在认真梳理新时期企业安全文化特点和文化诉求，积极推进外包工程"五关三到位"，创新实施百条禁令、岗位安全禁令等安全管理方式的基础上，通过认真吸取系统内外事故教训，总结提炼出外包工程"不监护不工作"的安全理念，同时，以"安全月活动""宿电大讲堂""自查自纠反违章日报告"等活动为载体，举办"四不伤害"专题讲座、安全日"每周一题"、安全双述等活动，将外包工程"不监护不工作"纳入安全核心理念范畴，实现了安全文化的发展飞跃，丰富了"知行合一"安全文化体系内涵。

二、公司安全文化体系实施过程

（1）科学规划，系统部署。按照上级政府要求，公司坚持把"安全文化建设示范企业"作为提升企业安全管理整体水平，实现本质安全的重要载体抓实抓好。从指导原则、目标任务、组织领导、实施步骤和重点工作 5 个方面对创建活动进行了安排部署，明确了创建活动的目标、时间进度，分解了重点工作，落实了责任要求，确保了创建活动顺利开展和有效推进。

（2）全员参与，扎实推进。为深入推进安全文化建设，2013 年制订了《安全文化建设规划方案》，从公司领导、管理人员、一般员工、劳务外包工、外包工程队伍 5 个层面，采取访谈与问卷调查相结合的方式，了解员工关心的热点问题和工作建议，掌握员工的关键行为要素和对安全文化建设的认同度、期望值，保证了安全文化一经形成，就得到公司上下的广泛认同。

（3）多措并举，抓好宣贯。组建安全文化宣讲团，由总经理挂帅、主要管理人员参与、各班组长为骨干。建立公司主要领导和安全文化督导师分层的培训体系，结合公司和员工的实际情况，整体规划公司的安全活动，将安全双述、安全技术交底、站班会、应急演练、事故预想、安全知识竞赛与安全价值观教育相结合等措施，有力促进了安全文化理念植入人心。

三、安全文化建设的基本经验

（1）与典型引领相融合。围绕"三个零确保""八个零力争"安全目标，坚持人、技、物、环、时"五要素"管理，通过引领、分析、指导工作逐步推进，强化认识、措施、引领、执行、监督"五到位"过程管控。通过充分发挥"五要素""五到位"典型引领作用，进一步引导作业人员"红线""禁区"意识，使其"只要想全做细，一切事故都可以避免""不监护不工作"安全理念落地生根。

（2）与品牌建设相融合。围绕强基、7S、精益管理等重点工作，宿州发电公司坚持打造宿电特色安全品牌。积极开展管理体制创新，继 2015 年颁布安全生产"百条禁令"之后，作为安全生产"百条禁令"拓展和延伸，编制了"安全生产岗位安全禁令""防止人身伤害十项重点措施"，明确了人员行为"红线"，管理"底线"，并且目视化制作，把具体要求落实到实际工作中，有力遏制了生产现场违章行为，成为安全管理提速的新的增长点。

（3）与安全环境创新相融合。以荣获"安全文化建设示范企业"为新的起点，坚持"平安宿电 幸福生活"人文理念，开展企业安全文化系列活动。结合职业健康评价、机组小修和炉后、输煤"双治理"等工作，在主厂房、各转运站、输煤集控室、环保大道等创建 7S 样板区，并逐步向外围区域全覆盖，对现场文明卫生、安全设施、警示标识等进行大力整治。设置安全文化宣传牌，建立安全文化长廊，有力渲染了安全管理新常态环境氛围。

四、安全文化理论与实践创新典型案例

公司以 2013 年环保工程改造为契机，通过近六年来大型技改工程安全管理实践探索和经验总结，创新推出外包工程"五关三到位"安全管理新模式，驱动安全文化理论不断升级，使公司安全生产工作再上新台阶。

（一）"五关三到位"安全管控新模式形成因素

根据新厂定员少，外包工程、外协人员多，流动性大，安全素质参差不齐，潜在风险因素多的特点，经过五年的实践探索，公司逐步形成了简洁高效的"五关""三到位"安全管控新模式，在人员资质、设备报验、措施"接地气"、日常教育、隐患排查、安全交底、应急防范、闭环管理、安全验收、现场反违章等方面成效明显，不安全事件数量逐年下降，现场违章大幅减少，文明生产水平显著提升，安全基础得到夯实，公司安全生产持续向好。

（二）"五关三到位"安全管控新模式实施背景

结合近年来案例分析，电力企业 90% 的安全生产事故多集中在"两外"人群。联系公司实际，综合分析，普遍具有以下特点：人员安全素质相对薄弱；外包工程受施工工期、施工队伍能力、施工组织设计等外来因素制约的影响突出；施工现场的安全管理难度大，施工区域频繁交叉作业，大件起吊、防火、防腐等工序安排不合理存在的潜在风险多；安措费用投入不足；总包、分包单位保证、监督体系不能有效自转；企业安全文化不能有效浸润。总体表现为安全管理机制不能流畅运转，管理各环节不能有效衔接，层层衰减，导致执行力差。

（三）"五关三到位"安全管控新模式思路

（1）坚持"只要想全做细，一切事故都可以避免"核心理念不动摇——解决思想问题：坚信一切从实际出发，思想重视、措施得力、责任压实、管理到位，在全过程、精细化上下功夫，就一定能把安全生产工

作做好。

（2）从"五关"入手，求得外包工程"过程"环节问题的解决——把好"入口关""措施关""交底关""教育关""检查关"；坚持"谁的区域谁负责""谁的人员谁管理""谁的设备谁维护"，强化基层部门、班组、员工的责任落实、奖惩兑现。

（3）通过"三到位"的形式，求得外包工程最终"结果"问题的解决——解决途径：开展应急演练，做到"应急防范到位"；下发通报，按照"四定"整改，做到"闭环管理到位"；采取安全质量验收清单，做到施工"安全验收到位"。

（四）外包工程"五关三到位"安全管控实施

（1）对施工设备、特种作业、管理人员进场后履行报验手续，把好"入口关"。

（2）设置开工前安全环保验收点，编制施工方案并逐级审核，确保安全环保措施执行到位，把好施工"措施关"。

（3）根据施工进展情况，随即做好专项技术交底，把好"交底关"。

（4）监督施工方每日开工前召开站班会，开展安全双述，交代施工危险点、安全注意事项，把好日常"教育关"。

（5）认真落实"不监护不工作"的理念，注重八小时外的安全管理。根据重点施工项目，职能、责任部门管理人员轮流值班，确保重点工作项目八小时外的安全施工，把好"检查关"。

（6）开工前制订预案，开展应急演练，做到"应急防范到位"。

（7）发现问题下发通报，制定整改措施，指定整改责任人，限定整改时间，确定整改验收人，做到"闭环管理到位"。

（8）对工程安全质量创新开展安全质量"两个"清单管理，实行安全、质量、工期的全过程现场监督和管控，杜绝"以包代管"，做到施工"安全验收到位"。

（五）外包工程"五关""三到位"安全管理效果启示

近年来，企业连续3年荣获全国"安康杯"竞赛优胜单位、"宿州市安全生产先进单位"；截至2018年7月20日，公司安全生产3974天，连续四年实现机组"零非停"；连续四年荣获"华电集团五星级发电企业"等荣誉称号。

实践证明，外包工程"五关""三到位"管理模式成效明显，企业不安全事件呈逐年下降态势，2017年已经减少到3次；现场员工违章大幅减少，自觉履行安全责任的意识全面加强；"只要想全做细，一切事故都可以避免""不监护不工作""不安全不工作"的安全文化理念已经落地生根；"知行合一"的企业安全文化得到提炼；安全生产局面持续向好，为公司各项成绩的取得打下了坚实的根基。

五、安全文化建设取得的成效

1. 保障了企业安全发展

在"知行合一"安全文化建设中，公司把探索企业愿景和使命的实现途径和企业发展战略有机结合，实现了对员工的积极引导，有力促进了企业安全发展。持续多年人员"零伤害"，连续四年机组"零非停"，在安全生产领域取得历史性突破。

2. 培育了优秀的安全管理队伍

努力培育"只要想全做细，一切事故都可以避免"安全文化核心理念，积极推行"百条禁令""岗位安全禁令"，努力践行"一线工作法"，树立"情况在一线掌握，决策在一线做出，问题在一线解决，干部在一线监督"的工作理念，在机组双停、大小修、环保工程施工等工作中，公司广大干部员工形成了爱岗敬业、勤奋务实、开拓创新、互助合作的工作作风，锻造一支高素质的安全管理队伍。

3. 开辟了反违章管理新机制

把安全文化建设同"安全对标""自查自纠反违章日报告"、安全质量"两个清单""监护履责追溯问责管理"等有机地融为一体，延伸了安全管理超前预防工作的领域和空间，创新了防人身伤害工作载体，形成安全管理新机制，促进了企业安全发展。

浅谈新形势下企业安全文化建设新思路、新方式

河南能源焦煤公司电冶分公司　牛金涛

摘　要：安全管理是新形势下企业的重要工作，做好安全管理是企业发展的第一要务，更是职工最大的福利，"安全文化"是人们对安全问题认识的飞跃，是做好安全管理工作的重要举措，很多企业都把它作为企业安全生产和文化建设的重要内容来抓，在开展安全生产活动中积极倡导安全文化，在进行企业文化建设中大力构筑安全文化，为企业的稳步发展奠定了基础。

关键词：安全文化；安全素质；可操作性；量化细化

党的十九大强调要"高度重视安全生产，保护国家财产和人民生命的安全"。电力企业加强安全文化建设是深入贯彻党中央、国务院关于进一步加强安全工作指示精神的重要举措。电力企业在建设安全文化的过程中，必须坚持以习近平新时代中国特色社会主义思想为指导，按照先进文化的前进方向，积极汲取国外安全文化建设的先进经验，从我国安全生产的实际出发，与时俱进，开拓创新，坚持"以人为本"，注重环境熏陶，努力营造良好的社会氛围，使企业安全文化建设达到"随风潜入夜，润物细无声"的理想境界，实现电力企业安全管理工作新的飞跃。

在当前形势下，电力行业面临着前所未有的困难，电力行业要想提高经济效益，开拓更加广阔的发展空间，必须重视和搞好生产现场的安全生产。同时，电力安全生产的重要性，决定了电力企业安全文化建设的重要性和必然性。因此，抓好企业安全文化建设，保持长久的安全生产，是电力行业最大的经济效益，也是企业进入市场、参与市场竞争的客观需要。新时代电力行业安全文化建设新思路、新方式要从以下几方面着手。

一、要"新"

一是工作思路要新。只有创新的企业安全文化，才是有活力有朝气有发展前途的安全文化，才是企业发展所需要的安全文化。在安全文化建设中应当总结、宣扬现代的安全文化与安全素养，摒弃陈旧的、错误的安全文化。坚决抵制不切企业实际，大而无当，或是照抄照搬，雷同无特色的安全文化建设思路。以良好的安全技术措施和安全管理措施为基础，创造提高安全素养的氛围与环境，积极向实践学习，向群众学习，对成功的经验创新发展。为职工创造一种"谁遵守安全行为规范谁有利，谁违反安全行为规范谁受罚"的管理环境，将安全文化融合于企业总体文化和各项工作之中，在企业中也许看不见听不到"安全文化"的词语，但在各项工作中处处、事事体现安全文化，大胆创新出具有企业鲜明特色的企业安全文化氛围。

二是观念要新。企业安全文化建设，需要树立适应企业创新和发展的安全文化观，以保证安全文化建设正确性和指导性。首先，要树立安全第一的哲学观，在思想认识、组织机构、资金安排、知识更新、检查考评上安全为先、安全为上，安全与生产、安全与经济、安全与效益发生矛盾时，安全优先。建立起辩证的安全第一哲学观，就能处理好安全与生产、安全与效益的关系，做好企业的安全工作。其次，树立安全效益的经济观，"安全就是效益"，安全不仅能"减损"，而且能"增值"，这是企业领导应当建立的"安全经济观"。安全的投入不仅能给企业带来间接的回报，而且能产生直接的效益。最后，要树立预防为主的科学观，预防为主是实现工业生产本质安全化的必由之路。任何事故从理论和客观上讲，都是可预防的，要高效、高质量地实现企业的安全生产，必须走预防为主之路，必须采用超前管理、预期型管理的方法。

二、要"明"

责任目标明确。电力行业的技术性、系统性和风险性决定了安全工作的重要性，建立良好的企业安全文化阵地，针对企业安全工作的实际，要从公司到班组，按照"齐抓共管、处处落实"的原则，认真做好安全管理工作的分配和落实工作。通过下发相应的规章制度，进一步明确安全工作目标和岗位责任，并通过制作安全责任牌，既对全体职工起到警示作用，又能充分接受大家的监督。

奖罚考核分明。在考核奖惩方面，应当本着公开、公平、公正的原则，由各职能部门根据职工岗位工作实际，在充分征求职工意见的基础上，制定出具体详细的考核措施，对职工的安全方面的工作完成情况进行量化细化考核，并及时将考核分数进行公布，做到考核公开奖惩分明。既保证了安全工作的顺利开展，又调动了职工投身企业安全工作的积极性和主动性，为企业安全工作扎实开展打造良好的外部环境。

三、要"强"

一是机制要强化。安全机制是一种有利于调动职工的安全生产积极性、有效地控制事故、实现安全生产良性循环的管理手段。是保证电力安全的治本之举，是电力企业安全文化建设的重点内容之一。只有建立了良好的安全机制，才能保证规范的安全管理，从而获得较高的安全水平。结合企业和生产实际，对安全保证机制、安全监督机制、安全教育培训和激励机制、安全风险共担机制、安全检查评比机制进行完善补充，坚持"严格实施、严格检查、严格落实、严格奖惩"的方针，全面推进安全机制建设。

二是安全管理要加强。日常工作是安全管理工作的基础。首先，在年初制订工作目标，并按照目标细分到月，做到月末有反馈，使日常工作做到紧张有序、按部就班。其次，坚持各项安全工作会议，对现场安全办公会和重大隐患排查会进行强调和补充。再次，严格履行季度安全大检查工作，积极开展"四季"安全大检查、灰坝防汛检查以及上网线路、供电设施、安全装置进行检查。最后，积极组织开展各项安全活动，增强职工安全意识。

三是职工安全素质要增强。安全队伍建设是企业安全生产的保证，是企业安全文化建设的根本力量，队伍建设落到实处的关键就是职工素质建设，职工素质的高低决定一个企业的质量。提高职工素质，是企业文化和安全文化建设的源动力和归宿点。有了素质高的职工，企业文化的品位就高，安全意识就强，生产技能和自身防护能力就好。电力设备的缺陷、作业环境中的事故隐患，归根到底要依靠人及时发现和处理，而人的行为又是受思想意识支配的。素质高的职工安全意识强就强，必然会严格按照操作规程和安全规程正确地作业，所以，必须把培养职工素质作为安全文化建设的重点环节来抓。因此，努力提高职工的思想政治素质、职业道德素质和专业技术素质，创造持久稳定的安全生产局面，正是安全文化建设所追求的目标。

四、安全文化建设的具体方面

安全文化建设有了鲜明的特点和突出的特色，就好比有了方向和构架，但是在实施执行工作中，还应该做好以下几个方面的工作。

一是宣传教育。要按照行为科学的观点，对职工进行安全思想教育。利用灵活多样的形式、丰富多彩的内容改变以前枯燥的、单调的教育，切实增强教育效果。要开发多媒体、网络等新的形式，继续加大报刊、电视台宣传力度，全方位、多渠道的对安全工作进行宣传。为职工讲清安全生产方针、安全法律法规、安全规章、安全简报和企业的安全生产目标。以理性传播真理，做到警钟长鸣，目标常新，强化意识，严守规程。

二是开展活动。围绕安全生产开展载体活动，是增强职工安全意识的有效方法，是增强职工参与企业安全管理和创建企业安全文化的基础工作。在党员中开展"党员身边无事故""党员责任区"活动；在团员中建立"安全文明生产监督岗"活动；在职工中广泛开展技术练兵、技术比武活动，"千次操作无差错"和"三不伤害"活动，以及开展"安全月""安全周"、安全生产文艺汇演，"安全在我心中"演讲会、安全生产书法、漫画、摄影展、安全生产知识竞赛、安全生产征文征联竞赛等活动，既调动了职工投身企业安全工作的积极性，又丰富了职工的文化生活。

三是评比表彰。安全文化建设需要建立长效机制，而评比表彰工作是承上启下的关键环节。为做好安全文化建设的评比表彰工作，公司采取量化细化考核的办法，每月对从事安全管理工作的人员，对抓"三违"、查处设备隐患情况制定具体详细的标准，并进行详细的考核，由公司和从事安全管理的人员各拿出一部分资金，进行优奖劣罚，充分调动安全管理人员的积极性。结合职工岗位实际，为每个岗位的职工制定切合实际的安全规范、管理和奖罚措施，并采取安全考核与效益奖金和年终评选挂钩的措施，增强职工安全意识，有效促进企业安全工作全面开展。此外，在显著位置对考核结果和奖罚内容进行公开，广泛接受职工群众的监督，保证评比表彰工作的公平、公开、公正性。

总之，电力行业安全文化建设，要突出特点，讲究普及性和可操作性，紧密围绕企业总体部署开展工作，找好与企业的文化建设的切入点和结合点。坚持以提高员工素质为第一保障，以保护员工生命和国家财产安全为第一目标，坚持以人为本、科技先行、诚信尽责的原则，大张旗鼓地进行宣传教育，积极组织开展迎合职工需求的载体活动，通过评比表彰充分调动职工投身安全文化建设的积极性，立足于规范化、完整性、实用性，做到上下联动、左右协调，确保安全文化建设稳定持久的开展，逐步形成企业特有的安全文化。

增强安全法制建设，为企业安全生产提供保障

山西焦煤霍州煤电晋北煤业公司　章永成

摘　要：安全法制建设是安全生产工作的重要保障，如何做好安全法制建设，为企业安全提供制度保障，推动安全生产普法工作深入开展是企业当前的重要任务。本文以山西焦煤霍州煤电晋北煤业公司（以下简称晋北煤业公司）的安全法制建设为背景，从增强安全生产法制意识、加强安全法制教育的重要性入手，阐述了实际工作中安全法制教育存在的问题和应采取的措施，详细介绍了晋北煤业公司在安全法制建设方面的探索创新与经验启示，以期为煤矿企业安全制度保证提供经验借鉴，为企业安全文化建设提供支持。

关键词：煤矿企业；安全法制；三个评估；双预控

当前，我国已进入社会发展的新时代，在此环境下，煤矿企业严格遵守党和国家的各项安全生产法律法规、增强安全生产法制意识，为加强煤矿企业安全生产管理工作提供保障，不仅是时代发展的要求，更是企业自身建设和发展的要求。企业安全生产普法工作对于企业提高市场竞争力，完善企业安全文化建设，确保企业按照法制建设要求，科学规范进行安全生产作业等都具有十分重要的意义和价值。

一、新时代煤矿企业加强安全法制建设的重要性和紧迫性

（一）国家对安全事故的惩处力度越来越大，这就要求企业增强法制意识，遵守各项法律规定

党的十八大以来，国家坚持"发展决不能以牺牲人的生命为代价"安全管理红线，以"四铁"要求，"零容忍"的态度抓安全，从严查处重大安全事故隐患，铁腕惩处涉事企业。这些严厉的措施，很大程度上是因为事故发生反复冲击和管理失控而采取的。我们在汲取事故教训的同时应该反思管理上的侥幸，这些侥幸表现为履责上打折扣、管理上凭经验、操作上走捷径；这些侥幸又在很大程度上成为诱发和产生事故的原因；这些侥幸有惰性作怪，有认识盲区。安全生产以"以人为本"为理念，即事事、处处、人人都必须重视和实现安全生产的要求，而法律的普遍性和强大约束力的特点正可以为安全生产的这种理念要求提供有力的保障。由此可见，增强企业安全生产法制意识、加强企业的安全普法建设迫在眉睫。

（二）媒体和社会对安全事故的舆论影响前所未有，监督企业依法治安的意识不断提高

当前，我们已经进入互联网时代，互联网的开放性、快速传播性，使得企业的安全生产、经营管理更趋于阳光化，企业发生安全事故后造成的社会影响更为广泛，承担的舆论压力空前加大。正是因为新闻媒体披露更多的社会现象，安全事故给社会和谐、家庭幸福带来的冲击往往让人触目惊心，而社会舆论对安全问题的关注程度和解析程度，促使我们煤矿人再不能把经验作为工作标准、再不能把风险作为煤矿复杂性的标志，我们必须依法建企、必须依法履职、必须依靠安全法制建设为企业安全提供保障，完成从"要我守法"到"我要守法"的思想转变。

二、新时代煤矿企业安全法制教育存在的问题

（一）安全法制建设的意识不强

在企业建设发展阶段，我们很多人很多时候对安全法制建设存在认识上的偏差，未认识到安全法制是对管理人员违章指挥、操作人员违章作业、各级人员安全生产责任制履行不到位等情形的约束和督促；未认识到很多安全法制条文均是在安全风险防控或安全事故教训汲取中得出的预控性措施；未认识到严格执行安全法制要求，就是创优安全生产环境、保障企业及职工生命财产安全、防危杜患的本安型管理措施。甚至错误地认为一些安全法规约束了安全生产管理的灵活性和主动性。因此，在一定程度上影响到了安全法制工作的落实。

（二）保障安全法制建设的组织机制不健全

在安全法制建设方面，缺乏法规法制宣贯的常态化和组织体系；缺乏法规执行不到位监察惩处组织体系；存在依法执法是政府行为的错误认识，企业自身的管理脱离了依法执法体系，导致法制法规贯彻学习和实践执行成了"两张皮"，日常管理和依法惩处成了"两条线"，没有严格按照法律制度进行，在一定程度上影响到了安全法制建设工作的组织开展。

（三）企业执行安全法制建设的标准存在偏差

企业在落实安全法制建设方面"怕麻烦"，导致在现场管理上存在"打折扣、走捷径、钻空挡、搞变通"等问题，从而给企业安全生产管理埋下了风险隐患；对标准的学习掌握不深刻，执行上出现偏差；惯性地凭经验办事，造成依法执法认识的转变滞后。

三、晋北煤业公司落实安全法制建设的措施

（一）明确依法治企，突出法制建设

我们必须清醒认识到，企业的管理工作符合法律法规的要求，不仅标志着我们的管理工作符合了安全的需要，更体现了我们的工作环境具备了安全生产的基本条件和必要条件。晋北煤业公司从成立之初就充分认识到安全法制建设与企业发展之间的关系，高度重视安全法制的贯彻落实，正是基于对依法治企、依法生产建设的高度认识，在2016—2017年，我们全力以赴开展矿井基建工作推进和证照手续办理，在最短时间内完成了矿井安全生产各项基本工作的落实，使得企业在各系统、各环节符合法律规范要求的前提下进入依法生产的轨道。

（二）加强安全法制教育，提高员工的法制意识

加强企业法制建设，实现依法治企，是新时代建设中国特色社会主义的重要组成部分，也是实现平安中国，预防事故发生的重要手段。公司通过举办法制宣传讲座、举办培训等方式来提高员工的法制意识和安全意识，强化了员工"学法、懂法、守法"意识，有利于提升员工依法增强自我保护能力、预防违法犯罪的能力，为企业全面推进法制建设奠定了良好基础。

（三）落实安全生产责任，明确制度保障

一是强化制度和责任的落实，突出"三个团队"建设。即突出以矿长为首的安全管理团队建设，强化领导层的安全责任落实和依法治企工作的顶层要求；突出以总工为首的技术管理团队建设，强化专业能力

的业务保安和技术水平保安能力；突出以区队长、班组长为首的现场作业团队建设，强化现场作业过程中依法建设的主动性和积极性。二是明确安全生产责任，列出各级管理责任清单，形成分级管理、逐级负责、层层落实的责任体系。在安全生产过程中，完善安全目标管理和考核问责机制，层层签订安全目标管理责任书，形成矿与科室、科室与队级、队级与班组、班组与职工，一级管一级，一级对一级负责的全员、全过程的安全监管网络，为促进安全法制建设工作夯实了基础。

（四）创新管理模式，建立"三二二一"防控体系

通过多年的探索实践，晋北煤业公司在具体贯彻落实安全法制建设工作方面，积极创新安全法制建设的载体和抓手，突出"以人为本、安全第一、预防为主、综合治理"生产理念的执行，创新研制了事前、事中、事后防范的"三个评估""双预控""两个杜绝""一警示"的精细化管理模式，推动晋北煤业公司在法制建设道路上稳健发展。首先，推行安全管理"三个评估"和风险隐患"双预控"制度。"三个评估"即是安全班评估、安全设施定期评估、管理人员安全能力评估。"双预控"是指安全风险分级管控和事故隐患排查治理的双重预防机制。"三个评估""双预控"的有机结合相结合，确保事前系统可靠、环境安全、管控到位，避免了风险隐患失控。其次，认真开展事中安全管控，全面落实"两个杜绝"。"两个杜绝"，即"标准化作业杜绝隐患，规范化操作杜绝三违"。最后，认真开展事后预防教育"一警示"，提高安全意识。即开展"班班有警示，月月有反思"活动。以典型案例、身边案例为重点，举一反三汲取事故教训，用事故案例教育人、警示人，长年不断开展这项工作，进一步筑牢安全思想防线。

（五）强化"三基"建设，推动法制建设向纵深发展

一要强基层，提升员工及班组落实安全责任的自觉性，进行自主管理。制定下发了《安全明星员工、安全星级班组考核办法》，着力打造一支"安全意识强、操作技能高"的基层标杆队伍，选树一批"安全把控能力强、综合业务素质高"的明星员工，逐步形成了"学标准、讲安全、比技能、强素质"的企业安全主流文化，推动"依法治企、依法保安"向基层延

伸，进一步夯实企业安全文化根基。二要强系统，健全安全生产管理体系。突出"四个一"重要抓手：即"一清单"，安全生产责任清单，实现一岗一清单；"一档案"，风险和隐患动态档案，对风险隐患实行系统管理；"一表格"，现场安全确认表，强化现场安全生产条件；"一平台"，安全信息平台，对找出的问题进行系统分析，研判安全生产存在的深层次问题和矛盾，并做出超前防范。在此基础上，实现了安全生产标准化建设"三个转变"，即由静态达标向动态达标转变、由结果达标向过程达标转变、由形式达标向内在达标转变。

四、落实安全法制建设的启发

一是加强安全生产法制意识，提高政治站位。"思想决定高度，态度决定出路"。党的十九大以来，依法治国已成为社会发展的主旋律，人们对法制的认识不断提高，对安全事故"零容忍"的态度越为坚决。煤炭企业只有提高政治站位，加强安全文化建设，把依法治企作为政治任务来抓，把安全生产作为企业生存之本来抓，才能更好把握企业安全管理方向，蓄力远航。

二是利用属地监管机遇，主动提升管理水平。作为煤矿主体，要主动适应煤炭企业属地监管新常态。在政府监管和企业自控高度融合新形势下，充分利用地方统管的安全监管优势，构建"信息共享、交流互通"的新型管理平台，拓宽企业安全管理思路，推动企业沿着法制建设的轨道，健康、高效、协同发展，全力打造煤矿安全发展的新格局。

三是落实安全主体责任，层层传递安全压力。企业是安全生产工作的主体，落实安全主体责任，强化主体安全责任意识，做好安全生产工作要变被动接受为主动作为，做到安全主体责任横向到边、纵向到底，做到"人人头上有担子、层层把关抓落实"，促使安全法制建设作为制度保障机制落到实处。

五、结论

在新时代环境下，煤矿企业严格贯彻落实党和国家的各项安全法律法规，加强企业安全法制建设是新时代煤矿企业发展的必然趋势，是煤矿企业综合竞争力提高的必然保障，对于促进煤矿企业安全生产、健康发展意义重大。本文从增强企业安全意识、提升企业法制教育、完善安全制度保障等方面来进行企业安全法制建设，结合安全文化建设，加强对安全生产各项工作的监管力度，推动安全生产普法工作深入开展。

石化企业安全文化与领导力研究

中国石油化工股份有限公司青岛安全工程研究院　王昭华　穆波　于菲菲　高雪琦

摘　要： 安全领导力是企业安全文化建设落地的关键所在，对有效提升企业安全管理水平，防止伤亡事故至关重要。为研究影响石化企业安全领导力的因素，根据岗位职责分析、文献研究，并对石化行业进行调研访谈，建立了安全领导力的关键因素与指标体系。开发出安全领导力测量量表，并通过信度分析、因子分析验证了石化企业安全领导力指标体系的有效性。研究结果为建设和评估企业管理人员的安全领导力提供了理论基础。

关键词： 安全领导力；关键因素；指标体系；安全文化

近年来，石化企业安全生产问题受到全社会的高度重视。在企业安全管理的早期，许多公司将其安全工作集中在一线员工身上，更多关注员工的不安全行为、装置设备的不安全状态及违规处置，随着安全学科的不断发展及近些年来一些国内外权威事故调查报告的公布，人们越来越清晰的认识到企业管理层在安全管理中的作用，安全领导力被认为是培养形成企业安全文化，促进组织实现优秀安全绩效的核心要素和重要内容。因此深入研究石化企业安全领导力的影响因素，构建安全领导力指标体系，对于提高管理人员安全领导力，实现石化企业安全运营有着重要的意义。

安全领导力的概念来自于管理学中的领导理论学说，根据一般的领导力概念，可以引申得到安全领导力（Safety Leadership）的定义，即安全领导者对他人实施影响，指引其他个人或群体，完成既定安全任务，从而促使组织实现安全目标的活动过程。从 20 世纪开始，国内外大量学者基于安全领导力展开基础理论和实证研究，与管理学关心如何通过领导力提高员工士气、提升利润率相似，安全领域则关心如何通过提升领导力来培育企业安全氛围、优化安全文化及提高员工安全行为。

本文通过岗位职责分析、文献检索及半结构化访谈，形成了石化企业安全领导力的关键因素与指标体系，为建设和评估企业管理人员的安全领导力提供了科学依据。

一、安全领导力的重要性

每个企业都期望安全运营，不发生安全事故，但如何将这种期望转化为现实对企业来说是一项巨大的挑战。书面化的规章、制度、程序尽管对于企业安全管理来说十分重要，但是要想实现优秀的安全业绩还应培育企业的安全文化，建立企业安全核心价值观。有足够的科研和企业经营实践表明，中高层人员的管理理念和安全引领是形成企业安全文化和决定企业安全绩效的重要因素。通常来说事故率最低的公司往往具有最高的管理承诺水平和员工参与度。

在 2005 年 BP 德州炼油厂爆炸事故的调查报告中，美国化学品安全与危害调查委员会（CSB）认为 BP 的高层缺乏足够的安全领导力，并没有有效地控制企业重大风险。与此同时，美国化学安全委员会进一步指派由美国前国务卿詹姆斯－贝克率领的独立安全调查组对 BP 在美国的 5 个炼油厂及总公司的过程安全绩效、过程安全文化及公司监管进行详尽的调查评估，经过两年的证据收集，调查组发布了一份 350 页的调查分析报告及 BP 安全记录。报告显示，BP 公司在安全管理方面存在着"重大缺陷"，BP 公司虽然十分注重降低炼油厂发生的个人伤害事故，但是忽略了工厂本身的操作安全与工艺安全，在管理层决策层面上有着系统性疏漏，调查组建议 BP 最高管理层应保持有效的安全领导力，建立适当的过程安全目标并符合企业安全政策。

国际一流能源化工公司，如杜邦公司在企业建立初期就规定在杜邦的家族成员亲自操作之前，不允许员工进入新的或重建的工厂，进一步加强高级管理层的责任。该制度演变为如今杜邦公司管理层的"有感领导"，现在"有感领导"已经成为安全领导力有代表性的词汇，即领导树立正确的安全价值观，通过自己言行示范，产生积极的示范效应。这种正确的安全价值观从上到下传递，为安全工作提供人身和物质保障，让员工和下属意识到领导者注重安全。从而引领全体员工对安全工作保持严肃认真的态度，培养良好的安全行为习惯，形成全员参与安全工作的局面，进一步促进提升企业安全文化建设。

二、安全领导力的关键因素与指标体系分析

企业要实现安全生产，达到优秀的安全绩效，首先需要营造良好的安全文化氛围，企业安全文化来自于坚持不懈的安全领导力建设。构建石化企业安全领导力的关键因素与指标体系可以有效明确企业管理者安全领导力的实际状况，培养管理者的安全领导行为习惯，将安全领导纳入各级管理人员的日常管理行为和决策。

查阅国内石油化工企业领导层的岗位职责，国外安全领导力相关资料，并在行业内的多家企业进行广泛的调研访谈。调研访谈采用半结构化方式展开，内容围绕企业安全生产对人员的能力素质要求、直线领导的具体要求、发生事故时安全管理出现的缺陷、个人在安全管理过程中的难点问题、安全管理队伍需要

提升的方向、优秀安全领导者的行为表现等多个核心问题展开，访谈对象包括中国石化多家企业的班组长、专业的安全管理人员、安全处长、安全总监等各级管理人员。

调研结束后，通过交叉式分析归纳，初步提取了60余项安全领导力的影响因素，在去除一些难以评估和关联性较差的指标后，对剩余的具备可改善、可评估性特点的影响因素进行相关性分析，再次归纳总结具有相关或相似关系的影响因素，凝练出石化企业安全领导力的关键构成因素，分别是：安全战略规划、职责分配与评估、行为榜样、资源投入与保障、风险控制、沟通交流、安全激励共7个维度。

随后结合在调研过程中7个关键因素维度涉及的特征行为，分别编码分析每个关键因素维度所涵盖的行为，归类总结出各个维度的子要素定义。通过对调研资料的分析，形成了关键因素—子要素—特征行为的三级模型结构，构建了石化企业安全领导力的关键因素与指标体系，包括7个维度的关键因素和33个子要素，见表1。

表1　石化企业安全领导力关键因素与指标体系

关键因素	子要素	特征行为
安全战略规划	安全承诺	做出公开的安全承诺，并与员工亲自签订个人安全承诺书
	安全要求和制度	向员工解释安全工作的重要意义，共同明确企业的安全要求和制度
	安全目标	建立合理的、量化的和可实现的安全目标和指标
	安全决策	始终坚持安全第一的标准，在设置生产（工作）时间和进度时，将安全考虑在内
	安全绩效评估	建立有效的安全绩效评估方式，不仅采用事故数量来反映安全业绩
	员工福祉	代表和支持员工的利益，关注员工的身心健康
职责分配与评估	职责分配	根据现有业务建立安全责任体系，按照"谁的业务谁负责，谁的属地谁负责、谁的岗位谁负责"的理念，明确安全职责
	员工业绩衡量	定期按照设定目标审查员工安全职责的履行情况
	承包商业绩	定期对承包商的安全业绩进行审查
行为榜样	个人能力	具备一定的安全知识和技能 （不仅是安全管理部门的管理者具有安全专业知识和技能）
	以身作则	带头遵守各项安全管理制度
	安全检查和观察	经常执行现场巡检、观察，并鼓励其他领导和承包商也这样做
	不合规行为反应	考虑到安全因素，必要的时候会阻止他人的不安全行为
	基层活动	定期参与基层安全活动，关心基层的风险

关键因素	子要素	特征行为
资源投入与保障	人员能力确认	在确定人员能力合适的前提下安排员工做有安全要求的岗位
	安全培训投入	为员工提供安全培训，提升其安全技能
	尊重专家	在做安全有关的决策时邀请各方面有经验的人员
	安全资源投入	为安全工作投入必要的物力和时间
	承包商甄选	实行承包商准入制度，并对其作业过程进行监管
风险控制	风险评价	企业危害识别与风险评价
	重大风险管控	了解企业的重大风险，并参与制定重大风险控制措施
	事故分析	参与事故分析，寻找事故发生根本原因
	经验、教训吸取	系统性吸取事故经验、教训，并与员工、承包商等共同分享
	闭环管理	跟踪、记录和执行事故报告或管理评审中的改进措施，并验证其有效性
沟通交流	分享	将安全话题作为会议的固定议题之一，向员工和承包商传达各类安全信息、分享安全经验和事故教训
	倾听	听取员工及承包商在安全方面提出的各类问题、建议，与相关方探讨安全问题
	他人评价	征求关于自身领导行为的反馈，并在个人发展中采纳这些意见
	意见听取	做安全相关的决策时听取员工的意见与建议
	员工支持	倾听人员在安全工作面对的疑虑，适当地在这些问题上给予反馈与支持
安全激励	认可	认可员工个人安全行为，肯定团队取得的安全业绩
	奖励	奖励或表彰员工的时候考虑安全因素
	非正式纠正	实行安全观察，纠正所有观察到的不安全行为
	正式的奖惩	建立正式的奖惩制度，规范员工与承包商的安全行为，做到奖罚分明

三、指标体系数据分析

依据石化企业安全领导力的关键因素与指标体系，开发安全领导力测量表用以收集相关数据，量表采用李克特5点量表，从1～5分别代表不同意至同意，随后借助 SPSS 软件，对问卷数据进行数据分析，以验证石化企业安全领导力指标体系的有效性。

（一）调研人员背景分析

依托具有较大网络影响力的"班组安全"微信公众号，并利用企业安全管理人员培训的时候，采用整群随机取样的方法在石化行业进行调研，向企业员工广泛收集意见与建议。为了保证问卷的质量与有效性，严格设置网上答卷的时间，剔除答题过快的问卷，最后共回收 202 份有效问卷，答题人员的描述性统计结果如表 2 所示。

表 2 调研样本的描述性统计结果

类别	统计项	频数	百分比/%
性别	男	138	68.3
	女	64	31.7
年龄	20～29 岁	32	15.8
	30～39 岁	67	33.2
	40～49 岁	63	31.2
	50 岁或以上	40	19.8
企业类型	油田企业	27	13.4
	炼化企业	82	40.6
	成品油销售企业	42	20.8
	工程建设企业	13	6.4
	煤化工企业	13	6.4
	科研单位	26	12.9

续表

类别	统计项	频数	百分比/%
部门	生产部门	32	15.8
	安全管理部门	126	62.4
	设备管理部门	10	5.0
	生产管理部门	3	1.5
	工程管理部门	6	3.0
	其他	26	12.9
职位	处级	9	4.5
	科级	57	28.2
	主管	50	24.8
	员工	86	42.6

从调研的统计结果来看，答题人员合理分布在石化行业的各个企业及层级，结合目前行业内安全管理人员的实际构成情况进行综合对比，得出调研结果可以代表从业人员对安全领导力的看法。

（二）信度分析

利用 SPSS 软件对调研数据进行分析，问卷的 Cronbach α 信度系数为 0.952，大于 0.8，表示调研问卷信度很好，数据真实。

（三）因子分析

KMO 取样适切性量数和 Bartlett 球形度检验是做主成分分析的效度检验指标，在进行因子分析之前先进行效度分析，经计算，效度分析结果见表 3，调研问卷的 KMO 值大于 0.8，表明适合进行因子分析。

表3　指标效度分析结果

KMO 取样适切性量数		0.866
Bartlett 球形度检验	近似卡方	3484.179
	自由度	595
	显著性	0.000

对石化企业安全领导力的 33 个子要素进行因子分析，结果见表 4。因子分析一共提取出 7 个因子，特征根值均大于 1，与构建的安全领导力指标体系的 7 个关键因素相一致。此 7 个因子旋转后的方差解释率分别是 14.717%、12.984%、12.919%、11.856%、9.447%、8.084%、6.036%，旋转后累积方差解释率为 76.043%，说明提取的 7 个因子可以反映绝大部分的子要素信息。使用最大方差旋转方法（Varimax）进行旋转，找

出因子和研究项的对应关系，由表 4 可知各维度的测量变量的因子载荷均大于 0.7，说明构建的石化企业安全领导力的关键因素与指标体系适用性较好。

表4　指标因子分析结果

维度	子要素	因子载荷
安全战略规划	安全承诺	0.775
	安全要求和制度	0.702
	安全目标	0.762
	安全决策	0.744
	安全绩效评估	0.821
	员工福祉	0.702
职责分配与评估	职责分配	0.791
	员工业绩衡量	0.804
	承包商业绩	0.808
行为榜样	个人能力	0.778
	以身作则	0.812
	安全检查和观察	0.745
	不合规行为反应	0.831
	基层活动	0.752
资源投入与保障	人员能力确认	0.726
	安全培训投入	0.742
	尊重专家	0.803
	安全资源投入	0.794
	承包商甄选	0.771
风险控制	风险评价	0.834
	重大风险管控	0.731
	事故分析	0.842
	经验、教训吸取	0.813
	闭环管理	0.707
沟通交流	分享	0.787
	倾听	0.757
	他人评价	0.755
	听取意见	0.716
	员工支持	0.798
安全激励	认可	0.823
	奖励	0.736
	非正式纠正	0.795
	正式的奖惩	0.775

四、结论

（1）石化企业安全领导力指标体系包括：安全战略规划、职责分配与评估、行为榜样、资源投入与保障、风险控制、沟通交流、安全激励 7 个维度的关键因素及 33 个子要素。

（2）指标体系具有良好的信度和效度，可将指标体系应用于企业管理者的安全领导力评估中，通过采用客观或主观的评价方法，找出管理者实际水平与指标体系要求之间的差距。

（3）进一步研究，可以提出石化企业安全领导力的行动准则，形成企业管理者安全领导力的改进实施方案，切实提升企业安全绩效，促进企业安全文化落地，保障企业平稳运营。

参考文献

[1] Zohar D．Thirty years of safety climate research：Reflections and future directions[J]．Accident Analysis and Prevention，2010，42：1517-1522.

[2] 毛海峰．企业组织中的安全领导理论研究[J]．中国安全科学学报，2004，14（3）：26-30.

[3] 杜学胜.企业安全领导力研究进展[J]．中国安全科学学报，2010，20（2）：130-135.

[4] 李超平.变革型领导的结构与测量[J].心理学报，2005，37（6）：803-811.

[5] 秦臻.企业班组长安全领导力与员工安全行为关系研究[D].北京：中国地质大学（北京），2014.

[6] 宫运华，朱亚威.安全领导力国内外研究现状分析[J].中国安全生产科学技术，2017，13（11）：167-175.

[7] 杨军，曹勇.HSE 管理中"有感领导"的研究与践行[J].石油工业技术监督，2010，（3）：44-46.

[8] 吴春林．建筑业安全领导力的理论与实证研究[D].北京：清华大学，2016.

水电企业现场安全文明生产标准化建设的
思考与探索

国电大渡河瀑布沟水力发电总厂 潘华松 李龙飞

摘 要：电力行业是非常需要做好安全文化建设工作的行业，也是我国推行安全生产标准化起步较早的行业。经过多年发展，电力企业安全生产标准化工作取得了明显成效，但在开展标准化建设工作中大家关注的基本上是制度、人员、意识等因素，对现场安全生产文明标准化探索较少。本文依据水电企业现场安全文明生产标准化建设，结合国电大渡河瀑布沟水力发电总厂创建安全生产文明标准化企业经验，从创建规划、体系建设、现场过程管控及创建体会等多个方面进行了思考，为其他水电企业创建现场安全文明生产标准化提供了一些管理思路。

关键词：水电企业；安全文明生产标准化；建设；思考

一、引言

安全文化建设关系到员工的生命，对任何企业而言都至关重要，而对水电企业而言，安全生产一直以来是企业生产管理中的重点，因此，安全文化建设工作也受到企业上下的重视。在电力行业，将安全文化建设工作落实到位的重要途径就是安全生产标准化的推行。电力行业是我国推行安全生产标准化起步较早的行业，经过多年发展，电力企业安全生产标准化工作取得了明显成效。但在开展标准化建设工作中大家关注的基本上是制度、人员、意识等因素，对现场安全生产文明标准化探索较少[1-5]。

原中国国电集团公司在火电建设标准化的基础上，计划2019年以前，在水电、光伏及风电全面推进标准化建设。国家能源投资集团公司成立后，继续在全集团电力企业中开展现场安全文明标准化建设工作，提升国家能源集团公司安全生产水平。而国电大渡河瀑布沟水力发电总厂（以下简称总厂）作为《水电企业现场安全文明标准化标准及验评规范》的主要起草单位，按照集团公司统一部署，总厂严格遵循实施方案要求，扎实开展了安全文明生产标准化建设工作，通过全面系统的整治，总厂率先高标准通过了原中国国电集团公司组织的验评工作，进一步夯实了安全生产基础，规范了现场工区管理，切实提升了安全文明管理水平，很好地将安全文化建设工作落到实处。

同时，创建探索过程积累了一定的建设经验，对正在和将要开展标准化建设的企业有一定的指导意义。

二、安全文化建设落地途径探索

作为安全文化建设工作在总厂的落地途径，总厂的安全文明生产标准化建设也进行了不断的探索。

（一）统筹规划，建立大创建机制

（1）建立领导机构，完善组织体系。一是成立"安全文明生产标准化"建设领导小组。全面部署推进标准化创建工作，解决标准化创建过程中的重大问题。二是细分工作小组。先后成立了标准化推进专门工作小组4个、专业整治工作小组4个，划分管理片区18个，强力推进各区域整治工作。成立了"现场安全文明生产标准化迎检冲刺专业小组"12个，确保冲刺攻坚务必完成。三是落实责任人员。确定了安全文明生产标准化要素负责人、部门负责人和配合人员91人，将4个考核项目的整治计划落实到单位（部门）、班组和责任人。

（2）明确目标任务，完善制度体系。一是制订方针目标。提出了"安全环保、文明提升、高效发展、持续改进"的标准化建设方针，明确了总得分率不低于96%的创建目标。二是印发创建方案。先后发布了《2017年安全文明生产标准化工作实施方案》和《安全文明生产标准化管理方针、目标指标及管理方案》，明确了标准化建设工作的目标任务、方案措施、物资保障、时间节点。三是修编制度标准。组织修订《安全文明管理》等管理标准 16 个，《防汛应急预案》等应急预案 62 个，制定了《现场安全文明生产标准化建设考核办法（试行）》等管理制度 8 个，进一步完善了标准化管理体系文件。

（3）整合全员力量，完善联动体系。一是畅通协调机制。建立了总厂、检修公司、库坝中心、班组（值）全面参与的安全标准化工作网络，每周召开周例会和片区协调会，讨论分析并协调解决创建过程中的各类问题。二是凝聚团队合力。将安全标准化创建指标纳入"四强党支部""先锋团支部""流动红旗"考评，党政工团组织依托"安全主题宣讲、两会一活动、安全生产联系点、事故警示教育、红线意识大讨论"5大活动载体，开展"安全标准我先行，设备形象大提升"等主题活动 7 项，形成了全员参与的良好氛围。三是加大人员投入。根据标准化创建整改工作情况，专题研究调整了运维倒班模式，通过内部细化分工、分组实施的方式推进整改项目落地，增加了标准化整改人员数量，加快了整改工作进度。

（4）强化宣传引导，完善教育体系。一是召开动员大会。组织全员召开了安全标准化建设启动会，传达了公司标准化创建的工作要求，引导动员全体职工，着力夯实安全生产基础，提升安全生产水平，逐步实现本质安全。二是开展知识宣讲培训。建立了"走出去、请进来、自己学"的培训方式，先把调研成果制成培训教材，进行细致宣讲。邀请专家开展专题培训，现场查评，提升职工掌握标准的能力。三是多渠道强化宣传。利用网站专栏、微信、QQ 群、灯箱展板等载体，宣传报道标准化工作动态。

（二）突出重点，实施精准化创建

（1）聚焦全面性，对标求进抓整治。一是全面排查隐患。坚持厂领导带头，全员参与开展隐患排查工作。二是加强无泄漏治理。修订了《无泄漏管理标准》，将渗漏及痕迹均纳入缺陷闭环管理，组织开展了针对泄漏、渗漏及痕迹的逐项排查、集中整治，共治理渗漏点 260 处。三是完善安全设施及标志。组织对现场楼梯、平台、栏杆、爬梯、标志标牌、安全警示线、管道介质流向和色标、管道颜色等按照集团公司《安全设施配置规范》要求进行了治理。四是加强设备整洁。严格对照标准要求，消除积灰积油积水，清除泄

漏痕迹 300 余处，保持了设备本来"面目"。

（2）补强薄弱点，整体提升上台阶。一是对焦起重设备整治。针对总厂起重设备（设施）历史欠账多，与标准化要求差距大的情况，组织精兵强将实施防火封堵，电缆整治、设备卫生、标志划线等全面治理，设备面貌焕然一新。二是关注盲区管理。总厂个别地方位于生产区域边缘，人员光顾较少，安全文明形象与标准要求偏差较大。总厂重点关注上述区域，加大了整治投入，瀑布沟尾水洞出口区域等处，加高了临河栏杆、增设了标志标牌，开展了除锈防腐工作，实现了无差异管理。三是严抓地灾防治。总厂地处山区，地灾隐患多。总厂重点整治地灾隐患，将深溪沟山体的防护网由原来的 4 米加高到 12 米，在坝顶通道增设防护棚道、厂房顶部加装防护网，保证行人及设备安全。四是标准脚手架搭设。

（3）打造特色项，巩固优势增亮点。一是强化设备（设施）渗漏治理。二是强化安全设施治理。三是强化个人防护及安全用具治理。四是强化应急安保治理。五是强化防冻保温治理。六是强化检修看板治理。七是强化库房治理。八是强化交通安全治理。

（三）创新管理，实现全方位管控

（1）坚持问题导向，危险源管理分级化。一是健全分级管控体系。将标准化创建与危险源分级管控紧密结合，健全了"大渡河公司领导、总厂领导、总厂部门负责人、总厂基层职工"四级安全风险管控体系，确保了责任到人，任务细化到点。二是规范危险源管控流程。实现了"危险源辨识和评估→危险源治理和控制→危险源核销及新增"的风险管控定期化、标准化和动态化。三是强化隐患动态管控。将创建期间发现的隐患按性质分别纳入"安全管控模型""现场管控模型"和"缺陷管控模型"，实施动态管理，明确了整改时限和责任人。

（2）规范标准链条，设备管理特色化。一是建立设备主人负责制。建立了以副总工、技术主管、设备主人、班组技术专责为成员的"技术管理链"，建立起具有瀑电特色的技术管理新模式。二是实施缺陷管理标准化。在总厂缺陷管理标准化体系中新增了安全文明生产类缺陷，纳入缺陷治理计划进行统一管控。三是提升技术管理规范度。编制了运行"第一次操作"手册，重点提示设备操作风险和特殊运行方式下的设

备操作要求，确保了操作安全。

（3）固化工作流程，检修作业标准化。一是编制作业指导书。依照集团公司设备检修标准化作业规范和检修规程，制定图文并茂的标准化《检修作业指导书》和《带电作业指导书》58份，推进检修标准化作业。二是规范走动式管理。编制《"走动式"现场管理标准手册》，规范各级管理人员以现场为中心，重心下移、关口前移，全面协调和把控检修维护作业过程中的安全工作。三是制定标准化关键点见证清单。结合三级验收制度规定，依照清单逐项检查验收，确保检修质量。

（4）运用智能手段，风险管理智慧化。一是探索推进智慧电厂建设。依托物联网、大数据和人工智能技术，将"互联网+"与工业技术相融合，探索开发智能机器人进行巡检，智能安全帽定位防止走错间隔，五防闭锁装置严防误操作，智能安全带防止高空坠落，切实提升了安全防控的现代化水平和效果。二是创建安全风险管控中心。围绕安全风险的发现、分析、整改、验收等环节，开发建设了安全风险管控中心，着力实现事故（事件）、应急管理、消防安保、外包工程、文明施工、制度标准等数字化功能。三是开展设备趋势分析。利用SMA2000状态分析系统开展设备趋势分析，排查设备潜在的安全隐患。各班组每轮班结合工作情况，编制《设备运行数据分析报告》和《设备维护分析报告》，提前发现设备运行异常情况，主动维护保养设备，将隐患、缺陷消除在萌芽状态。四是建立智能物资管理系统。实现物资计划、领用、出入库管理电子化，流域物资资源共享和物资备品备件余量低于预设值自动报警等功能。

三、关于创建工作的思考

通过一年的建设创建，总厂安全文明生产标准化体系更加完善，生产现场环境大幅提升，职工作业行为更加严谨规范，安全文化建设很好地落到了实处。标准化创建是一项充满挑战的工作，有几点思考值得水电行业企业借鉴。

（一）领导重视是关键

标准化创建是一项系统过程，涉及修订制度、标准宣贯、现场检查、落实整改等，需要投入大量的人力和物力，协调难度大。需要领导带头组织协调会、现场检查、定期部署安排。

（二）全员参与是保障

标准化创建时间紧，任务重，加之集中管控，合同签订流程长，外委项目进场困难，所以很多工作需要集中全厂员工来做。

（三）方案策划是前提

一要摸清家底，确定整改任务，制定节点工期。二是划分责任片区，落实责任人。三是落实经费。

（四）标准掌握是基础

本标准是集成相关国家标准、集团公司规定要求等而成。防止走弯路，必须要有明白人，对标准的要求要吃透。

（五）过程管控是抓手

创建过程漫长，涉及人员队伍多，交叉作业多，坚决把控住安全，定期召开协调会。要边整改边检查边纠偏。宣传鼓动也很重要，使用正反向激励措施让员工看到成绩。

（六）持续改进是灵魂

一是创建工作会不停发现问题，整改问题。二是不能把标准化创建搞成运动，验评完就结束。三是通过标准化创建让员工养成习惯，形成能力，形成企业安全生产文化。

综上所述，安全文化建设的落地非常重要，安全生产标准化建设是安全文化建设在总厂落地的重要途径，也是新时代安全生产的必然趋势。本文结合发电企业创建安全生产文明标准化企业的实践经验，以国电大渡河瀑布沟水力发电总厂为例，从创建规划、体系建设、现场过程管控等多个方面具体阐述了安全生产标准化的创建过程，并对创建过程进行了反思：标准化创建是一项系统过程，领导重视是关键，全员参与是保障，方案策划是前提，在创建过程中要管控到位、持续改进。

加强煤炭港口企业安全文化建设对策研究

神华黄骅港务有限责任公司　刘思琛　毛希军　张丽娜　童建飞

摘　要：随着市场经济的发展及政府职能的转变，煤炭港口企业在发展的过程中面临着很多问题，尤其是安全文化的建设问题。近年来，煤炭港口企业发生了很多安全事故，这些事故的发生也给人们敲响了警钟，煤炭港口企业需要加强安全文化建设，要求每一个员工提高安全意识，同时利用大数据技术来建设煤炭企业的安全文化。本文主要对煤炭港口企业安全文化建设的对策进行详细的研究和分析。

关键词：煤炭港口企业；安全文化；对策研究

众所周知，煤炭港口企业安全文化建设是非常重要的。煤炭港口相关负责人应该对安全文化建设制度进行深化改革，积极利用大数据手段来推进港口企业的安全管理水平，从而全面提升煤炭港口的安全文化建设。

一、加强煤炭港口安全文化建设的必要性

（一）煤炭港口安全文化建设体现了和谐社会以人为本的价值观

在煤炭港口企业中加强安全文化建设的意义是非常明显的，在对煤炭港口安全文化进行建设的过程中，要秉承着以人为本的思想，应该以实现人的全面发展和促进我国和谐社会的实现为根本依据。与此同时，煤炭港口相关部门应该根据港口之前发生的安全事故及港口自身的安全条件对相关的安全文化进行建设，充分利用先进的大数据技术来加强港口安全文化建设，在港口中建立相应的安全制度来有效地带动我国和谐社会的实现，可见其不仅重要，而且必要。

（二）煤炭港口安全文化建设可以推进社会的安全发展

想要更好地带动我国社会经济的发展，安全文化建设是一个必不可少的过程。企业的领导者应该重视员工的安全，重视安全文化的建设，尤其是在煤炭港口企业中；与此同时，企业的领导还可以投入一些资金来购买先进的设备，提高产品生产和运输的自动化水平，推动信息化、数据化建设，从而使得人员工作的环境、决策效率得到更好的提升。这种情况下，就能够有效地减少各种安全事故的发生。同时，高技术的企业大规模发展，可以有效地带动地方经济，推动

地区人员素质提升，使高素质的人员参与到和谐社会的构建中。由此可见，加强港口安全文化的建设意义非常大，能够在很大程度上带动我国社会的安全建设和发展，也能够将安全制度落实到每一个企业及部门中。

（三）煤炭港口安全文化建设是煤炭企业生存发展的客观要求

通过调查发现，近年来，很多煤炭企业的安全生产形势并不是很好，很多员工没有按照安全生产的要求对相关的工作进行执行，也没有较高安全工作意识，这种情况下，就会导致很多安全事故的发生，频繁的事故累积会在极大程度上约束煤炭经济的可持续发展。另外，我们国家的煤炭企业数量相对比较多，煤炭企业之间的竞争压力也比较大。想要更好地保证煤炭企业在同行业中竞争力的提升，保证煤炭整体产业链条能够更加长久的生存发展，企业就应该加大投资力度，重视安全生产，加强安全文化建设，这样就可以帮助整个煤炭行业树立良好的形象，使得自身的经济发展效益得到极大的提升，同时也能够使煤炭企业在同行业中的发展竞争力得到极大的提升。由此可见，加强煤炭产业链条中港口安全文化建设是非常重要的，而且也是非常必要的，是满足煤炭行业生存发展的客观要求。

二、煤炭港口安全文化建设对策

（一）利用大数据技术推动煤炭企业安全文化建设及安全管理系统建设

近年来，我国政府强调煤炭企业要加强安全生产，并且颁布了一系列的法律法规来要求煤炭企业注重对

安全文化体系的建设，严格按照法律法规的要求做好煤炭安全管理工作，经过几年的发展，很多煤炭企业的安全管理水平已经得到了很大的提升。比如神华黄骅港务公司就是一家煤炭港口企业，这家企业积极响应国家的号召，积极做好安全生产和管理工作，使得这家煤炭港口企业在近几年很少发生安全事故，主要是因为神华黄骅港务公司积极的利用风险预控体系、隐患录入排查闭环系统等信息化技术进行数据的有效分析来制定一系列的安全管理方法和模式，将大数据技术引入到安全管理和安全文化建设中，使得这家企业的安全管理手段和安全管理决策方式发生了改变，也帮助这家企业建立了更加健全的管理体系。由此可见，利用大数据技术来加强煤炭港口企业的安全文化建设以及安全管理系统的建设是非常有意义的。

（二）加强煤炭企业安全生产制度的完善，构建长效机制

煤炭港口企业的安全生产制度的建设并不是一朝一夕就可以完成的。想要更好地对煤炭港口企业的安全文化进行建设，需要经过很长时间的努力，要杜绝安全文化建设流于形式。首先，需要加强对煤炭港口企业安全生产制度的完善和建设，要求员工在实际工作的过程中能够遵守安全生产制度，拥有较高安全意识从而使得自身的工作效率得到很大的提升，也使得煤炭港口企业的安全生产制度得到更好的完善和建设。其次，煤炭港口企业需要结合科学发展的理念来做好相关安全生产工作，不断探索新的安全生产制度改革方式，争取能够根据煤炭港口企业自身的发展情况建设一个完善的安全生产机制，从而使得这个安全生产机制能够得到长期的使用。

（三）以人为本，提高煤炭企业员工的安全意识

通常情况下，实施安全文化建设的主体是企业的员工，但是煤炭港口企业中有一些员工对安全存有侥幸心理，并没有严格遵守安全制度来做好自身的工作，主要就是因为这些员工的自律意识不强，工作态度不是很积极。基于此，煤炭港口企业应该秉承着以人为本的思想，积极的给员工进行安全教育和安全知识的培训，让员工能够对安全文化有更加清晰的了解和认知，带动员工能够在日常工作中严格遵守安全生产管理制度。另外，企业的管理者还可以定期给员工开展一些安全理念的宣传讲座，组织员工集体学习，并且

在学习安全知识之后进行交流，加深员工对安全知识的理解，提高员工的安全觉悟，更重要的是能够帮助员工提升其整体素质，让员工能够更加恪尽职守的按照安全规则来做好自身的本职工作。由此可见，提高煤炭港口企业员工的安全意识至关重要，这对于煤炭港口企业的安全文化建设有着极大的推进作用。

（四）积极推动港口安全文化建设与国家安康杯活动和百日安全活动的融合

为了更好地推动煤炭企业的安全文化建设，我国相关部门举办了国家安康杯活动和百日安全活动，已经开展安全文化建设的企业都可以参与到国家安康杯活动中，可以将企业中的安全文化展示出来，在对自身安全文化体系进行建设的过程中加入一些创新性的元素，优化企业施工工艺，降低各种安全风险，以绿色管理的生产方式来加强企业的安全生产管理和安全文化建设，尤其是煤炭企业，更需要注重对安全文化的建设。通过积极参与国家安康杯活动和百日安全活动，可以将煤炭港口安全文化建设与这些活动融合在一起，全面促进煤炭港口的安全文化建设。

（五）传统宣传手段与新媒体信息化手段相结合，使安全文化深入基层

想要更好地对煤炭港口安全文化进行建设，就必须采用新媒体信息化手段来加强安全文化体系的建设，同时还应该积极地采用传统宣传手段中的有效手段来对安全文化体系进行建设。通过将传统宣传手段与新媒体信息化手段结合在一起。可以使得越来越多的员工能够了解到安全文化建设的意义，能够让每一个员工拥有较高的安全意识。比如之前采用的传统宣传手段中，企业的领导者在开会的时候给员工讲解安全文化建设的意义以及领导者运用现代化的多媒体技术给员工进行相关安全知识的推送，利用多媒体技术播放一些视频和图片，让员工能够意识到安全文化建设的意义，这样能够使得安全文化深入基层，让基层员工能够更好地遵守安全文化制度，让员工能够严格按照安全生产要求来恪尽职守地做好自身的本职工作，从而带动煤炭港口企业的安全文化体系的有效建设。

三、结语

综上所述，煤炭港口企业应该结合公司的实际发展状况，并且积极学习先进的安全生产管理理念，在

煤炭港口企业内部建立完善的安全文化体系，加强安全文化体系的建设力度，让每一个员工都能够拥有较强的安全意识，从而有效的减少煤炭港口企业安全事故的发生，带动煤炭港口企业经济的可持续发展。

参考文献

[1] 王靖凯.煤炭企业安全文化建设的困境与对策研究[D].成都：西南石油大学，2016.

[2] 邱竹君.煤炭企业安全文化建设与评价[D].长沙：中南大学，2016.

[3] 李爽.煤矿企业安全文化系统研究[D].徐州：中国矿业大学，2015.

[4] 王亦虹.煤炭港口安全文化评价体系研究[D].天津：天津大学，2015.

[5] 杨基滨.论煤炭企业安全文化及其建设[D].北京：中国地质大学（北京），2014.

"基石"安全文化管理体系构建与实施

华电龙口发电股份有限公司安全监察部　臧立忠

摘　要：电力、热力是"特殊商品"，能否可靠供应事关经济健康发展、社会和谐稳定问题。因此，安全生产不仅是电力企业改革、发展、效益和稳定的"基石"，更是必须担负的社会主体责任。华电龙口发电股份有限公司坚持以企业安全文化建设为抓手，在以人为本、安全发展理念的指引下，从"人、机、环、管理"四方面入手，研究探索安全精益化管理的模式和方法，持续深化安全监管、制度标准、人员培训、设备治理，着力构建了"基石"安全管理体系。

关键词：安全生产；"基石"安全管理；红线意识；人本管理；标准化建设

华电龙口发电股份有限公司（以下简称公司），主营电力、热力的生产经营。前身为山东龙口发电厂，始建于1981年，是国家和地方率先集资兴建的大型坑口电厂，2000年改制成立股份制公司，为全国首批、山东省第一家"厂网分开"改制试点企业，2010年4月加入中国华电集团。

公司深入贯彻落实习近平新时代中国特色社会主义思想和党的十九大精神，按照中央"两个一以贯之"的要求，牢记初心、不忘使命，忠实履行企业社会主体责任，积极践行"以人为本、生命至上""不安全不工作、不环保不发电"的安全理念，以集团化管理为依托，以"安全环保、固本强基"为主线，以"基石"安全文化为引领，牢牢把握防人身伤害、防机组"非停"、环保节能等安全生产关键要素环节，坚持"以人为本提素质、重心下移抓基层、关口前移强基础"，推进体制机制管理创新，狠抓"两个体系"和执行能力建设，深化主体责任落实，着力构建"基石"安全管理体系，实现了安全责任全员化、制度建设标准化、安全管理精细化、教育培训常态化、应急管理规范化，公司内质外形建设和综合管理成效显著，装机单位利润贡献率处于全国行业领先水平。

公司先后荣获全国精神文明建设工作先进单位、全国安全文化建设示范企业、电力安全生产标准化一级企业、华电集团安全生产先进单位，连续五年蝉联华电集团五星级发电企业，连续十年荣获全国安康杯竞赛优胜企业，公司4号机组连年保持了华电集团公司标杆机组的称号。截至2017年年底，公司累计发电1584.32亿千瓦时，实现利税94.13亿元。截至2018年7月31日，公司实现连续安全生产7223天，安全生产继续保持了"零伤害、零事故"平稳发展的态势，为保持社会和谐稳定，促进地方经济繁荣发展做出了积极贡献。

一、以安全文化建设为抓手，夯实"基石"安全管理的思想基础

（一）提炼安全理念，为安全文化"塑型"

通过回顾公司30多年来艰苦创业、拼搏奋斗、开拓创新的发展历程，对安全管理实践经验进行归纳和概括总结，从体现员工整体精神意志、理想信念和价值取向，从职业道德和精神文化的层面，发动全体员工系统性地挖掘整理，并经分层筛选和多次上会讨论，总结提炼出了"生命至尊　安全至重"安全价值观、安全使命、愿景等，形成了"以人为本提素质，重心下移抓基层，关口前移强基础"为核心内涵的"基石"安全理念体系。以员工原创安全警句和温馨提醒、真人情景安全漫画、参与安全活动场景图片中的精品为素材，编辑发行了公司《安全文化手册》，隆重召开公司《安全文化手册》发布会，下发至每位员工的手中，扩大"基石"安全文化宣传面和辐射影响力。通过员工精心构思、完善参赛作品，自我学习教育、修养提高，自然改善安全心智、规范思想行为，将安全理念精髓转化为员工的价值认同、职业操守和自觉行为，收到了"内化于心、外化于行"的良好效果。

（二）营造安全氛围，促进安全理念"入心"

拍摄了安全文化宣传片，集中展现公司安全管理

成果和尽职尽责、精心致力于企业发展的员工团体精神风貌。借助安全评论专栏、安全专题讲座、闭路电视、网站、快报、上下班时段广播、班车文化广播等宣传媒介，送安全文化精神食粮进班组、进社区、进家庭，进一步提高了员工安全法律意识和责任观念。在生产必经通道设立了两条"基石"安全文化长廊，生产场所布置安全理念宣传牌、安全漫画，重点安全防护部位装设警示标语、温馨提示牌等 560 余幅。安全文化长廊尽头的安全生产时刻表、"让安全融入您生命中的每一天"温馨提示语、"生命至尊 安全至重"核心安全价值观释义，洋溢出安全文化的气息，浸润着员工的心灵。

（三）发动全员参与，推进安全文化融入基层管理

举办了安全警句格言及"我身边的安全事例"征集、亲人安全寄语、安全承诺签名、"安全提醒一句话"、安全知识竞赛、安全演讲比赛、"千人总动员，隐患随手拍"、安全微信视频展播、"违章之害"动漫设计大赛和安全生产摄影比赛等形式多样、丰富多彩的安全文化活动，让员工扮演安全文化建设的"主角"。结合工作性质和专业特点，充分挖掘提炼分场、班组岗位安全管理理念，使"基石"安全文化融入到基层班组安全管理、延伸到各个领域，形成了化学专业"阳光安全文化"、运行专业"运行安全文化"等多个"基石"安全文化子系统，促进"基石"安全文化体系良性循环、层级互动发展，更加接地气、有传承人脉，实现"基石"安全文化落地生根、开花结果。

（四）典型示范引领，树立争先创优良好风尚

举办了"全国五一劳动奖章""华电集团劳动模范"先进个人事迹报告会和尽责、创新、道德模范"最美员工"颁奖典礼，开展了首席专业技师、安全生产"月度之星"评选、"飘扬的旗帜"先进典型巡礼和"公司、分场级技术能手"选拔竞赛活动。对评选出的"月度之星"每人给予 1000 元奖励，对竞赛选拔产生的首席专业技师、"年度公司、分场级技术能手"给予月度津贴待遇，并将其事迹制成电脑屏保，在公司系统微机上定期播放。通过对先进典型的选树、奖励和宣传，实行动态管理，充分调动起生产一线员工的工作积极性、主动性和创造性，营造了"比、学、赶、帮、超"的良好氛围，为生产一线人才的脱颖而

出和重要岗位人才的储备选拔搭建了平台。

二、强化"红线"意识和底线思维，夯实"基石"安全管理的组织基础

（一）严格落实"一岗双责"，执行"安全一票否决制"

以"建设风正、气顺、人和、受社会尊重、能够为社会发展积极提供正能量的企业"为发展愿景，将上级公司规定的二十条"安全一票否决"的行为作为安全管理的"红线"和"高压线"，落实"一岗双责"，实施了《大安全"一票否决"责任追究考核办法》，被"一票否决"部门将取消其年度综合性荣誉称号和主要负责人、相关责任人当年评先受奖、提拔任用和晋级资格，并扣除主要负责人、分管负责人年终奖励的 30%。通过该办法的实施，分解了任务目标，明晰了责任义务，统一了思想行动，形成了公司安委会统揽全局、党政工团齐抓共管的安全管理格局。

（二）健全组织管理体系，形成安全长效监管机制

推行了"01234"安全管理模式。以人本化为核心，尊重人的健康和生命，确立了"零违章、零事故、零伤害"安全管理目标；以规范化为手段，深化责任落实，实行了"安全一票否决制"；以标准化为基础，发挥安全监督、保障"两个体系"和公司、分场、班组"三级安全、技术监督网"的作用，确保制度标准规程执行到位；以精细化为载体，细化分解任务目标，层级负责、动态响应、垂直管理，实现了公司、分场、班组、个人四层有效管控。按照"党政同责、一岗双责、齐抓共管、失职追责"和"谁主管、谁负责，谁审批、谁负责"的安全管理原则，重新修订完善了《各级人员岗位安全生产责任制》，横向到边、纵向到底，从总经理到每位员工，层层签订安全生产责任书和安全承诺书，将企业主体责任量化分解到了具体岗位个人。实行"安全监管分片包干制"，公司领导、职能部室分片包干到分场，分场班子分片包干到班组，构建了"一级对一级负责、层层承担责任义务、人人履行安全职责"多级联动的安全监管责任体系。

（三）强化动态过程管控，推进安全主体责任"五落实、五到位"

实行了领导干部 24 小时带班制，按照"原因要查清，责任要落实，措施要到位，整改要闭环"的原则，

坚持由公司领导主持、中层以上管理人员参加的每日、每周生产调度和月度安全分析例会制度，随时跟踪掌握安全生产情况第一手资料，认真梳理排查不安全因素，及时制定安全技术措施，落实责任部门，并以下发会议纪要、例会督办单等方式，指导和监督基层部门开展工作，每周例会通报点评各部门工作落实情况并纳入月度安全生产绩效考核。组建了安全生产汇报、交流微信群，随时随地瞬时掌握现场生产讯息，及时沟通协调解决问题，提高了工作效率。开发了《安全生产问题整改台账管理系统》《安全生产管理文档展播平台》等管理信息平台，实现了安全生产环保指标、安全生产通知要求、奖惩通报考核等信息共享和在线查询，安全检查发现问题和设备存在缺陷建档入册、整改、验收等各环节的历史追溯和在线监控，有力地提升了"履职尽责抓管理、强化闭环见实效"的责任感和执行力，切实将安全生产的"五个到位"落到实处。

三、强化人本管理，夯实"基石"安全管理的人员基础

（一）加强安全管理现状分析研究

聘请安全管理专门机构，对公司安全管理现状进行全面综合"把脉"，出具了《公司安全管理诊断报告》，排查诊断出员工安全意识及行为影响因素、分析公司安全管理弊端和不足，对症下药、有针对性采取强化教育培训、健全体制机制、完善规章制度、落实专责部门等弥补措施，消除安全认知、形式创新和管理功效等方面存在的差距和不足。

（二）以史为鉴、警钟长鸣，深入开展"公司安全警示教育"活动

将公司历年发生的典型不安全事件拍成安全警示纪录片，每年在事发当日组织集体观看、现场全员安全承诺签名、公司领导参加分组安全讨论。通过对自身不安全事件回放、追忆和反思，深度排查在思想认识、排查整改、管理监督和举一反三等方面存在的不足和薄弱环节，知耻后勇、守土有责、查遗补漏、完善提高，推动了安全主体责任自觉落实。

（三）以"防人身伤害"为首要任务，每周组织安全活动

对于系统内发生的典型性、专业性的不安全事件，第一时间由职能部室牵头有针对性地组织"三级安全、

技术监督网"人员进行学习讨论、对号入座，梳理排查、制定反措。针对典型人身伤亡、误操作、责任性恶性事故，及时组织安全学习抽考、现场考问，做到事故经过人人皆知，全员受教育，形成了安全学习"日有内容支持、周有重点计划、月有抽考验证和季度有阶段总结"的安全教育模式。在生产现场制作安装事故案例警示看板，将事故案例剖析做成微机屏保，下发至班组、分场、部室安装学习，时刻警示大家强化安全"红线"意识，警钟长鸣，在筑牢安全思想防线的同时，重点结合生产实际，举一反三开展安全风险分析评估，落实防范措施，开展专项治理，推行安全"双述"，深化事故预想和应急管理，及时将他人的事故教训吸收转化为超前预防、自我改进、防患未然的工作经验。

（四）多元化地开展安全教育培训

培训不到位是最大的安全隐患。公司将安全教育培训考试合格、持证上岗作为新员工入职基本要求，将安全技能认证上机考试过关作为岗位晋升和专工、中层管理岗位竞聘的首要必备条件。每年邀请安全管理专家对班组长以上管理人员进行岗位轮训，提升基层管理者安全素养；开展"防止人身伤亡措施""现场紧急救护及职业病预防"、安全技能认证等专项培训，提高了员工自我保护、安全自救和互救能力；有针对性地组织"液氨泄漏、全厂停电、防汛泵房全淹"等应急预案演练、岗位练兵、安全通报学习抽考、一对一"导师带徒"、专业技能竞赛等活动，提高了职工的安全责任意识和操作技能。

四、强化标准化建设，夯实"基石"安全管理的制度基础

科学完善的管理制度标准，是推行基石安全管理的依据和保障。

（一）关口前移抓源头，健全制度标准体系

结合标准化良好行为 4A 企业创建，公司对现行212 个管理制度标准、656 个岗位工作标准和40 项安全应急预案等，重新进行梳理、完善和修订，各基层分场（班组）健全了包括制度规程、安全检查、缺陷记录、员工信息档案、特种作业人员管理、设备异常情况分析及处理和特种设备管理等基础管理台账，内容涵盖了安全生产、经营管理、职业健康、应急处置的各个领域和要素环节，消除死角盲区，做到凡事有

章可循、有据可查，实现管理制度标准网络全覆盖。

（二）落实风险分级防控，推进隐患排查治理

通过对风险辨识、评估、分级、完善安全风险公告制度，落实各级风险管控技术、管理措施，建立起有效的风险分级管控和隐患排查治理双重预防机制。颁布实施了公司安全生产"八大禁令"，将"不按规定佩戴安全帽、高处不安全作业、无票、无监护作业、重点防火区域吸烟、酒后作业"等八类严重威胁人身安全的违章划定为不可逾越、触碰的"安全红线"。推行公司"日、周、月、季"现场安全督查和分场、班组自查自纠奖惩考核机制，发动全体员工深入开展查找身边安全风险活动，形成风险管控人人参与、人人负责、人人受益的氛围。

（三）创新外包工程管理模式

针对外包工程管理相对薄弱的实际情况，将其纳入日常安全监管范围。专门制定了外包工程管理程序、制度标准。增设质量监督点，实行了"安全上岗证"、项目负责人参加安全例会、监护人、项目负责人和施工安全员佩戴袖标全程监护，安监、生技、工程所在分场、施工方管理人员和监理人员定期巡视签到等制度，并以"重大外包项目工程监察卡"的形式强化各级管理人员责任意识。对人员密集、工艺复杂和交叉作业较多的"重点、难点"项目，成立了现场工作组，协调办公，对安全质量联合把关。发现问题，及时以整改通知单、考核通报的方式进行跟踪落实，消除安全监管盲区，从根本上避免了"以包代管"现象，确保了四台机组脱硫、脱硝、电除尘超低排放改造、一期工程整体及烟囱爆破拆除等多项重大外包技改工程的安全施工。

五、强化机组可靠性综合治理，夯实"基石"安全管理的设备基础

安全生产是基础，设备治理是关键。多年来，公司将实现机组超低排放、"零非停"作为工作追求和目标，纳入常态化管理，不断提高机组可靠性和运行稳定性。

（一）强化意识、奖惩并举，逐级分解防"非停"目标任务

将防"非停"与部门、个人年度评先绩效考核挂钩，实行"一票否决制"，设立控"非停"专项奖励基金，加大了责任追究考核力度，体现出"三个不一

样"。围绕"如何不做打破公司零非停的责任者、责任班组、责任部门"主题，分层次、分专业多次召开了"防非停"专题研讨会。通过上下互动、畅所欲言、交流经验，认真梳理排查自身存在的不足和薄弱环节，达到思想和行动的高度统一。举行了"4·7安全警示教育日"活动暨零"非停"目标责任书签订仪式，全员集中观看了公司"4·7"和机组"非停"安全警示教育片，开展安全责任大讨论，逐级签订零"非停"目标责任书，强化各级人员除隐患、防"非停"安全责任意识。

（二）把握关键、细化措施，深化全过程跟踪执行和落实

结合生产实际和专业特点，重点围绕防"四管"泄漏、电气热控原因、检修工艺质量、脱硫系统维护、运行操作调整及缺陷处理过程6个方面，层层制定了防"非停"保障措施。通过深化精益化检修管理，采取重大操作各部门到位监护、机组调峰备用"逢停必查"、检修工艺质量督查、防"非停"落实情况周汇报、两票三制监督、特殊时段专业"特护"等形式，突出薄弱环节，促进自查自纠，严把质量关口，强化过程管理。对发生的异常情况，小事做大、按处罚上限落实责任和考核，严格按照"四不放过"原则进行了跟踪处理，监督零"非停"保障措施执行、落实到位。

（三）超前诊断、及时干预，实现隐患闭环管理

完善安全绩效评估奖惩机制，对于发现重大设备缺陷、遏制或排除重大险情、防止人身和设备事故的人员，实施了重奖。建立设备消缺、隐患排查治理和职业健康管理台账档案，按设备防护等级、健康状况、缺陷发生概率、危险因素危害程度等分类建档入账，落实风险防范和预控措施。发现问题，严格遵循缺陷闭环管理流程，深化综合治理，强调时效性，不断提高机组安全可靠性。2018年，累计兑现防非停专项奖励57万元，在年中会上隆重表彰防"非停"先进班组10个、先进个人13名，以此调动起各级人员保安全、除隐患、防"非停"、抢发电的工作积极性和主动性。

（四）落实资金、加大技改，实现安全环保达标升级

公司始终秉承"不环保不发电"的理念，忠实履行企业环保安全社会主体责任，持续加大了安全环保

技改投入力度，已累计投资近 10 亿元，先后完成了除尘、脱硫、脱硝、脱硫废水处理、超低排放改造、扬尘治理等 21 项大型、特大型环保技改项目。其中，2016 年至 2017 年 4 月间，公司投入了近 2 亿元，高标准完成了全部四台机组超低排放改造，烟气中的二氧化硫、氮氧化物、烟尘排放浓度分别低于 $35mg/Nm^3$、$50mg/Nm^3$、$5mg/Nm^3$，达到燃气轮机组排放标准，污染物接近"零"排放，环保实时数据通过厂外大屏幕、环保网站对外公示，举办"媒体开放日"活动，自觉接受社会公众和舆论监督，全面兑现"环保绿色、清洁生产"的庄严承诺，为打造"蓝天白云"的美丽家园助力添翼，树立了央企产业报国、回馈社会的良好形象。

六、结束语

"基石"安全管理体系构建与实施，刚柔并济、管疏结合，促进了员工从"要我安全"到"我要、我能、我会安全"的思想转变，形成了安全管理有序、员工敏于执行的良好局面，奠定了建设百年长青企业的"基石"。新时代、新征程、新起点、新作为。在习近平新时代中国特色社会主义思想和党的十九大精神指引下，公司上下严格落实各级政府和上级公司的工作部署，以"踏石留印、抓铁有痕"的决心和勇气，强化安全基础管理，深化隐患排查治理，加快四期工程推进步伐，以安全管理、设备可靠性和环保达标排放等关键指标的稳步提升，促进公司安全生产、新项目发展不断取得新成效。

浅谈煤矿企业安全文化建设的途径和方法

山西古交西山义城煤业有限责任公司　刘志清

摘　要： 新时代"以人为本"的安全发展观，是煤矿企业安全生产永恒的主题。从安全价值观方面来说，安全是最大的政治，安全是最大的效益，安全是最大的稳定，安全是最大的幸福。煤矿在长期的安全生产管理和安全文化建设过程中，逐步形成自身独特的安全文化核心理念和安全管理模式。为了建设符合新时代安全发展观的安全文化，本文主要从四个方面阐述了煤矿企业安全文化建设的途径和方法，借此实现由传统安全管理向现代化安全文化建设转变，形成安全文化的系统理念和安全行为准则，成为整个煤矿安全价值观导向。

新时代中国特色社会主义安全发展，必须坚持"以人为本"，始终把人的生命安全的理念落实到安全生产、经营、管理的全过程。煤矿在长期的安全生产管理和安全文化建设过程中，逐步形成自身独特的安全文化核心理念和一系列安全工作理念，这些理念从不同层面，不同角度反映了煤矿工人对安全管理工作的认识水平，理解程度和价值观念，也反映了在对待安全问题上的思想意识，感情追求和道德观念。煤矿人在继承传统优秀文化成分的基础上，不断进行创新，建设符合新时代的安全文化体系。笔者认为新时代煤矿企业安全文化建设的途径和方法主要有四个方面，以下是对这个方面的具体阐述。

一、注重安全文化体系建设形成党政工团齐抓共管

煤矿安全文化体系建设，是强化企业安全管理、促进安全发展的有效途径。按要求我们企业的各个部门，各级领导，都要把安全文化建设，作为重要的管理手段和安全发展的理念来抓。

一是坚持党政同责，一岗双责。企业的党组织和行政组织虽然在职责上有区别，但抓安全是一致的目标。党组织要把安全文化融入党建工作、精神文明建设的内容进行考核管理，企业行政要把安全文化建设和精神文明建设纳入行政管理的重要内容，形成你中有我，我中有你，职责交叉，换位思考，齐抓共管的局面。例如，通过开展党员安全责任区，党员身边无事故，党员安全示范岗等提升党员和党组织抓安全的

自觉性和主动性。

二是坚持党政工团群防群治。安全文化建设离不开煤矿企业各个部门的协同管理与建设。行政在人力、物力给予大力支持，提供安全文化建设必要的物质和资金上的支持。党组织利用自身的优势，统领安全文化建设。工会组织抓安全文化的亲情建设和群众安全监督工作，团组织针对青年员工的特点，开展安全岗位能手竞赛，青年安全监督岗。党政工团发挥各自的优势，形成安全生产齐抓共管，通过开展党员身边无事故，无违章，安全文化到井口，到区队，女工家属嘱安全，送祝福，青年员工安全争标兵，当状元等多种形式的安全文化活动，丰富企业安全文化建设的内涵和氛围。

二、注重安全行为体系建设形成安全行为全方位培育

安全行为是企业安全文化的核心内容。煤矿是高危行业，职工的安全行为好坏，直接影响企业安全生产的成败。这就要求我们针对不同层次的人员制定不同的行为规范。进一步约束各级干部、管理人员和企业员工的安全行为，形成强有力的约束机制。

一是注重安全管理层的安全行为建设。建立健全企业安全生产责任制和各项安全生产管理制度。各级各类管理人员要熟知各自的安全生产责任制，并能在实际工作中贯彻执行。加强安全生产责任制的考核，严格执行各级干部井下带班跟班作业制度，做到和工人同上同下，实行干部跟班带班事故、隐患追责制度，

强化干部跟班带班下井安全责任考核制度。通过完善一系列干部跟班带班和安全生产责任制的考核，增强各级干部抓好安全生产的责任感和自觉性。同时，通过开展干部上讲台，培训到现场的考核，提高干部的责任意识，把各级干部对安全生产的管理责任延伸到基层，延伸到作业现场。

二是注重班组的安全行为建设。班组是企业细胞，是安全生产的执行主体和落实主体。安全工作的各项管理制度，《安全规程》和《作业规程》能否落实到位，能否最终实现安全要在班组得以体现。近年来，我们开展的"六型班组"建设竞赛活动，（即安全型、高效型、质量型、学习型、创新型、和谐型），充分证明安全建设的重要性。通过开展安全型班组竞赛活动将企业的安全生产目标考核到班组，实行重奖重罚，提高班组安全生产的动力。通过开展高效型班组竞赛活动，提高班组的生产效率和安全高效。通过开展质量型班组竞赛，强化质量验收制度促进质量达标。通过开展学习型班组竞赛，推动了职工学习安全知识，安全技能的自觉性，强化了每日一题、每周一课、每月一考的班组安全技能的提高。通过开展创新型班组竞赛活动，调动班组职工进行安全创新、技术创新的积极性。通过开展和谐型班组创建活动，提升班组民主管理，民主决策的能力。

三是注重安全行为建设。职工安全行为的好坏直接关系着煤矿企业安全目标的实现。众多的煤矿事故告诉我们，除管理上的缺失，一个很重要的原因就是现场作业人员的不规范行为和违章作业。所以注重职工行为建设，杜绝违章作业是防止事故最有效的办法和途径。这就要求我们坚持不懈地开展"三违"整治活动，加强习惯性违章作业的治理，认真开展行之有效的"手指口述"、安全确认法，从每一个操作工人到每个环节都要在作业前安全确认，确认安全后方可进行操作，这样就避免了各种误操作、不按标准操作造成的隐患和事故。

三、注重安全意识体系建设形成安全素质梯次形提高

煤矿职工安全意识淡薄和操作技术素质不高是造成安全生产事故的最大隐患。

一是培养职工安全意识，提高操作技能，在安全文化建设中尤为重要。安全意识培养和素质建设，就是把煤矿企业职工安全精神文化，包括安全价值观、安全理念、安全规章制度转化为职工自觉行动的过程，坚持以人为本，遵循尊重人、理解人、关心人、爱护人的原则。

二是我矿近年来创办职工班组安全学习专栏、安全全家福照片专栏、安全无事故班组竞赛、安康杯竞赛、"三基"建设等有效地夯实了企业的安全基础。也就是说基础建设执行西山煤电集团公司《矿井单位基层建设标准及评分办法》，从安全风险管控、安全规章制度、安全费用和安全考核、事故隐患排查治理、应急救援管理、干部作风建设、职工行为规范管理、安全监督检查、队组、班组建设等方面进行考核，实施煤矿安全生产标准化基础建设；基本功建设从证照管理、组织结构、干部基本功、工人基本功、培训、岗位安全确认和准军事化管理、安全文化建设等，运用宣传教育、培训等方式，围绕企业安全生产，通过开展丰富多彩、多样形式宣传教育活动，不断提高职工安全生产意识，营造良好的安全生产氛围，在不间断的学习和培训中提高职工安全生产技能，把企业安全管理提升到安全文化管理的层面，建立安全管理的长效机制，为企业的安全生产提供强有力精神动力、思想保证和智力支撑。

四、注重激励机制体系建设形成安全激励与长效机制

激励机制是安全文化建设的重要组成部分，建立健全激励机制不但能够约束各级干部和职工的安全行为，同时更能激发干部和职工抓好安全生产的积极性。

一是完善安全生产标准化考核奖励。对安全生产标准化实行年度、季度、月度和动态达标考核，制定考核细则，进行奖罚兑现，奖优罚劣，将安全生产标准化考核的好坏与干部绩效考核挂钩，与职工的工资奖金挂钩，激励干部职工抓好安全标准化的积极性。

二是完善安全绩效考核奖励机制。把安全生产的好坏与各级各类管理人员及职工的收入挂钩考核，实行安全生产绩效重奖重罚制度。进行年度、季度、月度的考核与奖励。完不成安全绩效考核进行处罚，按照规定足额提取安全奖励基金。同时，要健全各项考核机制，主要包括安全绩效考核，事故隐患整治考核，事故应急救援考核，职业卫生与健康考核，全员安全抵押考核等。通过严肃认真的考核，维护制度的严肃性，激励干部职工抓好安全生产的积极性。

五、结论

煤矿企业安全文化建设必须以新时代中国特色社会主义安全发展观为指导，找准切入点，把握着力点，与时俱进，党政工团齐抓共建，要开阔视野，不断研究新问题，发现新事物，明确新思路，提出新举措，用足非常之力，坚守恒久之功，才能为煤矿企业安全文化建设注入用之不竭的生机和动力，为实现煤矿安全生产起到积极有效的作用。

斜沟煤矿安全文化建设探究

山西西山晋兴能源有限责任公司斜沟煤矿　杨文松

摘　要：安全文化是企业安全生产的灵魂，是企业全体职工对安全工作的共识，是实现企业长治久安强有力的支撑。本文从制度文化建设、安全理念引领、视觉文化建设、行为文化规范几个方面介绍了斜沟煤矿安全文化建设。

关键词：安全文化；制度文化；安全理念；视觉文化；行为文化

斜沟煤矿是山西西山晋兴能源有限责任公司在兴县开发的一座千万吨矿井，斜沟井田属于河东煤田离柳矿区，被列为国家"十一五"规划重点建设的十个千万吨级矿井之一。多年来，斜沟煤矿在各级政府和集团公司的领导下，通过不懈努力，先后获得了全国"安康杯"竞赛优胜企业、中国煤炭职工思想政治工作研究会"文明煤矿"、山西省五一劳动奖状、山西省煤炭科技创新示范矿、"山西省煤炭系统模范集体"、山西省"五星级基层工会"等荣誉称号。

近年来，斜沟煤矿坚持"以人为本、科学发展"的理念，以"铸造平安矿井，成就幸福斜沟"为安全愿景，紧紧围绕"创一流管理、保一流质量、争一流业绩、树一流形象、全力打造本质安全型矿井"的工作目标，加快推进安全文化建设步伐，分别在制度建设、理念培育、丰富载体、行为规范等方面，走出了一条符合斜沟煤矿生产建设实际的安全文化之路。

一、加强制度文化建设，让安全文化固化于制

斜沟煤矿坚持贯彻国家安全生产各项法规制度，认真组织学习了国家安监总局《"十一五"安全文化建设纲要》《关于开展安全文化建设示范企业创建活动的指导意见》《企业安全文化建设导则》（AQ/T 9004—2008）、《企业安全文化建设评价准则》（AQ/T 9005—2008）；组织业务骨干参加了山西省煤矿安全监察局安全文化建设培训，对国内外先进安全工作经验进行学习借鉴；结合矿井实际，编制了《安全文化手册》，研究制定了《斜沟煤矿安全文化建设实施方案》和《斜沟煤矿安全宣传教育培训规划大纲》，明确了矿井安全文化建设的指导思想、工作目标和具体任务；成立了以主要领导任组长、分管领导任副组长、

各部门为成员的安全文化建设领导小组，对目标任务进行了层层分解，严格考核奖惩，形成了科学有效、健全完善的企业安全文化建设运行机制。

斜沟煤矿坚持把制度完善作为各项工作的落脚点，坚持对各级安全生产责任制进行修订完善，管理人员层层签订安全目标责任书，员工人人书写保证书，构建了分级管理、逐级负责、权责明确、全面覆盖的安全生产责任体系。相继制定下发了《"党政同责、一岗双责"管理制度》《安全生产管理制度汇编》《外委施工单位安全管理制度汇编》及班组管理、现场管理、应急救援、职业卫生等多项规章制度。通过整章建制、严格考核，使得事事有标准，人人有责任，加深了员工对企业基本价值理念体系的认同，规范了员工的管理操作行为，为企业安全文化建设奠定了坚实的基础。

二、加强安全理念引领，让安全文化内化于心

在认真学习贯彻集团公司和杜邦公司、国家能源集团等先进企业安全管理理念的基础上，矿党政通过多次研讨和组织员工参与安全文化建设，归纳整理了多年来在安全生产方面沉淀的经验，通过系统总结，提炼整合，编制了《安全文化手册》。"铸造平安矿井，成就幸福斜沟"是斜沟人共同的安全愿景，"全力打造本质安全型矿井"为安全文化的核心理念，"安全第一，预防为主""安全是企业最大效益""企业是职工的衣食父母，安全是企业的发展基石"等一系列安全理念的确定，充分体现了斜沟人"艰苦创业、埋头苦干、拼搏奉献、敢为人先"的晋兴精神和以人为本、生命至上的人文情怀。通过对《安全文化手册》进行深入宣传贯彻，组织员工人人书写"争当本质安

全型员工决心书"，积极引导全体员工树立正确的安全价值观，构筑安全生产的思想基础，为安全文化建设提供了强有力的思想支撑。

安全文化实践活动是传播安全理念的重要途径，斜沟煤矿按照"年度有计划，月度有主题"的工作要求，党政工团齐抓共管，组织丰富多彩的安全文化活动。通过"安全生产月"、安全签名、安全征文、安全书画展、安全演讲、安全知识竞赛等多种形式的特色活动，使职工在寓教于乐中受到安全教育；通过"安康杯"竞赛、安全宣教讲、青年辩论赛等活动，引导员工形成积极向上、爱岗敬业的良好心态；通过会议室精心布置的全家福、一封家书、"安全五好家庭""好矿嫂"、女工家属协管"送温暖、嘱安全"等各种亲情活动的持续开展，以父母心、夫妻爱、儿女情筑牢安全文化的情感防线；通过"一包十"安全包保、安全座谈会、"走基层、到宿舍、解民情"等活动，积极搭建与员工之间的沟通渠道，关心职工工作和生活，帮助化解矛盾、解决困难，进一步密切干群关系，共同筑牢安全防线。

三、加强视觉文化建设，让安全文化外化于形

斜沟煤矿本着"树立精品意识，打造品牌文化"的原则，组织专业技术人员编制了一系列简单易懂、内容全面的图书、视频，不断充实安全文化的思想内涵及外在载体。

图书方面，编制了《工种技术操作规程》《职工安全行为规范》《斜沟煤矿事故案例汇编》，汇编了自建矿以来发生的 54 起人身事故；编制了《安全小故事》手册，征集了发生在职工身边的 130 篇安全小故事；汇编了亲情安全寄语、格言警句、安全漫画图册、安全摄影作品等；每年"安全生产月"举行授书仪式，并设立矿区图书室，合理、有效利用图书资源，为员工创造良好的学习条件，满足员工学习安全知识的需求。

视频方面，及时对党中央、国务院、山西省、集团公司关于安全生产的重要指示精神制作学习视频，增强员工做好安全生产工作的紧迫感、责任感；结合矿井实际，开展了"心系安全"和"向上·向善，传递青春正能量"两届微视大赛，引导员工树立安全理念；制作了劳模、先进、技能大赛优胜人员宣传视频和《本质安全型矿井从我做起》《班组长安全管理理念转变》系列访谈节目，发挥其正面激励作用，引导员工主动学习、积极进取的良好风气；拍摄了事故警示教育视频、"三违"曝光视频，发挥其反面教育作用，引导员工树立遵章光荣、违章可耻的观念；针对矿井各类非伤亡事故制作了追查通报视频，进行专业性的案例分析；还制作了《开关接线工艺安全教育》专题片，《安全第一胸中装》MV 和采煤机操作、单体维护、胶轮车司机等主要工种标准化操作动漫及入井须知、采煤、掘进、辅助运输等大系统安全知识动漫，以生动有趣的画面、通俗易懂的语言转变以往说教式的安全教育，易于职工学习接受。

"酒好也怕巷子深"，按照合理醒目、标准规范的原则，建立了全面覆盖、立体交错的安全文化阵地，让员工耳濡目染、潜移默化地感受到安全文化，营造良好的安全文化氛围。

煤矿为各队组会议室配备了大英寸电视，并充分利用井口电子大屏、自办电视频道，每天不间断播放安全宣传教育视频；建设了图文并茂、赏心悦目的廉洁安全文化长廊；矿井下设置了指示牌、信号灯等道路交通安全标识，工业广场整齐摆放着简洁大方的宣传牌板，办公楼楼道里悬挂了制作精美的安全宣传画、亲情寄语；井下作业现场随处可见标志清晰、令行禁止的标准化安全标语、警示标志，时刻提醒员工注意安全；各队组建立了安全宣传栏，公示安全承诺、上级精神、安全帮教等信息；通过网络、微信公众平台，及时发布上级、矿区安全生产动态和图文并茂的安全知识，使广大员工在潜移默化中增强对安全理念的认知，接受安全文化的熏陶，逐渐形成思想共识，并进一步将其转化为珍惜生命、遵章守纪的意识和行为。

四、加强行为文化，让安全文化外化于行

员工是企业安全文化建设的主体，斜沟煤矿以打造高素质的员工队伍和创建科学有效的管理模式，提升安全文化执行力，确保安全文化落地生根。

在员工安全意识养成方面，重点强化管理人员素质提升，每月抽取三名副队长在干部大会上进行演讲，开展管理人员素质考察和业务知识考试；针对副工长以上管理人员开展了强化学习工作，每月组织抄写学习安全管理规章制度、典型事故案例，定期组织开展专题安全教育；针对"三违"人员开展了共同学习工作，组织"三违"责任人及管理人员抄写学习有针对

性的行为规范；对典型"三违"人员开展"6+2"安全帮教工作，组织典型"三违"、工伤人员在井口、班前会进行现身说教，警醒职工吸取教训；深化事故案例警示教育，相继组织观看学习了《事故案例警示教育视频》，开展了"事故案例宣讲比赛""大反思、大讨论"等活动，全员安全意识明显提升，使员工实现了从"要我安全"向"我要安全"转变。

在员工安全技能培训方面，对不同人员制订有针对性的培训方案，采取有针对性的培训方式；坚持做好"每日一题、每周一课、每月一考"、岗前培训、岗位练兵、技能鉴定等基础性工作，创新开展了"双向师徒"、走动式抽考工作；开展了职工技能比武、机电拔尖人才竞赛、安全知识擂台赛等活动，成立了大师工作室，推动技术革新和技术改造，发挥高技能人才的影响和辐射作用，为青年成才搭建平台；积极采取聘请专人技术人员开班授课、选派技术人员去先进矿井学习取经等多种培训方式，充分调动广大员工的学习积极性，提高职工的安全操作技能，使员工实现了从"我要安全"向"我会安全"转变。

斜沟煤矿以"三基"队组（基层、基础、基本功）竞赛和"六型"班组（管理型、安全型、质量型、技能型、民主型、和谐型）创建为抓手，创建科学有效的安全管理模式，规范员工操作行为。

班前会严格执行"七步法"流程，即学习一起事故案例；学习"每日一题"；抽考一名职工安全知识；宣讲安全文件会议精神；执行"五想、五不干、五落实"工作法（一想安全风险，不清楚不干，落实安全"三保"制度；二想安全措施，不完善不干，落实"三必须"管理规定；三想安全工具，不配备不干，落实安全确认管理制度；四想安全环境，不符合不干，落实安全作业防范措施；五想安全技能，不具备不干，落实特殊问题处理制度)，从五个方面进行班前风险辨识，强调安全注意事项，安排当班工作任务；进行安全宣誓（牢记安全方针，掌握操作规程；规范作业行为，履行安全职责；杜绝三违现象，保证遵章守纪；消除各类隐患，确保安全生产），班前会后统一列队检身，乘坐车辆入井工作。

作业现场严格落实"三必须"规定和十项薄弱环节管理要求；对大件检修、进入机道作业等十六项重点作业，必须由安全员、跟班队长、工长对作业环境进行集体安全确认；要求采煤机司机、掘进机司机、维护工等关键岗位人员实行岗位安全确认；全面落实班前排查、现场交接班、班中安全评估、班后验收考评流程化管理，明确作业标准和处理责任，消除违章蛮干行为。严格落实干部带班下井制度，赋予"三员两长"现场指挥权利，充分发挥现场监督把关作用，授予职工五项安全生产权利，"党员安全责任区"、群监网员、青监岗员实时监督，安全小分队、联合督查组加强"四不两直"动态检查，建立健全各级人员循环制约机制，有效杜绝违章作业，确保安全生产。

五、结束语

在安全文化的引领下，斜沟煤矿党政同责、齐心协力管安全、抓生产、保稳定、促和谐，矿井安全管理水平和职工队伍素质显著提升，消灭了重伤及以上人身事故，安全生产保持了平稳较好的发展态势，本质安全型矿井建设稳步推进。

浅析电力企业安全管理对安全文化建设的促进作用

国网安徽省电力有限公司天长市供电公司　赵海东　卢峭峰　陈昌岭　刘飞鹏

摘　要： 从二十世纪八十年代开始，安全文化成为我国管理科学中新兴的学科，引起我国电力企业管理者的重视，很多单位开始实施安全文化建设工作，为电力企业的安全生产工作提供持续且稳定发展的保障。但由于安全文化在推广工作中出现了一系列问题，导致我国电力企业的安全文化建设工作无法得到均衡发展，未能充分发挥安全文化建设在电力企业安全管理工作中的作用。本文通过对我国安全文化建设过程中电力企业安全管理与安全文化建设工作的关系进行分析，提出电力企业安全文化建设工作在电力企业安全管理中的应用策略，对促进我国电力企业安全文化建设工作的稳步进行和促进电力企业自身的健康稳定发展具有重要的现实意义。

关键词： 电力企业；安全管理；安全文化建设；促进作用

一、对电力企业安全文化的理解

我国《辞海》中将文化定义为广义文化和狭义文化两种。广义文化指的是人类在社会历史实践中，创造出的物质以及精神财富的结合[1]。而狭义文化指的是社会的意识形态和适应形态的制度以及组织。在日常工作和生活中所说的文化通常讲的是狭义文化。安全文化与文化相同，也分为广义安全文化以及狭义安全文化。

广义安全文化讲的是人们在社会发展阶段，为维护人身安全而形成的安全精神与物质财富的结合。而在广义的电力企业安全文化中，其代表的是在生产经营活动中，为保障员工的身心安全所创造的安全工作环境、事故预防工作以及灾害抵御时所形成的安全物质与精神财富的总和。而狭义安全文化讲的是人们在社会发展阶段，为维护人身安全所形成的价值观、人生观以及当地风俗习惯，并且也包括相关的安全制度和安全网络等[2]。狭义安全文化更倾向于意识形态方面，狭义上电力企业安全文化是电力企业在进行社会物质财富的生产和使用过程中，形成的安全理念和价值观的总和，其实质上是对员工身心健康的保障、生命的尊重以及员工价值的实现，因此，狭义的电力企业安全文化在大多数跨国公司中受到推崇。

二、我国电力企业安全管理所处的历史阶段

我国的工业化发展起步较西方国家较晚，而根据西方工具工业化发展的经验显示，在工业化发展过程中，国家经济总量的增长与人员伤亡事故联系较为密切，通常来讲经济总量的增长与出现事故概率以及事故产生伤亡人数成正比关系。这一现象在制造业飞速发展阶段较为明显，特别是电力企业这一国民经济的支柱型产业，突出表现为其发展过程中事故发生频率增高、工伤死亡人数增多等[3]。

在我国制造业高速发展阶段，安全生产的问题一直是电力企业安全管理工作中较为严峻的挑战之一，所有国家在工业化发展时期通常会经历四个阶段：第一阶段自然本能阶段，这一阶段中电力企业的安全管理工作只是电力企业应对安全事故的被动反应，缺少相关严格的法律法规以及规章制度；第二阶段为法制监督阶段，这一阶段中国家已颁布并实施了电力企业安全生产的相关法律法规，但是电力企业的安全管理工作过于依靠政府对其的强制执法监督，电力企业的管理者大部分是因害怕法律制裁而进行的电力企业安全生产管理工作；第三阶段为自我管理阶段，这一阶段中电力企业管理者已经对安全生产管理工作的重要性有了充分的了解，并意识到这是自身应负的社会责

任，由此其对自身电力企业安全生产管理制度进行完善，实现了电力企业内部的自我约束以及管理；第四阶段为安全文化阶段，这一阶段中电力企业对员工生命安全健康问题进行重视，将其与电力企业生存和效益列入电力企业管理工作的重点部分，帮助电力企业形成良好的价值观，使电力企业形成以重视员工健康安全为己任的管理模式[4]。

在了解工业化电力企业安全管理发展过程经历的四个阶段后，结合我国电力企业安全管理工作现状，发现我国大部分电力企业的安全管理工作处于工业发展第二阶段的法制监督阶段，小部分电力企业已经进入到第三阶段的自我管理阶段，只有极少部分电力企业如国家电网这类电力企业由第三阶段迈入了工业发展第四阶段的安全文化阶段。

三、电力企业安全管理与安全文化的关系

对于电力企业而言，安全文化建设工作是一个循序渐进的过程，需要电力企业内部管理人员将安全文化传达给员工，使其不断融入员工工作与生活中，进而达到对员工工作态度的影响。电力企业发展过程中，电力企业的安全文化建设工作是其重要的推动力，电力企业管理人员应在战略角度上对电力企业安全文化建设工作的重要性和必要性进行考量，做好电力企业安全文化建设工作，发挥其促进电力企业健康稳定发展的真正作用。并且对电力企业安全文化进行分析，根据不同电力企业安全管理工作的差异，提出科学合理的电力企业安全文化理论概念。

现阶段，我国部分电力企业在落实安全文化建设工作时，相关人员会混淆安全文化和管理工作的意义，更有甚者认为二者是对立的关系，对电力企业安全管理与安全文化在电力企业管理工作中起到的重要作用得不到正确的认识和理解。实际上，电力企业的安全管理与安全文化之间联系十分密切，却也具有一定差异性和共存性。

（一）电力企业安全管理与安全文化的互动性

电力企业管理人员对某种安全文化认可，并想让其在电力企业内部进行推广时，会采用定期开展安全普及活动以及树立典型人物形象的方式去进行。如果是要将新型的安全理念与电力企业现有的管理体系进行融合使用，并保证电力企业所有员工会自觉遵守新型安全管理制度，便需要在电力企业内部开展相关安全管理工作[5]。一般而言，电力企业内部完全接受新型安全理念的过渡周期较长，员工理解难度较大，而将其与安全管理工作进行结合，会最大化地缩短周期。而且新型安全理念的推广会促使电力企业管理人员提出新的安全管理模式，提高电力企业安全管理质量。

（二）电力企业安全管理与安全文化的差异性

对于电力企业安全管理和安全文化而言，二者之间的表现形式并不相同，电力企业安全管理一般表现在管理条例以及制度规范等方面；而安全文化作为一种意识形态，并不可见，通常借助有形事物及行为才能表达。两者之间的关系为一体两面，电力企业科学良好的安全管理工作可以彰显出电力企业的安全文化，而文化则要在电力企业安全管理工作上才能体现。

一般情况下，电力企业的安全文化与管理工作的演进形式不同，前者呈现为渐进式，而后者呈现为跨越式，但两者却在同一个进程中。这个进程便是电力企业安全管理到安全文化，再到构建新型管理体系，最终到全新安全理念的推广，两者间的演变呈现为交替的形式，而在这个演变形式下电力企业的管理模式才得以不断优化。

电力企业员工在未完全认可新型安全管理体制时，此种体制便只能存在于文件中，只能在电力企业管理准则规范中得到体现，不能对电力企业员工进行实质性的约束[6]。而电力企业员工认可新型安全管理体制时，这种体制便能逐渐成为电力企业内部的安全理念。使电力企业员工在思想上认可这种管理体制，自觉积极地遵守体制中的管理条例，从而使电力企业的安全制度成为电力企业的安全文化。

（三）电力企业安全管理与安全文化的共存性

电力企业通过先进的安保措施可以在一定程度上减少安全隐患，却不能根除，只有将其与安全管理条例进行结合，使安全管理条例不再受员工监管工作和反馈工作的影响，才能让电力企业全体员工认可新型的安全管理体制，降低其在实际工作中出现安全事故的概率，减少电力企业内部安全隐患、员工不安全行为的发生以及对电力企业中其他员工的不利影响。由

于电力企业的规模问题，电力企业对所有员工的安全管理工作进行全面监督，实现起来非常困难，因此，便导致电力企业在自身安全管理工作上必定会存在漏洞。电力企业若想减少安全管理工作的漏洞，加强电力企业安全文化的建设是切实可行的方法，安全文化的传播能让员工约束自身。因此，电力企业的安全管理以及安全文化的重要性不言而喻，两者无法相互替代，而是需要共存发展，成为电力企业安全制度的重要保障措施。

四、电力企业安全文化中安全管理建设的应用

（一）保持电力企业安全文化中安全管理建设的一致性

电力企业安全管理工作和电力企业安全文化协调统一的发展需要从五个方面进行。第一，电力企业要将安全文化作为自身安全管理体制构建的主体思想，保证进行管理工作时，安全文化和安全管理建设工作密切相关，在电力企业的安全管理工作中折射安全文化。第二，在电力企业已有自身安全文化的基础上，对现阶段电力企业施行的安全管理制度进行复核，分析制度中是否存在与新型管理理念不符的条例，并将新型安全管理理念与管理制度进行融合，对现有制度进行优化调整。第三，电力企业应在推广安全文化的理念上，对安全管理体制进行定期的检查，保证制度与安全理念相匹配。第四，在电力企业进行安全文化建设工作阶段，电力企业的安全管控体系要对安全理念的变化方向进行充分了解，完善其中缺陷，并对电力企业未来的安全理念发展合理规划方向。第五，电力企业在推广初期可以采取一定措施，保障安全文化在管理体制中可以得到充分体现。

（二）贴合电力企业实际，坚持先进文化方向

电力企业文化建设在操作时必须结合实际，从电力企业的外在环境与自身发展要求的角度去思考，形成电力企业良好的安全价值观核心，将重点放在安全行为养成方向，实现电力企业安全管理的目标。同时要根据电力企业发展的实际需要进行创新，不断调整电力企业管理制度，保障安全文化和电力企业管理工作紧密结合在一起，并且，应学习借鉴发达地区的先进安全文化和管理方法，加强电力企业的安全文化建设工作。

（三）建立电力企业安全生产管理长效机制

电力企业应注重安全制度的硬管理与安全文化的软管理相结合，这不仅是电力企业文化建设的工作需要，也是电力企业安全管理机制长效应用的需要。通过建立健全电力企业安全管理制度，可以使安全生产管理工作在制度上得到规范，还能明确落实安全管理工作的相关责任，实现电力企业安全生产的规范化。而电力企业若要有效进行监管工作，严格的规章制度必不可少。但是，管理制度的强制性会导致电力企业员工仅在形式上服从，而不能得到员工真心的认可，这也是现阶段电力企业安全制度仅存在于形式上的原因。因此，电力企业的管理者应通过对文化的软管理，引导员工认可电力企业的精神和价值观，使员工可以理解和认同管理者的决策，自觉规范自身行为，遵守电力企业制定的相关管理制度，从而做到电力企业内部的思想、行动以及认识上的完全统一，促使安全生产管理长效机制的形成。

（四）构建电力企业良好的安全管理体制

安全管理体制的合理构建需要从以下两方面进行规范：第一，安全管理工作中的合理性需要得到保证，即将电力企业管理工作进行量化，使其可以得到有效的执行；第二，要保障安全管理工作的规范程度，也就是说管理工作要符合相关规范，并构建出良好的管理体系，而妥善处理科学与人本管理间存在的关系是构建合理安全管理体系的重点工作方向。安全管理是电力企业科学管理的前提，必须按照相关规定去开展管理工作，而人本管理是主观性质且以员工为主的，这是人本管理与科学管理之间的不同。从电力企业的管理层角度来说，两种管理模式同样重要，但是如果缺少完善的安全管理体系，电力企业的人本管理理念也无法得到实施。因此，电力企业安全管理工作需要以科学管理为切入点，构建完善的安全管理体制，再逐渐结合人本管理模式，使其达到互补和相互促进的目的。

五、结束语

综上所述，电力企业开展安全文化建设过程中，安全管理工作的发展是必不可少的，同时安全文化也是电力企业安全管理工作的重要思想基础。电力企业通过对安全管理工作的完善，促使企业形成安全、健康以及和谐发展的安全文化，为企业做好安全工作提供重要保障。

参考文献

[1] 谢建国.电力企业安全管理对安全文化建设的促进作用[J].安全，2016，3（4）：50-53.

[2] 牛文静.探讨安全文化建设在电力企业安全管理中的应用[J].建筑工程技术与设计，2018，7（9）：3266-3724.

[3] 吕攀珂，张钰莹.电力企业安全管理对安全文化建设的促进作用[J].环球市场，2016，8（14）：69.

[4] 韩友永.浅谈安全文化建设在电力企业安全管理中的应用[J].能源技术与管理，2016，11（4）：177-179.

[5] 杨彩霞.安全文化建设与煤炭电力企业发展[J].管理观察，2017，13（26）：43-45.

[6] 戚超，周尤.如何提升电力企业安全文化建设[J].商品与质量，2017，14（5）：222-224.

淮北矿业"54321"安全生产体系的构建与实施

淮北矿业（集团）有限责任公司　侯荣巧　苏章胜

摘　要：安全生产是企业生存发展的基石和保障，安全文化则是企业安全生产活动的重要组成部分，也是企业高质量发展的重要标志。对于危险性高、安全技术要求严的煤矿企业来说，深化安全文化建设，建立安全生产责任体系，构建安全长效机制，形成系统性管理安全工作具有十分重要的意义。本文深入介绍了淮北矿业"54321"安全生产体系的构建过程和所取得的成效，以期为煤矿企业安全发展提供借鉴。

关键词：安全生产体系；安全文化；安全培训；安全保障；五个子体系

安徽淮北矿业（集团）有限责任公司（以下简称淮北矿业）坐落于安徽省淮北市，是一家以煤炭采选、煤电、煤化工、盐化工、金融、现代服务、现代物流为主的特大型企业。淮北矿业在 60 年安全生产管理的进程中，不断探索总结，通过打造本质安全型、安全高效型煤矿企业，开展全面安全文化建设，构建了以"54321"为核心内容的安全生产体系，使安全生产管理更加规范化、系统化、科学化。

一、"54321"安全生产体系具体内容

提高煤矿安全生产管理水平，保证矿井长治久安，是煤炭企业一直探索的重大安全课题。近年来，淮北矿业积极总结提炼 60 年来安全发展规律，运用系统工程理论，进一步审视和思考矿区安全生产状况，提出建设以"54321"为核心内容的安全生产体系。"54321"安全生产体系具体内容由安全支撑体系、安全保障体系、安全防控体系、安全操作体系和安全目标体系五个子体系 15 项要素构成，涵盖了人的思想行为、机械设备状态、物的安全性和作业环境可靠性等安全管理各关键环节。其中，安全支撑体系由安全理论、安全文化、安全培训、安全责任、安全制度 5 项要素构成；安全保障体系由安全技术、安全投入、安全质量、安全监督 4 项要素构成；安全防控体系由风险防控、隐患排查、"三违"整治 3 项要素构成；安全操作体系主要由规范管理、规范操作两项要素构成；安全目标体系由安全生产目标、责任层级分解、考核 3 项要素构成。五个子体系及 15 项要素既各有侧重、各有特点，又互为条件、互相促进，构成"54321"总体脉络架构。

二、夯实五项基础，构建安全支撑体系

安全生产就像一座宝塔，安全理论、安全文化、安全培训、安全责任、安全制度犹如宝塔的根基。

（1）安全理论。坚持以安全理论指导安全生产，加强对安全理论的学习、研究，搭建学习研究平台，为安全生产提供思想和理论支撑。把安全理论的学习纳入各级党委中心组学习计划，纳入学习型企业和学习型党组织建设之中。近年来，淮北矿业先后邀请国家煤监局、安徽煤监局、重庆煤科院、中国矿业大学等专家、教授做安全生产专题讲座，提高安全理论水平。通过举办安全生产论坛，交流安全管理经验，导入先进安全理念，加强了对安全科学化管理、层级自主管理、冰山理论、斜坡球体论、风险预控管理等安全理论的学习，形成了安全理论学习、研究、应用长效机制。

（2）安全文化。坚持安全观念文化、制度文化、教育文化和行为文化同步建设，构建具有淮北矿业特色的安全文化。建塑安全理念，坚持"生命至高无上、安全永远第一、责任重于泰山"的核心安全理念，大力倡导和践行"只有不到位的管理，没有抓不好的安全"的安全管理理念，形成共识，深入人心。规范安全行为，大力推行 4C2S（整理、清洁、准时、完善、标准化、安全）基本行为规范、班前文化礼仪和十条好习惯，职工的职业素质逐步提高，工作行为不断规范。积极推行"手指口述"安全确认、干部走动式管理、和谐区队管理法、岗位安全陋习清单管理等安全管理方法，安全生产管理水平不断提升。建设安全教育文化，推进安全环境刷新，开辟安全文化长廊、区

队会议室制作"安全全家福";以安全生产标准化创建为主线,改善生产条件,强化现场管理,提高安全生产保障能力。

(3)安全培训。制定矿厂长、科区长、班队长、职工四个层次应具备的安全素质标准,完善职工学习、培训、安全素质考评制度,健全培训体系,全面提高职工的安全素质。利用广播、电视、网站、微信、报纸宣传安全生产知识,利用班前班后会、每日一题、每周一例、每月一考等形式加强安全知识学习,广泛开展"岗位练兵""师带徒""技术比武"等活动提高技能;加强实训基地建设,开办安全生产大讲堂,建成了3个国家级、11个省部级大师和劳模工作室,形成了人才培训机构链,培养出了一批优秀技能人才,其中全国优秀技术能手王中才就是代表之一,一个个讲堂和工作室的建立,为矿区培训了一大批高素质技能人才。

(4)安全责任。按照自上而下的原则,科学界定从淮北矿业领导到一线员工,从职能部门到生产操作岗位的安全生产责任,明确职责内容,优化安全管控流程,建立完善问责机制和考核办法,构建职责明确、履责程序清晰、问责严格、考核精细、全方位、全覆盖的安全责任体系,做到让每个岗位都负起安全责任。

(5)安全制度。建立健全各项安全制度,完善安全会议、岗位安全责任制、安全培训、隐患排查、入井管理、安全质量标准化、安全监督检查、安全技术措施审批、矿井主要灾害预防、事故应急救援、安全问责等方方面面的安全管理制度,构建起较完善的安全制度体系,严格制度问责和责任追究,实施考核奖惩,推动制度落实,实现安全管理无盲区、无漏洞。

三、抓住四个关键,构建安全保障体系

(1)安全技术。完善以总工程师为首的技术管理机构,健全集团和各矿厂安全技术工作制度。建成了国家级企业技术中心,组建工程技术研究院,建成煤矿安全、支护与开采、煤炭洗选与煤化工等应用技术研究实验室。与中国矿大、煤科总院共建了煤炭资源与安全开采、深部岩土力学与地下工程两个国家重点实验室,以及煤矿安全技术国家工程研究中心。建立技术人才、技能人才培养、评价、选拔、任用机制,全面推行"工匠大师和名誉工匠大师""拔尖人才""淮北矿业工匠""淮北矿业科学技术奖"等评聘激

励机制。在2017年年底召开的第十一次人才工作会议暨第十三次科技大会上,133位员工分别被授予"淮北矿业优秀人才""工匠大师""工匠"称号。

(2)安全投入。建立集团和基层矿厂两级安全投入责任保障机制,按照"集团统提、矿厂申报、部门监管、规范使用"的原则,规范安全费用的提取、管理制度。明确安全费用使用范围,实施投入项目管理,推行安全投入项目负责制,加强项目过程管理,严格项目监督、验收评价和考核,力求投入保障有力、投向重点突出、使用程序规范、实施效果明显。近年来,淮北矿业年均安全投入10亿元以上。2017年年底,矿区综采煤机械化、综掘机械化提升到100%、89.1%,安全生产保障能力日益提升。

(3)安全质量。以安全生产标准化创建为主线,以环境刷新为抓手,完善"工厂环境、井巷环境、优质工程、车间峒室、优质服务、采掘专业、辅助系统、定置编码、职工行为、视听觉识别系统"等标准,构建井上、井下安全环境创建工作格局。井下,深入开展以安全生产标准化为重点的井下安全环境刷新与创建,加强安全视听觉识别系统建设,开展安全精品工程、标杆工程创建活动,以点带面,推动达标升级;地面,完善办公区、工业广场及道路文明环境标准及管理责任,以"五化三优"为基本要求,开展"文明单位""文明科区"等文明创建活动,实施职工文明行为提升工程。

(4)安全监督。理顺集团与矿厂安全监察体制机制,进一步明确集团、矿厂安全监察机构职责,构建以安全监察、专业监督为主,行政监管与辅助监督相结合的安全监督检查体系,完善工作制度,规范监督行为,形成齐抓共管的安全监督工作格局。各矿厂健全驻矿安全监察处系统专业监督和群众性辅助监督职责,规范安全监督的程序、工作方式及考核办法,实行"检查、整改、落实、反馈"安全监督闭环管理。完善辅助监督机制,充分发挥党政工团、妇女协安、"五老"等齐抓共管作用,坚持职工代表视察、青岗零点行动、党员身边无事故、妇女协安活动、"五老"话安全等活动,形成齐心协力抓安全的整体合力。通过健全机制、多措并举,确保安全监察到位、监督有效。

四、突出三个重点,构建安全防控体系

安全生产,预防为主。抓住了事故防范、隐患排

查、"三违"整治这三个重点，就能够做到超前识别隐患，及时消除风险，防患于未然。

（1）风险防控。以事故机理分析、危险源识别为基础，以"一通三防"和防治水为重点，针对重大灾害和重大安全隐患，制定有效的管理标准和风险防范措施，建立风险预控管理标准和管理措施，规范重大事故应急预案编制，形成预援结合、重点突出、措施完备、责任明确的事故防范系统。重点推行风险预控管理，采用工作任务法，将每项工作任务进行工序分解，对安全风险进行辨识，对存在的危险源进行排查，并对危险源进行风险后果描述，确定其风险等级，制定出管理标准和管理措施，推行《风险管理卡》，界定特别重大、重大、中等、一般和低风险五个级别。通过风险识别、评估、控制，使安全风险始终处于可防、可控、在控状态，把事故发生的可能性减小到最低限度。

（2）隐患排查。构建隐患防范、排查、整治工作机制，实行隐患排查闭合管理，及时发现、及时治理，预防和控制事故发生。一是构建隐患排查系统。健全安全监察和业务安全检查、技术分析例会排查，矿（厂）定期排查、专业系统排查，区科（车间）定期排查、管理人员走动式监督巡查，班组和岗位排查"全员、全方位、全过程"层级隐患排查机制。二是从隐患信息收集、隐患评估、分级分类、隐患的整改和验收以及信息反馈等强化隐患管理，减少和杜绝因隐患而导致事故的发生。三是以信息化管理为手段，构建以巡查受控为基础的无盲点安全检查预警系统，以工作流程监督为依据的安全隐患处置预警系统。四是推行以精准化、自主化、仪式化为核心要素的"手指口述"安全确认法，通过心想、眼看、手指、口述等一系列行为，对工作过程中的每一道工序进行安全确认，使人的注意力和物的可靠性高度统一，进而达到消除隐患、杜绝"三违"、避免失误、实现安全的目的。

（3）"三违"整治。"三违"是引发事故的主要原因。加强"三违"整治，重点是抓好"三违"防控、查处、帮教和"三违"整治保障机制。界定"三违"行为，对"三违"行为进行界定、分类和危害评估，每个基层矿厂都制定了《职工不安全行为和"三违"界定标准》，明确处罚标准，使"三违"整治工作有章可循。健全科区自查、系统排查、安监督查、党政

工团协查、群众举报的"三违"查处机制。坚持严管、严查、严处。对"三违"人员及时进行帮教和行为矫正，有效避免再次发生。对"三违"者，严格按规定惩处。同时，倡导"三违"查处人性化管理，推行"三违"积分考核制、"三违"罚款返还制、"三违"人员抄写作业规程制，保证"三违"现象逐年减少。

五、推进两项管理，构建安全操作体系

（1）规范管理。构建以集团管控、矿厂自控、科区自保、班组自管、职工自律为主要特征的管理模式。制订安全生产总体规划和实施战略，加强人员、技术、设备、资金等要素优化配置，监督考核目标落实，严格责任追究和激励奖惩。矿厂以完善安全运行机制、杜绝死亡事故为目标，制定安全工作目标、落实各项安全责任和措施，推进隐患排查整治，落实安全装备和投入保障，保障管理科学方法的推行。科区以提高工作执行力、杜绝重伤及以上事故为目标，确保现场管理到位，确保隐患排查到位，确保考核奖惩到位。班组以强化规范操作、杜绝轻伤及以上事故为目标，贯彻矿厂、科区安全工作部署，强化作业环境管理、设施设备管理、职工行为管理，切实保证各项管理制度自觉落实。职工以提升安全素养和技能，实现"三不伤害"为目标，增强安全意识，提高安全技能，执行安全标准，做到遵章操作。

（2）规范操作。对生产现场实行全过程实时有效控制，实现现场无隐患、职工无违章、质量达标准、安全无事故。实施"编码、定置、标识、看板"管理，建立了编码数据库，实现了微机化管理。加强安全班组建设，推行以"班前六仪、班中五步、班后四保"（"班前六仪"即班前一点名考勤、二讲述现场安全状况、三开展安全提问、四排查11种隐患人、五唱淮北矿业之歌、六进行集体安全宣誓；"班中五步"即集体入井、现场安全确认、班中安全巡查、收工安全评价及集体升井汇报；"班后四保"即班后采取工作总结、技能培训、安全帮教和安全担保四项安全保障措施）为主要内容的"654"班组链式管理，精心打造安全生产卓越班组。

六、实现一个目标，构建安全目标体系

安全生产体系的落脚点在于实现安全生产的目标。这个目标是由一个系统工程来支撑和保障。构建安全目标体系，主要抓层级目标确定、责任落实、考

核奖惩三个方面，即从集团、矿厂、科区、班组、职工逐级明确年度和阶段性安全工作目标，搭建安全目标"金字塔"；针对层级目标，制定实施措施，实行安全目标管理层级负责制；实施严格的安全目标考核奖惩机制，基层实行安全目标考核，机关职能处室带指标运行，层层抓落实，一级保一级，共同推动安全目标的实现。

七、"54321"安全生产体系运用效果

（1）安全生产的效果充分彰显。从 2009 年开始，淮北矿业安全生产态势开始向好。2008 年百万吨矿井死亡率为 0.361，2009 年降至 0.21，2010 年为 0.196，2016 年为 0.11，2017 年为 0.03。矿区各厂矿安全周期不断被刷新、拉长，截至 2018 年 8 月底，童亭矿实现安全生产 13 周年；双龙公司、朔石矿业、桃园矿、芦岭矿、杨柳矿、许疃矿、杨庄矿等矿井实现安全生产 5 年以上。

（2）安全生产标准化大幅度提高。安全生产标准化创建有亮点、有精品，"三基"建设不断加强。孙疃、朔里、石台、童亭、涡北、杨庄、芦岭、祁南 8 对矿井通过国家一级安全生产标准化矿井验收。许疃矿综采二区获得"全国工人先锋号"、童亭矿综采一区获得全国煤炭工业先进集体，另有一大批基层科区被评为安全管理"示范科区"。

（3）安全管理水平迈上新台阶。安全生产体系建设改变了传统的安全管理思维方式，改变了运动式、碎片化的安全管理模式和手段，使企业安全管理不再"头疼医头、脚痛医脚"，各级管理者的安全职责更加明确、管理行为更加规范。

（4）员工安全技能大幅攀升。各层级的安全素质标准日趋完善，通过安全素质教育和安全技能培训、班前礼仪、集体升入井制度、安全确认的推行、安全环境的刷新和整治、岗位安全陋习的排查等系列举措，广大职工的安全意识进一步增强，业务技能进一步提升，安全行为日益养成，查找安全隐患、辨识危险源、落实安全措施逐步成为全体员工的良好习惯。

培育与应急管理工作相适应的应急与安全文化
——以管道储运企业应急管理工作为例

中国石化管道储运有限公司管道科学研究院　　杨志华　宋佩月

摘　要：本文针对管道储运企业的特点，分析了部分企业在应急预案认识、应急能力评估、应急响应、预案编制、应急资源管理、培训及演练等方面存在的不足，并从安全文化建设的角度有针对性地给出了措施建议。

关键词：应急管理；能力评估；预案响应；预案编制

管道储运企业是联系油田、炼厂、码头及下游用户的重要桥梁和枢纽，截至 2015 年年底，我国已经建成投产的原油、成品油、天然气以及 LNG 等油气管道总长度已经超过 12 万千米，管道覆盖遍及全国各省（市）、自治区。同时管道储运企业也具有点（站场、阀室）多、线长，输送介质易燃、易爆、有毒、有害的特点，被誉为是没有围墙的工厂，加之管道沿线周边环境随地方经济建设规模的扩大发展而日趋复杂，管道遭人为破坏或本身腐蚀泄漏的概率增加，一旦处置不当，就会对周边人群及环境造成严重伤害和破坏，管道储运企业应急管理工作当前已经被提升到一个从来没有过的高度加以重视。

一、管道储运企业应急管理存在的不足

经过调研，管道储运企业在应急管理方面总体上符合国家法律法规的要求，但目前仍存在一些不足，"11.22"青岛管道从泄漏到爆炸 8 个多小时的处置暴露出了事故企业在应急管理上的诸多问题，作者对管道储运企业应急管理体系进行了深入的思考和反思，认为主要存在以下几个方面的不足。

1. 认识上的不足

对于应急管理体系大部分人认为编制了一个好的预案就万事大吉了，实则不然，按照我国的应急管理"一案三制"体系要求，应急预案只是体系的一个方面，要想做好应急管理工作，达到预案真正管用、好用，必须还得有"三制"（体制、运行机制和法制）的保障。"一案"与"三制"是一个有机结合的整体。如果把应急管理的"一案三制"体系比作一架飞机的话，那么，"一案"可视为飞机的机体，"三制"则可分别视为飞机的前、后机翼和螺旋桨（发动机），即体制是飞机的前机翼（起平稳飞行作用），运行机制是飞机的后机翼（起平衡、协调作用），法制则是飞机的螺旋桨（产生飞行的动力）。"一案"与"三制"相互依存，共同作用，确保飞机的飞行安全，才能达到科学、有效的应急救援。

2. 应急能力评估上的不足

应急能力包括两个方面，即物的能力和人的能力。物，即物资，相当于战场上的枪和子弹，到底储备多少合适，既不至于造成携带的负担，又能足以用来消灭全部敌人，发挥其应有的作用；人，即应急物资的操作者和应急处置的指挥者，相当于士兵和指挥官，战略加战术，关键是要靠人将有限的枪弹调度、使用好。"凡事预则立，不预则废"。任何一个突发事件成功处置的案例，无不是建立在充分、务实、科学的危害辨识与风险和能力评估基础之上的，但恰恰有些管道储运企业预案编制前和日常演练后对应急能力评估工作重视不够，不是根据应急处置需要进行预案编制和演练，而是根据现有物资、人的量或人的现有能力水平进行安排，有多大力办多大事。这样，预案编制也只能是例行公事，预案演练必将成为演戏，至于预案管不管用，反正管道泄漏没有发生，也就不好深究，一旦事故发生，处置成功与否只能听天由命了。

3. 应急预案响应上的不足

任何一个突发事件都是从基层发生，许多由于响应不及时造成处置无效而被迫扩大应急。部分企业缺少基于现代计算机网络信息系统的应急指挥平台及个人手持终端，即使有也不完善，智能化水平较低，信息接报、传递不畅，突发事件一旦发生，要靠电话层层汇报，最后通过总指挥下达命令才能启动预案，相关人员、物资才开始进行响应。由于事先准备不足，往往不是人员劳保穿戴不齐，就是随身工、器具欠缺，赶赴外管道抢修现场还可能走错路或长时间进入不到作业现场，往往错失了应急处置的良机。

4. 应急预案编制上的不足

部分管道储运企业对本单位预案体系不清晰，编制内容庞杂，细节不细。综合预案、专项预案内容重复，未采用图表形式进行表述，过多文字描述，长篇大论，分工不明确，最终导致可操作性不强。现场处置方案并未达到"一点一案""一事一案"或"一源（泄漏源）一案"的程度，或者是虽有具体方案但细化程度还不够，操作性不强。比如原油管道穿越一条河，为防止或减少油品泄漏对水体造成的污染，现场处置方案中规定要拉设拦油浮栅，但具体怎么拉，是在穿越处的上游还是在下游拉，拉一道还是几道，以至于要用什么规格的拦油栅（现场有多少，周边有多少，找谁联系，多久能运达指定地点），谁来具体操作，最快（迟）多长时间能布放到位，如何做到快速应急响应等方面描述不清。

5. 应急资源管理上的不足

管道储运企业往往同时运行管理的管线有很多条，各种应急抢险（溢油围控）救援物资分布在管道沿线各个站（库）或其他协议储存点，因未实施动态数字化管理（有的物资实际已经消耗掉了或移至其他地点，但纸质台账更新不及时，联系人或电话已变更），给突发情况下的应急指挥（特别是上级的指挥）造成被动与拖延。个别企业基层单位与管道沿线周边企业联系较少，与辖区政府应急管理部门联系不够，对企外及社会应急物资掌握不够，遇到突发事件发生，达不到就近调用人员、设备物资进行快速救援的目的。个别企业无拦油栅等应急物资操作、维保制度（作业指导书），基层单位对各种应急物资缺少应有的监管，造成损坏与不必要的浪费。

二、加快培育应急与安全文化建设

针对安全认识不足的问题，迫切需要加强应急与安全文化建设，为应急管理工作提供明确的价值指引。

一是要加强研究，对什么是应急、为什么应急、怎么应急的问题给予鲜明的回答，切实提升对应急工作的认知水平。同时，要进一步厘清应急与安全的关系，以及在实际管理中二者如何有机衔接。要认识到，安全是终极目标，应急管理是安全目标下的科学管理体系，应急管理是为了更好地实现安全。应急管理是确保社会安全、企业安全的更加强大的支撑。

二是着力加强企业应急与安全文化建设。应坚持强化"安全第一、预防为主、综合治理"的安全生产方针，坚守"发展绝不能以牺牲安全为代价"的红线，同时应加强"承接政府、衔接外部、协同内部、预演预防、人人参与"的应急体系建设思维，与监管部门应急体系相承接，与社会应急资源相衔接，各部门各单位密切协同，加强预案预演预防，吸引全员广泛参与。

三是各级应急管理部门应组织推动全社会开展应急与安全文化建设。为有效整合全社会应急管理资源，应急监管部门应大力推动全社会应急与安全文化建设，加强应急与安全的宣传推广，提升公民安全与应急意识，重点加强企事业单位的应急与安全意识，促进其应急与安全管理能力提升。将应急管理工作纳入安全完整性管理系统作为大安全来抓，建立完整的企业安全文化体系，而不是孤立的为应急而应急；在国家现有法制与体制的基础上，通过持续制（修）订企业应急管理制度，完善企业安全应急文化体系，形成和落实相应的机制，在应急管理上投入相应的人力、物力、财力，从而真正保障应急管理体系的良好运行。

三、培育安全与应急文化提升应急管理水平的实践途径

1. 加强应急管理体系构建与能力评价

开展和加强管道储运企业应急能力评价技术研究，建立较为科学合理、具有可操作性的安全文化应急能力评价体系（管道储运企业应急能力评价框架见图1），对企业应急能力进行科学评价，发现和分析工作中的问题，采取更有针对性的改进措施，不断提高长输管道企业应急管理能力水平。

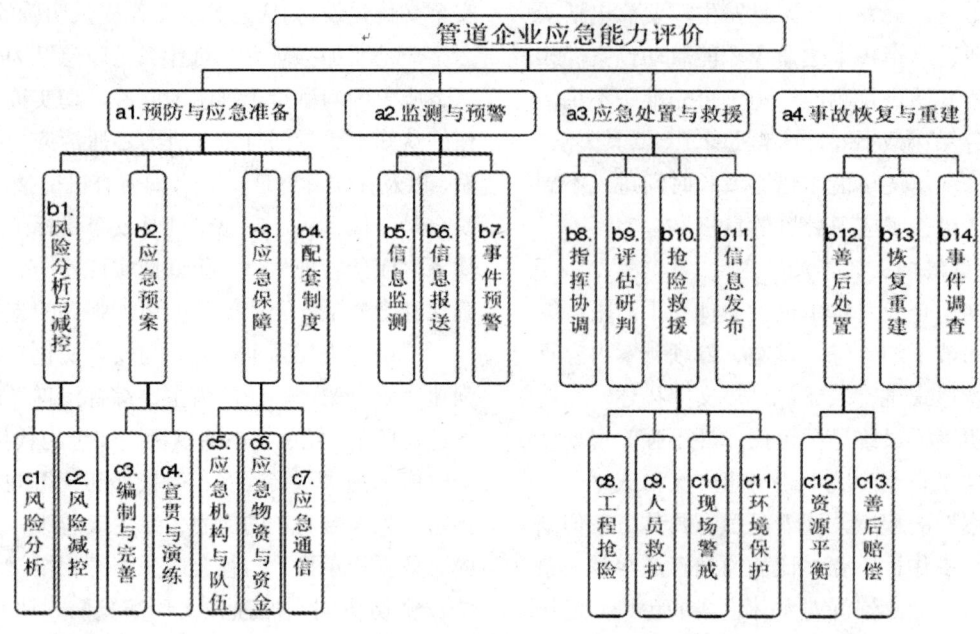

图 1 管道储运企业应急能力评价框架

需要在三级预案（综合预案、专项预案、现场处置方案）特别是现场处置方案的修（制）订工作中，投入精兵强将和一定的物力财力并结合现场调研，必要时聘请社会（行业）上一些专家参与评估，在评估的基础上进行预案编制，每一次演练同时成立独立的评估组进行评估，定期（如三年）聘请第三方专业机构进行企业应急能力评估，对发现的问题或认为能力不足的及时向上级提出补充或改进的建议。

2. 强调安全应急文化理念的转变

在预案的启动上由领导命令式启动变为以事件为主导的启动方式。应急常用、应急抢险设备、物资由传统库房摆放改为壳装式随时待命出发；水上应急物资根据评估结果直接放置于河流穿跨越下游一定距离（充分考虑水流速、沿岸环境敏感区及道路容许通达情况）岸边或固定到临近水上作业的协议船只上，确保随时可以安排并在第一时间成功布设围油栏。同时引进、开发基于计算机网络的数字化管道应急指挥平台，有条件的可引入无人机系统，结合智能手机可视化应急终端，实现一对一、一对多的指令下达及信息互通，包括手持端 APP 管道泄漏点定位，GPS 导航智能路线规划与导引，大大提高响应速度及指挥有效性。

3. 强调安全应急文化管理运行机制的改变

管道储运企业首先要针对自身管理层级及机构的设置，明确本单位预案体系架构，综合、专项及现场处置方案可参考国家新发布实施的《生产经营单位生产安全事故应急预案编制导则》（GB/T 29639-2013），以"要素不少、合理交叉、响应迅速、指挥得当"的原则进行编制。企业综合预案是纲，专项预案机构设置与职责侧重对现场指挥部的描述，现场处置方案一般按设备类别或同类隐患只列举目录即可。二级单位综合、专案预案可与公司架构相同，但具体内容上应更加简单、明确，可以考虑按地方政府属地管理原则，按行政区划与地市政府一级编制"一对一"预案。二级单位现场处置方案是整个预案体系的根，"黄金五分钟"，重在快速响应。现场处置方案在编制上要将处置步骤进行分解，信息报告电话要明确谁来打，打哪个号码，何时打，说什么；开、关阀门要明确到何时开、关，分别由谁来操作、监护；消防车谁负责接应，在哪接应，持何标识等，暂时定不了的处置内容可由现场指挥统一安排，所有内容必须要做到具有可操作性，原则上一个现场处置方案不超过一张 A4 纸篇幅，按二级单位、输油站拼音字母缩写及流水号统一编码，推行企业与二级单位预案数字化管控。

4. 强调安全应急文化社会资源的合理利用

一方面，尽快实施应急指挥系统上线运行已经势在必行，通过网络动态数字化管理，将企业及社会周边应急资源（包括人）进行分类和共享，实施动态管理，这方面企业和政府都可以做，已经开展此项工作的要尽快实现系统联网运行。考虑与国家应急救援系统的衔接，系统中要设置与国家应急物资分类编码规则一致的字段，以方便各级指挥人员应急调用与日常管理监督。另一方面，通过加强安全监察与考核，加大业务技术指导，确保应急物资保管到位。

2011年4月开始，中国石油、中国石化、中国海油就联合发文宣布成立了"三大石油化工公司应急救援联动协调小组"，开发了"三大油应急联动平台"，在消防、危险化学品、长输管道、井控、海（水）上救助和防污染等方面开展联合应急救援，在应急资源调用上实行补偿制度，遵循"谁使用、谁补偿"的原则，事件企业承担应急救援过程中的应急物资消耗、器材损毁、救援人员食宿等费用，做到充分发挥三大石油化工企业点多面广的应急资源优势，提高重特大突发事件应急处置能力，应该说是一种很好的尝试。

5.强调安全应急文化行为实施

首先，通过加大、加强两级（公司、二级单位）安全监察，对演练进行督导、点评与通报。其次，要尽量多地引入实景演练，演练逐步向无脚本转变，演练控制组要尽量多地添加不同处置队伍、人员失效的因素，从而锻炼其他相配合队伍、人员应变的能力，最大限度地模拟真正在事故状态下可能信息不畅（中断）、现场混乱的场景。最后，要尽快引进、开发应急培训与演练系统，通过真人模拟场景等方式提升应急培训和演练效果，做到依靠科技、平战结合、专业处置。

四、结语

针对管道储运企业管道点多线长，跨多地区连续生产的特点，要想全面做好应急管理工作，企业应该树立安全应急文化意识，尽快建立起应急能力评估机制，加快计算机网络数字化管道应急指挥平台的开发建设与应用。强化管道安全完整性管理，加强"三同时"及隐患排查、整治等预防性基础工作，做到关口前移，重心下移，尽最大努力提升管道储运企业的本质安全化水平和对突发事件的成功处置能力。

以"微信"逻辑树工作法强化心理疏导，促进外检人员职业安全与健康

中国石油化工股份有限公司胜利油田分公司技术检测中心　吴冠玢　隋国勇　李力民　刘灿

摘　要： 本文介绍了实施"微信"逻辑树工作法的背景，从安全心理学的角度，分析了中国石油化工股份有限公司胜利油田分公司技术检测中心当前外出检测、海上测试和处于油价"寒冬期"过程中的职工心理特点、心理规律和心理问题等内、外部因素如何影响人的心理，进而影响职工的安全，并为防止意外安全事故发生提供一定的依据，探讨了通过"微信"平台搭建"微信"逻辑树工作法，利用拓宽沟通渠道、强化事故预防、增强体验活动等方式，提高职工身心健康水平，降低人的不安全因素的做法及实施效果，促进企业安全人本文化建设。

关键词： 微信；检测；安全心理学；逻辑树；人的不安全因素

一、前言

职工是企业生产活动中最活跃的因素，在导致事故发生的种种因素中，人的不安全因素是一个很重要的原因[1]。目前，中国石油化工股份有限公司胜利油田分公司技术检测中心主要承担了胜利油田内、外部的质量检测、安全评价、计量检定、特种设备检验等工作，每年都会有大批的职工工作于海上平台、荒漠或者处于长期出差的状态。同时，胜利油田面对改革转型的严峻形势，职工在生活方面的心理压力也逐渐增大，而职工心理健康问题过大，在工作中易带入人的不安全因素。特别是职工个人情绪状态、个性、身体条件等因素会影响其在工作过程中的疲劳度、注意力是否集中，这些因素与事故的发生是存在一定的必然联系的。

因此，针对职工职业健康问题，特别是安全心理健康问题，技术检测中心从安全心理学的角度出发，以"微信"逻辑树工作法为特色，以心理疏导为抓手，帮助职工规划职业生涯，平稳顺利地融入"新常态"；积极培育职工的安全观念和安全意识，减少人的不安全因素并以此促进企业安全人本文化建设。

二、现阶段存在的问题及分析

（一）外出检测周期长，集中进行心理疏导难度大

本次"微信"逻辑树工作法，首先选取中国石油化工股份有限公司胜利油田分公司技术检测中心流量检定站作为试验区。流量检定站目前担负着全国 50 余个计量交接站的原油交接流量计的检定任务，覆盖面广、任务重、检测周期长，并且随着业务量的增长还拓展了部分海外检定工作、海上平台测试工作。仅 2017 年，检定油田外部原油流量计 370 台次，体积管 6 台次，全年共外出检定 30 余批次，累计 400 人，平均每天有 2 人在外出差。由于长时间的外出检测，远离家乡，远离亲朋，易在工作中引入不安全因素。

目前，流量检定站在职职工共计 28 人，各年龄段职工人数统计分别为 20～35 岁 6 人，36～45 岁 7 人，46～60 岁 14 人。针对在职业健康方面出现的心理问题因素，进行了统计，如表 1、图 1 所示。

表 1　各年龄段心理因素统计

问题因素	20～35岁	36～45岁	46～60岁	合计
孤独陌生	4人	5人	12人	21人
工作压力大	3人	6人	9人	18人
对事物没兴趣	3人	4人	8人	15人
焦虑烦躁	4人	6人	10人	20人
健康	2人	5人	10人	17人

由表 1 显示，各年龄段对每项问题因素的反映情况是不同的，20～35 岁年龄段对身体健康的反映较少，36～45 岁的职工对工作压力和焦虑烦躁的反映较大，46～60 岁的职工对孤独陌生和健康问题的反映人数较多。

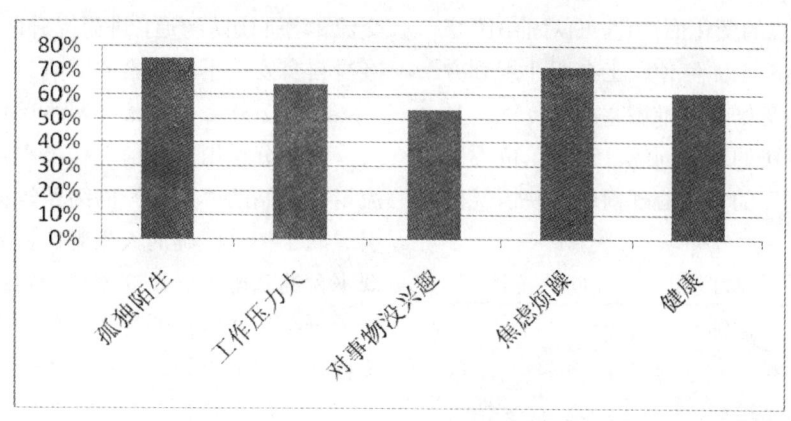

图1　心理因素占比统计

根据图1显示，以全站28人为总基数，在五项心理因素中孤独陌生和焦虑烦躁占比相对较高。通过分析各年龄段在长时间出差过程中对家庭、亲人的挂念程度较高和身在异地对陌生环境的不适应，因而造成上述两项心理问题因素占比相对较高。

（二）海上平台测试劳动强度大，危险性高，职工情绪消极

海上作业平台是职工在海上生产与生活的基地，其工作环境具有面积有限，生产生活设施、空间狭小和海洋气候环境恶劣等特点。流量检定站每年要对胜利油田海上多处平台上的在用流量计进行测试工作，

2017年对海上仪表在线现场测试100余台次，每次测试7天，全年共测试5批次。

根据相关文献和数据的统计，在海上平台进行工作，由于其工作的特殊性，长期远离家庭，身处变化无常的大海，容易产生孤独、寂寞、焦虑和精神不能集中等负面情绪[2]。目前，流量检定站负责海上测试的工作人员主要有7人，相较于长期进行海上作业的职工所产生的安全心理问题因素。本站职工在平台工作周期短，有一定的共性，但区别性也很大。主要存在以下几种安全心理学问题，如图2所示。

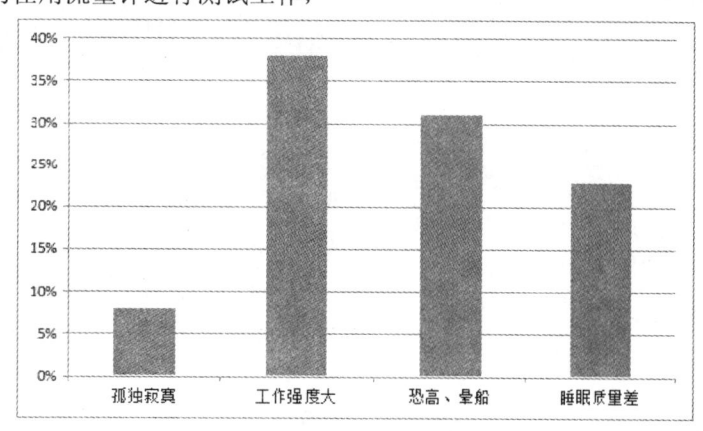

图2　海上测试工作心理因素统计

通过图2所示，该站职工在工作中受到不安全因素的影响主要集中在工作强度大，恐高、晕船方面，其集中反映的是职工对于海上作业平台的生活与工作环境的不适应。

（三）低油价、寒冬期职工缺少职业规划，心理焦虑

面对油价持续低位的现实，石油石化行业"寒冬期"带来的严峻挑战已延续到各个不同的行业，也进

一步影响本单位的检定工作。

从安全心理学角度来看，人在工作过程中当体力、情绪、智力都处于高潮时，就会感到体能充沛、思维敏捷、生机勃勃；反之，则容易出现喜怒无常、烦躁不安、注意力不集中、做事拖拉等。例如，情绪低落时上岗操作，员工就不能将注意力全部集中在工作上，容易产生操作失误，从而导致事故发生。同时，个体的职业生涯规划会随着个体的经历、价值观、家庭环

境、工作环境和社会环境的变化而变化，面对油田"寒冬期"带来的困难与挑战，如何使职工在职业规划方面更有创造力，练就一身好本领抵御寒冷的侵蚀，是每个单位必须面临和解决的现实问题。对本单位不同年龄段职工在"寒冬期"的安全心理问题反映情况的统计如表2所示。

表2 "寒冬期"各年龄段职工心理问题统计

年龄段	A项	B项	C项	D项
20~35岁	职业竞争激烈，进步欲望强	性格内向，与人沟通不畅	进入社会晚，对一些社会问题看法偏激	缺少吃苦耐劳的精神
36~45岁	工作压力大，事业成功需求紧迫	性格原因，处理上下级关系紧张	处于上有老、下有小的年纪，家庭负担大	记忆力下降，不能集中注意力，心烦意乱
46~60岁	工作责任重，对新事物、新技术接受慢	身体上各种疾病逐渐显现，心理负担大	家庭压力大，子女教育、婚姻问题突出	对自己缺乏信心，抱有怀疑态度

三、实施"微信"逻辑树工作法的主要内容

伴随着生活节奏不断加快和智能手机等网络设施的普及，信息化的发展给大家的生活及工作带来了更多的便捷。由于流量检定站工作的特殊性，职工在工作和生活过程中，更愿意接受心灵鸡汤等快餐文化。这就使得传统的一对一和集体式的心理疏导和安全教育工作存在了局限性。微信作为一款智能手机终端即时通信应用程序，通过网络发送语音短信、视频、图片和文字，支持多人群聊和视频语音，自推出后，迅速成为人们日常交流的重要工具之一，改变了人们传统的思维模式和行为方式。

针对流量检定站职工外出检测、海上平台测试和"低油价"中普遍存在的安全心理健康问题，结合流量检定站工作模式特点，2017年专门以"微信"平台为特色，以心理疏导为抓手，旨在通过拓宽沟通渠道，增强体验活动等方式，提高职工心理调节能力，促进

交流，增强团队沟通，进而提升职工的工作安全意识，减少自身安全不利因素的影响。

（一）建立"微信"网络逻辑树

为充分运用"微信"传播平台，建立一套适用于流量检定站的"微信"网络逻辑树（如图3所示），引导职工树立正确的人生观、世界观和价值观，在公众平台的基础上，设立流量检定站微信群，并下设三个子群——"闲拉呱""小伙伴"和"减压队"，职工根据自己的喜好，自愿加入。

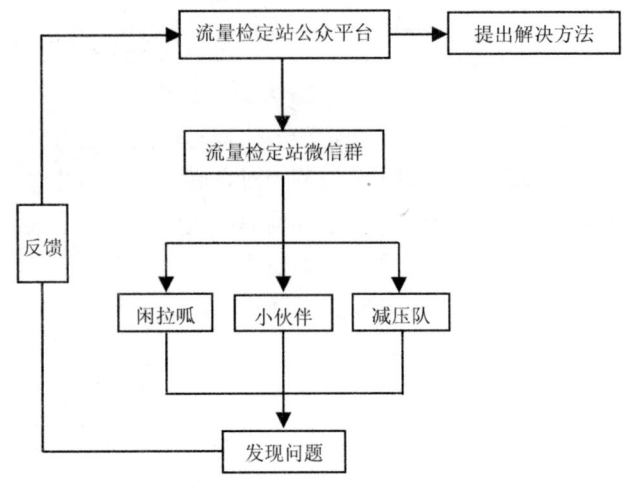

图3 "微信"网络逻辑树工作思路

该网络逻辑树的主要工作方法为：流量检定站公众平台作为整个网络树大脑，进行专人维护，推送相关消息和服务内容；流量检定站微信群为其下属单元，所有职工均在该群中，实时推送消息，实现信息的及时传递；在流量检定站微信群的基础上，本着职工自愿加入的方式，建立三个子群，每一个微信子群设立一名专职负责人，负责人在组织群内活动的同时，及时发现职工的家庭、工作和自身的心理诉求；微信子群负责人发现该问题后，及时反馈到公众平台，公众平台作为"大脑"提出解决问题的方法。利用该"微信"网络逻辑树所具有的开放性、互动性、平等性和虚拟性等特点，主动了解职工的心理动态和工作生活情况，利用语音、图文和视频等手段与职工沟通，直接感知他们的真实情绪状态，从而让沟通更高效、更有温度。

（二）"微信"网络逻辑树活动内容

流量检定站共有28名职工，本着自愿加入的原则，进入"微信"网络逻辑树中的子群，三个子群各有特点，如表3所示。

表3 "微信"网络群活动特点

群组	人数	活动特点
闲拉呱	13 人	心理疏导、问题解答、情绪管理
小伙伴	10 人	职工互助、职业探索、工作交流
减压队	13 人	缓解压力、消除负面情绪

通过精心的活动安排、人员安排和交流沟通，研究发现，职工的身心健康水平得到了显著提高，实现了企业与职工的"双赢"。例如，在群组织活动中，职工互相交流工作心得，探讨职业规划，当职工长期出差，对家庭的思念增加，孤单感也随之增加，群里的职工会用各种方式为其进行疏通。同时，对问题进行及时逐层反馈，上级组织根据问题，提出一定的解决办法，解决职工的安全心理问题。

（三）"微信"网络逻辑树活动的实施效果

通过该工作法，分享劳动防护措施、励志文章、安全课程、沟通信息等30余篇，改善企业文化氛围；同时加强职工平时的安全教育和心理疏导，为打造积极向上、乐观而充满正能量的职工队伍起到推动促进作用，树立正能量的文化环境；工作交流50余次，利用语音和现场照片把检定过程中出现的问题、困惑从"微"平台进行交流，大家互相讨论，互相交流，促进文化沟通机制建设；搭建"微"平台的同时，我们也加强了后台管理，强化文化技术保障措施。利用微信公众平台群发图文消息分析功能，定期查看图文消息群发效果的统计结果，包括送达人数、阅读人数和转发人数等，更好地了解职工的需求，并适时提出解决问题的办法，降低职工安全心理问题，提高了工作安全系数。

四、结论

目前，人的不安全因素是安全防护问题的重中之重，"微信"逻辑树工作法，主要以网络为基础，对容易出事故的工作或者个体人员，加以分析和疏导，发现他们个性的共同特征，将特征列为问题逐一采取预防措施，以解决职工的安全心理问题。同时，在职工工作过程中，体力、情绪和智力是起伏变化的，他们各有自己的高潮期和低潮期，在高潮期和低潮期相互转化的"临界期"，往往由于情绪、心理问题，导致注意力不集中、心不在焉和容易出错等问题。因此，运用"微信"逻辑树工作法，提早介入临界期，加强沟通，做好防护措施和安全意识教育，使安全心理问题得到了有效缓解，可有效避免事故的发生概率，提高职工的职业健康水平，强化企业安全人本文化建设，为企业的安全发展、和谐发展，提供坚实有效的后盾。

参考文献

[1] 吴超，杨冕.安全科学原理及其结构体系研究[J].中国安全科学学报，2014，22（11）：3-10.

[2] 李双蓉，王卫华，吴超.安全心理学的核心原理研究[J].中国安全科学学报，2015，25（9）：8-13.

中煤陕西公司安全文化建设的实践与做法

中煤陕西榆林能源化工有限公司　冯建华　林立斌　崔君辰　李震奇

摘　要： 企业的安全文化就是安全理念、安全意识以及在其指导下的各项行为的总称。安全文化的核心是以人为本，这就需要将安全责任落实到企业全员的具体工作中，通过培育员工共同认可的安全价值观和安全行为规范，在企业内部营造自我约束、自主管理和团队管理的安全文化氛围，最终实现持续改善安全业绩、建立安全生产长效机制的目标。本文从强化安全理念宣贯、安全制度落实、安全活动创新几个方面介绍了中煤陕西公司在安全文化建设方面的经验成果。

关键词： 安全文化；安全理念；安全制度；安全活动

中煤陕西榆林能源化工有限公司（以下简称中煤陕西公司）于2010年4月21日在陕西省榆林市注册成立。主要负责中煤集团在陕西省煤炭、煤化工、电力、铁路等项目的投资筹建和生产经营工作，公司主要建设了60万吨/年煤制烯烃、1500万吨/年大海则煤矿及选煤厂、500万吨/年禾草沟煤矿等。其中煤制烯烃项目2011年8月开工建设，2014年7月建成并顺利试车投产，2015年年初正式投入生产运营。项目投运以来，装置保持安稳长满优运行，效益连年攀升。

成绩的取得来之不易，既有上级和地方的大力支持，也有公司几届领导班子集体的英明决断，既有广大员工的辛勤奉献，也有各方外委队伍的倾力帮助。但是最关键的一点离不开安全生产，装置自投运以来，实现了连续34个月长周期稳定运转，其中MTO装置连续运行1500天，这是化工企业生产史上的一次壮举，也堪称一个奇迹，而这奇迹的背后，追根溯源离不开两个字——"安全"，本文所要阐述的就是中煤陕西公司在安全文化建设中的一些探索和实践。

一、强化安全理念的宣贯，实现思想领"安"

安全文化最核心的部分就是安全理念，安全理念也就是安全价值观，对于企业而言，安全理念是一个系统，包含了安全方针、安全使命、安全原则以及安全愿景、安全目标等内容。安全理念绝非一句简单的口号，而是企业安全文化管理的核心要素，所以，企业安全文化建设的第一步就是要提炼安全理念并强化宣贯。

提炼企业安全理念是企业安全文化建设的核心内容，中煤陕西公司所采用的提炼和宣贯的方法可以总结为16个字：立足现有，结合实际，学习先进，充实提高。

立足现有。中煤集团很早就提出了安全理念——"安全为天，生命至尊"。中煤陕西公司一以贯之，不折不扣地落实执行。中煤陕西公司的员工来自各个不同的企业，有来自神华集团的，有来自中石化系统的，还有来自中煤集团各二级企业的，不同的企业文化在中煤陕西公司交织碰撞，"山头文化"在某个小范围内占据了主导，会影响这一团体的行为和价值取向。为此，中煤陕西公司一开始就采取兼容并蓄的原则，开展头脑风暴，采取"引渠灌田"的策略，每一种理念都放于实践中检验，使很多的安全理念在实践中融汇，形成了独特的中煤陕西公司的安全理念。

结合实际。安全理念形成后，要放诸实际生产中去检验，中煤陕西公司的做法是五个融于，即融于心，对安全理念强化宣传，让员工用心领会、用心践行；融于眼，将安全理念制作成图板、标语，悬挂在各操作间的醒目位置，眼中时时可看；融于手，将安全理念制作成口袋书，有时间就读一遍，强化记忆；融于口，利用班组交接班、安全活动日、安全知识竞赛等形式使员工将安全理念作为座右铭熟记熟知；融于行，将安全理念转化为员工的自觉行为，让员工坚信所有的事故都是可以防止的，所有安全操作隐患都是可以控制的。

学习先进。中煤陕西公司安全理念的提炼在立足现有、结合实际的基础上，还注意学习借鉴先进的管理理念，2015年7月，组织各级安全管理人员赴陕煤集团红柳林煤业公司实地参观学习，重点领会红柳林煤矿"XIN"文化的安全理念，同年9月，学习湖北卫东化工股份有限公司的安全文化，并重点观摩了襄阳卫东机械公司的"顾氏管理法"的"隐患整改跟进法"。他山之石，可以攻玉。2015年年末，公司结合各单位的先进管理经验，充分提炼总结，形成了《中煤陕西公司企业安全文化手册》，为员工的安全行为提供了可靠遵循。

充实提高。安全理念不能仅仅停留在表面，正像前面提到的，要放诸生产实践中检验，在做到五个融于的同时，还要不断改进、充实和提高，安全理念重在实践中检验，这已经成为陕西公司各级人员的共识。比如在安全型班组创建方面，公司各级单位就有各自的特色做法，形成了独特的安全小家文化，化工分公司公用工程中心的"和实廉"三字经文化，精髓在于"五统一合力管安全""实打实措施保安全""廉洁共建齐心促安全"；分析检测中心的"三精"品牌创建，从党支部建设做起，精准学习，精细管理，精益服务，强化员工的安全意识，精品意识，时刻绷紧安全这根弦；烯烃中心的"四JIA"班组管理，借鉴红柳林的安全"XIN"文化理念，提出了"员工素质提升上做加法，班组管理上重嘉奖，团队建设上树家风，整体业绩上创佳绩"的班组管理模式，处处围绕安全，时时维护安全，人人保证安全，将安全理念真正融入班组的日常管理中。

几年来，中煤陕西公司注重安全理念的提炼与宣贯，安全思想根植人心，入脑入口，入手入行，每一名员工都能牢记安全职责，严守安全红线，从思想上先过"安全观"，实现了"不安全不生产"和由"要我安全"到"我要安全"的质的飞跃。

二、强化安全制度的落实，实现体制维"安"

安全文化建设必须以规章制度来强化和规范，先进的思想、理念和文化需要用制度固化下来，没有规矩，不成方圆，管理的阶梯递进就是人治——法治——文治，所以"法治"是由管理的中级阶段到高级阶段的必由之路。几年来，通过安全文化建设的不断实践，中煤陕西公司创建了安全文化建设的"四项机制"。

一是创建了安全责任机制。认真贯彻"谁主管、谁负责"的原则，落实好安全管理的"党政同责"，严格执行各级安全生产责任制。建立了以总经理为核心的安全生产责任制，成立了安委会，建立完善了安全生产组织机构；实行了安全目标管理，每年签订《安全生产目标责任书》，做到目标层层分解，做到人人肩上有指标，将目标实现与年度绩效考核挂钩，实行"安全一票否决"；推行安全承诺制，总经理带头承诺，各级管理人员，全体员工，员工家属分层次、分侧面签订安全承诺书，实现多级承诺，多头管控，从生产安全、生活安全、家庭安全多方面着手，打造安全的坚实堡垒；确保岗位安全，日常加强对"三大"规程培训，切实做到人人上标准岗，处处干标准活。目前，总计修订完善各岗位安全作业规程136项。

二是建立了安全管理机制。结合公司几年来安全文化建设实际，不断总结探索，建立了"123456"的安全管理机制。即围绕一个中心，时刻以安全生产为中心。落实两级防检，公司级、二级单位级的定点定检。实现三个三，三自：中心（区队）自主管安全，班组自治抓安全，个人自立保安全；三保：个人保班组，班组保中心（区队），中心区队保二级单位；三线：安全行政管理一条线，安全技术管理一条线，安全监察管理一条线。做到四全四管，全员、全方位、全过程、全天候，党、政、工、团齐抓共管。实现五项到位，装备投入及时到位、技术措施及时到位、安全培训及时到位、现场管理及时到位、安全制度贯彻及时到位。完善六大系统，监测监控系统、人员定位系统、应急自救系统、事故施救系统、通信联络系统和紧急避险系统。

三是建立了监督检查机制。班组日常工作中，制定了设备定时巡检制度，群监员、青安岗员监查制度，通过定时巡查、巡检，加强对安全设施、生产设备的监督检查；各级安全监察部门开展隐患排查治理制度，定期排查事故隐患，杜绝跑冒滴漏现象，有效降低事故发生的概率；全面落实安全生产标准化管理，严格持表检查，对检查存在的问题立行立改，对存在的事故隐患，切实制定整改措施，落实整改期限，复查整改效果，举一反三，杜绝事故的再次发生，切实做到了闭环管理。

四是建立了安全长效机制。安全管理重在经常，重在坚持，中煤集团十分重视安全工作，将安全工作列为集团的"三项工程"之一。"警示三月行""安全生产月""百日安全活动"，从时间节点上不断线，从安全管理上不断层，所以中煤陕西公司从来都把"安全"摆在第一位，作为"天字号"工程抓实、抓常、抓细、抓长。建立各级安全责任制，落实各级监督检查机制、建立安全预警机制，强化事故应急演练，强化员工安全技能提升，切实做到了安全时时讲、处处讲，安全管理人人都能抓、都能管，谁抓也不过分，逐步建立起了安全长效机制，切实将安全文化融入企业管理的各个层面。

三、强化安全活动的创新，实现行为保"安"

安全工作抓在经常，落在日常，安全管理要通过一定的活动载体来有效推进，这是安全文化建设的外在体现。中煤陕西公司充分发挥落实党管安全责任的积极作用，不断创新安全活动载体，寓教于乐，活化形式，形成了员工乐于参与，有所收获的良好局面。

一是明确党管安全的内涵。落实党管安全责任，不是说党全面肩负安全管理的责任，党管安全不能代替行政方面的安全管理，也不能取代安全监察部门的管理。为明确党管安全的内涵，中煤陕西公司于2013年印发了《落实党管安全责任指导意见》，从目的意义、指导思想、工作原则和基本要求，以及各级党组织的主要任务等层面充分阐述了落实党管安全责任的范畴；2016年，公司组织召开"落实党管安全责任"推进会，出台了《关于进一步落实党管安全责任的意见》，再一次明确了各级党组织的工作内容，经过一年的推动，2017年，公司组织召开"落实党管安全责任"研讨会，结合"警示三月行"大反思活动，认真梳理和总结几年来落实党管安全责任方面的工作，提出了党管安全的"六管"，即"管方向、管思想、管组织、管作风、管监督、管保障"，从而进一步明确了党管安全的工作内涵。

二是不断创新安全活动的载体。2014年制定了《落实党管安全实施方案》，为当时的煤化工项目党委确定了"2223"主题活动，即规划两图，党管安全组织机构图、党员责任区分布图；建立两册，《党群安全管理制度册》《党群安全管理活动册》；记好两个记录，《党群安全活动记录》《"三违"人员谈心谈话记录》；开展三项主题活动，班组建设、群众监督、青安岗创建。为大海则煤矿项目策划了"建一区、设一栏、两监督、授三旗"的"1123"主题活动。在

禾草沟煤矿策划了"建设一个机制、开展三项活动、打造五个平台"的"135"主题实践活动，在机关党委层面则开展了"一线采风"和"基层访送"等主题活动。2015年进一步完善《落实党管安全实施方案》，重点围绕煤化工项目试车投产，大力推进"我为煤化工试车投产和项目建设作贡献"竞赛活动，设计访送、采风、党员示范岗、青年突击队、会战之星等主题活动，确保试车成功和生产安全。2015年以后，公司将活动重心下移，鼓励基层党委自主开展业务保安活动，各基层单位纷纷结合实际开展员工喜闻乐见的安全活动，如"安全签名""安全小课堂""安全知识竞赛""安全文艺下基层""安全家书""安全演练""安全运动会"等，活动深受广大员工喜爱，切实起到了寓教于乐的实效。

三是不断巩固安全防线。安全生产是企业永恒的主题，安全生产是企业赖以生存和发展的生命线，安全生产是企业员工生命健康和家庭幸福的基石。中煤陕西公司在全面抓好安全监管的同时，有效落实党管安全责任，充分发挥群安工作的积极作用，巩固安全防线，筑牢安全堡垒。一方面切实推进群监工作，无论在项目建设期还是在化工生产运营期，始终把群监工作牢牢抓在手里，成立两级群监组织，选聘兼职群监员，落实群监员责任，强化群监员管理，将群众监督工作落实在岗位，监督在日常。2017年，制定《群众安全监督实施办法》，进一步实现群监工作制度化、规范化。另一方面大力推进"青安岗"创建工作，结合中煤陕西公司青年员工比例大的实际情况，高度重视青年工作，尤其注重抓好青年安全管理监督工作，制定《青安岗实施方案》，指导推动基层单位创建青安岗，将青安岗创建与青年创新创效有机结合，切实推动广大青年员工的安全管理。

四、安全文化建设成果

通过公司几年来大力推进安全文化建设，公司先后荣获"榆林市青年文明号""榆林市工人先锋号""中央企业青年文明号""全国工人先锋号"等荣誉称号，谢睿萍荣获"全国煤炭系统优秀群监员"荣誉称号。安全文化恰如化雨春风，润物无声，在企业科学安全健康发展的进程中发挥着积极的作用，助推企业的巨轮向着胜利的彼岸、光明的未来扬帆前行。

安全文化建设模式的探索与实践

中煤资源发展集团有限公司　吴天翔　张惠凝

摘　要：安全生产是煤矿企业一切工作的前提和基础，只有保证企业安全生产，才能实现企业的健康发展。本文主要阐述了中煤资源发展集团关于自身安全文化建设模式的探索与实践，集团坚持"党政同责、一岗双责"，建立健全安全生产责任体系，构建"六管六强化"安全工作机制，把控安全工作切入点和难点，积极探索企业特色安全文化建设之路，不断提升企业安全文化建设水平，筑牢企业安全生产基石。

主题词：安全生产；安全文化；建设模式；探索

对于煤矿企业来讲，安全生产是一切工作的前提和基础。只有保证企业安全生产，才能实现企业的科学健康发展。中煤资源发展集团党委深入贯彻落实中煤集团安全工作部署，坚持"党政同责、一岗双责"，建立健全安全生产责任体系，积极探索安全特色文化建设之路，将党组织的政治优势转化为促进安全生产的工作优势，不断提高安全文化建设水平，筑牢企业安全生产基石。

一、推进安全文化建设的重要意义

从国家层面来看，安全生产事关人民群众生命财产安全，事关改革发展稳定大局。现阶段我国安全生产形势的基本特征，表现为稳定好转的发展态势与依然严峻的现实并存，虽然总体是趋稳向好的发展势头，但事故总量仍然过大，重特大事故尚未得到有效遏制。党的十八大以来，把安全生产纳入全面建成小康社会和全面深化改革的总体布局。强化红线意识，既是我们党对科学发展、安全发展观认识的深化，体现了科学发展、安全发展、和谐发展的执政理念，又是新时期安全生产形势发展的客观要求，抓住了安全生产的核心问题和关键环节。国务院召开的全国安全生产电视电话会议也强调要进一步强化红线意识，建立健全"党政同责、一岗双责"的安全生产责任体系，深入宣传贯彻新《安全生产法》，夯实安全基础，继续开展企业标准化建设，继续深化安全生产改革创新，各级党委抓住涉及安全生产的重大问题，切实加强领导。

从公司层面来看，中煤资源发展集团所属企业均为地方煤炭资源整合，分布在山西省大同、朔州、河南郑州及附近区域。公司主营业务包含煤炭的开采、洗选、销售以及发电项目等。由于公司本部位于北京，距离生产企业较远，造成管理难度增加。公司所属企业多为地方资源整合，整合的不仅是资源，还包括技术整合、管理整合、团队整合、文化整合等，导致一线员工队伍素质参差不齐，缺少对中煤文化的认同，人员安全意识淡薄，存在侥幸心理。公司安全生产状况突出表现为点多、面广、地域分散，各煤矿企业经营状况和管理文化差异大，基础不扎实。近些年，公司全面贯彻落实中煤集团安全生产要求，坚持"党政同责、一岗双责"，把"安全"作为全部工作的出发点和落脚点，全面加强安全管控，通过狠抓责任落实、强化风险预控、坚持动态"达标"、扎实推进安全教育培训等手段，严守安全"红线"。

二、着力构建工作体系，提高安全文化建设水平

安全文化建设就是要求各级党组织充分发挥政治优势、组织优势、密切联系群众的优势，紧紧围绕企业发展安全发展这一主题，为安全生产提供思想政治保证、组织和人才保证、作风保证，以党员的先锋模范作用和骨干带头作用，引领职工群众对安全生产工作群防群治，为安全工作增添活力。近年来，通过不断探索实践，公司党委逐渐摸索并总结出"六管六强化"的党管安全工作模式。

（一）管宣传，强化安全意识

公司党委坚持以调度会为平台，及时宣贯国资委、国家安全监管总局和中煤集团有关安全生产的新规定、新要求；以每年"警示三月行""安全生产月""百日安全"等活动为载体，组织安全宣讲团开展安全生产大宣贯，观看事故警示片并组织事故案例大讨

论；组织广大党员开展"党员身边无事故""党员安全示范岗"；各所属企业在落实公司要求同时，编制《煤矿安全知识顺口溜 100 句》和《煤矿瓦斯治理经验 50 条》等安全生产小册子。通过开展多种类活动，公司党委全方位渲染安全生产氛围，强化职工"安全生产人人有责"的安全生产意识。

（二）管教育，强化职工素质

煤矿兼并整合以来，面对人员素质参差不齐的现状，公司党委把安全教育放在了更加重要的位置。无论是早调会、党委中心组学习、支部"一课三会"，还是区队工作会、班前会，都要求党委、党员带领大家讲安全学安全。公司党委还把一些行之有效的安全操作法汇编成《安全质量标准化图册》，供广大职工学习提高。公司党委依托 3 个培训中心组织领导干部和职工进行安全培训，开展了防治水、防灭火、职业健康、应急救援、质量标准化等 48 个专题培训，实现了培训内容和参训人员全覆盖。

（三）管队伍，强化安全网络

每年年初，公司党委按照"一岗双责"要求，把党管安全目标责任与行政安全生产目标责任同研究、同部署、同检查、同考核，形成了一级抓一级、一级对一级负责的党管安全生产责任体系。公司党委要求党员在工作中戴党徽、做表率，主动承担业务保安的责任，在工作中做到"四带头"：带头学业务、练本领、提技能；带头遵章作业、防范伤害；带头反"三违"、查隐患、堵漏洞；带头抓管理、筑防线。公司党委还要求基层群团组织在生产一线每个班组配备群监员，建立青年安全监督岗、妇女家属协管岗等，构建了班组长安全管理网、党员安全监督网、群众安全监督网、青年安全监督网、女工协管监督网"五网一体"的监督管理网络体系，实现了立体式网络化安全管理。

（四）管制度，强化安全监管

公司党委印发建立了"六项基本制度"：每周党政工作例会制度、每月安全视频会议制度、季度党管安全会议制度、年度安全民主生活会制度和年度安全工作会议制度以及领导干部联系点制度，通过"六项基本制度"，规范强化了党管安全工作的具体实施细则。公司各级党组织对安全费用投入、特殊工种持证上岗、上级决策落实、安全制度执行等定期开展监督

检查，狠抓当官安全责任落实，有效加强了安全监管。

（五）管活动，强化载体创新

公司党委把安全文化与实际生产工作紧密结合，大力开展安全理念文化、行为文化、制度文化和物质文化建设，同时开展各种活动，作为构建安全文化框架的载体。深入推进岗位描述和手指口述工作法，严格落实领导下井带班工作制度。开展"五个一"活动：组织一期安全培训班、组织一场安全知识竞赛、组织一次安全演讲比赛、组织一次安全下井活动、组织一次安全学习考察；并且推广了每日一题、员工祝福、亲人嘱托、"三违"罚款家属签字、"三违"讲评等工作方法，给职工灌输和渗透公司安全文化理念，使职工入脑、入心，形成共同的安全生产价值观。

（六）管短板，强化管理提升

公司党委根据党管安全工作目标和任务，逐矿自下而上地进行梳理，在明确责任领导、责任部门和工作标准的同时，着重分析各所属企业的短板，并带着问题在企业内部、集团内部以及其他兄弟单位之间对标学习，逐一击破制约企业安全生产的瓶颈，促进管理水平的进一步提升。公司党委根据工作实际，定期或不定期对所属企业党委履行党管安全职责进行督促和指导，细化具体工作措施，形成"党政同责、一岗双责"的安全管理体系。

三、把握工作切入点和难点，提高安全文化建设的有效性

安全生产的要素成千上万，在诸多要素中，关键的要素是人，是安全生产中最不容易把控的一个环节，再科学的制度要靠人去执行，再好的设备要靠人去操作，再完善的措施要靠人去落实，所以安全工作的好坏，成也在人，败也在人。公司党委坚决按照"党政同责、一岗双责"原则，始终坚持以人为本，牢固树立安全发展理念，严格把控"人"这个安全生产要素中最关键的一环。公司各级党组织从政治上、思想上和组织上切实加强对安全生产工作的领导，并从制度上、管理上采取有效措施加强监督；公司党员带头宣传安全生产的重大意义，带头学习安全生产常识，带头掌握安全生产技能，带头执行劳动纪律，严格按操作规程办事。

（一）推行"岗位双述"管理手段

为继续深化和细化党组织在安全生产实践中的具

体作用，公司党委认真学习借鉴先进单位经验，结合生产实际，决定在全公司范围内推行"岗位双述"（"岗位双述"是手指口述安全确认法和岗位描述的统称），旨在抓人的安全意识、安全素质的建设，强调人的价值观念在安全生产中的地位，强调启发内因，调动主观能动性在安全生产中的功效，从而实现安全生产。

（二）推广塔山矿"人人都是班组长"全员班组管理模式

在各企业全面推广实践"人人都是班组长"模式，激活员工潜能，实现班组员工从被动管理者到自觉管理者的角色转变。在一定周期内赋予班组员工特定的责任和权利，使其在相关岗位上承担责任、行使权利、履行义务；公司给予组织政策支持和企业文化支持；搭建班组例会管理、班组看板管理、班组案例管理、班组创新管理、班组提质增效和班组精细化管理六大平台；引入教练机制、活力机制、获得分享机制、评议机制、赛马机制、激励机制、亲情机制和分配机制。通过上述举措，员工素质得到明显提升，安全形势持续向好，一方面能够调动员工的创造力、释放企业的活力，同时有效推动了各项工作深入基层、落到实处，在复杂多变的外部环境中为企业带来竞争优势。

（三）推进安全文化"五进五融"

"五进"措施促进安全文化建设。一是安全文化进矿井。矿井领导带着安全文化理念分别包保基层单位安全工作；机关职能部门领导带着安全责任深入基层工作。二是安全文化进区队。区队长做职工思想教育的引导者，将矿井安全理念融入干部职工安全生产行为中。三是安全文化进班组。安全文化工作的重点和对象放在班组，经常组织以班组为单位的安全文化活动，促进企业安全文化建设。四是安全文化进岗位。结合关键岗位的特征，确定关键岗位对应的安全文化理念，让关键岗位的员工和其他岗位的员工带着安全文化理念去工作，实现"在岗一分钟，安全六十秒"。五是安全文化进家庭。充分发挥和利用家庭也是安全文化建设生力军的作用，常吹枕边风，常念夫妻儿女情，安全记心中。

"五融"措施促进安全文化建设。一是安全文化融于脑。改变"传统说教，以读代讲"的教育方式，以近年来全国发生的事故案例引出规章制度和重大安全风险管控措施；以身边"三违"讲解岗位安全红线，

进行违章辨识；以应急演练增强职工现场危险源辨识能力和避灾自救知识；以"岗位描述、手指口述"为载体，提升职工掌握应知应会知识，提升职工自主保安意识；以学习贯彻中各级领导讲话、各级重要安全文件为切入点，使每个职工在学习过程中感触到安全高压是对职工最大的关爱，充分认识到安全管理"严是爱、松是害"，使上级对安全工作的要求和精神融入脑融入心，提升职工行为自觉。二是安全文化融于心。提炼深入人心的安全文化理念，引导全体职工对安全文化有高度的认识，理解并认同企业安全文化理念。通过领导、区队和班组层层签订《安全生产目标承诺责任书》进行责任分解；通过落实党员干部安全包保制度和敬业度阳光闭环管理规定，充分体现责任担当；通过党员"亮身份、结对子，明责任、争先锋"作为落脚点，率先垂范，增强党员干部的自豪感；通过党管安全，严格落实"党政同责、一岗双责、齐抓共管，失职追责"，体现使命担当。一级带着一级干，一级做给一级看，引导职工养成安全自觉。三是安全文化融于耳。通过参加中煤集团月度安全视频会议、中煤资源公司周一安全调度视频会和月度视频会议以及不同时期开展"警示三月行""安全生产月"、雨季"三防"、冬季"四防"、重点节假日、百日安全活动等动员会、视频会议，使广大干部职工及时了解上级安全工作会议精神和活动部署，传递集团"声音"和安全压力。在职工餐厅、安全培训楼、综合楼和副井口长廊等关键场所悬挂活动条幅和警示条幅，制作安全宣传栏或安全文化长廊，使职工听到、看到，反思安全事故教训，提升职工主动防范意识。四是安全文化融于言。开展安全宣誓、安全签字等安全承诺活动，结合班前会"六步法"、入井安全宣誓，长期在潜移默化的心理暗示作用下，提升职工安全行为。基层党组织充分发挥战斗堡垒作用，党员干部针对现场"三违"行为主动出击；利用"一对一谈心"、现身说法等方式，增进与"三违"人员的交流与沟通，自觉抵制"三违"；领导干部通过上讲堂、讲大课活动，用所学知识和安全管理经验带头宣传安全文化。五是安全文化融于行。通过开展诗歌、散文、书法、摄影、知识竞赛等形式，引导职工主动参与活动，通过作品、活动表达对安全的关注和构建和谐矿区的期盼；通过区队月度例会和周四学习日，总结安全工作和安全得

失；通过组织安全知识和标准化培训考核倡导职工主动学习安全知识，主动思考安全，遵章守纪，确保安全。

四、经验总结

通过不断实践探索，我们总结了以下经验。

第一，统一思想、提高认识。通过宣传教育，彻底消除"怕麻烦""没必要""影响工作效率"等认识偏差，加强宣传引导，形成统一认识，化解抵触情绪。

第二，总结经验，务实推进。将各项活动与各生产企业安全生产实际相结合，使活动有的放矢，保证工作的标准化、规范化、制度化。

第三，把握关键，突出重点。重点抓好一些文化程度偏低、安全技术知识和操作技能不高的员工。积极开展党员"一对一"帮扶工作，引导所有员工养成遵章守纪的作业习惯，不断提高全员安保能力。

第四，加强督查、严格考核。把推动活动与安全生产标准化、反"三违"、隐患排查等工作有机结合起来，实行动态考核达标，激发员工的主观能动性，促进良好行为习惯的养成。

五、结论

中煤资源发展集团公司党委通过近年来的探索与实践，找准了安全文化建设的切入点和落脚点，保证煤矿的各环节、各系统、各岗位的所有员工把住安全关，筑牢安全红线，把制度的"硬约束"和文化的"软管理"有机统一到人的主观能动性上，从而实现企业的长治久安。

打造"1+3+N"特色安全文化建设体系，推进本质安全型矿井建设

中煤大同能源有限责任公司塔山煤矿　夏建平　苏传云

摘　要： 中煤大同能源有限责任公司塔山煤矿始终将安全文化建设工作作为一项长期系统工程来抓，努力探索新形势下加强和提高安全文化建设的新路子、新方法，形成了"严守一条安全红线、狠抓三个落实、做好 N 项工作"的"1+3+N"安全文化建设体系。

关键词： 党管安全；班组管理；安全理念；全员参与

中煤大同塔山煤矿坐落于山西省大同市西南，隶属于中煤大同能源有限责任公司，2008 年 8 月建成投产，矿井生产能力 300 万吨/年，现有员工 517 名。建矿以来，先后荣获中国煤炭企业 100 强、国家一级安全生产标准化矿井、国家级安全高效矿井、国家级绿色矿山试点单位、山西省现代化矿井等荣誉称号。

安全文化体系建立是企业安全生产的可靠保障。塔山煤矿始终将安全文化建设工作作为一项长期系统工程来抓，努力探索新形势下加强和提高安全文化建设的新路子、新方法。近年来，塔山煤矿以申报全国安全文化建设示范企业为契机，按照原国家安监总局、山西煤监局的要求，对建矿以来形成的安全文化建设机制、体系、做法进行了进一步完善提炼，形成了"严守一条安全红线、狠抓三个落实、做好 N 项工作"的"1+3+N"安全文化建设体系。

一、严守一条安全红线

安全生产，事关人民群众生命财产安全，事关改革发展稳定大局。塔山煤矿牢固树立"以人为本，创新致远"的安全理念，认真贯彻落实党中央国务院关于抓好安全生产的各项政策、文件精神，把"人本"管理作为安全工作的灵魂主线，推进人性化安全管理，从抓思想、抓认识、转观念入手，重视安全生产，维护员工的人身安全和身心健康，提高员工素质，激发员工主观能动性，把以人为本的理念贯穿到工作的每一个细节，保障企业安全工作的出发点和落脚点朝着正确的方向发展。以安全风险分级管控、事故隐患排查治理和安全生产达标的"三位一体"安全管理为"指

挥棒"，以防范风险、治理隐患、控制事故为目标，推进"三位一体"安全管理，应用"双重"预防管理信息系统，实现了煤矿安全及事故隐患排查管理，做到了两者有效对接、相互联动。坚持抓好安全生产，有效推动了安全文化建设的良性发展。

二、狠抓三个落实

1. 落实企业安全生产主体责任

安全生产是企业必须履行的法定职责和义务。安全与生产是一对荣损同频的共同体，落实安全生产主体责任是保障安全生产的根本和关键所在。塔山煤矿建立和完善企业全过程、全方位的安全生产责任体系，强化企业领导责任，切实构建人人有责、人人负责的安全生产责任链。通过加强安全管理、加大安全投入、强化技术装备、严格安全监管、严肃责任追究，切实提高了安全生产保障能力。

2. 落实党管安全

充分发挥党组织在安全生产中的政治保障作用，进一步明确落实党组织及工团等群众组织和党员领导干部的安全生产责任，健全"党政同责、一岗双责、齐抓共管、失职追责"的责任体系。落实党员安全监督责任，明确党员安全责任区、党员安全示范岗的设置区域，突出区、岗目标考核和效果评价，考核结果做到与党员领导干部绩效考核挂钩、与党员薪金和评先评优挂钩。发挥党员示范带动作用，党员同要害岗位人员建立了包保责任，实行党员佩戴党徽上岗。通过结对联保和开展"亮身份"活动，确保了党员自身无"三违"，身边无事故。

3.落实全员抓安全

"安全为了谁？依靠谁？"塔山煤矿充分认识到安全不是为了领导干部的"票子""面子"和"帽子"，而是让全员能够享受安全健康的美好幸福生活，是安全文化建设的终极目标。通过全员实施以"横向优化岗位职责、纵向优化操作标准"为主要内容的"一人一卡、一事一标、一岗一标"建设工作落地"标准化"体系。以每年六月的"安全生产月"活动为契机，利用安全办公会、班前会、学习日、展览等多种形式，通过亲历人员现身说教、案例展览、事故反省大讨论等多种方式，开展安全生产主题宣讲、警示教育及培训教育活动，进行全员安全生产警示宣传教育，充分发挥每一位员工在安全工作中的主力军作用。

三、做好 N 项工作

1.安全理念

塔山煤矿能够实现连续多年安全为零的目标，根本原因就是牢固树立起"以人为本、综合治理、本质安全"的核心安全理念，破除"煤矿生产，事故难免""出事故都是运气差"等观念，确立了"一切为安全开道"，坚决将安全工作放在一切工作首位的安全文化氛围。为使企业安全理念深入人心，成为全体员工共同认可的价值取向和行为准则，塔山煤矿按照"自下而上，广泛参与"的原则，系统开展了以安全为主题的学习讨论、演讲比赛、"安康杯"知识竞赛等活动，不断激发员工关心安全、关注安全的积极性。同时，按照"以人为本、以路为脉、以绿为魂、以文化人"的设计理念，井上、井下全覆盖，定期更换不同主题的宣传牌板，以阵地的辐射作用提升全员安全意识。各种安全嘱咐、亲情提示相辅相成，形成了立体化、多层次的安全文化氛围，使员工在潜移默化中受到启迪和教育，使"我想安全、我要安全、我会安全"在矿区蔚然成风。

2.安全制度

塔山煤矿坚持以科学、规范、实用为目的，瞄准工作难点，抓住工作重点，先后制定并执行了《安全管理制度汇编》《安全文化建设》《全员安全生产责任制》等一系列管理制度和考核标准，涵盖了安全生产方方面面，使安全管理更具针对性、有效性和可操作性，推动并促进了安全制度的不断完善。强化安全考核奖惩及责任追究，不断改进考核及追究办法，强化安全文化建设的动态和过程管理，坚持半年检查考核一次，针对考核结果实行责任追究，共奖励遵章守纪员工 X 名，处罚违纪违规员工 X 名。

3.安全环境

塔山煤矿以"四化"建设为支撑，实现环境安全，确保健康发展。一是生产装备现代化。塔山煤矿从运输系统到采掘设备各大系统均采用了当今国内最先进的设备和生产工艺。综采工作面自移式设备列车取代传统的设备列车，使整个系统的安全性得到了较大的提高。掘进工作面采用自移式材料架取代普通机尾，解决了员工劳动强度大、生产效率低等问题。二是生产过程自动化。煤流系统自动化方面实现了地面控制中心监控胶带机的功能；电力系统自动化方面实现了井上下 10 个变电所的遥测、遥控、遥信和遥调，实现了变电所无人值守；排水系统自动化方面，实现了水泵故障报警、停泵、远程控制等功能；通风、压风系统自动化方面，实现了对风压、风速、电机电流、转速及功率、温度、设备开停状态等监测、显示、报警、存储；采煤工作面自动化方面，工作面监控中心实现了对采煤机位置、牵引方向、供电状况、冷却水压力、液位，三机状态、电流、电压、故障等信号的实时监测。三是安全监测数字化。已覆盖了整个矿井风、煤、水、电、监测监控等 40 多个子系统，实现了对井下有害气体、风速、烟雾、人员、车辆、顶板压力、采空区气体、图像等的实时监控。四是企业管理信息化。已构建财务系统，物资供应管理信息系统、OA 办公系统、运销一卡通管理系统、人力资源管理系统、档案管理系统、内网平台、RTX 集成系统及 ERP 系统的信息化管理模式。

4.安全行为

塔山煤矿倡导人人履责，人人负责的安全行为习惯，把安全当作自己的事，尽职尽责自主保安，把安全当作团队的事，尽心尽意互保安全，把安全当作企业的事，尽善尽美共保平安，形成了人人主动为安全的高效执行力。在纠正员工习惯性"三违"方面，通过写我所干、讲我所写、干我所讲，实现人人写标准、人人讲标准、人人用标准的良性循环，编制了各岗位的风险、隐患、规程、应急"四合一"卡，使人人主动辨识评估、管控风险，人人自觉开展隐患自查自改，人人掌握应急处置本领、熟知避灾路线，遇到紧急情况井下任何人员都有停产撤人权利，保证了安全行为的持续有效运行。

5. 安全教育

塔山煤矿按照"培训不过关、人人是隐患"的理念，形成了有效的安全培训体系和激励机制。一是狠抓"五项岗位"人员培训，实现了全员持证上岗，确保了"五项岗位"人员持证上岗率达到100%。二是狠抓安全培训，配备了教学设施设备和安全教育阅览室，购置了安全生产、法律法规标准、事故预防、应急处置等内容的图书、音像资料，满足职工培训需要。三是狠抓网络平台教育，充分利用煤炭远程教育网络平台，全面调动员工学习积极性，提升了员工整体素质和技能，实现了网络在线学习的常态化。同时，对新员工、转岗、脱岗再就业等人员实行了三级安全教育培训，确保员工在新的工作岗位上做到"三不伤害"，增强了员工的安全意识和安全操作技能。四是狠抓"工作学习化、学习工作化"的学习和培训方式，由"我说你听"转向"互动参与、相互讨论，从课堂转向现场"，把班前、班后会变为学习课堂，把作业现场变为培训课堂，每天由轮值的学习委员在班前或班后会上组织"每日一课题""每日一提问""绝活分享"等多种形式的培训模式。五是狠抓内训师队伍和专业技术教练员队伍，让原有的"技术能手"转变为"技术教练员"，通过"一帮一""专业陪练""定点培训"等形式，形成时时讲想法，处处说做法，场地、时间不受限的内训氛围，最终帮助员工提高整体技能水平。六是狠抓生产实操培训，在全矿范围内持续开展"领导讲大课，员工讲小课"活动，由领导干部每月进行一次集中授课，培训内容以重大灾害治理、应急处置救援等为重点，对全矿采煤、掘进、机电、运输、通风等七大专业人员进行系统培训。

6. 安全诚信

按照《塔山煤矿安全诚信管理制度》要求，把"诚信"这一基本道德规范融入安全生产具体管理过程中，推出了"安全诚信"管理体系，逐级签订《安全生产承诺书》，对违反安全承诺，列入"安全诚信黑名单"的员工，调离岗位直至解除劳动合同。通过健全安全诚信档案，完善安全诚信奖惩机制，培育安全诚信文化，促使员工"安全行为自律、自主遵章作业"，真正做到"不安全不生产，要生产必安全"。

7. 安全激励

以《安全生产长效激励机制实施细则》为推动，一方面加强安全文化软实力建设，构建班组自主评选五星员工模式（五星即安全之星、生产之星、质量之星、技术之星、进步之星），营造"比学赶帮超"的良性竞争氛围。另一方面夯实安全文化硬实力基础，将员工自保互保金和月度安全奖奖金存入个人安全账户，按照实施细则进行安全账户考核；制定独具特色的《"三违"界定标准及处罚规定》，开展个人"三违"考核，规范员工行为、提升员工操作意识。

8. 全员参与

一是青监岗员参与，青年安全监督岗作为塔山煤矿安全文化建设的一部分，通过闭环式的风险及隐患登记台账管理、严格的出入井台账记录和高于其他地面二级单位的鼓励性补贴发放台账的"三账"管理模式，青安工作日常运转得以有效进行。通过"零点行动""青年安全示范岗评选""优秀青安员优先入党"等活动的开展，进一步激活了青安岗的内在潜力。2018年7月，中煤资源集团在塔山煤矿召开青年工作经验交流会，塔山煤矿作为青安岗标杆单位受到参会各单位一致好评。二是群众参与监督，坚持"预防为主、群防群治、群专结合、依法监督"的原则，实行群众监督员、不安全人员"一对一结对子"帮扶教育，充分发挥了群众安全监督员的积极性和创造性，最大限度地维护员工生命安全和身体健康，保证了工人安全合法权益。通过岗位精细化及自主反"三违"形式，严格按照有关制度考核，从思想上、行动上进行帮扶教育，让每个"三违"人员真正认识到"三违"的危害性。开展"亮身份"活动，群众监督员上岗必须佩戴印有"群监员"字样的红色袖标，实现监督与被监督的双向职责，不断增强群监员的事业心和责任感，真正履行职责，切实维护员工群众生命健康权益。搭建网络平台，掌握群监情况，实现全程监管。建立公众微信平台与群众监督员建立起沟通桥梁，通过信息平台及时了解群众监督员的工作动态，反馈员工的出勤、工作等情况；发布学习内容，使每位群众监督员及时了解法规、纪律，宣传典型人物和先进事迹，培养坚定的政治信仰，用实际行动影响身边的人。三是女家属协管，作为煤矿的第三道安全防线，无论从安全文化的延伸还是安全管理的水平的提升都起到了强有力的助推作用。通过开展女家属协管员安全培训、"三违一对一"帮教活动，有效普及协管员本人安全生产应知应会和提升女家属安全防范意识，为员工家庭安全和情绪稳定起到有效保障作用。工会组织、安监处对严重违章人员进行了家庭走访，在三八妇女节等节假日组织召开了女工及员工家属座谈会、夏季送清凉等活动，帮助三违员工知错改错，从情感上化解员工与员工之间、员工与家庭之间、员工与企业之间的矛盾，对"三违"数量控制和安全文化落地起到了重要推动作用。

9. 安全改进

一是在应急救援管理方面，建立了应急救援日常管理机制，严格落实遇险处置权和紧急避险权规定。建立了塔山煤矿井下生产安全紧急情况停产撤人管理制度，向每位员工发放应急处置卡，提高员工现场应对突发事件处置能力。与大同市云冈区矿山救护大队签订救护协议，承担矿山紧急救援工作；与云冈区人民医院签订了医疗救护协议，实现了双重保险。塔山煤矿组建了 2 支兼职救护队，仪器仪表装备齐全，性能可靠。兼职救护队实行军事化管理，通过实战化演练和技术比武，不断提升专业应急救援能力。二是构建 5W 后勤安全管理体系。即：卫生整理到位、安全责任到位、培训学习到位、执行明确到位、检查落实到位。三是建立服务满意度分层管理制度。为更好服务企业和员工，后勤管理部门通过分层调查管理，实现了员工后勤安全管理的全程跟踪。通过暗访、发放调查表等形式，定期组织服务满意度调查。四是建立质检体系。煤矿组织建立了以综合办为主导的工作质量检查小组，对管辖区域进行每周一次的质量检查。质量检查小组的建立、运行，保证了各部门卫生环境、餐厅整体运营、浴室供水供热、洗衣房正常运转、公共区域常态管理等各项工作实现专人检查、监督、整改落实的良性管理。五是常态工作促稳定。定期组织消防安全培训、地面消防演习、层层签订《道路交通安全承诺书》，有效提高员工道路交通安全防护意识，提升员工上下班安全行驶能动性。

10. 职业健康

以《职业病防治工作监督管理办法》为准则，对照职业卫生专业标准，开展了职业健康专项建设。在做到"机构、人员、制度、经费"四落实的基础上，

聘请专业职业卫生技术服务机构，对塔山煤矿职业卫生进行全面检测、评价。定期组织全员职业健康培训，每年的第四季度组织全员健康体检，建立健全警示标识、职业病防护设施、职业卫生档案，定期发放防尘口罩、耳塞等职业卫生防护用品，维护了劳动者的职业卫生合法权益。在井下原有的喷雾、水幕、防尘网、除尘风机的基础上，加装了自动喷雾装置等防尘设施，安排专人定时对井下巷道全段面冲尘。近三年，塔山煤矿无新增职业病员工，职业健康工作成果显著。

11. 持续改进

根据员工易于理解接受的原则，塔山煤矿创新形式，先后组织全员观看了《煤矿典型事故案例教育片》《自救互救知识教育片》，编印了安全意识类（《安全文化手册》《安全文化理念》）、安全警示类（《安全生产事故案例汇编》）、行为规范类（《塔山煤矿岗位精细化作业指导书》《煤矿班组建设员工安全行为教育读本》《纠正员工不规范行为 100 条》）、文明礼仪类（《200 个文明细节》）等类型的书籍，不断提升员工安全文化知识素质。阅览室藏有传统图书8000 余册，员工人均 10 册。阅览室除可以借阅图书外，同时具备电脑查阅、网上浏览等功能，利用电脑网络实现网上自学。公司利用电视、报刊、网站等宣教阵地，多方位、多角度、深层次开展形势任务教育，举办了形势任务宣讲会，广泛传递企业发展的正能量，努力营造优良的安全文化氛围。

12. 技术创新

塔山煤矿将科技创新作为稳定、持续、高速发展的原动力。一是优化巷道支护方式，实现了"三高一低"的支护效果。二是优化支护材料性能。增强了锚杆（索）的轴向抗拔力，减小了锚杆（索）的剪切力，大幅度地改善了巷道的支护效果。三是优化工作面布局。形成了 10m 小煤柱巷道掘进及围岩控制技术，每个工作面多回收资源 100 万吨。四是加大科研项目研究。先后完成《小煤柱沿空留巷支护技术研究》《极近距离采空区下 15m 以上特厚煤层综放工作面顶板运动与安全技术研究》《3-5#煤层回采巷道支护技术研究》《水力致裂技术在塔山煤矿的研究应用》等多个科研项目。五是小创新蕴含大智慧。先后完成胶带机限位式张紧力下降保护、双齿辊破碎机改造、掘进卷带装置、改装行车防脱钩装置等 30 余项"五小创新"

成果。取得了显著的经济效益和安全效益，大大地降低人员劳动强度，提升了工人工作效率。

13.班组管理

"人人都是班组长"是塔山煤矿抓好安全文化建设的重中之重，经过不断探索实践、创新升级，塔山煤矿打造了"一二六八"班组管理体系。

"一个核心"。建立轮值核心体制，在保留原有班组长的基础上，设立由一名轮值班组长和分别负责安全、学习、和谐、士气的四名轮值委员组成的轮值班委会。依托班长、轮值班长、轮值班委三方，打通了从依靠个人管理到依靠全员管理的路径，构建形成了"三有三无"安全管理体系，即有责、有权、有利，无隐患、无三违、无事故。

"两项机制"。建立教练员机制，以班组长担任管理教练员，在培养班组员工时成长为班组的团队领袖、非亲家长、灵魂导师和制度规范者；建立技术能手担任技术教练员机制，培养更多的技术能手，帮助班组员工提高整体技能水平。

"六大平台"。一是打造班组管理平台，即班前会和班后会平台，在班前会完成工作计划、安全事项、学习措施、分配工作、提振士气等流程，并高度关注员工情绪；在班后会总结、评优、分析、表扬、批评。二是打造班组透明化看板平台，班组日常管理以看板为载体和表现形式，将制度、考勤、绩效、工分、问题等诸多要素在看板上公布，达到时时提醒、时时对标、时时激励的效果，实现了班组管理的公开、公正、公平。三是打造班组案例平台，采用"身边的人讲身边的事"的方式，以"说想法、说看法、说做法"为主要内容，通过人人写案例，分享案例，让每个人主动发现问题、解决问题、参与管理，提高员工对问题的敏感度和安全意识。四是打造班组创新管理平台，成立了班组"课题攻关小组""经济技术创新小组""五小改善小组"和"班组创新工作室"，开展班组合理化建议和创新案例征集，对于有价值的合理化建议和创新案例给予相应的奖励，并推广应用和备案。五是打造精细化管理平台，把安全生产标准化体系落地到班组、落地到现场，实现了员工由"要我安全"到"我要安全"再到"我能安全"的"三转变"，实现了素质提升、技能提升、管理水平提升的"三提升"。六是打造班组提质增效平台，执行"加减乘法则"，

加法即如何加大修旧利废，增加产量、进尺，提高生产效率。减法即如何减少使用或不使用不必要的材料配件，如何将水、电、油等必要消耗品降到最低。乘法即如何实现工艺创新、技能创新、管理创新。

"八项机制"。建立八项人本管理机制，即教练机制、活力机制、获得分享机制、评议机制、赛马机制、激励机制、亲情机制、分配机制。

"人人都是班组长"班组建设模式推行以来，得到了原国家安全监管总局、国家煤矿安监局、中国煤炭工业协会、中国能源化学工会、山西省煤炭厅及中煤集团的充分肯定，先后获得创新成果奖、煤炭行业管理现代化创新成果（省部级）二等奖、全国企业管理现代化创新成果（国家级）二等奖，多次获得中华全国总工会"工人先锋号"，获得中华班组建设促进会班组建设高峰论坛"最佳实践超越奖""班组建设最佳示范基地"等多个奖项。

四、实施效果

通过"1"——严守一条安全红线，确保了"人本"安全主线不断线，"三位一体"安全管理不断线，建立了安全生产的长效机制，促进了企业安全持续稳定发展，实现了矿井的长治久安。通过"3"——狠抓三个落实，落实了企业安全生产主体责任，建立和完善企业全过程、全方位的安全生产责任体系，实现了思想统一、部署周密、责任到人的安全文化建设环境；落实了党管安全，确保了党组织在安全生产中的政治引领作用，实现了党员干部在企业安全生产、安全文化建设中的示范带头作用；落实了全员抓安全，全矿上下形成"人人关心安全、人人提升安全素质、人人做好安全生产"的局面。通过"N"——做好N项工作，全矿上下营造出浓厚的安全氛围，实现了安全理念新颖、安全制度合理、安全环境和谐、安全行为规范、安全教育到位、安全诚信全面、激励制度完善、全员参与积极、职业健康合法、持续改进科学、班组管理醒目的塔山安全文化亮点。特别是"人人都是班组长"的管理模式，在煤炭、化工、电力、港口等40多家企业和山西省的100个重点煤矿推广应用，先后迎来全国各地不同行业的500余家企业共计5000余人次到塔山煤矿参观考察和学习交流，在地方和同行业中产生了极其深远的影响。

实施"1+3+N"安全文化建设体系以来，塔山煤

矿安全生产标准化水平有了极大提升，三违现象下降了 74%，零星事故得到有效控制，截至 2018 年 6 月底，塔山煤矿已连续 8 年实现安全生产无事故。

五、结论

企业最大的资源是文化，最能打动人心的也是文化。塔山煤矿对标国家安全文化建设示范企业创建标准，强化红线意识，落实主体责任，将安全生产责任入脑入心，在做好安全生产工作的同时，筑牢了安全生产的防线，丰富了安全文化建设内涵，形成了共谋企业安全发展的合力，努力打造出极具特色的塔山煤矿安全文化品牌，为实现中煤大同塔山煤矿安全、高效发展奠定了坚实的基础。

煤炭企业安全文化建设探索与研究

内蒙古平庄煤业（集团）有限责任公司党委政工部　王志民

摘　要：加强安全文化建设对煤炭企业提升安全管理，实现安全生产的可控、能控、在控水平具有重要现实意义。本文立足安全精神文化、制度文化、行为文化和物态文化，探索研究了建立系统规范、结构严谨、层次清晰的安全文化体系，并通过"铸魂导向、强基固本、育本提素、管理创新、机制保障"五项工程，优化有效资源和力量，整体协同推进，促进安全文化建设常态化长效化，使之成为推动企业安全发展的原动力。

关键词：煤炭企业；安全文化；建设体系

安全文化是企业在长期的安全生产实践中形成并为广大职工所接受的安全思想、价值观念、行为规范、管理机制等安全物质财富和精神财富的总和。加强安全文化建设对提升安全管理，实现安全生产的可控、能控、在控水平具有重要现实意义。

一、煤炭企业安全文化建设的必要性

1. 安全文化建设是科学发展的具体体现

安全文化对安全生产具有导向、凝聚、规范、辐射功能，能有效地提高职工的安全意识，约束职工的安全行为，提升职工的安全素质，实现本质安全，是企业科学发展的重要基础。

2. 安全文化建设是依法治企的必然要求

传统的安全管理手段已不能适应新形势需要，企业发展靠制度，文化精髓在管理，借文化提高引导力，靠制度增强执行力，贯彻安全方针政策，落实安全法律制度，体现依法治企的基本要求。

3. 安全文化建设是构建和谐的重要任务

煤炭企业属高危行业，安全问题关系着家庭、企业和社会，只有不断增强安全文化渗透力，实现自我安全、他人安全、大家安全，保证每个家庭的和谐幸福，构建和谐矿区才有基础和保证。

4. 安全文化建设是实现安全的重要保证

安全文化管理既能调动物质力量，更能激发精神力量，通过创造和谐的人文氛围和协调的人、物、制、环关系，对人的观念、行为形成从无形到有形的影响，实现自我管理，才能从根本上保证安全生产。

二、煤炭企业安全文化建设独特性分析

要实现煤炭企业安全生产，就必须深刻认识到煤炭企业的生产特点和煤炭企业安全文化建设的独特性，从根本上改变人的思维方式，培树新的安全理念和价值观。

1. 煤炭企业安全生产特点

一是安全威胁大。顶板、瓦斯、煤尘、水、火五大自然灾害时刻影响着煤矿安全生产。二是管理难度大。煤炭企业存在人员多、分布广、战线长等特点，管理复杂，难度较大。三是基础条件差。井下（坑下）作业，条件艰苦、环境恶劣、工艺复杂，软岩工作面变形严重。四是安全观念差。"事故难免论""不违章就干不成活"等旧思想还不同程度地存在。

2. 煤炭企业安全文化建设瓶颈

一是认识不深刻。对安全文化只停留在表面理解上，没有认清安全文化的重要作用，影响了安全文化建设。二是思想不重视。传统的管理模式和思维根深蒂固，文化管理的思想还没有真正形成，弱化了安全文化建设。三是机制不健全。尽管建立了相关的制度和规范，但还没有形成一套完善的运行机制和闭合体系，制约了安全文化建设。四是个性不突出。因缺乏对安全文化深入研究和探讨，未真正形成符合自身特色的文化体系，阻碍了安全文化建设。

3. 煤炭企业安全文化特质

煤炭企业的特殊性，决定了其安全文化的独特性。一是人本性特征。人本性是社会发展的根本属性，更是煤矿安全文化提倡生命至上的价值观。二是规范性特征。安全文化是煤矿企业管理文化的重要部分，主要体现在管理行为和自我行为的规范上。三是延续性特征。培育安全文化是将安全理念融入职工思想深处，

落实在实际行为上的系统工程，需要不断深化。四是创新性特征。安全文化在安全管理中的先导作用，要求安全文化必须来源于安全管理并高于安全管理，要持续研究和探索。

4. 煤炭企业安全文化理论基础

一是人本理论。安全文化的核心因素是人，依靠人，发挥人的聪明才智；为了人，保证人的生命安全，以人为本是创建安全文化的全部内涵。二是预防理论。安全第一、预防为主、超前预测、全面防范、及时排除隐患，是安全生产的必要手段。三是可控理论。随着煤矿安全形势的好转，人们逐步认识到安全事故是可以控制的，事故是能够避免的。四是精细理论。精细化管理是安全文化的基础，而精细、精准、精益恰恰是精细管理的核心。

三、构建煤炭企业安全文化建设体系

安全文化体系是安全文化建设的核心结构，坚持问题导向，立足安全精神文化、制度文化、行为文化和物态文化，建立系统规范、结构严谨、层次清晰的安全文化体系。

（一）构建理念引领体系，打造安全精神文化

1. 建立"核心理念"

安全理念：安全第一、生命至上；安全愿景：零三违、零事故、零伤亡；安全价值观：安全就是效益、安全就是幸福、安全就是责任；安全认识观：任何情况都可能发生事故、任何事故都可以避免；安全诚信观：独立作业也要遵章守纪；干部安全观：不安全不生产、生产必须安全；职工安全观：不伤害自己、不伤害他人、不被他人伤害；安全操作观：先确认，后操作；安全协作观：工友安全是我的责任；安全亲情观：一人安全，全家幸福。

2. 树立"超前预防思想"

以"全员超前培训到位、全面超前管理到位、全方位超前预控到位"的安全大超前理念，做到安全意识超前培树、安全技能超前培育、安全行为超前培养、安全工作超前预计、安全问题超前预测、安全资金超前预算、安全危险源超前预警、安全隐患超前化解，未雨先绸缪，超前堵漏洞，防止事故发生。

3. 牢固"全面安全理念"

一是范围全覆盖。集"井下与井上、坑下与地面、班上与班下、现场与途中"为一体的"大安全"格局。

二是管理全面化。安全工作全员参与，人人有职责；安全管理全过程控制，环环有标准；安全生产全方位检查，处处有监管。三是组织全负责。坚持齐抓共管，形成党政同负责、工团齐配合、全员共参与的安全工作分工负责制。

4. 建立"安全政治理念"

讲安全就是讲政治，落实好安全生产责任制。把安全工作作为煤炭企业第一要务、头等大事，作为党政工青各级组织第一号工程、放在首位，作为党政领导一把手的第一任务、抓好落实，作为干部职工的第一责任、履职尽责，作为每个家庭的第一幸福、亲情守候。时刻把安全放在心上、扛在肩上、落实到实际行动上，时时处处人人事事保障"天字号工程"落实到位。

（二）构建管理制度体系，打造安全制度文化

1. 建立以"责任"为主体的安全生产责任制度体系。

企业本着安全工作人人有责的原则，建立了全方位的安全生产责任制，以及与之配套的安全责任落实制度、检查制度、考核制度、奖惩制度等，形成了横向到边、纵向到底、全员负责的责任制度体系。通过签订责任状、承诺书，强化责任意识；通过落实包保制、连责制，抓好责任执行；通过严格评价考核、责任追究，敦促责任履行。

2. 建立以"质量"为主体的安全质量标准制度体系

要以岗位规范为重点，以主动、动态、全面达标为标准，建立了"一把手"总负责的质量标准化领导责任制；健全了以行政、技术为主线，以质量管理为重点的业务保安管理责任制；完善了横向分工管理、纵向逐级负责的质量承包责任制；修订了各专业从设计到验收全过程的质量技术标准；推行质量标准化动态检查考评机制，促进了质量标准化由静态向动态、由被动向主动、由侧重向全面达标的实质性转变。

3. 建立以"监督"为主体的安全检查监管制度体系

成立安全监察机构，建立主管部门依法监察、专业部门技术检查、职工群众民主督查制度，全面构建专职管理、专业技术、专兼结合的三大监督检查网络；党政工团齐抓共管，形成党组织教育、行政管理、工会监督、团组织协助的监管格局。各级组织经常检查，专业部门时时抽查，主管部门随时督查，职工代表定

期视察；建立矿级领导带班、井段领导跟班、区队干部现场指挥、班组长领班操作等制度，保证班班有领导。

4. 建立以"班组"为主体的安全基础管理制度体系

要从本质安全型班组建设入手，以"零三违、零隐患、零事故"为目标，以"管理精细化"等"六化"为标准，建立健全班组管理制度体系。推行"班前六必讲"制度，明确安全责任；实行班班检制度，及时排除隐患；完善班组安全管理办法，严格规程作业；建立"星级班组"考评机制，把班组建设与安全工资挂钩，调动安全自管的积极性。

（三）构建行为养成体系，打造安全行为文化

1. 总结归纳定规范

总结归纳煤炭企业生产实践，规范八种行为养成，即了解安全信息的主动性，佩戴安全防护的自觉性，严守岗位禁忌的坚定性，安全确认无误的准确性，遵规守纪服从的严肃性，学习提升技能的超前性，严格自我约束的自律性，增强防灾避灾的警惕性。

2. 完善标准重培训

积极开展 5E 管理法，对企业各工种、各岗位、各程序均编制质量、环境、操作、行为等安全管理标准体系，明确职工该做什么，该怎样去做。通过有计划地集中办班培训，组织职工学习规范标准，牢记安全理念，熟知行为准则，掌握操作标准。

3. 演练实践强推进

充分利用多媒体课件和电视教学手段，对工种程序操作直观演示，强化记忆，规范操作标准。推广手指口述安全确认法，通过心想、眼看、手指、口述等一系列行为，使人的注意力和物的可靠性高度统一，规范职工操作行为。

4. 多管齐下促养成

通过班前会讲规范标准，讲规程禁忌，引领行为养成；通过班中行为观察，互相监督提醒，纠正偏差，规范行为养成；通过"三违"过五关，约束不良行为，敦促行为养成；通过不定期检查督查，严肃追责，督促行为养成。

（四）构建质量环境体系，打造安全物态文化

1. 积极改善生产条件

一要强化专项治理整治，对"一通三防"、供电运输防护、矿井防治水等安全基础设施进行集中整治，

清除安全隐患，增强安全保障能力。二要推进智慧矿山建设，完善数字矿山网络系统，时时处处事事全覆盖监控到位，进一步完善六大避险系统，提高避险能力。三要提升装备可靠性能，及时更新改进提升系统，完善矿井火灾束管监测，安装电力监控监测系统，通风设备实行"双风机双电源""自动切换"和"三专两闭锁"，提升设备可靠性。四要实施科技保安，建立奖励资金，鼓励科技创新，超前预警预报。

2. 大力营造安全环境

一是班前和谐温馨。班前悬挂职工"全家福"，父母妻儿盼安全；设立"三违"警示牌，时时刻刻敲警钟；张贴安全理念，提示绷紧安全弦；坚持安全宣誓，自省自警保安全。二是班中提醒警示。作业现场设有安全警示标识，悬挂操作规程、作业标准牌匾，时刻警示。开展班中行为观察，及时提醒按章作业，达到自保联保互保。三是班后总结传递。严格执行班后总结分析制度和交接班制度保证对职交接，实现安全信息传递零遗漏，安全氛围延续零间歇。四是家属亲情呼唤。组织亲属温馨短信爱心传递，叮咛遵章守纪；开展家属小分队到班前慰问演出，送去呵护关爱；召开亲属安全恳谈会，相互沟通交流。

四、提升煤炭企业安全文化建设能力对策

要从企业实际出发，用文化总揽安全大局，在全面构建安全文化体系的基础上，突出文化能力建设，优化有效资源和力量，整体协同推动推进，促进文化建设常态化长效化，成为推动企业安全发展的源动力。

（一）实施"铸魂导向"工程，提升引领力

一是理念渗透，宣贯引导人。积极发挥媒体作用，利用专题学习、开辟专栏等形式广泛宣贯安全理念，积极营造"用大爱谋安全"的氛围，增强责任意识。二是视觉识别，教育启迪人。完善安全文化视觉系统建设，在工业广场，设有电子安全显示屏、安全灯箱；在井下大巷，绘制安全文化长廊、安全宣传画；在通勤车上，开办车载"安全视频"，让职工在潜移默化中受到启发。三是丰富活动，激励感召人。以安全为主题，开展"演讲赛""大型签名"等丰富多彩的安全活动，激发职工安全"自觉、自律"意识。

（二）实施"强基固本"工程，提升保障力

一是统一思想。企业上下积极开展安全文化大学习大讨论，增强了干部职工对安全文化重要性的认识，

统一"安全文化是安全管理的最高层次"的思想。二是强化领导。设立由企业党政"一把手"任主任、副职任副主任、各部室负责人和各基层单位党政主要领导为成员的安全文化建设委员会。三是健全机制。完善党委牵头，党政领导，群团配合，职能部门齐抓共管，基层广泛参与的安全文化建设机制，将安全文化建设纳入企业绩效考核体系。

（三）实施"育本提素"工程，提升履职力

一是"五个一"教育常态化。坚持安全知识"每日一题、每周一案、每月一课、每季一考、每年一评"学习制度，强化安全意识"想安全"。二是"四位一体"培训实效化。完善从公司、生产单位、区队、班组"四级教育培训网"；开通电视、网络、微信平台"三个空中教育频道"；建立内训、岗训、外训"三个培训基地"；采取"3 加 3"培训模式，强化安全素质"能安全"。三是技术比武制度化。公司层面每两年开展一次技术大比武，各生产单位每年组织一次专业技能比赛，基层区队经常开展岗位练兵，强化安全技能"会安全"。

（四）实施"管理创新"工程，提升预控力

一是推行准军事化管理，锤炼执行。将军事化管理的"纪律严明、行为规范、作风过硬、步调一致"的精髓引入到安全管理中，上标准岗，干标准活，训练习惯养成。二是推行闭环系统管理，堵塞漏洞。把工作组织到结果反馈，通过每班班前会、日调度会、周例会、月安办会、季总结会、年工作会，形成工作程序闭环；由目标制定到最后兑现奖惩，层层分解，落实责任，形成目标责任闭环；从隐患排查到信息反馈，严格程序过程，形成隐患治理闭环。三是推行"五勤一线"机制，强化现场。推行以"脑勤要想到、眼勤要看到和作风在一线转变、问题在一线解决"等为内容的"五勤一线"工作法，强化现场安全管理。四是推行精细化管理，注重细节。全面推行 6S 现场管理法，严格程序标准和施工操作；推行正规循环作业，把工作质量与绩效工资挂钩，保证生产各环节有机衔接；深化实施"手指口述"作业法，杜绝误操作。

（五）实施"机制保障"工程，提升支撑力

一是强化组织保障这一基础。建立党政工团齐抓共管责任制，完善了安全文化建设研究、检查、考核工作机制。二是强化安网保障这一重点。建立以"六一教育、四级培训"为主题的安全教育网；以"文化长廊、宣传园地"为主题的安全警示网；以"群安网员、青安岗员"为主体的安全监督网；以"家属参与、亲情呼唤"为主体的安全协管网。三是强化资金保障这一前提。资金再"紧"也不能"紧"安全，严格按规定足额提取、多渠道筹措安技措工程费用，应用安全新工艺、新技术。同时建章立制，明确安全文化建设经费拨付标准，用于安全文化建设。四是强化人才保障这一关键。积极畅通"专业管理、专业技术、专业技能"职业发展通道，努力建设"高素质安全监管、高层次安全科技、复合型安全管理、实用型安全技能"四支安全人才队伍。

五、结束语

通过对煤炭企业安全文化建设的研究能深深体会到，安全文化建设是企业安全发展的内在动力，只有把提升人的安全因素作为构建安全文化的根本目的，把宣教培训作为构建安全文化的主要手段，把优化环境作为构建安全文化的重要前提，把强化保障作为构建安全文化的主要支撑，才能更好地建设煤炭安全文化。

南非 PMC 浮选项目安全文化建设实践

北京矿冶科技集团有限公司 　王东辉

摘　要：北京矿冶科技集团在南非 PMC 项目中，实施安全观念文化建设，播下安全观念文化的"种子"，营造安全氛围。通过制度文化建设，把"安全第一，以人为本"安全理念制度化，巩固并使安全文化的种子生根发芽。实施物态文化建设，通过改善员工工作环境、确保施工工具的安全保护等以实现生产的本质性安全。借助各种安全管理工具对员工的不安全行为进行纠正，改变其不良作业习惯，通过鼓励员工的安全行为，强化其安全意识和安全观念，使其最终形成主动的安全行为。通过对项目安全文化建设的经验及时进行总结和推广，带动并推进企业安全文化建设，打造属于企业的品牌安全文化，提升企业形象和竞争力。

关键词：安全文化建设；海外项目；安全管理；南非

一、前言

自 20 世纪 80 年代，国际原子能机构首先提出了"安全文化"的概念后，至今 30 多年，安全文化的概念已逐渐由核安全文化、航空安全文化等专业安全文化，延伸到了一般企业安全文化。尽管安全学术界对"安全文化"概念的内涵和外延还存在着众多不同的解释，但许多学者都会认为组织内（社会内、企业内、项目内等）的安全文化是组织内的人们进行活动时所创造的与安全生产相关的观念、制度、物态、行为等要素的总和。国内外的安全生产实践均表明在组织内实施安全文化建设，对组织内安全生产管理水平的提升有重要的促进作用。

与其他类型的安全生产相比，施工项目安全有其特殊性。由于项目组人员层次复杂、施工人员安全意识薄弱、安全操作技能低下、作业环境多变等诸多不利因素，给项目安全管理带来了复杂性。如果不能有效地解决这些不利因素,将会给项目带来较大的风险，甚至导致事故的发生。在施工项目中实施安全文化建设，从多方面提高安全管理水平是降低项目安全风险，减少事故发生的重要途径。

作者曾在南非 PMC（Palabora Mining Company）公司负责浮选项目承包商安全管理工作，在项目部人员的共同努力下，创造了项目施工 722 天"无事故，零伤害"的安全成绩，并多次受到南非 PMC 公司的表彰。在历时 2 年的项目施工中，安全文化建设对现场安全管理工作起到了非常重要的推动和促进作用。

二、实施以培训教育为先导的安全观念文化建设——内化于心

安全培训是实施项目安全文化建设的重要手段。只有理解并重视安全培训的重要性，实施全方位、有针对性的强化安全培训，才能快速提高员工的安全意识和安全操作水平，为项目安全文化建设奠定基础。南非 PMC 公司浮选项目安全文化建设过程中，通过培训教育对人施以教化，突破人们思想上的禁锢，破旧立新，树立正确的安全理念和安全价值观，提高人员的安全意识和安全操作技能。

（一）培训对象全方位覆盖

在南非 PMC 浮选项目中，实施的是全员安全培训。项目经理、施工管理人员、专业技术人员以及普通操作人员等进场前都必须接受安全培训。

（二）培训内容有针对性

在南非 PMC 浮选项目中，实施有针对性的安全培训：包括针对所有人员的通用安全意识培训，如登高作业意识培训、动火作业安全意识培训、受限空间安全意识培训、上锁挂牌安全意识培训，风险识别培训等；针对特种作业操作人员的起重安全意识培训、电焊安全意识培训及实际操作培训等；针对生产管理人员和兼职、专职安全管理人员专门的法律法规培训和安全管理技能培训。只有经过培训并通过考试的人员，才可以上岗。

（三）培训形式多样化

根据项目及施工人员的特点，采用形式多样的培

训方式，如利用视频、投影、讲座、宣传画等形式进行宣教，避免了枯燥的说教。对管理人员同时提供 E-learning 等线上安全培训课程，提高了培训的效率。邀请一些"有经验、有故事"的一线工人在安全讲座时现身说法，使得培训更加贴近工作实际，并更加有信服力。

（四）重视对项目决策层和管理层的培训

重视安全管理是项目决策层的管理意识和安全意识的体现。项目决策层的思想观念会直接影响项目安全文化的形成，而项目管理层的安全意识和观念决定着安全文化实施的成败。重视对作为项目管理层的班组长的安全培训教育，培育其正确的安全理念和安全风险意识，是确保项目安全文化建设实施顺利和成功的关键。在南非 PMC 项目安全文化建设中，对作业班组长实施专门的强化培训，包括法律责任培训、管理技能培训、风险意识培训及安全标准培训等。通过强化培训，帮助班组长树立"以人为本、安全第一"的安全理念，提高其安全意识和责任心，充分发挥其在安全文化建设中兵头将尾的作用，并带动提高班组内每位成员的安全意识。

（五）项目全周期的培训

在南非 PMC 浮选项目安全文化建设过程中，"以人为本，安全第一"的安全理念的宣导以及安全意识、操作技能的培训贯穿了整个项目生命周期。在项目临建期、建设高峰期、试车调试期等不同的阶段，安全培训的侧重点也不同。例如，在建设高峰期之前，项目部会有针对性地进行高空作业、起重吊装、受限空间作业等危险作业强化培训。在试车调试期，会有针对性地进行上锁挂牌、带电作业等安全培训。在南非 PMC 浮选项目中，通过在整个项目周期中持续地对员工进行安全强化培训，不断提高员工的安全意识。

在南非 PMC 项目中实施持续、全方位、多层次的安全强化培训，并采取形式多样的安全文化信息传播，营造安全氛围，树立正确的安全价值观。大力倡导和培育"以人为本，安全第一"的理念，提高项目人员的安全意识和操作技能，让安全理念不断内化于心。通过强化安全教育，在很大程度上降低了由于项目施工人员文化程度低下等原因而带来的风险，消除人的不安全因素，实现了人的本质化安全。

三、实施安全制度文化建设—固化于制

安全制度文化是在安全生产中，规范员工行为的各种适用法律、法规及标准制度的总和。安全制度文化建设主要就是建立健全、落实并完善安全生产责任制，实施各项安全管理制度。南非 PMC 浮选项目在安全制度文化建设中将安全观念文化融入安全管理制度，使安全文化的"种子"生根发芽。

（一）落实有南非特色的安全生产责任制-法律责任任命

安全生产责任制度是安全生产体系中最重要的制度。在南非 PMC 项目安全文化建设过程中，项目部依据 MHSA（Mine Health and Safety Act，南非矿山健康安全法案）的规定，对主要生产管理人员如项目经理、作业班组长、技术工程师、安全管理人员以及起重工、特种设备操作人员等进行法律任命，签订法律任命书，明确相关人员的属地职责，所有人员都各司其职，各尽其责。另外，包括一线员工在内的所有人员都必须单独签署一份类似"安全承诺书"的文件，承诺在安全生产过程中必须遵守 MHSA 的相关条款的规定，如第 22 条"有责任照顾好自己的安全，照顾好工作伙伴的安全"；第 23 条"工作遇到危险时，有权利撤离不安全的区域"；第 83 条"员工行使上述权利时，不得受任何歧视"等。

（二）构建完备的安全管理制度体系

南非 PMC 公司，依据 MHSA 等适用法律、法规的要求，已经制定了较为完善的 SHEQ 体系文件，并将这 1600 多个体系文件（包括程序、标准、表格等）按照 P-D-C-A 管理流程顺序进行分类整合，分成"领导力""SHEQ 管理体系计划""支持""执行控制及安全标准""绩效评估""持续提高"等六个部分。相关的安全标准和操作规范覆盖了所有与南非 PMC 公司业务相关的作业活动，真正做到了工作时安全操作有据可依。

在项目初期，项目部就组织人员对与项目相关的南非 PMC 安全标准规范进行了系统地翻译，并组织项目部人员进行了深入的学习，在实际安全生产中，严格按照 PMC 公司的安全规范来指导、约束日常的生产作业。此外，根据境外项目施工环境的特点，项目部专门制定了一系列针对境外项目的管理制度作为对安全管理制度体系的补充。

1. 工具目视化检查制度

在南非 PMC 浮选项目安全管理中，实施严格的施工机具登记、检查制度，并进行目视化管理。所有的施工机具都必须进行编号、登记并进行各项检查（使用前检查、月检、季检、年检等），并由检查人员填写相关的检查表。在不同的季度，对检查合格的高风险施工机具如手持电动工具、起重吊装工具等采用不同颜色（绿、蓝、红、黄）的塑料扎带进行标识，并按季度进行颜色更新。管理人员在日常安全巡检过程中，如果发现没有彩色扎带标识的工具或是扎带的颜色不正确，就表明该工具没有进行及时的检查，这样的工具严禁使用。通过对施工机具实施严格的检查，及时发现隐患消除风险，确保了施工机具的本质安全。

2. 全面作业风险评估及工作许可制度

在南非PMC项目中，实施全面的风险评估制度。任何施工作业前，都必须完成作业风险分析。班组长带领作业人员对施工步骤进行分解，采用头脑风暴的形式对施工步骤中的危险源进行识别，对由危险源产生的风险进行评估并采取有效的风险控制措施。在南非 PMC 项目中，实施严格的工作许可制度。任何施工作业前，作业班组长都必须申请工作许可，如果作业中还涉及动火、起重吊装等特殊作业时，则必须同时申请特殊作业许可。在作业班组长的带领下，作业人员完成基于工作步骤的风险分析并对已识别的风险采取了有效控制措施是获得工作许可的前提。

3. 全员参与的安全检查制度和会议安全首提制度

在南非 PMC 项目中，倡导全员参与安全监督的安全文化，项目部每位员工都有责任举报安全隐患，并构建了由生产管理人员、专职安全员、安全代表（兼职安全员）组成的现场安全检查和监督网络。项目部每月对承包商的安全作业文件进行审核，确保安全文件体系的正常运行，并进行持续改进和提高。在南非PMC项目中，无论是召开质量会议还是进度会议，安全分享是必须首提并进行讨论的内容。在每周的承包商安全大会上，除了对安全事件进行分享，对安全绩效进行总结外，会议主持人还会对即将过生日的员工发放慰问卡，让员工感受到来自安全组织的关心。在每月的安全代表大会上，作为安全委员会主席的PMC公司生产总经理还会亲自倾听安全代表（全部来自一线工人）关于安全、环保、健康等方面的诉求并及时

采取措施进行解决。

通过制度文化建设，将"以人为本，安全第一"的安全理念制度化，建立健全并不断完善各种安全规章制度，通过规范项目的安全管理，强化员工的安全意识，引导员工的安全行为。在安全文化建设中，还需要通过制度把安全精神落实到具体的安全措施和设备上来。

四、实施安全物态文化建设——外化于形

安全物态文化建设就是在安全观念文化的指引和安全制度文化的约束下，通过不断完善安全基础设施，改善员工工作环境，强化施工机具的安全保护等措施，实现生产的本质安全。下面从安全基础设施、员工工作环境以及施工机具等方面简单介绍一下南非 PMC 浮选项目安全物态文化的建设。

（一）安全基础设施

在南非 PMC 项目中，为保证员工健康，在现场搭建了更衣室、安装了盥洗设施以及急救设备。在现场配置了数量充足的灭火器，实行定置管理，并安排专人定期进行检查。在项目现场，实施交通管理，设置人行横道并利用施工脚手架杆隔离，实现人车分离。所有的楼梯踏步都安装了防滑条并用警示色进行标识，实施目视化管理。采用脚手架对施工过程中出现的临边洞口等隐患进行硬隔离，悬挂警示标识并限期进行隐患消除。

（二）员工工作环境

在南非 PMC 项目施工现场划分区域，实施属地管理，注重现场环境卫生，为员工营造一个整洁、干净、安全有序的现场工作环境。定期对工作场所的噪声、粉尘、照明度等进行检测，并通过安全标识牌对职业危害因素进行警示。

（三）强化施工机具的安全保护

在南非 PMC 项目中，所有的机械转动部件都必须安装符合南非 SANS 标准的机械防护。工艺设备必须进行电气接地和自动化连锁，以确保人-机安全。施工常用的手持电动工具如切割机、角磨机等必须配有"Deadman switch（死人键）"。该键有如下功能：操作者只有长按此键才能启动工具，一旦由于某种原因，操作者手指离开该键后，该键自动回退，将电动工具关闭，从而保护了操作者不会因机械继续转动而受到伤害，实现了施工工具的本质安全。

在建设安全物态文化过程中，项目部通过组织安全竞赛，评选安全标兵等活动进一步地强化已形成的安全文化氛围。

五、实施安全行为文化建设——实化于行

有研究表明，86%～96%的伤害事故都是由于人为的原因所致，实施安全行为文化建设，减少人的不安全行为，是降低事故发生概率，提高安全绩效的有效举措。在南非 PMC 项目安全行为文化建设中，控制员工的不安全行为是日常安全管理工作的一个重点。

首先，全体施工人员都必须参与作业前危险源辨识与风险评估。通过持续开展风险评估，不断提高员工的风险辨识能力。员工的风险辨识能力的提高是减少不安全行为的重要基础。其次，作业班组长必须定期进行 PTO（Plan Task Observation，计划性任务观察），通过比照安全操作规程，发现作业人员在施工过程中的不安全行为并及时进行现场纠正和记录。第三，生产管理人员、安全管理人员每周须完成一定数量的 SI（Safety Interaction，安全互动）。通过在现场与一线员工进行安全互动，对发现的安全行为进行现场表扬，对发现的不安全行为引导员工自主发现不安全的原因并进行纠正。安全管理人员定期对员工的不安全行为进行分类统计并形成报告，为管理层的安全决策提供依据。最后，项目决策层定期组织 VFL（Visual Field Leadership，目视化现场检查）活动，所有承包商的项目经理都必须参加。实施 VFL 活动的目的是鼓励一线员工的安全行为，通过在现场为参与活动的员工发放纪念品对员工进行正向激励，强化他们的安全行为意识。

借助 PTO、SI、VFL 等安全管理工具，南非 PMC 项目部的决策层、生产管理人员、安全管理人员等实施基于现场观察的安全行为纠偏。通过对员工的不安全行为进行纠正，改变其不良的作业习惯，通过对员工的安全行为进行鼓励，强化其安全意识和安全观念，使其最终形成主动的安全行为。

六、安全文化建设的经验总结

在安全文化建设中，安全观念文化是安全文化建设的精髓，安全制度文化是安全文化建设的保障，安全物态文化是安全文化建设的物质基础，也是观念文化的物态体现，安全行为文化是安全观念文化的反映，同时也会影响安全观念文化。

北京矿冶科技集团在南非 PMC 浮选项目安全文化建设实践中，以安全观念文化建设为先导，通过采取形式多样、内容丰富、有针对性的强化安全培训和宣传为安全文化播下"种子"。实施安全制度文化建设，通过建立健全并落实以安全生产责任制为核心的各项安全生产规章制度对安全文化进行强化。实施物态安全文化建设，不断改善员工的工作环境，使用先进的技术手段，保证员工工作时的人-机、人-环系统的本质安全。实施安全行为文化建设，重视对员工的行为观察，利用各种行为观察管理工具辅以奖惩措施，对员工的不安全行为进行纠正，对其安全行为进行鼓励。通过改变员工的行为习惯，影响并改变其思想观念，最终深层次地影响其对安全的态度和安全价值观。

通过以上几方面的探索实践，北京矿冶科技集团积累了安全文化建设的宝贵经验。首先，决策层的高度重视和管理层的积极参与是安全文化建设成功的关键。因此，必须非常重视决策层和管理层安全素质的提高，使"安全第一"的理念真正成为管理者的第一理念，推进安全文化建设的进程。其次，安全文化建设过程中，应从做好班组安全文化建设入手，通过班组安全文化建设带动整个项目安全文化建设。最后，还应将安全文化的各要素有机地结合在一起，依托各种安全技术措施和管理手段，多管齐下，将安全文化建设和日常各项安全管理工作结合起来，不断地提升员工的安全文化境界，逐步实现"要我安全"向"我要安全"的思想跨越。

七、结束语

从南非 PMC 浮选项目实际情况出发，以在海外项目实施安全文化建设为契机，培育"以人为本""安全第一、预防为主"的安全理念，完善安全组织结构和各项安全管理制度，提升项目管理人员的安全素养。通过多种形式的安全文化实践，深化项目安全文化建设，对项目安全文化建设的经验及时进行总结和推广。利用安全文化深厚的渗透和持久的传播功能，以项目安全文化建设带动并推进企业安全文化建设，打造属于企业的品牌安全文化，提升企业形象和竞争力，为探索一条适合我国海外工程项目安全文化建设的道路，贡献一点绵薄之力。

基于 SWOT 分析法企业安全文化建设研究

国家能源集团神东煤炭集团皮带机公司　田少杰

摘　要：本文运用 SWOT 分析法，通过文献搜索、调查问卷、访谈对 X 企业安全文化建设进行研究。通过系统分析，总结出该企业在安全文化建设中的优势、劣势、机会和挑战，建立 SWOT 矩阵模式，提出该企业安全文化建设的对策建议，不仅能够有效促进本单位安全发展、有利于员工安全，还能为其他基层单位提供有效指导，起到引领与示范作用。

关键词：安全文化；SWOT 分析法；安全管理；文化建设

安全是每个人最基本的权利，是企业发展的天字号工程。随着社会的不断进步，为了更好地促进企业安全发展，安全的意义已经不止局限于员工的人身安全，更是要通过安全文化引领安全发展。

一、SWOT 分析法

1971 年，美国哈弗商学院肯尼思.安德鲁斯在其著作《公司战略概念》中首次提到了 SWOT 分析法，该方法是西方企业战略管理中广泛应用的方法，是 Strength（优势）、Weakness（劣势）、Opportunity（机会）、Threat（威胁）的缩写。其中，S 表示研究对象所拥有的优势，一般指有利因素；W 表示研究对象的缺点，在其发展中起到不利影响；O 表示研究对象在大发展环境中能够利用的各种机遇，并以此来促进自身发展；T 表示研究对象所面临的各种威胁或挑战。

学者张弘林提出所谓的 SWOT 分析，就是通过对企业的优势、劣势、机遇、挑战进行分析，制定或修改本企业的战略，使其宗旨、目标、文化等方面适合本企业 SWOT 变化的要求。

SWOT 分析法是依据一定的次序进行排列的，再运用系统分析的思想，将各种因素互相匹配，并且加以分析，得出相应结论。具体如表 1 所示。

表 1　SWOT 分析矩阵表

内部环境		外部环境	
优势（S）	劣势（W）	机会（O）	威胁（T）

二、X 企业安全文化建设现状分析

X 企业是一家地面生产服务单位，其职责是为矿井单位提供胶带机产品。通过 SWOT 分析方法，全面了解该企业安全文化建设现状，包括外部环境因素和内部环境因素。外部环境因素包括机会和威胁，内部环境因素包括优势和劣势。

（一）优势分析

1.人员素质较高

X 企业现有员工 260 余人，通过调查发现，20～39 岁人员占全员 70%，40～49 岁人员占 24%，而 50 岁以上人员仅占 6%。由此可见，该企业是一个以年轻人为主的企业，员工充满活力与创造力，为企业安全文化创新发展提供了强有力的人员保障（具体如图 1 所示）。同时该企业员工文化水平以专科及以上学历为主，占全员文化水平的 55%，其中硕士占 3%。由此可见，员工整体文化水平素质较高，具有较强的可塑性，为企业安全文化建设提供了强大的智力支持（具体如图 2 所示）。

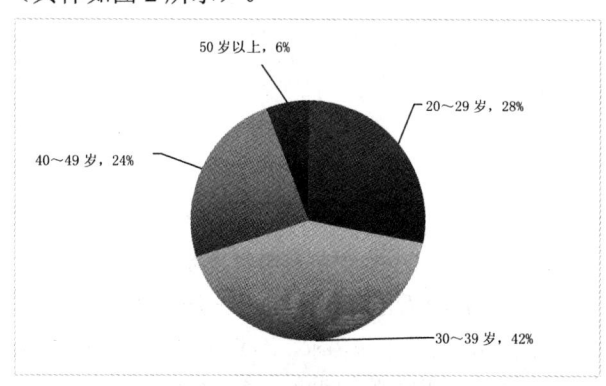

图 1　X 企业人员年龄构成

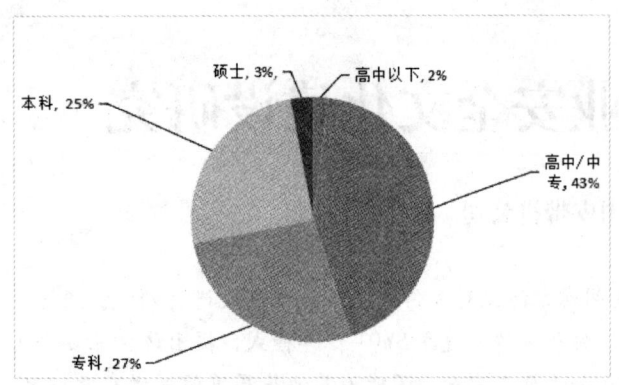

图2　X企业人员学历构成

2.安全文化理念突出

X企业安全文化管理理念体现了"生命至上，安全为天"的安全发展理念。多年来，该企业一直以"生命至上，安全为天"的理念为指导，秉承着"宁可不要效益，也不能不要安全"的思想指导着企业的生产，从产品设计、生产到销售全过程都严格遵守安全生产准则，为企业安全生产发展提供了坚实保障。

同时，通过问卷调查，了解了员工的真实想法，其中72.37%的员工对企业的安全生产较为满意，认为企业的安全管理体现出了"以人为本"的理念。

3.各种措施提升安全管理工作

（1）安全管理制度完善。

X企业自成立以来，每年定期进行一次制度梳理，对于不能满足工作需求的制度进行修改、增加或删除，以保证制度运行的实时性、有效性。本文选取了该企业近四年的安全管理制度，具体如图3所示。

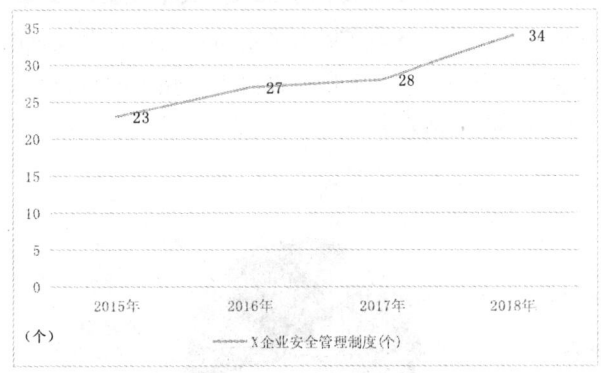

图3　X企业安全管理制度

从图中可以看出，该企业的安全管理制度不断完善，四年间，根据工作需求，不断充实安全管理内容，并且总体呈上升趋势。同时，通过对员工调查问卷的研究，发现该企业员工普遍认为安全管理制度比较完善，其中23%的员工认为很完善，63%的员工认为较

完善，只有14%的员工认为不完善。具体如图4所示。

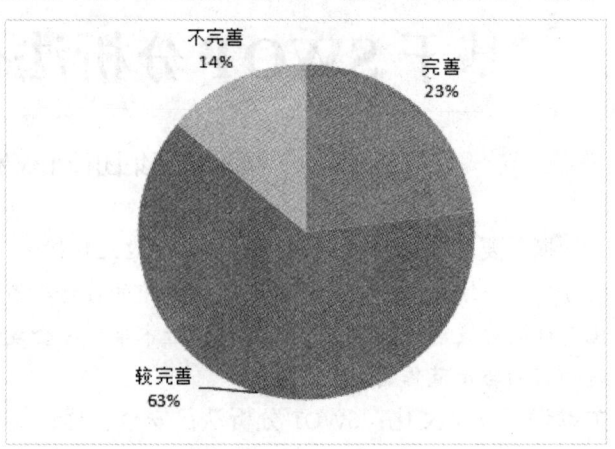

图4　X企业员工对安全管理制度的认识

（2）安全生产责任制落实到位。

X企业于每年年初签订安全生产责任制，形成经理—部门经理/主任，部门经理/主任—班组长/科员，班组长—员工的垂直责任主线，其中，经理为企业安全生产的第一责任人。通过签订层层责任状，所有员工都成为安全管理的守护者与践行者，形成了"人人保安全"的良好氛围。

为了将安全生产责任制落实到位，X企业各车间、部门制定了本车间、部门奖罚分明的安全生产责任制考核管理办法，并且实行月底考核，对于员工的具体奖罚体现在当月工资中。

（3）隐患排查力度不断加强。

X企业没有重大安全隐患，自成立以来，不断加强现场隐患排查，力求将隐患扼杀在萌芽状态当中，2010年开始利用安全管理系统进行隐患入录、整改、复查，做到闭环管理。本文对2015—2017年的隐患排查进行研究，并分析其效果。隐患排查分为企业内部自查与上级单位检查两部分，具体如表2所示。

表2　2015—2017年X企业隐患排查

年份	X企业日常隐患排查			上级单位检查		
	2015	2016	2017	2015	2016	2017
检查数量/条	2263	1922	1809	70	66	73
整改数量/条	2263	1922	1809	70	66	73
整改率/%	100	100	100	100	100	100

数据来源：X企业安全管理系统数据导出

通过上表分析，可以看出，该企业从2015到2017年日常隐患排查数量呈逐年下降趋势，表明现场安全管理不断加强，隐患问题不断减少。上级单位检查问题几乎趋于平稳，没有较大起伏。整改率均为100%。综上所述，该企业隐患排查效果较好。

4.风险预控管理体系健全

X企业安全管理的基础是风险预控，强调安全从源头抓起，切断事故因果链，使安全可控、能控、在控，其突出表现就是每年开展一次、持续近半年左右的危险源辨识工作。

该企业有效结合本单位实际情况，坚持与时俱进，不断创新危险源辨识工作。从2010年起至今，该企业共经历了2次变革，促使危险源辨识工作更加与实际相结合，更加实用、有效。

（二）劣势分析

1.企业安全文化与企业文化融合不够密切

该企业的安全文化与企业文化融合度不高。通过搜集资料发现，X企业目前并没有自己独特的企业文化，没有充分挖掘潜力，这在一定程度上阻碍了X企业安全文化建设。

同时，通过调查问卷，发现约有60%的员工对安全文化建设的满意度不高，认识到安全文化建设中存在的一些问题，如本单位安全文化建设没有特色、企业文化与安全文化融合的效果较差等。具体如图5所示。

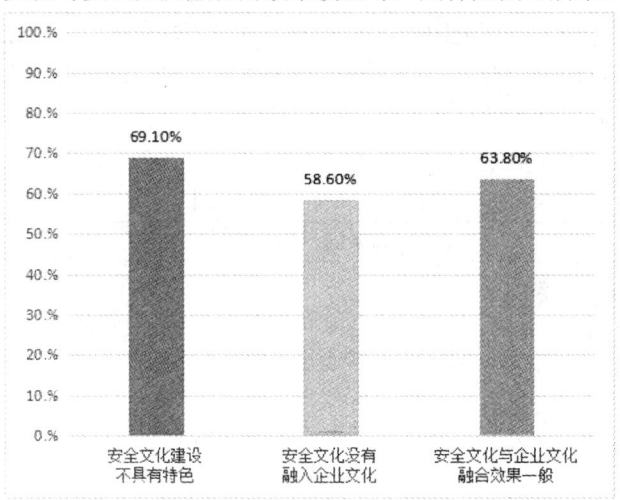

图5 员工对企业安全文化建设满意度

2.跨部门协作不顺畅

X企业安全文化建设目前属于安全管理办业务，需要各个部门的有力配合、互相协调完成。但由于其他部门人员有限，自身业务相对繁重，无暇顾及安全文化建设，而有的员工表示对安全文化建设不了解，这都对安全文化建设的通力合作产生了阻碍作用。

通过调查问卷，显示有59.2%的员工觉得跨部门

协作效果一般，5.9%的员工则认为跨部门协作效果较差。

3.参与积极性低

安全文化建设属思想意识建设，所需时间长、消耗人力物力财力较大，但效果不能立竿见影，收益也较缓慢，与单位其他方面的建设相比，具有一定的劣势，导致员工对安全文化建设的参与积极性低。

通过调查问卷，发现管理层中存在专职安全人员不足、素质较低等原因。此外，由于其他任务繁多，导致管理人员出现了只要完成任务、交差了事就好的心态，责任心不强。具体如图6所示。

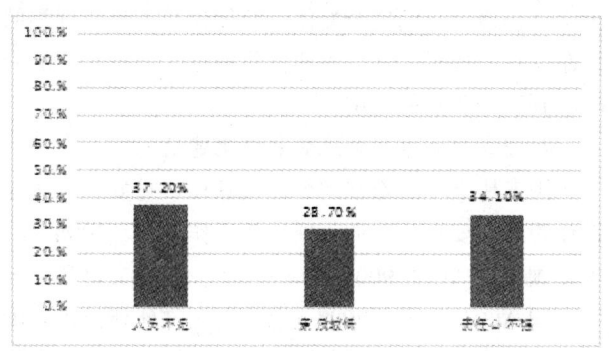

图6 安全文化建设管理人员存在的问题

安全文化建设的重点在于车间现场管理，参与人员为各项工作的具体承担者与操作者，在调查问卷中，很多人员表示安全文化建设与工作时间相冲突，无暇参与，还有一部分员工表示个人无意愿参与。具体如图7所示。

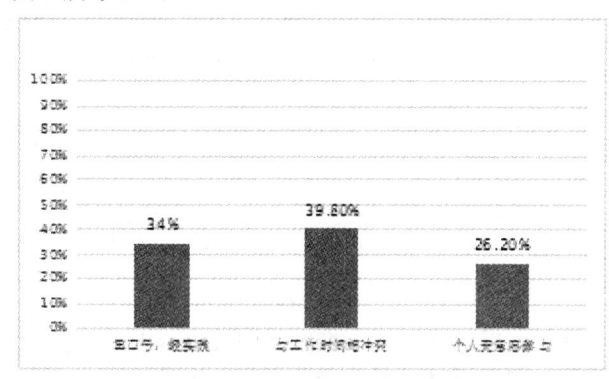

图7 安全文化建设参与人员存在的问题

4.麻痹大意思想时有出现

通过调查问卷发现，虽大部分员工在工作中能够按照标准化作业执行，提前做到危险源辨识，将危险扼杀在萌芽状态当中，然而仍有27.6%员工在工作中存在麻痹大意、心存侥幸的思想，认为"这样做也没

有什么大碍，这么多次也没有出现危险"。然而，这种思想却是安全的大敌，对安全管理、安全文化建设造成了很大的阻碍。

（三）机会分析

1. 安全文化是安全发展的必然结果

安全是企业发展的永恒主题，而安全发展的最高级形式是以安全文化约束员工的行为规范，让员工自觉和自如的实现安全生产。安全文化是一种微妙的思想渗透和暗示。

同时，现代管理理论认为，人的行为不仅取决于个体心理的需求与动机，还取决于他所在群体的文化因素。积极向上的安全文化能够促使员工形成强烈的使命感和归属感，并在不断自我激励、自我约束的同时起到互相激励的作用。

2. 国家大力推进企业安全文化建设

国家历来十分重视安全文化建设，将安全文化建设作为企业安全生产的一项重要工作来抓。2008 年，国家颁布了 AQ/T 9004—2008《企业安全文化建设导则》和 AQ/T 9005—2008《企业安全文化建设评价准则》两个标准，是我国首次出台的关于企业安全文化建设的相关标准。党的十九大报告中指出：树立安全发展理念，弘扬生命至上、安全第一的思想，健全公共安全体系，完善安全生产责任制，坚决遏制重特大安全事故，提升防灾减灾救灾能力。

由此可见，国家十分重视企业安全文化建设，并且出台了一系列政策予以支持。

（四）挑战分析

1. 企业竞争日益激烈

在经济发展日新月异的今天，企业间的竞争异常激烈。随着企业间的竞争压力越来越大，更多的企业开始注重企业文化、企业安全文化的建设，因为文化才是一个企业能够持之以恒发展、立于不败之地的深层动力与源泉。由此可见，文化建设显得更为积极与迫切。

2. 思想意识转变较为困难

思想意识是一个人在长期的学习、生活当中形成的固定思维模式，具有稳定性，指导着人的行为规范。符合客观事实的思想是正常的思想，会促进事务的发展，反之，错误的思想则起到阻碍作用。

同样，一个员工的安全思想也是长期形成的，并非一蹴而就的，必须要通过单位、员工、工作紧密结合在一起，慢慢转变不良安全思想，从而形成良好的安全氛围。

三、X 企业安全文化建设 SWOT 分析的对策建议

（一）建立 SWOT 矩阵

通过分析列举 X 企业安全文化建设的外部环境因素和内部环境因素，即优势、劣势、机会和挑战，结合访谈中有关部门工作人员的见解及建议，结合调查问卷数据的分析结果，提出了 SWOT 矩阵模式。具体如表 3 所示。

表 3　X 企业安全文化建设 SWOT 矩阵

		内部环境	
		优势（S） 1.人员素质较高 2.安全文化理念突出 3.安全管理能力不断提升 4.风险预控体系健全	劣势（W） 1.企业安全文化与企业文化融合不够密切 2.跨部门协作不顺畅 3.参与积极性低 4.麻痹大意思想时有出现
外部环境	机会（O） 1.安全文化是安全发展的必然结果 2.国家大力推进企业安全文化建设 威胁（T） 1.企业竞争日益激烈 2.思想意识转变较为困难	1.发挥有利因素，持续保障安全 2.创新特色企业文化，凸显顶层设计 3.强化部门协作，提高建设效率 4.提高执行力，落实严管与厚爱 5.扩大宣传教育，转变思想观念	

（二）基于 SWOT 矩阵模式的对策建议

1. 发挥有利因素，持续保障安全

通过 SWOT 分析法，可以清楚看到，在安全文化建设中，安全基础管理发挥着重要作用，积极促进安全文化建设。因此，在下一阶段的工作中，要继续发挥优势，保持优良工作作风，在安全理念、安全管理能力、风险预控等方面持续加强管理力度，不断夯实安全管理基础，为安全文化建设提供坚实后盾。充分利用该企业人员素质较高这一人才优势，调动员工的积极主动性，逐步将安全文化与员工思想素质相结合，使之内化为行为规范，用安全文化思想指导工作，将安全文化与工作融为一体，互相渗透、互相提高，最终达到自觉管理。

2. 创新企业文化，凸显顶层设计

正所谓"火车跑得快，全靠车头带"，车头起着引领作用，是管根本、管方向、管大局的，只有车头方向正确，动力强劲，火车才能跑得又快又好。同样，企业安全文化是企业文化的一个分支，隶属于企业文化范畴，那么，企业文化就相当于车头，只有企业文化把握好了方向、掌握好了尺度，企业安全文化才能道路明确、目标清楚的向前走。

该企业可以充分利用自己的特色，结合本单位实际情况，建立特色企业文化，并且囊括安全文化、班组建设文化等其他子文化，加强企业文化顶层设计。

企业文化顶层设计的建立，能够为安全文化建设指明方向，从而形成思想统一、上下联动、站位较高的新局面，积极促进安全文化建设的发展。

3. 强化部门协作，提高建设效率

安全文化建设组织架构需要完善，部门职责任务要清晰明了，建设高效运作的协调机制，充分调动各方积极性和主动性。

建立部门协同机制。安全文化建设不仅仅是安全管理办一个职能部门可以完成的工作，更需要企业文化建设主管部门的支持、配合与协调，需要其他各部门与车间的大力支持。因此，安全文化建设是一项全员性的建设工作，需要企业文化主管部门的牵头，需要各部门、车间的协同合作。

细化部门职责。参与安全文化建设各部门、车间相互合作，整合资源，细化职责，及时解决员工安全问题，形成相互促进、共同进步的良好局面。

突出班组功效。以车间班组为桥梁，加强员工与车间管理人员、企业管理人员的沟通，时刻明白员工内心所想、内心所要，及时掌握员工心理动态，为安全文化建设提供基本资料。

4. 提高执行力，落实严管与激励

一是要严格落实各项规章制度。对于"三违"（违章指挥、违章作业、违章劳动纪律）、"不安全行为"等各种威胁安全的因素要严抓不懈、严惩不贷，必须严格按照标准进行处罚，员工不能抱着"求情说理"心态、管理人员不能怀着"不好意思"的态度减少或消除罚款，必须划清奖就是奖、罚就是罚的界限。

二是建立多种激励机制。一是实施有情管理，建立健全教育培训机制、关爱机制、激励机制与保证机制，重引导、重服务，做到抓"不安全行为"就是关爱生命，真正让安全成为员工的第一福利，在严格管理中让员工感受到来自企业的真情关爱。二是实施多种奖励措施，X 企业可以充分对员工需求进行调研，在合理安排生产、确保安全的前提下开展多种形式的奖励措施，真正做到以人为本，关爱员工。

5. 扩大宣传教育，转变思想观念

加大宣传力度，让每个员工融入安全文化建设的理念中来，营造安全文化的创建氛围。进一步加大公共场所安全文化宣传和建设，使安全文化思想逐渐渗透；重视员工心理健康，疏导员工心理不良情绪和压力，避免带着情绪上岗，减少事故发生的概率。定期开设具有一定规范的"安全文化大讲堂"，兼顾安全文化知识的系统化和受众定位的细分化。结合单位特色，探索开发员工喜闻乐见、通俗易懂的"安全文化故事"方言讲座，积极打造本单位安全文化特色品牌。加大规范安全行为，通过精心设计制作漫画、视频、沙画等各种形式的安全广告，强化安全文化传播效果。

四、总结

本文通过 SWOT 分析法，系统分析了 X 企业安全文化建设的优势、劣势、机会与威胁，同时，该企业作为某中央企业的基层单位，希望通过本课题研究，可以为该企业安全文化建设提供思路，为其他基层单位的安全文化建设提供借鉴，推动该中央企业安全文化建设的整体发展，促使中央企业发挥建设、引领作用。

参考文献

[1] 陈超.企业安全文化建设实践探析[J].中国石油和化工标准与质量，2018，38（8）：40-41.

[2] 安妮.T 洗煤厂安全文化建设现状评价与整改对策[D].西安科技大学，2017.

[3] 王媛媛.基于SWOT 分析的中小企业文化建设研究[J].山西科技，2014，29（1）：21-24.

[4] 王善文，刘功智，任智刚，苏宏杰.国内外优秀企业安全文化建设分析[J].中国安全生产科学技术，2013，9（11）：126-131.

[5] 从切尔诺贝利核电站事故分析得出的结论[J].国外核新闻，1988（8）：7.

[6] 布合力其·努尔.企业安全文化建设初始规划用评估方法研究及应用[D].北京：首都经济贸易大学，2011.

[7] 罗云.现代企业安全生产科学管理[M].北京：北京中安普科技文化中心，2013.

[8] 张弘林.swot 分析方法及其在企业战略管理中的应用[J].外国经济与管理，1993（2）：25-26.

"三化"安全文化宣传教育模式的创新和实践

山西焦煤西山煤电集团公司屯兰矿宣传部　荣振栋

摘　要：安全文化宣传教育在煤矿企业安全生产中发挥着重要作用。本文提出了以人性化教育、网格化管理、常态化问责为主要内容的"361"安全文化教育模式，从不愿违章、不能违章、不敢违章三个方面阐述了具体做法，对安全文化宣传教育模式进行了总结、探索和创新。

关键词：安全文化；人性化教育；网格化管理；常态化问责

屯兰矿紧密围绕矿井中心工作，以人性化教育、网格化管理、常态化问责作为安全宣传教育工作的总思路和总要求，加强亲情感化、案例教育、现身说法"三项教育"，构建技能培训、三员示范、现场监管、干部包保、女工帮教、文化渗透"六网模式"，从严问责，构筑不想违章、不能违章、不敢违章的安全防线，逐步建立和发展"361"安全宣教模式，促进了矿井安全形势的持续稳定。

一、加强三项教育，以情感人，以案例教育人，以典型引导人，构筑不想违章的防线

1. 亲情感化

充分发挥党群工作人员的思想工作优势和职工家人的亲情教育作用，从亲情入手，用亲情的优势、亲情的力量、亲情的感化作用，帮助职工自我管理、自我约束、自我调节，缓解心理压力，形成了"职工重视安全、家属了解安全、矿里矿外齐心协力保障安全"的良好风气，提高了广大职工的安全生产积极性和主动性。矿女工家属协管坚持"服务中心、推动发展、促进和谐"的原则，在实践中摸索出了"六化"（帮教机构网络化，协管人员专业化，管理工作制度化，阵地建设完善化，教育形式多样化，协管活动规范化）工作新格局，实施"385"（携带三颗心，跟踪"八类人"，坚持"一、二、三、四、五"工作程序）女工协管工作法，为矿井实现安全稳步发展发挥了积极作用。开展"父母的嘱托、妻子的希望、儿女的期盼"亲情激励安全教育、童声童语话安全、过集体生日等多种亲情化、人性化安全活动，让职工时时感受到家人的关心和期望。组织一线职工家属到井口接亲人下班，"体验艰辛"，从而进一步当好"贤内助"，全力支持丈夫安心工作，用亲情筑起安全屏障。

2. 案例教育

坚持把案例教育和生产实际相结合，加强班前会管理，开展了"每周一案例、人人谈体会"活动。收集整理矿井近年来发生的运输事故、瓦斯超限事故等11大类42起事故案例，编印了《安全警示录——屯兰矿典型事故案例选编》。为了进一步增强宣传教育效果，用身边事教育身边人，以本单位事故案例为蓝本，组织绘画、配音、视频编辑，将事故案例制作成动漫，形象直观演示矿井安全事故发生的过程、分析事故原因，并针对性地提出了防范措施。利用班前会、周二例会、安全日活动等时间组织干部职工收看，并在职工上下班高峰期间在办公楼前电子屏和井口军事化大厅电子屏上播放。利用班前会，通过剖析事故案例，开展安全大讨论，进行自我教育活动，结合自身实际工作谈感想、谈体会、谈认识，组织开展自查自纠，职工不但从思想上筑起安全大堤，也进一步规范了自身安全行为。

3. 现身说法

充分利用正反两方面的典型事例，对职工进行现身教育，让职工学习先进典型，汲取反面教训，强化安全意识。开展了优秀班组长、优秀"三员两长"、放心职工评选活动。2016年评出8名"放心职工"、9名优秀班组长和30名优秀"三员两长"，并进行了表彰奖励，调动了职工做好安全工作的积极性，促进了安全生产。开展劳模宣讲进区队、青年事迹分享会活动，让大家从劳模先进身上学习好的作风，吸取好的经验。屯兰矿将评选出的先进典型个人，在进行物质奖励的同时，制作成灯箱在矿区及矿工会楼前进行表彰亮相。邀请工伤职工现身说法，通过自我剖析，用自己的违章事实去教育警示他人。在电子大屏开设反习惯性违章专栏，对职工的典型违章作业行为进行曝光。执行"颁奖牌、挂黄牌"亮相措施，每月矿安全例会对当月专业质量标准化搞得好的队组，颁奖牌鼓励，对当月专业质量标准化搞得差的队组，进行黄牌警示，对工程质量达到优良的队组，进行集体和个人奖励。通过正反两方面教育，让职工从正反典型对比中提升了安全生产理念。

二、建设"六网"模式，将安全教育渗透到方方面面，构筑不能违章的防线

1.技能培训网

营造"考"的氛围，搭建"比"的平台，以考促学、以比促学、以用促学，组织开展生产性科队级干部技术比武、技能大赛、导师带徒、"干部上讲台、培训到现场"、安全质量标准化知识竞赛、事故分析会、班前安全培训、名师工作室、大师工作师、创新工作室，形成全方位、全过程、全覆盖的培训教育体系。截止到 2016 年 10 月，全矿持有操作岗位人员职业资格证的 3712 人中，全部达到初级以上水平，其中中级工占 78%；高级工占 14%，有 67 人通过了公司技师认定，有 7 人通过了公司高级技师认定。

2.三员示范网

建立以党员、岗员、网员为主的榜样引导示范网，开展"向我看齐立标杆、发挥作用保安全"等主题竞赛，示范带动身边职工查隐患、保安全。组干科、工会、团委每月对党员、网员、岗员进行考核，奖罚兑现。截至 2017 年 12 月底，全矿 412 名责任区党员带着任务下井、带着问题出井，共查处隐患 23182 起，处理隐患 22590 起，征集合理化建议 7820 条，采纳 7630 条，填写隐患汇报卡 9820 人次，共发放党员津贴 204000 元；全矿群监网员共填写有效隐患信息卡 31773 份，发现 C 级及以上隐患 310 条，已全部整改；青监岗员出勤 30483 次，上报隐患 29872 次，隐患全部处理。安监处井口信息站依据"三员"填写的信息单，分类筛选，安排责任单位"三定"，到期后复查隐患闭合管理。

3.现场监管网

以"三员两长"（安全员、验收员、瓦检员、跟班队长、班组长）等环节人员为主，以现场安全行为规范和质量标准化为重点，完善工作范围和职责，制定考核办法，现场纠错，现场帮教，严格按规程和标准作业，及时排除现场安全隐患，有效控制了生产现场的不规范作业行为，提升了现场安全预控能力，实现对安全生产的全员、全面、全过程、全时空的安全检查和监督。

4.干部包保网

强化机关科室包区队活动，包保干部与职工签订协议，手牵手、心连心、面对面、实打实地开展培训，共同探讨工作难题，实现了干群互动，拉近了与职工的距离。干部每次下基层要全面了解安全生产情况和职工思想动态，做到"三清、三讲、一指导"（清楚区队职工基本情况、清楚队组工作面的安全生产情况、清楚队组职工思想状况；讲学习、讲安全、讲改进工作的意见或建议；指导安全工作），包安全、包培训、包服务。若包保的对象出现安全事故，根据事故类别和等级，对包保人员进行处罚。

5.女工帮教网

以女工、家属协管为主要成员，以井口、宿舍、社区、家庭为阵地，经常深入开展安全宣传教育活动；组织单位、家属、协管员与井下重点工种职工签订联保合同，开展"送温暖、嘱安全"活动；建立"三违"帮教"过八关"制度，把安全宣传教育延伸到家庭、单身楼，延伸到八小时以外。2018 年，与重点工种夫妻、单身楼住宿职工签订 2146 份互保、联保合同；截至目前，共帮教"三违"人员 62 次。

6.文化渗透网

形成了以井底车场、巷道沿线、安全文化走廊、小区文化广场"四位一体"的安全文化宣传阵地，以井下采掘工作面标语、提醒语为主的安全宣传教育线，以区队办公室、会议室为主的安全宣传园地，以广播、电子屏、牌板、OA 网、微信、标语六大载体为主渠道的舆论体系，充分发挥各种媒体和宣传阵地的作用，营造了安全生产、遵章作业的浓厚氛围。

三、常态化问责，构筑不敢违章的防线

动员千遍，不如问责一次。屯兰矿深入贯彻和深化延伸"炉火效应"的安全理念，建立常态化安全生产事故问责机制，四不放过，从严追责，做到"三性一化"，以问责促履责，唤醒广大干部职工的责任意识、担当意识和敬畏之心。

1. 及时性

无论事故发生在什么时间段，只要接到现场汇报、矿调度通知或矿领导指示，由安监处或企管办立刻组织相关责任单位负责人员进行追查，并于第二天矿早调会上进行事故追查通报。做到日事日毕，每事都要问责。通过及时问责，让干部操心，使干部敬畏。

2. 公平性

不管是领导干部还是普通职工，不管是事故还是隐患，不管损害后果大小，凡因管理松散、责任心差、违章作业或现场把关不严造成的工伤事故、未遂事故、瓦斯超限、现场隐患整改不及时、检查不力的，一律严肃进行问责追究，把压力和责任传导下去，形成一级管一级、一级对一级负责的局面。

3. 申诉性

为避免在责任追究中有时会存在责任不清晰、处罚不合理的争议以及被处罚方产生抵触情绪，创新实施了"安全处罚复议"制度，通过干部职工个人申请复议，对存有争议的安全处罚进行重新处理。这样，保证了安全处罚的公平、公正、合理。使干部职工在处罚复议过程中，通过重新学习操作规程、重新认识自身在实际操作中存在技能和思想认识问题，有利于职工安全意识的有效提升，使职工"服气"，最终使"我的安全我知道，我的责任我落实"成为广大职工的共识。

4. 常态化

屯兰矿把问责作为一种常态，形成一种文化，营造"有权必有责、有责必担当"浓厚氛围，促使各级干部认真履责、勇于担当、干事创业。2017年追查事故39起，释放从严问责的强烈信号，用严明的制度、严格的监督使广大干部职工始终保持安全生产高压态势，问责一个、警醒一片，起到强力震慑作用。

四、结束语

屯兰矿以人性化教育、网格化管理、常态化问责为主抓手建立和发展的"361"安全宣教教育模式，着眼于预防，立足于防范，把安全工作做在问题出现之前，有针对性地把安全宣传教育工作融入安全生产全过程，安全生产取得了实效，保持了健康稳定良好态势。

浅谈煤矿企业"安全文化+风险预控"管理实践

神华神东煤炭集团上湾煤矿　　王桂林　　冀宏波

摘　要： 上湾煤矿将风险预控体系应用和安全文化建设融合式开展，形成以安全文化建设为核心，以风险预控管理体系为抓手，从理念培育、风险评估、不符合项排查整治、行为安全管理、事件事故管控、绩效考核等方面进行理论与实践深度融合。实现从"管生产必须管安全"向"管业务必须管安全"转变，从"隐患排查"向"风险管理"转变，从"区队依赖"向"区队自主"转变，从"全员参与"向"全员负责"转变，构建点、线、面有机结合千万吨级煤矿的安全生产长效机制。

关键词： 千万吨级煤矿；安全文化；风险预控；行为规范；长效机制

近年来，我国的煤矿安全生产形势明显好转，发生在煤矿的重特大事故逐年下降，但因煤矿开采特殊条件的限制和煤矿员工素质的原因，煤矿安全生产形势依然严峻，大多数煤矿的安全文化未成为企业核心文化，安全文化建设多是"只开花不结果"。

上湾煤矿是神东煤炭集团主力样板矿井，秉承"生命至上，安全为天，无人则安，零事故生产"的安全理念，在近 6 年的生产中杜绝了轻伤以上安全事故。下面就上湾煤矿风险预控体系建设和安全文化融合方面，浅谈如何建设"安全文化+风险预控"的安全管理模式，让安全文化成为安全管理的顶层设计，让风险预控体系成为安全管理抓手。

一、安全管理存在的普遍问题

1. 安全制度落实不够、效果不好

安全工作摆上了位置，也投入大量人力物力，但重点把握不准，效果不明显。甚至存在有制度不落实，只贴在墙上、挂在嘴上，推一推动一动，查一查紧一紧，应付检查，装点门面。

2. 员工对安全关注不够、意识不强

目前大多数员工安全与风险意识不强，员工普遍持有安全"说起来重要、干起来次要、忙起来不要"和"怕罚款不怕危险"的思想。员工不能将"安全第一"放到首位，危机意识不足。多是被动接受安全，对待安全管理不认真，措施执行不到位，原则性不强，主动参与度不够，只关注自己安全，不关心别人安全。

3. 管理人员安全认识层次不高

安全制度坚守不严，用心不够，办法不多要求多，垂范不足只说教，用会议传达安全。

4. 对安全文化建设束手无策

很多人不知如何开展安全文化建设工作，认为安全文化是纸面、表面的东西，组织安全文化建设就是开展一些和安全相关的活动、做做宣传，把安全文化搞成安全文化活动，敲敲边鼓，花拳绣腿，只开花不结果。

5. 安全管理体系应用走样

目前存在为了搞体系而搞体系的情况，把安全管理体系做成文件资料记录应付检查，安全管理失去了主线，成效不佳。

二、安全文化与风险预控管理体系融合的主要方法

（一）建立以安全文化为核心的顶层设计

安全文化是安全管理的顶层设计，需要有内容，有载体。上湾煤矿提出了"四位一体"的安全文化建设体系，即开展思想隐患排查整治，凝聚安全合力，培育自主安全意识，培育团队互助安全意识。主要做法如下。

1. 排查治理思想隐患

安全文化的重心是塑造员工安全生产的"核心价值观"，使员工建立正确的安全思维与行为。当前安全管理形势中，"思想隐患"已成为制约安全生产升级的最大的隐患。我们用安全文化统一与提高广大员工的安全意识。

（1）培养管理人员树立正确的安全观，矿领导负责排查、纠正管理人员不正确的安全认识，通过安全

理念引导，严格要求，逐步提高员工的安全风险意识。

（2）强化安全领导力建设，通过建立党员干部领导承诺，以身作则学习安全知识和技能，带头遵守安全规章制度，使员工真正感知到安全生产的重要性和领导的示范性。

（3）业务部门、安监员入井检查时带着问题与员工沟通，通过现场交流沟通，纠正员工偏离的安全认识。

（4）让思想隐患浮出水面，制定 7 种思想隐患考核指标（见表 1），并导入安全信息管理系统，管理人员排查的思想隐患问题录入安全信息管理系统并进行考核纠正。

表1 上湾煤矿7种思想隐患考核指标

序号	思想隐患考核标准
1	员工思想麻痹，无所谓；认为安全就得靠运气，安全观念缺失，不关注安全
2	盲目自信，技术熟练，老员工经验主义，对安全无所顾忌
3	盲目任务型思想，为了保生产、赶任务，忽略安全制度
4	盲目从众思想，看到别人违章跟随违章
5	不能关注别人安全，看见别人违章不劝阻、不制止
6	侥幸思想，检查人员不在现场时，不遵守规章制度
7	其他：惰性思想、好奇思想、逆反思想

2. 凝聚安全合力

坚持"安全不是某个领导说了算，安全需要大家共同裁定"的原则。出现安全生产标准不清和意见不统一的情形，由矿领导、机关、区队共同上会裁决制定安全生产标准，形成统一的安全生产共识，避免安全与生产"各自为政"，更大程度凝聚安全管理合力。

3. 培育自主安全意识

上湾煤矿在发现区队被动管安全顽疾后，为了扭转被动局面，立足当下，重点培育区队自主安全管理意识，让区队自己管安全有思路、有方法，能管安全，会管安全，主要有以下做法。

（1）打造安全学习型区队，开展岗位危险源辨识、标准作业流程学习、自查不安全行为、行为安全观察、自查隐患等自主安全活动，创建"识别危险、

控制危险、全员参与、自我改善"的安全氛围。

（2）建立队长、副队长、班组长和员工四个层级的考核体系，加大区队管理人员安全考核力度，将区队安全绩效考核与管理人员工资系数挂钩，促进安全责任落实。

（3）要求矿领导、机关业务部门逢会讲安全，事事提安全，天天查安全；主推以业务部门为主导的风险评估，强化管业务必须管危险源的职责。

（4）全面推广区队对班组的自主安全考核。各区队均建立以事故、不符合项、不安全行为、安全活动、安全改善等项目的班组安全考核，每月对班组进行安全绩效考核，将安全压力和安全责任传递到班组员工。

4. 培育团队互助安全意识

员工团队互助意识是对别人的安全关注，能有效制止别人违章，分享自己的安全经验。培育团队意识充分挖掘个人和团队凝聚合力，培养团队责任情感，搭建安全互助平台，建立团队联动互助机制，提高全体团队互助安全意识，营造"认真负责、联保互助、执行到位"的氛围，具体做法如下。

（1）提高"我保安全"意识，开展"互助互保式"安全活动，鼓励每个员工自觉遵守并帮助同伴遵守各项规章制度和标准，观察自己并留心他人的不安全行为。

（2）注重正向激励，出台并完善上报隐患、新危险源、安全亮点和安全改善奖励制度，积极弘扬群体保安全的正能量。

（3）查处不制止违章类不安全行为，对于员工发生不安全行为，现场共同作业的其他员工未能制止的情况，也要按照不安全行为对待。

（二）构建"五化"不符合项管理

不符合项是指任何与工作标准、惯例、程序、法规、管理体系等的偏离，其结果能够直接或间接导致伤害或疾病、财产损失、工作环境破坏或这些情况的组合。不符合项排查整治从事故隐患和其他不符合项两个方面入手，分级、分类开展。

上湾煤矿本着"不怕查的多，就怕没人管"的理念，深入推进不符合项排查治理"五化"管理，严查事故隐患，细管文明生产，高标准、严要求，打造"安全、整洁、标准、有序"的生产现场，营造"事事有人管"的浓郁安全文化氛围。

1. 不符合项检查录入信息化

开发了安全信息管理系统，上湾煤矿将风险预控管理体系动态与定期不符合项考核标准全部导入系统。根据考核标准风险性质，每条考核标准赋一个分值。录入不符合项时，检查人员查找对应标准录入，系统自动扣分。安全信息管理系统实现不符合项排查、记录、分级、治理的闭环管理。

2. 不符合项检查工单化

为了确保检查质量，提前对国家及行业标准、制度规定进行了梳理，创新性地设计了安全检查标准工单。通过工单，派工人员和检查人员可做到"两个先知"，一是派工人员通过派工单可以提前明确要"派什么人、到什么地点、按照什么标准、重点检查什么内容"；二是检查人员可预先知道"时间、地点、重点检查内容及检查标准"。

3. 检查活动系统化

建立起动态检查、定期检查、专项检查、夜查、步检、责任区巷道周检 6 种综合检查方式，各项检查功能实现有效互补，切实消除安全盲区、死角。

4. 事故隐患公示化

坚持"隐患就是事故"的理念，将事故隐患分为一般隐患、较大隐患和重大隐患三类，制定事故隐患分级排查治理办法，规范事故隐患排查、登记、整治、监督、销号闭环管理。检查录入的各项事故隐患在安全信息管理系统首页进行挂牌公示。

5. 不符合项考核公开透明化

检查人员检查录入安全信息管理系统的不符合项，每条不符合项都对应扣分标准，属于事故隐患系统加倍扣分，扣分结果在安全信息管理系统中自动折算成百分制分数，每位员工都可以进入系统查看不符合项录入和考核扣分情况，不符合项实现动态、过程考核，矿领导、机关等多人参与检查录入，考核结果更加公开透明。

（三）构建"两级"行为安全管理

安全文化重要指标之一就是员工作业规范，行为安全管理是安全文化建设重要指标。上湾煤矿在不安全行为管理的基础上，通过多年的摸索总结，提出了全新、更科学的行为安全管理模式。通过对不规范行为和不安全行为的两级管控，有效预控不安全行为和事故，营造"上标准岗、干标准活"的安全文化。

1. 不规范行为管理

不规范行为是未被定性为不安全行为的行为，也是潜在或者"初期"的不安全行为，是行为安全管理的重点，主要管理方法如下。

（1）应用标准作业流程。

为正向引导规范员工操作行为，上湾煤矿加强检修流程控制，在设备检修方面完善了 463 个标准检修流程，有效避免和控制人员在设备检修过程中的误操作风险。在"紧急问题"控制方面，制定完善了 27 个快速响应流程，使相关人员知道如何安全、快速且有条不紊地应对。另外，开展岗位标准作业流程安全信息关联工作。根据流程中每一个流程步骤的每一项作业内容和作业标准进行危险源辨识，并制定相应的安全技术措施和事故案例学习，将流程步骤、作业内容、作业标准、危险源、不安全行为、安全措施及相关事故案例进行有机关联，形成一个完整的岗位标准作业流程，从而解决了岗位标准作业流程与危险源辨识"两张皮"的问题。

（2）开展行为安全观察与沟通。

以标准化作业流程为依据，采用沟通方式纠正作业不规范行为。通过对反应、站位、操作程序、防护用品、工具、文明生产 6 个方面观察，管理人员与员工以沟通交流的方式，讨论安全和不安全行为，使员工发自内心接受安全的做法，同时引导和启发员工思考更多的安全问题，提高员工的安全意识和技能。

2. 不安全行为管理

强化不安全行为纠察。不安全行为管控秉持"不怕查的多、就怕没人管和机关严查、区队自主管理"的原则。具体管控如下。

（1）建立不安全行为检查考核标准。

对不安全行为进行预辨识与梳理，按照不规范管理、不规范作业、违反劳动纪律三种类型辨识、梳理形成不安全行为数据库，导入安全信息管理系统。按照风险大小划分为低、一般、中等、重大、特别重大五个风险等级。不安全行为实现分类、分级检查考核。

（2）实行不安全行为纠察积分考核。

为了提高不安全行为查处质量，强化安全领导力建设，提高自主管理水平，实行积分考核。

（3）主推区队自查管理。

落实区队不安全行为管控主体责任，要求队长、副队长、班组长积极主动查处不安全行为。开展创建无不安全行为区队活动，激发区队班组不安全行为自主管理热情。

（4）开展反违章活动。

每季度组织一次不安全行为人员座谈会，探讨不安全行为诱因，征集不安全行为管理好建议、好方法；每半年组织开展一次无不安全行为人员抽奖活动。开展不安全行为"过五关"以及安全演讲、安全竞赛、安全征文等丰富多样的安全活动。

（四）构建"五维"安全风险管理

上湾煤矿从系统性危险源、岗位危险源、非常规作业、人因失误、安全偏离基准五个维度创建基于风险管理的过程安全管理模式，全面提高员工的安全风险意识，从作业、设备、系统工艺、区域、人员等方面进行辨识，安全风险评估重心由原来的危险识别转向风险防范，按照"管理对象、管理重点、管理依据、员工责任、管理途径"五个要点，辨识出危险源 841 项，制定了员工行为、设备、作业环境共 285 项安全管理标准。

1.管控系统性危险源

系统性危险源分两类开展。第一类开展重大安全风险辨识，业务部门每月组织一次系统性重大安全风险辨识，对存在重大安全风险，制定预控措施；第二类开展系统安全可靠性评估，由分管矿领导组织业务部门，每月组织一次系统安全可靠性辨识工作，对各系统进行安全可靠性分析，辨识各大系统存在的薄弱点和风险点，加以完善，提高系统的安全可靠性。

2.管控岗位危险源

为了使员工熟知本岗位危及自身的危险源、防范标准、防范措施，采用工作任务分析法，按照"自下而上，自上而下"的方式，矿每年组织一次全面风险评估活动，业务部门组织开展针对新设备、新工艺、新材料的危险源辨识，借鉴日本 KYT 的经验做法，开展危险源辨识工作，区队每月开展不少于 4 次的危险源辨识活动。

3.管控非常规作业

上湾煤矿结合以往发生未遂事故、险情及其他特殊情况，从过地质构造、设备故障检修、处理灾情等方面开展辨识，制定非常规作业安全技术措施。非常规作业实施作业许可管理，推行作业申请、作业批准、

作业实施、过程检查和作业关闭五个环节的标准化作业。

4.管控人因失误风险

为了能有效掌握、识别人因失误风险。向全矿收集由于自身原因或外部原因引发的失误风险案例，整理、编制成册，对于区队、员工主动上报失误事例，矿给予一定奖励。定期组织机关、区队召开失误风险座谈会，从个体、环境、文化、组织等因素着手，分析对策失误风险。

5.管控安全偏离风险

安全偏离是不符合安全程序和标准的操作，例如带电判断故障对停电闭锁偏离、无法系挂安全带对登高作业标准偏离，此类作业同样具有很高的危险性，必须制定详细安全防范措施，作业前进行许可审批。

（五）构建"两级"事故管理

未遂事故累积到一定数量就会发生轻伤事故，轻伤事故累积到一定数量就会发生死亡或重伤事故。

1.管控轻伤事故

鼓励区队如实上报轻伤事故，降低轻伤事故的处罚标准，对瞒报、不报等现象严厉打击。管理重心放在原因分析和预控措施，做到吸取教训、举一反三、重注细节，实现零伤害目标。

2.管控未遂事故

严格未遂事故管理，狠抓未遂事故"量、质、效"三个关键点，关口前移，将事故苗头消灭在萌芽状态。建立上报未遂事故加分奖励机制，将作业过程中隐性危险环节暴露出来，吸取教训，引以为戒，起到安全经验共享。按照"三不放过原则"（事故原因、群众教育、防范措施）和 4M4E 法分析未遂事故对策（4M是指人、机、环、管，4E 是指教育培训、工程技术、强化管理、类似事故案例）。

（六）构建"四级"安全绩效考核

安全文化建设过程就是落实安全责任的过程。上湾煤矿为落实安全生产责任制，按照"管业务必须管安全"的原则，在风险预控管理体系运行过程中，变革和创新了安全绩效考核方法，建立起机关、区队、班组三个层级的安全绩效考核体系。

1.部门安全绩效考核

部门安全绩效工资占结构工资的 35%。从事故责任、不安全行为纠察、隐患排查整改、危险源辨识与

防控、巷道责任区检查、公司专项检查排名、安全活动 7 个方面对机关业务部门考核。

2. 区队安全绩效考核

区队安全绩效工资占结构工资的 40%。区队安全绩效考核采用"区域考核法"。以区队考核平均分作为基准分进行评比，每增减 1 分区队负责人的工资系数增减 0.05。区队安全绩效考核分三部分：第一部分是矿领导、机关人员检查录入安全信息管理系统的不符合项自动生成分（占 85%），第二部分是安全基础考核（占 15%），第三部分是不安全行为作为直接扣分项，不安全行为是安全绩效考核的关键性指标，机关检查处不安全行为按照风险等级大小和数量进行扣分。

3. 区队对班组安全考核

区队建立以事故、不符合项、不安全行为、安全活动、安全改善等为主要项目的班组安全考核。借助安全信息管理系统，区队将不符合项和不安全行为按照责任归属划分到每个班组，综合其他考核项目进行考核。

三、取得的成效

上湾煤矿被国家安监总局评为企业安全文化创建示范单位，多年被评为安全生产标准化一级矿井，多年被神华集团评为风险预控管理体系一级矿井。事故隐患、不安全行为、未遂事故、轻伤事故呈现逐年下降趋势，近 5 年事故隐患下降了 82%，不安全行为减少了 73%，未遂事故减少 62%，轻伤事故减少 75%。全员安全素养得到提高。

区队管理人员对安全管理认识发生巨大转变，区队管理人员开始主动管安全，各区队在安全管理上肯动脑筋、想方法和下功夫。现场员工遵章守纪意识日渐增强，员工逐步形成了"宁可不干活也不能有不安全行为"的意识，树立了"以违章作业为耻、以遵章守规为荣"的观念，有效地促进了矿井安全生产。

参考文献

[1] 薛振华.煤矿安全事故致因因素研究[D].西安：西北大学，2010.

[2] 肖国清，陈宝智.人因失误的机理及其可靠性研究[J].中国安全科学学报，2001（1）：22-26.

[3] 曹庆仁.管理者与员工在不安全行为控制认识上的差异研究[J].中国安全科学学报，2007（1）：26-181.

[4] 林泽炎，徐联仓.煤矿事故中人的失误及其原因分析[J].人类工效学，1996（2）：17-70.

[5] 王丹.矿工违章行为形成、演化与治理研究[D].阜新辽宁工程技术大学，2010.

[6] 彭澎，黄曙东.组织管理因素对人因事故的作用与影响[J].人类工效学，2001（2）：54-58.

本质安全文化的建设与实践

江苏扬农化工集团有限公司　周德林

摘　要：杜邦公司对意外事件的统计分析表明，96%的伤害是由人的不安全行为造成的。而人的不安全行为是受人的意识影响和支配的，是可以预防和控制的，因此，管理与控制员工的不安全行为是提升企业安全管理水平和安全绩效的重要途径。建设企业安全文化，共同确立企业安全价值观，强化员工安全意识，提升员工安全能力，规范员工安全行为，是一项惠及员工生命与健康安全的工程，对于有效防范意外事件、事故的发生，打造本质安全企业，具有现实和深远意义。本文从管理和控制员工的角度出发，从三个方面阐述企业如何强化员工安全意识，提升员工安全能力，最终培养本质安全员工，为本质安全文化建设提供助力。

关键词：本质安全文化；安全理念；安全能力；安全行为

本质安全的基本特征有四点：一是人的安全可靠性。不论在何种作业环境和条件下，都能按规程操作，杜绝"三违"，实现个体安全；二是物的安全可靠性。不论在动态过程中，还是静态过程中，物始终处在能够安全运行的状态；三是系统的安全可靠性。在日常安全生产中，不因人的不安全行为或物的不安全状况而发生重大事故，形成"人机互补、人机制约"的安全系统；四是制度规范、管理科学。研究表明：96%的伤害是由人的不安全行为造成的，管理与控制员工的不安全行为是提升企业安全管理水平和安全绩效的重要途径。以下就如何管理与控制员工的不安全行为展开阐述。

一、注重安全理念引导，强化员工安全意识

从培养员工的共同安全价值观入手，引导员工确立安全理念、信守安全承诺、执行保命条款，不断强化员工的安全意识，充分发挥员工在企业安全生产中的主动性和创造性，让员工真正从理念上实现由"要我安全"到"我要安全"的转变。

（一）确立安全理念

企业安全文化建设主管部门联合企业的 QHSE 管理部门，通过向企业领导到生产一线员工各不同层面的代表发放问卷，开展征集企业的安全管理方针、安全原则等活动，或者提出"以人为本，保障健康与安全"等内容的安全管理方针、"所有的事故和伤害都是可以预防的"等内容的安全原则供员工代表选择，在汇总、分析、研讨征集意见或调查结果后，提出企业安全管理方针和安全原则等初步意见，提交企业QHSE 委员会专题研究，并通过企业的总经理办公会研究决定，形成企业的安全方针、安全原则等安全价值观。在此基础上，组织好安全价值观的释义和说明材料，编印企业《安全文化手册（理念篇）》，发放到每位员工，有计划地组织员工学习并在工作中践行企业的安全理念。

（二）兑现安全承诺

就员工在关注安全和追求安全绩效方面所具有的稳定意愿和实践行动，企业领导代表全体员工公开做出安全承诺，例如，遵守法律、法规，执行技术规范、安全标准；提供安全的工作环境，使员工、承包商和公众免受伤害；坚持预防为主，提供必要的人力、物力和财力，实现持续改进；当生产与安全发生矛盾时，始终坚持安全第一；严禁生产装置超能力运行，等等，并在日常生产管理中接受员工的监督。同时，企业领导、各级管理人员在现场安全检查时对查出的问题处理，体现"以人为本"的原则，改进"先批评后扣奖"的做法，化事后被动处理为主动积极引导，注意发现员工的优点、长处和成绩，在当面肯定、表扬员工已经做到有关要求的基础上，对不足之处开展安全培训，及时给予员工实事求是的评价、提出明确要求并得到员工的承诺。

（三）执行保命条款

规定任何员工在任何时候和任何地点都不能触及保命条款，比如"任何人不得酒后到生产岗位操作，

任何人不得无证进行特种作业，任何人不得谎报、瞒报事故"等，否则就会受到解除劳动合同的处理，强化安全红线对员工的约束。在广泛宣传、解释和征求员工意见的基础上，加深员工对执行保命条款是出于"宁可让员工失去工作而不是失去生命"这一初衷的理解，确立"生命高于一切"的道德价值观，同时使违章违纪酿成事故者受到应有的惩罚，从而避免因违反保命条款而产生的伤害或事故。企业保命条款经职代会讨论通过后执行。

二、加强安全生产培训，提升员工安全能力

从提升员工安全能力入手，教育员工自觉通过耳听、心想、眼看、手写、口述、身练等多种方式接受有目的、有步骤、有指导的安全生产培训和考核，不断提升自身的安全意识和职业技能，真正从能力上实现由"我想安全"到"我能安全"的转变。

（一）明确安全培训要求

安全生产培训是提高员工安全生产素质的一项重要工作，是一切安全生产工作的基础。引导员工从"安全培训不到位是重大安全隐患"的高度认识安全生产培训的意义，确立"做好员工的安全培训教育工作是企业的责任、自觉接受安全培训教育是每位员工应尽的义务"的理念。企业的有关职能部门和用工部门必须制定并严格执行安全培训制度，从安全理念、安全基本知识、企业安全管理制度，到岗位应知应会、工艺操作规程、应急处理规程，逐一梳理并明确各岗位员工需要接受安全培训的内容、形式、时间和复训频次、掌握程度等具体要求，建立并按照培训需求矩阵全面开展培训，不断提升安全培训的系统性、针对性和实效性。

（二）组织安全文化培训

以惨痛的事故案例教育员工真正确立"任何一个人的不安全行为和物的不安全状态得不到及时发现、消除，都可能对员工造成伤害，甚至危及生命""发生事故，企业就会失去安全生产许可证；发生事故，企业就会无力参与市场竞争；发生事故，企业甚至还会从此不复存在"等危机意识，从思想上牢固树立"安全是职工生命与幸福的保障""事故与事件是可以预防和控制的""安全是企业生存与发展的基础"等观念。通过组织《安全文化手册》发放仪式、安全文化知识讲座、安全生产知识竞赛等活动，促进员工学习

和实践先进的安全管理理念、管理方法。还可以通过组织安全生产主题书画摄影展等活动，以书画作品为载体将安全知识潜移默化地传输给企业员工。

（三）开展职业技能培训

本着"干什么、学什么，缺什么、补什么"的培养原则，把学业务、练技能等要求作为员工工作的重要组成部分，通过岗前培训、在岗培训、转岗培训等生产培训达到提高员工安全素质和职业技能、满足企业安全发展需要的目的。利用企业的专业技术人员、职业院校老师等教学资源，包括仿真系统和模拟装置等教学设施，有计划地开展课堂教育、岗位练兵和反事故演习，提高员工的专业理论知识水平和分析、判断、处理生产异常和故障的能力。通过定期组织企业内部职工职业技能鉴定，区别不同的技能等级给予不同的技能津贴；通过组织员工参加行业或产业工会组织的技能比武，企业向取得优良成绩的员工发放一定奖励，激励员工学习业务技能和干好本职工作的主动性和积极性。

三、规范员工安全行为，培养本质安全员工

从规范员工的日常行为入手，通过观念引领和行为养成训练，不断规范企业管理者的管理行为和操作者的操作行为，使员工摆脱对制度监督管理的依赖，逐步实现自主管理，最终成为"我要安全、我能安全、我会安全"的本质安全型员工，共同打造本质安全型企业。

（一）领导以身作则，规范管理行为

企业建设安全文化，需要企业领导的文化自觉，对本企业的安全文化有"自知之明"，明白它的来历、特色、形成过程和发展趋向，把企业安全文化建设纳入企业总体发展规划，与企业的生产经营和持续发展一同研究部署、一同组织实施、一同督促检查。企业领导要对安全承诺的兑现起示范和推进作用，参与对现场安全生产过程的定期审查，带头践行安全价值观，带头执行安全行为规范。企业建设安全文化，需要不断强化安全管理制度建设，以此规范内部管理行为。强化安全生产责任制为基础的各项安全管理制度的有效执行，努力做到各项管理制度化，减少人为因素的影响，保证制度的严肃性、连续性，有规章制度的，严格按规章制度办理；规章制度已经不合理的，先按制度执行或者先合理操作，再按程序修改制度；没有

制度规定的，先合理操作，再新建制度。只有管理者的管理行为规范了，企业的各项规章制度才能得到不折不扣的执行和落实。

（二）员工主动参与，规范操作行为

企业建设安全文化，需要全员主动参与，不仅体现在对自身文化品位和文化价值追求的认同方面，而且体现在对所从事工作的各种操作等行为方面，企业可以通过标准化作业、标准化活动、标准化现场等管理活动，规范员工操作等行为。标准化作业管理，就是将现场具体作业和作业环境必须考虑的生产设备或系统、工艺技术标准、运行操作规程、安全工作规程、反事故措施等要求，按照安全管理工作流程制定作业程序或明确统一标准，在作业时严格执行，保证现场作业安全受控。标准化活动管理，就是会议、培训等活动前分享安全经验并形成惯例，分享的案例以员工亲身经历或看到、听到的有关安全、环保、健康等方面的经验做法或事故、事件为主，也可以拓展到有关交通、日常生活等方面的安全案例。对员工分享的安全经验案例征集汇编形成《安全经验分享》案例集，作为员工安全学习培训的一种材料，启发、教育员工吸取事故教训，深刻认识违章操作、违章指挥、违反劳动纪律和各类事故隐患的危害，从而在规范劳保穿戴、执行安全规程、落实安全措施、遵守安全纪律等方面规范自己的行为。标准化现场管理，就是提出现场目视化管理等要求，明确属地管理的责任人，从人员的行走路线、工器具的有序摆放、工艺管道的色标和走向、设备标识、生产现场的整洁等方面形成现场管理规范，确保作业现场安全有序。

（三）全员文化自觉，养成安全习惯

员工安全价值观的确立和安全行为规范的形成，企业安全文化的积累、形成、传承和变革，都有一个循序渐进的过程，员工文化自觉需要逐步培养，企业安全文化建设需要长期坚持。企业除了以理念引导、能力培训、管理约束等措施培养员工的安全文化自觉外，还可以通过内刊、公众微信平台等企业媒体经常宣传企业安全文化，通过组织开展安全生产月、安全示范岗、安全里程碑等活动定期宣传企业安全文化，组织开展企业文化宣传月或宣传周活动强化宣传企业安全文化，营造强烈的企业安全文化氛围，以环境氛围影响和促进员工文化自觉。按照工作内与工作外安全同等重要的认识，企业还可以对员工提出统一要求，例如，向员工发出"上下楼梯扶扶手""乘坐汽车系好安全带""骑行摩托车、电瓶车戴好头盔"等倡议，引导员工共同行动，逐步养成安全行为习惯。通过类似员工安全行为习惯培养等形式，实质性地培养员工强烈的安全意识和安全文化自觉。员工文化自觉会随着企业安全文化建设的不断推进而提升，也会有力推进企业安全文化和本质安全企业建设工作的有序深入开展。

四、结论

人的管理是安全文化的重要组成部分，也是建立在"以人为本"这一最高宗旨上，体现了人—机—环境的系统安全观和全新的理念。管理与控制住员工的不安全行为，提高员工的安全意识水平，培养本质安全员工，不仅是本质安全文化建设的重要组成部分，也是提升企业安全管理水平和安全绩效的重要途径。

关于煤化工企业安全文化建设的几点体会

新疆广汇新能源有限公司　吴霄龙　刘韩宁　魏学锋　段亚彬

摘　要： 在我国能源结构处于"富煤少油缺气"的背景下，煤化工是近年来崛起的一个新兴产业。然而从安全生产视角来看，煤化工行业由于涉及危化品和高温高压等工艺，具有极高的危险性。本文从新疆广汇新能源有限公司开展安全文化建设和安全管理的实践经验出发，就煤化工行业如何建设安全文化，提升安全管理水平提出几点体会与思考，以供同行业探讨。

关键词： 煤化工；安全文化；安全管理

广汇新能源有限公司成立于 2006 年 9 月，现有员工 1874 人。公司投资建设的年产 120 万吨甲醇/80 万吨二甲醚、5 亿方 LNG（煤基）项目为国家发改委核准项目。项目占地 104.655 公顷，总投资 106.64 亿元，项目于 2009 年 9 月开工建设，2012 年 6 月建成并正式进入试生产阶段。

项目建设以来，公司始终高度重视安全生产工作和安全文化建设。2014 年 8 月顺利通过了安全验收评价，2014 年 9 月取得了安全生产许可证，2017 年 9 月安全生产许可证到期进行复验，通过复验发证。2015 年 11 月完成危险与可操作性（HAZOP）分析报告，2016 年 10 月通过了新疆维吾尔自治区二级安全标准化验收。公司安全生产工作能够取得预期成绩，我们认为安全文化建设是基石，主要经验包括以下几点。

一、提升安全意识，塑造安全灵魂

意识是客观事物在人头脑中的反映。煤化工的安全生产是一个客观事物，我们能看得见、摸得着，这个安全生产的客观事物在人们的头脑中反映越强烈，人们的安全意识就越高涨，对安全的认识就越清晰，对安全生产工作就越重视。因此说，提高安全意识是安全生产、安全文化建设的灵魂。

什么是安全意识？首先，安全生产是人们生产、经营、科研等活动中的理想状态，是经济组织获得最佳经济效益、最佳经营成就，科研组织获得理想科研成果，煤化工操作人员和作业者保护自身生命安全的必备条件。安全生产是一个整体，是指生产、经营、科研等活动，以及经济活动和社会活动中的安全。这里既不存在不需要安全保障的生产，也不存在没有生产、经营、科研等活动的安全。人们对安全生产的认识和理解，安全文化理念的形成及深化随着经济、社会、科学、技术的发展而不断加强和深化。同时，随着科学技术特别是安全科学技术理论体系的逐步建立和发展，对安全生产的理解会更加科学，安全生产不仅是经济、科研组织和企业员工必须遵循的客观规律，而且是一个国家发展的基本国策。

简言之，安全意识就是人们对安全生产的认识。认识得越清楚，理解得越透彻，安全意识就越强烈，安全生产工作就越顺利。其结果是事故越来越少，生产越来越好。煤化工企业要想长足发展，安全是基础，安全是前提，安全是条件，这也充分体现了我国的"安全第一，预防为主，综合治理"的安全生产方针。安全意识是安全生产的灵魂，不是一句标语口号，而是诸多安全工作者在实践中总结出的真知灼见。

当然，安全意识不是纸上谈兵，要求企业付诸实践。公司建设期安全投入高达 5.37 亿元，消防设施总投资占 1.26 亿元，装置投运后安全陆续投入 2.67 亿元，占总投资比例的 8.72%。只有在安全投入等实实在在的工作中毫不含糊地舍得投入，切实满足企业安全生产工作需要，才能真正建立全员的安全意识。

二、加强安全教育培训，促进人的本质安全

企业要实现"本质安全"，其核心因素是人的安全意识和安全行为，因此，加强对人的安全教育，提高其安全意识和安全生产行为是安全文化落实到工作中的基本途径。企业安全教育培训能够促使劳动者（员工）提高安全意识，掌握安全生产规律，提高安全作业技能，减少伤亡事故的发生，减少各种财产损失，

保障劳动者（员工）的身心健康，提升员工的安全素质。

必须制定安全教育培训管理制度，编制年度安全教育培训计划，制定安全教育培训方案，建立发展教育培训档案，实施全员、全面、全过程、全方位的持续不断的安全教育培训，使企业员工满足本岗位对安全生产知识和操作技能的要求。

（1）煤化工企业必须对新录用的员工（包括临时工、合同工、劳务工、轮换工、协改工）进行强制性安全教育培训，经过厂、车间、班组三级安全教育培训，保证其了解危险化学品安全生产相关的法律和法规，熟悉从业人员安全生产的权利和义务，掌握安全生产基本常识及工艺操作规程和安全技术规程，具备对工作环境的危险因素进行分析的能力，掌握应急处置和个体防险、避灾、自救的方法，熟悉劳动防护用品，特别是空气呼吸器，氧气呼吸器，自救器，过滤式防毒面具等的使用和维护，经考核合格后方可上岗作业，对转岗、脱岗1年以上的从业人员，必须进行车间级和班组级安全教育培训，考核合格后，方可上岗作业。

（2）对新建设的煤化工企业，要在装置建成试车前6个月（至少）完成全部管理人员和操作人员的聘用，进行安全教育培训，经过考核合格后，方可上岗作业。在煤化工企业使用新工艺、新设备、新材料、新方法前，必须按照新的操作规程，对岗位操作人员和相关人员进行专门的安全教育培训，经考核合格后，方可上岗位作业。

（3）煤化工企业的主要负责人和安全生产管理人员要主动自觉地接受安全管理资格培训考核。煤化工企业的主要负责人和安全生产管理人员必须接受具有相应资质的机构组织的培训，参加相关部门组织的考试，取得安全管理资格证书。煤化工企业的主要负责人要了解国家新颁布的安全法律法规，掌握安全管理知识和技能，具备一定的企业安全管理经验。煤化工企业的安全管理人员必须掌握国家有关安全生产的法律法规，掌握风险管理、隐患排查、应急管理和事故调查等各项技能、方法和手段。

（4）煤化工企业必须加强特种作业人员的资格培训。煤化工企业需要大量的各个工种的特种作业人员，这些特种作业人员必须参加由具有特种作业人员培训资质的机构举办的培训，掌握其所从事的特种作业相应的安全技术理论和实际操作技能，经相关部门考核合格，取得特种作业操作证后持证上岗。

三、树立应急管理理念，完善安全管理整系统全流程

《安全生产法》明确了"安全第一、预防为主、综合治理"的安全生产方针。怎么做到预防为主、综合治理，树立应急管理理念，建设应急管理体系，健全安全管理系统是核心要义。应急管理的理念是通过建立科学的体系，事前防范风险，努力做到消灭隐患不出事故，事中事后能够整合方方面面资源将事故损失降到最低。煤化工企业安全生产应急管理和应急救援体系建设，是安全生产工作未来发展方向。目前国内对事故应急救援方面系统的理论的研究仍然很少，仅仅处于开始阶段，特别对于应急救援系统的功能、组成、运作方式的研究还不够深入，国家行政部门也缺乏对应急预案编制的统一指导。笔者认为煤化工企业应急管理应着重做好以下工作。

（一）着力构建应急救援系统

一是构建指挥系统，明确机构设置、组成及分工职责。二是构建应急处置实施系统，建立事故控制、医疗救援、消防救援、治安疏散、专家咨询等不同专业小组。三是构建资源保障系统，为应急行动和指挥中心提供包括设施、服务、设备、物资、器材等各类应急资源，尤其是通讯联络系统和计算机系统。四是应急辅助决策系统，包括应急预案、综合监测报警系统以及共享的应急基础信息库。五是应急信息管理系统，包括灾害危险源分布数据库建设、信息共享服务平台。

（二）系统规划事故现场的恢复和重建

事故平复阶段是在生产安全事故发生之后立即进行的行动，其目标是使企业厂区恢复最基础的服务，进而使企业厂区生产、生活恢复到正常状态或得到进一步的改善。该工作主要包括：实施应急响应关闭程序；开展事故调查；废墟清理；事故现场洗消工作；开展事故损失评估与索赔工作等。

煤化工企业要积极进行危险化学品登记工作，落实危险信息告知制度，定期组织开展各层次的应急预案演练、培训和危险告知，及时补充和完善应急预案，不断提高应急预案的针对性和可操作性，增强企业应急响应能力。

四、结束语

煤化工企业是一个庞大而复杂的系统。煤化工企业的安全文化管理没有一个固定的模式，每个企业需要根据自己的产品、工艺特点、装备水平、人员素质等来制定适合自身安全文化管理的办法。但是煤化工企业安全文化管理也有许多共同之处，如提高安全意识；强化安全教育培训；作业过程管理；安全隐患排查；安全生产标准化；应急管理等。企业需要针对工作实践不断改进和提升安全生产管理水平，强化安全生产管理，促进企业安全稳定发展。

参考文献

[1] 吾买尔江·卡瓦. 煤化工企业安全生产管理[J]. 中国管理信息化，2015，18（8）：93.

[2] 陈华涛.关于加强煤化工企业安全生产管理的探讨[J].化工管理，2015（13）：128-129.

[3] 徐楚文，闫红莲.浅析煤化工企业安全管理[J].广州化工，2015，43（13）：241-242.

[4] 关萨茹拉.煤化工"安全协作伙伴"管理模式探究[J].才智，2015（26）：354.

[5] 高旭鹏.煤化工企业安全与职业健康安全管理体系整合[J].能源与节能，2016（1）：25-26.

[6] 叶兆昇.加强煤化工企业安全生产管理的探讨[J].能源与节能，2016（7）：165-166.

[7] 张明东.浅谈煤化工企业安全生产管理[J]. 现代经济信息，2016（10）：89.

[8] 孟静静，肖立娟.关于加强煤化工企业安全生产管理的探讨[J].化工管理，2016（26）：338.

[9] 武振林.煤化工企业安全管理工作思路与理念探讨[J]. 云南化工，2013，40（4）：70-72.

钢铁企业机组经理制模式下的安全文化与管理

宝武集团宁波宝新不锈钢有限公司　肖进　刘亚军

摘　要：我国的安全管理在不同的时期出现了不同的安全管理模式，目前最高的是文化安全管理模式。文化安全管理模式是把安全文化作为一种价值观和"以人为本"的核心理念，依靠安全文化的凝聚力、影响力和渗透力，让安全成为每个员工的行为习惯，从而实现安全生产。本文主要阐述了某钢铁企业机组经理制推行过程中，通过对新旧管理模式下的安全现状差异分析，针对新的管理模式下所面临的安全管理问题，提出了机组经理制文化安全管理模式，该模式对危险源的辨识、营造良好的现场安全文化氛围、安全培训体制及效果评估等方面进行了有效的探索，最终形成机组经理制下特有的文化安全管理模式。

关键词：机组经理制；安全文化；危险源；安全意识；安全培训

一、机组经理制管理模式的概述

钢铁企业生产工艺复杂，生产设备设施门类多，这就会导致危险因素和隐患的复杂性和严重性。为了提升安全管理水平，一方面要进行生产技术的更新换代，另一方面要更新与企业现状相适应的安全文化和安全管理模式，依靠先进的安全文化去推动和支撑安全管理的发展。文化安全管理模式兼顾了对人、物、机、环的管理，对员工的安全素质要求高，是目前企业管理的最高安全管理模式，而机组经理制安全管理模式就是以此为基础的管理模式。

目前，我国大部分钢铁企业的组织机构都是经营层—公司管理层—生产厂—生产分厂（车间）—作业区—机组，管理层级较多，而机组经理制模式是撤销分厂、作业区，划分和确定最小经营单元为机组，以机组经理为最小经营单元的经营者，组建以机组经理为核心、机组工程师和设备机组长共同支撑的机组经营管理团队。

二、传统组织机构与机组经理制的差异性

对比传统的钢铁企业组织机构，在原有的管理模式［总经理-厂长-作业长（工段长）-班长］转变成（总经理-机组经理-班长），撤销了分厂安全员以及倒班作业长，对于 24 小时连续作业的生产现场，从安全角度，中夜班的安全管理相对薄弱，部分环节容易出现管理的真空，作业现场的最高管理者即班组长的安全管理能力需要更高的要求，同时应具备有效的安全监管手段。针对这一差异与现状，需要构建相应的安全管理模式以及营造良好的现场安全文化氛围。

三、机组经理制文化安全管理模式的实践

机组经理制安全管理模式兼顾了对人、物、机、环的管理，通过创新安全培训和教育方式，重点提高员工的安全意识和安全素质，提升班组长安全管理能力，营造良好的安全文化氛围，加强风险管控和危险源识别能力，将本质安全作为终极目标。

（一）营造良好的现场安全文化氛围

企业安全文化反映了安全在企业核心价值中的地位，决定了企业安全管理的模式和成效，是企业综合竞争力的表现之一。与时俱进的企业安全文化对企业的质量文化、环保文化、减灾文化、节能文化等起到积极的促进作用。钢铁企业安全文化建设包括安全物质文化、安全制度文化、安全精神文化、安全价值与规范文化等方面的建设。与时俱进的安全文化充分体现了企业的综合竞争力，对企业的发展起推动作用。

安全文化体系是一个动态而连续发展的安全系统，也是一个组织起来的一体化安全文化系统，即安全技术系统（T），安全社会学系统（S），以及安全意识形态系统（I）。三者之间存在的关系是某种数学函数关系，S 由 T 的变化或水平而确定，而不是线性关系。I 受 T、S 直接影响，I 的水平和方面反映了 T 和 S 对 I 的影响和产生的效果。I 是一个复杂函数，是一个非线性的隐函数。

$$S=f（T）I=F（T·S）$$

针对目前钢铁企业产业结构的现状，T 相对比较

稳定，S 的变化较大，所以 I 受 S 的影响更明显。S 中职业关系—岗位协力的影响更大，钢铁企业可选择降低岗位协力人员的安全隐患发生率作为安全文化建设的突破点，只有当岗位协力人员的安全素质得到了提高，安全文化才能真正地树立。

（二）创新安全培训体制及效果评估

20 世纪 50 年代，Kirkpatrick 教授提出了培训效果评估理论，并形成了 Kirkpatrick 培训效果评估模型，简称"柯氏模型"。在"柯氏模型"的基础上，后来研究者相应提出了考夫曼五级评估模型、菲利普斯五级投资回报率模型，此外还有 CIRO、CIPP 培训评估模型。现今，在安全培训领域应用较为广泛的仍是"柯氏模型"，其将培训效果评估分为四层：反应层、学习层、行为层和结果层，效果评估按难度与深度逐层增加。反应层主要评估受训者对培训内容、计划、教师等的满意程度，其评价方式主要通过问卷调查方式进行，其评价方法主要通过考试和问卷调查方式进行；学习层主要评估受训者的学习获得程度，主要包括态度、知识、技能；行为层的评估主要考察受训者经培训后态度、知识、技能在岗位上的应用可能性与应用程度，其评价方法主要通过工作模拟、技能比赛和情景观察等方式进行；结果层评价安全培训对整个企业安全业绩的贡献度，其评价方式主要由企业安全事故及损失等统计数据体现。该培训效果评估模型主要围绕受训者、培训教师、培训项目和培训管理四个要素进行。

通过安全培训教育可以提高企业职工安全意识与安全技能，避免各类不安全行为，减少因人的失误而造成的事故。安全培训是提高企业安全生产水平的一项法律义务，同时也是一种变相的安全类型投资，以较少投入降低企业因安全事故造成的损失。对钢铁企业也一样，只有站在安全投资的角度进行安全培训工作，安全教育培训的各项效果才能切实得到质的改变。定期组织系列安全知识、安全技能以及体感培训，并建立有效的培训效果评价机制，使员工在意识上与公司的安全文化氛围相融合，践行员工的生命、健康比利润更重要的安全理念。

（三）危险源的辨识和有效管理

危险源管理是安全管理的关键。做好危险源辨识与风险评价过程策划，整合并充分利用现有资源，对危险源辨识的范围应尽量覆盖全面，不能漏掉重大危险因素，选择适应企业生产特点的风险评价方法，是安全管理的重要内容，对隐患的排查治理是一个动态的过程，在危险源辨识、评价、控制的基础上，还要根据时间的推移，设备的使用及更新改造情况，对危险源及新产生的危险源重新进行辨识与评价，采取相适应的控制措施，并定期对这些措施进行验证，以确认其有效性和可靠性，使危险源实现动态受控管理，从而实现组织的安全文明生产，达到安全管理的全过程控制。

（四）提升班组长安全管理能力

班组安全文化建设是企业班组安全管理的重要保障。建设优秀的班组安全文化，不仅可进一步完善和健全制度文化建设，还可充分调动员工的工作积极性，增强责任感和荣誉感，将每位员工的热情和奋斗志向引入班组建设的发展轨道，从而不断提高班组标准化管理水平。班组长自身素质的高低直接影响班组的安全管理，这就要求班组长必须要有高度的事业心和责任感，既要懂生产、精技术、通安全、熟管理，又要有一套灵活的工作方法，有效地带动班组成员，形成合力。同时作为班组安全的第一责任人，应加强安全生产意识、安全知识素养和安全责任感，宣传安全生产的重要性，而且还要带头严格执行安全工作的各项规章制度，只有这样才能被班组员工所尊重、信任，才能营造好班组的安全文化。

（五）构建全方位、立体式的安全管理网络

参照"巡警制"建立 24 小时安全巡检制和智能化安全监控系统，实施现场全天候巡查监控，变事后分析、处罚为实时排查、实时控制安全隐患，有效遏制生产作业过程中的违章行为。同时，安全管理人员按区域分块服务机组，实施安全指导、安全服务。

通过岗位员工安全代表、青安岗以及党员的以身作则，多层面实现现场的隐患、违章管理。

（六）提升设备的本质化安全

随着机组经理制管理模式的推进，以及目前钢铁企业大环境的影响，人员的劳动效率提升已成为决定今后企业发展的关键因素。新建以及改扩建的企业已经把设备的本质化安全作为安全管理的重要抓手，智能化工厂、黑灯工厂等一系列高度自动化的运转模式将成为新常态；而对于老设备、旧产线的智能化改造，

提升设备本质化安全业已成为当下的重要任务。

四、结论

钢铁企业中，不论是传统的组织机构模式，还是机组经理制模式下，安全管理的内涵和作用是永恒不变的。新的管理体制的变革应更加注重危险源的辨识及有效管理，提升现场基层最小单元管理者（即班组长）的安全管理能力，提升全员的安全意识、确保安全培训的效果，在设备本质化安全保障的前提下，通过全方位安全管理网络的监管，营造良好的企业安全文化氛围。

基层安全文化行为改善的实践思考
——以小保当煤矿不安全行为分析与管控为例

陕煤榆北煤业小保当煤矿　杨征　雷亚军　王明胜　雷伟杰

摘　要： 降低以至于杜绝"不安全行为"，是企业安全文化建设成果的重要体现之一。本文以小保当煤矿为例，通过介绍了小保当煤矿的概况，对影响员工不安全行为的因素进行了分析，根据分析结果修订并完善了小保当煤矿不安全行为考核指标，融入"柔性管理"要素、首次"三违"区长联保制度以及与年、季、月度三级安全绩效挂钩等一系列措施，以此构建员工不安全行为管控和治理体系。通过上述管控措施，有效提升了小保当煤矿基建期的安全管理水平，大大降低了不安全行为的发生率，保证了矿井由基建期向生产期平稳过渡。

关键词： 不安全行为；管控；治理体系；安全生产

对煤矿企业而言，煤矿职工的安全就是企业的生命，煤矿安全生产就是效益，安全就是煤矿企业一切工作的重中之重[1]。尽管我国大部分煤矿都建立了严格的管理制度，提高了技术设备的安全可靠性，但是煤矿安全事故仍频繁发生，根据事故调查报告分析，煤矿绝大多数事故是由于物的不安全状态和人的不安全行为造成的。其中，相对于物的不安全状态，由于安全文化意识淡薄导致的人的不安全行为所造成的危害更大，违章指挥、违章作业和违反劳动纪律严重影响煤矿的安全生产[2-3]。通过对企业生产实践活动中的"不安全行为"进行分析和梳理，探寻不安全行为的类型分布，分析不安全行为的根本原因，从而寻找企业安全文化建设的关键要素，以及管控和改善员工安全行为，是一项非常有价值的探索实践工作。

一、小保当煤矿概况

小保当煤矿项目建设单位为陕西小保当矿业有限公司。井田位于陕北大型煤炭基地榆神矿区，行政区划隶属榆林市神木县大保当乡。小保当井田面积 224 平方千米，地质构造简单，各煤层以不粘煤为主，煤质优良，地质资源量 49 亿吨，可采储量 28 亿吨。井田采用一矿两井模式管理、一井一面生产，两井共用一个工业场地和地面生产系统，均采用斜井开拓，一号规模 1500 万吨/年，二号规模 1300 万吨/年。公司于 2009 年 4 月 3 日正式注册并成立了项目管理办公室，目前正在筹办矿井建设的前期工作。

二、影响人员不安全行为的主要因素分析

煤矿岗位员工不安全行为产生的原因有很多，相对其他行业岗位人员来说，受不定因素的影响较大，是多方面因素共同作用的结果，其中包含主观因素，有知识、技能、心理等多因素；客观因素，如机械设备、作业环境、管理机制等因素。小保当煤矿根据各岗位员工在日常生产生活中的各类表现，将人员不安全行为产生的原因分为以下几方面[4]。

（一）知识与技能不足因素

培训力度不够，培训知识点缺乏针对性等因素，不能使作业人员了解和掌握安全生产技能，造成个别人员盲目作业等不安全行为。也有部分员工本身文化素质低，年龄比较大，不思进取，对制度、规程理解力差。新矿井人员流动量大，新员工工龄短、技能低，缺乏生产经验，在作业时常常效仿他人的违章行为，时间长了，养成习惯违章，造成了不安全行为的发生[5]。

（二）思想和情绪不佳因素

员工的思想和情绪是影响安全生产的因素之一，员工的思想和情绪变化直接影响着安全生产。入井作业前，做到"三好"：休息好、吃饭好、情绪好，但个别员工常常由于工资待遇、家庭生活、同事关系等原因，导致情绪烦躁，工作精力不集中，极易产生不安全行为，为生产安全带来安全隐患。同时个别员工从心里对安全持有轻视态度，麻痹自大，对区队制定的各类制度规程、措施等不去理会，认为完成工作任

务就可以[6]。

（三）利益驱动与管理因素

掘进、安装工作面赶工期、赶进度向时间要进尺、要效益，图省事、走捷径，却忽视了工程质量和安全，工作不细致，易出现不安全行为。同时制定的个别规章制度、操作规程与实际不相符，在执行过程中困难重重，大打折扣，助长了员工不安全行为的发生。

（四）生产环境复杂因素

员工生产作业过程离不开生产环境，环境中包含设备环境、人文环境，生产环境的变化对不安全行为的产生有直接影响。作业环境光线弱，视野不开阔，容易造成操作失误，并易使人感到心情烦躁、精神萎靡，从而产生不安全行为。同时作业环境设备种类多，噪声大，多工种配合作业，呼唤应答不到位，易使作业人员产生不安全行为[7]。

三、人员不安全行为管控办法

（一）完善员工考核指标

给入井检查人员制定不安全行为查处标准，对查处条数和查处不安全行为积分进行双重考核，根据不安全行为可能造成的事故后果，将"三违"分为A、B、C三个等级，每查处1条"三违"除经济处罚外对不安全行为人进行停工学习，并由安环部负责通报、处罚。在上述制度考核下，保证了不安全行为查处和系统录入数据的真实性。同时，分综采、掘进、辅助3个组别，将基层区队不安全行为考核权重提高到"绩效"考核的30%，进行单独考核，基层区队进行重点管控和盯防。

（二）融入"柔性管理"要素

原规定："员工一旦发生不安全行为，立即取消'评先树优'的资格"，为了提高员工的积极性和给予积极改正员工一次改过自新的机会，修订原条款为不安全扣分低于30分，都有"评先树优"的机会，同时鼓励员工制止和举报未遂不安全行为，通过核实属实后，对于已发生过不安全行为人进行减分，对未发生过不安全行为人进行加分。

（三）首次"三违"区长联保制度

为了避免员工重复犯同一种错误，对于首次"三违"的员工，应与联保人和所属区队长签订共同承诺书，在深刻认识自己不安全行为的基础上，承诺不再违反同一条款的不安全行为，并由所在基层区队进行

重点管理。

（四）定期开展安全专项整治活动

每月分别进行三次大检查和标准化检查，分部门、分专业梳理安全隐患及不安全行为并录入"三违"管理平台系统中，将出现频次多的安全隐患及不安全行为作为下月安全检查专项整治活动盯防和整治的重点，下发专项整治条款，对于违反条款的，除给以经济处罚外，一律停工培训。

（五）制定单岗作业人员安全管控措施

小保当煤矿单岗作业人员占全矿总人数的40%，其中包括抽排水、瓦检、安检、消尘等人员，管理范围大，管控难度高。结合单岗作业的工种类别，辨识其作业过程中存在的各种危害因素，做到井下4G全覆盖，每个单岗作业区域安设固定或移动电话，完善单岗作业人员自救和处理设备故障安全保障措施。另外要求各区队严格执行带班队长现场巡查和单岗人员班中汇报制度。

（六）建立"三违"员工积分数据库

建立员工积分库，每位员工每年的安全基础分是100分，对于发生一次不安全行为的员工第一次扣除4分，第二次扣除8分，第三次16分，以此类推；举报和制止不安全行为未遂，一次奖励10分。上级单位查处的不安全行为加倍扣分。同等条件下评先树优、深造学习、提拔任用以安全积分最高者优先。依据"三违"处罚管理办法，累计积分扣除12分、28分、60分，分别停工培训1天、3天、5天，累计积分扣除124分及其以上的人员，正式员工6个月工资系数下调20%，劳务工建议辞退。

（七）建立不安全行为自我约束激励机制

为了充分发挥员工安全绩效这条经济杠杆的调节作用，将每月和全年的安全绩效与员工不安全行为发生次数和累计扣分值挂钩。区队当月发生一起轻伤事故或累计达到2起或扣分达为8~12分的不安全行为，扣除本人及区队当月安全绩效奖金；每月底及每季度进行考核，季度内未发生不安全行为的区队，人均安全绩效按公司制度给予季度奖励。本年度内累计达到5起或扣分为60~76分，扣除本人及区队年终安全绩效奖金，未发生不安全行为的安全绩效将给予奖励。

四、结语

通过对小保当煤矿不安全行为的分析，采取不同的管控措施后，矿井基建期的不安全行为发生率大为降低，做到安全管理对象清楚、重点突出、不安全行为查处标准和措施针对性强，人员主观、客观不安全行为得到有效控制。同时煤矿现场的安全生产标准化也有了很大提升，做到了定位、定量、定容和物在其位，基本消除了井下随意停放、混乱摆放、不安全堆放的现象，作业场所更加整洁，煤矿面貌焕然一新。

参考文献

[1] 郝贵. 风险预控管理体系在神华集团的成功应用及推行前景[J]. 煤矿安全, 2011, 42（10）：149-152.

[2] 程恋军, 仲维清. 矿工不安全行为 DARF 形成机制实证研究[J]. 中国安全生产科学技术, 2017（2）：56-58.

[3] 满慎刚, 李贤功, 胡婷. 基于中和技术的矿工不安全行为实证研究[J]. 中国矿业大学学报, 2017（2）：79-81.

[4] 丁建国. 论本质安全管理体系在黑岱沟露天煤矿的建立[J]. 内蒙古科技与经济, 2009（8）：26-27.

[5] 刘黎. 榆林地区本质安全型煤矿评价指标体系的建立与实践[D]. 西安：西安科技大学, 2009.

[6] 包永志. 胜利一号露天煤矿人员不安全行为分析与管控[J]. 露天采矿技术 2016,（8）：71-74.

[7] 范文胜. 补连塔煤矿员工不安全行为管控及治理[J]. 煤矿安全 2017,（10）：246-248.

关于扎赉诺尔煤业安全文化建设的思考

华能扎赉诺尔煤业有限责任公司　谭志成

摘　要：华能扎赉诺尔煤业有限责任公司（以下简称扎煤）的安全文化建设是公司企业文化建设的重要组成部分，也是公司安全生产管理的关键。一直以来，扎煤公司始终坚持"安全第一、预防为主、综合治理"的方针，积极开展安全文化建设落地，助推公司安全稳定发展。本文从安全文化建设的必要性、内涵、培育模式和落地探索等几个方面展开论述，可以为同行业企业提供一定的借鉴作用。

关键词：安全文化；内涵；"四六"模式

党的十九大报告中指出：树立安全发展理念，弘扬生命至上、安全第一的思想，健全公共安全体系，完善安全生产责任制，坚决遏制重特大安全事故。实现安全生产是贯彻落实党的十九大提出的"决胜全面建成小康社会，夺取新时代中国特色社会主义伟大胜利"的根本保证。作为煤矿企业，长期与大自然作斗争的客观现实，决定了"安全生产、安全为天"始终是煤矿生产管理的头等大事。因此，要认真贯彻落实"生命至上、安全发展"理念，紧密结合企业实际，着力打造特色安全文化，促进企业科学发展、安全发展、和谐发展。

一、建设特色安全文化——实现企业安全发展的必然选择

安全是企业科学、健康、和谐发展的前提。多年来，扎煤公司始终坚持"安全第一、预防为主、综合治理"的方针，在"时时如履薄冰"安全理念引领下，把安全生产作为企业的最大政治、最大效益和员工的最大福利，认真贯彻落实华能集团安全生产"五个绝对不允许"和"三个不能过高估计"的要求，不断探求安全生产的长效运行机制，确保了企业安全生产的稳步发展。但是，用发展的战略眼光审视我们的安全工作，差距依然明显，压力依然巨大。如何把党和国家的安全生产方针真正落到实处，把"群众利益无小事"真正体现在保护员工生命健康安全这个最根本、最基本的切身利益上，公司深刻体会到，过去在抓安全工作中，虽然想了不少办法，但收效不尽如人意，是因为缺少实现管理思路的方式和手段，未能将安全工作的制度、规定，通过具体的方式让全体员工接受，并变成全体员工的自觉意识和行动。

安全文化是煤矿企业文化建设的重中之重。大力加强安全文化建设是实现企业本质安全的必由之路，是长治久安的战略之举，是一项惠及企业员工安全健康的长远大计。安全文化建设搞好了，能够从内心深处牢固员工的安全意识，铸就良好的安全习惯，真正把员工塑造成想安全、会安全、能安全的本质安全人；能够更加有力地增强企业持续稳定发展的内在动力，促进企业不断提高管理水平，确保安全生产。正是基于这样的思考与分析，近年来，扎煤公司把安全文化建设作为企业文化融入中心、延伸管理的切入点和落脚点，遵循企业发展规律，吸收先进管理思想，积极推进企业安全管理向文化管理迈进，明确了公司安全文化建设的意义、指导思想、目标与任务，强势安全文化建塑。

二、正确把握内涵——构筑安全文化建设工作的根本

安全文化是企业文化的重要组成部分，是企业安全理念、安全制度、安全环境和员工安全行为的聚合。它是一种理论性、实践性很强的管理理念、方式和手段。所以只有正确认识，准确把握其内涵，才能在实践中有效运用，取得成效。扎煤公司在安全文化建设中，不断提高认识，深化理解，认为安全文化是企业的习惯，是一种结果，核心是以人为本，重点是规范管理，是对人的行为进行规范。不仅要把它作为一种思想、理念进行宣传、灌输，更要把它作为一种管理方式和手段加以探索、应用，使员工的言行符合企业价值观要求，逐步达到以企业价值观为根本，与人性

化管理有机结合的人本管理新境界。

三、构建培育模式——形成系统推进安全文化建设工作的前提

在准确定位和把握原则的基础上，近年来，扎煤公司按照"总体规划、分步实施、突出重点、形成特色"的要求，扎实开展安全文化建设活动。经总结提炼，确立了扎煤公司安全核心理念、安全愿景、安全目标、安全系统观等理念；发布实施了《扎煤公司安全文化建设实施方案》；在建设体系上形成了自身特色的"四六"安全文化模式。

"四"即四个体系。一是着力打造安全理念体系。以培育安全价值观为核心，以整合安全理念为重点，以完整性、系统性为标准，总结、提炼和升华建矿以来创立的安全文化成果，着力打造企业安全理念文化体系，保证安全文化建设的正确导向。在此基础上，强化理念灌输和制度推行，使"安全第一"的方针真正植根于企业管理和员工行为之中。二是着力打造安全制度文化体系。以突显安全管理机构的能动性为作用点，以提升安全管理制度的科学性为基本点，以强化安全管理行为的规范性为关键点，健全机构、完善制度、明确职责、规范管理，着力打造安全制度文化体系，形成融入安全理念、企业和员工共同遵守、相互约束的安全制度文化。在此基础上，加大员工安全培训、安全考核力度，实现安全管理规范化、标准化、精细化。三是着力打造安全行为文化体系。以遵章守纪、按标作业为员工安全行为的最基本要求，把理念转化为安全实践，把制度固化为职业标准，着力打造安全行为文化体系。同时，通过开展多种形式的安全文化活动，充分发挥活动载体功能，创新安全宣传教育手段，形成浓厚的安全文化氛围，实现员工行为养成。四是着力打造安全物态（环境）文化体系。通过整治改善生活环境、生产环境、学习环境，为员工提供安全作业、安全教育的物质保障，在矿区展示出强烈的安全视觉冲击，实现安全环境有新形象，员工的安全生产积极性充分发挥。

"六"就是围绕安全文化体系建设，抓好六方面工作。一是全面推行"两票"（工作票和操作票）管理制度。"两票"管理制度是强化现场安全作业，落实现场安全责任，提升现场安全管理水平，防止人身及各类事故发生的重要举措和有效途径。以《扎煤公司关于推行"两票"管理制度的指导意见》为根本，严格执行"谁主管、谁签字、谁负责"的规定，通过责任层层分解、压力层层传递，形成闭环式控制管理体系，使安全管理做到"凡事有人负责、凡事有章可循、凡事有据可查、凡事有人监督"，确保生产过程的安全。二是完成岗位安全风险评估。安全风险评估是通过对每个岗位生产和工作活动中存在的危险隐患与可能，系统地进行风险辨析与认定，并确定出合理、有效的控制措施以降低风险。同时做到与扎煤公司《煤矿安全性评价标准》有机结合，使广大员工从出门上班到下班回家全过程都明晰危险隐患与可能，确保安全。三是实施和推广"手指口述"操作法。"手指口述"是一种通过心、眼、口、手的指向性集中联动而强制注意的操作方法，使人的注意力和物的可靠性达到高度统一，从而达到避免违章、消除隐患、杜绝事故的目的。通过培训，做好单岗岗位口述和混合岗集体口述的方法、步骤与规定动作，引导和培育员工行为养成，不断提高员工的执行力、服从力和风险预控能力。四是做好全员的安全培训。加强高管人员的安全文化操作与实务的轮训，提高安全文化建设重要性的认识，统一思想，形成合力；强化中层管理人员的培训，提高安全管理意识、管理水平与业务技能；深化一般员工的培训，提高既要保护自己又不伤害他人的安全认识，做到按规程作业，杜绝违章，安全生产。五是加强隐患排查与治理。健全隐患排查、综合治理的安全预防机制，是安全管理最基础工作，也是关口前移，控制事故源，杜绝各类事故发生的有效办法。以"事前风险分析、事中操作规范、事后持续改进"为基本要求，主动排查、综合治理各类隐患，实现安全生产。六是加强班组建设。以落实《华能呼伦贝尔能源公司班组安全管理工作标准》为重点，以推行6S（整理、清洁、准时、规范、素养、安全）行为规范管理、集体诵读"安全誓词"、集体升入井、手指口述、安全确认等管理模式为支撑点，精心打造班组建设的系统工程。这种培育模式，使安全文化建设工作既统一规范，又探索创新，形成了一个切合实际、系统运作、整体推进的安全文化建设模式。

四、探索有效方法——促进安全价值观向行为转化的基本保证

1.抓好理念引领

文化的力量在于文化群体拥有一致的价值理念并遵循相同的行为准则。搞好安全生产很大程度上取决于企业各种安全理念确立与渗透的效果。扎煤公司秉持华能"安全就是效益、安全就是信誉、安全就是竞争力"的理念，按照传承性、前瞻性和创新性，突出扎煤个性，符合企业实际，解决实际问题的要求，采取自下而上相结合的方法，征集、总结、提炼、形成既适合各级管理人员又适合普通员工的、公认的安全理念文化，即安全核心理念：时时如履薄冰；安全愿景：实现"平安扎煤"；安全目标：安全零伤亡、全员零三违、生产零事故、质量零次品、工作零缺陷；安全认识观：10000-1=0；安全价值观：安全是企业生存的基础，是企业最大的效益，是企业的核心竞争力；安全预防观：一切事故都是可以控制和避免的；安全道德观：遵章守纪是基本职业道德；安全权益观：没有安全就没有干部的政治生命；没有安全就没有员工的家庭幸福；没有安全就没有企业的经济效益；没有安全就没有企业的稳定发展；安全责任观：守一个岗位，保一方平安；安全亲情观：一人安全，全家幸福；安全执行观：细节决定成败；安全作业观：工作讲程序，操作按标准；安全培训观：全员覆盖，终身安全。编印下发了《扎煤公司安全文化手册》，充分发挥各级、各类媒体的宣传效应，对安全文化理念进行广泛宣传灌输，形成浓烈的视觉听觉氛围和文化环境，在潜移默化中陶冶、塑造员工，使安全文化理念成为引领广大员工统一意志、规范行为的指南。

2.强化行为养成

安全文化要体现旺盛的生命力，必须与管理紧密融合，到现场、入岗位。为此，我们制定下发了《关于进一步加强安全文化建设，完善"四个"体系，开展"六项"活动的通知》。"四个"体系，是指以各级党组织为主体的安全思想教育体系，以行政管理（生产指挥）为主体的安全生产保障体系，以安全监察为主体的安全监督体系，以工会、共青团为主体的群众性安全共建体系的简称，构筑了公司安全管理立体网络。整个体系相互联系、相互贯通、相辅相成，是促进企业安全发展的系统工程。通过体系建设的完善和作用的发挥，把全体员工的能量汇集到推动企业安全发展的轨道上来，形成整体效能，塑造本质安全生产人，确保企业安全发展。"六项"活动为：①全面推行煤矿安全性评价工作和岗位安全风险预知活动，提升矿井本质安全水平和员工安全意识。②规范班前会召开程序，提升班组管理效能。③广泛开展安全宣誓活动，坚定员工"我要安全"的信念。④规范安全教育记录本，夯实基础工作。⑤扎实推进"手指口述"操作法，提高员工执行力和风险预控能力。⑥大力推行集体升入井制度，进一步规范员工升入井行为。"六项"活动是安全文化建设的载体，是规范管理，强化安全意识、安全素质和安全技能的长效措施，力求达到管理无漏洞、设备无故障、员工无"三违"，努力形成促进企业安全发展、长治久安的动力源泉。

3.加强班组建设

实现企业的安全发展，关键在现场，根基在班组，核心是员工。因此，扎煤公司把班组建设作为安全文化建设的重头戏，下发了《关于加强班组建设的指导意见》，修改完善了《班组长聘用管理条例》，建立了班组长职业档案，开展了班组长"职业生涯"设计活动，积极为优秀班组长的脱颖而出创造条件。深入开展以班组为重点的"安康杯"竞赛活动，把危害员工生命安全的重大问题和杜绝习惯性违章作为劳动竞赛的主要内容来抓，以"十个一""班前安全一题学习""安全四台"等安全教育活动为落脚点，建立"每日一题、每周一课、每月一考、绩效挂钩"的学习制度，推行"手指口述"工作方法，坚持在行为上抓规范、在过程中抓监督、在隐患上抓整改、在制度上抓落实，不断提高员工的安全素质和基层管理人员安全管理水平，切实抓好"本质安全"和"行为安全"。

五、注重建设效果——蓄积安全文化建设工作的不竭动力

扎煤公司在安全文化建设过程中，把握正确发展方向，采取有效方法，既保证了建设效果，也不断增强了员工建设安全文化的信心和决心，从而保持了旺盛的建设动力，促进了企业安全稳定发展。

一是广大员工的安全责任意识明显增强。员工由过去被动的"要我安全"升华为内在需求的"我要安全"。

二是安全管理水平明显提高。公司全面推行了"两

票"管理，严格执行"谁主管、谁签字、谁负责"的规定，通过责任层层分解、压力层层传递，形成闭环式控制管理体系，使安全管理做到"凡事有人负责、凡事有章可循、凡事有据可查、凡事有人监督"，确保生产过程的安全。把煤矿安全性评价引入安全生产管理中，强化安全基础工作，规范企业安全管理行为，控制了事故的发生。深入开展安全生产标准化工作，使标准化覆盖至安全生产的方方面面，达到人人、事事、时时、处处有标准，夯实了安全基础管理。

三是井下工作环境发生明显变化。生产矿井普遍把环境建设向井下延伸，安全文化通道、精品工作面、精品硐室干净、整齐，不仅使员工有了舒适、安全的工作环境，更使员工的精神面貌焕然一新，工作质量和效率大幅度提高。

四是企业安全生产取得显著成效。多年来，扎煤公司在强化安全文化建设的同时，进一步加大安全投入和安全管理力度，企业安全生产形势始终保持稳定，安全工作处于全国同行业较好水平。

六、不断提高认识——筑牢安全文化建设工作持续深入发展的思想基础

通过近年来的安全文化建设的探索与实践，我们深感安全文化建设工作是一个长期的、系统的工程。要想做好、做实，使之能够持续深入发展并取得成效，必须牢固基础，在思想上有正确的认识。

（1）安全文化建设需要各级领导、管理人员和全体员工共同努力，要结合实际企业安全生产实际，明确职责，全力践行，做到安全文化与其他工作同步规划、同步推进，真正使安全文化建设发挥应有的水平。

（2）安全文化建设必须注重全体员工的行为养成。从习惯和小事抓起，形成制度、形成风气，持之以恒地抓紧抓好。

（3）安全文化建设工作的主体是全体员工，落脚点是不断实践。如果离开员工的参与，安全文化建设工作就失去根基，失去源泉，失去生命。安全文化建设必须覆盖全员，做到一个不能少，否则，就会前功尽弃或成为"空中楼阁"。

（4）安全文化建设工作只有逗号，没有句号；只有起点，没有终点。开展安全文化必须与时俱进，不断地找差距、定目标；不断地吸收借鉴，取长补短；不断地挑战自我、超越自我，努力做到在继承中创新，在创新中发展。

七、结束语

安全文化作为煤矿企业安全生产管理的有效手段，日益受到企业的重视。扎煤公司始终坚持"安全第一、预防为主、综合治理"的方针，准确把握安全文化建设的核心内涵，在长期探索和实践中，使得具有扎煤公司特色的安全文化得以落地生根，公司获得了安全稳定的生产环境，实现了安全生产与经营发展的同步。

煤炭企业安全发展需以安全文化为支撑

河南能源化工集团鹤煤公司六矿　杜改林　李配配

摘　要：煤炭行业在国家经济发展中发挥着重要作用，煤炭企业的科学发展影响着经济发展的速度，煤炭企业的安全发展决定着科学发展的质量。在当今社会快速发展的形势下，企业文化成为企业管理的最高境界，安全文化作为企业文化的重要组成部分，是企业安全管理的灵魂。煤炭企业在当前日趋严峻的形势下，要求科学发展、安全发展，就必须把安全文化建设引入到企业发展工作中。把安全文化作为企业发展的最大支撑力量，作为企业科学发展的助推器、加速器，就一定能够实现科学发展目标，为经济建设贡献力量。

关键词：科学发展；安全发展；企业文化；安全文化；支撑

企业文化是企业的核心竞争力，是企业管理的最高境界，安全文化是企业安全工作的灵魂，是企业全体员工对安全工作集体形成的一种共识。因此，笔者认为，煤企要实现科学发展、安全发展，必须创新安全文化建设，正确理解安全文化意义，把握安全文化内涵，科学确立安全文化理念，深化企业安全文化创新，把安全文化作为推动企业科学发展的重要支撑力量。

一、正确理解安全文化意义，提高安全文化实践性

企业是树，文化是根。安全文化是在生产实践过程中形成的安全理念、管理制度、群体意识和行为规范的综合反映，是企业安全发展的灵魂。对煤炭企业而言，随着形势不断发生变化，应该认真总结、宣扬现代的安全文化与安全素养，摈弃陈旧错误的安全工作思想，从被动型、经验型的安全观转向效益型、系统型的安全观。煤企建设科学的安全文化，可以弥补安全管理缺陷，规范员工安全行为，提升安全管理层次，推动安全生产工作持续稳定健康发展。

（一）煤企加强安全文化建设，有利于弥补生产力水平不高、技术装备不高存在的缺陷

煤矿的安全管理，点多面广、战线长，安全管理难度大；地质灾害严重，安全威胁大；劳动用工的多样化，职工素质的参差不齐，安全意识的淡薄，致使员工自主保安意识不强；违章指挥、违章操作还时有发生；技术装备的相对落后，安全设施的不完善等，这些都必须从解决人的问题入手，靠人的主动管理来弥补。这就迫切需要提高职工队伍的素质，增强主动管理的安全意识和自律管理的安全观念，以精严细实的管理方式弥补技术装备的内在缺陷，从而有效地解决生产力水平不高、技术装备等方面存在的缺陷。

（二）煤企加强安全文化建设，有利于规范职工安全生产行为，营造浓厚的安全生产氛围

人不仅是安全管理的主体，而且是安全管理的客体。在安全生产人、机、环境三要素中，人是最活跃的因素，同时也是导致事故的主要因素。因此，能否实现安全生产关键在人；能否有效地消除事故，取决于人的主观能动性，取决于人对安全工作的认识。而安全文化建设的核心就是要坚持以人为本，全面培养、教育和提高人的安全文化素质，完全符合煤炭企业安全生产的工作规律。

（三）煤企加强安全文化建设，有利于提高企业安全管理的水平和层次，树立企业良好形象

安全管理由经验型、事后型的传统管理向依靠科技进步和不断提高员工安全文化素质的创新型现代化安全管理模式转变，是安全管理发展的必然趋势。在这一转变过程中，没有先进的安全文化做支撑，安全生产工作就会迷失前进的方向；没有先进的安全文化理念作引领，现代化的安全管理模式也不可能真正建立起来。安全文化是一种新型的管理形式，是安全管理发展的一种高级阶段，其特点是将安全管理的重心转移到提高人的安全文化素质上来，转移到以预防为主的方针上来，转移到主动安全的模式上来。通过安全文化建设，可最大限度地提高职工队伍素质，树立

职工新风尚、企业新形象，进一步增强企业的核心竞争力。

二、正确把握安全文化内涵，提升安全管理针对性

企业安全文化是在企业各级党政组织的积极有效的倡导和精心培育下，全体干部职工对安全工作集体形成的一种共识。其基本内涵包括安全管理、安全体制、安全制度、职工技术业务素质、领导者的安全价值观和全新安全管理理念等，它反映了职工关爱生命、关注安全、预防事故、抵御灾害、创造安全作业环境的能力，反映了一个企业的文明程度和综合管理水平，体现了职工的安全信念、价值取向、行为准则，代表着企业形象，蕴含着企业竞争力。为此，要切实推进企业安全发展，必须正确地把握强化安全文化建设的真正内涵。

（一）强化煤企安全文化建设，可以让员工树立正确的行为观念

煤矿生产都处在各种技术环境当中，具有复杂性和危险性。如水、火、顶板、煤尘、瓦斯等自然灾害，都存在着客观危险。但有危险并不意味着就一定会发生事故，这就需要有效规范职工的行为，使职工操作行为安全。为此，煤企就必须搞好安全行为文化建设，重点建立健全相关的技术规范、技术标准和操作规程，不断加强职工的个人操作行为、岗位作业标准、安全法律法规、操作技能和安全专业知识的规范化培训，使职工能够上标准岗、干标准活，有效提升职工的安全技能，强力规范职工的操作行为，实现职工作业环境安全无隐患。

（二）强化煤企安全文化建设，可以规范企业安全工作各项制度

制度是各项管理工作的基础，是保证安全目标任务落实的重要环节。强化制度建设是安全文化建设中的重要内容，在安全文化建设中，建立健全各项规章制度，能进一步规范员工的行为，使安全生产有章可循，有法可依，执法有据；切实执行安全生产责任制，逐级落实责任，建立起覆盖各单位、各工种和各个工序的安全管理网络，能够有效地控制生产过程，监督职工的生产行为，起到有效的防范作用。在安全文化建设中，建立有效的约束与激励机制，做到赏罚分明、奖优罚劣，对安全生产有突出贡献的要重奖，造成事故的要重罚，能够明显增强职工的安全责任感。在安全文化建设中，依靠科学技术和先进的设备等举措来预防事故，保证安全；通过建立起安全事故紧急预案，即使一旦发生事故立即启动，采取果断、缜密的措施也会有效防止事故扩大，也能把损失控制在最小范围；通过加强各项安全管理制度的整合，使企业形成一套科学、系统、完善的安全管理长效机制，可以全面推进安全制度文化的建设。

三、科学确定安全文化理念，增强安全思想引领性

理念引领思想，思想决定行为，行为决定发展。在多年的煤矿工作中，"干煤矿不可能不死人""干煤矿不可能不出事""下井不违章干不成活""干煤矿出点事是难免的"等陈旧观念在职工思想中留下了深深的烙印。像河南能源化工集团创新确定的"从零开始、向零奋斗"安全生产理念，就是针对破除这些陈旧思想观念提出的，其引领下属企业要下狠心、出狠招、用狠劲，彻底治理安全隐患、革除陈旧的安全观念，牢固树立"发展决不能以牺牲安全为代价"的红线意识。创新提出的"从零开始、向零奋斗"的安全理念是加强煤炭企业安全管理的伟大创举，是煤炭企业实现安全工作长治久安、确保实现安全发展的重要指针，是河南能源化工集团这艘重组后的"煤炭航母"实现长期远航、安全航行的"航向"。煤企加强安全文化建设，必须结合实际，确定科学的安全文化理念，引领企业安全发展、科学发展。

1. 理念引领思想

先进的理念能引领职工树立正确的安全思想，为企业发展提供充足的精神动力。在煤矿，不加强安全文化建设，没有科学先进的理念作引领，职工在工作中只凭借陈旧的思想观念，经验用事，受"干煤矿不可能不死人""干煤矿不可能不出事""下井不违章干不成活"等陈旧思想的影响，放松了对安全工作的警戒，降低了对安全工作的警惕，工作中麻痹大意、靠撞大运，处处存在侥幸心理，为安全工作留下了严重隐患，从而导致事故频发、损失惨重的结果。因此，加强安全文化建设，必须用创新的安全理念作引领，引导员工下定决心搞好安全生产，发展决不能以牺牲安全为代价，多出安全煤炭，实现安全发展。通过加强安全文化建设，要让员工明白，有先进的理念做引

领，主动转变陈旧的安全工作观念，为煤企安全发展奠定坚实的思想基础、提供充足的精神动力。

2.思想决定行为

思想是行为的先导，思想决定着人的行为。安全的根本问题是人的思想问题，是侥幸冒险，还是防微杜渐，都取决于对安全重要性的认识程度。用科学的安全理念作引领，能使员工树立正确的安全工作思想，增强员工安全生产意识，坚定员工安全工作信心。在工作中，主动把安全放到各项工作的首位，努力实现由"要我安全"向"我要安全"转变，自觉遵章守纪、按章作业，自己不"三违"，人人反"三违"，自觉查找和整改安全隐患，带头保障安全；主动加强安全学习，掌握安全工作技能，提高安全业务素质，实现由"我要安全"向"我会安全"发展。在先进的安全理念指引下，员工牢固树立安全第一的思想，认真做到"三不生产""三不伤害"，认真履行安全工作义务，行使安全工作"七项权力"，主动做安全生产的"守护者"，使企业呈现人人保安全、人人抓安全的良好安全氛围。

3.行为决定发展

员工安全工作的潜能和安全工作的积极性是无限的。员工的潜能能否充分挖掘出来、积极性能否充分调动起来，直接关系企业的发展速度、关系企业发展的质量。科学的安全理念时刻引领着员工的安全工作思想，决定着员工搞好安全工作的行为，体现了科学发展观的本质，体现了以人为本的要求。在安全理念的引领下，员工自觉抵制安全工作不良行为，培养良好安全工作习惯，使各种不利安全发展的因素得到制止、促进安全发展的举措得到保持和创新，使员工做好安全工作的潜在力量被充分挖掘出来，激发了员工保安全促生产的积极性，企业也会形成并保持良好的安全发展局面。有科学的安全理念作引领，有创新的安全理念在企业安全工作中的不断渗透，企业必定会实现长治久安、安全发展。

四、深化安全文化创新，提高新时代安全工作指导性

党的十九大报告明确指出，中国特色社会主义进入新时代，我国社会主要矛盾已经转化为人民日益增长的美好生活需要和不平衡不充分的发展之间的矛盾。人民不仅对物质文化生活提出了更高要求，而且在民主、法治、公平、正义、安全、环境等方面的要求日益增长。煤炭企业在新时代，安全文化是企业安全发展的动力源泉，与时俱进、不断创新的安全文化是企业科学发展的助推器。在新时代，要实现煤企安全发展，必须进一步深化安全文化创新，坚持总体国家安全观，抓好"四个关键"，提高安全文化对企业安全生产的引领力量，助推企业科学发展。

（一）深化安全文化创新，关键抓好"文化宣贯"

企业安全文化建设的土壤是职工，职工知识水平的高低、业务能力的强弱等基础文化素养，与安全文化工作的实施密切相关。因此，要加强企业安全文化的宣传教育，结合职工基础教育和其他教育，向职工宣贯安全文化，做到形式多样、内容丰富、活动经常。企业职工个人安全素养的提高，除了自身的努力外，还要依靠群体效应的引导。企业领导应该通过发挥安全文化宣传作用，为职工创造一种"谁遵守安全行为规范谁有利，谁违反安全行为规范谁受罚"的管理环境，持之以恒，使职工将遵守安全行为规范变成自觉自愿的行动，而不遵守安全行为规范的举动变得与群体格格不入并遭到排斥，令行为人认识到由于自己的不安全行为被同事们轻视，创造提高职工安全素养的氛围与环境，则职工整体的安全修养必将大大提高。

（二）深化安全文化创新，关键抓好"以人为本"

以人为本是创建安全文化的全部内涵，也是安全文化建设的出发点和落脚点。以人为本的安全文化影响每一个人的思想、行为，使人追求安全、健康的生产和生活方式。仅仅靠被动的硬性管理是不科学的，要有人性化管理，注入人文关怀，尊重人权，珍惜生命，激发人的积极性和安全生产责任感。人的积极性、自觉性和自律性在于文化水平、思维方法、行为习惯。在管理中，往往单纯采取经济手段，造成上下不和谐，不利于调动职工的积极性。安全文化创新的重要目的在于激发人关爱生命的自我防护意识，调动人们自律安全的积极性。只有启发、引导、才能强化安全意识，增强防范意识，提高安全素质和技能。通过坚持以人为本，使员工从"要我安全"转变为"我要安全""我会安全"，达到不伤害自己，不伤害他人，不被他人伤害的安全状态。

（三）深化安全文化创新，关键抓好"信念坚定"

信念的力量是无穷的，信念的迷失意味着事故的

发生。作为煤企，要实现安全发展，必须让干部员工坚定信念，坚信安全是企业最大的效益，安全是干部的政治生命，安全是职工最大的福利。安全是企业最大的效益，经济效益是企业全部工作的目的和归宿，煤矿企业如果没有安全保证，煤炭生产取得好效益就是一句空话。因此，企业只有在保证矿井安全生产的前提下，才能不断提高企业的经济效益和社会效益，充分展示良好的企业形象和企业风貌。安全是干部的政治生命，安全生产人人有责，干部的责任更大。对于干部来讲，一旦发生事故，必然是安全一票否决，必然要追究领导责任，轻则受党纪政纪处分，重则追究刑事责任，也就等于结束了干部的政治生命。安全是职工最大的幸福，人的生命是最宝贵的，生命对于每个人来说只有一次。发生事故，对其家人而言，则是塌了天，家庭支离破碎，给家人造成的是无法弥补的心灵创伤和终生的痛苦，阴影将始终笼罩不散。因此，必须把这种安全信念牢牢印在员工心中。

（四）深化安全文化创新，关键树立"团队精神"

安全工作是一门复杂的系统工程。很多事故的发生，往往不是哪一个人，哪一个环节，在哪一个时刻出了某一个差错，而是一连串人，在一连串环节中出了一连串差错。因此，深化安全文化创新，关键要树立好"团队精神"，就是要提倡团结互助的安全工作自控、互控和他控的"团队精神"。自控是基础，他控是监督，而互控则贯穿于生产的全过程。加强安全文化建设，深化安全文化创新，要通过全员树立安全"团队精神"，形成"安全第一，预防为主"的凝聚力，向心力。走出"人盯人"管理、"逐级罚"惩治的被动局面，通过安全文化的自动协调功能，实现"要我安全"向"我要安全"的转变，实现"个人安全"向"整体安全"的转变。

五、结束语

煤炭企业的科学发展始终面临着异常恶劣的自然条件，应对着日趋复杂的管理环境，经历着众多因素的严峻考核，要求得煤企科学发展、安全发展，就必须坚持总体国家安全观，把创新安全文化建设引入到各项发展工作中。通过把创新安全文化作为企业发展的最大支撑力量，当作企业科学发展的助推器、加速器，就一定能够实现各项发展的目标。

浅析华电安全文化建设的具体措施

华电漯河发电有限公司　王长征　张伟　文建波

摘　要：近年来，华电漯河发电有限公司（以下简称漯河公司）以科学发展观为指导，始终把安全视为企业的第一生命线，安全"高于一切、重于一切、先于一切、影响一切"。公司坚持"安全第一、预防为主、综合治理"的安全方针，以"大安全"管控模式为手段，以"以人为本"为核心价值观，全力打造以"安全可控、事在人为"为核心理念的安全文化体系，引导全体员工增强安全意识、责任意识、大局意识，形成了共识共为、齐抓共管的强势氛围，持续保持了良好的安全生产态势。本文主要介绍了以"安全可控、事在人为"为核心理念的安全文化建设的具体措施，以期为安全文化工作奠定基础。

关键词：安全文化建设；安全理念；安全管理

一、公司简介

华电漯河发电有限公司位于漯河市经济开发区内，成立于 2008 年 9 月，分别由华电国际电力股份有限公司、漯河市发展投资有限公司、漯河市城市建设投资有限公司按投资比例出资组建，项目总投资 26.75 亿元，具备 260 吨/小时工业抽汽和 1350 万平方米的城市采暖能力，两台机组分别于 2009 年 12 月 23 日、2010 年 5 月 29 日投产发电，累计荣获国家优质工程奖 30 年精品工程和中国优质工程奖（银奖）、中国华电集团公司五星级发电企业和节能减排先进企业、河南省安全生产标准化一级企业和安全生产先进企业、漯河市五一劳动奖状和安全生产先进单位等 100 余项荣誉称号，连续五年取得全国火电大机组竞赛一等奖；先后荣获市级、省级节水型企业称号。

二、华电安全理念的内涵

公司坚持以科学发展观统领全局，坚持以安全生产为基础，经济效益为中心，强科学管理、抓全面对标、树行业先行，企业各项工作稳步推进。在融入华电集团优秀文化的基础上，公司经过积淀和提炼，形成了具有自身特色的企业精神、价值观及企业使命。并以企业文化建设为底蕴，大力开展安全文化体系的建设，建立了"以人为本、安全可控、事在人为"的安全理念；坚持"从高认识、从难防范，从细管理，从严考核，从实培训"的指导思想。

坚持"以人为本"理念，加强企业安全文化建设是企业安全管理的有效途径。人的安全意识、安全行为、安全素质决定了企业安全文化的水平和发展方向。漯河公司通过改善人的环境、提高人的素质等人性化的安全基础建设和活动，营造安全文化氛围，形成具有企业特色的安全文化，用这样先进的文化去鼓舞、激励、调动人的积极性、创造性，以此作为保障安全，促进生产的基本动力，推动安全生产健康发展。

三、华电坚持核心理念安全文化建设的具体措施

（一）宣贯安全文化体系，培育安全理念文化

安全工作中反映出的问题，本质上还是人的问题，是人的责任感问题，是人对规章制度的认识程度和严格执行程度问题，做好安全工作，必须落实"以人为本"的核心价值观，统一认识，全员树立崇尚安全、摒弃违章的观念，强化"安全可控、事在人为"为核心的安全理念文化。为此，漯河公司把培育安全理念文化当成安全工作的一项重要工程来抓，有目标、有步骤地精心培育安全理念文化。

1.明确责任，加强领导

漯河公司修订下发了公司各类管理制度，真正做到"有设备的地方就有操作规程，有人的地方就有管理制度"。并且把目标分解到每位员工，层层签订《安全目标责任书》，落实安全责任。明确规定各部门要按照党政同责、一岗双责、齐抓共管的要求，把安全文化建设活动与日常安全生产工作有机地结合起来，并通过认真组织学习，真正把安全文化融入实际操作和日常行为中，促进企业安全生产管理工作规范化、制度化和科学化，推动企业安全生产主体责任落实到

位,夯实安全生产基础工作,同时成立活动考核领导小组,对安全文化体系的学习掌握情况采取现场提问、查看记录、活动检验、查看作业现场等方式进行抽查。

2. 全员参与,形成共识

公司多次组织员工进行集中学习《安全文化手册》,注重全员参与,引导教育全体员工通过设立"零违章、零隐患、零缺陷、零事故"的安全管理目标,从深层次理解和掌握企业安全理念的内涵。并通过举办"安全宣教培训+促提升"活动、"防汛应急演练+纵深联动"活动、一日一条规学安规活动、一周一主题危险点分析活动、安全双述、"互联网（微信）＋安全"文化活动、安全宣传牌、安全知识答卷、安全文化展板等载体激发员工的学习热情,企业形成"学习手册、提高认识、践行理念、确保安全"的良好氛围,使每一名员工即能做到熟知《安全文化手册》的主要内容,又能够把《安全文化手册》的主要内容转换成自身的自觉行动,真正融入实际操作和日常工作中。

3. 强化培训,增强意识

为进一步在教育方法和途径上寻求突破,在全员的安全质量培训中,公司增加了安全文化建设、安全文化理念等方面的知识,并在新入企员工安全培训中,增加了企业安全文化手册主要内容的培训,由专职安全管理人员对新入厂员工进行安全文化知识的培训。通过建立岗位、工种电子题库,实施全员季度安全培训、考试机制,公司级的生产人员安全技能认证培训,每年必须进行二次;生产人员安全规程培训,小修前进行一次、全年抽考不少于 3 次;班组级的安全培训,每月一次;中级管理人员、专业技术人员、班组长、群众安全监督检查员安全管理知识的培训,每季度一次。实现安全教育培训的常态化管理。购买各类安全技术、安全管理、安全宣传等光盘和书籍并且公司汇集集团公司《事故案例教材》《人身事故防范典型案例》、公司历年典型事故案例,汇集下发到各部门学习讨论,对典型事故案例进行剖析,分析原因、总结教训,使员工吸取事故教训,识别风险,掌握安全常识,做到警钟长鸣。对于近期集团公司内发生的安全生产事故进行总结,公司开展"安全学习一人一本"活动,鼓励员工结合自身岗位总结防范措施,切实做到"四不伤害"。营造了良好的企业文化氛围,使员工增长知识,强化意识,提高素质,使全体员工以理念指导行为,践行安全生产。

（二）落实安全理念体系,创新安全管理文化

安全的源头在于理念,而理念的生命力在于落实。适应安全发展新形势,高度重视企业安全文化建设,大力倡导人本管理、精细管理和闭环管理,坚持"观念创新、管理创新、制度创新",持续创新管理手段和管理模式,漯河发电有限公司先后统一制定相应资料模板,规范健全安全管理内容,将班组建设成为安全、文明、和谐、温馨的企业最小单元安全堡垒。结合发电企业"强基"工作指引,在全面推行 7S 管理工作的基础上,以更高的标准、更严的要求,突出重点、抓住难点,进一步强化设备治理和环境整治,全面深入抓好输（卸）煤系统综合治理工作,大幅度提升炉后区域安全文明生产管理水平。

1. 规范公司对外包工程的监管

为进一步规范公司对外包工程安全生产管理各环节,漯河公司研发了"互联网＋外包队伍全过程管理"系统。具有如下创新点:一是建立优质的承包商数据库。通过对外委承包商的资质、业绩、人员技能的全面审核评价,建立一套优质的承包商数据库,提高了筛选承包商的效率。二是黑名单制度有效执行。按照公司相关规定,定期对公司内承包商评价低于 70 分或在系统内发生人身死亡的承包商列入黑名单,把黑名单承包商拒之门外,对严重违章或重复违章的个人也可列入黑名单,大大降低了安全风险。三是全方位掌握两外人员信息。随时可以查阅外委人员基本资料信息,如特种作业证件、安全教育记录、出入厂登记和违章信息等信息。四是工器具管理得以规范。通过模块功能,主要实现录入工器具台账清册、检验报告、定检记录。系统自动提醒检验超期的安全工器具。五是开工管理流程标准化。系统设置了开工准备流程,对准备不充分的工程系统将自动提醒不允许开工,该单位施工人员门禁卡自动失效。六是全员参与安全监督管理。系统建设了手机 APP 模块（功能已经设置,因手机不能进入系统暂时不能实现）,检查人员可以通过手机现场拍摄违章,并实时上传提交,极大提高系统使用性。七是承包商评价结果自动产生。系统根据施工过程违章信息自动生成季度、年度评价结果。

2. 细化日常安全管理

结合安全生产标准化、安全诚信建设和隐患排查

治理要求在安全管理中，公司每年认真开展自查评工作，确保自查评质量达到标准要求。

在日常安全管理中细化传统管理，运用危险点检查表的形式，对危险点分级管理形成了春秋检、月度、专项安全检查的精细管理模式。在运行控制上，严格执行落实检修全过程安全管理规范。在现场管理方面，坚持设备设施全部符合电力企业要求，坚持每年全员性的危险源辨识评价和班组岗位应急处置演练活动，确保全员都知险、避险、防险。在应急预案管理上，加强应急预案体系建设，按照"内容全面、责任明确、操作性强"的要求，组织编制应急预案，建立突发事件预警和应急处置机制，成立应急救援领导指挥机构，明确职责分工，规定报警、接警程序，按照不同事故、实施不同救援方案等一系列应急措施；加大应急资金投入，健全事故应急救援组织和抢险队、救护队、义务消防队，配备必要的救援器材、装备和应急物资，并按照统一领导、分级负责、条块结合、属地为主的原则，积极做好"准备"与"响应""培训"与"演练"等相关工作，坚持每 2 年不少于一次的重特大事故的应急救援演练，坚持每季度一次对抢险队员的培训演练，坚持把岗位应急处置演练作为班组日常培训的一项重要内容，提高公司应急救援力量的处突能力，锤炼一支关键时刻拉得出、用得上、打得赢的电力救援队伍。

通过采取精细管理的多种有效措施，切实将"安全可控，事在人为"的安全理念融入并贯穿于安全管理全过程，为企业安全文化建设增添了新的亮点。

四、结语

安全文化建设是保障企业长治久安，持续发展具有企业特性的文化工程、生命工程和效益工程。近年来，漯河公司把安全文化建设和企业安全稳定的"双零"目标紧密结合，以固化和完善"大安全"管控体系为手段，逐步构建了大转型、大跨越发展的新型"大安全"管理格局，全力打造本质安全型企业，为企业安全快速发展开创了良好局面。

培育安全文化，打造 4Z 安全管控模式

——电网企业安全生产管理工作的实践探索

国网上海市北供电公司　史济康　黄晓敏　姚明　许敏

摘　要： 为了将安全生产工作从被动管理转变为主动管理、从"救火式"管理转变为"预防式"管理，国网上海市北供电公司（以下简称市北公司）始终坚持"安全第一、预防为主、综合治理"安全生产方针，求真务实，积极探索，从"制度、治理、质量、志向"四个维度安全工作思路出发，众"智"成城，将各项安全规章制度、典型工作经验、风险管控措施、安全生产文化落细、落小、落实，逐一渗透到生产、经营、管理、文化等的全过程。

关键词： 制度；治理；质量；志向；本质安全水平

市北公司位于上海市区黄浦江以西的北部中心区域，承担上海东北部地区 390.81 平方千米服务区域内配电网的规划、建设、调度、运行检修，为 195 万各类客户提供用电服务。近年来，公司通过开展一系列安全管理提升活动，安全生产工作取得显著成效，至今，未发生人身事故、信息事件、火灾事故和交通事故，未发生国家电网公司事故考核中断安全记录的安全事件。然而近年来"光明工程"等小型和分散型作业中的违章事件呈高发趋势，分散施工作业现场人身安全形势严峻，同时生产一线人力资源呈现结构性缺员、老中青年龄梯队出现断层，对安全生产管理带来一定负面影响。为此，公司大力加强安全文化建设，不断提升安全管理，探索建立了以制度为纲、以治为本、以质为基、以志为源的 4Z 安全管控模式，形成了特色鲜明的安全文化。

一、以"制"为纲，建立健全规章制度，严格落实各项安全工作责任制

1.建立健全规章制度，强化各级领导安全履责

一是建立健全责任分担、逐级负责、同"五位一体"相适应的安全责任制，加强对安全生产责任制落实情况的监督。二是强化各级领导安全履责，公司各级安全第一责任人亲自分析研究、亲自组织部署、亲自协调督促，保障安全组织、人员和资金投入。三是坚持管业务必须管安全，分管领导负责本专业具体安全工作，做到与业务工作同安排、同推进、同落实、同检查、同考核。四是突出强调领导班子安全生产"一岗双责"，党政工团齐抓共管，安全保证体系和监督体系各司其职，各负其责，全面、全员、全过程、全方位的完善和落实各级人员安全生产责任制。五是加强实质化监督体系，推动重要环节高效协同。2018 年以来，市北公司完成了各部门、班组和个人的《安全责任书》编制，组织完成了 11 个部门《安全责任书》的会签、671 份个人《安全责任书》的签订。六是全局考虑，做到"四个结合"。围绕企业中心工作，立足于安全生产工作，与提升本质安全水平相结合；与强化安全生产责任体系、落实全员安全责任相结合；与强化电网安全措施、提升设备安全管理相结合；与强化作业安全风险管控、严防人身伤亡事故相结合。

2.以制度管控构筑安全"防线"，优化安全监督保证体系

通过制度先行、明确职责、创新安全管理方式，强化专业管控等手段实现了安全生产管理的集约化、专业化，达到了以管理促进安全生产本质水平提升的目的。一是编制了《行为性违章处理实施方案》（以下简称《方案》），构建阶梯扣分机制，按"四不放过"原则，加大了违章个人、所属班组及部门的考核力度，以 12 个月为一个自然周期，个人累积扣分超过 12 分，将脱产重新接受安全教育培训，经培训考试合格后方可上岗，同时加大了对小型基建及分散型作业现场安全管控，通过该《方案》的实行，对严重违章

的承包施工企业，将在今后的招标工作中取消或建议取消其资格，以此杜绝以包代管、层层转包。通过半年多的试行，市北公司违章查处率下降明显。二是固化安全生产例会制度，通过每日晨会、每周生产例会、计划会、每月生产分析会、计划会的"五会"模式，全过程对生产计划实施把控。

二、以"治"为本，大力开展隐患排查治理，重点防范人身伤亡事故

1.以"建机制、查隐患、抓治理、防事故"，深入开展隐患排查工作

市北公司不断梳理和完善安全生产事故隐患排查治理职责分工，建立健全了责任清晰、运转顺畅的隐患排查治理工作体系。一是加强电网运行安全管理。健全隐患排查治理常态机制，2017 年，共排查事故隐患 236 起，其中调度及二次系统隐患 96 起，输、变、配电隐患 125 起，其他 15 条，所有隐患均在整改期限内消除闭环。二是坚持"先降后控"风险管控原则，减少高危作业，降低人身风险，每月制定《风险管控表》，定义风险级别，进一步加强了防误闭锁、解锁钥匙、接地线、个人保安线和防坠装置管理，完善开关柜等设备安全防护措施。通过持续开展隐患排查治理工作，优化运行维护和技改大修策略，按照"谁主管谁负责、管业务必须管安全"的原则，实行横向协同、纵向延伸，以"全覆盖、勤排查、快治理"为导向，从管理制度、人员行为、设备设施、外部环境等方面全方位、多角度开展安全隐患排查治理工作。近年来，市北公司逐渐形成了"勤排查、重过程、留痕迹、求实效"管理模式、治理"动态化"的闭环工作机制，有力保障了电网安全运行。

2.以过程管控严守安全"防线"，提升电网设备运维质量，深化电网安全风险管控

我们在文字描述、图片展示的基础上进行升华，以拍摄视频为抓手，创新制作了典型视频，通过可视化的方式记录工作开展过程，让事故隐患无处遁形。此举运用生动活泼的视频、多媒体教学课件等方式开展隐患排查治理工作培训工作，并对优秀课件进行奖励，调动了广大员工共同参与的积极性，提升了事故隐患排查治理培训水平，为今后的工作常态化开展和长效化管理奠定了基础。同时，为便于各级人员在日常运维巡视、检修预试工作中进行排查比对，市北公

司编印了《"树典型、传经验"事故隐患排查治理典型案例》，并实现人手一册。手册共涉及 9 个安全生产责任部门，涵盖了变电运行、调度以及二次系统、交通、消防、信息等内容。截至目前，公司安全隐患范例库已经包含了各类安全隐患范例 24 条。

此外，市北公司借助隐患排查治理工作平台，深化电网安全风险管控，在线路防鸟害工作取得了实质性突破。创新建立辖区电网设备外破、偷盗、树线矛盾、鸟害等危险源层级分布图。在人防方面，开展工作日、休息日不间断巡视模式，当天发现的鸟巢当天及时清除，同时积极开展科技创新；在技防方面，积极开展科技创新，对 41 条 35 千伏线路试点安装绝缘遮蔽装置，对多次重复筑巢的电杆安装气味型驱鸟器及在线监控系统，通过实践证明，成效明显：2017 年累计发现并清除鸟巢 2099 只，较往年增加 52.8%；至今未发生一起因鸟害引起的 35 千伏线路故障，下降 100%。

三、以"质"为基，全面开展安全质量监督检查，从源头把好设备选型、运检质量等安全质量关

1.以"质"为基，全面开展安全质量监督检查，把好安全质量关

从源头把好设备选型、运检质量等安全质量关，确保设备零缺陷、高质量投运，规避用户索赔风险，构建适用于成熟型电网可持续发展资产管理模式。一是加强基建计划管控，依法合规开工建设，加强安全承载力分析，确保合理工期，确保安全裕度。二是严格方案编审管理，提高针对性和可执行性，加强方案执行的检查和监督，重点加强改扩建工程和临近有电设备作业的施工管理。三是严格安全风险管理，开展跨越施工安全监督专项行动，强化"基建高风险现场的"检查。四是加强生产计划管控，在执行生产计划的基础上，加强每月、每周施工计划管理，动态掌控生产班组及外包队伍施工情况，公司领导、各级管理人员根据施工计划，加强现场安全检查指导。五是开展作业现场安全风险评估和人员承载力分析，合理安排工程计划，明确风险点和预控措施，统筹计划生产检修、技改、基建、架空线入地等工程的实施，严控每周生产计划、禁止当天计划变更，抓好计划源头控制。

2. 以质量把控坚守企业发展"底线"，强化全面质量监督管理

市北公司紧密结合实际，突出电网企业特点，开展质量宣传，强化质量管理，弘扬工匠精神，营造企业追求质量，人人关注质量，人人参与质量监督管理的浓厚氛围。2018 年以来，市北公司致力打造架空线入地精品工程。2018 年所在各区共有 31 条道路，60.1 千米的架空线入地任务，其中竣工 10.52 千米，开工 49.58 千米。积极配合所在各区政府，完成轨交 15 号线长风公园站盾构、锦秋路站供电工程、石洞口污水输送分公司供电工程等市政重点项目。同时，不断拓展电能替代的广度与深度，积极创新电能替代领域、替代内容、替代技术、商业模式，深入挖掘替代潜力，圆满完成了吴淞国际邮轮港实现岸基供电工程。2019 年市北公司将确保完成替代电量 4.2 亿千瓦时，为区域经济社会建设添砖加瓦。

四、以"志"为源，树立"大安全"理念，实现由"要我安全"到"我要安全"和"我会安全""我能安全"的转变

1. 以"志"为源，树立"大安全"理念和志向，创建安全文化示范企业

市北公司各级深刻认识到安全文化是公司企业文化的核心内容，坚持"安全第一、预防为主、综合治理"方针，争当建设具有卓越竞争力的世界一流能源互联网企业排头兵，继续深入开展安全管理提升活动，适应"五位一体"深化要求，以"八个杜绝、六个防止、三个下降"为安全目标管理，全面提升安全工作水平，维护辖区电网和企业安全稳定的良好局面，为公司率先建成"一强三优"现代公司的发展战略提供坚强的安全保障。我们运用滴灌模式开展企业安全文化传播，高效利用传播资源，将国家电网公司、国网

上海市电力公司安全文化内容和内涵借助各种宣传教育手段，点滴融入环境、情境和载体中，构建精准定位--集约资源--全面渗透--高效传播四步基本流程，形成"上下联动、内外结合、多渠道、全方位"的立体化传播格局。

2. 以弘扬安全文化构筑发展"生命线"，大力营造"生命至上、大力发展"的理念

在安全双月活动中，市北公司自上而下举行安全文化巡讲，依次开展了"企业一把手谈安全""一线员工话安全"等主题活动，在企业一把手的安全文化授课中，立足高级管理者的角度，从"人机环管"的四要素，对安全生产工作展开具体分析；在一线员工安全生产经验的分享和交流中，通过全面细致、案例鲜明的授课内容，使一线班组真正成为安全计划的参谋者、安全措施的推行者、现场安全的守护者，营造了浓厚的安全氛围。

此外，为落实各级人员安全职责，编印《安全生产 30 问》口袋书，如"'一书、两票、三制'指什么？工作班成员的安全责任是什么？'三不伤害、四负责'指什么？"，内容涵盖了生产一线各专业，切实营造"时时讲安全、处处是课堂"的安全活动氛围，力求做到从基层、基础、基本功抓安全。

五、结语

公司从"制度、治理、质量、志向"维度着手，以"制"为纲，建立健全规章制度，严格落实各项安全工作责任制；以"治"为本，大力开展隐患排查治理，重点防范人身伤亡事故；以"质"为基，全面开展安全质量监督检查，从源头把好设备选型、运检质量等安全质量关；以"志"为源，树立"大安全"理念，实现由"要我安全"到"我要安全"和"我会安全""我能安全"的转变。

"卓越"文化体系下的安全文化建设路径探索

江苏中烟工业有限责任公司南京卷烟厂　　毛圣荣　徐永强　杨仁杰

摘　要："安则治，治则久"。对任何一个企业而言，"以人为本、安全发展"是最大的政治，也是最大的效益。安全生产离不开强大的物质投入做支撑，离不开严格的规章制度作保障，更离不开优秀的安全文化做引领。2016 年，公司党组凝练全员智慧，唱响"建设时代企业"的发展强音，发出"因你而卓越"的文化宣言。"卓越"文化，成为全体江苏中烟人深化企业改革发展、推进时代企业建设的精神引领，更是全系统全面构建安全文化的基本价值导向。

关键词：时代企业；卓越；安全文化；路径探索

一、安全文化建设的时代背景

安全是人类生存发展的第一需求和永恒主题。党的十八大以来，以习近平总书记为核心的党中央高度重视安全生产工作，始终把人民生命安全放在首位，做出一系列重大决策部署，推动全国安全生产工作取得积极进展。但是，在我国持续推进工业化、城镇化的历史进程中，随着生产经营规模不断扩大，传统和新型生产经营方式并存，各类事故隐患和安全风险交织叠加，安全生产形势仍然不容乐观。2016 年 12 月，中共中央、国务院印发《关于推进安全生产领域改革发展的意见》，强调要严格落实企业安全生产主体责任，进一步推进安全文化建设，加强警示教育，强化全民安全意识和法治意识。

以安全文化为引领，不断强化从业人员在生产过程中的安全意识、安全知识和安全技能，有效提升全民安全素质，是新的历史时期党中央对于安全生产工作的总体要求，是烟草行业实现科学发展、安全发展的根本路径，更是江苏中烟推进时代企业建设的内在需要。

二、安全文化建设的现状分析

以 NJ 卷烟厂为例。近年来，在省公司和地方政府的正确领导下，在党委、厂部的具体部署下，企业安全管理水平不断提升，科学制定了《安全生产中长期规划（2016—2020 年）》，顺利通过安全生产标准化一级达标评审，圆满完成"十二五"南京品牌专线技改项目，为企业的持续稳定发展奠定了坚实基础。但是，面对中央、行业和公司的总体要求，企业建设的战略目标，企业在安全管理方面仍然存在一些薄弱环节。突出表现在基层部门安全思路不清、安全能力不强，尤其是员工安全意识存在缺位、安全技能有待进一步提升等方面。

在"卓越"文化体系下，如何让安全文化真正落实、落地，真正覆盖到每一个岗位，服务到每一名职工，切实提升全员安全意识、安全知识和安全技能，确保安全生产水平始终与"全国细支烟生产示范基地"建设水平相适应，亟待我们深入思考。

三、"卓越"文化体系下的安全文化建设思路

（一）总体构想

员工是企业生产经营的主体。"因你而卓越"的企业精神，生动诠释了江苏中烟以人为本、依靠员工、成就员工的发展理念。安全文化是安全之道，是安全生产管理的精髓和灵魂。营造珍惜生命、关爱健康的安全文化氛围，形成科学的安全习惯与安全行为，是实现员工安全生产、企业安全发展的根本所在。贯彻中央五大发展理念，推进公司"时代企业"建设，实现员工和企业的共进共赢，必须按照"文化引领"的要求，持之以恒抓好安全文化落地，让安全意识成为理念和习惯，让安全管理从他律转为自律，让安全成为员工心中的底线和红线，这是企业的责任、发展的前提，更是员工幸福的源泉。

（二）任务目标

2017—2018 年，江苏中烟整体申报"全国安全文化建设示范企业"，这为基层卷烟工厂全面提升安全文化建设水平提供了难得的历史契机。我们紧抓机遇，在以下四个方面重点发力。

（1）文化落地。以"全员宣贯"为核心，构建企业安全文化理念系统，保障"卓越"文化在卷烟工厂落地生根。

（2）素养提升。以"分级培训"为依托，提升基层员工安全意识和安全技能，促进安全生产由他律向自律的转变。

（3）基础改善。以"岗位达标"为重点，夯实安全生产标准化基础，改善安全生产物质条件，达到"人、机、物、环、管理"的和谐统一。

（4）安全示范。以"全国示范"为目标，按照省公司统一部署，争创"全国安全文化建设示范企业"，进一步凸显细支烟生产示范基地的安全示范效应。

（三）推进原则

（1）坚持以人为本。安全文化建设的核心是以人为本，要把尊重人、理解人、关心人、爱护人作为安全文化建设的基本点、出发点和落脚点。每一位员工既是企业安全文化建设的主体，也是客体，必须依靠全体员工的共同参与和大力支持，提高全员的安全意识和防护能力，才能推动安全文化建设有序开展，做到安全理念的贯彻落实。

（2）坚持传承创新。安全文化是"卓越"文化体系的重要组成部分，既要总结和继承原有安全文化的优良传统，又要与时俱进，主动吸收借鉴先进的做法和理念，凸显细支烟生产示范基地的"示范"效应，打造赋有企业鲜明个性和时代特色的安全文化。

（3）坚持注重实效。安全文化建设要从实际出发，不能为了搞活动而搞活动，必须围绕安全生产重点工作，采取宣传教育、检查考核、竞赛评比等形式，重点强化职工安全意识，提升安全技能，完善安全制度，改善安全条件，进一步夯实安全生产基础工作。

四、NJ 卷烟厂安全文化建设"关键词"构想

紧紧围绕"卓越"文化核心，宣贯安全文化，营造安全氛围，强化安全意识，传播安全知识，提升安全技能，规范安全行为，精心培育"卓越"文化体系下的安全子文化，构建自我约束、持续改进的安全文化建设长效机制，为打造本质安全的全国细支烟生产示范基地提供精神动力和文化支撑，着重把握 NJ 卷烟厂安全文化建设的八大"关键词"。

（一）卓越安全宣贯

深刻把握"因你而卓越"的企业文化内涵，依托公司《安全文化手册》《安全视觉识别手册》《安全知识手册》，深入各部门和基层班组广泛宣贯安全理念、安全目标、安全愿景、安全使命、安全价值观和安全行为准则，引导广大员工牢固树立"安全红线"意识和"安全第一"理念。

（二）安全行动计划

严格依据安全生产法律法规，结合"安全主体清单"编制要求，安保处负责制定企业主要领导的"个人安全行动计划"，各部门负责制定部门负责人的"个人安全行动计划"，强化安全生产直线责任，真正把领导承诺体现在行动上，建立健全"有感领导"活动机制，强化安全文化建设组织保障。

（三）安全承诺我承担

在组织签订全员《安全承诺书》的基础上，厂安委会、各部门、各班组分别举行"安全承诺我承担"集体宣誓仪式，诵读安全誓言，作出对安全生产的庄严承诺，切实履行安全职责，强化责任担当。宣誓词如下。

（1）严格遵守安全生产各项规章制度，不违章指挥，不违章作业；

（2）自觉接受安全教育培训，提高安全技能。做到"我要安全，我会安全"；

（3）自觉发现、举报安全隐患，纠正违章行为。做到"不伤害自己，不伤害他人，不被他人伤害"；

（4）坚持从严从细从实抓安全，坚决守住安全生产红线，对企业负责、对职工负责。

（四）共创共享、保驾护航

建立 NJ 卷烟厂"共创共享、保驾护航"工作机制，即：全厂干部职工共创安全生产环境，共享安全发展成果，为"细支烟生产示范基地"保驾护航。结合企业"分层分级赋能授权"工作部署，安保处人员每两人分成一组，每组对口联络一个基层部门，明确五项工作职责。通过"社区片警"式的网格化管理，强化对口联络，突出上门服务，强调跟踪指导，为基层部门和班组提供常态化的"监督管理、教育培训、技术咨询、信息收集、职工需求"等服务和技术支持，协助各部门推进安全主体责任落实、安全分层分级管理等工作。根据基层员工实际需要，深入一线做好安全文化理念宣贯和安全培训，着力增强全员安全意识和安全技能。

（五）三项安全活动

危险预知训练。针对生产特点和作业全过程，以危险因素为对象，以作业班组为团队开展的一项安全教育和训练活动，目的是丰富传统的危险源辨识的手段，培养员工"知事故致因原理、懂设备设施构造、会危险辨识方法、会事故防范技能"的综合能力。

手指口述安全确认。通过心（脑）、眼、口、手的指向性集中联动而强制注意的操作方法。通过手指口述方法确认安全关键部位，规范作业员工一日三查的程序和标准，使员工"牢记安全职责、牢记检查标准、牢记作业要领"。

行为安全观察。通过对作业员工进行作业行为和作业环境的观察，确认有关任务是否安全执行，及时发现和纠正不安全行为，使员工"知规范、会防范、会安全"作业，提升安全意识和安全行为能力。

（六）安全八小活动

围绕安全管理开展的"安全文化小园地""安全知识小电站""安全学习小书柜""安全活动小角落""安全操作小口诀""安全承诺小卡片""安全活动小看板""安全叮咛小屏保"等一系列员工广泛参与的活动。

（七）安康杯竞赛

大力弘扬时代企业"工匠精神"，积极对接市总工会"安康杯"竞赛活动，运用好厂工会活动平台，结合"安全生产月"契机，开展跨部门多形式的安全技能竞赛、技术比武、师徒帮教、岗位练兵等的活动，激发广大员工参与安全文化建设的热情。开展"青年安全示范岗""安全班组""安全标兵"创建活动，利用宣传栏、报刊、内网、公众号等形式，加强安全生产舆论引导和典型人物宣传，传播安全正能量。

（八）互联网+安全

积极运用互联网思维推进安全生产管理。借助公司安全信息化平台，强化安全信息收集和安全风险预测预警评估。利用 OA 精益改善平台，积极开展群众性安全改进创新课题，强化改善成果的推广应用。围

绕一线员工需求，优化岗位危险源和事故隐患的 3D 动画技术应用，深化 SVS 南烟安全生产可视化模拟系统建设。

五、NJ 卷烟厂"卓越"安全文化的实施路径探索

（一）顶层设计

根据省公司《关于开展企业安全文化建设相关活动的通知》要求，结合企业实际，制定《企业安全文化中长期规划》及《安全文化建设推进方案》，完善企业安全文化建设组织架构，明确任务目标、职责分工、实施计划和推进要求。

（二）摸底调研

通过现场走访、小组座谈、调查问卷收集信息，对企业整体的安全生产管理、安全文化推进现状、员工安全意识和安全技能等进行全面摸底和评估。

（三）全面推进

（1）制定主要领导"个人安全行动计划"、各部门安全主体责任清单和分层分级管理模板，厂安委会、部门、班组分别开展"安全承诺我承担"宣誓活动。

（2）根据企业"卓越"文化宣贯的总体部署，通过领导干部带头讲、青年骨干率先讲、文化内训师主力讲、全体员工自发学相结合的形式，重点开展"居安思危、防微杜渐"安全理念的宣贯活动。

（3）按照《2017 年度安全培训方案》安排，以厂部、部门、班组为单位，有序推进分层级、多类别的安全教育培训活动，着力提升全员安全意识和安全技能。

（4）围绕"安全八小活动"，大力推进企业安全可视化工程，建立具有 NJ 卷烟厂特色的安全文化识别系统。通过悬挂安全道旗，设置安全知识充电站，开辟安全活动园地，设计安全理念看板，张贴安全宣教挂图，制作安全知识卡片等，营造浓厚的安全文化氛围。

（5）广泛征集一线职工意见，征订班组安全文化手册和专业安全知识读本，在生产现场设立职工安全书柜。涵盖安全法律法规、现代安全理论、消防、电气、交通、安全生产、工伤及应急处理、职业健康、劳动保护、事故分析等员工应知应会内容，完善企业安全培训教材库。

（6）开展"安全三项活动"。依托基层岗位开展危险源辨识评价，有针对性地组织 KYT 危险预知训

练活动，针对岗位存在的危险源和事故风险进行现场实操训练。安全重点部门和关键岗位组织拍摄"手指口述"安全视频，建立安全生产可视化培训资料；结合安全视频、OPL 单点课、TWI 训练等形式，开展常态化的"手指口述"安全确认活动。组织 STOP 岗位安全行为观察活动，通过对生产现场员工进行作业行为安全观察，消除不良工作习惯和动作，规范安全作业行为。

（7）结合"安全生产月"等主题活动契机，开展跨部门多形式的安全技能竞赛、技术比武、师徒帮教、岗位练兵等活动。借助精益改善平台，积极推广群众性安全改进创新项目。深入推进"青年安全示范岗""安全班组""安全标兵"评比创建活动，激发广大员工参与安全文化建设的热情。

（8）结合综合管理体系建设，加大安全绩效考核权重和力度，深入探索员工积分制考核评先机制建设，进一步推进安全生产诚信、安全行为激励、安全行为干预、安全考核评价四大机制的推广运行。

（四）持续改进

对照《企业安全文化建设导则》《企业安全文化建设评价准则》《烟草企业安全文化建设指南》等标准进行自查总结，交流分享各部门安全文化建设亮点，推广先进经验，进一步完善和改进企业安全文化建设工作。

（五）争创示范

在省公司的统一部署下，制定评估标准及评估计划，对企业安全文化建设水平进行整体评估。广泛吸纳行业兄弟单位的先进经验，持续做好文字资料、影像资料收集整理，深入进行总结提炼，积极做好建设成果展示等各项工作，全力争创国家级"安全文化建设示范企业"，进一步凸显"全国细支烟生产示范基地"的安全示范效应。

六、结束语

安全生产事关企业改革发展稳定大局，事关广大员工的切身利益和家庭幸福。要真正实现本质安全，不仅需要有形的安全规范作为约束，更需要无形的安全文化作为引领。安全，因你而卓越。安全生产环境，由大家共创共享；企业安全工作，离不开每一名员工的支持与践行。我们坚信，在公司党组的正确领导下，在"卓越"文化的精神引领下，企业安全生产保障能力将显著增强，员工安全意识和安全技能获得全面提升，最终构建起被全体员工共同遵循的安全价值观念和安全行为规范，为建设时代企业、建设全国细支烟生产示范基地筑牢坚实稳固的安全生产屏障。

航空供油企业安全文化建设探讨

中国航空油料有限责任公司河北分公司　　张华骋

摘　要：安全文化是人类在生活与生产活动中所创造出来的物质与精神财富总和，其目的就是对人们的身心安全和健康予以保护。而企业安全文化就是被企业员工群体所共享的安全价值观、态度、道德以及行为规范组成的统一体，安全观念文化、安全制度文化、安全行为文化和安全物质文化等均包含其中。保障航空供油企业安全生产的一项必经之路就是在企业员工中形成强烈的安全责任意识，在企业内部营造浓厚的安全氛围，并在企业生产经营的每个环节渗透安全文化的理念，进而促进经济效益的提高，并承担相应的社会责任。本文对航空供油企业安全文化内涵做了简要介绍，并阐述了航空供油企业安全文化建设中安全意识不到位、安全制度不健全、安全文化的氛围不浓厚等问题，让企业的全体员工充分认识到安全文化建设的重要性和紧迫性。同时，提出了提高认识，充分发挥安全文化导向作用；完善机制，充分发挥安全文化规约作用；拓宽渠道，充分发挥安全文化激励作用等策略，让航空供油企业生产经营的各个环节渗透进安全文化，进而使航空供油企业的生产安全得到充分保证，为航空供油企业的安全文化建设提供了有益的借鉴和参考。

关键词：航空供油企业；安全文化；文化激励；文化导向

一、引言

所谓安全文化主要是指具有本企业特色的安全理念、行为准则和相应的规章制度、组织体系，其是包括企业领导在内的企业员工在安全生产实践中形成的[1]。长时间以来，很多企业均已将安全文化建设当作安全生产领域的一项重点任务来完成，秉承以人为本理念，举安全工作使命之旗，铸安全理念之魂，强安全行为规范之基，在安全管理中植入安全文化，营造"关爱生命、关注安全"的良好氛围，使企业每个员工均树立"安全第一、预防为主"的思想，进而以思想保证与精神动力来实现安全生产长治久安。

安全文化的概念最先由国际核安全咨询组（INSAG）于 1986 年针对切尔诺贝利事故，在INSAG-1（后更新为 INSAG-7）报告提到"苏联核安全体制存在重大的安全文化的问题。" 1991 年出版的（INSAG-4）报告即给出了安全文化的定义：安全文化是存在于单位和个人中的种种素质和态度的总和。文化是人类精神财富和物质财富的总称，安全文化和其他文化一样，是人类文明的产物，企业安全文化是为企业在生产、生活、生存活动提供安全生产的保证。

二、企业安全文化

若想将企业安全文化建设做好，则第一步就是弄清楚企业安全文化是什么。所谓企业安全文化主要是指，企业安全管理者立足于企业内外安全生产环境变化，将企业历史、现状与发展趋势结合起来，从企业生产实践中提炼、总结出的安全生产理念或价值体系，并将其当作企业安全生产的方针与原则[2]。换言之就是以企业安全生产为核心所形成的诸多理论。排第一的为表层文化，也就是所谓的动态安全文化。诸如个人劳动防护用品、生产设备的安全防护设施、各种安全技术和科研成果均属于其范畴。第二是中介文化，即制度文化，包括安全规章制度、安全工作规程、标准化的建设、运行规程等，进而形成一种强制力来监督与约束员工的不安全行为与危险动作，对员工的行为进行规范。最后是深层次文化，也就是观念文化。诸如安全理念、安全目标、安全方针以及对员工行为的安全引导均包含其中，对"三不伤害"观念予以培育，强化"我要安全"意识。

企业安全文化属于企业文化家族分支之一，在企业文化中占据重要位置，和企业文化一脉相承，企业安全文化包含于企业文化中，而企业文化中又有安全文化的渗透。安全文化建设是一项宏大工程，需要长时间坚持，并不断深化、不断创新，如此其方可有"用武之地"。

三、企业安全文化建设的意义

目前，许多生产企业在安全生产上往往继承大于创新性，规定动作多于自选动作，仍是采取几项安全制度、写上几条安全标语，开上几次安全会等，这些管理模式在一定程度上虽然起到了一定作用，但还只是短期效应，并没有在广大员工中形成一道坚固的安全防御体系。有的企业对安全管理还存在着一些漠视或抵制，这种潜意识必然会体现在员工的不安全行为上，并可能"传染"给同事。但不安全行为是事故发生的重要原因，大量不安全行为的结果是必然发生事故。在安全管理上，时时、事事、处处监督企业每一位员工遵章守纪，是一件困难的事情，甚至是不可能的事，这就必然带来安全管理上的漏洞。因此，企业安全文化的概念应运而生，就可以弥补安全管理的不足。企业安全文化之所以能弥补安全管理的不足，是因为它是一种全面管理，以文化的无孔不入的方式弥补以往安全管理的不足，它注重的是人的观念、道德、伦理、态度、情感、品行等深层次的人文因素，通过教育、宣传、奖罚、创建群体氛围等手段，不断提高企业员工的安全修养，改进其安全意识和行为，从而使员工从不得不服从管理制度的被动执行状态，转变成主动自觉地按安全要求采取行为，即从"要我安全"转变成"我要安全""我会安全"。它体现出了现代的、科学管理的全部内涵。

企业文化提倡、崇尚什么，将通过潜移默化的作用，使员工的注意力逐步转向企业所提倡、崇尚的内容，接受共同的价值观念，从而将个人的目标引导到企业安全目标上来。企业安全文化通过改变员工的兴趣，爱好和娱乐方式，使员工融合于其中，使其安全生产行为成为一种自觉行为。因此，建设企业安全文化的重要意义就在于通过提高员工的安全文化素质来规范其安全行为。人的行为是由动机支配的，动机是由需要引起的，在需要的推动下，就产生了行为动机（念头和想法），动机是推动人们进行活动的原动力，是激励人去行动以达到一定目标的原因，需要的形成和动机的产生受内部因素（包括心理、生理、思维、价值观等）和外部因素（包括舆论、风俗、道德等）制约，同样的需要，在不同的文化背景下产生的动机是不同的，因此，建设企业安全文化对约束规范员工安全行为有着不可估量的作用。当安全观念、安全伦理道德在企业员工的思想上扎根后，员工就会积极主动地了解掌握安全科技知识，就会自觉地按企业安全的要求去约束、规范自己的行为，当每一个员工的安全意识成为一种自觉心理，并转化为规范的安全行为后，企业的安全生产目标就能有所保证，这就是建设企业安全文化的目的。

四、航空供油企业安全文化存在的问题

（一）安全意识不到位

如今，不断缩小的生存空间和不断增大的市场开发压力，让诸如航空供油企业等服务型企业在激烈的市场经济竞争中举步维艰。为了在这一环境中占据一席之地，企业领导的首要任务便是创造经济效益，这也是企业管理者经济责任制中明确的硬性指标。但很多人都将安全文化建设当作是一项软指标，认为上级领导不会追究建设早晚问题，且执政者的业绩也不会受到影响。因此，在经济效益和安全生产发生冲突时，占据主导地位的就是经济效益，而安全文化建设则沦为次要。如此一来就极大地影响了企业安全生产，使安全文化建设逐渐被淡化，最终无从落实。保证作业安全的最后一道防线就是生产一线员工的安全意识。因为企业员工自身的文化素质不同于安全认识，所以他们行为的安全性也就有很多不同。一些员工在作业时，缺乏较强安全意识，安全知识也比较薄弱，未有效制止与惩处"马虎、凑合、不在乎"的习惯性违章行为，也没有严格落实安全规定、安全制度，以至于经常发生违章指挥、违章作业和违反劳动纪律的行为，而这也是为何安全事故常有发生[3]。

（二）安全培训制度不健全

一些航空供油企业在安全教育与培训上明显已与时代脱轨，虽然企业开展了很多次安全教育与培训活动，但也只是流于形式，培训课毫无新意，不但死板枯燥，且针对性和实效性也不强。同时教育培训的考核也十分松散，只要参加培训均可通过。老师课堂上讲的案例学员们纷纷表示清楚，但真正在完成作业时却是一头雾水，依然未根除"老毛病、坏作风、图省事"的恶习，还会经常发生违章作业的情况。与此同时，在结束企业培训后，长期不更新安全知识，也不进行强化培训，如此一来就让培训的效果归零，最终让企业陷入恶性循环的怪圈，即培训——忘记——违章——再培训。

（三）安全文化的氛围不浓厚

如今，大多数安全文化的理论均局限于单纯介绍安全文化理念，并未充分结合企业安全的实际情况。没有清楚认识安全文化，或错误地认为安全文化也就是企业安全管理与相关法规制度问题，仅对安全物态文化的形式予以关心，比如开展安全大检查、对管理手册进行编制、开展安全征文与知识竞赛活动等，但是却未考虑系统持续改进，没有提升文化层面与行为观念，安全文化氛围不浓厚，也缺少了形成全员参与安全文化建设的自觉性。

五、航空供油企业安全文化建设对策

（一）提高认识，充分发挥安全文化导向作用

"以人为本"是安全文化的核心，航空供油企业应通过良好的安全文化对员工进行引导，以将其安全生产意识提高，积极提倡安全文化与安全行为规范[4]。

1.提升素质，发挥管理者示范引领作用

管理者在安全生产过程中，一定要利用自身的言行举止对员工进行教育与感染。即编写安全知识、安全技能以及安全管理规章制度复习题，组织中层以上领导干部参加学习活动，并进行考核，让大家深刻记忆学习内容。同时还要对"以查代训"予以严格落实，管理者应深入基层，带头检查安全工作，一旦检查出问题，需立即批评教育相关人员，使基层人员的安全生产责任意识进一步增强。

2.加强培训，强化员工安全生产意识

要想提高员工安全意识、安全素质以及安全技能，不能单纯地依靠制度管理与约束，一定要将完善的教育培训机制给建立起来，对多样化的教育形式予以利用，如此方可达到预期效果[5]。在这一方面，航空供油企业就自身实际情况，在员工业务培训上建立健全了一系列完善的业务培训机制，包括《员工培训管理制度》《特殊岗位工种培训管理规定》《新进人员业务培训考核管理办法》等；而在组织学习上，不仅安排各级培训中心教师与各专业人员进行授课，还到相关院校邀请实践经验丰富的专家亲自讲课，并结合知识考试与现场操作，坚决不准不及格的上岗，促进了员工队伍整体业务素质的显著提高。

3.创新格局，提高安全生产宣传水平

首先，积极推进安全生产宣传工作的全员化、全面化，在提高全体员工安全文化素质的内容中加入安全生产宣传，并将其作为核心内容。其次，对宣传领域与形式予以积极拓宽，借助一系列有效形式，如开展安全文化漫画展、安全文化图片展等，对员工的安全意识予以启发。最后，将安全宣传网络构建起来，利用新闻报道、建设群安员队伍与班组建设，将各方积极性充分调动起来，一起将安全生产宣传"统一战线"筑牢。

（二）完善机制，充分发挥安全文化规约作用

先进的思想与文化均需要利用制度对其进行固化，而只有与制度相融合，方可将文化的巨大力量给发挥出来。安全文化建设也是一样，对各项安全规章制度予以不断充实和完善，严格执行安全规章制度其实也就是创建、推行安全文化的过程，而这一过程也是企业安全管理价值观逐渐具体化的传播过程。航空供油企业可编制多种安全教育读本，如《安全文化手册》《重要安全文件汇编》《生命警示录》《安全生产格言选编》等，从多个方面展开教育宣传，包括安全文化理念、员工安全行为规范、安全常识、典型事故案例等，使广大员工对制度背后的安全文化理念有真正了解，使员工带着共同、共鸣的安全文化理念对各项制度予以执行，让全员的行为规范和安全得到保证。

一方面，有机结合规范与养成教育，除了做到敢抓善管、狠抓严管外，还应就"在规范中求养成，在养成中讲规范"予以重点说明，让每个员工形成最基本的价值观念，即忠于企业制度。不论是各级管理人员，还是基层一线员工，均结合工作环境与条件分类展开安全评价，在部门、作业区领导责任考评体系中加入安全风险抵押金，并和人员的奖惩、升迁以及业绩联系起来，形成有效的安全生产激励与约束机制[6]。

另一方面，结合激励教育，将各级干部、各级部门以及各个层次充分调动起来，大家一起抓安全。领导干部应将联系点制度予以严格落实，简单来说，就是每天、每周以及每月均到联系点检查一次安全工作、参加一次安全学习交易和组织一次综合安全检查工作，尤其是将反"三违"、习惯性违章当作重点内容来抓。通过公司、作业区与班组三级安全网络展开不定期抽查、基层自查，对巡检制度予以完善，努力将问题找出来，把隐患消除，每检查一项便整改一项、巩固一项，慢慢将"一级抓一级，一级对一级负责"

的安全工作格局给建立起来，使安全管理的屏障从思想、程序以及管理制度上形成，并在生产作业中有效有序的体现。

（三）拓宽渠道，充分发挥安全文化激励作用

作为一项无形资产，安全文化可给予人精神上的激励。企业需将自身实际情况结合起来，将渠道拓宽，对多种激励机制予以综合利用，把一套有自身特色的激励体系给建立起来。

1. 建立健全考核评价体系

企业需立足于员工实际工作目标完成情况，并结合安全生产达标情况，对考核方法予以认真制定，保证其科学性与有效性，依章办事，兑现奖罚，做到第一时间实施奖惩。奖励上，将员工需求差异充分考虑到，让奖励程度和业绩贡献呈正比；惩罚上，根据相关事实，保证公平合理。利用奖惩对干部员工施加压力，克服消极状态，把安全文化的激励作用给真正发挥出来。

2. 充分发挥典型激励作用

一方面借助多种形式向广大员工树立不怕吃苦、直面困难、乐于奉献的安全生产楷模形象，如举办流动报告会、制作宣传片等，对安全价值观进行传播、对安全文化理念予以培育、对安全文化展开宣传。另一方面，设立各种不同种类的奖励，如"优秀安全员""青年安全监督岗""党员安全卫士"等，对在安全生产中有突出表现的群体与个人进行奖励，按照实际成绩展开表彰，把榜样激励作用给充分发挥出来。

3. 营造良好人本文化氛围

时刻对员工思想动态予以掌握，将安全生产中的思想政治工作做好，把安全上的思想隐患消除。首先，调试员工身心。为其建立个性档案与动态档案，以对其思想状况与情绪变化做到随时掌握，及时走访谈心、排忧解难，将组织与领导的温暖传递给员工，尽快把思想包袱放下，毫无顾虑地投入到安全生产中。其次，对家属第二道防线作用不断加强。员工和家属签订家属安全公约，利用亲情对员工予以渗透和感染。女工家属协管组织应坚持开展"三违"人员走访帮教，为

单身职工过生日、订病号饭、洗病号衣等活动。再次，对工作中的语言艺术予以重视。安全教育应可能做到和风细雨、润物无声，诸如讲不负责的话、粗话、脏话等是严厉禁止的，不然容易让人感到反感，既无法让教育目的成功实现，也会带给安全生产巨大安全隐患。最后，领导干部应做到表里如一，言行一致。随时为员工做榜样，身先士卒，须知千言万语均抵不上表率的作用。

六、结语

安全文化建设属于一项系统工程，需要长期坚持，并花费较多精力，为此就要求航空供油企业管理者对安全文化建设的长期性、艰巨性进行深刻理解，在创新中求发展，在发展中求规范，在规范中求深化，在深化在求实效，利用对安全文化建设做进一步加强，营造浓厚的安全文化氛围，打造更高层次的安全文化，进而促进全员安全文化素质的提高，让员工身心健康与生命安全得到充分保障，最终将安全生产的长效机制给建立起来，以坚实的安全保障支持企业的快速发展，确保企业的长治久安。

参考文献

[1] 杨凯，吕淑然. 浅议企业安全文化建设与安全标准化建设的关系[J]. 中国安全生产科学技术，2012，8（9）：190-193.

[2] 盖金亭，赵海军. 企业安全文化建设创新探索和实践成果[J]. 吉林劳动保护，2011，（S1）：134-137.

[3] 王善文，刘功智，任智刚，等. 国内外优秀企业安全文化建设分析[J]. 中国安全生产科学技术，2013，（11）：126-131.

[4] 慕向斌. 加强企业安全文化建设，提升安全管理效能[J]. 华北科技学院学报，2011，8（4）：69-72.

[5] 陈登山. 东营市企业安全文化建设研究[D]. 北京：中国石油大学，2010.

[6] 柏向阳. 企业安全文化建设与安全标准化建设的关系[J]. 企业改革与管理，2015，（7）：38-39.

炼化企业安全文化体系的构建与实施

中国石化集团齐鲁石化公司　李好东

摘　要： 安全文化建设的核心是以人为本，需要将安全责任落实到企业全员的具体工作中，通过培育员工共同认可的安全价值观和安全行为规范，在企业内部营造自我约束、自主管理和团队管理的安全文化氛围，最终实现持续改善安全业绩、建立安全生产长效机制的目标。本文结合炼化企业高温高压、易燃易爆、高风险操作的行业特点，就如何发挥好安全文化在安全管理中潜移默化、循序渐进、本源提升的作用，将"硬管理"转化为"软实力"，用行为养成培育文化自觉，用全员管理实现长治久安，构建与实施炼化企业"人人讲安全、人人懂安全、人人抓安全、人人能安全"的安全文化体系进行了阐述。

关键词： 炼化企业；安全文化；体系构建；实施

企业安全文化建设是预防事故的一种"软"对策，对于预防事故具有长远的战略性意义，是预防事故的"人因工程"，以提高企业全员的安全素质为最主要任务，具有保障安全生产的基础性意义；其旨在通过创造一种良好的安全人文氛围和协调的人机境关系，对人的观念、意识、态度、行为等形成从无形到有形的影响，从而对人的不安全行为产生控制作用，以达到减少人为事故的效果。

一、构建与实施安全文化体系的诞生背景

（一）适应石油石化企业性质的需要

炼化企业属于高温高压、易燃易爆的高风险石化行业，许多物料是高毒和剧毒物质，处置不当或发生泄漏，容易导致人员伤亡；生产过程中还要使用、产生多种强腐蚀性的酸、碱类物质，导致设备、管线腐蚀出现问题的可能性高；一些物料还具有自燃、暴聚特性，危险性大，发生火灾、爆炸、群死群伤事故概率高。并且，化工生产工艺技术复杂，运行条件苛刻，易出现突发灾难性事故，对从业人员综合素质要求比较高，尤其是过硬的技术素质、严苛的安全素养和高度的责任意识都远高于其他行业。一旦发生事故财产损失居大。因此，从功能和效用来看，全方位提高石油石化从业人员安全素养、技能、责任意识，须从着力加强企业安全文化建设入手。

（二）适应员工安全素养提升的需要

在企业的人、财、物、信息四大资源要素之中，人的管理是第一位的。人本管理思想是把员工作为企业最重要的资源，以员工的能力、特长、兴趣、心理状况等综合情况来科学地安排最合适的工作，并在工作中充分地考虑到员工的成长和价值，使用科学的管理方法，通过全面的人力资源开发计划和企业文化建设，使员工能够在工作中充分地调动和发挥工作积极性、主动性和创造性，从而提高工作效率、增加工作业绩，为达成企业发展目标做出最大的贡献。企业文化的建立，说到底就是一个公司的工作习惯和风格，其形成需要公司管理的长期积累，其作用就是建立一种导向，关键是对员工的工作习惯进行引导。企业要从本质上获得安全，最核心的管理手段就是提高企业员工的安全素养，提高安全技能，培育行为自觉，形成文化风格。

（三）适应企业安全管理创新的需要

企业安全管理一般要经历经验管理、科学管理、文化管理三个逐步提升的阶段。文化管理是建立在靠经验管理的"人治"、靠制度管理的"法治"基础上，最终实现靠行为养成、文化自觉管理"自治"的最高境界。安全管理最重要的内容就是从管理全员到全员管理。因此，充分发挥文化管理引导人、激励人、鼓舞人、塑造人、帮助人、培育人的作用，运用文化的手段推进企业安全管理的再创新、再创造、再提升、再发展，成为炼化企业适应新形势、促进新发展、创造新业绩的重要载体。

（四）适应现代企业长远发展的需要

安全生产是炼化企业的头等大事、第一要务。没

有安全，企业管理就没有基础，更谈不上长远持续发展。企业的长远发展靠的不仅是先进的管理或是技术含量高的产品，同时也是一个团体中所有人认同的一个目标和为之奋斗的过程中达成的共识。企业文化建设能够很好地发挥"旗帜"和"航标"作用，构建起员工队伍良好的精神状态、工作干劲，焕发出感召力、凝聚力、影响力，团结和引领全体员工心往一处想、劲往一处使，为了共同的奋斗目标勠力同心、埋头苦干、攻坚克难、勇往直前，促进企业不断发展壮大。

二、构建与实施安全文化体系的管理内涵

为促进安全管理理念的提升、管理措施的丰富和管理文化的形成，炼化企业要通过学习借鉴、调研剖析、总结凝练、充实完善、丰富提高、形成架构六个步骤，建立"有岗必有责，上岗必担责"的全员责任体系，积极培育"宁要一个过得硬，不要九十九个过得去"的精细、严格、务实的全员履职文化，探索用文化管安全、用安全促管理、用管理增效益、用效益推发展的企业文化管理模式，构建形成"理念+制度+行为"安全文化体系，并进行广泛宣贯和组织实施。

其内涵主要包括：贯彻"以人为本"思想，坚持"安全第一"原则，牢记"严细实恒"法则，实施"全员履责"标准，确保"三个为零"目标，以提高全员安全意识、形成良好习惯、培育文化自觉为抓手，以全方位宣贯、全过程实施、全员参与为途径，以开展安全督查、强化"三个三"管理、念好"五字"真经等特色安全活动为载体，促进了安全文化体系建设规范化、系统化和有效落地，为炼化企业安全生产、效益提升和长远发展保驾护航。

具有以下几个突出特点：一是体系完整、行业特点鲜明。结合炼化企业的特点，遵循企业文化建设的基本路径，精神、制度、物态"三大要素"完整，理念、制度、行为"三大体系"健全，标识系统和特色做法行业特点明显，文化要素和管理要件融合度高，时代感突出。二是内涵丰富、外延拓展性强。融合并贯彻了中国石化集团公司《企业文化建设纲要》《安全管理手册》《"三基"管理指导意见》等文件的基本要求，核心价值观、制度管理和行为养成定位准确，表述通俗易懂，易于宣贯实施，外延拓展性较强。三是措施具体、可操作性、实用性强。兼顾炼化企业领

导层、管理层和操作层员工特点，措施具体，易于执行，层级清晰，相互衔接，螺旋式上升通道完整。四是目标明确、全员参与度高。方针、价值观、愿景、使命、目标既有前瞻性，又有阶段性，体现出安全文化管理"内外兼修、刚柔并济、管安全更管灵魂"的设计源起，适合和适用于每一名员工，广泛性、参与度高，覆盖面广。

三、构建与实施安全文化体系的主要做法

（一）建立"安全文化体系"，顶层设计

"理念+制度+行为"的"三位一体"构建模式，分别界定和明确了精神层面、制度层面和行为层面的核心内容；"特色活动"展示中国石化"SINOPEC"集团文化统领下的公司特色文化，体现共性下的个性彰显；"标识系统"鲜明地规范了炼化企业的品牌形象和行业特色；"前言""后记"则是整个安全文化体系的引领和要求，各有侧重，要素俱全。

1.借助外脑，系统论证，形成基本架构

成立"企业文化学习研讨咨询组"和"专项文化课题组"，组织机关部门、基层单位相关人员开展企业文化学习研究，参加企业文化建设培训班、现场会、基地建设展和专项文化成果巡礼等专题学习，借鉴BP、海尔、神华、中国电力、金川、华为、壳牌等诸多企业文化建设的好经验、好做法和成功案例，展开对企业情况的深度调查研究和可行性分析，进一步明确了突破口和主攻方向。

一是成立了有企业文化部门牵头，两级安全监督部门、管理部门、宣传部门等9人参加的"安全文化建设课题组"，明确职责分工，明确措施步骤，明确目标要求，将专业的事情交给专业人士来开展。制定了《安全文化建设实施步骤和推进方案》，总体上有谋划、有层次、有措施、有步骤。

二是按照统筹规划表，分阶段、分层次、分步骤对企业安全管理现状进行调研分析，厘清成功点、薄弱点和着重点，运用和借鉴比较先进的企业文化建设构建模式，策划安全文化体系的组成要件、必备要素和基本要求，突出强调了炼化企业的行业特色。

三是在借鉴先进企业成功案例，系统分析炼化企业 HSE 管理政策、员工状况、企业发展需求等诸多因素的基础上，外请中国地质大学"企业文化建设课题组"专家诊断，指导形成基本架构，着重强调了科学

性、适应性和实用性。

四是召开由安全总监、车间主任、安全工程师、企业文化建设从业人员等不同层面参加的座谈研讨会，广泛听取意见和建议，对安全文化建设总体思路进行不断修正，避免了"水土不服""弯道超车""两张皮""两股劲"问题的出现。

2. 目标清晰，定位准确，健全理念体系

核心理念部分是整个安全文化体系的旗帜和统帅，决定着文化建设的高度、广度、深度和生命力。我公司在构建安全文化体系过程中，提炼核心理念部分时做到始终坚持立意高、标准高、落脚实，切实发挥好统领和引导作用。

一是按照指导和统筹一切安全工作的坐标和指南，构建公司安全文化体系的核心思想和总体要求，培育和形成全体员工安全价值观、良好行为习惯、先进管理模式和浓厚文化氛围的前提和基础，开展安全文化建设的决定性要素四个方面的定位，将我公司安全方针确定为"生命至上，安全发展；预防为主，综合治理；领导承包，全员履责"。

二是把安全价值观定位在"安全高于一切，生命最为宝贵"。号召全体员工始终把安全工作放在首位，使安全工作真正成为一切生产经营活动的"总开关""高压线"，始终做到"优先考虑、优先部署、优先实施、优先考核"；始终坚持以人为本，坚守"发展决不能以牺牲人的生命为代价"的"红线"和"底线"，用安全衡量生产实践，用行动保障生命健康；始终都牢记把确保安全生产作为自己的责任和使命，把关爱他人的生命安全作为新型的职业道德标准和追求，把安全信息的沟通传播作为提升业绩的手段和动力，把共建共享安全健康的工作环境作为目标和操守。

三是动员和发动全体员工秉承"严从细中来、实在严中求"管理理念，弘扬"团结勤奋，争创一流"的公司企业精神，高标准、严要求、细管理，实现内部管理标准化、作业环境标准化、岗位操作标准化，创造一流安全业绩，为实现"弘扬企业精神，创造一流业绩"的安全愿景努力工作。

四是明确我公司要切实履行国有企业的经济责任、政治责任和社会责任，排查安全生产隐患，反思安全意识行为，完善安全生产设施，杜绝安全生产事故，始终牢记"提供安全健康的工作环境，保障人的

生命财产安全"的安全使命，组织和带领全体员工为实现"设备安全零缺陷、人员安全零违章、生产安全零事故"的"零缺陷、零违章，零事故"安全目标贡献力量。

3. 建章立制，规范管控，健全制度体系

构建与实施安全文化体系时坚持夯实基础、健全机制，努力做到规范管控、有效管控、精准管控。

一是落实以岗位责任制为主体内容的"十项制度"，建立"职能管理+专业管理"的纵横交叉管理架构，倡导与实施"护士+医生"的设备管理新模式、"现场管理+统筹管理"的安全管理新模式、"有效管控+作业指导"的变更管理新模式，实现"三基"工作与安全专业管理的无缝衔接、全面覆盖。

二是健全安全监管机构，公司、厂设立专职安全总监，基层车间配备安全总监、安全工程师或安全员，两级机关部门实行联络员制度。公司、厂成立安全督查组织，构建"日督察、周讲评、月考核"的过程监管机制，确保各项安全规章制度的落实和执行。

三是健全安全信息沟通交流渠道，规范安全信息传播内容，形成完善的安全信息沟通机制，确保安全信息及时传达、落实和反馈。

四是创建风险识别、危害识别、隐患报告、HSE（健康、安全和环境）观察、未遂事件等安全事务全员参与方式，及时分析和反馈安全信息。

五是实施风险管理，培育全体员工的风险意识，掌握危害识别和风险分析的知识技能，积极开展作业危害识别、工艺安全分析、预防管理风险等安全活动，提高全员风险管控能力。

六是坚持依法依规经营，强化安全防护，建立"排查常态化、治理规范化、投入制度化、防治系统化"长效机制。持续开展"创完好装置"和"低标准、老毛病、坏习惯"专项整治活动，提高设备运行可靠度和完好水平，全面改善生产环境，促进装置安全、稳定、长周期运行。建立明确清晰的安全视觉识别系统，有效控制危害因素，实现作业场所安全状态的可视化，有效引导全员安全行为。建立并不断完善突发事件应急预案体系，强化员工应急意识，定期进行事故应急演练和应急救援演练。

4. 提升素养，重诺守则，健全行为体系

文化管理是以激发和调动企业员工的积极性、主

动性、创造性和活力为目的。因此，我公司安全文化体系中行为体系部分突出强调了重承诺、守规矩、可执行。

一是切实发挥好"关键少数"引领"最大多数"的示范作用，号召各级领导人员、管理者以身作则，引领安全，把严格落实安全规章制度贯穿于安全管理工作的全过程，强化执行，狠抓落实。推行生产与施工现场的标准化作业，以标准的操作行为规范员工的作业行为，培养良好职业操守，不断提升员工的技能素质和综合素养，培养员工自觉施行安全行为的良好习惯。

二是实施全员承诺，明确了决策者承诺带头践行《安全生产法》等国家相关安全生产法律法规，做安全文化的策划师和布道者；管理者承诺一切工作安全优先，做安全文化的传播者和导训员；员工承诺无论何时何处何事，决不违章，做安全文化的实践者和"头道防线"。

三是规范行为准则，决策者要主动做安全文化建设的引领者，站在全局的高度，做好顶层设计，精准施策，精准推进，精准落地，鼓励和支持员工正确的安全行为；管理者要主动做安全文化建设的推动者，早布置、早安排、早落实，抓实抓细抓小，做到有效管控、精准管控、规范管控；员工要主动做安全文化建设的践行者，高标准、严要求、懂纪律、守规则、重承诺，落细落实落小，做到"四不伤害"。

四是在全体员工中大力倡导"怕学服想用"五字真经（即"怕"字当头，规范行为，形成"我想安全"的新自觉；"学"字在先，提升素质，形成"我要安全"的新自觉；"服"字在心，遵章守纪，形成"我会安全"的新自觉；"想"字入脑，辨识风险，形成"我能安全"的新自觉；"用"字在手，落实职责，形成"班组安全"的新自觉），规范和引导安全行为，努力做到知行合一、言行一致、始终如一，形成安全文化新自觉。

五是通过在全体员工中开展"格言警语"征集、规范视觉标识系统等措施，进一步补充完善安全文化体系内容。

（二）发布"安全文化体系"，广泛宣贯

为了便于践行和操作，编制《安全文化手册》，并向全体干部员工公开发布，广泛宣贯，努力做到人人皆知，入脑入心。

1. 编制《安全文化手册》，使"安全文化体系"具体形象

一是突出中国石化集团文化的主导地位。集团公司分别于 2009 年、2014 年、2016 年先后三次修订颁布了《中国石化集团公司企业文化建设纲要》，明确了全集团都要遵循"为美好生活加油"的企业使命，"建设世界一流能源化工公司"的企业愿景，"严细实"的企业作风，"人本、责任、诚信、精细、创新、共赢"的核心价值观。我公司在编制《安全文化手册》中，注重将集团公司企业文化核心理念和文化精髓融入始终，体现出"人本、责任、诚信、严细实、全员、共赢"等理念，使之成为中国石化集团文化统领下的"专项文化"。

二是突出石油石化优良传统的"主基调"作用。坚持和弘扬中国石油石化"苦干实干""三老四严、四个一样"等优良传统，坚持和弘扬传承中国石化"爱我中华、振兴石化"的企业精神、"团结勤奋，争创一流"的公司企业精神，坚持和弘扬"创业、创新、创造，严格、细致、实干"的优良作风，团结和带领全体员工以强大的责任感、事业心、使命感做好安全工作。

三是突出安全生产与"三基"工作的高度融合。从加强"三基"（基层建设、基础工作和基本功训练）工作入手，着力于抓基层、打基础、强管理，落脚于保安全、增效益、促发展，固化于敢担当、负责任、讲规矩，充分发挥"三基"工作"传家宝""压舱石""源动力"作用，使安全生产基层建设规范、基础工作扎实、基本功训练到位，传播安全理念，践行安全准则，提升安全素养，推进本质安全，实现公司"零缺陷、零违章、零事故"的安全目标。

四是突出领导垂范，全员参与。各级领导人员是安全文化建设的"标杆""榜样"和"第一责任人"，要身体力行，以上率下，接受监督，主动担当、示范、作为；全体员工是安全文化建设的"主体""骨干"和"第一践行人"，要精细严谨，规范标准，自我管理，有效落实、落细、落小；形成"上下联动，各负其责、相得益彰、封闭完善"的良好格局。

在此基础上，我们采取图文并茂、形象直观、浅显易懂、规范标准的制作方式，印发《图说安全文化》

原创版，深入宣贯。

2.宣贯《安全文化手册》，将"安全文化体系"植入人心

为促进"安全文化体系"植入人心，被全体员工广泛认同，我公司通过多种途径进行了广泛宣贯。

一是组织全员学习，领会内涵，增强认同感。通过党委中心组学习、政治学习、班组学习等多种形式，组织全体员工学习研讨公司《安全文化手册》内容，积极引导广大员工撰写体会文章，开展"我理解的安全文化"征文等活动，加深对公司安全方针、安全价值观、安全愿景、安全使命、安全目标、安全理念的理解，并将《安全文化手册》学习纳入公司全年全员岗位练兵和业务培训中，有计划、有安排、有考核，切实提高学习效果，努力做到全员学习。

二是开展系列活动，增进理解，扩大影响力。公司报纸、电视等主流媒体开辟了专栏、专题对公司《安全文化手册》进行宣贯。公司报纸开辟了"我身边的安全故事""今天我是安全员""我的安全警语""我来说安全"等专栏，刊登全体员工在学习和落实《安全文化手册》中的体会和做法，传播安全理念；公司电视台利用情景剧、短片、微电影、公益广告、专题片等形式，解读安全价值观，宣传安全文化体系，全公司各单位、各部门充分发挥微博、微信、手机报的新媒体短、频、快的优势，展示和传播公司及各单位安全文化建设的成果和经验，让广大员工在共享中感悟理念，提高全员安全意识。同时，以关心人、理解人、尊重人、爱护人作为出发点，通过开展"安全不放心谈话""安全结对子""安全警示教育"、每周安全健康"双提示"等活动，发挥亲情文化的辐射作用，在工作中时刻提醒周边的人不违章、不违纪，营造一种"关注安全、关爱生命"的浓厚氛围；通过"安全全家福""安全文化墙""亲情寄语"等"家"文化建设，使员工在无形中受到感染，自觉主动提高安全意识，养成遵章守纪、标准化作业的良好习惯。

三是规范理念标识，营造氛围，展示新形象。通过更新标识、标牌、电子显示屏、门户主页、现场标语口号内容，设置安全温馨警示墙、家人安全警语、"历史上的今天"流动窗口等形式，将"安全文化体系"核心价值理念体系内容广泛宣传；编辑《安全文化故事》《班组安全故事会》《安全讲堂》《单点课》

《特色案例集》等企业文化丛书，共享安全文化建设成果；通过组织现场参观、制作"微短片"、征集"微电影"、微信评选等互动活动，加强沟通交流，提高整体建设水平。

3.加强考核，奖惩兑现，将"软实力"纳入"硬管理"

为了检验安全文化建设的实际效果，我公司将其纳入企业绩效考核体系之中，作为重要指标进行平时抽查、月考核、季讲评、全年评选，奖惩兑现。

（三）践行"安全文化体系"，有效落地

积极动员和发动全体员工从我做起、从点滴做起、从小事做起，用实际行动促进文化落地。

一是抓住关键点，实施特色安全管理。按照"七寸部位管理"的思路，动员和组织全体员工突出抓好关键环节、重点部位、特殊时期的"三个三"安全生产管理，即强化直接作业环节、承包商、危化品三个关键环节管理；抓住罐区、管廊、接卸场所三个重点部位；盯住生产异常、极端天气、敏感时间段三个特殊时期，建立起不同层面、交叉式、立体式的监管网络，全面加强安全监管、监控和监护，确保了安全全过程受控。

二是抓住敏感点，开展隐患排查治理。组织员工排查身边的不安全因素，识别安全风险，排除安全隐患，改善安全状况，分析事故形成的原因，提出诊断措施，形成"全员重视安全、人人参与安全"的浓厚氛围，实现"职工身边无隐患，我与企业双平安"。2016年，我公司对3221类设备设施使用安全检查表（SCL）法、对3030类作业活动使用作业危害分析（JSA）法进行分析，形成风险点管控清单，有效杜绝安全隐患。

三是抓住着重点，开展特色安全活动。通过基层班组职工一人一天做"轮值安全员"的方式，让全员、全过程参与到安全管理中来，实现由"被动管理"到"主动管理"的角色转换，提升全员安全意识与安全技能，进而实现企业本质安全。建立健全公司、厂、车间三级职工代表安全监督检查制度，通过集中督查主题活动、日常监督检查、职工代表活动日等方式，建立每月突出一个重点、组织一次集中督查、进行一次情况通报、开展一次整改情况回头看的"四个一"督查机制，形成三级职工代表安全督查组织网络。让

班组职工轮流讲自己（或身边同事）发生过的安全故事，开展"班组安全一人一课"活动，实现全员参与，增强安全意识，提高安全技能。

四是抓住落脚点，实施严格安全管理。在基层单位实施"厂领导包装置、车间领导包大机组、班组员工包管线阀门"的三级包保机制，在车间推行"书记抓安全"制度，在班组大力推行以标准作业卡、安全监护卡为主线的"安全标准化班组"活动；同时严格按照"四不放过"原则，对发生的安全未遂事件一抓到底，深入分析管理上的薄弱环节和制度上的漏洞，杜绝安全生产事故的发生。

浅谈如何运用新媒体提升企业安全文化建设效果

胜利油田现河采油厂集输大队史南联合站　李謖

摘　要：随着信息技术的不断发展，以互联网、移动通信为主要载体的新媒体迅速崛起，新媒体以其开放性、互动性、多样性、灵活性、及时性等特点，不仅对传统媒体产生较大冲击，而且越来越深地影响社会生活和企业生产的方方面面，特别是对企业安全文化建设的影响极大。本文主要论述了新媒体对企业安全文化建设产生的影响以及如何发挥好新媒体在企业安全文化建设中的作用。

关键词：新媒体；安全文化；措施

一、新媒体和企业安全文化之间的关系

近年来，以微博、微信等为代表的新媒体正改变着传统的信息传播方式，为人们提供了更多、更便捷的信息获取和交流渠道，也为企业安全文化的构建领域提供了广阔平台。只有搞好安全文化建设，企业的安全生产才能有牢固的根基，而安全文化建设有赖于与时俱进的安全文化建设模式，因此，在新形势下，如何利用新媒体搞好安全文化建设对于企业安全生产至关重要。

新媒体使安全文化的宣传推广手段得以丰富化：从宣讲、板报、报纸、杂志、广播、电视传统载体，到企业微信公众号、微信群、QQ 群、企业 APP、企业微博、办公平台等，安全文化传播的形式更加灵活、更有效果；同时，新媒体特有的开放性、互动性，也使安全文化的创建过程中更好的集思广益、更广泛地听取"民生"。新时期下，多元的安全文化需要多元的传媒，安全文化建设也需要新媒体的丰富和滋养，新媒体和安全文化之间有着互相影响、互相促进、互相提升的关系[2]。

二、新媒体在企业安全文化建设中的作用

安全文化建设的主要抓手是员工的安全教育、安全氛围的营造、安全意识的加强等，传统的安全培训课、安全试卷测验等传统方式延续了很多年，在安全文化的传播上立下了汗马功劳。随着时代的进步，新媒体应时而生，70 后、80 后、90 后已成为职工主体，作为企业中坚力量的他们，也是新媒体的最大受众。

（一）新媒体是企业安全文化品牌宣传的窗口

人们可以透过企业网站、微信公众号、微博等载体，了解企业 HSE 等方面信息，发表自己对安全管理的看法，提出自己的建议，和管理者一起充实、完善、丰富安全文化，员工第一时间接收到丰富的安全文化信息，在其"朋友圈"中传播，一起擦亮展示安全文化品牌和形象的窗口。

（二）新媒体是安全文化传播的桥梁

新媒体承担着沟通企业与社会、产品与市场、管理者与职工、职工与职工之间的桥梁，是双向交流、沟通互动的。利用新媒体的包容性、时效性，更好地交流意见、取得共识，实现安全文化对员工的影响和员工对企业安全文化的践行、丰富和提升，安全文化建设也随着员工潜移默化的推动得到升华。

（三）新媒体是安全文化管理理念传播的通道

新媒体的灵活、多样、快速等特点，可以把抽象的理念变得具体，把理性的理念变得感性，把刻板的理念变得生动，从而通过媒体的传播，使得安全管理理念更好地被职工认可和接受，在实际工作中贯彻落实。

（四）新媒体是进行安全教育的平台

通过这个平台，职工可以获得海量的信息，可以学到各方面的知识，和老师交流互动，可以自由地发表自己的见解、提出自己的建议、交流心得，而且新媒体方便实用，可以随时随地自由学习、交流，可以对学习交流的情况进行实时监测，使得学习变得简单、简便。

三、目前形势下安全文化建设中存在的问题

（一）安全文化建设工作受重视程度不够

企业作为盈利性的单位，将追求企业利润、生产

效益作为首要考虑，重视看得见、见效快的工作，对于打基础、管长远，尤其是解决职工安全价值观的问题、树立正确的职业操守、培养良好的作业习惯等方面，抓得不够有力，企业内部缺少浓厚的安全文化氛围，企业员工自身的安全意识以及文化意识并不高涨。

（二）安全文化宣传机制建设不到位

安全文化宣传工作制度、责任追究等制度上不够健全，缺少专门负责"安全文化"的职责部门和专职人员，多数是政工岗位、或其他技术岗位人员兼职，专业水平较弱。

（三）安全文化建设工作形式主义

很多安全文化长廊无人停留驻足，安全文化手册下发后无人翻看，企业因要保证效益，员工全脱产的安全培训实现不了，受教育安全文化活动开展的效果不理想。

（四）企业对安全文化建设的投入不够

一些企业重生产、轻安全的思想仍存在，资金、人员、硬件投入不足，配套工作跟不上，阵地建设滞后，工作形式和载体有限，也一定程度上制约了安全文化工作的开展。

四、如何运用新媒体提升企业安全文化建设效果

（一）新媒体与安全文化要全方位结合

目前，企业安全管理使用较多的新媒体平台主要有：企业门户网站、企业微博、企业 APP、微信公众号等，要在利用好传统媒体的基础上，搭建好网络平台，企业安全文化建设要积极同新媒体融合，安全管理部门要依托新媒体丰富工作内容，改进工作方法，创新工作形式，拓展安全生产宣传教育方式，促进企业安全生产理念和职工安全意识，提升企业安全文化层次，使新媒体成为安全管理的发言人，成为职工安全生产的代言人。

（二）利用新媒体包容性，丰富安全文化的传播内容

新媒体之所以受欢迎，与其传播内容丰富的特点密切相关。安全管理部门要充分发挥新媒体的"多媒体"作用，把企业要让职工了解的、和职工想了解的内容，尤其是工伤、安全事故等热点事件，第一时间通过安全短文、安全短片等形式告知职工，同时，还要严格把关、提高信息质量，结合每周生产运行工作和 HSE 培训内容，定期发布生产安全上的工作动态和

工作提醒，普及安全知识，吸引干部员工们关注安全微信，让干部员工享受无"微"不至的安全生产信息服务，实现 HSE 工作与群众工作的有机整合和良性互动。

（三）与生产运行、经营管理紧密结合

很多企业的文化宣导仅停留在文字或宣传画上，新媒体时代，企业应结合实际，将企业文化"外化于行，内化于心"，潜移默化地影响员工，引领员工成长。将办公平台与企业文化建设平台集中整合，企业可以运用网络办公平台实现生产运行网络化，还将企业文化信息通过平台即时共享，将企业文化建设有效融入业务和办公流程。通过多样化潜移默化的信息传播，企业的文化理念和员工的价值观逐步融合，相互促进，趋向共赢。

（四）增强与员工的互动性，助力职工培训

人的安全素质决定着企业的安全生产，加强对职工的安全教育培训，是提高职工安全素质的主要途径，是夯实企业安全基础的保证。通过微信、微博等客户端，与职工在安全合理化建议征集与反馈、安全法律法规咨询与解答，安全隐患报告与处理，安全先进评选与公示、安全培训教育等方面互动，甚至可以一对一交流，帮助职工解决安全问题，提升员工综合文化素质。通过新媒体，员工可以随时随地学习与交流，还可以将重要的业务、管理技能和理念针对性发布，将培训视频通过应用平台共享。

（五）大力营造安全氛围

企业运用新媒体形成强大宣传声势，营造环境、职工心理等全方位的安全生产氛围，能使职工感受到安全有人重视、有人管，从而自身更重视安全。新媒体传播技术日新月异，它对安全氛围的营造不断加深，利用新媒体提升企业安全文化潜力巨大，大有可为。

五、结语

建设企业安全文化绝非一朝一夕的事情，是一个长期积累、沉淀和整合的过程，需要随时总结和提炼，安全文化建设的落脚点是促进企业的可持续发展、保障职工生命安全和社会的整体稳定。因此，安全文化要针对安全工作出现的新情况、新问题，调整新思路，融入新内容，符合新形势。通过安全文化建设，最终实现企业安全生产的持续健康发展。

精益思想在工艺安全管理中的应用

——以塔里木油田工艺安全管理探索与实践为例

中国石油塔里木油田公司　张景山　孙凤枝　牛明勇　万涛

摘　要：油气田因其固有的"易燃易爆、有毒有害、高温高压"危险特性，需要实施工艺安全管理。在工艺安全管理实施可借鉴的现成经验较少的情况下，塔里木油田从安全文化建设中得到启示，以精益思想为指导，研究探索基于精益理念的制度规范、技术标准以及管理体系，初步形成自身的工艺安全管理模式，并与行为安全管理相辅相成，成为油气田安全管理的双翼。经过近十余年的探索和实践，工艺安全管理体系日益完善、成熟，有效提升了公司本质安全水平。本文对同行业工艺安全管理亦有借鉴意义。

关键词：精益思想；工艺安全管理；工艺安全信息；工艺危害分析

自 20 世纪 70 年代，世界上发生了一系列重大的工艺安全事故，政府、公众和工业界开始反思应该如何防范这些灾难性的事故，在此背景下，欧美国家开始了工艺安全研究与推广，并形成了系列成果，如 OSHA 29 CFR Part 1910.119、API RP581 等对工艺安全管理实施提出了要求。国外一些公司也依据这些标准建立公司的工艺安全管理制度，如杜邦安全管理体系、BP 安全管理体系等。总体上，国外工艺安全管理已较为成熟，并不断在工艺安全风险管理方面进行深入研究和发展。我国在 2010 年发布了《化工企业工艺安全管理实施导则》推荐性标准规范，但未强制性全面推广，也未引起企业的足够重视。国家安监总局 2013 年发布《安全监管总局关于加强化工过程安全管理的指导意见》的通知，再次对工艺安全管理的实施提出了要求。

工艺安全管理在国内外范围内主要应用在化工企业，在油气田应用案例几乎没有，2010 年发生的墨西哥湾深水地平线钻井平台爆炸着火事故就是忽视工艺安全管理的结果。塔里木油田工艺安全管理作为安全文化建设的重要组成部分，以精益安全思维为指导，以油气开发行业为先导，再在上下游推广应用，取得了较好的成果，形成了一系列的做法和标准规范，具有系统性强、执行深入等特点，走在国内油气田企业的前列。

一、实施工艺安全管理的紧迫性性和总体思路

塔里木油田目前已建成超过 2500 万吨当量的油气生产能力，其生产业务链长、作业区域分布广、社会依托基础薄弱、工程技术条件复杂及高温、高压、高含硫等风险特征，给油田安全管理提出了极大的挑战。尽管塔里木油田建立了健康、安全、环境（HSE）管理体系，各级领导和广大员工的安全意识逐步提高，但是由于管理体系不完善不精细，仍然发生过几起严重的工艺事故，如 2005 年脱水脱烃装置爆炸事故。党的十九大报告提出了安全发展的理念，国家对工艺安全管理越来越重视，先后发布了相关标准，提出了要求。这些都迫切要求油田着力开展工艺管理体系。

在国内同行业缺乏相关案例标杆的情况下如何探索油气田工艺管理，经过反复学习研究，我们认为应以安全文化为引领，建立贯穿全过程面向全院的"精益安全思想"，使工艺安全信息更加精细，工艺危害和风险认知更加精准，工艺安全管理更加精道。具体而言，一是坚持精细化管理，通过"消除""替换""减少"等本质安全策略来提升安全性，尽可能消除或减少工艺系统本身的危害，促进工艺管理本质安全。二是坚持全生命周期管理，精心梳理各个阶段安全风险，确保全周期管控。三是坚持系统性管理，充分认识工艺安全是有机的、紧密联系的整体，全面推进，不能搞选择、搞变通。四是坚持风险最低可接受原则，聚焦风险管理，精确把握容忍度、精准设置安全屏障，

把风险降到可接受程度。

二、工艺安全管理实践做法

塔里木油田在消化吸收现有技术标准和文献的基础上，结合油田实际，有步骤、有计划的推进工艺安全管理，在实践中摸索出一套经验做法。

（一）精细梳理体系，健全工艺安全信息

工艺安全信息是有效开展工艺安全管理的基础，它产生于工艺装置生命周期的各个阶段，是识别与控制危害的依据。塔里木油田以精细化为要求，开展工艺安全信息补齐专项行动，通过现场开挖、探测技术、实验分析等措施完善文件 11000 余份；开发工艺安全信息平台，实现工艺安全信息化；发布《工艺安全信息管理规定》企业标准，规范工艺安全信息管理。公司要求各单位必须建立工艺安全信息清单，指导信息的收集、保存和查阅等管理工作；必须指定专人负责工艺安全信息管理，负责收集、更新等工作，确保信息与现场相符，并为工艺安全管理的实施提供足够的、有效信息。

（二）精准工艺安全分析，做好危害识别和风险评估

自 2007 年起，塔里木油田开展建设项目设计阶段工艺安全分析，截至 2016 年累计完成设计阶段工艺安全分析 863 个，设计阶段工艺安全分析实施率 100%，极大地提高了设计方案的安全水平。

2009 年塔里木油田完成了所有在役装置的基准工艺安全分析，此后，开展在役装置的周期性工艺安全分析，周期一般为 3～5 年，实现了所有工艺装置工艺安全分析全覆盖。

推进工艺安全分析从定性向定量发展，开展了失效模式和影响分析（FMEA）、保护层分析（LOPA）、量化风险分析 QRA、安全完整性等级（SIL）等定量方法在油气田的应用尝试，使风险管理更为精准。

（三）精心提升管理，确保实施到位

一是把住管控风险变更关。在工艺装置运行过程中，变更经常发生，变更可能带来潜在的风险，必须对变更进行管理。塔里木油田建立了变更管理程序，自 2010 年以来塔里木油田累计发生重大变更 2311 项、微小变更 1196 项，均按照程序进行了管理，特别是连带变更如期完成，确保风险受控。

二是把住设备实施管理关。首先，强化设备设施全生命周期的质量保证和机械完整性管理，从设备设施的设计、选型、制造、安装、调试到运行、维护，直至退役的全生命周期进行管理，充分发挥设备设施资产的效用。优化设备选型，借助设备大数据提高规格书质量，把生产实际经验运用到设备选型，实现良性闭环管理。建立关键设备建造制度，提高设备质量。其次，机械完整性水平是决定工艺安全管理成败的硬件基础，是反映工艺安全管理水平的"晴雨表"。我们开展预知性维修探索实时对场站状态进行动态评估，指导检维修决策；强化腐蚀防护，控制油气泄漏次数，斩断诱发工艺安全事故的前端链条，建立安全屏障；对标一流，开展井筒完整性研究与实践。对塔里木油田面临的"高温、高压、高含硫、超深"世界级难题进行技术攻关，编制了中石油集团公司三大井筒完整性规范：《高温高压高含硫井完整性指南》《高温高压及高含硫井完整性设计准则》和《高温高压及高含硫井完整性管理规范》，是世界第三家拥有井筒完整性技术的公司。

三是严把现场作业管理关。工艺装置的操作作业危险性较大，也是造成许多事故的原因，必须要加强管控。我们建立了操作规程管理标准规范，着力提高操作规程的可操作性和安全性，正确指导现场员工操作。开展工作安全分析，提升各类作业方案、操作规程等的安全性，把危害识别和风险评估的成果应用到作业过程和步骤中，切实防控风险。定期对操作规程进行工作循环检查，持续完善操作规程。

四是严把确认制落实关。工艺装置进料前进行全面的检查，是把控风险的最佳做法。投运前安全审查通过各个专业全面系统的检查，确认工艺装置已经按照设计建造完成，可以投产，为今后的安全运行打下坚实的基础。塔里木油田在勘探开发等业务全面推广，在钻试修井业务的开钻前、钻开油气层、转试油、交井等关键环节得到有效应用。

五是严把管理审核关。审核是衡量实施效果、推动提升改进的有效手段，应定期对工艺安全管理进行审核，评估现状，查找短板，进行有针对性的提升改进，实现工艺安全管理良性循环。

三、效果和认识

（一）取得的效果

（1）工艺安全管理事故持续下降。塔里木油田在

油气产量当量快速增长的同时，工艺安全事故事件保持了连续下降的良好态势（见图 1），井喷事故连续11 年为"0"。

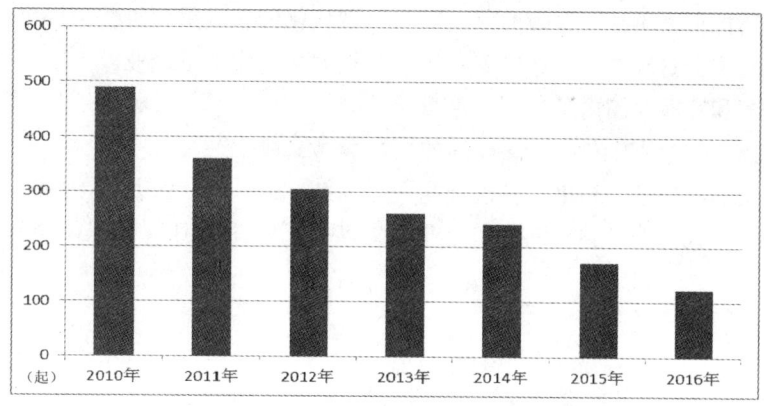

图 1　工艺安全事故事件趋势图

（2）本质安全水平持续提升。塔里木油田自推广工艺安全管理以来，逐步建立油田工艺技术标准体系。通过收集涉及油气田地面工艺的国家、行业和企业标准规范 3670 余个，制定了油田地面工艺系统标准规范体系完善计划。目前从设计、施工到运行，形成了工艺安全技术标准 21 个；根据历次工艺安全分析、施工现场检查、投产前安全审查及工艺事故事件分析等发现，总结形成了《塔里木油田地面工程设计原则》和《塔里木油田典型工艺安全案例》，从设计、施工、运行、维护各个环节指导工艺安全管理工作，提升工艺装置本质安全水平。

（3）走在油气田企业的前列，起到了引领和示范作用。塔里木油田是中国石油第一个全面实施工艺安全管理的油气田，其工艺安全管理体系对其他油气田具有示范作用，为中国石油集团公司完善工艺安全管理体系提供了强有力的支撑作用。塔里木油田工艺安全管理体系具有以下特点：起点高，塔里木油田工艺安全管理体系源于杜邦公司，是与世界一流工艺安全管理的企业合作，可以说是站在巨人的肩头，始终保持了与国际一流工艺安全管理接轨；系统性强，在经过 10 余年的吸收、消化，结合油气田生产企业的特点进行了实践创新，形成了具有塔里木油田特点的油气田工艺安全管理体系；覆盖面广，塔里木油田工艺安全管理不仅在油气地面工程有了成功的应用，而且独创性地在钻试修业务进行了推广，打破了国际工艺安全管理的禁区；工具方法齐全。开发管理平台，实现工艺安全管理信息化。建立了齐全的定性和定量的分析方法及配套的软件支撑。充分利用大数据，建立工艺安全数据库，支撑管理工作。

（二）经验总结

经过几年的实践，我们总结出几点经验。

（1）必须培育安全文化沃土。行为安全对工艺安全有决定性作用，没有好的安全文化，再好、再先进的工艺安全管理系统也不能有效运作；

（2）必须始终聚焦工艺安全风险防控。必须始终牢记油气田存在"易燃易爆、有毒有害、高温高压"的固有危险，在油气田全生命周期聚焦风险防控；

（3）必须始终做好工艺安全专业人员培养基础性工作。工艺安全与技术密不可分，必须大力培养熟悉工艺安全的专业人员和具有工艺安全理念和思维的管理和专业人员，奠定工艺安全可持续发展的基础；

（4）必须始终重视工艺安全系统性建设。必须要系统性地推进工艺安全，一是要按照技术、设备、人员等全要素建设工艺安全体系；二是所有业务必须结合实际推进工艺安全体系；三是必须要按照决策、执行和技术支持的架构建设工艺安全组织；四是要循序渐进地推进工艺安全，遵守内在规律；

（5）必须始终致力于执行力建设。工艺纪律是工艺安全管理能否落地生根的关键，必须要加强操作纪律，保障工艺安全管理顺利实施；

（6）工艺安全推进必须坚持久久为功的理念，工艺安全不可能"毕其功于一役"，必须开展顶层设计，长期坚持，方能见效。

四、结束语

工艺安全管理可以防控重大事故，保障油气田勘探开发的顺利进行，是对安全管理的丰富和发展。塔里木油田工艺安全的探索和实践在国内是首例，最重要的经验是要把精益思想贯穿到工艺安全管理的始终，不走形式，不做无用功，精细、精准、精确地扎实推动，以确保取得实效。我们的经验对油气田企业实施工艺安全管理起到了示范作用，先后获得过中国石油集团公司企业管理创新二等奖和国家级企业管理现代化创新成果二等奖，塔里木油田被国家评为第一批安全文化示范企业。

参考文献

孟波，张景山，张卫朋，高洁玉，张爱良.工艺装置全过程安全管理[J].现代职业安全，2011（10）：48-50.

建塑特色文化安全，引领矿井安全发展

神东煤炭集团公司锦界煤矿　阎凯

摘　要：安全生产是煤矿企业生产工作的重中之重，安全文化建设始终是煤矿企业工作的头等大事。把安全生产摆在高于一切、重于一切、先于一切的位置是煤矿企业的必然选择。本文从安全文化建设现状、存在问题和实现路径等几个方面详细阐述了锦界煤矿在安全文化建设方面的探索实践，对推动煤矿企业安全文化建设起到促进作用。

关键词：安全文化建设；煤矿安全；评价体系

近年来，锦界煤矿始终将安全文化建设作为推动煤矿安全生产工作的有效途径来抓，坚持"生命至上，安全为天，无人则安，零事故生产"不动摇，大力实施安全文化建设工程，营造安全生产氛围、增强员工的安全生产意识和作业行为规范，提升矿井的安全管理水平和文化软实力。为锦界煤矿的安全发展、和谐发展和可持续发展奠定坚实的安全生产基础，努力打造全国煤炭行业创新发展的典范，为建设国内一流、世界领先的数字化、智慧型矿井做出贡献。

一、锦界煤矿安全文化建设的现状

（一）锦界煤矿概况

锦界煤矿属于特大型现代化高产高效矿井，是神东煤炭集团的骨干矿井之一，位于陕西省神木市境内，拥有井田面积141.8平方千米，地质储量20.93亿吨，可采储量15.78亿吨。锦界煤矿煤质优良，具有低灰、低硫、低磷、高挥发分、中高发热量等特点，属于长焰不粘煤，是优质动力、化工和工业用煤。矿井机构设置为"五办一中心十一队一厂"；全矿现有715名正式员工（劳务工504人），40岁以下482人，占67.8%；大专以上学历404人，占58.8%；取得技术职称及技能等级的315人，占45.1%，人员总体结构呈年轻化、知识化。

（二）锦界煤矿安全文化建设

锦界煤矿多年来始终坚持以安全文化建设为抓手推动煤矿安全生产工作，在"一切为了安全、一切服务安全"文化理念的统领和指引下，加强员工安全思想建设，加快安全师资队伍建设进程、创新安全培训教育方式、强化人才建设工程；坚持"生命至上，安全为天，无人则安，零事故生产"不动摇，结合党建工作，根据煤矿当前实际，出台实施党员身边"无违纪、无违章、无事故"等主题实践活动；大力实施安全文化建设工程，融入班组建设，打造特色班组文化；营造安全生产氛围、增强员工的安全生产意识和作业行为规范，提升矿井的安全管理水平和文化软实力。

锦界煤矿按照"统筹安排、突出重点、注重实效"的原则，将安全文化建设纳入长期发展规划和目标管理体系，截止到2017年12月31日，安全生产周期已达1861天。6年来未发生死亡或一次3人（含）及以上重伤安全责任事故，被中国煤炭工业协会评为特级安全高效矿井，被国家安全生产监督管理总局、国家煤矿安监局授予一级安全质量标准化达标煤矿。

二、锦界煤矿安全文化建设面临的问题

为切实提升煤矿安全水平和事故防范能力，促进安全生产形势稳定，锦界煤矿通过开展平台推动、宣传发动、典型带动和考核促动等相关措施，取得了显著成绩，加快了锦界煤矿安全文化建设进程。但在活动开展过程中，也同时发现了如下问题。

（一）员工文化素质参差不齐，部分人员安全理念淡薄

部分煤矿从业人员老龄化严重，文化程度低，自身素养相对偏低，缺乏对新政策、新要求、新规定的了解，在工作中存在侥幸心理、麻痹心理、蛮干心理、放纵心理等轻视安全工作的不良状态，凭经验作业思想比较严重，安全意识淡薄，基本上处于从属和被动"要我安全"的状态，遵守规章制度大多是因害怕被处罚，安全第一和安全自律的意识还比较模糊。

（二）安全文化建设理论多，缺乏实践指导

煤矿企业安全文化的研究多是煤矿一线工作者，研究基本上是经验式的，不太注重研究过程和结论的可检验性。煤矿安全文化管理人员建设煤矿安全文化，可借鉴学习的书籍理论性强，可操作性弱，不能适应社会发展和生产实践的需要。国内成熟的煤矿安全文化建设模式少，相关大规模经验交流会少，大部分安全文化建设者都是闭门造车，缺乏实践指导。

（三）安全文化建设周期长，建设成果见效慢，难以持之以恒

煤矿安全文化的沉淀、成型需要一个长期的周期，是一个建设-总结-提炼-再建设的周期过程。随着煤矿新政策、新要求、新规定的实施，以及新设备、新系统、新工艺的革新，煤矿安全文化建设要根据生产实际情况不断调整，不断总结，去其糟粕取其精华，这是一个长期的过程，安全文化建设成果对实际生产工作难以起到立竿见影的作用，安全文化建设成果容易出现被忽略，被丢弃，安全设文化建设难易保持持之以恒的建设。

（四）安全文化建设难以融入煤矿日常管理工作，难以落地生根

安全文化是基于煤矿的内在精神、经营理念、人文环境、生产实情等综合因素而制定建设的。安全文化建设工作容易做成为了"安全文化建设"而建"安全文化建设"，只注重政治性和企业形象问题，未融入生产管理全过程中去，不注重生产实际性，不是为了提高安全生产绩效而进行安全文化建设，从而导致安全文化建设和生产技术脱节，降低了安全生产绩效，没有对煤矿的生产与发展起到促进作用。安全文化建设在传播、阐释过程中存在理念不清和误读，职工对其理解产生歧义，把口号标语记住了，却对其内涵模糊不清，让安全文化建设未深入开展。安全文化建设缺乏群众基础，在安全文化建设未真实调动全体职工的积极性和主动性，未发掘职工的创新性和创造性，难以让安全文化在企业落地生根。

（五）暂时未形成有效的安全文化评价测量体系

由于安全文化带有文化的软特性，在实际过程中难以做到有效的评估和测量。安全文化评估测量体系是一个复杂、系统的工程，需要完善安全文化评价指标，确立评价方法，做好评价结果的测量等。但目前这几项工作都还不够完善，从而导致安全文化建设效果和在实际中的应用得不到保障。

三、锦界煤矿安全文化建设的实现路径

（一）加快新老员工交替，提高全体员工自身素养

现代的煤矿已不是传统的煤矿，现代的煤矿已逐步向自动化、数字化转型，锦界煤矿已建设成国内首屈一指的智能数字化矿山。因此，首先应提高入企门槛，择优而录，选取高文化、高素质、高能力人才。其次煤矿要加大对新入企、年龄轻、文化程度高的员工的培养，逐步让年轻人才进入关键技术岗位、走向管理岗位，提高管理队伍、管理层次的年轻化。第三、年强员工容易接受新事物，创新能力强，积极性高，煤矿应将这些新鲜血液注入每个岗位，用新血液、新活力去带动整个队伍蓬勃发展。

（二）树旗帜、立典型，创造交流平台

整理国际国内优秀企业、世界500强企业的安全文化建设经验，借鉴其他煤矿优秀安全文化建设经验，形成一套系统的、可复制的建设模式。煤矿在此模式下规范、科学发展，避免煤矿在安全文化建设中出现茫无头绪、南辕北辙。

对于煤矿而言，安全文化建设每个阶段都需要通过树旗帜、立典型，选取煤矿安全建设好的单位来带动和引领其他单位，从而达到"高山仰止、景行行止"的效果。要强化"典型要树更要学"的观念，找准学习典型与推进工作的结合点。对于身边先进典型的宣传，要做到不扩大、不缩小，重在鼓劲打气，同时在主流媒体大力开展宣传，让干部群众学有榜样、干有标杆，真真正正借助榜样的力量，把精神的感召转化成实际行动，使典型的聚集倍增作用得到充分显现，形成"一个典型一面旗，一批典型带全局"的局面。打造国内安全文化共享交流平台，兄弟单位间、同行业间、不同行业间都可以进行建设经验交流互鉴。

（三）纳入煤矿发展战略规划，持之以恒的予以推进

一是在思想上坚持。安全文化建设和煤矿发展战略是"你中有我、我中有你"的关系，煤矿发展要实现更高、更强的目标，需要长期持续推进，而安全文化建设建设讲求的是文化因子的根植，没有一个较长的适应和提升过程也无法取得实实在在的成效。因此，煤矿企业决策层只有把安全文化建设纳入煤矿发展的

核心战略，科学有效的安全文化体系才能够建立、运行起来。同理，员工也要以干事创业、勇争一流的工作劲头对待安全文化建设，把实现个人价值目标的过程与安全文化建设紧密结合起来，积极支持、配合和参与安全文化建设。

二是在行动上坚持。安全文化体系的建立和优化不是朝夕之间便能成功的，要投入大量的人力、财力、物力，正因为它的来之不易，煤矿要倍加珍惜。安全文化体系一旦建立，就必须不折不扣地执行下去，这样才能最终实现以企业文化推动企业发展的战略目标。

三是在制度上坚持。安全文化体系是依赖煤矿各项制度而存在并发挥作用的。没有制度的保障，安全文化功用便难以奏效。安全文化体系形成后，随着煤矿的不断发展和外部环境的变化，煤矿的哪些制度应当坚持下去，哪些应当完善、哪些应当摒弃，都要加以明确，以便让制度更加符合煤矿战略发展的需要，更能被员工所认同和接受。对那些员工一时不能接受但对煤矿战略发展有帮助的，要坚决执行下去，最终使制度变成一种习惯，变成员工的自觉行为。总之，只有在安全文化建设过程中对煤矿制度进行扬弃，才能给安全文化体系以充分的、科学的制度保障。

（四）将安全文化从一线开始落地生根

一是注重班组长的选用。班组成员处在生产第一线，班组长是生产一线组织者和指挥者，处于承上启下的重要位置，可谓"兵头将尾"，因此班组长的选配十分重要。一定要选拔思想好、责任感强、技术精、懂业务、会管理、作风正、干劲足、有威信的人担任班组长。在班组长的带领下，形成班组文化，团结全班组成员共同完成生产任务。

二开展形式多样的班组安全教育和班组安全活动。班组安全活动要求内容充实、联系实际、形式多样、讲求实效，班组必须做好记录，避免流于形式。如：岗位培训；班前班后会；剖析事故案例；观看反映安全生产的电影、电视；标语板报等。这些方式方法，生动直观形象、富有感染力，使安全教育不断深入人心，起到事半功倍的效果。

（五）形成一套有效的安全文建设化评价体系

安全文化评价是安全文化建设的评价手段，目的是诊断安全文化建设的优劣，为安全文化建设提供科学依据。安全文化状态评价的目的是查找、分析和预测工程、系统存在的危险、有害因素及可能导致的危险、危害后果和程度，提出合理可行的安全对策措施。安全文化建设评价的目的要达到以下四个方面：一是促进煤矿的本质安全生产。二是实现全过程安全控制。三是建立系统安全的最优方案，为决策者提供依据。四是实现安全技术、安全管理的标准化和科学化创造条件。

四、结束语

"知而不行只是未知，行而未果亦是未行"。安全文化建设没有完成时，只有进行时。在今后工作中，锦界煤矿将以安全文化为主体，以建设"文化锦界、智慧矿山"为载体，借鉴其他兄弟单位的好经验和做法，对锦界煤矿安全文化理念进一步整理、提炼、完善，持续提升广大员工"安全为了自己、依靠自己、人人负责"的自主安全意识，推动安全文化建设工作再上新台阶、再迈新步伐。

用好安全管理工具，推进安全文化建设

中国冶金地质总局第一地质勘查院　黄学军　李金硕　钱从辉

摘　要：通过对"作业安全分析"和"安全观察与沟通"两个工具的介绍以及实际推广和应用，阐述了"两个工具"作为企业安全生产管理和安全文化建设的重要内容，对于企业安全文化建设具有有效的推进作用，对于提高员工安全意识，营造良好的企业安全文化氛围有着十分重要的意义。

关键词：安全文化建设；作业安全分析；安全观察与沟通

同所有的安全管理工具一样，作业安全分析和行为安全观察两个安全管理工具是加强企业安全生产管理的重要途径和手段，对于提高企业安全管理水平，提高员工安全生产意识和安全生产技能，减少和避免生产安全事故，建立企业安全生产长效机制有着十分重要的意义。"作业安全分析"和"行为安全观察与沟通"两个安全管理工具的推广和应用，不仅有助于加强企业安全生产管理，而且进一步丰富了企业安全文化活动，为助力企业安全文化建设增添了新的内容和活力，对于不断提高企业安全文化水平起到了非常积极的促进作用。

一、推广应用两个工具的背景

安全文化是存在于单位和个人中的种种安全素质和态度的总和，它强调安全必须靠全体员工致力于一个共同的目标才能获得（国际核安全咨询组 1991 年提出）。安全生产"短期靠管理，长期靠文化"。安全文化建设是建立企业安全生产长效机制的必然要求，也是全面落实安全生产责任制实现本质安全目标的重要途径。第一地勘院以"创造安全环境，规避安全风险，加强文化建设，推进本质安全，实现安全发展"的工作目标为指导，坚持以人为本、全员参与、立足当前、着眼长远的工作原则，坚持企业安全生产和安全文化建设。通过不断的工作实践过程把安全目标、安全宗旨、安全理念和安全价值观等要素在员工意识里升华、渗透、扩散，为广大员工所认知、认同和接受，转化为全体员工遵章守法、按章作业的自觉行动。经过多年的努力，第一地勘院创建了以"安全生产、幸福生活"为安全理念、"平安地勘，幸福家园"为安全愿景的企业安全文化体系，并于 2012 年荣获"全

国安全文化建设示范企业"称号。

企业安全文化建设是一项长期的战略性工作，具有一定的阶段性、复杂性和持续性。尽管我院在企业安全文化建设中取得了一些进步，但传统和通常的文化建设方式方法如完善安全文化管理体制、加强对员工的思想教育和安全培训、通过各种形式的宣传营造和强化安全氛围等，已逐渐失去活力。为创新工作方式，借鉴国内外成功的经验，也为安全文化建设工作增添新的动力和内容，从 2014 年开始，第一地质勘查院按照上级总局工作部署，在院安全管理和安全文化建设中推广使用"作业安全分析"和"行为安全观察与沟通"两个安全管理工具。两个安全管理工具的应用，不仅强化了企业安全生产管理，为我院实现"零事故、零伤亡"的安全生产目标发挥出了应有的功效，而且极大地丰富了安全文化建设的内容，进一步促进了企业安全文化建设。

二、两个管理工具简要介绍

（一）作业安全分析（Job Safety Analysis 简称 JSA）

作业安全分析是事先或定期对某项工作进行安全分析，识别危害因素，评价风险，并根据评价结果制定和实施相应的控制措施，达到最大限度消除或控制风险的方法。

作业安全分析是在工作任务（包括新的作业、非常规的临时性作业、工艺、环境、设备设施和人员发生变更以及对现有作业评估）之前进行的，一般分为以下四步。

（1）把工作分解成若干个相连的具体的步骤（通常为 5～10 步）。

（2）对每个步骤进行危害识别，找出可能存在的危险有害因素。

（3）对可能存在的危险有害因素制订有效的解决办法、预防和控制措施。

（4）严格按照已制订好的方案执行。

作业安全分析关注日常的操作，对执行作业的人员既可以全员参与分析，也可成立分析小组，由部分人员完成作业安全分析。通过进行作业安全分析，既提高了作业人员对危害的认识、增加辨别和识别新的危害的能力，对于消除危害，改善工作条件，减少事故大有裨益，又能帮助制定和完善安全操作规程，落实正确的控制措施（方案）。因此，作业安全分析作为一个安全管理工具越来越受到大家的喜爱。

（二）安全观察与沟通（简称SOC）

安全观察与沟通是根据行为纠正理论所创建的一种针对现场行为安全的一种安全管理工具。通过观察员工的行为，与员工讨论安全与不安全工作的后果，沟通更安全的工作方式，从而达到改善现场行为安全绩效的目的。

安全观察与沟通是一种以行为为基准的观察计划，是为各级管理者，上至企业领导，下至一线班组长特别设计的一种对员工行为进行观察、沟通与干预的系统性管理方法和工具。一般分为"观察、表扬、讨论、沟通、启发、感谢"六个步骤，简称"六步法"。其中观察包括人员的反应、个人防护装备、人员的位置和姿势、工具和设备、作业程序、工作环境、人机工程7个方面。

安全观察与沟通最早起源于美国杜邦公司（du Pont），现已被很多国际大公司所采用（在我国主要是中石油）。其实质是各级领导平等地与员工讨论安全问题，通过积极而正面的行动，激励和强化安全行为，及时发现和纠正不安全行为，从而避免伤害和事故的发生。它既可对员工行为进行干预，又提供了领导或管理者与员工双向沟通的平台，对于提升员工的安全生产意识，营造良好的企业安全氛围大有裨益，进而形成全体员工共同的价值观，培育良好的企业安全文化。

三、应用两个工具的实践与探索

（一）总体思路

以科学发展观为指导，坚持以人为本、预防为主、综合治理方针，通过作业安全分析、行为安全观察与沟通两个安全生产管理工具的推广使用，实现风险辨识、人员行为安全、工艺过程安全和安全设施功能等安全要素的全面管控，进一步提高安全管理效能，减少生产安全事故隐患，逐步建立全院科学化系统化安全生产管理体系，促进全院安全生产管理水平和企业安全文化建设水平的全面提升。

（二）工作目标

一是80%以上一线员工掌握工具使用的基本方法和相关专业知识，能够在实际工作中熟练开展作业安全分析和行为安全观察与沟通活动；二是进一步完善各专业安全操作规程，形成各专业主要工序作业安全分析信息库，全面查清各专业主要工序危险因素并制订和落实控制清单；三是作业现场危险因素辨识结果与整改控制措施到位，人员不安全行为逐步消除，作业现场安全生产条件得到根本改善。四是通过推广使用"两个工具"，有力推动企业安全文化建设。"两个工具"尤其是"安全观察与沟通"的实施，既依赖于一定的企业安全文化，同时，它也为企业安全文化建设注入了新的内容，极大地推动了企业安全文化建设。

（三）两个工具的过程实施

第一地勘院推广实施"两个工具"，其过程大致经历了三个阶段。

（1）主要安全管理人员进行两个工具相关知识学习，掌握两个工具的原理和方法，并能在实际工作中运用两个工具。

（2）各级安全管理人员、基层作业人员进行两个工具相关知识培训（要求培训率达到100%），让广大职工了解两个工具基本原理和方法、推行的目的和重要意义。

（3）80%以上一线员工（主要是各级安全管理人员、专业技术人员）掌握工具使用的基本方法和相关专业知识，能够熟练开展作业安全分析和行为安全观察与沟通活动。

第一阶段，单位安全生产管理部门有关人员及部分其他管理人员（主管领导、安全管理和部分项目经理）首先进行对两个工具相关知识的学习，在指导老师的帮助和辅导下，有关人员集中起来，认真学习，在很短的时间内，掌握了两个工具的原理和方法。

第二阶段，安全生产管理部门根据制定好的培训计划，先后到下属单位、班组、项目部进行"两个工具"的专项培训，保证人员培训率达到 100%。并在现场组织参学人员进行"两个工具"的练习和答题活动。在此期间，要以"安全生产月"暨"百日安全无事故"等各类安全生产专项活动和安全文化活动为契机，认真做好"两个工具"推广的宣传和发动工作，使大部分人员基本掌握了两个工具的操作方法。

第三阶段，按照抓点促面、有序推进的原则，开始在企业全部范围内推广使用两个工具。作业安全分析是在现有的操作规程、危险因素辨识成果的基础上，结合本部门（岗位）工作实际，从工艺、方法入手，开展各自作业（专业）的安全分析，同时使项目人员更加熟悉和掌握其方法，最终能够实际开展这项工作。行为安全观察与沟通则在前期培训的基础上，以培训成绩优秀的人员和一些专业技术人员作为行为安全观察员，开展行为观察与沟通，正确填写行为安全观察卡及沟通记录，并通过包括人员的反应、个人防护和装备、工具和设备、程序、人体工效学、整洁七个方面的实际观察与沟通，不断提高观察和沟通的技巧和能力，从逐步掌握到能熟练应用，实现"转变观念、提升能力、养成习惯"。

四、"两个工具"推广应用的效果及体会

作业安全分析是事前进行风险分析，制订安全措施；行为安全观察是观察、沟通作业过程中人的行为，通过表扬安全工作行为，纠正不安全行为和落实纠正措施，从而避免伤害和事故的发生。两个工具都是为了更好地使作业过程的"物"和"人"处于良好的安全状态，应用两个工具，能极大地减少和降低了作业过程中的安全隐患和风险。第一地勘院通过推广应用两个工具，使院安全管理各项规章制度和安全标准化的各项措施更好地落实到位，促进了全院安全生产管理水平得到新的提升，为企业生产经营真正起到了保驾护航的作用。在全体员工的共同努力下，我院连续多年没有发生生产安全事故，实现了安全生产"零事故、零伤害"，并多次获得中国冶金地质总局和一局系统内安全生产先进单位（集体）。推广和应用两个工具，也为企业安全文化建设注入了新的内容，不仅进一步提升了全员的安全生产意识，而且激发了职工的安全热情，充分调动了广大职工参与安全生产管理和安全文化建设的主动性、积极性和创造性，营造出了"人人要安全、人人管安全、人人会安全"等多层次的浓厚的安全氛围，有力地推动和促进了院安全文化建设的发展，为企业安全文化建设水平的不断提升带来非常积极的效果。

"两个工具"的有效实施，既依赖于一定的企业安全文化氛围，同时，也是企业安全文化建设强有力的推动者。推广应用"两个工具"，要正确处理好"两个工具"的应用与安全生产管理的关系，实现安全管理的创新与协调发展。一是与安全教育培训有机结合。"两个工具"纳入安全生产教育培训体系，既作为新员工"三级教育培训"的必修内容，也是日常安全教育培训的重要内容之一。二是与安全检查工作有机结合。正确认识"行为安全观察"与安全检查的关系，推广应用现场行为安全观察不是淡化安全检查，而是以此作为强化安全检查的一种手段，实际工作过程中二者处于同等重要地位，只是不同场合的侧重点和出发点不同。三是与安全技术交底工作有机结合。要深刻理解作业安全分析的意义，实质就是将危险因素辨识系统化，按照我们日常开展作业的步骤，作业前分步辨识危险因素、制订安全防范措施，并通过安全技术交底落实到位，使作业人员进一步清楚作业过程中每一步应该注意什么、应该采取怎样的方式才能更安全的工作。四是与班组安全活动有机结合。班组安全活动要求全员、全过程开展，行为安全观察最终的目标是大家都是观察员，两者的结合也是安全管理的必然要求，通过班组活动，大家交流作业观察的情况，认真分析某项不安全行为，更有利于提升全员安全意识、增强安全操作技能，使作业过程中人的行为始终处于安全工作的状态。

五、结语

"两个工具"的有效实施，既依赖于一定的企业安全文化氛围，同时，也是企业安全文化建设强有力的推动者。对于提高员工安全意识，营造良好的企业安全文化氛围有着十分积极的意义。通过推广应用"两个工具"，有效促进了企业安全文化建设，提高了企业安全生产管理水平，为企业安全生产发展提供了保障。

基于心理学的安全激励方法探究

中国石化安全工程研究院　张晓华

摘　要： 当前安全激励方法极少有科学依据，经常是企业领导的主观决策，不当激励方法可能会起到反作用。本文结合心理学实验及心理学理论分析安全管理的激励方法，将心理学中的责任分散理论、谈话效应、认知失调理论、过分充足理由效应与安全管理的直接作业环节责任落实、隐患发现奖励、违章处罚、HSE 观察等具体管理手段联系起来，系统论述了安全管理中有效的激励方法，助推自觉安全行为习惯的优秀安全文化形成。

关键词： 安全激励；违章；隐患；沟通；心理学；安全文化

安全激励方法在企业安全文化的培养中起到重要的作用。激励方法的正确与否，直接影响着员工的工作动力、工作表现、团队合作等。不恰当的激励方法可以毁灭一个企业，有可能是重大事故的最根本的原因。

我国有学者研究了安全行为的特征，提出企业应根据安全行为的特征采取有针对性的措施，激励非事故倾向行为，抑制事故倾向行为。但并未提出具体的方法措施。我国企业激励方法沿用传统的经济嘉奖、荣誉称号、批评、通告、罚钱等方法，这些方法在一定的阶段、一定的情景下起到了推进安全行为、阻止不安全行为的作用，同时也不排除有些激励方法阻碍了安全的发展。

卓有成效的管理源自基于人性的心理驱动力，特别是激励方法，更应该基于社会心理学、管理心理学的研究成果来策划。不基于心理学随意策划激励方法，可能会使奖励或处罚起到副作用，最终导致工作无动力、不合作、故意逆反等严重后果。本文将安全管理专业与心理学研究成果进行结合，论述了安全管理的有效激励方法。

一、从心理学理论发现当前安全激励方法的缺陷

（一）"责任分散理论"看职责设定缺陷

安全管理中我们经常遇到管理人员和员工不尽责的情况。与责任有关的心理学实验是著名的"癫痫病人发作"实验：发现病人的旁观者越多，伸出救援之手的人越少。该心理学实验证明：责任感下降的真正原因是"责任分散"，而不是"道德沦丧"。在安全管理中，我们经常陷于"责任分散"的漩涡中。我们发生的多起火灾事故表明，要求进行动火作业安全审查的人员涉及厂长、安全经理、生产经理、车间主任、安全员、监护人等 6 人以上，但实际上没有一个人到现场进行安全条件确认，事故分析认为是责任不落实，而职责不落实的根本原因没有人去进一步分析。心理学实验告诉我们，职责设置时过于"分散"，人们不自觉地产生了"别人会去做的，我现在忙着呢"的心理状态。

（二）"过分充足理由效应"看奖励方法缺陷

隐患发现奖励多少是合适的？我们来看 1976 年的小学生数学游戏实验：在最初的基线期，小学生在没有奖励的情况下，均会每天玩几分钟数学游戏；在奖励计划期间，以奖品鼓励他们玩数学游戏；后来去掉奖品后，玩游戏的兴致比基线期还要低。心理学家得出了"过分充足理由效应"：认为自己的行为是由难以抗拒的外在原因引起的，反而低估了内在原因引发该行为的可能性。某些企业实施的"低头捡黄金"的措施，其短期效果明显，但长期效果可能起到反作用，金钱奖励使员工认为报告隐患是由于"奖励金钱"导致的，而不是源自员工对工厂的责任心，或荣誉感，或其他的内在动力。金钱奖励还会导致员工对奖励进行公平衡量，当他感觉自己发现某个隐患或泄漏比其他人获得的利益少，更将导致其主动放弃隐患报告。

（三）"认知失调理论"看处罚方法缺陷

欧美企业发现员工故意违章会开除员工，我国发现故意违章会罚款、通报批评。Freedman 进行了禁止孩子玩某一个玩具实验，轻微处罚组的孩子在没有人在的时候仍然不玩，而严重的处罚组的孩子则在没有

人在的时候一定会玩禁止的玩具。实验结果表明：相当大的奖赏或严厉的处罚，能够为行为提供强有力的外部理由。因此，如果只要求一个人做一件事或限制他做一些事并且仅此一次，那么最好的方法就是给予相当多的奖励或处罚。但是如果要对方形成固定的态度或行为，那么导致服从的奖赏或处罚越少，最后态度的改变会越大，而且效果越持久，而这种表现的心理学原因是"认知失调理论"，即大多数的人都有一种需求，希望把自己看作是讲理、有道德的人，他改变态度和认知，为行为寻找理由。轻微的奖惩会让人认为要求的事情是合理的，改变行为符合要求是因为自己是有道德的人。

（四）"心理学 ABC 模型"应用于行为改进

心理学核心理论是行为的 ABC 模型，即为前因（A）、行为（B）和后果（C）。ABC 模型明确说明，行为由一系列前因（先于行为之前，且与之构成因果关系）触发，伴随着增加或减少该行为重复可能性的后果（个体行为的结果）。前因是必要的，但不是行为发生的充分条件，后果解释的是人们为何继续采取该行为。该理论用于分析企业不安全行为产生的原因，进而采取针对性的措施。

（五）"谈话效应"应用于培训

员工培训效果差，安全行为执行力低是安全管理面临的主要问题。梅奥等人在霍桑工厂进行的"谈话实验"，收到了意想不到的效果，称为"谈话效应"：

耐心倾听工厂对厂方的各种意见，结果是产量大幅度提高，员工士气大增。同理管理人员站在讲台上培训安全制度，远不如在员工工作场所与其交流操作中的危害和安全事项，让员工感受到被关心和被关注，心理效应强化了其对安全制度的遵守。当前多数企业推行量化的评估员工的安全绩效，并与经济奖励进行密切挂钩，看起来管理量化、细化，但有可能这正是削弱员工安全责任的开始。

二、安全激励全流程

安全激励是主动发现人员的安全行为或者不安全行为，通过对安全行为进行正激励，对不安全行为进行负激励，实现人的行为按照期望的方式进行的一个过程。根据目前心理学的发展，将心理学的科学成果应用于安全管理，提出了安全激励的科学方法。

安全激励的全流程如图1所示，安全激励的基础是进行了合理的岗位职责设定，制定了文件化的操作程序，对人员进行了培训。在此基础上，管理人员观察员工的行为，对正确行为和不正确行为做出响应：应用心理学 ABC 理论分析行为的触发原因，对正确行为参考"过分充足理由效应"进行正激励，对错误行为参考"认知失调理论"进行负激励，参考"谈话效应"理论培育感情，提高士气，形成安全行为的良性循环。当所有人养成了正确行为的习惯时，优秀安全文化就巩固形成了。

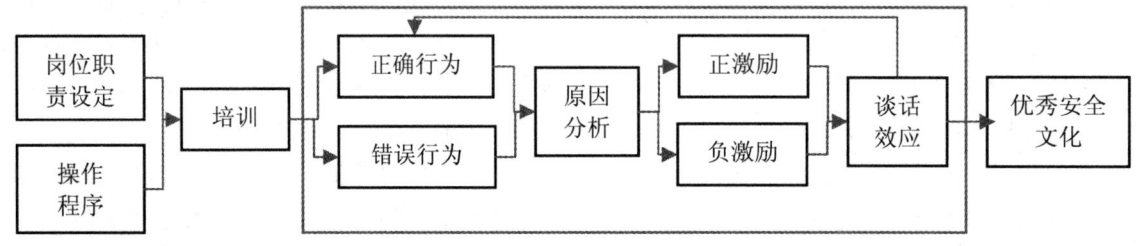

图1　安全激励流程图

（一）解决"职责分散"问题是安全激励的前提

职责设置过程中确保每个工作有人负责，同时避免一项任务多人负责。如对于动火和受限空间等高风险作业许可的职责设置，许多企业目前存在两个极端，一个极端是公司经理、生产经理、车间主任、班长都要签字，多层次人员同时负责的后果是都不负责；另一极端是只有一位监护人现场负责，高风险作业需要

的设备专业、工艺专业知识不足。职责集中不意味着作业许可签批只需要现场一个人，单元直接领导、相关专业技术人员现场审批也是必需的，但责任人必须意识到"我的作用无人替代"，提高责任感，并确保全面识别现场风险和安全措施。

（二）增强荣誉感的奖励方法

根据"过分充足理由效应"，需保护员工天生具有的责任心、荣誉感，防止员工认为自己的行为是由外在金钱所左右。避免一事一金钱奖励，避免将每个隐患每个行为均明码标价，防止落入"钱"成为发现隐患，或者安全操作的源动力。对员工发现隐患，不能全部量化成金钱进行奖励，可以是口头表扬，可以是奖品，因为价钱不明显，对比性不强；只有对抢险工作才能给予金钱奖励，而且同时应伴随着荣誉奖励，如总经理发奖、报刊宣传等。安全行为和安全业绩多采用集体奖金奖励，促进集体荣誉感；采用荣誉结合奖金奖励，给员工实惠同时保护好员工责任心。更多的通过领导行为引领，众人面前表扬，荣誉证书等方式正激励员工发现隐患和安全操作的行为。

（三）轻处罚的负激励

根据"认知失调理论"，防止严厉处罚引起员工的逆反心理，通过小处罚警示员工避免继续实施错误行为。处罚少的概念是什么？一般情况下，根据员工的经济收入，象征性地收取一下罚款，如经济发达地区违章一次罚款 1 元，自觉把钱放到处罚箱中。如果对员工进行实名全厂通报和罚款 50 元，哪个处罚严重？在经济较发达地区，答案是全厂通报处罚严重，员工自尊的需要比少量经济的需要更迫切，因此关于降低员工声誉、自尊的手段应慎用；在经济不发达地区，员工有可能更重视金钱。因此不同地区、不同收入的人群激励处罚严重度的概念应具体分析。

国内企业多存在对违章行为采取默认的态度，心理学中还有"不处罚就是奖励"效应，如果默认违章，则会使其他人也效仿违章，后果严重性更大。所以"处罚少"不等于"不处罚"，管理人员必须对每一次违章都进行处罚，才能培养遵章守纪的文化。如果还没有改变的，则应考虑隐形团队的影响，可能小团队的人员都存在这种违章行为，此种情况下则用采取"杀鸡儆猴"，对少数人员采取严厉的处罚措施，如开除，以此改变整个团队的行为。

（四）关爱沟通的谈话效应

与员工一起用餐、主动向员工问好，经常询问员工工作中的困难和工作进展等些许小事，可能比物质奖励更能提升员工的士气。杜邦从 20 世纪 70 年代开始推行的行为观察工具的关键点就是主管与员工的沟通方法，强调倾听和平等讨论。中国石化推行的 HSE 观察，目的也是推进管理人员与员工在作业现场的倾听和关爱沟通。各层领导从内心关爱员工，进行感情奖励，可提高员工的责任心和士气。无论是处罚还是奖励，主管人员一定要和员工谈话，肯定员工的优秀做法，解释错误做法的不良后果，以平等讨论的方式寻求更佳的工作方式。

三、结论

员工的安全行为最理想的状态是来自内心的动力，这种动力可能是"自己是有责任心的"自我认知，可能是自尊或自我价值的需求。安全激励方法围绕保护好员工内在动力来设计，将安全行为转化为主观主动性。奖励和处罚如果违背心理科学，会起到反作用，抑制期望行为的发展；管理人员要学习理解"过分充足理由效应""认知失调理论"，习惯采用行为 ABC 理论进行行为原因分析，应用"谈话效应"提高员工士气，科学的激励方法会大幅提高员工安全行为率，培育优秀安全文化。

浅谈企业安全文化评估和实施框架构建

重庆海螺水泥有限公司　陈毅　周富基　周聪

摘　要： 重庆海螺水泥有限公司运用丹尼森组织文化模型，对安全文化做出针对性评估，根据评估结果，结合《企业安全文化建设导则》提出相应的结构框架，进一步完善企业安全文化体系，对降低事故发生率和加强企业可持续发展有一定的促进作用。

关键词： 安全文化；组织文化模型；文化评估；框架构建

一、前言

"安全文化"这一概念最早是因为在 1986 年的切尔诺贝利核电站事故发生之后，由国际原子能机构为加强安全管理和杜绝风险因素所提出的。安全文化目前主要认为是"在无人监管时企业及其员工所表现出来的素质"，安全文化不仅是企业整体文化的一部分，更反映了企业中的价值观和共同理念。提高企业的安全文化，为可持续发展进步提供必须的条件。

安全文化被划分为五个等级标准[1]。

病态的安全文化：员工不听从监管部门提出的安全防范风险措施。

懒散被动的安全文化：员工不遵守基本的安全指示，只有在发生重大安全事故后才知道安全的重要性。

数据化的安全文化：企业内部积极收集安全相关数据并安排定期审核。员工对"系统如何工作"有了更多的了解，但没有对数据进行分析以提高安全性。

积极主动的安全文化：此阶段更多地关注"未来可能出现的问题"，而不是分析发生事故的数据来防范风险，企业上下级之间的交流沟通增多。

可持续的安全文化：这是一家企业所能达到的最先进阶段。这样的企业总结人为失误来提高安全性，而不是出现问题时分摊责任。企业内部所有员工之间都有很好的反馈和报告制度，并且对意外情况的发生一直有着充分的准备。

重庆海螺水泥有限责任公司（以下简称重庆海螺）一直重视安全文化的培养与建设。公司为树立人人心中具有安全理念，以追求零事故零伤亡为目标，争取达到可持续的安全文化等级，进行了一系列的安全文化研究和改善，而安全文化的评估和实施框架就是其中一部分。

二、安全文化评估方法

对安全文化进行评估有助于了解企业本身的整体性和短板，及时针对缺点进行改善，增强安全体系的完整性。

目前安全文化的评估方法有很多，但水泥行业却尤为缺少，因此寻找一个适合水泥行业的评估方法具有重要意义。而丹尼森的组织文化模型[2]具有评估准确，能明确企业在文化建设方面的优势与不足，以及可广泛应用于各类企业的特点，有助于我们建立安全文化评估方法。

丹尼森的组织文化模型主要认为企业文化具有四大特征：适应性、使命、一致性、参与性。具体如图 1 所示。

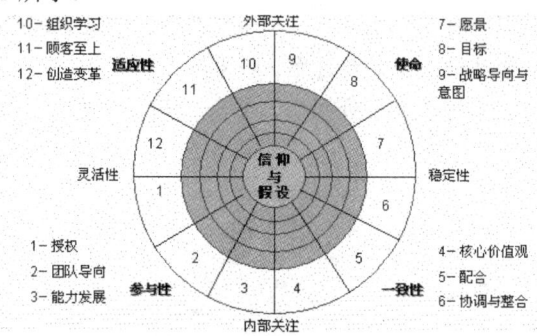

图 1　丹尼森的组织文化模型

根据丹尼森组织文化的内容结合安全文化的特点，对企业安全文化进行一个系统性的评估，让企业了解自身安全文化的优缺点，进而改善缺陷，弥补不足之处，有助于企业进一步减少事故发生的概率。

（一）评估结构分析

模型的上半圆由适应性和使命组成，强调外部关注，及企业对外部环境的适应性，主要体现企业对安全的重视程度，重视的程度越低，企业会不断发生小事故，甚至会有更大事故发生。模型的下半圆由参与性与一致性组成，强调内部关注，及企业内部管理阶层对安全的重要性，管理层的重视是展开安全工作最为重要的部分，只有员工思想上认识到上层对安全的极度关注，才会对安全规范有严格的遵守和认知。模型的左半圆由适应性和参与性组成，强调灵活性，由上至下企业全体在应对紧急情况时的应急能力，例如在事故发生时，从现场人员的防止事故扩大措施，到高层管理人员的事故调查和处理能力，都体现了企业的安全文化深度和影响力。模型的右半圆由使命和一致性组成，强调稳定性，及企业的安全保护措施，安全行为规范和相关安全教育到位，能稳定维护日常设备正常运行等举措。

（二）特征评估的内容

适应性：员工对外部环境改变（起火、坍塌）发出的信号是否具有迅速做出反应的能力。企业在应对工艺、设备或者厂区布置变化时，是否能够做出相应的安全计划改革与安全生产相关文件的培训教育。企业在面对已发生的安全事故是否能够妥善处理，并从中学习教训经验，使二次事故的发生完全避免。

使命：企业是注重眼前的利益，还是着眼于长远目标，制定完备安全设施设备与计划，杜绝危险源，防止事故发生，以免造成经济效益影响。

一致性：企业和员工是否有一个集体信仰的安全价值观，共同自觉遵守与监督，能使员工拥有强烈的认同感，充满希望与无顾虑感。领导者是否能以身作则，并且统筹规划各部门，使安全工作畅通无阻，做到口上重视，手上落实。企业各部门是否能够降低专业界限，无障碍传达安全任务与实施。

参与性：员工分配到的安全检查，是否真的可以无视管理阶层做全面，并且勇于承担自己的责任。员工在面对出现的安全问题时是否拥有主人翁意识，像对待自己的家一样认真彻底解决隐患。企业是否不断投入安全教育资源，使员工具有自我安全意识和自我防范能力。

（三）实施评估

根据上文的评估方法，对企业进行安全文化评估，评估的实施采取问卷调查或检查表形式，可采用分值

法进行统计，利用分值的大小可以与其他企业进行比对，以便了解自身的优缺点，有针对性地进行加强和完善。

三、构建框架

了解自身的不足之后，需要根据评估结果，加快建设安全文化的框架，使企业安全结构稳定结实，促进企业的可持续化发展，做到既能加快加大企业发展，又能保证员工健康和设备完整。当前重庆海螺采用了以下的框架结构进行安全文化的完善，以便推进企业安全文化建设，根据实际情况变化可进行相应的改变。

根据《企业安全文化建设导则》[3]的规范，确立企业安全承诺、安全行为规范与程序、安全行为激励、安全事务参与、安全信息传播与沟通、安全自主学习与改进、安全文化状态评估以及安全文化建设体系审核这八个要素，结合丹尼森组织文化模型，完善企业安全文化架构，具体结构如图2所示。

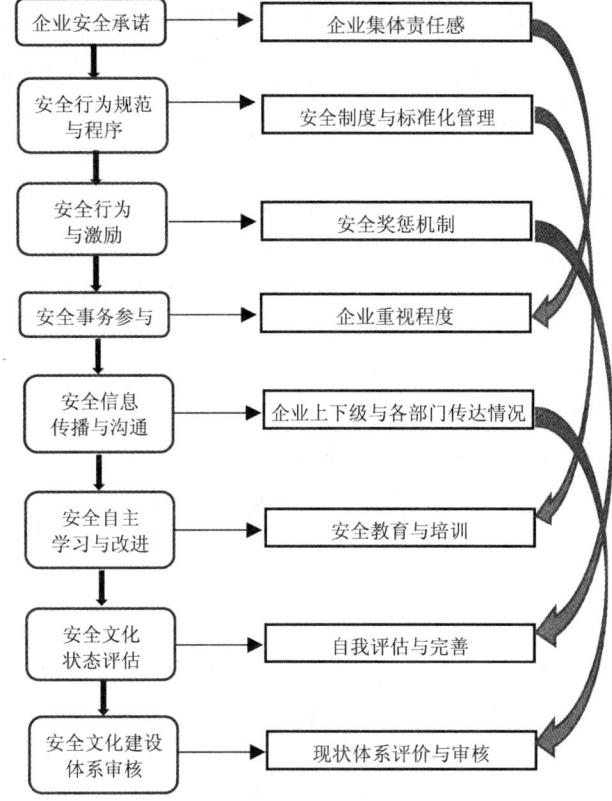

图2　企业安全文化构建框架

这八个要素有着各自的特点却又互相影响，对于做好安全文化的建设，缺一不可。企业要认识到安全文化是安全管理在实施过程中的一种体现，不能凌驾于安全管理之上，也不能看作是与安全管理无关的东

西[4]。

（一）实施概况

目前重庆海螺的安全文化正在逐步展开，为了确保全体员职工的安全健康，树立安全生产人人有责的理念，形成了以"精神文化、制度文化、物质文化、行为文化"为基础的安全文化管理模式，并建立起"决策层依法决策、管理层正确引导、员工层坚决执行"的安全工作实施机制和"岗位→班组→工段→部门→公司"自下而上、层层落实的安全检查验证体系。并且要求对发现的隐患进行记录和分析，生成预警指示图，更便于企业了解安全漏洞，制定安全防范措施，具体结构如图3所示。

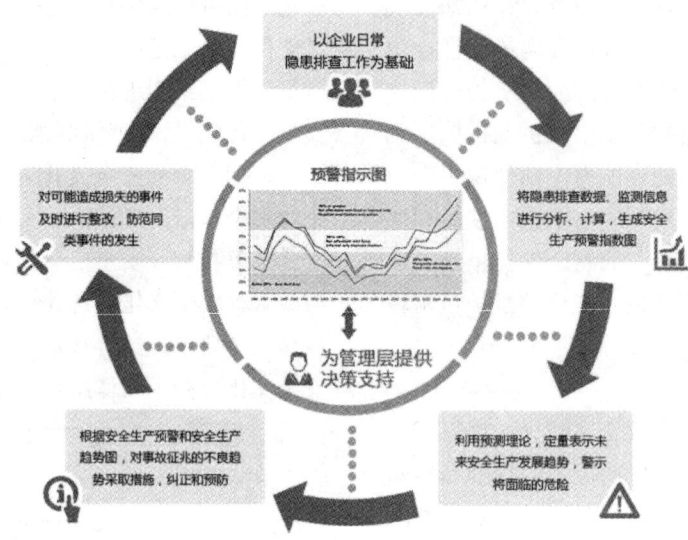

图3　隐患排查整治结构图

从隐患排查到数据监测生成图表工具，再利用系统计算未来安全趋势，以提高警惕，对不良趋势明显的隐患做防范措施，将二次事故发生的可能性降到最低。

（二）具体措施

为了更好加强安全文化建设，公司采取了一些具体措施：

（1）为了增强企业集体员工的安全责任感，要求上至各部门，低至基层班组每天在工作前，进行集体60秒的安全宣誓，在于激起一整天的安全意识，防范事故发生。

（2）制定规范化岗位操作规程与危险源辨识，明确风险可能出现的位置与原因，并在每星期或每月进行考试审查，对岗位认识不清的不合格者将停止其作业，直至能担任工作。

（3）编制对公司集体有效的安全十六禁令和三违行为条例，对违反禁令与条例的人进行处罚，对遵守并处理危险源的人进行奖赏。

（4）建立安全工作管理群，任何发现安全隐患的人可在此发出图片或视频告知，要求整改人员时刻关注整改，企业最新安全信息也同样可在此发布与更新。

这些加强企业安全文化的措施还在不断学习与进步之中，并且还在逐渐增加新的活动，用来散开整个安全文化板块的迷雾区。

四、结束语

根据历史数据结果显示，加强企业安全文化的评估与实施框架构建，可明显提高企业安全氛围，令低危事故不再频发，根绝特重大事故，追上时代发展的脚步。安全文化的完善有助于企业加强安全管理，企业需要不断对现有安全文化进行评估，只有了解安全文化缺陷所在，才能针对性的提升自我，达到可持续发展的文化水平。

参考文献

[1] ABS，Guidance Notes on Safety Culture and Leading Indicators of Safety，2011.

[2] 姜福明. 核安全文化评估，可定性也可定量[J]，中国核工业，2011（7）

[3] AQ/T 9004—2008，企业安全文化建设导则，2008.

[4] 毛海峰，郭晓宏，企业安全文化建设体系及其多维结构研究[J]，中国安全科学学报，2013（12）.

行为安全管理在斜沟煤矿的应用研究

山西西山晋兴能源有限责任公司斜沟煤矿　毕建乙

摘　要： 为强化人员的行为管理，规范员工安全行为，提高其安全意识，综合行为安全理论与安全管理学方法，阐述了行为安全管理的定义与理论基础。引入扩充版行为安全"2-4"模型，从事故致因链、内部影响链、外部影响链 3 条行为链着手，详细分析模型的功能，深入诠释模型的有效性。运用该模型对斜沟煤矿钻机伤人事故进行分析，定位事故原因，提出有效预防措施，进一步提升了煤矿的安全生产水平。

关键词： 行为安全管理；不安全行为；轨迹交叉论；扩充版行为安全"2-4"模型；钻机伤人

煤矿事故死亡人数占全国矿山行业死亡人数的80%以上，而85%以上煤矿事故是由人为因素造成的[1]，因此，对人员行为安全管理显得尤为重要。

国内众多学者对行为安全的研究较多，如禹敏[2]等提出用 ABC 分析法制定煤矿 BBS 管理方案；任玉辉[3]等结合 BBS 流程图对煤矿施行安全管理；尚鸿志[4]提出行为安全观察方法；其均为构建行为安全管理模型，来系统的进行安全管理。学者傅贵[5]提出扩充版行为安全"2-4"模型，从 2 个层面、4 种行为、3 条行为链来分析事故原因，探寻管理漏洞。

鉴于此，笔者将行为安全理论与煤矿安全管理相结合，诠释行为安全管理的定义与理论基础。引入扩充版行为安全"2-4"模型，深入分析模型功能，评述模型有效性。同时以斜沟煤矿一起钻机伤人事件为例，运用扩充版"2-4"模型对其进行剖析，精准定位事故直接、间接、根本与根源原因，提出对策措施，实现安全生产。

一、行为安全管理理论概述

（一）行为安全管理的定义

行为安全管理是将人的"不安全行为"作为管理的着眼点，针对工作场所里员工的不安全行为采取现场观察、监测和统计分析的方法，依照"观察、纠偏、再观察、再纠偏"的顺序，循序渐进地避免或消除员工不安全行为，进而达到有效地控制事故的目的[6]。

（二）行为安全管理的理论基础

轨迹交叉论表明，当人不安全行为和物不安全状态的各自发展过程（轨迹），在一定时间、空间发生了接触（交叉），过多能量转移于人体，伤害事故就会发生[7-8]。其运行模式如图 1 所示。

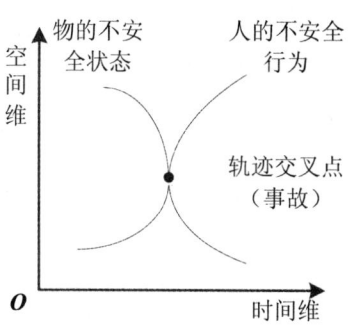

图 1　轨迹交叉理论

行为安全管理的作用机制是通过安全教育、监督管理、行为纠正等一系列管理手段，控制人的不安全行为，防止不安全人物轨迹交叉，实现安全生产。行为安全管理作用机制如图 2 所示。

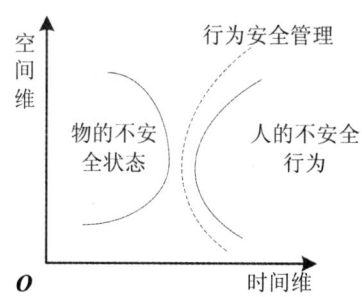

图 2　行为安全管理作用机制

二、扩充版行为安全"2-4"模型

（一）模型的提出

在对海因里希事故因果连锁理论之后的众多事故致因理论进行思考，同时对大量事故案例详细分析，提出了一个新的事故致因模型——行为安全"2-4"模型[9]。但是，该模型只展示了事故直接引发者造成事故的过程，而忽视了事故引发者会受到组织内（上级、下级、同事等）以及组织外（监管机构、咨询机构、

环境等）其他因素的影响。因此，对行为安全"2-4"模型进行扩展，将事故发生主体组织与其他组织共同纳入模型中，提出了扩充版的行为安全"2-4"模型，如图3所示。

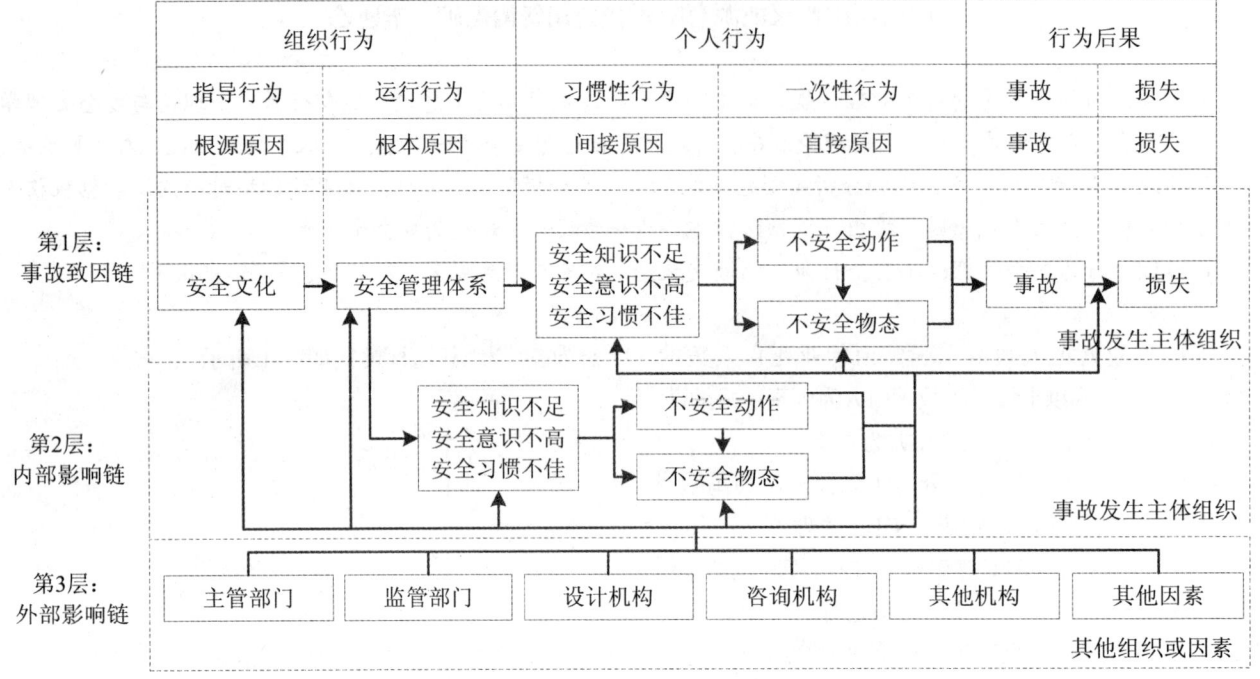

图3　扩充版行为安全"2-4"模型

（二）模型功能诠释

1.事故致因链的作用模式

事故的原因分析主要从2个层面（个人行为与组织行为）、4个行为阶段（一次性行为、习惯性行为、运行行为与指导行为）着手。

个人行为层面。①一次性行为：当事故发生，会造成不可避免的损失，分析事故原因，最直接的原因即人的不安全行为与物的不安全状态共同作用的结果。而人的不安全行为又会间接地促成不安全物态，如在物品设计阶段未遵循国家标准，则在物品后期使用过程中留下了事故隐患。②习惯性行为：深入分析，人的不安全行为的出现，凸显了人员自身的问题，即安全知识不足、安全意识不高、安全习惯不佳。这是引发事故的间接原因。

组织行为层面。③运行行为：个人是工作、生活于组织中的，个人的安全思想、安全意识不高，实质是组织安全管理体系存在漏洞，如培训教育制度不完善、激励制度缺失等。因此，安全管理体系不足成为引发事故的根本原因。④指导行为：安全管理制度不

完善，人员安全行为不佳，究其根本是缺少安全文化的支撑，人员没有从内心深处树立安全意识，以致形成不懂安全、不会安全、不用安全的局面。因此，安全文化的缺失成为引发事故的根源原因。

2.内部影响链的作用模式

同一组织内安全环境是相同的，因此当组织的安全文化缺失、安全管理体系存在漏洞，会对组织内所有人员产生影响，即导致事故直接引发者的上级、下级或者同事出现安全知识缺少、安全意识薄弱、安全习惯不良等情况，继而出现人的不安全行为或物的不安全状态。组织内其他人的不安全行为或许不会直接引发事故，但是通过他人的错误培训、不当指挥会使事故直接引发者出现危险行为，最后发生事故。因此，组织内的其他成员便成为引发事故的加速器，而这一过程也就是事故内部影响链。

3.外部影响链的作用模式

主管部门、监管部门、设计机构等属于外部组织，工作场所、环境、天气等属于其他因素，这些都会直接或间接地引发事故。如政府安全监管不力，会导致

企业忽视安全文化的宣传与安全管理体系的完善，继而降低员工的安全意识，使员工自身出现不安全行为，或者错误带动同事出现不安全行为；当不安全人、物轨迹交叉时，事故不可避免，造成严重的人员伤亡与财产损失。

（三）模型有效性评述

（1）该模型继承并拓展了行为安全"2-4"模型的事故原因分析，从事故直接引发者本人、其所在的组织以及其他组织三个角度来剖析事故，有利于精准定位事故原因。

（2）该模型提出了事故致因链、内部影响链与外部影响链，这3条行为链构成一个较为完整的行为管理体系，便于实施行为管理。

（3）该模型给出了事故分析的思维与具体路线，为后期事故预防研究提供了理论基础[10]。

三、扩充版行为安全"2-4"模型的应用分析

结合斜沟煤矿生产事故的实际案例，将扩充版行为安全"2-4"模型在斜沟煤矿安全管理中加以应用。

（一）案例描述

2017年5月7日，斜沟煤矿钻探队安排冯某、史某、薛某、张某4人对18114材料巷物探异常区进行钻探验证。20：30，冯某等4人进入18114材料巷800米处对钻机进行搬移。21：30，钻机安装到位后，工长史某安排张某吊挂电缆，薛某更换钻机钻头。21：40，薛某将钻机钻头松动但没有取下，张某看到后用手去取钻头，此时，工长史某操作钻机将钻杆伸出，导致张某右手食指夹在孔口管器上，造成张某右手食指前端第一关节截掉三分之二。

（二）事故原因定位

对斜沟煤矿生产事故进行分析，定位事故的直接原因、间接原因、根本原因与根源原因。

（1）直接原因。伤者张某没有按照操作规程作业，自保意识差，作业过程中未听从钻机司机指挥。工长史某违反规程措施作业，在没有接到配合人员确认通知前，对钻机进行操作。违章操作、不听从正确指挥均属于人员的不安全行为。

（2）间接原因。结合事故的直接原因进行分析，张某违章手取钻头，不听从钻机司机指挥；工长史某在未确认安全的情况下，违章操作钻机，一方面可能是因为二人对安全生产操作规程不了解，或是未学习相关的理论知识，缺乏实践经验，其实质是安全知识缺乏；另一方面可能是侥幸心理作怪，认为一时的不安全行为不会造成其他影响，不会发生危险，更不会引发事故，这是安全意识不足的体现。因此人员安全意识不高、安全习惯不良、安全知识缺乏是引发事故的间接原因。

（3）根本原因。针对本次事故，凸显出钻探队安全管理制度与斜沟煤矿安全管理体系的不足之处。人员对安全操作规程不了解、安全知识缺乏，实质是煤矿、队组的安全教育培训不到位；在人员操作过程中，安监机构未尽到监督管理的职责，使其出现不安全行为。此外，安全奖惩制度、定期考核制度也有所欠缺，这些管理存在的漏洞是导致事故的根本原因。

（4）根源原因。透过管理体制追其根源，是煤矿企业安全文化的缺失。安全管理体制是一双有形的手，那安全文化作为无形的手，在安全管理中同样发挥着重要作用。通过文化潜移默化的影响，使人们从内心深处树立安全意识，时刻牢记安全生产方针，自觉抵制不安全行为。只有企业重视安全，宣扬安全文化，营造一种安全氛围，让员工在安全氛围中逐渐形成安全习惯，让自身成为预防事故的首道屏障。

将不同层面的原因分析与3条行为链相结合，可以得出：①张某是事故的直接引发者，其自身的不安全行为是事故致因链中的不安全行为。②史某与张某均为钻探队员工，两人属于同一组织，史某是张某的上级，则史某的不安全行为是内部影响链中的行为。③安全监督管理机构与钻探队是不同的组织，因此，安监机构未履行其职能是外部影响链中的因素。④钻探队安全文化缺失、安全管理体系不完善是事故致因链中的重要因素。

（三）预防对策

对事故原因的分析是为了更好的采取针对性措施，从组织内的员工安全行为、安全管理体系、安全文化与组织外其他因素4个角度制定预防措施[11-13]，防止类似事故再次出现。

（1）切实加强组织内人员的安全知识教育与安全技能培训工作，使全员都学习安全、懂得安全、会用安全，实现从"要我安全"到"我要安全"的转变。在实际工作中，对每个环节进行监督管理，对于不安全行为，发现一起纠正一起，使员工养成良好的安全习惯，逐渐消除不安全行为，实现生产安全。

（2）以"安全第一、预防为主、综合治理"为指导，在充分尊重企业实际情况的基础上，逐渐完善企业以及各组织的安全管理体系，如补充安全奖惩制度、定期考核制度等。使每位员工都成为安全管理员，在自身安全工作的同时也监督其他人，相互监督、相互促进，使企业安全水平不断提升。

（3）管生产必须管安全，管安全必须管文化。文化是一个企业的灵魂，领导必须加强安全文化的建设与宣传，如在企业内悬挂安全标语、开展安全知识讲座、举办趣味安全活动等。发挥文化的宣教功能，帮助员工在观念上注重安全，在行动中展现安全。

（4）其他组织机构应该肩负起所承担的职责，如设计机构对产品设计要符合国家标准，监管机构要履行监督管理的义务，咨询机构要提供安全经济的实施方案等，各组织协调作用，共同保证生产安全顺利进行。

四、结论

（1）将行为安全理论引入煤矿安全管理，表明对员工行为研究的科学性与重要性。

（2）提出扩充版行为安全"2-4"模型，其从 2 个层面、4 种行为、3 条行为链来分析事故原因，原因定位更加精准，对策措施更有针对性，进一步突出模型的实用性与有效性。

（3）使用该模型解析斜沟煤矿钻机伤人案例，总结原因归纳措施，为今后煤矿的安全发展指明了方向。

参考文献

[1] 李月皎.煤矿事故中不安全行为风险评估及 BBS 预控管理研究[D].太原：太原理工大学，2016.

[2] 禹敏，李月皎，栗继祖，等.行为安全管理在煤矿安全生产管理中的应用研究[J].煤矿安全，2016，42（3）：102-105.

[3] 任玉辉，秦跃平.行为安全理论在煤矿安全管理中的应用[J].煤炭工程，2012，38（11）：138-140.

[4] 尚鸿志.行为安全观察方法与实施的初步探讨[J].中国安全生产科学技术，2014，10（2）：167-170.

[5] 傅贵，杨春，殷文韬，等.行为安全"2-4"模型的扩充版[J].煤炭学报，2014，39（6）：994-999.

[6] 杨帆.行为安全管理在 B 热电厂生产中的应用[D].北京：首都经济贸易大学，2014.

[7] 罗春红，谢贤平.事故致因理论的比较分析[J].中国安全生产科学技术，2007，19（5）：111-115.

[8] 郝彩霞，谢财良.基于轨迹交叉论的高校安全事故应急管理影响因素分析[J].教育教学论坛，2016，13（26）：17-19.

[9] 傅贵，殷文韬，董继业，等.行为安全"2—4"模型及其在煤矿安全管理中的应用[J].煤炭学报，2013，38（7）：1123-1128.

[10] 许素睿，项原驰.行为安全"2-4"模型[J].中国劳动关系学院学报，2015，21（6）：90-93.

[11] 李磊.矿工不安全行为形成机理及组合干预研究[D].西安：西安科技大学，2014.

[12] 王来全.煤矿安全管理中行为安全"2-4"模型的应用[J].中国高新技术企业，2014，23（17）：118-119.

[13] 田水承，刘芬，杨禄，等.基于计划行为理论的矿工不安全行为研究[J].矿业安全与环保，2014，35（1）：109-112.

基于新员工认同角度的企业安全文化教育趋势探究

中国航油华北公司北京安全运行管理部　宋一洋

摘　要：企业安全文化作用的发挥，依托于员工对于企业安全文化的认同；而企业安全文化教育，是新员工认同企业安全文化的起点，也是企业安全文化落地的主要载体。本文基于新员工对企业安全文化认同过程的四个环节和影响因素，分析新员工在企业安全文化认同过程中的特点，探究企业安全文化教育的目的、作用与内容，提出适合新员工的企业安全文化教育内容，探明了企业安全文化教育的发展趋势。

关键词：安全文化；新员工；文化认同；安全文化教育；影响因素

安全文化是安全素质和安全态度的总和，企业的安全文化是企业安全发展的重要保证。企业安全文化发挥作用依托于员工对于企业安全文化的内容理解，依托于员工对企业安全文化的价值认同。而员工对于企业安全文化的理解与认同，始发于企业对员工进行的安全文化教育。新员工作为企业的新鲜血液，既是企业安全文化教育的重点对象，更是企业安全文化科学与否的"试金石"。本文试图从新员工对安全文化认同的角度，探究企业安全文化教育的发展方向。

一、对新员工进行安全文化教育的必要性与重要性

（一）企业承担新员工安全文化教育的法定义务

《安全生产法》第二十五条规定："生产经营单位应当对从业人员进行安全生产教育和培训，保证从业人员具备必要的安全生产知识，熟悉有关的安全生产规章制度和安全操作规程，掌握本岗位的安全操作技能，了解事故应急处理措施，知悉自身在安全生产方面的权利和义务。未经安全生产教育和培训合格的从业人员，不得上岗作业。"第五十条规定："从业人员应当接受安全生产教育和培训，掌握本职工作所需的安全生产知识，提高安全生产技能，增强事故预防和应急处理能力。"

对新员工进行安全生产教育和培训，是生产经营单位的法定义务，也是贯彻落实"安全第一，预防为主"方针的必然要求，更是关系到新员工生命安全的大事，如果发现未经安全生产教育培训合格的新员工

上岗作业，生产经营单位要承担法律责任。同时，新员工应当接受安全生产教育和培训，这也是新员工的一项法定义务。

（二）新员工是安全事故的高发群体

大量的企业安全事故记录与工伤事故统计资料表明，安全事故与年龄存在着一定的关系，安全事故多发生于 18 岁～30 岁，而且多发生于入职工作的头一二年，即刚入职工作的新员工是造成安全事故的高发人群。因此，对新员工进安全文化教育，增强其安全文化认同，是培养其安全素质、抵御安全事故能力的必然要求。

二、新员工对企业安全文化的认同过程

（一）安全文化接触

文化接触是个体认同文化的第一步，新员工只有接触了企业的安全文化并获得文化信息，才有可能谈及是否认同。新员工接触企业安全文化的路径，应当分为理论接触与实践接触两种。理论接触的内容包括：新员工入职培训、岗位技能安全培训、安全类会议、安全宣教产品等。实践接触的内容包括：岗位技能练习、安全行为的学习与模仿、安全物质文化的接触（如安全工具、器具的接触与使用）等。

（二）安全文化认知

安全文化认知是新员工对获得的企业安全文化信息进行感知与思考的过程。在这个过程中，新员工可以了解自身所在的企业安全文化的内容构成及各要素的安全内涵，进而理解企业安全文化的意义、价值与

企业安全文化对新员工的基本安全要求。新员工认知企业安全文化的路径主要有两条：一是自发学习，新员工在接触企业的文化载体之后，了解、学习企业的安全文化；二是企业进行安全文化培训，通过理论灌输、开展安全文化活动等方式，强化新员工对企业安全文化的深入理解。

（三）安全文化态度

态度是内隐的行为，是外显行为的基础与准备。只有形成了正确、积极的安全文化态度，才有可能形成安全行为的"方法论"。新员工安全文化态度的培养，建立在安全文化的接触与认知之上。一方面，企业应营造正确、积极的安全文化氛围；另一方面，在日常的工作与生活中，对新员工进行正确安全文化态度的引导与纠正。

（四）安全文化行为

安全文化行为是企业安全文化由内化向外化的转化过程，是由实践向理论抽象，再由理论向实践质化的过程。一条企业安全文化理念可能对应着一组安全行为方式，包含一定的安全动作组合与安全行为程序。因此，促进企业安全文化理念行为化的步骤为：首先，提出安全行为标准，如企业制定的《员工安全行为规范》或《企业安全条例》；其次，设计安全行为模式，其中包括选择并设计符合安全标准的操作流程、规范动作等，并在安全培训后进行安全行为示范，使员工进行理论学习与动作效仿，通过对整个模式的反复测评与调整，最终形成较为固化的安全行为模式；最后，强化员工安全行为，通过对员工安全行为的培养，不断肯定员工的安全行为，纠正不安全行为，最终达到员工安全行为固化的目的。

三、新员工对企业安全文化认同的影响因素

（一）内部影响因素

1.社会角色

个体在群体中扮演的角色通常会影响其对企业安全文化的认同。比如担任较高安全职务或负有一定安全领导责任的成员与其他成员相比，对企业安全文化的认同度也越高。加之受到安全文化认同过程的影响，新员工往往是企业中安全文化认同程度最低的群体。

2.已有的安全文化倾向

新员工群体内部在社会背景、学历、社会经历与认知水平等存在差异，其安全文化认同倾向也有很大的不同。根据在企业中的实际观察，已有的安全文化认同倾向与企业安全价值观的匹配度直接影响其对企业安全文化的认同。

3.安全素质

新员工自身的安全素质对个体对企业安全文化的态度及行为方式具有显著影响，安全素质的构成要素包括：安全意愿、安全意识、安全责任、安全知识与安全技能等。

（二）外部影响因素

1.企业的安全发展战略

企业的安全发展战略直接影响企业安全文化类型，进而影响企业安全文化理念的确立及企业安全文化内容的设计。若企业安全发展战略与企业安全文化之间具有高度的一致性，将加快企业安全文化认同的进程，反之亦然。

2.企业的组织结构

企业的组织结构是影响企业安全文化理念的重要因素。集权制的企业与部门可能会倡导统一、集中、安全纪律等安全理念，分权制的企业与部门则可能会倡导安全责任、分工、协作等安全理念。

3.企业内部的群体关系

群体关系是指群体成员之间的人际关系，即成员与成员之间的心理距离，这直接影响群体的内聚力。内聚力高的群体有利于群体对企业文化的有效认同，进而影响群体中的个体对企业文化的认同。

4.安全文化的传播速度

文化的传播强度将会影响群体或个体对于文化的认同效果，企业加强对安全文化传播的手段、途径与方法，加大力度进行企业安全文化传播，一定程度上可以提高群体认同速度与效果。

5.企业安全精英素质

群体安全精英包含企业的领导者、安全文化理论专家、安全技术专家、安全管理专家等，他们是员工群体认同企业安全文化的关键，在企业安全文化的培育中起着引领、示范与指导作用。因此，他们的领导能力、安全专业能力、道德修养与个人见识等将对企业安全文化认同产生重要影响。

四、基于认同过程与影响因素的企业安全文化教育趋势

借助安全文化教育，有利于加快新员工对安全的

认知，提高安全意识，培养正确、积极的安全态度，最终固化新员工的安全行为，预防违章事故的发生。安全文化教育的主要内容包括安全文化思想教育、安全生产责任教育、安全生产行为教育等，以下是基于新员工认同过程与影响因素的安全文化教育趋势。

（一）扩展安全文化接触模式

在传统的安全文化接触模式中，由于接触手段受限，通常采用增加宣教频次、加长学徒期限等方式完成新员工的安全文化接触过程。随着现代科技手段的日益丰富，安全文化的理论接触可以从传统的报纸、杂志等纸质媒体向视频、网站、通信软件等新媒体扩展；安全文化的实践接触可借助可视化、模拟仿真等新的方式方法完成。同时，企业还可以扩展安全文化接触内容，加深安全文化接触深度，丰富与加快新员工的接触过程。

（二）降低安全文化认知难度

基于新员工安全文化认同的特点，迅速减小新员工与企业安全文化之间的认知差异是安全文化教育的目的之一。企业各层级、各部门可通过"本土化"再次解读、寓教于乐等方式方法，降低安全文化的认知难度。变宏观的理论指导为具体的操作实践，变枯燥的理论灌输为生动的安全案例，既可以降低新员工在安全文化方面的自学难度，又可以提升企业安全文化培训的培训效果，从而使新员工加速认知过程，提高认知质量。

（三）强化安全文化价值关联

在新员工对安全文化有了较为丰富的认知之后，应不断强化安全文化的价值关联。营造良好的安全文化氛围，保持新员工良好的情感和情绪，将员工的安全文化态度与"健康"相关联，有助于员工在安全生产操作中树立"防伤害"的意识；将员工的安全文化态度与"家庭"相关联，有助于员工在安全生产操作中树立"责任"意识；等等。将有益的元素与安全文化进行价值关联，有助于员工保持积极的安全思想状态。

（四）规范安全文化正确行为

安全文化行为是安全文化外化的体现，是员工直接作用于生产工具的重要环节，是企业生产价值的必要过程。基于新员工的安全文化认同特点，企业安全教育更是要强调安全文化行为的重要性，对安全文化行为进行监督和规范。在安全文化态度指导安全文化行为的同时，将安全文化行为作为安全文化"再接触"重新评估认知过程与态度形成过程，实现安全文化管理闭环，从而对整个安全文化体系进行检验与校正。

（五）营造经营管理良好氛围

作为影响企业安全文化认同的重要外部因素，企业正确的经营战略、合理的组织结构、融洽的群体关系、效率的沟通机制、优良的精英素质都会对企业安全文化的构建与延续、新员工安全文化认同产生积极的影响。良好的经营氛围势必会促进良好的文化氛围，而良好的文化氛围也将带动良好的经营氛围。

五、结论

基于以上分析，企业的安全文化教育应具备增加新员工安全文化接触、加快安全文化认知、培养新员工正确积极的安全文化态度、固化新员工的安全文化行为的目的和作用。以安全文化思想教育、安全生产责任教育、安全生产行为教育作为安全文化教育的主要内容。在安全文化教育的趋势与方向上，建议企业在安全文化教育中，注重扩展安全文化接触模式、降低安全文化认知难度、强化安全文化价值关联、规范安全文化正确行为、营造经营管理良好氛围五个方面。通过安全文化教育的创新模式为新员工企业安全文化认同提供有力保证。

电力企业外包作业人员安全文化管理建设

皖能铜陵发电有限公司　　吴光黎

摘　要： 安全生产是企业永恒的主题，安全文化能有效促进安全管理水平提升。本文主要对电力企业外包工程和临时用工安全管理薄弱的原因进行了分析，发现企业在安全生产责任落实、安全文化建设、安全生产管理等方面存在诸多问题，并有针对性地提出了安全文化管理的措施，推动企业安全管理水平提升，避免人身伤亡事故发生。

关键词： 电力企业；外包工程；外用工；安全管理；安全监督

安全文化伴随人类的存在而产生、发展，是人类文化的一个组成部分，其内涵深刻、外延广泛。推动安全文化发展离不开人们对安全健康的珍惜与重视。安全文化只有与社会实践，包括生产实践紧密结合，通过文化的教养和熏陶，不断提高人们的安全修养，才能在预防事故发生、保障生活质量方面真正发挥作用。

现阶段，随着社会主义市场经济体制的深化和劳动力市场的变化，一些电力企业因生产经营需要，将工程建设和设备安装、维（检）修等项目发包给外包队伍进行施工作业，特别是在基建工程施工、设备改造等领域，承包单位大量使用外用工。有些企业轻管理、重进度、重效益，施工期间无安全措施或安全措施不完善，加上外包人员不熟悉企业生产环境和工艺特点，未掌握岗位操作技能，甚至因违章违规操作、施工而屡屡引发生产安全事故。因此，在这些企业中落实安全文化建设，最首要的就是解决外包人员的安全文化管理问题。各级安全生产监管部门和广大电力生产企业应高度重视外包人员安全作业，务必采取切实有效的措施，确保外包人员人身安全。本文从基层安全工作者的角度，就外包项目发生的人身伤亡事故原因和采取的对策进行一些阐述。

一、外包作业事故产生的原因

2018 年上半年以来，从国家能源局及各省安监局已通报的事故中统计，电力行业共发生 34 起人身伤亡事故，其中发生在外包单位作业的事故 23 起，死亡 32 人。采取切实有效的措施，确保外包人员人身安全已经迫在眉睫。根据多年来生产经验和学习有关事故通报，作者分析造成外包作业事故的原因是多方面的，但总的归纳起来主要有以下几个方面。

（1）安全主体责任不落实。《安全生产法》第三条规定"安全生产工作应当以人为本，坚持安全发展，坚持安全第一、预防为主、综合治理的方针，强化和落实生产经营单位的主体责任"，但是一些地方和企业只是将"安全第一、预防为主"当作口号，或是工作报告的开头语，在具体落实上没有真正树立"以人为本"思想，没有正确处理安全生产与经济发展的关系，企业安全管理意识淡薄，安全生产管理机制不全，安全投入不足，隐患排查流于形式，制度形同虚设，金钱本位，重进度重效益轻安全，企业经营者安全生产法制意识不强。

（2）外包队伍安全管理水平差，没有专业的安全、技术管理人员，缺乏专业生产施工设备，生产施工现场管理混乱，安全管理不到位，特种作业人员不足或无证上岗。有的无经营资质、层层挂靠转包，为追求利益最大化，通过非正规渠道招入大量低价劳动力，也未与劳动者签订劳动合同，劳动者普遍文化水平不高、人员素质参差不齐，流动性大，且未经过正规安全培训，安全技能匮乏，安全生产法制意识和劳动保护意识淡薄。有的未给从业人员提供合格的劳动防护用品，并教育从业人员按照使用规则佩戴和使用，有的未购买工伤保险和职业健康检查，劳动者的安全健康权益得不到保证。

（3）生产经营单位（业主）对外包单位安全管理不到位。《安全生产法》第四十六条规定："生产经营单位应当与承包单位、承租单位签订专门的安全生产管理协议，或者在承包合同、租赁合同中约定各自的安全生产管理职责；生产经营单位对承包单位、承租单位的安全生产工作统一协调、管理，定期进行安全检查，发现安全问题的，应当及时督促整改。"但在实际生产生活中一些企业对外包项目存在着认识上的偏差，只要与外包单位签订了《安全管理协议》，认为把工程承包给具有法人资质的外包单位后，所有的安全责任就是外包单位的，施工过程的安全管理和监督工作都由外包单位自己负责，全凭外包单位自己自律管理。存在"以包代管、包而不管"现象，一些企业外包项目安全无人对接，无人督查，无人把关，这是导致外包用工安全事故多发的重要原因。

（4）合同招标不规范，很多企业在项目招标发包时，没有要求承包方根据生产实际提取一定的安全措施费用、劳动保护费用，对有关资质和能力审查不严，进入门槛不高，导致低价中标后外包单位的安全投入和人员素质不能满足要求，承包方为了追求效益，使用廉价的劳动力，大部分与劳动者没有签订《劳动合同》、购买相关保险和进行必要的安全培训和技术培训。

二、加强外包作业人员安全文化管理的具体对策

针对上述结合实际分析的具体原因，就如何加强电力企业外包作业人员的安全管理，提出一些建议和对策。

（1）强化安全生产责任制，提高各级对安全生产工作重要性的认识。落实全员的安全生产责任是关键，必须层层签订安全生产目标责任书，将安全责任分解落实到各个部门、各个岗位、各个环节和每一个人，形成一级抓一级、一级对一级负责的责任链条，建立完善的安全生产责任体系。要明确目标，实现长效管理。要从多角度、多渠道开展安全管理工作，真正做到横向到边，纵向到底，不留死角。

各个层次都要参加安全管理，安全生产责任人或管理人员要侧重于安全管理决策，并统一组织协调各环节、各工序、各类人员的安全管理活动；各部门要认真贯彻安全决策，加强安全管理；各单位及员工要严格按照标准、制度进行生产，完成具体任务。安全管理既要求各专业相互协作，各司其职，各负其责，又要求相互关心，相互提醒，从而真正形成全方位安全管理。

（2）规范劳动力市场和承包队伍的管理。目前在电力生产过程中，存在多种承包业务形式，有大的机电安装公司进行业务分包的，也有单独承包业务小型机电公司或服务公司，这些小规模的劳务公司或机电公司门类众多，进入的门槛不高，普遍安全管理水平不高，因此各级主管部门和负有安全监管职能的部门要互相配合、各司其职、各负其责，按照各自的业务范畴和职责分工，加强对劳务市场、劳务作业和发包、分包单位的用工管理，提高准入门槛。按照《劳动合同法》有关规定，严格执行国家劳动标准，提供相应的劳动条件、劳动保护和工作岗位相关的福利待遇；对在岗被派遣劳动者进行工作岗位所必需的培训等用工义务，切实维护和保障外包人员的合法权益。劳务公司或外协队伍必须取得行政主管部门核发的安全生产资格证书，未取得资格证书或年审不合格的，不得从事劳务作业。要进一步建立和规范劳务用工行为，建立企业诚信用工信息库及社会查询系统，开展和谐劳动关系创建活动，打击各类非法用工行为，改善人力资源市场及安全生产环境，为维护社会稳定、促进经济发展保驾护航。

（3）发包单位要切实加强外包用工安全管理，杜绝以包代管。首先是从合同管理入手，在项目发包时要严格把关，要求承包方除了具备相应的营业执照、资质证书外，还要满足相应安全条件，如项目负责人、安全管理人员、施工作业人员必须符合《安全生产法》《劳动法》有关规定，必须与劳动者签订劳动合同，为劳动者购买工伤保险、配备合格的劳动防护用品和合格的工器具，还要有保证安全的各项措施费用，避免低价恶性中标，杜绝不具备承包能力的外包队伍承揽业务。劳务作业必须发包给具备相应资质等级的劳务分包企业，分包企业承包后必须自行完成，不得将劳务作业再分包，严禁个人承接劳务分包工程业务。

其次要严格按照"谁用工、谁负责""谁主管、谁负责"的原则，落实企业安全生产主体责任，与承包单位、承租单位签订专门的安全生产管理协议，明确各自的安全生产管理职责；发包单位要对承包单位、承租单位的安全生产工作统一协调、管理，定期进行安全检查，发现安全问题的，应当及时督促整改。发包单位应按照用工条件，严格用工手续，履行报批备案要求。

最后坚决杜绝以包代管。发包单位必须把外包队伍生产活动纳入本单位的统一管理系统，由安全管理部门组织对承包单位的全体人员进行必要的安全教育，经过三级安全教育并考试合格才允许进入施工现场作业。发包方对承包单位的安全施工负有监督和指导责任，对其施工的组织措施、技术措施、安全措施实行监督管理。如果是劳务发包，发包方是安全施工第一责任者，对工程安全负全责，施工负责人、技术管理员、安全监督员等关键人员必须由发包方担任，承包单位劳务人员应在发包方的直接指挥和管理下进行劳务作业，确保发包方对承包方的有效安全监督。

（4）要提高电力企业的安全管理水平。近些年通过电力安全生产标准化达标，电力企业安全管理水平有了很大提高。但部分企业安全管理人员受到的重视程度不够，往往是老员工，照顾性的岗位，安全员待遇不高，存在干的一线活，享受三线待遇，造成他们的工作积极性不高，安全责任心不强。因此强化电力企业安全管理，完善内部监管机制，加强人员培训，提高基层管理人员业务素质，配置相应的注册安全工程师参与管理，做到重心下移、关口前移，不断提高基层人员安全管理水平。

三、结论

本文主要分析了电力企业外包工程和临时用工安全管理薄弱的原因，从强化安全生产责任制、规范劳动力市场和承包队伍的管理、发包单位要切实加强外包用工安全管理、提高电力企业的安全管理水平和安全生产标准化达标等角度有针对性地提出了加强安全管理的具体措施，不断提高外包人员安全管理水平，有效落实安全文化建设工作，避免人身伤亡事故发生。

发挥安全文化引领作用，推动电厂调试安全管理

——基于重大节点和专项检查的电厂调试安全管理实践

中国能源建设集团华东电力试验研究院有限公司　王立大　傅晓峰　吕坚

摘　要：电力基建工程的调试是一个专业、复杂、阶段性的工作，但其调试安全和质量控制的好坏对电厂运行而言将是一个持续、深远、重要的影响。因此调试过程中的安全管理尤为重要。本文提出以"综合治理"思维为指导，构建基于"重大调试节点检查为主，重要项目专项检查为辅"的电厂调试安全管理方法。该管理方法全方位覆盖所有重要调试项目和调试过程，它既强调电力调试过程中安全的管理，也强调调试过程中的质量管理，通过对调试质量的有效管控，减少或避免调试中存在的安全风险。

关键字：电力基建；综合治理；调试；安全文化；节点检查；专项检查

一、引言

电力调试是电力建设过程中的一个重要环节，它既能检验电力设备安装质量的可靠性，也是电力设备能否正常投运的重要过程。调试质量的好坏直接影响机组能否安全稳定可靠的运行。

面对调试过程中的复杂条件、复杂作业、复杂风险、复杂变化，如何做好安全管理工作，保障电力调试过程的高安全和调试效果的高质量？我们认为，要有先进的安全文化来引领，找到解决问题的管用思维，让安全文化为电力调试提供思想引领和文化支撑的作用。经过研究，我们提出要强化"综合治理"的安全生产方针，把"综合治理"的思维应用到电力调试的安全管理架构设计当中，系统分析电力调试安全管理的全流程，全面识别人、物、环境、管理等各方面的安全风险，深刻研究调试过程中安全管理的关键制约因素，提出基于企业整体资源为支撑的解决方案，最终总结出一套以"综合治理"思维为导向的基于"重大调试节点检查为主、重要实验项目检查为辅"的电厂调试安全管理模式。

二、以"综合治理"思维引领电力调试工作

1. 用全局观念引领安全风险识别

电力调试工作复杂性很强，必须以全局观念为引领，全面全过程全方位梳理和识别安全风险，正确把握安全管理大局。我们根据既往经验、相关理论和监管条规，认真梳理了四大危险因素[1]：一是人的因素，如违章作业、走错间隔、无票工作等；二是物的因素，如高温蒸汽、电伤害、高空落物等；三是环境因素，如交叉作业、高空作业等；四是管理因素，如安全投入不足、管理力度不够等。

2. 用协同观念引领安全管理规划

电力调试工作是一项系统性极强的工作，既涉及人员的安全也涉及电力设备、电力系统的安全。各部分、各节点、各设备之间关联性很强，必须制订全面系统、协调有序的安全管理规划。如果协调不好，不仅造成工期或资源的浪费，甚至容易引发安全生产事件或事故。我们根据多年的调试安全管理经验，建立了一套包括安全保证、安全监督、职业健康、安全风险管理、安全信息管理、应急事故处理、安全文明施工标准化七个模块的安全管理体系，并对每一模块制订了详细的日常管理制度规范。

3. 用集约观念引领监管资源配置

据资料统计，调试工作中很大比例的安全问题是由于调试质量问题而引起的电力设备问题、电网系统故障等导致的安全事故。因此调试过程中的安全管理，需要和调试过程中的质量管理结合起来，这就要求"突出重点、把握关键"，用集约化思维来配置检查、监督、指导等监管资源。为此，我们根据本企业特点，建立起基于重大节点检查和重大实验专项检查的安全管理模式，把监管资源有的放矢地集中，以有效管控整个调试工作中的关键风险群，消除其中的安全隐患，

确保安全与质量相统一。

三、调试重大节点检查主要做法

调试过程中的重大节点检查，是指在调试过程中，对重大的具有里程碑的调试节点计划进行全面的检查，主要有电厂升压站受电及厂用倒送电、动力场试验、锅炉冲管试验、机组整套启动试验等节点检查。

1. 坚持以综合治理实现安全与质量目标

调试的重大里程碑节点，涉及众多的人员和设备，是调试的关键环节，也是一个容易出安全问题的环节，因此必须通过严格和专业的检查来发现安全和质量问题，从而消除潜在的安全隐患。同时工程项目的四大管理目标是安全目标、质量目标、进度目标和成本目标，只有实现上述四大管理目标的和谐统一，才能使工程项目建设获得最终的成功[2]。而在调试过程中，安全与质量是一对孪生兄弟，安全管理的缺失必然会导致调试项目出现重大质量问题，而调试项目的质量隐患也会导致严重的安全隐患。因此调试重大节点的检查，既是对节点前后安全的检查，更侧重于对调试质量的检查。

2. 坚持以综合治理部署检查流程

公司重大节点的检查流程，遵循计划、执行、检查、处理的 PDCA 的管理模式，文献认为 PDCA 的思想对安全管理有着非常有利的作用，并通过实证研究验证了其能够在一定程度上提高安全管理的工作效率，同时尽可能减少安全事故的发生[3]。节点检查流程先由调试项目部根据现场调试进度及节点情况，提前半个月向公司安生部提出计划申请，并根据节点检查要求，完成项目自检工作，并提交自检报告和整改措施。公司安生部根据申请计划，安排各专业能力和经验丰富的专业人员提前 7 天抵达现场进行检查，并根据检查结果提交检查报告，由项目部对检查过程中的不符合项进行整改、处理，整改完成后再次提交检查组进行审核闭环。

3. 坚持以综合治理规划检查内容

节点检查内容主要包括三个方面，人员沟通、资料检查和现场检查。

一是坚持以人为本，提升人的安全意识和素质。人是项目安全管理中最根本的要素，是安全文化管理的核心要素。在检查过程中，对项目调试人员进行有效的沟通，可以了解整个项目的管理情况，可以了解

整个调试人员的精神状态、工作完成情况、节点准备情况及存在的问题，从而优化和调整检查重点。另外，由于重大节点检查人员专业能力强，管理经验丰富。利用在项目检查的机会，对项目调试人员开展典型的调试质量、安全事故案例以及以往检查中发现的问题进行专项培训。文献认为事故致因理论是从分析事故发生的原因来寻找防止事故发生的方法和对策，它需要一定数量的典型事故为分析根据，通过对典型事故的系统深入分析而对事故产生原因的规律性进行总结[4]，能够起到很好的警示和学习的效果。通过对这些典型案例和典型问题的培训，加强了大家的安全和质量意识，避免同类事故的发生。

二是认真细致做好资料检查。节点的资料检查主要集中在安全管理台账记录检查和调试资料检查。检查涉及整个调试过程的所有安全和质量方面的记录检查（具体项目见表1）。

表 1　资料检查的主要内容

安全管理台账记录检查	调试资料检查
安全生产计划、总结	试验方案（指导书）
安全活动记录	开工报告检查
安全培训与考核	质检计划检查
违章和异常情况记录	施工图纸会审记录
安全工器具与安全设施	联系单修改及封闭
安全技术措施交底	试验报告检查
安全检查及整改记录	试验设备检查
工作票、操作票	定值单检查
事故及安全分析记录	调试准备情况检查

通过资料检查，可以全面了解整个项目的准备、管理、试验情况等。如通过试验报告的审核，可以发现试验过程中的试验项目是否齐全，了解试验结果是否合格，试验过程是否执行国家和行业相关的标准等。

4. 坚持严格合规，做好现场检查

由公司安排的专业技术人员对现场调试安全和质量进行检查。检查过程分为重点检查和局部抽查相结合。以电气整套启动现场检查为例：检查人员根据一次设备和二次设备检查大纲对现场设备进行检查，并做好相应的检查记录。主要包括电气整套启动前一次设备的状态是否正确，设备一次连接是否正确，设备间的安全距离是否合理，一次设备上面是否有遗留物，主设备如发电机、变压器、封闭母线、PT 等绝缘是否

合格等。二次检查主要通过对现场重要保护及自动化装置进行实际传动，检查装置逻辑、出口回路是否正确。检查继电保护反措是否执行，检查电流电压回路接入是否正确，检查定值整定是否正确，检查一次、二次设备在电气整套启动前的临时措施和隔离措施是否完成等。检查工作完成后，在3天内形成检查报告下发给被检项目，由项目进行落实整改。

四、重大试验专项检查主要做法

重大节点的检查毕竟在数量上偏少，无法覆盖所有重大试验。因此，我公司在重大节点检查的基础上，同时开展了重大试验专项检查，这些重要试验包括对设备安全影响较大的电气特殊性试验，如GIS耐压试验、大容量主变局放试验等；与电网系统安全相关的涉网试验，如发电机进相试验、一次调频试验等；以及对机组风险较大的系统调试和性能试验，如甩负荷试验、FCB试验、RB试验等。上述专项检查同样在试验前由各调试项目部提出申请计划，并由安生部和相关专业所安排能力和经验丰富的专业人员对试验方案进行审核，并到现场对整个试验过程进行检查、指导，有需要的情况下还直接参与试验，通过专项试验检查，确保了重大试验项目的质量可控，安全可控。

五、总结

我公司多年来一直采用重大节点检查为主，重大试验专项检查为辅的安全管理方法，经过多年的执行和完善，公司已经制定了重大节点检查管理制度和重要试验专项检查管理制度，并形成了一套行之有效的标准作业体系。通过重大节点和专项检查，在人员紧缺的情况下，充分发挥了公司专家和老师傅的能力、经验和作用，加强了项目和公司的交流沟通，通过PDCA循环的重大节点和专项检查管理模式，提高了项目调试人员的安全意识、质量意识和技能水平。另外在重大节点检查和专项检查过程中也发现了很多存在的安全隐患和调试质量问题，通过上述检查，消除了潜在的安全隐患，不但取得了良好的经济效益，也很好地维护了企业的文化品牌形象。

参考文献

[1] 姜忠民.电建调试安全风险分析与防范[J].水利水电工程，2014，4（27）.

[2] 简哲.电力工程项目安全管理及实施效果评价研究[D].华北电力大学，2017.

[3] 张堆学，郑玉巧.PDCA模式在建筑安全管理中的应用[J].价值工程，2010（1）：67-68.

[4] P.K.Marhavilas，D.E.Koulouriotis，S.H. Spartalis. Harmonic analysis of occupational--accident time--series as a part of the quantified risk evaluation in work sites：Application on electric power industry and construction sector[J]. Reliability Engineering and System Safety，2013（12）：112.

浅谈安全文化长效机制的构建

中国石油川庆钻探长庆井下技术作业公司　薛明　陈凤　王建武　刘迎迎

摘　要：为了解决井下技术作业存在的生产点多、面广、线长、特种设备多、安全管理难度大等安全问题，中国石油川庆钻探长庆井下技术作业公司（以下简称作业公司）在持续推进 HSE 建设的同时，通过理念教育、制度管理、行为规范等全力培育员工的安全文化素养，形成了集观念文化、制度文化、行为文化于一体的安全文化体系，并取得了良好的实践效果。

关键字：安全文化；观念文化；制度文化；行为文化

中国石油川庆钻探长庆井下技术作业公司始建于 1973 年，现有用工 3941 名，试油（气）队 35 个、117 套机组，压裂队 7 个、17 套机组，测试试井班组 8 个，各类施工设备 803 台（套），年试油（气）压裂酸化作业能力 6000 层次以上。

近年来，在面临生产点多、面广、线长、特种设备多、队伍高度分散、管理难度大的情况下，作业公司以持续推进 HSE 建设为载体，着力培育全员安全生产的观念文化、制度文化和行为文化，使安全责任"内化于心、固化于制、外化于行"，取得了良好的实践效果。以下就是对安全观念文化、制度文化和行为文化的具体解读和实施手段。

一、坚持理念教育，消除"精神隐患"，培育"生命和健康高于一切"的观念文化

多年的实践告诉我们，人的"精神隐患"是安全管理的最大隐患，安全文化建设必须从强化安全理念、消除"精神隐患"入手。为此，在安全观念文化建设中，我们突出"三个重点"抓宣贯，围绕树立"十个观念"抓引导，通过"五进活动"抓落实，着力培育"生命和健康高于一切" 安全观念文化。

突出"三个重点"抓宣贯。一是积极开展"油气至上，安全为天"的企业核心理念宣贯。二是强化 HSE 体系管理理念宣贯。三是大力加强集团公司《反违章禁令》、HSE 九项原则宣贯。

围绕树立"十个观念"抓引导。我们坚持改进安全管理模式，针对不同对象，在全公司大力开展安全观念文化建设。在决策层，牢固树立和深入实践"安全第一"的"哲学观"，"以人为本抓安全"的"人本观"，"一切事故都是可以控制和避免的"的"预防观"，"安全是最大的节约、事故是最大的浪费"的"价值观"。在管理层，牢固树立和深入实践"安全源于责任心、源于设计、源于质量、源于防范"的"责任观"，"细节决定一切"的"严细观"，"工期服从质量，速度服从安全、管理必须科学"的"系统观"。在操作层牢固树立和深入实践"只有规定动作、没有自选动作"的"执行观"，"不伤害自己、不伤害别人、不被别人伤害"的"保护观"，"一人安全，全家幸福"的"亲情观"。

通过"五进活动"抓落实。一是开展安全文化进现场活动。在作业现场，我们使用统一的安全视觉识别（VI）系统，规范使用安全标志、禁止标志、警告标志、指令标志、提示标志。在生活区域，注重培养员工的良好的生活和安全行为习惯，不断改善生活条件，完善设施配套。通过安全文化进现场活动的开展，逐步实现了现场安装摆放标准规范、安全警示醒目、设备设施性能可靠、全员安全意识不断增强。二是开展安全文化进岗位活动。多年来，我们坚持开展"三大活动"，认真落实班前安全讲话，坚持岗位、工序、道路安全风险提示，使安全文化的内容更加直接地融入岗位。三是开展安全文化进管理场所活动。在管理场所，设置安全宣传栏，报道安全生产的经验做法和先进事迹，普及宣传安全防护知识，宣传安全法律法规、规章制度，结合当天的生产、道路、工况、天气情况，公布安全预警信息，进行安全风险识别和提示，营造良好的安全氛围。四是开展安全文化进社区活动。在生活小区，利用橱窗宣传安全知识，张贴安全宣传挂图，发放安全知识宣传资料，举办安全应急演练等，努力提高社区居民的安全意识和素质。五是开展安全文化进家庭活动。在员工家庭中，组织亲属观摩现场，开展老人向儿女打电话交代安全，妻子给丈夫写家书叮嘱安全，子女给爸爸妈妈发短信送安全寄语等形式，用亲情和关爱增强员工安全意识，极大地增强了安全教育的感染力。

二、坚持规范管理，杜绝"自选动作"，培育"只有规定动作，杜绝自选动作"的制度文化

安全理念要发挥作用，必须融入企业制度，加强制度建设，使全员安全管理成为一种自觉行为，是企业安全文化建设的一项重要内容。在安全文化建设中，我们以深入开展"学习制度，执行制度"活动为载体，不断创新安全管理机制。

一是健全规章制度，确保规范有效。从 2005 年开始，我们持续开展"学习制度，执行制度"活动，对公司现有的各项规章制度进行了全面梳理、讨论，系统分析和评审，新增安全管理制度 14 项，修订 15 项，保证了制度的有效性、规范性和一致性。重组整合以来，我们积极实施制度融合、思想融合和文化融合，从 2009 年 5 月中旬开始，我们分安全质量、生产管理、经营财务、人事劳资、党群工作等 9 个篇目，开展了制度修订和评审工作。同时，认真组织干部员工学习各项规章制度和相关法律法规，采取机关科室长讲制度、基层讨论制度等，提高广大干部员工对制度的理解和执行力。对 QHSE 体系文件进行了换版，重新编制 QHSE 程序 27 个，对 5 个项目部的 HSE 计划书进行了换版，规范简化了 QHSE 体系记录，组织了 QHSE 体系内审和管理评审，顺利通过 HSE/OSH 管理体系、质量管理体系监督审核和壳牌公司的承包商 HSE 体系审核，QHSE 体系得到持续改进。

二是建立责任体系，确保制度落实。坚持"逐级负责、分工负责、系统负责、岗位负责"的原则，制定实施安全生产责任制，明确各级干部、各个部门、各个岗位在安全管理中的责任，与各级管理第一责任人签订《安全环保责任书》《安全生产协议书》。与特种作业人员和安全管理人员签订《安全生产合同书》，把安全责任层层分解，落实到岗位和个人，形成责权分明、运作有序、互相支持、互相保证的安全责任体系。

三是坚持情理相融，完善考核定责体系。建立"重奖、重罚、重教育"的奖惩机制，通过狠抓各单位安全第一责任人第一责任的落实，提高各基层单位、各项目部月度安全例会的质量，规范和完善公司各级安全检查程序和模式。我们将安全检查情况作为主要内容纳入考核，与单位月度奖金、年度经营承包兑现挂钩，每月召开公司、项目部、基层大队三级综合考评会议，班组每天坚持召开班前会、班后会，将各级干部 HSE 职责的履行情况、员工落实安全措施的情况纳入监督检查和月度综合考评，达到了"奖的动心，罚的痛心，教育的舒心"。

三、坚持查纠结合，削减"作业风险"，培育"关注细节、重在执行"的行为文化

安全赢在执行。员工是安全生产的主体，良好的群体安全行为的形成，离不开员工个人安全行为规范的养成。

一是完善管理流程，突出监督检查。根据长庆区域安全监督模式的调整，我们进一步理顺安全管理机制，为各项目部及大队级单位增配专职安全管理人员 28 名，完善《安全员管理规定》，形成了 18 个管理部门，16 个管理单位，19 个安全、消防、生产要害承包部位等管理网络，确定了 278 个各级管理人员承包的安全环保联系点。推行"监督、自律、监控"三位一体的管理方法，做到关键作业有联防、关键岗位有监控、关键时间有人盯、关键地点有防范，确保安全隐患得到全方位、多角度的控制，逐步规范和完善公司各级安全检查程序和模式。

二是全面推行直线管理、属地管理。从公司各级领导做起，落实"七个带头"，全面推行直线管理、属地管理，着力培育"有感领导"。要求各级领导干部必须带着感情抓安全、带着责任抓安全，正确处理安全与效益、安全与任务等的关系，带头宣贯安全理念，做到逢会进行安全经验分享，带头宣讲分析安全事故案例，落实个人安全行动计划。坚持干部管理重心下移，实施公司领导兼任项目部经理书记，强化区域调控职能，要求配属单位派班子成员驻项目靠前指挥，试油队班子成员每月在机组工作 20 天以上。实行机关科室承包基层队制度，对基层单位工作进行调研、帮促、指导，并负安全连带责任。推行领导干部"三抓、三看、四查、三厘清"的工作方法。"三抓、三看"是指在安全和生产运行中，抓调度，看是否均衡、超前、受控；抓外协，看是否主动、和谐、超前；抓保障，看是否保质、保量、保设备进口件、易损件的储存。"四查"是指在干部管理上，坚持查干部是否到位、查干部是否作为、查措施是否得力、查执行是否到位。"三厘清"是指在安全检查中，厘清 A 类员工、厘清 A 类设备、厘清 A 类环境，进行重点监控，将安全环保责任落实到生产经营的各个环节、各个岗位和每个员工，强化监督检查，实现过程控制。

三是积极开展对标找问题，对比找差距活动。实施全过程、全方位的安全监督检查，坚持"领导抓、抓领导；反复抓、抓反复"，积极整治"低标准、老毛病、坏作风"的安全管理顽疾。坚持公司每季度一次、大队级单位每月一次、基层队每半月一次、生产班组每周一次、岗位每班一次的安全检查活动。在广大员工中个人对照与岗位相关的法律法规、规章制度、岗位职责和操作规程，查自己在制度执行落实上的"低、老、坏"行为，查组织有哪些主要风险和隐患。在"查"与"学"的基础上，科学统计、精心分析，对个别问题从工作中找差距，对普遍问题从管理中找原因，对反复出现的问题从规律中找答案，启动全面风险管理体系建设，运用安全事故的周期论，指导安全管理和事故预防。根据对标、对比和互查互学中发现的问题，制订了组织和个人安全环保行动计划并进行整改。

四、观念文化、制度文化、行为文化的有机结合和具体实践

安全理念只有同每个员工个人的行为联系起来，才能唤起"人人保安全"的工作热情。在安全文化建设中，我们坚持"关键在领导、重点在基层、核心在岗位"，注重理念渗透于安全管理的具体活动中。

一是积极开展特色安全文化实践活动。持续抓好大庆精神、"铁人"精神的再学习、再教育，着力培育"攻坚克难、争创一流"的川庆精神，树立"服务油气，安全为天"的理念，秉承"一切行动听指挥"令行禁止的作风，建设"忠诚企业，技术精湛，管理规范，作风过硬，执行有力"的员工队伍，努力推动思想、制度、文化融合。深入开展集团公司《反违章禁令》及 HSE 九条原则的宣贯、"安全生产警示月"

"百日安全文化系列活动""低、老、坏"专项整治、"除隐患、反三违、保安全"群众战争等活动，突出事故案例教育，用身边的事教育身边的人，举办安全知识竞赛、安全演讲及送安全文化下基层等活动，营造了良好的安全文化建设氛围。

二是坚持典型示范引导。积极开展基层"示范点"建设活动，坚持把"三大活动"的重心放在基层队和班组，对试油、试气、压裂、测试等主体工种，采取岗位练兵、技术比武、"一日一题、一周一练、一月一比、一年一评优"等办法，使优秀操作服务技能人才成为带动基层班组、队站安全管理的表率。选树安全先进典型，大力宣传安全标兵、安全管理无事故单位和示范点单位的经验和做法；认真评选"岗位明星"、百万公里优秀驾驶员等；开展"青年红旗车""党员身边无事故"等活动，以先进模范人物的事迹闪烁企业安全的理念，以人格化的具体形象揭示企业安全理念的本质含义。

三是培育安全创新文化。积极引入杜邦安全管理理念和大连西太、海尔文化等，邀请集团公司安全专家授课，丰富各级管理干部管理理念。提炼安全实践案例，诠释安全管理理念。2008 年开始，先后总结了陇东项目部"大井控"安全管理文化，靖边项目部安全生产 ABC 动态管理办法，安塞项目部的"完美执行五步法"和压裂五队的车辆风险管理流程等 86 项基层安全管理方面的创新思路和办法。引导员工发挥聪明才智，动脑筋、想办法，解决影响现场安全生产的实际问题。2008 年以来，先后总结推出先进操作经验和安全技术革新成果 400 多项，并编撰成 8 册，激发了全员参与学习技术、钻研业务的积极性，为推动安全生产起到了积极学习和借鉴的作用，

五、总结

几年来，公司坚持以人为本，努力构建以观念文化、制度文化、行为文化为一体的安全文化体系，并通过内化思想、外化行为，注重把理念渗透于安全管理的具体活动中，不断提高全员的安全文化素质，营造浓厚的安全文化氛围，使公司安全管理工作保持了平稳运行的良好态势。公司连续 8 年没有发生一起安全追责事故，连年荣获中国石油集团川庆钻探工程公司 HSE 先进单位、先进企业奖励。

浅谈建筑施工企业的安全文化建设

中交三航局第二工程有限公司　刘海青

摘　要：建筑业作为一个高风险的行业，安全工作可谓是重中之重，故而建筑施工企业一直倡导安全文化建设。本文简要分析了建筑施工企业开展安全文化建设的必要性，阐述了建筑施工企业安全文化的内涵，提出了安全文化是安全管理的最高级，并以此增强建筑企业核心竞争力的观点。

关键词：建筑施工；安全文化；安全管理

建筑业一直是一个事故高发行业。据国务院安委办通报的 2018 年上半年全国建筑业安全生产形势显示，上半年全国建筑业共发生生产安全事故 1732 起、死亡 1752 人，同比分别上升 7.8% 和 1.4%，事故总量已连续 9 年排在工矿商贸事故第一位，事故起数和死亡人数自 2016 年起连续"双上升"。

因此，提高建筑施工企业安全管理的有效性至关重要，建筑施工企业不仅要在企业内部建立完整的安全生产保障体系，同时还要在意识形态上加强安全文化建设，把"安全第一"的思想真正贯穿于生产全过程。本文以中交三航局第二工程有限公司（以下简称公司）为例探讨建筑施工企业如何开展安全文化建设。

一、企业安全文化的内涵

安全文化的概念最先由国际核安全咨询组于 1986 年针对切尔诺贝利的事故报告中首次提出，即安全文化是存在于单位和个人中的种种素质和态度的总和。企业安全文化是为企业在生产、生活、生存活动提供安全生产的保证。它的内涵可以从以下四个方面来加以理解。

安全文化是企业的一种物态文化。安全物态文化是为保证职工安全生产而以物态形态存在的环境和设施的总和，包括作业环境安全和机械设备安全两个方面。还要有一定数量的企业安全文化阵地，随处可见的安全文化标语、标准化的安全讲台等看的见、摸的着的硬件。

安全文化是企业的一种行为文化。它包括全体职工要具有明确的行为规范，各级领导干部具有优良的工作作风，能够较好地发挥先锋模范作用，职工队伍具备良好的素质等。

安全文化是企业的一种制度文化。它是企业为了安全生产及其经营活动，长期执行较为完善的保障人和物安全而形成的各种安全规章制度、操作规程、防范措施、安全教育培训制度、安全管理责任制等，也包括安全生产法律、法规、条例及有关的安全卫生技术标准等。

安全文化是企业的一种精神文化。主要是指一个企业要培养和体现职工群体意志、激励职工奋发向上的企业精神。

从以上四个方面可以看出，物态文化是整个企业文化结构中的基础，它决定和制约着企业的行为文化和精神文化，制度文化是精神文化的物化体现。精神文化是核心，它引导着职工的行为，反过来作用于物态文化。因此，安全文化的四个方面是一个有机的整体，不抓物态文化建设、制度文化，或忽略行为文化和精神文化的建设，都将使文化建设不能达到我们预期的目的。

二、注重"四化"，把"安全第一"的思想真正贯穿于生产全过程

（一）着力固化"安全为大家"的物态文化

安全文化是安全生产的基础，而安全物态文化又是安全文化的基础，所以抓基础建设尤为重要。

物态文化中的作业环境是指生产劳动场所各种构成要素的总和，而其中人的因素是最不可控的因素。因此，我们将员工安全素质的养成作为除硬件条件外的重要抓手之一。公司安监室负责对所有新员工、换岗员工，尤其是外来务工人员进行安全教育、培训与考核。在对外来务工人员"三级"教育和项目部日常教育的基础上，公司还邀请局培训中心"送教上门"，

到项目施工现场利用业余时间对其进行安全教育。2018 年 8 月，公司还结合"安康杯"开展了安全知识竞赛，20 家参赛单位均由项目部班子成员带队，经过预赛和决赛的激烈角逐，最终临港风电项目部夺得桂冠。

公司还特别注重施工安全前期策划，强化施工组织设计和专项施工方案中安全技术措施的有效性、针对性。2017 年，"浦东机场下穿通道工程基坑开挖""杨梅洲大桥主墩基础水下爆破""平申线航道整治工程支流河桥空心板吊装"等危险性较大的分部分项工程均编制了专项安全技术方案，并通过了住建部、上海市建科委的专家审批。公司依靠创新安全科技，推广先进的安全技术成果，不断改善劳动环境和作业条件，实现生产过程的本质安全化，并持续提高安全生产技术水平和转化率，尝试各种安全新工艺、新材料的应用。

（二）持续强化"人人保安全"的行为文化

我们在公司内部推行建立"全员、全过程、全方位、全天候"的安全行为文化。全员参与，即按照"责权利"相统一的原则，做到责任具体到人，奖罚分明，使人人肩上有担子，人人身上有指标，人人心里有压力，人人工作有动力，充分激发每一位职工的安全责任感和主观能动性。全过程把关，即将安全管理的触角深入到生产经营活动的每一个环节、每一道工序、每一台设备。全方位检查，即做到横向到边，纵向到底，检查不留死角，突出强调交底会要"人人过关"。全天候监督，即在安全生产中实行 24 小时全天候值班、巡查制度，使安全监督无处不在，事故隐患无处遁形。

安全管理专业人员都熟悉事故金字塔的概念。这源自二十世纪六七十年代一个对 175 万起安全事故的统计分析：每一例严重的人身伤害事故，都会对应已经发生的 10 起比较轻微的人身伤害事故，同时会对应 30 起没有造成人员伤害的财产损失事故和 600 起没有造成财产损失和人员伤害的事故隐患。安全工作不能只看到发生的几起重大事故，而应该从这 600 起事故隐患着手。

隐患是安全生产的"心腹之患"，我们鼓励所有员工，尤其是一线员工自觉形成安全行为文化。我们鼓励每个员工报告隐患、提出改进建议，一些可能造

成安全事故的隐患，可以通过员工的发现和建议得到排除。每年在安排公司安全投入计划时，也把隐患治理放在重点位置来考虑。多年来，我们实行安全保证基金政策，投入了大量的人力物力进行隐患治理，不断提高人和物的本质安全。2017 年，公司（含项目部及个人）共排查隐患 2200 余条，对应隐患条款都已落实资金和责任人限期予以整改，整改率达 98%以上，财务核算共投入安全保障资金约 4000 万元（不含境外项目）。

（三）逐步深化"人人为安全责任"的制度文化

我们推行"逐级负责、分工负责、系统负责、岗位负责"的安全生产责任制文化。按照"横向到边，纵向到底"，制定实施安全生产责任制，明确各级干部、各个部门、各个岗位在安全管理中的责任，形成责权分明、运作有序、互相支持、互相保证的安全责任体系，从而把安全责任落实到生产过程的每一个岗位和环节。

公司与项目部两级严格按季、按月对安全管理人员进行安全生产责任制履约情况的考核，考核记录达到 100%符合，2017 年对 22 个单位的 449 人次进行安全专项奖励近 90 万元。由于考核、奖励严明，安全生产责任制真正实施起到了保驾护航的作用，也使安全生产管理能真正做到横向到边、纵向到底、专管成线、群管成网。

公司在安全生产领域内全面开展"打非治违、隐患排查、安全生产月、平安工地建设、上海市重大工程文明工地创建"等活动，上述活动公司都制订计划、规划，形成操作文件，指导项目按章执行，成效显著。多项工程接受上海市重大办的检查，创建上海市文明工地，大治河船闸工程成功创建上海市文明工地升级版，并于 2017 年 8 月 10 日圆满举行了同行业现场观摩，得到了市主管部门的高度肯定。公司制定的"领导带班检查记录""一人一档、一机一档"制度，项目过程控制资料模块化管理等制度也得到了上级领导和业界的充分认可和推广应用。

（四）营造内化"人的生命高于一切"的精神文化

我们牢牢把握住"安全第一"的思想不动摇，把职工群众的利益作为安全工作的根本出发点和归宿点。我们要求各级干部必须带着感情抓安全，带着责

任抓安全，综合处理好安全与效益、安全与任务、安全与家庭、安全与法律的关系。

公司建立二级网络式安全文化宣传体系，营造强势的氛围。除了在外网、《建港先锋》报、微信公众号等媒体和平台上进行安全文化宣传外，各基层单位也建立安全文化宣传栏和展板、安全活动室，悬挂附有亲人嘱咐的"全家福"照片，设立了光荣台、曝光台和"三违"亮相台，经常性开展安全教育，形成网络式安全教育基地。公司通过一封安全家书、标化工地、安全演讲等一系列形式多样的安全文化活动的开展，灌输和渗透了企业的安全理念。通过开展安全文化口号征集活动，动员公司员工和外协队伍员工踊跃参与，活动中共收集安全口号 120 多条，其中 20 多条由外来务工人员提供，其中甄选出 6 条作为公司日常安全文化建设宣传用语，并以"崇尚安全、分享文化、企业优秀、家庭和美"作为公司安全文化理念，在职工中广泛推行。公司通过动员全体员工积极参与安全文化建设活动，逐渐把安全文化核心价值观根植到职工心灵深处。

三、增强企业核心竞争力，让安全文化成为安全管理的"最高级"

早在 2008 年，公司便开始着手安全文化建设工作，并通过十年的尝试和探索，形成了适合我公司的，有特色的、先进的、不断创新和发展的安全文化体系。公司以文化之力提前介入，通过安全文化建设为安全生产管理提供执行力、保障力和预警力，致力于让安全文化成为安全管理的"最高级"。

（一）与安全标准化建设相结合，强化执行力

用标准化规范各安全管理工作，是实现安全生产平稳受控的"利器"，也是实施安全文化建设的重要手段。公司全面推行安全生产标准化的管理，在管理上大胆创新，强化现有资源进行现场施工标准化设施"量化标准"布设，现场的视频监控、气瓶焊机专用车配置、防护栏杆、固定式可稳定脚架平台现场推广使用。"标准化"管理作为安全文化建设的"硬件工程"，让员工在安全对标的过程中有章可循，具体详细、操作性强的管理标准、技术标准和工作标准强化了安全文化的执行力。

目前，公司为交通运输部企业安全生产标准化（一级）达标企业，公司下属嘉闵高架海安船闸、嘉闵高架北 1—2 标、北 2—6 标、港珠澳大桥岛隧工程等多个项目获评"全国 AAA 级安全文明标准化工地"。

（二）与青安岗、党员安全责任区相结合，强化保障力

2014 年，公司率先在局内开展"青年安全生产示范岗"创建活动。嘉闵高架北 1—2 标作为青安岗的首个试点项目，在经过 S6 公路、嘉闵高架两个项目的摸索及青年职工的践行，项目部以"严、实、细、准、狠"的五字方针打造出一套具有公路特色的项目安全文化。之后，嘉闵高架南 2—2 标更是获得浦东新区、上海市、中国交建等"青安岗"大满贯荣誉。

公司充分发挥支部的战斗堡垒作用，提出安全生产工作"党政同责，一岗双责"的理念，在多个支部开展"党员安全责任区"，结合项目特点和岗位情况，为每位党员划分安全责任区。港珠澳大桥、洋山四期项目党支部还要求党员必须定期对责任区进行安全巡查，查找危险源，排除安全隐患，当责任区内出现不安全行为时需要配合安全员第一时间进行制止，为工程施工安全提供一份保障。

公司将青年和党员两大群体纳入安全文化建设体系，通过青安岗和党员安全责任区活动的开展，让青年员工和党员干部不仅完成了从"被动监管"到"主动监管"的角色转变，更成为安全文化的一大保障力。

（三）与日常安全宣传教育相结合，强化预警力

公司根据建筑行业的特点，开展安全知识、技能及安全文化教育，创造和建立保护员工身心安全的安全文化氛围。一是连续多年开展"安全生产宣传月"活动，有安全文化建设荣誉各类安全知识竞赛、安全生产教育和应急演练。二是利用微信订阅号、微电台、手机报等新媒体传播手段，通过幽默风趣的网络语言，文字、图片、漫画、视频等丰富的表现手法，重新诠释安全宣传的定义，使其信息量更大、互动性更强、覆盖面更广、参与率更高。

公司还将中式理念的安全文化带到了"大马"。马来西亚船坞项目部通过安全知识竞赛、安全影片观摩等活动，向项目部员工及当地马来籍员工传达了"生命至上，安全发展"的安全理念。马来籍安全员 Luqman 动手创作了关于挖掘施工的安全漫画，当地工人也对中国式的安全影片展现了浓厚的兴趣，对中国安全生产月纷纷竖起大拇指："Safety Month，good！"

四、结语

如果把安全工作比作一棵大树，文化就是它的根，培植安全系统工程的参天大树，不能只修剪枝叶，要从强健根系抓起。企业文化是企业的核心竞争力，而安全文化是安全工作的灵魂，安全文化区别于传统的安全管理形式，是安全管理发展的一种高级阶段。综上所述，对于建筑施工企业来说安全文化建设是安全管理的根本，是安全管理的"最高级"，中交三航局第二工程有限公司在安全文化建设过程中，不断强化红线意识，坚守安全底线，树立了职工新风尚、企业新形象，也进一步增强了企业的核心竞争力。

浅谈彭庄煤矿"实新"安全文化体系建设

山东能源临矿集团菏泽煤电公司彭庄煤矿　郭书雷　田涛　王磊　王枭麟

摘　要：企业安全文化是企业文化的重要组成部分，对安全生产管理工作有着深远的影响。本文从提升安全素养，创新安全管理，促进安全科技，强化安全宣传几个方面介绍了彭庄煤矿建设有自身特色的"实新"安全文化体系。通过充分发挥安全文化的引领和指导作用，全面提升了煤矿的安全管理水平，确保了煤矿安全生产稳定局面，实现了煤矿稳定快速持续发展。

关键词：安全理念；文化载体；安全管理；文化宣传

彭庄煤矿自建矿以来，始终牢牢把握安全文化的内在规律，结合实际，注重实效，紧紧围绕建设"安全、健康、和谐、稳定"这个大目标开展工作，2018年4月18日，彭庄煤矿实现连续安全生产十四周年。截至2018年7月16日，实现连续安全生产5202天。

彭庄煤矿还多次获得荣誉称号，在2011年全国煤矿安全生产知识竞赛上斩获第一名及优秀组织奖、2012年被中国煤炭工业协会评为"特级安全生产高效矿井"、2013年被国家安监总局评为"国家级安全文化建设示范企业"、2015年获得"国家级安全文化典型案例"、2009—2016年连续8年荣获"国家一级煤矿安全质量标准化矿井"称号。

一、追求"实新"安全文化，持续提升安全素养

安全文化是企业实现本质安全的基石。多年来，彭庄煤矿一直把加强安全文化建设，作为提升企业核心竞争力、引领企业安全发展的根本，不断提升员工综合素质。

（一）树立安全理念

坚守"红线"意识和"底线"思维，坚持"安全高于一切、安全先于一切、安全重于一切"的安全理念不动摇，大力倡导"以人为本、生命至上"全员安全意识。彭庄煤矿注重安全理念的培育和宣传，通过多渠道、多层次的宣传、灌输和导入，固化为企业和员工的安全价值标准，成为企业实现安全文化管理、员工自觉安全行为的精神动力与行动指南。在此基础上，进一步引领员工安全自律，逐渐实现员工由"要我安全"变为"我要安全"，真正使员工成为安全管理的主体。

（二）创新文化载体

每年定期开展"趣味安全知识擂台赛""安全在我心中"演讲比赛、"安全生产签名活动""安全漫画和警言警句征集"等全员安全活动，安排专人定时发送安全理念和安全知识短信等。

同时，彭庄煤矿不断创新企业文化建设载体，经过多年摸索、探讨，彭庄煤矿将安全文化长廊版图的趋势延伸到微视频。制作的微视频主要应用在以下方面：一是应用于教学，例如制作爆破工序流程视频，在课堂上展播；二是拍摄事故模拟视频，颠覆传统学习模式，例如"综采工区1.19钢丝绳扎眼事故"微视频，职工安全作业意识明显增强；三是会议视频汇报，改变口头书面汇报形式，变得直观亲切；四是应用于工作方法推广，例如把掘进二区"116安全管理法"拍成视频，方便各单位学习借鉴；五是将职工作品搬上荧幕，例如《馄饨》《扎根》等几十部微电影作品，其中《馄饨》代表山东煤监局参加国家宣教中心评奖；六是回顾历史，凝聚人心，我们将彭庄煤矿十年风雨历程拍摄成《十年辉煌》，展现了广大干部职工的精神风貌。

为实现煤矿与职工之间正面信息的有效同频，开辟微信公众号彭庄风采。公众号设置六个板块：一是史为鉴。选取历年当天发生的典型事故案例，采用视频、录音、图片、漫画等形式进行全方位讲解，深刻剖析事故发生的原因、后果，逐步提高职工思想安全意识。二是微讲堂。着重为职工讲解法律法规、政策制度、科学技术、安全知识等，不断提升职工业务水平和综合素质。三是一点通。展示每日一题，提高职

工岗位操作能力和技术水平。四是匠心坊。展示小改小革、创新发明、专用工具等，在全矿营造出浓厚的科技创新氛围。五是漫画"说"。采用漫画形式对各类煤矿安全事故进行说明，提高职工对事故案例学习的主动性、能动性及学习教育效果。六是清风正。通过弘扬廉政文化、解读党纪法规及身边的人和事，确保矿井风清气正。

（三）开展情感教育

彭庄煤矿在严格执行矿、区队、班组三个层面的安全教育制度基础上，充分利用员工的亲情和友情等加强情感教育。

充分发挥女工情感优势，打造亲情安全文化。对井下一线从业人员进行逐一走访，就职工的思想状态、生活状况、家庭关系、身体情况等进行摸底调查，确保员工不带着情绪上岗，不背着"包袱"下井。做到"六必访"（年节必访、违章必访、工伤必访、有病必访、家庭纠纷必访、有临时困难必访）。对包保区队职工做到"三知"（知区队班组、知居住地点、知工种岗位）并动态掌握，有记录可查。

不断完善协管网络体系，积极创新工作方式方法。建立了女工家属微信群、QQ 群，利用这两大平台及时发布女工工作动态、安全小知识；职工、家属可以随时表达意愿，群内人员出谋划策、共同解决；用好"家庭"和"亲情"两大法宝，"通报""三违职工、家属"，开展思想精准帮扶。相继组织了"亲情嘱安全"座谈会、"三违家属""探亲"等活动，邀请职工家属参与到活动中，了解职工工作情况，使家属们更加理解、关心自己的亲人。同时，积极引导职工家属吹好安全枕边风、做好家庭贤内助，营造温馨的家庭氛围，让职工在工作时没有后顾之忧。

相继组织开展了"我是安全小记者"活动。这些"小记者"中，最小的孩子仅 7 岁，刚读一年级，最大的也才 12 岁，他们都是职工子女。该活动旨在通过孩子们纯真无邪的问候、天真烂漫的笑容触动职工坚守安全的心，让职工时刻绷紧安全生产这根弦，同时也在小朋友心中埋下一颗安全的种子，让安全理念在职工心中生根发芽。在千篇一律的安全宣传中，这股清流着实得到了受访职工的认可。

二、追求"实新"安全文化，持续创新安全管理

（一）"一一六"员工素质提升管理法

"一一六"员工素质提升管理法，侧重于员工业务技能、综合素质的强化和提升，通过加强检查力度及现场讲解，切实提高员工安全技术操作水平，把安全培训和素质提升由"课堂"转入"现场"。

"一"：班前一流程。班前会议时间、地点、参加人员、班前会准备、班前会内容、入井前岗前确认和安全宣誓等程序固化，流程一致。

"一"：每班一抽考。对照"每日一题、每周一案"学习内容，利用号码球随机现场抽签方式抽考，每班抽考一名员工。

"六"：现场六管理。人人当一天带班领导"协管员"，每天由工区轮流产生一名"协管员"，协助带班领导对现场参与挂牌上岗、岗前排查、重点讲解、班中巡视、现场监管、填卡备案六项管理。

（二）"五位一体"齐抓共管管理模式

按照"党政同责、一岗双责、齐抓共管"的安全生产责任体系建设要求，彭庄煤矿推行党政工团家"五位一体"齐抓共管管理模式。充分发挥党员先锋模范作用，建立党员示范岗，使每位党员都是一面旗帜。充分发挥工会监督作用，设立群监员组织，选拔经验丰富、责任心强的员工作为群众监督员，及时发现和制止各类违章行为。充分调动广大团员青年参与安全管理的热情，创建青年文明号和青安岗，利用团课、团活动和"零点行动"检查安全。

（三）安全星级班组、星级班组长双基建设管理模式

以班组为单位，采用月度百分制，将安全生产、按章作业、安全质量班评估等项目全部细化落实到各个班组，月末进行评选，按评选结果确定各班组的名次。分为采掘组和辅助组，对班组进行评选考核，促进了上级要求和规程措施在现场的落实，有效降低了安全生产现场隐患，推动了矿井长周期安全生产。

三、追求"实新"安全文化，促进安全科技进步

近年来，彭庄煤矿不断加大安全技措资金投入，加大新技术、新装备的推广应用力度，提高矿井安全技术装备水平。一是积极采用国际先进生产工艺和生产设备，实现矿井规模大型化、采掘作业机械化、巷道支护锚索化、胶带运输高速化、监测监控信息化。

二是通过采用一次采全高和快速掘进法进行采掘作业,大大提高了煤炭回收率和生产效率。综采机械化和掘进装载机械化程度均达到了100%,高于全国大型煤炭企业平均水平15个百分点;采区回收率达到了93.6%,高于国家标准14个百分点。先进的安全技术装备提高了矿井安全生产水平及安全预控防范能力,保证了矿井安全高效生产。

四、追求"实新"安全文化,加强安全文化宣传阵地建设

在井下多个行人巷道的墙壁上通过不同表现手法,开辟微窗口,打造六条各具特色的井下安全文化长廊。一是利用228幅漫画"展冒险蛮干之行为,解思想麻痹之疑惑",打造漫画长廊;二是利用206幅牌板"兴企业发展之理念,扬企业文化之内涵",打造企业愿景长廊;三是利用220幅图文解释"明煤矿规程之条款,行规矩规则之常态",打造规程解读长廊;四是利用466幅书法作品"融百家书法之精华,汲艺术奥妙之灵感",打造千米书法长廊;五是利用78幅案例图解"剖事故案例之根源,揭违规冒险之恶果",打造案例图解长廊;六是129幅浮雕作品"尽废旧材料之余力,显浮雕艺术之魅力",打造浮雕艺术长廊。通过安全文化长廊对广大员工进行耳濡目染的文化熏陶,提高了员工的安全意识,丰富了企业安全文化表达形式,受到广泛好评。

五、结束语

安全文化建设是一个不断持续改进发展的过程,永无止境。彭庄煤矿"实新"安全文化管理模式品牌已经深深根植于全体"彭庄人"的心中,在以后的安全管理推进中需要不断丰富"实新"安全文化内涵、不断完善扩展"实新"安全文化的外延,促进矿井长周期安全生产。

浅谈思林发电厂安全文化建设

贵州乌江水电开发有限责任公司思林发电厂　陈寿康　司泰升　侯晋　唐宽树

摘　要：安全文化是企业在长期安全生产和经营实践中，逐步形成或有意识塑造的、被企业组织的员工群体所共享的安全价值观、态度、道德、行为规范和物质文化的总和。安全文化建设，是提升企业安全管理水平的需要，也是企业安全发展的强力保障，是企业文化建设的重要组成部分。本文以思林发电厂为案例，阐述了其安全文化体系的主要内容和构建过程，以期为企业安全生产提供保障。

关键词：发电厂；安全文化建设；理念；制度；行为

一、概述

思林发电厂位于乌江中游，为乌江干流开发的第六个梯级电站，坝址位于贵州东北部思南县县城上游23km。电站装机 4×262.5MW，于 2003 年 12 月筹建；2006 年 11 月 8 日工程正式开工；2009 年 3 月 28 日，枢纽工程下闸蓄水，2009 年实现一年四投，顺利完成基建到生产的平稳过渡和连续安全运行。思电人始终倡导"以人为本、全员尽职、防治并举"的安全理念，贯彻执行"安全第一、预防为主、综合治理"的指导方针，坚持"安全是生产力"的效益观，建立了"目标、责任、制度、监督、培训、预控、应急"七大管理体系和员工安全行为准则，通过"安全防护标准化、作业环境规范化、安全标志可视化、劳动保护人性化"建设，形成具有思林特色的安全文化体系。

二、思林发电厂安全文化体系内容

该体系为安全理念篇、管理篇、行为篇、物质篇和知识篇五部分。理念篇是安全理念文化部分，解决价值判断的问题；管理篇是安全管理文化部分，通过七大管理体系的运行固化安全理念；行为篇是安全行为文化部分，提出了安全价值观指导下的安全行为准则；物质篇为安全物质文化的建设提供指导；知识篇为企业各级人员提供安全知识参考。

（一）安全文化理念体系的构建

1. 以"以人为本、全员尽责、防治并举"安全理念为核心

以保障生命安全、员工健康作为安全工作的出发点和落脚点，全面发动、充分依靠员工做好安全工作，确保做到不伤害自己、不伤害他人、不被他人伤害、保护他人不受伤害。

以全员明责、知责、尽责作为安全工作的行动指针，坚持依法治安，强化红线意识，建立党政同责、一岗双责、齐抓共管责任体系，确保安全责任、投入、培训、管理和应急救援到位，时时、处处、事事绷紧安全弦。

以抓预防、重治本作为安全工作的基本途径，突出预防为主，推动机制创新和技术革新，实施综合治理，努力实现零违章、零缺陷、零隐患、零伤亡、零事故，建设本质安全型企业。

2. 安全效应观

安全经济学认为：合理条件下的安全生产投入产出比是 1：6；预防性投入与事后整改效果的关系是 1：5；系统设计考虑 1 分安全性可带来 10 分安全性，而实现系统运行和使用需要 1000 分安全性。

思电人坚持安全投入，不断提高生产力水平，以创造更大的人生价值、企业价值和社会价值。

3. 以"安全第一、预防为主、综合治理"安全方针为主导

安全第一、预防为主、综合治理是开展安全生产管理工作总的指导方针，是一个完整的体系，是相辅相成、辩证统一的整体。安全第一是原则，预防为主是手段，综合治理是方法。安全第一是预防为主、综合治理的统帅和灵魂，没有安全第一的思想，预防为主就失去了思想支撑，综合治理就失去了整治依据。预防为主是实现安全第一的根本途径。只有把安全生产的重点放在建立事故预防体系上，超前采取措施，才能有效防止和减少事故。只有采取综合治理，才能

实现人、机、物、环境的统一，实现本质安全，真正把安全第一、预防为主落到实处。

思电人坚持安全第一的哲学观，当安全与生产、安全与经济、安全与效益发生矛盾时，坚持安全优先的原则。预防为主是安全工作的方法论，思电人认为，一切风险都可以识别与控制、一切事故都可以预防与避免，思电人坚持思患如防，通过持续不断的排查、整改，逐步达到预防事故的目的。思电人在安全生产工作中秉承人、机、环、管的系统观，采取综合治理的方法，通过控制事故系统、提升安全系统，最终实现本质安全。

（二）安全文化管理体系的构建

1. 目标体系：企业一般事故为零、部门统计事故为零、班组障碍为零、个人违章为零

思林发电厂安全目标实行四级控制：企业控制轻伤和内部统计事故，不发生重伤和一般设备、火灾、水灾和负同等及以上责任的一般交通事故；部门控制未遂和障碍，不发生轻伤和内部统计事故；班组控制违章和异常，不发生未遂和障碍；个人不发生违章，实现四不伤害。

2. 责任体系：安全生产，人人有责，权责对等，奖罚分明

思林发电厂建立各级行政正职是安全生产第一责任人、涵盖部门班组及所有岗位的各级安全生产责任制，坚持"谁主管、谁负责""谁审批，谁负责""管生产必须管安全"的原则，根据各级安全生产责任建立安全生产绩效评价与奖惩体系。

3. 监督体系：依法、求严、善谋

思林发电厂建立由安全监察部全体人员、部门安监专职、班组安全员组成的三级安全网，行使安全监督行政职能；工会建立群众监督网，行使工会维权职能。与安全保证体系共同保证安全目标的实现。

4. 制度体系：齐全完备、合理高效、刚性执行

思林发电厂依据国家和上级颁发的法律、法规、标准、制度等，制定覆盖电厂安全生产全过程、全员、全方位的安全规章制度和规程，整理、建立完善的法律法规、国家行业标准和企业标准三大体系，做到依法治安。

5. 培训体系：坚持全员培训，提升安全能力

思林发电厂坚持全员培训的原则，全面提升各级

人员的安全能力。通过开展新员工入厂的"三级"安全教育和各岗位新上岗、在岗、转岗等安全生产培训，运用安全录像、幻灯、电视、多媒体、广播、板报、实物、图片展览、培训班、调考等多种形式，达到丰富安全知识、提高安全技能、培养安全意识的目的。

6. 预控体系：隐患险于明火，防范胜于救灾

思林发电厂建立隐患排查、安全评价、危险预控、风险控制四个体系，从人员、设备、环境、管理等方面查找存在的隐患，通过分析与评估制订整改控制措施，并加以落实。

7. 应急体系：安全第一，常备不懈，以防为主，全力抢险

思林发电厂逐步完善预防与应急准备、监测与预警、应急处置与救援、事后恢复与重建等工作程序，建立健全预案、物资、队伍三大应急体系，完善综合、专项和现场三级预案，储备应急电源、通信、车辆、医疗、消防、防汛、事故备品七类应急抢险物资，组建医疗救护队、防洪抢险队、义务消防队等抢险队伍，通过培训、演练与持续改进，提高应急处置能力。

（三）安全行为规范体系的构建

1. 决策层行为准则：超前谋划、精心安排、周密部署

作为电力企业安全生产的决策者，从人、机、物、环境等因素超前思考和策划，认真落实各级人员安全生产职责，把握各阶段安全生产工作重点和方向，做到周密部署、精心安排，保障安全生产各项工作早安排、早落实。

2. 管理层行为准则：重方法、强执行、多沟通、好配合、善总结

重方法：行之条理、巧妙办事、有效办事；

强执行：严格服从、遵章办事、成果说话；

多沟通：表述清晰、反馈及时、修正到位；

好配合：率先垂范、真抓实干、凝心聚力；

善总结：勤于思索、勇于认识、善于提高。

3. 员工行为准则：高效、严谨、细致、稳健、精准

高效：作业标准高，工作质量高，做事效率高；

严谨：严肃谨慎，严密周到，严格整齐树形象；

细致：点滴开始，注重细节，一丝不苟出成绩；

稳健：大局为重，听从指挥，稳中求安保生产；

精准：技术精湛，能察善断，举一反三查隐患。

（四） 安全物质文化建设

安全物质文化是指整个生产经营活动中所使用的保护员工身心安全与健康的工具、原料、设施、工艺、仪器仪表、护品护具等安全器物。加强安全物质文化的建设有助于提升设备设施与作业环境的本质安全水平，有助于提高人的安全意识。

1.安全防护标准化

在生产区域孔口、临空面边沿安装符合规范的栏杆，对可能发生触电的区域和旋转机械部分进行有效隔离，电缆沟、排水沟盖板标准齐全，所有机电设备外壳进行可靠接地，安全工器具定期开展检查和试验，监督作业人员正确使用安全工器具。

2.作业环境规范化

工作现场照明、通风适宜，粉尘、噪声在标准范围内，环境温度适合安全生产，工器具和检修材料堆放有序，作业现场和运行区域充分隔离，作业及附近的地面和设施（备）均有可靠保护措施，油、水污物不落地，做到"工完、料尽、场地清"。

3.安全标志可视化

根据国家标准标准色：红、蓝、黄、绿（禁令与消防、指令与指示、提示、允许与安全）的含义，统一制作各类安全标志、标识牌，安装在生产场所和危险区域，警示或提醒员工注意安全、遵章守纪；加强安全标志、标识、提示的现场管理，专人负责，定期检查，对脏污、损坏的安全标志标识，及时维护和更新。

4.劳动保护人性化

按规定对从业人员配置齐备的劳动防护用品，进行劳动防护用品使用培训，定期开展劳动防护用品维护保养检查，对过期或损坏的劳动防护用品及时更新，关爱从业人员的身心健康，为从业人员提供安全的作业环境。

三、结论

思林发电厂倡导"以人为本、全员尽职、防治并举"的安全理念，贯彻执行"安全第一、预防为主、综合治理"的指导方针，坚持"安全是生产力"的效益观，建立了"目标、责任、制度、监督、培训、预控、应急"七大管理体系和员工安全行为准则，通过"安全防护标准化、作业环境规范化、安全标志可视化、劳动保护人性化"建设，形成具有思林特色的安全文化体系。通过安全文化建设，提升了发电厂的安全管理水平，从根本上保证了企业安全平稳运行。

浅谈煤炭企业如何加强班组安全文化

四川华蓥山广能（集团）有限责任公司　毛胜凡

摘　要：班组是企业生产经营活动最基本的单元，是安全生产的第一道防线，也是煤矿安全工作的基层、基础。班组安全文化是企业安全文化的"细胞"，在企业文化建设中显示出举足轻重的作用。加强班组安全文化建设，强化安全管理和切实提高职工安全生产素质，是有效减少安全事故、提升安全生产水平的重要途径。在新时代背景下，如何紧紧围绕班组安全文化实际，实现安全生产和各项经营目标，让企业长治久安？开展班组安全文化建设值得探索和进一步思考。

关键词：煤炭企业；班组；安全文化

一、班组安全文化建设的内涵

从广义上讲，班组安全文化是指班组及其成员在安全工作中的价值观点、行为准则、规范体系、素质结构、物质装备等表现出来的影响企业安全管理、质量、效益的大环境系统。而狭义的班组安全文化是班组在长期的安全管理实践中所形成的并为班组全体成员共同遵守和奉行的价值观念、道德观念和行为准则。

二、班组安全文化建设的重要性

班组是企业最基层的生产组织，也正因为如此，各种设备事故、人身事故的发生均与班组人员有关。无疑，搞好企业的班组安全文化建设，是企业的一项重要的基础工作，如果说，安全文化是企业文化的"亚文化"，那么班组安全文化便是企业安全文化的"子工程"，在企业文化建设中具有不可取代的地位。

班组安全文化建设的重要性体现在以下几个方面：一是企业安全文化建设离不开班组安全文化建设。班组安全文化建设的各个层面是企业文化的重要组成和必要补充，在企业文化建设中显示出举足轻重的作用。二是搞好班组管理首先要搞好班组安全文化建设。重视搞好安全文化能极大地促进安全管理，而安全管理的水平又决定着安全文化的开展是否具有成效。三是提升班组安全文化建设水平，间接提高了员工队伍素质。班组安全文化建设是通过各种载体、手段或有效形式，把先进的管理理念、安全技能，潜移默化地影响每一个员工，从而促使员工队伍素质的整体提高，使安全管理人人参与。四是搞好班组安全文化建设，促进企业安全生产工作不断迈向新台阶。班组安全管理处在基层一线，扎实有效地搞好班组文化建设，对企业安全生产局势的稳定起到了举足轻重的作用。

因此，我们要充分认识到创建班组安全文化的真正内涵和重要作用，从安全生产、企业管理和发展创效上，可以看出切实搞好班组安全文化建设，抓好班组建设，是煤矿企业长治久安的基础和明智的抉择。

三、当前班组安全文化建设存在的问题

（1）受多年来煤矿传统粗放型管理的影响，一些干部职工对班组建设工作，简单地认为搞几项活动、开展几次培训、制止几次"三违"就可以。对于班组建设方面的制度、办法只停留在表面敷衍，个别班组考核不规范、个别管理部门考核只是做表面文章，应付检查。

（2）部分班组长素质低，处理现场问题仍凭经验、凭感觉，少数班组长不懂安全生产工艺，对生产过程中容易发生的事故部位及环节不能了如指掌，在安排工作时不能做到心中有数，不能制定有效预防应对措施，且管理粗放，安全意识不强。

（3）部分班组只重视生产任务和经营性目标的完成，忽视班组建设的基础管理、职工行为养成、素质提升等，在工作条件差、工作任务繁重时尤为突出。从而存在班组职工不爱钻研、不思攻关、工作被动、积极性不高、不能把培训所学的知识运用到实际工作中解决具体问题等情况。

（4）班组职工在具体的工作中理论与实际脱节，所学的知识不能有效地联系本班组岗位的实际，缺乏实用性、灵活性。同时很多职工不愿学，不愿接受新

知识，认为多学就要多干，多干就容易多出问题，认为学多了反而对自己不利。

四、班组文化建设的进一步思考

作者认为，煤炭企业应从以下几个方面加强班组安全文化建设，实现安全生产和各项经营目标，让企业长治久安。

（一）积极培养班组的精、气、神

构建优秀的基层班组，培育团队意识、凝聚班组人心是保证，而良好的班组文化重在培养班组的精、气、神，建设基层班组的灵魂。要抓好班组思想文化建设，班组精神是班组安全文化的核心，将有力地增强班组向心力和凝聚力，使职工面貌奋发向上，富有朝气。好的班组精神，能够充分展示班组的形象，创造班组信誉，促进班组工作。要营造班组特色安全文化，突出"家文化"建设，营造家的温馨，让员工在班组有家的感觉，让职工"体面劳动"又心情舒畅地工作，让班组职工和企业一同成长。要塑造好班组形象，培养团队精神。班组形象包括班组的质量品牌形象、服务水平形象、班组环境形象，班组成员的员工形象以及完成各项生产任务、工作任务所表现出来的工作效率。

（二）着重提高班组长的整体素质

班组长在企业中承担着"兵头将尾"的角色。班组长素质的高低和管理水平决定着班组整体作用的发挥。要创建公正、公平、公开的竞争平台，把好班组长的选拔关，让优秀职工有机会成为班组长，让优秀班组长有机会成长为中层干部，同时把班组长的培养纳入队级后备干部的管理，工作好坏纳入队级党政班子评价考核体系，提升班组长地位。对绩效突出、素质好、有创新能力的优秀班组长，从工资、津贴、奖励等物质方面和表扬、荣誉、晋升等精神方面进行激励。要积极引导、培训和教育班组长加强学习，建立终身学习机制，让班组长成为管理型人才，营造"知识改变命运，岗位成就事业"的成才氛围，充分发扬班组长的首创精神，激发班组长爱岗敬业的奉献精神，增强班组长的主人翁责任感，努力培养和造就一支优秀的班组长队伍，使班组既成为培养高技能复合型人才的摇篮，又成为职工施展才华、实现人生价值的舞台。

（三）全力提升班组队伍的安全工作水平

安全是煤矿的头等大事，煤矿企业要实现科学发

展、安全发展就必须要强化安全管理工作。组织班组开展合理化建议活动，可以调动职工主人翁积极性，发挥群众智慧，有利于促进各项工作和提高职工素质，要让职工敢于并且善于提合理化建议，积极为班组和企业的发展献计献策。积极开展劳动竞赛、技术比武和岗位练兵活动。让班组成员作为劳动竞赛的参赛主体，通过参加竞赛，检阅班组成员的水平，与其他班组成员互相学习，互相促进，共同提高。要牢固树立"节约优先、节约光荣、浪费可耻"的理念，树立"节约一度电、一滴水、一张纸"的节能降耗意识，强化爱岗敬业，认真落实设备管理工作，努力创建节约效益型班组。加强班组质量管理活动，通过开展质量管理活动，组织职工进行技术研究与技术攻关，提高工作质量，提升企业效益。

（四）营造和谐的班组安全文化环境

企业千条线，班组一针穿。企业的安全生产、经营管理等，最终都要落实到班组和班组职工的活动环境上。要营造出良好的班组安全文化氛围。通过各种载体、手段或有效形式，把先进的管理理念、安全技能，潜移默化地融入每个职工的头脑中，使每位员工树立起严格的安全意识、安全价值观。要严格贯彻安全生产各项制度和工作规程，建立安全生产岗位责任制、安全检查制、安全教育培训制和安全考核奖惩制，构筑起全方位、宽领域、多层次的安全长城。抓好安全学习、"习惯性违章"纠查预演、事故预想与反事故演习、事故隐患通知书送达、危险预知活动等班组安全文化活动，增强员工安全事故的控制和解决能力，提高安全预知预防能力，以此推动班组安全文化建设的全面铺开，促进煤炭企业安全发展、和谐发展。

五、总结

抓好班组安全文化建设，是一项强基固本、立足当前、着眼长远的工作。煤炭企业班组安全文化建设不是一蹴而就的事情，也不是一劳永逸的事情，而是一个循序渐进、动态发展的过程，它受职工的文化结构、素质的制约和影响，必须随着科学发展而发展、技术进步而进步、工艺变化而变化，只有与时俱进、创新发展、不断丰富其内涵，才能保持其顽强的生命力和完整的个性特征，为企业安全、生产、效益提供动力源泉。

建设企业安全管理体系，促进企业安全文化提升

北流海螺水泥有限责任公司　胡有群

摘　要： 企业要实现安全生产，有效预防事故发生，保障员工生命安全及身体健康，保障企业长治久安，就必须建立安全生产管理的长效机制，这是公司稳定发展的根本措施。本文主要介绍了如何建设企业安全管理体系，从体系管理促进企业安全文化发展，牢固树立员工的安全理念和意识，从而降低安全事故的发生。

关键词： 安全管理体系；安全生产责任；量化考核；安全培育；双重机制

安全文化的建设是企业发展的基本保障。安全文化的建设是长期的、持续的，与企业的安全生产活动息息相关，共同发展的。企业安全生产管理活动是运用有效的人力和物资资源，发挥全体员工的智慧，通过共同的努力，实现生产过程中人与机器设备、工艺、环境条件的和谐，达到安全生产的目标。安全生产管理的基本责任原则是"管生产必须管安全""管业务必须管安全""谁主管，谁负责"等。我们国家的安全管理理论经历了四个阶段，从工业发展初期的事故理论管理第一阶段，到电气化时代发展的危险理论第二阶段，提出规范化、标准化的管理，进而到第三阶段的信息化时代风险理论，是科学管理的高级阶段。21 世纪以来，第四阶段提出以本质安全为管理目标，推进兴文化的人本安全和强科技的物本安全。

北流海螺水泥有限责任公司 2007 年投产，现已建成两条日产 5000 吨新型干法水泥熟料生产线，一套年产 160 万吨水泥生产线和一套 200 万吨水泥联合粉磨系统及配套 18MW 余热发电系统。经过 10 年的安全管理摸索，逐渐探索出了一套以全员管控、责任到位的安全生产管理体系，形成结合自身实际发展的企业安全文化，为公司的安全生产管理提供了强有力的保障。企业安全文化建设落实到企业安全体系的建设上，总结起来主要有以下几点经验做法。

一、企业安全文化的基石：安全生产责任制落实

企业主要负责人依法建立健全企业的全员安全生产责任制度，安全生产责任制度应覆盖本企业所有组织和岗位，其责任内容、范围、考核标准清晰明确，并对全员安全生产责任制度进行公示和全员培训，让全员都了解安全生产责任制度的含义。实践证明，凡是建立、健全了安全生产责任制的企业，各级领导重视安全生产、劳动保护工作，切实贯彻执行党的安全生产、劳动保护方针、政策和国家的安全生产、劳动保护法规，在认真负责地组织生产的同时，积极采取措施，改善劳动条件，工伤事故和职业性疾病就会减少。反之，就会职责不清，相互推诿，而使安全生产、劳动保护工作无人负责，无法进行，工伤事故与职业病就会不断发生。

将公司的"安全生产责任制"教育培训纳入安全生产年度培训计划，通过各部门培训情况进行验证考核，并利用各班组交接班会进行抽查学习情况，对不熟悉自己岗位的安全生产责任制人员要进行重新再教育，直到熟悉为止。同时制定安全生产责任制的考核管理，对全员安全生产责任制落实情况进行考核管理，公司形成了《安全考核细则》《安全生产禁令》《安全生产职业健康目标考核细则》等制度，每月、每季度进行考核验证。

二、企业安全文化的保障：安全量化考核的实际运用

在完善安全生产责任制的基础上，将安全管理细化、量化，可以验证，是实现安全管理细节的一个重要环节。公司通过学习其他先进单位的安全管理模式，对量化考核体系进行了转化，经过了几次修改，形成公司目前现有的量化指标考核体系，主要是通过 4 个指标的完成情况去验证每个人、每个部门的安全情况，指标分别是员工安全培训达标率、安全隐患申报、安全隐患整改率、安全行为考核。

员工培训达标率指标，指标的目标值是考核部门培训情况是否良好的验证，可以设定为 100% 合格或

90%合格。或者直接硬性界定各部门必须 100%合格，达标率的目标值可根据公司目前的安全情况进行加严，一旦达到指标，该指标不进行考核，低于指标目标值进行相应考核。

安全隐患的申报，是体现现场安全管理全员参与的验证，员工积极主动发现现场安全隐患，有助于降低安全风险，保持现场一个良好的工作环境。安全隐患的申报指标同样可以根据公司目前的安全形势进行判断加严，当指标定为80%时，现场处于一个相对平稳的环境，当指标定位90%或更高时，现场的整改隐患工作量会随之增多，同时现场环境安全系数会大幅度提高。如指标小于80%，现场环境安全系数会明显下降，造成不良的后果。同时安全隐患的整改率指标，应该包括上报的安全隐患存在的问题，月度安全检查以及日常安全检查存在问题的整改情况，才能有效地形成闭环，对整改不及时和整改不彻底情况进行监督考核。

安全行为考核指标当中，主要是开展现场管理人员安全行为观察活动的次数。有效开展现场作业行为观察，可以杜绝发生违章指挥、违章作业的情况，通过与员工交流正确的作业行为，交流作业时应该做好防范措施，可以降低和减少现场的安全事故的发生。安全行为考核指标可以设置占各部门总数的 30%～40%，根据现场安全情况的实际，可以逐步加严，形成人人行为观察、作业时互相提醒的安全氛围。

三、企业安全文化的创新：安全教育的创新演变

安全培训教育，是提高员工安全意识的必要环节，教育对象包括生产的决策者、管理者、安全专业人员、职工和外来人员，企业的安全教育首先要符合法律法规要求，每年固定的学时要严格落实。安全的教育模式我们也可以引用习总书记"抓关键少数中的关键少数"理念，安全教育也需要常态化制度化，企业的关键少数是管理人员，管理人的关键少数是安全管理人员，部门的安全管理人员是部门的主要负责人，工段的安全管理人员是工段的负责人，班组的安全管理人员是班组长。只有公司的各级管理人员带头去学安全，懂安全，发挥示范带动作用，才能正确指引普通员工开展安全生产。

公司严抓现场安全管理的同时，对各级管理人员制订了安全管理目标，每月的安全培训合格率目标要100%合格，另外通过每月工段长主管的安全考试，将成绩与安全考核绩效挂钩。除了传统的培训模式，公司还利用手机云平台推送安全管理课件到每一个人手机，每个人都可以通过手机，利用自己的时间开展学习，同时收集法律法规以及基础安全知识汇编成册发放到每一位员工。月底便统计手机云平台的学时时间，针对本月推送的课件和安全知识速记手册，发布考试题库，通过手机推送让全员进行练习，练习结束后开展月末考试。员工不断地通过学习、考试，人员的安全技能和安全意识得到巩固。

四、企业安全文化的提升：双重预防机制建设与应用

2016 年 1 月 6 日，习近平总书记对全面加强安全生产工作提出的明确要求，强调必须坚决遏制重特大事故频发势头，对易发重特大事故的行业领域采取风险分级管控、隐患排查治理双重预防性工作机制。

第一，开展双重预防机制建设，首先要做好策划和准备。建立相应的工作制度，明确责任人，提供制度保障，并开展全员全面培训，提高全员风险管理的意识和技能，同时要了解收集相关外部和内部的基础资料信息。

第二，开展安全风险评估。将公司整个生产系统进行合理划分，确定评估的基本单元；接着选择适合自身特点的、简单易行的、便于操作的评估方法，评估后开展安全风险辨识，突出关键岗位或危险场所的辨识，接着开展安全风险评价、绘制安全风险"红橙黄蓝"四色空间分布图，建立安全风险管控信息平台与政府监督部门终端安全对接，实现安全监管。

第三，进行安全风险管控。根据安全风险评估的记录，制定安全风险管控措施，实施安全风险分级管控，同时企业要将安全风险进行公告警示。

第四，开展检查和考核。强化检查督促落实，及时排查治理现场的安全隐患；强化实施绩效考核，对相关的负责人进行必要的奖惩激励。

第五，不断改进提升。针对日常和定期检查中发现的情况，及时纠正偏差，同时要实现动态化评估风险，对新、改、扩建、新工艺、新技术或发生各种特殊情况时，重新评估风险，实现动态管理。

五、企业安全文化的全面推进：安全生产标准化建设的全面发展

安全生产标准化的建设，是所有体系的整合，通

过建立安全生产责任制，制定安全管理制度和操作规程。排查治理隐患和监控重大危险源，建立预防机制，规范生产行为，使各生产环节符合有关安全生产法律法规和标准规范的要求，人、机、物、环处于良好的生产状态，并持续改进，不断加强企业安全生产规范化建设。这是企业基础工作和基层工作，这是全员，全天候、全过程、全方位的工作。公司 2014 年通过了一级安全生产标准化建设的评审，2017 年 12 月一次性通过了复审。期间经历了学习、模仿、探索、完善、改进的过程，逐步实现了"要我安全"向"我要安全"的过渡，根据安全标准化建设的 8 大项核心要求，持续开展人员的意识建设，现场本质安全建设，逐步实现安全标准化建设的全面发展。

六、结束语

安全责任重于泰山。我们要通过企业安全管理体系建设，推动安全文化发展，提高企业全员安全素质，让企业全员安全意识增强、安全观念正确、安全态度端正、安全行为规范、安全管理高效、安全执行力提高，最终实现企业本质安全性提升、事故预防能力增强，安全生产水平提高。

对电力企业安全文化建设的几点思考

国网上海市区供电公司　周曦昕　金琪

摘　要： 安全工作是一切工作的基础，安全文化建设是安全工作的基础。为了实现安全文化建设的深度贯穿，牢固全员安全责任意识，严格把手安全底线，持续推进安全生产，企业必须采取各方面的具体措施。首先通过多种宣传载体，进行安全文化与安全知识宣传，多管齐下，提高职工的安全意识。其次举办形式多样的主题活动，深入学习安全知识，排查现场安全隐患。再次开展各类安全技能培训、比武与演练，从根本上提高员工的安全素质与岗位技能，为安全生产提供保障。最后设置奖惩机制，明确安全责任，形成安全反馈闭环管理。最终实现安全文化建设的深度贯穿，达到本质安全的要求。

关键词： 安全文化；安全意识；主题活动；安全培训；奖惩机制

安全工作是一切工作的龙头，电力企业的安全不仅关系到企业的经济效益，关系到职工的生命和国家财产的安全，同时也与企业的健康持续发展有着极为密切的联系。通过安全文化建设，提高全员安全意识，加强安全设施管理，强化安全教育培训，建立安全激励机制，为公司安全管理水平的提升、安全基础工作的推进和安全生产工作良好氛围的营造奠定基础。扎实推进企业安全文化创建活动，促进企业安全管理水平的提升和安全生产形势的持续稳定好转，不仅是对"生命至上、安全发展"思想的弘扬，是对党中央、国务院关于加强安全生产工作决策部署的深入贯彻，更是企业自身发展的内在要求[1]。本文主要从以下四个方面来采取具体的措施进行安全文化建设的深入贯穿，保证安全文化体系的有效运行。

一、多管齐下进行安全宣传，提高全员安全意识

利用多种文化宣传载体，多管齐下，共同营造"安全第一、热爱生命"的安全价值观，提高全体员工安全意识。在公司办公楼入口处、电梯间以及作业现场，放置"十不干"等宣传板，制作安全教育宣传片，利用公司电子屏幕滚动播放，将安全教育渗透进工作与生活，营造浓厚的安全文化氛围，使员工在潜移默化中增强安全意识[2]。举办"安全随手拍"活动，鼓励员工主动发现身边的安全隐患、违规作业行为等不安全因素，以及注重加强安全教育、严格遵守安全规程的优秀范例，鼓励员工从被动学习到主动学习，横向对比、自检自省。与此同时，为适应安全工作新形势，

运用互联网新媒体技术，创新工作方法，搭建安全宣传新平台，建立"市区安全之声"微信公众号，致力于为市区公司广大员工提供安全工作相关信息，分享各类安全知识、最新咨询以及公司安全生产活动内容，为广大员工提供方便快捷的互动形式，进一步提高员工安全意识，提升公司安全监督管理水平。通过全方位多途径宣传，提升公司安全监督管理工作的宣贯力度，让公司更多员工了解安全生产相关信息，夯实安全生产责任意识，对公司的安全监督工作起到积极作用，使每一名员工自觉地增强安全意识，明确安全生产责任，提高整体的安全水平，以良好的安全氛围和系统的安全文化熏陶，营造处处讲安全、人人学安全的安全文化氛围。

二、定期开展主题活动，深入学习安全知识

定期开展"安全月""安全日"和"隐患排查"等主题活动，周密策划、积极实施。在"安全月"通过开展形式多样的系列安全教育活动，普及安全知识，增强安全意识，提升安全素养，关注安全生活。在"安全日"活动中，公司各级领导深入到班组，与一线班组员工共同学习近期发生的行业安全事故快报与事故分析，最新安全工作要求与安全工作学习材料，结合当前班组的具体工作，就如何落实岗位责任、严格执行安全规程、严格现场安全管控等方面与班组成员展开互动讨论，就近期行业安全事故开展自查自纠、隐患梳理，深刻吸取教训，进一步提高思想认识，强化责任落实，确保同类型事故不再发生。通过落实"隐

患排查"专项行动,深化隐患排查工作,将安全防线前移,进一步提高运维管控水平、提高现场作业管控手段、提高员工安全素质。通过开展"安全月""安全日""隐患排查"等主题活动,加强组织领导、强化安全理念、做实过程管控,充分营造"关爱生命、关注安全"的氛围,有效提高公司全员的安全思想认识,及时调整工作状态,为公司确保电网安全稳定运行,有序推进安全生产平稳开展上紧"发条",确保牢固树立安全生产红线意识与底线思维,夯实公司安全基础。

三、健全培训机制,为员工提供安全保障

通过专业知识考核、专业技能比武、专项活动演练等,提高员工的安全素质与岗位技能,从根本上为安全生产提供保障。一是开展培训竞赛,提高业务水平。将安全规程普考作为公司的一项劳动竞赛,通过竞赛推动员工参与的积极性,抓好员工基本安全知识与作业技能;组织开展"心肺复苏法"竞赛,在全员过关的基础上,各部门选拔选手,演练现场触电急救,提高生产一线员工现场触电急救技能;组织开展非电业抢修人员资格培训,使员工掌握安规、调规、应急处置和实操等相关内容,进一步提高配网抢修满意率,规范非电业抢修人员在配网抢修工作中的行为。二是加强实战演练,提升应急能力。举办单电源 OT 站应急供电抢修演习,记录抢修时间、所需人数等参数,为将来抢修工作提供参考,熟悉抢修方案,固化抢修流程,确保从容应对处置;举办防汛防台应急演练活动,演练以台风、强降水和高潮汛为背景,应对处置地下室进水、人员伤害以及高空坠物等情况,各部门迅速、高效、有序地做好防台防汛和抢险救灾应急工作,提高员工的防灾避灾意识,最大限度地减轻水浸造成的损失;开展变电站火灾事故暨大面积停电事故应急演练,检验公司大面积停电事件应急预案的有效性、可靠性,提高相关人员应对火灾事故及大面积停电事件的处置能力。通过各类实战演练,有效验证应急方案的可行性,对演练过程中出现的问题进行梳理,总结演练实战经验,提高应急反应能力。

四、建立奖惩机制,形成安全反馈闭环管理

设置安全工作奖励与处罚,对现场安全作业情况形成闭环反馈。设置安全检查工作组,明确安全生产责任制度,不定期对作业现场进行安全检查。对发现的安全隐患与违规操作进行处罚并要求整改,对整改结果进行跟踪反馈,举一反三,认真追溯责任原因,加强专业管理,杜绝同类问题再次发生。与此同时,鼓励各一线班组成员积极申报安全工作奖励,对一线作业人员发现并上报的安全隐患进行奖励。通过制定科学的管理和考核办法,健全激励和约束机制,奖惩分明,严格考核,保证规章制度执行到位。实践证明,安全管理仅靠意识建设是不够的,还要通过处罚制度来强制规范和约束,同时,也需要通过安全激励机制激发一线作业人员的积极性与主观能动性。通过奖惩机制,大力提高员工的安全观念和安全作业的自觉性[3],坚决杜绝有令不行、有禁不止的行为,坚决杜绝违章指挥和违章作业。加强对工作现场的安全监督,对违章行为,必须认真纠正,严肃处理,做到违章必究。对于因为工作懈怠,导致事故和严重失误的,要坚持"四不放过"原则,严肃追究有关领导和人员的责任。

五、结论

通过以上四方面的举措,实现安全文化建设的深度贯穿,牢固树立全员安全责任意识,以严谨的态度面对安全生产,树立"不安全是绝对的,安全是相对的"的危机意识,从本质上加强安全预防和风险管控。安全无小事,要保持谨小慎微、如履薄冰的态度,坚定不移地抓好安全工作,围绕本质安全要求,认真总结安全基础工作,查找不足,提炼经验,弘扬生命至上理念,不断夯实公司安全发展基础,严格把守安全底线,持续推进安全生产。

参考文献

[1] 胡得国, 马燕珺. 中国石油企业安全文化建设[J]. 中国安全科学学报, 2003, 13(2): 4-7.

[2] 蒋庆其. 电网企业安全文化建设[J]. 电力安全技术, 2004, 6(10): 6-9.

[3] 慕向斌. 加强企业安全文化建设,提升安全管理效能[J]. 华北科技学院学报, 2011, 8(4): 69-72.

企业安全文化目视化落地建设的思考

华电邹城热力有限公司　闫曙光

摘　要：围绕安全文化目视化落地建设与应用，针对企业安全文化在环境视觉空间、活动视觉空间和作业视觉空间中，对其生活区、生产区和社区区域性目视化落地实施应用，提出一些构建应用的思考和建议。

关键词：安全；文化；目视化；建设；探讨

企业安全文化建设与应用在现代企业管理应用中都很受重视，但有好多企业的安全文化建设与应用，停留在仅仅依附于主文化体系下的简单宣贯应用。实践应用中往往忽视了全过程目视化的教育管理与应用。

企业在其目视化落地建设应用上，不能仅在好看的企业文化手册本上停留，只有在好看的全视觉目视化管理中落地与实践，才能真正发挥安全文化建设的应有作用。即在企业各个环境视觉空间，以及社会性拓展区域和其外延环境关联场所视觉空间区域，有效建设应用安全文化的全视觉目视化管理应用体系，将是企业文化落地以及安全文化落地建设的重点，在其独特的环境人文区域场所中，不断固化拓展企业的安全文化目视化应用，将是企业安全文化落地建设的重点和关键点，也是企业安全文化呼应企业主题文化建设落地的重点。

一、目视化落地建设方式

安全文化目视化落地建设应用的重点，也就在人们意识行为和规范行动上的环境视觉空间，以及活动空间视觉和作业空间视觉中，不断建立健全目视化的落地应用体系，从而不断落地落实企业安全文化建设的有效性。

（一）环境视觉空间利用

企业环境视觉空间，泛指企业广义上的厂区环境，大范围的厂房和主要基础建筑设施，以及主要沿途道路和较大范围空间的环境场所等；还有企业关联周边环境空间，一些邻近和关联社区企业单位间，以及一定区域的周边环境场所等。

在其环境视觉空间中，要围绕企业安全文化的主体理念思想意识方面，不断建设目视化的场所落地空间和形式。其内容一般在其安全理念、安全行为、安全思想、安全目标，以及安全行为规范上的宏观意识形态建设和应用。例如社区性公共场所就要在安全共建共创，安全关乎大家，安全关乎你我他，以及大家的安全大家管，大家的安全大家保障，在其公共性安全文化理念、思想意识、行为上，实现广义上的落地实施。

还有一些企业关联的安全防御和社区性社会性安全文化理念树立，突出其目视化落地。例如大家都在强调的"安全第一、预防为主、综合治理"的安全方针，以及交通安全、环境安全等。

（二）活动视觉空间利用

活动场所视觉空间是指在大的环境中的公共性区域和单一性活动场所，比如一条厂区主要道路干线，一个公共活动体育场，一个单一性作业厂房等。

其生产、生活活动空间就要在大的区域性环境安全视觉中，突出某个活动空间安全需要和特点的目视化东西，相对于大的环境目视化呼应宣贯，以及相对于作业性空间视觉进行大范围的氛围营造，基本上是外和内空间的连接连贯。例如一个生产车间，就要围绕这个车间生产特性目视化，比如远离什么、杜绝什么、禁止什么，以及这些空间里做和不做，宜和不宜性及禁止性的行为规范要求。不断在其安全文化上需要宣传教育落地和行为规范上的指导，需要在意识行为上固化等，要在这个区间的行业特性活动范畴，以及这个区间人们活动的习惯等，突出这个空间安全管理行为和操作防范，以及个体群体习惯和其活动及重大邻近作业间，容易引发的安全防范和防御上的提醒，实现教育防范的宣贯和宣传引导，以及多方面教育提醒，在其文化理念意识行为和操作作业行为规范，对应该不应该的要求，实现目视化活动场所的一个系列宣传教育体系，注重营造舆论导向和行为规范的目视化环境氛围。

（三）作业视觉空间利用

作业环境视觉空间相对于活动空间就更具体更规范，一般是一个生产、生活活动过程和结果的单一作业环境和空间。例如一个生产车间的工作活动流程空间，一个生活活动的运动场所空间，其室内球场某一公共活动服务室或项目，生产环境和生活活动环境空间中，单一一个固定的作业活动场所环境空间等。

作业性空间视觉落地建设，就要在大安全环境和其活动空间安全环境视觉化中，对应呼应这些大环境安全文化的建设要求，以及对应完善这些区间具体专业防御操作指导行为规范，以及一些禁止的警示警告，在其整个相对作业环境空间，提出具体的要和不要的安全行为规范具体化。如果是一个外来参观者和外行的人员进入该区域，至少明白这个区域应该禁止性的防御和做法，首先能够防范保障自己的安全，也不能引发其他安全隐患，其目视化就像一个学科性专业操作性的视觉教科书，这个区间重点就是从根本上能够保障"四不伤害"所要求的落地和落实。

二、目视化落地应用形式

在安全文化视觉化目视化群体建设应用中，可以根据企业所在的区域环境，按照企业安全文化理念思想所要达到的效果，达到其教育引导人们安全理念意识和安全行为规范的目的。分类进行目视化宣教看板建立展览，可以与企业主体文化视觉目视化群体，以及企业精益 7S 管理的目视化群体，一并进行分类实施应用。在人们日常生活、生产、活动范畴内，依据企业安全和企业安全文化，形成有效的有机结合体。将其融入企业安全和社区安全，不断形成全方位的目视化管理长廊式的宣教管理区域，达到随时随地宣传教育引导企业人员，从而教育感化提升群体公共安全文化意识，共同创建安全和谐的公共安全区域，从源头上保障企业人的行为和区域关联社区群体公众行为，以及周边环境因素安全行为，在其安全理念文化行为规范的价值认同和行为自觉，真正实现区域性大安全防范管理机制的有效建立和应用。

（一）生活区目视化应用

在安全文化目视化分类实施应用中，首先以企业安全文化理念的树立，对应区域社会性社区性公共安全文化理念的融合创新，在人们行为活动范畴的第一个生活区域环节，对企业安全文化以及社区社会性安全文化中，所要强调落实的以人为本的安全文化理念意识行为进行规范。在人人安全防范、人人安全责任、人人安全行为、人人安全目标的文化理念中，形成可视化的宣传教育目视化看板。有条件的区域可以实施活动移动式的看板展板，按照一定的周期在几个区域循环展示，还可以定期广场式安全活动联合宣贯的形式，对其安全文化理念、行为规范的一些经验警句进行征集提炼，增加人人参与其中、教育其中的宣教引导效果，从而降低人们固定目视化的视觉疲劳，不断提升企业和社区安全文化共创共建的效果，从而不断强化公共安全文化建立应用体系，拓展区域性公共安全防御体系建立和应用，从而保障区域性安全防范防御的目的和效果。

（二）生产区目视化应用

生产区是人们安全生产行为实施实现的重要环境，这个环境中的安全文化意识思想行为的树立，以及感悟和应用尤其重要。这些区域的可视化安全文化管理与应用，要结合企业的行业特性和生产特性，对其人、机、环中所涉及的安全行为和规范要求，不断进行文化理念意识行为上的可视化教育，对其重要人的安全行为意识和行动习惯进行固化。如不安全不工作、你的区域安全吗、你这里做到了安全吗，再到设备运行和周围区域环境。在一些危险的八大禁令和上下左右高空受限环境周围，相应设立一些安全禁止、警示，以及安全行为提醒和禁止的目视化相结合。注重在周边环境中影响人、环境、设备等的一些空间，更要加强人、机、环一体化的安全理念文化意识，以及思想行为行动等意识到行为的教育引导，不断形成上下左右全方位空间环境下，全目视化的安全教育警示警醒警告视觉化，达到从教育到引导，从规范到禁止，从警告到自觉的文化教育警示作用，从而真正在这些重要生产区域中形成从"要我安全"到"我要安全"的行为意识转变，真正形成"我不伤害自己、我不伤害别人、我不被别人伤害、我保护他人不受伤害"的文化理念和行为自觉。

（三）区域性目视化应用

企业本身在生活生产区域的安全文化目视化管理应用，从一定程度上影响区域社区公众团体，还要专一性地针对社区人文风俗，以及经济发展程度影响下的生产生活习惯，不断依照企业大安全文化建设理念，不断形成社区融合性的目视化教育宣传区域，可以依据企业安全文化和社区安全文化的统一性，不断探讨建立健全社区性安全文化目视化的宣传教育阵地。突出其安全和谐社区共创共建，大家的安全大家管，大家的安全大家保，从而提升区域群体公共安全和公众安全防范防御文化自觉和习惯自觉性，在其教育影响带动和教育感悟提升中，形成区域公众社区企业共同认同的安全防范的文化认同，以及各种习惯行为的自觉认同，不断实现区域性大安全防范和保障目标。

三、目视化落地应用举例

企业安全文化体系范畴一般由企业的安全愿景、安全核心理念、安全使命、安全价值观、安全管理观、安全激励观、安全制度观、安全作风和安全行为等内容组成。其具体内容由企业的行业属性和区域社会属性等影响，可以有针对性地细化一些具体的内容，在其目视化落地建设的各个环境视觉空间，依据其安全文化涵盖的范畴，对应其不同场所的视觉影响范围，有针对性地实施落地应用内容。

下面依据一些常用的企业安全文化体系，围绕各个环境空间视觉识别落地建设重点，进行一些举例应用探索。

（一）环境空间视觉化落地

在环境视觉空间范围上，可以有重点地在厂区大的公共场所，其目视化明显的位置进行落地宣贯，围绕厂前区、厂区和其重要生产生活的公共广场，以及主要交通干道和主要的公共场所进行。其主要内容可以针对安全愿景：建设本质安全型企业；安全核心理念：以人为本、安全第一、预防为主；安全使命：为员工营造安全清洁环境、为企业发展奠定坚实基础、为社会提供可靠绿色能源。对照这些大的文化理念意识行为上的内容，跟踪几个大的公共场所视觉化显著的地方，对几个内容进行轮换目视化建设落地。有条件的企业还可以拓展至企业社区的宣传教育阵地，以及企业广场电视和 LED 电子屏轮流滚动播放，增强目视化管理应用的范围领域和落地视觉化效果。同时，这个区域公共活动场所广泛，其参与人员和活动范围多，可以依据这些环境空间场所进行公共文化墙建设，安全文化长廊、安全警示教育室，以及公共安全体验馆、公共安全文化广场等形式的场所建设，不断结合安全文化进行全方位的目视化落地应用，更能提升安全文化目视化落地建设的应用效果。

（二）活动空间视觉化落地

在活动空间视觉范围上，可以有重点地对企业重要活动场所的公共空间落地建设。例如具体的厂房、生产区、生活区的场所，公共活动场所、场地的大型空间，以及关联生产生活和社区的主要活动场所厂址，有针对性地进行安全文化的几个管理行为和规范上目视化落地。如安全价值观：珍惜生命、关爱家庭、和谐稳定；安全管理观：以文化心、以制度人、防治结合；以及安全激励观：奖惩分明、鼓励为主等内容。可以进行具体的目视化上墙展板制作和宣贯，还可以依据这些主要内容，对其不同场所空间进行细化宣传形式，形成一些具体化的安全文化目视化落地建设应用空间环境，进行全环境视觉空间的全方位目视化建设和落地应用。

（三）作业空间视觉化落地

作业空间视觉范围内，可以有重点地对企业具体作业活动场所的公共空间进行落地。例如单一一个重要操作的工作室、加工场、操作间、活动室和其社区娱乐场所活动室等，在其作业活动空间内进行几个具体的文化理念行为的目视化落地建设。如安全制度观：持续改进、完善体系、保障发展；安全作风：高严细实；安全行为：不伤害自己、不伤害他人、不被他人伤害、保护他人不受伤害等。还可依据这些主要理念，对不同作业活动场所空间进行细化宣贯内容，在一些对应操作行为规范和活动行为规范上，不断呼应安全文化的一些具体内容，形成一些具体化的安全文化目视化落地应用看板展板，使其作业活动空间对应活动场所空间，不断相互补充完善丰富安全文化落地视觉化的内容，形成全方位立体化的视觉化宣贯阵地，教育引导行为人在其场所做到"四不伤害"。

四、结束语

在实现安全生产可控在控目标中，不断落实企业安全文化建设，是企业实现安全管理和安全目标的重点，也是企业安全管理落地的重点。其有效的安全文化建立与落地，是一个较为系统的社会性应用工程，要在政府综合协调、企业综合管理、人人积极参与，以及社会各界重视支持下，不断做好各个环节的落地建设和落地应用，有效发挥企业安全文化体系建设落地的作用，在保障区域安全经济可持续发展，以及实现区域安全和谐共建共创目标中，切实发挥安全文化落地建设的应有作用和应有效果。

浅谈上海电网"四个坚持"安全文化建设

国网上海检修公司　吴钧　臧嘉健

摘　要：电网安全事关经济社会发展、人民群众根本利益，确保电网安全稳定运行始终是头等大事。国网上海检修公司负责上海主网设备运行维护，一直将安全发展贯穿公司生产全过程，不断增强内在预防和抵御事故风险的能力，确保上海电网安全稳定运行。本文从夯实安全基础，加强党的建设，坚持创新积累，注重人才培养等几个方面详细介绍了其经验做法。

关键词：安全文化；本质安全；责任体系；安全意识；人才培养

电网作为重要的城市基础设施，是城市安全运行的一条"生命线"，直接关系公共安全和社会稳定。上海电网地处华东，是典型的大受端国际都市电网，设备运维检修工作也有着鲜明的特点。国网上海检修公司负责上海主网设备运行维护，保障城市供电安全责任重大，必须夯实安全基础，营造安全文化氛围，将安全发展贯穿公司生产全过程，不断增强内在预防和抵御事故风险的能力，确保上海电网安全稳定运行。按照国家电网有限公司安全生产的具体要求，国网上海检修公司认真落实市电力公司关于贯彻国家"安全生产月"及"安全生产万里行"活动的工作部署，结合自身特点和工作实际，着力"四个坚持"，打造安全文化，组织开展公司安全管理提升专项行动，促进安全氛围持续提升，保持良好的安全稳定局面。

一、坚持基础积累，努力建设本质安全型电网

安全是检修公司一切工作的核心，也是上海电力"坚持以客户为中心，实施卓越服务工程"的基础保障。检修公司将继续做好安全管理基础工作，以"人为核心、网为基础、管为关键"，抓好"基层、基础、基本功"。

一是健全全员安全责任体系。健全完善公司各部门、班组、岗位的安全职责，巩固强化并有效构建公司内部分级负责、职责清晰、管理严密的全员安全责任体系，杜绝安全生产责任盲区。通过建立各部门各岗位的安全责任清单，构建科学的安全组织体系，建立完善的制度标准体系。结合安全责任清单编制，明确全员安全职责和考核标准，明晰安全职责界面和责任分工，建立全员岗位安全生产责任清单（一岗一清

单）、完善全员安全生产责任制度（一组织一制度），构建严密的责任链条，建立正常安全生产秩序。

二是长效开展安全风险隐患双重防控。把握事故防范和安全生产的主动权，建立健全隐患排查治理与风险管控双重预防工作机制，通过月度生产计划风险全面辨识、周生产例会重点落实、每日早会实时管控的模式，全面开展电网风险预警和运维保障措施的落实，积极推行施工作业风险预警管控，及时组织对公司管辖范围内工程项目开展施工作业风险的定级分析、预警发布、监督执行；常态化、规范化开展隐患排查治理工作，以"全覆盖、勤排查，快治理"的工作原则，分级分类做好隐患的全过程闭环管控，努力做到"发现一个隐患，消除一类隐患"，突出强化管控措施执行的闭环反馈，促进安全管理由被动向主动转变，通过全过程防控电网和作业风险，强化设备技术分析和专项隐患整治力度，尽可能将风险和隐患予以消除或加以控制。

三是扎实开展运维基础工作，多维度提升设备专业管理水平。运维工作是公司最根本的核心业务，是保障主电网安全运行的根基所在，公司以常态化开展设备精益化评价工作为抓手，不断提升各专业精益化运维管理水平。通过对建设过程、首台首套设备应用的深度参与，确保设备零缺陷投运；以降低设备故障停运率为核心目标，强化并扎实开展设备专业管理，不断提升输变电设备的运检管理水平。

四是强化安全技能和安全意识，提升队伍素质能力，充实和稳定一线队伍。利用安全标准化教室加强员工安全技能培训，常态化开展"三种人"安全生产能

力考评，持续提升员工安全技能水平。同时落实作业现场"十不干"要求，使广大员工将"十不干"主动应用于生产作业实践，做到不违章、拒绝违章作业、监督管理违章，防范安全事故，使得"十不干"成为广大员工的自主行为习惯，积极倡导"我要安全"的员工主动安全意识。

二、坚持加强党的建设，推动"五个再提升"

深入学习贯彻习近平新时代中国特色社会主义思想和党的十九大精神，扎实推进"党建登高"，推动全面从严治党。检修公司将持续把党建优势与管理优势相融合、与专业优势相融合，在安全生产急难险重处体现党组织凝聚力、向心力和战斗力；通过幸福企业建设，用好劳动竞赛、班组建设等平台，弘扬"严谨务实、创业劲进、团结协作"的企业文化，增强公司发展合力，推动"思想、组织、人才梯队、作风建设、员工队伍"五个再提升。

一是结合"常规型"党员责任区建设，带动党员努力耕耘好自己的"一亩三分田"，结合"联防型""突击型"党员责任区建设，强化变电站、架空线路、输电电缆等的隐患排查治理。二是成立党员服务队，号召服务队党员身先士卒，带头参与重点工作，冲锋在应急抢修的第一线，在关键时刻发挥出党员的先锋模范作用，确保安全生产，以行动践行人民电业为人民的企业宗旨。三是发挥党员示范岗标杆作用，要求已命名的示范岗党员持续做好"四个表率"，带动身边党员群众立足岗位、勇挑重担。

三、坚持创新积累，提高"智能运检"水平

创新能力是建设"智慧企业"、实现"智能运检"的核心能力，而确保安全生产、解决实际问题、提高劳动效率则是我们创新工作的着眼点和立足点。近年来，检修公司重点关注运维新装备应用推广、带电作业和带电检测等运维技术能力提升、"一键顺控"及第三代智能站标准制定等行业新趋势；将移动式远程视频监控系统引入巡视、操作、检修等作业现场并促成标准化配置，实现生产现场的安全状况实时可观、可管。针对输电线缆反外损难点，深化无人机巡检、分布式监控系统在通道环境监控、在易飘物处置中应用。持续依托专业全覆盖的劳模（职工）创新工作室，创造员工创新氛围，提高员工创新能力。

四、坚持搭建员工成长平台，培育一流专业检修队伍

人才是公司的核心竞争力，也是公司安全发展的源泉。检修公司将继续坚持"培养人、发展人、关心人"的原则，结合"卓越新星成长工程""工程育人"、交流轮岗、"技术新星奖"等平台，做好人才梯队建设长期规划，探索更适合公司情况的人才培养模式，努力打造一支"数量充足、质量过硬、梯次分明"的具有较高竞争力的专家人才队伍。

班组建设是企业发展的基石，无论是提高员工素质，落实上级精神，还是增加生产效益，都要通过班组去组织落实。公司加强班组管理，强化国网公司统一制度标准的贯彻落实，宣贯国网公司与新时代企业文化相融合的员工行为规范、专业行为规范和岗位行为规范，鼓励和引导员工加强自我管理，把自觉践行企业安全文化的意识融入岗位工作实际，促进安全习惯养成。在安全氛围浓厚的班组里，员工们可以有效地整合资源，快乐工作、健康成长，编织属于自己的未来。

五、结束语

安全生产需要责任担当，需要全情投入，不能有丝毫松懈和麻痹，检修公司将牢固树立新时代安全发展理念，牢记使命、勇于担当，继续弘扬"严、细、实"工作作风，不断夯实支撑电网高质量发展的安全基石，不断筑牢安全生产底线，不断加厚安全生产防线，集中精力、久久为功，为上海公司建设具有卓越竞争力的世界一流城市能源互联网企业做出新的更大的贡献！

运用数据思维为民航安全保驾护航的研究探索

——以某大型民用机场近十年供油不正常事件统计分析为例

中国航空油料集团有限公司　伍高辉　王胜江
中国测试技术研究院　王芳

摘　要：民航安全关系重大，如何将民航安全文化落实到具体工作，既需要各部门、各环节人员对安全第一方针的捍卫，也需要在安全管理中导入数据思维，研究分析制约民航安全的各种关键因素，用数据思维和系统观消除安全隐患。本文通过对国内某大型民用枢纽机场2007—2017年发生的供油不正常事件进行统计分析，研究民用机场航油供应企业安全发展的历史和现状，并通过规律性分析尝试探讨航油企业未来安全状况的趋势演进。

关键词：民用机场；供油；不正常事件；统计；分析

中国航空油料集团有限公司是国有大型航空运输服务保障企业，是国内最大的集航空油品采购、运输、储存、检测、销售、加注为一体的航油供应商。由于航空油品直接关系民航运输安全，长期以来公司高度重视安全文化建设和安全生产工作，把"安全第一"作为公司行为准则的首要内容，要求全员在工作行为中将安全作为首要价值取向。在安全管理中公司还导入数据思维，探索分析管理系统中各环节与航空安全之间的数据关联，研究影响和制约民航安全的关键因素，从而为有效落实安全文化建设，进而强化整个管理链条的系统安全性提供依据。自2007年起，中国航油旗下某大型民用机场供油公司在集团公司不安全事件主动上报工作要求的基础上，持续开展了不正常事件自愿报告活动。该活动是非惩戒性的自愿报告活动，公司对隐患发现人和所在单位实施奖励制度，员工自愿报告不正常事件的主动性、积极性和及时性不断提高，对于典型安全隐患的发现、其他公司借鉴及隐患防控等具有重要意义。

我们从不正常事件的历史规律、季节性规律、分类统计三部分进行分析，对近十年大量的事件进行数据统计和分析，以研究航油保障企业安全发展的历史、现状，并通过规律性分析尝试探讨航油企业未来安全状况的趋势演进，为更好地落实安全文化建设提供参考。

一、不正常事件发生规律分析

通过对某民用运输机场供油公司2007—2017年发生的不正常事件在"不正常事件总量（绝对数）""万吨油不正常事件量（相对数）""万架次不正常事件量（相对数）"三个维度的分析，我们能够很直观地发现事件发生的历史规律性。[1]

（一）不正常事件总量（绝对数）分析

2007—2017年某民用机场供油公司发生的不正常事件总量如图1所示，虚线为根据这些年记载的不正常事件总量所做的对数拟合趋势线。从不正常事件总量绝对数分析，我们发现两次发生率的高峰区，其余大部分年份不正常事件总量维持在170起/年的总量（有效年平均为170.6起），不正常事件的总数都围绕这个数值在窄幅震荡区间，安全生产态势较为平稳。

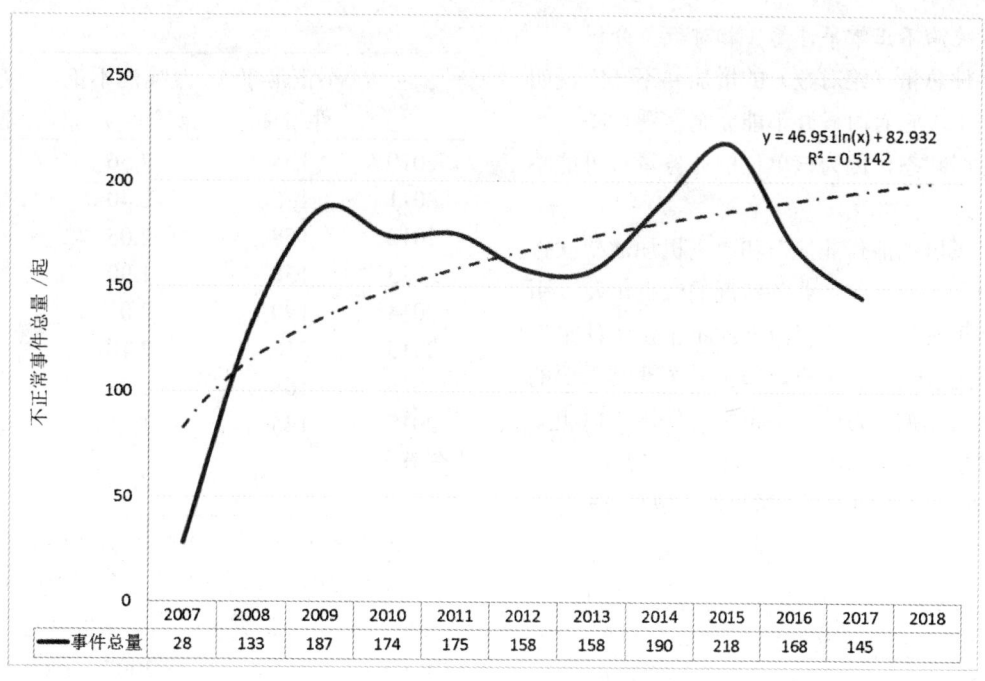

图 1 2007—2017 年不正常事件分析图

从图 1 中可以看出 2009 年不正常事件的发生率达到一次小高峰、2015 年达到第二次小高峰；而 2012 年、2017 年不正常事件的发生数量较少，属安全形势较好的年份。从 2007 年到 2017 年这 11 年的事件分析来看，不正常事件发生的总体趋势呈现缓慢上升态势 [回归趋势线 $y=46.951\ln(x)+82.932$]。

为进一步分析公司的安全生产形势，我们除去早期记录事件（因为历史越久远，生产现状与现在越有差距，不能反映现在的状态），对 2008—2017 年这 10 年的数字进行散点图分析，拟合出两条较为合理的规律曲线，不难发现不正常事件的总量呈"温和递增"或"窄幅均衡震荡"的趋势（见图 2）。

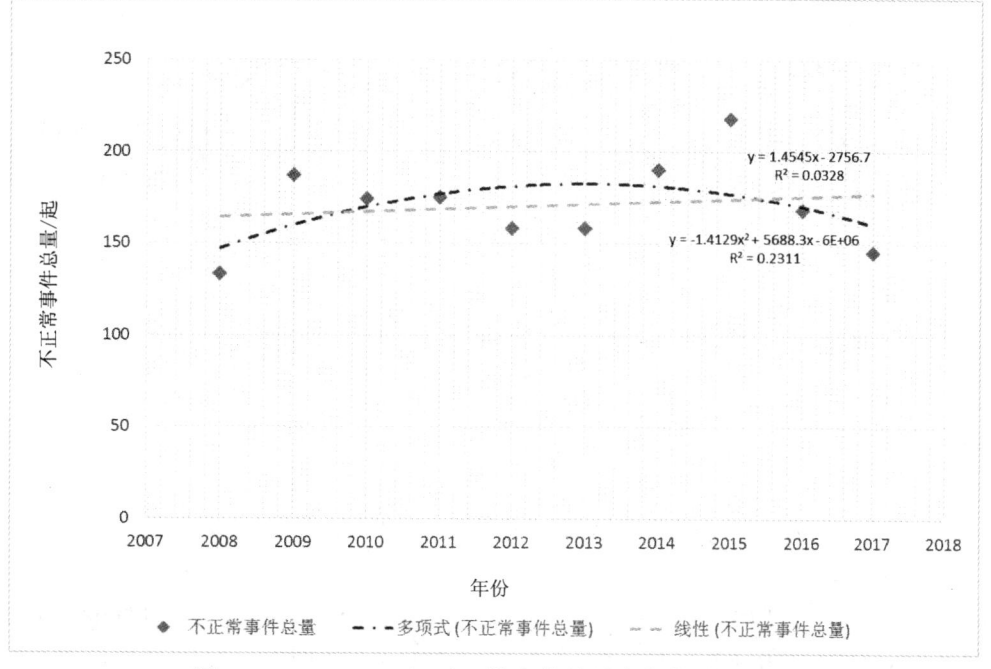

图 2 2008—2017 年不正常事件总量十年趋势分析图

（二）万吨油不正常事件量（相对数）分析

不正常事件总量（绝对数）的增加并不一定说明安全形势变差了，它有时候并不能完全客观反映一个单位的安全生产状态，因为该单位的业务量有可能不断发生变化。

我们从"飞机加油作业量"和"飞机加油架次作业量"这两个直接反映生产业务状况的数据出发，引进"万吨油不正常事件量""万架次不正常事件量"两个相对概念进行进一步分析，得出两个非常重要的反应安全状况的数据：万吨油不正常事件量 2.13 起、万架次不正常事件量 13.70 起（见表 1）。[2]

表 1　2007—2017 年万吨油不正常事件（相对数）分析

年份	不正常事件量/起	万吨油不正常事件量/起	万架次不正常事件量/起
2007	28	0.5	3.15
2008	133	2.24	14.26
2009	187	3.08	18.68

续表

年份	不正常事件量/起	万吨油不正常事件量/起	万架次不正常事件量/起
2010	174	2.56	16.18
2011	175	2.40	15.77
2012	158	2.05	13.25
2013	158	1.90	12.32
2014	190	2.07	13.29
2015	218	2.18	14.26
2016	168	1.57	10.49
2017	145	1.21	8.46
有效平均值*	170.60	2.13	13.70

*指去除了 2007 年不够准确数据后的平均值

2007—2017 年，深圳承远公司万吨油不正常事件历史分析图如图 3 所示。从图中发现这条历史曲线呈现明显的"∧形"，也就是 2007—2009 年事件发生率呈现明显上升态势，2009—2017 年呈总体震荡下降趋势。[3]

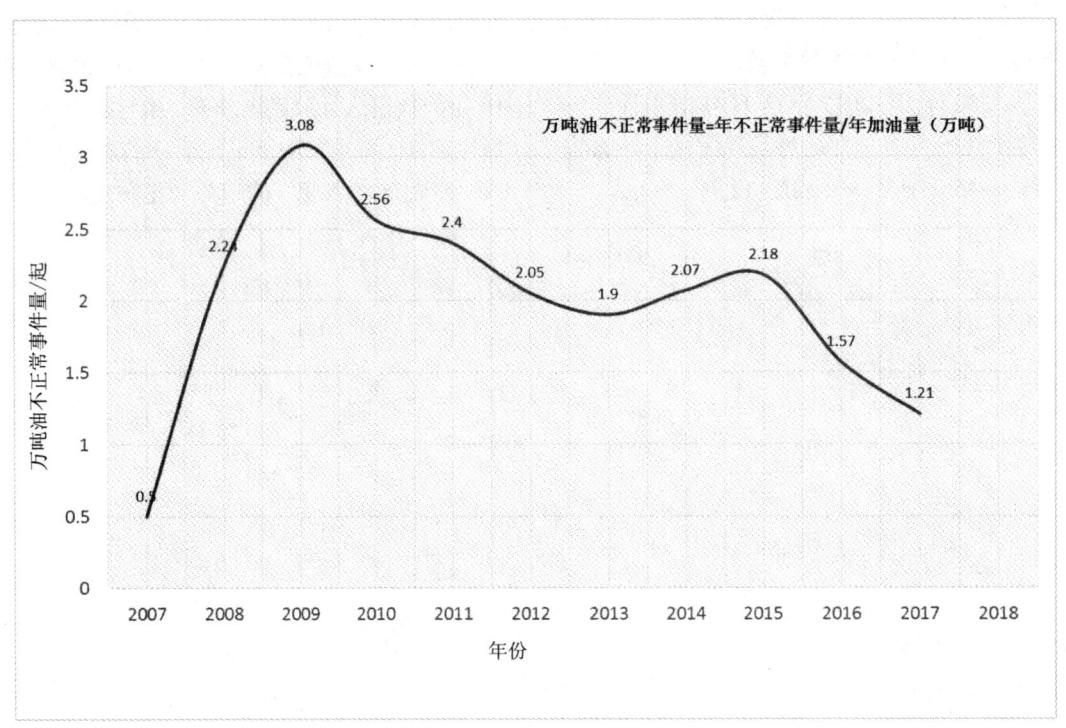

图 3　2007—2017 年万吨油不正常事件历史分析图

我们选择 2008—2017 年"万吨油不正常事件量"进行趋势线回归分析，拟合出"万吨油不正常事件量"对数曲线 [$y=-0.68\ln(x)+3.3156$]，是一条下降趋势逐渐放缓的曲线，说明公司 2008—2017 年安全态势不断向好（见图 4）。

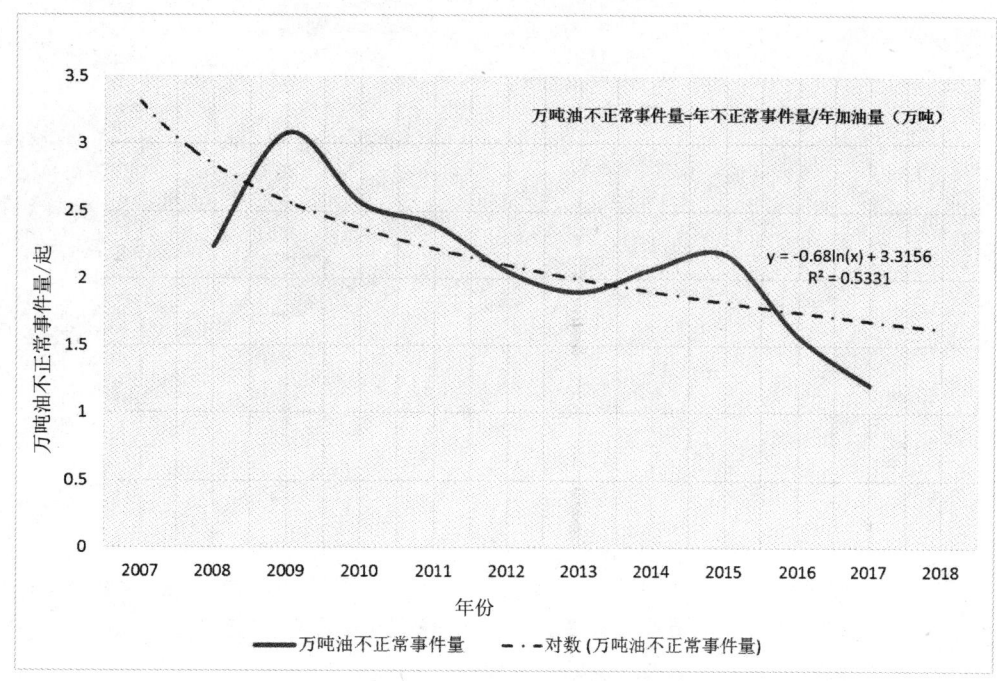

图4　2008—2017年不正常事件十年趋势分析图

（三）万架次不正常事件量（相对数）分析

与上一节类似，我们选择"万架次不正常事件量"这个维度进行不正常事件的相对数分析（见图5）。

从图中发现：2007—2017年深圳承远公司这条历史曲线呈现明显的"Λ形"，也就是2007—2009年事件发生率呈现明显上升态势、2009—2017年呈总体震荡下降趋势。与上一节的分析结论类似。

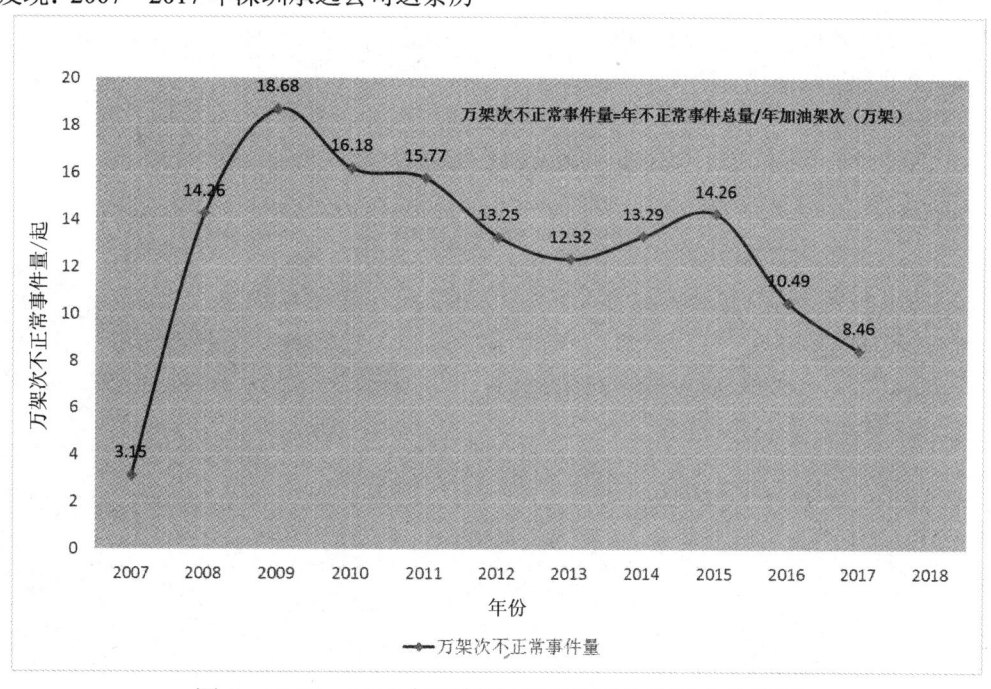

图5　2007—2017年万架次不正常事件量历史分析图

我们选择2008—2017年"万架次不正常事件量"进行趋势线回归分析，拟合出"万架次不正常事件量"对数曲线［y=-2.656ln（x）+17.707］，这同样是一条下降趋势逐渐放缓的曲线，同样验证了"公司2008—2017年来安全态势不断向好"的结论（见图6）。

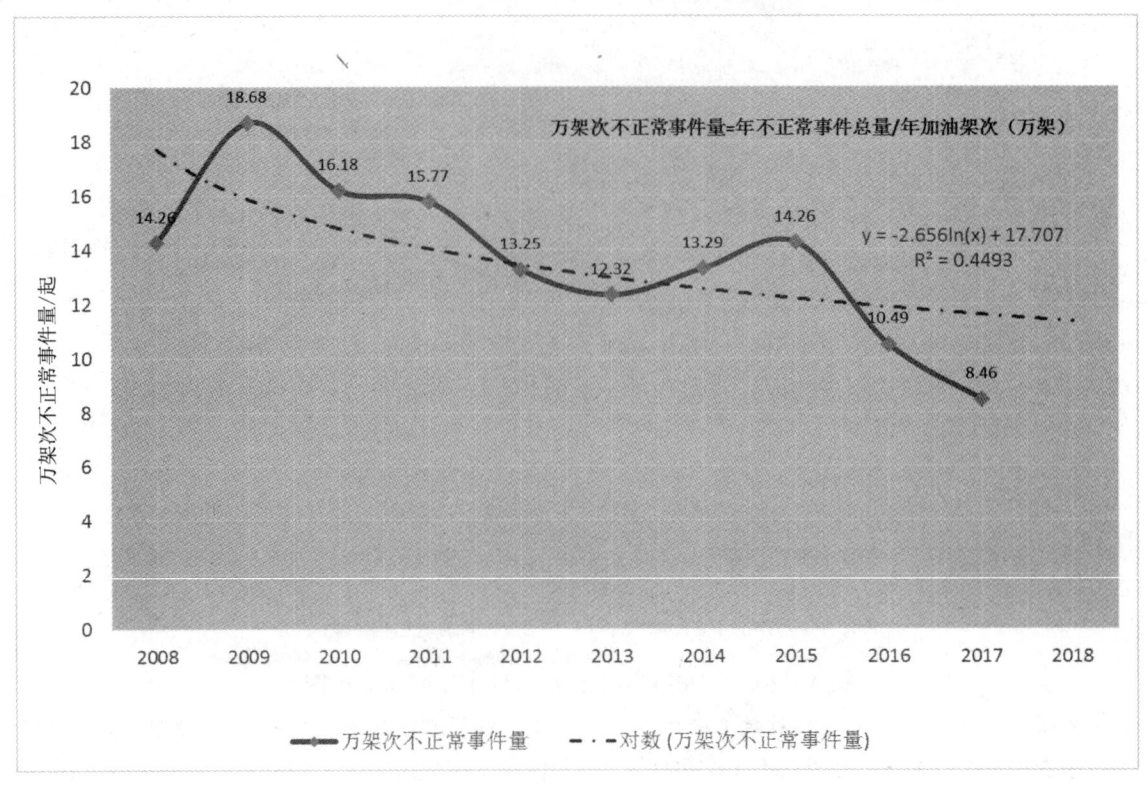

万架次不正常事件量=年不正常事件总量/年加油架次（万架）

$$y = -2.656\ln(x) + 17.707$$
$$R^2 = 0.4493$$

图 6　2008—2017 年万架次不正常事件十年趋势分析图

二、不正常事件的季节性规律分析

安全生产状况随着生产业务的繁忙程度和气候、节气、节假日等因素呈规律性变化。同样，不正常事件量也随着业务状况呈现季节性变化，一般呈现"两高两低"规律（见图 7～图 9）。

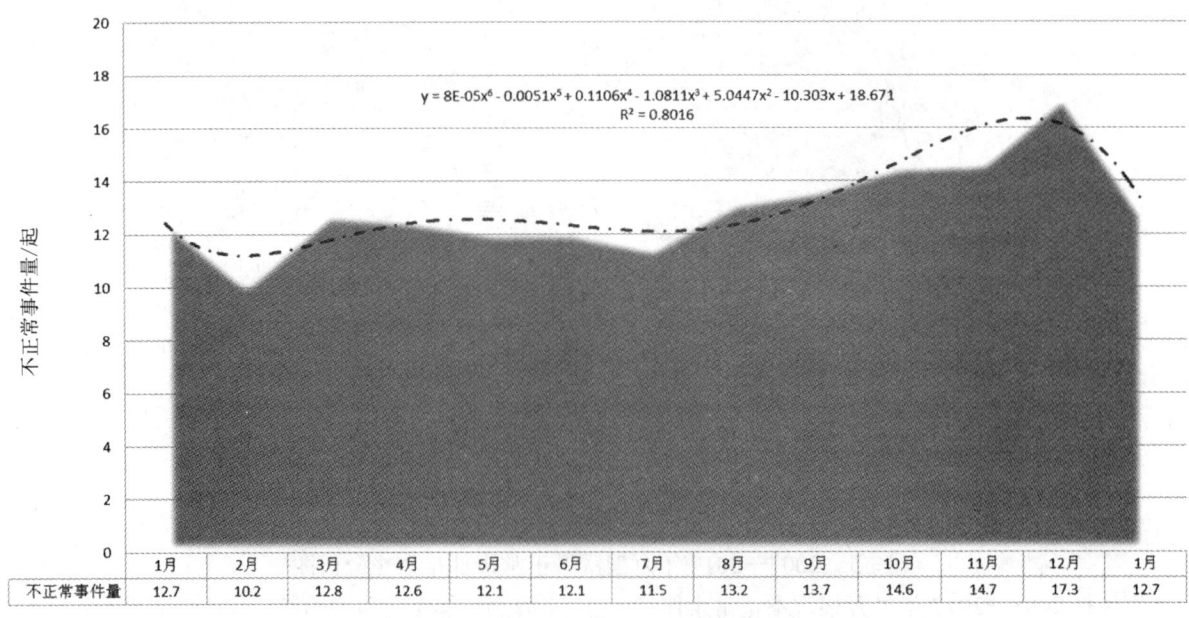

$$y = 8E\text{-}05x^6 - 0.0051x^5 + 0.1106x^4 - 1.0811x^3 + 5.0447x^2 - 10.303x + 18.671$$
$$R^2 = 0.8016$$

	1月	2月	3月	4月	5月	6月	7月	8月	9月	10月	11月	12月	1月
不正常事件量	12.7	10.2	12.8	12.6	12.1	12.1	11.5	13.2	13.7	14.6	14.7	17.3	12.7

图 7　2007—2017 年不正常事件量季节性统计分析图

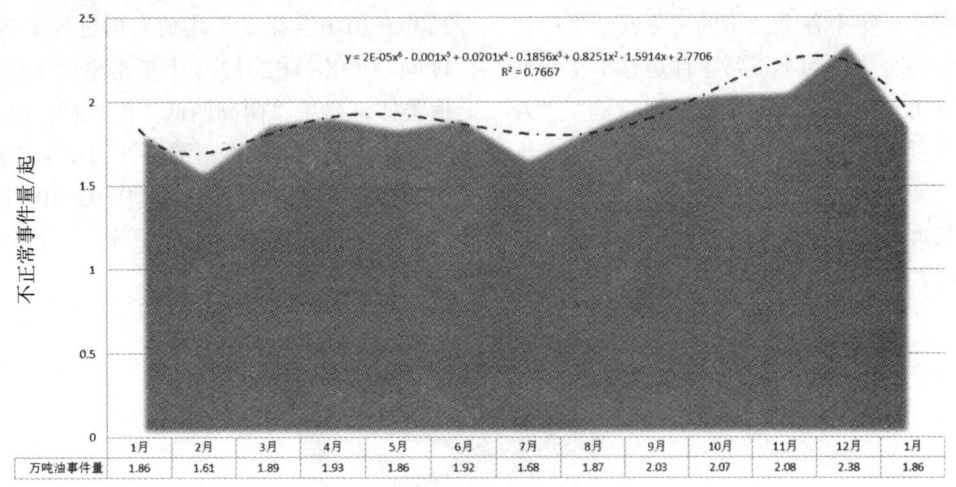

$$y = 2E\text{-}05x^6 - 0.001x^5 + 0.0201x^4 - 0.1856x^3 + 0.8251x^2 - 1.5914x + 2.7706$$
$$R^2 = 0.7667$$

	1月	2月	3月	4月	5月	6月	7月	8月	9月	10月	11月	12月	1月
万吨油事件量	1.86	1.61	1.89	1.93	1.86	1.92	1.68	1.87	2.03	2.07	2.08	2.38	1.86

图 8　2007—2017 年万吨油不正常事件量季节性统计分析图

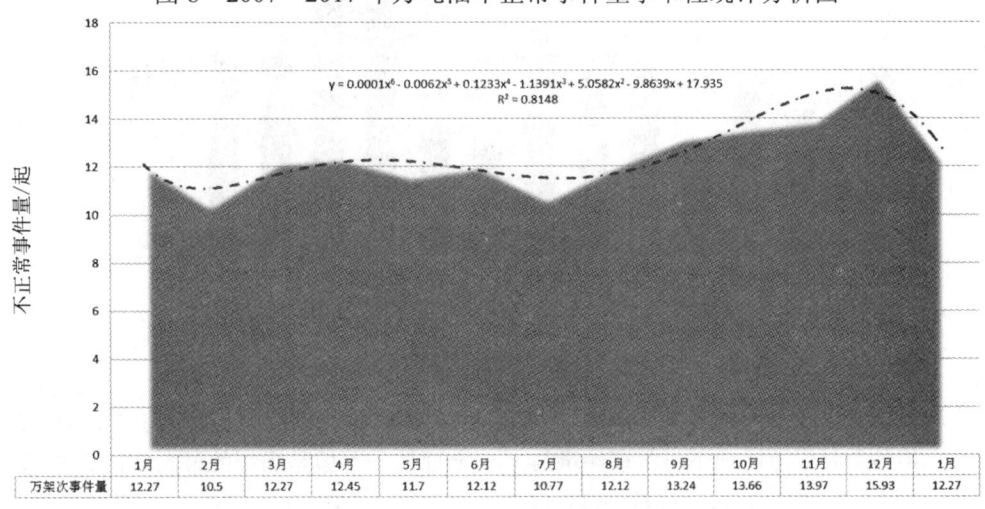

$$y = 0.0001x^6 - 0.0062x^5 + 0.1233x^4 - 1.1391x^3 + 5.0582x^2 - 9.8639x + 17.935$$
$$R^2 = 0.8148$$

	1月	2月	3月	4月	5月	6月	7月	8月	9月	10月	11月	12月	1月
万架次事件量	12.27	10.5	12.27	12.45	11.7	12.12	10.77	12.12	13.24	13.66	13.97	15.93	12.27

图 9　2007—2017 年万架次不正常事件量季节性统计分析图

　　我们把 2017 年发生的不正常事件按月份进行了统计分析，发现 9—12 月份明显高于其他月份，其中 10 月份最高，达到了 22 起的当年最高值，如图 10 所示。

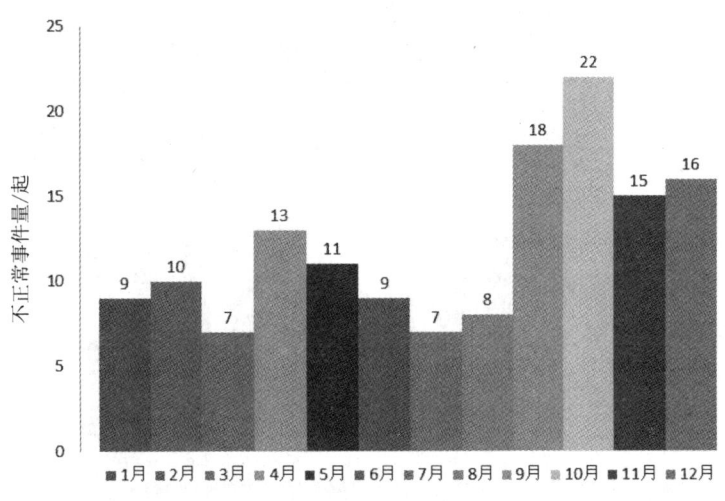

图 10　2017 年不正常事件季节性统计分析图

为了客观展示一年中各个月份的实际安全生产状况，我们对当年各个月份的不正常事件进行十年滚动平均值的比较分析，也是从"不正常事件总量""万吨油不正常事件量""万架次不正常事件量"三个维度进行分析。

（一）万架次不正常事件量（相对数）分析

我们把 2017 年各个月份发生的不正常事件量与 2007—2016 年滚动平均值数据进行了对比分析。从图 11 可以看出：①2017 年不正常事件量走势与历史基准值类似，呈现"两高两低"的规律；②2017 年 4 月、9 月、10 月、11 月，不正常事件的发生数量超过了 2007—2016 年的正常合理值，其中 9～10 月大幅超出正常合理值，不正常事件高发，当月安全生产形势严峻。

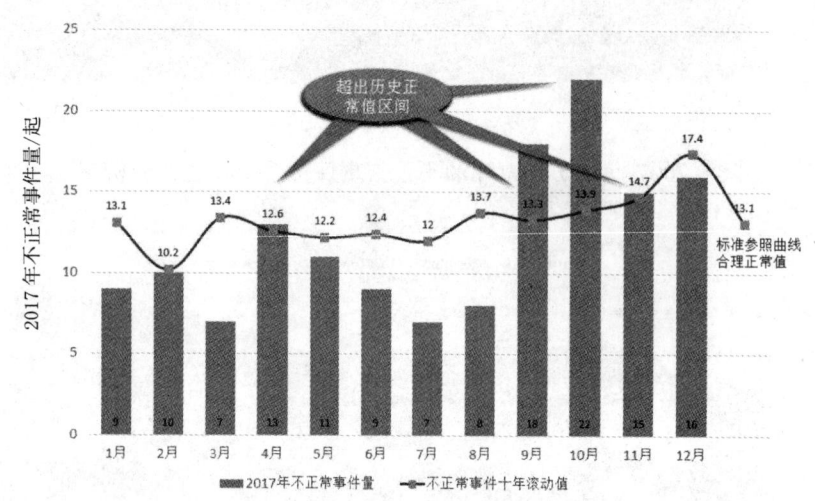

图 11　2017 年不正常事件量与十年滚动值比较分析图

（二）万吨油不正常事件量（相对数）分析

我们把 2017 年各个月份万吨油不正常事件量与 2007—2016 年滚动平均值数据进行对比分析。从图 12 可以看出：①2017 年万吨油不正常事件量走势与历史基准值类似，呈现"两高两低"的规律；②2017 年 10 月，万吨油不正常事件量略超过 2007—2016 年的正常合理值，不但是当年的最高值，而且超过了历史最高值，因此 2017 年 10 月份安全生产形势严峻；③除 10 月份以外，其他月份事件总量远远低于历史基准值，安全形势平稳。

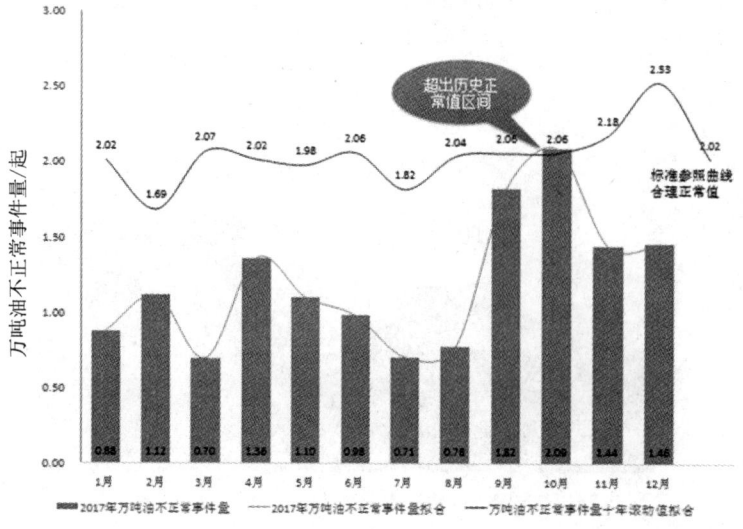

图 12　2017 年万吨油不正常事件量与十年滚动值比较分析图

图 13、图 14 能够清楚地表明：除 10 月份以外，其他月份安全裕度较高、安全形势平稳，其中 3 月份、8 月份安全裕度最高。

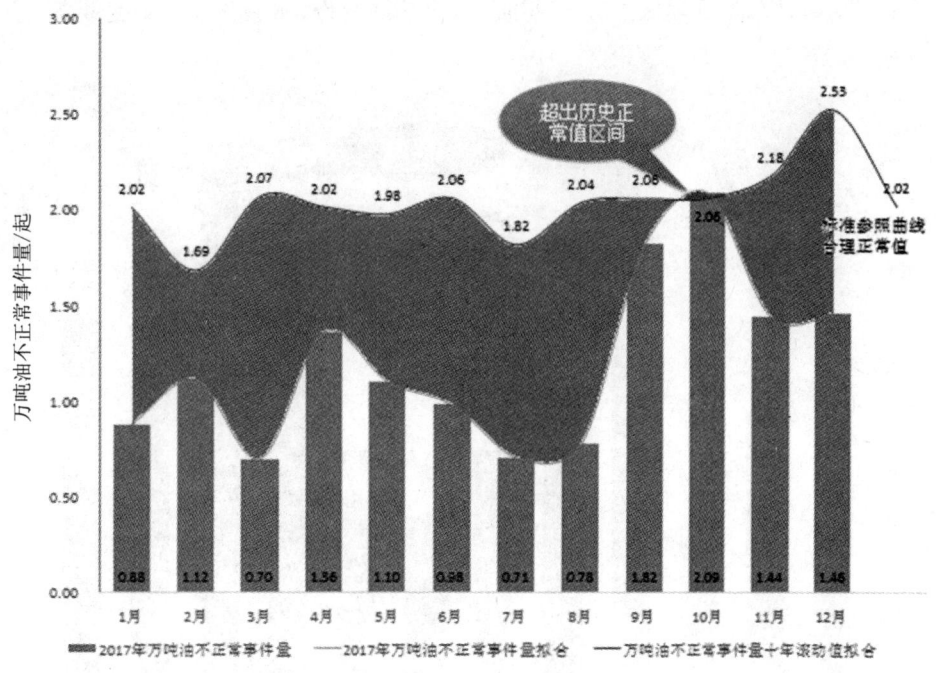

图 13　2017 年万吨油不正常事件量与十年滚动值比较分析图

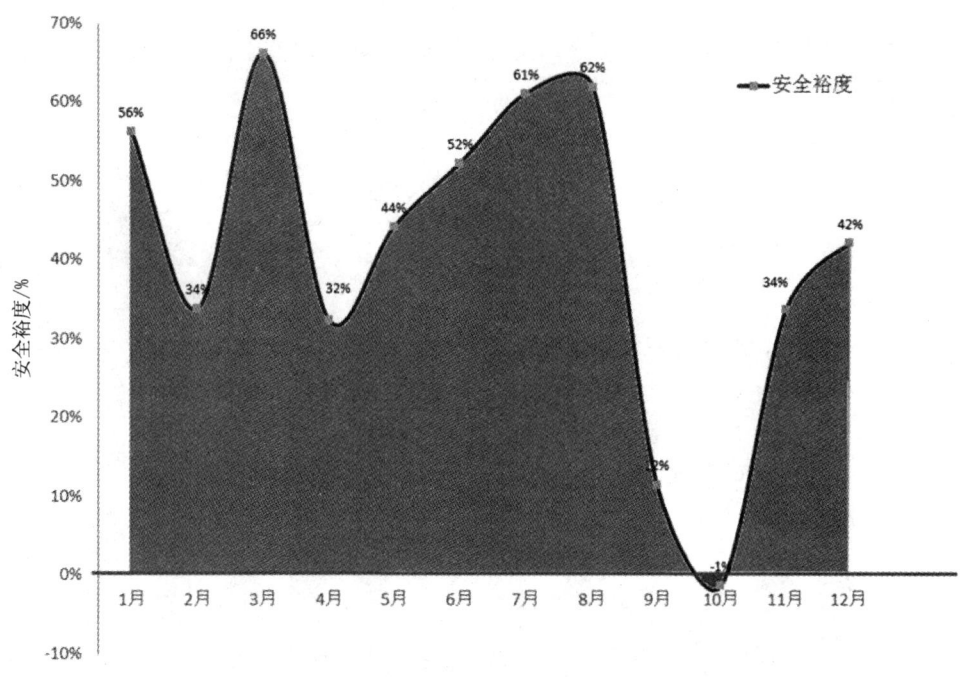

图 14　2017 年万吨油安全裕度分析图（较十年滚动值）

（三）万架次不正常事件量（相对数）分析

我们把 2017 年各个月份万架次不正常事件量与 2007—2016 年滚动平均值数据进行对比分析。从图 15 可以看出：①2017 年万架次不正常事件量走势与历史基准值类似，呈现"两高两低"的规律；②2017 年 10 月，万架次不正常事件量大大超过 2007—2016 年的正常合理值，不但是当年的最高值，而且超过了历史最高值，因此 2017 年 10 月份安全生产形势严峻；③除 10 月份以外，其他月份事件总量远远低于历史基准值，安全形势平稳。图 16、图 17 清楚地表明：除 10 月份以外，其他月份安全裕度较高、安全形势平稳，其中 3 月份、8 月份安全裕度最高。[5]

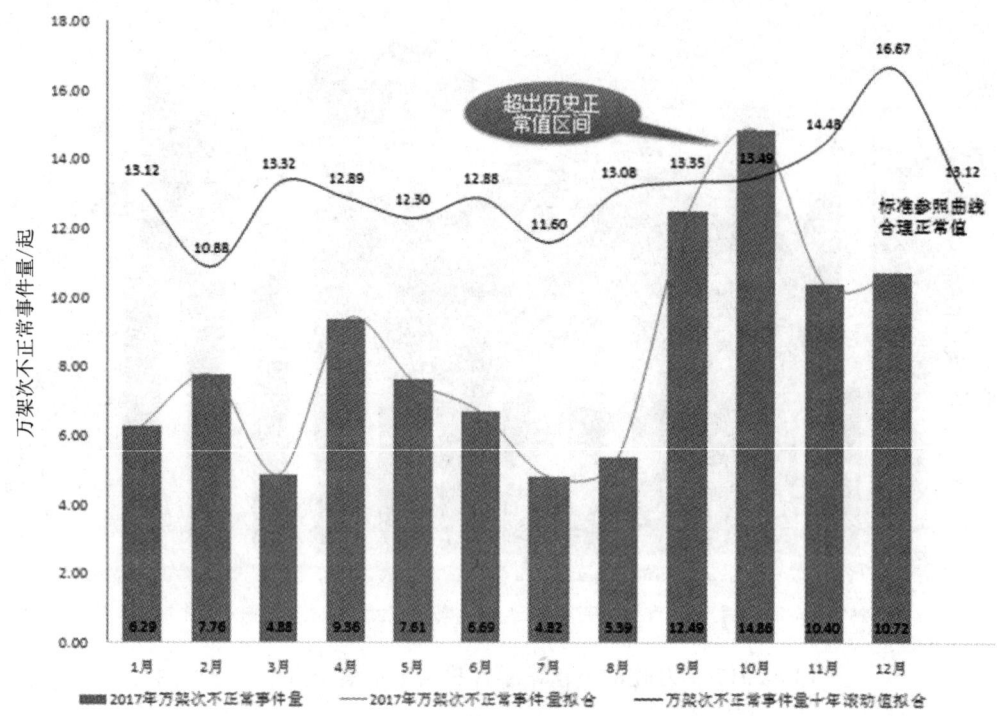

图 15　2017 年万架次不正常事件量与十年滚动值比较分析图

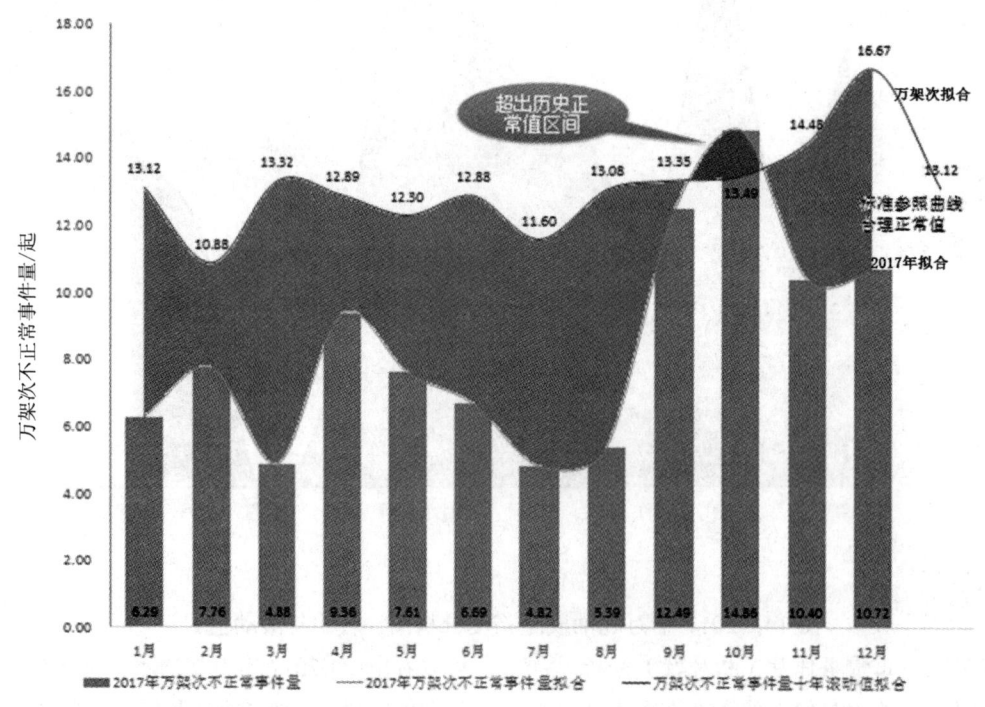

图 16　2017 年万架次不正常事件量与十年滚动值比较分析图

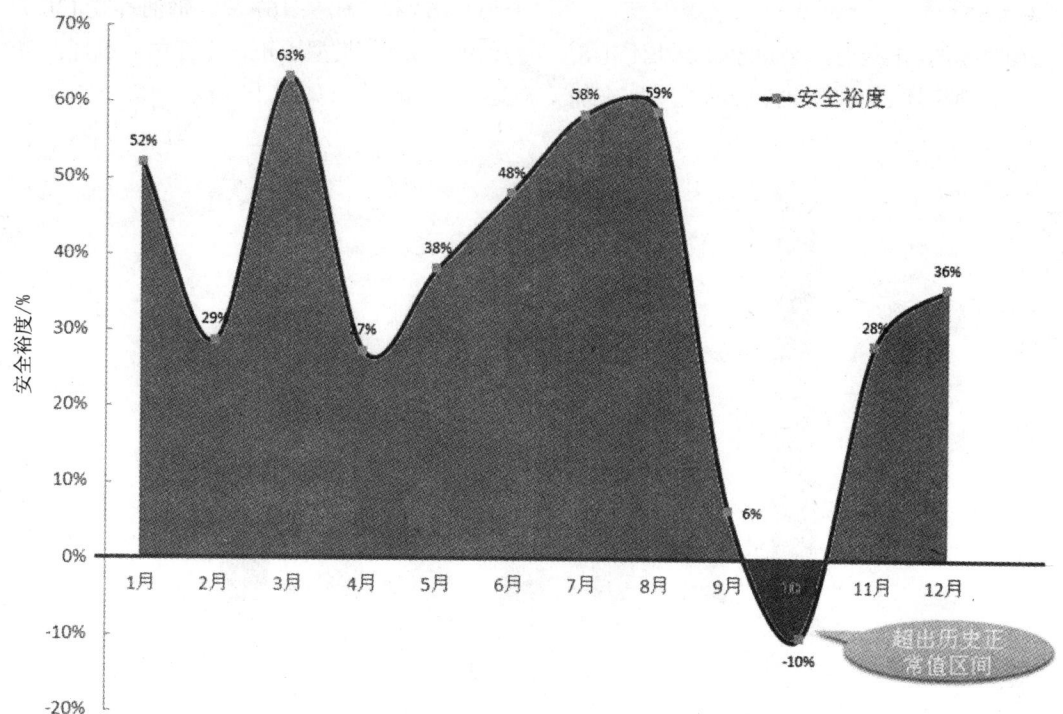

图 17 2017 年万架次安全裕度分析图（较十年滚动值）

三、不正常事件分类统计分析

将公司 2007—2017 年 11 年的不正常事件按照发生地点（机坪、油库、航空加油站、码头、输油管线、工程建设、其他 7 个方面）进行分类统计分析。

（一）综合分析

从图 18 可以看出，每一年机坪发生的不正常事件较多且事件总量不断攀升，这一趋势在 2015 年达到历史峰值。这说明：对于航油企业来说，机坪安全生产压力始终最大。

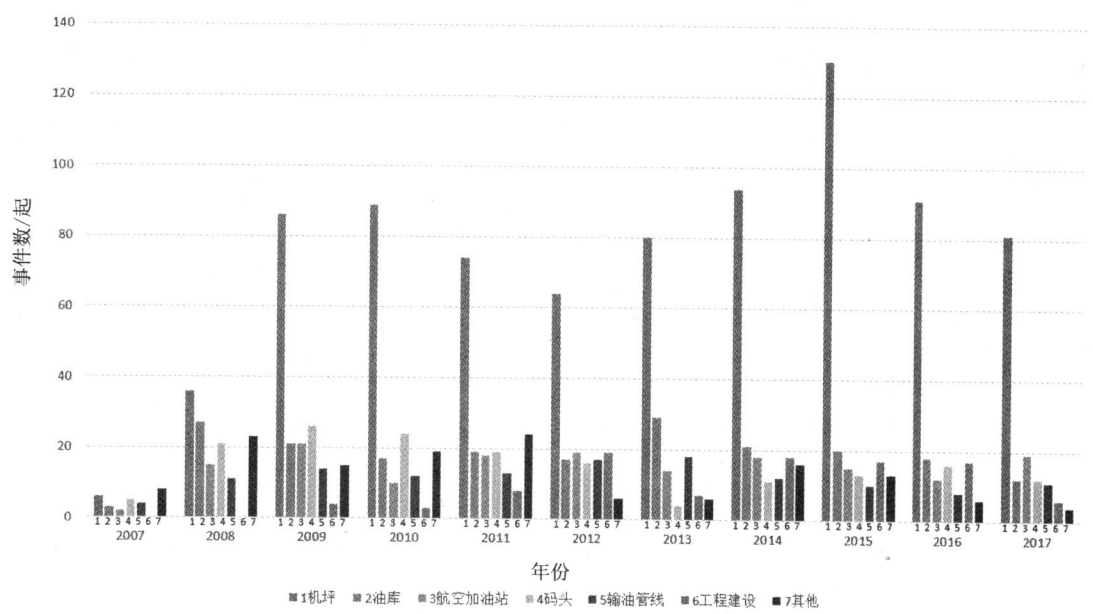

图 18 2007—2017 年不正常事件综合分析

（二）分类分析

2007—2017 年的 11 年间，公司累计发生不正常事件 1734 起，其中机坪 831 起、油库 204 起、航空加油站 163 起、码头 167 起、输油管线 130 起、工程建设 99 起。各类型不正常事件中，机坪占 48%，其次是油库和码头（如图 19 所示）。

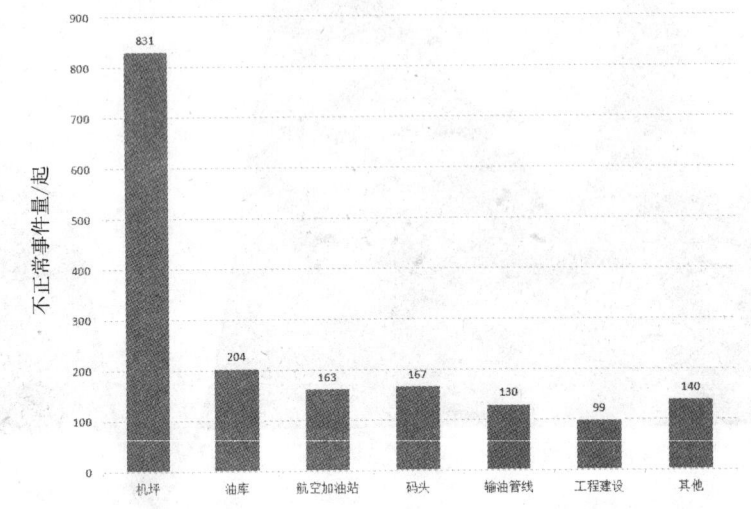

图 19　2007—2017 年不正常事件分类统计分析

图 20 是 2017 年的公司各类不正常事件的饼图分析，对照过去，我们发现机坪不正常事件的比例达到 56%，远远超过历史平均值 48%，增幅达 12.5%，这说明公司机坪公共安全事件的威胁越来越突出。

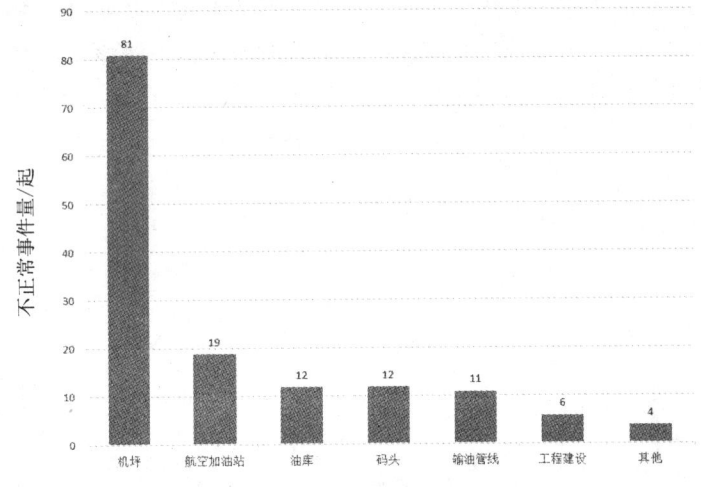

图 20　2017 年不正常事件分类统计分析

（三）排列图分类分析（Pareto 分析）

排列图分析是安全决策管理的重要手段，它能明确地区分安全管理中"关键的少数"和"不重要的多数"。

我们将 2007—2017 年公司发生的所有不正常事件，使用 Pareto 排列图进行分析（如图 21 所示）。[6] 将不正常事件的重要程度分成 A 类、B 类、C 类三个层次。我们发现：①机坪、油库、码头、航空加油站发生不正常事件数量占到了总量的约 80%，属关键因素（A 类），这是公司安全管理的最重要的关注点；②输油管线、工程建设发生不正常事件数量占到了总量的 10% 左右，属重要影响因素（B 类）；③其他类的不正常事件属一般因素（C 类）。

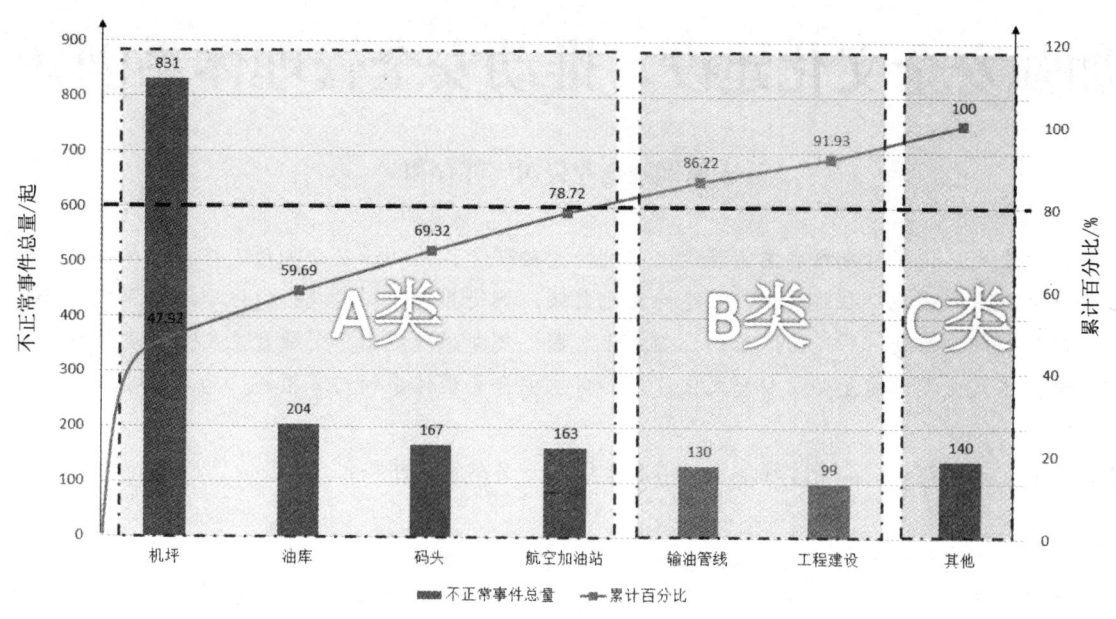

不正常事件分类

图 21   2007—2017 年不正常事件排列图分析

四、结论

随着民用运输机场航班量的持续攀升，民用机场航空油料供应企业负责机场航空燃料的采购、储存和加注业务的安全管理幅度也不断加大，保障安全生产任务越加繁重。通过统计分析，可以看出该大型民用机场近十年航油保障不正常事件发生的总量呈现缓慢上升态势，但是整体不正常事件的万吨油相对数量、万架次相对数量却呈现稳步下降趋势，这说明该航油保障企业近十年来安全管理水平呈逐渐上升态势。

从该航油保障企业十年发生的不正常事件排列图可以看出，机坪不正常事件数量所占比例最大，机坪、油库、码头、航空加油站不正常事件总量占到了全部的 4/5。针对不正常事件频发的情况，各机场航油保障企业应有针对性地做好上述部门的安全生产工作，防止不正常事件演变为生产事故。每年的 9、10 月是不正常事件的高发期，须引起关注。根据研究结果，各机场航油保障企业应充分掌握民用机场供油不正常事件发生的规律，控制好安全裕度，管控住风险，以大大降低不正常事件发生的频率。

通过十多年的不懈努力，不正常事件研究和上报活动成为公司安全文化落地的重要抓手，也成为公司科学分析安全文化深度落地的重要范例，为中国航油落实"风险等级管控、隐患排查治理"双重机制提供了可靠的研究分析工具。

参考文献

[1] 中国航空油料集团有限公司深圳承远公司不正常事件基础数据库，2007—2017.

[2] 霍志勤，罗帆. 近十年中国民航事故及事故征候的统计分析 [J]. 中国安全科学学报，2006，12：65-71.

[3] 王浩锋，谢孜楠. 1997—2006 年中国民航冲出偏出跑道/场外接地事故征候的统计分析研究[J]. 中国民航飞行学院学报，2008，19：3-14.

[4] 王胜江，范有生. 中国航油 HSE 管理体系运行控制研讨[J]. 中国安全科学学报，2012，5：154-157.

[5] 王胜江，冀永进. 企业安全生产责任制的建立与落实研究[J]. 中国安全科学学报，2009，4：44-49.

[6] 赵立芬，张鑫，孙成杰，等. 排列图在实验室质量管理中的应用[J]. 计测技术，2010，3：46-47.

加强安全文化建设，推动安全管理体系创新

太原钢城企业公司　郭存和

摘　要：安全发展是新时期社会主义现代化建设的重要理念。为加强安全生产工作，太原钢城企业公司牢固树立安全发展理念，强化"红线意识"，坚持文化引领、舆论推动，深度履行岗位职责，深化风险防控、问题导向，深情体会职工难处，营造出浓浓的安全文化氛围，创新性地提出了企业自主安全管理体系，安全管理能力不断提升。本文主要阐述了公司安全文化建设和自主安全管理体系的内容措施，为企业安全生产工作提供实践支撑。

关键词：安全文化建设；安全管理体系；信息管理；一岗双责；网格化

安全是企业发展永恒的主题，是现代企业制度和企业文化的重要内容。安全文化是安全管理的基础和背景，是安全生产和安全管理的理念和精神支柱。随着时代的发展和进步，企业安全文化建设作为一种新的管理学科日益受到人们的重视。近年来，太原钢城企业公司借鉴国内外先进企业安全管理经验，结合自身特点，创新性地提出了适合企业的安全管理新思路、新方法。同时，边实践、边总结，逐步形成了独特的"搭好一个平台，打好四副牌，构建网络化、网格化"自主管理体系，取得了一定效果，促进企业安全生产形势实现了持续明显好转，同时也成为公司安全文化建设不断探索与实践的新课题。

一、将安全文化融入安全管理中，创造良好的安全文化环境和思想基础

太原钢城企业公司是 20 世纪 80 年代由太原钢铁（集团）有限公司主办成立的厂办集体企业，现有所属企业 40 余家，在岗正式职工 6600 余人，临聘工 2200人。目前职工年龄偏大，文化程度偏低，业务繁杂。除服务太钢大生产中端、末端工序外，更多业务是为太钢进行劳务服务。工作性质偏重于苦、脏、累、重、险的人工作业，设备设施陈旧老化，事故概率高，安全管理难度系数较大。针对公司经营特点，近年来公司认真贯彻落实"安全生产事关人民福祉，事关经济社会发展，责任重于泰山"的指示精神，在坚决贯彻国家"安全第一、预防为主、综合治理"方针的基础上，结合企业实际，确立了"以人为本，生命至上"的安全生产工作理念，按照"六个以"工作思路（即

以制度规程为基础，以贯彻落实为核心，以教育培训为方法，以排查隐患为前提，以检查考核为手段，以应急预案为补救）全力推行企业安全文化建设，着力构建了公司八个安全管理体系（安全管理制度规程体系、安全教育培训体系、安全对标管理体系、安全检查体系、安全考核体系、安全风险管理体系、安全审核评价体系、安全应急管理体系），为企业实现高质量发展和职工生命安全提供了保障，企业安全生产实现可控、在控。

在企业安全文化建设方面，不遗余力营造"满眼都是安全语、处处都听安全声、人人都在讲安全、时时都在受提醒"安全文化建设氛围。通过教育职工树立"敬畏生命、我会安全"公司安全价值观，坚定"任何事故都是可以避免的，核心在管理"安全信念。常态化推行"注意安全、祝您安全"现场安全招呼语广泛应用，张贴安全标语，发动职工持续动态提出安全合理化建议，举办安全论文研讨、安全知识竞赛、安全演讲、事故案例展览，观看安全警示教育片，组织"安全生产月""百日安全无事故"活动，在公司内部报纸《太原钢城》上设立领导干部"一岗双责"总结评价情况通报，实行年度安全一票否决制、表彰奖励制度等，向职工灌输和渗透企业安全观，通过丰富多彩的安全文化建设活动，激发职工参与安全文化建设的积极性和主动性。

在职工生命安全保障方面，公司突出"关爱生命，人文关怀"。为所有在岗职工（包括临聘工）制作了一人一卡——编有卡号的"职工生命安全提示卡"，

要求职工随身携带。要求职工上班出门前向家人展示，上岗前班组长要组织职工重温"职工生命安全提示卡"的内容，进行岗前安全宣誓。

在建立特殊人群安全预警机制方面，针对职工队伍"老龄化"现状，且部分职工由于长期从事重体力作业，身体健康状况不良，各种疾病呈多发状态，甚至突发的特点，因人制宜、多措并举，将防范重点前置。保障重体力作业、特殊岗位操作人员身体健康不受伤害，要求企业不得随意延长工作时间。55周岁以上职工原则上不再安排重体力和危险岗位作业。重点区域、重点岗位职工每天上岗前，必须要通过岗前身体情绪确认，填写岗前身体情绪确认表。

二、搭好安全管理手机微信视频平台，发挥信息管理在安全管理中的作用

搭建安全管理手机微信视频平台，不仅能够充分发挥其信息交流便捷、直观、即时性等功能，极大地提升安全管理工作的质量和效率，而且能够使安全管理工作更具人性化，形成凝聚人心、全员参与的氛围。太原钢城企业公司搭建的手机微信视频安全管理平台运行以来，安全管理效率性、成本性、即时性、痕迹化等各项作用得到了充分体现，并取得了很好的效果。尤其是树立形象、监督指导、岗前检查、职工互相交流学习共同提高的四项功能得到充分发挥。

在树立形象方面，开展岗前安全宣誓活动，通过职工整齐的列队，洪亮的岗前安全宣誓，体现出职工队伍的素质和严明纪律，对企业在甲方提升信任度与信誉度起到了促进作用。在安全监督指导方面，安全活动通过手机微信视频平台上传，使各级领导能够做到远程监控、时时监控、异地监控、传达决定，成为企业提高效率、降低成本、实现痕迹化管理的工作平台。在岗前安全检查方面，通过手机微信视频平台使岗前安全宣誓、职工情绪确认等配图说明便于上传，岗前安全检查的十项内容条条落实不遗漏。在发挥好职工互相交流学习、共同提高的功能方面，通过手机微信视频对每个职工的手机发布上级对安全工作的指示精神，企业对安全工作的安排、要求、提醒，发布有关安全知识、常识、案例等，成为企业领导指导日常工作，职工学习互相交流共同提高的平台。

目前，太原钢城企业公司运用手机微信视频安全管理平台实现安全信息化管理，把安全文化理念贯穿安全信息管理始终，渗透到安全信息工作各个层面，充分发挥了手机微信视频平台在安全管理、文化建设中快捷、便利、及时、准确的作用，为企业安全管理工作提供了强有力的思想引领、舆论推动、精神激励和文化支撑。

三、领导干部履行安全生产"一岗双责"具体化，创新安全管理出"亮点"

安全管理重在领导。在落实完善"党政同责、一岗双责、齐抓共管、失职追责"方面，注重增强企业领导干部安全管理的思想自觉和行动自觉，在实践中对领导干部"一岗双责"进行了具体化、细化，明确了工作目标、安全检查方式、要求及检查内容，进行安全重视度厂长评价，成为公司创新安全管理的新亮点。

安全工作"领导重视"在具体工作中体现为以下几个方面：一是公司安委会通过对企业、领导干部开展年度"一岗双责"履职审核评价，对企业一把手在安全重视度、安全对标工作、过程管理、风险管理、痕迹化管理、安全教育培训、安全台账规范化管理、应急预案演练等方面成绩突出者，给予年度安全重视度厂长（经理）荣誉称号，并进行表彰。二是完善组织机构，企业无论大小都必须按照《安全生产法》完善安全管理组织机构，制定落实安全层级管理责任制。三是以人为本，从强化监督管理等方面入手，对特殊群体要做到底数清、情况明。四是检查监督整改，加强检查的同时引导职工增强自我安保意识，消除职工对安全管理的对立情绪与逆反心理。五是规范管理、强化企业安全文化建设，向职工灌输和渗透企业安全观，构架起充满活力的安全保障体系。

四、构建网格化安全保障体系，全力打造企业安全生产管理新格局

太原钢城企业公司结合企业实际，不断创新安全管控思路、方法和措施，用实招、求实效，在安全管理工作中打好"四副牌"，构建网格化安全保障体系。

第一副牌，打好规定动作牌，保障安全工作。公司认真贯彻党和国家有关安全生产法律法规、政策，落实好上级安排的各项工作，按照要求认真组织贯彻落实，按照要求的时间、节点及时进行上报反馈。加强企业安全文化与业务安全技能的培训，新入职职工不经过安全培训或安全培训不合格不能上岗，使职工

真正了解企业安全文化，融入企业安全文化，进而实现安全素质的全面增长。坚持"以人为本、生命至上"，牢固树立安全发展理念，强化安全红线意识，把安全发展作为企业文明进步的标志，打造共建、共治、共享的安全治理格局。

第二副牌，打好文化牌，稳定安全工作。公司结合生产经营特点，因地制宜、多方式、常态化开展各种安全系列文化活动，职工入厂第一课就是了解厂史、厂情，参加安全培训，了解建厂以来发生的安全事故教训，引以为戒。同时，在各单位设置安全文化看板、在召开安委会和安全检查巡查时随时抽查安全文化内容等，营造出人人重视安全、人人自觉遵守安全的良好氛围。通过安全文化活动持续深入开展，使职工熟记"以人为本、尊重生命、我要安全"的安全文化内容，真正做到安全意识入脑入心。

第三副牌，打好亲情牌，促进安全工作。要求企业：一是通过组织职工进行生命价值讨论，让职工真正了解企业的安全管理制度，了解企业开展安全文化建设的意义，增强了职工安全生产的使命感。二是注重"爱心小屋"功能发挥。按照"五必知""五必访"

"五必谈"开展工作，用关爱减少职工安全生产的疏漏。三是推行"多几声叮咛，让职工感到温暖；多几句提示，让职工感到舒心；多几次巡查，让职工感到放心"的工作方法，提醒大家合理安排当日工作，防止事故发生。四是发挥好家人的亲情力量，营造"家企联手共保安全"的温馨氛围，把安全生产与家庭幸福联系起来，增强职工遵章守纪的自律性，用家人的亲情关爱提醒、叮嘱职工遵章守纪，增强职工安全生产的责任感。

第四副牌，打好创新牌，提升安全工作。公司结合企业实际确立了"3311"安全管理模式，"4421"安全重点工作，五个"三必做"安全工作法。其中"3311"安全管理模式包括：三个环节——厂长（经理）以身作则、高度重视，安全人员知责履责敢抓敢管，班组（长）执行力度不折不扣。三个要素——人：干部守纪，职工守规；机：日常点检，痕迹管理；物：5S管理，标识化管理。一个检查：高频率，多方式，全覆盖检查。一项考核：逐级考核，连带考核，有所触动，重在效果。

基于精细化管理理念的海上钻完井作业安全管理研究

中海油能源发展股份有限公司工程技术分公司　刘晓宾　万祥　李君宝　楚华杰

摘　要：海上平台面积狭小、布置密集，钻完井作业节奏快、风险性高，安全管理工作尤为重要。本文结合钻完井作业安全管理难点，分析海上事故发生特点，在现场安全管理中引入精细化管理模式，有效地解决了现场安全管理难题，最大限度降低作业风险，提升了企业的安全管理水平。期望通过精细化管理理念的引入，为海上钻完井作业安全管理提供新思路，同时为陆地钻完井作业和海上其他作业安全管理提供借鉴。

关键词：海上平台；钻完井作业；安全管理；精细化管理

精细化管理作为现代科学管理的重要理念，起源于日本丰田公司，是社会分工精细化和服务质量精细化的反映。它在常规管理的基础上，将管理工作引向更加深入的模式，主要特征为"精确、细致、深入、规范"，能够解决管理工作过于宽泛、考核难以量化、成效难以检验等弊端。在现代企业文化体系建立过程中，往往会把精细化管理作为企业文化管理理念中的一个重要因素。企业安全文化作为企业文化体系中的专项文化也应该引入精细化管理的理念，作为安全文化体系落地实施的一个重要抓手。研究基于精细化管理理念的海上钻完井作业安全管理其实质就是研究安全理念如何在生产作业中落地实施的路径问题。

一、海上钻完井作业安全精细化管理的可行性分析

（一）海上钻完井作业安全管理难点分析

海上钻完井作业受到作业场地、海洋气象环境等因素的限制，作业风险高，伴随着近几年钻完井技术的革新与发展，钻完井作业周期大幅缩短，现场安全管理压力也随之增大。作业时效的提升，对于现场的物料吊装、设备运行负荷、人员素质等方面均提高了要求，也是对现场安全管理能力的考验。针对海上钻完井作业而言，安全管理主要受以下条件限制。

（1）作业场地有限，吊装作业多。常规海上钻完井作业平台，甲板面积一般在 $1800 \sim 3000 m^2$。其中吊车、固控设备、泥浆池等部分设备固定在平台上，剩余的可以进行货物吊装、摆放的场地一般不足 $1000 m^2$，而现场作业使用的物料、设备、管线等所需面积远大于此，为了保证作业顺利，需要按照作业顺序先后进行不同物料的吊装作业。根据海上作业统计，在非钻完井作业期间，吊车平均作业时间 3 小时/天，而钻完井作业时，平均作业时间在 12~18 小时/天。长时间的吊装作业，增加了船舶靠平台、交叉作业的时间，物料倾倒伤人、人员手部挤伤、高空坠物等风险高。

（2）人员流动性大，配合性作业多。随着钻完井技术的不断成熟，各项作业的划分日趋明确，相关专业公司也逐年增多。钻完井作业各步骤涉及的服务商厂家超过 20 家，各厂家的产品特点不同，作业人员水平高低不一，都给现场作业的安全管理带来了难题。例如在完井作业中，仅下生产管柱一项作业涉及的服务商就多达 8 家，而且每次作业的服务商还有所不同，如何有效甄别作业人员的安全技能水平，并实现配合作业的安全顺利，是现场安全管理的难点。

（3）海上作业环境封闭，作业人员情绪管理难。由于海上平台面积狭小，活动范围有限，且交通、通信不便，娱乐活动少，文化氛围不足，无形中增加了现场作业人员的心理压力。如何及时发现现场作业人员情绪异常并进行有效的疏导，是现场作业安全管理的重要内容。

（4）气象环境多变，高风险作业多。海上作业受气象环境影响大，大风大雨、闪电、涌浪、海冰等均会增加海上作业的风险，提高作业人员对气象环境的判别能力，提前做好相应准备工作，是避免气象环境对作业影响的关键。同时钻完井作业中，多存在揭开油气层、高空作业、动火作业、电工作业、高压作业等高风险作业，在确认好作业人员安全技能的前提下，系统考虑好作业时的安全预案，也是作业安全完成的重要保障。

（二）海上钻完井作业事故统计与特点分析

对渤海地区 2008—2017 年海上钻完井事故情况进行统计，结果表明：90%以上为物体打击、挤伤、机械伤害与起重伤害等人为操作不当因素引起的事故。而在事故原因分析中，人员违反安全规章制度是导致事故发生的主因，包括个人安全意识不到位、劳保用品佩戴不齐全、设备工具安全装置未设置等。进一步通过对事故人群特点进行统计分析可见，受教育水平、工作经验、技能水平等因素在事故人群中呈现出一定的聚集现象（见表1）。

表 1　事故人群统计表

影响因素	分类指标/年	比重/%
受教育水平	高中及以下	15
	专科	63
	本科及以上	22

续表

影响因素	分类指标/年	比重/%
工作经验	<2	72
	2~5	21
	>5	7
技能水平	仅熟悉本专业技能	65
	熟悉本专业及衔接专业技能	27
	熟悉整个作业相关技能	8

（三）精细化管理与海上钻完井作业安全管理的契合度分析

精细化管理理念要求在生产过程中梳理精细化理念、落实精细化过程、追求精细化结果：既强调生产过程中人的责任，做到人人各负其责，突出服务意识，提高个人能力；又强化规则意识，在各个环节落实资源优化整合，倡导细节意识；更注重结果导向，改进日常管理方法方式，追求安全管理时效性。可见精细化管理理念高度契合海上钻完井作业安全要求，如图 1 所示。因此提出假设，根据精细化管理理念，结合海上作业安全管理难点，针对海上钻完井作业中的易发事故及易发人群，制订海上钻完井作业安全管理措施，加大针对性安全技术培训力度，能够有效提高现场钻完井作业的安全性。

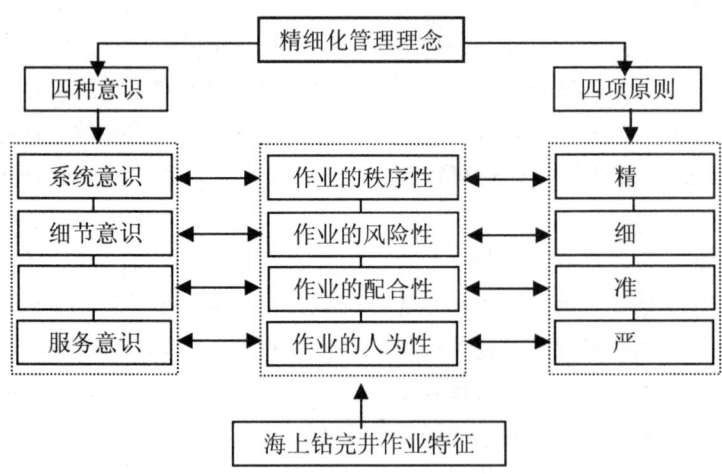

图 1　精细化管理与海上钻完井作业的契合度分析

二、海上钻完井作业安全精细化管理设计

（一）精细化安全管理原则

结合海上作业特点及事故统计情况，在海上钻完井作业中，制订精细化的安全管理措施应满足以下原则。

（1）风险等级排序原则。由于海上作业条件限制，经常存在交叉作业。一是尽量保证最多同时进行 2 项作业，以避免造成干扰，导致风险难以评估；二是 2 项同时进行的作业保证最多只有一项高风险作业，并设定该作业的优先等级高，在任何有需要的情况下，能够立刻停止另一项作业，以保证高风险作业的安全。

（2）技术安全结合原则。钻完井作业中，涉及的专业技术较多，在现场作业中，如果不了解作业相关技术，就无法实现对风险的预判，自身作业安全也就难以保证。从前期的设计编写、技术交底，到现场施工时的作业指令、工单申请等，均要将相关作业的安全要求描述清楚，并对可能产生的风险进行分析。

（3）关键把控原则。对于现场作业中容易出现的伤害类型，进行高频次的安全教育宣讲，并将宣传材料张贴在走廊、食堂等大家容易看到的地方，提高作业人员的安全意识。对于作业经验少、专业技术了解较少的人员，要求其参加技术交底会及相关技术培训，熟悉施工流程和技术原理，并对其现场作业安全技能进行考核确认，同时在作业期间，安排其与经验丰富的作业人员搭配作业。从安全管理的高风险点和易发人员两个关键点，加强安全管理，减少安全事故发生。

（4）多重保障原则。在现场作业中，尤其是高风险作业，作业前要结合现场情况，进行充分的风险分析；提前做好准备相关工作，并根据作业风险的高低，准备不少于一套备用方案；对于出现问题概率较大的高风险作业，备用不少于两套应急方案，并做好在最恶劣情况下对作业人员的安全保障。关键作业期间，停止其他可能产生干扰的作业，并安排现场安全管理人员全程跟踪进度。

（二）精细化安全管理措施

（1）地层认识充分，设计编写详细。在钻完井作业前，根据地质设计书、井位意见书，并结合邻井地层情况，充分了解地层情况，对于地层有无异常高压、有毒有害气体、易塌易漏等情况进行充分了解；并根据地层情况，编写施工设计，设计方案能够满足开发要求，还要对作业中的风险点进行分析提示。

（2）物料准备充分，设备调试到位。在现场作业时，检查现场设备、物料等是否符合国家和企业相关标准，并对设备进行试运转，对现场物料进行抽样检查，在作业时，制定设备定期保养、定期巡检制度，保证设备良好运转，避免"物的不安全状态"。

（3）人员资质合格，安全技能具备。现场作业人员必须具备进行相关作业的资质证书，并具备完成其相关作业的安全技能。对于受教育年限短、工作经验少、综合性技术水平弱等更容易发生事故的人群，一方面加强安全教育和技能考核，提高他们自身的安全技能水平；另一方面尽量避免他们同时进行作业，将他们与其他经验更为丰富的作业人员搭配，提高作业时的安全系数，尽可能地减少"人的不安全行为"，降低隐患和违章事件次数，进而降低事故发生概率。

（4）风险分析清楚，应急预案完备。在现场钻完井作业中，针对单项作业，要进行作业风险分析，风险分析需要结合现场实际情况，对作业中可能出现的风险进行分析讨论，并制定相应的应急预案。应急预案的制定要求首先保证作业人员的安全，并尽量考虑现场设备、工具的安全。

三、海上钻完井作业安全精细化管理实施

2015 年，海上某钻井平台引入精细化管理理念，对 2005 年至 2014 年的作业隐患、人员伤害、事故等数据进行统计分析，发现在钻完井作业中发生概率较高的伤害类型主要有手部伤害、砸伤、高空坠物伤害等。根据精细化安全管理的相关措施，对该平台安全管理制定有针对性的管理措施，具体如下。

（1）加强对手部伤害、砸伤、高空坠物伤害三项事故类型的安全培训。要求覆盖平台所有作业人员，培训频次提高为原来的三倍，保证每人每季度至少进行专项安全培训 1 次。培训结束后，对作业人员进行安全技能考核。并在钻完井作业中，制定隐患排查和整改的奖励制度，对于发现不安全行为和及时制止不安全行为的作业人员进行奖励，对于存在不安全行为的人员加密安全培训频次。

（2）做深、做实技术交底和安全风险分析。在钻完井作业前，要求现场作业管理人员提前熟悉现场情况，并在技术交底时，要结合现场情况，对可能存在的风险点进行分析，并制定预防性措施。单项作业的负责人，要对其作业进行专项技术交底和安全风险分析。并着重针对作业衔接过程进行风险分析，清除作业安全管理盲区。

（3）提前做好作业人员分工，明确岗位职责。在钻完井作业前，对于每项作业的人员进行明确，并确认好人员倒班的时间与顺序，尽量保证同时配合作业的人员保持不变，并合理搭配新老员工，采用"以老带新，新老搭配"的组合模式，对于人员的岗位职责进行明确，除保证个人专业技术相关的作业安全外，现场安排一名技术过硬人员总体统筹现场作业，避免由于配合问题或部分人员技术薄弱造成的安全风险。

（4）及时进行总结分析，不断优化调整安全管理措施。针对钻完井作业采取的精细化安全管理措施，在现场实施阶段，及时统计作业时的安全隐患数量，并根据统计情况，调整后续的培训计划和作业人员搭配情况。通过安全管理模式的不断优化调整，尽可能地减少现场隐患发生次数，进而减少事故发生次数。

统计该平台实施精细化安全管理措施后（2015—2017 年）的作业隐患、人员伤害、事故等数据，并与前 10 年的数据进行对比。结果显示，通过针对性精细化管理措施的制定与现场应用，该平台年均事故发生次数、年均人员伤害次数等指标均有大幅下降（见图2），钻完井作业的精细化安全管理能够有效提高现场作业安全管理水平，降低作业风险和事故发生概率。

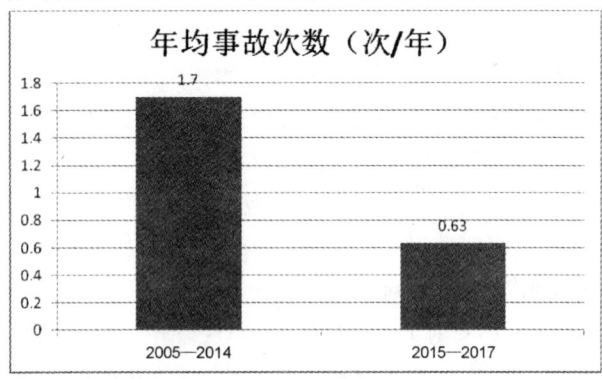

图 2 某平台精细化安全管理实施前后年均事故次数

四、结论

精细化管理强调"系统意识、细节意识、规则意识、服务意识"，要求在生产过程中牢固把握"精、细、准、严"四项基本原则，能够很好契合海上钻完井作业特征，解决海上作业安全难点。将现代科学管理的精细化管理理念作为安全文化的重要抓手，引入海上钻完井安全常规管理，通过对海上钻完井作业危险因素的识别分析，研究容易发生事故的作业类型和作业人群，并根据海上钻完井作业安全管理难点和重点制定精细化的安全管理措施，能够有效保证现场钻完井作业的安全进行。精细化管理是现代科学管理的一种重要理念，是一种文化理念的表达方式，而非具体管理方法或范式。

参考文献

[1] 王卫国,姚士洪.精细化管理的认识与实践[J].石油科技论坛，2010，4：37-39.

[2] 葛晓清.水平井作业的安全控制[J].化工管理，2014，24：61-62.

[3] 李民.浅议石油钻井现场安全管理存在的问题[J].化工管理，2016，29：335.

[4] 宋峰彬，伍东等.海上采油平台调整井作业危险分析及安全对策[J].安全与环境，2011，6：105-109.

[5] 崔文采.钻井工程 HSE 危险识别与风险评价模式研究[D].武汉：中国地质大学，硕士学位论文，2008.

[6] 刘宗浩.浅议石油钻井现场安全管理[J].中国石油和化工标准与质量，2014，3：213.

[7] 韩鹏飞.HSE 管理在石油钻井安全管理方面的应用[J].当代化工研究，2016，3：33-34.

[8] 张林.钻井安全管理中安全评价法的应用[J].化工管理，2017，10：102.

[9] 周爱军.石油钻井生产过程中安全管理的对策研究[J].时代农机，2018，1：89.

[10] 刘菊梅.陆上油气钻井作业安全评价方法的研究[D].重庆：重庆大学，2005.

践行特色安全文化，打造高含硫气田安全管理样板

中国石油化工股份有限公司中原油田普光分公司　朱向丽

摘　要：普光气田如何保持"气田安稳长满优"运行，需要每一位员工都具有高度的现代生产安全文化素质、安全价值观和行为准则；结合普光气田的自身特色，从"物态""管理""行为"三个层面，构建了包含"本质安全文化""作业安全文化""应急安全文化""安全制度文化""安全监管文化""安全责任文化""安全培训文化""安全宣教文化""安全信息文化"和"安全激励文化"十个方面的普光"双 S"安全文化体系。践行普光气田安全十大原则，践行十个方面的安全文化，为同类气田开发提供了宝贵经验，经过不断地完善、固化，成为高含硫气田安全管理的样板。

关键词："双 S"安全文化；践行；安全管理样板

普光气田是国家"十一五"重点建设工程[1]，是"川气东送工程"的主要气源地，是高含硫气田首次大规模开发，具有"四高一深"的特点，即储量丰度高（$42×108m^3/km^2$）、气藏压力高（55MPa～57MPa）、硫化氢（H_2S）含量高（14%～18%）、二氧化碳（CO_2）含量高（8.2%）、气藏埋藏深（4800m～5800m）[2]。自 2009 年 10 月投产以来，安全运行 10 个年头，取得了连续 10 年安全"无事故"的安全佳绩。

普光气田开发初期，面对一个国内无先例，国外没有现成经验可借鉴的新型气田开发建设[3]，自主创新国际领先的特大型高含硫气田安全控制技术，建成了国内第一个超百亿立方米的酸性大气田[4]，形成了在国内具有示范意义的高酸气田开发建设安全管理模式，为普光气田的安全平稳生产打下了坚实基础。

但是如何保持"气田安稳长满优"运行，伴随普光气田运行周期的加长，硫化氢的高腐蚀性对保持集输、净化设备的长期运行提出了新课题，给安全生产提出了更高的要求，如何通过建立和践行普光特色文化，为高含硫气田的安全管理探索安全模式？成为一个普光人面临的新任务和新难题。

一、普光特色安全文化的构成

安全文化是在安全管理的长期实践中逐步形成的，安全文化的培育和倡导是安全管理的灵魂。普光气田不仅具有技术复杂、大能量、集约化、高速度的现代化企业特点，同时具有硫化氢剧毒、易燃易爆等

重大风险，需要每一位员工都具有高度的现代生产安全文化素质、安全价值观和行为准则。

根据普光气田高含硫化氢的特点，建立"安全高于一切，生命最为可贵"的安全价值观，"共担安全责任，共保安全发展"的安全责任观，"风险可以控制，违章可以杜绝，隐患可以消除，事故可以避免"的安全预防观，"领导率先垂范，全员遵章执行"的安全行为观，"安全健康是最大的幸福"的全员幸福观的普光气田安全文化理念体系。

将打造最安全的高含硫气田作为安全愿景，以全员践行"安全至上，预防第一"理念为基础，以先进的技术和设备设施，严谨细致的安全管理，持续不断的安全培训和宣传教育为手段，不断提升全员的安全意识、安全技能，全员养成良好的安全行为习惯，打造最安全的高含硫气田。从"物态""管理""行为"三个层面，构建了包含"本质安全文化""作业安全文化""应急安全文化""安全制度文化""安全监管文化""安全责任文化""安全培训文化""安全宣教文化""安全信息文化"和"安全激励文化"十个方面的普光"双 S"安全文化体系。

二、践行普光气田特色安全文化

（一）践行安全物态文化

普光气田安全物态文化包括本质安全文化、作业安全文化和应急安全文化。

本质安全是普光气田安全的根本保证，这也是普光气田首要安全理念，整个气田的设计由国内一流的

设计单位完成，设备材质选择高抗硫化氢材质，控制系统采用系统安全设计，工艺先进，工程获得国家优质工程，这些都是本质安全的体现；投产后，每年安全投入 4000 万元，通过加强日常维修和检修，强化保养来保证设备完好；安全设施投资在总投资中占比达到 36%；应用科学技术，不断优化更新设施，2016 年对净化厂含硫天然气管道进行了更换，安全资金投入到位、设备设施保养到位、隐患治理措施到位等有效措施保证了本质安全。

打造作业安全文化，作业安全是安全措施落实的关键和基础。普光气田高度重视作业安全，开展了以基层班组为重点、岗位员工为关键的危害因素识别与风险评价活动；完成了 192 个主要生产操作岗位、22 个辅助生产岗位的识别与评价。完成了对集气站井口采气树、水套加热炉、计量分离器等 50 台套设备，净化厂克劳斯炉、余热锅炉、蒸汽锅炉、空分空压机等 170 台套主要设备进行了识别与评价。完成了采气开关井、加热炉操作、ESD 三级关断等 179 项作业活动，净化装置开停车、锅炉点火、克劳斯风机启停等 475 项作业活动的识别与评价。对加热、节流、保温、混输等湿气集输工艺，净化脱硫、脱水、硫黄回收、尾气处理、酸水汽提等工艺过程进行了识别与评价。并根据生产实际运行中取得的经验和教训，危害识别结果进行补充修改和完善。全面实现风险目视化，包括作业区域、设备设施、职业危害、员工安全、岗位标准五个方面全部目视化，同时，高度重视涉硫化氢作业风险管控，涉硫作业项目现场安排专职监护人员，对重大作业项目、涉硫作业项目进行预防性全过程监护。

针对普光气田高含硫特性，注重作业过程个体防护，对气防器具的配置、使用和管理提出明确要求，在重大设备检修器具，现场增设固定硫化氢泄漏检测点，进行 24 小时检测；将承包商、交通和工余安全统一纳入体系，实现全面覆盖的安全防控。

创新应急安全文化。普光分公司组织各级管理人员、技术人员和岗位人员，以岗位风险分析为基础，先进行车间现场应急处置方案的编制，经过反复讨论修改，各级人员上下结合，共同完成了车间现场应急处置方案的编制；各单位在车间现场应急处置方案的基础上，编写完成了厂级应急预案；分公司根据现场

应急处置方案和厂级预案，编制了分公司应急预案；分公司和厂级应急预案包括综合应急预案和专项应急预案。三级应急预案编制完成后，进行穿行测试，根据穿行测试结果进行修改完善，初步完成了普光分公司三级应急预案。

（二）践行安全制度文化

以管理必有依据、行为必有规范、事情必有人管，责任必有人担为原则，通过内外结合、全员参与，实用为主，覆盖全面、分类细致，固化提升、持续完善，发挥全员的聪明才智，激发全员的积极性，构建特色安全规章制度体系。将全面细致的安全规章制度贯穿于每道工作流程，落实到每个岗位，践行于员工的行为，使全员将规章制度记在脑里，融在心中，做到管有依据，行有规范，养成遵章守纪的习惯。建立完善分级管理分线负责重点突出的监管组织和机制，充分发挥党政工团及其他职能部门职能，形成相互支撑横向监管合力，实现齐抓共管。

建立职责清晰、技术过硬、勇于担当的安全监管队伍，实施专兼并举群防群治，实现全员监督，全过程、全方位监控，形成严密健全的安全监管网络，促进员工安全行为习惯。

（三）践行安全责任文化

贯彻领导安全承诺，切实通过各级领导可听、可见、可感的安全言行，引领全员做好安全工作；严格"谁主管、谁负责"的原则，坚持"一岗双责制"，各司其职，各负其责，切实落实全员安全责任。贯彻"有岗必有责，上岗必守责"原则，细化、分解目标责任，层层签订责任书，建立全面职责体系；质量安全健康环保工作与经营，考核挂钩，以激励全员履行安全责任、确保安全责任制落实到位。

（四）践行安全行为文化

培训塑造能力，教育培养意识；意识影响行为，激励促进提升。安全培训是全员参与的培训，是职工最大的福利，是安全生产的保证，是员工安全意识、安全技能提升的有效保障。安全培训要落实到岗位，实现岗位练兵。安全培训一定要"内"和"外"的结合，既要走出去，又要请进来，深挖并推广内部的成功经验，汲取并吸收外部的先进知识；安全培训一定要"培"和"训"的融合，结合企业实际，既有安全生产的原理及方法教育，又有安全技能的实际训练；

安全培训一定要 "师"和"徒"的结对，将普光气田安全生产的良好经验代代相传；安全培训一定要"培训"和"考核"的结伴，培训不达标就是隐患，无证上岗就是事故。

（五）践行安全宣教文化

以丰富多彩的安全文化活动载体规范干部职工的行为，引导岗位职工养成良好安全习惯，增强全员安全意识，确保安全理念入脑入心。以理念引领实践，让安全在心中、理念入行动；以行动实践强化理念，让安全理念植于心田。实现"内化于心，外化于行"的目标。以应急预案培训为例，分层次开展应急预案培训，组织岗位人员、调度人员、技术人员、管理人员分别进行应急预案专业培训，明晰各岗位应急职责；将应急预案培训纳入新入厂人员培训、融入专业人员技术培训中，不断强化人员应急意识，提升应急处置能力。每年度共举办专业应急预案 10 期；培训人员 1200 人/次。加强周边村民应急知识宣传教育，宣传到人：联合宣汉县、普光镇政府组织了 4 次大型的防硫化氢知识宣传会；印刷《安全告知书》《硫化氢防护知识》手册 1.76 万份，发放到投产范围内的每个村民；告知到户：对投产的站场、管线 500 米范围内村民，安排专人挨家挨户进行硫化氢危害及防护知识宣讲；警示到点：在居民点、施工点、重要路口、街道设置逃生路线和集合点指示牌；张贴《普光气田投产安全告示》；在管线 100 米、站场 300 米、净化厂 800 米界区，设置界桩。安全应急知识教育进校园、进社区、进村庄。普光分公司为各中小学校、社区及村镇配备了 DVD 光碟机、电视机等学习设施，专门制作了硫化氢防护知识光盘，便于学生、村民学习和掌握硫化氢气防知识，将安全教育落到实处。

（六）践行安全信息文化

安全信息化是提高安全生产管理水平的有效工具，安全信息化建设要在气田信息化建设的统一规划基础上，遵循"整体规划、分期施、持续改善、保持领先"的原则，按年度编制建设计划实施，建设中要优先采用先进的新理念、新技术、新设备、新软件，并持续完善。安全信息化建设要建立在对普光气田安全生产技术研究的基础上，对风险管理、隐患管理、承包商管理、三同时管理、变更管理、事故管理模块，进行系统研究、整体规划，各模块要与安全目标管理、安全绩效考核进行集成、联动，逐步完善安全信息化管理平台，形成全覆盖、全过程、全方位的安全信息化管理网络平台。

（七）推行安全激励文化

坚持分类分级、多措并举、多管齐下激励原则。特别对新员工、新供应商、新工艺、新设备、重大作业活动、重点危险部位必须要强制规范管理，建立风险评估参与评比奖励、隐患报告分级奖励、安全典型公告激励多种激励机制，定期考核通报，建立正向激励为主、负向激励为辅的激励机制。通过建立多措并举，正向影响的激励机制，使员工的安全绩效不断提升，激励全员处处做安全事，时时做安全人，使员工逐步养成安全习惯，以安全习惯促安全行为。以全员诊断奖励为例，组织全体人员从岗位做起，从身边做起，进行安全诊断，每季度对提出诊断的建议的人员进行奖励，极大地调动了员工隐患排查的积极性。

（八）打造高含硫气田安全管理样板

1. 创新建立安全条件确认制度

普光气田坚持重要工序安全条件确认，新、改、扩建项目试投产、重要设备、设施投运、检维修作业交付、生产准备实行安全条件，组织设备、工艺、技术、安全、操作骨干人开展车间级、厂级、气田级三级安全条件确认，查找各类安全隐患，进行全面整改，及时消除安全隐患，确保生产安全。

2. 推行普光气田应急演练常态化、制度化、标准化

班组演练每周一次，车间每月演练一次，厂级演练每季度一次，气田演练每半年一次，分层次、分专业、分种类开展演练，提高了全员安全意识和应急技能。

3. 强化隐患排查

各基层单位隐患排查，分类别、分系统对气田安全生产进行全面细致的隐患排查。主要领导参与基层班组周一安全活动，提高班组和员工开展安全检查和隐患治理的积极性。对各类作业活动进行危害识别，加强基层班组岗位员工安全风险意识，有效提升员工岗位危害识别、风险评估、标准化操作的水平。

4. 开展班组作业前安全风险预知"五分钟"

针对普光重点岗位和危险作业，使用"七想七不干"卡，开展班组作业前安全风险预知"五分钟"活

动。一想安全禁令，不遵守不干；二想安全风险，不清楚不干；三想安全措施，不完善不干；四想安全环境，不合格不干；五想安全技能，不具备不干；六想安全用品，不配齐不干；七想安全确认，不落实不干。

5.制定硫化氢防护安全管理规定

现场作业应牢记：个体防护穿戴齐，相互检查不能少，巡检作业两人行，前后距离须保持（1 米以上），一人操作一人监护。

6.加强直接作业环节管理

加强对用火作业、进入受限空间作业、高处作业、临时用电作业、起重作业、破土作业、高温作业、涉硫作业八大事故多发作业环节的管理，制定安全措施，强调人身安全防护，严格票证审批，强化现场监督，实行作业信息牌管理。

7.重大风险作业现场实施应急监护

试气、放喷、站场装置天然气净化联合装置检修投产等重大作业活动，应急救援中心派专业队员和装备现场全程监护，做好应急处置准备，执行应急预案分级响应程序。

8.建立 H₂S 泄漏应急处置三原则

岗位人员应急处置原则：先保护，后确认；先处置，后汇报；先控制，后撤离。工艺应急处置原则：迅速关断，切断气源，控制含硫化氢天然气泄漏总量；能保压，不放空，能放空，不外泄；就近关断，就近放空；避免小泄漏，大关断。后期处置原则：先监测，后洗消，恢复生产要安全。

三、结束语

安全文化是企业安全管理现代化的基本特征。安全文化是企业整体文化的一部分，它深刻体现了以人为本的现代管理思想[4]。是否具有先进、科学的安全文化已成为当今现代化企业安全管理水平的重要标志，同时也是企业成败兴衰的底蕴和基础。要实现长久的"安、稳、长、满、优"，普光气田结合企业特点探索建立了普光特色安全文化，通过实际践行，取得了良好的安全管理效果，为同类气田开发提供了宝贵经验，经过不断地完善、固化，成为高含硫气田安全管理的样板。

安全是高含硫气田开发永恒的主题，安全文化是企业安全管理的最高阶段[5]，普光气田特色安全文化经过践行取得一定成效，但安全文化作为安全管理的一部分，是"一条没有尽头的旅程"，需要不断地探索和完善，普光气田特色安全文化将会伴随着气田的开发不断地创新、凝练和提升。

参考文献：

[1] 何生厚等.高含硫化氢和二氧化碳天然气田开发工程技术[M].北京：中国石化出版社，2008.10.

[2] 赵伟,于会景.高含硫气田管道腐蚀原因分析与防护措施[J].化学工程与装备，2010（3）：66-69.

[3] 国内首个高酸气田安全运营超千天[EB/OL]，[2012-10-16]. http://www.sinpecnews.com.cn

[4] 林文英.讨论新形势下如何推进企业安全文化建设[J].青年与社会，2012（60）：14-15.

[5] 赵滋民,韩海鹏.浅谈现代化企业的安全管理[J].管理学家，2013（2）：11-11.

安全文化示范队测评方案的创建与实施

中国石油川庆钻探长庆钻井总公司　赖延芳　李崇民

摘　要：安全文化测评是衡量企业安全文化建设效果、考核企业安全生产综合状况的重要手段。本文详细介绍了川庆长庆钻井总公司安全文化示范队测评方案创建的背景、体系构建、方案实施及效果等，通过方案的创建与实施，公司对基层安全文化建设工作的现状有了准确把握，对存在的问题及时提出了改进措施，为持续推动企业安全文化建设起到了重要作用。

关键词：安全文化；示范队；测评；体系；自主管理

目前，中国石油川庆长庆钻井总公司安全管理正在由严格监管阶段向自主管理阶段过渡，这一阶段安全文化的教育和引导作用非常重要。近年来，在安全文化培育实践中，公司通过对 HSE 自主管理示范队的培育，梳理建立了安全文化示范队测评方案，并在基层 70002、40909 等自主管理示范队进行了测评，准确反映了该公司安全文化现状，并对存在的问题提出了行之有效的改进措施，提升了员工安全素养和安全能力。

一、测评方案的创建背景

川庆长庆钻井总公司自 2008 年整合成立以来，就积极有效地开展了企业文化的整合研究工作。安全文化作为该公司企业文化研究的子项目，也按照预定的程序和目标有序开展，但在多年的探索实践中，始终面临着一些难以逾越的瓶颈难题，如安全文化从内容到形式创新不够，没有一个标准或是方案对安全文化建设情况进行系统测评。为了解公司安全文化建设现状，推进安全文化建设向自主管理阶段迈进，自 2012 年以来，通过对川庆 HSE 示范队、公司自主管理示范队的测评，总结形成了《川庆长庆钻井总公司安全文化示范队测评方案》（以下简称测评方案），并在基层测评中得到了完善。

二、测评方案的体系构建

安全文化测评最终是为了准确把握企业安全文化建设现状，对企业安全文化塑造进行定位。测评体系基本框架设置为 7 个一级指标，32 个二级指标。7 个一级指标分别为基本条件、安全意识、安全责任、安全行为、安全活动、安全激励机制、奖励项。通过各种指标的设置来突出和引导基层队站安全管理不断向自主管理、文化管理方向前进，以价值观、思想观念为核心，培育共同行为。

目前国际国内对安全文化体系模式有三分法和四分法。四分法是观念文化、管理文化、行为文化和物态文化。三分法是观念文化、行为文化和物态文化。我们设置的 7 个一级指标中除基本条件和奖励项外，其他 5 个指标中只有安全意识、安全行为沿袭了通用的习惯，安全责任、安全活动、安全激励机制是该公司安全文化建设的重点。强调责任与激励，也是自主管理文化的核心。

三、测评方案的实施

（一）建立测评标准

测评方案是在每一个施工区域选取有代表性的 HSE 示范队，进行刻画塑造，形成安全文化模式，进行示范引导。根据钻井生产实际情况，本着便于操作和科学的原则，对钻井队安全文化建设情况进行量化打分测评。

（1）基本条件。主要是测评单位要必须达到的硬性达标指标，实施一票否决。设置无工业生产安全一般 C 级及以上事故、一般及以上环境污染事件；近 2 年等级队考核为甲级队；近 2 年年钻井进尺在同区块排名在前三分之一；近 2 年在区域内无有损企业形象的行为或事件 4 个要素。

（2）安全意识。安全意识是安全文化建设的重点也是难点。测评通过对安全认知、安全态度、安全责任进行问卷测试。

安全认知。认知指通过心理活动（如形成概念、知觉、判断或想象）获取知识，试题内容包含有安全基本理念、重点规章制度、基层队（站）的基本目标要求、作业程序等作为一线员工必须掌握和知晓的内容。

安全态度。态度是人们在自身道德观和价值观基础上对事物的评价和行为倾向。安全态度表现于对安全的内在感受（安全道德观和安全价值观）、安全情感（即"喜欢—厌恶""爱—恨"等）和安全意愿（谋虑、企图等）三方面的构成要素，涉及对作业程序与生产的态度、对速度与程序的态度、对事故风险与作业的态度、对他人违章指挥的态度、对自己违章的态度、对检查的态度、对监督的态度等内容。

安全责任。一是指分内应做的安全工作，如安全职责、尽责任、岗位责任等。二是指没有做好安全工作，而应承担的不利后果或强制性义务。

（3）安全环境。指的是安全物化环境和人为物态环境。包括抓好场景文化、安全氛围、健康管理三个方面内容。场景文化主要是按照公司《目视化管理规范》对员工进行视觉识别和提示，使员工养成良好的执行规定动作的作业习惯。安全氛围营造主要是通过设置安全标语、悬挂横幅、安全黑板报等方式来营造良好的安全宣传舆论氛围。健康管理包括员工健康档案齐全，关注身体、心理和精神健康，建立倒休制度并严格落实，重视食品安全和营地用电安全管理。

（4）安全行为。指在安全观念文化指导下，人们在生活和生产过程中的安全行为准则、思维方式、行为模式的表现。主要包括安全培训、师带徒、属地管理、岗位责任制、有感领导、风险控制工具应用、违章行为管理与教育、全面实施行为安全审核 8 个方面。在 HSE 体系中，风险控制工具主要指的是安全观察与沟通、工作安全分析、作业许可、安全行为规范、工艺变更管理 5 种。

（5）安全活动。安全活动是安全核心价值观的重要推力，作为安全文化的抓手起着反复强化的作用。安全活动具有极强的渗透力、感染力，能从根本上强化员工的安全意识、责任意识，提升员工的安全素养，是抓好安全生产的源头。把基层队站开展的安全活动项目作为加分项进行测评，倾向于用文化手段来进行测评。

（6）安全激励机制。提高员工的安全主动性需要良好的激励机制，良好的制度激励机制必定会为安全生产管理注入新的内涵，变"专职人员抓安全"为"全体员工抓安全"，变"要我安全"为"我要安全，形成人人参与安全管理的大格局，形成良好的安全文化氛围，进而实现本质安全。

（7）奖励项。奖励项作为附加项是加分条件。本测评方案中主要涉及两个方面的内容：经考核组认定安全文化建设有特色、有创新；获得公司级以上个人或集体荣誉。

（二）实施现场测评

测评主要通过看现场、查资料、问卷调查和访谈四种方式进行。实施测评时需要注意样本选择和过程控制。一是测评样本的选择。测评样本也就是测评对象，包括钻井队的选择、问卷调查时不同岗位员工的选择、访谈对象的选择。二是测评过程控制。主要指的是现场测评时间控制、问卷调查过程控制、访谈过程控制。问卷调查过程控制主要是闭卷、半开卷和开卷，本次测评我们要求的是闭卷考试，但实际情况是半开卷，也存在相互交流的情况，这些都影响对真实性的判断。

安全意识与安全责任主要采用问卷调查方式。安全态度通过问卷调查测评，发现对作业程序与生产的态度 90% 能提出改进，10% 是听领导安排。对速度与程序的态度 10% 是速度优先、30% 是效益优先、60% 是程序优先。对他人违章指挥的态度是 94.2% 制止反对，2.9% 无可奈何，2.9% 没有选择。对事故风险与作业的态度 90% 的员工认为在风险不高、熟练作业、省时省力作业可以简化程序，10% 的员工认为烦琐作业、独立作业、影响作业效率不可简化程序。而安全责任存在问题较多，50% 的调查对象对责任判定内容不清楚，30% 的调查对象对承担的安全责任大小不知道。主要问题有对安全责任概念不清楚，答非所问；把安全责任与作业程序、风险控制具混为一谈；把安全责任与事故、隐患等混为一谈。

测评组对测评结果的分析主要是用文字和图例进行说明，更高层次的定性分析手段并没有条件使用。因此，在某种程度上，对测评结果分析的科学性与合理性也有待考证。

（三）撰写测评报告

测评报告分析主要包括：测评总体情况、测评指标分析、测评存在的问题。

测评总体情况。测评方案满分为 320 分，所测评的六支 HSE 自主管理示范队平均得分为 282 分。他们的共同特点是现场基础工作扎实、员工安全意识较强、安全环境良好、安全活动有效开展、安全激励机制能有效体现。

测评指标分析。对测评方案涉及的安全意识、安全责任、安全行为、安全活动、安全激励机制等7个一级指标，32个二级指标进行具体分析，了解安全文化建设的现状与存在问题。

安全意识：熟练员工安全意识高于新员工（工龄2年以下），管理层安全意识高于操作层，安全意识强弱与年龄相关性不大。

安全环境：6支钻井队在现场目视化方面基本能执行总公司目视化管理要求，关注员工身心健康，台账齐全、倒休有制度有落实。

安全行为：突出的特点是安全培训有制度、能落实、不走过场。师带徒、属地管理、属地管理责任履行、风险控制工具能良性推动。主要问题表现在有感领导不能全部有效落实；岗位责任制内容不清；违章起数、违章自查、互查数据不真实，存在量化指标轮流坐庄、分摊最终导致重复性违章起数较多；个人安全行动计划格式没有更新等。

安全活动：都能适时组织开展安全宣誓、安全签字、安全演讲、安全家庭告知、心理健康咨询、安全示范岗、工会劳动保护监督检查等活动，采用员工易于接受的方式和载体推动安全文化建设。

安全激励：发现一个最大的变化是从过去主张以罚为主改变为以奖为主，从而提高员工的积极主动性和广泛参与性，起到良性激励。存在问题是员工HSE绩效档案不全。

（四）反馈提升

在现场测评后，针对测评情况召开大班以上人员座谈会，针对测评发现的问题及时进行沟通。整个测评结束后，对测评中发现的共性问题召开协调会，专题研究，提出对策。对个性问题与钻井队进行对接，提出改进意见。

通过测评，发现测评方案存在主要问题是对测评结果没有设档进行分级。根据现场掌握情况，我们设定三个档次和对应的分值。自主管理阶段得分280分以上，达标阶段240～280分，不达标240分以下。

测评存在的共性问题是新员工安全意识薄弱，有感领导不能全部有效落实、岗位责任制内容不清、重复性违章起数较多、部分标识不清、不全、不规范等。共性问题的解决改进措施有：加大对新员工的安全意识培训，并定期进行跟踪检查培训效果。加大对基层队站有感领导的培训，切实起到带头模范作用。加强对岗位责任制内容的学习并定期对所有员工进行考核。确保违章原始数据真实，加大对违章结果的分析，杜绝重复性违章。对标识进行全面检查和统一。

个性问题如推土机在进行作业，现场无人指挥，司机操作不当导致挂电线；作业时多人指挥等都反映出钻井队在安全管理方面还存在或多或少的不足，需要不断改进和加强。钻井队大多数基础资料由书记管理，在查阅资料时有一个队因为书记倒休不在队上，其他队干部对资料熟悉程度不够，所提供的纸质资料有限，影响测评组对该队测评指标的真实判断。建议资料管理建立流程，规范化。

四、改进及效果

（1）测评方案的建立填充了川庆公司长庆区域安全文化测评的空白。安全文化测评工作在我国和国外都受到了广泛的重视，但是还处在探索之中。公司自2013年6月份以来，历经一年多的时间，通过在基层钻井队试行、公司安全文化分委会讨论、测评组现场测评，数易其稿，反复修改，最终形成了《川庆长庆钻井总公司安全文化示范队测评方案》。

（2）测评方式相对科学、量化。安全文化是软科学，存在的最大瓶颈是难于量化。测评方案的最大特点是把难以量化的内容进行量化，让文化落地。立标建模，形成安全文化模式，相对科学地进行评估，对标管理，持续改进。

（3）测评真实地反映出安全管理中的问题和薄弱环节。

（4）测评结果准确地反映了基层安全文化现状。测评最终是为了准确把握企业安全现状，对安全文化塑造进行定位，让企业认识到现有文化与目标文化间的差距，推进公司安全文化建设从严格监督管理阶段向自主管理阶段迈进，促使文化在基层落地。

（5）安全文化测评为企业文化测评奠定基础。企业文化发展到一定阶段，最终都会建立一套测评体系，也就是标准。对企业文化现状进行评估，发现问题，提出解决措施。安全文化测评方案，以点带面地为今后企业文化测评体系构建奠定了基础。

火力发电厂安全生产文化管理策略研究

神华福能发电有限责任公司　李志龙　常银虎　陈建林

摘　要： 火力发电厂是我国主要的电能供给来源，对于我国社会发展和工业生产具有关键性影响，在当前社会发展形势下，国家对火力发电厂的发展愈加重视，火力发电厂也迎来了新的发展机遇，但是在安全生产文化管理方面，安全管理员专业素养过低，缺乏专业的理论知识支撑，导致在火力发电厂的日常生产工作中无法及时发现问题，并且无法根据发电厂自身的施工特点制订相应的解决措施，问题发生时，便不能对症下药，解决效率过低，这些都是影响发电厂高效生产的原因。除此之外，仍存在诸多不足亟须优化。本文基于火力发电厂安全生产管理存在的不足进行分析，并探究相应的安全生产管理策略。

关键词： 经济效益；科学技术；信息化；制度；火力发电

电力工业是推动我国社会经济发展与工业生产的关键动力，在当前社会发展形势下，火力发电厂的安全生产文化管理也成了不可回避的问题，近年来由于人为因素和自然因素所造成的火力发电厂事故造成了严重的危害，不仅火力发电厂的经济效益受损，更严重损害了社会效益。国内多个火力发电厂忽视安全生产的重要性，导致安全管理人员的选用并不严格，安全管理人员并不具备安全意识以及相关的专业知识。发电厂的忽视导致人员素质过低，人员素质过低导致安全生产越发被忽视，如此形成恶性循环。现阶段，火力发电厂加强对安全生产文化管理制度和管理方法的深入探究非常紧迫，加强安全生产文化建设对于发电厂自身和社会经济发展而言都具有重要的现实意义。

一、火力发电厂安全生产文化管理存在不足

当前形势下，我国社会经济快速发展，对于电力能源的需求不断提升，作为我国主要的供电系统，火力发电厂对社会发展和工业生产具有重要影响。客观来说，火力发电厂在生产过程中会有较大的能源消耗，对环境产生污染，并且运行过程中存在一定的风险。火力发电厂应当加强认知，在保证安全的基础上提升生产效率，作者在调查分析后对火力发电厂安全生产存在的不足进行总结。

（一）安全生产监督工作的缺失

火力发电厂在经营运行过程中涵盖了多项综合性内容，各项内容都涉及安全生产管理工作，针对这种情况，火力发电厂的管理人员和技术人员应当根据实际生产情况制定科学合理的安全生产管理制度，以达到安全生产的目的。但是现阶段，我国部分火力发电厂在生产过程中存在安全生产监督工作缺失的状况，难以对火力发电厂的生产进行科学有效的监督，对生产经营工作造成了潜在的安全隐患。责任落实制度也有待完善，应当切实防止出现问题时发生责任推诿的状况，避免对后续的生产计划造成消极影响。

据调查显示，火力发电厂在日常安全管理以及常规作业时，并没有制定出标准的工作机制，也没有给出具体的安全监督工作流程，现有的工作流程既不完善又不合理，而且效率极低。而且国内多个火力发电厂忽视安全生产的重要性，导致安全管理人员的选用并不严格，并不具备安全意识以及相关的专业知识，发电厂的忽视导致人员素质过低，人员素质过低导致安全生产越发被忽视。如此反复，导致发电厂的安全监督恶性循环，安全管理员没有清晰的责任意识，各部门责任分工不明确，都是造成发电厂安全隐患的原因。

（二）全体员工安全意识缺乏

火力发电厂忽视安全生产文化的重要性，导致全体员工并不具备相应的安全意识以及相关的专业知识，导致安全隐患的产生。

目前，国内的发电厂仍然对安全问题不够重视，这直接影响发电厂的发展和经济效益。我国发电厂员工缺乏安全意识原因主要有两个：一是安全管理员工

作职责不清晰，忽视安全系统建立的意义，在日常工作中并不贯彻落实国家要求，这导致火力发电厂长期处于危险边缘，威胁全厂员工的生命健康安全。二是由于安全管理员专业素养过低，缺乏专业的理论知识支撑，导致在火力发电厂的日常生产工作中无法及时发现问题，并且无法根据发电厂自身的施工特点制订相应的解决措施，这些都是影响发电厂高效生产的原因。

（三）信息化建设水平较低

科学技术是第一生产力同样适用于火力发电厂的经营生产。但是现阶段来说，一方面，部分火力发电厂相关管理人员难以对设备进行科学有效的管理，导致设备保养不及时，甚至严重磨损，致使生产效率低下。这种工作方式对火力发电厂的安全生产管理工作造成了一定的负面影响，还会留下部分安全隐患、增加事故发生率，对火力发电厂的安全文化建设、安全生产计划的落实造成阻碍。另一方面，我国火力发电厂仍采用传统经营模式，信息化建设得不到有效落实，对其安全文化建设工作的开展、安全管理目标的实现造成了严重阻碍。管理人员缺乏对信息化建设的正确认知，部分火力发电厂信息化建设水平较低，使得发电厂内部信息传递较为缓慢，不能及时了解市场动态，在实际运营过程中经济效益和社会效益始终得不到快速提高。

二、加强火力发电厂安全生产文化管理的有效途径

（一）建立健全安全生产责任管理制度

在火力发电厂生产运行的过程中，相关的管理人员应当加强对火力发电厂的管理，建立完善的安全生产管理责任制度。对于生产过程来说，每个人定岗定责，形成"谁出事，谁处理，谁反馈，谁负责"的制度，责任到人，强化每个人的责任意识和安全生产意识，对于违反规章制度和行为规范的员工要进行一定惩罚和责任追究。

除此之外，火力发电厂要建立一套完善的应急处理机制。对于生产过程中可能出现的安全事故和隐患，要写进规章制度中，组织员工进行学习和演练，熟悉紧急状态下的应急处理方法。在发生安全生产事故之后，要组织全员反思学习，吸取经验教训。要有计划地定期组织员工进行应急事故处理演练，提高员工随

机应变能力。

还要制定一个高效完善的安全管理体系，明确岗位职责，协调各部门工作，提高安全管理员的专业素养，严格按照指定的安全管理系统进行工作，以保证发电厂的日常工作标准符合国家相关要求，积极学习国家的相关法规、政策，不断更新知识储备，定期外出学习进步，以保证新知识、新技术、新要求的把握。

最后，安全管理员应重视每一次事故的发生，不分大小，找到事故发生的原因，分析并找到解决办法，整合国内外发电厂事故原因，研究分析寻求突破。还应组织员工进行学习，提高员工的安全意识，了解引发事故的主要原因以及紧急应对措施，人人安全，安全人人，真正做到员工是一家，安全靠大家。这样才能使员工全身心地投入到日常生产活动中。

（二）加强对安全生产的监督管理

在火力发电厂运行的过程中，相关的管理人员应当根据发电厂的日常运行状况，制订出科学合理的工作计划，再根据具体的管理要求，定期进行检查和跟进。同时，与班组成员工作进行有效的协调和沟通，重点指出工作中存在的重点和难点，并找出需要对其进行改进的具体方法。对检查过程中发现的问题，以报告的形式在会议上予以通报和讨论，同时聚集广大成员共同的智慧，对问题进行有效的分析讨论，在最短的时间内提出正确可行的解决方案。

在日常管理中加入考核机制，最大限度地将安全责任确切的落实到每个车间、每个班组、每条生产线上，形成逐级考核的安全生产考核网，并在安全管理过程中实施双百分的灵动考核模式，将个人利益、个人得失与安全生产紧密地连接到一起，把事故问题追究到单位、部门、个体，根据事故大小进行分数扣除，最终将体现在个人的薪资上，将安全生产纳入员工的升迁、调任的评判标准中。从集体到个人，全员参与到安全生产中去。并且要重视信息反馈，对于发现的可能造成事故发生的安全隐患予以重视，在定期排查与维修的同时建立反馈渠道，调动员工发现问题的积极性，对于反馈成功的信息，给予物质鼓励，以及上报表扬。

（三）加强对安全作业的重视度

发电厂在以后的发展中安全管理仍然是重中之重，发电厂的安全作业也成为安全管理人员的主要职

责，拥有良好的安全基础才能够保证安全管理的后续进行，高效快速地取得进展。

专业素养也是一个安全管理员必不可少的职业技能，生产安全问题的发生以及事故频率都与安全管理员的知识储备以及个人工作经验有直接关系。一名优秀的安全管理员可以有效防止小型事故的发生，及时发现并解决问题，对于已经发生的事故可以尽早发现事故原因并从事故源头阻断问题扩大化的途径，并将损失降到最低。同时，安全管理员对安全问题的重视可以带动发电厂的经济效益，从而激发员工的积极性，并提高对安全生产的重视。

此外，发电厂还应积极引进先进的设备与技术。实现自动化生产，从而减少企业员工的工作强度，这些都可以很大程度上降低事故发生的可能性。还应定期组织安全知识学习，安全生产演练，加强安全生产要求，如此才能保证企业的高效产出。

设立安全巡检岗位，定期或不定期展开车间巡检，其安全巡检人员发现问题并没有处罚员工的权利，主要职责为提醒、建议，对于屡次规劝仍不改正的人员有上报发电厂安全部门的权利。

（四）提升对设备的安全管理能力

提升设备的管理能力首先要增强设备管理人员的安全意识，使其认识到设备运行状态对火力发电厂整体安全生产的影响。相关的设备管理人员要对设备的温度、电压、转速等各项参数进行有效监控，并做好监测记录，当设备发生异常时及时采取有效的应急措施，避免设备故障对火力发电厂的整体运行产生严重危害。设备的日常巡查也是火力发电厂安全生产管理的重要内容，防止设备受到腐蚀或是其他因素的损伤，当设备运行存在问题时，应当及时进行安全评估，防止设备处于隐性故障状态系运行。

改变原有的工作模式，积极引进新设备以及新技术，定期学习技术更新早日实现自动化生产。在设备问题上，不单要加强设备的管理还应加强人员的管理，做到双管齐下，在生产活动上严格按照设备实施要求进行操作，对施工人员定期组织培训，以免员工操作产生问题，导致生产机器受到损伤，甚至直接涉及换新，从而为发电厂带来严重的经济损失，所以对员工的培训必不可少。

（五）减少环境对安全生产的影响

除了相关人员操作不当产生的影响外，环境也是对火力发电厂安全生产产生影响的重要因素，消防安全占作他用、设备工具胡乱堆放、电气设备缺乏保护等都是火力发电厂内危险生产环境，相关的管理人员应当加强对安全生产环境的维护，定期排查。例如，加强生产现场照明设备的维护，避免照明设备故障影响生产光线；对于一些生产车间来说要予以明确的标注，避免其他部门人员不熟悉情况造成的人为失误；应当加强对生产现场的管理，保证生产现场环境的井然有序，根据相关管理要求摆放设备及材料，保持生产现场和消防安全通道的畅通。时刻做好应急措施，不断加强防御手段。

三、结论

综上所述，安全生产文化建设是重中之重，是每一家发电厂的头等大事，是国内每一家发电厂都应重视的主要问题，只有不断加强对安全问题的认识，不断提高对事故的重视，才能使发电厂实现高效生产，保证发电厂的生产效率。在安全管理上时刻谨记严格要求、严格实施、严格重视"三严格"原则，做到"安全第一、预防为主"。火力发电厂对于我国社会发展和工业生产具有重要影响，为保障其处于安全稳定的运行状态，应当加强对安全生产管理工作的探究，建立健全相关安全管理制度，防止出现安全生产事故，促进火力发电厂的健康稳定运行。

浅析企业的安全文化建设

中纺粮油（湛江）有限公司　袁敏仔

摘　要：企业的安全文化是建立在企业的生产与安全管理过程中的，是日积月累的文化，是被企业员工接受及认可的文化，是安全工作的精萃。本文简单阐述了企业安全文化的核心理念，结合日常安全生产管理工作中的实践心得，从企业领导主导安全文化、企业安全文化氛围，讨论企业安全文化创建要点和日积月累，最后得出企业安全文化建设"以人为本、积薄成厚"的核心理论。

关键词：安全文化；核心理念；安全管理

在我们国家，每年都发生很多的安全事故，特别是交通运输、化学品和煤矿方面。特大事故的发生，对国家或人民均造成较大的伤害，着实令人惋惜及痛心。随着社会现代化生产的不断增长，生产任务不断增加，生产中更具有危险性，相对地事故的发生更具有突发性、灾难的可预见性和社会性，保护自身的安全是我们目前最重要的课题。如何构建起一个企业的安全文化便成为当前工作的重中之重。

一、企业安全文化的核心理念

生产发展是企业的主轴心，而为企业生产发展保驾护航是安全管理。企业的生产与安全管理形影不离，缺一不可。众所周知，安全是人类生存最重要和最基本的需求。在马斯洛需求层次理论中，安全需求极其重要，其认为是人类的需求第一层次，是人类必须要获得保证的需要，其主要包括人身安全或健康等。总言之，一切的生产活动及生活都源于生命的健全，源于安全的保障。

企业有生产活动就必然会有安全管理活动及安全文化。企业的安全文化是建立在企业的生产与安全管理过程中，是日积月累的文化，是被企业员工接受及认可的文化，是安全工作的精萃。要确保安全生产最根本的途径是开展安全管理，实施本质安全，安全管理是企业生产经营活动的保障，在企业的所有管理中处于较为突出、极为重要的位置。安全管理贯穿于企业整个生产经营活动中的各个层面、各个领域，在有些企业片面地追求生产利润最大化的前提下，企业的安全管理工作便会比较容易被忽视，企业人员的安全意识淡薄，工作中不注意安全生产，习惯性地违章，

往往会导致事故的发生，造成灾难或财产损失。事故的发生会给社会造成不良的影响及会给国家造成巨大的损失，甚至会影响国家在国际社会中的形象。目前，随着科技的进步及人民生产水平的不断提高，安全的问题逐渐地被人民所关注和重视，人们更加珍惜生命和财产安全。国家历来高度重视安全工作，多次提出将安全工作放在首位，强调了重特大安全生产事故的发生，造成重大人员伤亡和财产损失，必须要引起高度重视。人事关天，发展决不能以牺牲人的生命为代价，这必须作为一条不可逾越的红线等重要指示。在党和国家的领导下，我们在当今社会主义现代化建设、全面建设小康社会的大形势下，更应充分认识到安全管理工作的重要性及迫切性。

二、企业领导主导安全文化

企业的安全文化，应当全员参与并领悟遵守执行，而企业的一把手、负责人应当具备安全文化的基本底蕴，由心地高度重视安全文化，组织推行安全文化建设，塑造安全精神文化。安全精神文化是企业安全文化的最高层次，在整个企业安全文化体系中处于核心地位，它是在安全生产实践中形成的一种精神成果的文化观念。领导的安全精神能切实地感染到企业的每一位员工，能促使员工更好地参与其中，领导主导的安全文化建设，更具有亲和力；领导的安全精神能影响企业的所有人员，其发挥着以身作则的重要作用，领导主导的安全文化建设，更具有号召力；领导的安全精神能体现企业对安全工作的重视性，促进员工关注及重视安全，领导主导的安全文化建设更具有能动力；领导的安全精神引领企业不断向前行进，员工不

断的进步，企业的安全更加牢固、积极向上，领导主导的安全文化建设，更具有生命力。

三、企业安全文化氛围

安全文化的建设，不是企业某一个人或某一个部门的事情，而应是企业集体的工作。成功的企业安全文化是企业每个人都具有良好的安全精神，较强的安全意识、安全作风及安全理念。安全文化氛围分大集体及小组织乃至个人，个人融入班组、部门的小组织中，小组织融入企业的大集体中，继而形成一片良好的安全氛围。人人讲安全，事事要安全，由点带面，由个体到集体，由上层带领下层，由下层推动上层，全面地形成安全文化氛围，从而使每一个人都处于一个舒适的、安全的工作环境当中，更好地全身心地投入工作。

1. 安全理念主导思想

人生中应要有理想和梦想，企业及个人应要有安全理念。只有树立正确的安全理念，才能更好地指导企业开展各项安全工作，才能制定具体有效的、可行的管理制度和操作规程及行为规范。企业安全理念包括责任理念、管理理念、执行理念、作风理念等，这些理念具体地指导着企业如何去做好安全管理，如何实施规范管理，也是安全价值观的具体化。安全理念需要加以灌溉、宣传教育，全面地提高员工对安全的认知、对安全知识的理解及对安全管理制度的熟知。同时通过强化员工的安全责任理念，使每人感知自身的安全责任重大，认知安全万里路，任重而道远的道理，从而树立正确的安全理念和安全价值观，实现对行为规范的自我约束。

2. 规范安全管理制度

企业中的各项管理制度林林总总、齐参不全，均需要进一步规范整合，使之更加适合企业的运行状况。良好有效的制度的建立应当是符合企业愿景的，其是将先进的管理经验和标准形成具有可操作性的管理制度及摒弃固化的经营理念，将其转变为优越的制度，文化形成制度，制度强化文化。企业制定出可行的、实效的安全管理制度，通过发布实施以及员工认同和接受，并通过严格执行，成为员工的自觉行动，依制执行，按章办事、遵守操作，从而形成企业的制度文化。企业的安全生产责任制为核心制度，需强化到个人，需层层落实，需逐级负责及逐级追究安全责任。

规范的安全管理制度建设，能全面地提升企业的安全管理水平，使安全管理更加严谨、更加科学管理及更加合规。

3. 加强安全培训教育

事故的发生，更多的是因人的不安全行为、物的不安全状态或管理缺失所造成的，而人的不安全行为是事故发生的主因，导致人的不安全行为的主要根源是人的安全意识。因此，企业除了要规范安全管理制度外，还要提升员工的安全知识及安全意识。安全意识为根本因素，要彻底地加以纠正巩固。安全培训教育是直接提升员工安全意识的主要手段，通过培训教育，使员工获得安全知识，增强员工生产作业中安全系数；通过宣传教育，使员工对事故的发生原因、后果等有更深更广的认识，使员工有自我保护的意识，明白"三不伤害"原则。只有员工的安全意识全面提高了，企业的安全文化才能得到进一步的提升。加强安全培训教育，使员工从被动的安全管理变为主动的安全管理，自主地改变"要我安全"为"我要安全、我会安全"的思维定式。加强安全培训教育，杜绝员工的"三违"现象，提高员工遵纪守法的良好思想。企业员工安全素质的高低决定了企业安全文化建设的成败，因此，在安全文化建设过程中，安全教育工作必不可少，企业须常抓不懈，须不断完善培训教育体系。

4. 运行安全文化机制

历史的经验告诉我们及长期的实践证明，无论多完善的管理制度及培训体系，如果没有一套行之有效的管理运行机制做支撑，去监督、去考核，那么制度就得不到有效的实施，所有的机制就形同虚设，毫无意义。因此，在安全文化建设过程中，首先，要不断更新、检验、健全完善机制，促使安全文化得以具体落实，保证机制的正常运行；其次，要建立安全文化调研、检查、考核、总结及持续改进制度；最后，要建立奖惩激励制度，奖先惩后，要细化从高层领导到员工的个人考核并严格执行，充分调动全体人员的积极性，确保安全文化机制的有效运行。

四、企业安全文化积薄成厚的核心理论

企业安全文化建立运行后需精心地进行维护，要以不断进步的姿态去升级。企业的安全生产不仅要依靠先进行管理理念、科技力量、完善的制度及良好的

氛围，更要以人为核心，充分发挥人的积极能动性，使企业文化在安全健康的大环境下自我升华。企业的安全文化需要沉淀精华，需要酝酿整合，需要积薄成厚，需要加深加厚文化的根基。安全文化建设的最终目的是确保人们生命的健全及企业的可持续发展，维护社会的和谐、稳定。

安全文化的建设并不是一朝一夕的事情。首先，企业的安全文化是其在安全管理活动中形成的，是一步一步地积累形成的；其次，安全文化是企业倡导的行业准则，获得企业员工认可及接受；再次，企业的安全文化要实现以人为核心，以人为本的宗旨；最后，安全文化精神要植入员工的心中，使员工的行为意识在安全文化的准则内。企业安全文化应当符合企业的实际情况，适应性要强，人员参与度要高，涉及性要广。

国家的生产发展及走向强大，离不开全国人民的努力和奋进。企业更是不可或缺的重要组成部分，我们企业要做好自身的工作，努力成为国家发展的主力军，积极创造出更强的生产力，多为国家作贡献。要确保企业的顺利发展，那么企业的安全管理便要担当马头卒。要确保安全生产，企业应建立长期有效的安全机制，建设良好的安全文化，增强维护企业员工的生命安全。

加强安全文化建设，增强发电企业安全生产能力

浙江国华余姚燃气发电有限责任公司　施文

摘　要： 发电厂是将自然界蕴藏的各种一次能源转化为电能的企业。随着电机制造技术的发展，电能应用范围的扩大，生产对电的需要迅速增长。发电企业也向更安全、更健康、更环保的方向不断前进。随着改革开放中国的发电企业也在日新月异，但是由于中国的历史及文化的因素，导致发电企业在安全生产方面存在一些问题。本文就中国发电企业的一些常见安全生产问题进行分析，提出改进方法。

关键词： 安全管理；现状分析；风险隐患；改进方法

安全生产是发电企业关注的重要问题，任何发电企业都是以安全作为企业发展的首要目标。但是近年来，全国范围内发电企业依然发生了多起人生伤亡事故，每一次的损失都非常惨重。这些事故都为行业内的安全生产工作敲响了警钟。

一、当前发电企业安全生产管理现状分析

总体上看，近年来我国电力企业加强安全生产工作，安全管理水平不断提升，安全绩效不断增强。然而，与新时代安全发展的要求相比，仍然存在以下情况。

一是缺乏安全方面的科学管理。在一些企业中，安全管理流于形式，许多安全管理条款都是形同虚设，在实际操作中很难看到效果。很多企业根本没有安全管理方面的意识，没有形成科学合理的安全文化理念，对于安全管理制度的执行只是个形式，没有形成科学的管理标准和体系，这对安全管理的落地生根有很大的阻碍。

二是安全工作未落到实处。许多发电企业规章制度一套又一套，表面看非常齐全。但是在实际的工作中只会做表面文章，目的只是为了应付各种检查。安全制度文化缺乏落实，好的规章制度没有真正落实于工作中，或者由于资金、运行方式、技能水平等问题，使规章制度成为一纸空文。

三是员工缺乏主动性和积极性。企业疏于对安全工作的管理，许多管理制度都作为一种形式。在工作现场关于安全方面的警示标语也都是流于形式，文化理念根本没有深入人心。导致员工对安全方面的意识比较淡薄，很多员工在工作中缺乏自我安全保护意识。没有正确按照规定佩戴安全防护用品，不能主动配合企业的安全管理，这样也使得安全管理漏洞百出。

四是安全文化宣传教育不够。现阶段，我国关于发电企业的安全监管不到位。某些企业领导精力大多都放在提高经济效益，疏于对安全的管理。思想上没有足够的重视，轻视安全文化宣传，很多宣传都是走个过场，并没有落地生根。这样也促使工人的安全意识薄弱，常常会发生违章事故。

二、造成现状的原因分析

导致安全生产管理水平不稳定、隐患仍然较多的因素很多，当前比较突出的包括人员、管理、经营和制度等方面。

（一）安全管理人员技能水平欠缺

在现代发电企业中，由于晋升通道的限制，许多的安全管理人员都是从其他生产岗位转岗而来，对于安全知识的培训不足，缺乏安全管理的经验。往往造成标准不熟悉、制度不了解、盲目指挥，往往将安全越管越差。

（二）盲目减人增效

随着发电企业自动化程度的不断提高，导致某些发电企业在减员增效过程中出现了不科学不合理的盲目减人情况，致使管理文化出现偏差。在职员工工作量较大，岗位互相兼任，往往将现场的缺陷处理、隐患治理放在首位，忽视常规的安全管理。在上级安全部门检查时应付了事掩盖问题，留下了严重的安全隐患。

（三）过度使用承包商

发电企业在生产运行工作中大量使用外委劳动

力，这样往往在工作中埋下了危险的种子。这些外委员工往往没有受过严格规范的安全教育，工作中无法正确把握风险。同时这些外委员工常常被催赶工期，导致他们经常处于超负荷工作状态，极易造成人身伤亡事故。

（四）对安全管理制度理解存在差异

在发电企业中许多安全管理制度制定得非常严格，但是每个人的理解大相径庭。在实际工作中，不同人往往出现理解的偏差，在实际的工作中就会出现对制度执行不一致。同时由于工作性质的差异，对设备管理的角度不同，往往造成安全事故的发生。

三、发电企业现阶段实现安全生产的改进方法

解决现阶段发电企业安全生产管理的问题，要进一步加强安全文化建设，以安全理念引领企业夯实安全管理基石、提高管理水平。

（一）发挥好安全文化理念先导作用

心态安全是安全生产健康发展的基础和前提，最能体现安全意识。无论是管理者还是普通员工，只有心态安全才会行为安全，才能保证安全制度落到实处。以安全价值观为核心的安全文化理念是心态安全文化建设的灵魂。追求健康是人皆有之的基本需求，可是一些单位"三违"现象屡禁不止，其最根本的问题就是观念问题，就是没有树立正确的安全文化理念。比如说，一些企业盲目追求效益，迫使或诱发本单位职工拼设备、拼体力，违章冒险蛮干；又比如，上级组织安全大检查是帮助下级查出隐患，预防事故，这本是好事，可下级往往百般应付，恐怕查出什么问题，查出问题便想方设法大事化小、小事化了；再比如，"我要安全"本来应是职工本能的内在需要，可现在却变成了管理者强迫被管理者必须完成的一项硬性指标。如果上述错误观念不破除，正确的安全理念不树立，那么，安全生产的建设就永远是一座空中楼阁。

（二）加强安全文化宣传，营造良好的安全文化氛围

企业安全管理的落脚点在班组，防范事故工作的终端是每一位员工，目的就是要努力保证他们的人身安全。因此，如何认真地确立起每一位员工的安全意识，使之实现"要我安全"，到"我要安全"的根本性转变，是企业安全文化建设的中心任务。坚持以人为本的安全方针，营造"人人关注安全"良好氛围，

必须拓宽安全文化宣传教育形式，建立起整体性的，全方位，全过程，全员的安全环境。通过电视、报刊、板报、标语、读本等媒体和安全知识竞赛、演讲比赛、歌咏文艺演出等形式多样的活动，加强安全生产宣传攻势，做到寓教于乐，使安全生产意识深入人心，安全知识广为传播，潜移默化地规范人的安全行为，培养人的安全心态。

（三）优化安全文化教育方法

从理论上讲，促使全员树立正确的安全意识，最基本、最有效的手段就是宣传教育。安全生产的宣传教育适应了职工群众对安全生产的内在需求，从主观上讲职工是愿意接受的。但是以往的安全教育大多是"你说我听，你打我通"，不是大道理满堂灌，就是家长式的训斥。要解决安全问题入心入脑的问题，还应注重情感投入，可采用亲情教育法，如在会议室设立"全家福"牌板，把每个家庭对亲人的安全企盼写在照片的下面，时时提醒职工牢记亲人的嘱托；如为职工过生日，送警句，恳谈会，兄弟交心等方法，不失时机、潜移默化地向职工宣传安全思想；再就是开展安全共保活动，基层单位定期向职工家属发出安全承诺书，号召家属发挥好安全第二道防线作用，真诚邀请家属参加到安全共保活动中来，增强安全文化活动的针对性，有效性和人本性。

（四）创新管理方法，发挥管理者文化引领示范作用

职工安全素质的高低与安全管理者的方法是有直接联系的。过去管理者抓"三违"更多依赖的是批评教育和经济加处罚。不可否认，批评和罚款能使违章职工的思想受到触动，但仅仅通过经济手段控制"三违"现象是不现实的。尤其是个别管理人员在执行制度过程中方法简单粗暴，很容易使职工感情上受到伤害，进而对安全管理人员产生抵触情绪和逆反心理，使经济处罚的有效作用大打折扣。为了增强管理效果，管理者应该在严格执行刚性制度的同时，注重柔性管理方法的使用。如在基层单位会议室设置"不规范行为警示台"，让违章指挥和违章操作者站到台上，将违章经过及危害说清楚，促使其自我反思，自觉遵守规章制度。企业管理人员要发挥文化引领示范作用，当生产条件达不到安全、危害员工健康时，不得盲目指挥、违章指挥。尤其当威胁到员工生命安全时，要

把保障员工的安全放在第一位。此外，要为员工创造优美，舒适的工作环境，确保员工心情舒畅、精力充沛地去工作。

（五）严格落实安全工作

人即是安全工作的受益者，又是出事故的受害者，搞好安全生产工作必须坚持以人为本。因为人的生命只有一次。从我们每个人成长的艰难性，可以看到父母之心难违；从失去亲人悲痛的难忍性，可以看到交织之情亦难违。在安全工作中必须时刻以"严"为重心，在安全面前不能讲人情，时刻要抱着"严"的目的是为了安全、为了工作，为了幸福。

四、总结

生命对于一个人至关重要，因此针对发电企业，要做好安全教育工作无比重要。我们必须时刻以"安全重于泰山"的态度，对企业安全予以充分的重视，只有认识到位才能将措施落实到位。

企业安全文化建设方法探析

四川川交路桥有限责任公司　王海波

摘　要：企业安全文化建设是促进企业安全管理和生产的有效途径。探索企业安全文化的长效机制，对于提升员工的安全意识，促进安全管理有着重要的作用。本文分析了企业安全管理与安全文化的关系，并探索了企业安全文化建设方法，以此推进企业安全文化建设，提升企业生产效益。

关键词：企业；安全文化；建设方法

文化可以立国，文化亦能立安。安全文化是软实力，对人的安全意识和行为产生一定的影响，企业文化对企业安全管理和生产具有一定的促进作用。同时安全文化也被看作是加快企业发展的重要经济战略资源。为此，企业安全文化内容多而丰富，是企业和员工共同的价值，对于企业安全管理起到指导作用，也是员工精神指向。在企业的安全事故中，大部分是由于人的不安全行为导致的。要管控安全风险，就要提升人的安全意识，进行企业安全文化的创建。

一、企业安全管理与安全文化的关系

（一）安全管理与安全文化相互影响

企业文化是企业的灵魂所在，同时也是对文化的传承和发扬，特别是取其精华的过程。而当前随着企业安全管理重要性的不断提升，完全的作用就显现出来。其实安全管理和安全文化是相互补充的，安全管理是自上而下的，而安全文化是自下而上的，安全管理促进安全文化的形成，文化促进公司管理的优化升级。为此，企业要达到可持续发展，就要有良好的管理机制，其管理方式要合理、科学，才能有效促进企业安全文化的形成。对于企业中一线作业的持续改进也需要安全文化为支撑点，提升企业改革的成效。

（二）安全文化指引安全管理的开展

安全文化的作用是通过对人的观念、情感、道德等方面深层次人文因素的培养。在具体的实践中，利用管理、教育、宣传、奖惩等方式和手段提升人的安全素养，从而规范人的行为，主动遵循安全管理制度。在传统的企业管理中，我们主要利用奖罚制度等，用硬性的规定去管理员工。特别是在安全事故发生时，管理人员就会按照传统的经验进行事故的鉴定，没有发现本质问题。而企业安全文化建设要从管理者的角度进行综合分析，在这种管理模式下，要对员工进行安全生产培训，营造良好的工作环境。从企业的长远发展考虑，吸取优秀企业安全文化的精髓，并融合到企业当中。在安全文化形成的过程中，对于表现好的企业员工，应发挥他们的引领作用，通过学习模范促进企业安全文化的形成，引导企业高效管理。

二、企业安全文化建设方法

（一）坚持创新促进提质增效

创新是永恒的话题，企业发展要具有这种理念，还要落实到具体的行动。而企业安全文化的创建也需要创新，从而提升企业管理的实效。为此，可以从两方面入手。

一方面，举办"安全讲堂"，对企业中不同专业人员进行不同层面的培训，根据企业的实际情况，可以聘请相关的安全方面的专家和骨干来企业中进行安全理论和技能的讲解，这些内容包含了安全方面的案例、理论、技术、实践等。把这种活动定位企业工作的一个点，企业不仅邀请专家授课，还主动向承包商、监理学习，让各种的安全理念融合到工作当成，从而提升各种安全意识。

另一方面，利用信息技术建立典型事故模型，通过还原安全事故的原型，进行警示教育，让参与教育的管理人者和员工通过各种感官去感知事故的严重后果，从而提升对安全生产认识，在日常的工作中和生活中对安全问题产生"敬畏之心"，时刻提醒自己要遵守各种生产法规，以此让自己的安全理念有了提升。在教育和学习中，提升自己的安全意识和处理安全事故的能力，这样才能在不断的创新过程中保证安全生产，提升企业的经济效益。

（二）加强企业安全文化的宣传

企业安全文化的建设需要进行宣传，让企业外部和内部员工了解企业发展目标和基本运行情况，而企业安全方面的问题也是企业发展的重要组成部分。为此，作为企业安全工作具有重要的意义。

首先，大力宣传，形成共识。构建良好的企业文化，作为一个人心所向的问题，企业管理者要通过各种手段进行宣传，让企业文化成为企业发展的核心动力，在安全文化宣传中，让职工的安全生产意识得到培养。具体做法可以通过张贴安全告示与标语，还可以通过企业安全栏、企业网站、微信公众号等方式进行安全文化内容传播和引导。企业安全文化成长之路是一个螺旋式的上升过程，要紧紧围绕安全生产、服务等，与时代发展并行或者超越。

其次，要发挥领导的带头作用。企业领导是企业发展的领头人，他们的示范作用巨大。企业高级管理人员要通过具体的行动去兑现当初的承诺。要肩负起责任，职工通过实践安全生产，承担各自的责任，用具体的行动向企业员工传输企业的价值，通过搞好企业的安全生产，提升企业的效益。

最后，做好制度的宣传和完善。安全文化的建设过程中，需要用软硬结合的管理技巧，通过激励机制调动员工参与企业建设的积极性。特别是那些在企业安全文化建设中提出可行建议的员工，应该给予物质奖励和精神奖励，积极采纳创新建议。大家共同参与到企业安全文化建设中，制定可行的管理制度，就能提升安全生产的效率。

（三）提升企业安全管理实效

安全管理是促进安全文化建设的有效途径，通过安全管理实效的提升，进而形成浓厚的安全生产氛围，形成了企业安全文化。企业安全管理带来的效果就是促进企业安全生产的效率，提升企业的效率。这种安全文化氛围的形成，也是在企业合理、科学管理的基础上形成的。要做到安全管理，首先，在构建安全管理体制的过程中，把企业安全文化作为指导方向，并在具体的工作中去落实，让安全管理和企业文化建设紧密结合起来，从根本上体现文化的创造价值。其次，在确定企业文化和行为规范的前提下，对企业文化和安全理念的融合程度进行考核，如果安全管理理念与安全文化建设不吻合，就要对实际的经营进行调整。最后，采取有效措施把安全文化落实在企业安全管理体系中。例如某企业开展了"安全文明施工品牌建设"活动，规划了三年行动计划，企业以安全生产标准化达标评级为起点，让各个项目开展安全文明施工标杆项目创建活动，在班组中开展安全管理标准化示范班组创建活动。对于项目安全管理做到位，文明施工标准规范，各项生产工作表现突出，授予"安全文明施工样板工地"称号。通过标准工地的示范，还有员工的标准作业、文明施工、流程统一、行为统一，进而促进公司本身安全，形成安全生产长效机制。

（四）加强企业安全文化制度建设

企业安全文化是一项长期的工作，不可能在短时间内实现，也不能在短时间内进行突击，否则只是形式的作用，而不能有好的效果。为此，在企业安全文化建设中，要制定一定的规则，按照这个规则进行长期的实践，逐步形成安全文化制度建设，进而起到对员工进行正确引导，促进员工安全意识的提升。企业管理部门要结合时代的要求，准确把握安全文化的精神，构建员工认可的安全文化体系。对于企业文化中消极的一面要做到识别，进而促进安全文化作用的发挥。同时还要对"伪安全文化进行预防"，从而认识到科学、合理的安全文化。例如，在企业中没有重视企业的管理而产生的安全问题，这就要忌讳，能做到的就要认真做到。还有一种表现就是把安全文化内涵扩大，用一些高大上的语言，这样就与企业实际生产存在很大差别。只有建立了安全文化制度，让员工工作能力提升，安全意识提升，就能够对安全生产的规定认真执行，从而履行自己的职责，保证自己管理的区域不出问题或少出问题，让企业的工作效率提升。

具体可以从三个方面入手。首先，建立安全生产技术"每周一题"制度，在日常的工作中，对现场情况出现的技术问题进行探索和改进，每周一题的方式展示出来，形成一个统一的制度，无论是员工还是小组都可以提出问题和解决的技术方案，并对能够实施的成果进行汇总、编辑、学习、宣传和积累。这种安全文化的制定就能将不同技术背景的员工聚集在一起，让各种技术问题得到解决，这样安全管理和技术创新就能结合起来，为安全文化建设提供技术支撑。其次建立安全隐患整改，实现"闭环管理"。这一制度的建立，能对企业安全隐患整改进行全程跟踪，特别是日常出现的安全隐患进行排查，然后记录、统计和上报，每月再通过安全会议，落实安全隐患的整改问题，并将最新的隐患整改情况在企业内网和微信公众号公示，对没有按照要求进行整改的，对负责人进行处理；企业安全管理部门对每周、每月和每季度的安全隐患数据进行汇总和分析，然后形成解决方案和报告向企业安委会报告。最后，建立安全生产"一岗双责"。这其中对安全生产进行了明确的规定，这也是企业响应国家安全生产最新文件精神，在每个岗位明确工作标准，对安全生产和考核标准有明确要求，建立各层级、各专业的安全生产职责分工矩阵，每项分工都要明确，每个环节都要按照统一标准执行，从而形成月安全绩效考核制度，利用现场安全管理微信群，在现场上传关于安全生产管理交流、督促和提醒的内容，从而形成对安全风险的制定和管控。

三、结论

企业安全文化的创建，需要运用理解安全文化的内涵和作用，并结合企业的实际，对企业文化进行分析和研究，把握企业文化发展内涵，建立员工认可的安全文化体系。在企业安全文化建设过程中，要确认企业的安全生产理念，在企业中规范员工的行为，特别是一些安全规范要被员工接受和认可，并落实到实际行动当中，通过创新安全文化建设，加强安全文化的宣传引导，注重制度建设，逐步培养员工的安全文化艺术，从而促进企业安全生产，提升企业的实际效益。

新形势下企业安全文化建设探析

江麓机电集团有限公司　邓素华

摘　要：当前我国经济发展迅速，企业安全生产形式持续稳定好转，但由于企业安全文化底子薄、基础差，从业人员安全素质普遍较低，安全意识薄弱，人的不安全行为屡禁不止，安全形势依然严峻。企业安全文化建设成为企业安全管理的短板，各企业建设安全文化过程中涌现了许多共性的难题。本文对企业安全文化建设中产生的疑难点进行了分析，并提出可以从领导干部安全意识提升、班组安全文化建设、安全培训师资建设、安全信息平台应用等方面着手采取措施推动企业安全文化的形成与壮大。

关键词：企业；安全文化；探析

一、企业安全文化建设疑难点

我国的安全生产工作通过全国上下多年的不懈努力，总体形势持续稳定好转，企业通过开展安全生产标准化建设、职业健康安全管理体系建设等工作，逐步夯实了企业安全管理基础，规范了各项安全工作，提升了企业本质安全，也建立了企业安全生产的长效机制。所有这些努力对企业安全文化建设都有积极的推动作用。但企业安全文化建设过程中涌现出许多共性的难题，阻碍了企业安全文化的形成和壮大。

（一）从业人员安全意识普遍淡薄，安全教育培训相对滞后

我国正处于工业化、城镇化快速发展时期，劳动就业规模不断扩大，企业从人劳市场、职业技术学校新聘的大量从业人员尤其是一线生产工人、外委施工作业人员文化素质参差不齐，安全素质普遍较低，这对企业安全文化建设提出了很大挑战。

安全教育培训是提升文化素质、安全素质，树立正确的安全价值观、态度和道德的主要手段。然而，企业作为向市场提供商品或服务的营利性组织，教育培训相对滞后，使企业的从业群体长期保持在较低水平的安全意识状态。这是阻挠企业安全文化建设的最主要疑难点。

（二）领导干部缺乏安全信仰，甚至带头无视安全

领导之要，思想引领。领导之责，行动引导。企业领导干部不仅应树立安全信仰，传递安全理念，更应担起企业安全生产的主体责任，带头履行安全职责，建立健全"党政同责、一岗双责、齐抓共管"的安全

生产责任体系，才能把员工思想和行动统一到安全行为上来。然而许多企业的领导干部缺乏安全信仰，未按规定履行安全职责，甚至带头违反安全规章制度。在生产与安全发生冲突时，一味追求经济效益，违章指挥，无视安全。领导干部的反向带头作用严重阻碍了企业的安全文化建设。

（三）班组安全文化建设流于形式

班组是企业的细胞，是企业组织职工从事生产活动的最基本的单位。企业各项工作任务都要通过班组来落实。企业安全文化建设也是如此。然而，许多企业班组安全文化建设停留在班前会喊喊口号、做做记录上。班员对岗位安全风险不熟悉。班组安全文化建设缺少具有针对性、实效性的方法。班组长在安全文化建设过程中未起到、也不知道该如何起到"承上启下"的作用。

（四）微媒体助力企业安全文化建设的方式待发掘

微信作为网络经济时代的新媒体，可通过图片、文字、声音、视频的富媒体传播形式更便捷地进行信息传导。不少企业建立了企业内部安全微信工作群，便于加强安全组织管理，及时传达安全工作有关要求。但往往仅限于此，未进一步思考如何充分利用安全信息平台创新安全工作方式，助力企业安全文化建设。

二、新形势下建设企业安全文化的建议

（一）"领导干部上讲台讲安全"，强化领导干部红线意识，加强引领作用

领导干部的安全态度，是否有不可逾越的红线意识，特别是在生产与安全发生冲突的时候，领导如何

权衡，直接体现了领导者安全意识水平高低，也直接影响了员工的安全态度。

领导干部带头上讲台，是对我党十九大精神的贯彻。于安全文化建设而言，领导干部带头宣讲安全，可以推动安全文化往深里走、往实里走、往心里走。领导干部身先士卒，职工群众就会跟着学安全、照着干安全。

在企业推行"领导干部上讲台讲安全"，在备课期间，授课者需要针对宣讲的安全内容收集和整理一定数量的安全资料，从主观能动性上来说，可以将"要我学安全"的被动思想扭转为"我要学安全"的主动行为。不仅可以驱动领导干部探究"党政同责、一岗双责、齐抓共管"的深意，为履好职尽好责奠定坚实的思想基础，还可以查阅到国内外因无视安全、违章指挥导致的血的事故教训，产生触动。

企业的部分领导干部，特别是有些职能部门领导干部，认为本部门既不直接接触生产作业设备，又不是安全管理部门，安全工作事不关己，导致许多企业的职能部门成为安全文化覆盖死角。领导干部上讲台讲安全能够促使其深入理解习近平总书记"发展决不能以牺牲生命为代价"的红线观点，强化红线意识，确立正确的安全价值观和政绩观，加强引领作用。

（二）班组安全文化建设重在务实

1.班组安全要做到常讲常新

加强对班组长的安全教育，通过培训教育使其充分掌握本班组存在的危险有害因素。要求班组长在每日召开的班前会上，根据生产进度情况动态布置班员应关注的有关安全事项。使布置安全工作成为每日班前必要环节，且做到常讲常新。例如，告知班员本班组工作岗位存在哪些危险有害因素，生产现场新产生了哪些危险情况，夏季防暑、冬季防冻、雨季防触电等季节性安全注意事项等。使班组员工体味到安全不是停留在口号上，而是保障人身安全的实实在在的东西。通过班组每日引导，不断强化班员的安全意识，使每一个员工都懂得尊重生命，爱护生命，自觉在工作中不伤害自己、不伤害别人、不被别人所伤害。不仅"我要安全"，也知晓"如何安全"。真正做到高高兴兴上班，安安全全回家，健健康康退休。

2.班组长"三查"安全工作

"三查"指的是班组长在班前、班中和班后都要检查班组的设备设施状态、生产作业现场状态以及班员的身体、情绪、工作状态。通过"三查"安全，审视现场是否存在事故隐患，人员是否存在酒后上岗、疲劳操作、"三违"行为等不良工作状态。及时排查事故隐患，纠正违章行为。班组长每班"三查"安全工作，能够及时消除引发事故的两大诱因："物的不安全状态"和"人的不安全行为"，从而有效降低事故发生率。

（三）安全培训师资建设

安全教育培训是提高企业群体安全意识的主要手段，也是安全文化建设的重要助推器。要求安全授课人员不仅要具备安全理论专业知识和实践经验，也要有传道授业的能力。因此企业安全培训的师资水平，直接决定了企业职工安全素养的提升效果。如何保证全员三级教育、"四新"教育、工伤复工教育等培训教育在规定的时段内取得良好的效果，避免流于形式，企业需要投入人力物力财力进行安全培训师资力量的建设。

企业的安全培训授课教师，往往是由安全管理部门的安全管理人员担任。在授课内容的系统性和科学性方面、授课方法与技巧方面往往依靠"自学成才"，难保质量与成效。建议企业重视对安全培训师资的建设，要"送出去"，也要"请进来"。"送出去"指的是企业可以有组织地将企业安全培训授课人员送去参加授课技能培训，送到优秀企业观摩学习安全文化建设好方法，持续更新其安全知识，以点带面，在企业传播安全文化。"请进来"指的是企业可以请专家、高校优秀教师、专业培训机构来企业开班培养授课人才。此举不仅解决了师资力量薄弱的问题，也能够提升安全人员的综合素质和业务能力，从而进一步助推企业安全发展。

（四）多角度应用微媒体力量，加强企业"安全互动"

企业不仅要建立企业内部的安全微信工作群，便于安全信息交流，更要集思广益，创新工作思路，借其便捷性、应用广泛性助力安全文化建设，同时，应制定相应的管理制度，提出有关要求。

1.应用安全微信工作群做好"三个闭环"

安全信息闭环。企业的安全管理部门应及时将安全生产管理制度、安全生产会议精神、有关安全管理要求等信息通过工作群上传下达，并要求各二级单位反馈结果，形成闭环。

隐患整改闭环。企业的安全管理部门应及时将安全监督检查发现的隐患、三违行为等以图片或视频的形式发布到安全微信工作群。并由问题产生单位限期整改反馈整改结果图片，形成闭环。这些图片或视频资料应由企业安全管理部门专人负责整理收集，可作为企业安全工作的过程记录、安全教育培训和安全宣传基础资料。

事故管理闭环。企业发生生产安全事故，自接到事故单位报告后，安全管理部门应将事故调查情况、现场照片、事故分析会召开情况、责任人处理结果以及整改措施落实情况及时以图文形式在微信工作群予以通报，每起事故做到闭环管理，并发挥警示作用。对企业内部发生的典型案例、习惯性违章导致的事故案例作为收集重点，整理结集成册，发给企业员工学习。用员工身边真实的案例引发员工触动，提高安全认知。还可以借助企业内网、企业电视台、电子显示屏等平台发布事故图文，扩大学习宣传广度。

2. 微信扫码知安全

目前，已有企业将岗位安全风险辨识结果制成微信二维码张贴在相应岗位，供员工扫码学习。推而广之，不仅可以扫码学习岗位安全风险，企业还可以制作"典型事故案例二维码""岗位操作规程二维码"，员工扫码即可获得学习资源。制作"突发情况应急处置二维码"，当企业突发人员受伤、中暑晕倒、有毒气体泄露等意外情况，扫码获取应急处理知识可以有效降低处置不当引发的二次伤害。企业还可以请优秀的教师讲授安全知识，录制"安全微课"的短课程。将其应用于新入厂员工的安全教育，作为三级教育培训的补充，预计可取得良好效果。

3. 建立安全部门信箱

企业建立安全部门信箱，可以收集广大职工在自己身边发现的安全隐患、职工对安全工作的合理化建议，也鼓励各二级单位之间相互监督。企业应定期在企业内部公示隐患整改情况和建议采纳、实施情况。

三、结语

安全文化是企业在长期的安全生产和经营活动中逐步形成的，为全体职工接受的安全生产奋斗目标。安全文化的建设和发展不能一蹴而就，要形成企业一以贯之的安全文化，从管理者出发到每个员工的自觉执行必须要有一个消化的过程。

本文只对在新形势下企业安全文化建设过程中涌现出的疑难点和解决措施进行了探讨和分析。如何有效凝聚企业全体职工的共识，营造浓厚的安全氛围，形成推动安全文化建设的强大精神力量，是一项长期的任务，还需要不断探索和实践。

铁路企业安全诚信文化体系建设探讨

太原局集团有限公司湖东车辆段　刘书银　王明广

摘　要：本文阐述了铁路企业开展安全诚信文化体系建设的重要意义及基本原则，以湖东车辆段为例介绍了铁路企业在推进安全诚信文化体系建设中的经验做法，展示了其在推进安全诚信体系建设中取得的成效。

关键词：安全文化；安全诚信；体系建设

安全诚信文化是企业安全文化的重要组成部分，开展安全诚信文化体系建设，是落实企业安全生产主体责任的重要手段。湖东车辆段在推进安全文化建设中，始终立足铁路行业国家经济大动脉地位，将贯彻落实"强基达标、提质增效"工作主题与"安全优质、兴路强国"的新时期铁路精神相融合，与"负重争先、务实创新"的大秦铁路重载精神相结合，以推进安全诚信文化"内化于心、外化于行、固化于制、显化于物"为抓手，在方法上立足实际、放眼长远、注重特色、推陈出新，精心打造出"理念鲜明、制度健全、环境优化、行为规范、覆盖全面、独具特色"的安全文化品牌。

一、安全诚信文化体系建设的重要意义

（一）安全诚信文化体系建设，是实现"交通强国、铁路先行"的基础保证

诚信是社会主义核心价值观的重要内容，是个人的立世之本，是企业无形的资产和力量。铁路总公司党组根据党的十九大精神提出了"交通强国、铁路先行"的发展战略，为铁路发展吹响新的集结号。这就要求我们走进新时代、建立新体制、展示新作为，切实担当起铁路安全生产的重任，牢固树立"严字当头、铁的纪律"的工作理念，推进安全生产依法治理，大力推行安全诚信文化体系建设，继承和发扬铁路优良光荣传统，为建设"交通强国"提供基础保证。

（二）安全诚信文化体系建设，是实现铁路运输企业高质量发展的有力推手

安全生产是一切生产经营活动的根之所系、脉之所维，根深才能叶茂。坚持以人为本、安全第一、生命至上，是企业安全生产诚信的应有之义。目前，安全生产领域失信现象大量存在，如不诚实守信，有法不依、有章不循，违规违章生产等，使企业安全生产主体责任的落实大打折扣。晋商靠"诚信"二字汇通天下，太原局集团有限公司传承发扬晋商的诚信文化，确立了"诚信为本、法制为魂、榜样为先"的企业文化理念，积极推进安全诚信文化体系建设，促使各级干部职工主动担当、积极作为，实现由"要我安全"向"我要安全、我保安全"的转变，全面实现企业高质量发展。

（三）安全诚信文化体系建设，是打造标准化、规范化铁路运输站段的有力保障

诚信是坚守"政治红线"和"职业底线"的基本素养，大力推进安全诚信文化体系建设，培育以诚信为本的企业文化，以诚信保品质，以品质保安全，是推进铁路运输站段安全发展、科学发展、创新发展、和谐发展、持续发展、健康发展，打造标准化、规范化站段的有力保障。

二、安全诚信文化体系建设的基本原则

（一）安全诚信文化体系建设应与践行工作主题和理念相结合

安全诚信文化体系建设应与"强基达标、提质增效"工作主题，构建人防、物防、技防"三位一体"安全保障体系相结合，践行"机关服务、基层自立、各司其职、各负其责"工作理念，实现"科室服务、车间自管、班组自控、岗位自觉"，形成"人人讲诚信、事事讲诚信"的良好氛围。

（二）安全诚信文化体系建设应与落实双重预防机制相结合

将安全诚信文化融入安全管理，以双重预防机制作为安全管理的有效抓手，全面加强作业过程的分析研判，强化源头预警整治，及时消除安全隐患。

（三）安全诚信文化体系建设应与精细化管理相结合

以开展精细化管理助推安全诚信文化体系建设，将安全诚信文化体系建设融于精细化管理工作中，在安全诚信的前提下，促使每一项工作都具体化、标准化、精细化。

（四）安全诚信文化体系建设应与标准化建设相结合

安全诚信文化体系建设和标准化建设是一个有机整体，相互依托、相互促进，相互融合发展，能够督促、引导职工落实安全生产主体责任，促进管理规范化、作业标准化。

（五）安全诚信文化体系建设应与提高干部职工自身素养相结合

通过安全诚信文化体系建设逐步培养干部职工的责任意识、担当意识和奉献意识，使"我的安全我负责，我的收入我做主""把标准当成习惯、让习惯服从标准""日常标准就是最高标准"的安全文化理念深入人心，形成管理层"主动履责"、作业层"自觉落标"的良好行为习惯。

三、湖东车辆段安全诚信文化体系建设实施方法步骤

（一）广泛开展安全诚信宣传教育

1. 开展安全诚信大讨论

开展以"践行安全诚信，我该怎么办""落实安全诚信，从我做起"等以诚信为主题的大讨论，把安全诚信专题讨论与自身岗位、管理和生产活动紧密相结合，推动安全诚信到班组、进岗位，努力营造安全诚信氛围，引领"安全诚信"的正能量，通过讨论交流和自我教育，达到诚信管理和诚信作业成为管理和现场作业主流，遵章守纪、按标作业成为职工行动自觉的目的。

2. 开展安全诚信专题教育

举办安全诚信专题教育讲座，围绕诚实守信的意义、反省自身存在不诚实不守信的行为以及如何做一个诚实守信的职工等内容，进行专题教育，大力倡导守信光荣、失信可耻的良好氛围，进一步提高广大职工诚信意识，深化开展诚信做人、诚信做事，努力营造诚实、自律、守信、互信的氛围。

3. 开展安全诚信宣传

充分发挥广播、多媒体网络的积极宣传引导作用，开展诚信宣传教育活动，通过寓意深刻的"诚信故事"，大力弘扬以人为本、生命至上的安全诚信文化理念。把安全诚信建设摆在突出位置，大力普及诚信知识，形成职工自觉遵纪守法、诚实守信的良好风尚。让干部职工将诚信内化于心、外化于行，形成人人讲诚信、事事讲诚信的良好氛围。

（二）建立职工诚信行为规范

1. 制定职工行为守则

本着科学合理、普遍、简洁及可操作性的原则制定职工行为守则，通过倡导和推行，在职工中形成自觉意识，起到规范职工的言行举止和工作习惯的效果。

2. 制订失信行为目录

列出失信行为清单，制定职工的失信行为目录，有效促进全体职工不碰"红线"，不踏"底线"的行动自觉，努力营造诚信管理、诚信作业的工作环境。

（三）开展安全诚信评价预警

为保证安全诚信文化体系建设工作健康发展，建立干部职工安全诚信评价预警制度，对全体干部职工的诚信管理、诚信作业情况以季度为周期进行一次全面综合评价，分别评定出诚信示范岗、诚信岗位、预警岗位和失信岗位，次季度首月发布正式文件对干部职工诚信管理、诚信作业情况进行综合点评，对评定格次为"诚信示范岗"的人员进行奖励，对评定格次为"预警岗位""失信岗位"的人员重点标明公示预警，并组织进行诚信约谈，使安全诚信有了度量的标准和尺度，有效监控诚信管理的全过程，促进安全诚信文化体系健康发展，推动企业安全文化高质量发展。

（四）健全完善安全诚信管理相关制度

1. 建立安全诚信报告制度

建立"自查、自报、自改"的安全诚信报告制度，鼓励并引导干部职工主动发现问题、暴露问题、解决问题，对干部职工报告的安全事项予以奖励或减免责任处罚，促进干部职工由怕考核、怕处理的"不敢违"向讲诚信、讲责任的"不想违"转变。

2. 建立干部职工容错纠错制度

制定干部职工容错纠错制度，要为创新者容错、为担当者容错、为实干者容错，让敢担当、敢创新的干部职工没有顾虑。针对一般性问题以职工自查、批评教育为主,对典型的违章违纪、屡教屡犯的问题要严肃考核问责。

3.建立安全诚信激励和失信惩戒制度

制定安全诚信激励和失信惩戒制度,让诚实守信者享受诚信红利,让失信的职工处处受限,增强全体职工的诚信意识,并将诚信表现作为劳模先进评选、晋级、提职的重要依据。对安全诚信表现好的干部职工,要大张旗鼓地进行表彰奖励;对安全诚信表现差的干部职工,要进行曝光、晾晒、通报批评直至给予处分,并限制其评先、晋级、提职等资格。

4.建立安全诚信档案

建立干部职工个人诚信档案,相关诚信评价、预警、激励、考核、惩戒等信息随时记入档案,准确、完整记录职工兑现安全生产承诺、生产安全事故以及班组和职工个人等安全诚信行为,每季度公布一次,确保诚信管理工作落实到位。

(五)开展"安全诚信"主题活动

1.开展安全诚信承诺宣誓

全面实施班前承诺,组织各层级、各岗位签订《安全生产承诺书》,每名职工在上岗前都要做出"当班按标作业""在岗1分钟,负责60秒"等承诺和"言必行、诺必践"诚信职工宣誓签名活动,促进全员上标准岗、用标准语、干标准活,并将安全承诺书在明显位置进行揭挂公示,随时提醒职工自觉践行承诺,引导干部职工牢固树立法治意识和契约精神。

2.开展不良作业习惯、不良管理行为专项整治

每季度梳理出比较突出的前三项"不良作业习惯和不良管理行为"开展专项整治活动,以季度为周期循环整治,全年推进落实,逐步减少伪作业、伪管理的问题,不断营造"守纪、履职、诚信"的安全文化氛围。

3.开展诚信示范岗位创建

制定安全诚信示范岗位创建考核办法,设立安全诚信示范岗位创建专项基金,明确评选条件和奖励标准,按周期评选安全诚信岗位,按标准给予奖励。

四、湖东车辆段安全诚信文化建设的实施成效

湖东车辆段深入推进实施铁路企业文化建设三年基础工程,坚持诚信为本、法治为魂、榜样为先,落实铁路企业文化建设的目标、任务和措施,不断健全完善企业安全文化体系,制定了《湖东车辆段安全诚信体系建设实施办法》《湖东车辆段安全诚信评价考核办法》《湖东车辆段干部履职容错纠错实施办法》等办法。

2018年上半年通过开展安全诚信承诺宣誓教育活动、诚信示范岗创建、不良作业习惯和不良管理行为专项整治等活动,较为突出的列车队试风作业方面问题比整治前下降40%,现场数据测量方面问题比整治前下降33%,设备操作使用方面问题比整治前下降30%,设备日常盯控检查方面问题比整治前下降25%。2018年2季度评选出诚信示范岗职工102名,预警岗位职工26名,对诚信示范职工进行了奖励,对预警岗位职工进行了诚信约谈,有效督促了职工诚实守信、按标作业,激发职工工作内动力,真正由怕处分、怕考核的"不敢违"向讲诚信、讲责任的"不想违"转变,由被动保安全向主动保安全转变。

开展安全诚信文化体系建设,是落实企业安全生产主体责任的重要手段。通过健全完善相应的制度规范、运行系统和运行机制,引导、督促企业强化自我管理、强化信用建设,提高管理水平,增强社会责任。

浅谈企业塑造安全之魂的思考与实践

——以山西建邦安全文化建设为例

山西建邦集团有限公司　闫根秀

摘　要：安全文化是企业安全发展的灵魂。山西建邦集团在发展中逐步形成具有自身特色的企业安全文化，本文从建邦集团安全文化建设的背景、历程和实践方法介绍了相关工作的开展。通过安全文化建设，集团安全文化得到有效落地，安全生产管理水平不断提高。

关键词：安全文化；安全意识；安全教育；班组安全文化

山西建邦集团有限公司（以下简称建邦集团）创建于1988年，资产总额107亿元，现有职工人数5000余人，是一家集进出口贸易、炼铁、炼钢、轧材、铸造、清洁发电、新型建材、矿山开采、铁路运输、物流服务、电子商务、金融投资、房地产开发、钢材深加工、教育培训为一体的跨区域经营、跨行业发展的安全、绿色、低碳型钢铁联合企业。建邦集团位于临汾地区，公司主要下设山西建邦集团铸造有限公司、山西通才工贸有限公司、澳洲矿业等九个实体和北京、四川、重庆、西安等十三个驻外分公司，是国家高纯生铁和四面肋热轧钢筋标准指定成员单位、中国民营企业500强、中国制造业500强、中国对外贸易民营企业500强、工信部第二批符合钢铁行业规范条件企业、全国节能减排示范企业、全国环境守法示范企业、国家两化融合试点单位。

在建邦集团三十年的发展历程当中，建邦集团逐步形成具有自己特色的企业文化，建邦集团安全文化的丰富和发展，成为建邦文化不可缺少的组成部分。2010年建邦集团在吴晓年董事长、张锐总经理领导下，在全公司范围内发起了以"不伤害自己，不伤害他人，不被他人所伤害"的"我要安全"主题活动。建邦集团开展"我要安全"主题活动的八年多来，建邦集团始终坚持"严字当头，爱字当先，关爱生命，安全发展"的集团安全文化理念，开展了一系列具有企业特色的建邦安全文化活动，有力地保障了建邦集团的安全生产。

一、建邦集团开展安全文化建设的背景

"晋官难做"，这是中国官场里流传甚广的一句话。"山西省省长谁来干，临汾人民说了算"，这句流行于山西煤炭资源整合前的"名言"，曾是"晋官难当"的生动注解。

临汾历史悠久，是华夏民族的重要发祥地之一，是黄河文明的摇篮，有"华夏第一都"之称。从2004年开始，山西矿难不断，安全形势岌岌可危，但在于幼军调任山西担任省长前，山西因安全担责的市级以上官员并不多见。

也就是在这样一种大背景下，作者于2009年来到三晋文化的发源地——临汾，正式加盟建邦集团。

二、建邦集团安全文化建设的历程

2008年，也就是在山西襄汾"9·8"特别重大尾矿库溃坝事故发生的这年，建邦集团的第二代掌舵人——吴晓年董事长、张锐总经理接过了建邦集团发展的接力棒。这一年，也正是建邦集团产业链向前延伸的一年，原有的安全基础管理工作不扎实，造成整个公司的安全形势同临汾地区、山西省一样处于紧张的状态。炼钢、轧钢项目的相继上马在改变建邦集团有铁无钢历史的同时，又为安全管理带来了新的问题。公司一般性乃至一般性以上的安全事故虽然得到严格的控制，但员工工伤率达到10‰，这是年轻的董事长和年轻的总经理无法接受的。建邦集团如何改变安全生产管理工作的被动局面，建邦集团向何处发展？这是摆在吴晓年董事长、张锐总经理面前的一道难题！

公司领导果断决策，由笔者负责集团公司的安全

环保管理工作。张锐总经理亲自主持，修订了集团公司的安全生产管理制度、激励制度和考核制度，增设了员工安全奖，全月无事故的班组员工每人每月发放60元，发生轻微安全事故则扣除，从而结束了建邦集团安全管理有罚无奖的历史。与此同时，还调整和充实了集团公司安全生产委员会成员，上至总经理、下至普通员工层层签订安全生产承诺书。

安全环保处处长兼任集团公司安全生产委员会的秘书长，负责主持集团公司安全生产委员会的日常管理工作。那些推诿扯皮、不负责任的一个个处长、厂长被免职、被辞退，安全工作图形式、走过场的一个个车间主任、工段长和班组长被淘汰出安全管理的领导岗位，集团公司上上下下，初步形成了人人关注安全生产、人人重视安全生产的浓厚氛围。

2010年4月30日，集团公司组织各级干部以及全体员工举行了前所未有的"我要安全"大型签名活动，在全公司拉开了以深入开展"不伤害自己、不伤害他人、不被他人所伤害"的"我要安全"主题活动。在当年6月开展的以"安全发展，预防为主"的第9个全国"安全生产月"活动期间，全公司举办了"我要安全"演讲赛活动，安全文化在建邦集团初步兴起。

三、安全文化建设实践方法

（一）提升安全文化认知是根本前提

"站在巨人的肩膀上才能看得更高，望得更远"。这是建邦集团张锐总经理经常讲的一句话。为了提高集团公司的整体安全素质，从2011年开始，公司领导亲自带队组织安全管理骨干远赴德国巴登钢厂学习。德国巴登之行，深化了各级干部对安全工作的高度认识，从而丰富了建邦集团安全文化的内涵。

"员工是企业最大的财富。没有员工的辛勤耕耘，就没有企业的发展壮大。只有善待员工，才能赢得我们的事业，才能在复杂多变的市场面前赢得企业的生存空间"。建邦集团的张锐总经理是这样讲的，他也是这样做的。随着企业的不断发展壮大，直接用于员工安全激励的资金不断增加。在吴晓年董事长、张锐总经理的关注下，员工的安全奖逐年上涨、逐年调整，由2010年的一百多万元到2014年的二百万元，然后又由2014年的二百万元调整到2018年的四百多万元；八年多来，集团公司另投入资金五百余万元，连续组织了二十六次"我要安全"的主题活动，对在安全生

产过程中涌现出来的安全管理者、安全班组长和安全班组给予表彰奖励。为了加强对安全生产的全员全过程监督，建立安全隐患排查治理长效机制，充分调动全体员工积极参与隐患排查，积极整改安全隐患的主动性和创造性，变"要我安全"为"我要安全"，集团公司安全生产委员会于2014年1月10日出台了关于员工排查各类安全隐患的激励办法，对积极排查各类安全隐患和整改各类安全隐患的员工给予100～10000元的奖励，一般隐患每次给予100～2000元的奖励，重大隐患每次给予2000～10000元的奖励，从思想上、行动上进一步调动起了员工积极参与安全生产管理工作的热情。

十年来，集团公司在每年一度的全国"安全生产月"期间，都积极参与政府组织的声势浩大的"安全生产宣传咨询日"活动，在全公司范围内年年组织安全摄影赛、安全演讲赛、安全知识竞赛和综合应急预案演练的活动。2014年6月19日，公司员工武志英、田琰、杨洁在临汾全市的安全知识竞赛活动中获得二等奖；2016年8月3日，公司员工韩林在山西省的安全演讲赛活动中荣获全省第二；近些年来，公司员工多次获得曲沃全县安全摄影大赛的一等奖，多次获得曲沃全县安全演讲赛的一等奖。2018年第17个全国"安全生产月"活动期间，集团公司安全生产委员会在全公司范围内发起了人手一盆花的"美丽建邦，我是行动者"活动。建邦集团安全文化的全面兴起，大大降低了各种安全事故的发生率，员工工伤率由十年前的10‰下降到3‰以下，从根本上稳定了集团公司安全生产的总体态势。

（二）安全教育和安全培训是安全生产管理工作的基础

2012年国务院安委会文件明确指出，"培训不到位就是重大安全隐患"。对员工进行安全教育和安全培训，是让员工了解和掌握安全的法律法规，提高员工安全技术素质，增强员工安全意识的主要途径，是保证安全生产，做好安全工作的基础。安全教育和安全培训是安全生产管理工作的基础，是遏制各种安全事故的重要手段。十年来，建邦集团结合行业内外、特别是钢铁行业发生的一起起事故的惨痛教训，组织对各级干部和全体员工进行的安全教育和安全培训达90000余人次。

（三）班组安全文化建设是安全生产工作的支撑

班组安全文化建设是确保建邦集团安全文化建设的重要前提和基础。2012 年，集团公司范围内发起了班组安全操作技能演练活动。六年多的时间内，班组安全操作技能演练活动的次数不断发生变化，2012 年为 1113 次，2013 年为 3250 次，2014 年为 2437 次，2015 年为 2080 次，2016 年为 1680 次，2017 年为 1610 次，2018 年上半年为 830 次，总次数达到了 13000 次。在这些班组安全操作技能演练次数不断变化的同时，真正意义上实现了由数量型向质量型的根本转变，实现了由模拟型向实战型的根本转变，使班组安全操作技能演练的竞赛活动，成为集团公司班组安全管理创新的一道风景线，成为集团公司"我要安全"主题活动的核心内容，同时也成为建邦集团安全文化不可缺少的组成部分！

（四）安全文化重在落地

十年来，建邦集团始终坚持"安全第一，预防为主，综合治理"的安全生产方针，从总经理、副总经理到各厂厂长，严格落实领导带班制度，把企业的安全工作切实摆在生产经营各项工作的首位。公司确立了生产单位的主体责任和监管部门的监管责任，实行安全生产"一票否决制"，凡安全工作不到位的单位以及个人，一律不得参加公司年终的评先活动。为了进一步提高集团公司各级干部和全体员工的整体安全素质，在集团公司范围内真正形成人人关注安全生产、人人参与安全管理的全新格局，集团公司安全生产委员会于 2018 年 2 月 9 日修订了建邦集团的安全管理考核制度，在集团公司范围内推行全员工资、奖金、补贴与安全生产挂钩的全员安全绩效考核办法；集团公司又成立了安全生产专项督查组，加大了对"三违"现象的考核力度，加大了对生产单位主体责任、监管责任的考核力度，加大了对违规违章的治理力度，做到了领导强化，任务细化，措施硬化，工作深化，促进了各级安全生产职责的落实。

十年来，建邦集团从系统安全、本质化安全入手，坚持"走出去，请进来"的方法，一方面远赴德国巴登和国内知名的钢铁企业学习安全管理，另一方面又聘请德国巴登的安全专家和国内知名的安全专家到公司传授安全理论、进行安全诊断，从而不断提高我们建邦集团各级干部和全体员工的整体安全素质，为安全生产提供强有力的支持保障。针对我们建邦集团钢铁生产的实际状况，我们对照国家、省、市、县各级安监部门和专家诊断出的安全隐患，认真、细致、全面的开展安全隐患排查治理工作，不图形式、不走过场，不留盲区、死角、治理不留后患，做到了职责、措施、资金、时限和预案"五落实"。

四、结束语

安全工作是最大的效益。近年来，建邦集团牢固树立安全红线意识，按照"安全第一，预防为主，综合治理"的安全生产方针，建立安全治理长效机制，通过营造良好安全文化氛围，全面提升全体员工安全意识，变"要我安全"为"我要安全"，为集团稳定发展打好安全基础。

以安全文化引领煤矿生产现场安全管理提升

安阳市主焦煤业有限责任公司　张锐峰

摘　要：煤矿生产现场的安全是煤矿安全管理的重要部分，本文从煤矿生产现场安全管理的重要性出发，在分析管理中存在的一些问题的基础上来探讨完善生产现场管理的有效措施。

关键词：煤矿；生产现场；安全管理

随着经济的发展和科技的进步，企业生产规模快速扩大，生产条件也日趋复杂化。煤矿生产领域也是如此，其生产环境相对恶劣，现场生产的安全也成为我们关注的重点。受生产条件等因素的限制，我国当前煤矿生产现场的管理制度相对不完善，安全制度文化体系不健全，责任划分的不明确以及生产中一些不规范现象的存在都导致安全事故的多发。本文将从生产现场的安全文化管理这个角度去展开探讨，为煤矿企业的安全生产管理提供一些经验做法。

一、煤矿生产现场安全管理的重要性

由于煤矿生产的特殊性，导致诸多安全隐患存在，各种故事易发多发，生产过程也就成了煤矿作业中最可能产生安全事故的过程。要为煤矿打造良好的发展环境，提升安全管理水平，实现安全稳定发展，煤矿生产现场安全管理就显得尤为重要。

生产现场安全是企业经济效益的基本前提。煤矿安全生产事故几乎无一例外地发生在生产现场，因此现场安全生产水平直接决定着煤矿的安全。现场安全抓得好，能够消除风险隐患、确保不出安全生产事故，对企业经济效益和员工收入有着直接的贡献。反之，由于安全生产事故代价越来越大，社会越来越关注，一旦发生安全生产事故尤其是重特大事故，将为企业带来巨大损失，有甚者将导致企业的关停。

生产现场安全是企业管理能力的基本体现。煤矿生产现场安全管理能够有效提高煤矿的安全管理水平。生产现场的安全是煤矿安全管理中的重要组成部分，是最容易发生煤矿事故的，加强这一阶段的安全管理，能够降低事故发生的可能性，从而提高安全水平。同时，在生产阶段将各项安全规范予以贯彻执行，能够在很大程度上提高煤矿生产的安全性，各种安全生产技术的应用及其管理措施的施行，在某种意义上提高了煤矿生产的技术水平，从而提高了生产效率，实现安全管理与经济效益的协调统一。

生产现场安全是员工安全健康的基本保障。煤矿生产现场是煤矿的危险源和风险点集中场所，任何一个危险操作、违章作业都可能导致直接威胁员工生命安全和身体健康的事件或事故，都会影响员工家庭和谐幸福。必须高度重视，不断强化管理，才能有效管控现场作业风险，消除安全隐患，确保员工在安全的环境中工作。

二、当前煤矿现场安全管理存在问题

多年来我国煤矿安全监管不断强化，企业对现场的管理重视程度日益提高，安全管理能力不断增强，有效遏制了一些事故的发生。然而，不可否认的是，与中央对安全生产的要求相比，在煤矿现场生产安全管理中仍存在着较大的差距。主要体现在以下几点。

首先，对于现场生产安全管理的重视不足，安全文化理念淡漠，安全认知不足。受传统思想的影响，一些煤矿企业更多地追逐经济利益而忽视现场生产安全的重要性，有些管理人员对于国家的安全生产规程等未能有效的执行。由于企业管理人员对于现场安全生产和经济效益之间的关系缺乏正确的认识，因此在生产中采取一种不可持续的发展方式，这也给煤矿的安全带来的诸多的隐患。在煤矿生产中会采用一些较为原始的开采方式，而对于工作面的开采等也存在一些不正规的形式，对于瓦斯等的监测等也会存在一定的懈怠，这些都是煤矿生产现场最大的安全隐患。

其次，工作人员的素质和工作能力相对较低。煤矿生产中，从事井下劳动的多是农民工，他们多半没有接受完整的安全教育和操作技能的培训，而当他们投入到生产实践中时便可能会面对诸多的安全隐患。专业知识的缺乏使其在操作中不能有效的执行相关现场生产的安全规范，甚至出现一些违规操作的现象，这带来现场生产管理困难的同时也会引发一些生产中的安全事故。

最后，对于煤矿的现场生产缺乏有效的监管。生产安全逐渐受到重视，但是对于煤矿现场生产的责任监管仍存在许多的问题，权利及其责任配置上的不均衡以及不同部门间责任划分的不明确等都对监管工作带来了一定的阻碍。从机构的设置上来讲，对于煤矿生产的监管制度和机构建设仍处于不完善的阶段，一些监管单位存在失职或者渎职现象，这些都会对监管行为产生直接的不利影响。就企业自身而言，生产现场安全管理制度体系的不完善及其规章制度上的不健全等都会造成在生产实践中操作的违规等现象多发，从而使得安全管理无法真正实现。

三、加强安全文化建设提升安全管理的几点措施

解决煤矿现场安全方面的突出问题，从根本上来说必须培育起强有力的安全文化，以安全理念为引领，完善完全制度，强化安全管理。

第一，突出"安全第一"思想，健全以安全生产责任制为核心的安全制度机制。煤矿生产管理中能不能做到安全第一，首先要看企业有没有明确建立安全生产责任制，干部员工有没有坚决落实安全责任。企业领导是第一责任人，要明确安全管理职责，使其真正意识到自身的责任。从矿领导到基层管理人员以责任书等形式来认领自己在生产现场安全管理中的职责，对于安全管理有效的人员进行相应的奖励，而对于一些存在问题的部门和人员进行处罚，以此来形成有效的层级管理体系，使安全管理落到实处。

第二，突出"预防为主"要求，完善安全隐患排查机制。现场生产安全管理的实现还需要进行必要的安全隐患的排查，在排查过程中发现存在的安全隐患并采取有效措施进行处理，以保证现场生产的安全。

从煤矿整体到各个生产岗位确立不同的排查职责和任务，班组人员对其岗位进行排查，及时其岗位中存在的一些问题，每一岗位都进行细致的安全隐患排查，每一班组从高于岗位的角度出发，对整个班组的生产现场进行有效的检查，及时发现一些安全隐患并进行处理，由班组到工区进行有部分到整体的安全排查，并定期组织专业隐患排查工作，对作业现场进行及时的检查，排查生产中的安全隐患。这样一种定期、职责明确的隐患排查能够有效提高安全生产水平，将安全意识深化，从而有效提高安全管理的水平。

第三，突出"全员参与"需求，提高工作人员的整体素质，提升安全文化基础。在煤矿生产的同时较强对工作人员的培训，该种培训包括专业技能的培训、相关生产规范的培训以及安全教育等，通过多种形式的培训使安全生产意识深入人心，使工作人员的生产过程中能够更好地按照操作规范进行生产，有效减少事故发生的可能性，从而提高安全文化管理水平。在培训的过程中，根据工作人员的整体水平，采取适宜的培训方式，使其能够真正理解操作规范标准及其意义，并能够认识到全生产对于其自身及企业发展的重要意义，从而能够改善现场生产状况，提高安全等级。

第四，突出"重在实践"思维，完善现场生产安全监管体系。在煤矿企业内部建立有效的安全生产监管体系和监管机制，以矿领导为主导，明确监管职责，并制定企业的监管标准，加强企业自身的安全监督管理水平。从政府层面来讲，不断完善煤矿安全生产监管法规和制度，明确各主管部门的监管职责，对于一些监管失职行为加大处罚力度，使监管真正的落到实处。

第五，全面提升安全文化认知认同。煤矿生产企业要充分认识到安全现场生产安全对于企业发展及其社会安全的重要性，在生产过程中加强现场生产安全管理，综合运用多种技术手段来提高安全管理水平。只有正确认识安全生产与企业经济效益的关系时，才能制订有效的安全管理措施，并将国家的各项规范和标准予以贯彻执行，从而提高企业的安全管理的同时实现经济效益的提升。此外，对于安全生产重要性有正确认识时，才会将安全生产方在最为重要的位置，从安全的角度出发来改进生产技术引进先进的生产设备，从而推动现场生产安全的实现。煤矿现场生产安全需要企业领导充分重视及其各项技术和管理措施的综合应用，从思想上有正确的认识能够有效推进各项措施的真正落实，从而保证管理效果的实现。

四、结束语

煤矿安全生产工作向来是社会关注的重点、热点，也是煤矿企业发展的红线、底线。要实现煤矿企业长远发展，高效发展，就离不开安全的内外部环境，煤矿企业只有把安全工作做足做实，煤矿的发展才能有根本的保障。我们将坚持从源头开始，做好最基本的现场安全管理工作，为公司安全生产管理工作的提升，安全文化的建设落地和公司经营发展目标的实现打下坚实基础。

煤矿企业安全文化建设的探索与应用

焦作煤业（集团）新乡能源有限公司　张明建　韩龙

摘　要： 近年来，煤矿事故频发，而事故的发生大多数是管理上的缺陷或人的不安全行为引发的，要实现煤矿长治久安，必须让安全文化成为每一名职工的"潜意识"，成为企业的核心价值观。本文在总结分析河南能源焦煤公司事故发生规律的基础上，结合其实际安全管理工作，对新形势下煤矿安全文化建设进行了有益探索，提出了有效的落实措施，从而控制事故的发生。

关键词： 煤矿；安全；文化；探索；应用

目前我国很多煤炭企业都已经意识到安全文化建设对煤矿企业发展的重要作用，也在通过不断的努力加强安全文化的建设，但也突显了一些问题，有些甚至是相当普遍。河南能源焦煤公司赵固二矿作为河南省最年轻的矿井之一，自 2011 年 4 月 23 日竣工投产以来，持续强化、优化安全生产思想基础和文化支撑，充分发挥安全文化对安全生产工作的引导和推动作用，把安全文化软实力转化为推动安全生产等各项工作落实的具体措施，矿井先后获得全国煤炭工业特级高产高效矿井、国家一级安全生产标准化矿井等荣誉称号，并培养出一大批高技能人才。本文总结分析该公司所辖煤矿事故发生规律，提出了加强重点防控，夯实安全管理的几点措施。

一、事故发生规律分析

（一）月份分布及分析

以焦煤公司所辖煤矿为例，分析焦煤公司 2016 年全年煤矿安全事故月份分布情况数据表明，7 月份和 10 月份是煤矿事故的高发期。总体上看，进入 5 月以后，事故总体呈多发趋势。原因分析：7 月份和 10 月份气温变化较大，且空气湿度也大，人在劳动中容易出现神经系统疲劳、反应迟钝、注意力不集中，肌肉的工作能力、动作准确性和协调性都会比较差，故容易产生心理错觉和行为失误，导致事故发生。

（二）焦煤公司 2016 年度煤矿事故类型统计及灾害原因分析

物体打击类事故所占比例最大，达到 55 起，占事故总数的 42%。这类事故主要原因是由于职工的不规范操作和对周围作业环境的安全性确认不到位造成的。

（三）时段分布及分析

以焦煤公司所辖赵固二矿为例，分析 2017 年 1—10 月份煤矿分时段的分布情况，在时间段 14：00—15：00，22：00—23：00，事故往往呈多发状况。原因分析：以上两个时间段多是在交接班前或交接班后的一两个小时内。另外部分员工往往想在收工前抢时间完成规定的工作量，很容易抛开作业流程中规定的动作要求，急于求成，跳开必要的施工步骤，以完成施工。

（四）事故受伤者的年龄分布及分析

以焦煤公司所辖赵固二矿为例，分析 2017 年 1—10 月份工伤事故受伤者的年龄分布情况，事故伤害的频率随着年龄的增长呈明显的增加趋势，事故发生的概率在 37～46 岁。从岗位操纵技能上来说，此年龄段内的工人基本都为熟练工，但在接受新技术和新工艺方面进取心不强，往往在碰到问题时都是经验之上，习惯性思维作怪，容易导致事故的发生。同时煤矿职工的老龄化所带来的影响也是多方面的：一方面是增加了煤矿调整生产结构、实施转型升级的压力；另一方面是相对于年轻员工，在身体技能（平衡技能和运动技能）、人员的安全文化素养方面都明显在减退，达不到人的本质安全化目标。

从以上四种维度的分析和总结，焦煤公司从中找到事故发生的一般规律，对人员劳动组织进行了优化。同时按照"抓系统、系统抓"的工作要求，推行层级安全事故警示教育培训管理模式，即矿井—系统—区队"三级"。矿井层面：加大宣传，营造氛围，严格考核体系的落实。系统层面：有针对性地开展培训、帮扶。区队层面：加强排查，制订培训计划，严格落实考核。以下是具体的落实措施。

二、加强安全管理的具体落实措施

焦煤公司充分认识到，安全事故防控是安全生产责任链条上的重要环节，必须依靠完整严密的制度体系来发挥作用。

（一）健全预防管理体系

扎实推进安全风险分级管控、隐患排查治理和安全生产标准化"三位一体"的安全预防管理体系建设。以防控重大安全风险为目标，坚持源头抓起、系统防控、综合治理，构建人防物防技防结合的系统化风险预控体系；健全隐患排查、分级管控与治理、资金保障、预防隐患产生的工作机制，持续落实"举一反三"隐患整改机制；改进安全生产标准化工作机制，持续开展最差单位周评比活动，并将评比结果纳入安全风险抵押金考核。按照"细化、量化、科学化"的要求，细化岗位安全精细化考核标准。开展现场设备、材料、器具、管线等定位定置管理，全方位、全过程加强动态管控，确保现场安全生产标准化动态达标。

（二）完善安全"双基"建设评分标准及考核办法

①面向基层、面向现场、面向问题，加大现场管理、重点工作、动态检查隐患问题等的检查和考核力度，推进整体安全管理水平提升。②加强机制运行考核，把安全生产责任制落实、岗位安全履职履责、安全管理制度执行、安全管理效果等作为重点内容，纳入各级安全管理人员考核，同时对后进单位班子成员启动安全约谈制度，对基层管理干部实行安全过错积分制考核，对员工实行动态互联保考核，不断规范干部管理行为和员工操作行为，提高管理干部执行力和员工自主保安意识。③开展专业系统对标考核，按照"抓系统、系统抓"的工作要求，强化过程管控，促进专业系统管理。

（三）持续深入安全组合管理

①持续开展"牢记安全红线、确保人人过关"活动，加大对违反安全"红线"及安全管理重点落实不到位人员的管理力度。②完善班组长安全管理制度，实施班组长月度考核，定期开展班组长座谈会。③强化安全生产薄弱环节管控措施在现场的落实，开展阶段性专项整治活动、零点行动等；同时为加强薄弱时段监管力度，要求生产科室管理人员每月三个班次交接班时段入井至少3次。④强化岗位作业流程管理，将施工工序程序化、流程化。

（四）打造矿井特色安全文化宣传模式，深入开展"大反省、大教育、大排查、大提升"活动

①组织召开"吸取事故教训，大反思大整改"反思会，全员认真撰写个人反思剖析材料。同时主管及以上管理人员对照本职工作，认真进行查摆形成问题清单，逐项整改落实。②开展"领导干部上讲台"活动，从顶板管理、机电运输等方面进行了专项培训。③利用班前会实操演练培训自救器使用方法，确保人人过关，进一步提高了员工的自主保安意识。④开展安全生产"点将台"活动、安全宣传一条街活动、女工进区队亲情安全帮教活动、班组长话安全活动及典型工伤事故受害者及家属现身说法宣教活动等。⑤不定期开展岗位工种技术大比武活动。

三、结语

焦煤公司通过对事故发生规律的总结分析，找到安全管理的薄弱点，从而采取有针对性的措施加以管理，有效降低了事故发生率。同时焦煤公司以安全文化理念为导向，通过制定切实可行的制度、考核办法、创新培训方式，使施工更加规范化，员工自觉抵制违章指挥，安全文化建设融入安全活动、融入日常管理，不断提升了员工的安全意识，降低甚至规避了安全事故的发生。

浅谈建筑施工企业智能化安全管理的新思路

中铁十二局集团第二工程有限公司　王芳

摘　要：基于"心理预演"的心理学效应和激发员工"自我效能感"的职场需求，结合目前日甄成熟的智能化信息技术手段，对建筑施工企业在安全管理方面提供一个新的思路和探索方向。

关键词：安全管理；智能化；新思路；心理预演；自我效能感；安全事件点

在我国，建筑施工安全管理的研究和实施始于20世纪80年代，相对起步晚，但发展较快，相应的学术研究也硕果丰厚。目前，安全生产管理主要的研究方向集中于管理体系、评价体系、管理机制、安全文化与培训教育五方面，对智能化系统的探索相对较少。本文将结合心理学、组织行为学、信息化技术等学科探讨新的安全管理思路。

一、智能化安全管理新思路

针对建筑施工企业提出的智能化安全管理新思路，主要是基于组织行为学中"自我效能感"的研究和高绩效团队管理的职场需求，结合目前较为完备的信息技术手段，对基层员工的安全意识、行为进行主动的干预与引导，使其通过广泛的接触和细致的钻研，通过"心理预演"机制，建立较好的临场反应，培养较高的职业素养，也是基于建立与员工建立安全文化心理契约的文化管理模式。

二、智能化安全管理新思路的理论基础

现阶段安全管理的核心是充分运用智能化手段，针对人的因素，结合日臻成熟的大数据技术、云计算、人工智能算法等智能化技术手段，研发出一套行之有效的学习、教化、管理的体系，对人的状态进行收集分析、跟踪监测、反馈改进，真正有效地干预人在安全生产管理中的状态。

智能化安全管理新思路，就着力于一线员工的安全意识和职业素养的培养，通过利用智能化的信息技术手段，模拟安全事故的演进过程、简化安全生产经验的习得过程，强化安全生产管理效果，从而减少乃至避免安全事故的发生，是安全文化落地实施的技术途径。

（一）"心理预演"效应

"心理预演"效应，是指事情尚未发生前，对象通过运用自身的想象或其他感官，预先推演事情的进程、建立自信的过程。研究证明，这样的一个在心中的彩排活动，可以有效缓解对象的负面情绪，促进习惯的养成，提高应对事件的敏锐度和灵活性。

（二）员工的职场"准备度"情况

高效的领导者，善于判断并引导员工提高其职场的"准备度"情况。职场"准备度"，即成熟度，是指员工在完成某项特定工作中所表现出的能力和意愿水平，可以细分为工作准备度和心理准备度。员工的职场"准备度"程度与其工作表现呈正相关。

（三）"自我效能感"的干预度研究

目前对组织中的个体自我效能感的干预常见三种策略。

（1）向个体提供有关任务特征、复杂程度、操作环境等较完整的基础信息，并对如何能更好地控制这些因素提供相应指导。

（2）向个体提供对应培训或恰如其分的指导，以直接提高其工作处理能力。

（3）帮助个体分析并演练其完成该任务所必需的行为层面、心理层面的策略、方法等。

综合考察"心理预演"效应、员工的职场"准备度"情况与"自我效能感"的干预情况，利用短视频或虚拟现实等信息技术手段实现与对象的场景交互，可以帮助其模拟完成"心理预演"，并提高其职场"准备度"情况，在提升"自我效能感"的同时，真正实现职业素养的提高，增强员工对安全事故的心理层面和行为层面的预防效果，提高应对效率。

三、智能化安全管理新思路的主要内容

智能化安全管理新思路的主要内容是，将建筑施工企业中常见的安全事故隐患或危险源经过设计、编

排，组织成一个个细分的"安全事件点"，并建立关于安全生产的整体知识架构；通过短视频或虚拟现实等已成熟的现代信息技术手段，与安全生产第一线的基层职工形成日常的场景交互，使其在潜移默化中对安全事故知识或经验产生"心理预演"效应；并结合相应奖惩机制和考核措施，干预其"自我效能感"、提高其职场"准备度"，让每一位基层员工能时刻享受专家培训的效果；提高广大职工的安全意识和行为认知能力，将"事后教育"的安全生产管理模式彻底转变为"事前演练"和"预防有道"的新模式。

四、智能化安全管理新思路的准备工作

为了将职场安全生产教育形成一套行之有效的体系，需要对安全事件和安全隐患进行搜集、归纳和整理，并拆分细化为一个个足够细致、可以灵活掌握的"安全事件点"，职工通过对这些"安全事件点"的学习和复盘，能够形成正确而全面的安全生产管理知识架构，切实提高职业素养并培养应对突发状况的能力。

（一）安全事件和安全隐患的案例搜集梳理工作

对安全事件和安全隐患进行搜集、归纳和整理，是一个长期且庞杂的工作，可以通过向事故案例要经验、向现场一线要材料、向专家学者要意见等方式方法，进行深入而广泛的调查和收集工作。当然，如此庞大的工作量，不能单纯依靠某一家或某几家企业的努力，还需要借助政府职能部门、相关组织机构和社会舆论的力量，同心协力抓好安全生产管理工作。

（二）"安全事件点"的设计、编排工作

收集并分析好的安全事件，并不一定能够直接应用，并产生相应的培训教育效果，且由于基层生产管理人员施工生产任务较为繁重，无法花费大量的时间和精力在未雨绸缪上，故仅仅对安全事故进行收集和分析是不够的。

应当请安全生产管理方面颇具经验的人士，对基层员工的安全生产管理知识体系进行顶层结构设计，并将安全事件和经验进行拆分、重组，形成一个个短小精悍、切实可掌握的"安全事件点"。基层管理人员通过对"安全事件点"进行观看和心理彩排，构建起科学合理的知识体系，提高专业素养和应对能力。

（三）软件开发工作

要实现基层员工与"安全事件点"的交互，完成"心理预演"效应，需要借助相关智能化、信息化技术手段，通过开发软件或智能客户端实现。其具体实现方式的详见后文。

五、智能化安全管理新思路的实现方式

智能化安全管理新思路的实现方式主要分为两类，一类是通过小视频、小课堂的教学和场景模拟，结合员工自身大脑内的信息回顾、模拟与整合，达到"心理预演"的效果；另一类是与角色扮演类游戏相同的沉浸式过程，即员工置身安全事故或施工生产现场，通过角色带入等方式身临其境地去感受场景并习得经验，来提高其"职场准备度"。这两类方式的应用场景有所不同，故所需的智能化技术手段也有所区别。

（一）微信公众号类链接推送方式

第一种方式，首先需要注册并启用一个微信公众号，同时利用微信的相关功能，将"安全事件点"小视频按集分类每天进行一次链接推送，关注者需点击相应链接查看具体内容。

对公众号的菜单栏进行设计，将安全生产管理知识体系分门别类地链接到菜单栏相应按键上，实现关注者对整体构架和单独知识点的检索和查阅功能。

此方式实现手段简单，可操作性强，但需依附微信平台，且功能较为单一，与关注者实现的互动方式较为被动，可以作为辅助手段使用。

（二）微信小程序类简易交互方式

第二种方式，在启用微信公众号之后，需开发相应的微信"小程序"功能，除了可实现前述微信公众号链接推送方式外，还可利用小程序开发工具，设计一些交互操作。

例如，增加回顾与考核模块，对关注者刚刚学习完的"安全事件点"进行问答回顾，小程序发起提问，向关注者推送选择项或答题框，与关注者产生互动，记录、监测其学习进度并评估其学习效果，加强情景留存效果。

此方式实现手段较简单，可操作性强，同样需依附微信平台，但增强了平台与关注者的互动性，并增加相应的统计和评价功能，基本实现关注者的学习需求，现阶段即可尝试使用。

（三）虚拟现实类模拟交互方式

第三种方式，是通过虚拟现实技术（VR）与增强现实技术（AR）相结合，使用相关设施设备，形成一

套可体验的、可互动的实时仿真模拟交互系统，将安全事故或安全危险源及其发展演进过程真实地展现在体验者眼前，并要求体验者参与互动，系统对体验者的行为状态进行记录、评判与回应，并在事后形成体验报告，给出数据分析与改进建议。

此方式实现手段较为复杂，需要结合安全管理知识体系与"安全事件点"对活动与场景进行预先的采集和设计，需要运用人工智能领域的机器学习算法对虚拟系统进行培养和改进。此过程需依赖一个自主设计的系统和 VR 眼镜等一些基础装备配置，在软件开发和实施阶段需要较多的人力、资源对系统的运行情况进行跟踪和维护，会相应增多开发成本。但使用效果方面来看，基本实现参与者的身临其境，并且对参与者的行为提供及时准确的反馈，可以更高效地实现"心理预演"效应和提高职场"准备度"，十分适合此理念的长期贯彻实行。

（四）游戏类虚拟教学方式

第四种方式，需要开发一款与角色扮演和成长升级类游戏相似的虚拟教学系统。将参与者的初始状态设置为初学者，以经验值和进度条记录其成长状态，为参与者的成长过程设定略有挑战性且可达到的目标，明确可执行的升级规则，以及确定存在且不可预知的奖励。参与者可以通过一次次的角色扮演与场景学习，适应安全生产管理的理念和管理方式，增加相应的能力值和经验等级，提高专业敏感度，增强职业素养。

此方式实现手段较为复杂，软件的开发过程不是难点，关键在于软件的规则和逻辑设置，使其既要符合参与者的学习步调，也要保证教学系统的趣味性。从使用效果方面看，将专业的安全生产管理虚拟为游戏人物的自我成长过程，保持高度趣味性的同时，增强了使用者的参与感，将职场学习内化为更高效便捷的方式，并将游戏存在而教学过程缺失的高强度即时反馈和激励奖励制度等优点融入其中，简化了经验积累的过程，降低了学习的复杂度，十分适合此理念的长期贯彻实行。

六、结论

本文通过对建筑施工企业安全生产管理现状的分析，得出了在当前严峻的安全生产管理形势下，唯有提高从业者的基本职业素养和应对安全事件的能力，提高整个组织和员工的安全文化能力，才是企业立足安全生产发展的根本之道的结论。

通过研究心理学理论、组织行为学理论，结合智能化信息技术手段，提出了着力提升安全生产管理一线职工职业素养的培养理论，即智能化安全管理新思路。并对该新思路的理论基础、主要内容、准备工作和实现方式进行了阐释和说明。

浅谈煤矿安全文化建设的探索与实践

山西焦煤西山煤电杜儿坪矿机电科充电队　武生伟

摘　要：煤矿安全受到社会的普遍关注，近年来煤矿企业在安全文化建设上进行了有益的探索与实践，提升了对安全重要性的认识，创新了安全管理机制，促进了煤炭企业安全形势的好转。

关键词：煤矿安全文化；人类文明；安全管理机制

煤矿作为高危行业的特殊性，决定了安全文化建设成为煤矿企业文化建设的核心和重点，是煤矿企业文化的重要组成部分。近年来，一批国有大型煤矿企业在安全文化建设上进行了有益的探索，促进了煤矿安全状况的进一步好转，不少企业创出了安全历史好水平。运用经济管理理论对煤矿安全文化进行深入探讨和思考，可以得到这样一个结论："安全文化是煤矿效益的根，安全文化是员工健康的魂。"安全文化对改变煤矿形象，保证员工健康安全，对提高煤矿经济效益具有不可估量的作用。

一、加强煤矿安全文化建设，促进了社会效益和经济效益的提高

先进的安全文化是煤炭企业生存和发展的灵魂，是推动企业经济效益发展的强大动力；是企业文明程度和发展水平的重要标志；是改变煤矿企业形象的有效手段；是提升煤矿社会地位的坚强保证。

安全文化建设与企业的社会效益和经济效益相辅相成、相互促进、相互依存。

（一）加强煤矿安全文化建设，有效地提高了员工的整体安全素质

煤矿企业开展企业文化和安全文化建设以来，打破了过去企业只讲"安全第一"，不敢说"生产第二"的保守观念，明确提出了"安全第一，生产第二"的安全新理念。进一步创出了"安全生产三部曲"，一是动脑筋想，动脑子想办法干安全活，保个人和他人平安；二是用眼睛看，认真查看岗位有无隐患，仔细看，看出问题，解决问题，处理问题，保安全；三是动手干，先处理环境安全隐患，而后才能专心致志把活干。并根据煤矿作业现场情况，先后创出了"现场主义""安全五原则""防患于未然四步骤""手指口述安全确认"等一系列安全理念和安全措施，通过这些理念和措施的内化与贯彻，提高了员工的安全意识和技术素质。

（二）加强煤矿安全文化建设，有效降低了安全风险投入

通过提升员工素质，提高员工安全意识，提高员工安全操作技能，事故发生率降低了，用在处理事故上的材料投入减少了、费用降低了，用在处理事故上的时间减少了，省下的、节约的也是效益。各种事故的减少，无形中增加了企业的经济效益。

（三）加强煤矿安全文化建设，有效改变了煤矿的工作环境

在安全文化建设中，通过对井口调度楼会议室、值班室、进行改造，改变了员工班前会的学习环境；通过建设安全文化长廊，形成了安全宣传教育的浓厚氛围；通过井下巷道、机电硐室各种管线的吊挂整齐，提高了质量标准化水平；通过工作面的高标准、严管理，大大改善了员工的作业环境。

（四）加强煤矿安全文化建设，有效规范了员工的行为习惯，提高了员工执行力、服从力

建立目标责任体系、严格监督考核；实施岗位高标准和严管理；在员工中推行"走、会、穿、坐、行、站、接、指、程、停"十种行为养成，使员工的执行力、服从力得到提高，进一步形成了"干部规范管理，员工规范操作"的浓厚氛围。

（五）加强煤矿安全文化建设，有效地改善了煤炭行业的社会形象

通过安全文化建设，企业的管理水平得到提升。随着各类事故的大量减少和经济效益的大幅度提高，并经过环境刷新、建立视觉识别系统、实行编码管理

等，从根本上改变了煤矿的社会形象。煤矿员工年人均工资收入有了较大提高，员工的生活质量有了明显改善。过去煤矿招工难，现在煤矿成了就业的热门行业。很多农民工在煤矿上班后，很快摆脱了生活贫困状况。

（六）加强煤矿安全文化建设，有效地促进了安全形势的根本好转

突出表现在"三违"明显减少；非伤亡事故明显降低；安全周期不断延长；安全基础不断巩固；很多生产班组实现了"三无"（无"三违"、无事故、无工伤），有的企业安全天数创造了国际和国内的先进水平，充分显示了加强煤矿安全文化建设的强大生命力。

二、加强煤矿安全文化建设，促进了健康安全预算的深化

健康安全预算，就是把全面成本预算导入职业健康安全全面预算。这是安全经济管理上的又一个新的突破。

对从事煤矿工作的人来说，煤矿事故是残酷无情的，也是人们极不愿意发生和看到的。但从另一方面讲，事故教训又是一面镜子，经常对照和预算煤矿的健康安全，可以检查出安全管理中的疏漏和损失；事故教训是反面教材，也是经验的总结，经常对健康安全通过预算和经常讲、看、听、算，可以防患于未然；事故教训是警钟，通过健康安全预算时时敲响，可以提醒人们牢记"安全为天，预防为主"的健康安全理念，做到警钟长鸣、常备不懈。事故往往就发生在人们的身边，发生在人们司空见惯的场合，因此，也最为直观，通过健康安全全面预算最能提高员工的安全经济意识。

开展健康安全算账，既要算生命账，也要算经济账。

算生命账是因为安全管理必须坚持"以人为本"，人的生命无价，事故造成人的生命消失或者残废，其他一切都无从谈起，其对社会、家庭、个人造成的损失是不可估量的。落实科学发展观在安全发展上，基本立足点就在于此。这一点必须让每一个员工都明白。

算经济账是因为安全是最大的经济效益，但效益有多大，不知道，只是到出了事儿才明白过来，才真正领会了安全的价值。为了使员工更清楚、更直观地

看到安全是最大的效益，煤炭企业应该开展对矿、区科、班组、个人不发生事故的整体效益和个人收入是什么状况？发生事故对整体效益和个人收入的影响有多大等方面进行预算。以预算结果的警示力提醒大家警惕事故的敏锐力，提高广大员工健康安全"人人有关、人人有责"的自我防范能力，提高对人生自我价值的认识，使人人在健康安全生活中做一个成功者、胜利者。

通过比照发生过的工亡事故、重伤事故损失进行预算；通过比照安全文件对轻伤、"三违"、非伤亡事故、质量不达标等损失进行预算；通过算经济收入账、家庭幸福账、个人健康账、社会稳定账；通过领导预算安全、员工个人预算安全，算出了安全质量是个人、集体、企业和社会最大的价值，算出了健康安全就是员工个人家庭最丰厚的经济收入，就是企业最大的效益。通过预算，也算出了一个浅显的道理：只要员工人人懂规矩、守规矩，按程序操作，就能保证自己的健康安全，就能给企业创造出巨大的潜在效益。

三、加强煤矿安全文化建设，促进了安全管理机制的深化

以人为本的安全文化，代表了先进文化的发展方向，是"三个代表"重要思想的具体体现。是企业文化建设的灵魂，是社会进步的产物。然而，煤矿现有员工的文化素质和安全技能比较低。必须深化安全管理，让员工真正从思想上、意识上、行为上懂安全、重安全、要安全、会安全。从而减少违章、事故的发生，促进企业经济效益的发展。

（一）要建立"以亲情化为指导的纠三违"机制

对煤矿员工建立健康安全行为档案，颁发上岗证，就像交警管理司机一样，实行违章扣分制度。对一般性"三违"给予批评教育、当场指正，扣分不罚款；较严重的扣分加罚款，若再次"三违"，就属于屡教不改者，要依法解除劳动关系。从而，减少了"三违"和事故的发生。

（二）要建立"安全隐患预罚"机制

把经济杠杆作用和"人性化"管理相结合，对被查出的一般性安全隐患，不是立即罚款，而是先"预罚"，限期整改，到期整改合格，则罚款取消；到期未完成整改，则加倍处罚。这样做既有利于安全隐患的预排和处理，又避免了管理者和员工之间的矛盾，消

除了员工被罚款的抵触情绪，达到了"双赢"的效果。

（三）要建立"群体安全风险激励"机制

实施了群体健康安全团体风险奖，把个人、班组、区科的三无奖（无三违、无轻伤、无事故）捆绑在一起考核发放。以班组为单位集体考核，一人不安全，全班组受联挂，较好地解决了安全互保联保问题，同时也解决了班组安全好坏大锅饭问题，增强了团队意识和凝聚力。

（四）要建立"现场五单教育"机制

对新工人和"安全不放心人"及错误操作者，由跟班区科领导、管理人员、班组长在工作现场对其实施单教、单练、单学、单考、单查的"五单"教育。对提高员工安全技术素质十分奏效，也是一条到达安全境地的捷径。既减少了教育培训经费，又提高了培训的实际效果。

（五）要建立"三违培训"机制

对"三违"人员实行停工到职工培训中心学习，提高员工的安全意识，有效地减少和避免了"三违"的重复发生，从源头上铲除了事故苗头。

（六）要建立"识人、用人、会管理"机制

要求班组长熟知员工脾气、性格、技能、责任心，然后因人而异，适合什么岗位派什么岗位，以人择岗保平安。抓住了"人"这个安全最根本的因素，能最大程度地降低事故的发生，从而减少企业损失。

四、结束语

安全文化是沉淀于企业及其员工心灵深处的安全意识形态，是企业安全管理与个人情感的认同，是煤炭企业效益发展的保证。企业文化建设也是一项长期、复杂的系统工程，要建立良好的安全文化氛围，不是一朝一夕就能完成的，这需要企业和每一位员工的共同努力，通过坚持不懈的工作，潜移默化地改变不良思想和行为习惯，改善安全环境，最后达到安全管理与安全文化相融合的境界，实现本质化安全，实现煤矿长治久安。

新时代背景下电网施工企业的"四位一体"安全文化建设

安徽送变电工程有限公司　姬书军　窦鑫　杨春　徐鹏飞

摘　要：坚持以人为本，围绕发挥卓越文化的引领作用和柔性管理作用，通过培育员工共同认可的安全价值观和安全行为规范，在企业内部营造自我约束、自主管理和团队管理的安全文化氛围，弥补安全管理的不足，最终实现持续改善安全业绩、建立安全生产长效机制的目标。本文针对"如何以人为本，推进电网施工企业安全文化建设"谈几点思考和认识。

关键字：新时代；电网施工企业；安全文化建设

党的十八大以来，党中央高度重视安全生产工作，深刻论述了安全生产红线、安全发展战略、安全生产责任制、企业主体责任、长效机制建设等重大理论和实践问题，为推进安全生产法治化指明了方向。重新修订后的《安全生产法》是党中央依法治国方略在安全生产领域的重要体现，为安全发展提供了更加明确的法律依据。随着《关于推进安全生产领域改革发展的意见》发布实施，标志着我国安全生产领域的改革发展进入新的阶段。国网电网公司"十二项配套措施"的实行也对电网建设提出了新的要求。

但是电网施工作业性质特殊，特别是线路工程点多线长面广，作业环境复杂，不可控因素多，安全管理成效难以沉淀，不可能完全达到生产的本质安全。为此，必须依靠员工自发和自律，把作业层班组纳入直接管理之中，把班组成员纳入"四统一"管理。以安全文化来弥补安全管理的不足，通过示范引领、强化培训、加强监督、加大投入四个方面，构建以安全理念为核心的"四位一体"安全文化生态圈，让作业层班组成员主动融入企业安全文化氛围中，不断改善安全意识和规范作业行为，由"要我安全"变为"我要安全"，由"被动"变"主动"，提升本质安全水平。

一、明确安全管理理念

安徽送变电工程有限公司高度重视安全文化理念体系建设，以落实"深化基建队伍改革、强化施工安全管理"12项配套措施为重点，在总结实践经验的基础上，逐步形成"抓三基、固标准、控风险、保平安"工作思路，明确"制度管理、程序干事、严格奖惩"的工作要求。通过这一过程，统一了领导层、管理层和作业层三个层面对安全文化理念的认识。对领导层来说，明确了安全就是效益，必须坚持"依法治安、严守底线"；对于管理层来说，明确了进度必须服从安全，严格落实"月计划、周安排、日管控"机制，保证体系提升管理水平，监督体系提高监督能力，相辅相成提高管理穿透力；对于作业层来说，作业层班组成员是重点，确立了"不伤害自己、不伤害他人、不被他人伤害、保证他人不被伤害、不让他人伤害自己"的五不伤害安全道德观。安全文化理念的确立，为企业安全管理和作业层班组成员安全从业指明了方向。

二、构建安全文化体系

（一）示范引领，内化于心

发挥党支部的战斗堡垒作用，结合"三亮三比"主题活动，深化"党员责任区""党员示范岗""党员身边无违章"创建活动，引导作业层班组成员积极向标杆看齐。发挥"劳模工作室""创新工作室"引领作用，积极推动"传、帮、带"，鼓励、支持他们带领作业层班组成员倡导实践安全理念，解决安全问题。大力选树安全标杆，通过典型引领、示范带动，激发作业层班组成员主动参与安全工作的积极性和主动性。提炼可复制、可推广的典型经验和最佳案例，打造一批公司安全工作品牌，营造本质安全工作氛围，并结合每年全国安全生产月活动，大力开展以"安康杯"为主题的系列活动，包括安全演讲、安全承诺签名、现场应急演练、安全主题文章等，并充分利用展板、横幅、微信公众号等媒介，深入持久开展对安全文化理念宣传、解读和阐述，形成强烈的视觉和听觉冲击。通过一系列示范引领举措，让作业层班组成员在耳濡目染的氛围中增加认知、加深理解，形成共同认可的安全文化价值观，主动融入公司安全文化氛围中，形成安全文化自律。

（二）加强培训，外化于行

安全生产的决定性因素是人，作业层班组成员的安全素质是保障安全生产的核心，从行业内发生的大量安全事故来看，很多是由于作业层班组成员的安全素质不够，不知者无畏，有章不遵，有法不依。因此，公司以提升作业层班组成员安全素质为重点，建立了突出"正向实训、逆向体验、虚拟互动、素质测评"为一体的电力安全培训新模式，引导作业层班组成员将安全文化理念上升到品格和习惯。一是构建多元化培训平台。开发培训考试系统 APP、安安考问机器人、VR/AR 智能眼镜以及含投影播放、自动组卷、人脸识别、报告打印等功能的培训考试一体机，并通过微信平台定期推送培训材料，提高用户体验，提升培训趣味性，让自我学习变成习惯。二是实行员工精准培训。依托培训考试系统，根据人员履历、证件、违章等信息，形成相应的考核试题库及安全知识库，自动生成个人培训及考试计划，并利用安安考问机器人、安安助手小程序的语音识别功能进行答疑，提高培训针对性。三是开展员工素质评价。将作业层班组成员的个人信息、培训内容及考核结果等生成数据化报告，对安全意识和安全技能水平进行评价，并作为人员和队伍"可靠性"分析的主要依据，促进作业层班组成员提升安全素质，积极向产业工人转变，从而降低人的不安全因素带来的风险。

（三）加强监督，固化于制

安全文化理念是魂，制度管理是保证。安全文化理念最终要通过各项安全规章制度来承载和固化。公司始终将安全文化理念作为制定安全规章制定的重要依据，坚持从文化的角度审视修订现有的各项安全规章制度，逐步建立健全科学的安全管理体系，从而将安全文化有机地融入企业安全管理中。一是完善安全管理制度。先后制定了《安全生产责任制》《安全生产奖惩实施规范》《反违章工作管理规定》等 48 项安全管理制度，每年定期发布《法律法规及规范性文件清单》，做到实时更新。二是优化公司对分公司的管控。建立"说清楚"机制，对于上级通报的违章情况，分公司一把手在公司月度安全分析电视电话上，逐条进行分析和制定防范措施，督促分公司加强对施工项目部、分包商的管理，层层压实压紧安全责任。三是优化项目部对作业班组的管控。自主开发"现场安全实时管控系统"，作业现场共配置了 377 台手持终端和 46 台球机实施实时管控，项目部设置监控室每日对作业现场实施远程验证放行，并对作业层班组成员进行随机考问，同时公司、分公司建立监控中心，对项目部履职、班组作业情况进行监督。四是加大违章惩处力度。对达到违章积分红线的作业层班组成员必须经过再培训后方可上岗，超过底线的立即清除出场，同时将违章情况与分包商竞价投标挂钩，促进分包商加强自我管理。此外，对每一起违章行为必须追究项目部的责任，促进项目部与分包商共建共管。五是实行安全精准奖励。将作业层班组成员纳入奖励范畴，按照"同奖同罚"的原则，充分发挥安全激励作用，单独设立安全突出贡献奖、无违章班组、施工作业票填写等奖项，并以公司公文形式进行发布，充分发挥引领作用。通过建立制度、加强奖惩，使作业层班组成员在共建共享发展中有更多获得感和更强归属感，促进了安全管理由"他律"到"自律"的转变。

（四）加大投入，优化于技

施工机具、施工方案对安全生产起到重要安全保障作用，公司重点从以下几个方面加强管理。一是创新施工机具管理方式。探索实施施工机具全寿命周期管理，结合飞速发展的物联网技术，融合"互联网+"的管理理念，将机具物资电子化、建立"一机一档案"，从采购、入库、发放、修试、报废采取过程信息管控，尤其是施工现场可利用移动终端实时查询机具信息，保证进场工器具合格、完好，以现代化辅助手段落实施工工器具的安全责任制。二是提升机具检修水平。为保证施工机具合格，尤其是受力工器具，公司创新检修手段，研发抱杆试验装置、地锚试验装置、钻桩试验装置、绳索类工器具检修设备、链条葫芦防锈蚀型制动装置等设备，利用机械自动化作业，固化作业流程，实现检验数据数字化，进一步提高机具设备的安全质量管控，保证机具设备安全性能良好，为施工生产安全有序开展保驾护航。三是积极开展现场服务。定期组织人员深入到施工班组，指导和帮扶作业层班组成员检查、使用、维护、保护施工机具，督促作业层班组成员规范使用施工机具，降低因违章操作带来的安全风险。四是加强施工方案管理。加强安全生产关键工艺、装备和技术的创新研发，不断提升技术创新和成果转化能力，通过技术进步全面提升安全生产防、管、控能力水平。严格施工安全技术方案编制、审批和执行，强化作业风险点辨识。优化作业场所布局，采用空间物理隔离、技术监控等措施掐掉事故发生的"捻子"，有效消除各类安全隐患。

三、结束语

公司通过大力倡导安全理念，用安全文化弥补安全管理的不足，不断规范安全作业行为，人员安全意识逐步提高。与上年同期相比，违章数量同比下降20.2%，其中严重违章和特别严重违章分别下降69.9%和74.1%，员工反违章自查率不断提高。公司广大干部员工深刻感受到自己在团队中作业和责任，并自觉为企业长治久安发挥作用。

浅谈华润雪花黑吉区域公司安全文化建设

华润雪花啤酒黑吉区域公司　邱德华　宋立鑫　刘斌　林青松

摘　要： 华润雪花黑吉区域公司为有效推进安全文化建设工作，开展了很多创新和尝试工作，如安全亲情感召、"1544"相关方管理模式、"三自六化"班组安全建设、"SAT"模拟事故训练、"今天我是安全员"，体验式安全培训等活动，通过这些活动的开展，极大地提高了员工参与安全的热情，拓宽了安全管理的思路，逐步建立和形成了具有华润雪花黑吉区域公司特色的安全文化体系，也为企业文化的建立夯实了基础。

关键词： 安全文化；安全亲情感召；"1544"；"三自六化"；"SAT"模拟

"志士惜日短，勇者常为新"。在安全文化创新的路上，我们一直没有停歇前进的脚步，安全文化≠安全＋文化，而是通过安全环境的改善，营造安全氛围，通过安全绩效的实施，规范员工的安全行为，通过安全活动开展，提高员工的安全价值观，引导员工的安全思维模式，实现主动追求安全的目的。最近几年，我们在推进安全文化建设工作中，做了很多的创新和尝试，也取得了很好的效果，筑牢了安全生产的基石。

一、用亲情感召，浇筑安全防线

建设企业安全亲情文化，推进企业安全管理，已成为当前重点工作之一。让公司成为员工的"娘家人"，用亲情筑牢安全的第一道防线，让员工牢记为家人、为企业关注安全。

第一，围绕"以人为本、亲情感召、防控风险、推进创新"的主题，确保员工的人身安全和家庭的幸福，长春公司开展第2季亲情助安活动。活动邀请各车间的基层员工家属、维电修人员家属代表（父母、爱人、子女等）来到公司，参观公司生产过程，到生产现场体会亲人的劳动过程，与员工家属进行安全座谈等活动。通过亲人的叮咛嘱咐，使员工把安全生产与家庭幸福紧密联系在一起，树立起安全第一的意识，提升员工安全责任意识，同时也让家属们能更加关心和理解员工的工作，平时多敲安全警钟，与公司一起努力筑牢安全生产的坚实防线。通过活动的开展，家属更加支持理解我们的工作，为公司增加了一批有分量的"安全生产监督员"。

第二，通过安全员现场讲解，员工家属互动交流，员工家属代表发言，生产安全事故急救常识视频观看，员工家属充分了解了安全生产工作的重要性以及习惯性违章带来的危害，提高了员工家属对安全工作的认识，同时号召家属当好安全生产的监督员、安全教育的宣传员、幸福家庭的服务员，共同营造和谐幸福的家庭氛围。

二、用"1544"管理模式，规范相关方管理

始于2016年的安全飞行检查，发现相关方的违章行为已经占比47%，安全行为难以固化，违章行为屡禁不止，追责罚款治标不治本，单纯地把结果聚焦在相关方人员素质上，已经难以掩饰问题的真正原因。要想从根本上解决相关方管理问题，必须制定一套完整的管理模式，从相关方选择、过程控制、管理、评估环节进行规范化管理。

第一，区域公司确定2017年为相关方安全管理标准化提升年，用2年的时间全面细化相关方管理标准。确定相关方安全管理"1544"模式，通过"1544"模式完善了相关方管理体系，实现了对相关方的"全时、全过程"EHS管理；从相关方选择、过程控制、管理、评估环节进行规范化管理，形成了一套完整的管理模式。从企业长远发展考虑，达到"高境界""高标准"的安全管理层次。

第二，相关方"1544"管理模式的实施，使相关方思想认识得以提升，相关方安全管理变得更加具体，相关方各层级人员的安全意识有一定程度的提高。相关方安全管理效果和作业现场秩序提升，以及对相关方的无差异化管理，使相关方违章行为得到了有效控制，现场作业规范有序；通过"1544"管理模式持续

推进，相关方安全行为得到了固化，相关方作业人员安全素质得到提升，相关方安全管理体系初步搭建完成。

相关方"1544"管理模式只是相关方管理的第一步，在今后，我们会实施"15444"的管理模式，从人文关怀、健康角度细化相关方的管理，提高相关方对企业的信赖感和归属感。

三、用"三自六化"理念，促进班组安全文化建设

依兰公司对 2017 年下半年的安全检查进行总结后发现，90%的违章行为都是发生在班组，暴露出基础管理的薄弱，这要求基层班组安全管理工作要从管理创新、机制创新上有所突破。

2017 年年初，依兰公司在推进班组建设活动中，因势利导，全面推行班组安全文化建设，并予以评比、奖励。以正面激励机制调动全员参与班组安全文化建设活动。确定以"自主化学习、自主化管理、自主化创新"为核心的管理模式，实行班组安全文化建设的"制度化、规范化、标准化、多元化、全员化、服务化"管理理念。

通过"三自六化"班组安全建设的开展，让员工思想认识得到提升，员工参与安全管理热情明显提高，安全操作行为得以固化。同时也促进了班组业绩指标提升。增强了班组凝聚力，形成互帮互助、互相监督的良好安全管理氛围。

四、用事前安全管理，提高事故预防能力

事前管理是安全管理的重要举措，如何将事前管理做的有效果和生动化，一直是安全管理的主要课题。在事前管理中，我们推行了"重温事故案例、时刻警钟长鸣""SAT"模拟事故训练、政企联动生产安全事故综合应急预案演练活动，员工的事故预防及处置能力明显得到提升。

（一）"重温事故教训，时刻警钟长鸣"活动

呼伦贝尔公司根据"重温事故教训，时刻警钟长鸣"活动方案，安全环保部组织各部门人员在锅炉上煤现场对《2.13 锅炉上煤腰部扭伤》事故案例进行重温。事故当事人及现场参加人员，通过观摩模拟事故过程，结合自身实际情况，发表自己的想法和看法，知晓了在今后工作中如何避免此类事故的发生。

通过"重温事故教训，时刻警钟长鸣"活动的开展，使基层员工都能通过案例警醒，绷紧安全这根弦，教育每名员工不能违章，不能图侥幸、怕麻烦，一定要按照标准、按照规范，实实在在地抓好自己的安全。通过培养、引导、渗透使大家切实认识到，抓安全是为了自己，是为了自己家庭幸福，知道为什么要这么做，怎么做才是安全的，促使员工发自内心地提升自我保护意识。

（二）"SAT 模拟事故训练"活动

通化公司已经保持连续 7 年未发生安全生产事故，但近年来，个别人员逐渐淡忘了安全生产事故血的教训，安全意识有逐渐麻痹的趋势。为了使各级人员不做"温水中的青蛙"，时刻紧绷安全这根弦，防患于未然，公司决定自主创新开展"SAT 模拟事故训练"。

"SAT"是指以班组为单元，模拟生产作业过程中易发生的典型安全生产事故，由参与员工对事故后果进行充分预想，让员工最大限度地投入到安全教育当中，全方位、多层面的分析事故，是一种充分运用角色扮演的安全教育模式。

通化公司通过一次次"SAT"的开展，大大提高了员工安全意识，尤其是通过角色扮演模拟事故，使所有参加"SAT"活动的员工亲身体会了事故给自己、家庭、工作带来梦魇般的伤害，一旦发生安全生产事故，面临的就是一个"多输"的局面，每一个人都不愿意看到这种事情的发生。所以，怎么避免生产安全事故，是每一个人都要考虑的问题，这就要求我们在实际工作中一定要按照规矩来做，正确的、按照标准执行工作。相信通过大家的努力，这种事故永不会发生在我们身边。

（三）政企联动生产安全事故综合应急预案演练活动

应急管理是工厂的重点工作，要想打造一支素质过硬的应急救援队伍，只有通过不断的应急演练、应急培训，才能实现这个目标。2017 年 7 月，哈尔滨公司与尚志市政府举行政企联合综合应急救援演练，整体提升了公司的应急管理水平，同时拍摄了应急管理视频，成为尚志市重点企业和黑吉区域公司所属工厂借鉴、参考的资料。

2017 年 8 月 23 日尚志市某小型冷库发生火灾，由于该冷库存在大量液氨，危险系数陡然增高。尚志

市政府向哈尔滨公司发出求助，在接到救援通知后，应急队在12分钟内赶到事故现场，并对制冷站泄漏情况进行检测，摸清管线走向后关闭了液氨阀门，阻止了火势的扩大和可能造成的次生灾害，彰显了雪花啤酒的社会责任。

五、用形式多样的安全活动，提升安全文化建设

2018年年初，在安全文化践行的路上，我们又继续生根发芽，生出新枝。

依兰公司在2017年安全文化建设的基础上，打造了一系列的安全文化活动。全员的安全誓师增加了安全的凝重感和仪式感，铿锵有力的誓词，字字凝聚每个人的安全责任。安全祈福更是给予未来与美好，张张笑脸洋溢雪花人的自豪。安全家书，更是超越书信的真正意义，一传一递升华了公司与家庭的责任互动。开展安全书画展，通过寓教于乐的形式，使安全文化以艺术化、职工喜闻乐见的方式表现出来。

黑龙江公司开展"今天我是安全员"活动，通过体验式安全培训，增加了员工对安全管理的理解和认同感。3月，黑吉区域首届"EHS"知识竞赛在哈尔滨公司举行，通过竞赛，安全文化再次深入人心，提高员工参与的积极度，加强了安全文化的推广。

区域公司继续在行为规范管理上加大力度，成立降低安全风险指数项目，编制危险作业指引，规范危险作业行为，为安全管理人员"慧眼"现场记录仪，对危险作业实施全过程、全方位、全时段的监控。

2018年的"安全生产月"活动，更是改变了以往专项检查、事故案例学习的老生常谈的模式。在开展契合安全生产月的主题活动的同时，更是强化了安全生产责任的落实，各公司中高层管理人员带头参加安全活动，开展主题授课、安全体验、安全宣传活动，在宣传雪花品牌的同时，也坚定了我们安全文化建设的步伐和信心。

六、结束语

通过亲情感召、"1544"模式的实施、"三自六化"建设、事前管理等各项工作的推进，区域公司千人伤害率整体下降0.71‰。丰富多彩的安全活动建设，极大地提高了员工参与安全的热情，多种形式的安全活动的开展，拓宽了安全管理的思路，深化了安全管理的意义。

回顾安全路，我们有"轻舟已过万重山"的快慰，也有"无限风光在险峰"的激动。我们要时刻保持进取心，在不断推进安全工作的过程中不忘初心，追逐梦想，在安全文化建设之路上，风雨砥砺，继往开来。

建筑企业安全文化特点及建设分析

中铁建设集团有限公司　郭正阳

摘　要： 企业的安全文化就是以抽象的、隐形的手去推动有形的安全生产工作，它包含了一个企业安全管理的内涵和灵魂，是企业安全生产的方向指导和支撑基础。只有构建良好的安全文化体系才能确保建筑企业在日益激烈的竞争中站稳脚跟，提高核心竞争力，安全稳定的发展。本文依据建筑企业安全生产的特点，阐述了其安全文化体系的构建流程，为建筑企业安全文化构建提供参考依据。

关键词： 建筑企业；安全文化建设；安全生产特点；评价体系

一、前言

安全生产既是各行业中永恒不变的主题，也是全社会追求的目标。分析一个事故的发生原因可能相对简单，只需要从物的不安全状态、人的不安全行为、环境的不安全因素和管理存在的缺陷这四个方面入手，层层顺势剖析就能快速而又全面地得出结论。但对于安全生产工作来说并不是简单的逆向推理落实就能够达到目的，他还需要一只隐形的手的帮助，而这只手就叫作安全文化。优秀的、完善的建筑企业安全文化能够将职工自身的追求和企业的安全生产追求紧紧地联系在一起，在潜移默化中不断夯实企业安全管理基础，促进建筑企业安全管理工作的稳步提升。此外建筑企业安全文化在企业构建和完善安全生产责任体系、安全风险分级管控体系、隐患排查治理体系，提升企业安全生产标准化水平中也起着互为助力的作用。所以对于建筑企业来说，建立符合自身特色的企业安全文化是确保企业安全生产工作顺利开展的一个必不可缺的重要环节。

二、建筑企业安全生产特点

建筑企业安全生产特点为其安全文化建设提供参考依据。

（一）作业场所变动性大

作业场所的变动性主要体现在施工作业面，不同的建筑物施工作业特点不同，作业场所自然也不同。而且对同一建筑物来说随着楼层的不断升高，每一层也都是一个新的作业场所，当然对于住宅标准层施工来说变动性相对较小，但考虑到作业高度、模板拼接、外立面装饰及上一次浇筑质量等多方面因素，实际上作业场所也是在不断变动。

（二）作业人员流动性大

建筑行业是典型的劳动密集型行业，人员的流动性大一方面体现在作业人员构成流动性大，随着施工进度的推进，建筑企业现场作业人员的构成也在时时刻刻变化，比如施工升降机司机，只有当施工升降机进场他们才会进场，等施工升降机拆除时他们也会随之退场。另一方面体现在作业人员场内的流动性大，统一作业人员可能会因为工作性质不时变动自己所处位置，比如信号工，他们会随着吊装作业而在场内不断变动自己的位置以确保自己给出最合理的指挥指令。

（三）作业人员年龄偏大

根据国家统计局《2017 年农民工监测调查报告》显示，2017 年农民工平均年龄为 39.7 岁。从年龄结构看，40 岁及以下农民工所占比重为 52.4%，50 岁以上农民工所占比重为 21.3%。也就是说在施工现场每 5 个人中就有 1 人年龄超过 50 岁，因此也变相增加了现场安全管控的难度。

三、建筑企业安全文化的特点

正是因为建筑行业的上述特点，安全文化在安全生产工作中的重要作用就显得尤为重要，只有聚集全体企业员工核心凝聚力的企业才能获得持续的发展动力，只有利用安全文化对建筑施工项目的熏陶才能在短时间内提高作业人员安全意识，因此也要求建筑企业所形成的安全文化具有"快、准、狠、稳"的特点。

所谓"快"，即安全文化的建立和推广必须要积极迅速。安全一方面是因为整个建筑企业主要的生产工作都集中在项目部层面完成，所以项目部成立之后必须要在最短时间内形成符合自己项目特点的安全文化，另一方面是安全文化发挥作用是一个需要时间沉淀的过程，只有快速地将安全文化推广开来，才能够及时发挥安全文化的影响力。

所谓"稳"，即坚持推行安全文化建设不放松，建立安全文化长效机制。安全文化的建设是一个长期的过程，不可能一蹴而就，过程中可能有曲折也可能有错误，但是绝对不能够放弃，这就要求企业在建立安全文化过程中要做好长期规划，充分考虑过程中可能遇到问题和挫折，这样才能保证安全文化能够切实推行落实到位。

所谓"准"，即安全文化建设必须切合企业特点，做到有的放矢。企业所有的安全管理工作都是在自身安全文化的指导下进行的，一个成熟的安全文化要符合本企业的特点，并具有一定的前瞻性、延续性，不应该朝令夕改，否则一方面削弱了安全文化的影响力，另一方面无法形成具有企业的特色的安全管理标准，使职工疲于学习和落实，无法最大程度上发挥企业安全文化的作用。

所谓"狠"，即落实安全文化的所延伸出的具体措施不打折扣。安全文化终归是要落实到具体的管理标准和要求当中，所以这些具体措施一定要认真执行，一旦有缺项漏项就会破坏安全文化的完整性，削弱安全文化的影响力。

除此之外，安全文化要建立在公平公正，对人尊重的基础之上。安全文化要采取正向激励措施，才会作业人员的安全生产意识正在从要我安全向我要安全慢慢转变，借助有正向激励的安全文化就可以促进安全意识的快速转变，相辅相成的提高企业安全管理水平。建筑行业的安全文化与其他行业略有不同，因为它除了要覆盖本企业的管理人员外还要覆盖项目部所用各分包单位的管理和作业人员，这就要求建筑行业的安全文化具有拓展性和包容性，从根源上减少事故的发生。

四、建筑企业安全文化构建的基本流程

（一）明确建筑企业安全文化的构建依据

一个企业安全文化的建立除符合国家相关制度文件要求外，还必须要符合企业自身的发展特点。成熟的安全文化一般要经过要我安全（被动约束阶段）、

我要安全（主动约束阶段）、我会安全（自律完善阶段）、我会分享（互助团队管理阶段）这四个步骤，这四个阶段也是跟一个企业的发展进程相匹配的，所以企业在建立安全文化的过程中必定是一个循序渐进的过程，不可能存在一蹴而就，一成不变的安全文化。

（二）选定建筑企业安全文化的构建方式

目前安全文化的建立，往往依赖领导的作用，一方面一个企业的安全文化明显带有领导个人的安全管理理念和风格，另一方面安全文化要去影响领导的安全行为和思想。但安全文化的特性来是，既虚无缥缈无法触及，又切切实实地体现在现实生活的方方面面里。所以安全文化的形成和发展应该走的是一条周而复始道路。以由集团公司、二级单位、项目部三级构成的建筑企业来说，安全文化起始于项目部，提炼于二级单位，升华于集团公司，而后自集团公司向下，依次影响二级单位和项目部，如此形成闭合的流程。这样形成的安全文化一方面高度契合企业特点，避免了生搬硬套造成的水土不服，另一面一旦基层项目发生变化也能够及时修改以适合最新形势，确保了安全文化的贴合性和灵活性。

（三）建筑企业安全文化体系包含的内容

各级建筑企业均应该在建立之初，依据行业其他企业或上级单位的安全文化及时建立本成绩的安全文化，并最后按照戴明环的方式逐步改进。

建筑企业安全文化的建立可以从三个方面入手，即安全精神文化、安全管理文化、安全物质文化。

（1）安全精神文化，即安全文化的精髓，在整个安全文化建立过程中起到提纲挈领的作用，建立安全精神文化时必须要对整个企业对安全的需求及整个企业的安全状态有一个统筹的了解和规划，明确整个企业的安全追求并进行提炼深化，从而最终形成企业的安全精神。

（2）安全管理文化，是安全文化的管理体现，具体表现在安全管理制度和安全管理目标指标的制定上，企业可以依据自身的安全精神文化来细化自己的安全管理要求。安全管理制度应包括企业的安全组织机构、安全管理标准、安全教育要求、职工行为准则、安全技术标准及应急管理措施等措施。安全管理目标可以定型定量地从管理结果、事故指标、创优指标、业务指标等方面逐级制定，确保人人有标准，人人可

考核。

（3）安全物质文化，是安全文化的根基，即所有各类物资、材料、设施等必须要充分考虑到安全因素，尽量从根本上消除隐患，构建安全生产氛围。因物资是可见和可碰触的，其他所有类型的安全文化都是建立在安全物质文化基础之上的，所以安全物质文化一定要作为一项基础来切实做好。

（四）建筑企业安全文化构建的表现形式

想要发挥安全文化这只隐形手的作用，就要在扎实建立安全文化的基础上，将安全文化与日常安全管理工作有机结合起来，其基础应至少包含以下四项安全管理工作。

（1）安全组织机构，施工企业要建立自集团公司至项目部的层层完善安全管理组织体系，并在项目部按法律要求配备适合项目规模的专职安全管理人员。

（2）安全生产责任制，施工企业要建立横向到边、纵向到底的安全生产责任制体系，建立全员安全责任制考核机制。各岗位安全生产责任制在编制过程中要充分考虑安全文化推广和落实要求。

（3）隐患排查治理工作，施工企业要建立提前想到，提前发现，提前消除的隐患排查治理机制，检查内容除常规检查内容外，还要包含落实安全文化的相关内容，要将安全文化的落实要求一并进行检查，此外检查人员还要承担传递、体现企业安全文化的责任，以实际行动传递企业安全文化。

（4）安全教育培训工作，施工企业要形成符合自身安全文化的安全教育培训模式，通过开展不同形式不同种类的安全培训教育，不断提高员工对安全文化的认同感，从而使员工获得平安感、幸福感，形成符合安全文化的安全氛围。

（5）安全专项活动，施工企业要充分利用正向激励措施，以各类活动为依托来宣扬企业安全文化，可以开展企业文化案例征集大赛、施工技能竞赛等文体活动，并组织员工成立职工之家，使得职工可以在日常的生产生活以及参与文体活动的过程中，加强对企业文化的感悟与体验。

（五）建筑企业安全文化的考评体系

企业必须要针对安全文化建立合理、有效的考评体系，其中必须要包含两个方面的内容，一是企业安全文化的落实情况，考评工作要覆盖企业和个人，通过考评可以发现安全文化落实过程中不足，及时纠偏，确保安全文化能够持续高效的落实执行到位；二是企业安全文化的实用性，企业安全文化建立后不是一成不变的，通过考评可以发现安全文化自身的问题和不足，只有进行动态调整才能使其根切合企业的发展，保证企业安全文化的活力，为企业的发展提供最有效的助力。

五、结论

综上所述，建筑企业安全文化建设是一个持续的、动态的过程，是企业安全管理的立足之本，只有不断地完善、丰富企业安全文化体系，并将其与具体安全管理工作相结合，持续推进建筑企业安全管理工作，才能确保企业安全发展不跑偏，才能实现企业安全发展与效益的共享。

树立企业安全价值导向，探索基层安全行为激励

天津滨海新区雪花啤酒有限公司　何志明　吕超　于海洋　刘斌　林青松

摘　要：基层一线员工安全行为习惯直接影响着企业安全生产工作业绩。随着基层员工队伍日益年轻化、多元化，基层人员安全文化意识薄弱、操作习惯不规范也是当前基层安全文化建设和安全生产工作亟待破解的重要课题。天津滨海新区雪花啤酒有限公司通过开展"手拉手、保安全"激励活动，确立清晰的安全行为激励导向，发动基层一线员工共同建设安全文化氛围，携手推动安全意识、素质和技能提升，有效提高了基层一线的安全生产水平。本文将以此为例，阐述基层一线安全激励创新的方法思路，以供基层安全文化建设借鉴。

关键词：基层安全生产；安全激励机制创新；安全习惯；EHS手拉手

安全价值观是安全文化的核心和灵魂，安全行为是安全价值观的外在体现。行为激励是安全价值导向的重要工具，是为了塑造和调节人的安全行为。企业在安全文化建设过程要对基层员工安全行为进行重点引导，通过牢固树立安全价值观，不断完善制度规范，建立健全行为激励制度体系，激励基层员工的自觉安全行为，全面促进安全生产工作转变。天津滨海新区雪花啤酒有限公司（以下简称滨海工厂）为此进行了不懈探索，并取得了切实成效，为企业安全生产工作打下了良好基础。

一、问题的提出

滨海工厂加入华润初期，人员流动大、员工流失率高。新员工虽经安全培训和三级教育后上岗，但班组的安全管理非常薄弱，仍然存在员工缺乏安全意识和良好的操作习惯，一些基本的安全管理要求都得不到保证。面对这种情况，滨海工厂的管理团队狠抓安全生产的基础管理，通过持续不断地改善设备设施的安全性能，最大限度地提升本质安全，通过各种措施和方法的应用，强化员工建立和提高安全意识，消除人的不安全行为；滨海工厂获得2016年和2017年度天津港保税区安全生产先进企业。

然而，通过深入研究滨海工厂发现在一线安全管理的细节和规范人的安全行为上仍然薄弱，违章现象时有发生，导致一线安全隐患较多，对安全生产构成潜在威胁。其具体表现包括①各类设备的安全防护设施缺失或者连锁失效、叉车安全配置缺失等设备安全管理问题；②不按标准佩戴劳保用品、女工不将发髻盘起等安全习惯问题；③特种作业不备案申请作业证、危险作业不挂警示牌、叉车司机违章驾驶等高危行为问题；④安全点检记录缺失、外来人员未经安全培训私自进入车间等管理问题。

二、解决思路创新

经过研究讨论，我们认为要以安全激励创新为突破口，改变过去依靠严查、处罚等被动安全激励状态，通过提高员工自主安全意识、全员安全意识改变员工习惯，研究一种能够激发员工自主安全管理意识、班组人员联防联控的激励方式，结合四有（行为有规、监测有窗、检查有效、控制有力）从奖罚有度的角度创新安全激励方法，切实提升基层一线安全管理水平。

重点应从两方面突破。一方面是激励，以往的安全管理存在着以罚代管、负激励为主的倾向，不仅起不到教育引导和行为矫正的目的，而且容易引起员工反感。要转变思路，明确激励导向，强化激励作用，就应当建立正向、负向激励相结合，且员工可见可感的方式，使安全行为标杆得到彰显，不安全行为受到鞭策。另一方面是团队化，员工工作行为安全与否往往带有群体性特征，做得好的班组一般全员安全素质都较高，违规行为往往集中出现在一些管理较差的班组，因此，要建构基于班组等团队化、群体化的组织当中强化全员安全行为水平。进而，我们建立的新激励机制是基于团队安全理念设计的。

三、主要做法

（一）明确激励目标

我们分析归集出容易发生且后果危害大事项作为

安全管理的"红线"事项，设定三级检查的要求和频次，以班组为最小单元，对于全月检查过程中未出现触碰红线的班组给予全员奖励，并逐月梯次增加，直至期间结束。一旦发生触碰安全"红线"的现象，除对违章人员依规处罚外，本班组全员奖励归零，于次月开始重新计发。

（二）制订激励办法

我们按照包装、酿造、物流等不同部门设定不同激励方法。以包装班组为例，淡季以班组上班时间累积够 21 个班即为一个月（累计上班时间够一个月的且当班无人触犯红线，按照一个月的标准累计给当班所有人员奖励，上班时间以车间实际考勤为准），其他班组以自然月为准；旺季以月为计算周期，当月班组人员未出现触犯判定标准记录，给予所在班组每名员工绩效奖励，有一人触碰"红线"项目，取消全班当月奖励，次月从最初基数重新开始。同时，我们划分了安全激励档次，按奖励金额递增原则分为两个等级，拉大激励差距。

（三）加强问题导向

根据"EHS 手拉手"活动方案联防联控的要求，以班组为单位任何一个人违反红线 1 次取消该班全部人员当月安全奖励，次月安全奖励基数重新开始。当月一个班组出现 2 次及以上违反安全红线现象，从第 2 次违反安全红线开始按照基数扣该班全部人员每人 50 元（包装部）、30 元（酿造部、物流部、制造部、行政管理部）；第 3 次违反安全红线按照奖励基数扣该班全部人员每人 100 元（包装部）、60 元（酿造部、物流部、制造部、行政管理部）；按照基数依次递增处罚金额。对于一个月内出现 3 次违反安全红线现象班组的班长免除班长职务。对于一个月内出现 2 次违反安全红线现象班组的部门负责人扣除绩效 50 元/30 元（按照奖励基数计算，若有 2 个班出现 2 次违反红线则×2，依此类推）。这样，对于反复出现的顽疾问题，激励机制加强了考核力度。

四、实施重点

（一）大力宣传，制造声势

利用各部门、各班组的微信群和公司微信平台对"手拉手、保安全"激励活动方案进行宣传，制作 KT 版在车间宣传栏及公司宣传栏每月更新展示，举行"人人都是安全员、手拉手保安全"征文活动并进行了微信平台投票评比，举行"EHS 手拉手"答题有礼活动，在每周各部门例会上、公司每周生产协调会和每月 EHS 专题会上进行宣讲。

（二）逐级培训，人人皆知

公司组织召开了班组长以上人员宣贯会议，各部门分别召开了部门级宣贯会议，各班组利用"站班会"进行宣贯培训，所有参加活动人员均签字确认，将本部门"安全红线"抄写一遍并签字确认存档备查。环境健康和安全部逐部门进行红线知晓率调查，红线知晓调查率达到 100%，红线知晓率到达 100%、达到人人皆知。

（三）及时检查，覆盖全面

环境健康和安全部按照"一全三不"安全检查法（即岗位全覆盖、不固定检查路线、不固定检查时间、不固定检查次数），坚持每天对各相关部门的每个岗位按照"安全红线"标准要求逐项进行检查，发现违反红线现象拍照取证，即时在违反红线的部门微信群里通报；每天对各岗位"机台安全隐患自检表"执行情况按照班前、班中、班后对应时间段进行核查，确保隐患排查工作落实到位；夜间采用随机现场抽查和监控回放检查相结合的方式进行。活动期间保持每天安全巡查到每个岗位的高压态势，以此让员工安全行为逐步成为习惯，安全意识逐月提升。

（四）信息公开，传递迅速

发现触碰安全红线即时在部门微信群公示，每天在微信群公示各班组触碰安全红线情况，每周一在微信群公示各班组上周触碰安全红线情况，月底汇总在公司宣传栏公示，在当月绩效工资中兑现考核，在每月的 EHS 专题会上进行通报。

（五）联防联控，违规自责

促进员工积极主动参与，不仅自己本岗位要做好安全工作，还要监督相邻岗位安全事项，班组长真正把安全工作放在首位，减少安全事故的发生；个别因自己违反了红线导致全班当月安全激励归零、影响全班的收入而感到惭愧，在站班会上进行反思、违规自责；也因此大家相互监督提醒注意安全、不违反红线，达到了联防联控的目的，真正提高了员工的安全意识和安全生产的积极性、主动性和自觉性，连续两年记录工伤为零。

（六）遵规受益，奖罚有度

2017 年 4-8 月旺季未触碰安全红线累计安全奖励

84964 元、2018 年 1～6 月未触碰 EHS（安全、环保、食品安全）红线累计安全奖励 101907 元。随着触碰安全红线班组数量的减少安全激励月度金额越来越高，满足了员工希望逐步递增收人的欲望，员工实际感受遵章受益——安全工作做好了带来实际收入的提升，达成奖罚有度。

五、实施效果与启示

一是激励的导向符合向遵章守纪员工倾斜的原则。员工在遵章守纪的同时，得到了应有的奖励，树立了遵章守纪光荣、违章违纪可耻的良好安全文化风气。二是逐步培养员工良好的安全文化意识和文化工作习惯。员工收入得到增加的同时，由被动地接受安全管理逐步形成把安全标准变成行为习惯，久而久之，员工安全管理的三不伤害意识得以形成。三是班组自主安全文化管理的氛围逐步形成。班组长找到了安全管理的切入点，班组成员联防联控的氛围逐步形成，班组自主安全管理的积极性和主动性得以提升，班组长的安全管理能力得以提高。四是增强了班组的凝聚力。相互关心，相互帮助，班组团队氛围已然形成，班组成员为班组取得的结果和成绩感到自豪。

"手拉手、保安全"活动效果显著，目前已扩展到食品安全、环保管理的范畴，统称为"EHS 手拉手"激励活动。该项目获得华润创业 2016—2017 年度 EHS 优秀项目奖，面向内部相关企业推广。

党支部落实党管安全责任的探索与实践

中煤能源新疆煤电化有限公司　李福民

摘　要：落实党管安全责任是中组部、国资委实现企业安全发展，建设本质安全型企业的一项重要要求。本文围绕党支部落实党管安全责任的重要性、落实内容、具体做法、保证措施等内容进行了有益的探索。

关键词：党管安全；党支部；安全文化；探索

中煤能源新疆煤电化公司党委结合本公司开展的创建标准化党支部和党员示范岗活动，以深化党支部安全生产责任制为着力点，从明责任、抓落实、严考核三个方面，对基层党支部如何落实党管安全责任进行了探索和实践，取得了较好的成效。

一、党支部落实党管安全责任的重要性

（一）落实党管安全责任是党支部的重要工作内容

党支部是党的全部工作和战斗力的基础。落实好党的安全生产方针，充分发挥党组织在安全管理中的政治优势，努力打造本质安全型企业，是企业党组织必须认真完成的一项最基本的政治任务，而这一政治任务的最终完成应当而且必须落在基层党支部身上。

（二）落实党管安全责任是基层党组织"围绕中心，服务大局"的有效载体

企业基层党组织的各项工作都要紧紧围绕企业改革发展的中心，服务于改革发展稳定的大局。作为煤炭电力企业，安全生产始终是我们的热点和难点，作为基层党支部更要把促进安全生产作为党建工作的重点，摆上议程、积极谋划，出实招、办实事、鼓实劲、见实效，在落实党管安全责任、促进企业安全生产中加强对干部的教育和管理，加强组织建设，锤炼党员队伍，不断增强党组织的创造力、凝聚力和战斗力。

（三）落实党管安全责任是思想政治工作的创新

安全生产是企业的"天"字号大事。党支部作为企业思想政治工作的主体，理应把这个大事担当起来。把做好安全工作和思想政治工作紧密有效地结合起来，使思想政治工作得到创新和延伸，安全责任的落实有保障。

（四）落实党管安全责任是永葆党的先进性的需要

落实好党管安全责任，是保持党的先进性的明确要求和具体体现。其最终目标是：全体党员保证安全生产的责任意识、主动意识有效增强；党支部抓安全生产的工作思路、工作机制不断创新；党支部班子成员和党员队伍的技术业务素质明显提高；从而使党组织、党员在安全生产中的先进性充分得以体现，使党组织的先进性得到进一步增强。

二、支部履行党管安全责任的具体内容

（一）安全政治责任

树立安全发展观，保证并监督"安全第一、预防为主、综合治理"的方针政策在本单位的贯彻执行，确保职工的生命安全。

（二）安全宣传教育

宣传党和国家安全生产的方针、政策、法律、法规及本企业的安全核心理念、安全生产的指示精神，加强对职工进行安全教育，增强职工的安全自保、互保意识。总结推广安全生产的好经验、好做法，宣传安全生产的先进典型，营造良好的氛围。

（三）安全监督检查

积极参与车间、部门的安全管理工作，配合行政领导制定落实安全生产的相关管理制度，对企业安全生产的规章制度和工作安排及党员领导干部落实安全生产责任制的情况进行监督检查。

（四）安全组织保障

支部书记是党管安全工作的第一责任人，要带头推动各项安全生产工作措施的落实，要发挥广大党员在安全生产中的引领作用，把支部建成坚固的堡垒，培养一支爱岗敬业、技能精湛、在安全生产中以身作则、发挥模范带头作用的党员队伍，在安全生产中体现共产党员的先进性。

（五）安全文化建设

结合支部实际，开展形式多样、活动载体丰富的安全文化建设，增强职工的安全意识，提高职工的安全技能，规范职工的安全行为，把党管安全的效果体现在各项具体工作中。

（六）安全工作协调

结合车间实际，加强对车间分会、共青团组织的领导、指导，支持他们围绕安全生产开展群众安全工作、班组建设以及青安岗、零点行动等形式多样、富有特色的品牌活动，从不同的角度、不同的渠道，履行党管安全的责任，形成工作合力。

三、支部落实党管安全责任的具体做法

（一）抓学习，提认识

支部首先从思想认识问题抓起，通过支部大会、班前班后会、安全活动日等各种会议在党员中树立"无功便是过、无为便是错"的思想，让党员在思想上解决"安全意识"问题，在作风上解决"作为"问题，在素质上解决"发现问题解决不了问题"的顽症；其次，特别把安全意识教育、安全责任教育、安全规章学习、安全事故案例分析等内容，纳入党支部"三会一课"、职工政治学习的内容之中，支部书记带头上以安全教育为主题的支部党课，让安全意识在党员、职工中入脑入心；最后，以开展创建学习型党支部，做知识型员工活动为载体，在党员职工中大倡学习之风，不断提升党员、职工的综合素质，以素质的提高来推动安全工作。

（二）抓培训，提技能

党员队伍技术业务素质不高，职工安全意识不强是当前对安全生产的最大威胁。为提高全员素质，各党支部从三个方面着手。

（1）营造一个良好的学技练功的氛围。结合创建"学习型组织"、争当"知识型职工"活动，各支部分层制订业务技术学习计划、推进方案，为党员、职工参加业务技术培训提供保障，创造机会。

（2）建设一个学技练功的好阵地。各支部因地制宜，依托党员活动室、"双创工作室"、党员之家，建立党员学技练功阵地，利用优秀党员示范岗作业观摩表演、"业务技术党课"、技术比武学习交流等形式，经常性地开展党员业务技术学习和练功比武活动。

（3）选树一批业务过硬的好典型。定期开展党员

业务技术比武活动，命名表彰一批职工群众信服、有影响力的"技术能手""模范党员示范岗"，通过先进典型的榜样带动作用，在党员队伍中形成"学业务、练硬功、保安全"，比、学、赶、帮、超的良好态势。

（三）建立一套好的制度、规范

各党支部以认真贯彻落实各岗位工种安全生产责任制、操作规范为抓手，严格推行标准化作业，实施精细化管理。针对安全生产的倾向性、关键性和超前性问题，经常积极开展调查研究，预测安全隐患；并利用支委会、党小组会等，定期研究、梳理、分析支部安全生产和党员作用发挥情况，及时制订针对性较强的措施，对安全管理实行目标控制、重点控制，提高党员超前防范和有效控制的能力。

（四）抓典型，带全面

在支部实施创建党员示范岗和党员责任区活动，以党员在安全方面的典型示范作用带动支部的全面安全工作。广大党员立足本职岗位，着眼于以创建党员示范岗、党员责任区为内动力，对关键设备、关键工种、关键岗位、关键人员进行重点包保，形成以点带面，确保党员岗位和周围职工消除安全隐患。另外，支部根据党员分布情况，灵活调整优化党员责任区设置，杜绝空白党员班组，充分发挥党员带动作用的辐射范围和能力，使党员与职工当班能见面，情况能交流，作业能互控，思想能沟通。

（五）抓联保，促后进

各党支部注重发挥党员的传、帮、带作用，广泛开展党员安全联保活动，每一名党员联系本单位1~3名联保对象，重点做好分工包保，帮促整改工作，在安全职责履行、任务指标完成等方面实行量化连带考核，把联保对象的安全状况与党员本人的奖惩考核相结合，从而增强了党员的安全责任和压力，带领其他职工群众共同发挥好各自在安全生产中的作用，有力推动本单位的安全生产工作。

（六）抓考核，保落实

为确保支部落实党管安全责任的实现，党委建立严格的考核制度。

（1）党支部对党员进行月考核、季认定。党员要按照创建"示范岗"和"党员责任区"、安全联保等有关制度要求，每月月初在党小组会（党员大会）上总结汇报上月在安全方面所做的工作及存在的问题及

下步打算，并提出整改措施，进行自评；每一季度党员之间进行一次互评，并由所在车间、班组职工群众对党员在安全生产方面的工作表现进行测评，最后支部结合党员自评、党员互评、群众测评情况对党员当季安全生产成绩进行考核认定，结果进行公示，奖优罚劣。

（2）党委对党支部进行月考核、季评比、年表彰。每月结合党建考核对党支部落实党管安全活动开展情况进行一次检查，每季度进行一次综合分析认定，每年年终对落实党管安全工作突出，成绩显著并达到公司标准化党支部和党员示范岗条件的党支部和共产党员进行命名表彰。对于落实党管安全责任作用发挥不好的党支部，标准化党支部评定不予达标通过，并影响该单位其他各类先进单位的参评工作。

四、党支部落实党管安全责任的保证措施

（一）加强领导，健全组织

公司党委制定下发《关于进一步落实党管安全的意见》，明确了两级党组织和党群各部门在安全生产中的职责，把党管安全责任写入党委议事内容之中，作为党政一项重要工作来抓。另外建立健全党群系统安全管理网络，实现层层监管互控。通过党员安全监督岗网络、班组长安全管理网络、群众安全监督网络、女工家属协管安全工作网络、青年安全监督岗网络等五大安全网络监管组织对安全工作的指导监管，形成党政工团妇齐抓共管，群防群治的安全工作格局。

（二）狠抓载体，提高质量

落实党管安全工作，党委是责任主体，党支部是落实主体。在日常工作中，党支部以深入开展安全文化建设、创建标准化党支部、党员示范岗、党员安全联保活动、推行精细化作业管理为载体，通过规范班前会、安全活动日内容，严格落实岗位操作规范，加强对党员示范岗和安全联保工作的检查考核和督促指导，不断提高活动质量和效果，使党员的安全意识和综合素质得到进一步增强。

（三）创新方法，健全机制

一是包保检查制度。建立党委、党支部责任包保体系，层层抓党支部落实党管安全责任。公司、车间两级班子成员按照各自联系点分工，定期对包保车间、班组（党小组）的党管安全工作实施情况检查指导，提出整改意见。公司党委每月、党支部每旬至少对所包保对象检查督促一次。二是责任追究制度。党员在安全生产中发生违章作业及机械设备、人身事故，党组织按照一级抓一级，层层抓落实的要求，对发生事故的党员、党支部实行事故责任追究。三是分析讲评制度。各党支部以支委会、党员大会等形式，每月召开一次党员安全生产分析会，研究分析本支部的安全生产情况、党员作用情况、群众思想动态、问题整改、落实效果、典型事例等，及时把握安全生产动态，找准存在的关键性、倾向性问题，有针对性地提出安全建议，从源头上抓防范。会后要在车间党员大会上进行讲评通报，党小组长向党员提出安全作业要求并反馈所提建议的处理情况。四是量化考核制度。在开展活动过程中，坚持广泛听取党员和职工群众的意见，要结合岗位实际，探索党员岗位作业全过程工作写实，将关键的工作指标、作业标准能够量化的一律予以量化，定期考核公示，使对党支部、党员的评价主要通过日常工作和业绩来反映，避免"虚化""凭印象"。

五、初步成果评价

通过该项活动的开展，各党支部工作逐步走向制度化、规范化、标准化轨道，公司党管安全的责任落到了实处，中煤北二电厂项目自开工建设3年以来，未发生一起轻伤及以上安全事故，项目建设安全、有序、高效推进，同时培养锻炼了一只安全意识强、综合素质高、业务能力过硬的员工队伍，营造了企业良好的安全氛围。

论落实"一把手"职责在安全文化建设中的推动作用

中国石油化工股份有限公司中原油田普光分公司　王和琴

摘　要：安全生产一直是企业发展道路上的关键环节。特别是对企业的管理者来讲，一旦发生生产安全事故，首先面临的是要退出领导者的岗位，更甚者永远不能再在这个领域展示领导才能，甚至面临牢狱之灾，从而失去人生的征程。可是如何才能实现安全生产呢？国家在法律上已经明确了企业和企业负责人的责任，企业的"一把手"只要切实地主动担当起责任，履行义务，发挥好引领带头作用，就一定会创造出良好的安全文化氛围，实现企业安全生产接续发展。

关键词：安全文化；"一把手"职责；风险管控；隐患治理；HSE观察

近期，中央企业安全生产形势严峻。2018年以来，发生涉及中央企业的较大及以上生产安全事故和灾害12起，这些事故造成了重大人员伤亡和财产损失，也给中央企业带来了负面影响，令人十分痛心。尽管事故原因种种，究其根源，还是企业的安全文化建设上存在不足。

企业的安全文化是被企业组织的员工群体所共享的安全价值观、态度、道德和行为规范组成的统一体。构建情感安全文化的过程中如果能融入尊重员工价值、加强员工发展关怀和生活关心、注重创造和谐人际关系以及建立良好协助协作氛围等因素，能有效改善员工的安全绩效。因此，通过组织建立健全安全文化引领，通过组织行为实现对员工的关怀和激励，统一全员的安全价值观、态度、道德和行为规范，实现接续的安全生产。"一把手"不仅承担着企业兴衰的责任，更是企业安全责任第一责任人。

一、气田安全文化建设

普光气田高含硫化氢，作为中国石化的油田板块企业，秉承着"一切事故都是可以避免的"原则，努力前行。不但承担着重要的经济责任，而且还承担着重要的社会责任。为此，气田建立了一系列的安全生产管理制度，制定了一系列的文件，采取了一系列的管控措施，但面对着国家的政策，社会的压力，上级的严格要求，以及生产现场的实际，有时依然存在着安全风险，使得岗位人员、管理人员，甚至是决策层天天头痛，睡不着，吃不好。在信息高速传递，经济生活日趋富裕，法制社会日趋完善的当前，为了控制住安全生产事故，有时不得不采取"死看硬守""人盯人"的方法保安全生产。

普光气田通过安全文化建设，营造人人讲安全，人人知道安全，人人要安全的氛围，严格执行"五不伤害"：不伤害自己、不伤害他人、不被他人伤害、保证他人不被伤害、保证他人不伤害他自己。不伤害自己靠的是自己认真的学习、对专业知识的掌控以及严格的自律能力和自律情节；不伤害他人靠的是认真的沟通、无私的协作以及敢于担当的精神和担当意识；不被他人伤害靠的是严格的教育、有效的防卫以及预判的警惕性和真正的警惕；保证他人不被伤害靠的是严格的制度、严格的管理和朋友般的关系和关心；保证他人不伤害他自己靠的是家庭成员间敏感的观察、善意的提醒和同志般的批评与自我批评。通过采取措施"开工会""JSA分析"、作业票制度等措施，实现了"五不伤害"。

从对事故的控制上来讲，就是要做好风险分级管控和隐患排查治理。作为高风险的普光气田来讲，风险无时不在，而真正看得见的风险，只要采取有效的措施，风险就会降级，就会变成微风险。怕的是发现不了的风险。为了及时发现风险，控制风险，企业采取了全员风险管控的措施，就是动员全体员工查找风险，并根据查出的风险的严重程度，给予不同程度的奖励，奖励金额从 100 元到 10000 元不等，从而激发了全员查找风险的积极性，确保及时发现风险，及时采取措施控制风险。

例如，有位员工发现一位驾驶员行车时打手机，立即制止，并将情况报告车管部门，车管部门立即按照管理办法，对该司机进行教育处罚，及时消除了风险。

为了提升员工查找风险的水平，企业利用报纸、微信等平台，发布现场违章的典型图片，并将违章的点标注在图片上，一目了然；为了纠正这些违章点，还在图片上标注了违章的条款，以及改进的法律措施、技术措施、管理措施和应急措施，形成了查找风险、查违章的"字典"和教科书。为控制好风险和隐患，借鉴企业动态分析的模式，组织开展"风险隐患的动态分析会"，基层单位每月度分析风险、隐患动态，管理层每季度分析异常一次，随时掌握风险隐患的变化，随时准备着采取有效措施予以防控。

气田专门设置了隐患治理的专项费用，及时采取措施进行隐患治理。在治理隐患的过程中，建立严格的工艺制度、治理制度、操作制度、监管制度和资金使用制度。通过这些制度的落实，使得企业顺利治理各种隐患 10 余起，投资 10 亿余元，没有发生生产安全事故，经过评估，隐患得到消除，气田连续安全平稳运行。

二、落实"一把手"职责，做企业安全文化建设的推手

气田能够接续安全运行，靠的是一个团结有力的领导班子、一支执行有力的干部团队、一支斗志高昂的员工队伍，结合实际建立了的"双 S"安全文化。"大海航行靠舵手，企业发展靠一把手"，气田安全文化的提出、建设、发展和维护，每一刻都离不开"一把手"的牵挂。

（一）提出企业安全文化

面对普光酸性气田开发前所未有的实际，结合气田酸性气产量和处理量在亚洲名列前茅，再加上硫化氢对人体和环境存在高度的危害，安全管理的难度非常大。面对这样的场景，一方面是由于对酸性气田的规律不了解，另一方面，责任心和压力巨大，超出了人的承受能力，在气田的建设初期曾经发生过安全管理人员频繁换将的局面。随着气田建设推进，气田的开发就提到议事日程上来，如何安全高效地开发酸性气田成为决策者们的研究课题；在开发生产的过程中，如何保证生产安全，就成了"一把手"的一个难题。在这种状况下，普光气田的决策者，根据现场实际结合安全管理的理念，提出了杜绝硫化氢（H_2S）泄漏、杜绝二氧化硫（SO_2）污染的（双 S）安全生产文化。企业所有的安全生产工作，围绕着"双 S"开展，一切工作服从"双 S"的理念。而要杜绝硫化氢的泄漏和二氧化硫的污染，首先就是要防止硫化氢的泄漏。如何才能防止硫化氢的泄漏呢？

（二）带头践行安全文化

"一把手"带头抓好风险管控。"只要有链接，就存在着泄漏的风险"，企业现场有成千上万结合点，如何才能保证这些点不泄漏；换句话说，如何才能及时发现漏点，消除泄漏呢？企业的决策者们，在安全文化的氛围内，开展攻关，"一把手"在关键的时刻提出了严格落实"风险分级管控和隐患排查治理"的措施，制订了详细的风险分级管控分级制度和管控制度，严格执行"六个必""四带头"的上级指示，并带头承包最大的风险场所和风险施工现场，并定期到现场检查落实控制措施，及时消除不足，确保措施有效。实现了项项风险有人管，一把手带头干，一级跟着一级干，人人头上有风险，人人肩上有担子，项项风险不落空的现场管理氛围。在"一把手"的带动下，各级管理人员到现场，查风险，找不足；各岗位人员认真巡检，严格落实控制措施；从而实现了风险的有效管控，控制了硫化氢的泄漏。气田投产 8 年多来，"一把手"亲临现场检查 100 余次，消除各种风险、隐患 80 余次。保证了气田没有发生一次硫化氢泄漏事故，提高了气田安全生产的美誉度。

"一把手"带头隐患治理。随着气田开发的不断深入，为了消除生产过程中存在的隐患，企业的"一把手"亲临现场落实隐患等级，制订整改措施。措施落实后，"一把手"又盯在现场，定期召开隐患治理例会，落实安全、资金、人员、措施和进展，尤其是提出了隐患治理期间的安全管控措施，坚决"杜绝治理隐患又出新隐患，治理隐患出现安全事故"的场景。在"一把手"的带动下，企业员工职责明确，严于律己，较好地完成了投资 10 个多亿的隐患治理项目，实现了隐患治理安全平稳。

"一把手"带头 HSE 观察。"众人拾柴火焰高"。为了提高全员的风险管控能力，切实消除硫化氢泄漏造成的影响。"一把手"带头进入现场开展安全检查。为了消除员工对"一把手"的紧张情绪，消除员工对"一把手"的神秘感，消除员工对"一把手"的恐惧感，"一把手"带头实施了新的 HSSE 检查法。首先是轻车简从，"一把手"采取"11"法或"12"法到现场检查，"11"就是一车一人，"12"就是一车二人。创造了与员工一对一接触的机会，拉近了同现场员工之间的距离，消除了员工的恐惧感，增强了员工的主人翁感，催使员工"主动工作"。第二是"拉家常"。"一把手"进入现场，改变了以往"指导师"的检查方式，采取"拉家常"的方式，同现场员工互动，一问一答，一问多答；答错没关系，现场结合纠正措施，从而将防控措施深深地印在员工的脑海里，提高了员工的主人翁责任感。第三是 HSE 观察。"一把手"每到一处，都在仔细的观察员工的操作，认真分析操作中存在的问题和不足，并提出建设性的整改措施。2018 年年初，"一把手"现场 HSE 观察，发现员工的应急处置存在处置程序不是很清楚，处置过程有些慌的现象，针对这种状况，"一把手"同现场员工交换意见，最后形成了编制"现场应急处置卡"的指导性意见。在这一动议下，气田每个岗位都编制了现场应急处置卡，明确了处置程序，提高了应急处置的及时率和准确率。

"一把手"带头主持安委会。"核心意识"日益突显。"一把手"是企业的顶梁柱，日理万机应该是合理的评定。为了切实抓好安全生产工作，"一把手"把自己由安全生产的处罚者变成生产安全的控制者，企业的"一把手"每月定期主持召开安委会，梳理当月的生产安全形势，查找问题和不足，制订纠正和预防措施，安排部署下月的生产安全工作，使得生产安全形势始终向好，时时可控。

（三）安全文化融入企业文化

生产安全是企业生产经营的一部分，要融入企业的生产经营中才能形成实效。安全文化是企业文化的一部分，要融入企业文化中才能真正发挥作用。

企业的安全文化建立之初，尽管是在"一把手"的倾力推动下，依然有些不和谐的音符，比如有些部门首先发问的就是"我们管安全了，管安全的人干什么呢？"这句话的确问的有道理。其实，道理很简单，原来这些部门都在默默地干着安全工作，只是没有像现在这样把安全工作明明白白地写进他的岗位职责罢了。为了解决这个冲突，"一把手"提出了，首先让安全管理部门列出自己的岗位清单，然后再梳理出各部门的岗位清单，让大家明白安全工作是大家的事，不是每个部门和每个人的事，从而逐渐统一了全员的思想。接着在"一把手"的动议下，进一步明确安全奖惩办法，实现同岗同责同奖惩，实现了责权对等、责利对等，激发了全员的工作热情。最后"一把手"在安委会上通报现场检查落实情况，起到督查和威慑作用，促进各项工作的顺利实施。

在"一把手"的推动下，企业安全文化逐渐融入企业文化中，并不断发挥着积极的作用。首先是政工部门率先组织了"生产安全群众义务监督员"队伍，发挥员工的岗位特性和特点，实施义务安全监督，发现问题，及时制止，及时整改，消除隐患。接着是技术部门积极开展 HAZOP 分析，在设计的源头，控制风险和隐患，努力实现本质安全。设备部门认真开展 SIL 和 RBI 分析活动，及时发现电气仪表系统和设备风险，提出有效的管控措施，实现物的安全。企业还把安全讲课搬到经理办公会和党委中心组学习会上，每次都会安排安全管理人员上讲台，讲授有关安全知识，解决了非专业安全人员现场检查时查不出问题的矛盾。

安全文化有机地融入企业文化中，形成了一个干事讲安全，安全来干事的良好局面。企业提出了"四干"的文化："让家人放心的事一定要干；让员工放心的事一定要干；让企业放心的事一定要干；让国家放心的事一定要干"。在这种文化的激励下，企业正向着富强、民主、美丽、和谐的"中国梦"努力奋进。

三、结论

（1）安全文化使企业的安全生产工作走向接续发展的良好途径，安全文化建设是企业生产安全发展的必由之路。

（2）安全文化是全员的文化，企业中每一个成员都是这个文化的绿叶和花朵。安全文化又是一个需要营养的文化，他需要不断地浇灌和施肥，才能保证根深叶茂保平安。而这个养护者就是"一把手"。

（3）安全文化是一种载体，它体现了安全生产的态势。但是安全文化不是单一的工具，安全工作的一点一滴都是安全文化的体现。文化是态势的体现。因此，安全文化需要及时的纠偏，以防南辕北辙。

（4）安全文化是一个变动的文化，企业要根据现场的实际情况，进行不断的调整和升级，以适应现场的实际。切不可把安全文化变成"本本文化"，形成教条主义，造成不可预见的恶果。

精益安全管理理念对安全文化建设的促进作用

武汉钢铁集团气体有限责任公司　陈洪　詹研　方家宁　南静

摘　要：安全文化建设是预防企业事故的基础工程，对保障安全生产有着重要的战略意义。武汉钢铁集团气体有限责任公司（以下简称武钢气体公司）积极引入精益安全管理理念，通过细化管理标准，落实安全责任，明确安全风险，固化安全行为以及具化安全领导力等举措大力推进安全文化建设，取得了较好效果。

关键词：安全文化；精益；标准；行为观察

武钢气体公司是全国最大的单个基地气体生产企业、中南地区最大的工业气体供应商。作为危化品生产单位，公司一直以来非常重视安全文化建设工作的落地生根，特别是 2015 年以来，率先引入杜邦公司精益安全管理理念，更是把安全文化建设摆在了重中之重的位置，取得了较好的效果。2017 年，武钢气体公司荣获全国安全文化建设示范企业。

一、安全理念核心化

安全生产管理是风险管理，其主要内容是风险的辨识与控制，其关键则是对人的管理。由此，武钢气体公司确立了"一切事故和伤害都是可以避免的""把安全视为做好一切工作的前提""我有责任制止任何人的不安全行为"等"十大安全理念"，简单清晰，目标明确。

"一切事故和伤害都是可以避免的"，这个目标在很多人看来是难以实现的，但是武钢气体公司却将其列为第一理念，显示了对安全生产工作的高要求和高目标。"把安全视为做好一切工作的前提"则展示出武钢气体公司将安全视为企业核心价值的决心。不仅如此，还确认了一条理念，即"安全管理主要依赖于各级领导的自觉行为和一线员工的自主管理和团队管理来实现"。公司上下一致认为安全文化建设不仅要靠管理者的积极推动，更要靠全体员工的关注支持和团结协作。

二、管理标准视觉化

视觉化即通过标示标识、色彩管理，将管理的信息转换成统一的视觉信号模式。视觉化管理的关键，也就是标准化，是一切看得见的管理，均有标准可遵照执行。

武钢气体公司根据视觉化管理这一原则，在现场广泛开展 6S 管理、TPM 全员设备维护及 SOP 作业标准化。公司组织力量将传统的文字版现场管理标准、设备管理标准及作业标准重新整理，配上现场图片，制成图文并茂、可操作性强的新标准。在现场管理方面，包含各类工器具、物料、文件的定置管理标准。在设备管理方面，公司以员工为主导，设备管理、维护人员作技术支持，建立点检、润滑、紧固、清扫四标准，简称为设备管理 TPM 标准。这项标准与传统的设备点检标准区别在于，用图片的形式标出设备点检的具体部位，并用不同的颜色区分工作类别，如绿色表示清扫，天蓝色表示点检，橙色表示紧固，金色表示润滑，确保职工对所要进行的工作及安全注意事项一目了然。截至目前，武钢气体公司各单位共制定 A、B 类设备自主保全标准 209 项，均已在现场执行。

SOP 即标准作业程序，公司将以往传统的、纯文字性的操作规程重新整理，将标准操作步骤和要求以统一的格式描述出来，结合现场实际操作图片，制作成图文并茂的、可操作性强的可视化作业标准。作业流程遵循"简单、准确、易懂、图文（表）并茂"的十字原则，完成后制成作业可视手册存放在操作现场，人人按流程操作，岗位作业规范化，确保作业风险可控。

在这个过程中，所有的标准都是利用形象直观而又色彩适宜的各种视觉感知信息构成，将需要管理的对象用一目了然的方式来体现。具体来说，一是要明确告知员工应该做什么，做到早期发现异常情况，使检查有效；二是防止人为失误或遗漏，并始终维持正常状态；三是通过视觉，使问题点和浪费现象容易暴露，事先预防和消除各种隐患和浪费。通过把工作做细做深入，尽力减少属地内不安全的行为和状况，争取将安全风险控制在萌芽，实现属地范围内的安全。

三、管理责任透明化

透明化，是指将需要被看见的隐藏信息显露出来。武钢气体公司不仅积极推动现场可视化标准的制定与执行，更是通过将区域、设备、物品等要素划分到个人，来确保管理责任落地。

公司要求各车间制订区域管理定置图及设备平面图，明确区域内责任班组，每台设备、每个区域责任到人。检查过程中一旦发现问题，责任直接追究到个人。通过这种指定责任人、现场挂牌，使安全要求、状态、方法、进程、规则等以最直接明了的方式传达到每一名员工。员工能及时发现现场发生的问题，并找到责任人，从而及时解决或预防安全隐患，进一步推动安全生产标准化管理体系有效运行。

四、安全风险可控化

武钢气体公司在制定可视化标准、落实管理责任的基础上，进一步运用文字、颜色、图形、照片、标识牌等，搜集各项安全数据，进一步提高控制安全风险的能力。

如公司制作的仪表安全标志色，在表盘上用绿色代表正常值范围，黄色代表报警值，红色则表示停车值，具体易操作，一目了然。在危险源辨识过程中，公司开展"DNT不可触摸"培训，员工依据培训的内容——辨识现场高温、低温及旋转部位，并将其列为禁止触摸部位，悬挂 DNT 警示标识牌。为防止能量意外释放而带来伤害，在能量隔离开关上（如管道阀门、电气设施等）公司还实施上锁挂牌管理，将检修作业风险进一步控制管理。

不仅如此，为确保作业安全，公司组织车间及相关业务主管部门进行现场调研，针对作业中存在的危害进行辨识和评估，并结合事故案例、险肇事故及习惯性违章，对容易发生事故的关键作业环节形成文字材料，并配合现场图片形成 22 个图文并茂的高风险作业标准、72 个 HAZOP 工艺安全分析表、23 个 JSA 工作安全分析表及应急处置卡 51 项，将作业过程中的风险加以辨识并进一步控制。

五、安全行为常态化

为了进一步提高岗位规程的可执行性和可操作性，武钢气体公司学习"杜邦"安全管理理念，以作业区为单位，对员工的作业过程开展"行为观察"活动。活动由公司领导、作业长、技术人员、安全管理人员等参加，选取人机结合高、风险大的作业内容，在员工生产操作的过程中，进行作业行为的观察活动。旁站人员通过观察，记录员工作业过程中工器具使用情况，作业行为是否合规等，并积极主动与作业人员事后进行交流沟通，了解员工为什么这么做，这么做可能会引发的后果或风险在哪里，建议改进的措施是否能得到员工的认可等，而后专业技术人员根据观察和交流的结果，完善相关的岗位规程，做好对员工的再培训工作，形成闭环管理。

通过有效地实施安全行为观察，现场与员工面对面沟通，一是能让员工知晓自己的岗位标准，使作业现场不规范的作业行为的数量大大地下降，并因此使发生事故的机会随之降低。二是可以使安全工作细化到每一个工作行为，并了解每项工作程序是否真的被安全地执行。三是员工通过参与安全行为观察，可以提高自己的安全观察能力，更好的理解什么是需要坚持的安全的行为，什么行为是不规范的，使员工的安全意识得到持续提升。四是可以通过对观察结果的统计分析，比较准确地掌握公司目前的安全生产状况，了解哪些方面存在欠缺，为持续改进提供依据，同时又向员工传达了管理人员对安全的重视。

六、安全领导力具体化

安全是个老大难，"老大"重视就不难。在武钢气体公司，高层领导不但要重视，还需要亲自参与安全文化建设，通过有感领导，践行重视力、支持力、参与力、示范力、影响力等五个安全领导力。

每年年初，公司召开年度安全工作会，总经理带头宣讲《个人安全行动计划》，将年度重要安全工作的内容、频次及时间安排公之于众，上下督促严格执行。每年确保安全生产费用的正确提取和有效使用；每季度主持召开安委会，组织各级管理人员参与安全综合检查及专项检查，督促问题整改及闭环；每月进行重大危险源检查、危险作业带班及参加挂钩班组安全日活动。除此之外，公司总经理还在安全生产月亲自上讲台进行安全教育授课，带动管理层参加安全履职履则"六个一"活动。

通过高层管理者的亲自示范、亲自参与、亲自审核，武钢气体公司各级领导由安全工作的"推动者"

成为"引领者";职能部门从安全工作的"参与者"成为"管理者";一线职工从"岗位操作者"成为"属地管理者"。

七、结束语

从现代安全管理理念来看,安全文化建设是通过创造一种良好的安全人文氛围和协调的人机环境,对人的观念、意识、行为等产生影响,是事故预防的一种"软"力量,其核心在于对人的管理。从武钢气体公司的实践经验来看,各级领导的自觉行为和一线员工的自主管理和团队管理是推动安全文化落地生根的源头力量,安全文化建设的成果反过来也会促进员工安全意识、安全行为的提升。公司通过各种有效载体,将作业标准程序、安全风险予以显露化,实现安全管理更加直观、显性。

企业安全文化与安全管理效能浅析

中芯国际集成电路制造（北京）有限公司　陈磊　薛培贞　成晓栋　邹东涛　李坤生

摘　要： 阐述企业安全文化本质与内涵表明在构建企业安全文化体系过程中安全管理占据重要地位。以企业进行安全文化建设为契机，建立健全单位安全管理效能，确保"管理和文化"的统一性，制定安全管理体制，牢固树立全员安全环保意识、促使全员养成安全行为习惯的基础上，夯实安全环保工作基础，通过 ESH 抓好安全环保工作执行力建设，通过责任制、日常工作过程管理、稽查考核等手段，实现安全环保工作管理水平的有效提升。

关键词： 安全管理；安全文化建设；安全环保；管理水平

目前，安全文化建设在众多企业中获得了成功，其建设水平也逐渐成为公司的重要竞争实力。虽然众多企业积极开展安全建设相关工作，可是仍然有很多公司并未理解其内涵，没有建立起预想的企业安全文化氛围，也无法构建预先设想的安全文化体系。由此可见大部分公司并没有采取实际行动。那么怎样让安全建设工作在企业中得到有效落实是一个迫切需要解决的问题。

中芯国际集成电路制造（北京）有限公司在进行安全建设时，从安全管理方面着手，塑造了具有企业自身特色的安全文化。

一、安全文化的本质及内涵

（一）安全文化概念的本质

安全文化，是人类行为所产生的安全生活与生产理念、行为方式及物态总称。依次类推，企业安全文化是指公司在持续的安全生产活动中，通过分析、总结而提出的由公司高层倡导，并获得全部职工认可的本公司的安全价值体系及行为规范。安全文化的定义涉及较广，与此同时也体现了安全文化深层次含义。通过定义可以知道，安全文化不仅仅涉及员工、企业态度问题，还同企业的体制息息相关；安全文化与公司职工的文化素养、思维方式、办事态度及公司的整体办事风格都密不可分。安全文化大体包含管理体制与个体响应两个层面。管理体制同公司上层领导有关，公司决策者及管理层起着决定性影响。此外个体综合素质也有着重要作用，这是因为即便公司拥有非常完善的安全体制，可是若个体不积极遵守或者相应响应

的管理体制同样会使安全建设无法落实。由此可见，上述两方面是影响公司安全文化级别的重要因素。

（二）安全文化内涵

人在安全文化中占据主体地位，将文化当作媒介，利用其感染力提升个体安全价值理念，并约束个体行为。其中不仅涉及执行者，还涉及决策与管理者。因为个体或者员工在安全建设中是最重要最积极因素，决策及管理者树立良好的安全意识，并提升其自身安全素养，将会是确保公司安全文化水平提升的重要保障，提高全体员工安全素养便成为确保公司安全文化提升的重要基础，在安全文化水平提升的阶段，安全管理体系的构建便可以愈来愈重要的作用。

一般的生产型企业工作危险程度较高，从相关统计数据看出，单位事故中由于不按规范操作、指挥失误而导致事故占了事故总量的 95%，上述问题同职工的安全修养有着直接关联，因此在安全建设过程中，企业应该注重安全管理、教育及稽查考核工作，从而提升员工的安全素养，使其树立良好安全意识。

二、企业安全文化和安全管理的关系

企业在安全文化建设工作落实阶段，通常会混淆"安全文化和管理"的内涵，或者认为二者是对立的，无法正确理解二者对于公司管理的重要作用与意义。实际上，安全文化和管理二者之间有着深切关联，各自还具有一定独立性。

（一）安全管理与安全文化存在互动关联

若管理层认同某种安全文化，并希望它在企业内部得到有效推广，通常会采用树立典型人物形象或定

期开展安全管理知识普及的活动方式来实现。若要将外部的全新安全理念同企业现有管理体系充分融合，并使全体职工积极遵守，需要开展安全管理工作。通常来讲全新安全理念被完全接受需要较长周期才可以实现，可是若将其同安全管理结合起来，便会缩短员工接受周期，若公司现有安全管理层次无法同决策层推崇的先进安全文化更好匹配时，该文化便会促使新的安全管理模式的提出。

（二）安全管理与安全文化表现形态存在差异

对于安全管理和文化来说，二者之间存在不一样的表现形式，前者通常表现为以责任制、管理条例、制度规范等；而安全文化是不可见的，直观表现像是企业文化一样，但是安全文化可以借助有形事物及管理者或者员工行为获得体现。两者间存在密不可分的关联，切实可见的安全管理融合并折射出安全文化，同时，安全文化也可以借助安全管理获得体现。

（三）安全管理和安全文化内涵存在差异

若公司员工没有完全认可安全管理体制时，该体制便只能作为管理层的"安全文化"，仅仅体现企业管理准则及相关规范，而对职工并没有起到实质性约束作用；若公司职工从内心认可并积极遵守安全管理体制，那么管理体制便能发展为公司整体的安全理念。例如，公司应该鼓励职工对安全管理体制提出改善意见，在此基础上确定员工对企业的安全管理有何意见，经过较长时间磨合，便会使职工在意识层面认可企业管理体制，此时有形的体制约束会消失，演变成安全文化。

（四）安全管理与安全文化相互并存

即使最先进的安保设施也不能从源头根除安全隐患，需要将其同企业的安全管理策略结合起来。安全管理策略虽说具备实际作用效果，但是其作用效果却受到对员工的监管及反馈的影响，底层职工对安全管理体制的不认可，并且体现在实际工作中，这样一来便导致安全隐患的增加，可是这也并不一定会造成安全事故，而对员工来说，还会获得其他收益效果，比如节省时间成本。上述行为会诱发更多的不安全行为，并对其他员工产生不良影响。不安全行为是成事故发生的重要因素，当其积累到一定程度必将引发安全事故。在安全管理过程中，要想对所有施工人员进行全面有效的监督是不可能实现的，如此说来在管理方面必将存在漏洞。为了避免上述情况的发生，需要深入建设企业安全文化。众所周知，安全管理不可能尽善尽美，可是安全文化却能影响职工意识层面，约束其实际行为。安全管理与安全文化对企业安全生产来说都是非常重要的，二者是无法相互替代的，是并存发展的。

三、打造企业安全文化，引领安全环保工作

（一）全员参与企业安全文化理念的提炼

第一，可以发挥集体的智慧，集思广益；第二，员工参与企业安全文化理念提炼的过程也是一个宣贯过程；第三，员工自己参与提炼出来的理念，能最大范围地得到大家的认同，更能统一大家的意志，更容易得到员工的主动践行，也就更有生命力。同时，提炼的方式可以由上至下开展，也可以由下而上进行，结合企业实际，通过反复的讨论、总结，最终提炼形成符合自身特点的安全文化理念。

（二）持续开展安全文化理念宣贯

企业安全文化的形成不是一朝一夕、一蹴而就的，需要长期地将安全文化理念的宣贯融入实际工作，一点点、潜移默化地渗透到大家脑中、心中，得到大家完全地认同和接受，为全员自主践行安全文化理念打好坚实的基础。

（三）强化党员领导干部自觉践行有感领导的企业安全文化

各级党员领导干部带头自觉践行有感领导，是一种无形的号召力量，起着不可估量的模范作用，是企业安全文化的重要组成部分。

四、全面、系统地夯实安全环保工作管理基础

（一）健全和固化 ESH 标准

建立企业 ESH 标准体系框架，确定需要建立的标准。企业 ESH 管理标准包括：ESH 管理制度、ESH 体系管理手册等；ESH 技术标准包括安全技术标准、环境技术标准、职业健康技术标准、卫生标准、安全环保标识标准、安全技术说明书等；ESH 工作标准包括：岗位 ESH 职责、程序文件、操作规程、应急预案、ESH 检查标准及 ESH 工作考核标准等。

健全和固化各类 ESH 标准，规范安全环保管理要求。首先，建立健全各类 ESH 标准。在 ESH 标准体系框架确立的基础上，结合企业实际，成立 ESH 标准体系建立领导小组与工作小组，制定 ESH 标准体系建立的推进方案，组织力量全面梳理企业各项 ESH 标准，查漏补缺，逐一完善，并通过一段时间的标准实施、检查验证、修改完善、再实施的循环管理过程，使标准达到全面性、合法性、适应性、可操作性和有效性，满足企业安全环保管理规范化要求。其次，固化各类 ESH 标准。一个成熟的企业，各类标准应当是相对固化的（新工艺、新设备、新产品除外），ESH 标准亦应如此。固化不是指一成不变，而是指核心的工作分工、工作内容、工作流程、工作要求、工艺技术和行为标准等基本不变，执行过程中根据新情况做一些微小修订。

（二）建立健全 ESH 管理的组织机构

ESH 管理组织机构的建立健全要基于职责的明确与落实，按照行政架构实行公司、部门（车间）、班组三级安全网络管理架构。企业要安全生产，必须落实一岗双责制，即管工作必须管安全，各层级的一把手是所在层级的安全生产第一责任人，员工是所在岗位的直接责任人，下一级对上一级负责。同时设立专门的监管机构，对企业各级机构的安全环保工作进行指导和监督检查管理。

（三）培养和打造高安全素养的员工队伍

ESH 教育培训全员化。抓生产必须抓安全，必须落实"一岗双责"，必须抓实全员 ESH 教育。通过教育，让员工清楚其工作环境中存在的风险，熟练掌握相应应急措施、应急方法、应急技能，使其真正具备相应的预防能力和应急处理能力，防止事故的发生。

ESH 教育培训系统化。第一，按管理需要对员工进行角色分类。员工角色可按两种分类，一种是从行政架构上分，员工分为总经理（企业安全第一负责人）、ESH 管理者代表、专业分管领导、中层干部、班组长、安全员、一般管理人员、操作工；另一种是从作业管理上分，员工可分为作业审批人、作业审核人、作业执行人、作业监护人。第二，按员工角色分类系统性地对 ESH 知识进行分类。按照员工角色分类进行 ESH 知识分类是必要的，ESH 知识可分为通用性 ESH 知识、专业性 ESH 管理知识、专业性 ESH 技术知识、专业性 ESH 技能操作知识等。第三，按知识分类系统地编写培训教材。在教材内容编排上宜循序渐进、由浅入深的系统地编写，且做到完整性，不重复不零散，国家或企业出现新规范新要求时，及时做好教材的修订工作，以跟上企业 ESH 管理需要。

五、有效抓好安全环保工作执行力建设

（一）以责任制建设促进安全环保工作执行力

责任明确才不会推诿扯皮，工作才会有效开展，不出问题，安全环保风险伴随着每项工作，企业安全环保工作必须要实施一岗双责制。同时，党组织建设也要为企业安全生产服务，推行党政同责制，使党组织真正融入企业安全生产中，真正发挥党建为企业安全生产服务的作用。

（二）以工作过程管理为主提升安全环保工作执行力

在企业安全环保工作过程管理上，要充分发挥各级 ESH 专业管理队伍的作用。审核、审批人员在审核审批时，一定要严格审核相关工作的各项安全环保措施是否真正落实，有关工作启动条件是否真正具备，应急准备是否真正到位；管理人员在分配工作时，要确认作业人员、监督监护人员、安全环保管理人员是否真正具备相应安全环保知识与技能；监督管理人员则要严格对作业人员、监护人员的工作过程进行督查，确认其是否真正履行了各项安全职责，以及时把好工作过程的每一道安全环保关。

（三）以检查考核评比等手段促进安全环保工作执行力

适当开展 ESH 专项检查、ESH 体系审核、岗位 ESH 责任制检查等，结合考核与绩效挂钩，能较好地促进安全环保工作执行力。同时，可适当开展一些安全知识竞赛、安全生产评比等，提升员工履行安全环保职责的能力，进而提高安全环保工作执行力。但这些只能是作为安全环保管理工作的一种辅助手段，在检查评比频次上要适中，在奖罚力度上也要适中，除了过程监督，检查评比太过频繁，会干扰正常的工作，员工疲于应对，处罚力度太大，员工有强烈的抵触情绪，也会影响正常工作。

六、保持"安全管理"与"安全文化"的一致性

（一）怎样更好实现企业安全文化建设

企业安全文化建设就是在企业的一切方面和生产经营活动的过程中，形成一个强大的安全文化环境，其中含有物质层面、制度层面、职工安全心理层面与职工行为规范层面安全文化建设。在文化建设工作具体落实阶段，需要将安全管理作为其建设载体。如此

怎样有效构建合理的安全管理体制呢？构建合理的安全管理体制需要从以下两方面准则出发：一是需要确保安全管理过程的合理性，也就是将管理工作量化，使其获得有效执行；二是要确保安全管理过程的规范程度，即管理工作要合乎相应规范，并能构成管理体系。构建合理的安全管理需要妥善处理科学与人本管理间存在关系。科学管理是基于安全管理的，是按照相关规章制度开展管理工作的，与之不同的是，人本管理中是以人为主的，带有主观性质的。从企业高层角度出发，两种管理模式都非常重要，可是若没有建立完善的安全管理体系，企业是无法有效推行人本管理理念的。由此可见，公司首先需要以科学管理为主，逐步构建与完善安全管理体制，之后再逐渐将其同人本管理模式充分结合，二者之间可实现相互补充与促进。

（二）企业安全管理和安全文化高度应该协调统一

对于某个公司来说，判断其安全管理体制是否合理的依据是该公司在管理条例制定及具体落实阶段是否存在同公司安全理念不相符的问题。此外公司安全管理是否符合相关规划要求及实际作用效果也是评判其安全文化建设的关键指标。为了在更好通过安全管理展现公司倡导的安全理念、价值体系及行为方式，便需要确保安全管理的科学化、规范化及全面化，通过安全管理实现对职工行为的指引及约束，确保其能够从意识层面自觉按照有关准则及规范约束自身行为。

企业安全管理工作同安全文化若要实现协调统一则需要从以下几点出发：第一，企业在构建安全管理体制时需要将安全文化当成其主体思想，在管理工作落实阶段，需要将其同安全文化紧密联系，从而充分折射文化内涵。第二，在已确定企业安全文化及行为规范基础上，对现阶段公司推行的安全管理体制进行检查，重点分析其中是否含有同安全理念不相符的部分，并且强化同安全理念融合程度较高的管理体制，若不相符，则对其进行调整。第三，基于企业安全文化，对公司安全管理体制定期开展检查工作，从而使其能够同安全理念变化进程相匹配。第四，在安全文化建设环节，要充分利用公司安全管控体系，把握公司安全理念变化方向，及时找出其中缺陷，予以完善，还要合理规划安全理念发展方向。第五，采取必要措施，使得安全文化能够在管理体制中获得充分体现。

七、结束语

提升企业安全管理效能终将会推动企业安全文化建设进程，有效提升企业整体职工的安全素养与行为标准，这也是企业落实内涵式发展模式、确保生产活动安全性、提升企业竞争硬实力并获取更多收益的关键环节之一。

伴随着国内市场经济体制的逐步完善与政府部门在经济活动中的角色转变，给企业经济发展和安全生产带来众多机遇，与此同时也带来更多严格要求与挑战，企业需要构建符合自身发展战略需求的安全文化体系，使其融入全体职工的潜意识中，使得管理方式从物质层面发展到文化层面，文化层面落实到物质方面。为了使安全文化获得持续改进及创新，则需要不断提升企业安全管理质量。

浅谈班组在电力企业安全文化建设中的相关问题

华能沁北发电有限责任公司　刘伟乐

摘　要： 企业安全文化建设程度同企业的安全生产息息相关，企业安全文化建设的有效开展和落实关键在基层班组，本文通过分析当前班组在企业安全文化建设中存在的一些问题，结合相关案例提出了一些解决办法。

关键词： 班组；电力企业；安全文化；问题

"安全就是效益，安全就是信誉，安全就是生产力"。安全生产是电力企业持续健康发展的前提和保障。电力企业的基本单位是班组，班组是电力企业的细胞。一切安全规章制度和安全措施的最终落实关键在班组。因此，电力企业必须重视班组安全管理，加强班组安全文化建设，充分调动员工的工作积极性，增强责任感和荣誉感，将每位员工的热情都引入到日常生产工作中去，进而建立安全长效管理机制，从根本上消除人的不安全行为或物的不安全状态，实现生产过程中的安全，支撑电力企业安全管理水平和管理业绩的全面提升[1]。安全文化建设的基本内容包括安全承诺、行为规范与程序、安全行为激励、安全信息传播与沟通、自主学习与改进、安全事务参与、审核与评估几个方面，以上各点的有效完成依赖于安全意识和安全责任到位、安全培训到位、安全管理到位。

一、当前班组安全文化建设中的若干问题

随着时代的发展，科学技术的不断提高，电力企业安全文化建设水平不断提高，但需要指出的是，电力企业安全文化建设中仍然存在一些突出的问题，尤其是班组作为企业安全文化建设的最基层单位存在一些急需解决的问题。

（一）班组安全责任和意识方面存在的问题

责任和意识是不可分割的一对，从基层员工到最高领导，责任越大，所承受的压力越大，对每项工作涉及的各种危险因素考虑也就越多，安全意识也就越强。现实中，企业的相关规章制度已对班组长、技术员、各个岗级的班组成员的岗位安全责任做出了明确规定，但实际工作中，每个人的工作能力和工作积极性不同，在保证班组整体工作效率的前提下，某些人承担了多项工作任务，这时由于工作任务的转移，相应的安全责任变得模糊不清。原工作任务归属者由于实际未进行相关工作，去承担相关责任明显不合理，而实际的工作人员在相关待遇未获得明显改善的情况下承担了更多的责任，这会严重挫伤职工的工作积极性，即少干少错，多干多错。上述责任不明确会导致工作中实际作业人员产生"这反正不是我的工作，我又不承担责任"这样的消极想法，进而安全意识降低，发生安全风险的概率升高。

（二）班组安全培训教育存在的问题

安全教育培训是提高作业人员安全技能和能力的一项有效措施，当前随着信息技术的应用，安全培训的方式更加便捷和多样，但由于安全培训内容大多数仍然是照搬教条[2]，员工短时间通过背诵记忆能考试合格，但由于对相关规定的理解不深入，不能有效应用于实际工作中去。现实中，安全培训考试合格的人违章操作的现象仍然存在。

对相关事故案例的学习需加大深度，不同的人对事故的理解深度不同，层级较高的领导人员对事故的理解和掌握较深，处于现场一线的工作人员经常直面各种危险状况，出于个人责任和意识的原因，反而对事故的学习偏表面，比如一些成员能够对反事故措施有效地执行，但却对制订措施的原因不甚了解，这不利于类似事件的事故预防。

安全培训效果的提高离不开有效的技术培训，员工只有对相关的设备及工作内容有充分的了解，才能全面的掌握作业过程中的各种危险因素，例如某厂曾发生在更换运煤铁路照明配重钢丝绳作业中，外包人员不听指挥，擅自更改操作程序，致使配重掉落造成高处坠落致死事件，这便是作业人员对作业程序掌握不到位，对各个工作程序中存在的危险因素不了解导致事故的发生。当前不断地应用新设备、新技术、新工艺、新材料对机组进行改造升级，这对技术培训工作提出了更高要求。

（三）班组安全管理方面存在的问题

班组安全管理可分为对设备的管理和对人的管理，对设备的管理方面主要是对设备台账和各种图纸资料的管理。由于前后人员工作交接不清、设备检修改造多等多种原因，设备台账的管理不够规范，设备的规格型号变更、安装时间、缺陷故障记录、修理记录、保养记录、相关的图纸资料等不能及时更新且不符合现场实际情况，设备管理人员不能对设备的安全性能进行有效掌握，不能针对性的制订相应的检修计划和物资采购计划[3]，埋下事故隐患。

对人的管理方面，每个班组成员的技术水平不同，安全意识有高低，个人工作能力强弱和已承担的工作量多少，这些都没有被具体量化下来作为班组安排工作时的依据。上级领导凭着对某个人技能水平和安全意识的主观判断进行工作任务分配是不合理的。比如领导凭主观判断给成员安排工作任务，而未对其实际工作能力、个人精神状态、已承受的工作量、是否有类似的作业经验进行综合考查，会减弱对现场风险的控制，埋下事故隐患。

二、针对班组安全文化建设中的若干问题的建议

（一）明确安全责任提高安全意识

班组内部工作任务应分割明确，每个人承担自己的工作任务并对工作任务的安全负责。对于那些工作能力强，工作积极性高的员工可以适当增多其工作任务，但应考虑其承受能力，防止过度劳累对其造成身体伤害，要对其相关能力进行考核，确保其能安全有效地完成工作，在此基础上，应提高其奖金待遇或加以表扬。

对于某些情况下，不得不发生工作任务转移时，应明确安全责任由实际作业人员承担，相关领导应安排提供人力、物力上的支持，并应对实际工作人员进行相关奖励。单独的一项工作任务应尽量由同一人或同一组人完成，当却因某种原因导致该工作任务由前后不同的人去完成时，应办理好交接手续，后接手的人员可将工作任务存在的问题反映给上级，明确责任。通过明确责任划分，使责任可追究到人，倒逼相关人员提高其安全意识。

（二）加强安全培训的深度，加强技术培训

安全培训在当前已取得成绩的基础上应加强培训的深度，加强对安全培训讲师的培训，安全培训讲师应充分了解现场实际情况，具备丰富的现场工作经验，将相关安全规章制度培训教育同现场实际工作相结合，严格安全培训考试制度，相关考试内容可加入事故案例分析等相关内容，比如事故发生的直接原因、间接原因、当前工作中存在的问题和如何制定相应的反事故措施，加深受教育人员对安全规章制度理解深度，同时提高受教育人员的安全技能。

安全培训应加大对相关事故案例的学习力度，各种各样的事故是极好的现实教材，安全培训工作中，在向受教育人员进行相关事故案例的讲解时，应从人、机、料、环、管各个方面深入分析，条件允许的情况下，应请相关专业人员配合，详细讲解事故的发生原因及针对事故所制定的防范措施。比如我厂曾发生的中间点温度元件进水发生跳变引起机组跳闸事故，班组针对此次事故制定了加强了设备本身的管理，严格了巡检制度，开展逻辑排查等多项反事故措施，专业领导深入班组多次向班组成员深入讲解相关事故内容，并考查成员对事故的理解情况，使班组成员对事故原因和采取的反事故措施有了深入的理解和掌握。

班组应定期组织班组内部技术培训，发扬师带徒的优良传统，加强对新员工，低岗级人员的专业技能培训，有条件的可组织厂家或服务人员对某项设备进行专门培训。技能培训的关键在考核，应制订详细的考查办法，制订打分表，考查成员对相关技能的掌握情况，条件允许且各项安全措施齐备的情况下，可通过现场实操或设置相应的问题，考查成员解决问题的能力和其工作过程中控制安全风险的能力。对于技能掌握突出的成员应进行表扬或提高相关工资待遇。

（三）加强班组设备管理和人员管理

设备管理方面，应结合安全落实年和班组标准化等工作的推进逐步完善和更新设备台账和相关图纸资料。这项工作虽然繁重，但应保质保量地完成，保证设备的规格型号、安装时间、缺陷故障记录、修理记录、保养记录、相关的图纸资料等及时更新并准确无误，通过对设备运行状况的准确掌握，可有效掌握设备可能存在的隐患和缺陷，制订相应的防范措施，且设备台账的有效管理也有利于备品备件的管理。设备

台账的管理应作为一项长期工作来抓，落实到具体的责任人，及时更新，班长技术员等班组管理人员应加强定期检查和督促，对不能及时将相关工作落实的责任人应进行考核。

人的管理方面，班组应将班组成员的工作技能、已承担的工作量、以往典型工作的完成情况量化，使每个成员或不同岗级的成员可从事的工作范围细化。应尽量安排班组成员从事范围内的工作，当人手不足或者班组认为需要安排一些可作业范围外的工作对成员的工作能力进行验证和提高时，应详细考查其对该项工作内容和作业步骤的理解情况和对危险点的掌握情况，以及一旦发生意外应采取的紧急应对措施，还应做好相关的监督和支持工作。

三、结语

电力企业加强安全文化建设，涉及多个环节和很多方面的内容，其目的就在于规范人的行为，保证安全生产[4]。班组作为最基层的工作单元，班组的安全文化建设程度决定着企业的安全文化建设程度。因此，企业应当制订详细可行的安全文化建设计划，落实到班组，将电力企业安全文化建设工作推向深入。

参考文献

[1] 黄远飞.安全分享文化建设的实践[J].广西电业，2016，（3）：54-56.

[2] 刘万锋.施工安全管理人员岗位培训工作存在的问题及建议[J].建筑安全，2004，19（10）：17-18.

[3] 闫卉丽，王蕴.电力安全管理中常见的问题与措施[J].通讯世界，2014，（23）：161-162.

[4] 张秀美，电力安全文化建设探讨[J].中国电业（技术版），2011，（9）：70-72.

论安全文化建设在电力检修班组中落地实施

华能澜沧江水电股份有限公司检修分公司　张敏

摘　要： 安全文化建设的最终目的就是实现安全生产，保护员工生命安全。电力维修工作是高危行业，危险无处不在，所以电力检修班组安全文化建设就显得尤为重要。本文主要从营造安全文化建设氛围、改进作业现场安全面貌、提升作业人员安全素养等几个方面来保证检修班组安全文化建设的落地实施，并通过四个有效措施让班组成员自觉做好检修现场安全文明施工、检修安全工作有序推进。

关键词： 安全文化；检修班组；落实实施

安全文化是班组成员所共享的安全价值观、态度、道德和行为规范组成的统一体，班组安全文化建设即通过综合的组织管理等手段，使班组的安全文化不断进步和发展的过程。电力检修班组是生产最前沿，是电力生产的执行者，也是发生安全事故的根源。98%的事故发生在班组，80%以上事故的原因与班组人员直接相关，班组成员在工作上的各种失误和工作不到位，就会破坏安全生产保障系统。作为电力检修班组，班组成员要时刻牢记"安全第一，预防为主，综合治理"的安全生产方针，全面树立"安全就是信誉，安全就是效益，安全就是竞争力"的华能安全理念，并且只有安全文化建设严格地落地实施，才能全面提升电力检修班组的核心竞争力，推进班组安全文化健康、有序发展。

一、检修班组安全文化建设的落地实施

（一）营造安全文化建设氛围

（1）为深入贯彻落实《国家安全监管总局关于开展安全文化建设示范企业创建活动的指导意见》（安监总政法〔2010〕5 号）、《安全文化建设"十二五"规划》（安监总政法〔2011〕172 号）和《国务院安委会办公室关于大力推进安全生产文化建设的指导意见》（安委办〔2012〕34 号）等一系列重要指示精神，公司下发关于深入开展安全文化建设示范企业创建活动的工作部署和要求，分公司制订了安全文化创建与应急预案编制项目实施方案，开展安全文化创建与检修分公司应急预案修订活动，切实提升检修分公司安全生产管理水平，充分发挥安全文化对安全生产工作的引领和推动作用，同时，以开展安全文化建设活动为契机，强化分公司职工安全意识和素质。

（2）班组按照公司要求组织班组成员全面学习安全文化相关法律法规、方针政策，形成创建、学习安全文化的浓厚氛围。统一思想，提高认知，全员开展安全文化活动；班组副班长主管班组安全工作，负责组织、宣传、培训、检查、考核等日常工作。

（3）班组积极全面学习安全文化理念，不断理解、接受并执行安全文化理念，达到全员安全价值的共识和安全目标的认同。班组积极开展华能安全生产管理体系的宣贯和培训，在生产过程中严格执行体系文件要求，做到安全生产不脱离规章制度，规章制度执行落地生根。同时要深度挖掘制度优化的方向，在实践中检验制度、完善制度。通过参加讲座、培训、网上安全知识竞答、安全签名、安全竞赛等多种方式，进行安全理念、安全价值观宣传、培训，适时组织开展以安全为主题的安全文化活动，以大家喜闻乐见、寓教于乐的方式传播安全理念、灌输安全知识，使安全文化核心价值观深入人心，增强班组成员自觉性，不断渲染和强化检修安全文化氛围，推进安全工作有序开展。

（二）安全文化落到实处的具体措施

（1）班组秉承"做到位"的安全态度。安全工作来不得一丝"还行"、半点"随便"，更不能"想当然"。要求班组成员秉承"做到位"的安全态度，把"做到位"当成一种习惯、一种态度，把检修工作中的每一个步骤有计划性地安排好，多设想一些可能出现的问题并想好可以解决的方案，超前预防，规避工作中的危险因素及安全风险。检修期间，班组每天组织召开班前班后会，开展风险分析，交代安全注意事项，并提出应对措施和解决办法，班组长对存在较大风险的工作进行全面把控，安排专业人员负责安措检查，确保工作安全。班组每周组织开展安全教育培训，着力提高员工安全素质、安全生产技能、应急自救能力，提高自觉抵制"三违"行为和应急处置能力。强化安全生产警示教育，专人定期组织学习电力生产安全事故案例，深入剖析，举一反三，提高预防事故发生的能力，增强班组成员遵章守纪的自觉性。班组安全文化建设至今，班组共 8 人，安全教育培训率 100%，人员培训小时数合计 4608 小时；安全生产技能掌握率100%；应急自救能力掌握率 100%；电力生产安全事故案例学习率 100%，人员培训小时数合计 1152 小时。

（2）班组坚持高压态势反违章。反违章人人有责，时刻要求班组成员不放松对自己的要求，切实反对和纠正身边任何形式的违章。安全生产你管、我管、大家管才平安，全员参与，积极行动，深挖自身存在的不足，大力开展自查互纠，重视过程、重视实效、重视关键，从根本上消除各类违章陋习，真正做到防患于未然，形成"人人都是安全员、齐抓共管保安全"的反违章安全氛围。班组总结反违章工作经验，巩固基础，坚决执行《违章量化考核实施细则》，将违章管理量化到个人，按月、季度、年量化考核指标进行考核。按时开展好"安全生产月"活动，加强班组成员的反违章教育，树立"违章是事故之源""违章就是事故"的理念，实现以"零违章"确保"零伤亡"。"安全生产月"活动期间，组织班组员工开展"当一天安全员"活动，通过换位置、换观念、换角度去管安全反违章，通过换位思考，让班组成员从"要我安全"到"我要安全"中转变。组织部门员工签订检修安全承诺书，让大家自觉遵守国家、行业有关标准规范，严格执行检修工艺要求，确保检修安全、质量和进度。自觉遵守检修合同安全施工协议中《反违章管理办法》《外包<外协>工程安全质量考核管理标准》《外包<外协>工程安全质量扣分管理标准》等安全管理标准。按照合同有关条款，不折不扣地履行岗位安全职责，不发生装置性违章、管理性违章、行为性违章以及习惯性违章。保证"自己不违章，制止他人违章，举报各类违章"。2011 年检修班组成立至今，参与 4 座水电站 48 台机组检修，完成标准项目 1104 项，

专项项目 288 项，特殊项目 864 项，技术监督项目 240项，班组成员未发生一起严重违章。

（3）班组坚持隐患排查治理常抓不懈。开展隐患排查治理是减少事故发生最行之有效的措施之一，是预防生产安全事故不可替代的核心措施。安全隐患你查、我查、人人查才安全。牢固树立"隐患就是事故"的安全理念，开展检修工作要立足防范，将追究的关口前移，把安全工作着眼点由事后查处转为事前预防，以隐患排查、整改为主线，完善安全检查、隐患排查、违章举报、隐患整改等环节，使各种安全隐患真正被消灭在萌芽状态，最大限度地营造安全环境，实现工作环境"零隐患"。落实隐患排查治理激励机制，将隐患排查治理工作纳入安全绩效考核，制定《隐患排查治理工作实施细则》，实现隐患排查治理的工作制度化、常态化、规范化管理。加强危险源管理。组织开展危险源识别与评价活动，并对识别出的危险源进行评估，制定相应控制措施。2011 年检修班组成立至今，参与 4 座水电站 48 台机组检修，发现修前缺陷302 项，检修过程中新发现并处理缺陷 1182 项。

（4）班组积极推进"7S"管理活动。办公场所、生产区域、作业现场安全面貌大为改进，人员安全素养不断提升。自觉做好检修现场安全文明施工。做到"三齐""三不乱""三不落地"。检修期间班组严格落实"7S"管理，安全大检查整改率 100%，检修现场干净、整洁。

（三）安全文化建设有序推进

（1）认真贯彻落实"新安法"，按照"安全生产责任体系五落实五到位规定"和"党政同责、一岗双责、失职追责"的要求，进一步健全班组安全奖惩制度，抓好各岗位安全生产责任制的落地。持续开展宣传引导工作，以安全生产责任落实引领和带动各项检修工作的开展，内化于心、外化于行，形成安全责任落实的长效机制。

（2）转变安全管理方法。通过开展安全回顾与反思、有感领导、直线责任强化活动，实现从"制度管理"到"自主管理"转变，从"重奖重罚"到"预防预控"转变，从"关注结果"到"控制过程"转变，从"隐患检查"到"行为观察"转变，从"单向推动"到"双向互动"转变。让班组成员发自内心地重视安全，并在实际工作中身体力行，激发班组成员发挥自

己的主观能动性去安全地做好自己的工作。激发实际操作者，对规章、程序、规范等知其然，并知其所以然，并在实际执行中严格遵守。

（3）积极配合工会、共青团等群众团体组织，开展一系列群众性安全宣传教育、送温暖、献爱心活动；组织开展"安康杯""安全知识竞赛""安全演讲""隐患攻关"等活动；发挥家庭、社会的帮教、协管和感化作用，促使班组成员提高安全意识、自觉遵章守纪。

（4）发挥党员干部示范作用，带动全员安全素质提高。班组中每个党员干部都要在班组内带头遵章守纪、带头制止"三违"、带头排查隐患。要求班组成员做到的，自己首先要做到；禁止班组成员去做的，自己首先不违反。要以党员干部的优良作风、过硬素质、良好形象为班组成员树立榜样，要以良好的安全纪录、突出的生产业绩、果敢的工作作风带动本班安全管理水平的全面提高。党员更要以身作则、率先垂范，模范履行职责、带头按章操作，思想高度集中，

精神高度戒备，坚决做到零缺陷、零失误、零差错，争创"党员安全示范岗"，在班组、企业安全生产各条战线竖起"一面旗帜""一个标杆"。

（5）深化安全文化建设。开展安全先进个人评比，开展信息化班组建设，强化班组内业管理；强化班组安全教育，创建遵章守纪、团结协作、互相信任、互相负责的优良团队；开展班前班后会、安全活动日、安全学习等安全会议，通报检修安全情况，总结安全管理经验；开展双争双优班组实践活动，借鉴先进经验，结合生产实际，形成富有特色的班组安全管理机制。

二、总结

安全文化是根植班组成员安全理念和行为规范的土壤，是增强班组凝聚力的黏合剂，是班组安全发展的基石。只有让安全文化建设在班组中落地生根，才能在安全生产中发挥其积极的促进作用，只有不断加强班组安全文化建设，提升班组安全文化建设水平，才能保障电力检修工作安全、健康、有序发展。

关于企业安全文化与安全管理绩效评价的探索

宝钢特钢有限公司　郝仁官　张毅

摘　要： 安全文化建设有利于企业安全生产管理，而做好安全管理工作还需要建立完善的安全绩效管理及评价体系。本文主要对企业安全管理绩效评价体系进行了初步探索，明确了评价要素和实施步骤，以期通过公开、公平、公正的安全管理绩效评价，引导各二级部门推进安全履职，抓好安全基础管理工作。通过安全管理绩效的评定，及时反馈各相关部门，促进 PDCA 持续改进，推动安全文化落地，最终形成企业安全管理的良性循环。

关键词： 安全文化；安全管理；绩效评价；量化评价；绩效反馈

安全文化建设是企业做好安全工作的基础和先导，通过树立企业安全理念，传递安全价值观，可以不断提升企业安全管理绩效。而安全文化在建设和落地过程中还要适时对安全文化和安全管理绩效进行有效的评价，不断完善和改进各项工作，全面提升安全管理水平，推动企业安全稳定发展。

一、建立安全管理绩效评价体系的意义

安全文化建设对企业的发展起着保驾护航的作用。它体现为每一个人、每一个单位、每一个群体对安全的态度、思维及其采取的行为方式。安全文化有多种表现形式，包括安全文明生产环境与秩序，健全的安全管理体制及安全生产规章与制度的建设，沉淀于每个个体心灵中的安全意识形态、安全思维方式、安全行为准则、安全道德观、安全价值观等。

安全管理也是安全文化建设工作的重要内涵，安全管理水平是企业的核心竞争力，是企业基本素质和管理能力的综合体现，与企业的经济效益休戚相关。安全管理必须要落实各级管理者安全责任，加大安全投入，开展安全教育培训，认真开展安全管理体系建设，落实危险源辨识及隐患排查等工作。许多企业在生产过程中开展了上述活动，但内部违章现象仍然经常发生，安全事故也不鲜见，究其根源，是没有对二级部门建立一套完整的安全管理绩效评价体系并且持续地开展安全管理绩效评价工作。

一个运作良好的安全管理评价体系犹如一把尺子，对各部门安全管理综合水平进行有效的衡量，及时指出部门阶段性存在的问题，指导各部门改进提高。企业要持之以恒地推进安全基础管理工作，在推进安全管理体系及安全标准化作业的同时，必须要建立一套适合于自身的安全管理评价体系，如此才能更好地做好安全管理工作，也才能更好地把安全文化建设工作落地。

二、安全管理绩效评价体系及评价要素

安全管理绩效评价体系以事故为零为原则，以基础管理为抓手，促进企业安全管理目标责任书根本目标的达成，促进安全管理体系的有效运作。通过量化的科学方法，对各部门安全管理、消防管理、交通安全和治安保卫四个专业条线的工作状况进行量化评估，从而科学地给出各部门安全管理绩效。

安全管理绩效评价要素有以下四项。

事故指标完成情况。企业安全管理追求的是事故为零，因此事故指标是安全评价首先要考虑的因素。部门发生安全事故，其安全绩效必须要予以体现。这里的事故不仅仅是安全生产事故，还包括消防事故、有责交通安全事故以及发生治安案事件等，这些都要纳入安全绩效综合评定。

安全管理体系运作情况。安全管理的基础是安全管理体系有效运作，对于部门员工上岗教育培训、应知应会考试、特种作业管理、有限空间管理、危险化学品管理、职业卫生防护管理等进行系统的评价，通过评价，促进二级部门安全管理体系的有效运作。

现场安全检查情况。通过专项检查、日常检查、夜间检查、综合检查等形式（包括阶段性上级部署的各类检查），检查现场在日常生产及检修作业过程中标准化作业执行情况，验证部门事故举一反三整改执行情况。现场检查的问题，通过整改单等形式督促整

改，并作为安全管理绩效评价的依据。

部门推进的特色工作。鼓励各部门根据实际情况探索行之有效的安全管理做法，部门探索及总结提炼好的做法，如果可复制可推广，则对该部门进行专项加分。同时鼓励各部门开展安全自主管理活动，对于评定的优秀项目予以加分。

三、安全管理绩效评价体系构建需要考虑的因素

（一）事先制订各类事故绩效考核方案

出了安全生产事故必须要扣分，同样出了火灾事故、交通安全事故及治安事件都要进行扣分，然而具体如何扣分，需要进一步协调平衡。同样，安全事故分为死亡、重伤、轻伤以及险肇事故，险肇事故又分为一般险肇事故和重大险肇事故，消防火灾事故损失有大有小，治安事件也有损失大小、责任大小之分。这些都要根据公司实际情况，事先制订各类事故绩效考核方案，避免考核无依据。

（二）合理安排各模块权重

安全事故的发生有一定的偶然性，某个部门可能平时一直管理得比较到位，但因为偶然因素发生安全事故，而另外一个部门基础管理并不好，但是却并未发生事故。对于这样两个部门如何比较安全绩效高低？其中的关键就是一定要合理安排好各模块的权重，不能因为事故而否决了其他安全管理绩效。这样，即便出了事故，特别是伤害程度不高（如轻伤事故）的部门，因为其日常管理还是比较规范，因此其最后绩效得分不一定排在后面。

（三）事先告知评价要求和标准

在实际运行的过程中，各家对于现场检查违章扣分基本无异议，有争议的往往是安全管理体系得分。对此，我们的做法是公开公正公平，即评价的要求和标准事先发给各部门，由各部门对照标准进行自查，然后安保部再组织进行复查验证。这样做的好处是要求和标准事先告知，有利于各家根据要求进行查缺补漏，提升基础管理。另外为了体现公正，每次检查时都邀请部分两级部门代表共同参加，共同审定讨论给出得分。二级部门在参加公司评审时，也对兄弟部门的管理现状有一个直观的认识，有利于本部门问题的快速有效整改。同时，由于公司内不同的二级部门作业的内容、管理幅度、管理难度各不相同，不能做简单的评价比较，必须根据现场管控难易程度，设立难度系数，通过难度系数的调控以达到公平。

（四）体现持续改进原则

绩效评价除了最后给定一个具体分数之外，还要给各部门进行具体评价，即对每个部门一个季度以来在事故管理、体系管理、现场管理中做得好的方面和不足之处给一个素描，这样得分高的部门知道为什么高，得分低的部门知道差距在什么地方。通过点评分析，促进各部门持续改进提高。

四、安全管理绩效评价的具体实施

（一）安全管理绩效的权重设定

部门安全管理绩效由四个模块组成，即安全绩效模块、体系运行模块、日常管控模块以及突出贡献模块。四个模块的权重需要进行有效的平衡，既要防止出了安全事故就对部门一棍子打死，又要防止区分度低无法拉开差距，同时又要考虑部门的突出贡献。

根据我们的经验，突出贡献比例设定10%较为合理，突出贡献必须拿出"真金白银"，经过专业部门严格审定，因此不容易拿到分数。剩下来三个模块，都非常重要，我们按照各30%的权重进行设定。每一部分最高得分是30分，最低到0分。

（二）安全绩效各模块评分依据

安全绩效模块（权重30%）。对于二级部门评价的目的就是要通过评价，促进各部门降低事故的发生。因此，发生安全事故、消防事故、交通事故以及治安事件以后，除了事故本身进行考核处理之外，一定要依据事故伤害程度，对部门按标准进行绩效扣分。该模块最高得分30分，最低为0分。

体系运行模块（权重30%）。公司每年对体系进行一次系统的内部审查，同时聘请第三方对体系进行外部审核。除此以外，公司还要对各部门开展安全教育培训、危险化学品管理、有限空间作业、检修安全管理、事故管理以及消防治安等专项评价，通过内外部评审及评价，促进安全体系的有效运行。对于内外部评审评价不符合项，根据相应的标准实施扣分。

日常管控模块（权重占30%）。此模块评价依据是以公司层面及上级部门组织的常规检查、专项检查以及各类综合检查中查到的安全隐患或管理不足为依据，并按公司的《安全生产考核细则》进行记分。上级部门以及政府部门安全检查的问题实施直接扣分，对于公司内自行组织的安全检查问题实施折算扣分。

突出业绩模块（权重占 10%）。突出业绩模块主要是考虑对各部门开展较好的工作给予专项加分。加分项目及标准：公司及以上层面表彰、交流的安全自主管理活动，管理特色等每项加 1～2 分；安全重点项目每项加 0.5～1 分。在确保安全的前提下当场查阻或及时报警后查阻事件，每项加 0.5～1.5 分。模块得分最高不超过 10 分。

（三）安全管理绩效评价的周期及责任者

安全管理绩效每个季度评定一次，由安全保卫部组织实施。安保部依据一个季度内各二级部门在安全管理事故情况、体系运行情况、日常安全检查得分情况以及突出业绩情况进行汇总，给出一个综合得分。同时依据各部门季度表现，给出一个综合评定，对季度内部门安全管理的进步之处及不足之处予以点评。上述得分及评价在季度公司安委会上予以展示，促进各部门持续改进。

（四）安全管理绩效评价的结果运用

每个季度根据分数高低进行排名，季度评价为前三名优胜单位（根据二级部门数量确定），给予部门人均一定数额的奖励，而对于评价为末位的则给予扣奖处理。另外对于连续两个季度排在末位的部门，实施公司党政把手约谈机制。

另外，每个季度的得分相加得出年度安全管理绩效综合排名，综合排名作为年终安全奖励发放的依据，同时，也是部门党政年度考评的重要依据，对于年度安全管理绩效被评价为差的部门，其他业绩再好也要取消部门评优资格，同时党政个人取消年度安全专项奖励资格。

五、结论

安全管理评价体系的构建可以对各部门安全管理综合水平进行有效的衡量，及时指出部门阶段性存在的问题，指导各部门改进提高。企业要想持之以恒地推进安全管理体系及安全标准化作业，就必须要建立一套适合于自身的安全管理评价体系，这样才能更好地把安全文化建设落地。

浅谈火电建设项目安全文化与安全管理

中煤能源新疆煤电化有限公司　孟磊

摘　要：由于承包范围和承包管理方式的差异，建设单位管理重点与常规的工程施工管理有所区别，本文结合某大型火电建设项目安全管理的具体实践和教训，通过分析在 EPC 工程总承包模式下安全管理体系运行过程中存在的不足和问题，以安全系统工程理论为基础，探索性提出了解决方法。

关键词：EPC 工程总承包；安全管理；火电建设；项目管理

一、引言

火电建设项目投资金额大、施工环境复杂，施工周期长、技术含量高，近年来火电建设项目逐渐采用 EPC 工程总承包模式；某大型火电建设项目在综合研究分析各种因素后采取了 EPC 工程总承包模式。

此模式下，分部分项工程较多，水、电、暖、土建、安装等专业高度集中，分包队伍繁多，人员素质参差不齐且流动性大，各参建的单位安全文化的差异，给工程建设项目的综合安全管理带来巨大难题。其中，安全管理责任的划分，安全管理范围、内容、深度的确定，管理方式的选择，尤其困惑安全管理人员，严重影响着总承包模式下工程建设安全管理工作。采用 EPC 工程总承包模式有利于做好工程建设安全管理文化，更好地把各参建单位的安全文化统一到比较均衡的水平上来，对火电建设项目中切实落实安全文化建设意义重大。

二、火电建设项目 EPC 工程总承包模式下安全管理存在的问题

火电建设作为一项高风险行业，在建设过程中存在作业环境负责、受外界自然条件影响大、作业种类多、危险因素多样等特点。特别是近几年随着大规模进行火电项目建设，对各参建方安全管控方式和安全保障能力提出新的要求，但是在实践过程中 EPC 工程总承包模式下的火电建设项目存在如下问题。

（一）责任认识不清

根据《安全生产法》，建设单位、总承包单位、监理单位和分包单位都应承担生产经营单位的安全生产主体责任。然而在工程建设过程中，安全责任界定过程容易产生分歧。尤其是建设单位和总承包单位在安全管理中自身定位不清，各方对法规、政策的理解存在偏差。

（二）安全管理系统性缺乏

由于当前在 EPC 工程总承包模式下安全管理的研究大多在技术层面，只是在 EPC 工程总承包模式下监理、总包、分包等参与方本身进行安全管理研究，导致在具体的项目安全管理过程中没有具体的指导依据，对安全管理系统性没能形成体系。

（三）各参建单位对各自的管理内容、程度、范围认识不到位

表现为以下几点：①分包安全管理水平参差不齐。火电建设是一个系统工程，涉及设计、土建、机电安装、检测等，分包单位专业性较强，导致承建单位较多；在某大型火电项目建设过程中共划分出 9 个施工标段，由 8 家分包单位承建；各分包单位的安全文化、理念千差万别，从而导致安全管理水平参差不齐，增加了统一管理协调的难度。②安全管理意识淡薄。对"安全第一"思想和理念认识不到位，在管理过程中进度、费用、安全的关系出现矛盾时，必然导致对安全隐患不能及时整改，对施工人员安全培训流于形式，安全问题和隐患重复性出现。③安全管理人员不足。在管理过程中，过于强调"一专多能"，在 EPC 工程项目总承包模式下，建设单位的管理职责存在自我弱化现象，项目建设之初安全管理人员配备不足，导致安全监督监察工作缺失，安全工作过多依赖总包单位，难以履行建设单位安全主体责任。总包单位安全管理人员流动性大。由于总包单位大多为勘察设计单位，现场施工管理经验不足，组件管理团队时大多是临时招聘人员，在团队合作意识上先天存在不足；各职能

部门、专业沟通存在障碍，主人翁意识不强，难以形成较为稳定的安全管理组织机构。

三、火电建设项目 EPC 工程总承包安全管理的尝试

（一）明确相关方安全责任

明确建设单位安全生产主体责任，包括 EPC 总承包单位、各分包单位标段、监理单位等。按照监控以权、确认依规、协调以情、监督以势、考核以约的原则，在火电建设中安全责任以控制权的分解、监督、确认、协调、考核为主要连接点，在 EPC 总承包模式下，建设单位对 EPC 总包单位和监理单位进行管控管理，监理单位协助建设单位对 EPC 总包单位进行管控，EPC 总包单位对各分包单位进行管控。安全管控通过这样层层进行分解实现，上一层对监控分解实施完整性负责，而下一层履行上一层的管控指令；同时，安全管控分解伴随着监督、确认、协调、考核，建设单位对监理单位和 EPC 总包单位及分包单位进行监督，对监理单位和总包单位进行确认、协调、考核。

（二）健全安全保障体系，发挥总承包单位的作用

根据项目管理要求，制订了安全管理策划方案，建立建设方、总承包方、监理方及各参建单位负责人及各专业负责人的安全保障体系。在安全技术保障上强化总承包单位的技术及管理优势，落实总包单位的安全保障责任是项目安全管理的重中之重。总包单位在施工安全管控上具有专业上的优势，各施工单位现场施工安全管理经验丰富，总包单位与各分包单位存在直接的合同关系，管控力度、深度上有足够的保证。

（三）强化安全监督体系，发挥建设单位自身优势

在项目开工之初，明确项目工程建设安全总目标，并在此基础上进行年度分解和单位分解，将安全目标职责落实到各参建单位。并以总目标为基准建立了安全监督体系，定期制定印发安全监督管理具体措施和方法，定期组织召开安全监督网会议，加强对各参加单位的安全监督。

（四）安全管控关口前移，建立安全生产标准化建设长效机制

在项目建设过程中，建设单位依据自身安全管理优势，明确了生命至上、安全为天的安全理念。制订了以安全生产标准化为主线，以安全风险分级管控和隐患排查治理为两翼的管理思路。

.安全风险分级管控方面。通过建设单位、总包单位、监理单位及各分包单位进行风险辨识、分析、评估，制订相应的管控措施。建设单位牵头组织编制年度风险评估报告，由总包单位将安全风险根据建设进度和施工工序分解到各个分包单位，分包单位对管控措施进行细化分解至各工序和班组。根据风险的大小，划定建设单位、总包单位、监理单位及各分包单位的管控职责。

树立"隐患就是事故"的理念，对事故隐患分级分类进行管理，重视对隐患排查结果的分析，坚持问题导向，查找隐患的根源，消除隐患重复出现的根源。分级开展隐患排查治理，通过集团公司定期排查治理，项目建设单位上级单位季度排查，建设单位月度排查，总包单位和监理单位周排查，建立层层排查治理、隐患排查不断线机制。

安全生产标准化是强化安全生产基础工作的长效机制，是有效防范事故发生的重要手段。建设单位以引入安全生产标准化为着力点，强化参建各方安全生产基础工作。通过定期对参建方的标准化考核，不断提升建设项目安全管理水平。

强化重点工序的安全管控。针对火电建设项目各标段和工序的专业特点，强化重要环节和关键工序的安全控制，对危险性较大的分部分项工程、危险部位、重要区域、重点区域有针对性地进行安全监控，加强过程管理，严格安全技术交底程序，保证安全措施的落实。

四、结语

建设单位在火电建设项目安全管理中要自觉承担着安全职责，尤其在 EPC 总承包模式下，更要认清建设单位的安全生产主体责任，强化安全生产意识，把握安全生产的主要矛盾，控制安全管理的主动权，创新 EPC 总承包模式下建设单位安全管理方式，有效落实安全文化建设，达到项目建设全过程的安全生产目标。

以安全文化提升安全管理的认知和实践

物资集团黄陵分公司　范向军　韦波

摘　要： 本文首先通过对"安全"一词渊源的论述，分析了社会安全和家庭的安全幸福与国家安全这个大环境是息息相关的；通过古今国家的社会现状对比出"国已定，社稷已安"，从而对在当今社会安定的情况下我们企业在日常安全管理中从哪些方面做起，并通过物资集团黄陵分公司安全管理做法，为物资供应企业的安全生产有所帮助，从而达到同类企业的长治久安。

关键词： 安全；管理方法

陕煤化物资集团黄陵分公司（以下简称黄陵分公司）成立于 2012 年 8 月 30 日，其前身是黄陵矿业集团物资供应公司。2014 年 10 月 27 日，原物资集团陕煤建分公司与公司合并。公司现有职工 76 人，下设六部二站一中心。六部即综合管理部、财务资产部、业务管理部、设备采供部、材料采供部、配件采供部；二站即一号煤矿供应站、二号煤矿供应站；一中心即仓储中心，同时仓储中心下设装卸班、保管班两个班组。库区占地 80 余亩，库区内设有铁路货运专线，有 6 个标准化库房，面积 8000 多平方米，另有 9300 多平方米的露天货场，并拥有大中小型装卸设备 11 台。公司主要承担服务和保障黄陵矿业公司所属单位生产建设所需的物资供应及延安市社会物流中心建设任务。

黄陵分公司在近年来的发展过程中，结合自身现状和运营特色，树文化引领格局、创精细管理路子、谋发展战略格局、求经营业绩稳进、强企业发展实力。在安全方面公司始终坚持"底线思维、居安思危、言危思进"宗旨，强化"开拓创新、勤严细实"的工作态度，凝心聚力促发展，形成了以供应、岗位、管理、服务、质量、廉洁等为要素的分支文化，构建了以文化促发展、文化提素质、文化增效益的文化治企格局。公司以打造现代物流服务平台为抓手，推进区域社会物流中心建设，设立了产品展示区，率先实现"仓储服务、代理销售服务、代理采购服务、配送服务"四大功能。公司曾先后获得全国煤炭系统"文明单位"和"企业文化优秀单位"、陕煤集团"文明单位""纪检监察先进集体"，连续四年荣获陕煤集团"安全生产标准化先进公司"。

一、黄陵分公司的安全文化观

安全与我们人类生存息息相关，是我们工作、生活中提到较多的词语。那么什么是安全？安全对人们的生活影响有多大？在工作中我们怎样保证安全呢？

"安全"一词在汉代就已出现，"安"字在许多场合下表达着现代汉语中"安全"的意义，表达了人们通常理解的"安全"这一概念。"安全"作为现代汉语的一个基本词语，在各种现代汉语辞书中有着基本相同的解释。

安全是受大的环境影响的，国家这个大环境安全了，那么人的生命安全也就得到了保护。那么说到具体的人，更是这样。

怎样才能发现危险呢？这就要求我们学习安全知识、重视安全教育，加强安全培训。安全培训让我们明白：安全是职工最大的福利，安全是企业最大的效益。安全关系你我他，安全是企业天字号的大事。安全培训是对员工最大的关爱。通过加强安全管理，落实安全责任，维护职工的根本权益，实现员工和企业的和谐发展。

遵章守纪，按规操作是安全保证。安全生产主要应具有安全自律意识。安全规章制度是我们企业的法规，是实践经验的总结和鲜血换来的宝贵财富，具有无上的约束力，每个人都必须自觉遵守，一举一动都必须遵守规程，做到遵章守纪不走样。

安全培训始终贯穿安全进取精神、忠于职守、追求安全的要求。忠于职守就是履行岗位职责，上标准岗，干标准活。以每个人的不懈努力确保岗位、区域、整个单位及整个集团的安全生产。追求安全，就是要求每个员工，都要把安全作为永恒的主题、最重要的责任和不懈努力的目标。安全没有小事，细节决定成败。"千里之堤，毁于蚁穴"，小小的差错，可能酿成大的祸患。因此，我们每个岗位，每个工作环节都关联着安全生产这个天字号工程，必须从细处着手，从细节上把关，从而确保安全生产。

牢固树立安全责任意识，时刻牢记：安全生产，我的责任！要敬畏安全，行动上踏实谨慎，内心中如履薄冰。

平安到永远，是我们职工和企业永远追求的目标。平安才是幸福，幸福必须平安。

二、物资黄陵分公司安全管理的具体做法

（一）日常安全管理工作

公司建立安全办公会议制度。会议每月初由综合管理部提前通知。特殊情况，经安委会主任（总经理兼任）批准，可临时召开，由公司领导及各部门负责人、安委会全体成员、班组长参加，安全办公会议由公司总经理主持。会议上由基层单位汇报上月安全工作情况、存在问题，汇报当月安全生产重点工作；安全管理部门通报安全基础检查、质量标准化检查结果及走动管理情况；分管安全领导传达上级部门当月安全办公会议精神，总结分析本公司上月安全生产工作情况、存在问题，安排当月安全生产重点工作，对当月的安全工作做出部署和要求；组织传达和学习上级有关安全生产方面的文件、规定、会议精神或法律、法规等。公司每年年初，由公司总经理和党委书记分别与各个部门签订一式两份安全责任书。

公司成立安全基础考核领导小组及考核检查小组。领导小组组长由公司经理担任，副经理任副组长，成员由各单位（部门）负责人组成。考核检查小组组长由公司分管安全经理担任，成员由各部门安全小组成员组成。公司每月25日（适逢周末延后）定期组织一次安全基础管理考核；公司每月检查结束后，年终进行汇总评比。

（二）物资安全管理

黄陵分公司对物资质量安全从源头抓起，多措并举丰富完善物资质量安全管理体系，为该公司安全管理提供有力保障。

1.健全物资管理相关制度，提供保障依据

公司从2014年起逐步完善关于物资到货、验收、交接、质量事故责任追查各个方面的相关制度和措施，做好流程化管控，严格物资准入。同时从源头抓起，将物资质量安全纳入供应商管理、物资到货验收、保管、配送等各个环节，保证每个环节中不出现物资质量安全事故，为使用单位的安全生产提供物资保障。

2.做好物资售后管理，提高服务意识

公司强化物资售后跟踪服务，通过对安装、调试、生产等不同环节的随访，了解实际使用情况，适时安排厂家进行售后服务，帮助解决使用过程中出现的问题和疑问，确保物资使用符合安全技术规范要求。

3.做好物资质量事故责任追查，保障自身权益

对于在物资使用过程中所发生的安全事故，公司将积极配合使用单位进行事故勘查及事故追查，确属物资质量安全问题引起的，及时通知厂方，共同进行技术分析，划分责任，提出解决方案，同时根据事故调查结果对相关业务部门、责任人进行处理。

4."三位一体"的管控方式

不断加大物资质量管控的力度，严把物资质量关。"三位一体"指事前监督、过程控制、物质抽检三个环节。事前监督——通过不断完善物资质量验收的相关管理制度，切实加强物资到货验收环节的监管力度，确保物资质量的事前监督工作落实到位；过程控制——通过每月物资质量自查、供应站质量跟踪、物资质量隐患排查、每季度对采购业务进行专项检查等方式，强化物资在库存、转运、配送等流程中的过程控制，确保过程不出问题；物资抽检——通过委托第三方检测机构对已购物资进行抽检，对物资质量进行再检查、再核实、再确认，确保物资质量符合要求。

"三位一体"物资质量管控方式自实施以来，黄陵分公司的物资质量管理力度得到了进一步加强，管控水平得到了稳步提升，有效确保了物资质量安全。

三.吊车作业中的安全管理

吊车作业是黄陵分公司的重要安全防控点，为强化安全作业，经过长期学习和总结，根据自身情况创新实施了吊车作业"四位一体"的安全管理制度。

（1）班长和安全班长（群安员）、安全员、具体工作人员对安全和生产组织行使管理权，按照"安全第一，生产第二"的原则进行生产。

班长是本班组安全管理的第一责任人，对班组的安全管理工作全面负责，开工前及工作工程中必须组

织安全员、群安员对工作区域内的安全情况进行检查和巡查，并对职工的持证上岗和操作行为进行监督管理；班长有制止和处理职工违章的权利，当安全生产条件不具备时，有权建议上级部门采取改进措施，否则有权拒绝生产；班长负责对现场安全情况进行全方位的监督检查，监督检查作业现场的安全情况，岗位人员到岗情况，作业规程、安全技术措施的执行情况，作业人员的操作情况，安全装备、设备设施的完好运行情况，隐患的整改情况等，对现场的不安全问题负有督查处置和汇报的责任。

（2）安全班长、群安员负责监督检查安全质量标准化有关制度、规定的贯彻执行情况，监督动态状态下的标准化作业过程；因工作质量不合格，安全班长（群安员）有权停止作业，令其返工，有权对工作质量进行考核，有权提出处理意见。

（3）安全员发现问题有权要求班长组织人员进行处理，发现有影响安全生产的隐患，有权停止作业，对破坏和损毁安全设备、设施的行为有权制止，有权提出处理意见。

（4）工作人员发现有影响安全生产的隐患，有权停止作业，督促处理；有权制止、举报任何人的违章指挥、违章作业行为；有权对安全管理和生产组织提出意见和建议；对不符合安全管理规定或可能发生事故危险的区域，有权停止作业。

在履行安全职责的过程中，"思源"应相互配合、相互支持、相互尊重，及时交换意见、沟通信息，共同搞好安全工作。

四、结束语

自 2012 年开始，物资集团黄陵分公司始终坚持从过程管控、安全基础管理、"双险双控"、安全文件建设、安全对标、教育培训、科技兴安、应急管理多方面制定相应措施，齐抓共管，筑牢安全防线，与物资质量安全管理遥相呼应，相辅相成，实现连续六年安全运行无事故的好成绩。

浅谈企业安全文化建设

安庆恒通农电服务有限责任公司　胡荣海

国网安徽省电力有限公司安庆供电公司　刘根宁　周晟　杨天东

摘　要： 企业安全文化是企业文化的重要组成部分，是从文化的层面研究安全规律，加强安全管理，营造安全氛围，强化人的安全观念，达到预防、避免、控制和消除意外事故的目的，建立起安全、可靠、和谐的环境和匹配运行的安全体系。本文从企业安全文化概述、意义方面着手，谈了对安全文化建设的几点建议。

关键词： 安全；安全文化；管理

安全文化建设是安全系统工程的新策略、新路径，是事故预防体系的重要根基。加强企业安全文化建设，切实提高职工安全意识，保障电力生产稳定运行是当前电力企业安全生产的重要任务。国家电网公司秉承"安全第一，预防为主，综合治理"的方针政策，把员工的利益作为安全工作的根本出发点和落脚点，时刻把"人命关天"的事放在心上，把人的生命摆在高于一切的位置，不断推进企业安全文化建设落地生根。

一、企业安全文化概述

安全管理工作具有高责任、高风险的特点，一个企业要做好安全工作，首先要靠领导对安全工作的重视和支持，包括各种规章制度的制定、精神层面的宣传、会议上的安全指示，对安全的资金投入支持；其次安全管理人员要具有较高的文化素质、管理水平和业务技能，善于与领导、同事、各部门以及员工的沟通、交流，还要有强烈的责任心和不怕得罪人的工作原则，要做好言传身教，对待违章和不安全因素，要一视同仁，处理到位。

二、企业安全文化的重要意义

安全与生产是相互依存的关系。生产过程中必须保证安全，不安全就不能生产。人们常说："安全促进生产，生产必须安全"就是这个道理。正确理解与掌握安全与生产的辩证关系，反对只见局部、不见整体，只见树木、不见森林，把安全与生产完全割裂开来的、片面的、孤立的观点。特别是在当前社会主义市场经济的新形势下，必须克服安全工作"说起来重要，做起来次要，忙起来不要"的错误思想，树立"一切为安全工作让路，一切为安全工作服务"的观念，坚持安全为天，安全至上，把"安全第一，预防为主"的方针落到实处，从而保证安全生产的健康发展。

企业做好安全生产工作具有现实意义，搞好安全生产工作有利于巩固社会的安定，为国家的经济建设提供重要的稳定政治环境；对于保护劳动生产力，均衡发展各部门、各行业的经济劳动力资源具有重要的作用；关系到职工个人的生命安全与健康，家庭的圆满与幸福。做好劳动保护工作，对于企业来说，还具有现实的经济意义。从事故损失的角度出发，发生了生产事故不但有直接的经济损失，还有工效、劳动者心理、企业商誉、资源耗费等间接的损失，因此说安全也是生产力，确保安全生产才能保证家庭和社会的和谐与稳定。

安全生产历来都是电力系统的重中之重，如何才能使安全形成一种文化氛围，让电力人自觉自愿地遵守安全制度呢？让大家在这个氛围里，人人都不自觉地被其吸引，还原到主动状态，引进安全文化的目的就是矫正员工的不安全行为，比如夏天不戴安全帽比较凉爽，可见人们对安全管理措施往往会抵制甚至漠视。既然这样，就会出现监督不到的时候和地方，从而出现漏洞，引发事故，而安全文化就是弥补管理的不足。也许有人会对这嗤之以鼻，认为这种东西摸不着看不到，只是"假大空"而已，而我认为文化是观念、是自觉，首先从价值观开始培养员工对安全的一种发自内心的渴求和自觉，努力把安全问题和自身、和企业紧密联系到一起，从本质上规范自己的行为，主动地潜意识地克服自己的不安全行为，做到不伤害自己，不伤害别人，也不被别人伤害。达到这样的状态我们的安全就真正实现了可控、在控，我们就可以不再视安全问题为薄冰，如陷阱，甚至做到"除了人力不能抗拒的自然灾害"外，通过我们的努力，所有的事故都可以预防，任何障碍都可以得到控制。当然，要保证安全运行，还必须学习与业务有关的业务技术知识，同时掌握过硬的技术能力，否则安全运行也只是空谈。

对一个企业来说，安全生产是第一位的，没有安全就没有企业的一切，企业安全文化是企业成功的"密码武器"。安全文化是在工业社会生活及生产活动管理中完成其安全价值功能的。它对于企业既是一种现代安全管理思想，又是一种有效的安全管理手段；它反映在生产现场既是有形的安全规范，又是无形的安全文化场，因此它是完善安全管理体制与完善人员行为素质，建设现代安全管理模式的基础。建设安全文化既是现代工业社会管理及企业管理的需要，也是社会及企业健康发展的需要。所以，现代企业应大力推行安全文化建设。

三、企业安全文化建设的几点建议

（一）抓好安全文化建设工作，必须要有切实可行的制度作保障

建立适合自身实际的"安全生产责任制"。在我们的安全生产工作中，我们不仅仅要制定相应的安全生产工作制度，还要制定保障这些安全生产工作制度得以执行和落实的保障措施。我们制定制度的目的是使其得到有效落实，对我们的工作起到规范、约束和指导作用，而不是为了制度而制定制度。"不以规矩，不成方圆"。只有有了有效的"安全生产责任制"，我们的安全生产工作才可能规范开展，收到应有效果。

（二）抓好安全文化建设工作，需要培养职工的自我安全意识

在安全工作中，只有全体职工的自我安全意识得到加强，才能从根本上解决不安全行为，避免安全事故的发生。而职工的自我安全意识的培养需要一个长期的过程，这就需要我们找到好的切入点，找准培养职工的自我安全意识的好的做法。一是培养职工自我安全意识需要提炼一套具有自己单位特色的核心安全理念。培养职工的自我安全意识，如果只是泛泛地讲，在职工的脑海里没有很深的印象，嘱咐的话听了一大堆，一句也没记住，左耳进右耳出，往往是事倍功半。

对此，我们应当根据自己职工的文化层次、阅历能力等方面的特点，提炼一套职工易懂、易记，能被大家所接受的核心安全文化理念，通过核心安全理念的培育，利用多种形式不断强化全体职工对核心安全理念的认识，达到培养全体职工自我安全意识的目的。二是培养职工自我安全意识必须做到持之以恒。做任何事情都需要有持之以恒的态度，特别是自我安全意识的培养，这种解决思想认识问题的东西，更需要通过长期、艰苦的努力才能达到。在监督检查方面，更需要持之以恒地抓，不能今天看到这种现象管，明天就不管，或者有的人管，而有的人视而不见，这往往使职工误认为不管是正常、管就是吹毛求疵，是为了完成罚款指标，这样一来，也就起不到好的作用。三是培养职工自我安全意识必须做到齐抓共管。培养职工的自我安全意识，不能只靠说服教育，也不能只靠行政手段一罚了之。它是一项系统工程，需要各个部门、多种形式、方方面面的工作共同来完成。既要有强有力的思想政治工作来引导，也要有行政处罚手段作辅助，两者缺一不可。因此，它需要齐抓共管，需要全局上下的共同努力，需要每一名职工的广泛参与，只有这样，才能真正培养起全体职工的自我安全意识，形成安全生产坚不可摧的防线。

（三）抓好安全文化建设工作，需要提高职工现场安全管理

事故直接发生点大都是生产施工现场，如何提高施工现场安全意识，加强现场安全管理有着重大意义，应从以下几方面入手。一是加强安全宣传教育。大力开展安全生产法律法规的宣传教育，创造"安全生产，以人为本"的安全文化氛围，把安全提高到一个全新的高度，使大家认识到，现在的安全生产，已经提升到法律的高度，违反安全生产规章制度和操作规程，就是违法行为。二是普及安全常识。我们要让职工从了解安全常识入手，通过张贴安全宣传画、开办讲座，把一些常用的贴近生活的安全知识传授给他们。由于简单而贴近生活，容易被接受，效果好，容易得到职工理解和支持，职工的安全意识可以得到很大提高。三是从提高自我保护意识着手。要从安全教育工作经常提到的"三不伤害"入手，教育职工既要保护好自己，同时做到每个职工都不要受到伤害。要告诉全体职工，安全工作的目的就是要保护每个职工身心健康。

四是以身边耳熟能详的生产安全事故案例为教材。提高安全意识，事故案例的教育效果非常明显，因为那都是活生生的血的教训。要以在社会上影响巨大或者是发生在身边的生产安全事故为案例，分析事故发生的原因和过程，结合自身实际情况探讨如何防范同类事故，并做到举一反三。要依据法律法规把事故责任划分清楚，要把安全生产事故带来的危害阐述完整，一定要让职工心灵受到震撼，切实知道安全事故的危害是终身的，是家庭的悲剧所在，是社会安定最大的敌人。

（四）抓好安全文化建设工作，需要职工掌握符合岗位要求的安全技能和专业技能

电力现场工作实际上是一个高风险行业，也正因为如此，我们要严格执行《安规》《调规》以及"两票三制""安全管理规定"要求和各项工作的技术标准，通过人员、制度和技术的保障，来保证我们工作的安全，保证人身、电网和设备尽可能不发生事故。安全责任重于泰山，每个人都要本着对自己、对家庭、对企业负责的态度，高度重视安全工作。各级管理层要对安全生产过程做到心中有数，要做好统筹和协调，善于发现问题和苗头，把复杂的问题简单化、潜在的问题明朗化，应用好帮扶协助、教育培训、考核评价等多种手段进行有效管理，始终保持对风险的高度警觉，始终坚持对安全的优先考虑。

四、结语

安全生产是我们企业发展的永恒主题，只有安全的发展才是健康的发展、和谐的发展，我们电网企业抓好安全工作尤为重要。我们要时刻牢记"安全是生命之本，违章是事故之源"，扎实细致、一板一眼地按照规程要求工作，履职尽责，让事故无法生存。只有把安全放在心中，人人懂安全、抓安全、要安全，才能保安全。当太阳从东方的地平线上喷薄而出，当我们迎着明媚的阳光鼓足干劲进入工作岗位的时候，请让我们一起记住：安全是家庭幸福的保证，事故是人生悲剧的祸根。

风险管理、管理体系与安全文化

——安全风险管理宏观层面问题探讨

中国石油质量安全环保部　胡月亭

摘　要： 安全风险管理是一种先进、科学的安全生产管理模式，正迅速在全国范围内广泛实施，如何确保安全风险管理的效果，使其能够有效发挥事故防控的作用，是当前安全风险管理面临的重大课题。本文从风险管理、管理体系与安全文化之间的相互关系分析入手，构建了事故防控宏观模型，提出通过培育良好企业安全文化促进管理体系运行的意见建议，以期更好地发挥风险管理的事故防控作用。

关键词： 风险管理；管理体系；安全文化；事故防控宏观模型

一、引言

安全风险管理是一种先进、科学的安全生产管理模式，目前，在我国安全风险管理已由企业自发实施发展到政府强令推行，正迅速在全国范围内广泛实施，如何确保安全风险管理的效果，使其能够有效发挥事故防控的作用，是当前安全风险管理面临的重大课题。理论与实践均已表明，要使风险管理持续、有效发挥事故防控作用，必须建立相应的管理体系，并依托管理体系的运行，才能真正做好风险管理工作。但管理体系的建立并非意味着管理体系的有效运行，如果管理体系流于形式，同样达不到通过风险管理有效防控事故的最终目的，因此，如何确保风险管理体系的有效运行，是当前实施风险管理的企业亟待解决的重大问题。本文认为，推行风险管理势必需要构建有效管理体系，而有效运行管理体系势必需要安全文化的支撑。

二、风险管理与管理体系

要通过风险管理防控事故的发生，首先应通过危险源辨识，查找出管理对象（项目、活动或装置等）中可能导致事故的致因因素（危险源），然后通过风险评估，对辨识出来的危险源进行分析、评价，并依据其风险程度进行风险分级，在此基础上，基于风险程度的高低，对需要防控的危险源，采取相应措施，进行风险分级管理，从而有效防控事故的发生。这就是通过风险管理进行事故预防的基本原理。

风险管理既不是一种技术工作，也不是一项专业或专项活动，而是一项系统工程，因此，要做好风险管理工作，就应进行系统管理。《风险管理原则与实施指南》明确要求，要进行风险管理，应构建风险管理体系，通过风险管理体系，实施风险管理。《风险管理原则与指南》也要求必须把风险管理融入组织的业务活动的管理体系中去，以有效实施风险管理。

体系（System）就是系统，管理体系就是系统管理。风险管理始于20世纪20、30年代，而管理体系的出现才是近20、30年的事，管理体系正是在风险管理实践过程中，逐步探索出来的适于风险管理的系统化管理模式。因此，管理体系是在风险管理实践过程中探索出来的适于风险管理的系统化管理模式，是为有效实施风险管理所搭建的平台与框架，是一种系统化管理模式。管理体系的系统性不仅表现在管理模式、工具方法的系统性，更主要的是表现在管理范围的系统性。各领域、全环节都包括，纵向到底、横向到边的全覆盖，强调全员参与、人人有责。通过管理体系的建立和运行，不仅能够为风险管理提供了人财物力等相关资源的支持，而且还能够建立相应的环境，并能够为风险管理工作的开展，提供适宜的工作方式、方法和科学的管理手段、工具。更为重要的是，几乎所有管理体系都把"全员参与"作为其方针，以促成全员参与，实现系统管理；安全风险管理方面的管理体系还把"领导和承诺"作为其核心要素，强调领导力在安全管理中的作用，以解决安全风险管理中的各类"老大难"问题。譬如，在风险管理辨识、评估与控制的"三步曲"中，单就危险源辨识而言，如果只是将其作为一项业务活动，没有适宜的风险管理运行环境，就很难动员全员参与风险管理，如果没有全员参与，危害因素就得不到全面、系统、彻底的辨识；如果危险源辨识不到位，就意味着可能发生的事故原因没有找到，事故预防也就无从谈起。

三、管理体系与安全文化

管理体系就是一种体系化的管理模式，它能否发挥作用，不仅取决于其自身科学有效性，更为重要的是要付诸实施。壳牌公司等一些实施体系化管理的西方公司的经验教训表明，公司（安全）文化是否与管理体系相适应，是决定管理体系能否发挥作用的关键所在。为使公司（安全）文化更加适应管理体系的运行，壳牌公司开展了"Hearts & Minds（心与意）"安全文化培育活动，"从本质上激发员工的安全意识"；挪威国家石油公司（Statoil）开展了把 HSE 理念先由"写在纸上"，再到"记在脑中"，然后再"融入心中"的HSE 文化培育计划……通过培育企业良好安全文化，使其与 HSE 管理体系相适应，从而促进 HSE 管理体系的有效运行。

一些西方学者研究认为，只有先进、科学的"管理体系（系统）"和与之相适应的"安全文化"有机结合在一起，才能够打造出一流的"世界级安全业绩（WCSP）"。如果把"世界级安全业绩（WCSP）"比作一座桥梁，那么"管理体系"和"安全文化"分别就是支撑该桥梁的两个根基，因此，要取得辉煌的"世界级安全业绩（WCSP）"，"管理体系"和"安全文化"相辅相成、缺一不可。杜邦公司把安全文化与管理体系比作两个相互啮合的齿轮，合则驱动体系运行，悖则阻碍体系运行。这里的"管理系统（体系）"是指包括风险管理在内的体系化管理模式，是当今科学、先进的风险管理模式，而安全文化则是人们的安全信念和价值观念的综合体现，其中，"世界级安全业绩（WCSP）"中的安全文化是指与"管理体系（系统）"相适应的良好安全文化。安全文化就是一种信念甚至信仰，文化培育信念，信念转变态度，态度改变行为，行为决定结果。良好的安全文化能够驱使人们自觉自愿地遵守管理机制，积极主动参与安全管理，不折不扣践行管理体系，从而驱动管理体系有效运行，真正发挥管理体系的作用，取得"世界级安全业绩（WCSP）"。反之，不良的安全文化阻碍管理体系

运行，使其无法发挥作用，就好似再宏伟的蓝图，如果人们没有意愿去付诸实施，自然也就无法变成现实。当然，即使"安全文化"再优良，如果离开了先进、科学的"管理体系"，同样也将会事倍功半，达不到应有的目的。

四、风险管理、管理体系与安全文化之关系——事故防控宏观模型

如前所述，要做到事故防控，必须实施风险管理，只有通过风险管理的辨识、评估与控制，才能做到事前预防、关口前移。而要做好风险管理工作，必须借助管理体系，管理体系为做好风险管理工作提供了适宜的框架、平台，通过管理体系的有效运行，为风险管理提供动力、资源，创建适宜环境等，但要使 HSE 管理体系得以有效运行，还必须具有与之相适应的良好安全文化，使人们的安全理念、安全意识与先进管理模式相适应，从而推动管理体系的有效运行。安全文化影响管理体系，管理体系促成风险管理，风险管理成就事故防控，彼此环环相扣，相辅相成，缺一不可，一起构成了事故防控的宏观模型（见图 1）。

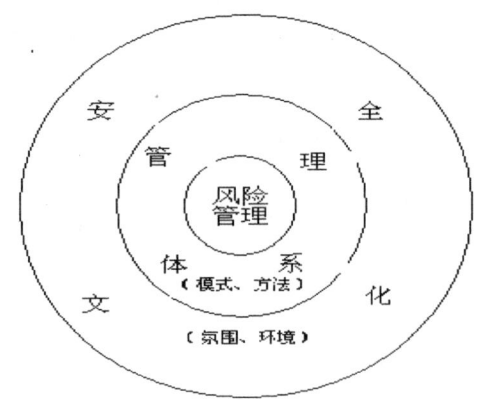

图 1 事故防控宏观模型

实质上，安全文化、管理体系与风险管理三者恰似"道、法、术"之间的关系，如果把安全文化比作"道"，那么，管理体系就是"法"，而风险管理则是"术"。

首先，安全文化是"道、法、术"之"道"，是"法、术"之冠，是"道、法、术"之上乘，属于氛围、环境、观念、理念等精神范畴。"道"作用于"法"，"道"与"法"相宜，"道"就能够很好地促进"法"运行，因此，通过培育良好的安全文化，整个组织都能够形成正确的安全价值观，对安全工作各负其责、主动作为，领导干部率先垂范，广大员工积极响应，就能够促使管理体

系有效运行，从而为通过风险管理做好事故防控工作创造条件。反之，若"道"与"法"相悖，"道"就会阻碍"法"发挥作用，就像当今很多实施管理体系的企业，由于安全文化不良，观念陈旧、抱残守缺，对安全工作推三阻四，安全风险管理工作仍由安全部门（人员）"单打一"，从根本上违背了体系化管理的原则，妨碍了管理体系的运行，使本已建立的管理体系流于形式、不起作用。

其次，管理体系就是"道、法、术"之"法"，它是"道、法、术"之中乘，是联系"道"与"术"的纽带。一方面，它上承于"道（安全文化）"，如果安全文化不良，或管理体系与安全文化相悖时，安全文化将会阻碍管理体系运行，反之，通过培育良好的安全文化，使"道"与"法"相宜，就能够促进管理体系的有效运行；另一方面，它还下接于"术（风险管理）"，是风险管理的法则、规范、框架、平台，风险管理只有在管理体系的框架、平台上，并通过管理体系有效运行，才能有效发挥作用，否则，孤立的风险管理不易达到目的，至少会事倍功半。

最后，风险管理就是"道、法、术"之"术"。一方面，相对于"道"与"法"而言，它是"道、法、术"之下乘，属技巧、技艺等末端范畴，"术"作用的发挥受制于"法"，并在"法"框架内、平台上、规范下进行。另一方面，"术"虽是"道、法、术"下乘、末端，绝非意味着它不重要，相反，之所以培育良好的安全文化，就是为了促使管理体系有效运行，而有效运行管理体系的唯一目的，就是为了更好地做好风险管理工作，因为风险管理作为事故防控的技术、技巧、方法或战术，直接作用于事故防控，是实现关口前移、事前防范的必由之路。只有通过风险管理工作，才能达到事前防范的最终目的，要做好事故的防控工作，必须借助风险管理之"术"。

事故防控需要发挥风险管理（术）的作用，要使风险管理（术）发挥作用，须借助管理体系（法）有效运行，而要使管理体系（法）有效运行，还须依靠安全文化（道）的助力。安全文化（道）影响管理体系（法），管理体系（法）促进风险管理（术），风险管理（术）成就事故防控，三位一体，环环相扣，合则相互促进、相辅相成，悖则彼此掣肘、相互制约。

总之，风险管理、管理体系与安全文化，三位一体，环环相扣、相辅相成，安全文化是其中的短板、薄弱环节，因为安全文化与管理体系的不适应，阻碍了管理体系的运行，制约了风险管理作用的发挥，因此，要有效发挥风险管理的事故防控作用，必须通过培育良好的安全文化，补齐短板，使之由阻碍变为促进管理体系的运行，进而达到通过风险管理防控事故的最终目的。

加强安全文化建设，提升临时用工人员管理水平

国家能源集团山东石横发电有限公司　田文秀　郝迈

摘　要： 随着劳动用工制度的改革，越来越多的临时工参与到企业的生产检修工作中，采用临时用工制度不仅可以减少单位的成本支出，还能增加经济效益。但是，因对临时工管理不善、监督不力所造成的各种安全隐患，又成为企业安全管理和监督的薄弱点，使得企业安全工作隐患重重。有数据指出，企业超过 85% 的违章作业是由于临时工自身的原因造成的，且他们也是最大的受害者。本文研究了临时用工人员特色及违章原因，并深刻分析文化根源，提出以安全文化建设提升增强人员安全素质、提升安全管理的解决方案。

关键词： 安全文化；安全管理；违章原因；解决措施

一、引言

火电厂是一个系统复杂、技术水平较高、产供销瞬间完成的特殊行业，现场具有大量高温、高压和带电设备，工作人员处于这种环境中作业时，必须时时保证安全。多年来，我国一直坚持"安全第一、预防为主、综合治理"的方针，强调以人为本，把安全放在第一位，从安全文化、安全技术、安全教育和安全管理入手，做到思想认识上警钟长鸣，制度保证上严密有效，技术支撑上坚强有力，监督检查上严格细致，事故处理上严肃认真，企业安全水平不断提高，安全基础更加牢固。然而近年来，机组检修维护工作量不断增加与人员相对减少的矛盾日趋尖锐，企业原有的技术力量、劳动力严重不足，因此，临时工大量加入，参与机组维护消缺、检修。由于绝大部分临时工文化水平偏低，安全意识淡薄，培训不到位，生产现场违章作业频发。从近几年的有关统计数字看：企业超过85%的违章作业是由于临时工自身的原因造成的，在违章作业造成的事故中，受到伤害的全是临时工自身。临时工行为已经成为发电企业一线安全生产隐患的主要源头，同时他们也成为最大的受害群体。因此，加强临时工人员安全管理，提升整个群体的安全素质，已经成为火电企业安全生产工作面临的重要而紧迫的现实课题。

二、临时工违章现象频发的原因分析

（一）群体特征导致其安全意识基础薄弱

临时用工人员大部分来自农村，他们文化知识水平普遍较低，有的甚至是文盲，对安全知识接受程度较低，对安全隐患风险识别能力不强，自我保护意识也十分薄弱。许多人员只凭体力干活，致使违章操作，冒险蛮干现象时有发生。正是由于对作业中的安全常识基本不了解或了解甚少，对风险隐患敏感性较差，发现问题不知如何处理，导致隐患和事故易发，这是临时用工人员群体安全素质薄弱的原发性问题。

（二）教育培训不足导致其安全素质不高

一是重视不够投入不足，尽管《安全生产法》规定了企业安全生产的主体责任及责任落实要求，但是一些基层仍然停留在"思想上重视、行动上轻视"的状态，对临时工安全生产经费投入不足，对安全生产培训敷衍了事，对基层安全员配备不重视，一些领导总认为聘用的临时工只是负责简单劳动，只要本人能吃苦，年龄大些，文化素质低些无所谓。二是培训方式不接地气，临时工大多文化水平低，对安全没有充分的认识，不能及时意识到安全对个人的重要性，对家庭的重要性，在工作中容易放松警惕。许多培训过于教条甚至流于形式，根本做不到因材施教，效果较差。三是对培训效果把关不严，有的企业对基层人员的培训效果考核敷衍甚至根本没有考核，致使岗前培训不是走形式就是根本未培训就上岗，不仅不能教会临时工识别隐患，更加剧了临时工安全意识薄弱。有效安全教育缺失，临时工未得到必要的安全知识技能和较强的安全意识，是基层风险高发的主因之一。

（三）基层管理薄弱加大了其安全事故的发生概率

一是一些企业高层对安全生产工作不重视传导到

基层，导致基层管理者对临时工群体所携带的不安全因子不重视，进而导致基层安全生产责任不落实、安全人员配置不足、安全防护物资不齐全等问题。二是对临时工群体行为规范和管理不足，以罚代管现象仍然较多。三是现场管理水平不高，标准化不足，管理缺陷、缺口较多。这些因素与临时工群体自身因素、教育因素相互交织，致使基层安全风险隐患数量惊人，一旦多因素聚集，极易引发安全生产事故。

三、加强安全文化建设提升临时用工人员管理水平

为切实保护临时工的人身安全、降低安全管理风险，实现安全生产的管理目标，是每个雇用单位的重要职责。根据临时工违章的文化根源分析，针对临时工特点，以安全文化引导临时工的安全管理已到了迫在眉睫的时候。我认为应主要抓好以下几个方面的工作。

（一）增强安全意识，落实企业主体责任

作为施工企业各级领导人必须充分认识自己的主体责任，认识到安全生产的重要性，必须坚持"安全第一、预防为主、综合治理"的管理方针，用安全文化推动安全生产。利用各种媒介，采取各种措施，不断提高全员安全生产意识，实现"要我安全"到"我要安全"的转变。首先对临时工进行事故的案例教育，促使他们意识到事故对社会、企业、家庭带来的危害、痛苦和损失，逐渐形成"生命第一"的潜意识观念，从而增强员工的自我安全意识和自我保护意识。其次加强安全文化建设，使企业内的临时工在正确的安全心态支配下，高度自觉地按照安全制度规范自己的行为，并能有效地保护自己和他人的安全与健康，树立自觉安全意识观，使"我要安全"的安全意识成为每一位临时工从事工作的出发点和唯一归宿。

（二）贯彻安全理念，提升现场安全管理水平

管好、用好临时工，保障他们的安全，是企业安全管理的一件大事，是保证进度、质量和效益的前提。为了提升现场安全管理水平，首先，要用安全文化支撑安全管理。逐步建立健全以安全文化为指导的三级联动安全管理机构，全面负责临时工的安全培训和监督管理。根据工程规模和施工环境，按照《安全生产法》的规定，要求施工队伍必须配备一定数量的取得安全工程师执业资格证书并经注册的专业人员主管安

全工作。同时建立一套操作性强、行之有效，符合国家及行业管理规定的安全生产管理制度，签订安全目标责任合同，明确各岗位安全生产职责。其次，健全制度落实考核机制。为避免安全管理制度"写在纸上、挂在墙上"，成为摆设。企业主管部门必须加大对责任制落实情况的检查考核力度，检查内容主要放在现场安全隐患排查、整改，预防措施的落实，规章制度的执行等。通过这些措施不断提高各级管理人员和监理人员的责任心和执行力，培养作业人员遵章守纪、关爱生命的自我保护意识。最后，针对临时用工的合同管理。依法签订外包合同安全协议，明确相关责任。为降低管理风险，在工程发包后、开工前，必须签订劳动合同，做到一个不漏，严禁无身份证、无健康证明、无用工合同者进入现场。

（三）基层干部做好示范带头作用，实现有感领导

公司各级领导，尤其是公司高层领导要带头提升安全执行力，让临时工能够听到、看到和感受到领导对安全工作的重视，企业基层领导也要做好有感领导，让临时工真正感知到安全的重要性，感知到自身做好安全的重要性。如将安全融入日常工作并处处体现安全核心价值；向临时工做出安全承诺，公布个人的安全行动计划，并以实际行动兑现落实；将安全纳入对自身与下属的业绩评定当中；经常与临时工交流和沟通安全问题；主动学习相关安全标准并始终坚持高标准和严要求；对临时工反映的安全问题高度重视，尽可能做到正面的、积极的回复；对临时工的表现及时进行正面和负面的激励，特别要学会表扬，在公开场合肯定好的做法，使之固化，能起到事半功倍的效果；经常亲自进行行为安全审核和安全经验分享；任何时候都表现出对安全工作的热情和信心等。同时进一步加强"谁用工谁负责"的责任意识，杜绝临时工私自作业，避免不安全事件发生。

（四）加强安全教育，提升安全意识与技能

对临时工上岗前进行安全教育是企业的一项必要任务，安全培训既要注重理论知识的提高，又要加强实际操作能力的提高，培训时要分层次、抓重点、分级培训、统一管理。培训的内容应该有：如何做到"三不伤害"，熟悉作业现场存在的危险因素，操作规程，机械设备运行对作业人员安全构成的影响，作业环境

应注意的安全事项等。如正确使用个人安全防护用品、正确使用各种安全工器具等。安全教育培训内容应结合现场实际进行；方式方法上应言传身教，力求多样性、生动性，避免空头说教。进入生产现场后，也要经常性、不间断地利用班前班后会、安全学习日、现场分析会、张贴安全标语及标志等多种途径进行广泛教育，教育培训活动必须有记录，企业主管部门要定期进行检查。对从事特殊工种作业人员必须取得操作许可证后方可上岗，坚决杜绝无证上岗，以此不断提高施工作业人员的安全常识和自我安全保护能力。企业应建立健全临时用工人员培训档案。对初次参加外包工程项目的临时工，应全面进行安全教育培训，经考试合格后方可进入现场。该项工作结束后，六个月内再次参加企业外包工程的，考试合格后即可，若超过六个月，必须重新进行培训且考试合格后方可上岗。

四、结论

保障临时用工人员的人身安全、减少不安全事件的发生，对临时工群体、企业都具有重要而紧迫的意义。必须坚持以人为本，正视临时工在企业安全生产中的现状，利用安全文化去引导临时工的安全管理，树立良好的安全文化导向，使"安全生产、人人有责"植入人心，引导其自觉遵守安全生产法律法规，营造"不伤害自己、不伤害他人、不被他人伤害、保护他人不受伤害"的安全生产氛围，才能逐步提升临时用工人员安全管理水平，确保企业安全发展。

解构煤化工安全生产管理

——以图克化肥项目为例

中煤鄂尔多斯能源化工有限公司　崔书明

摘　要： 在安全文化落地过程中，如何把握安全发展与生产经营之间存在的种种矛盾，切实发挥好安全理念的价值判断作用，是当前企业面临的一项现实课题。本文以图克化肥项目为例，阐述了图克化肥项目作为中煤集团"十二五"期间打造蒙陕能源化工基地的首个投产项目，在投产过程中存在的公司发展与安全生产的管控能力、保障能力不相适应的矛盾问题，以及安稳长满优新常态化与员工的作风文化及环境文明、管和理的矛盾问题。提出了针对性的对策和建议，保证了图克化肥项目2014年2月1日打通全流程产出尿素，保持安全稳定、长周期、满负荷运行至今。

关键词： 安全生产；安全文化；清洁文明工厂；精细化管理

一、当前安全生产形势

党的十九大报告指出，要树立安全发展理念，弘扬生命至上、安全第一的思想，健全公共安全体系，完善安全生产责任制，坚决遏制重特大安全事故，提升防灾减灾救灾能力。2017年全国安全生产实现"三下降两好转"的明显成效：事故总量下降，较大事故下降，重特大事故下降，大部分行业领域安全状况好转，大部分地区安全状况好转。其中，内蒙古自治区2017年共发生各类生产安全事故803起、死亡688人，同比分别下降28.75%和24.23%；发生较大事故16起、死亡56人，创近10年来新低。虽然安全生产形势总体平稳，但是事故突发性、复杂性仍然明显，把握性、可控性仍然不强。

二、图克化肥项目存在的问题

图克化肥项目作为中煤集团"十二五"期间打造蒙陕能源化工基地的首个投产项目，自投产以来保持安稳长满优常态化运行，连续多年跻身全国氮肥企业合成氨产量、尿素产量、利润总额20强企业、中国氮肥出口量10强企业。但回想几年的生产运行，微小事件、非计划停车尚未杜绝，反映出公司发展与安全生产的管控能力、保障能力不相适应的矛盾问题，安稳长满优新常态化与员工的作风文化及环境文明、管和理的矛盾问题。

（一）公司发展与安全生产的管控能力、保障能力不相适应的矛盾

安全生产的管控能力是指装备管理、技术管理和队伍管理。加强装备管理，做到三个转变，即把风险当成隐患看待、把隐患当成事故看待转变到把风险当成事故看待、把隐患当成事故看待、把问题当成事故看待；从物的管理向人的管理转变，也就是从环境文明到作风文化转变、从监督检查到自主管理转变。加强技术管理，就是提高安全及工艺设备技术能力，强化生产组织。掌握好三大技术规程是基础、维护好装备设施的有效运行是条件、实施好生产组织管理是关键。加强队伍管理，主要是加强以安全负责人为牵头的安全生产管理团队、以车间工艺、设备管理人员组成的安全生产技术团队和以一线操作工组成的现场安全作业团队。

安全生产的保障能力是指系统（设计、工艺、装备、组织）保障、技术保障、标准化保障、应急保障和党管安全责任落实保障。提高系统保障，就是要做到设计科学、系统合理、有序组织、安稳生产。提高技术保障，就是严把源头关，从可研、初设开始，对项目设计进行优化，保障安全；严把重大技术方案审查关，对于关键装置、特殊作业的技术方案编制上慎之又慎，做好业务会商；严把现场技术措施的落实关，技术措施符合现场实际，有针对性和可操作性，工人

能够执行和操作。提高标准化保障，就是坚持高于标准，严于标准，问题导向，提升安全管理质量和效益，突出专业化管安全，做到动态达标、内涵达标、本质达标，提升清洁文明、精细化管理。提高应急保障，就是要健全应急保障体系，加强应急设施及队伍建设，建立应急预案的培训及演练，熟练掌握现场应急处置，增强应急救援能力。提高党管安全责任落实保障，就是把党组织的政治优势转化为安全发展的表率优势、带头优势、先进优势，把党组织的一举一动、一思一想都融入安全生产的全过程、全方位、全生命周期、全员的实际工作中。

（二）安稳长满优新常态化的认识与员工的作风文化及环境文明、管和理的矛盾问题

安稳长满优不仅是公司的目标，更是员工的期盼和追求，是企业实现效益最大化的途径，也是个人价值的体现。图克化肥项目从 2017 年开展了"百日安全""百日满负荷"双百活动，微小事故呈现逐年下降趋势，但距全年实现"百日满负荷"的要求仍有差距，反映了员工自身的业务素质、掌握关键技术、应对突发事件的能力、对装置设备的性能、故障现象的判断能力都有待提高，员工素质、对企业文化的认知以及精细化管理水平提升与安稳长满优目标要求存在矛盾和差距。提高员工作风文化及环境文明，就是坚持文化引领，实施精细化管理，强化安全生产管控力度。提高"管"和"理"，就是坚持以理促管，做到事越理越实、事越理越清、事越理越细、事越管越少、事越管越好。

三、针对图克化肥项目的对策及建议

（一）倡导主动安全文化提升软实力，解决人的不安全因素

事故源于人、缘于心。人的行为是安全的决定性因素。有了人的安全行为，物的不安全状态自然会消除，管理的缺陷自然会完善。人的行为受思想支配，人的思想靠文化引领。图克化肥项目坚持以"五湖四海、就事论事、主动作为、快乐工作"的企业文化为引领，培育主动安全文化，从思想根源上树立安全价值观，启发、引导、强化职工的安全作业意识，增强职工的安全防范意识，激励干部职工自觉遵守安全规章制度，主动提升安全素质，学习安全技能，做到"我要安全、我会安全、我能安全"。

一是树立微小事件可以杜绝的理念。结合安全事故案例，对自身发生的微小事件分析分类、归纳总结，既查技术疏漏更找管理短板，既查客观问题也找主观原因，深层次查根源所在。扩大微小事故涵盖范围，加大奖罚力度，树立防范事故关键在班组、成败在管理的理念，增强职工责任意识和大局意识，着重提高员工技能水平和问题处理能力，解决人员综合素质与期望目标存在不平衡、不适应的矛盾。

二是树立对标意识。积极开展先进企业对标，开阔眼界，做到运行异常早发现早消除，提升操作技术水平；生产中，针对难点重点要组成攻关小组，日跟踪日会商日解决；强化重点工作的计划性、前瞻性；严格台时管理，加大追责力度，坚决杜绝非计划停车。

三是抓全员素质技能培训。抓好三大规程重点学习，让操作或者维修更精准更安全；抓全员应知应会日常学习，突出技术能手传帮带，确保全员基本技能熟练；抓仪表联锁工艺报警反复学习，要让工艺人员懂联锁，仪表人员懂工艺，共同提高状态检测和诊断分析能力。

（二）创建清洁文明工厂提升硬实力，解决物的不安全状态

清洁文明工厂，涵盖安全环保、生产控制、设备管理、环境卫生四大部分，是夯实安全基础管理的重要抓手。"天下难事，必做于易。天下大事，必作于细。"通过创建清洁文明工厂，从点滴小事做起，培育文明行为，提升个人修养，引导员工建立符合企业发展和个人成长的思维和行为模式。简而言之，就是活动造就习惯，习惯带来素养，素养成就人生。

一是从环境卫生点滴入手。大力实施 6S 管理，从细节着眼，在现场环境、办公环境、生活环境建立可视化标准模板，通过周检查、周总结、月讲评、月考核，提高员工个人素质，营造和谐的工作氛围，为安全生产提供环境保障。

二是持续开展无泄漏管理。重点对制度执行、状态监测及点检定修进行跟踪落实，抓检修质量，紧盯返工不放松，实现全部设备三率达标。通过设备完好管理系统，开展全员提报缺陷活动，实现部门与车间交互式检查无死角，漏点能及时查得出、堵得住。

三是加强生产工艺控制。全年持续开展"百日满负荷"竞赛活动，营造保安全、夺高产的生产氛围；

通过加强工艺指标、联锁和报警异常管理、减少非计划停车和系统的无效运行；通过台时管理和横大班竞赛，充分调动员工稳产高产的积极性。

四是筑牢安全环保基础。全年滚动开展"百日安全"活动，以活动促进安全责任落实，促进标准化达标。持续完善安全环保体系建设，严格落实重大危险源管控措施和责任，做到可控在控；在环保方面，面对国家日益严格的环保管控，以建设"绿色中煤"为己任，把保护生态环境、低碳清洁生产当作必须履行的社会责任。通过"一少一多"，让环保成为企业发展的内生动力。"少"就是从设计和技术源头有针对性地选取实用技术，三废产生少，环保治理投资少；"多"就是立足于资源化和产品化，变废为宝，产品多，收入多，取得良好经济效果，平衡生产成本，为总成本控制做出贡献，突破煤化工发展的技术和经济瓶颈，做到向环保要效益，把责任变成效益，引领行业绿色发展。

（三）推进精细化管理提升综合实力，解决管理的缺陷

在精细化管理上下功夫，推行"六管一算"，强化"六个"意识，坚持"六有"原则，发扬"三种"文化，重在理事越管越少，安稳长满优常态化。

一是推行"六管一算"动态跟踪评价，做到量化和模板化。以安全管理制度为依托，完善生产、机动、安环三位一体管理程序，做到有分工有合作。同时，进行产量、消耗和检修费用统一核算，实施管算结合，强化管控能力，实现一体化管理。其次，每月实行动态跟踪考评，车间按照从合格、一般到优秀进行等级评比和奖惩，设立年度考评达标专项奖，健全完善争先创优竞争机制。

二是强化"六个意识"，保持各项经营指标行业领先。管理人员要提升对标意识、看齐意识、服务意识，操作人员要提升执行意识、扎实意识、成本意识，在保证安全生产的前提下，不断优化工艺操作、降低物料消耗，深挖降本增效潜力空间，开展节约一滴水、一度电、一粒煤、一颗螺丝钉的"四个一"节约活动，奠定成本领先优势。

三是坚持"六有"原则，确保各项工作落实到位。针对每项工作提前制定有目标、有计划、有路径、有评价、有考核、有责任人的"六有"工作确认表，让员工明确要"干什么、怎么干、干到什么程度算完成"，提高工作效率，实现管理闭环。

四是发扬"三种"文化，实现精细化管理再升级。发扬训导文化，当班公司领导、生产管理部门与车间一起开展班前训导，梳理安全隐患，明确安全风险、确定控制措施，有效避免事故发生。发扬分享文化，管理人员树立积善积德的批评观、被管理人员树立积悔积悟的教育观，实现管理人员和基层员工思想充分交流，让老员工的经验能够分享给每一名新员工。发扬考核文化，通过年度KPI关键绩效指标考核、月度专项考评、日常标准化考核，让"做不好就应该被考核"成为全体员工的共识，通过考核，规范员工行为、杜绝错误重复发生，实现企业安全管理的稳步提升。

四、结论

安全是一切工作的前提和基础。作为新时代煤化工企业，要贯彻落实党的十九大精神和习近平新时代中国特色社会主义思想，严规矩、守红线、找短板、解矛盾，秉持安全发展理念，坚持以企业文化为引领，以本质安全为保障，以安全生产标准化为基础，以现场管控为手段，以监督检查为驱动的安全管理体系，解决人的不安全行为、物的不安全状态和管理缺陷，打造本质安全型企业，为实现"两个一百年"奋斗目标而努力。

参考文献

[1] 张瑞艳，陈璐，闫浩春，等.企业推行安全生产标准化的作用和意义[J].中国建材科技.2011（6）：9-11.

[2] 吴凯.安全生产标准化激励约束机制的建立探讨[J].中国安全生产科学技术.2011（2）：164-167.

[3] 苗金明，冯志斌，周心权.企业安全管理体系标准模式的比较研究[J].中国安全科学学报.2008（10）：62-67.